# The Collection of Difficult Problem of Elementary Number Theory

(The Second Volume)

# 初等数论难题集

（第二卷）

主　编　刘培杰

副主编　周晓东　田廷彦　许逸飞

哈爾濱工業大學出版社
HARBIN INSTITUTE OF TECHNOLOGY PRESS

## 内 容 简 介

本书共分 7 章:第 1 章同余,第 2 章数列中的数论问题,第 3 章多项式,第 4 章数论与函数,第 5 章二次剩余与同余方程,第 6 章不定方程,第 7 章数论与组合.

本书适合于数学奥林匹克竞赛选手和教练员,高等院校相关专业研究人员及数论爱好者.


**图书在版编目(CIP)数据**

初等数论难题集.第 2 卷.上/刘培杰主编.—哈尔滨:哈尔滨工业大学出版社,2010.12(2024.5 重印)
ISBN 978-7-5603-2921-5

Ⅰ.①初… Ⅱ.①刘… Ⅲ.①初等数论-解题 Ⅳ.①O156.1-44

中国版本图书馆 CIP 数据核字(2010)第 223124 号

策划编辑 刘培杰
责任编辑 张永芹
封面设计 孙茵艾
出版发行 哈尔滨工业大学出版社
社　　址 哈尔滨市南岗区复华四道街 10 号 邮编 150006
传　　真 0451-86414749
网　　址 http://hitpress.hit.edu.cn
印　　刷 哈尔滨市石桥印务有限公司
开　　本 787mm×1092mm 1/16 印张 34 字数 662 千字
版　　次 2011 年 2 月第 1 版 2024 年 5 月第 4 次印刷
书　　号 ISBN 978-7-5603-2921-5
定　　价 128.00 元(上、下册)


---

# ◎ 前言

在初等数学和数学竞赛中,几何、代数、数论、组合都是“超级大户”.几何需要不少基本知识,而组合杂题(不算计数和组合恒等式,以下所谓的组合都指组合杂题)则是出了名的“支离破碎”,它们处于数学竞赛的两极;数论则介乎两者之间.尽管它们都需要高超的、令人赏心悦目的技巧.

不过,如此一来,倒使数论成为离直觉比较远的了,为什么这样说呢?因为几何问题的构思是“有章可循”的(在与当代平面几何专家叶中豪先生的无数次探讨中,我们深深感觉到这一点),即使再难也不可能解不出,而组合杂题则仅仅依赖于一两个奇怪的想法,像变魔术一样,更依赖于出题者的直觉.但数论题则不然,只要其中一个数字差一点点,就完全可能从一道普通奥数题甚至低幼级问题,变为一道无人能解的世界难题.所以,几何的命题靠的是原有结果的堆砌,简单结果组合出不凡的结论;组合的命题则是从技巧出发,做题的人面临的“风险”是:想到了就是几分钟的事,想不到就是一辈子的事.数论与它们都不太一样(当然也仅仅是相对而言),它不是命题者从定理和技巧出发,而是从某个比较漂亮的结论出发,慢慢地猜出来的;于是数论题无非三种结果:

(1)无人能做出的猜想;

(2)能解决,但无法排除高等工具;

(3)可以成为奥数试题.

做奥数的数论题,如百思不得其解,其实就是没有看出问题本身的实质,变成第(1)或第(2)类问题了.

在高中数学奥林匹克竞赛中,初等数论的最高知识和技巧无非是:模、费马小定理和欧拉定理、二次剩余、中国剩余定理和无穷递降法;最高难度无非是某题掩盖了以上事实作为实质,不容易挖掘出来.也就是说,“暗信息”没有变成“明信息”.显然,几何中“暗信息”最多,而组合最少,数论居中.暗信息与直觉、聪明才智不同,是你必须知道的东西.比如说,某些题是绕不过一些暗信息的,如果你没有想到或不知道这些暗信息,那你就不可能把那道题做出来.

在生活中,暗信息大量地存在着.比如出门坐车,身旁的某个陌生人究竟是不是小偷、通缉犯?买东西,质量究竟好不好?我不知道,这跟我的聪明才智有没有关系;而对于癌症这样的大课题来说,人们也无法凭自己的直觉和逻辑推理,很快就找到最好的配方或医疗方式,只好一个个地尝试.在这过程中,聪明才智需要吗?当然需要一点,但是面对复杂异常的实验,小聪明恐怕帮不上什么关键性的大忙.显然,在人类的科学探索中,绝大多数情形是通过实验、经验来挖暗信息,与智商关系不是特别大.数学竞赛处于直觉、聪明和知识、暗信息的交界处,这无疑是世界全部知识体系中极小的一部分,但也已是无穷无尽:我们每次做完一道比较困难的奥数题,总觉得深有体会,似乎“功力”又增长了一点,但是面对下一道难题,又开始一筹莫展了.

因此,奥数难题有两种:一种是真正地依赖于直觉和天才,看过答案之后自然无话可说;另一种则需要某些“暗信息”,也就是说我知道需要依赖于某个不太难的结论,但一时不知道是哪个,这在不等式中比较常见,几何亦是如此.有这样一道作图题:已知相交两圆,圆不知,问如何只用直尺画出连心线?这依赖于一些结论:平行弦、弦的中点、中位线,这些都是要做出来的.如果碰巧知道这些(并不困难),此题就迎刃而解,如果碰巧不知道,那就麻烦大了.在数论中,有时也知道做某题要用到同余,但就是不知道该模什么数;再如:设大于1的整数 $n$ 满足每个不同素因子的指数都是2(例如 $2^2\times3^2\times7^2$),证明 $n$ 不整除它的全体因子之和 $\sigma(n)$.如果你知道形如 $m^2+m+1$ 的数无 $3k+2$ 型因子($m,k$ 均为正整数,可用费马小定理快速证明.再比如,对于大于1的正整数 $n$,求证 $2^n-1$ 不整除 $3^n-1$),此题就不很难,否则确有一定难度,你还要“摸索、发现”上述“暗信息”.歧路一多,到达目的地就困难许多,而“暗信息”是帮助我们克服歧路的有效工具.上面的这道题,还有许许多多的奥数问题,都有一个共同点:即单单凭借智商似乎很难想得出来,而一个智商不太高但很勤勉、很善于学习的人,能解出来也不是什么稀罕事.要知道数学竞赛题目的难度不可无限升高,最高的也得有最少数的人做得出来,“全军覆没”的题不应该出.怀尔斯证明费马大定理的论文中,一开始就提到40多位当代数学家(包括几位菲尔兹奖得主)的工作,不要说100年,即使是在50

年前,他就是再聪明也休想解决费马大定理.

有人可能认为前一类题目好,其实未必,后一类题目循序渐进,环环相扣,对于积累经验、提升功力、学习进步很有好处.做前一类题,像是徒手爬一座座孤零零的小山,而做后一类题,就是掌握了一定的工具后爬一座大山,尽管走走停停,但最终是"会当凌绝顶,一览众山小".用不了多久,数学功夫就能今非昔比.毕竟我们是在进行数学竞赛,而不是智商竞赛.这一现象在高等数学研究中更为明显.可以想象费马大定理会有一个相对比较初等的证明,但那肯定迂回曲折得多.历史上如有名的素数定理、华林猜想等都是先有高等证明,再有(相对)初等证明的.初等证明的特点是技巧高,缺点是结果不够强.

说了这么多,无非是要告诉大家,没有人具有无穷的天才,所以很多东西是要学的.像费马小定理、欧拉定理,或是微积分中的一些简单公式,都是费马、牛顿、莱布尼茨、欧拉等大师琢磨了上百年的东西,现在看来这些东西似乎都不难,难道这些历史上的大师就这么懒、这么笨吗?千万不要有这个错觉,大师们有很多工作,但历史证明有些不那么重要;能够被历史留下来的,不是最难的结果,而是最重要的结果.对于数学竞赛来说,某个结果用得很频繁,"出镜率"高,就能说明它重要,是一个定理(当然反过来说能称为定理的不一定都很有用).所以,即使是某个定理本身不再是暗信息,它的重要性、它的用法对于一个生手来说也许仍是暗信息!而出题者无非可能在这方面认识多一些,所以他把某个重要定理的应用非常隐蔽地出到某个题目中去,而解题者高不高明,就要看他对那些定理和技巧的领悟的程度了.

科学、数学以及高雅艺术都有这样一个需要学习、需要积累的过程,在此之中我们认为是渐悟、顿悟兼而有之,也就是阶梯式的上进(平的是渐悟,直的是顿悟).现在的一些流行歌曲或快餐文化比较肤浅,只要满足紧张忙碌的人们在一点松懈之余得到消遣就可以了,从它的功能上讲也是尽到了用处,无可厚非.当然,一个人若不满足于此,还想要循序渐进地了解一些比较深入的东西,我们觉得还是应该选择研习科学(特别是数学)或高雅艺术(如古诗、古典音乐),其目的之一就是提高自己的修养.现在一些十分自我的年轻人无意于此,客观上也是因为从繁重的教育和工作中没有得到提高修养的机会;提高修养的唯一途径就是自觉自愿地学习(至少在中学及以后有了这方面意识时),不是为了升学、职称而参加考试的那种学习,那种学习不仅不能提高修养,甚至还会使人对真正意义上的学习产生厌恶之情.爱因斯坦就是被可怕的考试搞得整整一年不想看书,后来他对填鸭式的教育做了相当多的批评.但尽管如此,人们(比如周光召)还是说,爱氏要生长在中国才彻底没戏了.

有人说过,培养对数学的感悟能力,再也没有比初等数论更加合适.历代数学大师对数论赞誉有加.过去也陆续出过一些数论习题的小册子,以及潘承洞、潘承彪编写的很难超越的数论教材.在几何、不等式与分析领域早有类似著作问世.尤其是波利亚、舍贵的《数学分析中的问题和定理》,更是一代名著.我们写这书,主要是为了给读者提供一个学习数论的平台,至少在这一点上,我们的初衷与波利亚、舍贵应该是一致的.

本书中绝大多数题由刘培杰搜集,田廷彦添加了少量问题,主要是参与整理;另有大约

300 题由周晓东提供,其中有约 100 题来自于 Peter Vandendriessche 和 Hojoo Lee 的 Problems in Elementary Number Theory,之前周晓东陆续在 www. mathoe. com 做了翻译、解答. 另外 200 题左右主要来自于平时讲义的积累,大多是国外各类竞赛题及数论资料.

两卷内容大体做如下安排:第 1 卷是初等数论中最基本的内容,即引进同余之前的那部分,包括整除和一些特殊的数的性质(如平方数、素数、进位制等);第 2 卷则主要涉及同余乃至不定方程、数论函数方面的内容. 此次汇编规模甚大,也算是第一次尝试(至少在国内),尽管难免挂一漏万,但希望大家批评指正,待第 2 版时再加以补充和修正.

编著者

2011 年 2 月

# ◎ 目录

心得 体会 拓广 疑问

# 第1章 同 余

## 1.1 同余基本知识

如无特别,此处字母一般指整数.

设 $m \neq 0$,若 $m \mid a-b$,则 $a \equiv b(\bmod m)$,这两个记号是等价的.

同余具有等价关系,即

(1) $a \equiv a(\bmod m)$;

(2) $a \equiv b(\bmod m) \Leftrightarrow b \equiv a(\bmod m)$;

(3) $a \equiv b(\bmod m), b \equiv c(\bmod m) \Rightarrow a \equiv c(\bmod m)$.

**定理** 若 $a \equiv b(\bmod m), c \equiv d(\bmod m)$,则

$$a \pm c \equiv b \pm d(\bmod m), ac \equiv bd(\bmod m)$$

由此得推论 $a^n \equiv b^n(\bmod m)$,$n$ 为任意正整数.

平方数、立方数和指数(如 $2^n, 3^n$)在模3、模4、模7、模8等整数模下的取值,十分有用处,这些取值都呈周期性,因此,在模3等意义上取余数,得到的是周期数列.

(4) $ac \equiv bc(\bmod m), c \neq 0$,则

$$a \equiv b\left(\bmod \frac{m}{(c,m)}\right)$$

1.1.1 是否存在 $n \in \mathbf{N}$,使得 $2^{n+1}-1$ 与 $2^{n-1}(2^n-1)$ 都是整数的立方?

(美国纽约,1977年)

**解** 设有某个 $n \in \mathbf{N}$,使得 $2^{n-1}(2^n-1)$ 是整数的立方.注意,因为 $2^n-1$ 不被2整除,所以乘积中2的幂指数为 $n-1$.因此 $n-1=3k$,即 $n=3k+1$,其中 $k \in \mathbf{Z}^*$,但是

$$2^{n+1}-1=2^{3k+2}-1 \equiv 4(7+1)^k-1 \equiv 3(\bmod 7)$$

而任意整数的立方被7除的余数只能是0,1或6,所以

$$(7m)^3 \equiv 0(\bmod 7), (7m \pm 1)^3 \equiv \pm 1(\bmod 7)$$

$$(7m \pm 2)^3 \equiv \pm 1(\bmod 7), (7m \pm 3)^3 \equiv \mp 1(\bmod 7)$$

因此 $2^{n+1}-1$ 不能是整数的立方,于是对任意 $n \in \mathbf{N}$,$2^{n+1}-1$ 与 $2^{n-1}(2^n-1)$ 不能同时是整数的立方.

心得 体会 拓广 疑问

1.1.2 设 $a>1$ 是自然数,试求所有这样的数,它至少整除一个 $a_n=\sum_{k=0}^{n}a^k,n\in\mathbf{N}$.

(联邦德国,1977 年)

**证明** 我们证明,所求的集合 $M$ 由所有与数 $a$ 互素的数 $m\in\mathbf{N}$ 组成,如果某个数 $m\in\mathbf{N}$ 与数 $a$ 有公因数 $d>1$,则 $m\notin M$. 事实上,对任意 $n\in\mathbf{N}$,有

$$(a_n,a)=\left(\sum_{k=0}^{n}a^k,a\right)=\left(1+a\sum_{k=0}^{n-1}a^k,a\right)=(1,a)=1$$

因此 $a_n$ 不被 $d$ 整除,从而不被 $m$ 整除. 现在设 $m>1$,且 $(m,a)=1$. 由于在 $a_1,a_2,\cdots,a_m,a_{m+1}$ 中可以找出两个数 $a_i$ 与 $a_j$,$i>j$,它们模 $m$ 同余. 这两个数之差

$$a_i-a_j=\sum_{k=0}^{i}a^k-\sum_{k=0}^{i}a^k=\sum_{k=j+1}^{i}a^k=a^{j+1}\sum_{k=0}^{i-j-1}a^k$$

被 $m$ 整除. 但 $a^{j+1}$ 与 $m$ 互素,因此

$$a_{i-j-1}=\sum_{k=0}^{i-j-1}a^k$$

被 $m$ 整除(因为 $m\neq 1$,所以不可能有 $i-j-1=0$). 因此 $m\in M$. 最后注意 $1\in M$.

1.1.3 求证:存在无穷多个这样的正整数,它们不能表示成少于十个奇数的平方和.

**证明** 设正整数 $n$ 能够表示成

$$n=x_1^2+x_2^2+\cdots+x_s^2 \qquad ①$$

其中 $x_i$ 为奇数,$i=1,2,\cdots,s,1\leqslant s\leqslant 9$.

若 $n\equiv 2(\bmod 8)$,则由 ① 及 $x_i^2\equiv 1\in(\bmod 8),i=1,2,\cdots,s$ 知 $s\equiv 2(\bmod 8)$,即 $s=2$.

若 $s=2,3\mid n$,则由 ① 及 $x_i^2\equiv 0,1(\bmod 3),i=1,2$ 知 $x_1\equiv x_2\equiv 0(\bmod 3)$,从而 $9\mid n$. 这说明若 $n\equiv 3(\bmod 9)$,则 $s\neq 2$.

综上所述,被 8 除余 2,被 9 除余 3,即具有形式 $72k+66,k=0,1,2,\cdots$ 的正整数便不能表示成 ①,故命题得证.

心得 体会 拓广 疑问

1.1.4 设 $x_1,x_2,\cdots,x_n$ 为 $n$ 个整数,$k$ 为小于 $n$ 的整数,令

$$S_1=x_1+x_2+\cdots+x_k,T_1=x_{k+1}+x_{k+2}+\cdots+x_n$$
$$S_2=x_2+x_3+\cdots+x_{k+1},T_2=x_{k+2}+x_{k+3}+\cdots+x_n+x_1$$
$$S_3=x_3+x_4+\cdots+x_{k+2},T_3=x_{k+3}+x_{k+4}+\cdots+x_1+x_2$$
$$\vdots$$
$$S_n=x_n+x_1+\cdots+x_{k-1},T_n=x_k+x_{k+1}+\cdots+x_{n-1}$$

($x_i$ 循环出现,在 $x_n$ 的后面 $x_1$ 重新出现),又令 $m(a,b)$ 为 $i$ 的个数,使得 $S_i$ 除以3余 $a$,$T_i$ 除以3余 $b$,这里 $a,b$ 为0,1或2.

证明:$m(1,2)$ 与 $m(2,1)$ 除以3时余数相同.

(第28届国际数学奥林匹克候选题,1987年)

**证明** 注意到

$$S_i+T_i=x_1+x_2+\cdots+x_n$$

(1)若 $x_1+x_2+\cdots+x_n\not\equiv 0(\bmod 3)$,则

$$m(2,1)=m(1,2)=0$$

(2)若 $x_1+x_2+\cdots+x_n\equiv 0(\bmod 3)$,则

$$\sum_{i=1}^{n}S_i=k(x_1+x_2+\cdots+x_n)\equiv 0(\bmod 3)$$

于是,在 $S_i$ 中,被3除余1的个数与被3除余2的个数之差能被3整除,则

$$3\mid m(2,1)-m(1,2)$$

即 $m(1,2)$ 与 $m(2,1)$ 被3除时余数相同.

1.1.5 试求 $10^{10}+10^{10^2}+10^{10^3}+\cdots+10^{10^{10}}$ 被7除的余数.

(第5届莫斯科数学奥林匹克,1939年)

**解** 设 $A=10^{10}+10^{10^2}+10^{10^3}+\cdots+10^{10^{10}}$.

首先我们证明,若 $6\mid n-r$,则 $7\mid 10^n-10^r(n>r)$.事实上

$$10^n-10^r=10^r(10^{n-r}-1)=10^r(10^{6k}-1)=((10^6)^k-1)\cdot 10^r$$

因为 $10^6\equiv 1(\bmod 7)$,所以

$$(10^6)^k-1\equiv 0(\bmod 7)$$

即

$$7\mid 10^n-10^r$$

另一方面,$6\mid 10^k-10(k\geqslant 1)$,则

$$A-10\cdot 10^{10}+10\cdot 10^{10}=(10^{10}-10^{10})+(10^{10^2}-10^{10})+\cdots+(10^{10^{10}}-10^{10})+10\cdot 10^{10}$$

由于 $6\mid 10^k-10$,则

心得 体会 拓广 疑问

$$7 \mid 10^{10^k} - 10^{10}$$

于是有

$$A \equiv 10 \cdot 10^{10} \pmod 7 = 10^{11} = (7+3)^{11} \equiv 3^{11} \equiv 3^5 \cdot 3^6 \pmod 7$$

由于

$$3^5 \equiv 5 \pmod 7$$

$$3^6 \equiv 1 \pmod 7$$

于是

$$A \equiv 5 \pmod 7$$

即 $A$ 被 7 除的余数是 5.

1.1.6　能否构造一个公差为正的无限正整数等差数列,其中每一项都不能表示成为两个整数的立方和.

**解**　由于 $a^3 \equiv 0, \pm 1 \pmod 7$,所以任意两个整数的立方和 $\equiv 0, \pm 1, \pm 2 \pmod 7$,因此我们可以构造两个符合要求的数列 $3+7k, 4+7k$.

1.1.7　设 $n \equiv 2,3 \pmod 4$,则不存在 $1,2,\cdots,2n$ 的排列满足

$$a_1, a_2, \cdots, a_n, b_1, \cdots, b_n, b_i - a_i = i, i = 1, \cdots, n \qquad ①$$

**证明**　如果存在 $1,2,\cdots,2n$ 的某个排列 $a_1,\cdots,a_n,b_1,\cdots,b_n$ 满足 ①,则有

$$\sum_{i=1}^{n}(b_i - a_i) = \sum_{i=1}^{n} i = \frac{n(n+1)}{2} \qquad ②$$

另一方面

$$\sum_{i=1}^{n}(b_i + a_i) = \sum_{i=1}^{2n} i = n(2n+1) \qquad ③$$

由 ② 和 ③ 得

$$\sum_{i=1}^{n} b_i = \frac{n(5n+3)}{4} \qquad ④$$

在 $n \equiv 2,3 \pmod 4$ 时,④ 的左端是整数,右端不是整数,这是矛盾的,故满足 ① 的排列不存在.

**注**　在 $n \equiv 0,1 \pmod 4$ 时,存在这样的排列,如

$$n = 4, 6, 1, 2, 4, 7, 3, 5, 8$$

$$n = 5, 2, 6, 7, 1, 4, 3, 8, 10, 5, 9$$

1.1.8　在已知数列 1,4,8,10,16,19,21,25,30,43 中,相邻若干数之和能被 11 整除的数组共有多少组.

(中国高中数学联赛,1985 年)

**解**　记该数列各对应项为 $a_i, i = 1,2,\cdots,10$. 并记

心得 体会 拓广 疑问

$$S_k = a_1 + a_2 + \cdots + a_k$$

由此可计算数列 $S_1, S_2, \cdots, S_{10}$ 为

$$1,5,13,23,39,58,79,104,134,177$$

它们被 11 除的余数依次为

$$1,5,2,1,6,3,2,5,2,1$$

由此可得

$$S_1 \equiv S_4 \pmod{11}$$
$$S_1 \equiv S_{10} \pmod{11}$$
$$S_4 \equiv S_{10} \pmod{11}$$
$$S_2 \equiv S_8 \pmod{11}$$
$$S_3 \equiv S_7 \pmod{11}$$
$$S_7 \equiv S_9 \pmod{11}$$
$$S_3 \equiv S_9 \pmod{11}$$

由于 $S_k - S_j(k > j)$ 是数列 $\{a_i\}$ 的相邻项之和，并且当 $S_k \equiv S_j \pmod{11}$ 时，$11 \mid S_k - S_j$，于是符合题目要求的数组共有 7 组.

1.1.9 已知三个相邻自然数的立方和是一个自然数的立方. 证明：这三个相邻自然数中间的那个数是 4 的倍数.

**证明** 下列字母均表示正整数.

由条件，$(x-1)^3 + x^3 + (x+1)^3 = y^3$，$3x(x^2+2) = y^3$，于是 $3 \mid y^3$，故 $3 \mid y$. 设 $y = 3z$，则 $x(x^2+2) = 9z^3$. 显然，$(x, x^2+2) \leqslant 2$.

如果 $(x, x^2+2) = 1$，则 $x = 9u^3, x^2+2 = v^3$ 或 $x = u^3, x^2+2 = 9v^3$. 第一种情况下得到 $81u^6 + 2 = v^3$，这是不可能的，因为立方数除以 9 得到的余数只能是 0，$\pm 1$. 类似地，第二种情况下得到 $u^6 + 2 = 9v^3$，同样的原因，这也导出矛盾.

现在假设 $(x, x^2+2) = 2$，而 $x(x^2+2) = 9z^3$，则 $x, z$ 均为偶数，故 $8 \mid x(x^2+2)$. 由于 $x^2+2$ 不是 4 的倍数，所以 $4 \mid x$.

1.1.10 证明

$$61! + 1 \equiv 0 \pmod{71}$$

和

$$63! + 1 \equiv 0 \pmod{71}$$

**证明** 当 $p$ 是一个奇素数时，有

$$(p-1)! + 1 \equiv 0 \pmod{p} \quad ①$$

对于整数 $1 \leqslant r \leqslant p-1$，有 $p - j \equiv -j \pmod{p}$，取 $j = 1,2,\cdots,r$，再两边相乘，得

$$(p-1)(p-2)\cdots(p-r) \equiv (-1)^r r! \pmod{p} \quad ②$$

如果存在 $r$，使

心得 体会 拓广 疑问

$$(-1)^r r! \equiv 1 \pmod p \quad ③$$

则由①②③可得

$$-1 \equiv (p-1)! \equiv (p-1)\cdots(p-r)\cdot(p-r-1)! \equiv$$
$$(-1)^r r!\,(p-r-1)! \equiv (p-r-1)!$$
$$(p-r-1)! + 1 \equiv 0 \pmod p \quad ④$$

现在来解本题,因为当 $p=71$ 时 7,9 满足③,即

$$(-1)^7 7! \equiv 1 \pmod{71}$$

和

$$(-1)^9 9! \equiv 1 \pmod{71}$$

所以,由④得到

$$63! + 1 \equiv 0 \pmod{71}$$

和

$$61! + 1 \equiv 0 \pmod{71}$$

**注** 设 $p=4n+3$ 是一个素数,$l=\frac{1}{2}(p-1)$,$r$ 是 $1,2,\cdots,l$ 中模 $p$ 的平方非剩余的个数,则 $l! \equiv (-1)^r \pmod p$.

1.1.11 证明:对于任意正整数 $m$,均有一个 5 的正整数幂,它的末 $m$ 位数字中任意相邻两个数字具有不同的奇偶性.

**证明** 首先用归纳法易证对任意正整数 $n$,$2^{n+1} \parallel 5^{2^n}-1$. 下面对 $m$ 归纳,设已有 $5^n$ 的末 $m$ 位数字奇偶性交替变化,则考虑数 $5^{n+2^{m-1}}$

$$5^{n+2^{m-1}} - 5^n = 5^n(5^{2^{m-1}}-1) \equiv 2^m \pmod{2^{m+1}}$$
$$5^n \equiv 5^{n+2^{m-1}} \pmod{5^{m+1}}$$

即

$$5^{n+2^{m-1}} - 5^n \equiv 5\cdot 10^m \pmod{10^{m+1}}$$

因此这两个数中从右往左数第 $m+1$ 位数字的奇偶性不同,而后 $m$ 位数字的奇偶性均相同,故其中必有一个数符合题意.

1.1.12 设 $p$ 是素数,$p>3$,$n=\frac{2^{2p}-1}{3}$,则

$$2^n - 2 \equiv 0 \pmod n \quad ①$$

**证明** 由

$$n-1=\frac{2^{2p}-1}{3}-1=\frac{4(2^{p-1}+1)(2^{p-1}-1)}{3}$$

得

$$3(n-1)=4(2^{p-1}+1)(2^{p-1}-1) \quad ②$$

因 $p>3$,$p\mid 2^{p-1}-1$,由②得

$$2p \mid n-1 \quad ③$$

再由③可推得

$$2^{2p}-1 \mid 2^{n-1}-1 \quad ④$$

而$n\mid 2^{2p}-1$,由式④得

$$n\mid 2^{n-1}-1$$

故式①成立.

1.1.13 设$m,n\in\mathbf{N}^*$,且$\sqrt{7}>\frac{m}{n}$,求证:$\sqrt{7}-\frac{m}{n}>\frac{1}{mn}$.

(罗马尼亚,1978年)

**证明** 只需证明,由$\sqrt{7}n-m>0$可以推出$\sqrt{7}n-m>\frac{1}{m}$,其中$m,n\in\mathbf{N}^*$.如果$\sqrt{7}n-m=1$,则$\sqrt{7}=\frac{1+m}{n}$为有理数,不可能.设$0<\sqrt{7}n-m<1$.注意,因为$m^2$被7除的余数不能是6或5.事实上

$$(7k)^2\equiv 0\pmod 7,\quad (7k\pm 1)^2\equiv 1\pmod 7$$

$$(7k\pm 2)^2\equiv 4\pmod 7,\quad (7k\pm 3)^2\equiv 2\pmod 7$$

所以$7n^2-m^2=(\sqrt{7}n-m)(\sqrt{7}n+m)$不能是1或2,因此$7n^2-m^2\geqslant 3$.由于

$$3m\geqslant 2m+1>2m+(\sqrt{7}n-m)=\sqrt{7}n+m$$

所以$\sqrt{7}n-m\geqslant\frac{3}{\sqrt{7}n m}>\frac{1}{m}$.证毕.

1.1.14 已知$p$是一个大于5的素数,证明:至少存在两个不同素数$q_1$和$q_2$满足$1\leqslant q_1,q_2<p-1$,且$a_i^{p-1}\not\equiv 1\pmod{p^2}$ $(i=1,2)$.

(新加坡,2004年)

**证明** 首先证明引理:若$a^b\not\equiv 1\equiv\pmod c$,则必存在素数$q\mid a$,且$q^b\not\equiv\pmod c$.设$a=p_1^{a_1}\cdot p_2^{a_2}\cdot\cdots\cdot p_t^{a_t}$,假设结论不成立,则$p_i^b\equiv 1\pmod c$ $(i=1,2,\cdots,t)$,易得$a^b\equiv 1\pmod c$,矛盾,故存在素数$q\mid a$,使得$q^b\not\equiv 1\pmod c$.

回到原题,考虑$(p-1)^{p-1}$,$(p+1)^{p-1}$,$(2p-1)^{p-1}$,$(2p+1)^{p-1}$,显然由二项式定理展开可知这4个数在模$p^2$下的余数均不为1.

所以存在$q_1\mid p-1(q_1<p-1)$,使得$q_1^{p-1}\not\equiv 1\pmod{p^2}$.

若$q_1\neq 2$,由引理存在$q_2\mid p+1$,且$q_2^{p-1}\not\equiv 1\pmod{p^2}$.

又因为$(q_1,q_2)\leqslant(p+1,p-1)=2$,而$q_1$和$q_2$为素数,所以$q_1\neq q_2$,则$q_1,q_2$即为所求.

若 $q_1=2$,那么由 $2p-1,2p+1$ 中必有一数被 3 整除,则由引理存在 $q_2\mid 2p-1$ 或 $2p+1$,且 $q_2^{p-1}\not\equiv 1\pmod{p^2}$,易得 $q_2$ 为奇数,且 $q_2\leqslant\frac{2p+1}{3}<p-1$,则 $q_1,q_2$ 即为所求,命题得证.

1.1.15 设 $p>3$,$p$ 是素数,则对任意的 $a,b$ 满足

$$ab^p-ba^p\equiv 0\pmod{6p} \quad ①$$

**证明** 因为

$$b^p-b=b(b^{p-1}-1)=b((b^2)^{\frac{p-1}{2}}-1)=$$
$$b(b^2-1)((b^2)^{\frac{n-1}{2}-1}+\cdots+1)$$

所以
$$b(b^2-1)\mid b^p-b$$

而 $6\mid b(b^2-1)$,上式给出 $6\mid b^p-b$,又因 $(6,p)=1$,$b^p-b\equiv 0\pmod p$,故

$$6p\mid b^p-b$$

由此可得

$$a(b^p-b)\equiv 0\pmod{6p} \quad ②$$

类似可得

$$b(a^p-a)\equiv 0\pmod{6p} \quad ③$$

由 ② 和 ③ 便得到式 ①.

1.1.16 求证:对任意 $n\in\mathbf{Z}^*$,$19\cdot 8^n+17$ 是合数.

**证明** 这里恒设 $k\in\mathbf{Z}^*$. 如果 $n=2k$,则

$$19\cdot 8^{2k}+17=18\cdot 8^{2k}+1\cdot(1+63)^k+(18-1)\equiv 0\pmod 3$$

如果 $n=4k+1$,则

$$19\cdot 8^{4k+1}+17=13\cdot 8^{4k+1}+6\cdot 8\cdot 64^{2k}+17=$$
$$13\cdot 8^{4k+1}+39\cdot 64^{2k}+9\cdot(1-65)^{2k}+$$
$$(13+4)\equiv 0\pmod{13}$$

如果 $n=4k+3$,则

$$19\cdot 8^{4k+3}+17=15\cdot 8^{4k+3}+4\cdot 8^3\cdot 64^{2k}+17=$$
$$15\cdot 8^{4k+3}+4\cdot 510\cdot 64^{2k}+4\cdot 2(1-65)^{2k}+$$
$$(25-8)\equiv 0\pmod 5$$

由此可见,对任意 $n\in\mathbf{Z}^*$,$19\cdot 8^n+17$ 至少被 3,13 或 5 之一整除.

心得 体会 拓广 疑问

1.1.17 设$k$是正整数,证明:存在无限多个形如$n\cdot 2^k-7$的完全平方数,其中$n$为正整数.

(罗马尼亚,1995年)

**证明** 首先证明,对任给的$k\in\mathbf{N}^*$,存在正整数$a_k$,使得$a_k^2\equiv -7\pmod{2^k}$.对$k$用数学归纳法.由直接观察可知,当$k\leqslant 3$时,取$a_k=1$便可满足条件,设对某个$k>3$,有$a_k^2\equiv -7\pmod{2^k}$.下面考虑$a_k^2$模$2^{k+1}$的余数,易知$a_k^2\equiv -7\pmod{2^{k+1}}$或$a_k^2\equiv 2^k-7\pmod{2^{k+1}}$.对于前者,可取$a_{k+1}=a_k$,对后者可取$a_{k+1}=a_k+2^{k-1}$.事实上,由于$k\geqslant 3$且$a_k$是奇数,所以

$$a_{k+1}^2=a_k^2+2^ka_k+2^{2k-2}\equiv a_k^2+2^ka_k\equiv a_k^2+2^k\equiv -7\pmod{2^{k+1}}$$

最后容易看出,序列$\{a_k\}$没有最大元素,因为可以要求对任何$k$,$a_k^2\geqslant 2^k-7$,因而$\{a_k\}$包含无穷多个不同的值.

1.1.18 证明:有无限多个形如$5^n$的数,在它们的十进制写法中至少连续出现1 976个0.

(越南,1976年)

**证明** 我们证明,对任意$k\in\mathbf{N}^*$,有无限多个$m\in\mathbf{N}^*$,使得$5^m\equiv 1\pmod{2^k}$,事实上,由Dirichlet原理,在$5^0,5^1,5^2,\cdots,5^{2^k}$中至少有两个$5^p$与$5^q$,$p>q$,它们被$2^k$除的余数相同.于是它们的差$5^p-5^q=5^q(5^{p-q}-1)$被$2^k$整除.因而$5^{p-q}-1$以及$5^{r(p-q)}-1$,$r\in\mathbf{N}^*$,都被$2^k$整除,于是对每个$m=r(p-q)$,$r\in\mathbf{N}^*$有

$$5^m\equiv 1\pmod{2^k},5^{m+k}\equiv 5^k\pmod{10^k}$$

即$5^{m+k}$的末尾$k$个数字构成$5^k$的十进制表示,取$k\in\mathbf{N}^*$,使得$2^k>10^{1\,976}$,则

$$5^k=\frac{10^k}{2^k}<10^{k-1\,976}$$

即$5^k$的十进制写法中至多含有$k-1\,976$个数字.因此$5^{m+k}$的末尾$k$个数字中,非零的数字只能是最后那$k-1\,976$个,而其余(接连出现的)1 976个数字都是0.结论证毕.

心得 体会 拓广 疑问

1.1.19　证明:(1) 每一个整数至少满足下列同余式中的一个

$$x \equiv 0 \pmod 2, x \equiv 0 \pmod 3, x \equiv 1 \pmod 4$$

$$x \equiv 5 \pmod 6, x \equiv 7 \pmod{12}$$

(2) 每一个整数至少满足下列同余式中的一个

$$x \equiv 1 \pmod 3, x \equiv 2 \pmod 4, x \equiv 5 \pmod 6$$

$$x \equiv 4 \pmod 8, x \equiv 0 \pmod 9, x \equiv 0 \pmod{12}$$

$$x \equiv 0 \pmod{16}, x \equiv 3 \pmod{18}, x \equiv 3 \pmod{24}$$

$$x \equiv 33 \pmod{36}, x \equiv 8 \pmod{48}, x \equiv 15 \pmod{72}$$

**证明**　(1) 全体偶数满足 $x \equiv 0 \pmod 2$,全体奇数可按模12分成六类

$$12k+1, 12k+3, 12k+5, 12k+7$$

$$12k+9, 12k+11, k=0, \pm 1, \cdots$$

其中 $12k+3$,$12k+9$ 满足 $x \equiv 0 \pmod 3$,$12k+1$,$12k+5$ 满足 $x \equiv 1 \pmod 4$,$12k+7$,$12k+11$ 分别满足 $x \equiv 7 \pmod{12}$ 和 $x \equiv 5 \pmod 6$.

(2) 全体偶数为

$$4k, 4k+2, k=0, \pm 1, \cdots$$

除满足 $x \equiv 2 \pmod 4$ 和 $x \equiv 4 \pmod 8$ 以外的偶数,尚有

$$8k, k=0, \pm 1, \cdots \quad ①$$

式 ① 中偶数除满足 $x \equiv 0 \pmod{16}$ 外,尚有

$$16k+8, k=0, \pm 1, \cdots \quad ②$$

式 ② 中偶数为 $4k+8$,$48k+24$,$48k+40$,分别满足

$$x \equiv 8 \pmod{48}, x \equiv 0 \pmod{12}, x \equiv 1 \pmod 3$$

全体奇数除满足 $x \equiv 5 \pmod 6$ 和 $x \equiv 1 \pmod 3$ 外,尚有 $6k+3$,即

$$72k+3, 72k+9, 72k+15, 72k+21, 72k+27$$

$$72k+33, 72k+39, 72k+45, 72k+51, 72k+57$$

$$72k+63, 72k+69, k=0, \pm 1, \cdots \quad ③$$

式 ③ 中奇数 $72k+9$,$72k+45$,$72k+63$ 满足 $x \equiv 0 \pmod 9$,$72k+3$,$72k+21$,$72k+39$,$72k+57$ 满足 $x \equiv 3 \pmod{18}$,$72k+33$,$72k+69$ 满足 $x \equiv 33 \pmod{36}$,$72k+27$,$72k+51$ 满足 $x \equiv 3 \pmod{24}$,剩下 $72k+15$ 满足 $x \equiv 15 \pmod{72}$.

**注**　是否对每一个 $n_1 \geqslant 2$ 的整数,都有一组同余式

$$x \equiv a_i \pmod{n_i}, i=1, \cdots, k$$

$n_1 < n_2 < \cdots < n_k$,使得每一个整数都至少满足其中一个?这个问题尚未解决,但证明了这样的 $n_1, n_2, \cdots, n_k$ 必须满足

心得 体会 拓广 疑问

$$\sum_{i=1}^{k} \frac{1}{n_i} > 1$$

**1.1.20** 设 $n > 1, 2 \nmid n$，则对任意的 $m$ 有

$$n \nmid m^{n-1} + 1 \qquad ①$$

**证明** 如果 $(n,m) = a > 1$，则因 $a \mid n, a \nmid (m^{n-1} + 1)$，故①成立，以下设 $(n,m) = 1$.

设 $n$ 的标准分解式为 $n = p_1^{\alpha_1} \cdots p_s^{\alpha_s}$，由 $2 \nmid n$ 可设 $p_i - 1 = 2^{m_i} t_i$，$m_i > 0, 2 \nmid t_i, i = 1, \cdots, s, m_j = \min\{m_1, \cdots, m_s\}$，于是有

$$n - 1 = p_1^{\alpha_1} \cdots p_s^{\alpha_s} - 1 \equiv 0 \pmod{2^{m_j}}$$

故可设 $$n - 1 = 2^{m_j} \cdot u, u > 0$$

如果式①不成立，则

$$m^{n-1} + 2 \equiv 0 \pmod n$$

即 $$m^{2^{m_j} \cdot u} + 1 \equiv 0 \pmod n$$

由于 $2 \nmid t_j$，即 $t_j$ 是奇数，由上式得出

$$m^{2^{m_j} \cdot u \cdot t_j} + 1 \equiv 0 \pmod n$$

用 $2^{m_j} t_j = p_j - 1$ 代入，即得

$$m^{(p_j - 1)u} + 1 \equiv 0 \pmod n \qquad ②$$

因 $(n,m) = 1$，即知 $(p_j, m) = 1$，由此 $m^{(p_j-1)u} - 1 \equiv 0 \pmod{p_j}$，故从式②得

$$2 \equiv 0 \pmod{p_j}$$

与假设 $p_j > 2$ 矛盾.

**注** 由此题可立刻推得，设 $n > 1$，则对任意的 $l$，有

$$n \nmid (2l)^{n-1} + 1$$

**1.1.21** 设 $p_1, p_2$ 是两个奇素数，$p_1 > p_2$，则对任意的 $m$ 有

$$p_1 p_2 \nmid m^{p_1 - p_2} + 1 \qquad ①$$

**证明** 当 $p_1 \mid m$ 或 $p_2 \mid m$ 时，式①显然成立. 以下设 $(p_1, m) = (p_2, m) = 1$. 如果式①不成立，则有

$$p_1 p_2 \mid m^{p_1 - p_2} + 1$$

即得 $p_1 p_2 m^{p_2} \mid m^{p_1} + m^{p_2}$. 故有

$$p_1 p_2 \mid m^{p_1} + m^{p_2} \qquad ②$$

由于 $m^{p_1} \equiv m \pmod{p_1}$，从式②推出

$$m^{p_2} \equiv - m^{p_1} \equiv - m \pmod{p_1} \qquad ③$$

由式③两边 $p_1$ 次幂后得

心得 体会 拓广 疑问

$$m^{p_1p_2} \equiv (-m)^{p_1} \equiv -m^{p_1} \equiv -m \pmod{p_1}$$

因$(p_1,m)=1$,故由上式得

$$m^{p_1p_2-1} \equiv -1 \pmod{p_1} \quad ④$$

同理

$$m^{p_1p_2-1} \equiv -1 \pmod{p_2} \quad ⑤$$

由 ④ 和 ⑤ 得

$$m^{p_1p_2-1} \equiv -1 \pmod{p_1p_2}$$

即

$$p_1p_2 \mid m^{p_1p_2-1}+1$$

这与上题的结论矛盾,故式 ① 成立.

1.1.22 如果 $p$ 是一个奇素数,证明

$$1^2 \cdot 3^2 \cdot \cdots \cdot (p-2)^2 \equiv (-1)^{\frac{p+1}{2}} \pmod p$$

$$2^2 \cdot 4^2 \cdot \cdots \cdot (p-1)^2 \equiv (-1)^{\frac{p+1}{2}} \pmod p$$

**证明** 由

$$(p-1)! \equiv -1 \pmod p \quad ①$$

另外

$$i \equiv -(p-i) \pmod p \quad ②$$

当 $i$ 取 $2,4,\cdots,p-1$ 时,由 ② 和 ① 得

$$1^2 \cdot 3^2 \cdot \cdots \cdot (p-2)^2 \equiv (-1)^{\frac{p-1}{2}}(p-1)! \equiv (-1)^{\frac{p+1}{2}} \pmod p$$

当 $i$ 取 $1,3,\cdots,p-2$ 时,由 ② 和 ① 得

$$2^2 \cdot 4^2 \cdot \cdots \cdot (p-1)^2 \equiv (-1)^{\frac{p-1}{2}}(p-1)! \equiv (-1)^{\frac{p+1}{2}} \pmod p$$

1.1.23 在一个巨大的黑板上开始写上$\underbrace{99\cdots9}_{2\,007个9}$,此后每一分钟我们都把黑板上的一个数分解为两个因子(两个因子不写在黑板上),并把这两个因子加 2 或者减 2 后写在黑板上. 这样每分钟黑板上都增加一个数,请问:是否可能在某个时刻黑板上的数都是 9?

**解** 由于$\underbrace{99\cdots9}_{2\,007个9} \equiv 3 \pmod 4$,$4k+3$ 形式的整数只能分解为一个 $4k+3$ 形式整数与 $4k+1$ 形式整数的乘积,无论加 2 还是减 2 都会把 $4k+1$ 形式的整数变成 $4k+3$ 形式的整数,因此每个时刻黑板上都有 $4k+3$ 形式的整数存在,所以不可能出现所有数都是 9 的情况.

心得 体会 拓广 疑问

1.1.24 设 $p\geqslant 5$ 是一个素数,证明:存在一个整数 $a$ 满足 $1\leqslant a\leqslant p-2$,并且 $a^{p-1}-1$ 和 $(a+1)^{p-1}-1$ 都不能被 $p^2$ 整除.

**证明** 假设

$$C=\{a\mid a\in\mathbf{Z},1\leqslant a\leqslant p-1,a^{p-1}\equiv 1(\mathrm{mod}\ p^2)\}$$

显然 $1\in C$.

由于 $(p-a)^{p-1}-a^{p-1}\equiv-(p-1)pa^{p-2}\not\equiv 0(\mathrm{mod}\ p^2)$,所以 $p-a,a$ 不能同时属于 $C$. 故 $C$ 最多只能有 $\frac{p-1}{2}$ 个元素.

假设结论不成立,则对于任意 $1\leqslant a\leqslant p-2$,$a^{p-1}-1$ 和 $(a+1)^{p-1}-1$ 中至少有一个是 $p^2$ 的倍数,这样 $C$ 至少有 $\frac{p-1}{2}$ 个元素,因此 $C$ 恰好有 $\frac{p-1}{2}$ 个元素,这样只能有 $1,3,\cdots,p-4,p-2$ 属于 $C$.

而 $(p-a)^{p-1}-a^{p-1}\equiv-(p-1)pa^{p-2}\equiv pa^{p-2}(\mathrm{mod}\ p^2)$,因此,若 $(p-a)\in C$,则

$$a^{p-1}\equiv 1-pa^{p-2}(\mathrm{mod}\ p^2)$$

故

$$a^p\equiv a[1-pa^{p-2}](\mathrm{mod}\ p^2)$$

故

$$a\equiv a^p+pa^{p-1}(\mathrm{mod}\ p^2)$$

由于 $p-2,p-4\in C$,所以

$$2\equiv 2^p+p2^{p-1}(\mathrm{mod}\ p^2)\qquad(*)$$

$$4\equiv 4^p+p4^{p-1}(\mathrm{mod}\ p^2)$$

$(*)$ 平方可得

$$4\equiv 4^p+p2^{2p}(\mathrm{mod}\ p^2)$$

故 $2^{2p-2}\equiv 2^{2p}(\mathrm{mod}\ p)\Rightarrow p\mid 3$,矛盾.

1.1.25 $b,m,n$ 都是正整数且 $b\geqslant 2,m\neq n$,如果 $b^m-1$ 和 $b^n-1$ 的素因数的集合相同,则 $b+1$ 一定是 2 的方幂.

**证明** 以下我们记 $a:b\Leftrightarrow a,b$ 的素因数的集合相同.

**引理1** $a,k$ 是正整数,$p$ 是奇素数,$\alpha,\beta$ 是非负整数,且 $\alpha\geqslant 1$. 若 $p^\alpha\parallel(a-1)$,$p^\beta\parallel k$,则 $p^{\alpha+\beta}\parallel(a^k-1)$.

**引理1证明** 当 $\beta=0$ 时,$\frac{a^k-1}{a-1}=\sum_{i=0}^{k-1}a^i\equiv k\not\equiv 0(\mathrm{mod}\ p)$,

故 $p^{\alpha+\beta}\parallel(a^k-1)$;假设引理1对于 $\beta=s\geqslant 0$ 时成立,我们来讨论 $\beta=s+1$ 的情况,令 $k=p^{s+1}t,(p,t)=1$,根据归纳假设,存在 $m$ 使得 $a^{k/p}=mp^{\alpha+\beta}+1,(p,m)=1$. 故 $a^k-1=\sum\limits_{i=1}^{p}C_p^i(mp^{\alpha+s})^i$,除了 $C_p^1(mp^{\alpha+s})^1$ 外其他每项都是 $p^{\alpha+s+2}$ 的倍数,故 $p^{\alpha+s+1}\parallel(a^k-1)$,证毕.

**引理2** 对于任意 $k,a>1,(a^k-1):(a-1)\Rightarrow k,a+1$ 都是2的幂.

**引理2证明** 设 $p$ 是 $k$ 的奇素数因子且 $p^\beta\parallel k$,令 $X=\sum\limits_{i=0}^{p\beta-1}a^i$,则 $(a-1)X=(a^{p^\beta}-1)\mid(a-1)$,因此 $X$ 的每一个素因子 $q$ 也都是 $(a-1)$ 的因子,故 $a\equiv 1\pmod q\Rightarrow X\equiv p^\beta\equiv 0\pmod q$,因此 $p=q$,因此 $X$ 是 $p$ 的方幂. 设 $p^\alpha\parallel(a-1)$,根据引理1,$p^{\alpha+\beta}\parallel(a^{p^\beta}-1)$,因此 $p^\beta\parallel X\Rightarrow X=p^\beta\Rightarrow a=1$,矛盾,因此 $k$ 是2的幂. 此时 $(a+1)$ 也是 $(a^k-1)$ 的因子,由于 $(a^k-1)\mid(a-1)$,故 $(a+1)$ 的素因子也是 $a-1$ 的素因子,而 $(a-1,a+1)=1,2$,所以 $a+1$ 是2的幂.

下证该题. 假设 $(m,n)=d,m>n$,则

$$(b^m-1,b^n-1)=b^d-1$$

因此

$$(b^m-1)\parallel(b^n-1)\Rightarrow(b^m-1)\parallel(b^d-1)$$

我们令 $a=b^d,m=kd$,则有

$$(a^k-1)\mid(a-1)$$

由引理2,$a+1$ 是2的幂,即 $b^d+1$ 是2的幂. 如果 $d$ 是偶数,则 $b^d+1$ 不可能是4的倍数,只能有 $b=1$ 矛盾. 因此 $d$ 是奇数,这样 $(b+1)\mid b^d+1$,故 $b+1$ 也是2的幂.

1.1.26 求所有正整数对 $(a,b,c)$ 使得 $(2^c-1)\mid 2^a+2^b+1$.

**解** 设 $n=2^c-1,a=k_1c+r,b=k_2c+s,0\leqslant r,s\leqslant c-1$,则有

$$2^a\equiv 2^r\pmod n,2^b\equiv 2^s\pmod n$$

① 若 $c\geqslant 4$,则当 $r+s\leqslant 2(c-1)-1$ 时

$$2^r+2^s+1<2^{c-1}+2^{c-1}-1=n$$

故无解. 若 $r=s=c-1$,则

$$2^r+2^s+1=2^c+1\equiv 2\pmod n$$

也无解.

② 当 $c=3$ 时,$2^r+2^s+1\equiv 0\pmod 7\Leftrightarrow r=1,s=2$ 或者 $r=2,s=1$,故有

心得 体会 拓广 疑问

$$a+b\equiv 0(\bmod 3),且(a,3)=1$$

容易检验,此时的确符合要求.

③ 当 $c=2$ 时,$2^r+2^s+1\equiv 0(\bmod 3)\Leftrightarrow r=s=0$,即 $a,b$ 都是偶数,也满足要求.

④ 当 $c=1$ 时,所有的 $a,b$ 都符合要求.

1.1.27 如果 $a\equiv b(\bmod n)$,则 $a^n\equiv b^n(\bmod n^2)$,反过来成立吗?

**证明** $a\equiv b(\bmod n)\Rightarrow a=b+nq\Rightarrow$

$$(b+nq)^n-b^n=\sum_{i=1}^{n}C_n^i b^{n-i}(qn)^i\equiv 0(\bmod n^2)$$

反过来不成立,例如 $3^4\equiv 1^4(\bmod 4^2)$,但是 $3\not\equiv 1(\bmod 4)$.

1.1.28 求所有正整数组 $(a,m,n)$,使得 $\frac{(a+1)^n}{(a^m+1)}$ 也是正整数.

**解** $(a,1,m),(1,m,n)$ 显然都满足要求,以下我们假设 $a\geqslant 2,m\geqslant 2$. 如果 $m$ 是偶数,则

$$a^m+1=a^m-1+2\equiv 2(\bmod a+1)$$

因此

$$(a^m+1,a+1)\leqslant 2$$

因此

$$a^m+1\mid (a+1)^n\Rightarrow a^m+1 为 2 的幂 \Rightarrow a 是奇数 \Rightarrow$$
$$a^m+1=(a^{m/2})^2+1\equiv 2(\bmod 4)\Rightarrow$$
$$a^m+1=2\Rightarrow a=1$$

矛盾. 因此 $m$ 是奇数,令 $p$ 是 $m$ 的任意素因子,设 $m=pd,b=a^d$,则

$$(a+1)^n\mid (a^d+1)^n=(b+1)^n$$

所以

$$(b^p+1)=(a^m+1)\mid (b+1)^n$$

因此

$$D=\frac{b^p+1}{b+1}=\sum_{i=0}^{p-1}(-1)^i b^i\mid (b+1)^n$$

由于 $D\equiv p(\bmod b+1)$,故可设 $D=(b+1)t+p$,又由于 $D$ 的所有素因子也是 $(b+1)$ 的素因子,所以 $D$ 只能有 $p$ 这一个素因子,即 $D$ 是 $p$ 的幂,且 $p\mid b+1$. 设 $b=kp-1,k\in\mathbf{Z}$,则有

$$D\equiv\sum_{i=0}^{p-1}-(ikp-1)\equiv -kp\frac{p(p-1)}{2}+p\equiv p(\bmod p^2)$$

故只能有 $D=p$,若 $p\geqslant 5$,则有

$$D=\frac{b^p+1}{b+1}\geqslant b^{p-1}-b^{p-2}\geqslant b^{p-2}>p$$

矛盾. 故只能有 $p=3$,代入可得 $a^d=b=2$,因此

心得 体会 拓广 疑问

$$a=2,d=1\Rightarrow m=pd=3$$

容易检验$(2,3,n)$也的确满足要求. 因此$(a,1,m)$,$(1,m,n)$,$(2,3,n)$是问题的全部解.

1.1.29 设$A$是一个无限正整数集合,$n\geqslant 2$是一个给定的正整数. 已知对任意一个不整除$n$的素数$p$,集合$A$中都有无穷多个元素不能被$p$整除. 证明:对于任意与$n$互素的整数$m\geqslant 2$,存在有限多个$A$的互不相等的素数,它们的和$S$满足$S\equiv 1(\bmod m)$,$S\equiv 0(\bmod n)$.

**证明** 设$m$的全部素因子为$p_1,p_2,\cdots,p_k$,$(m,n)=1\Rightarrow\forall 1\leqslant i\leqslant k,(p_i,n)=1$. 有已知条件存在一个$A$的无穷子集$A_i$使得$A_i$中的元素都与$p_i$互素,将$A_i$的元素按照除以$mn$的余数分为$mn$个不同的子集,则其中必然有一个子集有无穷多个元素,因此存在一个整数$1\leqslant a_i\leqslant mn$,以及一个$A$的无穷子集$B_i$,使得$B_i$的所有元素$x$满足$(x,p_i)=1$,且$x\equiv a_i(\bmod mm)$. 由于$p_i\mid m$,所以$(a_i,p_i)=1$.

令$d=(a_1,a_2,\cdots,a_k)$,由于$p_1,p_2,\cdots,p_k$是$m$的全部素因子,因此$(d,m)=1$,否则必然存在一个$p_i\mid d\Rightarrow p_i\mid a_i$,矛盾. 由$d$的定义,存在整数$b_1,b_2,\cdots,b_k$使得$\sum\limits_{i=1}^{k}b_ia_i=d$,又由于$(nd,m)=1$,所以存在一个整数$c$使得$cnd\equiv 1(\bmod m)$,因此

$$\sum_{i=1}^{k}(cn)b_ia_i\equiv cnd\equiv 1(\bmod m) \qquad ①$$

而对于$\forall 1\leqslant i\leqslant k$,都存在正整数$d_i$,使得

$$d_i\equiv cnb_i(\bmod mm) \qquad ②$$

代入①得到$\sum\limits_{i=1}^{k}d_ia_i\equiv 1(\bmod n)$,由②立得

$$\sum_{i=1}^{k}d_ia_i\equiv 0(\bmod n)$$

因此对于$\forall 1\leqslant i\leqslant k$,我们只要在$B_i$中任意选取$d_i$个元素,把所有这$\sum\limits_{i=1}^{k}d_i$个数放在一起就构成了满足我们要求的$A$的有限子集.

心得 体会 拓广 疑问

1.1.30 $p$是一个奇素数,是否存在一个$(1,2,\cdots,p-1)$的置换$(a_1,a_2,\cdots,a_{p-1})$使得$\{ia_i\}_{i=1}^{p-1}$中有$p-2$项除以$p$的余数不同.

**解** 对于每一个$1\leqslant i\leqslant p-2$,$ix\equiv i+1(\bmod p)$只能有唯一一个解$2\leqslant x\leqslant p-1$,设这个解为$a_i$,假设存在$1\leqslant i<j\leqslant p-2$,$a_i=a_j=a$,则

$$ia\equiv i+1(\bmod p),ia\equiv j+1(\bmod p)$$

相减得到$(i-j)a\equiv i-j(\bmod p)\Rightarrow a\equiv 1(\bmod p)$矛盾,所以任意$1\leqslant i<j\leqslant p-2$,$a_i$,$a_j$都不相同,我们最后再取$a_{p-1}=1$即可.

1.1.31 证明:对任意$m\in\mathbf{N}^*$,有无限多个形如$5^n$的数,$n\in\mathbf{N}^*$,使得在它们的十进制写法中,末尾$m$个数字的每一个都与其相邻的数字有不同的奇偶性.

(英国,1977年)

**证明** 首先,对$j\in\mathbf{Z}^*$用归纳法证明,$5^{2^j}-1$被$2^{j+2}$整除,但不被$2^{j+3}$整除.当$j=0$时,$5^{2^0}-1=4$,结论正确.设对某个$j\geqslant 0$,$5^{2^j}-1$被$2^{j+2}$整除,但不被$2^{j+3}$整除.则因$5^{2^j}+1\equiv(4+1)^{2^j}+1\equiv 2(\bmod 4)$,故$5^{2^{j+1}}-1\equiv(5^{2^j}-1)(5^{2^j}+1)$被$2^{j+3}$整除,但不被$2^{j+4}$整除.再对$m\in\mathbf{N}^*$用归纳法证明题中结论成立.当$m=1$时,由于有无限多个$n\in\mathbf{N}^*$,使得$5^n$的十进制写法中最后一个数字5(奇数)与其最后第二个数字2(偶数)相邻,所以结论对$m=1$成立.设结论对某个$m\geqslant 1$成立,即有无限多个$n\in\mathbf{N}^*$,使得$5^n$的末尾$m+1$个数字交替变换奇偶性.设$5^n$即是其中一个,且$5^n>10^{m+2}$,现在构造$5^k$,使它的末尾$m+2$个数字交替变换奇偶性.如果上面取定的$5^n$的(自右算起的)第$m+2$位与第$m+1$位数字的奇偶性不同,则取$k=n$.否则取$k=n+2^{m-1}$,则

$$5^{k-(m+2)}-5^{n-(m+2)}\equiv 5^{n-(m+2)}(5^{2^{m-1}}-1)\equiv 2^{m+1}(\bmod 2^{m+2})$$

因为$5^{2^{m-1}}-1$被$2^{m+1}$整除,但不被$2^{m+2}$整除,所以

$$5^k-5^n\equiv 5\cdot 10^{m+1}(\bmod 10^{m+2})$$

这表明,$5^k$与$5^n$的末尾$m+1$个数字完全相同,但它们的(自右算起的)第$m+2$位数字的奇偶性不同.这样,第$m+2$位与第$m+1$位数字的奇偶性不同的数$5^k$便构造出来了(并且由于只要求$k$适合$5^k\geqslant 5^n$,所以这样的$5^k$有无限多个),所以结论对$m+1$成立.

心得 体会 拓广 疑问

1.1.32 是否存在两两互素的整数 $a,b,c\geqslant 2$,使得 $b\mid 2^a+1,c\mid 2^b+1,a\mid 2^c+1$ 都成立.

**解** 如果存在这样的 $a,b,c$,它们肯定都是奇数,我们用函数 $p(n)$ 表示 $n$ 的最小素因子,由于 $a,b,c$ 两两互素,所以 $p(a)$, $p(b),p(c)$ 是互不相同的三个素数,不妨设其中 $p(a)$ 最小, $2^{(2c,p(a)-1)}\equiv 2^2\equiv(\bmod p(a))\Rightarrow p(a)=3$,若 $9\mid a$,则有 $2^{2c}\equiv 1\equiv 2^6(\bmod 9)$,由于 $(c,3)=1$,因此 $2^{(2c,6)}\equiv 2^2=3\equiv 1(\bmod 9)$,矛盾,令 $a=3a_0$,则有 $(3,a_0bc)=1$.

我们设 $q=p(a_0bc)$,我们已经得到 $q\neq 3$.

①若 $q\mid a_0$,则 $q\mid 2^c+1\Rightarrow 2^{(2c,q-1)}\equiv 1(\bmod q)$,而 $(q,c)\mid(a,c)=1\Rightarrow 2^2\equiv 1(\bmod q)$,矛盾.

② 若 $q\mid c$,则 $q\mid 2^b+1\Rightarrow 2^{(2b,q-1)}\equiv 1(\bmod q)$,而 $(q,c)\mid(a,c)=1\Rightarrow 2^2\equiv 1(\bmod q)$,矛盾.

③ 只能有 $q\mid b$,故 $q\mid 2^a+1\Rightarrow 2^{(2a,q-1)}\equiv 1(\bmod q)$,由于 $q=p(a_0bc)$,且 $(q,a)=1$,因此 $a$ 小于 $q-1$ 的素因子只能是 3,因此 $(2a,q-1)\mid 6$,也即 $2^6\equiv 1(\bmod q)\Rightarrow q\mid 63\Rightarrow q=7$,由于 $2^3\equiv 1(\bmod 7)$,所以 $2^a\equiv 1(\bmod 7)$,但是又有 $7\mid 2^a+12^a+1\equiv 0(\bmod 7)$,矛盾.

综上所述,这样的 $a,b,c$ 不存在.

1.1.33 若 $1+2^n+4^n$ 是素数,则 $n=3^k$,$k$ 为自然数.

(联邦德国,1979 年)

**证明** 设 $n=3^kr$,其中 $k\in\mathbf{Z}^*$,且 $r\in\mathbf{N}^*$ 不被 3 整除,我们证明 $p=1+2^n+4^n$ 被 $q=1+2^{3^k}+4^{3^k}$ 整除.分两种可能的情形讨论.

(1)$r=3s+1,s\in\mathbf{Z}^*$,有

$$p-q=(2^n-2^{3^k})+(4^n-4^{3^k})=$$
$$2^{3^k}(2^{3^k3s}-1)+4^{3^k}(2^{3^k\cdot 6s}-1)\equiv$$
$$0(\bmod (2^{3^k3}-1))$$

因为 $2^{3^k\cdot 3}-1=(2^{3^k}-1)(1+2^{3^k}+4^{3^k})=(2^{3^k}-1)q$

所以 $p-q$ 被 $q$ 整除,因此 $q\mid p$.

(2)$r=3s+2,s\in\mathbf{Z}^*$,有

$$p-q=(4^n-4^{3^k})+(2^n-4^{3^k})=$$
$$2^{3^k}(2^{3^k3(2s+1)}-1)+2^{2\cdot 3^k}(2^{3^k3s}-1)\equiv$$
$$0(\bmod (2^{3^k3-1}))$$

与(1)一样,由此可得 $p\mid q$.

心得 体会 拓广 疑问

1.1.34 设 $A=\{1,2,3,\cdots,17\}$. 对于一一映射 $f:A\to A$,记 $f^{[1]}(x)=f(x)$, $f^{[k+1]}(n)=f(f^{[k]}(x))$, $k\in\mathbf{N}$.
又 $f$ 满足条件:存在自然数 $M$,使得

(1) 当 $m<M$, $1\leqslant i\leqslant 16$ 时,有

$$f^{[m]}(i+1)-f^{[m]}(i)\not\equiv \pm 1\pmod{17}$$

$$f^{[m]}(1)-f^{[m]}(17)\not\equiv \pm 1\pmod{17}$$

(2) 当 $1\leqslant i\leqslant 16$ 时

$$f^{[M]}(i+1)-f^{[M]}(i)\equiv 1 \text{ 或 } -1\pmod{17}$$

$$f^{[M]}(1)-f^{[M]}(17)\equiv 1 \text{ 或 } -1\pmod{17}$$

试对满足上述条件的一切 $f$,求所对应的 $M$ 的最大可能值,并证明你的结论.

(第12届中国中学生数学冬令营,1997年)

**解** 所求的 $M_0=8$,先证 $M_0\geqslant 8$.

事实上,可令映射 $f(i)\equiv 3i-2\pmod{17}$,其中 $i\in A$, $f(i)\in A$. 若

$$f(i)\equiv f(j)\pmod{17}$$

则 $3i-2\equiv 3j-2\pmod{17}$,即 $i\equiv j\pmod{17}$. 所以 $i=j$.

因此,映射 $f$ 是从 $A$ 到 $A$ 的一一映射. 又由映射 $f$ 的定义,易知

$$f^{[n]}(i)\equiv 3^n\cdot i-3^n+1\pmod{17}$$

若

$$\begin{cases}f^{[M]}(i+1)-f^{[M]}(i)\equiv 1 \text{ 或 } -1\pmod{17}\\ f^{[M]}(1)-f^{[M]}(17)\equiv 1 \text{ 或 } -1\pmod{17}\end{cases}$$

$$\begin{cases}[3^M(i+1)-3^M+1]-[3^M\cdot i-3^M+1]\equiv \text{或 } -1\pmod{17}\\ 1-[3^M\times 17-3^M+1]=1 \text{ 或 } -1\pmod{17}\end{cases}$$

即

$$3^M\equiv 1 \text{ 或 } -1\pmod{17}$$

但

$$3^1\equiv 3, 3^2\equiv 9, 3^3\equiv 10, 3^4\equiv 13$$

$$3^5\equiv 5, 3^6\equiv 15, 3^7\equiv 11, 3^8\equiv -1\pmod{17}$$

故 $M_0\geqslant 8$.

任作一个凸17边形 $A_1A_2\cdots A_{17}$,记作 $G$.

规定:当 $i=17$ 时,取 $i+1=1$. 当 $i=1$ 时,取 $i-1=17$.

然后按如下规则连线段:若 $1\leqslant m<M_0$,当 $f^{[m]}(i)=a$, $f^{[m]}(i+1)=b$ 时,就连线段 $A_aA_b$.

显然,所连线段必为 $G$ 的对角线. 下面证明,所连的对角线没有重复.

若有两条对角线连线相同,即存在 $i,j$ 及 $M_0>p>q>0$,使

$$f^{[p]}(i)=f^{[q]}(j)$$

$$f^{[p]}(i+1)=f^{[q]}(j-1)$$

或

$$f^{[p]}(i+1)=f^{[q]}(j+1)$$

心得 体会 拓广 疑问

于是,有

$$f^{[p-q]}(i)=j$$

$$f^{[p-q]}(i+1)=j+1$$

或 $$f^{[p-q]}(i+1)=j-1$$

且 $M_0>p-q>0$. 这与 $M_0$ 的定义矛盾.

故所连对角线没有重复,但 $G$ 共有 $17\times 7$ 条对角线. 所以

$$17\times(M_0-1)\leqslant 17\times 7$$

即 $M_0\leqslant 8$,故 $M_0=8$.

1.1.35 证明:所有使方程 $\frac{1}{x}+\frac{1}{y}=\frac{3}{n}$ 无正整数解的 $n(n\in\mathbf{N}^*)$ 的集合不能表示成有限个算术级数(不论有限或无限)之集合的并集.

(加拿大,1982 年)

**证明** 设题中所说的自然数集合 $M$ 可表为有限个算术级数集合之并集. 我们证明,这些级数中没有无限算术级数. 事实上,设集合 $M$ 含有所有形如 $a+jd$ 的数,其中 $a,d\in\mathbf{N}^*$ 是取定的,而 $j\in\mathbf{Z}^*$. 因为当 $n=3d-1$ 时

$$\frac{3}{n}=\frac{3}{3d-1}=\frac{1}{d}+\frac{1}{d(3d-1)}=\frac{1}{x}+\frac{1}{y}$$

所以 $3d-1\notin M$. 其次,由

$$\frac{3}{n}=\frac{1}{x}+\frac{1}{y}$$

可得 $$\frac{3}{mn}=\frac{1}{mx}+\frac{1}{my}$$

其中 $m\in\mathbf{N}^*$,因此如果 $n\notin M$,则对任意 $m\in\mathbf{N}^*$,$mn\notin M$. 现在取 $m$,使得 $m\equiv -a(\bmod d)$,且 $m\geqslant\frac{a}{3d-1}$. 于是 $m(3d-1)\equiv a(\bmod d)$. 因此存在 $j\in\mathbf{Z}^*$,使得 $m(3d-1)=a+jd\in M$. 另一方面,因为 $3d-1\notin M$,所以 $m(3d-1)\notin M$,矛盾. 这表明,集合 $M$ 只能是有限个有限的算术级数之集合的并. 下面证明,集合 $M$ 含有无限多个数. 为此只需验证,对任意 $k\in\mathbf{Z}^*$,$n=7^k$ 属于 $M$. 否则方程

$$\frac{3}{7^k}=\frac{1}{x}+\frac{1}{y}$$

有解 $x,y\in\mathbf{N}^*$. 记 $q=(x,y)$,则 $x=qx_1,y=qy_1,(x_1,y_1)=1$,且

$$\frac{3}{7^k}=\frac{x+y}{xy}=\frac{x_2+y_1}{qx_1y_1}$$

即 $7^k(x_1+y_1)=3qx_1y_1$. 注意 $(x_1+y_1,x_1y_1)=1$,这是因为如果素数

心得 体会 拓广 疑问

$p$ 整除 $x_1y_1$，则因 $(x_1,y_1)=1$，所以 $x_1$ 与 $y_1$ 恰有一个被 $p$ 整除，从而 $x_1+y_1$ 不被 $p$ 整除. 由于 $7^k(x_1+y_1)$ 被 $x_1y_1$ 整除，因此

$$x_1=7^u, y_1=7^v, u,v\in \mathbf{Z}^*$$

$$x_1=(2\cdot 3+1)^u\equiv 1(\bmod 3)$$

$$y_1=(2\cdot 3+1)^v\equiv 1(\bmod 3)$$

$$x_1+y_1\equiv 2(\bmod 3)$$

即 $7^k(x_1+y_1)$ 不被 3 整除，与 $7^k(x_1+y_1)=3qx_1y_1$ 相矛盾. 因此，无限集合 $M$ 不能表示成有限多个有限算术级数集合之并.

1.1.36 试求满足以下条件的全部素数 $p$：对任一素数 $q<p$，若 $p=kq+r, 0\leqslant r<q$，则不存在大于 1 的整数 $a$，使得 $a^2$ 整除 $r$.

（中国国家集训队选拔考试，1999 年）

**解** 注意到

$$p=2, p=3=1\times 2+1$$

$$p=5=2\times 2+1=1\times 3+2$$

$$p=7=2\times 3+1=1\times 5+2$$

均满足题目要求的条件. 而

$$p=11=1\times 7+4=1\times 7+2^2$$

$p=11$ 不满足题目要求条件.

现考虑 $p>11$ 的情形. 考察

$$p-r=kq, 0\leqslant r<q \quad ①$$

显然，由素数 $q<$ 素数 $p$ 及 $p>11$ 知

$$r\neq 1,2,3,5,6,7,10,11,12$$

现研究 $p-4, p-8, p-9$.

由于 $p-4$ 不能含有大于 3 的素约数，由 ① 有

$$p-4=3^a, a\geqslant 2$$

由于 $p$ 是奇素数，所以 $p-9$ 是偶数，含有素约数 2，且它的素约数不超过 7.

由于 $p-9=3^a-5$，则 $p-9$ 不能含素约数 5.

于是 $p-9$ 只能含素约数 2 和 7.

再考虑 $p-9$ 所含素约数 2 的最高次幂

$$p-9=3^a-5\equiv\begin{cases}1-5\\3-5\end{cases}\equiv\begin{cases}4\\6\end{cases}(\bmod 8)$$

于是 $8\nmid p-9$.

这样，$p-9$ 只有两种可能

$$p-9=2\cdot 7^b \text{ 或 } p-9=2^2\cdot 7^b$$

心得 体会 拓广 疑问

若 $p-9=2\cdot 7^b$,则 $3^a-5=2\cdot 7^b$. 即

$$3^a=2(7^b+1)+3$$

由此得 $0\equiv 7\equiv 1 \pmod 3$,矛盾.

于是只有

$$p-9=4\cdot 7^b \quad ②$$

或

$$p-8=4\cdot 7^b+1$$

由于 $p-8$ 不含大于 7 的素约数.

由 $3\mid p-4$ 得 $3\nmid p-8$.

由 $7\mid p-9$ 得 $7\nmid p-8$.

这样,$p-8$ 只含素约数 5

$$p-8=5^c \quad ③$$

于是,由 ② 和 ③ 得

$$4\cdot 7^b=5^c-1, b\geqslant 0, c\geqslant 1$$

若 $b\geqslant 1$,考虑数列

$$\{5^c-1 \pmod 7\}=\{4,3,5,1,2,0,4,3,5,1,2,0,\cdots\}$$

于是 $c$ 是 6 的倍数.

设 $c=2c', c'\geqslant 1$,则

$$4\cdot 7^b=25^{c'}-1$$

即 $24\mid 4\cdot 7^b$,这是不可能的.

所以,$b\geqslant 1$ 不成立. 于是 $b=0, c=1$,故

$$p-8=4\cdot 7^0+1$$

即 $p=13$.

综上,$p=2,3,5,7,13$.

1.1.37 (1) 设素数 $p$ 满足 $p\equiv 7 \pmod 8$,证明:$p$ 必不能表作三个平方数之和.

(2) 利用(1) 的结果,证明:如果正整数 $n$ 可写作 $n=4^l(8k+7)$,这里 $l,k$ 是非负整数,那么 $n$ 不能表作三平方数之和.

**证明** (1) 设存在三个整数 $a,b,c$,使

$$p=a^2+b^2+c^2$$

其中 $a,b,c$ 或为偶数,或为奇数. 因此下式

$$a^2\equiv 0 \pmod 8, a^2\equiv 1 \pmod 8, a^2\equiv 4 \pmod 8$$

必居其一. 事实上,当 $a$ 是奇数 $a=4m+1$ 或 $a=4m+3$ 时,有 $a^2\equiv 1 \pmod 8$. 当 $a$ 是偶数 $a=4m$ 或 $a=4m+2$ 时,有 $a^2\equiv 0 \pmod 8$ 或 $a^2\equiv 4 \pmod 8$. 同样 $b$ 和 $c$ 也必居下式之一

$$b^2\equiv 0 \pmod 8, b^2\equiv 1 \pmod 8, b^2\equiv 4 \pmod 8$$

$$c^2\equiv 0 \pmod 8, c^2\equiv 1 \pmod 8, c^2\equiv 4 \pmod 8$$

将 $a,b,c$ 所有可能满足的式子任意组合,只能得到

心得 体会 拓广 疑问

$$a^2+b^2+c^2\equiv 0,1,2,3,4,5,6 \pmod 8$$

而得不到 $a^2+b^2+c^2\equiv 7 \pmod 8$. 因此,形如 $p\equiv 7 \pmod 8$ 的素数不能表作三平方数之和.

**注** 形如 $p\equiv 7 \pmod 8$ 的素数有无穷多个,因此不能表作三平方数之和的素数有无穷多个. 另外,可以证明,一切素数 $p$,只要不是 $p\equiv 7 \pmod 8$,均可表作三平方数之和,证明从略.

(2) 由(1) 的证明可知,任何正整数 $n$,只要满足 $n\equiv 7 \pmod 8$,那么 $n$ 就不能表为三平方数之和(从证明可看出,并没有用到 $p$ 是素数这个条件).

再设 $n=a^2+b^2+c^2$,那么当

$l=0$ 时,$n=7 \pmod 8$,已知 $n=a^2+b^2+c^2$ 是不可能的.

$l\geqslant 1$ 时,有 $n\equiv 0 \pmod 4$,可以证明,$a,b,c$ 必都是偶数. 事实上,只要 $a,b,c$ 中有一个奇数,那么 $a^2+b^2+c^2\not\equiv 0 \pmod 4$. 于是就有

当 $l=1$ 时,$4(8k+7)=a^2+b^2+c^2$,式中 $a,b,c$ 都是偶数. 设 $a=2a_1,b=2b_1,c=2c_1$,就有

$$8k+7=a_1^2+b_1^2+c_1^2$$

但上式左边 $8k+7\equiv 7 \pmod 8$,上式不能成立.

当 $l=2$ 时,在

$$16(8k+7)=a^2+b^2+c^2$$

中,$a=2a_1,b=2b_1,c=2c_1$,就有 $4(8k+7)=a_1^2+b_1^2+c_1^2$,$a_1,b_1,c_1$ 同样是偶数,再令 $a_1=2a_2,b_1=2b_2,c_1=2c_2$,就有

$$8k+7=a_2^2+b_2^2+c_2^2$$

上式左端 $8k+7\equiv 7 \pmod 8$,故上式不可能成立.

当 $l$ 是任意正整数时,可反复应用如上推论,可得

$$8k+7=a_l^2+b_l^2+c_l^2$$

其中 $a_l,b_l,c_l$ 是整数,但 $8k+7\equiv 7 \pmod 8$,故上式不可能成立.

因此,当 $l$ 是非负整数时,$n=4^l(8k+7)$ 不能表为三个平方数之和.

1.1.38 已知正整数 $n(n>1)$,设 $P_n$ 是所有小于 $n$ 的正整数 $x$ 的乘积,其中 $x$ 满足 $n$ 整除 $x^2-1$. 对于每一个 $n>1$,求 $P_n$ 除以 $n$ 的余数.

**解** 如果 $n=2$,则 $P_n=1$.

假设 $n>2$. 设 $X_n$ 是同余方程 $x^2\equiv 1 \pmod n$ 在集合 $\{1,2,\cdots,n-1\}$ 中的解集,则 $X_n$ 在乘法意义上是封闭的,即若 $x_1\in X_n$,$x_2\in X_n$,则 $x_1x_2\in X_n$,且 $X_n$ 中的元素与 $n$ 互质.

心得 体会 拓广 疑问

当 $n>2$ 时,1 和 $n-1$ 属于 $X_n$. 如果这是 $X_n$ 中仅有的两个元素,则它们的乘积模 $n$ 余 $-1$.

假设 $X_n$ 中的元素多于两个,取 $x_1\in X_n$,且 $x_1\neq 1$. 设集合 $A_1=\{1,x_1\}$. 则 $X_n$ 中除了 $A_1$ 中的元素之外还有元素,令 $x_2$ 为其中的任意一个. 设

$$A_2=A_1\cup\{x_1,x_1x_2\}=\{1,x_1,x_2,x_1x_2\}$$

本解答中,所有的乘积都是在模 $n$ 意义上的剩余. 于是,$A_2$ 在乘法意义上是封闭的,且有 $2^2=4$ 个元素. 假设对于某个 $k>1$,定义了 $X_n$ 的一个有 $2^k$ 个元素的子集 $A_k$,且在乘法意义上是封闭的. 考察 $X_n$ 中是否还有不属于 $A_k$ 的元素,若有,取一个 $x_{k+1}$,定义

$$A_{k+1}=A_k\cup\{xx_{k+1}\mid x\in A_k\}$$

由于 $A_k$ 与 $\{xx_{k+1}\mid x\in A_k\}$ 的交集是空集,所以,$A_{k+1}\subset X_n$,且有 $2^{k+1}$ 个元素,同时,$A_{k+1}$ 在乘法意义上是封闭的.

又因为 $X_n$ 是有限集,所以,存在正整数 $m$,使得 $X_n=A_m$.

由于 $A_2$ 中元素的乘积等于 1,又由 $A_k(k>2)$ 的定义可知,$A_k$ 中元素的乘积也等于 1. 特别地,$A_m=X_n$ 中元素的乘积等于 1,即 $P_n\equiv 1(\bmod n)$.

下面分情况考虑 $X_n$ 中元素的个数.

假设 $n=ab$,其中 $a>2,b>2$,且 $a,b$ 互质. 由孙子定理,存在整数 $x,y$ 满足

$$x\equiv 1(\bmod a),x\equiv -1(\bmod b)$$

和

$$y\equiv -1(\bmod a),y\equiv 1(\bmod b)$$

由此可以取 $x,y$,满足

$$1\leqslant x,y<ab=n$$

因为 $x^2\equiv 1(\bmod n),y^2\equiv 1(\bmod n)$,所以,$x,y\in X_n$.

又 $a>2,b>2$ 和 $n>2$,则 $1,x$ 和 $y$ 模 $n$ 的余数两两互不相同. 故 $X_n$ 中有两个以上的元素.

同理,如果 $n=2^k(k>2)$,则 $1,2^k-1$ 和 $2^{k-1}+1$ 是 $X_n$ 中的三个不同的元素.

剩下的情形中,$X_n$ 恰有两个元素.

因为 $n=4$ 时,显然,$X_n$ 恰有两个元素 1 和 3.

假设 $n=p^k$,其中 $p$ 是奇质数,$k$ 为正整数. 因为 $x-1$ 和 $x+1$ 的最大公因数与 $n$ 互质,由 $x^2\equiv 1(\bmod n)$,可得

$$x\equiv 1(\bmod n) \text{ 或 } x\equiv -1(\bmod n)$$

所以,$X_n$ 中只有元素 1 和 $n-1$.

同理,当 $n=2p^k$ 时,也有同样的结论,其中 $p$ 为奇质数,$k>0$.

综上所述,当 $n=2,n=4,n=p^k$ 和 $n=2p^k$ 时,$X_n$ 中只包含两个元素 1 和 $n-1$,其中 $p$ 为奇质数,$k$ 为正整数.

心得 体会 拓广 疑问

在如上的这些情况下，有 $P_n = n - 1$.

对于剩下的大于 1 的整数 $n$，$X_n$ 中包含的元素多于两个，则 $P_n \equiv 1 \pmod n$.

1.1.39 设 $a_1, a_2, \cdots, a_n$ 均为奇数，证明

$$\frac{a_1 a_2 \cdots a_n - 1}{2} \equiv \sum_{i=1}^{n} \frac{a_i - 1}{2} \pmod 2$$

**证明** 关于 $n$ 用归纳法来证明.

当 $n = 1$ 时，命题显然成立.

设 $n = k$ 时，有

$$\frac{a_1 a_2 \cdots a_k - 1}{2} \equiv \sum_{i=1}^{k} \frac{a_i - 1}{2} \pmod 2$$

当 $n = k + 1$ 时，由于 $a_1, a_2, \cdots, a_k, a_{k+1}$ 均不能被 2 整除，故 $a_1 a_2 \cdots a_k - 1 \equiv 0 \pmod 2$，$a_{k+1} - 1 \equiv 0 \pmod 2$，因此有

$$(a_1 a_2 \cdots a_k - 1)(a_{k+1} - 1) \equiv 0 \pmod 4$$

$$(a_1 a_2 \cdots a_k - 1)(a_{k+1} - 1) =$$

$$a_1 a_2 \cdots a_k a_{k+1} - a_{k+1} - a_1 a_2 \cdots a_k + 1 =$$

$$(a_1 a_2 \cdots a_k a_{k+1} - 1) - (a_{k+1} - 1) - (a_1 a_2 \cdots a_k - 1) \equiv 0 \pmod 4$$

所以

$$a_1 a_2 \cdots a_k a_{k+1} - 1 \equiv (a_1 a_2 \cdots a_k - 1) + (a_{k+1} - 1) \pmod 4$$

从而

$$\frac{a_1 a_2 \cdots a_k a_{k+1} - 1}{2} \equiv \frac{a_1 a_2 \cdots a_k - 1}{2} + \frac{a_{k+1} - 1}{2} \pmod 2$$

利用归纳法假设，有

$$\frac{a_1 a_2 \cdots a_k a_{k+1} - 1}{2} \equiv \sum_{i=1}^{k} \frac{a_i - 1}{2} + \frac{a_{k+1} - 1}{2} \equiv \sum_{i=1}^{k+1} \frac{a_i - 1}{2} \pmod 2$$

所以对于任意正整数 $n$，有

$$\frac{a_1 a_2 \cdots a_n - 1}{2} \equiv \sum_{i=1}^{k} \frac{a_i - 1}{2} \pmod 2$$

1.1.40 设 $a_1, a_2, \cdots, a_n$ 为奇数，证明

$$\frac{(a_1 a_2 \cdots a_n)^2 - 1}{8} \equiv \sum_{i=1}^{n} \frac{a_i^2 - 1}{8} \pmod 8$$

**证明** 由于 $a_i (i = 1, 2, \cdots, n)$ 均为奇数，奇数的平方关于模 8 与 1 同余，故

心得 体会 拓广 疑问

$$\frac{(a_1a_2\cdots a_n)^2-1}{8}\text{与}\frac{a_i^2-1}{8}(i=1,2,\cdots,n)$$

均为整数,用归纳法来证明本命题.

当 $n=1$ 时,命题显然成立.

设 $n=k$ 时,有

$$\frac{(a_1a_2\cdots a_k)^2-1}{8}\equiv\sum_{i=1}^{k}\frac{a_i^2-1}{8}(\bmod 8)$$

当 $n=k+1$ 时,由于

$$(a_1a_2\cdots a_k)^2-1\equiv 0(\bmod 8)$$

$$a_{k+1}^2-1\equiv 0(\bmod 8)$$

故 $$[(a_1a_2\cdots a_k)^2-1](a_{k+1}^2-1)\equiv 0(\bmod 64)$$

由于

$$[(a_1a_2\cdots a_k)^2-1](a_{k+1}^2-1)=(a_1a_2\cdots a_ka_{k+1})^2-a_{k+1}^2-(a_1a_2\cdots a_k)^2-1=[(a_1a_2\cdots a_ka_{k+1})^2-1]-[(a_1a_2\cdots a_k)^2-1]-(a_{k+1}^2-1)\equiv 0(\bmod 64)$$

故 $$(a_1a_2\cdots a_ka_{k+1})^2-1\equiv[(a_1a_2\cdots a_k)^2-1]+(a_{k+1}^2-1)(\bmod 64)$$

从而

$$\frac{(a_1a_2\cdots a_ka_{k+1})^2-1}{8}=\frac{(a_1a_2\cdots a_k)^2-1}{8}+\frac{a_{k+1}^2-1}{8}(\bmod 8)$$

利用归纳法假设,有

$$\frac{(a_1a_2\cdots a_ka_{k+1})^2-1}{8}\equiv\sum_{i=1}^{k}\frac{a_i^2-1}{8}+\frac{a_{i+1}^2-1}{8}\equiv\sum_{i=1}^{k+1}\frac{a_i^2-1}{8}(\bmod 8)$$

所以对于任意正整数 $n$,有

$$\frac{(a_1a_2\cdots a_n)^2-1}{8}\equiv\sum_{i=1}^{n}\frac{a_i^2-1}{8}(\bmod 8)$$

1.1.41 数 $7^{9\,999}$ 的最后三位数是多少?

**解** 由 $7^4=2\,041$ 可得

$$7^{4n}=(2\,041)^n=(1+2\,400)^n=1+n\times 2\,400+C_n^2\times 2\,400^2+\cdots$$

其中,从第三项起,每项末尾至少有4个零.因此,对和的最后三位数没有任何影响.所以,和的最后三位数由

$$1+n\times 2\,400=24n\times 100+1$$

确定.如果 $m$ 是 $24n$ 的最后一位,则

$$24n\times 100+1=(\cdots m)\times 100+1=\cdots m01$$

即最后三位数是 $m01$.

当 $n=2\ 499$ 时,$24n$ 的末位数是6,表明 $7^{4n}=7^{9\ 996}$ 的最后三位数是601.

由 $7^3=343$ 得出

$$7^{9\ 999}=7^{9\ 996}\times 7^3=(\cdots 601)\times(343)=\cdots 143$$

这里,上式直接相乘,得出了给定数的最后三位数是143.

我们还可通过下述方法求出该数的最后三位数. 当 $n=2\ 500$ 时,$24n$ 的末位数为零. 因此,$7^{4n}=7^{10\ 000}$ 的最后三位数是001. 所以

$$7^{10\ 000}=\cdots 001=\cdots 000+1=1\ 000k+1$$

其中 $k$ 为整数. 此式也可以改写成

$$7^{10\ 000}=1\ 000(k-1)+1\ 001$$

两端除以7,则得

$$7^{9\ 999}=\frac{1\ 000(k-1)}{7}+143$$

因为右侧必须是整数,所以,7整除数 $1\ 000(k-1)$. 由于7不能整除1 000. 因而,其必定整除数 $(k-1)$. 所以,存在一个整数 $q$,使

$$7^{9\ 999}=1\ 000q+143$$

显然,$1\ 000q$ 最后三位数为000,故 $7^{9\ 999}$ 最后三位数为143.

1.1.42 对于整数 $x,y,z$,若满足 $x^2+y^2=z^2$,证明:$x,y,z$ 中必有一个可被5整除.

**证法1** 满足 $x^2+y^2=z^2$ 的整数 $x,y,z$ 可表作

$$|x|=2abc,|y|=(a^2-b^2)c,|z|=(a^2+b^2)c,(a>b)$$

其中 $a,b,c$ 是任意正整数,如果 $|x|,|y|,|z|$ 均不能被5整除,那么就有

$$|x|=2abc\equiv r_1(\bmod 5)$$

$$|y|=(a^2-b^2)c\equiv r_2(\bmod 5),(0<r_i<5,i=1,2,3)$$

$$|z|=(a^2+b^2)c\equiv r_3(\bmod 5)$$

由后两式有

$$2a^2c\equiv r_3+r_2(\bmod 5),2b^2c\equiv r_3-r_2(\bmod 5)$$

于是

$$4a^2b^2c^2\equiv(r_3+r_2)(r_3-r_2)=r_3^2-r_2^2(\bmod 5)$$

又由第一式,有

$$4a^2b^2c^2\equiv r_1^2(\bmod 5)$$

故有

$$r_1^2+r_2^2\equiv r_3^2(\bmod 5)$$

但是不难验证,当 $0<r_i<5(i=1,2,3)$ 时,上式不能成立,此即矛盾,因此 $x,y,z$ 中至少有一个可被5整除.

**证法 2**　由于适合 $x^2+y^2=z^2$ 的整数 $x,y,z$,可表作

$$|x|=2abc,\ |y|=(a^2-b^2)c$$
$$|z|=(a^2+b^2)c,(a>b)$$

因此,当 $c\equiv 0(\bmod 5)$ 时

$$x\equiv y\equiv z\equiv 0(\bmod 5)$$

当 $a\equiv 0(\bmod 5)$ 或 $b\equiv 0(\bmod 5)$ 时

$$x\equiv 0(\bmod 5)$$

当 $a\equiv \pm b(\bmod 5)$ 时

$$y\equiv 0(\bmod 5)$$

在其他情况下,可证明 $z\equiv 0(\bmod 5)$,这只需将 $a\equiv 1,2,3,4(\bmod 5)$ 及 $b\equiv 1,2,3,4(\bmod 5)$,在 $a\not\equiv b(\bmod 5)$ 的八种情况代入 $(a^2+b^2)c$ 中,即可知 $z\equiv 0(\bmod 5)$.

**注**　读者不难证明,当整数 $x,y,z$ 适合 $x^2+y^2=z^2$ 时,有

$$xy\equiv 0(\bmod 12) \text{ 和 } xyz\equiv 0(\bmod 60)$$

前者只需证法 $2ab(a^2-b^2)c^2\equiv 0(\bmod 3)$ 及 $2ab(a^2-b^2)c^2\equiv 0(\bmod 4)$,其中 $a,b,c$ 是正整数,$a>b$,$(a,b)=1$,且 $a,b$ 不同为奇数. 后者只需将 $xy\equiv 0(\bmod 12)$ 和本题结合起来即得.

1.1.43　已知整数 $x\leqslant \frac{n^2}{4}$,$x$ 没有大于 $n$ 的素数因子. 证明:$n!\equiv 0(\bmod x)$.

**证明**　我们先证下面的一般性问题:设 $x\leqslant n^k/k^k$,其中 $k$ 是小于 2 的正整数,又设对 $x$ 的任何素数因子,$p^{k-1}\leqslant n$,则 $n!\equiv 0(\bmod x)$,本题仅是 $k=2$ 的情况.

显然,只要考虑 $x$ 是素数幂 $p^r(r\leqslant k)$ 的情况就够了. 这样一来,从 $rp\leqslant n$ 或 $r^kp^k\leqslant n^k$ 便可导出 $n!\equiv 0(\bmod p^r)$. 由假设有 $p^rk^k\leqslant n^k$,我们仅需要证明

(1)$r^kp^k\leqslant p^rk^k$,或

(2)$f(r)=\dfrac{\log r-\log k}{r-k}\leqslant \dfrac{\log p}{k}$.

$f'(r)$ 的分子是

$$g(r)=(r-k)/r-(\log r-k\log k).$$

当 $r\geqslant k$ 时,$g'(r)=k/r^2-1/r\leqslant 0$,因此 $g(r)$ 是递减的. 又由于 $g(k)=0$,当 $r\geqslant k$ 时,$g(r)<0$,所以对于 $r\geqslant k$,$f(r)$ 是 $r$ 的减函数.

**情况 Ⅰ**　$p>2$. $f(k)=1/k<(\log p)/k$,对 $r=k$,(2) 成立,故对所有 $r\geqslant k$,(2) 成立.

**情况 Ⅱ**　$p=2$. 当 $r=2k$ 时,(2) 是一个等式. 由于 $r=k$ 时,(1) 是等式,故只需要考虑 $k<r<2k$ 的情况.

心得 体会 拓广 疑问

**情况 $\mathrm{II}_a$** $k=2$. 则 $r=3, x=p^r=8, n\geqslant\sqrt{4x}>4$,且4! 可被8整除,得 $x$ 可整除 $n!$.

**情况 $\mathrm{II}_b$** $k=3$. 则 $r=4,5; x=16,32; n\geqslant 3x^{\frac{1}{3}}\geqslant 6,8$. 在每一种情况下,$x$ 都能整除 $n!$.

**情况 $\mathrm{II}_{c1}$** $k\geqslant 4, r\leqslant 3k/2$. 现在我们来证法 $2^r$ 整除 $n!$. 由推出(1)的论证知 $2k\leqslant n$,由此足以证法 $2^r$ 整除 $(2k)!$,$(2k)!$ 中出现的2的幂是

$$k+[k/2]+[k/4]+\cdots\geqslant 3k/2\geqslant r$$

**情况 $\mathrm{II}_{c2}$** $k\geqslant 4, r>3k/2$. 从 $x=2^r\leqslant n^k/k^k$,我们有 $n\geqslant k2^{r/k}>4\cdot 2^{3/2}>11$. 能除尽 $n!$ 的2的幂是

$$[n/2]+[n/4]+\cdots\geqslant 3n/4-2$$

而当 $n\geqslant 12$ 时,$3n/4-2>3n/\sqrt{32}$. 从而,若要证法 $2^r$ 整除 $n!$,只要证明 $r<3n/\sqrt{32}$ 即可. 重复推导(2)时的论述,就可得出我们想要证明的不等式

$$F(r)=k(\log r-\log k)-r\log 2+k\log(\sqrt{32}/3)\leqslant 0$$

$$F(3k/2)=0 \text{ 和 } F'(r)=k/r-\log 2<2/3-\log 2<0$$

因而,$F(r)\leqslant 0$,这就是要证明的.

1.1.44 设 $a_1<a_2<\cdots$ 是整数无穷序列. 证明总可从序列 $a_i+a_j, i=1,2,\cdots; j=1,2,\cdots$ 挑选一个无穷子序列,使得任一个元素不能整除另一个.

**证明** 我们把它分为两种情况.

(1)那些 $a$ 的每一个无穷子序列 $b_1,b_2,\cdots$ 中至少存在一个和 $b_i+b_j$ 及满足

$$2bi_k\not\equiv 0(\bmod\ (b_i+b_j))$$

的对应无穷子序列 $b_{i_1}, b_{i_2},\cdots$ 由此可见,我们可从中挑选无穷多个,都在相同的剩余类中. 换句话说,存在 $a_{i_1}+a_{j_1}$ 及无穷多个 $a$(为了方便起见,我们记为 $a_1^{(2)}, a_2^{(2)},\cdots$),使得

$$2a_k^{(2)}\not\equiv 0(\bmod\ (a_i+a_j)) \quad ①$$

$$a_1^{(2)}\equiv a_2^{(2)}\cdots(\bmod\ (a_i+a_j))$$

用同样的方法,我们看到又存在 $a_{i_2}^{(2)}+a_{j_2}^{(2)}$,对于它存在一个满足

$$2a_k^{(3)}\not\equiv 0(\bmod(a_{i_2}^{(2)}+b_{j_2}^{(2)}))$$

$$a_1^{(3)}+a_2^{(3)}\equiv\cdots(\bmod(a_{i_2}^{(2)}+b_{j_2}^{(2)}))$$

的 $a_i^{(2)}$ 的无穷子序列(例如 $a_1^{(3)},\cdots$). 由①显然可得

$$a_{i_2}^{(2)}+a_{j_2}^{(2)}\equiv 2a_{i_2}^2\not\equiv 0(\bmod(a_i+b_j))$$

心得 体会 拓广 疑问

类似地,我们得到

$$a_{i_2}^{(3)}+a_{j_2}^{(3)},a_{i_4}^{(4)}+a_{j_4}^{(4)},\cdots$$

显然,没有一个元素可除尽任一个元素.

(2)存在那些 $a$ 的一个子序列 $b_1,b_2,\cdots$,使得对每一个 $b_i+b_j$ 仅存在有限个 $b_k$ 适合

$$2b_k\not\equiv 0(\bmod(b_i+b_j))$$

因此,对一切充分大的 $n$

$$2b_n\equiv 0(\bmod(a_i+b_j))$$

考虑序列 $b_1+b_{n_1},b_1+b_{n_2},\cdots$,这里 $n_1<n_2<\cdots$ 很快的趋于无穷,使得

$$2b_{n_k}\equiv 0(\bmod(b_1+b_{n_i})),i<k$$

进而,因为 $0<2b_1<b_1+b_{n_i},2b_1\not\equiv 0(\bmod(b_1+b_{n_i}))$.

于是 $$2(b_1+b_{n_k})\equiv 2b_1(\bmod(b_1+b_{n_i}))$$

显然,没有一个数能除尽另一个数.

1.1.45 根据下面的定理:

一个素数 $p>2$ 当且仅当 $p\equiv 1(\bmod 4)$ 时,能写成两个完全平方数的和(即 $p=m^2+n^2$,$m$ 和 $n$ 是整数).

求出那些素数,使之能写为下列两种形式之一.

(1)$x^2+16y^2$;

(2)$4x^2+4xy+5y^2$.

这里 $x$ 与 $y$ 是整数,但不一定是正的.

(第35届美国普特南数学竞赛,1974年)

**解** (1)如果 $p\equiv 1(\bmod 4)$,则

$$p\equiv 1(\bmod 8)$$

或 $$p\equiv 5(\bmod 8)$$

若 $p=m^2+n^2$,且 $p$ 是奇数,则 $m$ 和 $n$ 一为奇数,一为偶数,设 $m$ 为奇数,$n$ 为偶数,且设 $n=2v$,则

$$p=m^2+4v^2$$

且 $$m^2\equiv 1(\bmod 8)$$

由 $$p\equiv 1(\bmod 8)$$

可得 $v$ 为偶数,设 $v=2w$,则

$$p=m^2+16w^2$$

反之,若 $p=m^2+16w^2$ 成立,则

$$p\equiv m^2(\bmod 8)$$

于是对于素数 $p\equiv 1(\bmod 8)$,可以写成 $x^2+16y^2$ 的形式.

(2)由(1),对于奇素数 $p$,有

心得 体会 拓广 疑问

$$p = m^2 + 4v^2$$

若 $p \equiv 5 \pmod 8$，则 $v$ 是奇数.

于是 $m$ 可写成

$$m = 2u + v$$

$$p = (2u + v)^2 + 4v^2 = 4u^2 + 4uv + 5v^2$$

反之，若 $p = 4u^2 + 4uv + 5v^2$，并且 $p$ 是奇数，则有

$$p = (2u + v)^2 + 4v^2$$

于是 $2u + v$ 是奇数，即 $v$ 是奇数，从而

$$p \equiv 5 \pmod 8$$

于是对于素数 $p \equiv 5 \pmod 8$，可以写成

$$4x^2 + 4xy + 5y^2$$

1.1.46　设 $a_1, a_2, \cdots, a_{100}$ 是 $1, 2, \cdots, 100$ 的一个排列，对于 $1 \leqslant i \leqslant 100$，令 $b_i = a_1 + a_2 + \cdots + a_i$，$r_i$ 是 $b_i$ 除以 100 所得的余数.

证明：$r_1, r_2, \cdots, r_{100}$ 至少取 11 个不同的值.

（加拿大数学奥林匹克训练题，1991 年）

**证明**　若 $r_1, r_2, \cdots, r_{100}$ 只取 $n$ 个值，且 $n \leqslant 10$，则由

$$a_k = b_k - b_{k-1} \equiv r_k - r_{k-1} \pmod{100}$$

知 $r_k$ 至多有 10 种取法，$r_{k-1}$ 至多有 10 种取法，且 $r_k$ 与 $r_{k-1}$ 取相同值时其差均为 0，此时有 9 种可能，所以 $a_k$ 至多取

$$n \cdot n - n + 1 \leqslant 10 \cdot 10 - 10 + 1 = 91$$

与 $a_k$ 有 100 个相矛盾.

所以 $r_1, r_2, \cdots, r_{100}$ 至少取 11 个不同的值.

1.1.47　设 $a_1, a_2, \cdots, a_n$ 为 $n$ 个正整数，并且满足

$$a_1 + a_2 + \cdots + a_n = 2n$$

令 $a_{n+i} = a_i, i = 1, 2, \cdots$ 并记

$$S_{u,v} = a_u + a_{u+1} + \cdots + a_{u+v-1}, u, v = 1, 2, \cdots$$

证明：对于任意正整数 $A$，必存在正整数 $u, v$，使得 $S_{u,v}$ 等于 $A$ 或 $A + 1$.

**证明**　因为 $a_1 + a_2 + \cdots + a_n = 2n$，所以 $S_{u,v+n} = S_{u,v} + 2n$，从而我们不妨设 $1 \leqslant A \leqslant 2n$.

记 $b_i = a_1 + a_2 + \cdots + a_i, i = 1, 2, \cdots, n$.

下面我们分情况讨论：

若 $2n$ 个数 $b_1, b_2, \cdots, b_n, b_1 + A, b_2 + A, \cdots, b_n + A$ 不是模 $2n$ 的

完系. 则由于 $b_1,b_2,\cdots,b_n$ 被 $2n$ 除的余数互不相同,所以 $b_1+A$, $b_2+A,\cdots,b_n+A$ 被 $2n$ 除的余数也互不相同,从而必存在 $i,j$,使得 $b_i\equiv b_j+A(\bmod 2n)$.

如果 $i>j$,则有 $S_{j+1,i-j}\equiv A(\bmod 2n)$,又 $1\leqslant A,S_{i+1,j-i}\leqslant 2n$,因此 $S_{i+1,j-i}=A$;

如果 $i=j$,则有 $A\equiv 0(\bmod 2n)$,即 $A=2n$,于是 $S_{1,n}=A$;

如果 $i<j$,则有 $b_i<b_j+A\leqslant 4n$,知 $b_i+2n=b_j+A$,即 $S_{j+1,n-j+1}=A$. 总之,在这种情况下,必存在正整数 $u,v$ 使得 $S_{u,v}=A$.

若 $2n$ 个数 $b_1,b_2,\cdots,b_n,b_1+A+1,b_2+A+1,\cdots,b_n+A+1$ 不是模 $2n$ 的完系,则同理可知必存在正整数 $u,v$,使得 $S_{u,v}=A+1$.

若 $2n$ 个数 $b_1,b_2,\cdots,b_n,b_1+A,b_2+A,\cdots,b_n+A$ 与 $2n$ 个数 $b_1$, $b_2,\cdots,b_n,b_1+A+1,b_2+A+1,\cdots,b_n+A+1$ 都是模 $2n$ 的完系,则有

$$b_1+b_2+\cdots+b_n+(b_1+A)+(b_2+A)+\cdots+(b_n+A)\equiv b_1+b_2+\cdots+b_n+(b_1+A+1)+(b_2+A+1)+\cdots+(b_n+A+1)(\bmod 2n) \quad ④$$

即 $0\equiv n(\bmod 2n)$,这不可能.

综上所述,命题得证.

1.1.48 当整数 $x$ 和 $y$ 不同时为零时,求 $f=|5x^2+11xy-5y^2|$ 的最小值.

(前苏联大学生数学竞赛,1977 年)

**解** 当 $x=1,y=0$ 时

$$f=|5\cdot 1^2+11\cdot 1\cdot 0-5\cdot 0^2|=5$$

当 $x,y$ 不同时为偶数时,$f$ 是奇数.

当 $x,y$ 同时为偶数时,$\frac{x}{2},\frac{y}{2}$ 为整数,此时有

$$f(x,y)>f\left(\frac{x}{2},\frac{y}{2}\right)$$

若 $\frac{x}{2},\frac{y}{2}$ 仍同时为偶数,可继续上述过程,由此,$f$ 的最小值在 $x,y$ 不同时为偶数时得到,此时 $f$ 是奇数,且 $f$ 的最小值只可能等于 1,3,5.

若 $f$ 的最小值等于 1,则有 $x_0,y_0$,使

$$|5x_0^2+11x_0y_0-5y_0^2|=1$$

$$5x_0^2+11x_0y_0-5y_0^2=\pm 1$$

心得 体会 拓广 疑问

$$100x_0^2 + 220x_0y_0 - 100y_0^2 = \pm 20$$
$$(10x_0 + 11y_0)^2 - 221y_0^2 = \pm 20$$

由于$221 = 13 \cdot 17, 20 = 13 + 7$,从而存在整数$t = 10x_0 + 11y_0$,使得

$$13 \mid t^2 \pm 7$$

鉴于
$$t^2 = (13k)^2 \equiv 0 \pmod{13}$$
$$t^2 = (13k \pm 1)^2 \equiv 1 \pmod{13}$$
$$t^2 = (13k \pm 2)^2 \equiv 4 \pmod{13}$$
$$t^2 = (13k \pm 3)^2 \equiv 9 \pmod{13}$$
$$t^2 \equiv (13k \pm 4)^2 \equiv 3 \pmod{13}$$
$$t^2 \equiv (13k \pm 5)^2 \equiv 12 \pmod{13}$$
$$t^2 \equiv (13k \pm 6)^2 \equiv 10 \pmod{13}$$

此时
$$t^2 \pm 7 \not\equiv 0 \pmod{13}$$

故$f$的最小值不能等于1.

故$f$的最小值等于3,则有$x_1, y_1$使

$$5x_1^2 + 11x_1y_1 - 5y_1^2 = \pm 3$$

即
$$(10x_1 + 11y_1)^2 - 221y_1^2 = \pm 60$$

于是存在整数$r$,使得$r = 10x_1 + 11y_1$,且

$$13 \mid t^2 \pm 8$$

由以上可知,这也是不可能的.

因此,$f$的最小值等于5.

1.1.49 已知正整数$m, n$满足$m < n$,$n$是偶数,并且$1 + 2^m + 2^n$为完全平方数.求证:$n = 2(m - 1)$.

**证明** 设$n = 2k$.

当$m = k + 1$时,$1 + 2^m + 2^n = (1 + 2^k)^2$为完全平方数.

当$m < k + 1$时,有

$$(2^k)^2 < 1 + 2^m + 2^{2k} < (1 + 2^k)^2$$

从而$1 + 2^m + 2^n$不是完全平方数.

当$m > k + 1$时,若有$1 + 2^m + 2^n$为完全平方数,设$1 + 2^m + 2^{2k} = (a + 2^k)^2$,其中$a$为正整数,$a > 1$.于是

$$a(a + 2^{k+1}) = 1 + 2^m \quad ①$$

将式①模$2^{k+1}$便得$a^2 \equiv 1 \pmod{2^{k+1}}$,即

$$a \equiv \pm 1 \pmod{2^{k+1}}$$

又注意到$a > 1$,故$a \geqslant 2^{k+1} - 1$.从而

$$1 + 2^m = a(a + 2^{k+1}) \geqslant (2^{k+1} - 1)(2^{k+1} + 2) =$$
$$2^{2k+2} + 2^{k+1} - 2 > 2^{2k+2} + 1$$

心得 体会 拓广 疑问

因此 $m > 2k+2 > n$,矛盾!

综上所述,我们有 $n = 2(m-1)$.

1.1.50　设 $a,b,x_1$ 为正整数,$x_{n+1} = ax_n + b, n = 1,2,\cdots$. 证明:$x_1, x_2, \cdots$ 不可能都是质数.

**证明**　若 $x_2$ 为合数,则命题得证,故不妨设 $x_2$ 为质数. 因为 $x_2 > a$,所以 $x_2$ 与 $a$ 互质.

在 $x_2, x_3, \cdots$ 中由抽屉原则可知必有两个数对 $x_2$ 同余. 即有正整数 $m > n \geqslant 2$,使得

$$x_m \equiv x_n \pmod{x_2}$$

由递推公式可得

$$ax_{m-1} + b \equiv ax_{n-1} + b \pmod{x_2}$$

$$ax_{m-1} \equiv ax_{n-1} \pmod{x_2}$$

又 $(a, x_2) = 1$,故

$$x_{m-1} \equiv x_{n-1} \pmod{x_2}$$

依此类推,必有

$$x_{m-n+2} \equiv x_2 \pmod{x_2}$$

即 $x_2 \mid x_{m-n+2}$. 又易见数列 $\{x_n\}$ 严格递增,从而 $x_{m-n+2} > x_2$,$x_{m-n+2}$ 为合数.

1.1.51　按公元纪年,(1) 年数不能被 4 整除是平年;(2) 年数能被 4 整除,但不能被 100 整除是闰年;(3) 年数能被 100 整除,但不能被 400 整除是平年;(4) 年数能被 400 整除是闰年;(5) 闰年 366 天,平年 365 天. 证明:圣诞节在星期三的概率不是 $\frac{1}{7}$.

(第 10 届美国普特南数学竞赛,1950 年)

**证明**　任何接连 400 个阳历年中,有 303 个平年,97 个闰年,共有

$$365 \cdot 400 + 97 (天)$$

由于

$$365 \equiv 1 \pmod 7$$

$$400 \equiv 1 \pmod 7$$

$$97 \equiv -1 \pmod 7$$

则

$$7 \mid 365 \cdot 400 + 97$$

在 400 年内共有整数个星期,即 20 871 个星期.

因此,圣诞节在星期中轮流出现的日子是 400 次.

心得 体会 拓广 疑问

如果 $N$ 年的圣诞节是在星期三，则圣诞节在星期三的概率是 $\frac{N}{400}$，但

$$\frac{N}{400} \neq \frac{1}{7}$$

1.1.52 任意取定一个正整数 $a_0$，随意为 $a_0$ 加上 54 或加上 77，得到 $a_1$（即 $a_1 = a_0 + 54$ 或 $a_1 = a_0 + 77$），再随意为 $a_1$ 加上 54 或加上 77，得到 $a_2$，并一直如此进行下去. 证明：在所得的数列 $a_0, a_1, a_2, \cdots$ 中必有某一项的末尾两位数字相同.

**证明** 由于 $(77, 100) = 1$，故存在整数 $k$，使得 $77k \equiv a_0 \pmod{100}$. 又注意到 $2 \times 77 \equiv 54 \pmod{100}$，故

$$a_n = a_{n-1} + \varepsilon_{n-1} \cdot 77, \varepsilon_{n-1} = 1 \text{ 或 } 2, n = 1, 2, \cdots$$

从而必有某一项 $a_m \equiv l \cdot 77 \pmod{100}$，其中 $l \equiv 0$ 或 $1 \pmod{100}$，亦即 $a_m$ 的末两位数字均为 0 或均为 7.

1.1.53 $n$ 是一个给定的正整数，有多少个在 mod $2^n$ 意义上的完全平方数？

（英国数学奥林匹克，1994 年）

**解** 用 $A_n$ 表示在 mod $2^n$ 意义上的完全平方数的个数.

显然，对 mod 2，有 0，1 两个完全平方数，对 mod $2^2$ = mod 4，也只有 0，1 两个完全平方数. 即有

$$A_1 = 2, A_2 = 2$$

对于 $n \geqslant 3$，我们证明

$$A_n = 2^{n-3} + A_{n-2} \quad ①$$

设 $a, b$ 是奇数，$0 < a < 2^n, 0 < b < 2^n$，且满足

$$a^2 \equiv b^2 \pmod{2^n}$$

即
$$(a+b)(a-b) \equiv 0 \pmod{2^n}$$

由于 $a, b$ 是奇数，则 $a-b, a+b$ 都是偶数，考虑 mod 4. 由于奇数是 $4k+1$ 或 $4k+3$ 型，那么 $a-b$ 与 $a+b$ 不可能都是 4 的倍数，即 $a-b$ 与 $a+b$ 之中必有一个是 2 的倍数，而不是 4 的倍数，这时必有

$$a - b \equiv 0 \pmod{2^{n-1}}$$

或
$$a + b \equiv 0 \pmod{2^{n-1}}$$

于是

$$b \equiv a \pmod{2^n} \text{ 或 } b \equiv -a \pmod{2^{n-1}}$$

利用 $0 < a < 2^n, 0 < b < 2^n$ 及上式，有

$$b \equiv a \pmod{2^n}, b \equiv 2^{n-1} + a \pmod{2^n}$$

或

$$b \equiv 2^{n-1} - a \pmod{2^n}, \text{且 } b \equiv 2^n - a \pmod{2^n}$$

由于 $a$ 是奇数,当 $n \geqslant 3$ 时,上述四个同余式的右端 4 个正整数 $a, 2^{n-1}+a, 2^{n-1}-a, 2^n-a$ 两两不等,在 mod $2^n$ 的意义上,大于或等于 1 小于 $2^n$ 的奇数一共有 $2^{n-1}$ 个.在这 $2^{n-1}$ 个奇数中,任取一个作为 $a$,对于这个 $a$,由上面的论述可知,满足 $a^2 \equiv b^2 \pmod{2^n}$,因此,将这 $2^{n-1}$ 个奇数,可分为 4 个奇数一组进行分组,一共有 $\frac{2^{n-1}}{4} = 2^{n-3}$ 组,对于不同两组中的奇数,$a^2 \equiv b^2 \pmod{2^n}$ 不成立.因此,在奇数情况下,所求数目为 $2^{n-3}$.

在偶数情况下,设偶数 $2a, 2b, 0 \leqslant 2a < 2^n, 0 \leqslant 2b < 2^n$,满足

$$(2a)^2 \equiv (2b)^2 \pmod{2^n}$$

从而有 $0 \leqslant a < 2^{n-1}, 0 \leqslant b < 2^{n-1}$,且

$$a^2 \equiv b^2 \pmod{2^{n-2}}$$

由于当 $2^{n-1} \leqslant 2a < 2^n, 2^{n-1} \leqslant 2b < 2^n$ 时,有

$$(2a - 2^{n-1})^2 \equiv (2a)^2 \pmod{2^n}$$

$$(2b - 2^{n-1})^2 \equiv (2b)^2 \pmod{2^n}$$

所以只需考虑 $0 \leqslant 2a < 2^{n-1}, 0 \leqslant 2b < 2^{n-1}$ 的情况.

这时,在 mod $2^{n-2}$ 意义上,完全平方数的个数与在 mod $2^n$ 意义上,完全平方数是偶数的个数成一一对应,因此公式 ① 成立.

在公式 ① 中,当 $n$ 为偶数时,有

$$A_{2k} = 2^{2k-3} + A_{2k-2}, A_{2k-2} = 2^{2k-5} + A_{2k-4}$$

$$A_{2k-4} = 2^{2k-7} + A_{2k-6}$$

$$\cdots$$

$$A_6 = 2^3 + A_4, A_4 = 2 + A_2$$

将上述 $k-1$ 个式子相加得

$$A_{2k} = (2 + 2^3 + \cdots + 2^{2k-5} + 2^{2k-3}) + A_2 = \frac{1}{3}(2^{2k-1} - 2) + 2 = \frac{1}{3}(2^{2k-1} + 4)$$

当 $n$ 为奇数时,有

$$A_{2k+1} = 2^{2k-2} + A_{2k-1}, A_{2k-1} = 2^{2k-4} + A_{2k-3}$$

$$A_{2k-3} = 2^{2k-6} + A_{2k-5}$$

$$\cdots$$

$$A_5 = 2^2 + A_3, A_3 = 2^0 + A_1$$

将上诸式相加得

$$A_{2k+1} = (2^0 + 2^2 + \cdots + 2^{2k-4} + 2^{2k-2}) + 2 = \frac{1}{3}(2^{2k} + 5)$$

于是得

心得 体会 拓广 疑问

心得 体会 拓广 疑问

$$A_n=\begin{cases}\frac{1}{3}(2^{n-1}+4), n\text{ 为偶数}\\ \frac{1}{3}(2^{n-1}+5), n\text{ 为奇数}\end{cases}$$

1.1.54 设 $n$ 为自然数,$n+1$ 能被 24 整除,求证 $n$ 的全体约数之和也能被 24 整除.

(第 30 届美国普特南数学竞赛,1969 年)

**证明** 由题意

$$24 \mid n+1$$

等价于

$$\begin{cases}n\equiv -1 \pmod 3\\ n\equiv -1 \pmod 8\end{cases}$$

设 $d$ 是 $n$ 的一个约数,即

$$d \mid n$$

则有

$$d\equiv 1\text{ 或 }2 \pmod 3$$

$$d\equiv 1,3,5\text{ 或 }7 \pmod 8$$

再由

$$d\cdot\frac{n}{d}=n\equiv -1 \pmod 3\text{ 或}\pmod 8$$

可知,仅有下列几种可能

$$d\equiv 1,\frac{n}{d}\equiv 2 \pmod 3$$

$$d\equiv 1,\frac{n}{d}\equiv 7 \pmod 8$$

$$d\equiv 3,\frac{n}{d}\equiv 5 \pmod 8$$

反之,以上由三个同余式也可得

$$n\equiv -1 \pmod 3\text{ 或}\pmod 8$$

于是有

$$d+\frac{n}{d}\equiv 0 \pmod 3$$

$$d+\frac{n}{d}\equiv 0 \pmod 8$$

即

$$d+\frac{n}{d}\equiv 0 \pmod{24}$$

因而对于 $n\equiv -1 \pmod 3$,$n$ 不是完全平方数,所以 $d\neq\frac{n}{d}$. 所以 $n$ 的约数两两互异,即 $n$ 的全体约数之和一定能被 24 整除.

心得 体会 拓广 疑问

1.1.55 设 $0 < a_1 \leqslant a_2 \leqslant \cdots \leqslant a_n$ 满足 $a_1 + a_2 + \cdots + a_n = 2n, 2 \mid n, a_n \neq n+1$,则在其中一定可选出某些数,使它们的和等于 $n$.

**证明** 作 $n-1$ 个和式

$$s_k = a_1 + \cdots + a_k, k = 1, \cdots, n-1$$

则在 $n+1$ 个数

$$0, a_1 - a_n, s_1, \cdots, s_{n-1}$$

中至少有两个数对模 $n$ 同余. 现在分四种情形来讨论.

(1) 如果 $0 \equiv a_n - a_1 \pmod n$,因为

$$a_1 + \cdots + a_n = 2n, a_1 + a_2 + \cdots + a_{n-1} \geqslant n-1$$

故

$$a_n = 2n - a_1 - a_2 - \cdots - a_{n-1} \leqslant 2n - (n-1) = n+1$$

而 $a_n \neq n+1$,故

$$a_n \leqslant n \text{ 或 } -a_n \geqslant -n$$

故

$$0 \geqslant a_1 - a_n \geqslant -n+1$$

结合 $a_n - a_1 \equiv 0 \pmod n$ 推出 $a_1 = a_n$,故

$$a_1 = a_2 = \cdots = a_n = 2$$

设 $n = 2m$,则 $a_1, \cdots, a_n$ 中任意 $m$ 个数的和是 $n$.

(2) 如果 $s_i \equiv s_k \pmod n$, $1 \leqslant i < k \leqslant n-1$,由 $1 \leqslant s_k - s_i \leqslant 2n-2$,故 $s_k - s_i = n$,即得

$$a_{i+1} + \cdots + a_k = n$$

(3) 如果对某个 $k$, $1 \leqslant k \leqslant n-1$, $s_k \equiv a_1 - a_n \pmod n$, $k=1$ 时, $a_n \equiv 0 \pmod n$,由 $a_n \leqslant n$,故只需取 $a_n$ 就有 $a_n = n$,在 $k > 1$ 时

$$a_2 + \cdots + a_k + a_n \equiv 0 \pmod n \quad ①$$

而 $$1 \leqslant a_2 + \cdots + a_k + a_n < a_1 + \cdots + a_n = 2n$$

式①给出 $a_2 + \cdots + a_k + a_n = n$.

(4) 如果对某个 $1 \leqslant k \leqslant n-1$, $s_k \equiv 0 \pmod n$,由 $1 \leqslant s_k \leqslant 2n-1$,故 $s_k = n$.

**注** 从以上证明可知,在 $n$ 是奇数时只需加上条件 $a_n \neq 2$,结论仍然成立.

1.1.56 设 $n$ 是奇数,试证存在 $2n$ 个整数 $a_1, a_2, \cdots, a_n; b_1, b_2, \cdots, b_n$,使得对任意一个整数 $k(0 < k < n)$,下列 $3n$ 个数 $a_i + a_{i+1}, a_i + b_i, b_i + b_{i+k}$ ($i = 1, 2, \cdots, n$;其中 $a_{n+1} = a_1, b_{n+j} = b_j, 0 < j < n$) 被 $3n$ 除所得的余数互不相同.

(第8届中国中学生数学冬令营,1993年)

心得 体会 拓广 疑问

**证明** 设 $a_i=3i-2,b_i=3i-3(i=1,2,\cdots,n)$,则有

$$a_i+a_{i+1}=3i-2+3(i+1)-2=$$
$$6(i-1)+5\equiv 2(\mathrm{mod}\ 3) \quad ①$$
$$a_i+b_i=3i-2+3i-3=6(i-1)+1\equiv 1(\mathrm{mod}\ 3) \quad ②$$
$$b_i+b_{i+k}=3i-3+3(i+k)-3=$$
$$6(i-1)+3k\equiv 0(\mathrm{mod}\ 3) \quad ③$$

由此可见,①②③ 三组数对模 3 不同余,因此对模 $3n$ 也不同余,亦即任何来自不同组的两个数被 $3n$ 除所得的余数不相同.

下证同一组内任何两数对模 $3n$ 不同余.

事实上,若同一组内有两数对模 $3n$ 同余,即存在 $p,q,1\leqslant p<q\leqslant n$,使得

$$6(p-1)+r\equiv 6(q-1)+r(\mathrm{mod}\ 3n)$$

其中 $r=1,2$ 或 $3k$,则

$$6(p-1)\equiv 6(q-1)(\mathrm{mod}\ 3n)$$
$$6p\equiv 6q(\mathrm{mod}\ 3n)$$
$$2p\equiv 2q(\mathrm{mod}\ n)$$
$$2(p-q)\equiv 0(\mathrm{mod}\ n)$$

因为 $n$ 是奇数,则 $2\nmid n$,又 $|p-q|<n$,故必有

$$2(p-q)=0$$

于是有 $p=q$,与 $p<q$ 矛盾.

所以无论第一组($r=2$),第二组($r=1$)或第三组($r=2k$),组内任何两数对模 $3n$ 不同余.

综上所述,所取的 $2n$ 个数

$$a_1,a_2,\cdots,a_n;b_1,b_2,\cdots,b_n$$

为符合题目要求的 $2n$ 个整数.

1.1.57 设 $p$ 为素数,$\boldsymbol{J}$ 为 $2\times 2$ 矩阵 $\begin{pmatrix} a & b \\ c & d \end{pmatrix}$,其元素属于集合 $\{0,1,2,\cdots,p-1\}$,且满足下列两个同余式

$$a+d\equiv 1(\mathrm{mod}\ p) \quad ①$$
$$ad-bc\equiv 0(\mathrm{mod}\ p) \quad ②$$

试确定矩阵 $\boldsymbol{J}$ 的个数.

(第 29 届美国普特南数学竞赛,1968 年)

**解** 由同余式 ①,若 $a=0$,则 $d=1$;若 $a=1$,则 $d=0$. 在这两种情况下都有 $bc=0$,即

$$b=0 \text{ 或 } c=0$$

当 $b=0$ 时,$c=0,1,2,\cdots,p-1$.

当 $c=0$ 时,$b=1,2,\cdots,p-1$.

这时,求得的 $\boldsymbol{J}$ 有 $2(p+p-1)=4p-2$ 个解.

心得 体会 拓广 疑问

若 $a \neq 0$ 或 1,即若

$$a = 2,3,4,\cdots,p-2,p-1$$

则对应的 $d$ 等于(由式 ①)

$$d = p-1,p-2,p-3,\cdots,3,2$$

这时 $$ad \not\equiv 0 \pmod p$$

为使式 ② 成立,即

$$bc \equiv ad \pmod p$$

我们可以取 $$b = 1,2,\cdots,p-1$$

注意到 $bc \not\equiv 0 \pmod p$,而 $c$ 的取值随之可唯一确定,由 $a$ 的取法有 $p-2$ 种,$b$ 的取法有 $p-1$ 种,这时,求得的 $\boldsymbol{J}$ 有 $(p-2)\cdot(p-1)$ 种.

于是可确定 $\boldsymbol{J}$ 的个数为

$$4p-2+(p-2)(p-1)=p^2+p$$

1.1.58 设 $n_i > 0, i = 1,\cdots,k$,取

$$d_1 = 1, d_i = \frac{(n_1,\cdots,n_{i-1})}{(n_1,\cdots,n_{i-1},n_i)}, 2 \leqslant i \leqslant k$$

则 $d_1 \cdots d_k$ 个和

$$\sum_{i=1}^{k} a_i n_i, a_i = 1,\cdots,d_i, i = 1,\cdots,k \qquad ①$$

模 $n_1$ 全不同余.

**证明** 用反证法,如果结论不成立,则式 ① 中两个和模 $n_1$ 同余,可设

$$\sum_{i=1}^{k} b_i n_i - \sum_{i=1}^{k} c_i n_i = n_1 u \qquad ②$$

其中 $1 \leqslant b_i, c_i \leqslant d_i, i = 1,\cdots,k$,由于是不同的两个和,可设

$$c_s \neq b_s, c_j = b_j, j = s+1,\cdots,k, n_s = t(n_1,\cdots,n_s)$$

于是由 ② 可得

$$\sum_{i=1}^{s-1} \frac{(b_i - c_i) n_i}{(n_1,\cdots,n_s)} + (b_s - c_s)t = \frac{n_1}{(n_1,\cdots,n_s)} u \qquad ③$$

由

$$\frac{n_i}{(n_1,\cdots,n_s)d_s} = \frac{n_i}{(n_1,\cdots,n_s)} \cdot \frac{(n_1,\cdots,n_s)}{(n_1,\cdots,n_{s-1})} = \frac{n_i}{(n_1,\cdots,n_{s-1})}$$

所以,当 $i = 1,\cdots,s-1$ 时

$$d_s \left| \frac{n_i}{(n_1,\cdots,n_s)} \right.$$

式 ③ 两端取模 $d_s$ 得

$$(b_s - c_s)t \equiv 0 \pmod{d_s} \qquad ④$$

由于

心得 体会 拓广 疑问

$$((n_1,\cdots,n_{s-1}),n_s)=(n_1,\cdots,n_{s-1},n_s)$$

$$\frac{(n_1,\cdots,n_{s-1})}{(n_1,\cdots,n_s)}=d_s$$

$$\frac{n_s}{(n_1,\cdots,n_s)}=t$$

故$(t,d_s)=1$,式④推出

$$d_s \mid b_s-c_s$$

这与$0<|b_s-c_s|<d_s$矛盾.这就证明了式①中的和模$n_1$全不相同.

1.1.59 如果正整数$n$的因数中无一个是完全平方数.求证:没有互质的正整数$x$和$y$,使得$x^n+y^n$是$(x+y)^3$的倍数.

**证明** 用反证法,如果有互质的正整数$x$和$y$,使得$(x+y)^3$是$x^n+y^n$的因数.令

$$S=x+y \tag{①}$$

由于$x,y$都是正整数,因此$S\geqslant 2$.

如果$n$是偶数,那么

$$x^n+y^n=x^n+(S-x)^n\equiv 2x^n \pmod S \tag{②}$$

由于$S^3$是$x^n+y^n$的因数,利用式②,有$2x^n\equiv 0 \pmod S$.因为$x,y$互质,则$S,x$互质,于是$x^n$与$S$互质.$2x^n$是$S$的倍数,必导出$S=2$.这表明

$$x=1,y=1 \tag{③}$$

这时$x^n+y^n$等于2,2不可能是$2^3$的倍数,因而只需考虑$n$为奇数情况.当$n$为奇数时

$$x^n+y^n=x^n+(S-x)^n\equiv$$
$$C_n^2S^2(-x)^{n-2}+C_n^1S(-x)^{n-1} \pmod{S^3} \tag{④}$$

从上式,有

$$x^n+y^n\equiv-\frac{1}{2}n(n-1)S^2x^{n-2}+nSx^{n-1} \pmod{S^3}$$

由于$x^n+y^n$是$S^3$的倍数,因而有整数$k$,使得

$$-\frac{1}{2}n(n-1)Sx^{n-2}+nx^{n-1}=kS^2 \tag{⑤}$$

由式⑤,首先可以看到$nx^{n-1}$必是$S$的倍数.由于$S,x$互质,则$n$是$S$的倍数.于是$\frac{1}{2}n(n-1)S$是$S^2$的倍数.再利用式⑤,$nx^{n-1}$必是$S^2$的倍数,因而$n$必是$S^2$的倍数,这与$n$无正整数平方因数矛盾.

心得 体会 拓广 疑问

1.1.60 求最大的整数 $k$,使得 $k$ 满足下列条件:对于所有的整数 $x,y$,如果 $xy+1$ 能被 $k$ 整除,则 $x+y$ 也能被 $k$ 整除.

**解** 只需考虑 $k=\prod_i p_i^{\alpha_i}$($p_i$ 是质数,$\alpha_i \geqslant 0$).

取 $(x,k)=1$,则存在 $m\in \mathbf{Z}^*$ 且 $1\leqslant m\leqslant k-1$,使得 $mx^2\equiv -1 \pmod k$.

令 $y=mx$,则 $k\mid (xy+1)$.

由条件有 $k\mid (x+y)$,即 $k\mid (m+1)x$.

所以,$k\mid (m+1)x^2$.

又 $k\mid (mx^2+1)$,则 $k\mid (x^2-1)$.

故 $x^2\equiv 1 \pmod {p_i}$,对任意 $p_i,x(p\nmid x)$ 均成立.

因此,$p_i=2$ 或 $3$,$k=2^\alpha\times 3^\beta$.

又对任意 $x,2\nmid x$,有 $x^2\equiv 1 \pmod {2^\alpha}$.

故 $\alpha\leqslant 3$(注意到任意奇数的平方模 8 余 1,而模 16 则没有这样的性质).

同理,$\beta\leqslant 1$.

所以,$k\leqslant 8\times 3=24$.

下面证明:24 满足要求.

若存在 $x,y\in \mathbf{Z}^*$,使 $24\mid (xy+1)$,则

$$(x,24)=1,(y,24)=1$$

$$x,y\equiv 1,5,7,11,1317,19,23 \pmod{24}$$

由于对固定的 $a$,$ax\equiv -1 \pmod{24}$ 在模 24 下有且仅有一解,且 $xy\equiv -1 \pmod{24}$,于是

$$x\equiv 1 \pmod{24},y\equiv 23 \pmod{24}$$

$$x\equiv 5 \pmod{24},y\equiv 19 \pmod{24}$$

$$x\equiv 7 \pmod{24},y\equiv 17 \pmod{24}$$

$$x\equiv 11 \pmod{24},y\equiv 13 \pmod{24}$$

无论取哪种情况,均有 $24\mid (x+y)$. 故 $k=24$ 即为所求.

1.1.61 若至少有一个正整数 $m$ 不能表为

$$m=\varepsilon_1 z_1^k+\cdots+\varepsilon_{2k} z_{2k}^k$$

的形式,其中 $z_i$ 为非负整数,$\varepsilon_i=1$ 或 $-1(1\leqslant i\leqslant 2k)$,$k$ 为正整数,则称 $k$ 具有性质 $p$. 证明:有无穷多个 $k$ 具有性质 $p$.

(第 31 届国际数学奥林匹克候选题,1990 年)

**证明** 先证明一个引理.

心得 体会 拓广 疑问

设整数 $n \geqslant 2$，$z$ 为整数，则 $z^{2^n} \equiv 0$ 或 $1 \pmod{2^{n+2}}$.

我们用数学归纳法证明这个引理.

当 $n=2$ 时，$z^{2^n}$ 对于 mod 16 如表 1 所示.

**表 1**

| $z$ | 0 | 1 | 2 | 3 | 4 | 5 | 6 | 7 | 8 |
|---|---|---|---|---|---|---|---|---|---|
| $z^4$ | 0 | 1 | 0 | 1 | 0 | 1 | 0 | 1 | 0 |

所以 $n=2$ 时，引理成立.

假设 $2 \leqslant n=k$ 时，引理成立，即

$$z^{2^k}=q \cdot 2^{k+2} \text{ 或 } z^{2^k}=q \cdot 2^{k+2}+1, q \in \mathbf{Z}$$

当 $n=k+1$ 时

$$z^{2^{k+1}}=\left(q \cdot 2^{k+2}\right)^2=2^{k+3}\left(2^{k+1} q^2\right)$$

或
$$z^{2^{k+1}}=\left(q \cdot 2^{k+2}+1\right)^2=2^{k+3}\left(q+q^2 \cdot 2^{k+1}\right)+1$$

即
$$z^{2^{k+1}} \equiv 0 \text{ 或 } 1 \pmod{2^{k+3}}$$

所以对 $n=k+1$，引理成立.

于是对一切自然数 $n \geqslant 2$，引理成立.

下面我们证明本题.

事实上，$k=2^n(n \geqslant 2)$ 具有性质 $p$，若 $6k=6 \cdot 2^n$ 能表为题中所述的形式，即

$$6k=\varepsilon_1 z_1^k+\cdots+\varepsilon_{2k} z_{2k}^k$$

则由引理，对模 $4k(=2^{n+2})$ 有

$$2k \equiv \varepsilon_1 a_1+\cdots+\varepsilon_{2k} a_{2k} \pmod{4k}$$

其中 $a_i=0$ 或 1.

上式只有两种情况可能成立.

(1) 所有 $\varepsilon_i=-1$，$a_i=1$，$i=1,2,\cdots,2k$.

这时 $6k<0$ 与 $6k>0$ 矛盾.

(2) 所有 $\varepsilon_i=1$，$a_i=1$，从而

$$6k=z_1^k+\cdots+z_{2k}^k$$

其中 $z_i$ 均不为 0.

若有某个 $z_i=2$，则

$$z_i^k=2^{2^n} \equiv 0 \pmod{2^{n+2}}$$

这可由 $n \geqslant 2$ 时，$2^n \geqslant n+2$ 得出.

但这时与 $a_i=1$ 矛盾.

因此必有某个 $z_i \geqslant 3$（若 $z_i$ 全等于 1，则 $z_1^k+\cdots+z_{2k}^k=2k$），但当 $k \geqslant 4$ 时，$3^k \geqslant 6k$. 因而也导出矛盾.

于是 $k=2^n$ 具有性质 $p$.

心得 体会 拓广 疑问

1.1.62 设 $p>3$ 是一个素数,且设

$$1+\frac{1}{2}+\cdots+\frac{1}{p-1}+\frac{1}{p}=\frac{r}{ps},(r,s)=1 \quad ①$$

则

$$p^3 \mid r-s$$

**证明** 设

$$(x-1)(x-2)\cdots(x-(p-1))=$$
$$x^{p-1}-s_1x^{p-2}+\cdots-s_{p-2}x+s_{p-1} \quad ②$$

由根与系数的关系,这里

$$s_{p-1}=(p-1)!,s_{p-2}=(p-1)!\left(1+\cdots+\frac{1}{p-1}\right)$$

因

$$x^{p-1}-s_1x^{p-2}+\cdots-s_{p-2}x+s_{p-1}\equiv x^{p-1}-1(\bmod p) \quad ③$$

而 $s_{p-1}+1\equiv 0(\bmod p)$,故由 ③ 得出同余式

$$-s_1x^{p-2}+\cdots-s_{p-2}x\equiv 0(\bmod p)$$

有 $p$ 个解,故

$$p\mid (s_1,\cdots,s_{p-2})$$

在 ② 中令 $x=p$,得

$$p^{p-2}-s_1p^{p-3}+\cdots+s_{p-3}p-s_{p-2}=0$$

由于 $p>3$,故从上式得出

$$s_{p-2}\equiv 0(\bmod p^2)$$

式 ① 给出 $s_{p-2}=\dfrac{(p-1)!\ (r-s)}{sp}$

因为 $s\mid (p-1)!$,且 $p\nmid\dfrac{(p-1)!}{s}$,故由 $s_{p-2}\equiv 0(\bmod p^2)$ 得出整数 $\dfrac{r-s}{p}$ 被 $p^2$ 整除,故 $p^3\mid r-s$.

1.1.63 设 $p$ 是奇素数,$a$ 是连续数列

$$2,3,4,\cdots,p-3,p-2 \quad ①$$

中的任一数,则数列

$$a,2a,3a,\cdots,(p-3)a,(p-2)a,(p-1)a \quad ②$$

中必有一个且只有一个数关于模 $p$ 与 1 同余,设此数为 $ia$,则 $i$ 为 ① 中一数且与 $a$ 相异.

**证明** 因为 ① 中各数均小于 $p$,$p$ 为素数,所以 ① 中每一个数均与 $p$ 互素. 由于 $a$ 是 ① 中某数,故 $(a,p)=1$. 因此数列

$$2a,3a,4a,\cdots,(p-3)a,(p-2)a$$

与数列 ① 代表同一类数,也就是说,数列 ② 表示模 $p$ 的除 $p$ 的倍数外,其余的一切类数. 因此 ② 中必有一数 $ia(1 \leqslant i \leqslant p-1)$,使

$$ia \equiv 1 \pmod p$$

这个 $i$ 决不能等于 $a$,事实上,如果 $i=a$,则有 $a^2 \equiv 1 \pmod p$,从而就有 $(a+1)(a-1) \equiv 0 \pmod p$. 由于 $p$ 是素数,且 $p \nmid 2$,故

$$a+1 \equiv 0 \pmod p \text{ 或 } a-1 \equiv 0 \pmod p$$

两者必居其一,但 $1<a<p-1$,即

$$0<a-1<p, 2<a+1<p$$

所以不可能有 $a+1 \equiv 0 \pmod p$ 及 $a-1 \equiv 0 \pmod p$,故 $i \neq a$.

另外可以证明 $i \neq p-1$. 否则如果 $i=p-1$,就有

$$ia=(p-1)a=p(a-1)+p-a \equiv p-a \pmod p$$

但 $1<a<p-1$,即 $1<p-a<p-1$,所以

$$1<(p-a)-1<p-2$$

因此不可能有 $p-a \equiv 1 \pmod p$,所以 $i \neq p-1$.

再次可以证明 $i \neq 1$,否则就有 $ia=a \equiv 1 \pmod p$,但这与 $1<a<p-1$ 矛盾.

这样就证明了数列 ② 中必有一数 $ia$,有 $ia \equiv 1 \pmod p$,而又 $i \neq 1, i \neq p-1, i \neq a$,故 $i$ 必为 ① 中一数且与 $a$ 相异.

此外,如果 ① 中有两数 $i,j(i \neq j, i \neq a, j \neq a)$,使

$$ia \equiv ja \pmod p$$

那么由于 $(a,p)=1$,故有 $i \equiv j \pmod p$,但 $2 \leqslant i,j \leqslant p-2$,从而有 $i=j$,这与假设 $i \neq j$ 矛盾.

> 1.1.64 设 $p$ 为奇素数,则
> $$2 \cdot 3 \cdot \cdots \cdot (p-2) \equiv 1 \pmod p$$

**证明** 由上题,设 $a$ 是数列 ① 中的某数,则 ① 中必有一个且仅仅有一个数 $i$,使得

$$ia \equiv 1 \pmod p$$

在 ① 中另取一个数 $b, b \neq a, b \neq i$,那么同样在 ① 中必有一个且仅仅有一个数 $j$,使得

$$jb \equiv 1 \pmod p$$

容易证明,$j \neq a, j \neq i$. 事实上,如果 $j=a$,则

$$jb \equiv ab \pmod p$$

又因为

$$ia \equiv jb \equiv 1 \pmod p$$

从而就有 $ab \equiv ia \pmod p$,由于 $(a,p)=1$ 以及 $2 \leqslant i,b \leqslant p-2$,就得 $i=b$,但这与假设 $b \neq i$ 矛盾. 又如果 $j=i$,则 $jb=ib$,而 $ia \equiv jb \equiv 1 \pmod p$,从而有 $ia \equiv ib \pmod p$,这样也有 $a=b$,与假设 $b \neq a$ 矛盾.

心得 体会 拓广 疑问

由此可知,数列①中的数可以配成$\frac{p-3}{2}$对(①中共有$p-3$个数),每对数之积关于模$p$与1同余,因此将①中各数相乘,乘积关于模$p$与1同余,即

$$2\cdot 3\cdot 4\cdot\cdots\cdot(p-2)\equiv 1(\bmod p)$$

**1.1.65** 设$p$为素数,证明

$$\frac{(p-1)!}{1\cdot(p-1)}+\frac{(p-1)!}{2\cdot(p-2)}+\frac{(p-1)!}{3\cdot(p-3)}+\cdots+\frac{(p-1)!}{\frac{p-1}{2}\cdot\frac{p+1}{2}}\equiv 0(\bmod p)$$

**证明** 从欲证结论的第二项起任取一项,有

$$\frac{(p-1)!}{a(p-a)}=1\cdot 2\cdot\cdots\cdot(a-2)(a-1)(a+1)\cdot\cdots\cdot(p-a-1)(p-a+1)\cdot\cdots\cdot(p-2)(p-1) \quad ①$$

其中$2\leqslant a\leqslant\frac{p-1}{2}$. 由上题知

$$2\cdot 3\cdot\cdots\cdot(a-1)a(a+1)\cdot\cdots\cdot(p-a-1)(p-a)\cdot(p-a+1)\cdot\cdots\cdot(p-2)\equiv 1(\bmod p) \quad ②$$

由于$a$及$p-a$均为数列$2,3,\cdots,p-2$中之数,由题1.1.63知,在$2,3,\cdots,(p-2)$中存在且只存在一数,使

$$ia\equiv 1(\bmod p),i\neq a$$

又因 $$(p-a)(p-i)\equiv ia\equiv 1(\bmod p)$$

故在式②两端乘以$i$及$p-i$,就有

$$2\cdot 3\cdot\cdots\cdot(a-1)\cdot a\cdot(a+1)\cdot\cdots\cdot(p-a-1)\cdot(p-i)\cdot(p-a+1)\cdot\cdots\cdot(p-2)\equiv i(p-i)(\bmod p)$$

这样式①就成为

$$\frac{(p-1)!}{a(p-a)}\equiv 1\cdot i(p-i)(p-1)\equiv i^2\equiv(p-i)^2(\bmod p)$$

又按定义,$ia\equiv 1(\bmod p)$,$(p-a)(p-i)\equiv 1(\bmod p)$,$2\leqslant a\leqslant\frac{p-1}{2}$,故$i$和$p-i$必有一数超过$\frac{p+1}{2}$,一数小于$\frac{p-1}{2}$,记$i,p-i$中较小的一个为$i_1$,于是有

$$\frac{(p-1)!}{a(p-a)}\equiv i_1^2(\bmod p)$$

在上式中,$a$取数列$2,3,\cdots,\frac{p-1}{2}$中的各数时,就得到本题结论中的第二项以后的各项. 由前面的证明可知,$i_1$必取数列$2,3,\cdots,$

心得 体会 拓广 疑问

$\frac{p-1}{2}$中之各数而无一遗漏. 又

$$\frac{(p-1)!}{p-1}=(p-2)(p-3)\cdots 1\equiv$$

$$(-2)(-3)\cdots[-(p-1)]\equiv 1(\bmod p)$$

因此,就得到

$$\frac{(p-1)!}{1(p-1)}+\frac{(p-1)!}{2(p-2)}+\cdots+\frac{(p-1)!}{\frac{p-1}{2}\cdot\frac{p+1}{2}}\equiv$$

$$1^2+2^2+\cdots+\left(\frac{p-1}{2}\right)^2(\bmod p)$$

而

$$1^2+2^2+\cdots+\left(\frac{p-1}{2}\right)^2=\frac{(p-1)p(p+1)}{24}$$

上式右端显然为一整数,这是因为连续三数中必有一数是3的倍数,而连续两偶数$p-1$和$p+1$之积必为8的倍数,也就是$24\mid(p-1)p(p+1)$. 但$p$是素数,$24\nmid p$,故

$$24\mid(p-1)(p+1)$$

故

$$p\cdot\frac{(p-1)(p+1)}{24}\equiv 0(\bmod p)$$

这样就证明了,当$p$为素数时,有

$$\frac{(p-1)!}{1\cdot(p-1)}+\frac{(p-1)!}{2\cdot(p-2)}+\cdots+\frac{(p-1)!}{\frac{p-1}{2}\cdot\frac{p+1}{2}}\equiv 0(\bmod p)$$

1.1.66 (1) 若$8\mid x^2+y^2+z^2+w^2$,则$x,y,z,w$均为偶数;

(2) 若$n=x^2+y^2+z^2+w^2$,证明:重排次序并适当选取符号后,总可使$x+y+z$成为3的倍数;

(3) 若$n=x^2+y^2+z^2+w^2$,$x,y,z,w$均为非负整数,证明:$\min(x,y,z,w)\leqslant\frac{1}{2}\sqrt{n}\leqslant\max(x,y,z,m)\leqslant\sqrt{n}$.

**证明** (1) 当$x$为偶数时,$x^2\equiv 0,2(\bmod 8)$,当$x$为奇数时,$x^2\equiv 1(\bmod 8)$. 因此,当$x^2+y^2+z^2\equiv 0(\bmod 8)$时,若$x,y,z,w$中有$i(i=0,1,2,3,4)$个奇数,就有$x^2+y^2+z^2+w^2\equiv i(\bmod 8)$,由此可知只能有$i=0$,故$x,y,z,w$均为偶数.

(2) 由于任何整数$x$总可写作$x\equiv 0,1,-1(\bmod 3)$的一种,因此在$n=x^2+y^2+z^2+w^2$中,只需考虑如下三种情况:

①$x,y,z,w$中至少有三个(如$x,y,z$)可被3整除,这时显然有

心得 体会 拓广 疑问

$$x+y+z\equiv 0 \pmod 3$$

②$x,y,z,w$ 中恰有两个(如 $z,w$) 可被 3 整除，即 $z\equiv 0 \pmod 3$，$w\equiv 0 \pmod 3$，而 $x\equiv \pm 1 \pmod 3$，$y\equiv \pm 1 \pmod 3$. 如果 $x\equiv 1$(或 $-1$)$\pmod 3$，$y\equiv 1$(或 $-1$)$\pmod 3$，则有 $x-y+z=0 \pmod 3$；如果 $x\equiv 1$(或 $-1$)$\pmod 3$，$y\equiv -1$(或 1)$\pmod 3$，则 $x+y+z\equiv 0 \pmod 3$.

③$x,y,z,w$ 中至少有三个(如 $x,y,z$) 不能被 3 整除，即 $x\equiv \pm 1 \pmod 3$，$y\equiv \pm 1 \pmod 3$，$z\equiv \pm 1 \pmod 3$. 这时如果 $x\equiv 1$(或 $-1$)$\pmod 3$，$y\equiv 1$(或 $-1$)$\pmod 3$，$z\equiv 1$(或 $-1$)$\pmod 3$，则 $x+y+z\equiv 0 \pmod 3$；如果 $x\equiv 1 \pmod 3$，$y\equiv -1 \pmod 3$，$z\equiv -1 \pmod 3$，则 $x-y-z\equiv 0 \pmod 3$；如果 $x\equiv 1 \pmod 3$，$y\equiv 1 \pmod 3$，$z\equiv -1 \pmod 3$，则 $x+y-z\equiv 0 \pmod 3$；如果 $x\equiv -1 \pmod 3$，$y\equiv -1 \pmod 3$，$z\equiv 1 \pmod 3$，则 $x+y-z\equiv 0 \pmod 3$.

因此命题正确.

(3) 由于 $n=x^2+y^2+z^2+w^2$，$x,y,z,w$ 为非负整数. 如果 $x,y,z,w$ 中有一个大于 $\sqrt{n}$ 或者每一个都小于 $\frac{\sqrt{n}}{2}$，那么就有 $x^2+y^2+z^2+w^2>n$，或者有 $x^2+y^2+z^2+w^2<n$，这都是不可能的，故有

$$\frac{\sqrt{n}}{2}\leqslant \max(x,y,z,w)\leqslant \sqrt{n}$$

又如果 $x,y,z,w$ 每一个都大于 $\frac{\sqrt{n}}{2}$，那么 $x^2+y^2+z^2+w^2>4\cdot\frac{n}{4}=n$. 这也不可能，故

$$\min(x,y,z,w)\leqslant \frac{\sqrt{n}}{2}$$

因此有

$$\min(x,y,z,w)\leqslant \frac{\sqrt{n}}{2}\leqslant \max(x,y,z,w)\leqslant \sqrt{n}$$

1.1.67 已知 $a_1<a_2<a_3<\cdots<a_n<\cdots$ 是一个正整数的无穷序列. 求证：从集合 $S=\{a_i+a_j \mid i\in\mathbf{N}, j\in\mathbf{N}\}$ 中，一定能够找到一个无穷正整数组成的子列，在这子列中，每个正整数都不是其他任一正整数的倍数.

**证明** 分两种情况讨论：

(1) 在 $\{a_i \mid i\in\mathbf{N}\}$ 的每个无穷子列 $a_{i_1},a_{i_2},\cdots,a_{ik},\cdots$ 中，总至少存在一个和数 $a_{ij}+a_{il}$，以及这子列 $\{a_{ik}\mid k\in\mathbf{N}\}$ 的一个无穷子序列 $a_{t1}<a_{t2}<\cdots<a_{ts}<\cdots$，满足条件：$\forall s\in\mathbf{N}$

心得 体会 拓广 疑问

$$2a_{ts} \not\equiv 0(\bmod (a_{ij}+a_{il})) \quad ①$$

由于 $a_{ij}+a_{il}$ 的同余类一共只有有限个，因此，$a_{t1},a_{t2},\cdots,a_{ts},\cdots$ 中，一定有无穷多个元素属于同一个同余类. 换言之，存在 $a_j^{(1)}=a_{ij}$，$a_l^{(1)}=a_{il}$ 和 $\{a_i \mid i\in\mathbf{N}\}$ 中无穷多个正整数，记为 $a_1^{(2)},a_2^{(2)},a_3^{(2)},\cdots,a_n^{(2)},\cdots$，使得 $a_j^{(1)}+a_l^{(1)}<a_1^{(2)}<a_2^{(2)}<a_3^{(2)}<\cdots<a_n^{(2)}<\cdots$ 和 $\forall n\in\mathbf{N}$

$$2a_n^{(2)} \not\equiv 0(\bmod (a_j^{(1)}+a_l^{(1)}))$$

$$a_1^{(2)}\equiv a_2^{(2)}\equiv a_3^{(2)}\equiv\cdots\equiv a_n^{(2)}\equiv\cdots(\bmod (a_j^{(1)}+a_l^{(1)})) \quad ②$$

在无穷子序列 $\{a_i^{(2)} \mid i\in\mathbf{N}\}$ 中，用完全同样的方法，可以知道，必定存在 $a_{j^*}^{(2)},a_{l^*}^{(2)}$，以及一个无穷子列 $\{a_i^{(3)} \mid i\in\mathbf{N}\}$，且

$$a_{j^*}^{(2)}+a_{l^*}^{(2)}<a_1^{(3)}<a_2^{(3)}<a_3^{(3)}<\cdots<a_n^{(3)}<\cdots$$

使得 $\forall n\in\mathbf{N}$

$$2a_n^{(3)} \not\equiv 0(\bmod (a_{j^*}^{(2)}+a_{l^*}^{(2)}))$$

$$a_1^{(3)}\equiv a_2^{(3)}\equiv a_3^{(3)}\equiv\cdots\equiv a_n^{(3)}\equiv\cdots(\bmod (a_{j^*}^{(3)}+a_{l^*}^{(3)})) \quad ③$$

由 ② 可以看到

$$a_{j^*}^{(2)}+a_{l^*}^{(2)}\equiv 2a_{j^*}^{(2)} \not\equiv 0(\bmod (a_j^{(1)}+a_l^{(1)})) \quad ④$$

于是，$a_j^{(1)}+a_l^{(1)}<a_{j^*}^{(2)}+a_{l^*}^{(2)}$ 和 $a_{j^*}^{(2)}+a_{l^*}^{(2)}$ 不是 $a_j^{(1)}+a_l^{(1)}$ 的倍数.

对于集合 $\{a_i^{(3)} \mid i\in\mathbf{N}\}$，由 ② 和 ③，可以看到 $\{a_i^{(3)} \mid i\in\mathbf{N}\}$ 中任意两数之和既不是 $a_{j^*}^{(2)}+a_{l^*}^{(2)}$ 的倍数，也不是 $a_j^{(1)}+a_l^{(1)}$ 的倍数，而且从 $a_i^{(3)}(i\in\mathbf{N})$ 的取法，知道这集合中任意两数之和既大于 $a_{j^*}^{(2)}+a_{l^*}^{(2)}$，当然也大于 $a_j^{(1)}+a_l^{(1)}$. 对于集合 $\{a_i^{(3)} \mid i\in\mathbf{N}\}$，重复上述方法，可以找到 $a_{j^{**}}^{(2)}+a_{l^{**}}^{(2)}$ 和一个无穷子列 $\{a_i^{(4)} \mid i\in\mathbf{N}\}$，使得 $a_{j^{**}}^{(3)}+a_{l^{**}}^{(3)}<a_1^{(4)}<a_2^{(4)}<a_3^{(4)}<\cdots<a_n^{(4)}<\cdots$，对 $\forall n\in\mathbf{N}$

$$2a_n^{(4)} \not\equiv 0(\bmod (a_{j^{**}}^{(3)}+a_{l^{**}}^{(3)}))$$

$$a_1^{(4)}\equiv a_2^{(4)}\equiv a_3^{(4)}\equiv\cdots\equiv a_n^{(4)}\equiv\cdots(\bmod (a_{j^{**}}^{(3)}+a_{l^{**}}^{(3)})) \quad ⑤$$

这样一直做下去，我们可以得到一个无穷正整数组成的递增子列，其中每个正整数都呈现 $a_i+a_j$ 的形式，在这子列中，每个正整数都不是其他任一正整数的倍数.

(2) 存在一个子列 $a_{i_1}<a_{i_2}<\cdots<a_{i_n}<\cdots$，使得对每个 $a_{i_j}+a_{i_l}$，只有有限多个 $a_{i_s}$，有性质

$$2a_{i_s} \not\equiv 0(\bmod (a_{i_j}+a_{i_l})) \quad ⑥$$

因此，对每个(固定)$a_{i_j}+a_{i_l}$，必有正整数 $m$ 存在，$\forall n\geqslant m$，有

$$2a_n \equiv 0(\bmod (a_{i_j}+a_{i_l})) \quad ⑦$$

我们考虑子列 $a_{i_1}+a_{n_1},a_{i_1}+a_{n_2},a_{i_1}+a_{n_3},\cdots,a_{i_1}+a_{n_k},\cdots$，这

心得 体会 拓广 疑问

里 $n_1 < n_2 < n_3 < \cdots < n_k < \cdots$,而且对于任意大于等于2的正整数 $k$,满足下列条件:$\forall 1 \leqslant j < k$

$$2a_{n_k} \equiv 0(\bmod (a_{i_1} + a_{n_j})) \quad ⑧$$

另外,因为 $0 < 2a_{i_1} < a_{i_1} + a_{n_j}(j \in \mathbf{N})$,这里 $a_{n_1}$ 可以任选,只要 $a_{n_1} > a_{i_1}$ 就可,即 $a_{n_1} \neq a_{i_1}$,那么,我们可以看到

$$2a_{i_1} \not\equiv 0(\bmod (a_{i_1} + a_{n_j}))\ (j \in \mathbf{N}) \quad ⑨$$

这样一来,由 ⑧ 和 ⑨,$\forall 1 \leqslant j < k$,有

$$2(a_{i_1} + a_{n_k}) \equiv 2a_{i_1} \not\equiv 0(\bmod (a_{i_1} + a_{n_j})) \quad ⑩$$

那么,单调递增序列 $\{a_{i_1} + a_{n_j} \mid j \in \mathbf{N}\}$ 中没有一个正整数是其他某一正整数的倍数.

1.1.68 设 $\frac{a_1}{b_1}, \cdots, \frac{a_n}{b_n}$ 为 $n$ 个有理数,其中 $\left(n, \prod_{i=1}^{n} b_i\right) = 1$,则存在 $1 \leqslant k \leqslant m \leqslant n$,使得 $\sum_{i=k}^{m} \frac{a_i}{b_i}$ 的分子被 $n$ 整除.

**证明** 设 $b = \prod_{i=1}^{n} b_i, c_i = \frac{a_i b}{b_i}$,有

$$\sum_{i=k}^{m} \frac{a_i}{b_i} = \sum_{i=k}^{m} \frac{c_i}{b} = \frac{\sum_{i=k}^{m} c_i}{b}$$

由于 $(n,b) = 1$,所以如能证得 $n \left| \sum_{i=k}^{m} c_i \right.$,就可推出 $\sum_{i=k}^{m} \frac{a_i}{b_i}$ 的分子被 $n$ 整除. 故只需证明存在整数 $1 \leqslant k \leqslant m \leqslant n$ 使 $n \left| \sum_{i=k}^{m} c_i \right.$,考虑 $n$ 个整数

$$s_k = \sum_{i=1}^{k} c_i, k = 1, \cdots, n$$

如果模 $n$ 互不同余,则有某个 $k$ 存在,$1 \leqslant k \leqslant n$,使 $n \mid s_k$,故结论成立. 如果有 $1 \leqslant q < m \leqslant n$,使

$$s_q \equiv s_m (\bmod n)$$

故有

$$s_m - s_q \equiv c_{q+1} + \cdots + c_m \equiv 0(\bmod n)$$

设当 $k = q + 1$ 时,即有

$$\sum_{i=k}^{m} \frac{a_i}{b_i}$$

的分子被 $n$ 整除.

心得 体会 拓广 疑问

1.1.69 设$n,p,q$都是正整数,且$n>p+q$.若$x_0,x_1,\cdots,x_n$是满足下面条件的整数:

(1)$x_0=x_n=0$;

(2)对每个整数$i(1\leqslant i\leqslant n)$,或$x_i-x_{i-1}=p$或$x_i-x_{i-1}=-q$.

证明:存在一对标号$(i,j)$,使$i<j$,$(i,j)\neq(0,n)$,且$x_i=x_j$.

(第37届国际数学奥林匹克,1996年)

**证明** 首先,不妨设$(p,q)=1$.

这是因为,若$(p,q)=d>1$时,记$p=dp_1,q=dq_1$,$(p_1,q_1)=1$,只要考虑$\frac{x_0}{d},\frac{x_1}{d},\cdots,\frac{x_n}{d}$而相邻两项之差等于$p_1$或$-q$,且$n>p_1+q_1$,一切条件都能满足.

由于$x_i-x_{i-1}=p$或$-q(i=1,2,\cdots,n)$.

如果这$n$个差$x_i-x_{i-1}$中有$a$个$p$,$b$个$-q$,则有$x_n=ap-bq$,$a+b=n$.

从而,由$x_n=0$,有$ap=bq$.

由$(p,q)=1$,$a=kq$,$b=kp$,则

$$n=a+b=k(p+q)$$

又$n>p+q$,所以$k\geqslant 2$.

记$y_i=x_{i+p+q}-x_i$,$i=0,1,\cdots,(k-1)(p+q)$.

因为$x_i-x_{i-1}=p$或$-q\equiv p(\mathrm{mod}\ (p+q))$,对$i=0,1,\cdots$到某个$i$相加,有$x_i=ip(\mathrm{mod}\ (p+q))$,于是有

$$x_j-x_i\equiv(j-i)p(\mathrm{mod}\ (p+q))$$

由$y_i$的定义

$$y_i=x_{i+p+q}-x_i\equiv p+q\equiv 0(\mathrm{mod}\ (p+q))$$

即每个$y_i$都是$p+q$的倍数.

又由于

$$y_{i+1}-y_i=(x_{i+1+p+q}-x_{i+p+q})-(x_{i+1}-x_i)$$

而括号中的数只能是$p$或$-q$.

所以$y_{i+1}-y_i$只能等于$p+q$,0,$-(p+q)$中的某一个.由于

$$y_0=x_{p+q}-x_0=n_{p+q}$$

$$y_{p+q}=x_{2(p+q)}-x_{p+q}$$

$$y_{2(p+q)}=x_{3(p+q)}-x_{2(p+q)}$$

$$\cdots$$

$$y_{(k-1)(p+q)}=x_{k(p+q)}-x_{(k-1)(p+q)}=x_n-x_{(k-1)(p+q)}$$

将以上诸式相加得

心得 体会 拓广 疑问

$$y_0+y_{p+q}+y_{2(p+q)}+\cdots+y_{(k-1)(p+q)}=x_n=0$$

若 $y_0>0$,则上式中总有加数小于0,若 $y_0<0$,则上式中总有加数大于0.

由 $y_i\equiv 0(\bmod (p+q))$,则

$$\frac{y_0}{p+q},\frac{y_1}{p+q},\cdots,\frac{y_{(k-1)(p+q)}}{p+q}$$

都是整数,且每相邻两项之差只能是1,0或 $-1$,而且不可能全是正整,也不可能全是负数,因此,必有一个是0,即存在 $i_0$,使 $y_{i_0}=0$. 这时

$$y_{i_0}=x_{i_0+p+q}-x_{i_0}=0$$

即存在一对标号 $(i,j)$,$j=i_0+p+q$,$i=i_0$,使得 $x_i=x_j$.

1.1.70 设 $n$ 为不大于2的整数,$a_1,a_2,a_3,a_4$ 为满足下列两个条件的正整数:

(1)$(n,a_i)=1$,$i=1,2,3,4$;

(2)对于 $k=1,2,\cdots,n-1$,都有

$$(ka_1)_n+(ka_2)_n+(ka_3)_n+(ka_4)_n=2n$$

证明这时 $(a_1)_n,(a_2)_n,(a_3)_n,(a_4)_n$ 可分成和为 $n$ 的两组,其中 $(a)_n$ 表示正整数 $a$ 除以 $n$ 所得的余数.

(日本数学奥林匹克,1992年)

**证明** 由于 $(n,a_1)=1$,所以存在 $k$,使得 $(ka_1)_n=1$. 不失一般性,设

$$1=a_1\leqslant a_2\leqslant a_3\leqslant a_4\leqslant n-1 \quad ①$$

由题设可知

$$1+a_2+a_3+a_4=2n \quad ②$$

$$2+(2a_2)_n+(2a_3)_n+(2a_4)_n=2n \quad ③$$

首先我们证明 $a_2<\frac{1}{2}n$,$a_3>\frac{1}{2}n$.

否则,若 $a_2\geqslant\frac{1}{2}n$,则由式③有

$$2+2a_2-n+2a_3-n+2a_4-n=2n$$

$$2(1+a_2+a_3+a_4)=5n$$

与式②矛盾.

若 $a_3\leqslant\frac{1}{2}n$,则由式③有

$$2+2a_2+2a_3+2a_4=2n$$

或

$$2+2a_2+2a_3+2a_4-n=2n$$

即

$$1+a_2+a_3+a_4=n$$

心得 体会 拓广 疑问

或 $$1+a_2+a_3+a_4=\frac{3}{2}n$$

均与式②矛盾.

从而有

$$1=a_1\leqslant a_2<\frac{1}{2}n<a_3\leqslant a_4\leqslant n-1$$

又由题设,对于 $k=1,2,\cdots,n-1$,有

$$k+(ka_2)_n+(ka_3)_n+(ka_4)_n=$$
$$(k+1)+((k+1)a_2)_n+((k+1)a_3)_n+((k+1)a_4)_n=2n$$

注意到

$$(k+1)a_i-ka_i=a_i\leqslant n-1,i=2,3,4$$

$$\sum_{i=1}^{4}[(k+1)a_i-ka_i]=\sum_{i=1}^{4}a_i=2n$$

从而可得 $$a_4=n-1$$

于是 $$a_1+a_4=a_2+a_3=n$$

1.1.71 对于任意的整数 $n\geqslant 1$,证明:数列 $2,2^2,2^{2^2},2^{2^{2^2}},\cdots$ 自某项起,各项对 $n$ 同余.

(第20届美国数学奥林匹克,1991年)

**证法1** 为方便计,令 $a_0=1,a_k=2^{a_{k-1}},k\in\mathbf{N}$.

显然,当 $i\leqslant j$ 时

$$a_i\mid a_j$$

由于在 $a_0,a_1,\cdots,a_n$,这 $n+1$ 个数中,必有两个数对模 $n$ 同余,因此存在 $0\leqslant i<j\leqslant n$,使得

$$a_i\equiv a_j(\bmod n)$$

若自然数 $s\geqslant j$,则有

$$s-i-1\geqslant j-i-1\geqslant 0$$

$$a_{j-i-1}\mid a_{s-i-1}$$

所以 $$a_{j-i-1}\mid a_{s-i}$$

因此 $$a_{j-i-1}\mid a_{s-i}-a_{s-i-1}$$

即有 $$2^{a_{j-i-1}}-1\mid 2^{a_{s-i}-a_{s-i-1}}-1$$

此式又可化为

$$a_{j-i}-1\mid \frac{a_{s-i+1}}{a_{s-i}}-1$$

所以 $$a_{j-i}-a_0\mid a_{s-i+1}-a_{s-i}$$

又有 $$2^{a_{j-i}-a_0}-1\mid 2^{a_{s-i+1}-a_{s-i}}-1$$

即

心得 体会 拓广 疑问

$$\frac{2^{a_{s-i+1}-a_{s-i}}-1}{2^{a_{j-i}-a_0}-1}=\frac{a_{s-i+1}}{a_1}\cdot\frac{2^{a_s-i+1}-a_{s\cdot i}-1}{2^{a_{j-i-a_0}}-1}\in\mathbf{N}$$

$$\frac{2^{a_{s-i}}\cdot 2^{a_{s-i+1}-a_{s-i}}-a_{s-i+1}}{2^{a_0}\cdot 2^{a_{j-i}-a_0-a_1}}=\frac{a_{s-i+2}-a_{s-i+1}}{a_{j-i+1}-a_1}\in\mathbf{N}$$

重复上述过程,可得

$$\frac{a_{s-i+3}-a_{s-i+2}}{a_{j-i+2}-a_2}\in\mathbf{N}$$

$$\cdots$$

$$\frac{a_{s+1}-a_s}{a_j-a_i}\in\mathbf{N}$$

从而
$$a_{s+1}-a_s=k(a_j-a_i)\equiv 0(\bmod n)$$
其中 $k$ 为自然数.

取 $s=j,j+1,\cdots$,则得

$$a_j\equiv a_{j+1}\equiv a_{j+2}\equiv\cdots(\bmod n)$$

所以自第 $j$ 项起,每一项 $a_k$ 都对模 $n$ 同余.

**证法 2** 用数学归纳法.

当 $n=1$ 时,要证的结论显然成立.

对于 $n>1$,假设对于所有小于 $n$ 的自然数,要证的结论成立.

令 $n=2^kq$,其中 $q$ 为奇数.

如果 $q=1$,则要证的结论也显然成立.

不妨设 $q$ 是大于 1 的奇数,记

$$a_0=1,a_{i+1}=2^{a_i},i=0,1,2,\cdots$$

由于
$$2^t\not\equiv 0(\bmod q),0\leqslant t\leqslant q-1$$

所以存在 $0\leqslant i<j<q-1$,使得

$$2^i\equiv 2^j(\bmod q)$$

即
$$q\mid 2^j-2^i=2^i(2^{j-i}-1)$$

于是
$$q\mid 2^{j-i}-1$$

记 $r=j-i$,则

$$1\leqslant r<q\leqslant n$$

且
$$2^r\equiv 1(\bmod q)$$

由归纳假设,存在自然数 $i_1$,使得

$$a_i\equiv a_{i_1}(\bmod r),对所有\ i\geqslant i_1$$

于是

$$a_i=a_{i_1}+rh$$

从而对任何 $i\geqslant i_1$,有

$$a_{i+1}=2^{a_i}=2^{a_{i_1}}\cdot(2^r)^h\equiv 2^{a_{i_1}}=a_{i_1+1}(\bmod q)$$

又显然存在 $i_2$,使得当 $i\geqslant i_2$ 时,$2^k\mid a_i$.

令
$$i_0=\max(i_1+1,i_2)$$

心得 体会 拓广 疑问

则对于任何 $i,j \geqslant i_0$，都有

$$a_i \equiv a_j (\bmod 2^k q)$$

即
$$a_i \equiv a_j (\bmod n)$$

于是对于$n$，要证的结果也成立. 因此，对所有自然数$n$，命题成立.

1.1.72 求具有以下性质的最小的自然数$n$，并予以证明$\frac{1}{n}$的二进制表示中，1至1 900的二进制表示全部在小数点后出现（由连续的数字组成）.

（第31届国际数学奥林匹克候选题，1990年）

**解** 所求的最小自然数$n = 2\ 053$.

设$n < 2\ 053$，且为具有题设所述的性质的最小自然数.

显然，$n$为奇数，否则$\frac{n}{2}$仍具有所述性质.

$$二进制小数\frac{1}{n} = 0.\overline{a_0 a_1 a_2 a_3 \cdots}$$

是循环小数，即存在一个最小正周期$e$，使得对所有的$v$，$a_{v+r} = a_v$.

这表明

$$2^s \equiv 1 (\bmod n) \Leftrightarrow e \mid s$$

对$1 \leqslant k \leqslant 9$，$2^{9-k}$个满足

$$1\ 024 + 2^{9-k} \leqslant r < 1\ 024 + 2^{10-k} (\leqslant 1\ 536 < 1\ 990)$$

的数$r$，它的二进表示的开始部分是长为$k+1$的块“100…0”，$r = 1\ 024$本身则是长为11的块“100…0”.

从1 536至1 990，以及从996至1 023这483个数，开始的部分是长为1的块1.

以上这些均在$\frac{1}{n} = 0.\overline{a_0 a_1 a_2 a_3 \cdots}$的一个完整周期中出现（不妨设这个周期是以数字1开始），而且互不相交（注意$996 > \frac{1\ 990}{2}$），从而

$$e \geqslant \sum_{k=1}^{9} 2^{9-k}(k+1) + 11 + 483 = 2\ 018$$

设$\varphi(n)$为欧拉函数，由于

$$e \mid \varphi(n) < n < 2\ 053$$

所以
$$e = \varphi(n)$$

如果$n$不是素数，则$n$有不大于$\sqrt{n}$的素因数$p$，从而有

$$\varphi(n) \leqslant \left(1 - \frac{1}{p}\right) n \leqslant n - \sqrt{n} < 2\ 053 - 45 = 2\ 008$$

与$e \geqslant 2\ 018$矛盾.

因此$n$是素数. 若

心得 体会 拓广 疑问

$$v \equiv 2^k (\bmod n), 0 < v < n$$

则
$$\frac{v}{n} = 0.\overline{a_k a_{k+1} a_{k+2} \cdots}$$

于是对每个 $r$ 且 $1\ 024 \leqslant r \leqslant 1\ 990$,有

$$0 < v_r < n$$

并且
$$\frac{r}{2\ 048} < \frac{r}{n} < \frac{r+1}{2\ 048}$$

$\frac{v_r}{n}$ 的前 11 位与 $\frac{r}{2\ 048}$ 相同.

由于自然数 $v_r$ 随 $r$ 严格递增,则

$$\frac{1\ 990+1}{2\ 048} - \frac{1\ 024}{2\ 048} > \frac{v_{1\ 990} - v_{1\ 024}}{n} \geqslant \frac{996}{n}$$

$$n > \frac{966}{967} \cdot 2\ 048 > 2\ 045$$

由于 $2\ 047 = 23 \cdot 89, 2\ 049 = 3 \cdot 683, 2\ 051 = 7 \cdot 293$ 都是合数,所以在 2 045 与 2 053 之间(不包括 2 053)没有素数,与 $n$ 为素数矛盾.

于是 $n < 2\ 053$ 不具有题中所述性质.

现在证明 $n = 2\ 053$ 满足要求.

由于 $n = 2\ 053$ 是素数,则

$$e \mid \varphi(n) = 2\ 052 = 2^2 \cdot 3^3 \cdot 19$$

$$2^{11} \equiv -5 (\bmod 2\ 053)$$

$$(-5)^7 \equiv -78\ 125 \equiv -111 (\bmod 2\ 053)$$

所以
$$2^{154} \equiv (-111)^2 = 12\ 321 \equiv 3 (\bmod 2\ 053)$$

$$2^{3^2 \cdot 19} = 2^{154} \cdot 2^{11} \cdot 2^6 \equiv -3 \cdot 5 \cdot 64 \equiv -960 (\bmod 2\ 053)$$

$$2^{3^3 \cdot 19} \equiv -960^3 \equiv -961\ 600 \cdot 960 \equiv$$
$$197 \cdot 960 \equiv 189\ 120 \equiv 244 (\bmod 2\ 053)$$

由此得到
$$4 \mid e$$

并且
$$x^4 \equiv 1 (\bmod 2\ 053)$$

的解为 $\{\pm 1, \pm 244\}$,而 $-960$ 不是它的解.

从而
$$2^{2^2 \cdot 3^2 \cdot 19} \not\equiv 1 (\bmod 2\ 053), 3^3 \mid e$$

由于 $2^{33} = 2^{27} \equiv (-5)^2 \cdot 2^5 \equiv 25 \cdot 32 \equiv 800 (\bmod 2\ 053)$

所以
$$2^{2^2 \cdot 3^2} \not\equiv 1 (\bmod 2\ 053), 19 \mid e$$

由 $4 \mid e, 3^3 \mid e, 19 \mid e$,则

$$4 \cdot 3^3 \cdot 19 = 2\ 052 \mid e$$

于是
$$e = 2\ 052$$

因为 $n > 2\ 048 = 2^{11}$,对于 $1 \leqslant r \leqslant 1\ 990$,有 $v$ 满足

$$1 < v < n$$

$$\frac{r}{2\ 048} < \frac{v}{n} < \frac{r+1}{2\ 048}$$

心得 体会 拓广 疑问

因为 $$e=\varphi(n)=n-1=2\ 052$$
所以有 $k$,使 $$v\equiv 2^k \pmod{2\ 053}$$

从而 $a_k\cdots a_{k+10}$ 是 $r$ 的二进表示(可能从若干个0开头),于是证明了 $n=2\ 053$ 是满足题目要求的最小自然数.

1.1.73 设 $n$ 是合数,$p$ 是 $n$ 的真因数,试求最小的正整数 $N$(用二进制表示),使得 $(1+2^p+2^{n-p})N-1$ 能被 $2^n$ 整除.

(第31届国际数学奥林匹克预选题,1990年)

**解** 显然,满足题设要求的最小正整数 $N$ 应满足

$$(1+2^p+2^{n-p})N\equiv 1 \pmod{2^n} \quad ①$$

因为 $p$ 是 $n$ 的真因数,则 $p>1$,因而

$$(1+2^p+2^{n-p},2^n)=1$$

因此,满足①且小于 $2^n$ 的自然数 $N$ 是唯一的,这个 $N$ 就是所求的数.

不难看出,①等价于

$$(1+2^p+2^{n-p}+2^n)N\equiv 1 \pmod{2^n}$$

即

$$(1+2^p)(1+2^{n-p})N\equiv 1 \pmod{2^n} \quad ②$$

设 $n=mp,m>1$,于是

$$(1+2^p)\sum_{k=0}^{m-1}(-1)^k 2^{kp}\equiv 1-(-1)^m 2^n\equiv 1 \pmod{2^n}$$

另一方面,又有 $n-2p\geqslant 0$,所以

$$(1+2^{n-p})(1-2^{n-p})\equiv 1-2^n 2^{n-2p}\equiv 1 \pmod{2^n}$$

从而有

$$(1+2^p)(1+2^{n-p})(1-2^{n-p})\sum_{k=0}^{m-1}(-1)^k 2^{kp}\equiv 1 \pmod{2^n}$$

对比式②有

$$N\equiv(1-2^{n-p})\sum_{k=0}^{m-1}(-1)^k 2^{kp}\equiv\sum_{k=0}^{m-1}(-1)^k 2^{kp}-2^{n-p}\equiv$$
$$2^n-2^{n-p}+\sum_{k=0}^{m-1}(-1)^k 2^{kp} \pmod{2^n}$$

从而可令

$$N=2^n-2^{n-p}+\sum_{k=0}^{m-1}(-1)^k 2^{kp} \quad ③$$

则 $$1\leqslant N\leqslant 2^n$$

所以 $N$ 为所求的数.

现分两种情况写出 $N$ 的二进制表示.

当 $2\nmid m$ 时,由式③得

心得 体会 拓广 疑问

$$N = 2^n - 2^{n-p} + 2^{n-p} - 2^{n-2p} + 2^{n-3p} - 2^{n-4p} + \cdots + 2^{4p} - 2^{3p} + 2^{2p} - 2^p + 1 =$$
$$2^{n-p}(2^p - 1) + 2^{n-2p}(2^p - 1) + 2^{n-4p}(2^p - 1) + \cdots + 2^p(2^p - 1) + 1 =$$
$$(\underbrace{\underbrace{11\cdots1}_{p个}\underbrace{11\cdots1}_{p个}\underbrace{00\cdots0}_{p个}\cdots\underbrace{11\cdots1}_{p个}\underbrace{00\cdots0}_{p个}\underbrace{11\cdots1}_{p个}\underbrace{00\cdots01}_{p个}}_{共\frac{n}{p}段})_2$$

当 $2 \mid m$ 时,由式③得

$$N = 2^n - 2^{n-p+1} + 2^{n-2p} - 2^{n-3p} + 2^{n-4p} - 2^{n-5p} + \cdots + 2^{4p} - 2^{3p} + 2^{2p} - 2^p + 1 =$$
$$2^{n-p+1}(2^{p-1} - 1) + 2^{n-3p}(2^p - 1) + 2^{n-5p}(2^p - 1) + \cdots + 2^{3p}(2^p - 1) + 2^p(2^p - 1) + 1 =$$
$$(\underbrace{\underbrace{11\cdots1}_{p-1个}\underbrace{00\cdots0}_{p+1个}\underbrace{11\cdots1}_{p个}\underbrace{00\cdots0}_{p个}\cdots\underbrace{11\cdots1}_{p个}\underbrace{00\cdots0}_{p个}\underbrace{11\cdots1}_{p个}\underbrace{00\cdots01}_{p个}}_{共\frac{n}{p}段})_2$$

**1.1.74** $n$ 是一个给定的正整数,有多少个在 $\bmod 2^n$ 意义上的完全平方数?

**解** 用 $A_n$ 表示在 $\bmod 2^n$ 意义上的完全平方数的个数. 显然

$$A_1 = 2(0,1\text{ 两数}), A_2 = 2(0,1\text{ 两数}) \quad ①$$

对于正整数 $n \geqslant 3$,下面证明

$$A_n = 2^{n-3} + A_{n-2} \quad ②$$

先考虑奇数情况,假定 $a,b$ 是奇数,$0 < a < 2^n, 0 < b < 2^n$,且满足

$$a^2 \equiv b^2 \pmod{2^n} \quad ③$$

由③,有

$$(a-b)(a+b) \equiv 0 \pmod{2^n} \quad ④$$

由于 $a,b$ 都是奇数,则 $a-b,a+b$ 都是偶数. 由于奇数是 $4k+1$, $4k+3$ 类型,这里 $k$ 是非负整数,那么 $a-b,a+b$ 不可能都是 4 的倍数. 即 $a-b,a+b$ 中必有一个只是 2 的倍数,而不是 4 的倍数,那么,由式④,另一个就是 $2^{n-1}$ 的倍数,因此

$$a-b \equiv 0 \pmod{2^{n-1}} \text{ 或 } a+b \equiv 0 \pmod{2^{n-1}} \quad ⑤$$

于是,有

$$b \equiv a \pmod{2^{n-1}} \text{ 或 } b \equiv -a \pmod{2^{n-1}} \quad ⑥$$

利用 $0 < a < 2^n, 0 < b < 2^n$ 及⑥,有

$$b = a, b = 2^{n-1} + a \pmod{2^n}$$

或

$$b = 2^{n-1} - a \pmod{2^n}, b = 2^n - a \quad ⑦$$

心得 体会 拓广 疑问

由于$a$是奇数,当正整数$n\geqslant 3$时,式⑦中右端4个正整数$a$,$2^{n-1}+a(\bmod 2^n)$,$2^{n-1}-a(\bmod 2^n)$,$2^n-a$两两不相等.在mod $2^n$意义上,大于等于1小于$2^n$的奇数一共有$2^{n-1}$个.在这$2^{n-1}$个奇数中,任取一个作为$a$,对于这个$a$,满足③的$b(0<b<2^n)$有4个(见⑦),因此,将这$2^{n-1}$个奇数,按照满足等式⑦的4个奇数一组,进行分组,一共有$\frac{1}{4}\cdot 2^{n-1}=2^{n-3}$组,对于不同两组中的奇数,公式③不成立.因此,在奇数情况,所求数目为$2^{n-3}$(对于同组内任两个奇数,③必成立).

现在考虑偶数情况,设偶数$2a,2b,0\leqslant 2a<2^n,0\leqslant 2b<2^n$,满足

$$(2a)^2\equiv(2b)^2(\bmod 2^n) \quad ⑧$$

从而有$0\leqslant a<2^{n-1},0\leqslant b<2^{-1}$,以及

$$a^2\equiv b^2(\bmod 2^{n-2}) \quad ⑨$$

由于当$2^{n-1}\leqslant 2a<2^n,2^{-1}\leqslant 2b<2^n$时,有

$$(2a-2^{n-1})^2\equiv(2a)^2(\bmod 2^n)$$

$$(2b-2^{n-1})^2\equiv(2b)^2(\bmod 2^n) \quad ⑩$$

这里$n\geqslant 3$,那么我们只需考虑$0\leqslant 2a<2^{n-1},0\leqslant 2b<2^{n-1}$的情况即可(对于式⑧而言).因而,对于式⑨而言,$0\leqslant a<2^{n-2},0\leqslant b<2^{n-2}$.这样一来,在mod $2^{n-2}$意义上,完全平方数的个数与在mod $2^n$意义上,完全平方数是偶数的个数成一一对应,因此式②成立.

在式②中,当$n=2k$(正整数$k\geqslant 2$),$2k-2,\cdots$,有

$$A_{2k}=2^{2k-3}+A_{2k-2}$$

$$A_{2k-2}=2^{2k-5}+A_{2k-4}$$

$$A_{2k-4}=2^{2k-7}+A_{2k-6}$$

$$\cdots$$

$$A_6=2^3+A_4$$

$$A_4=2+A_2 \quad ⑪$$

将⑩中一系列等式相加,得

$$A_{2k}=(2+2^3+\cdots+2^{2k-5}+2^{2k-3})+A_2=$$

$$\frac{2-2^{2k-3}\cdot 4}{1-4}+A_2\xlongequal{(\text{利用式①})}$$

$$\frac{1}{3}(2^{2k-1}-2)+2=$$

$$\frac{1}{3}(2^{2k-1}+4) \quad ⑫$$

当$n=2k+1,2k-1,\cdots$时,由式②,有

$$A_{2k+1}=2^{2k-2}+A_{2k-1}$$

$$A_{2k-1}=2^{2k-4}+A_{2k-3}$$
$$A_{2k-3}=2^{2k-6}+A_{2k-5}$$
$$\cdots$$
$$A_5=2^2+A_3$$
$$A_3=2^0+A_1 \tag{13}$$



将⑬中一系列等式相加,再利用式①,得

$$A_{2k+1}=(2^0+2^2+\cdots+2^{2k-4}+2^{2k-2})+2=\frac{1-2^{2k}}{1-4}+2=\frac{1}{3}(2^{2k}+5) \tag{14}$$

合并⑫和⑭两式,并兼顾式①,得

$$\begin{cases}A_n=\dfrac{1}{3}(2^{n-1}+4),n\text{ 为偶数}\\A_n=\dfrac{1}{3}(2^{n-1}+5),n\text{ 为奇数}\end{cases} \tag{15}$$

总体来说为$\left[\dfrac{2^n+10}{6}\right]$.

1.1.75 $n$ 是一个正奇数,求证:$n(n-1)^{(n-1)^n+1}+n$ 是$((n-1)^n+1)^2$ 的倍数,这个性质对偶数 $n$ 成立吗?证明你的结论.

**证明** 当 $n$ 为正奇数时

$$(n-1)^n+1=(n^n-C_n^1n^{n-1}+C_n^2n^{n-2}-\cdots-C_n^{n-2}n^2+C_n^{n-1}n-1)+1=n^2\left[\frac{1}{2}(n-1)n^{n-3}-\cdots-\frac{1}{2}n(n-1)+1\right] \tag{1}$$

由①立即有

$$(n-1)^n+1=n^2q \tag{2}$$

这里 $q$ 是一个正奇数,且与 $n$ 互质.

现在我们证明$(n-1)^{n^2+q}+1$ 是 $n^3q^2$ 的倍数,由于 $n^2q$ 是奇数,则

$$(n-1)^{n^2q}=n^{n^2q}-C_{n^2q}^1n^{n^2q-1}+\cdots+C_{n^2q}^1n-1 \tag{3}$$

因此

$$(n-1)^{n^2q}+1\equiv 0(\bmod n^3) \tag{4}$$

由于 $n^3$ 与 $q^2$ 互质,如果能证明$(n-1)^{n^2q}+1$ 是 $q^2$ 的倍数,则$(n-1)^{n^2q}+1$ 是 $n^3q^2$ 的倍数.记

$$A=(n-1)^n \tag{5}$$

利用 $nq$ 是奇数,有

$$(n-1)^{n^2q}+1=A^{nq}+1=(A+1)(A^{nq-1}-A^{nq-2}+\cdots+A^2-A+1) \tag{6}$$

心得 体会 拓广 疑问

由式②,⑤和⑥,可以知道

$$A+1\equiv 0(\bmod q) \quad ⑦$$

以及

$$\begin{aligned}&A^{nq-1}-A^{nq-2}+\cdots+A^2-A+1\equiv\\&(-1)^{nq-1}-(-1)^{nq-2}+\cdots+\\&(-1)^2-(-1)+1\ (\bmod q)\equiv\\&1+1+\cdots+1+1+1\ (nq\text{项})\ (\bmod q)\equiv\\&nq\ (\bmod q)\equiv 0\ (\bmod q)\end{aligned} \quad ⑧$$

利用式⑥,⑦和⑧,可知$(n-1)^{n^2q}+1$是$q^2$的倍数,因此$(n-1)^{n^2q}+1$是$n^3q^2$的倍数,利用式②,有

$$n(n-1)^{(n-1)^n+1}+n=n[(n-1)^{n^2q}+1] \quad ⑨$$

因此$n(n-1)^{(n-1)^n+1}+n$是$n^4q^2$的倍数,再利用式②,可以得到$n(n-1)^{(n-1)^n+1}+n$是$((n-1)^n+1)^2$的倍数.

本题这个性质对偶数$n$不一定成立.

当$n=2$时,由于

$$2(2-1)^{(2-1)^2+1}+2=4 \quad ⑩$$

$$((2-1)^2+1)^2=4 \quad ⑪$$

本题结论对$n=2$还是成立的. 当偶数$n\geqslant 4$时,利用$n$是偶数及二项式展开公式,容易看到存在正整数$k$,使得

$$(n-1)^n+1=kn+2 \quad ⑫$$

由于

$$(n-1)^n\equiv -1(\bmod((n-1)^n+1)) \quad ⑬$$

则

$$\begin{aligned}(n-1)^{(n-1)^n+1}=(n-1)^{kn+2}&\xlongequal{\text{利用⑫}}\\(n-1)^{nk}(n-1)^2&\xlongequal{\text{利用⑬}}\\(-1)^k(n-1)^2&(\bmod((n-1)^n+1))\end{aligned} \quad ⑭$$

因而

$$\begin{aligned}&n[(n-1)^{(n-1)^n+1}+1]\equiv\\&n[(-1)^k(n-1)^2+1](\bmod((n-1)^n+1))\end{aligned} \quad ⑮$$

(注意$|(-1)^k(n-2)^2+1|\leqslant(n-1)^2+1$,下面要用.)

由正整数$n\geqslant 4$,对$n$用归纳法,极容易证明$(n-1)^{n-2}\geqslant n+1$. 于是当正整数$n\geqslant 4$时,式⑮右端不为零,且

$$\begin{aligned}&[(n-1)^n+1]-n[(n-1)^2+1]=\\&(n-1)\{(n-1)[(n-1)^{n-2}-n]-1\}>0\end{aligned} \quad ⑯$$

因此利用式⑮和式⑯,可知当偶数$n\geqslant 4$时,本题结论不成立.

心得 体会 拓广 疑问

1.1.76 求所有正整数 $x,y,z$,使得

$$xy(\mathrm{mod}\ z)=yz(\mathrm{mod}\ x)=zx(\mathrm{mod}\ y)=2$$

其中 $a(\mathrm{mod}\ b)$ 表示 $a-b\left[\frac{a}{b}\right]$,即 $a$ 除以 $b$ 的剩余.

**证明** 由条件知

$$z\mid(xy-2),x\mid(yz-2),y\mid(zx-2)$$

相乘得

$$xyz\mid(xy-2)(yz-2)(zx-2)$$

则

$$(xy-2)(yz-2)(zx-2)=$$
$$x^2y^2z^2-2(x^2yz+xy^2z+xyz^2)+4(xy+yz+zx)-8$$

故

$$xyz\mid 4(xy+yz+zx)-8$$

设 $4(xy+yz+zx)-8=kyz$,则

$$4\left(\frac{1}{x}+\frac{1}{y}+\frac{1}{z}\right)=k+\frac{8}{xyz} \quad ①$$

由条件知,$x,y,z>2$. 若 $x,y,z$ 中有两个相等,不妨设 $x=y$,则 $yz(\mathrm{mod}\ x)=0$,矛盾. 故 $x,y,z$ 不等.

不妨设 $x<y<z$,则

$$4\left(\frac{1}{x}+\frac{1}{y}+\frac{1}{z}\right)\leqslant 4\left(\frac{1}{3}+\frac{1}{4}+\frac{1}{5}\right)<4$$

故 $k\leqslant 3$.

(1) 若 $k=3$,如果 $x\geqslant 4$,则

$$4\left(\frac{1}{x}+\frac{1}{y}+\frac{1}{z}\right)\leqslant 4\left(\frac{1}{4}+\frac{1}{5}+\frac{1}{6}\right)<3$$

矛盾,所以 $x=3$.

如果 $y\geqslant 5$,则

$$4\left(\frac{1}{x}+\frac{1}{y}+\frac{1}{z}\right)\leqslant 4\left(\frac{1}{3}+\frac{1}{5}+\frac{1}{6}\right)<3$$

矛盾,所以 $y=4$.

代入式 ① 解得 $z=5$. 经检验,不满足题设要求.

(2) 若 $k=2$,则

$$2\left(\frac{1}{x}+\frac{1}{y}+\frac{1}{z}\right)=1+\frac{4}{xyz}\Rightarrow \quad ②$$

$$(x-2)yz-2x(y+z)+4=0 \quad ③$$

如果 $x\geqslant 6$,则

$$2\left(\frac{1}{x}+\frac{1}{y}+\frac{1}{z}\right)\leqslant 2\left(\frac{1}{6}+\frac{1}{7}+\frac{1}{8}\right)<1$$

矛盾,所以,$3\leqslant x\leqslant 5$.

①$x=3$,代入式 ③ 得

$$yz-6y-6z+4=0$$

心得 体会 拓广 疑问

即
$$(y-6)(z-6)=32$$
解得
$$(y-6,z-6)=(1,32),(2,16),(4,8)$$
所以
$$(x,y,z)=(3,7,38),(3,8,22),(3,10,14)$$
经检验,$(x,y,z)=(3,8,22),(3,10,14)$ 满足题设要求.

②$x=4$,代入式③得
$$yz-4y-4z+2=0$$
即
$$(y-4)(z-3)=14$$
解得
$$(y-4,z-3)=(1,14),(2,7)$$
所以
$$(x,y,z)=(4,5,18),(4,6,11)$$
经检验,均满足题设要求.

③$x=5$,代入式③得
$$3yz-10(y+z)+4=0$$
即
$$(3y-10)(3z-10)=88$$
因为 $y>x$,则 $y\geqslant 6$,故 $3y-10\geqslant 8$.
于是
$$(3y-10,3z-10)=(8,11)$$
所以
$$(x,y,z)=(5,6,7)$$
经检验,不满足题设要求.

(3)若 $k=1$,则
$$4\left(\frac{1}{x}+\frac{1}{y}+\frac{1}{z}\right)=1+\frac{8}{xyz}\Rightarrow \quad ④$$
$$(x-4)yz-4x(y+z)+8=0 \quad ⑤$$
若 $x\leqslant 4$,则
$$\frac{4}{x}\geqslant 1,\frac{4}{y}>\frac{4}{xyz},\frac{4}{z}>\frac{4}{xyz}$$
所以,$\frac{4}{x}+\frac{4}{y}+\frac{4}{z}>1+\frac{8}{xyz}$,矛盾.

若 $x\geqslant 12$,则
$$4\left(\frac{1}{x}+\frac{1}{y}+\frac{1}{z}\right)\leqslant 4\left(\frac{1}{12}+\frac{1}{13}+\frac{1}{14}\right)<1$$
矛盾,所以,$5\leqslant x\leqslant 11$.

①$x=5$,代入式⑤得
$$yz-20(y+z)+8=0$$
即
$$(y-20)(z-20)=392$$

解得$(y-20,z-20)=(1,392),(2,196),(4,98),(8,49),(7,56),(14,28)$.

所以$(x,y,z)=(5,21,412),(5,22,216),(5,24,118),(5,28,69),(5,27,76),(5,34,48)$.

经检验,均不满足题设要求.

②$x=6$,代入式⑤得

$$yz-12(y+z)+4=0$$

即
$$(y-12)(z-12)=140$$

解得$(y-12,z-12)=(1,140),(2,70),(4,35),(5,28),(7,20),(10,14)$.

所以$(x,y,z)=(6,13,152),(6,14,82),(6,16,47),(6,17,40),(6,19,32),(6,22,26)$.

经检验,$(6,14,82)$和$(6,22,26)$满足题设要求.

③$x=7$,代入式⑤得

$$3yz-28(y+z)+8=0$$

即
$$(3y-28)(3z-28)=760$$

解得$(3y-28,3z-28)=(1,760),(2,380),(4,190),(5,152),(8,95),(10,76),(19,40),(20,38)$.

舍去$y$或$z$不是整数的情况,所以$(x,y,z)=(7,10,136),(7,11,60),(7,12,41),(7,16,22)$.

经检验,均不满足题设要求.

④$x=8$,代入式⑤得

$$yz-8(y+z)+2=0$$

即
$$(y-8)(z-8)=62$$

解得

$$(y-8,z-8)=(1,62),(2,31)$$

所以

$$(x,y,z)=(8,9,70),(8,10,39)$$

经检验,均不满足题设要求.

⑤$x=9$,代入式⑤得

$$5yz-36(y+z)+8=0$$

即
$$(5y-36)(5z-36)=1\ 256$$

注意到$5y-36<\sqrt{1\ 256}<36$.

因为$y>x$,则$y\geqslant 10$. 故$5y-36\geqslant 14$.

但14和36之间没有1 256的约数,矛盾.

⑥$x=10$,代入式⑤得

$$3yz-20(y+z)+4=0$$

即
$$(3y-20)(3z-20)=388=4\times 97$$

心得 体会 拓广 疑问

注意到 $3y - 20 < \sqrt{388} < 20$

因为 $y > x$，则 $y \geqslant 11$. 故 $3y - 20 \geqslant 13$.

但 13 和 20 之间没有 388 的约数，矛盾.

⑦$x = 11$，代入式⑤得

$$7yz - 44(y + z) + 8 = 0$$

即
$$(7y - 44)(7z - 44) = 1\ 880$$

注意到 $7y - 44 \leqslant [\sqrt{1\ 880}] = 43$，故 $y \leqslant 12$.

因为 $y > x$，则 $y \geqslant 12$. 所以，$y = 12, z = 13$.

经检验，$(11,12,13)$ 不满足题设要求.

综上，所有满足条件的 $(x,y,z)$ 是

$$(3,8,22),(3,10,14),(4,5,18),$$
$$(4,6,11),(6,14,82),(6,22,26)$$

以及和它们对称的数组.

## 1.2 剩余类、完系和缩系

设 $m$ 是一个大于 1 的正整数，则下述集合

$$A_r = \{n \mid n \equiv r(\bmod m), 0 \leqslant r \leqslant m-1, n \in \mathbf{Z}\}$$

是模 $m$ 的一个同余类，也叫剩余类. 易知，这样的集恰有 $m$ 个，即

$$A_0, A_1, \cdots, A_{m-1}$$

且
$$A_0 \cup A_1 \cup \cdots \cup A_{m-1} = \mathbf{Z}$$

从 $A_0, A_1, \cdots, A_{m-1}$ 中各取一个数，构成模 $m$ 的一个完全剩余系，简称完系. 最典型的例子是 $0,1,\cdots,m-1$.

**定理** 若有 $m$ 个整数 $a_1, a_2, \cdots, a_m$，若对任意的 $1 \leqslant i < j \leqslant m$，$a_j \not\equiv a_i(\bmod m)$，则 $a_1, a_2, \cdots, a_m$ 是模 $m$ 的完全剩余系.

**定理** 若 $a_1, a_2, \cdots, a_m$ 是模 $m$ 的完全剩余系，$(b,m) = 1$，则 $a_1b + c, a_2b + c, \cdots, a_mb + c$ 也是模 $m$ 的完全剩余系，这里 $c$ 是任意整数.

模 $m$ 有 $m$ 个剩余类 $C_0, C_1, \cdots, C_{m-1}$. 如果 $i$ 与 $m$ 互质，那么 $C_i$ 中的每个数均与 $m$ 互质，$i = 0,1,2,\cdots,m-1$. 这样的剩余类共有 $\varphi(m)$ 个，$\varphi(m)$ 是 $0,1,2,\cdots,m-1$ 中与 $m$ 互质的数的个数，称为欧拉函数.

从这 $\varphi(m)$ 个剩余类中各取出一个数作代表，这样得到的 $\varphi(m)$ 个数称为模 $m$ 的缩剩余系，简称缩系. 例如 $\{5,7\}$ 是模 6 的缩系.

心得 体会 拓广 疑问

1.2.1 证明:对于任意素数 $p$,都有一个 $p$ 的倍数 $kp$,使得 $kp$ 十进制后 10 位相互不同.

**证明** $p=2$,我们可以取 2 的倍数 1 345 678 902;$p=5$,我们可取 5 的倍数 1234 567 890;对于 $(p,10)=1,p,2p,3p,\cdots,10^{10}p(\bmod 10^{10})$ 两两不同,构成一个完系,因此肯定有一个 $1\leqslant k\leqslant 10^{10}$,使得

$$kp\equiv 1\ 234\ 567\ 890(\bmod 10^{10})$$

它的后 10 位为 1 234 567 890.

1.2.2 求所有正整数 $n>1$,使得存在 $n$ 个正整数 $a_1,a_2,\cdots,a_n$,其中任两数之和 $a_i+a_j(1\leqslant i\leqslant j\leqslant n)$ 关于 $\frac{n(n+1)}{2}$ 都互不同余.

**解** 由题意可知所有形如 $a_i+a_j(1\leqslant i\leqslant j\leqslant n)$ 的数构成一个模 $\frac{n(n+1)}{2}$ 的完全剩余系.不妨设

$$1\leqslant a_1<a_2<a_3<\cdots<a_n\leqslant$$
$$\frac{n(n+1)}{2}<a_{n+1}=a_1+\frac{n(n+1)}{2}$$

则当 $n\geqslant 3$ 时,所有形如 $a_{i+1}-a_i(1\leqslant i\leqslant n)$ 的数两两不等(否则,如果 $a_{i+1}-a_i=a_{j+1}-a_j$,则 $a_i+a_{j-1}=a_j+a_{i-1}$),故这些数分别取值为 $1,2,\cdots,n$,设 $a_{t+1}-a_t=1$,考虑两种情况:

(1)$t>1$,此时 $a_{t+2}-a_t$ 和 $a_{t+1}-a_{t-1}$ 必有一个不大于 $n$,即等于某个 $a_{j+1}-a_j$,与题设矛盾.

(2)$t=1$,此时 $a_3-a_1$ 与 $a_2+\frac{n(n+1)}{2}-a_n$ 也必有一个不大于 $n$,与情形(1)同理,和题设矛盾.

这就证明,当 $n\geqslant 3$ 时,符合题意的 $n$ 不存在;而当 $n=2$ 时,取 $a_1=1,a_2=2$,即合要求.因此,所求正整数为 $n=2$.

1.2.3 设 $m$ 是给定的整数,求证:存在整数 $a,b$ 和 $k$,其中 $a,b$ 均不能被 2 整除,$k\geqslant 0$,使得 $2m=a^{19}+b^{99}+k\cdot 2^{1\,999}$.

(第 14 届中国中学生数学冬令营,1999 年)

**证明** (1)设 $r$ 和 $s$ 是正整数,其中 $r$ 是奇数,$x$ 和 $y$ 是 $\bmod 2^r$

互不同余的奇数,由于

$$x^s - y^s = (x - y)(x^{s-1} + x^{s-2}y + \cdots + y^{s-1})$$

并且 $x^{s-1} + x^{s-2}y + \cdots + y^{s-1}$ 是奇数,则 $x^s$ 和 $y^s$ 也是使 mod $2^r$ 互不同余的奇数. 因此,当 $t$ 取遍 mod $2^r$ 的缩剩余系,则 $t^s$ 也取遍 mod $2^r$ 的缩剩余系.

(2) 由(1) 的讨论,对于奇数 $2m-1$,必有奇数 $a$ 使得

$$2m - 1 = a^{19} + q \cdot 2^{1\,999}$$

于是,对于 $b = 1$,有

$$2m = a^{19} + b^{99} + q \cdot 2^{1\,999}$$

如果 $q \geqslant 0$,那么题目已经得证.

如果 $q < 0$,那么分别以

$$\bar{a} = a - h \cdot 2^{1\,999}$$

$$\bar{q} = \frac{a^{19} - (a - h \cdot 2^{1\,999})^{19}}{2^{1\,999}} + q = \frac{(h \cdot 2^{1\,999})^{19} + a^{19}}{2^{1\,999}} + q$$

代替 $a$ 和 $q$,仍有

$$2m = \bar{a}^{19} + b^{99} + \bar{q} \cdot 2^{1\,999}$$

取足够大的 $h$,可以使 $\bar{q} \geqslant 0$. 于是本题得证.

1.2.4 整数数列 $a_1, a_2, \cdots$ 中有无穷多个正项及无穷多个负项. 已知,对每个正整数 $n$,数 $a_1, a_2, \cdots, a_n$ 除以 $n$ 所得到的余数互不相同.

证明:每个整数在数列 $a_1, a_2, \cdots$ 中都出现且只出现一次.

(IMO,2005 年)

**证明** 数列各项同时减去一个整数并不改变本题的条件和结论,故不妨设 $a_1 = 0$. 此时对每个正整数 $k$,必有 $|a_k| < k$. 若 $|a_k| \geqslant k$,取 $n = |a_k|$,则 $a_1 \equiv a_k \equiv 0 \pmod{n}$,矛盾.

现在对 $k$ 归纳证明,将 $a_1, a_2, \cdots, a_k$ 适当重排后是绝对值小于 $k$ 的 $k$ 个相邻整数,显然 $k = 1$. 设 $a_1, a_2, \cdots, a_k$ 适当重排后为 $-(k-1-i), \cdots, 0, \cdots, i (0 \leqslant i \leqslant k-1)$,由于 $a_1, a_2, \cdots, a_k, a_{k+1}$ 是 mod $(k+1)$ 的一个完全剩余系,故必有 $a_{k+1} \equiv i + 1 \pmod{k+1}$,但 $|a_{k+1}| < k + 1$,因此,$a_{k+1}$ 只能是 $i + 1$ 或 $-(k - i)$,从而 $a_1, a_2, \cdots, a_k, a_{k+1}$ 适当重排后是绝对值小于 $k + 1$ 的 $k + 1$ 个相邻整数.

由此得到:

① 任一整数在数列中最多出现一次;

② 若整数 $u$ 和 $v (u < v)$ 都出现在数列中,则 $u$ 与 $v$ 之间的所有整数也出现在数列中.

心得 体会 拓广 疑问

最后由正负项均无穷多个(即数列含有任意大的正整数及任意小的负整数)就得到:每个整数在数列中出现且只出现一次.

1.2.5 设 $m>1$ 是正整数,$(a,m)=1$,又假定 $b_1,b_2,\cdots,b_{\varphi(m)}$ 是模 $m$ 的简化剩余系,而 $ab_i\equiv r_i(\bmod m)(0\leqslant r_i<m,1\leqslant i\leqslant\varphi(m))$,证明

$$\frac{1}{m}(r_1+r_2+\cdots+r_{\varphi(m)})=\frac{1}{2}\varphi(m)$$

**证明** 设 $1,a_2,\cdots,a_{\varphi(m)}$ 是所有不大于 $m$ 且和 $m$ 互素的全体正整数,因此

$$1,a_2,\cdots,a_{\varphi(m)} \quad ①$$

是模 $m$ 的一个简化剩余系. 又由假设 $b_1,b_2,\cdots,b_{\varphi(m)}$ 是模 $m$ 的简化剩余系,由于 $(a,m)=1$,故 $ab_1,ab_2,\cdots,ab_{\varphi(m)}$ 也是模 $m$ 的简化剩余系,而 $ab_i\equiv r_i(\bmod m)$,$0\leqslant r_i<m(i=1,2,\cdots,\varphi(m))$,因此

$$r_1,r_2,\cdots,r_{\varphi(m)} \quad ②$$

也是模 $m$ 的一个简化剩余系. 由于 $0\leqslant a_i<m$,$0\leqslant r_i<m$,故数列 ① 和 ② 仅是排列的顺序不同,从而

$$r_1+r_2+\cdots+r_{\varphi(m)}=1+a_2+\cdots+a_{\varphi(m)}$$

因
$$1+a_2+\cdots+a_{\varphi(m)}=\frac{1}{2}m\cdot\varphi(m)$$

故
$$\frac{1}{m}(r_1+r_2+\cdots+r_{\varphi(m)})=\frac{1}{2}\varphi(m)$$

1.2.6 设 $m,n$ 是正整数. 证明:

(1)若 $(m,n)=1$,则存在整数 $a_1,a_2,\cdots,a_m$ 与 $b_1,b_2,\cdots,b_n$,使得集合 $\{a_ib_j\mid 1\leqslant i\leqslant m,1\leqslant j\leqslant n\}$ 是模 $mn$ 的完系.

(2)若 $(m,n)>1$,则对任意整数 $a_1,a_2,\cdots,a_m$ 与 $b_1,b_2,\cdots,b_n$,集合 $\{a_ib_j\mid 1\leqslant i\leqslant m,1\leqslant j\leqslant n\}$ 均不是模 $mn$ 的完系.

**证明** (1)取 $a_i=in+1,b_j=jm+1,i=1,2,\cdots,m,j=1,2,\cdots,n$ 即可.

(2)设结论不成立,设有 $a_1b_1\equiv 0(\bmod mm)$,记 $a'=(a_1,mn),b'=(b_1,mn)$,则 $a'b'\equiv 0(\bmod mn)$.

若 $a'<m$,则有 $a_s\equiv a_t(\bmod a')$,从而 $a_sb_1\equiv a_sb_t(\bmod mm)$,所以 $a'\geqslant m$.

又 $a_1b_1,a_1b_2,\cdots,a_1b_n$ 都是 $a'$ 的倍数,因此 $\frac{mn}{a'}\leqslant n$,故 $a'=m$. 于是 $b_1,b_2,\cdots,b_n$ 是模 $n$ 的完系,同理 $a_1,a_2,\cdots,a_m$ 是模 $m$ 的完系.

心得 体会 拓广 疑问

设有质数 $p \mid (m,k)$，则通过考察 $a_i$，$b_j$ 和 $a_ib_j$ 中不能被 $p$ 整除的数的个数得 $\left(m-\frac{m}{p}\right)\left(k-\frac{k}{p}\right)=mk-\frac{mk}{p}$，但此式不可能成立，矛盾！

1.2.7 设 $a$，$b$ 是给定的正整数，现有一机器人沿着一个有 $n$ 级的楼梯上下升降. 机器人每上升一次，恰好上升 $a$ 级楼梯；每下降一次恰好下降 $b$ 级楼梯. 为使机器人经若干次上下升降后，可以从地面到达楼梯顶，然后再返回地面，问 $n$ 的最小值是多少？

**解** 我们先考虑 $(a,b)=1$ 的情况，这时 $a,2a,\cdots,(b-1)a,ba$ 中任意两个数对模 $b$ 不同余，从而这 $b$ 个数是模 $b$ 的完全剩余系.

当 $n=a+b-1$ 时，易见机器人在任何位置都要么只能上升 $a$ 级楼梯，要么只能下降 $b$ 级楼梯，亦即机器人的行动是唯一确定的.

如果机器人在第 $r$ 级，而 $r+a>n$，则 $r\geqslant b$. 从而机器人要先下降若干次，直至所在的级数小于 $b$，然后再上升 $a$ 级. 这就说明，机器人所走过的级数可以分别和 $a,2a,\cdots,(b-1)a,ba$ 位于模 $m$ 的同一个剩余类中. 特别地，由于存在整数 $h$，使得 $1\leqslant h<b$ 且 $ha\equiv b-1 \pmod b$，所以机器人所走过的级数曾与 $b-1$ 对模 $m$ 同余，从而它下降若干次后便得第 $b-1$ 级，再上升 $a$ 级，即达到楼顶. 又机器人所走过的级数可以和 $ba$，即 0 对模 $b$ 同余，从而它再下降若干次即回到地面.

当 $n<a+b-1$ 时，如果机器人能够到达梯顶然后再回到地面，则它所走过的级数仍然要分别和 $a,2a,\cdots,(b-1)a,ba$ 位于模 $b$ 的同一个剩余类中.

特别地，机器人所走过的级数曾位于模 $b$ 为 $b-1$ 的那个剩余类中，但由于 $b-a+a>n$，从而它以后只能降 $b$ 级，不能升 $a$ 级，被永远禁锢在这个剩余类中，不能回到地面，矛盾！

综上所述，在 $(a,b)=1$ 时，$n$ 的最小值为 $a+b-1$.

在 $(a,b)=d>1$ 时，机器人所到的级数都是 $d$ 的倍数，从而我们将 $d$ 看作 $(a,b)=1$ 时的 1 即知此时 $n$ 的最小值为 $d\left(\frac{a}{d}+\frac{b}{d}-1\right)$，即 $a+b-(a,b)$. 这也正是本题的答案.

心得 体会 拓广 疑问

1.2.8 (1)设$(m,k)=1$. 证明:存在整数$a_1,a_2,\cdots,a_m$与$b_1,b_2,\cdots,b_k$,使每一乘积$a_ib_j(i=1,2,\cdots,m;j=1,2,\cdots,k)$除以$mk$时得出不同的余数.

(2)设$(m,k)>1$. 证明:对任意整数$a_1,a_2,\cdots,a_m$与$b_1,b_2,\cdots,b_k$,总有两个乘积$a_ib_j$与$a_sb_t((i,j)\neq(s,t))$除以$mk$时得到相同的余数.

(第28届国际数学奥林匹克候选题,1987年)

**证明** (1)令$a_i=ik+1,b_j=jm+1$,其中$i=1,2,\cdots,m;j=1,2,\cdots,k$.

若有两个乘积$a_ib_j$与$a_{i'}b_{j'}$,对模$mk$同余,即

$$a_ib_j\equiv a_{i'}b_{j'}(\bmod mk)$$

$$ijkm+ik+jm+1\equiv i'j'km+i'k+j'm+1(\bmod mk)$$

$$ik+jm\equiv i'k+j'm(\bmod mk)$$

$$k(i-i')\equiv -m(j-j')(\bmod mk)$$

因为 $(k,m)=1$

所以 $k\mid j-j'$

又 $1\leqslant j,j'\leqslant k$

则 $|j-j'|<k$

从而有 $j=j'$

同样有 $i=i'$

所以每一乘积$a_ib_j$除以$mk$的余数都不同.

(2)若$a_ib_j(i=1,2,\cdots,m;j=1,2,\cdots,k)$表示模$mk$的$mk$个不同的剩余类,则不妨设

$$a_1b_1\equiv 0(\bmod mk)$$

记$a'=(a_1,mk),b'=(b_1,mk)$. 则

$$a'b'\equiv 0(\bmod mk)$$

如果$a'<m$,则在$a_1,a_2,\cdots,a_m$这$m$个数中,必有两数$a_s,a_t$对模$a'$同余,即必有

$$a_s\equiv a_t(\bmod a')$$

从而有 $a_sb_1\equiv a_tb_1(\bmod mk)$

这与$a_ib_j$表示对模$mk$的不同的剩余类相矛盾.

所以有 $a'\geqslant m$

但在$mk$个积$a_ib_j$中至少有$k$个$a_1b_1,a_1b_2,\cdots,a_1b_k$是$a'$的倍数,而这$mk$个数分别与$0,1,2,\cdots,mk-1$对模$mk$同余.

所以其中至多有$\frac{mk}{a'}\leqslant\frac{mk}{m}=k$个为$a'$的倍数.

于是$mk$个积$a_ib_j$中有$k$个是$a'$的倍数. 因而

心得 体会 拓广 疑问

$$a' = m$$

从而 $b_1, b_2, \cdots, b_k$ 必属于模 $k$ 的不同类(否则 $a'b_j$ 中将有属于模 $mk$ 的同一类的).

同样,$a_1, a_2, \cdots, a_m$ 属于模 $m$ 的不同类.

若$(k,m) > 1$,设素数 $p \mid (m,k)$,则 $a_i$ 中有 $m - \frac{m}{p}$ 个不被 $p$ 整除,$b_j$ 中有 $k - \frac{k}{p}$ 个不被 $p$ 整除.从而有$(m - \frac{m}{p})(k - \frac{k}{p})$ 个 $a_ib_j$ 不被 $p$ 整除.

另一方面,对于模 $mk$,$a_ib_j$ 不在同一类中,所以应有 $mk - \frac{mk}{p}$ 个不被 $p$ 整除.由于

$$mk - \frac{mk}{p} \neq \left(m - \frac{m}{p}\right)\left(k - \frac{k}{p}\right)$$

从而导出矛盾.

这表明 $a_ib_j$ 中必有两个数除以 $mk$ 得到相同的余数.

1.2.9 设 $p$ 为奇质数,$a_1, a_2, \cdots, a_{p-1}$ 都是正整数且不能被 $p$ 整除.证明:存在数 $\varepsilon_1, \varepsilon_2, \cdots, \varepsilon_{p-1}$,$\varepsilon_1^2 = \varepsilon_2^2 = \cdots = \varepsilon_{p-1}^2 = 1$,使得 $\varepsilon_1 a_1 + \varepsilon_2 a_2 + \cdots + \varepsilon_{p-1} a_{p-1}$ 能被 $p$ 整除.

**证明** 我们对 $k$ 用归纳法证明如下的命题:

设 $a_1, a_2, \cdots, a_k$ 为正整数且不能被 $p$ 整除,其中 $1 \leqslant k \leqslant p-1$,则它们的部分和 $e_1a_1 + e_2a_2 + \cdots + e_ka_k (e_i = 0,1; i = 1,2,\cdots,k)$ 至少属于模 $p$ 的 $k+1$ 个不同的剩余类.

当 $k = 1$ 时,0 和 $a_1$ 分别属于模 $m$ 的两个不同剩余类,命题成立.

设当 $k = l - 1$ 时命题成立,则当 $k = l$ 时,若满足 $e_l = 0$ 的部分和已经属于模 $p$ 的 $l+1$ 个不同的剩余类,则命题成立,否则由归纳假设可知它们恰属于模 $p$ 的 $l$ 个不同的剩余类.从每个剩余类中各取出一个满足 $e_l = 0$ 的部分和,记为 $k_1, k_2, \cdots, k_l$.

若满足 $e_l = 1$ 的部分和也均属于这 $l$ 个不同的剩余类,则由于 $l$ 个部分和 $k_1 + a_l, k_2 + a_l, \cdots, k_l + a_l$ 分别属于模 $p$ 的不同剩余类,于是有

$$k_1 + k_2 + \cdots + k_l \equiv (k_1 + a_l) + (k_2 + a_l) + \cdots + (k_l + a_l) \pmod p$$

即 $l \cdot a_l \equiv 0 \pmod p$.但是 $1 \leqslant l \leqslant p-1$,$p \nmid a_l$,矛盾!

从而 $k = l$ 时命题成立.

下面我们来解本题.

心得 体会 拓广 疑问

在前述命题中取 $k=p-1$,即知 $a_1,a_2,\cdots,a_{p-1}$ 的部分和属于模 $p$ 的所有不同的剩余类.

设 $S=a_1+a_2+\cdots+a_{p-1}$,因为 $(2,p)=1$,所以存在整数 $t$ 使得 $p\mid S-2t$. 取与 $t$ 在模 $p$ 的同一个剩余类中的部分和

$$e_1a_1+e_2a_2+\cdots+e_{p-1}a_{p-1},e_i=0,1,i=1,2,\cdots,p-1$$

则有

$$p\mid(1-2e_1)a_1+(1-2e_2)a_2+\cdots+(1-2e_{p-1})a_{p-1}$$

记 $\varepsilon_i=1-2e_i$,则 $\varepsilon_i^2=1,i=1,2,\cdots,p-1$,故命题得证.

1.2.10 设 $a_1,a_2,\cdots,a_n$ 和 $b_1,b_2,\cdots,b_n$ 分别是 $n$ 的一组完全剩余系,则

(1)当 $2\mid n$ 时,$a_1+b_1,a_2+b_2,\cdots,a_n+b_n$ 不是 $n$ 的一组完全剩余系.

(2)当 $n>2$ 时,$a_1b_1,\cdots,a_nb_n$ 不是 $n$ 的一组完全剩余系.

**证明** (1)由于 $a_1,\cdots,a_n$ 是 $n$ 的一组完全剩余系,故

$$\sum_{j=1}^{n}a_j\equiv\sum_{j=1}^{n}j=\frac{n(n+1)}{2}\equiv\frac{n}{2}(\bmod n) \qquad ①$$

同样,有

$$\sum_{j=1}^{n}b_j\equiv\frac{n}{2}(\bmod n) \qquad ②$$

如果 $a_1+b_1,\cdots,a_n+b_n$ 是一组完全剩余系,则也有

$$\sum_{j=1}^{n}(a_j+b_j)\equiv\frac{n}{2}(\bmod n) \qquad ③$$

但是由 ① 和 ② 得

$$\sum_{j=1}^{n}(a_j+b_j)\equiv n\equiv 0(\bmod n)$$

再由 ③ 得

$$\frac{n}{2}\equiv 0(\bmod n)$$

上式不能成立,故 $a_1+b_1,\cdots,a_n+b_n$ 在 $2\mid n$ 时,不是 $n$ 的一组完全剩余系.

(2)设 $4\mid n$,如果 $a_1a_2,\cdots,a_nb_n$ 是 $n$ 的一组完全剩余系,则其中有 $\frac{n}{2}$ 个奇数和 $\frac{n}{2}$ 个偶数,不失一般性,假设 $a_1b_1,\cdots,a_{\frac{n}{2}}b_{\frac{n}{2}}$ 是 $\frac{n}{2}$ 个奇数,则 $a_1,a_2,\cdots,a_{\frac{n}{2}}$ 和 $b_1,b_2,\cdots,b_{\frac{n}{2}}$ 分别是 $a_1,\cdots,a_n$ 和 $b_1,\cdots,b_n$ 中的 $\frac{n}{2}$ 个奇数. 由完全剩余系知在 $a_1b_1,a_2b_2,\cdots,a_nb_n$ 中存在某个 $j$,使

心得 体会 拓广 疑问

$$a_jb_j \equiv 2(\bmod n)$$

故

$$a_ib_j \equiv 2(\bmod 4) \text{ 且} \frac{n}{2}+1 \leqslant j \leqslant n \quad ④$$

但此时 $a_i \equiv b_j \equiv 0(\bmod 2)$,因此式④不可能.

当 $4 \nmid n$ 时可设 $n=qm$,这里 $q=p$ 或 $q=2p$,$p$ 是一个奇素数,$2 \nmid m$. 在 $q=p$ 时

$$\prod_{\substack{j=1 \\ (j,p)=1}}^{p} j=(p-1)! \equiv -1(\bmod p) \quad ⑤$$

在 $q=2p$ 时

$$\prod_{\substack{j=1 \\ (j,2p)=1}}^{2p} j=1 \cdot 3 \cdot 5 \cdot \cdots \cdot (p-2)(p+2)(p+4)\cdots(2p-1) \equiv (p-1)! \equiv -1(\bmod p) \quad ⑥$$

和

$$\prod_{\substack{j=1 \\ (j,2p)=1}}^{2p} j \equiv -1(\bmod 2) \quad ⑦$$

由⑥和⑦得

$$\prod_{\substack{i=1 \\ (j,2p)=1}}^{2p} j \equiv -1(\bmod 2p) \quad ⑧$$

由⑤和⑧可得

$$\prod_{\substack{j=1 \\ (a_j,q)=1}}^{n} a_j \equiv \prod_{\substack{j=1 \\ (b_j,q)=1}}^{n} b_j \equiv \prod_{\substack{j=1 \\ (j,q)=1}}^{n} j \equiv \Big(\prod_{\substack{j=1 \\ (j,q)=1}}^{n} j\Big)^m \equiv (-1)^m \equiv -1(\bmod q)$$

如果 $a_1b_1,\cdots,a_nb_n$ 是 $n$ 的一组完全剩余系,则得

$$-1 \equiv \prod_{\substack{j=1 \\ (j,q)=1}}^{n} j \equiv \prod_{\substack{j=1 \\ (a_jb_j,q)=1}}^{n} a_jb_j \equiv \prod_{\substack{j=1 \\ (a_j,q)=1}}^{n} a_j \cdot \prod_{\substack{j=1 \\ (b_j,q)=1}}^{n} b_j \equiv 1(\bmod q) \quad ⑨$$

而 $q \nmid 2$,所以⑨不可能成立,这就证明了 $a_1b_1,\cdots,a_nb_n$ 在 $n>2$ 时,不能组成 $n$ 的一组完全剩余系.

1.2.11 课间休息时,$n$ 个学生围着教师坐成一圈. 老师按逆时针方向走动并按以下规则给学生们发糖:首先选择一个学生并给他一块糖,然后隔1个学生给下一个学生一块糖,再隔2个学生给下一个学生一块糖,再隔3个学生给下一个学生一块糖,依此类推,…… 试确定能使每个学生至少得到一块糖(可能在教师转过许多圈以后)的 $n$ 的值.

心得 体会 拓广 疑问

**解** 问题等价于求 $n$,使 $1+2+\cdots+x\equiv a(\bmod n)$,即 $x(x+1)\equiv 2a(\bmod 2n)$ 对任意整数 $a$ 都有解. 由于当 $p$ 为奇质数时,$\{1\cdot 2,2\cdot 3,\cdots,(p-1)p,p(p+1)\}$ 不是模 $p$ 的完系,但 $\{2\cdot 1,2\cdot 2,\cdots,2\cdot p\}$ 是模 $p$ 的完系,从而 $n$ 不含奇质因子.

又 $2^k$ 个数 $0\cdot 1,1\cdot 2,\cdots,(2^k-1)2^k$ 均是偶数并且被 $2^{k+1}$ 除的余数互不相同,故本题的答案为 $2^k,k=0,1,2,\cdots$.

1.2.12 联结正 $n$ 边形的顶点,获得一个闭的 $n$- 折线. 证明:若 $n$- 为偶数,则在连线中有两条平行线;若 $n$ 为奇数,连线中不可能恰有两条平行线.

(第 30 届国际数学奥林匹克候选题,1989 年)

**证明** 依逆时针顺序将正 $n$ 边形的顶点标上 $0,1,2,\cdots,n-1$.

因此,闭的 $n$- 折线可以用这 $n$ 个数的一个排列

$$a_0=a_n,a_1,a_2,\cdots,a_{n-1}$$

来唯一地表示. 显然

$$a_ia_{i+1}\parallel a_ja_{j+1}\Leftrightarrow \overset{\frown}{a_{i+1}a_j}=\overset{\frown}{a_{j+1}a_i}\Leftrightarrow a_i+a_{i+1}\equiv a_j+a_{j+1}(\bmod n)$$

若 $n$ 为偶数,则

$$2\nmid n-1$$

所以完全剩余系的和

$$0+1+2+\cdots+(n-1)=\frac{n(n-1)}{2}\not\equiv 0(\bmod n)$$

而

$$\sum_{i=0}^{n-1}(a_i+a_{i+1})=\sum_{i=0}^{n-1}a_i+\sum_{i=0}^{n-1}a_{i+1}=2\sum_{i=0}^{n-1}a_i=n(n-1)\equiv 0(\bmod n) \quad ①$$

所以 $a_i+a_{i+1},i=0,1,2,\cdots,n-1$ 不是关于模 $n$ 的完全剩余系.

于是必有 $i\neq j(0\leqslant i,j\leqslant n-1)$,使

$$a_i+a_{i+1}\equiv a_j+a_{j+1}(\bmod n)$$

因而必有一对边 $a_ia_{i+1}\parallel a_ja_{j+1}$.

若 $n$ 为奇数,并且恰有一对边平行,设

$$a_ia_{i+1}\parallel a_ja_{j+1}$$

这时,在 $a_0+a_1,a_1+a_2,a_2+a_3,\cdots,a_{n-1}+a_0$ 中恰有一个剩余类 $r$ 出现两次,因而也恰少了一个剩余类 $s$.

又由 $2\mid n-1$,则

$$\sum_{i=0}^{n-1}(a_i+a_{i+1})\equiv 0+1+\cdots+(n-1)+r-s=$$

心得 体会 拓广 疑问

$$\frac{n(n-1)}{2}+r-s\equiv r-s\pmod{n}$$

再由式①得

$$\sum_{i=1}^{n-1}(a_i+a_{i+1})\equiv 0\pmod{n}$$

从而

$$r\equiv s\pmod{n}$$

导致矛盾.

这表明,若 $n$ 为奇数,不可能恰有一对边平行.

1.2.13 设 $m=m_1m_2,(m_1,m_2)=1$,则

$$x=(m_2x^{(1)}+m_1)(m_2+m_1x^{(2)})$$

通过模 $m$ 的完全(简化)剩余系的充要条件是 $x^{(j)}(j=1,2)$,通过模 $m_j$ 的完全(简化)简余系.

**证明** 先对完全剩余系进行证明.令

$$x_{ij}=(m_2x_i^{(1)}+m_1)(m_2+m_1x_j^{(2)})$$

**充分性** 当 $x_i^{(1)}$ 通过模 $m_1$ 的完全剩余系,$x_j^{(2)}$ 通过模 $m_2$ 的完全剩余系时,$x_{ij}$ 通过 $m_1m_2$ 个数.对任意 $1\leqslant i_1,i_2\leqslant m_1,1\leqslant j_1,j_2\leqslant m_2$,由 $(m_1,m_2)=1$ 知

$$x_{i_1j_1}\equiv x_{i_2j_2}\pmod{m}$$

等价于

$$x_{i_1j_1}\equiv x_{i_2j_2}\pmod{m_1},x_{i_1j_1}\equiv x_{i_2j_2}\pmod{m_2}$$

即等价于

$$m_2^2x_{i_1}^{(1)}\equiv m_2^2x_{i_2}^{(1)}\pmod{m_1},m_1^2x_{j_1}^{(2)}\equiv m_1^2x_{j_2}^{(2)}\pmod{m_2}$$

由 $(m_1,m_2^2)=(m_2,m_1^2)=(m_1,m_2)=1$ 知,上式等价于

$$x_{i_1}^{(1)}\equiv x_{i_2}^{(1)}\pmod{m_1},x_{j_1}^{(2)}\equiv x_{j_2}^{(2)}\pmod{m_2}$$

当 $x_{i_1j_1}\neq x_{i_2j_2}$ 时,上面两个同余式至少有一个不成立,因此,这 $m_1m_2$ 个数对模 $m$ 两两互不同余,从而是模 $m$ 的一个完全剩余系.

**必要性** 设 $x_{ij}$ 通过模 $m$ 的完全剩余系,我们来证明 $x_i^{(1)},x_j^{(1)}$ 分别通过模 $m_1$,模 $m_2$ 的完全剩余系.取定 $x_j^{(2)}$ 的值为 $x_1^{(2)}$,由于

$$x_{i_11}=(m_2x_{i_1}^{(1)}+m_1)(m_2+m_1x_1^{(2)})=m_2^2x_{i_1}+m_1m_2(1+x_{i_1}^{(1)}x_1^{(2)})+m_1^2x_1^{(2)}$$

$$x_{i_21}=(m_2x_{i_2}^{(1)}+m_1)(m_2+m_1x_1^{(2)})=m_2^2x_{i_2}+m_1m_2(1+x_{i_2}^{(1)}x_1^{(2)})+m_1^2x_1^{(2)}$$

并且显然有

$$m_1m_2(1+x_{i_1}^{(1)}x_1^{(2)})+m_1^2x_1^{(2)}\equiv m_1m_2(1+x_{i_2}^{(1)}x_1^{(2)})+m_1^2x_1^{(2)}\pmod{m_1m_2}$$

因此,从 $x_{i_1 1} \not\equiv x_{i_2 1} \pmod{m_1 m_2}$ 可知 $m_2^2 x_{i_1}^{(1)} \not\equiv m_2^2 x_{i_2}^{(1)} \pmod{m_1}$,由 $(m_1, m_2^2) = (m_1, m_1) = 1$ 知,上式等价于

$$x_{i_1}^{(1)} \not\equiv x_{i_2}^{(1)} \pmod{m_1}$$

即 $x_i^{(1)}$ 所取的 $s$ 个数对模 $m_1$ 两两互不同余,所以 $s \leqslant m_1$. 同理可证得 $x_j^{(2)}$ 取的 $t$ 个数对模 $m_2$ 两两互不同余,即 $t \leqslant m_2$. 由于 $st = m_1 m_2$,故必有 $s = m_1, t = m_2$. 所以 $x_i^{(1)}, x_j^{(2)}$ 分别通过模 $m_1$,模 $m_2$ 的完全剩余系.

现在对简化剩余系进行证明. 因为 $n$ 个数构成模 $n$ 的简化剩余系的充要条件是它们都与 $n$ 互素且对模 $n$ 两两互不同余,于是根据前一部分证得的结果,我们只需证明 $(x, m_1 m_2) = 1$ 的充要条件是

$$(x^{(1)}, m_1) = (x^{(2)}, m_2) = 1$$

由于 $(m_1, m_2) = 1$,所以有

$$(m_2 + m_1 x^{(2)}, m_1) = (m_2, m_1) = 1$$

$$(m_2 x^{(1)} + m_1, m_2) = (m_1, m_2) = 1$$

$$(m_2 x^{(1)} + m_1, m_1) = (m_2 x^{(1)}, m_1) = (x^{(1)}, m_1)$$

$$(m_2 + m_1 x^{(2)}, m_2) = (m_1 x^{(2)}, m_2) = (x^{(2)}, m_2)$$

易知

$$(x, m) = ((m_2 x^{(1)} + m_1)(m_2 + m_1 x^{(2)}), m_1 m_2) = 1$$

等价于

$$((m_2 x^{(1)} + m_1)(m_2 + m_1 x^{(2)}), m_1) = ((m_2 x^{(1)} + m_1)(m_2 + m_1 x^{(2)}), m_2)$$

由已证得的 $(m_2 + m_1 x^{(2)}, m_1) = (m_2 x^{(1)} + m_1, m_2) = 1$ 易知,上式等价于

$$(x^{(1)}, m_1) = (m_2 x^{(1)} + m_1, m_1) = (m_2 + m_1 x^{(2)}, m_2) = (x^{(2)}, m_2) = 1$$

证毕.

## 1.3 费马小定理与欧拉定理

设 $p$ 为素数,$a$ 为任意整数,则

$$a^p \equiv a \pmod{p}$$

这就是著名的费马小定理,有时也用如下等价形式:

设 $p$ 为素数,$(a,p) = 1$,则 $a^{p-1} \equiv 1 \pmod{p}$.

欧拉定理推广了费马小定理,该定理为

$$(a, m) = 1$$

则

$$a^{\varphi(m)} \equiv 1 \pmod{m}$$

这里 $m$ 为正整数,$\varphi(m)$ 为小于 $m$ 且与 $m$ 互素的正整数个数.

心得 体会 拓广 疑问

费马小定理与欧拉定理在初等数论中具有非常广泛的应用.

1.3.1 求出所有小于10的正整数 $M$,使得5整除 $1\ 989^{M}+M^{1\ 989}$.

(中国国家集训队训练题,1990年)

**解** 考虑 mod 5,有

$$1\ 989^{M}\equiv(-1)^{M}(\bmod 5)$$

若 $M=5$,则

$$M^{1\ 989}=5^{1\ 989}\equiv 0(\bmod 5)$$

$$1\ 989^{M}=1\ 989^{5}\equiv -1(\bmod 5)$$

则

$$5\nmid 1\ 989^{M}+M^{1\ 989}$$

于是

$$M\neq 5$$

由费马小定理,5是素数,又 $M\neq 5$ 且 $1\leqslant M\leqslant 9$,则 $(5,M)=1$,于是

$$M^{1\ 989}\equiv M(\bmod 5)$$

若 $M$ 为奇数,则

$$5\mid M-1$$

因而

$$M=1$$

若 $M$ 为偶数,则

$$5\mid M+1$$

因而

$$M=4$$

于是 $M=1$ 或4.

1.3.2 求所有的素数 $p,q$,使得 $pq\mid(5^{p}-2^{p})(5^{q}-2^{q})$.

**解** 由对称性我们不妨假设 $p\leqslant q$,由于 $(5^{p}-2^{p})(5^{q}-2^{q})$ 是奇数,所以 $p,q$ 都是奇素数,如果 $p>3$,由费马定理

$$5^{p}-2^{p}\equiv 5-2\equiv 3(\bmod p)$$

所以

$$5^{q}-2^{q}\equiv 0(\bmod p)$$

因此

$$5^{q}\equiv 2^{q}(\bmod p)$$

由费马定理

$$5^{p-1}\equiv 2^{p-1}(\bmod p)$$

因此

$$5^{(p-1,q)}\equiv 2^{(p-1,q)}(\bmod p)$$

由假设 $p\leqslant q$,所以 $(p-1,q)=1$,故 $5\equiv 2(\bmod p)$,矛盾. 因此必须有 $p=3$,如果 $q=3$ 显然满足条件. 以下假设 $q>3$,和上面类似的我们有

心得 体会 拓广 疑问

$$5^p - 2^p \equiv 0 \pmod q$$

因此

$$q \mid (5^3 - 2^3)$$

只能有 $q = 13$,容易检验 $(p,q) = (3,3),(3,13),(13,3)$ 的确满足要求,是所有的解.

1.3.3 $p$ 是一个素数,证明:有无穷多个正整数 $n$,使得

$$p \mid (2^n - n)$$

(第十五届加拿大数学竞赛,1983 年)

**证法 1** $p = 2$ 时,所有偶数 $n$ 都满足 $p \mid (2^n - n)$. 我们假设 $p$ 是一个奇素数,由费马定理 $2^{p-1} \equiv 1 \pmod p$,因此

$$2^{(p-1)^{2k}} \equiv 1 \equiv (p-1)^{2k} \pmod p$$

所以 $n = (p-1)^{2k}$ 满足要求.

**证法 2** (1) 若 $p = 2$,则只要 $n$ 是正整数就有 $p = 2 \mid 2^n - n$.

(2) 若 $p$ 是奇素数.

我们首先证明:组合数 $C_p^i$,当 $p$ 是奇素数时,是 $p$ 的倍数($i = 1,2,\cdots,p-1$).

事实上,因为

$$C_p^i = \frac{p(p-1)\cdots(p-i+1)}{1 \cdot 2 \cdot \cdots \cdot i} \quad (i = 1,2,\cdots,p-1)$$

是整数,而由于 $p$ 是素数,且 $i < p$,则 $i!$ 与 $p$ 互素,则 $C_p^i$ 是 $p$ 的倍数.

下面用记号 $M(x)$ 表示 $x$ 的倍数.

由于
$$2^p = 1 + \sum_{i=1}^{p-1} C_p^i + 1$$

所以有
$$2^p = 2 + M(p)$$

即
$$2(2^{p-1} - 1) = M(p)$$

因为 2 与 $p$ 互素,则有

$$2^{p-1} - 1 = M(p)$$

于是必有最小的正整数 $d$,使

$$2^d - 1 = M(p)$$

设 $2,2^2,2^3,\cdots,2^d$ 被 $p$ 除的余数依次是

$$r_1, r_2, \cdots, r_d = 1 \qquad ①$$

可以证明,这些余数都不相同.

事实上,若 $r_j = r_k (j < k)$,则有

$$2^k - 2^j = r_k - r_j + M(p)$$

即
$$2^j(2^{k-j} - 1) = M(p)$$

再由 $2^j$ 与 $p$ 互素得

$$2^{k-j} - 1 = M(p)$$

心得 体会 拓广 疑问

而 $k-j<d$,与 $d$ 的最小性相矛盾.

于是,若 $d=p-1$,则余数列 ① 就是小于 $p$ 的一切正整数.

若 $d<p-1$,则有小于 $p$ 而不在 ① 中的正整数 $r'$.

考虑数列 $r'r_1,r'r_2,\cdots,r'r_d$. 设它们被 $p$ 除的余数依次是

$$r'_1,r'_2,\cdots,r'_d \tag{2}$$

容易证明,② 中的这些数都不相同,且都不在 ① 中.

如果还有小于 $p$ 而不在 ① 和 ② 中的正整数,仿上又可得另外 $d$ 个小于 $p$ 的正整数.

由于比 $p$ 小的正整数共有 $p-1$ 个,则 $p-1$ 是 $d$ 的倍数,即

$$p-1=M(d) \tag{3}$$

现可设

$$n=dq+r\quad(0\leqslant r<d) \tag{4}$$

于是

$$2^n-n=2^{dq+r}-(dq+r)=2^r(2^d)^q-dq-r=$$
$$[1+M(p)]^q2^r-dq-r=$$
$$2^r-dq-r+M(p)$$

由此可见,$2^n-n=M(p)$ 的充要条件是存在整数 $m$,使

$$2^r-dq-r=mp \tag{5}$$

由 ③ 可知,$p$ 与 $d$ 互素,故存在整数 $m_0$ 与 $q_0$,使得 $dq_0-pm_0=1$. 即

$$1-dq_0=-pm_0$$
$$(2^r-r)-dq_0(2^r-r)=-pm_0(2^r-r)$$

并且对任何整数 $s$ 有

$$(2^r-r)-d[q_0(2^r-r)+ps]=-p[m_0(2^r-r)+ds]$$

与式 ⑤ 比较可得

$$q=q_0(2^r-r)+ps$$
$$m=-m_0(2^r-r)-ds$$

由 ④ 得

$$n=d[q_0(2^r-r)+ps]+r$$

因此,对充分大的整数 $s$,上式的 $n$ 都是正整数,并且

$$2^n-n=M(p)$$

即

$$p\mid 2^n-n$$

由(1),(2) 对每个素数 $p$,都有无穷多个正整数 $n$,使得 $p$ 整除 $2^n-n$.

1.3.4 已知正整数 $k\geqslant 2$,$p_1,p_2,\cdots,p_k$ 为奇质数,$(a,p_1p_2\cdots p_k)=1$. 证明:$a^{(p_1-1)(p_2-1)\cdots(p_k-1)}-1$ 有不同于 $p_1,p_2,\cdots,p_k$ 的奇质因数.

心得 体会 拓广 疑问

**证明** $a^{(p_1-1)(p_2-1)\cdots(p_k-1)}-1=$

$$\left(a^{\frac{(p_1-1)(p_2-1)\cdots(p_k-1)}{2}}-1\right)\left(a^{\frac{(p_1-1)(p_2-1)\cdots(p_k-1)}{2}}+1\right)$$

利用 $k\geqslant 2$ 及费马小定理可知 $a^{\frac{(p_1-1)(p_2-1)\cdots(p_k-1)}{2}}-1$ 能被 $p_1$, $p_2,\cdots,p_k$ 整除,从而 $a^{\frac{(p_1-1)(p_2-1)\cdots(p_k-1)}{2}}+1$ 不能被 $p_1,p_2,\cdots,p_k$ 整除,又易见它不能被 4 整除,因此它有异于 $p_1,p_2,\cdots,p_k$ 的奇质因数.

1.3.5 对于任意正整数 $n$,证明:$7\mid 3^n+n^3\Leftrightarrow 7\mid 3^nn^3+1$.

**证明** 显然$(n,7)=1$,由费马定理有 $n^6\equiv 1(\bmod 7)$. 因此

$$7\mid 3^n+n^3\Leftrightarrow 7\mid n^3(3^n+n^3)=3^nn^3+n^6\Leftrightarrow$$
$$7\mid 3^nn^3+1$$

1.3.6 如果 $p$ 是大于 3 的素数,$n=\frac{(2^{2p}-1)}{3}$. 证明:$2^n-2$ 能被 $n$ 除尽.

**证明** 在等式 $n-1=\frac{4(2^{p-1}+1)(2^{p-1}-1)}{3}$ 中因子 4 可被 2 除尽,因子 $2^{p-1}-1$ 可被 $p$ 除尽(费马定理,$p$ 是素数),也可被 3 除尽(因为 $p$ 是奇数). 因而当 $p$ 大于 3 时,$2^{p-1}-1$ 可被 $3p$ 除尽,故 $n-1$ 能被 $2p$ 除尽.

根据假设 $2^{2p}-1$ 能被 $n$ 除尽,因为 $2p$ 是 $n-1$ 的因数,因此 $2^{n-1}-1$ 能被 $n$ 除尽.

证毕.

1.3.7 $n$ 是一个大于 1 的奇数,证明:$n$ 不能整除 $3^n+1$.

**证明** 假设存在一个大于 1 的奇数 $n$ 使得 $n\mid 3^n+1$,令 $p$ 是 $n$ 的最小素因子,则

$$(n,p-1)=1,\text{且 }3^n\equiv -1(\bmod p)\Rightarrow 3^{2n}\equiv 1(\bmod p)$$

显然 $p\neq 3$,由费马定理 $3^{p-1}\equiv 1(\bmod p)$,因此

$$3^{(2n,p-1)}=3^{(2,p-1)}=9\equiv 1(\bmod p)$$

这样 $p$ 只能是偶数,矛盾.

1.3.8 设正整数 $a,b$,使 $15a+16b$ 和 $16a-15b$ 都是正整数的平方,求这两个平方数中较小的数能够取到的最小值.

(第 37 届国际数学奥林匹克,1996 年)

心得 体会 拓广 疑问

**解** 设正整数 $a,b$ 满足 $15a+16b$ 和 $16a-15b$ 都是正整数的平方,即

$$15a+16b=r^2,16a-15b=s^2$$

这里 $r,s\in\mathbf{N}$.

消去 $b$ 得

$$15^2a+16^2a=15r^2+16s^2$$

即

$$481a=15r^2+16s^2 \quad ①$$

消去 $a$ 得

$$16^2b+15^2b=16r^2-15s^2$$

即

$$481b=15r^2-15s^2 \quad ②$$

因此,$15r^2+16s^2$ 和 $16r^2-15s^2$ 都是 481 的倍数.

下面证明 $r,s$ 也都是 481 的倍数.

由 $481=13\times37$,所以只需证明 $r,s$ 都是 13 和 37 的倍数.

首先证法 $13\mid r,13\mid s$,用反证法.

假设 $13\nmid r,13\nmid s$,由于 $13\mid 16r^2-15s^2$,则

$$16r^2\equiv15s^2(\bmod 13) \quad ③$$

因为 $13\nmid r,13\nmid s$,且 13 是素数,则由费马小定理

$$r^{12}\equiv1(\bmod 13),s^{12}\equiv1(\bmod 13)$$

则式 ③ 化为

$$16r^2\cdot s^{10}\equiv15s^{12}\equiv15\equiv2(\bmod 13) \quad ④$$

又由费马小定理

$$(16r^2\cdot s^{10})^6=(4rs^5)^{12}\equiv1(\bmod 13)$$

再由式 ④ 有

$$2^6\equiv1(\bmod 13)$$

事实上

$$2^6=64\equiv-1(\bmod 13)$$

出现矛盾,于是 $13\mid r,13\mid s$.

再证 $37\mid r,37\mid s$,仍用反证法.

假定 $37\nmid r,37\nmid s$.

由于 $$37\mid 15r^2+16s^2,37\mid 16r^2-15s^2$$

所以 $$37\mid(16r^2-15s^2)-(15r^2+16s^2)$$

即 $$37\mid r^2-31s^2$$

故 $$r^2\equiv31s^2(\bmod 37)$$

又由 $$s^{36}\equiv1(\bmod 37)$$

则 $$r^2s^{34}\equiv31s^{36}\equiv31(\bmod 37)$$

而 $$(r^2s^{34})^{18}=(rs^{17})^{36}\equiv1(\bmod 37)$$

即
$$31^{18} \equiv 1 \pmod{37}$$
而
$$31^{18} \equiv (31^2)^9 \equiv ((-6)^2)^9 \equiv 36^9 \equiv (-1)^9 \equiv -1 \pmod{37}$$
与前式矛盾,于是 $37 \mid r, 37 \mid s$.

由以上可知 $481 \mid r, 481 \mid s$

于是完全平方数 $15a+16b$ 及 $16a-15b$ 均不小于 $481^2$.

另一方面,我们取 $a=481\times 31, b=481$,则
$$15a+16b=481^2, 16a-15b=481^2$$
因此,所求最小值为 $481^2$.

1.3.9 已知 $x$ 是一个整数,$y,z,w$ 是奇数. 证明:17 能整除 $x^{y^{z^w}}-x^{y^z}$.

(爱尔兰,2005 年)

**证明** 先证明一个引理.

**引理** 设 $n$ 是奇数,则 $n^4\equiv 1 \pmod{16}$.

**引理的证明** 注意
$$(4k+1)^4=256k^4+256k^3+96k^2+16k+1\equiv 1 \pmod{16}$$
$$(4k+3)^4=256k^4+768k^3+864k^2+432k+81\equiv 1 \pmod{16}$$
所以,引理成立.

下面证明原题.

因为 $z,w$ 是奇数,所以
$$z^w=z(z^2)^{\frac{w-1}{2}}\equiv z \pmod 4$$
由引理得 $y^4\equiv 1 \pmod{16}$,故 $y^{z^w}=y^z(y^4)^{\frac{z^w-z}{4}}\equiv y^z \pmod{16}$.

若 $17 \mid x$,显然 $17 \mid (x^{y^{z^w}}-x^{y^z})$;

若 $17 \nmid x$,由费马小定理得 $x^{16}\equiv 1 \pmod{17}$,则
$$x^{y^{z^w}}=x^{y^z}(x^{16})^{\frac{y^{z^w}-y^z}{16}}\equiv x^{y^z} \pmod{17}$$
所以
$$17 \mid (x^{y^{z^w}}-x^{y^z})$$

1.3.10 如果 $n,r$ 及 $a$ 是正整数,则同余式 $n^2\equiv n \pmod{10^a}$. 显然蕴含着 $n^r\equiv n \pmod{10^a}$(当这一个数只有 $a$ 位数它称为一个自同构数),问对于 $r$ 的哪些值使 $n^r\equiv n \pmod{10^a}$,蕴含着 $n^2=n \pmod{10^a}$?

**解** 当 $r$ 是奇数时,蕴含关系不成立,因为这时 $4^r\equiv 4 \pmod{10}$ 而 $4^2=16$;且当 $r\equiv 1 \pmod 5$ 时关系也不成立,因为这时 $21^r\equiv 21 \pmod{100}$(因为 $21^5\equiv 1$),而 $21^2=441$. 今设 $r-1$ 和 10

心得 体会 拓广 疑问

互素. 因为 $r-1$ 是奇数,则 $(n^{r-1}-1)/n-1$ 是奇数. 如果可能,假定 $(n^{r-1}-1)/(n-1)$ 能用5除尽,则 $n^{r-1}\equiv 1(\bmod 5)$. 但由费马定理 $n^4\equiv 1(\bmod 5)$. 因为是奇数的 $r-1$ 与 4 的倍数差 1,得出 $n\equiv 1(\bmod 5)$. 设 $n=5m+1$,有

$$\frac{n^{r-1}-1}{n-1}=\frac{(5m+1)^{r-1}}{5m}=$$

$$\frac{(5m)^{r-1}+\cdots+5m(r-1)+1-1}{5m}=$$

$$r-1(\bmod 5)$$

它同 $r-1$ 和10互素的假设相矛盾. 因此 $(n^r-n)/(n^2-n)$ 和10互素,同余式 $n^r-n\equiv 0(\bmod 10^a)$ 蕴含 $n^2-n\equiv 0(\bmod 10^a)$. 于是所求的值为所有不终于6的偶数(在 $a=1$ 的平凡情形里,终于6的条件可以放弃).

1.3.11 确定所有的正整数对 $(n,p)$ 满足:$p$ 是一个素数,$n\leqslant 2p$,且 $(p-1)^n+1$ 能够被 $n^{p-1}$ 整除.

(第40届国际数学奥林匹克,1999年)

**解** 当 $n=1$ 时,由于 $(p-1)^n+1=p$,显然能被 $1^{p-1}=1$ 整除,于是 $(n,p)=(1,p)$ 是一组解.

当 $n=2$ 时,由于 $(p-1)^2+1=p^2+2p+2$,若能被 $2^{p-1}$ 整除,必须 $p^2$ 为偶数,又 $p$ 是素数,于是 $p=2$,于是 $(n,p)=(2,2)$ 是另一组解.

下面考虑 $n\geqslant 2,p\geqslant 3$ 的情形.

当素数 $p\geqslant 3$ 时,$(p-1)^n+1$ 是奇数,若能被 $n^{p-1}$ 整除,则 $n$ 也是奇数,$n\neq 2p$,从而,$n<2p$.

记 $q$ 为 $n$ 的最小素因子,则由 $n^{p-1}\mid (p-1)^n+1$,可知

$$q\mid (p-1)^n+1,(p-1)^n\equiv -1(\bmod q)$$

且 $$(q,p-1)=1$$

由 $q$ 的选取可知 $$(n,p-1)=1$$

于是存在整数 $u,v$,使得 $un+v(q-1)=1$.

由费马小定理

$$q\mid (p-1)^{q-1}-1$$

于是

$$p-1\equiv (p-1)^1=(p-1)^{un}\cdot(p-1)^{v(q-1)}\equiv$$

$$(-1)^n\cdot 1^v(\bmod q)$$

由 $q-1$ 为偶数,$n$ 为奇数可知 $u$ 为奇数,所以

$$p-1\equiv -1(\bmod q),p\equiv 0(\bmod q)$$

这表明 $q \mid p$,进而有 $p \mid q$,即证得 $q = p$.

于是可以得到

$$p^{p-1} \mid (p-1)^p + 1 = p^2(p^{p-2} - C_p^1 p^{p-3} + \cdots + C_p^{p-3} p - C_p^{p-2} + 1)$$

上式的括号内,除最后一项是 1 之外,其余各项均能被 $p$ 整除. 从而 $p - 1 \leqslant 2$,即 $p = 3$. 此时 $n = 3$,所以 $(n,p) = (3,3)$ 是一组解.

本题有三组解 $(n,p) = (1,p),(2,2),(3,3)$.

**1.3.12** (1)试证:当 $x,y$ 是整数时,除了 $x$ 或 $y$ 能被 3 整除外,$x^2 + y^2$ 不会是一个整数的平方.

(2)对 $x$ 和 $y$ 都是被 3 整除的情形改进本定理.

(3)推广本定理以包括别的指数,从而证明费马大定理的一部分.

**证明** 把(1)作为特殊情况(在下面情形①中,$n = 2, p = 3$)的普遍的结果可叙为:

如果 $x^n + y^n = z^n$ 有整数解($n$ 是整数)

① 当 $n = (p-1)k(p \geqslant 3)$,$x$ 或 $y$ 必被 $p$(质数)整除;

② 当 $n = \frac{1}{2}(p-1)k(p \geqslant 5)$,$x,y$ 或 $z$ 必被 $p$ 整除.

① 的证明:令 $n = (p-1)m$,且设 $x,y$ 都不被 $p$ 整除,则按熟知的费马小定理,有

$$x^n \equiv y^n \equiv 1 \pmod p$$

当 $z$ 不可被 $p$ 整除时

$$z^n \equiv 1 \pmod p$$

当 $z$ 可被 $p$ 整除时

$$z^n \equiv 0 \pmod p$$

两种情形都有 $x^n + y^n \equiv 2 \pmod p \not\equiv z^n (\bmod p \geqslant 3)$,得证.

② 的证明:设 $n = \frac{1}{2}(p-1)k$,且设 $x,y$ 及 $z$ 都与 $p$ 互素,则当 $p \geqslant 5$,有 $x^n \equiv \pm 1, y^n \equiv \pm 1, z^n \equiv \pm 1 \pmod p$,因此 $x^n + y^n \equiv \pm 2$ 或 $0 \pmod p \not\equiv z^n \pmod p$,得证.

**1.3.13** 求所有的素数三元组 $(p,q,r)$,使得 $p \mid q^r + 1$,$q \mid r^p + 1$,$r \mid p^q + 1$.

**解** 显然 $p,q,r$ 两两不同. 如果它们都是奇素数,由已知 $p \mid q^r + 1 \Rightarrow q^{(2r,p-1)} \equiv 1 \pmod p$,如果 $p - 1 \equiv 0 \pmod r$,则有 $p^q + 1 \equiv 2 \equiv 0 \pmod r \Rightarrow r = 2$ 矛盾,因此 $(r, p-1) = 1$,故 $q^2 -$

心得 体会 拓广 疑问

$1\equiv 0(\bmod p)\Rightarrow p\left|\frac{q-1}{2}\right.$ 或 $p\left|\frac{q+1}{2}\right.\Rightarrow p\leqslant\frac{q+1}{2}<q$；同理可以推得 $q<r$，$r<p$ 矛盾. 因此 $p,q,r$ 肯定有一个是2，不妨假设 $p=2$. 由已知 $r\mid 2^q+1\Rightarrow 2^{(2q,r-1)}\equiv 1(\bmod r)$，如果 $r-1\equiv 0(\bmod q)$，则有 $r^p+1\equiv 2\equiv 0(\bmod q)\Rightarrow q=2=p$ 矛盾，因此 $(2q,r-1)=2$，所以 $2^2\equiv 1(\bmod r)\Rightarrow r=3$. 因此 $q\mid r^p+1=10\Rightarrow q=5$. 容易检验 $(2,5,3)$ 的确满足要求，当然它们的循环排列 $(5,3,2)$，$(3,2,5)$ 也是问题的解.

1.3.14 对于任意正整数 $x,y$，如果 $x^2+xy+y^2$ 是10的倍数，则 $x^2+xy+y^2$ 必然是100的倍数.

**证明** 我们先介绍一个引理.

**引理** 设 $p$ 是一个 $3k+2$ 形式的素数，则 $p\mid a^2+ab+b^2$ 等价于 $a,b$ 都是 $p$ 的倍数.

**引理的证明** 由于 $a^3-b^3=(a-b)(a^2+ab+b^2)$，因此 $a^3\equiv b^3(\bmod p)$，故 $a^{3k}\equiv b^{3k}(\bmod p)$. 假设 $a,b$ 都不是 $p$ 的倍数，根据费马定理

$$a^{3k+1}\equiv b^{3k+1}\equiv 1(\bmod p)$$

由于 $a,b$ 与 $p$ 互素

$$a^{3k+1}\equiv b^{3k+1}\equiv ba^{3k}(\bmod p)\Rightarrow a\equiv b(\bmod p)$$

因此 $3a^2\equiv 0(\bmod p)$，矛盾. 引理得证.

下面对本题进行证明.

由于2，5都是 $3k+2$ 形式的素数，由引理 $x,y$ 都是10的倍数，因此 $x^2+xy+y^2$ 是100的倍数.

1.3.15 如果一个自然数 $n$ 满足以下条件，我们就称 $n$ 是好数：对任意整数 $a$，当 $n\mid a^n-1$ 时，必然有 $n^2\mid a^n-1$. 证明：(1) 所有素数都是好数；(2) 有无穷多个合数是好数.

**证明** (1) 设 $p$ 是一个素数，且有一个整数 $a$ 满足 $p\mid a^p-1$，由费马定理，$p\mid a^p-a$，因此 $p\mid a-1$，令 $a=kp+1$，则

$$a^p-1=(kp)^p+p(kp)^{p-1}+\cdots+p^{p-1}(kp)\equiv 0(\bmod p^2)$$

因此 $p$ 是好数.

(2) 设 $p,q$ 是两个不同的素数，我们来证明合数 $pq$ 是好数. 如果有一个整数 $a$ 满足 $pq\mid a^{pq}-1$，则 $q\mid (a^p)^q-1$，由(1)我们有 $q^2\mid a^{pq}-1$，同样也有 $p^2\mid a^{pq}-1$，因此也有 $(pq)^2\mid a^{pq}-1$，所以 $pq$ 是好数.

1.3.16　对大于2的任意整数 $a$,存在无限多个正整数 $n$,使得 $n \mid a^n-1$,又问当 $a=2$ 时结论是否仍成立?

(罗马尼亚,1978年)

**证明**　给定自然数 $a \geqslant 3$. 对 $k \in \mathbf{N}^*$ 用归纳法证明.

由关系式

$$n_1=1, n_{k+1}=a^{n_k}-1, k \in \mathbf{N}^*$$

所给出的数列 $\{n_k\}$ 满足条件 $n_k \mid a^{n_k}-1$. 当 $k=1$ 时,有 $1 \mid a-1$. 设对某个 $k \in \mathbf{N}^*$,已证得 $n_k \mid a^{n_k}-1$,即 $a^{n_k}-1=n_k q$,其中 $q \in \mathbf{N}^*$,则 $a^{n_{k+1}}-1=a^{n_k q}-1$ 被 $n_{k+1}=a^{n_k}-1$ 整除. 由于数列 $\{n_k\}$ 单调递增,因此所有的 $n=n_k$ 是不同的,至此问题的结论证毕.

现在证明,当 $a=2$ 时结论不真,而且对每个 $n>1$, $2^n-1$ 都不被 $n$ 整除. 否则设有某个 $n>1$,使 $n \mid 2^n-1$. 则因 $2^n-1$ 为奇数,故 $n$ 为奇数,且 $n$ 的最小的素因数 $p$ 也是奇数. 因此由费马小定理, $p \mid 2^{p-1}-1$. 使 $p \mid 2^d-1$ 的最小整数记作 $d$. 我们证明,对任意 $m \in \mathbf{N}^*$,由条件 $p \mid 2^m-1$ 可推出条件 $d \mid m$. 事实上,设 $m=dq+r$,其中 $q, r \in \mathbf{Z}^*$, $r<d$,则

$$(2^m-1)-(2^r-1)=2^r(2^{dq}-1) \equiv 0(\bmod (2^d-1))$$

被 $p$ 整除. 因此若 $p \mid 2^m-1$,则 $p \mid 2^r-1$. 由于数 $d$ 的选取及 $d>r$,故 $r=0$. 于是,由 $p \mid 2^n-1$ 与 $p \mid 2^{p-1}-1$ 可知, $d \mid n$ 与 $d \mid p-1$. 但是,由于 $n$ 不含小于 $p$ 且不等于1的因数,所以 $(n, p-1)=1$. 因此 $d=1$,由此得到 $2^1-1=1$ 被 $p$ 整除,而 $p>1$,故矛盾. 因此 $n$ 不能整除 $2^n-1$.

1.3.17　如果 $n$ 是大于1的整数,且 $\frac{2^n+1}{n}$ 是整数,则 $n=3$ 或者 $n$ 是9的倍数.

**证明**　我们先来看一个引理.

**引理**　$p$ 为奇素数,如果 $a$ 是满足 $2^x \equiv 1(\bmod p)$ 的最小正整数, $b$ 是满足 $2^y \equiv -1(\bmod p)$ 的最小正整数,则 $a=2b$;如果一个正整数 $n$ 满足 $2^n \equiv -1(\bmod p)$,则 $n$ 为 $b$ 的奇数倍.

**引理的证明**　(1) $2^{2b} \equiv (2^b)^2 \equiv 1(\bmod p)$,所以 $2b \geqslant a$. 如果 $b \geqslant a$,设 $b=a+c$, $c \geqslant 0$. 则

$$2^b=2^a 2^c \equiv 2^c \equiv -1(\bmod p)$$

由于 $b$ 的最小性,所以只能有 $c=0$,但是 $2^0 \equiv 1(\bmod p)$,矛盾,所以只能 $b<a$. 因此 $b<a \leqslant 2b$,又因为 $2b$ 是 $a$ 的整数倍,所以 $a=2b$.

(2) 设 $2^n \equiv -1 \pmod p$, $n = xb + y$, $0 \leqslant y < b$, 则

$$2^n \equiv (2^b)^x 2^y \equiv -1 \pmod p$$

因为 $(2^b)^x \equiv \pm 1 \pmod p$, 所以只能有

$$2^y \equiv \pm 1 \pmod p$$

但是 $0 \leqslant y < b < a$. 由 $a, b$ 的最小性, 只能有 $y = 0$, 所以 $n = xb$, 且 $x$ 为奇数.

下面来证明原问题.

由于 $\dfrac{2^n + 1}{n}$ 是整数, 所以 $n$ 只能是奇数, 如果 $n$ 没有 3 以外的素因子, 则命题已经得到证明, 假设 $p$ 是 $n$ 除了 3 以外的最小素因子, 则 $2^n \equiv -1 \pmod p$. 设 $a$ 是满足 $2^x \equiv 1 \pmod p$ 的最小正整数, $b$ 是满足 $2^y \equiv -1 \pmod p$ 的最小正整数. 根据费马定理

$$2^{p-1} \equiv 1 \pmod p$$

所以 $b < a \leqslant p - 1 < p$. 由引理, $n$ 是 $b$ 的倍数, 而 $p$ 是 $n$ 的 3 以外最小的素因子, 所以 $b$ 最多只能含有 3 这个素因子.

① 如果 $b = 1$, 则

$$2 \equiv -1 \pmod p \Rightarrow p = 3$$

矛盾.

② 如果 $b = 3$, 则

$$8 \equiv -1 \pmod p \Rightarrow p = 3$$

矛盾. 所以只能有 $b = 3^k$, 且 $k \geqslant 2$, 而 $n$ 是 $b$ 的倍数, 所以 $n$ 是 9 的倍数, 结论成立.

1.3.18 试求所有的正整数 $n > 1$, 使得 $\dfrac{2^n + 1}{n^2}$ 是整数.

(第 31 届国际数学奥林匹克, 1990 年)

**解法1** 显然数 $n$ 为正奇数, 于是我们只需考虑 $n \geqslant 3$ 且 $n$ 为奇数的情况.

设 $p$ 是 $n$ 的最小素因数, 则 $p \geqslant 3$, $p \mid 2^n + 1$.

令 $i$ 是使 $p \mid 2^i + 1$ 成立的最小正整数, 我们将证法 $1 \leqslant i < p - 1$. 若 $i \geqslant p - 1$, 则可设

$$i = (p-1)t + r, 0 \leqslant r < p - 1, r, t \in \mathbf{Z}$$

由费马小定理可知

$$p \mid 2^{p-1} - 1$$

于是

$$2^r (2^{p-1})^t \equiv 2^r \pmod p$$

$$2^i + 1 = (2^{p-1})^t \cdot 2^r + 1 \equiv 2^r + 1 \pmod p$$

故由 $p \mid 2^i + 1$ 即知 $p \mid 2^r + 1$.

这与 $i$ 是使 $p \mid 2^i + 1$ 成立的最小正整数相矛盾. 于是

心得 体会 拓广 疑问

$$1 \leqslant i < p-1$$

令 $n=ia+r_1, 0 \leqslant r_1 < i$,则

$$2^n+1=2^{ia+r_1}+1=(2^i+1-1)^a \cdot 2^{r_1}+1 \equiv (-1)^a 2^{r_1}+1 \pmod p$$

由 $p \mid 2^n+1$ 得 $p \mid (-1)^a 2^{r_1}+1$.

由 $2 \mid a$,即 $a$ 是偶数,则 $p \mid 2^{r_1}+1$,由 $r_1 < i$,与 $i$ 的意义相矛盾. 此时只有 $r_1=0$.

若 $2 \nmid a$,则由 $p \mid -2^{r_1}+1$ 知 $p \mid 2^{r_1}-1$.

若 $r_1>0$,可令 $i=r_1+b, 1 \leqslant b < i$,于是由

$$2^i+1=(2^{r_1}-1) \cdot 2^b+2^b+1$$

得

$$p \mid 2^b+1$$

这又与 $i$ 的意义相矛盾,此时也有 $r_1=0$.

于是 $n=ia$,即 $i \mid n$,但 $p$ 是 $n$ 的最小素因数,且 $1 \leqslant i < p-1$,因而 $i=1$.

又由 $p \mid 2^i+1$ 可得 $p=3$.

于是可以把 $n$ 写成

$$n=3^m c, m \geqslant 1,(c,3)=1,2 \nmid c$$

若 $m \geqslant 2$,则由

$$n^2 \mid 2^n+1$$

可知

$$3^{2m} \mid 2^n+1$$

于是由

$$2^n+1=(3-1)^n+1 \equiv 3n-\sum_{k=2}^{3m-1}(-1)^k C_n^k 3^k \pmod{3^{2m}}$$

$$3^{2m} \mid 3n-\sum_{k=2}^{2m-1}(-1)^k C_n^k 3^k \qquad ①$$

设 $k$! 的 3 的最高次幂为 $\alpha$,则

$$\alpha=\sum_{s=1}^{\infty}\left[\frac{k}{3^s}\right] < \sum_{s=1}^{\infty} \frac{k}{3^s}=\frac{\frac{k}{3}}{1-\frac{1}{3}}=\frac{k}{2}$$

若 $3^k C_n^k$ 的 3 的最高次幂为 $\beta$,则当 $k \geqslant 2$ 时,有

$$\beta > k+m-\frac{k}{2} \geqslant m+1$$

若 $\beta \geqslant m+2$,则 $3^{m+2} \mid 3^k C_n^k$.

注意到 $m \geqslant 2$,所以有

$$2m \geqslant m+2$$

于是由 ① 知

$$3^{m+2} \mid 3n$$

进而

$$3^{m+1} \mid n$$

这与 $(c,3)=1$ 矛盾,从而证明了 $m=1$,即

心得 体会 拓广 疑问

$$n=3c,(c,3)=1$$

设 $c>1$,而 $q$ 是 $c$ 的最小素因数,显然有 $q\geqslant 5$,且 $q\mid 2^n+1$,类似地,令 $j$ 为使 $q\mid 2^j+1$ 成立的最小正整数,则必有

$$1\leqslant j<q-1$$

进而又可证明 $j\mid n$.

因而由素数 $q$ 的定义及 $j<q-1$ 可知 $j\in\{1,3\}$.

于是由 $q\mid 2^j+1$ 得 $q=3$,这与 $q\geqslant 5$ 矛盾.

因而 $$c=1$$

所以 $$n=3$$

可以验证 $$3^2\mid 2^3+1$$

于是,满足要求的正整数 $n$ 只有 $n=3$.

**解法2** **引理1** 正整数 $(a,m)=1$,$r$ 是使得 $a^x\equiv 1(\bmod m)$ 成立的最小正整数,则当且仅当 $r\mid k$ 时,$a^k\equiv 1(\bmod m)$.

**引理2** $p$ 为奇素数,如果 $a$ 是满足 $2^x\equiv 1(\bmod p)$ 的最小正整数,$b$ 是满足 $2^x\equiv -1(\bmod p)$ 的最小正整数,则 $a=2b$;如果一个正整数 $n$ 使得 $2^n\equiv -1(\bmod p)$,则 $n$ 为 $b$ 的奇数倍.

**引理2的证明** ① $2^{2b}=(2^b)^2\equiv 1(\bmod p)$,所以 $2b\geqslant a$. 如果 $b\geqslant a$,则

$$b=a+c,c\geqslant 0$$

则

$$2^b=2^a2^c\equiv 2^c\equiv -1(\bmod p)$$

由 $b$ 的最小性,所以只能有 $c=0$,代入得 $2^0\equiv -1(\bmod p)$ 矛盾. 所以 $b<a\leqslant 2b$,又由引理1,$a\mid 2b$,所以 $a=2b$.

② 设 $2^n\equiv -1(\bmod p)$,$n=xb+y$,$0\leqslant y<b$,则

$$2^n=(2^b)^x2^y\equiv -1(\bmod p)$$

由于 $(2^b)^x\equiv \pm 1(\bmod p)$,所以只能有 $2^y\equiv \pm 1(\bmod p)$,但是 $0\leqslant y<b<a$. 由 $a,b$ 的最小性,只能有 $y=0$. 所以 $n=xb$,代入得 $2^n=(2^b)^x\equiv(-1)^x\equiv -1(\bmod p)$,故 $x$ 一定是奇数.

**引理3** $k$ 是一个正整数,则 $3^k\geqslant k+2$.

**引理3的证明** 当 $k=1$ 时,两边相等. 设当 $k=i\geqslant 1$ 时,$3^i\geqslant i+2$,则当 $k=i+1$ 时,$3^k=3\times 3^i\geqslant 3(i+2)\geqslant i+3$,不等式也成立,结论证毕.

**引理4** 如果 $\dfrac{2^n+1}{n^2}$ 是整数,则 $n$ 不能被9整除.

**引理4的证明** 假设 $n=3^kd$,$(d,3)=1$,不妨设 $k\geqslant 2$. 因为 $2^n+1$ 是奇数,故 $n$ 也是奇数,所以

$$2^n+1=(3-1)^n+1=3n-\frac{(n-1)n}{2}\times 3^2+\cdots$$

第一项满足 $3^{k+1}\parallel 3n$,以后的每一通项可以表达为

$$\pm 3^t\binom{3^kd}{t}\binom{3^kd-1}{1}\binom{3^kd-2}{2}\cdots\binom{3^kd-(t-1)}{t-1},t\geqslant 2$$

由于二项系数肯定是整数,所以我们只需要检验每一项分子分母含有3的幂是多少就可以了.当$t\geqslant k+2$时,$3^t$以后的部分是二项系数当然是一个整数,故它是$3^{k+2}$的倍数;以下我们假设$t\leqslant k+1$,对于每个括号中$\binom{3^kd-i}{i}$,$i\leqslant t-1$,假设$3^h\parallel i$,则

$$h+2\leqslant 3^h\leqslant i\leqslant t-1\leqslant k$$

所以

$$3^h\parallel(3^kd-i)$$

也就是说每个方括号中分子分母含有3的幂都可以对约($h=0$时更加显然),因此这一通项含有3的幂与$\frac{3^k3^t}{t}$相同,如果$(t,3)=1$,则由于$t\geqslant 2$,故此项当然是$3^{k+2}$的倍数;设$3^r\parallel t$,由引理3,$r+2\leqslant 3^r\leqslant t$,所以$\frac{3^k3^t}{t}$至少含有$3^{k+2}$的因子.因此展开式以后的每一项可以被$3^{k+2}$整除.所以

$$3^{k+1}\parallel 2^n+1$$

而$3^{2k}\parallel n^2$,由于$\frac{2^n+1}{n^2}$是整数,所以必须有

$$k+1\geqslant 2k\Rightarrow 1\geqslant k$$

这与$k\geqslant 2$的假设矛盾,所以$n$不能被9整除.

因此有结论:如果$\frac{2^n+1}{n^2}$是整数,则$n=3$.

下面来看本题的证明.

显然,$n$是一个奇数,设$p$是$n$的除3以外最小的素因子,则$2^n\equiv -1\pmod p$,设$a$是满足$2^x\equiv 1\pmod p$的最小正整数,$b$是满足$2^x\equiv -1\pmod p$的最小正整数.由引理2,$b\mid n$.根据费马定理,$2^{p-1}\equiv 1\pmod p$,所以

$$b<a\leqslant p-1<p$$

由于$p$是$n$的除3以外最小的素因子,所以只能有$b=3^k$,根据引理4,$b$只能是1或者3.

① 如果$b=1$,则$2\equiv -1\pmod p$,推出$p=3$,矛盾.

② 如果$b=3$,则$8\equiv -1\pmod p$,推出$p=3$,矛盾.

所以$n$不存在3以外的素因子,再根据引理4,只能有$n=3$.容易检验,$n=3$时,$\frac{2^n+1}{n^2}=1$的确是一个整数.

1.3.19 $a,b$是正整数,$p$是奇素数,$d=(b,p-1)$.证明:$p^k\parallel(a^b-1)\Rightarrow p^k\parallel b(a^d-1)$.

心得 体会 拓广 疑问

**证明** 我们先来看几个引理.

**引理1** $p^l \parallel (a^c-1) \Rightarrow p^{l+1} \parallel (a^{pc}-1)$.

**引理1的证明** (1)若 $l \geqslant 2$,则

$$a^{pc}-1=(a^c-1)\sum_{i=0}^{p-1}a^{ic},\sum_{i=0}^{p-1}a^{ic}\equiv p(\bmod p^2)$$

故 $p^{l+1} \parallel (a^{pc}-1)$;

(2)若 $l=1$,则 $a^c=pk+1$,其中 $(p,k)=1$,故

$$a^{pc}-1=(pk+1)^p-1=\sum_{i=1}^{p}C_p^i(pk)^i\equiv p(pk)(\bmod p^3)$$

因此 $p^2 \parallel (a^{pc}-1)$.

**引理2** $p^l \parallel (a^c-1) \Rightarrow p^{l+k} \parallel (a^{p^kc}-1)$.

**引理2的证明** 将引理1应用 $k$ 次即可得到结论.

**引理3** 若 $p^l \parallel (a^c-1)$,$(e,p)=1$,则 $p^l \parallel (a^{ce}-1)$.

**引理3的证明** $(a^{ce}-1)=(a^c-1)\sum_{i=0}^{e-1}a^{ic}$,而 $\sum_{i=0}^{e-1}a^{ic}\equiv e(\bmod p)$ 不是 $p$ 的倍数,故 $p^l \parallel (a^{ce}-1)$.

下面来看原题证明.

由已知显然有 $(a,p)=1$,由费马定理 $p \mid a^{p-1}-1$,所以 $p \mid a^d-1$. 由于 $d<p$,当然有 $(d,p)=1$,假设

$$p^l \parallel (a^d-1),b=d(ep^m)$$

其中 $(e,p)=1$. 由引理3,$p^l \parallel (a^{ed}-1)$,再由引理2,$p^{l+m} \parallel (a^{p^med}-1)$,即

$$p^{l+m} \parallel (a^b-1)$$

由于 $(de,p)=1$,所以

$$p^{l+m} \parallel dep^m(a^d-1)$$

即

$$p^{l+m} \parallel b(a^d-1)$$

由于此时 $k=l+m$,命题得证.

1.3.20 设 $k \geqslant 2$,$n_1,n_2,\cdots,n_k$ 为自然数,满足

$$n_2 \mid 2^{n_1}-1,n_3 \mid 2^{n_2}-1,\cdots,n_k \mid 2^{n_{k-1}}-1,n_1 \mid 2^{n_k}-1$$

证明:$n_1=n_2=\cdots=n_k=1$.

(第26届国际数学奥林匹克候选题,1985年)

**证明** 设 $p$ 为素数,由费马小定理知

$$2^{p-1}\equiv 1(\bmod p)$$

设 $n$ 与 $p-1$ 的最大公约数为 $d$. 如果 $n>1$,且

$$2^n\equiv 1(\bmod p)$$

则

$$2^d\equiv 1(\bmod p)$$

从而 $n$ 的最小素因数 $m(n)\leqslant d\leqslant p-1<p$.

假设结论不成立,即 $n_1,n_2,\cdots,n_k$ 中有大于1的,如 $n_1>1$,那么 $n_k>1,n_{k-1}>1,\cdots,n_2>1$.

由于 $n_2\mid 2^{n_1}-1$,则

$$m(n_2)\mid 2^{n_1}-1$$

从而有

$$m(n_2)>m(n_1)$$

同理有

$$m(n_2)<m(n_3)<\cdots<m(n_1)$$

出现矛盾.所以

$$n_1=n_2=\cdots=n_k=1$$

1.3.21 求证:没有无限多个质数 $p_1,p_2,\cdots,p_n,\cdots$,使得 $p_1<p_2<\cdots<p_n<\cdots$,而且对于任意正整数 $k,p_{k+1}=2p_k\pm 1$.

**证明** 用反证法,如果有无限多个质数 $p_1,p_2,\cdots,p_n,\cdots$,满足题目条件,可以删去质数2,3,不妨设 $p_1>3$.

由于 $6s,6s+2,6s+3,6s-2(s\in\mathbf{N})$ 都是合数,则作为大于3的质数 $p$,必有

$$p_1\equiv 1(\mathrm{mod}\ 6)\text{ 或 }p_1\equiv -1(\mathrm{mod}\ 6) \quad ①$$

如果 $p_1\equiv -1(\mathrm{mod}\ 6)$,则 $p_1=6s-1(s\in\mathbf{N})$,由题目条件,$p_2=2p_1+1$ 或 $p_2=2p_1-1$,当 $p_2=2p_1-1$ 时,则

$$p_2=2(6s-1)-1=12s-3 \quad ②$$

$p_2=2p_1-1>5$,且 $p_2$ 又是3的倍数(见式②),这与 $p_2$ 是质数矛盾.因此,必有

$$p_2=2p_1+1=2(6s-1)+1\equiv -1(\mathrm{mod}\ 6)$$

重复上面证明,我们知道,对于任意正整数 $k,p_k\equiv -1(\mathrm{mod}\ 6)$,以及

$$p_{k+1}=2p_k+1 \quad ③$$

在③中,分别令 $k=n-1,n-2,\cdots,2,1$,这里正整数 $n\geqslant 4$,有

$$\begin{aligned}p_n&=2p_{n-1}+1=2(2p_{n-2}+1)+1=2^2p_{n-2}+(2+1)=\\&2^3p_{n-3}+(2^2+2+1)=\cdots=\\&2^{n-1}p_1+(2^{n-2}+2^{n-3}+\cdots+2+1)=\\&2^{n-1}p_1+(2^{n-1}-1)\end{aligned}$$

取 $n=p_1$(因为 $p_1>3$),有

$$p_{p_1}=2^{p_1-1}p_1+(2^{p_1-1}-1) \quad ⑤$$

由于 $p_1$ 是一个奇质数,与2互质,依费马小定理,有 $2^{p_1-1}-1$ 是 $p_1$ 的倍数,则 $p_{p_1}$ 是 $p_1$ 的倍数,这与 $p_{p_1}$ 是质数矛盾(显然 $p_1<p_{p_1}$).

完全类似,如果取 $p_1\equiv 1(\mathrm{mod}\ 6)$,有

心得 体会 拓广 疑问

$$p_{k+1}=2p_k-1(k\in\mathbf{N})$$ ⑥

和

$$p_{p_1}=2^{p_1-1}p_1-(2^{p_1-1}-1)$$ ⑦

$p_{p_1}$ 同样是 $p_1$ 的倍数,导出矛盾.

> 1.3.22 证明形如 $4k+1$ 的素数有无穷多个.

**证明** 设 $m$ 是大于1的任意整数,则 $m!$ 是偶数,从而 $m!^2+1$ 是奇数,所以它必有奇素因数 $p$. 可以证明 $p$ 必定是形状为 $4k+1$ 的素数. 事实上,如果 $p=4k+3$,那么由于

$$m!^{p-1}+1=m!^{2(2k+1)}+1=(m!^2+1)(m!^{2\cdot 2k}-m!^{2(2k-1)})+\cdots-m!+1)$$

故 $$m!^2+1\mid m!^{p-1}+1$$

因此由 $m!^2+1\equiv 0(\bmod p)$,就有

$$m!(m!^{p-1}+1)=m!^p+m!\equiv 0(\bmod p)$$

再由费马定理,有 $m!^p\equiv m!(\bmod p)$,故有

$$2m!\equiv 0(\bmod p)$$

由于 $(2,p)=1$,故 $m!\equiv 0(\bmod p)$,于是由 $m!^2+1\equiv 0(\bmod p)$ 就得 $1\equiv 0(\bmod p)$,但这是不可能的. 因此 $m!^2+1$ 的每一个素因数 $p$ 都是形如 $4k+1$ 的素数.

其次还可证明 $p>m$. 事实上如果 $p\leqslant m$,则由 $m!\equiv 0(\bmod p)$ 同样得到矛盾的结果 $1\equiv 0(\bmod p)$.

这样,由于 $m$ 可以任意取得无穷多个值,所以 $4k+1$ 形状的素数有无穷多.

> 1.3.23 设 $g(n)$ 定义如下
>
> $$g(1)=0,g(2)=1$$
>
> $$g(n+2)=g(n)+g(n+1)+1(n\geqslant 1)$$
>
> 证明:若 $n>5$ 为素数,则 $n\mid g(n)(g(n)+1)$
>
> (第29届国际数学奥林匹克候选题,1988年)

**证明** 令 $f(n)=g(n)+1$,则

$$f(1)=1,f(2)=2$$ ①

$$f(n+2)=f(n)+f(n+1)$$ ②

则 $\{f(n)\}$ 为斐波那契数列,由 ①② 可知

$$f(n)=\frac{\left(\frac{1+\sqrt{5}}{2}\right)^{n+1}-\left(\frac{1-\sqrt{5}}{2}\right)^{n+1}}{\sqrt{5}}$$ ③

当 $n$ 为大于5的素数时,由费马小定理

心得 体会 拓广 疑问

$$5^{n-1}\equiv 1(\bmod n)$$

因为 $n$ 为奇素数,则 $\frac{n-1}{2}$ 为整数,于是

$$n\mid 5^{n-1}-1=(5^{\frac{n-1}{2}}+1)(5^{\frac{n-1}{2}}-1) \quad ④$$

若 $n\mid(5^{\frac{n-1}{2}}+1)$,则由于 $0<j<n$ 时

$$n\mid C_n^j$$

$$2^nf(n)=\frac{(\sqrt{5}+1)^{n+1}-(1-\sqrt{5})^{n+1}}{2\sqrt{5}}=$$

$$\frac{(\sqrt{5}+1)^n-(1-\sqrt{5})^n}{2}+$$

$$\frac{(\sqrt{5}+1)^n+(1-\sqrt{5})^n}{2\sqrt{5}}=$$

$$\sum_{k=0}^{\frac{n-1}{2}}C_n^{2k}(\sqrt{5})^{2k}+\sum_{k=0}^{\frac{n-1}{2}}C_n^{2k+1}(\sqrt{5})^{2k}\equiv$$

$$1+5^{\frac{n-1}{2}}(\bmod n)\equiv 0(\bmod n)$$

若 $n\nmid(5^{\frac{n-1}{2}}+1)$,则由 ④

$$n\mid(5^{\frac{n-1}{2}}-1)$$

所以有

$$2^n(f(n)-1)\equiv 1+5^{\frac{n-1}{2}}-2^n\equiv 2-2^n\equiv 0(\bmod n)$$

最后一步是因为由费马小定理

$$2^{n-1}\equiv 1(\bmod n)$$

$$2^n\equiv 2(\bmod n)$$

$$2^n-2\equiv 0(\bmod n)$$

由以上,总有 $n\mid 2^nf(n)(f(n)-1)$.

因为 $(2,n)=1$,则 $n\mid f(n)(f(n)-1)$,即

$$n\mid g(n)(g(n)+1)$$

1.3.24 设 $p>2$ 为素数,使得 $3\mid(p-2)$,记

$$S=\{y^2-x^3-1\mid x,y\in\mathbf{Z},0\leqslant n,y\leqslant p-1\}$$

证明 $S$ 中至多有 $p-1$ 个元素为 $p$ 的倍数.

(第 16 届巴尔干地区数学奥林匹克,1999 年)

**证明** 先证明一个引理.

**引理** 设 $p>2$,$p$ 为素数,且 $p\equiv 2(\bmod 3)$,则对任意整数 $m,n$,如果 $1\leqslant m<n\leqslant p-1$,则有 $m^3\not\equiv n^3(\bmod p)$.

**引理的证明** 事实上,设 $p=3k+2$,即 $p-1=3k+1$,$k\in\mathbf{N}$,又设 $m^3\not\equiv n^3(\bmod p)$.

心得 体会 拓广 疑问

设 $t$ 是满足同余式 $m^t \equiv n^t \pmod p$ 的最小正整数,则易证对任意正整数 $r$,若 $m^r \equiv n^r \pmod p$,则有 $t \mid r$,从而 $r \mid 3$.

另一方面,由费马小定理

$$m^{p-1} \equiv 1 \pmod p, n^{p-1} \equiv 1 \pmod p$$

则

$$m^{3k+1} \equiv n^{3k+1} \pmod p$$

所以

$$r \mid (3k+1)$$

而 $r \mid 3$,则 $r=1$,这表明 $m=n \pmod p$ 与 $1 \leqslant m < n < p-1$ 矛盾.

从而引理得证.

下面证明本题.

由引理可知,当 $n$ 跑遍 $p$ 的一个完系时,$x^3$ 也跑遍模 $p$ 的一个完系.从而,对 $0 \leqslant y \leqslant p-1$ 的每一个整数 $y$,都存在唯一的 $x \in \{0,1,\cdots,p-1\}$,使得

$$x^3 \equiv y^2 - 1 \pmod p$$

这表明,集合 $S$ 中至多只有 $p$ 个元素是 $p$ 的倍数.

注意到 $S$ 中,$0 = 1^2 - 0^3 - 1 = 3^2 - 2^3 - 1$ 被表示了二次,从而 $S$ 中至多只有 $p-1$ 个元素为 $p$ 的倍数.

1.3.25 求所有的整数 $m$ 和 $n$,使得

$$mn \mid (3^m + 1), mn \mid (3^n + 1)$$

(韩国,2005 年)

**解** 如果 $m$ 和 $n$ 都是偶数,则 $3^m+1$ 能被 4 整除.但这是不可能的,因为对所有的偶数 $m$,$3^m + 1 \equiv 2 \pmod 4$.故 $m$ 和 $n$ 中至少有一个是奇数.

不妨设 $m$ 为奇数,且 $m \neq 1$.设 $p$ 为整除 $m$ 的最小质数,且 $m=pk$.易知 $p \geqslant 5$.

由费马小定理有 $3^{p-1} \equiv 1 \pmod p$.

由题设有 $3^{2pk} \equiv 1 \pmod p$.

由质数 $p$ 的定义有 $(2pk, p-1) = 2$,所以 $3^2 \equiv 1 \pmod p$.

这是不可能的,因此 $m$ 和 $n$ 中至少有一个等于 1,这意味着满足条件的 $(m,n)$ 为

$$(1,1),(1,2),(2,1)$$

1.3.26 找出所有的奇质数 $p$,使 $p \mid 1^{p-1} + 2^{p-1} + \cdots + 2\ 004^{p-1}$.

(保加利亚,2004 年)

心得 体会 拓广 疑问

**解** 由费马小定理可知$p$为质数,$(a,p)=1$,则$a^{p-1}\equiv 1(\bmod p)$,而$1,2,\cdots,2\ 004$中有$\left[\frac{2\ 004}{p}\right]$个数是$p$的倍数. 故

$$1^{p-1}+2^{p-1}+\cdots+2\ 004^{p-1}\equiv 2\ 004-\left[\frac{2\ 004}{p}\right](\bmod p)$$

而由

$$p\mid 1^{p-1}+2^{p-1}+\cdots+2\ 004^{p-1}\Rightarrow p\mid 2\ 004-\left[\frac{2\ 004}{p}\right] \quad ①$$

设$2\ 004=kp+r(0\leqslant r\leqslant p-1,k\in\mathbf{N})$,则

$$p\mid kp+r-k\Rightarrow k\equiv r(\bmod p)$$

设$k=ap+r$(其中$a\in\mathbf{N}$),则

$$2\ 004=ap^2+pr+r \quad ②$$

① 若$a=0$,则$2\ 004=r(p+1)=4\times 3\times 167$,又$r<p$,故$r=1^2,3,4^6,12$,得$p=2\ 003$.

② 若$a\neq 0$,则$2\ 004>p^2\Rightarrow p\leqslant 43$,直接令$p=3,5,7,11,13,17,\cdots,43$. 由题意可知仅有$p=17$满足条件.

综上可知满足条件的奇质数$p$为17或2 003.

**注** 本题关键用费马小定理得到式①,证明$p\leqslant 43$也比较简单.

1.3.27 $a,b$为正整数,若对每个正整数$n$都有$(a^n+n)\mid(b^n+n)$,证明:$a=b$.

(IMO预选题,2005年)

**证明** 反设$b>a$(显然$b\geqslant a$). 任取一个素数$p>b$,令

$$n=(a+1)(p-1)+1$$

由费马小定理

$$a^n\equiv a(\bmod p),b^n\equiv b(\bmod p)$$

又

$$n\equiv -a(\bmod p)$$

故

$$a^n+n\equiv 0(\bmod p),p\mid(a^n+n)$$

从而应有$p\mid(b^n+n)$.

但$b^n+n\equiv(b-a)(\bmod p),0<b-a<p$,矛盾.

1.3.28 求所有整数$n>1$,使得存在唯一的整数$a$满足$0<a\leqslant n!$且$n!\mid a^n+1$.

(IMO预选题,2005年)

心得 体会 拓广 疑问

**解** 所求的 $n$ 是一切素数.

当 $n=2$ 时满足条件的 $a$ 只有一个 $a=1$.

当 $n$ 为大于2的偶数时 $4\mid n!$,但 $a^n+1\equiv 1$ 或 $2(\bmod 4)$,不存在满足条件的 $a$.

当 $n$ 为奇数时,$a=n!-1$ 满足条件. 若 $n$ 为合数,令 $p$ 是 $n$ 的一个素因子,$a=\frac{n!}{p}-1$,则

$$a^n+1=n!\left(1-\sum_{k=2}^{n}(-1)^k C_n^k \frac{(n!)^{k-1}}{p^k}\right)$$

由于 $p^2\mid n!$,故当 $k\geqslant 2$ 时 $p^k\mid (n!)^{k-1}$. 从而 $n!\mid (a^n+1)$,即 $\frac{n!}{p}-1$ 也满足条件. 因此所有合数都不是所要求的.

最后证明当 $n$ 为奇素数时只有 $a=n!-1$ 满足条件. 为此只要证明由 $n!\mid (a^n+1)$ 可推出 $n!\mid (a+1)$ 即可. 由费马小定理可知,$a\equiv a^n\equiv -1(\bmod n)$,故 $n\mid (a+1)$. 若有素数 $p<n$ 整除 $\frac{a^n+1}{a+1}$,则

$$(-a)^n\equiv 1(\bmod p),(-a)^{p-1}\equiv 1(\bmod p)$$

故
$$-a\equiv (-1)^{(n,p-1)}\equiv 1(\bmod p)$$

即
$$n\mid (a+1)$$

但此时 $\frac{a^n+1}{a+1}=a^{n-1}-a^{n-2}+\cdots-a+1\equiv n(\bmod p)\Rightarrow p\mid n$,矛盾. 因此

$$\left(\frac{a^n+1}{a+1},(n-1)!\right)=1$$

故由 $(n-1)!\mid \left((a+1)\frac{a^n+1}{a+1}\right)$ 得到 $(n-1)!\mid (a+1)$,再由 $(n,(n-1)!)=1$ 得 $n!\mid (a+1)$.

> 1.3.29 整数 $a\geqslant 2$,数列 $a_n=\left[\frac{a^n}{n}\right]$,$n\geqslant 1$. 证明:对于任意正整数 $N$,一定有一个 $k\geqslant 1$ 使得 $N\mid a_k$.
>
> (罗马尼亚大师赛,2008年)

**证明** 令 $N_1=\max\{b:b\mid N,(a,b)=1\}$,$N=N_1N_2$,因此存在正整数 $t_0$,使得 $N_2\mid a^{t_0}$,因此 $a^cN_2\mid a^{t_0}a^c=a^{t_0+c}$,可取 $c_0$ 使得 $a^{c_0}\geqslant c_0+t_0$,令 $C=a^{c_0}$. 由于 $a^{c_0}N_2\mid a^{t_0}a^{c_0}=a^{t_0+c_0}$,所以 $CN_2\mid a^c$. 由 Dirichlet 定理,可取一个素数 $p=k\varphi(N_1)+1$,且 $p>\max\{a^C,N_1\}$,当然有 $\varphi(N_1)\mid (p-1)$. 令 $n=pC$,由费马定理

$$n=Cp\mid (a^n-a^C)=a^C(a^{C(p-1)}-1)$$

心得 体会 拓广 疑问

又由于 $n=Cp>a^C$,所以

$$a_n=\left[\frac{a^n}{n}\right]=\frac{a^n-a^C}{n}$$

由于$(p,N_1)=1$,故 $pN_1\mid(a^{p-1}-1)$,所以

$$CN_2pN_1\mid a^C(a^{C(p-1)}-1)$$

因此

$$N=N_1N_2\left|\frac{a^n-a^C}{n}=a_n\right.$$

1.3.30 $p$ 是一个素数,整数数列$\{a_k\}_{k=0}^{\infty}$满足 $a_0=0,a_1=1$,且对 $k\geqslant 0$ 都有 $a_{k+2}=2a_{k+1}-pa_k$,已知 $-1$ 在此数列中出现,求所有可能的 $p$ 的值.

**解** 显然 $p\neq 2$,不然的话从 $a_2$ 开始,数列每项都是偶数,不可能出现 $-1$,由已知条件

$$a_{k+2}\equiv 2a_{k+1}\equiv\cdots\equiv 2^{k+1}a_1(\mathrm{mod}\ p)$$

不妨设 $a_m=1$,则有 $-1\equiv 2^{m-1}(\mathrm{mod}\ p)$,一方面

$$a_{k+2}\equiv 2a_{k+1}-a_k(\mathrm{mod}\ p-1)\Rightarrow$$

$$a_{k+2}-a_{k+1}\equiv a_{k+1}-a_k\equiv\cdots\equiv$$

$$a_1-a_0\equiv 1(\mathrm{mod}\ p-1)$$

因此

$$a_k\equiv k+a_0\equiv k(\mathrm{mod}\ p-1)$$

当然也有

$$-1=a_m\equiv m(\mathrm{mod}\ p-1)\Rightarrow(p-1)\mid m+1$$

由费马定理

$$1\equiv 2^{m+1}\equiv 4\cdot 2^{m-1}\equiv -4(\mathrm{mod}\ p)$$

所以只能有 $p=5$.

另一方面,当 $p=5$ 时,正好也有 $a_3=-1$.

1.3.31 设 $p$ 是一个大于 3 的素数,求 $\prod\limits_{k=1}^{p}(k^2+k+1)$ 除以 $p$ 的余数.

**解** 注意到当 $k\neq 1$ 时

$$k^2+k+1=\frac{k^2-1}{k-1}$$

而当 $k$ 取遍 $2,3,\cdots,p$ 时,分母 $k-1$ 取遍 $1,2,\cdots,p-1$. 由费马定理,$x^{p-1}\equiv 1(\mathrm{mod}\ p)$ 在 $1\leqslant x\leqslant p$ 恰好有 $p-1$ 个解.

① 当 $p\equiv 1(\mathrm{mod}\ 3)$ 时,$(x^3-1)$ 是$(x^{p-1}-1)$ 的因子,所以 $x^3-1\equiv 0(\mathrm{mod}\ p)$ 在 $1\leqslant x\leqslant p$ 恰好有 3 个解,这样当 $k$ 取遍 $2,3,\cdots,p$ 时,分子 $k^3-1$ 中恰好有两项是 $p$ 的倍数,而分母不含 $p$ 的因子,所以

心得 体会 拓广 疑问

$$\prod_{k=1}^{p}(k^2+k+1)\equiv 0 \pmod p$$

② 当 $p\equiv 2 \pmod 3$ 时,3 和 $(p-1)$ 互素,因此存在整数 $a,b$,使得

$$3a+(p-1)b=1$$

如果有一个 $2\leqslant k\leqslant p$ 满足 $k^3\equiv 1 \pmod p$,由费马定理

$$k\equiv k^{3a+b(p-1)}\equiv 1 \pmod p$$

矛盾. 所以 $x^3-1\equiv 0 \pmod p$ 只有 $x\equiv 1 \pmod p$ 一个解. 这样当 $k$ 取遍 $1,2,3,\cdots,p$ 时,$k^3$ 除以 $p$ 的余数两两不同,正好也取遍 $1,2,3,\cdots,p$. 因此当 $k$ 取遍 $2,3,\cdots,p$ 时,$k^3-1$ 除以 $p$ 的余数取遍 $1,2,\cdots,p-1$,故

$$\prod_{k=2}^{p}\frac{k^3-1}{k-1}\equiv 1 \pmod p$$

$$\prod_{k=1}^{p}(k^2+k+1)\equiv 3\prod_{k=2}^{p}\frac{k^3-1}{k-1}\equiv 3 \pmod p$$

1.3.32 两个罐子中共有 $2p+1$ 个球,每一秒中都把放有偶数个球的罐子中的一半的球投入另一个罐子,设 $k$ 为小于 $2p+1$ 的自然数,$2p+1$ 和 $p$ 都是素数,证明:或迟或早某一个罐子会装有 $k$ 个球.

**证明** 由于 $(2,2p+1)=1$,所以存在一个整数 $a$ 使得 $2a\equiv 1 \pmod{2p+1}$,我们假设开始的时候两个罐子里面的球数为 $(x_0,y_0)$,在 $(\bmod\ 2p+1)$ 的观点下,我们也可以把它们看成 $(x_0,-x_0)$,而且在这一观点下每一次操作对于两个罐子的作用就变得同一了. 实际上每次操作相当于

$$(x_0,-x_0)\to(ax_0,-ax_0) \pmod{2p+1}$$

假设 $a$ 相对于素数 $2p+1$ 的阶为 $k$,则由费马定理

$$k\mid 2p\Rightarrow k=1,2,p,2p$$

当 $p=2$ 时,显然成立,故假设 $p\geqslant 3$.

① 若 $k=1$,则

$$a\equiv 1 \pmod{2p+1}\Rightarrow 1\equiv 2a\equiv 2 \pmod{2p+1}$$

矛盾.

② 若 $k=2$,则

$$a^2\equiv 1 \pmod{2p+1}\Rightarrow 1\equiv (2a)^2\equiv 4 \pmod{2p+1}$$

矛盾.

③ 若 $k=p$,则 $x_0,ax_0,a^2x_0,\cdots,a^{p-1}x_0 \pmod{2p+1}$ 两两不同. 若其中有一个 $1\leqslant t\leqslant p-1$,使得 $-x_0\equiv a^tx_0 \pmod{2p+1}$,则 $a^{2t}\equiv 1 \pmod{2p+1}$,则 $a^{(2t,p)}\equiv a\equiv 1 \pmod{2p+1}$,矛盾,说明此

时 $-x_0$ 不属于这 $p$ 个数,由于

$$-x_0,\ -ax_0,\ -a^2x_0,\cdots,-a^{p-1}x_0 \pmod{2p+1}$$

也两两不同,这样 $x_0,ax_0,a^2x_0,\cdots,a^{p-1}x_0$ 和 $-x_0,\ -ax_0,\ -a^2x_0,\cdots,-a^{p-1}x_0 \pmod{2p+1}$ 正好跑遍 $1,2,\cdots,2p$,因此肯定可以取到 $k$ 个球.

④ 若 $k=2p$,则 $x_0,ax_0,a^2x_0,\cdots,a^{2p-1}x_0 \pmod{2p+1}$ 两两不同,也正好跑遍 $1,2,\cdots,2p$.

1.3.33 (欧拉定理)设 $m$ 为正整数,整数 $a$ 与 $m$ 互质,则 $a^{\varphi(m)}\equiv 1 \pmod m$,并求 $\varphi(m)$ 的表达式.

**解** 设 $x_1,x_2,\cdots,x_{\varphi(m)}$ 是模 $m$ 的缩系.

因为 $(a,m)=1$,所以 $ax_1,ax_2,\cdots,ax_{\varphi(m)}$ 也都与 $m$ 互质,并且由 $ax_i\equiv ax_j \pmod m$ 可得 $x_i\equiv x_j \pmod m$,从而 $ax_1,ax_2,\cdots,ax_{\varphi(m)}$ 也是模 $m$ 的缩系.

将这两个缩系分别乘起来得

$$ax_1\cdot ax_2\cdot\cdots\cdot ax_{\varphi(m)}\equiv x_1x_2\cdots x_{\varphi(m)} \pmod m$$

约去 $x_1x_2\cdots x_{\varphi(m)}$ 即得.

下面给出 $\varphi(m)$ 的表达式.

已知 $m,n$ 为正整数并且 $(m,n)=1$. 设 $\{a_1,a_2,\cdots,a_t\}$,$\{b_1,b_2,\cdots,b_s\}$ 分别是模 $m$ 与模 $n$ 的缩系,则

$$S=\{mb_i+na_j \mid 1\leqslant i\leqslant s,1\leqslant j\leqslant t\}$$

是模 $mn$ 的缩系.

首先,我们证明 $S$ 中的每一个数均与 $mn$ 互质.

依题意 $(m,n)=1$,$(b_i,n)=1$,$i=1,2,\cdots,s$,所以

$$(mb_i+na_j,n)=(mb_i,n)=1$$

同理 $(mb_i+na_j,m)=1$,从而 $S$ 中每个数均与 $mn$ 互质.

其次,我们证明 $S$ 中每两个数对模 $mn$ 不同余. 设有

$$mb_i+na_j\equiv mb'_i+na'_j \pmod{mn}$$

则

$$mb_i\equiv mb'_i \pmod{mn}$$

又 $(m,n)=1$,所以

$$b_i\equiv b'_i \pmod n$$

即

$$b_i=b'_i$$

同理

$$a_j=a'_j$$

从而

$$mb_i+na_j=mb'_i+na'_j$$

最后,证明任一与 $mn$ 互质的数 $C$ 必与 $S$ 的某个元素在模 $mn$ 的同一个剩余类中.

由裴蜀定理知存在整数 $u,v$ 使得 $mu+nv=C$. 因为 $(m,n)=1$,$(C,n)=1$,所以

心得 体会 拓广 疑问

$$(u,n)=(mu,n)=(C-nv,n)=(C,n)=1$$

同理$(v,n)=1$,从而依题意可知分别存在$b_i,a_j$,使得

$$b_i\equiv u(\bmod n),a_j\equiv v(\bmod m)$$

即有

$$mb_i+na_j\equiv C(\bmod mn)$$

综上所述,$S$确实是模$mn$的缩系.

同时,由于$t=\varphi(m),S=\varphi(n),|S|=St=\varphi(mn)$,从而得到在$(m,n)=1$时,有

$$\varphi(mn)=\varphi(m)\varphi(n)$$

又注意到当$p$为质数,$\alpha$为正整数时,在$0,1,2,\cdots,p^{\alpha}-1$中共有$0,p,\cdots,p\cdot(p^{\alpha-1}-1)$这$p^{\alpha-1}$个数是$p$的倍数,其余的数与$p$互质,亦即与$p^{\alpha}$互质,从而

$$\varphi(p^{\alpha})=p^{\alpha}-p^{\alpha-1}=p^{\alpha}\left(1-\frac{1}{p}\right)$$

由此我们即得到$\varphi(n)$的计算公式:设$n$的分解式为$n=p_1^{\alpha_1}p_2^{\alpha_2}\cdots p_k^{\alpha_k}$,则

$$\varphi(n)=n\left(1-\frac{1}{p_1}\right)\left(1-\frac{1}{p_2}\right)\cdots\left(1-\frac{1}{p_k}\right)$$

1.3.34 设$a>0,b>0,(a,b)=1$,则存在$m>0,n>0$,使得

$$a^m+b^n\equiv 1(\bmod ab)$$

**证明** 设$m=\varphi(b),n=\varphi(a)$,由$(a,b)=1$,有

$$a^m\equiv 1(\bmod b) \quad ①$$

和

$$b^n\equiv 1(\bmod a) \quad ②$$

于是由①和②

$$a^m+b^n\equiv b^n\equiv 1(\bmod a) \quad ③$$

和

$$a^m+b^n\equiv a^n\equiv 1(\bmod b) \quad ④$$

由③,④得出

$$a^m+b^n\equiv 1(\bmod ab)$$

1.3.35 证明:存在无限多个这样的正整数,当把它补在自己的右边后,所得的数恰是一个完全平方数.

**证明** 本题即证明存在无限多个正整数$A$,使得数

$$A\times(10^n+1) \quad ①$$

心得 体会 拓广 疑问

为完全平方数,其中 $n$ 为 $A$ 的位数.

如果 $A=10^n+1$,则 ① 就是完全平方数,但这时 $A$ 的位数为 $n+1$,不是 $n$. 由于 $10^n+1$ 略缩小一些就是 $n$ 位数,因此我们希望它能表示成 $q^2\cdot r$ 的形式,而令 $A$ 等于 $r\cdot(q-1)^2$,这样便可以保证 $A$ 为 $n$ 位数且 ① 为完全平方数.

由于 $2^2,3^2,4^2,5^2,6^2$ 都不整除 $10^n+1$,所以第一个有可能整除 $10^n+1$ 的完全平方数就是 $7^2=49$. 于是我们希望有 $49\mid 10^n+1$.

注意到 $10^3+1=1\ 001=7\times 143$,从而

$$10^{21}=(-1+7\times 143)^7\equiv -1 \pmod{49}$$

又由欧拉定理可得

$$10^{42}=10^{\varphi(49)}\equiv 1 \pmod{49}$$

故取 $n=42k+21,k=0,1,2,\cdots$ 便有 $49\mid 10^n+1$.

从而无限多个正整数 $\frac{36}{49}\times(10^{42k+21}+1),k=0,1,2,\cdots$,即具有题设性质.

1.3.36　设 $d,a,n$ 为自然数,且 $3\leqslant d\leqslant 2^{n+1}$,求证:$d\nmid a^{2^n}+1$.

(中国国家集训队测验题,1991 年)

**证明**　假设 $d\mid a^{2^n}+1$,则

$$d\mid (a^{2^n}+1)(a^{2^n}-1)$$

即

$$d\mid a^{2^{n+1}}-1 \qquad ①$$

显然有

$$(a,d)=1 \qquad ②$$

考虑以 $d$ 为模的数列 $\{a^k \pmod d\}$,显然由 ①,② 可得

$$d\mid a^{2^{n+1}+k}-a^k$$

即

$$a^{2^{n+1}+k}\equiv a^k \pmod d$$

于是 $2^{n+1}$ 是模周期数列 $\{a^k \pmod d\}$ 的一个周期.

设 $T_a(d)$ 是 $\{a^k \pmod d\}$ 的最小正周期,则

$$T_a(d)\mid 2^{n+1}$$

由欧拉定理,若 $(a,m)=1$,则

$$a^{\varphi(m)}\equiv 1 \pmod m$$

其中 $\varphi(m)$ 是欧拉函数,可知

$$T_a(d)\mid \varphi(d)$$

从而

$$T_a(d)\mid (2^{n+1},\varphi(d))$$

注意到 $\varphi(d)\leqslant d-1$,而 $d\leqslant 2^{n+1}$,所以

心得 体会 拓广 疑问

$$\varphi(d) < 2^{n+1}$$

因此
$$(2^{n+1},\varphi(d)) \leqslant 2^n$$

又
$$(2^{n+1},\varphi(d)) \mid 2^n$$

于是
$$T_a(d) \mid 2^n$$

所以，$\{a^k(\bmod d)\}$ 以 $2^n$ 为一个周期，即有 $a^{2^n} \equiv 1(\bmod d)$. 于是

$$a^{2^n} + 1 \equiv 1 + 1 \equiv 2(\bmod d)$$

又由假设 $d \mid a^{2^n} + 1$，从而有

$$2 \equiv 0(\bmod d)$$

这与题设 $d \geqslant 3$ 矛盾.

这一矛盾说明 $d \nmid a^{2^n} + 1$.

1.3.37 证明：数列 $\{2^n - 3\}$，$n = 2,3,4,\cdots$ 中有一个无穷子数列，其中的项两两互质.

**证明** 归纳构造. 首先取 $2^3 - 3$，其次设已取出 $k$ 个数 $2^{n_1} - 3, 2^{n_2} - 3, \cdots, 2^{n_k} - 3$ 两两互质且 $n_1 < n_2 < \cdots < n_k$，则令

$$n_{k+1} = \varphi(2^{n_1} - 3)\varphi(2^{n_2} - 3)\cdots\varphi(2^{n_k} - 3) = n_k\varphi(2^{n_k} - 3) > n_k$$

由欧拉定理可知

$$2^{n_{k+1}} - 3 \equiv - 2(\bmod 2^{n_i} - 3)$$

即
$$(2^{n_{k+1}} - 3, 2^{n_i} - 3) = 1, i = 1,2,\cdots,k$$

1.3.38 对于任意正整数 $n \geqslant 2$，证明：$n$ 不可能整除 $2^n - 1$.

（美国普特南，1972 年）

**证明** 假设命题不成立，$b > 1$ 是最小的使得 $2^b \equiv 1(\bmod b)$ 成立的正整数，当然有 $(2,b) = 1$，由欧拉定理 $2^{\varphi(b)} \equiv 1(\bmod b)$. 令 $k = (\varphi(b),b)$，当然 $k < b$，且存在整数 $c,d$ 使得

$$c\varphi(b) + db = k$$

因此

$$2^k \equiv 2^{c\varphi(b)+db} \equiv 2^{c\varphi(b)}2^{db} \equiv 1(\bmod b) \quad ①$$

由于 $k \mid b$，所以也有 $2^k \equiv 1(\bmod k)$，根据 $b$ 的最小性假设，只能有 $k = 1$，代入 ① 有 $2 \equiv 1(\bmod b)$，与 $b > 1$ 的假设矛盾.

心得 体会 拓广 疑问

1.3.39 设 $p$ 是一个质数,且

$$f_p(x)=x^{p-1}+x^{p-2}+\cdots+x+1$$

(1)对任何一个能被 $p$ 整除的整数 $m$,是否存在一个质数 $q$,使得 $q$ 整除 $f_p(m)$,且 $q$ 与 $m(m-1)$ 互质?

(2)证明:存在无限多个正整数 $n$,使得 $pn+1$ 是质数.

(韩国,2004 年)

**证明** (1)设 $q$ 是任何一个能整除 $f_p(m)$ 的质数. 由于 $f_p(m)\equiv 1(\bmod m)$,故 $(m,q)=1$.

如果 $m\equiv 1(\bmod q)$,则 $f_p(m)\equiv p(\bmod q)$,有 $q\mid p$,矛盾(因为 $m$ 可以被 $p$ 整除),所以 $f_p(m)$ 的任一质因子都满足条件.

(2)反证法.

设 $p_1,p_2,\cdots,p_N$ 是仅有的 $N$ 个具有形式 $pn+1$ 的质数,令 $m=p_1p_2\cdots p_Np$,而 $q$ 是任何一个能整除 $f_p(m)$ 的质数,由(1)可知,$m\not\equiv 0,1(\bmod q)$,由欧拉定理可知

$$m^{q-1}\equiv 1(\bmod q)$$

及

$$m^p\equiv 1(\bmod q)$$

由此容易证明 $q-1$ 能被 $p$ 整除,矛盾.

因此,所证结论成立.

1.3.40 设 $a_1,a_2,\cdots,a_n(n>1)$ 是不全相等的自然数. 证明:有无穷多个质数 $p$,对于每个 $p$ 存在 $k\in\mathbf{N}^*$,满足

$$p\mid(a_1^k+a_2^k+\cdots+a_n^k)$$

(伊朗,2005 年)

**证明** 可以假设 $a_1,a_2,\cdots,a_n$ 是互质的. 要不然,令

$$d=(a_1,a_2,\cdots,a_n),a'_i=\frac{a_i}{d}$$

如果 $p\mid(a'^k_1+a'^k_2+\cdots+a'^k_n)$,就可以得到

$$p\mid(a_1^k+a_2^k+\cdots+a_n^k)$$

若结论不成立,设 $\{p_1,p_2,\cdots,p_s\}$ 是 $\{a_1^k+a_2^k+\cdots+a_n^k\mid k\in\mathbf{N}^*\}$ 的所有质数因子集合,存在一个数 $t$,满足 $p_i^t\nmid j,j=1,2,\cdots,n$.

令 $u=\varphi((p_1p_2\cdots p_s)^t)$,数 $a$ 满足 $b=au>t$.

考虑数 $c=a_1^b+a_2^b+\cdots+a_n^b$,$q$ 取 $p_i$ 中的一个.

若 $a_i$ 能被 $q$ 整除,因为 $b>t$,就得到

$$a_i^b\equiv 0(\bmod a^t)$$

心得 体会 拓广 疑问

或 $a_i$ 不能被 $q$ 整除,就得到 $a_i^b \equiv 1 \pmod{q^t}$.

所以 $c$ 模 $q^t$ 的余数就是 $0,1,\cdots,n$ 中的一个.

因为不是所有的 $a_i$ 都能被 $q$ 整除,所以 $q^t \nmid c$.

故对于所选定的 $t$,$c$ 都不能被 $q^t$ 整除,所以 $c \leqslant (p_1p_2\cdots p_s)^t$.

可以找一个足够大的 $b$ 使得 $c$ 变得足够大($a_i$ 不全是 1),矛盾.

1.3.41 设 $m$ 为任意正整数,$P$ 表示一切小于 $m$ 且与 $m$ 互素的各正整数的乘积,证明:$P^2 \equiv 1 \pmod m$.

**证明** 设小于 $m$ 且与 $m$ 互素的所有正整数为

$$r_1,r_2,\cdots,r_{\varphi(m)} \quad ①$$

则

$$P = r_1r_2\cdots r_{\varphi(m)}$$

由于 $(r_i,m)=1(i=1,2,\cdots,\varphi(m))$,故 $(P,m)=1$.

考虑正整数列

$$\frac{P}{r_1},\frac{P}{r_2},\cdots,\frac{P}{r_{\varphi(m)}} \quad ②$$

显然式 ② 中的各数均与 $m$ 互素,并且可以证明,它们关于模 $m$ 两两互不同余. 事实上,如果

$$\frac{P}{r_i} \equiv \frac{P}{r_j} \pmod m \ (i \neq j, 1 \leqslant i,j \leqslant \varphi(m))$$

则有

$$\frac{P}{r_ir_j}(r_i - r_j) \equiv 0 \pmod m$$

由于 $\frac{P}{r_ir_j}$ 与 $m$ 互素,故 $r_i \equiv r_j \pmod m$. 又由于 $r_i,r_j$ 均小于 $m$,故必有 $r_i = r_j$,但这与 $i \neq j$ 矛盾.

这样,数列 ① 与 ② 均表示模 $m$ 的简化剩余系,也就是说,数列 ① 中每一个数必与且只与数列 ② 中一个数关于模 $m$ 同余,① 与 ② 中数的个数均为 $\varphi(m)$,因此有

$$r_1r_2\cdots r_{\varphi(m)} \equiv \frac{P}{r_1}\cdot\frac{P}{r_2}\cdots\frac{P}{r_{\varphi(m)}} \pmod m$$

这样就有

$$P^{\varphi(m)} \equiv [r_1r_2\cdots r_{\varphi(m)}]^2 \equiv P^2 \pmod m$$

由于 $(P,m)=1$,故由欧拉定理有 $P^{\varphi(m)} \equiv 1 \pmod m$,因此

$$P^2 \equiv 1 \pmod m$$

1.3.42 设 $a,b$ 是两个互素的正整数,考虑等差数列 $a,a+b,a+2b,a+3b,\cdots$ 证明:

(1) 数列中有无穷多项有相同的素因子.

(2) 数列中有无穷多项两两互素.

心得 体会 拓广 疑问

**证明** (1) 由于$(a,b)=1$,所以存在一个正整数$c>1$使得$ac\equiv 1 \pmod b$,现在来看正整数数列$s_n=(a+b)(ac)^n$,由构造方法可知$s_n\equiv a \pmod b$,所以每个$s_n$都是上面数列的一项,而且每个$s_n$都不相同,$(a+b)$的素因子是所有$s_n$的素因子.

(2) 我们构造数列如下

$$y_1=a,y_2=a+b,y_{k+1}=y_1y_2\cdots y_k a^{k\varphi(b)-k+1}+b$$

由欧拉定理和数学归纳法可知对于所有的$r$,$y_r\equiv a \pmod b$,也就是说每个$y_r$都属于上面的等差数列. 又根据$y_r\equiv a \pmod b$可知

$$(y_r,b)=(a,b)=1$$

所以对于每两个不同的$r>s$,由定义$y_r=y_1\cdots y_s\cdots y_{r-1}a^{k\varphi(b)-k+1}+b$,所以

$$(y_r,y_s)=(b,y_s)=1$$

即数列$\{y_r\}$每两项都互素.

> 1.3.43 $m,n$是大于1的整数,并且$(m,n)=1$,$(m,n-1)=1$. 递推数列$n_k$定义如下:$n_1=nm+1$,$n_{i+1}=nn_i+1$. 证明:$n_1,n_2,\cdots,n_{m-1}$不会都是素数.

**证明** 不难得到

$$n_k=mn^k+\frac{n^k-1}{n-1}$$

因此

$$n_{\varphi(m)}=mn^{\varphi(m)}+\frac{n^{\varphi(m)}-1}{n-1}$$

由于$(m,n-1)=1$,由欧拉定理可得,$n_{\varphi(m)}>m$是$m$的倍数,由于$\varphi(m)\leqslant m-1$,命题得证.

> 1.3.44 $p$是一个奇素数,正整数$m$满足$(m,p(p-1))=1$,则对于任意与$p$互素的整数$a,b$都有
> $$a^m\equiv b^m \pmod{p^t} \Leftrightarrow a\equiv b \pmod{p^t}$$

**证明** $\Leftarrow$是显然,我们来证明$\Rightarrow$.

由已知$(m,p^{t-1}(p-1))=(m,\varphi(p^t))=1$,所以存在正整数$k$使得$mk\equiv 1 \pmod{\varphi(p^t)}$,因此

$$a\equiv a^{mk}\equiv (a^m)^k\equiv (b^m)^k\equiv b \pmod{p^t}$$

证毕.

心得 体会 拓广 疑问

1.3.45 对于自然数$n$,如果对于任何整数$a$,只要$n \mid a^n-1$,就有$n^2 \mid a^n-1$,则称$n$具有性质$P$.求证:

(1)每个素数$n$都具有性质$P$.

(2)有无穷多个合数也都具有性质$P$.

(第34届国际数学奥林匹克预选题,1993年)

**证明** (1)设$n=p$为素数,且$p \mid a^p-1$.于是

$$(a,p)=1$$

又
$$a^p-1=a(a^{p-1}-1)+(a-1)$$

由费马小定理知$p \mid a^{p-1}-1$,则$p \mid a-1$.即

$$a \equiv 1 \pmod p$$

因而
$$a^i \equiv 1 \pmod p, i=0,1,2,\cdots,p-1$$

$$\sum_{i=0}^{p-1} a^i \equiv p \equiv 0 \pmod p$$

所以
$$p^2 \mid (a-1)(a^{p-1}+a^{p-2}+\cdots+a+1)=a^p-1$$

(2)设$n$是具有性质$P$的合数.

若$n \mid a^n-1$,则$(n,a)=1$.

由欧拉定理,有$a^{\varphi(n)} \equiv 1 \pmod n$.

又由于
$$a^n \equiv 1 \pmod n$$

则
$$a^{(n,\varphi(n))} \equiv 1 \pmod n$$

如果$(n,\varphi(n))=1$,则由(1)可推得$n^2 \mid a^n-1$.

因此,问题化为求无穷多个合数$n$,使$(n,\varphi(n))=1$.对任何素数$p \geqslant 5$,取$p-2$的素因数$q$,并令$n=pq$.这时

$$\varphi(n)=(q-1)(p-1)$$

因为$q \mid p-1$,则$q \nmid p-1$.又因为$q \leqslant p-2<p$,故$p \nmid p-1$.因此

$$(pq,(p-1)(q-1))=1$$

即

$$(n,\varphi(n))=1$$

对于这样的合数$n$,若$n \mid a^n-1$,则$n \mid a-1$.因而

$$a^k \equiv 1 \pmod n, k=0,1,2,\cdots$$

注意到

$$a^n-1=(a-1)(a^{n-1}+a^{n-2}+\cdots+a+1)=$$
$$(a-1)[(a^{n-1}-1)+(a^{n-2}-1)+\cdots+(a-1)+n]$$

知
$$n^2 \mid a^n-1$$

因为对每个素数$p \geqslant 5$都可按上述程序得到具有性质$P$的相应合数$p<n(p)<p^2$.所以,有无穷多个合数$n$具有性质$P$.

1.3.46　$n \geqslant 3$ 是一个正整数,证明:$n^{n^{n^n}} - n^{n^n}$ 是 1 989 的倍数.

**证明**　由于 $1\ 989 = 3^2 \times 13 \times 17$,我们依次证明 $n^{n^{n^n}} - n^{n^n} \equiv 0(\bmod 9,13,17)$ 即可.

① 证明 $n^{n^{n^n}} - n^{n^n} \equiv 0(\bmod 9)$,由于

$$n^{n^{n^n}} - n^{n^n} = (n^{n^n})(n^{n^{n^n}-n^n} - 1)$$

我们只要讨论$(n,9)=1$ 的情况即可,此时由于 $\varphi(9)=6$,根据欧拉定理我们只要能证明 $n^{n^n} - n^n \equiv 0(\bmod 6)$ 即可. 由于 $n^{n^n} - n^n$ 同奇偶,当然有

$$n^{n^n} - n^n \equiv 0(\bmod 2)$$

另一方面由 $n^n,n$ 同奇偶 $\Rightarrow n^n - n \equiv (\bmod 2)$,由费马定理

$$n^{n^n} - n^n = n^n(n^{n^n-n} - 1) \equiv 0(\bmod 3)$$

② 证明 $n^{n^{n^n}} - n^{n^n} \equiv 0(\bmod 13)$. 由费马定理我们只要证明 $n^{n^n} - n^n \equiv 0(\bmod 12)$ 即可,而

$$n^{n^n} - n^n = n^n(n^{n^n-n} - 1),\varphi(4)=\varphi(3)=2$$

故只要证 $n^n - n \equiv 0(\bmod 2)$ 即可,而 $n^n,n$ 同奇偶,所以这是显然的.

③ 证明 $n^{n^{n^n}} - n^{n^n} \equiv 0(\bmod 17)$. 同上,我们只要能证明 $n^{n^n-n^n} \equiv 0(\bmod 16)$ 即可. $n$ 为偶数的时候这是显然的,所以我们假定 $n$ 为奇数. 而 $\varphi(16)=8$,故只要能证明 $n^n - n \equiv 0(\bmod 8)$ 即可,而

$$n^n - n = n(n^{n-1} - 1)$$

由于 $n^{n-1}$ 是奇数的平方 $\equiv 1(\bmod 8)$,因此

$$n^n - n = n(n^{n-1} - 1) \equiv 0(\bmod 8)$$

综上所述,结论成立.

1.3.47　求所有的正整数对$(a,n)$,使得

$$\frac{(a+1)^n - a^n}{n}$$

是整数.

**解**　若 $a$ 为任意正整数,则$(a,1)$ 显然是原问题的解,下面我们证明原问题没有其他解.

假设$(a,n)(n \geqslant 2)$ 是原问题的一个解,则存在某正整数 $k$,使得

$$(a+1)^n - a^n = kn$$

由于 $a$ 和 $a+1$ 互素,由上面的方程可知 $n$ 肯定和 $a,a+1$ 都互素,

心得 体会 拓广 疑问

由欧拉定理可得

$$(a+1)^{\varphi(n)} \equiv a^{\varphi(n)} \equiv 1(\bmod n)$$

令 $d=\gcd(n,\varphi(n))$. 由裴蜀定理,存在整数 $\alpha$ 和 $\beta$ 使得 $d=\alpha n+\beta\varphi(n)$. 由

$$(a+1)^n \equiv a^n(\bmod n),(a+1)^{\varphi(n)} \equiv a^{\varphi(n)} \equiv 1(\bmod n)$$

可推出

$$(a+1)^d \equiv (a+1)^{\alpha n+\beta\varphi(n)} \equiv a^{\alpha n+\beta\varphi(n)} \equiv a^d(\bmod n)$$

显然 $d>1$(否则 $a+1\equiv a(\bmod n)$ 推出 $n=1$). 同时注意到 $\varphi(n)<n$,所以 $d<n$. 因此$(a,d)$ 是原问题的另一个解并且 $1<d<n$.

重复上述过程,得到一个无穷递降正整数序列,而这是不可能的,因此上面的假设是错误的,即没有 $n>1$ 的解.

1.3.48 一个摆动数是一个正整数,它的各位数字在十进制下,非零与零交替出现,个位数非零,确定所有正整数,它不能整除任何摆动数.

(英国,1994 年)

**解** 如果正整数 $n$ 是10的倍数,那么 $n$ 的末位数是0,因此这样的 $n$ 不能整除任何摆动数.

如果正整数 $n$ 是25 的倍数,则 $n$ 的末两位数是25,50,75,00. 因此,这样的 $n$ 不能整除任何摆动数.

下面证明上述这两种数是不能整除任何摆动数的所有的正整数.

我们首先考虑奇数 $m$,且 $m$ 不是 5 的倍数. 这时有 $m$ 与 10 互素,即$(m,10)=1$. 于是

$$(10^k-1,10)=l,((10^k-1)m,10)=1$$

由欧拉定理,存在一个正整数 $l$,使得

$$10^l \equiv 1(\bmod (10^k-1)m) \quad ①$$

那么,对任何正整数 $t$

$$10^{tl} \equiv 1(\bmod (10^k-1)m) \quad ②$$

而

$$10^{tl}-1=(10^t-1)(10^{t(l-1)}+10^{t(l-2)}+\cdots+10^t+1)=(10^t-1)x_t \quad ③$$

这里 $$x_t=10^{t(l-1)}+10^{t(l-2)}+\cdots+10^t+1$$

令 $t=k$,则由 ② 和 ③,$x_k$ 应当是 $m$ 的一个倍数.

特别地,$k=2$,即对 $x_2$ 应是 $m$ 的一个倍数.

$$x_2=10^{2(l-1)}+10^{2(l-2)}+\cdots+10^2+1 \quad ④$$

可见$x_2$是一个摆动数. 因此,对奇数$m$,且$m$不是5的倍数时,这种$m$不是题目中所求的数.

下面考虑$m$是5的倍数,但不是25的倍数的奇数$m$.

这时$m=5m_1$,$m_1$是奇数,且$5\nmid m_1$.

由上面,存在摆动数$x_2$,$x_2$是$m_1$的倍数,于是$5x_2$还是一个摆动数,而$5x_2$与$5m_1$的倍数,即$5x_2$是$m$的倍数.

由以上,当$m$是奇数,且不是25的倍数时,不是题目中所要求的数.

现在考虑$m$是2的幂的情况. 我们用数学归纳法证明:对正整数$t$,$2^{2t+1}$有一个摆动数$w_t$,$w_t$为$2^{2t+1}$的倍数,且$w_t$的各位数字中,恰有$t$个非零数字.

对$t=1$,取$w_1=8=2^3$,$2^3\mid w_1$.

对$t=2$,取$w_2=608$,$2^5\mid w_2$.

假设对$t\geqslant 2$,存在摆动数$w_t$,设$w_t=2^{2t+1}d$,其中$d$是一个正整数.

那么,对$t+1$,取$w_{t+1}=10^{2t}c+w_t$. 这里$c$是一个待定的正整数,且$c\in\{1,2,3,\cdots,9\}$.

由于$w_t$是一个$2t-1$位摆动数,则$w_{t+1}$是一个$2t+1$位摆动数,且恰有$t+1$个非零数字.

$$w_{t+1}=2^{2t+1}d+10^{2t}c=2^{2t}(2d+5^{2t}c)$$

这样,当且仅当$8\mid 5^{2t}c+2d$时,取$c\equiv 6d(\bmod 8)$,在$\{1,2,\cdots,8\}$中,这样的$c$必存在,且$c$为偶数,于是可记$c=8s+6d$.

$$5^{2t}c+6d=5^{2t}(8s+6d)+2d=$$
$$(8\times 3+1)(8s+6d)+2d\equiv 0(\bmod 8)$$

从而
$$2^{2t+3}\mid w_{t+1}$$

因此,2的幂都有一个摆动数是它的倍数,所以,这样的数不是所要求的数.

最后考虑形如$2^t m$的正整数,这里$t$是一个正整数,$m$是一个不是5的倍数的奇数.

由前所证,存在一个摆动数$w_t$,$w_t$是$2t-1$位数,使得$2^{2t+1}\mid w_t$.

在式③中,用$2t$代替$t$,并含$k=2t$,就得到正整数$x_{2t}$,则$x_{2t}w_t$是$2^t m$的倍数,且$x_{2t}w_t$是一个摆动数.

综合以上,符合题目要求的$n$,只有$n$是10的倍数,或是25的倍数.

心得 体会 拓广 疑问

## 1.4 威尔逊定理

设正整数 $p>1$，则 $p$ 为素数的充要条件是

$$(p-1)!+1\equiv 0 \pmod p$$

这就是有一定用途的威尔逊定理.

这一定理也可推广.

**定理** 设素数 $p\geqslant 3, l\geqslant 1, c=\varphi(p^l)=p^l-p^{l-1}, r_1, r_2, \cdots, r_c$ 是模 $p^l$ 的既约剩余系，则

$$r_1r_2\cdots r_c\equiv -1 \pmod{p^l}$$

若把 $p^l$ 改为 $2p^l$，上述条件不变，则结论不变.

**定理** 设 $c=\varphi(2^l)=2^{l-1}, l\geqslant 1, r_1r_2\cdots r_c$ 是模 $2^l$ 的既约剩余系，则

$$r_1r_2\cdots r_c=\begin{cases}1 \pmod{2^l}, l=1 \text{ 或 } l\geqslant 3\\ -1 \pmod{2^l}, l=2\end{cases}$$

1.4.1 设 $p$ 是素数，则

$$(p-1)!\equiv -1 \pmod p \text{（威尔逊定理）} \quad ①$$

**解** 对于任意整数 $a, 1\leqslant a\leqslant p-1$，由裴蜀定理知存在整数 $a'$，使得

$$aa'\equiv 1 \pmod p$$

我们称 $a'$ 为 $a$ 的数论倒数，并且不妨设 $1\leqslant a'\leqslant p-1$.

若有整数 $b$，满足 $ba'\equiv 1 \pmod p$，则将此式两边同乘以 $a$ 便得 $b\equiv a \pmod p$. 这就说明对于不同的整数 $a, 1\leqslant a\leqslant p-1$，对应着不同的数论倒数 $a'$.

又如果整数 $a$ 的数论倒数是它自身，则

$$a\cdot a\equiv 1 \pmod p$$

亦即

$$(a+1)(a-1)\equiv 0 \pmod p$$

$$a\equiv 1 \pmod p \text{ 或 } a\equiv -1 \pmod p$$

从而当 $p>2$ 时，$2,3,\cdots,p-2$，这 $p-3$ 个数恰好配成互为数论倒数的 $\frac{p-3}{2}$ 对数，故它们的乘积

$$2\times 3\times\cdots\times(p-2)\equiv 1^{\frac{p-3}{2}}\equiv 1 \pmod p$$

于是

$$(p-1)!\equiv 1\times 1\times(p-1)\equiv -1 \pmod p$$

又当 $p=2$ 时，① 显然成立，故命题得证.

心得 体会 拓广 疑问

1.4.2 设$p$是质数,求证:$\left[\frac{(p-1)!}{p}\right]$是$p-1$的倍数.这里$\left[\frac{(p-1)!}{p}\right]$表示不超过$\frac{(p-1)!}{p}$的最大整数.

**证明** 利用威尔逊定理,可以知道$(p-1)!+1$是$p$的倍数,那么

$$\left[\frac{(p-1)!}{p}\right]=\left[\frac{(p-1)!+1}{p}-\frac{1}{p}\right]=\frac{(p-1)!+1}{p}-1$$

从而有

$$p\left[\frac{(p-1)!}{p}\right]=(p-1)!-(p-1)$$

由于$p$与$p-1$互质,则$\left[\frac{(p-1)!}{p}\right]$是$p-1$的倍数.

1.4.3 设$2p+1$是质数.求证:$(p!)^2+(-1)^p$是$2p+1$的倍数.

**证明** $(2p)!=p!(p+1)(p+2)\cdots(2p)$

由于

$$p+1\equiv -p(\bmod (2p+1))$$
$$p+2\equiv -(p-1)(\bmod (2p+1))$$
$$\cdots$$
$$2p\equiv -1(\bmod (2p+1))$$

则 $(2p)!\equiv(-1)^p(p!)^2(\bmod (2p+1))$

那么

$$(-1)^p[(p!)^2+(-1)^p]\equiv(2p)!+1(\bmod (2p+1))$$

利用威尔逊定理以及题目条件知

$$(2p)!+1\equiv 0(\bmod (2p+1))$$

于是$(p!)^2+(-1)^p$是$2p+1$的倍数.

1.4.4 设$p$是质数,$N=\frac{1}{2}p(p-1)$,求证:$(p-1)!-(p-1)$是$N$的倍数.

**证明** 由威尔逊定理知,存在正整数$t$使得

$$(p-1)!=pt-1$$

于是

$$(t-1)p=(p-1)!-(p-1)=(p-1)[(p-2)!-1]$$

由于$p$与$p-1$互质,由上式,有非负整数$s$,使得

心得 体会 拓广 疑问

$$(p-2)!\ -1=ps$$

从上式,有

$$(p-1)!\ =(p-1)(p-2)!\ =(p-1)(ps+1)\equiv(p-1)(\bmod N)$$

**【阅读材料】** Wilson 素数.

Wilson 定理是说,若 $p$ 为素数,则

$$(p-1)!\ \equiv-1(\bmod p)$$

所以 Wilson 商

$$W(p)=\frac{(p-1)!\ +1}{p}$$

是整数. 若 $W(p)\equiv 0(\bmod p)$(即 $(p-1)!\ \equiv-1(\bmod p^2)$),称 $p$ 为 Wilson 素数. 如 $p=5,13$ 为 Wilson 素数. 目前不知是否存在无穷多个 Wilson 素数. 关于此,Vandiver 写到:

这个问题似乎有这样一个特点:假如我死而复活,某位数学家告诉我这个问题已经完全解决,我想我马上又会死去.

**【纪录】** 除了 5 和 13 之外,目前还只知道 563 是 Wilson 素数,它是由 Goldberg 于 1963 年发现的,是计算机搜索早期成功的例子之一. 后来 E. H. Pearson, K. E. Klcss, W. Keller, H. Dubner 一直寻找 Wilson 素数. 最后由 Gonter 和 Kundert 在 1988 年找到 $10^7$. 而 Crandall, Dilcher 和 Pomerance 于 1997 年找到 $5\times10^8$,都没有找到新的 Wilson 素数.

1.4.5 设 $p$ 为大于 1 的奇数,证明:

(1) $1^2\cdot3^2\cdot5^2\cdot\cdots\cdot(p-2)^2\equiv(-1)^{\frac{p+1}{2}}(\bmod p)$.

(2) $2^2\cdot4^2\cdot6^2\cdot\cdots\cdot(p-1)^2\equiv(-1)^{\frac{p+1}{2}}(\bmod p)$.

**证明** 由威尔逊定理

$$1\cdot2\cdot3\cdot\cdots\cdot(p-1)\equiv-1(\bmod p) \quad ①$$

其中 $p$ 为任一奇素数,我们有如下同余式

$$i\equiv-(p-i)(\bmod p), p=0,\ \pm1,\ \pm2,\cdots \quad ②$$

将式①左端的 $\frac{p-1}{2}$ 个偶数代之以式②中,令 $i=2,4,6,\cdots,p-1$ 时得到的和它们同余的那些数. 合并之后得

$$1^2\cdot3^2\cdot5^2\cdot\cdots\cdot(p-2)^2(-1)^{\frac{p-1}{2}}\equiv-1(\bmod p)$$

或

$$1^2\cdot3^2\cdot5^2\cdot\cdots\cdot(p-2)^2\equiv(-1)^{\frac{p+1}{2}}(\bmod p)$$

类似地,将式①的 $\frac{p-1}{2}$ 个奇数代入式②中,令 $i=1,3,5,\cdots,p-2$ 时得到的和它们同余的那些数. 亦得

心得 体会 拓广 疑问

$$2^2\cdot 4^2\cdot 6^2\cdot\cdots\cdot(p-1)^2\equiv(-1)^{\frac{p+1}{2}}(\bmod p)$$

1.4.6 若 $p$ 是一个素数及 $n\geqslant p$,则

$$n!\sum_{pi+j=n}\frac{1}{p^i i!\ j!}\equiv 0(\bmod p)$$

**证明** 我们考察等式

$$n!\sum_{pi+j}\frac{1}{p^i i!\ j!}=\sum_{i=0}^{[np]}\frac{n!}{p^i!\ (n-ip)!}$$

今考虑

$$\frac{n!}{p^i i!}(n-ip)!\ =\frac{(n-ip+1)(n-ip+2)\cdots(n-1)n}{p^i i!}$$

右边的分子中有:

① 含有 $ip$ 个因式,因此,有 $i$ 个对于模 $p$ 的完全剩余系;

② 有 $i$ 个 $p$ 的倍数即

$$p[\frac{n}{p}],p([\frac{n}{p}]-1),\cdots,p([\frac{n}{p}]-i+1)$$

用 $\rho_j$ 表示完全剩余系,$j=0,1,2,\cdots,\rho-1$,且 $\rho_0\equiv 0(\bmod p)$,则根据威尔逊定理有

$$\sum_{i=1}^{p-1}\rho_i\equiv(p-1)!\ \equiv-1(\bmod p)$$

因此

$$\frac{n!}{p^i i!\ j!}\equiv\frac{[\frac{n}{p}]([\frac{n}{p}]-1)\cdots([\frac{n}{p}]-i+1)(-1)^i}{i!}\equiv$$

$$C^i_{[\frac{n}{p}]}(-1)^i(\bmod p)$$

由此得

$$n!\sum_{pi+j=n}\frac{1}{p^i i!\ j!}\equiv\sum_{i=0}^{[\frac{n}{p}]}(-1)^i C^i_{[\frac{n}{p}]}=$$

$$(1-1)^{[\frac{n}{p}]}\equiv 0(\bmod p)$$

1.4.7 证明:

(1)设 $r_1,r_2,\cdots,r_{p-1}$ 及 $r'_1,r'_2,\cdots,r'_{p-1}$ 是模 $p$ 的两组完全剩余系,$p$ 是奇素数,则 $r_1r'_1,r_2r'_2,\cdots,r_{p-1}r'_{p-1}$ 必不是模 $p$ 的完全剩余系.

(2)设 $m\geqslant 3,r_1,r_2,\cdots,r_m$ 及 $r'_1,r'_2,\cdots,r'_m$ 是模 $m$ 的两组完全剩余系,则 $r_1r'_1,r_2r'_2,\cdots,r_mr'_m$ 必不是模 $m$ 的完全剩余系.

**证明** (1)反证法.假设 $r_0r'_0,r_1r'_1,\cdots,r_{p-1}r'_{p-1}$ 是模 $p$ 的完全

心得 体会 拓广 疑问

剩余系,则其中有且只有一个被 $p$ 整除,设

$$p \mid r_0r'_1, p \nmid r_ir'_i, 1 \leqslant i \leqslant p-1$$

由于 $p$ 是素数,故必有(注意 $r_0,r_1,\cdots,r_{p-1};r'_0,r'_1,\cdots,r'_{p-1}$ 都是模 $p$ 的完全剩余系)

$$p \nmid r_i, p \nmid r'_i, 1 \leqslant i \leqslant p-1, p \mid r_0, p \mid r'_0$$

因此 $r_1,r_2,\cdots,r_{p-1}$ 及 $r'_1,r'_2,\cdots,r'_{p-1},r_1r'_1,r_2r'_2,\cdots,r_{p-1}r'_{p-1}$ 都是模 $p$ 的剩余系,于是由威尔逊定理有

$$r_1,r_2,\cdots,r_{p-1} \equiv -1 \pmod p$$

$$r'_1,r'_2,\cdots,r'_{p-1} \equiv -1 \pmod p$$

$$r_1r'_1,r_2r'_2,\cdots,r_{p-1}r'_{p-1} \equiv -1 \pmod p$$

由此可得

$$-1 \equiv r_1r'_1r_2r'_2\cdots r_{p-1}r'_{p-1} \equiv$$

$$r_1r_2\cdots r_{p-1}r'_1r'_2\cdots r'_{p-1} \equiv 1 \pmod p$$

但 $p>2$,故上式不可能成立,这就证明了(1).

(2)由(1),我们只需证明 $m$ 是大于3的合数的情形.设

$$m=p_1^{\alpha_1}p_2^{\alpha_2}\cdots p_k^{\alpha_k}, \alpha_i \geqslant 1, k \geqslant 1(\text{当 } k=1 \text{ 时}, \alpha_1 \geqslant 2)$$

若 $a \equiv b \pmod m$,则

$$(a,m)=(b,m)$$

所以对给定的 $d>1$,模 $m$ 的完全剩余系中与 $m$ 的最大公因数是 $d$ 的数之个数是确定的.设其中与 $m$ 的最大公因数为 $p_1$ 的有 $k_1$ 个,与 $m$ 的最大公因数为 $p_1^2$ 的有 $k_2$ 个,……,与 $m$ 的最大公因数为 $p_1^{\alpha_1}$ 的有 $k_{\alpha_1}$ 个.约定 $r_i \equiv 0 \pmod m$ 时,取 $r_i=m$(不取 $r_i=0$),则 $p_1$ 在模 $m$ 的任一完全剩余系各数之积中的幂指数应当为

$$k_1+2k_2+\cdots+\alpha_1k_{\alpha_1}$$

假如 $r_1r'_1,r_2r'_2,\cdots,r_mr'_m$ 是模 $m$ 的完全剩余系,则 $p_1$ 在 $(r_1r'_1)(r_2r'_2)\cdots(r_mr'_m)$ 中幂指数也是 $k_1+2k_2+\cdots+\alpha_1k_{\alpha_1}$.另一方面,$p_1$ 在

$$(r_1r'_1)(r_2r'_2)\cdots(r_mr'_m)=(r_1,r_2,\cdots,r_m)(r'_1,r'_2,\cdots,r'_m)$$

中的幂指数应该是

$$(k_1+\cdots+\alpha_1k_{\alpha_1})+(k_1+\cdots+\alpha_1k_{\alpha_1})=2(k_1+\cdots+\alpha_1k_{\alpha_1})$$

个.由于 $k_1+\cdots+\alpha_1k_{\alpha_1}>0$,上述矛盾表明 $r_1r'_1,r_2r'_2,\cdots,r_mr'_m$ 一定不是模 $m$ 的完全剩余系.

1.4.8 求所有的正整数 $n$ 具有如下性质:存在 $0,1,2,\cdots,n-1$ 的一个排列 $a_1,a_2,\cdots,a_n$,使得 $a_1,a_1a_2,a_1a_2a_3,\cdots,a_1a_2\cdots a_n$ 被 $n$ 除的余数互不相同.

**解** 当 $n$ 为质数 $p$ 时,令 $a_1=1$,整数 $a_i$ 满足 $0 \leqslant a_i \leqslant p-1$

心得 体会 拓广 疑问

且 $ia_{i+1} \equiv i+1 \pmod p$，$i=2,\cdots,p$.

于是 $a_1,a_1a_2,\cdots,a_1a_2\cdots a_n$ 被 $n$ 除的余数分别为 $1,2,\cdots,p$. 并且由 $i(a_{i+1}) \equiv 1 \pmod p$ 知 $a_{i+1}-1$ 为 $i$ 的数论倒数，从而 $a_1$，$a_2,\cdots,a_n$ 互不相同.

当 $n=1$ 或 4 时，排列 $(0)$，$(1,3,2,0)$ 符合要求.

当 $n>4$ 为合数时，如果 $n=p^2$，记 $q=2p<n$. 否则 $n=pq$，$1<p<q<n$，从而 $pq \mid (n-1)!$.

若题设要求的排列存在，显然 $a_n=0$，于是

$$a_1a_2\cdots a_{n-1}=(n-1)! \equiv 0 \pmod n$$

矛盾！(事实上，由 $n>4$ 为合数时 $n \mid (n-1)!$ 及 $3! \equiv -2 \pmod 4$ 可知威尔逊定理的逆命题成立.)

1.4.9 设 $p$ 为素数，$a$ 为任意正整数，今从任一整数起连续取 $ap$ 个整数，去掉其中 $p$ 的倍数，再作其余各整数之乘积，以 $P$ 记之，则

$$P \equiv (-1)^a \pmod p$$

**证明** 设从某整数 $b$ 开始，连续取 $ap$ 个整数，这些整数是

$$b,b+1,b+2,\cdots,b+p-1$$
$$b+p,b+p+1,b+p+2,\cdots,b+2p-1$$
$$\cdots$$
$$b+(a-1)p,b+(a-1)p+1,b+(a-1)p+2,\cdots,b+ap-1 \quad ①$$

不难验证，上述各行中之数(每行各有 $p$ 个数)关于模 $p$ 两两互不同余. 事实上，当 $k$ 为任意整数时，数列 $k,k+1,k+2,\cdots,k+p-1$ 关于模 $p$ 两两互不同余. 这是因为由 $i \equiv j \pmod p$ 可得

$$k+i \equiv k+j \pmod p$$

反之亦然，而

$$1,2,\cdots,p-1 \quad ②$$

是模 $p$ 的简化剩余系，故①的各行中除去 $p$ 的倍数外，每一数必与且只与②中一数关于模 $p$ 同余. 用 $P_1,P_2,\cdots,P_a$ 表示①中各行除去 $p$ 的倍数后其余整数之乘积，于是有

$$P_1 \equiv 1\cdot 2\cdot \cdots \cdot (p-1) \equiv (p-1)! \pmod p$$
$$P_2 \equiv (p-1)! \pmod p$$
$$\vdots$$
$$P_a \equiv (p-1)! \pmod p$$

因此

$$P_1P_2\cdots P_a \equiv [(p-1)!]^a \pmod p$$

再由威尔逊定理 $(p-1)! \equiv -1 \pmod p$，故

心得 体会 拓广 疑问

$$P \equiv P_1P_2\cdots P_a \equiv (-1)^a \pmod p$$

1.4.10 设 $p$ 是素数,记

$$N = 1 + 2 + 3 + \cdots + (p-1)$$

证明:$(p-1)! \equiv p-1 \pmod N$.

**证明** 由于 $p$ 是素数,故由威尔逊定理知

$$(p-1)! \equiv -1 \pmod p$$

于是存在整数 $m$,使

$$(p-1)! = mp - 1 \quad ①$$

即 $$(p-1)! = mp-1 = (m-1)p + (p-1)$$

从而 $$(m-1)p = (p-1)! - (p-1) = (p-1)k$$

其中 $k = (p-2)! - 1$ 是整数. 于是 $p \mid (p-1)k$. 由于 $(p-1,p) = 1$,故 $p \mid k$. 记 $k = np$,于是有

$$(m-1)p = (p-1)pn$$

即

$$m - 1 = n(p-1) \quad ②$$

将 ② 代入 ①,就有

$$\begin{aligned}(p-1)! &= [n(p-1)+1]p - 1 = n(p-1)p + p - 1 = \\ &2n \cdot \frac{(p-1)p}{2} + p - 1 = \\ &2n[1 + 2 + \cdots + (p-1)] + p - 1 = \\ &2nN + p - 1\end{aligned}$$

故 $$(p-1)! \equiv p - 1 \pmod N$$

1.4.11 设 $p$ 为素数,证明:当且仅当

$$4[(p-1)! + 1] + p \equiv 0 \pmod{p+2}$$

时,$p+2$ 是素数.

**证明** 由于

$$p(p+1) \equiv 2 \pmod{p+2}$$
$$p^2(p+1) \equiv -4 \pmod{p+2}$$

故

$$\begin{aligned}4[(p-1)! + 1] &\equiv -p(p+1)p[(p-1)! + 1] \equiv \\ &-p[(p+1)! + (p+1)p] \equiv \\ &-p[(p+1)! + (p+1)p] \pmod{p+2}\end{aligned}$$

因此,当 $p+2$ 为素数时,由威尔逊定理有

$$(p+1)! \equiv -1 \pmod{p+2}$$

故

$$4[(p-1)!+1]\equiv -p[(p+1)!+2]\equiv -p(\bmod p+2)$$

即

$$4[(p-1)!+1]+p\equiv 0(\bmod p+2)$$

反之,当 $4[(p-1)!+1]+p\equiv 0(\bmod p+2)$ 时,有

$$(p+1)!+2\equiv 1(\bmod p+2)$$

从而有

$$(p+1)!\equiv -1(\bmod p+2)$$

故由威尔逊定理知 $p+2$ 为素数.

1.4.12 当 $p$ 和 $p+2$ 均为素数时,称 $p$ 和 $p+2$ 为一对孪生素数. 证明:$p$ 和 $p+2$ 是一对孪生素数的必要充分条件是

$$4[(p-1)!+1]+p\equiv 0(\bmod p(p+2))$$

**证明** 先证必要性.

当 $p$ 和 $p+2$ 均为素数时,显然 $p>2$,所以 $p$ 和 $p+2$ 均为奇素数,于是由威尔逊定理有

$$(p-1)!\equiv -1(\bmod p)$$

$$(p+1)!\equiv -1(\bmod p+2)$$

从而有 $$4[(p-1)!+1]+p\equiv 0(\bmod p)$$

$$4[(p-1)!+1]\equiv -p(p+1)p[(p-1)!+1]\equiv$$

$$-p[(p+1)!+2]\equiv -p(\bmod p+2)$$

$$4[(p-1)!+1]+p\equiv 0(\bmod p+2)$$

而 $(p,p+2)=1$,故

$$4[(p-1)!+1]+p\equiv 0(\bmod p(p+2))$$

再证充分性.

设 $4[(p-1)!+1]+p\equiv 0(\bmod p(p+2))$. 于是有

$$4[(p-1)!+1]+p\equiv 0(\bmod p+2)$$

于是由上题知 $p+2$ 是素数. 此外,此时可以证明 $p$ 是奇数. 事实上,$p=2,4$ 不适合 $4[(p-1)!+1]+p\equiv 0(\bmod p(p+2))$. 再令 $p=2m,m>2$,则

$$4[(2m-1)!+1]\equiv 0(\bmod 2m)$$

即

$$2[(2m-1)!+1]\equiv 0(\bmod m)$$

由于 $m>2,2m-1>m$,所以

$$(2m-1)!\equiv 0(\bmod m)$$

从而有

$$2\equiv 0(\bmod m)$$

即 $m\mid 2$,这与 $m>2$ 矛盾. 因此 $p$ 是奇数,于是

$$(4,p)=1$$

因此由 $4[(p-1)!+1]\equiv 0 \pmod p$ 得

$$(p-1)!\equiv -1 \pmod p$$

所以由威尔逊定理知 $p$ 为素数.

**1.4.13** 整数满足 $n\geqslant 5, n\geqslant q\geqslant 2$,证明

$$(q-1)\left|\left[\frac{(n-1)!}{q}\right]\right.$$

**证明** ① 若 $n>q$,则 $(q-1)q\mid (n-1)!$,因此

$$(q-1)\left|\left[\frac{(n-1)!}{q}\right]\right.$$

② 若 $q=n$,且 $q$ 是合数,则

$$\left[\frac{(n-1)!}{q}\right]=\frac{(n-1)!}{q}=\frac{(n-1)!}{n}$$

由于 $(n-1,n)=1$,且 $q-1=(n-1)\mid (n-1)!$,因此

$$(q-1)\left|\left[\frac{(n-1)!}{q}\right]\right.$$

③$q=n$ 是素数,由威尔逊定理 $(n-1)!\equiv -1 \pmod n$,不妨设 $(n-1)!+1=kn$,此时有

$$\left[\frac{(n-1)!}{q}\right]=k-1$$

$$(k-1)n=(n-1)!+1-n$$

故 $k-1=\frac{(n-1)}{n}((n-2)!-1)$ 是一个整数,由于 $(n-1,n)=1$,所以

$$n\mid ((n-2)!-1)$$

因此 $\left[\frac{(n-1)!}{q}\right]=k-1$ 是 $n-1$ 的倍数.

综上所述,结论成立.

**1.4.14** $P(x)=a_nx^n+a_{n-1}x^{n-1}+\cdots+a_1x+a_0$,其中 $a_0, a_1,\cdots,a_n$ 为整数,$a_n>0, n\geqslant 2$. 证明:存在正整数 $m$,使得 $P(m!)$ 为合数.

**证明** 若 $a_0=0$,则 $m!\mid P(m!)$,结论显然成立,下设 $a_0\neq 0$. 由威尔逊定理,对任一素数 $p$ 及正偶数 $k<p$,有

$$(k-1)!\cdot(p-k)!\equiv$$
$$(-1)^{k-1}(p-k)!\cdot(p-k+1)(p-k+2)(p-1)=$$
$$-(p-1)!\equiv 1 \pmod p$$

心得 体会 拓广 疑问

于是

$$(p-1)!\equiv 1(\bmod p)$$

于是

$$((k-1)!)^n\cdot P((p-k)!)=$$
$$\sum_{i=0}^{n}a_i((k-1)!)^{n-i}((k-1)!(p-k)!)^i\equiv$$
$$S((k-1)!)(\bmod p)$$

其中

$$S(x)=\sum_{i=0}^{n}a_ix^{n-i}$$

因此 $p\mid P((p-k)!)$ 当且仅当 $p\mid S((k-1)!)$. 取 $k>2a_n+1$,则 $u=\frac{(k-1)!}{a_n}$ 为整数且被不大于 $k$ 的所有素数整除. $S((k-1)!)=a_nb_k$,$b_k$ 为整数且 $b_k\equiv 1(\bmod u)$,故 $b_k$ 的所有素因子都大于 $k$. 当 $k$ 充分大时显然 $|b_k|>1$,任取 $|b_k|$ 的一个素因子 $p$,$p$ 都整除 $P((p-k)!)$,只要 $P((p-k)!)>p$,它就是个合数.

取一个充分大的素数 $q$,令 $k=(q-1)!$,则

$$q\mid (k+1)$$

于是对 $1\leqslant i\leqslant q-1$,$k+i$ 都是合数,因此上述的素数

$$p=k+q+r(r\geqslant 0)$$

由于 $n=\deg P\geqslant 2$ 且 $a_n>0$,当 $q$ 充分大时有

$$P((p-k)!)=P((q+r)!)>(q+r)!>$$
$$(q-1)!+q+r=p$$

**注** 本题结论对于 $n=1$ 也成立. 若 $a_1\geqslant 2$,上述证明仍适用. 若 $a_1=1$ 且 $|a_0|>1$,显然 $m>|a_0|$ 时 $P(m!)$ 为合数. 最后,对 $P(x)=x\pm 1$,$P(5!)$ 都是合数.

容易进一步得到,有无穷多个正整数 $m$ 使 $P(m!)$ 为合数.

1.4.15 (1)设 $1+\frac{1}{2}+\frac{1}{3}+\cdots+\frac{1}{23}=\frac{a}{23!}$,求 $a$ 除以 13 的余数是多少?

(2)$p\geqslant 5$ 是一个素数,$(m,n)=1$,且 $\frac{m}{n}=\frac{1}{1^2}+\frac{1}{2^2}+\cdots+\frac{1}{(p-1)^2}$,证明:$p\mid m$.

(3)$p\geqslant 5$ 是一个素数,证明

$p^2\mid (p-1)!\left(1+\frac{1}{2}+\cdots+\frac{1}{p-1}\right)$ (Wolstenholme's 定理)

**解** (1)$a=23!+\frac{23!}{2}+\frac{23!}{3}+\cdots+\frac{23!}{23}$,右边除了 $\frac{23!}{13}$

心得 体会 拓广 疑问

之外都是13的倍数,由威尔逊定理

$$12! \equiv -1 \pmod{13}$$

所以

$$a \equiv \frac{23!}{13} \equiv 12! \cdot 14 \cdot 15 \cdot \cdots \cdot 23 \equiv 12!\ 10! \equiv \frac{(12!)^2}{11 \cdot 12} \equiv \frac{1}{2} \equiv 7 \pmod{13}$$

(2)注意到在$(\bmod\ p)$下,$\left\{\frac{1}{1},\frac{1}{2},\cdots,\frac{1}{p-1}\right\}$只是$\{1,2,3,\cdots,p-1\}$的一种另外的排列,所以有

$$((p-1)!)^2\frac{m}{n}=((p-1)!)^2\left(\frac{1}{1^2}+\frac{1}{2^2}+\cdots+\frac{1}{(p-1)^2}\right) \equiv (-1)^2(1^2+2^2+\cdots+(p-1)^2) \equiv \frac{(p-1)p(2p-3)}{6} \equiv 0 \pmod p$$

由于$((p-1)!,p)=1$,因此$p \mid m$.

(3)令 $S=(p-1)!\left(1+\frac{1}{2}+\cdots+\frac{1}{p-1}\right)$

$$2S=(p-1)!\sum_{i=1}^{p-1}\left[\frac{1}{i}+\frac{1}{p-i}\right]=(p-1)!\sum_{i=1}^{p-1}\frac{p}{i(p-i)}=pT$$

其中$T=(p-1)!\sum\limits_{i=1}^{p-1}\frac{1}{i(p-i)}$,由于$2S$是整数,$p$与$T$的分母互素,因此$T$也是整数,又因为$(p,2)=1$,所以$p \mid S$. 我们只要再证明$p \mid T$即可. 根据$T$的定义以及(2)的结论,我们得到

$$T \equiv (p-1)!\sum_{i=1}^{p-1}\frac{1}{i^2} \equiv (p-1)!\frac{m}{n} \equiv 0 \pmod p$$

**1.4.16** 对于所有正整数$n$,证明:$\left[\frac{(n-1)!}{n(n+1)}\right]$是偶数.

**证明** 令

$$N=\frac{(n-1)!}{n(n+1)}, n=1,2,3,4$$

计算得$[N]=0$,以下令$n \geqslant 5$.

$$N=(n-1)!\left(\frac{1}{n}-\frac{1}{n+1}\right)=\frac{(n-1)!}{n}-\frac{(n-1)!}{n+1}=\frac{(n-1)!}{n}+\frac{n!}{n+1}-(n-1)! \quad ①$$

由于$(n-1)!$肯定是偶数,我们来讨论形如$\frac{(m-1)!}{m}$的数,其中$m \geqslant 5$. 不难看出式①的前面两项都是这样形式的数.

①若 $m$ 是一个素数,由威尔逊定理,$\frac{(m-1)!+1}{m}$ 是一个整数,分母为奇数,故这是一个奇数,因此

$$\left[\frac{(m-1)!}{m}\right]=\left[\frac{(m-1)!+1}{m}-\frac{1}{m}\right]=\frac{(m-1)!+1}{m}-1$$

为偶数.

②若 $m=p^2$,$p$ 是一个奇素数,则 $1<p<2p<m$,当然 $\frac{(m-1)!}{m}$ 为偶数.

③若 $m$ 既不是素数也不是素数的平方,设 $p$ 是 $m$ 的最小素因子,则 $1<p<\frac{m}{p}\leqslant m-1$,$1,2,\cdots,(m-1)$ 中除去 $p,\frac{m}{p}$ 之后肯定还有偶数,故 $\frac{(m-1)!}{m}$ 为偶数.

综上所述,式 ① 中的三项中至少有两个偶数,另外一个的整数部分也是偶数.

## 1.5 中国剩余定理

中国剩余定理是关于一组同余方程组的定理,但很多场合只要有解存在即可.

这个定理非常有用,而且比较隐蔽,很多数论问题的本质就是中国剩余定理.

这一定理是我国古代数学的辉煌成就.

1.5.1 (中国剩余定理)设 $m_1,m_2,\cdots,m_k$ 是两两互质的正整数,$a_1,a_2,\cdots,a_k$ 是任意整数,则同余方程组

$$\begin{cases}x\equiv a_1(\bmod m_1)\\x\equiv a_2(\bmod m_2)\\\cdots\\x\equiv a_k(\bmod m_k)\end{cases}\quad ①$$

对模 $m_1m_2\cdots m_k$ 有唯一解.

**证明** 我们用构造法.

设 $M_i=\frac{m_1m_2\cdots m_k}{m_i}$,$i=1,2,\cdots,k$,依题意有

$$(M_i,m_i)=1$$

故存在整数 $b_i$,使得

心得 体会 拓广 疑问

$$M_ib_i \equiv 1(\bmod m_i), i = 1,2,\cdots,k$$

我们考虑

$$x = a_1b_1M_1 + a_2b_2M_2 + \cdots + a_kb_kM_k \quad ②$$

其中 $a_ib_iM_i$ 能被 $m_1,\cdots,m_{i-1},m_{i+1},\cdots,m_k$ 整除,而被 $m_i$ 除的余数恰为 $a_i$. 从而易见 ② 给出的 $x$ 确是同余方程组 ① 的解.

又设 $x,y$ 均为 ① 的解,则有

$$m_1 \mid x-y, m_2 \mid x-y,\cdots,m_k \mid x-y$$

即

$$m_1m_2\cdots m_k \mid x-y, x \equiv y(\bmod m_1m_2\cdots m_k)$$

所以同余方程组 ① 对模 $m_1m_2\cdots m_k$ 有唯一解.

**注** 这个结论被世界各国称为中国剩余定理或孙子定理.

> 1.5.2 设 $n \in \mathbf{N}^*$,证明:存在 $n$ 个连续自然数,每一个都不是素数的整数幂.
>
> (瑞典,1989 年)

**证明** 设 $p_1,p_2,\cdots,p_n$ 与 $q_1,q_2,\cdots,q_n$ 是 $2n$ 个不同的素数. 由中国剩余定理,存在 $m \in \mathbf{N}^*$,满足

$$m \equiv -k(\bmod p_kq_k), k = 1,2,\cdots,n$$

即

$$m + k \equiv 0(\bmod p_kq_k), k = 1,2,\cdots,n$$

于是,$n$ 个连续的自然数 $m+1,m+2,\cdots,m+n$ 即为所求.

> 1.5.3 设 $m$ 和 $n$ 是自然数,满足:对任意自然数 $n$,$11^k-1$ 与 $m$ 和 $11^k-1$ 与 $n$ 具有相同的最大公约数. 证明:存在某个整数 $l$,使得 $m = 11^ln$.
>
> (罗马尼亚数学奥林匹克,1978 年)

**证明** 设 $m = 11^ip, n = 11^jq$,其中 $i,j$ 为非负整数,且 $11 \nmid p$, $11 \nmid q$.

为证明存在某个整数 $l$,使得 $m = 11^ln$,只需证明 $p = q$.

设 $p > q$($p < q$ 的情形可仿此讨论),因为 $(p,11)=1$,所以由中国剩余定理,存在正整数 $a$,使得

$$a \equiv 0(\bmod p)$$
$$a \equiv -1(\bmod 11)$$

于是

$$a = 11^k - 1(k \in \mathbf{N})$$
$$(11^k-1,m) = (a,11^ip) = p$$
$$(11^k-1,n) = (a,11^jq) \leqslant q < p$$

此时与已知条件$(11^k-1,m)=(11^k-1,n)$矛盾.

于是$p=q$,即$m=11^{i-j}n$.

**1.5.4** 平面上整点$(x,y)$中如果$x,y$是互素的,则这样的整点叫既约的.证明:任给$n>0$,存在一个整点,它与每一个既约整点的距离大于$n$.

**证明** 设$-n\leqslant i,j\leqslant n$,则$p_{i,j}$表示$(2n+1)^2$个不同的素数,由孙子定理,存在整数$a$满足一组$(2n+1)^2$个同余式

$$a\equiv i(\bmod p_{i,j}),\ -n\leqslant i,j\leqslant n \qquad ①$$

和整数$b$满足一组$(2n+1)^2$个同余式

$$b\equiv j(\bmod p_{i,j}),\ -n\leqslant i,j\leqslant n \qquad ②$$

下面我们就来验证整点$(a,b)$满足所需的性质.

任一整点$(x,y)$与$(a,b)$的距离设为$d$,如果$d\leqslant n$,则

$$d=\sqrt{(a-x)^2+(b-y)^2}\leqslant n$$

即
$$(a-x)^2+(b-y)^2\leqslant n^2$$

由此推出$|a-x|\leqslant n,|b-y|\leqslant n$,不妨设

$$a-x=i,b-y=j,\ -n\leqslant i,j\leqslant n$$

即
$$x=a-i,y=b-j,\ -n\leqslant i,j\leqslant n$$

由①和②知

$$p_{i,j}\mid a-i=x,p_{i,j}\mid b-j=y$$

因此$(x,y)$非既约整点,这就证明了每一个既约整点与点$(a,b)$的距离大于$n$.

**注** 在空间中,以上结论也是对的.也就是说,任给$n>0$,存在一个球心为整点,半径为$n$的球,使得球内(包括球面)没有既约整点.

**1.5.5** 证明:对于任意给定的$n>0$,存在$m>0$,使同余式

$$x^2\equiv 1(\bmod m)$$

多于$n$个解.

**证明** 对任意的奇素数$p$,同余式

$$x^2\equiv 1(\bmod p)$$

有两个解1和$p-1$,设$m=p_1\cdots p_s$,$p_i(i=1,\cdots,s)$是不同的奇素数,则由孙子定理,下列方程组

$$X\equiv a_1(\bmod p_1),\cdots,X\equiv a_s(\bmod p_s)$$

$$a_i=1\text{ 或 }p_i-1(i=1,\cdots,s)$$

有$2^s$个解模$m=p_1\cdots p_s$,设解为$g_1,\cdots,g_{2^s}$,它们也是

$$x^2 \equiv 1(\bmod p_1\cdots p_s)$$

的 $2^s$ 个解，而 $m=p_1\cdots p_s$，取 $s$ 使 $2^s>n$，即存在 $m>0$ 使同余式

$$X^2 \equiv 1(\bmod m)$$

多于 $n$ 个解.

1.5.6 设 $a,b,c,d\in \mathbf{Z}$ 的最大公因数为1. 试问：$ab-bc$ 的任何素因数都是 $a$ 与 $c$ 的因数的必要且充分条件为，对每个 $n\in \mathbf{Z}$，$an+b$ 与 $cn+d$ 都互素，对否？

（美国纽约，1975 年）

**证明** 我们证明结论是对的. 设 $ad-bc$ 的每个素因数都是 $a$ 与 $c$ 的因数，但结论不真，则存在 $n\in \mathbf{Z}$，使 $an+b$ 与 $cn+d$ 都被某个素数 $p$ 整除. 于是由于

$$ad-bc=a(cn+d)-c(an+b)$$

所以 $a$ 与 $c$ 也被 $p$ 整除. 因此 $b=(an+b)-an$ 与 $d=(cn+d)-cn$ 也被 $p$ 整除，从而 $(a,b,c,d)\geqslant p>1$，与题中的条件矛盾. 现在设对某个 $n\in \mathbf{Z}$，有 $(an+b,cn+d)=1$，然而与结论相反，有某个素数 $p$，使得

$$ad-bc\equiv 0(\bmod p),a\not\equiv 0(\bmod p)$$

（$c\not\equiv 0$ 的情形仿此讨论）则由中国剩余定理，存在 $n\in \mathbf{Z}$，使得

$$an\equiv -b(\bmod p)$$

由此得到

$$an+b\equiv 0(\bmod p)$$

$$a(cn+d)=c(an+b)+(ad-bc)\equiv 0(\bmod p)$$

因为 $(a,p)=1$，所以 $cn+d\equiv 0(\bmod p)$，且 $(an+b,cn+d)\geqslant p>1$，矛盾，结论证毕.

1.5.7 对任意正整数 $n$，求 $n^{100}$ 的最后三位数字.

**解** 设 $n$ 的个位数字为 $m$，则

$$n^{100}\equiv (10k+m)^{100}\equiv m^{100}(\bmod 1\ 000)$$

若 $m=0$，则答案为 000；

若 $m=5$，则由 $5^{100}\equiv 1(\bmod 8)$，$5^{100}=0(\bmod 125)$，并利用中国剩余定理可知答案为 625.

若 $5\nmid m$，则由欧拉定理 $m^{100}\equiv 1(\bmod 125)$，又当 $m=1,3,7,9$ 时有 $m^{100}\equiv 1(\bmod 8)$，当 $m=2,4,6,8$ 时有 $m^{100}\equiv 0(\bmod 8)$，从而答案分别为 001，376.

1.5.8 能否找到1 990个正整数集$S$,使

(1)$S$中任两数互素;

(2)$S$中任$k(\geqslant 2)$个数之和为合数.

(中国集训队,1990年)

**解** 任取自然数$a_1$,设已有自然数$a_1,a_2,\cdots,a_n$,它们两两互素,并且任意$k$个$(1\leqslant k\leqslant n)$的和为合数.

取$2^n-1$个与$a_1,a_2,\cdots,a_n$互素的素数$p_j(1\leqslant j\leqslant 2^n-1)$,设由$a_1,a_2,\cdots,a_n$中取$k(1\leqslant k\leqslant n)$个所得的$2^n-1$个和为$S_j(1\leqslant j\leqslant 2^n-1)$,其中$k=1$时和就是$a_i(1\leqslant i\leqslant n)$.

由中国剩余定理,方程组

$$a_1a_2\cdots a_nx+1+S_j\equiv 0(\bmod p_j^2),1\leqslant j\leqslant 2^n-1$$

有正整数解$x$,令$a_{n+1}=a_1a_2\cdots a_nx+1$,则$a_1,a_2,\cdots,a_{n+1}$两两互素,并且任意$k(1\leqslant k\leqslant n)$个的和为合数.

这样便递归构造了合乎要求的集合$S$.

1.5.9 确定所有正整数$n$,存在一个整数$m$,使得$2^n-1$是$m^2+9$的一个因数.

(第39届国际数学奥林匹克预选题,1998年)

**解** 我们证明所求的$n=2^k$,$k$为非负整数.

首先证明$n$没有奇因数.

假设$n$有奇因数$s$,则$2^s-1$是$2^n-1=(2^s)^{\frac{n}{s}}-1$的一个因数.

如果$2^n-1$是$m^2+9$的因数,则$2^s-1$也是$m^2+9$的因数.

设$s=2t+1$,则

$$2^s-1=2\cdot 4^t-1=2(3+1)^t-1$$

于是$3\nmid 2^s-1$,则

$$2^s-1\equiv -1(\bmod 4)$$

这样$2^s-1$必有一个素约数$p>3$,满足

$$p\equiv -1(\bmod 4)$$

从而由$p$是$m^2+9$的因数可知

$$m^2\equiv -9(\bmod p),m^{p-1}\equiv -9^{\frac{p-1}{2}}=-3^{p-1}(\bmod p)$$

若$(m,p)=1$,由$p>3$,则由上式有

$$1\equiv -1(\bmod p)$$

若$p\mid m$,则由上式有$0\equiv -1(\bmod p)$.

上两情况都产生矛盾,故$n$没有奇因子.

心得 体会 拓广 疑问

下面再证明：对 $n=2^k$ 一定存在整数 $m$，使 $2^n-1$ 是 $m^2+9$ 的一个因数.

对 $2^n-1=2^{2^k}-1$ 进行分解

$$\begin{aligned}2^n-1=2^{2^k}-1&=(2^{2^{k-1}}+1)(2^{2^{k-1}}-1)=\\&(2^{2^{k-1}}+1)(2^{2^{k-2}}+1)(2^{2^{k-2}}-1)=\cdots=\\&(2^{2^{k-1}}+1)(2^{2^{k-2}}+1)\cdots(2^2+1)(2+1)\end{aligned}$$

从而，同余方程 $x^2\equiv -1(\bmod 2^{2^k}+1)$ 有解

$$x\equiv 2^{2^{k-1}}(\bmod 2^{2^k}+1)$$

而 $j>i$ 时

$$\begin{aligned}(2^{2^i}+1,2^{2^j}+1)=(2^{2^{i+1}}-1,2^{2^j}+1)=\cdots=\\(2,2^{2^j}+1)=1\end{aligned}$$

根据中国剩余定理，同余方程组

$$x\equiv 2^{2^{h-1}}(\bmod 2^{2^h}+1),h=1,2,\cdots,k-1$$

有解 $x_0$，令 $m=3x_0$，则 $m^2+9=9(x_0^2+1)$ 被 $2^{2^k}-1$ 整除，即被 $2^m-1$ 整除.

> 1.5.10 是否存在 1 000 000 个连续整数，使得每一个都含有二重的素因子，即都能被某个素数的平方所整除.
>
> （第 15 届美国普特南数学竞赛，1955 年）

**解法**1 令 $p_1,p_2,\cdots,p_s$ 是 $s$ 个相异素数，由中国剩余定理，下列同余式组

$$x\equiv -1(\bmod p_1^2)$$
$$x\equiv -2(\bmod p_2^2)$$
$$\cdots$$
$$x\equiv -s(\bmod p_s^2)$$

存在一解，设此解为 $n$，则 $s$ 个连续整数 $n+1,n+2,\cdots,n+s$ 每个都有一个二重素因子，即有

$$p_i^2\mid n+i$$

取 $s=1\ 000\ 000$，则可得到满足题目要求的 1 000 000 个连续整数.

**解法** 2 我们用数学归纳法证明.

存在 $s$ 个连续的整数，使得每一个都含有二重素因子.

(1) 当 $s=1$ 时，只要取一个素数的平方即可，比如取 $4=2^2$，则 $s=1$ 时命题成立.

(2) 假设当 $s=k$ 时命题成立.

即有 $k$ 个连续整数

$$n+1,n+2,\cdots,n+k$$

它们分别含有二重的素因子 $p_1^2,p_2^2,\cdots,p_k^2$.

那么,任取一个与 $p_1,p_2,\cdots,p_k$ 都不同的素数 $p_{k+1}$,当 $t=1,2,\cdots,p_{k+1}^2$ 时,数

$$tp_1^2p_2^2\cdots p_k^2+n+k+1 \quad ①$$

是 $p_{k+1}^2$ 个不同的数,这 $p_{k+1}^2$ 个数任两数之差是形如

$$\alpha p_1^2p_2^2\cdots p_k^2,1\leqslant\alpha\leqslant p_{k+1}^2-1$$

的数,这些数不能被 $p_{k+1}^2$ 整除.

于是把 ① 中的数除以 $p_{k+1}^2$ 的余数两两不同,但是,除以 $p_{k+1}^2$ 的余数只有

$$0,1,2,\cdots,p_{k+1}^2-1$$

共 $p_{k+1}^2$ 个,所以,一定存在一个数 $t_0(1\leqslant t_0\leqslant p_{k+1}^2)$,使得

$$t_0p_1^2p_2^2\cdots p_k^2+n+k+1$$

能被 $p_{k+1}^2$ 整除,于是

$$t_0p_1^2p_2^2\cdots p_k^2+n+i,i=1,2,\cdots,k,k+1$$

分别能被 $p_1^2,p_2^2,\cdots,p_k^2,p_{k+1}^2$ 整除.

从而命题对 $s=k+1$ 成立.

由(1),(2),对所有自然数 $s$,命题成立.

取 $s=1\ 000\ 000$ 即为本题.

**1.5.11** 求所有具有下述性质的 $n\in\mathbf{N}$,存在 $0,1,\cdots,n-1$ 的排列 $(a_1,a_2,\cdots,a_n)$,使得

$$a_1,a_1a_2,a_1a_2a_3,\cdots,a_1a_2\cdots a_n$$

被 $n$ 除的余数各不相同.

(保加利亚,1983 年)

**解** 当 $n=1$ 时,排列 $(a_1)=(0)$ 满足题中条件. 当 $n=4$ 时,排列 $(a_1,a_2,a_3,a_4)=(1,3,2,0)$ 具有所需的性质. 设 $n$ 为素数,则由中国剩余定理,对每个 $k=2,3,\cdots,n$ 存在 $b_k$,使得

$$b_k\equiv 0(\bmod k-1),b_k\equiv k(\bmod n)$$

用 $a_k$ 表示 $c_k=\dfrac{b_k}{k-1}$ 被 $n$ 除的余数,则

$$b_k=c_k(k-1)\equiv a_k(k-1)(\bmod n)$$

令 $a_1=1$. 下面证明 $a_1,a_2,\cdots,a_n$ 互不相同.

事实上,有 $a_n=0$,且当 $k=1,2,\cdots,n-1$ 时,$a_k\neq a_n$,这是因为 $a_n(n-1)\equiv 0(\bmod n)$,$a_1=1$,且当 $k=2,3,\cdots,n-1$ 时

$$a_k(k-1)\equiv k(\bmod n)$$

其次,如果 $a_l=a_k=a$,其中 $1<l<k<n$,则

$$a(kl-k)=a_l(l-1)k\equiv lk(\bmod n)$$

心得 体会 拓广 疑问

$$a(kl-l)=a_k(k-1)l\equiv kl(\bmod n)$$

所以

$$a(k-l)=a(kl-l)-a(kl-k)=0(\bmod n)$$

不可能,因为$(a,n)=(k-l,n)=1$.

最后,如果$a_k=a_1$,其中$1<k<n$,则

$$k-1=a_k(k-1)\equiv k(\bmod n)$$

矛盾.因此集合$\{a_1,a_2,\cdots,a_n\}$由$n$个不同的数组成,并且对任意$k$,有$0\leqslant a_k\leqslant n-1$,所以

$$\{a_1,a_2,\cdots,a_n\}=\{0,1,\cdots,n-1\}$$

下面证明,所得到的排列$(a_1,a_2,\cdots,a_n)$满足题中条件.

事实上,有$a_1=1$,$a_1a_2a_n=0$,而当$k=2,3,\cdots,n-1$时

$$a_1a_2a_3\cdots a_k,1\cdot a_2a_3\cdots a_k,2\cdot a_3\cdots a_k,\cdots,(k-1)a_k,k$$

被$n$除的余数相同,即

$$a_1a_2\cdots a_k\equiv k(\bmod n)$$

因此$a_1,a_1a_2,a_1a_2a_3,\cdots,a_1a_2\cdots a_n$被$n$除的余数集合为$\{1,2,\cdots,n-1,0\}$.

最后证明,任意合数$n>4$都不合题中条件.如果$n=p^2$,则记$q=2p<n$;否则$n$可表为$n=pq$,其中$1<p<q<n$.在这两种情形下,都有$pq\equiv0(\bmod n)$.现在设排列$(a_1,a_2,\cdots,a_n)$合乎题中条件,则当$k=1,2,\cdots,n-1$时,$a_k\neq0$,否则$a_1a_2\cdots a_k\equiv0(\bmod n)$,且$a_1a_2\cdots a_ka_{k+1}\equiv0(\bmod n)$,矛盾.取$k,l<n$,使得

$$a_k=p,a_l=q$$

记

$$m=\max(k,l)$$

则

$$a_ka_l\mid a_1a_2\cdots a_m$$

因此

$$a_1a_2\cdots a_m\equiv0(\bmod n)$$

且

$$a_1a_2\cdots a_ma_{m+1}\equiv0(\bmod n)$$

与假设矛盾,于是符合题中条件的$n\in\mathbf{N}$为1,4,以及所有的素数.

1.5.12 设$F(x)$为整系数多项式,已知对任何整数$n$,$F(n)$都能被整数$a_1,a_2,\cdots,a_m$之一整除,证明:可以从这些整数中选出一个数来,使得对任何$n$,$F(n)$都可以被它整除.

**证明** 假设命题不成立,则存在整数$x_i$,使得$F(x_i)$不是$a_i$的倍数,$i=1,2,\cdots,m$.

心得 体会 拓广 疑问

于是存在整数 $d_i = p_i^{\alpha_i}$,其中 $p_i$ 为质数,$\alpha_i$ 为正整数,使得 $a_i$ 能被 $d_i$ 整除,但 $F(x_i)$ 却不能被 $d_i$ 整除. 在 $d_1, d_2, \cdots, d_m$ 中如果存在有同一个质数的方幂,则仅保留其中幂次最低的,去掉那些幂次较高的,这样便得到一个两两互质的数组,不妨设为 $d_1, d_2, \cdots, d_s$.

由中国剩余定理知,存在整数 $N$,使得

$$N \equiv x_i \pmod{d_i}, i = 1, 2, \cdots, S$$

又因为 $F(x)$ 是整系数多项式,所以 $F(x) - F(y)$ 能被 $x - y$ 整除,从而 $F(N)$ 不能被 $d_1, d_2, \cdots, d_s$ 整除,由 $d_1, d_2, \cdots, d_s$ 的选取即知不能被 $d_1, d_2, \cdots, d_m$ 整除,因此也就不能被 $a_1, a_2, \cdots, a_m$ 中任何一个数整除,与题设矛盾!

1.5.13 一个整数 $n$ 若满足 $|n|$ 不是一个完全平方数,则称这个数是“好”数,求满足下列性质的所有整数 $m$: $m$ 可以用无穷多种方法表示成三个不同的“好”数的和,且这三个“好”数的积是一个奇数的平方.

(IMO 预选题,2003 年)

**解** 假设 $m$ 可以表示为 $m = u + v + w$,且 $uvw$ 是一个奇数的平方. 于是,$u, v, w$ 均为奇数,且 $uvw \equiv 1 \pmod 4$. 所以 $u, v, w$ 中要么有两个数模 4 余 3,要么没有一个数模 4 余 3,无论哪种情况,均有

$$m = u + v + w \equiv 3 \pmod 4$$

下面证明,当 $m = 4k + 3$ 时,满足条件要求的性质. 为此,我们寻求形如 $4k + 3 = xy + yz + zx$ 的表达式. 在这样的表达式中,三个被加数的积是一个完全平方数.

设 $x = 2l + 1, y = 1 - 2l$,从而,可推出 $z = 2l^2 + 2k + 1$. 于是有

$$xy = 1 - 4l^2 = f(l)$$

$$yz = -4l^3 + 2l^2 - (4k + 2)l + 2k + 1 = g(l)$$

$$zx = 4l^3 + 2l^2 + (4k + 2)l + 2k + 1 = h(l)$$

由上面的表达式可知,$f(l), g(l), h(l)$ 均为奇数,且乘积是一个奇数的平方. 同时易知,除了有限个 $l$ 外,$f(l), g(l), h(l)$ 是互不相同的.

下面证明对于无穷多个 $l$, $|f(l)|, |g(l)|, |h(l)|$ 不是完全平方数.

当 $l \neq 0$ 时, $|f(l)|$ 不是完全平方数.

选取两个不同的质数 $p, q$,使得 $p > 4k + 3, q > 4k + 3$. 选取 $l$,使得 $l$ 满足

$$1 + 2l \equiv 0 \pmod p, 1 + 2l \not\equiv 0 \pmod{p^2}$$

心得 体会 拓广 疑问

$$1 - 2l \equiv 0 \pmod q, 1 - 2l \not\equiv 0 \pmod{q^2}$$

由孙子定理可知如上的 $l$ 是存在的.

由于 $p > 4k + 3$,且

$$2(2l^2 + 2k + 1) = (2l + 1)(2l - 1) + 4k + 3 \equiv 4k + 3 \pmod p$$

所以 $2(2l^2 + 2k + 1)$ 不能被 $p$ 整除.

从而 $2l^2 + 2k + 1$ 也不能被 $p$ 整除.

于是 $|h(l)| = |(2l + 1)(2l^2 + 2k + 1)|$ 能被 $p$ 整除,但不能被 $p^2$ 整除.

因此 $|h(l)|$ 不是完全平方数.

类似地,可得 $|g(l)|$ 也不是完全平方数.

1.5.14 证明:存在一个正整数 $k$,使得 $k \cdot 2^n + 1$ 对每一个正整数 $n$ 均为合数.

(第 11 届美国数学奥林匹克,1982 年)

**证法 1** 首先证明,对每一个正整数 $n$,它至少适合下列一组同余式中的一个同余式(这样的一组同余式称为覆盖同余式)

$$n \equiv 1 \pmod 2 \quad ①$$

$$n \equiv 1 \pmod 3 \quad ②$$

$$n \equiv 2 \pmod 4 \quad ③$$

$$n \equiv 4 \pmod 8 \quad ④$$

$$n \equiv 0 \pmod{12} \quad ⑤$$

$$n \equiv 8 \pmod{24} \quad ⑥$$

事实上,如果 $n$ 为奇数,那么它适合 ①;如果 $n$ 为偶数,但不是 4 的倍数,那么它适合 ③;如果 $n$ 为 4 的倍数,但不是 8 的倍数,那么它适合 ④;如果 $n$ 为 8 的倍数,设 $n = 8m$,那么当 $m$ 是 3 的倍数时,$n$ 适合 ⑤,当 $m$ 除以 3 余 1 时,$n$ 适合 ⑥,当 $m$ 除以 3 余 2 时,$n$ 适合 ②.

于是 $n$ 至少适合同余式 ① ~ ⑥ 中的一个同余式. 注意到

$$2^2 \equiv 1 \pmod 3, 2^3 \equiv 1 \pmod 7$$

$$2^4 \equiv 1 \pmod 5, 2^8 \equiv 1 \pmod{17}$$

$$2^{12} \equiv 1 \pmod{13}, 2^{24} \equiv 1 \pmod{241}$$

为 $n$ 适合同余式 ① 时,即 $n = 2m + 1$,则

$$k \cdot 2^n + 1 = k \cdot 2^{2m+1} + 1 = 2k \cdot 4^m + 1 \equiv 2k + 1 \pmod 3$$

同样,当 $n$ 适合 ②③④⑤⑥ 时,分别有

$$k \cdot 2^n + 1 \equiv 2k + 1 \pmod 7$$

$$k \cdot 2^n + 1 \equiv 4k + 1 \pmod 5$$
$$k \cdot 2^n + 1 \equiv 16k + 1 \pmod{17}$$
$$k \cdot 2^n + 1 \equiv k + 1 \pmod{13}$$
$$k \cdot 2^n + 1 \equiv 256k + 1 \pmod{241}$$

因此,只要 $k$ 适合下面的同余方程组

$$2k + 1 \equiv 0 \pmod 3$$
$$2k + 1 \equiv 0 \pmod 7$$
$$4k + 1 \equiv 0 \pmod 5$$
$$16k + 1 \equiv 0 \pmod{17}$$
$$k + 1 \equiv 0 \pmod{13}$$
$$256k + 1 \equiv 0 \pmod{241}$$

则 $k \cdot 2^n + 1$ 至少被 3,7,5,17,13,241 中的某一个整除,从而 $k \cdot 2^n + 1$ 为合数.

注意,若 $k$ 满足

$$2k + 1 \equiv 0 \pmod 3$$

则由 $2k + 1 = 3m$ 知,$m$ 为奇数,设 $m = 2t + 1$,便有

$$2k + 1 = 6t + 3, k = 3t + 1$$

因而有

$$k \equiv 1 \pmod 3$$

同理,可把上面的同余方程组化为下面等价的同余方程组

$$k \equiv 1 \pmod 3$$
$$k \equiv 3 \pmod 7$$
$$k \equiv 1 \pmod 5$$
$$k \equiv 1 \pmod{17}$$
$$k \equiv -1 \pmod{13}$$
$$k \equiv 16 \pmod{241}$$

根据中国剩余定理(即孙子定理):

设 $m_1, m_2, \cdots, m_n$ 两两互素,则同余方程组

$$x \equiv a_i \pmod{m_i}, i = 1, 2, \cdots, n$$

一定有整数解.

由于 3,7,5,17,13,241 都是素数,则上述同余方程组一定有解,因而一定存在正整数 $k$,使 $k \cdot 2^n + 1$ 对每一个 $n$ 都是合数.

**注** 具体地可以算出 $k = 1\ 207\ 426 + 5\ 592\ 405m$,其中 $m$ 为非负整数.

**证法 2** 令 $b$ 是大于 1 的整数,且 $p$ 是 $2^b - 1$ 的一个素约数,从而

$$2^b \equiv 1 \pmod p \quad ①$$

令 $a$ 是满足 $0 \leqslant a < b$ 的任一整数,$k$ 是大于 $p$ 且满足同余式

心得 体会 拓广 疑问

$$k \equiv -2^{b-a} \pmod p \quad ②$$

的整数.

如果正整数 $n$ 满足

$$n \equiv a \pmod b \quad ③$$

即
$$n = a + bm, 0 \leqslant a < b$$

那么,由 ①② 和 ③ 可得

$$k \cdot 2^n \equiv -2^{b-a}2^{a+bm} = -2^{b(m+1)} \equiv -1 \pmod p$$

因此,$k \cdot 2^n + 1$ 可被 $p$ 整除,由于它大于 $p$,所以它对满足 ③ 的所有 $n$,都是合数.

于是问题转化为:我们能否构造一个三元数组$(p_j, a_j, b_j)$,使之有下列性质:

(1)$p_j$ 是不同的素数;

(2)$b_j$ 是满足 $2^{b_j} \equiv 1 \pmod{p_j}$ 的正整数;

(3)$a_j$ 是满足$0 \leqslant a_j < b_j$ 且对任一正整数 $n$,至少有一个同余式

$$n \equiv a_j \pmod{b_j}$$

成立.

如果上述问题能解决,我们就可以根据中国剩余定理,求得一个正整数 $k$,它大于每一个素数 $p_j$,且满足

$$k \equiv -2^{b_j-a_j} \pmod{p_j}, \text{对每一个 } j$$

此时,$k \cdot 2^n + 1$ 对一切 $n$ 均为合数.

性质(3) 即证法 1 的覆盖同余式,因此利用证法 1 的结果,可以得到三元数组$(p_j, a_j, b_j)$(表 2).

**表 2**

| $b_j$ | 2 | 3 | 4 | 8 | 12 | 24 |
|---|---|---|---|---|---|---|
| $a_j$ | 1 | 1 | 2 | 4 | 0 | 8 |
| $p_j$ | 3 | 7 | 5 | 17 | 13 | 241 |

事实上,覆盖同余式不只一组,例如还可得到下面的三元数组$(p_j, a_j, b_j)$(表 3).

**表 3**

| $b_j$ | 2 | 3 | 4 | 8 | 12 | 24 |
|---|---|---|---|---|---|---|
| $a_j$ | 0 | 0 | 1 | 3 | 7 | 23 |
| $p_j$ | 3 | 7 | 5 | 17 | 13 | 241 |

1.5.15 设$f(n) \in \mathbf{N}$ 是使和 $\sum_{k=1}^{f(n)} k$ 能被 $n$ 整除的最小数. 证明:当且仅当 $n = 2^m$ 时 $f(n) = 2n - 1$,其中 $m \in \mathbf{Z}^*$.

(美国纽约数学奥林匹克,1976 年)

心得 体会 拓广 疑问

**证明** (1)首先证明,如果 $n=2^m$,则 $f(n)=2n-1$.

事实上,和式

$$\sum_{k=1}^{2n-1}k=\frac{(2n-1)\cdot 2n}{2}=(2^{m+1}-1)\cdot 2^m$$

能被 $n=2^m$ 整除.

我们再证明 $f(n)=2n-1$ 是使 $\sum\limits_{k=1}^{f(n)}$ 能被 $n$ 整除的最小数.

如果 $l\leqslant 2n-2$,则

$$\sum_{k=1}^{l}k=\frac{l(l+1)}{2}$$

由于 $l$ 和 $l+1$ 中有一个是奇数,而一个不超过 $2n-1=2^{m+1}-1$,因而不能被 $2^{m+1}$ 整除,于是 $\frac{l(l+1)}{2}$ 不能被 $2^m=n$ 整除,即 $2n-1=f(n)$ 是使 $\sum\limits_{k=1}^{f(n)}k$ 能被 $n$ 整除的最小数.

(2)设 $n$ 不是2的幂,则 $n=2^m p$,其中 $m\in\mathbf{Z}^*$,$p$ 为大于1的奇数.我们证明,存在自然数 $l<2n-1$,使得 $2^{m+1}\mid l$,且 $p\mid l+1$,于是

$$\sum_{k=1}^{l}k=\frac{l(l+1)}{2}$$

能被 $2^m p=n$ 整除,因此 $f(n)<2n-1$.

因为 $(2^{m+1},p)=1$,所以由中国剩余定理,存在 $l$,使得

$$l\equiv 0(\mathrm{mod}\ 2^{m+1})$$

$$l\equiv p-1(\mathrm{mod}\ p)$$

$$0<l\leqslant 2^{m+1}p=2n$$

实际上 $l$ 还满足更强的条件,即 $l<2n-1$.

否则,若 $l=2n-1=2^{m+1}p-1$,则 $l$ 不能被 $2^{m+1}$ 整除,而若 $l=2n=2^{m+1}p$,则 $l+1$ 不能被 $p$ 整除,因此有

$$l<2n-1$$

1.5.16 已知正整数 $n(n>1)$,设 $P_n$ 是所有小于 $n$ 的正整数 $x$ 的乘积,其中 $x$ 满足 $n$ 整除 $x^2-1$.对于每一个 $n>1$,求 $P_n$ 除以 $n$ 的余数.

(IMO 预选题,2004 年)

**解** 如果 $n=2$,则 $P_n=1$.

假设 $n>2$.设 $X_n$ 是同余方程 $x^2\equiv 1(\mathrm{mod}\ n)$ 在集合 $\{1,2,\cdots,n-1\}$ 中的解集,则 $X_n$ 在乘法意义上是封闭的,即若 $x_1\in X_n$,$x_2\in X_n$,则 $x_1x_2\in X_n$,且 $X_n$ 中的元素与 $n$ 互质.

心得 体会 拓广 疑问

当 $n>2$ 时,1 和 $n-1$ 属于 $X_n$. 如果这是 $X_n$ 中仅有的两个元素,则它们的乘积模 $n$ 余 $-1$.

假设 $X_n$ 中的元素多于两个,取 $x_1\in X_n$,且 $x_1\neq 1$. 设集合 $A_1=\{1,x_1\}$,则 $X_n$ 中除了 $A_1$ 中的元素之外还有元素. 令 $x_2$ 为其中的任意一个,设 $A_2=A_1\cup\{x_2,x_1x_2\}=\{1,x_1,x_2,x_1x_2\}$.

在本解答中,所有的乘积都是在模 $n$ 意义上的剩余. 于是 $A_2$ 在乘法意义上是封闭的,且有 $2^2=4$ 个元素. 假设对于某个 $k>1$,定义了 $X_n$ 的一个有 $2^k$ 个元素的子集 $A_k$,且在乘法意义上是封闭的. 考察 $X_n$ 中是否还有不属于 $A_k$ 的元素,若有,取一个 $x_{k+1}$,定义

$$A_{k+1}=A_k\cup\{xx_{k+1}\mid x\in A_k\}$$

由于 $A_k$ 与 $\{xx_{k+1}\mid x\in A_k\}$ 的交集是空集,所以 $A_{k+1}\subset X_n$,且有 $2^{k+1}$ 个元素,同时,$A_{k+1}$ 在乘法意义上是封闭的.

又因为 $X_n$ 是有限集,所以,存在正整数 $m$,使得 $X_n=A_m$.

由于 $A_2$ 中元素的乘积等于1,又由 $A_k(k>2)$ 的定义可知,$A_k$ 中元素的乘积也等于 1. 特别地,$A_m=X_n$ 中元素的乘积等于 1,即 $P_n\equiv 1(\bmod n)$.

下面分情况考虑 $X_n$ 中元素的个数.

假设 $n=ab$,其中 $a>2,b>2$,且 $a$ 和 $b$ 互质. 由孙子定理,存在整数 $x$ 和 $y$ 满足

$$x\equiv 1(\bmod a),x\equiv -1(\bmod b)$$

和

$$y\equiv -1(\bmod a),y\equiv 1(\bmod b)$$

由此可以取 $x$ 和 $y$,满足 $1\leqslant x,y<ab=n$.

因为 $x^2\equiv 1(\bmod n),y^2\equiv 1(\bmod n)$,所以 $x,y\in X_n$.

又 $a>2,b>2$ 和 $n>2$,则 $1,x$ 和 $y$ 模 $n$ 的余数两两互不相同,故 $X_n$ 中有两个以上的元素.

同理,如果 $n=2^k(k>2)$,则 $1,2^k-1$ 和 $2^{k-1}+1$ 是 $X_n$ 中的三个不同的元素.

剩下的情形中,$X_n$ 恰有两个元素.

因为 $n=4$ 时,显然 $X_n$ 恰有两个元素 1 和 3.

假设 $n=p^k$,其中 $p$ 是奇质数,$k$ 为正整数. 因为 $x-1$ 和 $x+1$ 的最大公因数与 $n$ 互质,由 $x^2\equiv 1(\bmod n)$,可得

$$x\equiv 1(\bmod n)\text{ 或 }x\equiv -1(\bmod n)$$

所以 $X_n$ 中只有元素 1 和 $n-1$.

同理,当 $n=2p^k$ 时,也有同样的结论,其中 $p$ 为奇质数,$k>0$.

综上所述,当 $n=2,n=4,n=p^k$ 和 $n=2p^k$ 时,$X_n$ 中只包含两个元素 1 和 $n-1$,其中 $p$ 为奇质数,$k$ 为正整数.

在如上的这些情况下,有 $P_n=n-1$.

对于剩下的大于 1 的整数 $n$,$X_n$ 中包含的元素多于两个,则

$P_n \equiv 1(\bmod n)$.



1.5.17 (1)是否存在14个连续正整数,其中每一个数均至少可被一个不小于2,不大于11的素数整除?

(2)是否存在21个连续正整数,其中每一个数均至少可被一个不小于2,不大于13的素数整除?

(第15届美国数学奥林匹克,1986年)

**解** (1)不存在,下面用反证法证明.

设这14个连续正整数为

$$N, N+1, N+2, \cdots, N+13$$

由对称性,不妨设 $N$ 为偶数,于是

$$N, N+2, \cdots, N+12$$

均能被2整除.

而余下的7个奇数

$$N+1, N+3, \cdots, N+13$$

可能被3,5,7,11整除的最多个数分别为3个,2个,1个,1个,总和也是7个.

所以素数3,5,7,11均必须分别整除它们各自可能整除的最多个数的数,且不会有两个不同素数整除同一个数的情况发生.

由于被3整除的奇数须相隔6个数,此时恰有3个,只能为

$$N+1, N+7, N+13$$

而被5整除的奇数须相隔10个数,又恰有2个,所以为

$$N+1, N+11, \text{或者 } N+3, N+13$$

这时出现 $N+1$ 同时被3和5整除,或者 $N+13$ 同时被3和5整除的情形,这是不可能发生的.

因此不存在14个连续正整数,其中每一个至少被2,3,5,7,11中的一个整数.

(2)存在.

我们注意到这样的21个连续整数

$$-10, -9, -8, \cdots, -1, 0, 1, 2, \cdots, 9, 10$$

除去 $\pm 1$ 之外,其余每一个整数均至少可被2,3,5,7之一整除.

现在我们设法用剩下的11和13这两个素数来解决这两个数.这就要求 $N$ 满足

$$\begin{cases} N = 2 \cdot 3 \cdot 5 \cdot 7k \\ N = 11m + 1 \\ N = 13n - 1 \end{cases}$$

而由中国剩余定理(即孙子定理),满足同余式组

$$\begin{cases}N \equiv 0(\bmod 2 \cdot 3 \cdot 5 \cdot 7)\\ N \equiv 1(\bmod 11)\\ N \equiv -1(\bmod 13)\end{cases}$$

的 $N$ 是存在的，比如99 540 就是这样的数. 从而

$$N-10, N-9, \cdots, N-1, N, N+1, \cdots, N+9, N+10$$

即 $\quad 99\,530, 99\,531, \cdots, 99\,539, 99\,540, 99\,541, \cdots, 99\,550$

就是其中的一组连续21 个正整数.

1.5.18 设 $n$ 和 $k$ 是正整数，其中 $n$ 是奇数或 $n$ 和 $k$ 都是偶数，证明：存在整数 $a$ 和 $b$，使得

$$(a,n)=1,(b,n)=1,k=a+b$$

（西班牙，2004 年）

**证明** (1) 若 $n$ 是奇质数或奇质数的幂，设 $n=p^{\alpha}$.

因为 $k=1+(k-1), k=2+(k-2), (1,p^{\alpha})=(2,p^{\alpha})=1$，$k-1$ 和 $k-2$ 中一定有一个与 $p$ 互质，从而也与 $p^{\alpha}$ 互质.

所以两式中一定有一个满足条件.

因此 $n$ 是奇质数或奇质数的幂时命题成立.

(2) 若 $n$ 是奇数，设 $n=p_1^{\alpha_1}p_2^{\alpha_2}\cdots p_m^{\alpha_m}$，其中 $p_1, p_2, \cdots, p_m$ 是奇质数.

由(1)，对 $i=1,2,\cdots,m$，存在整数 $a_i$ 和 $b_i$ 满足

$$k=a_i+b_i, (a_i, p_i^{\alpha_i})=1, (b_i, p_i^{a\alpha_i})=1$$

考虑同余方程组

$$x \equiv a_i(\bmod p_i^{\alpha_i}), i=1,2,\cdots,m$$

由中国剩余定理，存在整数 $a'$ 使得

$$a' \equiv a_i(\bmod p_i^{a_i}), i=1,2,\cdots,m$$

于是

$$(a', p_i^{\alpha_i})=(a_i, p_i^{\alpha_i})=1$$

故 $(a',n)=1$.

同理，存在整数 $b'$ 使得

$$b' \equiv b_i(\bmod p_i^{a_i}), i=1,2,\cdots,m \text{ 且}(b'n)=1$$

由于 $k=a_i+b_i \equiv a'+b'(\bmod p_i^{a_i}), i=1,2,\cdots,m$，由中国剩余定理得

$$k \equiv a'+b'(\bmod n)$$

设 $k=a'+b'+tn$，又设 $a=a', b=b'+tn$，则

$$(a,n)=1,(b,n)=(b',n)=1,k=a+b$$

因此，$n$ 是奇数时命题成立.

(3) 若 $n$ 是偶数，则 $k$ 也是偶数.

设 $n=2^{\beta}n_0$,其中 $n_0$ 是奇数. 由(2),存在整数 $a_0$ 和 $b_0$,使得

$$(a_0,n_0)=1,(b_0,n_0)=1,a_0+b_0=k$$

若 $a_0$ 和 $b_0$ 都是奇数,则

$$(a_0,n)=1,(b_0,n)=1$$

命题成立.

若 $a_0$ 和 $b_0$ 都是偶数,设 $a=a_0+n_0,b=b_0-n_0$,则 $a$ 和 $b$ 都是奇数. 所以

$$(a,n)=1,(b,n)=1,a+b=k$$

因此 $n$ 是偶数时命题成立.

1.5.19 一个正整数的集合 $C$ 称为"好集",是指对任何整数 $k$,都存在着 $a,b\in C,a\neq b$,使得数 $a+k$ 与 $b+k$ 不是互质的数. 证明:如果一个好集 $C$ 的元素之和为 2 003,则存在一个 $c\in C$,使得集合 $C\setminus\{c\}$ 仍是一个"好集".

(保加利亚,2003 年)

**证明** 设 $p_1,p_2,\cdots,p_n$ 是 $C$ 中两个数的差的所有可能的质因子.

假定对每个 $p_i$ 都存在一个剩余 $\alpha_i$,使得 $C$ 中至多有一个数关于模 $p_i$ 与 $\alpha_i$ 同余. 利用中国剩余定理(即孙子定理)可得,存在一个整数 $k$,满足

$$k\equiv p_i-\alpha_i(\bmod p_i),i=1,2,\cdots,n$$

利用题中的条件可得,存在某个 $j$ 和某个 $a,b\in C$,使得 $p_j$ 整除 $a+k$ 与 $b+k$. 于是,$a$ 和 $b$ 关于模 $p_j$ 与 $\alpha_j$ 同余. 这与 $\alpha_j$ 的假定矛盾.

由此可以断定关于模 $p$ 的每个剩余,在 $C$ 的数的剩余中至少出现两次. 假定每个剩余都恰好出现两次,则 $C$ 中元素的和等于

$$pr+2(0+1+\cdots+p-1)=p(r+p-1),r\geqslant 1$$

这与 2 003 是质数相矛盾.

因此一定存在某个剩余,它至少出现三次,将具有这种性质的 $C$ 中的元素删除一个,就得到了一个新的"好集".

1.5.20 $n$ 是一个正整数,证明:$n$ 不能被 4 整除等价于存在整数 $a,b$ 使得 $n\mid a^2+b^2+1$.

**证明** 在证明本题前先证两个引理.

**引理 1** 对于任意素数 $p$,存在整数 $x,y$ 使得

$$x^2+y^2+1\equiv 0(\bmod p)$$

**引理 1 的证明** 若 $p=2$,我们取 $x=1,y=0$ 即可满足要求,故以下我们假设 $p$ 为奇素数,此时 $0,1^2,2^2,\cdots,\left(\frac{p-1}{2}\right)^2(\bmod p)$

心得 体会 拓广 疑问

两两不同,因此$1+0,1+1^2,1+2^2,\cdots,1+\left(\frac{p-1}{2}\right)^2 \pmod p$也两两不同. 它们合起来共有$p+1$个元素,所以必有一个相同,因此存在整数$x,y$使得$x^2+y^2+1\equiv 0 \pmod p$.

**引理2** 对于任意素数$p$和正整数$a$,存在整数$x,y$使得

$$x^2+y^2+1\equiv 0 \pmod{p^a}$$

**引理2的证明** 由引理1知$a=1$时结论成立,假设$a=k$,存在$x_k,y_k$使得

$$x_k^2+y_k^2+1\equiv 0 \pmod{p^k}$$

当然$x_k,y_k$不能同时为$p$的倍数,不妨设$x_k$不是$p$的倍数,则对于任意整数$b$都有

$$(x_k+bp^k)^2=x_k^2+b^2p^{2k}+2x_kbp^k\equiv x_k^2+2x_kbp^k \pmod{p^{k+1}}$$

设$x_k^2+y_k^2+1=mp^k$,则

$$(x_k+bp^k)^2+y_k^2+1\equiv (2x_kb+m)p^k \pmod{p^{k+1}}$$

由于$(x_k,p)=1$,故存在整数$b_k$使得

$$2x_kb_k+m\equiv 0 \pmod p$$

此时
$$(x_k+b_kp^k)^2+y_k^2+1\equiv 0 \pmod{p^{k+1}}$$

证毕.

本题证明如下.

假设$x^2+y^2+1\equiv 0 \pmod n$,由于$x^2+y^2+1\not\equiv 0 \pmod 4$,故$n$不能被4整除;反之,如果$n$不能被4整除,则

$$n=\prod_{i=1}^{k}p_i^{a_i} \text{ 或 } n=2\prod_{i=1}^{k}p_i^{a_i}$$

其中$p_i$都是奇素数.

由引理2,对任意$p_i,a_i$,都存在$x_i,y_i$使得

$$x_i^2+y_i^2+1\equiv 0 \pmod{p_i^{a_i}}$$

由中国剩余定理,存在整数$(x,y)$,使得

$$x\equiv x_i \pmod{p_i^{a_i}},y\equiv y_i \pmod{p_i^{a_i}}$$
$$x\equiv 1 \pmod 2,y\equiv 0 \pmod 2$$

都成立,因此$\left(2\prod_{i=1}^{k}p_i^{a_i}\right)\mid (x^2+y^2+1)$,证毕.

## 1.6 阶与原根

设$m>1$是正整数,$a$是整数,$(a,m)=1$,由欧拉定理可知$a^{\varphi(m)}\equiv 1 \pmod m$,即存在正整数$l$,使得$a^l\equiv 1 \pmod m$.

我们把满足$a^l\equiv 1 \pmod m$的最小正整数$l$称为$a$模$m$的阶(或指数). 阶有两个极为有用的性质:

①$1\leqslant l\leqslant m-1$;

② 设正整数 $t$ 使得 $a^t \equiv 1(\bmod m)$,则 $l \mid t$.

证明 ① 只需注意到 $\varphi(m) \leqslant m-1$ 即可,证明 ② 可以用带余除法,设 $t=ql+r$,$q$,$r$ 是整数,$0 \leqslant r < l$,则

$$1 \equiv a^t \equiv (a^l)^q \cdot a^r \equiv a^r(\bmod m)$$

由 $l$ 的最小性即知 $r=0$,从而 $l \mid t$.

应用阶的概念和性质可以解决许多问题,尤其是涉及方幂的问题.

若 $a$ 对模 $m$ 的阶为 $\varphi(m)$,则称 $a$ 为模 $m$ 的一个原根.

**定理** 模 $m$ 有原根的充要条件是

$$m=1,2,4,p^{\alpha},2p^{\alpha}$$

其中 $p$ 是奇素数,$\alpha \geqslant 1$.

1.6.1 $n$ 是整数,求所有$(n^{13}-n)$的最大公因数.

**证明** 设 $a$ 是$\{n^{13}-n \mid n \in \mathbf{Z}\}$的最大公因数,对于 $a$ 的任意一个素因子 $p$,都有 $p^{13}-p \not\equiv 0(\bmod p^2)$,因此 $p \parallel a$. 对于任意与 $p$ 互素的整数 $n$,都有 $p \mid n(n^{12}-1)$,因此 $n^{12} \equiv 1(\bmod p)$,设 $g$ 是 $p$ 的原根,则 $g^{12} \equiv 1(\bmod p)$,因此

$$(p-1) \mid 12$$

这样只能有 $p=2,3,5,7,13$,所以

$$a=2 \times 3 \times 5 \times 7 \times 13=2\ 730$$

1.6.2 (1)$p$ 是一个奇素数,$q$,$r$ 也是素数,并且满足 $p \mid q^r+1$,证明:$2r \mid p-1$ 或 $p \mid q^2-1$.

(2)$a \geqslant 2$ 和 $n$ 是给定的正整数,如果 $p$ 是 $a^{2^n}+1$ 的素因子,证明:$2^{n+1} \mid (p-1)$.

**证明** (1) 由已知 $q^r \equiv -1(\bmod p)$,因此

$$q^{2r} \equiv 1(\bmod p)$$

设 $q$ 关于 $p$ 的阶为 $d$,则 $d \mid 2r$ 且 $d$ 不能整除 $r$. 由于 $r$ 为素数,这样只能有 $d=2r$ 或 $d=2$.

① 若 $d=2r$,由费马定理我们得到 $q^{p-1} \equiv 1(\bmod p)$,故

$$d=2r \mid p-1$$

② 若 $d=2$,则

$$q^2 \equiv 1(\bmod p) \Rightarrow p \mid q^2-1$$

(2) 由已知

$$a^{2^n} \equiv -1(\bmod p) \Rightarrow a^{2^{n+1}} \equiv (-1)^2=1(\bmod p)$$

所以 $a$ 关于 $p$ 的阶只能是 $2^{n+1}$,由费马定理,$a^{p-1} \equiv 1(\bmod p)$,因此

心得 体会 拓广 疑问

$$2^{n+1} \mid (p-1)$$

1.6.3 设 $n$ 为给定的正整数. 证明:数列 $2,2^2,2^{2^2},\cdots(\bmod n)$ 自某项后是常数.

**证明** 用归纳法.

当 $n=1$ 时显然,设命题在小于 $n$ 时成立,下面考虑 $n$ 的情况. 设 $n=2^k q$, $2\nmid q$,记 $a_0=1$, $a_i=2^{a_{i-1}}$, $i=1,2,\cdots$. 不妨设 $q>1$,取 2 模 $q$ 的阶 $l$,则 $l<q<n$,由归纳假设存在正整数 $t$,使得

$$a_t \equiv a_{t+1} \equiv \cdots (\bmod l)$$

从而

$$a_{t+1} \equiv a_{t+2} \equiv \cdots (\bmod q)$$

又显然存在 $r$,使得

$$a_r \equiv a_{r+1} \equiv \cdots (\bmod 2^k)$$

故当 $n$ 时命题也成立.

1.6.4 设 $a,d,n$ 为正整数,且 $3 \leqslant d \leqslant 2^{n+1}$.
证明: $d \nmid a^{2^n}+1$.

**证明** 若有整数 $d \geqslant 3$ 使得 $d \mid a^{2^n}+1$,则

$$a^{2^n} \equiv -1(\bmod d), a^{2^{n+1}} \equiv 1(\bmod d)$$

由于 $-1 \not\equiv 1(\bmod d)$,从而 $a$ 模 $d$ 的阶为 $2^{n+1}$,故 $d>2^{n+1}$.

1.6.5 求所有正整数 $n$,使得 $17 \mid 3^n-n$.

**解** 由于 $3^8 \equiv -1(\bmod 17)$,所以 3 是 17 的原根,因此对于任意整数 $1 \leqslant k \leqslant 16$,都存在唯一的整数 $0 \leqslant g(k) \leqslant 15$,使得

$$3^{g(k)} \equiv k(\bmod 17)$$

且

$$3^n \equiv k(\bmod 17) \Leftrightarrow n \equiv g(k)(\bmod 16)$$

令 $n \equiv k(\bmod 17)$, $1 \leqslant k \leqslant 16$,则

$$3^n \equiv k(\bmod 17) \Leftrightarrow n \equiv g(k)(\bmod 16)$$

由中国剩余定理,存在唯一的正整数 $1 \leqslant n_k \leqslant 272$ 使得 $n_k \equiv k(\bmod 17)$ 和 $n_k \equiv g(k)(\bmod 16)$ 都成立,所以

$$17 \mid 3^n-n \Leftrightarrow n \equiv n_k(\bmod 272), 1 \leqslant k \leqslant 16$$

对每个 $1 \leqslant k \leqslant 16$ 都可以求出相应的 $1 \leqslant n_k \leqslant 272$. 例如 $k=1$ 时, $n_1 \equiv 1(\bmod 17)$, $n_1 \equiv g(1) \equiv 16(\bmod 16)$,故 $n_1=256$.

心得 体会 拓广 疑问

1.6.6 设正整数$k\geqslant 2$,$n_1,n_2,\cdots,n_k$是满足条件$n_2\mid 2^{n_1}-1$,$n_3\mid 2^{n_2}-1,\cdots,n_k\mid 2^{n_{k-1}}-1,n_1\mid 2^{n_k}-1$的一组正整数.证明:$n_1=n_2=\cdots=n_k=1$.

**证明** 用反证法.

假设$n_1,n_2,\cdots,n_k$中有一个数大于1,不妨设$n_1>1$.由所给的条件$n_1\mid 2^{n_k}-1$可知$n_k>1$,进而

$$n_{k-1}>1,\cdots,n_2>1$$

设$f(n)$表示正整数$n>1$的最小质因子.

因为$n_2\mid 2^{n_1}-1$,所以$f(n_2)\mid 2^{n_1}-1$,并且易见$f(n_2)$为奇数.设$l$为2模$f(n_2)$的阶,则$l<f(n_2)$.又$f(n_2)>1$,故$l>1$.由$2^{n_1}\equiv 1(\bmod f(n_2))$及阶的性质可知$l\mid n_1$,从而

$$f(n_1)\leqslant l<f(n_2)$$

即

$$f(n_1)<f(n_2)$$

同理可得

$$f(n_2)<f(n_3),\cdots,f(n_{k-1})<f(n_k)$$
$$f(n_k)<f(n_1)$$

于是

$$f(n_1)<f(n_2)<\cdots<f(n_k)<f(n_1)$$

即

$$f(n_1)<f(n_1)$$

矛盾!

1.6.7 求满足下列条件的所有非负整数对$(n,p)$:

①$p$是素数,$n>1$;

②$n^{p-1}\mid((p-1)^n+1)$.

**解** $p=2$时,显然只能有$n=2$,得到一组解$(2,2)$.以下我们假设$p$是奇素数,这样$n$只能是奇数.令$q$是$n$的最小素因子,并设$p-1$关于$q$的阶是$a$.由已知条件

$$(p-1)^n+1\equiv 0(\bmod q) \quad ①$$

所以

$$(p-1)^{2n}\equiv 1(\bmod q)$$

因此$a\mid 2n$.由费马小定理

$$a\mid q-1\Rightarrow a\leqslant q-1$$

由于$q$是$n$的最小素因数,所以只能有$a=2$,因此

$$(p-1)^2\equiv 1(\bmod q)$$

由于$n$是奇数,所以

心得 体会 拓广 疑问

$$(p-1)^n \equiv p-1 \pmod q$$

由式①立得 $p=q$. 设 $n=p^b s,(p,s)=1$,则

$$p^{b(p-1)} \mid (p-1)^n+1$$

展开 $(p-1)^n+1$ 可知,$p^{b+1} \parallel (p-1)^n+1$. 因此必须有

$$b+1 \geqslant b(p-1) \Rightarrow 1 \geqslant b(p-2) \Rightarrow b=1,p=3$$

故 $n=3s$.

当 $s=1$ 时对应一组解 $(3,3)$. 以下假设 $s>3$,令 $r$ 是 $s$ 的最小素因数,由于 $(s,3)=1,r>3$. 由已知条件

$$2^n+1=8^s+1 \equiv 0 \pmod r \qquad ②$$

当然 $8^{2s} \equiv 1 \pmod r$. 设 8 关于 $r$ 的阶是 $c$,则 $c \mid 2s$,由费马定理

$$c \mid r-1 \Rightarrow c \leqslant r-1$$

因此只能有 $c=1,2$,故 $8^2 \equiv 1 \pmod r$,由此得到 $r=7$,由式②可得

$$8^s+1 \equiv 2 \equiv 0 \pmod 7$$

矛盾,所以 $s>3$ 无解.

综上所述,只有两组解满足要求 $(2,2),(3,3)$.

**1.6.8** 设 $p,q$ 是质数且 $p+q \geqslant 6$,证明:$pq \nmid 2^p+2^q$.

**证明** 先证一个引理.

**引理** 设正整数 $n>1,2 \nmid n$,则对于任意正整数 $m$,有 $n \nmid m^{n-1}+1$.

**引理的证明** 如果有整数正 $n>1,2 \nmid n$,使得 $n \mid m^{n-1}+1$,则 $(m,n)=1$.

设 $p$ 是 $n$ 的任意一个质因子,$l$ 是 $m$ 模 $p$ 的阶,又设 $n-1=2^s \cdot t$,其中 $t$ 为奇数,$s \geqslant 1$. 依假设有

$$m^{2^s \cdot t} \equiv -1 \pmod p \qquad ①$$

从而

$$m^{2^{s+1} \cdot t} \equiv 1 \pmod p \qquad ②$$

设 $2^r \parallel l$,由②可知 $l \mid 2^{s+1}t$,故若 $r \leqslant s$,则 $l \mid 2^s \cdot t$,于是由 $m^l \equiv 1 \pmod p$ 可得

$$m^{2^s \cdot t} \equiv 1 \pmod p$$

此式与①比较即得 $p=2$,但 $n$ 是奇数,矛盾! 从而 $r \geqslant s+1$.

又由 $(m,n)=1$ 可知 $p \nmid m$,从而利用费马小定理可得

$$m^{p-1} \equiv 1 \pmod p$$

于是由阶的性质 $l \mid p-1$,故 $2^{s+1} \mid p-1$.

由于 $p$ 是 $n$ 的任一质因子,因此将 $n$ 作质因数分解后即可看出 $n \equiv 1 \pmod{2^{s+1}}$,即 $2^{s+1} \mid n-1$,这与 $s$ 的定义矛盾!

**注** 特别地,取 $m=2$,因为 $2^{n-1}+1$ 是奇数,从而有:设 $n>1$ 是正整数,则 $n\nmid 2^{n-1}+1$.

下面用反证法证明本题.

显然 $p\neq q$,若 $2\nmid pq$,则由费马小定理 $2^q\equiv 2\pmod q$,从而

$$2^p\equiv -2\pmod q$$

$$2^{pq}\equiv(-2)^q\equiv -2\pmod q$$

$$2^{pq-1}+1\equiv 0\pmod q$$

同理 $$2^{pq-1}+1\equiv 0\pmod p$$

故 $$pq\mid 2^{pq-1}+1$$

与引理矛盾! 若 $p=2$,则

$$4+2^q\equiv 0\pmod q$$

即 $6\equiv 0\pmod q$,故 $q=3$,但 $p+q=5<6$,亦矛盾!

1.6.9 设 $n>0$,对任意的 $x,y,(x,y)=1$,则

$$x^{2^n}+y^{2^n}$$

的每一个奇因数具有形状 $2^{n+1}k+1,k>0$.

**证明** 只需证明 $x^{2^n}+y^{2^n}$ 的每一个奇素因数具有形状 $2^{n+1}k+1$. 设

$$x^{2^n}+y^{2^n}\equiv 0\pmod p \quad ①$$

$p>2$ 是素数,由于 $(x,y)=1$,可设 $p\nmid x,p\nmid y$,于是存在整数 $y'$,$p\nmid y'$,使得

$$yy'\equiv 1\pmod p$$

从式 ① 得

$$(y'x)^{2^n}\equiv -1\pmod p \quad ②$$

设 $y'x$ 模 $p$ 的次数是 $l$,由 ② 得

$$(y'x)^{2^{n+1}}\equiv 1\pmod p$$

故

$$l\mid 2^{n+1},l=2^s,1\leqslant s\leqslant n+1$$

如果 $s<n+1$,由 ② 得 $1\equiv -1\pmod p$,与 $p>2$ 矛盾. 所以 $l=2^{n+1}$,而 $(y'x,p)=1$

$$(y'x)^{p-1}\equiv 1\pmod p \quad ③$$

由 ③ 得

$$2^{n+1}\mid p-1$$

即 $p$ 具有形状 $p=2^{n+1}k+1,k\geqslant 1$.

1.6.10 证明:存在无穷多对质数 $p,q$,使得 $pq\mid 2^{pq}-2$.

**证明** 取 $m$ 为大于 5 的质数

$$2^{2m}-1=(2^m+1)(2^m-1)$$

设 $p,q$ 分别为 $2^m+1$ 与 $2^m-1$ 的质因子. 显然有 $p\neq q$,并且由于 $m$ 为奇数,$3\nmid 2^m-1$,即 $q\neq 3$.

事实上,我们也可以选取 $p$,使得 $p\neq 3$.

这是因为,若有整数 $t$,使得

$$2^m+1=3^t \quad ①$$

则由于 $m\geqslant 2$,对 ① 模 4 可得 $t$ 为偶数. 设 $t=2r$,于是

$$2^m=(3^r-1)(3^r+1)$$

两个相邻的正整数 $3^r-1$ 与 $3^r+1$ 均为 2 的方幂,因此必有

$$3^r-1=2^1,3^r+1=2^2$$

即 $r=1,m=3$ 与 $m>5$ 矛盾!

设 $l$ 为 2 模 $p$ 的阶. 由 $p$ 的选取知 $p\mid 2^{2m}-1$,由费马小定理知 $p\mid 2^{p-1}-1$,从而 $l\mid 2m,l\mid p-1$,故 $l\mid(p-1,2m)$. 所以

$$p\mid 2^{(p-1,2m)}-1$$

因为 $p-1$ 是偶数,$m$ 为质数,从而 $(p-1,2m)=2$ 或 $2m$. 但若 $(p-1,2m)=2$,则 $p=3$,这不可能.

因此 $(p-1,2m)=2m$,即

$$2m\mid p-1,p\equiv 1(\bmod 2m)$$

同理可得 $q\equiv 1(\bmod 2m)$,于是 $pq\equiv 1(\bmod 2m)$,即

$$2m\mid pq-1$$

从而

$$2^{2m}-1\mid 2^{pq-1}-1$$

又由 $p,q$ 的选取知 $pq\mid 2^{2m}-1$,故 $pq\mid 2^{pq-1}-1$,亦即

$$pq\mid 2^{pq}-2$$

这样构造出的质数对 $(p,q)$ 满足 $p\equiv q\equiv 1(\bmod 2m)$. 因此,如果我们已经构造出了 $k$ 对质数 $(p_1,q_1),(p_2,q_2),\cdots,(p_k,q_k)$ 满足题设要求,则由质数的无限性,可取质数 $m>\max\{p_1,q_1,p_2,q_2,\cdots,p_k,q_k\}$,于是根据前面的证明又有新的一对质数 $(p_{k+1},q_{k+1})$ 满足题设要求. 依此类推,便得到无穷多对质数 $p,q$,使得 $pq\mid 2^{pq}-2$.

1.6.11 (1) 设 $a$ 关于模 $M$ 的阶数为 $N$,又 $k\mid N$,则 $a^k$ 关于模 $M$ 的阶数为 $\frac{N}{k}$.

(2) 设正整数 $M$ 的素因数分解为

$$M=p_1^{l_1}p_2^{l_2}\cdots p_r^{l_r}$$

如果 $a$ 关于模 $M$ 的阶数为 $N$,关于模 $p_i^{l_i}$ 的阶数是 $N_i$,则 $N=[N_1,N_2,\cdots,N_r]$.

心得 体会 拓广 疑问

**证明** (1) 由于$(a,M)=1$,故$(a^k,M)=1$,又

$$[a^k]^{\frac{N}{k}}=a^N\equiv 1(\bmod M)$$

故若设$a^k$关于模$M$的阶数是$d$,则$d\left|\frac{N}{k}\right.$. 设$\frac{N}{k}=md(m\geqslant 1)$,这样就有

$$[a^k]^d=[a^k]^{\frac{N}{mk}}=a^{\frac{N}{m}}\equiv 1(\bmod M)$$

由于$a$关于模$M$的阶数是$N$,故$m=1$,从而有$d=\frac{N}{k}$. 所以$a^k$关于模$M$的阶数是$\frac{N}{k}$.

(2) 由于$a^N\equiv 1(\bmod M)$,故

$$a^N\equiv 1(\bmod p_i^{l_i})(i=1,2,\cdots,r)$$

因此$N_i\mid N(i=1,2,\cdots,r)$,所以$N$是$N_1,N_2,\cdots,N_r$的公倍数. 下面再证明$N=[N_1,N_2,\cdots,N_r]$.

由于$N=d[N_1,N_2,\cdots,N_r]$,其中$d$是正整数,于是有

$$a^{\frac{N}{d}}=a^{[N_1,N_2,\cdots,N_r]}=[a^{N_i}]^{\frac{[N_1,N_2,\cdots,N_r]}{N_i}}\equiv 1(\bmod p_i^{l_i})$$

$i=1,2,\cdots,r$. 从而有$a^{\frac{N}{d}}\equiv 1(\bmod M)$,但由于$a$关于模$M$的阶数为$N$,故$d=1$,所以$N=[N_1,N_2,\cdots,N_r]$.

1.6.12 设$n>1,m>1$满足

$$1^n+2^n+\cdots+m^n=(m+1)^n \quad ①$$

则有(1)$p$是$m$的任一素因数时,$p-1\mid n$.

(2)$m=p_1\cdots p_s$,$i\neq j$时,$p_i\neq p_j$,且有

$$\frac{m}{p_i}+1\equiv 0(\bmod p_i)(i=1,\cdots,s) \quad ②$$

**证明** (1)$p=2$时,有$p-1\mid n$. 设$p$是奇素数,它的原根为$g$,则式①取模$p$可得

$$\frac{m}{p}\sum_{i=0}^{p-2}(g^n)^i\equiv 1(\bmod p) \quad ③$$

如果$p-1\nmid n$,则$p\nmid g^n-1$,故存在$t$使

$$(g^n-1)t\equiv 1(\bmod p)$$

于是由式③得

$$\frac{m}{p}t(g^{n(p-1)}-1)\equiv 1(\bmod p) \quad ④$$

而$g^{n(p-1)}\equiv 1(\bmod p)$,故式④不能成立,这就证明了(1).

(2) 如果$4\mid m$,式①左端为偶数,右端为奇数,故不能成立. 现设$p^2\mid m$,$p$是奇素数,此时由③得出矛盾结果$0\equiv 1(\bmod p)$,

故 $m=p_1\cdots p_s$，$i\neq j$ 时 $p_i\neq p_j$. 在 $p_i=2$ 时，式 ② 成立. 现设 $p_i$ 是奇素数，而 $p_i-1\mid n$，式 ③ 得出

$$1\equiv\frac{m}{p_i}(p_i-1)\equiv-\frac{m}{p_i}(\bmod p_i),i=1,\cdots,s$$

故 ② 成立.

**注** 曾猜测式 ① 不能成立，但尚未解决. 当 $1\leqslant s\leqslant 6$ 时，式 ② 有解.

1.6.13 求所有正整数 $n$，使得 $2^n\mid 3^n-1$.

**解** 由欧拉定理，$3^{\varphi(2^n)}=3^{2^{n-1}}\equiv 1(\bmod 2^n)$，因此3关于$2^n$的阶肯定是 $2^{n-1}$ 的因子，我们先证明当 $n\geqslant 4$ 时

$$3^{2^{n-3}}\equiv 2^{n-1}+1(\bmod 2^n)$$

$n=4$ 时，$9\equiv 2^3+1(\bmod 16)$，结论成立；假设 $n=k\geqslant 4$ 时，$3^{2^{k-3}}\equiv 2^{k-1}+1(\bmod 2^k)$，则有

$$3^{2^{k-3}}=a2^k+2^{k-1}+1=2^{k-1}(2a+1)+1$$

两边平方可得

$$3^{2^{k-2}}\equiv 2^k(2a+1)+1\equiv 2^k+1(\bmod 2^{k+1})$$

因此$3^{2^{n-3}}\equiv 2^{n-1}+1(\bmod 2^n)$ 对 $n\geqslant 4$ 都成立. 根据以上结论，$n\geqslant 4$ 时，3 关于 $2^n$ 的阶只能是 $2^{n-1}$，$2^{n-2}$. 由已知 $3^n\equiv 1(\bmod 2^n)$，因此 $n\geqslant 4$ 时，必有 $n\geqslant 2^{n-2}$，而这个不等式当 $n\geqslant 5$ 时都不成立. 当 $n\leqslant 4$ 时，经检验当且仅当 $n=1,2,4$ 时，$2^n\mid 3^n-1$.

1.6.14 一个三角形的三条边长分别为 $k,m,n$. 假设 $k>m>n$，且 $\left\{\frac{3^k}{10^4}\right\}=\left\{\frac{3^m}{10^4}\right\}=\left\{\frac{3^n}{10^4}\right\}$. 求这样的三角形周长的最小值.

**解** 由已知

$$3^k\equiv 3^m\equiv 3^n(\bmod 10^4)\Rightarrow 3^k\equiv 3^m\equiv 3^n(\bmod 5^4)$$

$$3^k\equiv 3^m\equiv 3^n(\bmod 2^4)$$

设 3 关于 $2^4$，$5^4$ 的阶分别为 $a,b$，很容易得到 $a=4$；由欧拉定理 $b\mid\varphi(5^4)=500$，若 $b\neq 500$，则必有

$$b\mid 250 \text{ 或 } b\mid 100$$

① 由费马定理 $3^{250}\equiv 3^2\equiv -1(\bmod 5)$，所以

$$3^{250}\not\equiv -1(\bmod 5)$$

② 由

$$3^{100}\equiv(10-1)^{50}\equiv \mathrm{C}_{50}^{48}\cdot 10^2-\mathrm{C}_{50}^{49}\cdot 10+1\not\equiv 1(\bmod 5^4)$$

只能有 $b=500$，故$[a,b]=500$，所以 $500\mid k-m$，且 $500\mid m-n$.

心得 体会 拓广 疑问

我们可以设

$$m=500s+n, k=500t+m=500(s+t)+n$$

其中 $s,t$ 为正整数.则

$$\text{三角形的周长}=k+m+n=500(2s+t)+3n \quad ①$$

并且要满足 $k<m+n \Leftrightarrow 500t<n$,故

$$\text{三角形的周长} \geqslant 500\times(2\cdot 1+1)+3\cdot 501=3\ 003$$

$s=t=1,n=501$ 时取到最小值3 003,对应 $n=501,m=1\ 001,k=1\ 501$.

**1.6.15** 数列 $a_0,a_1,a_2,\cdots$ 定义如下:对于所有的 $k(k\geqslant 0)$,$a_0=2,a_{k+1}=2a_k^2-1$.证明:如果奇质数 $p$ 整除 $a_n$,则 $2^{n+3}$ 整除 $p^2-1$.

(IMO 预选题,2003 年)

**证明** 由数学归纳法可以证明

$$a_n=\frac{(2+\sqrt{3})^{2^n}+(2-\sqrt{3})^{2^n}}{2}$$

若 $x^2\equiv 3(\bmod p)$ 有整数解,设整数 $m$ 满足 $m^2\equiv 3(\bmod p)$.由 $p\mid a_n$,有

$$(2+\sqrt{3})^{2^n}+(2-\sqrt{3})^{2^n}\equiv 0(\bmod p)$$

从而可得

$$(2+m)^{2^n}+(2-m)^{2^n}\equiv 0(\bmod p)$$

因为 $$(2+m)(2-m)\equiv 1(\bmod p)$$

所以 $$(2+m)^{2^n}[(2+m)^{2^n}+(2-m)^{2^n}]\equiv 0(\bmod p)$$

故 $$(2+m)^{2^{n+1}}\equiv -1(\bmod p)$$

于是可得

$$(2+m)^{2^{n+2}}\equiv 1(\bmod p)$$

所以 $2+m$ 对模 $p$ 的阶为 $2^{n+2}$.

因为 $(2+m,p)=1$,由费马小定理有

$$(2+m)^{p-1}\equiv 1(\bmod p)$$

所以 $2^{n+2}\mid(p-1)$.

由于 $p$ 是奇质数,因此 $2^{n+3}\mid(p^2-1)$.

若 $x^2\equiv 3(\bmod p)$ 无整数解,同样有

$$(2+\sqrt{3})^{2^n}+(2-\sqrt{3})^{2^n}\equiv 0(\bmod p)$$

即存在整数 $q$,使得

$$(2+\sqrt{3})^{2^n}+(2-\sqrt{3})^{2^n}=qp$$

两端同乘以 $(2+\sqrt{3})^{2^n}$,得

$$(2+\sqrt{3})^{2^{n+1}}+1=qp(2+\sqrt{3})^{2^n}$$

心得 体会 拓广 疑问

因此存在整数 $a,b$,使得

$$(2+\sqrt{3})^{2^{n+1}}=-1+pa+pb\sqrt{3}$$

因为 $[(1+\sqrt{3})a_{n-1}]^2=(a_n+1)(2+\sqrt{3})$,并且 $p\mid a_n$,不妨设 $a_n=tp$ 于是有

$$[(1+\sqrt{3})a_{n-1}]^{2^{n+2}}=(a_n+1)^{2^{n+1}}(2+\sqrt{3})^{2^{n+1}}=(tp+1)^{2^{n+1}}(-1+pa+pb\sqrt{3})$$

所以,存在整数 $a',b'$,使得

$$[(1+\sqrt{3})a_{n-1}]^{2^{n+2}}=-1+pa'+pb'\sqrt{3}$$

设集合

$$S=\{i+j\sqrt{3}\mid 0\leqslant i,j\leqslant p-1,(i,j)\neq(0,0)\}$$

$$I=\{a+b\sqrt{3}\mid a\equiv b\equiv 0\pmod p\}$$

下面证明对于每个 $(i+j\sqrt{3})\in S$,不存在一个 $(i'+j'\sqrt{3})\in S$,满足

$$(i+j\sqrt{3})(i'+j'\sqrt{3})\in I$$

实际上,若 $i^2-3j^2\equiv 0\pmod p$,因为 $0\leqslant i,j\leqslant p-1$,且 $(i,j)\neq(0,0)$,则 $j\neq 0$. 于是,存在整数 $u$,使得 $uj\equiv 1\pmod p$. 因而有 $(ui)^2\equiv 3(uj)^2\equiv 3\pmod p$,与 $x^2\equiv 3\pmod p$ 无整数解矛盾. 因此

$$i^2-3j^2\not\equiv 0\pmod p$$

若 $(i+j\sqrt{3})(i'+j'\sqrt{3})\in I$,则

$$ii'\equiv -3jj'\pmod p,\ ij'=-i'j\pmod p$$

故

$$i^2i'j'\equiv 3j^2i'j'\pmod p$$

所以 $i'j'\equiv 0\pmod p$,推出 $i=j=0$ 或 $i'=j'=0$,矛盾.

因为 $(1+\sqrt{3})a_{n-1}\in S$,所以,对于任意 $(i+j\sqrt{3})\in S$,存在映射 $f:S\to S$,满足

$$[(i+j\sqrt{3})(1+\sqrt{3})a_{n-1}-f(i+j\sqrt{3})]\in I$$

且是双射. 于是有

$$\prod_{x\in S}x=\prod_{x\in S}f(x)$$

所以

$$\left(\prod_{x\in S}x\right)[((1+\sqrt{3})a_{n-1})^{p^2-1}-1]\in I$$

因此

$$[((1+\sqrt{3})a_{n-1})^{p^2-1}-1]\in I$$

由前面的结论知满足 $[((1+\sqrt{3})a_{n-1})^r-1]\in I$ 的 $r$ 的最小值为 $2^{n+3}$. 从而有

$$2^{n+3}\mid(p^2-1)$$

心得 体会 拓广 疑问

1.6.16 设正整数 $n \geqslant 2$. 证明

$$n \mid [1^{n-1}+2^{n-1}+\cdots+(n-1)^{n-1}+1]$$

的充分必要条件是对于 $n$ 的每一个质因数

$$p, p \left| \left(\frac{n}{p}-1\right)\right., 且 (p-1) \left| \left(\frac{n}{p}-1\right)\right.$$

**证明** 设 $n=Ap$.

若 $(p-1) \mid (n-1)$, 因为 $p$ 是质数, 由费马小定理

$$k^{p-1} \equiv 1 \pmod p$$

其中 $k=1,2,\cdots,p-1,p+1,\cdots,2p-1,2p+1,\cdots,(A-1)p-1,(A-1)p+1,\cdots,Ap-1$.

从而, 有 $k^{n-1} \equiv 1 \pmod p$. 故

$$\sum_{k=1}^{n-1} k^{n-1} \equiv n-1-(A-1) \equiv -A \pmod p$$

若 $(p-1) \nmid (n-1)$, 设 $r$ 是模 $p$ 的一个原根. 则有

$$r^{p-1} \equiv 1 \pmod p$$

又因为 $(r,p)=1$, 所以 $1,2,\cdots,p-1$ 与 $r,2r,\cdots,(p-1)r$ 模 $p$ 的剩余所构成的集合相同. 于是

$$\sum_{k=1}^{p-1} k^{n-1} \equiv \sum_{k=1}^{p-1} (rk)^{n-1} \equiv r^{n-1} \sum_{k=1}^{p-1} k^{n-1} \pmod p$$

又由于 $(p-1) \nmid (n-1)$, 所以

$$r^{n-1} \not\equiv 1 \pmod p \text{(可设 } n-1=B(p-1)+C$$

其中 $1 \leqslant C \leqslant p-2$, 则 $r^{n-1} \equiv r^c \pmod p$. 由于 $r$ 是模 $p$ 的原根, $\varphi(p)=p-1$ 是满足 $r^t \equiv 1 \pmod p$ 中最小的 $t$, 于是, $r^c \not\equiv 1 \pmod p$. 从而, 一定有

$$\sum_{k=1}^{p-1} k^{n-1} \equiv 0 \pmod p$$

同理, 可得

$$\sum_{k=p+1}^{2p-1} k^{n-1} \equiv 0 \pmod p$$

$$\cdots$$

$$\sum_{k=(A-1)p+1}^{Ap-1} k^{n-1} \equiv 0 \pmod p$$

从而

$$\sum_{k=1}^{n-1} k^{n-1} \equiv 0 \pmod p$$

综上所述, 有

$$\sum_{k=1}^{n-1} k^{n-1} \equiv \begin{cases} -A \pmod p, 当 (p-1) \mid (n-1) 时 \\ 0 \pmod p, 当 (p-1) \mid (n-1) 时 \end{cases}$$

心得 体会 拓广 疑问

若$n \mid [1^{n-1}+2^{n-1}+\cdots+(n-1)^{n-1}+1]$成立，则要么有$(p-1) \mid (n-1)$，且$p \mid (-A+1)$，要么$(p-1) \nmid (n-1)$，且$p \mid 1$.

显然第二种情况不成立，从而

$$(p-1) \mid (n-1), p \mid (A-1)$$

又因为 $$n-1=(p-1)A+A-1$$

所以 $$(p-1) \mid (A-1), p \mid (A-1)$$

若$p \mid (A-1)$，则$p \nmid A$. 于是，$p^2 \nmid n$. 又若$(p-1) \mid (A-1)$，则

$$(p-1) \mid (A-1)p=n-1-(p-1)$$

于是，有 $$(p-1) \mid (n-1)$$

故 $$\sum_{k=1}^{n-1} k^{n-1}+1 \equiv 1-A=0 \pmod p$$

其中用到了$p \mid (A-1)$.

又$n$的所有质因数满足$p^2 \nmid n$，所以

$$n \,\Big|\, \left(\sum_{k=1}^{n-1} k^{n-1}+1\right)$$

1.6.17 设$p$是奇素数，证明同余式

$$x^4+1 \equiv 0 \pmod p$$

有解的必要充分条件是$p \equiv 1 \pmod 8$.

**证明** 如果同余式$x^4+1 \equiv 0 \pmod p$有解，设$x=a$是其解，则$a^4 \equiv -1 \pmod p$，从而$a^8 \equiv 1 \pmod p$，这表示$a$是模$p$的8阶本原单位根，$(a,p)=1$. 又由费马定理有$a^{p-1} \equiv 1 \pmod p$，故$p-1 \equiv 0 \pmod 8$，即$p \equiv 1 \pmod 8$，此即必要性.

再证充分性，如果$p \equiv 1 \pmod 8$，则8是$p-1$的因数，于是关于模$p$的阶数为8的简化类的个数是$\varphi(8)=4$. 因此如设整数$a$是模$p$的8阶本原单位根，于是有

$$a^8 \equiv 1 \pmod p$$

于是 $$(a^4-1)(a^4+1) \equiv 0 \pmod p$$

由于$p \nmid 2$，$p$是素数，故

$$p \mid a^4-1 \text{ 或 } p \mid a^4+1$$

两者必居其一，但是$a$的阶数是8，故$p \nmid a^4-1$. 从而$p \mid a^4+1$，即

$$a^4=1 \equiv 0 \pmod p$$

所以$x=a$是同余式$x^4+1 \equiv 0 \pmod p$的解.

这样便证明了，当且仅当$p \equiv 1 \pmod 8$时，同余式$x^4+1 \equiv 0 \pmod p$有解.

心得 体会 拓广 疑问

1.6.18 设 $v$ 为模 $p^l$ 的一个原根,证明:$1,v,v^2,\cdots,v^{\varphi(p^l)-1}$ 是模 $p^l$ 的一个简化剩余系,其中 $p$ 是奇素数,$l\geqslant 1$.

**证明** 只需证法 $1,v,v^2,\cdots,v^{\varphi(p^l)-1}$ 的个数是 $\varphi(p^l)$,且关于模 $p^l$ 两两互不同余. 前者是显然的. 如设 $v^i\equiv v^j(\bmod p^l)(i>j,0\leqslant i,j\leqslant\varphi(p^l)-1)$,于是

$$v^i-v^j\equiv v^j(v^{i-j}-1)\equiv 0(\bmod p^l)$$

由于 $v^j\not\equiv 0(\bmod p^l)$,因此 $v^{i-j}\equiv 1(\bmod p^l)$,但 $0<i-j<\varphi(p^l)$,这与 $v$ 是模 $p^l$ 的原根矛盾.

1.6.19 设 $l\geqslant 3,(a,2)=1$. 证明:$a$ 关于模 $2^l$ 的阶数是 $2^{l-2}$ 的因数. 特别,5 关于模 $2^l$ 的阶数是 $2^{l-2}$.

**证明** 当 $l\geqslant 3,(a,2)=1$,可以用归纳法证明

$$a^{2^{l-2}}\equiv 1(\bmod 2^l)$$

事实上,当 $l=3$ 时,由于 $a$ 是奇数,有 $a^2\equiv 1(\bmod 8)$.

设 $l=i$ 时,$a^{2^{i-2}}\equiv 1(\bmod 2^i)$,于是就有

$$a^{2^{i-2}}=1+2^ik(k\text{ 为整数})$$

故

$$a^{2^{i-1}}=(1+2^ik)^2=1+2^{i+1}k+2^{2i}k^2=1+2^{i+1}(k+2^{i-1}k)\equiv 1(\bmod 2^{i+1})$$

所以对于一切 $l\geqslant 3$ 有

$$a^{2^{l-2}}\equiv 1(\bmod 2^l)$$

因此 $a$ 关于模 $2^l$ 的阶数 $d$ 是 $2^{l-2}$ 的因数.

在 $a=5$ 的情况下,当 $l=3$ 时,由于

$$5^2\equiv 1(\bmod 8),5\not\equiv 1(\bmod 8)$$

所以5关于模8的阶数为2. 如设5关于模 $2^i$ 的阶数是 $2^{i-2}$,于是就有

$$5^{2^{i-3}}=1+k\cdot 2^{i-1}$$

其中 $k$ 为奇数,所以

$$5^{2^{i-2}}=(1+k\cdot 2^{i-1})^2=1+k\cdot 2^i+k^2\cdot 2^{2i-2}=1+k\cdot 2^i(1+k\cdot 2^{i-2})(i\geqslant 3)$$

由于 $1+k\cdot 2^{i-2}$ 是奇数,故 $5^{2^{i-2}}\not\equiv 1(\bmod 2^{i+1})$,不难验证有 $5^{2^{i-1}}\equiv 1(\bmod 2^{i+1})$,所以5关于模 $2^{i+1}$ 的阶数为 $2^{i-1}$. 所以对于 $l\geqslant 3$,5关于模 $2^l$ 的阶数为 $2^{l-2}$.

1.6.20 设 $l\geqslant 3$,证明:$2^{l-1}$ 个整数 $\pm 5^\lambda(\lambda=0,1,2,\cdots,2^{l-2}-1)$ 是模 $2^l$ 的一个简化剩余系.

心得 体会 拓广 疑问

**证明**　只需证法$2^{l-1}$个整数 $\pm 5^{\lambda}(\lambda=0,1,2,\cdots,2^{l-2}-1)$关于模$2^l$两两互不同余即可.

由于$5\equiv 1(\bmod 4)$,故当$l\geqslant 3$时,不可能有$5^{\lambda}\equiv -5^{\mu}(\bmod 2^l)$. 事实上当$5^{\lambda}\equiv 5^{\mu}(\bmod 2^l)$时,其中$\lambda>\mu,0\leqslant\lambda,\mu\leqslant 2^{l-2}-1$,于是就有$5^{\lambda-\mu}\equiv 1(\bmod 2^l)$,这样将有$\lambda\equiv\mu(\bmod 2^{l-2})$,由于$0\leqslant\lambda,\mu\leqslant 2^{l-2}-1$,故得$\lambda=\mu$. 因此$2^{l-2}$个整数 $\pm 5^{\lambda}(\lambda=0,1,2,\cdots,2^{l-2}-1)$关于模$2^l$两两互不同余,所以是模$2^l$的一个简化剩余系.

1.6.21　设$M=5^2\cdot 13^2$,求模$M$的4阶单位根.

**解**　这问题可分为如下三步来解决.

第一步,求模5和13的4阶单位根. 模5有两个原根:2,3. 故模5的4阶单位根为$\beta_1=2,3$;模13有4个原根:2,6,11,7. 因此模13的4阶单位是

$$2^{12/4}=2^3=8,6^3\equiv 8,11^3\equiv 5,7^3\equiv 5(\bmod 13)$$

故模13有两个4阶单位根:$\beta_2=5,8$.

第二步,求模$5^2$和$13^2$的4阶单位根.

当$\beta_1=2$时,由于$2^4-1=15=3\cdot 5$不包含$5^2$,故令$\alpha_1=2+5d$,确定$d$,使$\alpha_1$为模$5^2$的4阶单位根.

$$\alpha_1^4-1=(2+5d)^4-1\equiv 15+4\cdot 8\cdot 5d\equiv 0(\bmod 5^2)$$

即
$$3+2d\equiv 0(\bmod 5)$$

求得$d=1$. 故模$5^2$的一个4阶单位根为$2+5d=7$. 同理,从$\beta_1=3$出发,可求得模$5^2$的另一个4阶单位根为18.

当$\beta_2=5$时,由于$5^4-1=624=13\cdot 48$不含有$13^2$,故令$\alpha_2=5+13d$,确定$d_1$使$\alpha_2$为模$13^2$的4阶单位根.

$$\alpha_2^4-1=(5+13d)^4-1\equiv 624+4\cdot 5^3\cdot 13d\equiv 0(\bmod 13^2)$$

即
$$9-7d\equiv 0(\bmod 13)$$

求得$d=5$. 故模$13^2$的一个4阶单位根为$5+13\cdot 5=70$. 同理,从$\beta_2=8$出发,可求得模$13^2$的另一个4阶单位根为99.

这样就求得模$5^2$的两个4阶单位根$\alpha_1=7,18$;模$13^2$的两个4阶单位根$\alpha_2=70,99$.

第三步,利用孙子定理求模$M=5^2\cdot 13^2$的4阶单位根. 如果$\alpha$既是模$5^2$的4阶单位根,又是模$13^2$的4阶单位根,那么$\alpha$就是模$M=5^2\cdot 13^2$的4阶单位根. 因此联立同余式

$$\begin{cases}\alpha\equiv 7(\bmod 5^2)\\ \alpha\equiv 70(\bmod 13^2)\end{cases},\quad \begin{cases}\alpha\equiv 7(\bmod 5^2)\\ \alpha\equiv 99(\bmod 13^2)\end{cases}$$

心得 体会 拓广 疑问

$$\begin{cases}\alpha \equiv 18 \pmod{5^2} \\ \alpha \equiv 70 \pmod{13^2}\end{cases}, \quad \begin{cases}\alpha \equiv 18 \pmod{5^2} \\ \alpha \equiv 99 \pmod{13^2}\end{cases}$$

的解 $\alpha$ 即为模 $M = 5^2 \cdot 13^2$ 的 4 阶单位根. 由于 $(5^2, 13^2) = 1$,利用孙子定理不难得到

$$\alpha = 268, 1\ 282, 2\ 943, 3\ 957$$

此即为模 $M = 5^2 \cdot 13^2$ 的所有 4 阶单位根.

**注** 当给定 $M = p_1^{l_1} p_2^{l_2} \cdots p_r^{l_r}$ 及阶数 $N$ 时,如果模 $M$ 有 $N$ 阶单位根,那么必有且只有 $\varphi^r(N)$ 个. 事实上从本题的算法可知,模 $p_i$ 有 $\varphi(N)$ 个 $N$ 阶单位根 $\beta_i$,由不同的 $\beta_i$ 可得不同的模 $p_i^{l_i}$ 的 $N$ 阶单位根,因此模 $p_i^{l_i}$ 有 $\varphi(N)$ 个 $N$ 阶单位根. 这样便可配成 $\varphi^r(N)$ 个联立同余式,每组联立同余式有且只有一个解 $\alpha$,这 $\alpha$ 就是模 $M$ 的 $N$ 阶单位根,因此模 $M = p_1^{l_1} p_2^{l_2} \cdots p_r^{l_r}$ 共有 $\varphi^r(N)$ 个 $N$ 阶单位根.

同一剩余类的数 $a + m_n y$($y$ 为整数),再令 $m' = p_{n+1}^{l_n+1}$. 由上面的证明知模 $m'$ 有 $\lambda$-原根,设 $x = b$ 为 $m^l$ 的 $\lambda$-原根,于是所有与 $b$ 属于模 $m'$ 的同一剩余类的数可表为 $b + m'z$($z$ 为任一整数). 由于 $(m_n, m') = 1$,故存在两正整数 $\alpha, \beta$,使

$$\alpha m_n - \beta m' = 1$$

现取
$$y = a(b - a), z = \beta(b - a)$$
于是有
$$m_n y - m'z = b - a$$
即
$$a + m_n y = b + m'z$$
记 $g = a + m_n y = b + m'z$,于是 $g$ 是模 $m_n$ 和 $m'$ 的公共 $\lambda$-原根,即同时有

$$g^{\lambda(m_n)} \equiv 1 \pmod{m_n}, g^{\lambda(m')} \equiv 1 \pmod{m'}$$

现设 $g$ 关于模 $m_{n+1} = m_n m' = p_1^{l_1} p_2^{l_2} \cdots p_n^{l_n} p_{n+1}^{l_{n+1}}$ 的阶数为 $d$,即 $g^d \equiv 1 \pmod{m_{n+1}}$,这时显然有

$$g^d \equiv 1 \pmod{m_n}, g^d \equiv 1 \pmod{m'}$$

于是

$$\lambda(m_n) \mid d, \lambda(m') \mid d$$

这表示 $d$ 是 $\lambda(m_n)$ 和 $\lambda(m')$ 的公倍数. 又由于 $(m_n, m') = 1$,故有

$$\lambda(m_{n+1}) = \lambda(m_n) \cdot \lambda(m')$$

从而 $\lambda(m_{n+1}) \mid d$. 有

$$g^{\lambda(m_{n+1})} \equiv 1 \pmod{m_{n+1}}$$

因此有 $d \mid \lambda(m_{n+1})$,$d$ 和 $\lambda(m_{n+1})$ 是正整数,故

$$d = \lambda(m_{n+1})$$

这表示 $g$ 是 $m_{n+1}$ 的 $\lambda$-原根.

这样由归纳法便证明了对于任意正整数 $m$,模 $m$ 存在 $\lambda$-原根.

下面再证明模 $m$ 的 $\lambda$-原根有 $\varphi[\lambda(m)]$ 个. 设 $g$ 是模 $m$ 的一个 $\lambda$-原根,即 $x=g$ 满足同余式

$$x^{\lambda(m)}\equiv 1(\bmod m)$$

于是数列 $1,g,g^2,\cdots,g^{\lambda(m)-1}$ 的每一个均满足上面的同余式,不难证明它们关于模 $m$ 两两互不同余,因此模 $m$ 的 $\lambda$-原根皆属于这数列. 另一方面,若设 $g^r$ 的 $h$ 幂关于模 $m$ 与 1 同余,即

$$(g^r)^h=g^{rh}\equiv 1(\bmod m)$$

则 $rh$ 必为 $\lambda(m)$ 的倍数. 设 $(r,\lambda(m))=d$,记 $r=r'd,\lambda(m)=\lambda'd$, $(r',\lambda')=1$. 于是 $rh=r'dh$ 能被 $\lambda'd$ 整除,即 $\lambda'\mid r'h$. 从而有 $\lambda'\mid h$. 这样 $\lambda'$ 就是使

$$(g^r)^h\equiv 1(\bmod m)$$

成立的 $h$ 的最小正整数. 这表示 $g^r$ 关于模 $m$ 的阶数为 $\lambda'$. 因此欲使 $g^r$ 关于模 $m$ 的阶数为 $\lambda(m)$,其充要条件是

$$(r,\lambda(m))=1$$

因此,$1,g,g^2,\cdots,g^{\lambda(m)-1}$ 中,$g$ 的指数凡与 $\lambda(m)$ 互素者即为模 $m$ 的 $\lambda$-原根,这共有 $\varphi[\lambda(m)]$ 个. 所以模 $m$ 的 $\lambda$-原根有 $\varphi[\lambda(m)]$ 个.

**1.6.22** 设 $p$ 是一个奇素数,求同余式

$$x^{p-1}\equiv 1(\bmod p^s),s\geqslant 1 \qquad ①$$

的全部解.

**证明** 设 $g$ 是 $p^s$ 的一个原根. 如果 $1\leqslant i<j\leqslant p-1$

$$g^{ip^{s-1}}\equiv g^{jp^{s-1}}(\bmod p^s)$$

则

$$g^{ip^{s-1}}(g^{(j-i)p^{s-1}}-1)\equiv 0(\bmod p^s)$$

故

$$g^{(j-i)p^{s-1}}\equiv 1(\bmod p^s) \qquad ②$$

由于 $g$ 是 $p^s$ 的原根,式 ② 得出

$$p^{s-1}(p-1)\mid (j-i)p^{s-1}$$

由上式可得 $p-1\mid j-i$,与 $1\leqslant i<j\leqslant p-1$ 矛盾,因此

$$g^{np^{s-1}},n=1,2,\cdots,p-1 \qquad ③$$

中 $p-1$ 个数模 $p^s$ 互不同余,又由

$$(g^{np^{s-1}})^{p-1}=g^{n(p-1)p^{s-1}}\equiv 1(\bmod p^s)$$

故 ③ 给出 ① 的 $p-1$ 个解,又因 ① 的解的个数不超过 $p-1$,所以 ③ 是 ① 的全部解.

**1.6.23** 证明:若 $p=2^m+1$ 是素数,则 $p$ 的每一个非平方剩余都是 $p$ 的原根.

**证明** 设$a$为模$p$的任一非平方剩余,于是$(a,p)=1$. 由费马小定理,有

$$a^{p-1}=a^{2^m}\equiv 1(\bmod p)$$

另一方面

$$-1=\left(\frac{a}{p}\right)\equiv a^{\frac{p-1}{2}}=a^{2^{m-1}}(\bmod p)$$

即
$$a^{2^{m-1}}\equiv -1(\bmod p)$$

这表示$2^m=p-1$是$a$关于模$p$的阶,因此$a$是模$p$的原根.

1.6.24 求最小的正整数$n$,使得对于任意奇数$m$都有

$$2^{1\,989}\mid(m^n-1)$$

**解** $\varphi(2^{1\,989})=2^{1\,988}$,由欧拉定理,对于任意的奇数$m$都有$m^{2^{1\,988}}\equiv 1(\bmod 2^{1\,989})$,所以每个奇数$m$的相对于$2^{1\,989}$的阶都是$2^{1\,988}$的因子,$n$就是这些阶的最小公倍数,所以$n$也是$2^{1\,988}$的因子. 显然对于所有的奇数$m$有

$$m^2+1\equiv 2(\bmod 4),m^2-1\equiv 0(\bmod 8)$$

因此对于任意的$k\geqslant 1$,则

$$m^{2^k}+1\equiv 2(\bmod 4)$$

因此$m^{2^k}-1=(m^{2^{k-1}}+1)(m^{2^{k-2}}+1)\cdot(m^{2^{k-3}}+1)\cdots(m^2+1)\cdot(m^2-1)$是$2^{k+2}$的倍数,所以$n\leqslant 2^{1\,987}$. 取$m=3$,则$m^{2^k}-1=(m^{2^{k-1}}+1)(m^{2^{k-2}}+1)(m^{2^{k-3}}+1)\cdots(m^2+1)(m^2-1)$是$2^{k+2}$的倍数,但不是$2^{k+3}$的倍数,所以只能$n=2^{1\,987}$.

1.6.25 若$g_1,\cdots,g_{\varphi(p-1)}$为奇素数$p$的全部原根,则从$p\varphi(p-1)$个数

$$g_i,g_i+p,\cdots,g_i+(p-1)p,1\leqslant i\leqslant\varphi(p-1)\quad ①$$

中去掉$\varphi(p-1)$个数

$$g_i+x_ip,1\leqslant i\leqslant\varphi(p-1)\quad ②$$

后,剩下的$(p-1)\varphi(p-1)=\varphi(\varphi(p^2))$个数就是模$p^2$的全部原根,其中$x_i$满足

$$x_i\equiv t_ig_i(\bmod p),1\leqslant x_i\leqslant\varphi(p-1)\quad ③$$

而$t_i$为同余式

$$g_i^{p-1}\equiv 1+tp(\bmod p^2)\quad ④$$

的适合$0\leqslant t_i\leqslant p-1$之解.

**证明** 模$p^\alpha(\alpha\geqslant 2)$的原根一定是模$p$的原根. 模$p$的原根共有$\varphi(p-1)$个,设为

$$g_1,g_2,\cdots,g_{\varphi(p-1)}$$

则模$p^2$的原根必在①列出的模$p$的原根中,①中的$p\varphi(p-1)$个

心得 体会 拓广 疑问

数中有 $\varphi(p-1)$ 个不是模 $p^2$ 的原根,因为模 $p^2$ 共有

$$\varphi(\varphi(p^2))=\varphi(p(p-1))=(p-1)\varphi(p-1)$$

个原根.由此可知,我们只需证明:当 $t_i$ 适合式④而 $x_i$ 适合式③时,式②中的 $\varphi(p-1)$ 个数均不是模 $p^2$ 的原根.为此,我们先来证明:对每个 $i,1\leqslant i\leqslant\varphi(p-1)$,式④有解.事实上,由 $g_i$ 是模 $p$ 的原根知

$$g_i^{p-1}-1\equiv 0(\bmod p)$$

因此

$$(p,p^2)\mid g_i^{p-1}-1$$

于是式①有解,我们取其中满足

$$0\leqslant t_i\leqslant p-1$$

的解 $t\equiv t_i(\bmod p^2)$.由于 $(g_i,p)=1$,故当 $t$ 通过模 $p$ 的简化剩余系时,$g_it$ 通过模 $p$ 的简化剩余系.设

$$t_ig_i\equiv x_i(\bmod p)$$

则由

$$g_i^{p-1}\equiv 1(\bmod p),(g_i,p)=1$$

知,上式等价于

$$t_i-x_ig_i^{p-2}\equiv 0(\bmod p)$$

对上面取定的 $t_i,x_i$,我们来证明 $g_i+x_ip$ 不是模 $p^2$ 的原根,实际上,由

$$\begin{aligned}(g_i+x_ip)^{p-1}\equiv g_i^{p-1}+(p-1)g_i^{p-2}x_ip\equiv g_i^{p-1}-x_ig_i^{p-2}p\equiv\\ 1+t_ip-x_ig_i^{p-2}p\equiv 1+(t_i-x_ig_i^{p-2})p\equiv\\ 1(\bmod p^2)\end{aligned}$$

可知

$$\delta_{p^2}(g_i+x_ip)\leqslant p-1<p(p-1)=\varphi(p^2)$$

所以

$$g_i+x_ip,1\leqslant i\leqslant\varphi(p-1)$$

不是模 $p^2$ 的原根.

证毕.

若 $p=4n+1$,则 $g$ 与 $p-g$ 同时是模 $p$ 的原根或同时不是模 $p$ 的原根.由

$$p^2-g\equiv p-g(\bmod p)$$

知,对 $g$ 与 $p^2-g$ 也有同样的结论.又因为

$$g^{p-1}\equiv 1(\bmod p^2)\Leftrightarrow(p^2-g)^{p-1}\equiv 1(\bmod p^2)$$

所以 $g$ 是模 $p^2$ 的原根的充要条件是 $p^2-g$ 是模 $p^2$ 的原根.此外,若 $g_i$ 与 $g_j$ 对模 $p^2$ 不同余且

$$2\leqslant g_i,g_j<p^2$$

则

$$g_i,g_j,p^2-g_i,p^2-g_j$$

心得 体会 拓广 疑问

这四个数中的任意两个对模 $p^2$ 不同余(因为它们中的任意两个数之差必小于 $p^2$ 而又不等于零). 于是,为求模 $p^2$ 的全部原根,可先对

$$1 \leqslant i \leqslant \frac{1}{2}\varphi(p-1)$$

求出模 $p^2$ 的 $\frac{(p-1)\varphi(p-1)}{2}$ 个原根,由上述讨论知,$p^2$ 与已求出的 $\frac{(p-1)\varphi(p-1)}{2}$ 个模 $p^2$ 的原根之差就是模 $p^2$ 的另外 $\frac{(p-1)\varphi(p-1)}{2}$ 个原根. 为减少计算量,我们可令

$$g_1, g_2, \cdots, g_{\frac{1}{2}\varphi(p-1)}$$

为模 $p$ 的小于 $\frac{p}{2}$ 的全部原根.

**1.6.26** 设 $\alpha>1$,$g$ 是模 $p$ 的原根且

$$g^{p-1}=1+tp,(g-p)^{p-1}=1+sp$$

则 $p\nmid t$ 时,$g$ 也是模 $p^\alpha$ 的原根;$p\mid t$ 时,$g-p$ 是模 $p^\alpha$ 的原根.

**证明** 我们首先证明 $t,s$ 中至少有一个不能被 $p$ 整除. 若 $p\nmid t$, 我们不用再证什么. 若 $p\mid t$,我们要证明必有 $p\nmid s$,设 $t=pt_1$,则

$$\begin{aligned}(g-p)^{p-1} \equiv\ & g^{p-1}-(p-1)g^{p-2}p+ \\ & \frac{1}{2}(p-1)(p-2)g^{p-3}p^2+\cdots+p^{p-1} \equiv \\ & g^{p-1}-(p-1)g^{p-2}p \equiv 1+tp+g^{p-2}p \equiv \\ & 1+t_1p^2+pg^{p-2} \equiv 1+pg^{p-2} \pmod{p^2}\end{aligned}$$

即

$$(g-p)^{p-1}=1+pg^{p-2}+p^2k=1+(g^{p-2}+pk)p$$

由于 $g$ 是模 $p$ 的原根,故 $p\nmid g$,从而 $p\nmid g^{p-2}+pk$. 令 $s=g^{p-2}+pk$,则 $p\nmid s$.

若 $p\nmid t$,由 $g^{p-1}=1+tp$ 得

$$(g^{p-1})^p=1+p\cdot(tp)+\frac{p(p-1)}{2}t^2p^2+\cdots$$

所以

$$(g^{p-1})^p \equiv 1+tp^2 \pmod{p^3}$$

即

$$g^{\varphi(p^2)} \equiv 1+tp^2 \pmod{p^3}$$

假设

$$g^{\varphi(p^{\alpha-1})} \equiv 1+tp^{\alpha-1} \pmod{p^\alpha}$$

心得 体会 拓广 疑问

则

$$g^{\varphi(p^\alpha)} \equiv [g^{\varphi(p^{\alpha-1})}]^p \equiv (1+tp^{\alpha-1})^p \equiv$$
$$1+ptp^{\alpha-1}+\frac{p(p-1)}{2}t^2p^{2(\alpha-1)}+\cdots+t^pp^{(\alpha-1)p} \equiv$$
$$1+tp^\alpha \pmod{p^{\alpha+1}}$$

于是我们就证明了对任意的 $\alpha>1$

$$g^{\varphi(p^{\alpha-1})} \not\equiv 1 \pmod{p^\alpha} \quad ①$$

由

$$\delta_p(g)=p-1 \mid \delta_{p^\alpha}(g) \quad ②$$

假设

$$\delta_{p^\alpha}(g)<\varphi(p^\alpha)=p^{\alpha-1}(p-1)$$

则由 ② 知

$$\delta_{p^\alpha}(g) \mid p^{\alpha-2}(p-1)=\varphi(p^{\alpha-1})$$

由此推出

$$g^{\varphi(p^{\alpha-1})} \equiv 1 \pmod{p^\alpha}$$

由 ① 知上式不成立，再由 $\delta_{p^\alpha}(g) \mid \varphi(p^\alpha)$ 可知必有 $\delta_{p^\alpha}(g)=\varphi(p^\alpha)$，就是说 $g$ 是模 $p^\alpha$ 的原根.

若 $p\mid t$，则 $p \nmid s$，由于 $g-p\equiv g \pmod p$，故 $g-p$ 也是模 $p$ 的原根，于是同理可证 $g-p$ 是模 $p^\alpha$ 的原根.

证毕.

**注** 本题的一个等价形式为：若 $g$ 是模 $p$ 的一个原根，则

$$g^{p-1} \not\equiv 1 \pmod{p^2}$$

时，$g$ 也是模 $p^\alpha$ 的一个原根；$g^{p-1}\equiv 1 \pmod{p^2}$ 时，$g-p$ 是模 $p^\alpha$ 的一个原根. 此外，若 $f$ 不是模 $p^\alpha$ 的原根，$d=\delta_p(f)<p-1$，则由 $f^d\equiv 1 \pmod p$ 可推出

$$f^{dp^{\alpha-1}} \equiv 1 \pmod{p^\alpha}$$

所以 $f$ 也不是模 $p^\alpha$ 的原根，由此可知，模 $p^\alpha$ 的原根一定是模 $p$ 的原根.

1.6.27 设 $m$ 是大于 1 的整数，证明：满足 $p\equiv 1 \pmod m$ 的素数有无穷多个.

**证明** 本题的证明分作两步，首先证明存在使 $p\equiv 1 \pmod m$ 的素数 $p$，这里 $m$ 是任意正整数，其次再证明这样的素数有无穷多.

作多项式

$$F_m(x)=\prod_{d\mid m}(x^{m/d}-1)^{\mu(d)}$$

其中 $d$ 是 $m$ 的因数，$\mu(d)$ 是麦比乌斯函数，$F_m(x)$ 的根均为 $m$ 阶单位根. 显然 $F_m(x)$ 是主系数为 1 的整系数多项式，如设

心得 体会 拓广 疑问

$$x^m - 1 = F_m(x)G(x)$$

则 $G(x)$ 也是整系数多项式,取 $x$ 的值 $a$ 为 $m$ 的倍数,则由于 $a^m - 1$ 与 $m$ 互素,故 $F_m(a)$ 也与 $m$ 互素,又由于使 $F_m(x) = \pm 1$ 的 $x$ 值只有有限个,故可取这样的 $a$,使 $F_m(a) \neq \pm 1$.

现设 $F_m(a)$ 的任意一个素因数为 $p$,可以证明 $p \equiv 1 \pmod m$. 由于 $(F_m(a), m) = 1$,故 $(p, m) = 1$,且

$$a^m \equiv 1 \pmod p$$

因此 $a$ 关于模 $p$ 的阶数 $l$ 是 $m$ 的因数. 可以证明 $l = m$. 事实上,如果 $l < m$,则 $F_m(x)$ 和 $x^l - 1$ 没有公共根(因为 $F_m(x)$ 的根均为 $m$ 阶单位根,而 $l < m$),而 $x^m - 1$ 可被 $x^l - 1$ 整除,这就表 $G(x)$ 可被 $x^l - 1$ 整除,如设 $G(x) = (x^l - 1)H(x)$,则

$$F_m(x)H(x) = \frac{x^m - 1}{x^l - 1} = 1 + x^l + (x^l)^2 + \cdots + (x^l)^{m/l}$$

由于 $a^l \equiv 1 \pmod p$, $F_m(a) \equiv 0 \pmod p$,故

$$0 \equiv F_m(a)H(a) = 1 + a^l + (a^l)^2 + \cdots + (a^l)^{m/l} \equiv \frac{m}{l} \pmod p$$

这表示 $p \mid m$,但这与 $p \nmid m$ 矛盾,故 $m = l$. 这样再由费马定理便知 $m$ 是 $p-1$ 的因数,即 $p \equiv 1 \pmod m$. 于是就证明的确存在这样的素数 $p$,使 $p \equiv 1 \pmod m$.

其次再证明这样的素数有无穷多个. 由上面证明可知,存在满足如下条件的素数 $p_1, p_2, \cdots, p_i, \cdots$,即 $p_1 \equiv 1 \pmod m$, $p_2 \equiv 1 \pmod{mp_1}$, $\cdots$, $p_i \equiv 1 \pmod{mp_1p_2\cdots p_{i-1}}$, $\cdots$ 显然有 $p_i \equiv 1 \pmod m$ $(i = 1,2,\cdots)$,这表示满足 $p \equiv 1 \pmod m$ 的素数有无穷多个.

心得 体会 拓广 疑问

# 第2章　数列中的数论问题

## 2.1　组合数的性质

2.1.1　对1,2,3,4,5,6,7这7个数字进行排列,得到7! 个数,求这些数的和.

**解**　对任意$i,j\in\{1,2,\cdots,7\}$,第$i$个位置上的数字为$j$的数有6! 个.因此所有7! 个数之和等于

$$(6!\ 1+6!\ 2+\cdots+6!\ 7)+(6!\ 1+6!\ 2+\cdots+6!\ 7)10+(6!\ 1+6!\ 2+\cdots+6!\ 7)10^2+\cdots+(6!\ 1+6!\ 2+\cdots+6!\ 7)10^6=6!\ (1+2+\cdots+7)(1+10+10^2+\cdots+10^6)=720\cdot 28\cdot 1\ 111\ 111=22\ 399\ 997\ 760$$

2.1.2　证明:对任意正整数$n$,均有

$$n!\ =\prod_{i=1}^{n}\operatorname{lcm}\left\{1,2,\cdots,\left[\frac{n}{i}\right]\right\}$$

这里lcm表示最小公倍数,$[x]$表示不超过$x$的最大整数.

**证明**　只需证明:对任意质数$p$,在质因数分解式中式子两边$p$的幂次相同.

注意到,$n!$ 中$p$的幂次$\beta$为$\sum\limits_{j=1}^{+\infty}\left[\frac{n}{p^j}\right]$,而右边式子中$p$的幂次$\alpha$为

$$\alpha=\sum_{i=1}^{n}\Big(\sum_{j\geqslant 1,p^j\leqslant\left[\frac{n}{i}\right]}1\Big)=\sum_{i=1}^{n}\Big(\sum_{j\geqslant 1,p^j\leqslant\frac{n}{i}}1\Big)=\sum_{i=1}^{n}\Big(\sum_{1\leqslant i\leqslant\frac{n}{p^j}}1\Big)=\sum_{j=1}^{+\infty}\Big(\sum_{1\leqslant i\leqslant\frac{n}{p^j}}1\Big)=\sum_{j=1}^{+\infty}\left[\frac{n}{p^j}\right]=\beta$$

所以,命题成立.

心得 体会 拓广 疑问

2.1.3 求所有的正整数 $n$,使对某个 $k,1\leqslant k\leqslant n-1$,有 $2C_n^k=C_n^{k-1}+C_n^{k+1}$.

(南斯拉夫,1974 年)

**解** 因为对每个 $k=1,2,\cdots,n-1$,有

$$C_n^{k-1}=C_n^k\cdot\frac{k}{n-k+1},C_n^{k+1}=C_n^k\cdot\frac{n-k}{k+1},C_n^k\neq 0$$

所以 $2C_n^k=C_n^{k-1}+C_n^{k+1}$ 等价于

$$2=\frac{k}{n-k+1}+\frac{n-k}{k+1}$$

即 $(n-2k)^2=n+2$. 因此所求的 $n\in\mathbf{N}^*$ 必可表为 $n=m^2-2$,其中 $m=2,3,\cdots$. 下面设 $n=m^2-2$. 如果 $m=2$,则 $n=2$,因此只有当 $k=0$ 时才有 $(n-2k)^2=n+2$. 如果 $m>2$,则当 $k=\frac{m(m-1)}{2}-1$ 时,$(n-2k)^2=n+2$ 成立. 注意,当 $m>2$ 时,有

$$0<\frac{m(m-1)}{2}-1<m^2-2=n$$

这表明,所求的 $n\in\mathbf{N}^*$ 是所有形如 $n=m^2-2$ 的数,其中 $m=3,4,\cdots$.

2.1.4 对任意正整数 $n\geqslant k$,$C_n^k,C_{n+1}^k,\cdots,C_{n+k}^k$ 的最大公因数为 1.

(纽约,1974 年)

**证明** 设 $d\in\mathbf{N}^*$ 是 $C_n^k,C_{n+1}^k,\cdots,C_{n+k}^k$ 的公因数,则 $d$ 也是

$$C_n^{k-1}=C_{n+1}^k-C_n^k$$

$$C_{n+1}^{k-1}=C_{n+2}^k-C_{n+1}^k,\cdots,C_{n+k-1}^{k-1}=C_{n+k}^k-C_{n+k-1}^k$$

的公因数. 同理,$d$ 是 $C_n^{k-2},C_{n+1}^{k-2},\cdots,C_{n+k-2}^{k-2}$ 的公因数,如此继续,最后即得,$C_n^0=1$ 被 $d$ 整除. 因此 $d=1$.

2.1.5 设 $p$ 是素数,求证:$p^2\mid C_{2p}^p-2$.

(南斯拉夫,1970 年)

**证明** 容易验证,当 $p=2$ 时,$C_4^2-2=4$ 被 $2^2=4$ 整除. 因此,设素数 $p>2$. 首先有

$$C_{2p}^p=\frac{(2p)!}{(p!)^2}=\frac{2p(2p-1)!}{p(p-1)!\,p!}=2C_{2p-1}^{p-1}$$

其次,对 $k=1,2,\cdots,\frac{p-1}{2}$,有

$$(2p-k)(p+k)\equiv k(p-k)\pmod{p^2}$$

所以

$$(2p-1)(2p-2)\cdots(p+1)=((2p-1)(p+1))((2p-2)\cdot(p+2))\cdots\left(\left(2p-\frac{p-1}{2}\right)\left(p+\frac{p-1}{2}\right)\right)\equiv$$

$$(1\cdot(p-1))(2\cdot(p-2))\cdots\left(\frac{p-1}{2}\cdot\frac{p+1}{2}\right)\pmod{p^2}$$

与 $(p-1)!$ 模 $p^2$ 同余. 因此存在 $m\in\mathbf{Z}$,使得

$$C_{2p-1}^{p-1}=\frac{(2p-1)(2p-2)\cdots(p+1)}{(p-1)!}=\frac{mp^2+(p-1)!}{(p-1)!}=\frac{mp^2}{(p-1)!}+1$$

由于 $\frac{mp^2}{(p-1)!}=C_{2p-1}^{p-1}-1$ 是整数,且 $(p^2,(p-1)!)=1$,所以

$$m=l(p-1)!$$

其中 $l\in\mathbf{Z}$. 因此

$$C_{2p-1}^{p-1}=\frac{l(p-1)!\ p^2}{(p-1)!}+1=lp^2+1\equiv 1\pmod{p^2}$$

于是,$C_{2p}^{p}=2C_{2p-1}^{p-1}\equiv 2\pmod{p^2}$.

证毕.

2.1.6　整数 $C_{200}^{100}$ 的最大的两位数的素因数是多少?

(第 1 届美国数学邀请赛,1983 年)

**解**　$n=C_{200}^{100}=\frac{200\cdot 199\cdot 198\cdot\cdots\cdot 102\cdot 101}{100!}=$

$$2^{50}\cdot\frac{199\cdot 197\cdot 195\cdot\cdots\cdot 103\cdot 101}{50!}$$

这是一个整数,且分子中 $199\cdot 197\cdot 195\cdot\cdots\cdot 103\cdot 101$ 是三位奇数之积,于是所求的两位数的素因子只能从三位奇合数中寻找.

由于小于 200 的合数一定含有小于 $\sqrt{200}$ 的素数为因子,因此在 101 到 199 之间的奇合数的素因子一定含有 3,5,7,11,13 中的一个.

由于 $\left[\frac{199}{3}\right]=66$,于是所求的最大的两位素因子一定小于 66,而小于 66 的最大的素数为 61,且 $61\cdot 3=183$ 恰为 $C_{200}^{100}$ 中的一个因子,于是所求的最大素因子为 61.

心得 体会 拓广 疑问

2.1.7 求所有 $n>3$,使 $1+C_n^1+C_n^2+C_n^3 \mid 2^{2000}$.

(中国数学奥林匹克,1998年)

**解** 设 $1+C_n^1+C_n^2+C_n^3 \mid 2^{2000}$,则

$$1+C_n^1+C_n^2+C_n^3=2^k$$

其中 $k\in\mathbf{N}^*$,即

$$1+n+\frac{n(n-1)}{2}+\frac{n(n-1)(n-2)}{6}=2^k$$

因此

$$(n+1)(n^2-n+6)=3\times 2^{k+1}$$

记 $n+1=m$,则 $m>4$ 且

$$m(m^2-3m+8)=3\times 2^{k+1}$$

因此 $m=2^s$,其中 $s\in\mathbf{N}^*$,或者 $m=3\times 2^u$,其中 $u\in\mathbf{N}^*$,如果 $m=2^s$,其中 $s\in\mathbf{N}^*$,则由 $m>5$ 可知 $s\geqslant 3$. 另外,$m^2-3m+8=3\times 2^t$,其中 $t\in\mathbf{N}^*$. 如果 $s\geqslant 4$,则

$$m=16\times 2^{s-4}\equiv 0\pmod{16}$$

因此

$$3\times 2^t=m^2-3m+8\equiv 8\pmod{16}$$

即得

$$2^t\equiv 8\pmod{16}$$

所以 $t=3$,即 $m^2-3m+8=24$,从而 $m(m-3)=16$,不可能. 于是 $s=3$,从而 $m=8$,即 $n=7$;如果 $m=3\times 2^u$,其中 $u\in\mathbf{N}^*$,则因 $m>4$,所以 $u\geqslant 1$,而 $m^2-3m+8=2^v$,其中 $v\in\mathbf{N}^*$,若 $u\geqslant 4$,则 $m\equiv 0\pmod{16}$,因此,$8=2^v$,从而 $v=3$. 因此,$m(m-3)=0$,不可能. 容易验证,$u\neq 1,2$,所以 $u=3$,从而 $m=3\times 2^3=24$,即 $n=23$.

经验证

$$1+C_7^1+C_7^2+C_7^3=2^6,1+C_{23}^1+C_{23}^2+C_{23}^3=2^{11}$$

它们都能整除 $2^{2000}$,故所求的正整数为7和23.

2.1.8 证明:对任意自然数 $n$,二项式系数 $C_n^h(0\leqslant h\leqslant n)$ 中,奇数的个数是2的幂.

(第31届国际数学奥林匹克候选题,1990年)

**证明** 将 $n$ 用二进制表示

$$n=2^{\alpha_1}+2^{\alpha_2}+\cdots+2^{\alpha_k}(\alpha_1>\alpha_2>\cdots>\alpha_k)$$

则有

$$(1+x)^n=(1+x)^{2^{\alpha_1}}(1+x)^{2^{\alpha_2}}\cdots(1+x)^{2^{\alpha_k}}$$

心得 体会 拓广 疑问

因此

$$(1+x)^n \equiv (1+x^{2^{\alpha_1}})(1+x^{2^{\alpha_2}})\cdots(1+x^{2^{\alpha_k}}) \pmod 2$$

上式中右边的多项式共有 $2^k$ 项,它们的系数为1(奇数),因此 $(1+x)^n$ 的展开式中,恰有 $2^k$ 项系数 $C_n^h$ 为奇数.

2.1.9　求证:对于任何自然数 $n$,和数 $\sum_{k=0}^{n} 2^{3k} C_{2n+1}^{2k+1}$ 不能被5整除.

(第16届国际数学奥林匹克,1974年)

**证法1**　记

$$x=\sum_{k=0}^{n} 2^{3k} C_{2n+1}^{2k+1},则$$

$$x=\frac{1}{\sqrt{8}}\sum_{k=0}^{n}(\sqrt{8})^{2k+1} C_{2n+1}^{2k+1}$$

$$\sqrt{8}x=\sum_{k=0}^{n}(\sqrt{8})^{2k+1} C_{2n+1}^{2k+1} \quad ①$$

又令

$$y=\sum_{k=0}^{n}(\sqrt{8})^{2k} C_{2n+1}^{2k}=\sum_{k=0}^{n} 2^{3k} C_{2n+1}^{2k} \quad ②$$

① ±②,并应用二项式定理,得

$$\sqrt{8}x+y=\sum_{k=0}^{n}(\sqrt{8})^{2k+1} C_{2n+1}^{2k+1}+\sum_{k=0}^{n}(\sqrt{8})^{2k} C_{2n+1}^{2k}=(\sqrt{8}+1)^{2n+1} \quad ③$$

$$\sqrt{8}x-y=\sum_{k=0}^{n}(\sqrt{8})^{2k+1} C_{2n+1}^{2k+1}-\sum_{k=0}^{n}(\sqrt{8})^{2k} C_{2n+1}^{2k}=(\sqrt{8}-1)^{2n+1} \quad ④$$

③·④得

$$8x^2-y^2=(\sqrt{8}+1)^{2n+1}(\sqrt{8}-1)^{2n+1}=7^{2n+1} \quad ⑤$$

考虑以5为模的余数

$$8\equiv 3 \pmod 5$$

$$7\equiv 2 \pmod 5$$

$$7^2\equiv -1 \pmod 5$$

$$7^{2n}\equiv (-1)^n \pmod 5$$

$$7^{2n+1}\equiv (-1)^n\cdot 2 \pmod 5$$

于是,由式⑤可得

$$3x^2-y^2\equiv (-1)^n\cdot 2 \pmod 5$$

$$3x^2\equiv y^2+(-1)^n\cdot 2 \pmod 5 \quad ⑥$$

又因为若 $5\mid a$,则 $a^2\equiv 0$. 因而有

$$y^2\not\equiv \pm 2 \pmod 5$$

于是由式⑥得 $3x\not\equiv 0 \pmod 5$.

心得 体会 拓广 疑问

于是
$$x \not\equiv 0 \pmod 5$$
即对任何自然数 $n$,和数
$$x = \sum_{k=0}^{n} 2^{3k} C_{2n+1}^{2k+1}$$
不能被 5 整除.

**证法 2** 设
$$x_m = \sum_k 2^{3k} C_m^{2k+1} (0 < 2k + 1 \leqslant m)$$
$$y_m = \sum_k 2^{3k} C_m^{2k} (0 \leqslant 2k \leqslant m)$$

显然,当 $m$ 为大于 1 的奇数时,$x_m$ 即为题中的和数,由组合数的性质公式 $C_m^{r+1} + C_m^r = C_{m+1}^{r+1}$,可得
$$\begin{cases} x_m + y_m = x_{m+1} & ① \\ 8x_m + y_m = y_{m+1} & ② \end{cases}$$

下面用数学归纳法证明:当 $m$ 为奇数时,$x_m$ 不能被 5 整除,当 $m$ 为偶数时,$y_m$ 不能被 5 整除.

因为 $x_1 = 1, x_3 = 11, y_2 = 9$,所以对一切 $m \leqslant 3$,结论成立.

设对一切 $m \leqslant i (i \geqslant 3, i \in \mathbf{N})$ 结论成立. 则由式 ①② 可得
$$\begin{aligned} x_{m+3} &= x_{m+2} + y_{m+2} = x_{m+1} + y_{m+1} + 8x_{m+1} + y_{m+1} = \\ &9x_{m+1} + 2y_{m+1} = \\ &9(x_m + y_m) + 2(8x_m + y_m) = \\ &5(5x_m + 2y_m) + y_m \qquad ③ \end{aligned}$$
$$\begin{aligned} y_{m+3} &= 8x_{m+2} + y_{m+2} = 8x_{m+1} + 8y_{m+1} + 8x_{m+1} + y_{m+1} = \\ &16x_{m+1} + 9y_{m+1} = \\ &16(x_m + y_m) + 9(8x_m + y_m) = \\ &5(17x_m + 5y_m) + 3x_m \qquad ③ \end{aligned}$$

由归纳假设,$m$ 为偶数时,$y_m$ 不能被 5 整除,于是 $m + 3$ 为奇数,由式 ③$x_{m+3}$ 不能被 5 整除,$m$ 为奇数时,$x_m$ 不能被 5 整除,于是 $m + 3$ 为偶数,由式 ④$y_{m+3}$ 不能被 5 整除.

从而由数学归纳法,结论成立.

因此,对于任何自然数 $n$,和数
$$\sum_{k=0}^{n} 2^{3k} C_{2n+1}^{2k+1}$$
不能被 5 整除.

心得 体会 拓广 疑问

2.1.10　给定 $m \in \mathbf{N}$.

(1) 证明：$\frac{1}{m+1}C_{2m}^{m}$ 是自然数.

(2) 求最小的 $k \in \mathbf{N}$，使得对每个自然数 $n \geqslant m$，$\frac{k}{n+m+1}C_{2n}^{n+m}$ 为自然数.

（评委会，澳大利亚，1982 年）

**证明**　(1) 显然，$C_{2m}^{m}, C_{2m}^{m-1} \in \mathbf{N}$，所以

$$\frac{1}{m+1}C_{2m}^{m} = \left(1 - \frac{m}{m+1}\right)C_{2m}^{m} =$$

$$C_{2m}^{m} - \frac{(2m)!}{(m-1)!\,(m+1)!} = C_{2m}^{m} - C_{2m}^{m-1}$$

是整数.

(2) 给定 $m \in \mathbf{N}$，并设 $k \in \mathbf{N}$ 是所求的最小数，则当 $n = m$ 时

$$\frac{k}{n+m+1}C_{2n}^{n+m} = \frac{k}{2m+1}$$

是自然数，所以 $(2m+1) \mid k$，从而 $k \geqslant 2m+1$. 下面证明 $k = 2m+1$. 因为对任意 $n > m$，有

$$\frac{2m+1}{n+m+1}C_{2n}^{n+m} = \left(1 - \frac{n-m}{n+m+1}\right)C_{2n}^{n+m} =$$

$$C_{2n}^{n+m} - \frac{(2n)!}{(n+m+1)!\,(n-m-1)!} =$$

$$C_{2n}^{n+m} - C_{2n}^{n-m-1}$$

而 $C_{2n}^{n+m}, C_{2n}^{n-m-1} \in \mathbf{N}$，所以

$$\frac{2m+1}{n+m+1}C_{2n}^{n+m} \in \mathbf{N}$$

2.1.11　证明：对任意 $n \in \mathbf{N}$，均有

$$\sum_{k=0}^{n} \frac{(2n)!}{(k!)^2((n-k)!)^2} = (C_{2n}^{n})^2$$

（评委会，美国，1982 年）

**证明**　显然，$(1+x)^{2n} = (1+x)^n(1+x)^n$，由牛顿二项式定理

$$C_{2n}^{0} + C_{2n}^{1}x + \cdots + C_{2n}^{2n}x^{2n} =$$

$$(C_n^0 + C_n^1 x + \cdots + C_n^n x^n)(C_n^0 + C_n^1 x + \cdots + C_n^n x^n)$$

比较两端 $x^n$ 的系数，并利用 $C_n^k = C_n^{n-k}, k = 0,1,\cdots,n$，得到

$$C_{2n}^{n} = (C_n^0)^2 + (C_n^1)^2 + \cdots + (C_n^n)^2$$

心得 体会 拓广 疑问

因此

$$\sum_{k=0}^{n}\frac{(2n)!}{(k!)^2((n-k)!)^2}=\frac{(2n)!}{n!\ n!}\sum_{k=0}^{n}\frac{(n!)^2}{(k!)^2((n-k)!)^2}=$$
$$\mathrm{C}_{2n}^{n}[(\mathrm{C}_n^0)^2+(\mathrm{C}_n^1)^2+\cdots+(\mathrm{C}_n^n)^2]=$$
$$(\mathrm{C}_{2n}^{n})^2$$

2.1.12 求$(1+x)^3+(1+x)^4+\cdots+(1+x)^{n+2}$展开式里$x^2$的系数.

(中国北京,1963年)

**解** 在$(1+x)^3+(1+x)^4+\cdots+(1+x)^{n+2}$的展开式中,$x^2$的系数$a$为

$$a=\mathrm{C}_3^2+\mathrm{C}_4^2+\cdots+\mathrm{C}_{n+2}^2$$

由于$\mathrm{C}_m^{k-1}=\mathrm{C}_{m+1}^{k}-\mathrm{C}_m^k$,所以

$$a=(\mathrm{C}_4^3-\mathrm{C}_3^3)+(\mathrm{C}_5^3-\mathrm{C}_4^3)+(\mathrm{C}_6^3-\mathrm{C}_5^3)+\cdots+$$
$$(\mathrm{C}_{n+3}^3-\mathrm{C}_{n+2}^3)=\mathrm{C}_{n+3}^3-1=$$
$$\frac{1}{6}n(n^2+n+11)$$

2.1.13 证明:对于任意一个正整数$n$,$\left(4-\frac{2}{1}\right)\left(4-\frac{2}{2}\right)\left(4-\frac{2}{3}\right)\cdots\left(4-\frac{2}{n}\right)$是一个整数.

**证明** 
$$\prod_{i=1}^{n}\left(4-\frac{2}{i}\right)=\frac{1}{n!}\prod_{i=1}^{n}2(2i-1)=$$
$$\frac{1}{n!\ n!}\prod_{i=1}^{n}2i(2i-1)=\frac{(2n)!}{n!\ n!}=\mathrm{C}_{2n}^{n}$$

所以$\prod_{i=1}^{n}\left(4-\frac{2}{i}\right)$是整数.

2.1.14 证明:对任意$m,n\in\mathbf{N}$

$$S_{m,n}=1+\sum_{k=1}^{m}(-1)^k\frac{(n+k+1)!}{n!\ (n+k)}$$

都能被$m!$整除,但对某些自然数$m,n,S_{m,n}$不能被$m!\ (n+1)$整除.

(英国数学奥林匹克,1981年)

**证明** 对$m$用数学归纳法证明

心得 体会 拓广 疑问

$$S_{m,n}=(-1)^m\frac{(n+m)!}{n!} \quad ①$$

(1) 当 $m=1$ 时

$$S_{1,n}=1-\frac{(n+2)!}{n!\ (n+1)}=1-(n+2)=-\frac{(n+1)!}{n!}$$

即 $m=1$ 时,式 ① 成立.

(2) 假设对 $m$,式 ① 成立,那么对 $m+1$

$$S_{m+1,n}=S_{m,n}+(-1)^{m+1}\frac{(n+m+2)!}{n!\ (n+m+1)}=$$

$$(-1)^m\frac{(n+m)!}{n!}+(-1)^{m+1}\frac{(n+m)!\ (n+m+2)}{n!}=$$

$$(-1)^{m+1}\frac{(n+m)!}{n!}[(n+m+2)-1]=$$

$$(-1)^{m+1}\frac{(n+m+1)!}{n!}$$

所以对 $m+1$,式 ① 成立.

因此对所有 $m\in\mathbf{N}$,式 ① 成立.

由于 $C_{n+m}^m$ 是自然数,则

$$S_{m,n}=(-1)^m\frac{(n+m)!}{n!\ m!}\cdot m!\ =(-1)^mC_{n+m}^m\cdot m!$$

因而 $S_{m,n}$ 能被 $m!$ 整除.

当 $n=2,m=3$ 时

$$S_{m,n}=S_{3,2}=-60$$

能被 $m!\ =3!\ =6$ 整除,但不能被 $m!\ (n+1)=3!\ (2+1)=18$ 整除.

---

**2.1.15** 证明:对任意 $m,n\in\mathbf{N}$

$$S_{m,n}=1+\sum_{k=1}^{m}(-1)^k\frac{(n+k+1)!}{n!\ (n+k)}$$

都被 $m!$ 整除.但对某些 $m,n\in\mathbf{N}$,$S_{m,n}$ 不被 $m!\ (n+1)$ 整除.

(英国,1981 年)

---

**证明** 对给定的 $n\in\mathbf{N}$,对 $m\in\mathbf{N}$ 用归纳法证明

$$S_{m,n}=(-1)^m\frac{(n+m)!}{n!}$$

当 $m=1$ 时,有

$$S_{1,n}=1-\frac{(n+2)!}{n!\ (n+1)}=1-(n+2)=-\frac{(n+1)!}{n!}$$

设对某个 $m\in\mathbf{N}$ 结论成立,则

心得 体会 拓广 疑问

$$S_{m+1,n}=S_{m,n}+(-1)^{m+1}\frac{(n+m+2)!}{n!\ (n+m+1)}=$$
$$(-1)^{m}\frac{(n+m)!}{n!}+(-1)^{m+1}\frac{(n+m)!\ (n+m+2)}{n!}=$$
$$(-1)^{m+1}\frac{(n+m)!}{n!}(-1+n+m+2)=$$
$$(-1)^{m+1}\frac{(n+m+1)!}{n}$$

即结论对 $m+1$ 也成立. 因为 $C_{n+m}^{m}\in\mathbf{N}$,所以

$$S_{m,n}=(-1)^{m}\frac{(n+m)!}{n!\ m!}\cdot m!\ =(-1)^{m}C_{n+m}^{n}m!$$

被 $m!$ 整除. 最后当 $n=2,m=3$ 时,$S_{m,n}=-60$ 不被 $m!\ (n+1)=18$ 整除.

2.1.16 对给定的 $n\in\mathbf{N},n>1$,记 $m_k=n!\ +k,k\in\mathbf{N}$. 证明:对任意 $k\in\{1,2,\cdots,n\}$,都有一个素数 $p$,它整除 $m_k$,但不整除 $m_1,m_2,\cdots,m_{k-1},m_{k+1},\cdots,m_n$.

(奥地利,1973 年)

**证明** 记 $l_k=\frac{m_k}{k}=\frac{n!}{k}+1,k=1,2,\cdots,n$. 我们只需证明:如果 $p$ 是 $l_k$ 的素因子,则对每个 $j\neq k,p$ 不整除 $m_j$. 因为素数 $p$ 整除 $l_k$,从而整除 $m_k=l_kk$,所以素数 $p$ 即合题求. 现在设 $p\mid l_k$,并且有某个 $j\neq k$,使得 $p\mid m_j$,则 $p\mid l_j$ 或 $p\mid j$. 因为 $j$ 是 $1\cdot 2\cdot\cdots\cdot(k-1)\cdot(k+1)\cdot\cdots\cdot n=l_k-1$ 的因数,所以 $j\mid(l_k-1)$,从而 $(j,l_k)=(j,1)=1$. 即不可能有 $p\mid j$. 因此 $p\mid l_j$,于是 $p\mid l_k,p\mid l_j,j\neq k$. 设 $p\leqslant n$,如果 $p\neq k$,则因 $l_k=1\cdot 2\cdot\cdots\cdot(k-1)\cdot(k+1)\cdot\cdots\cdot n+1$,所以 $p$ 与 $l_k$ 互素. 同理,如果 $p\neq j$,则 $p$ 与 $l_j$ 互素. 因此,$p$ 至少与 $l_k$ 或 $l_j$ 互素. 所以 $p\leqslant n$ 是不可能的. 其次设 $p>n$. 则

$$k-j=m_k-m_j=kl_k-jl_j\equiv 0(\bmod p)$$

即 $p\mid(k-j)$,与 $0<|k-j|<n<p$ 矛盾. 因此不可能有 $p\mid l_k$ 且 $p\mid l_j$,结论证毕.

2.1.17 设 $n$ 为正整数,从数列 $1,\frac{1}{2},\frac{1}{3},\cdots,\frac{1}{n}$ 分别求相邻两个数的算术平均,得到新数列 $\frac{3}{4},\frac{5}{12},\cdots,\frac{2n-1}{2n(n-1)}$. 对新数列继续上述操作,直至最后剩下一个数 $x_n$. 证明:$x_n<\frac{2}{n}$.

**证明** 利用数学归纳法易证:第 $k$ 个数列的第 $j$ 个元素为

心得 体会 拓广 疑问

$$\sum_{i=1}^{k}\frac{C_{k-1}^{i-1}}{2^{k-1}(i+j-1)}$$

这里最初的数列为第1个数列. 因此

$$x_n=\frac{1}{2^{n-1}}\sum_{i=1}^{n}\frac{C_{n-1}^{i-1}}{i}=\frac{1}{2^{n-1}}\sum_{i=1}^{n}\frac{1}{n}C_i^n=$$

$$\frac{1}{n\cdot 2^{n-1}}\sum_{i=1}^{n}C_n^i=\frac{2^n-1}{n\cdot 2^{n-1}}<\frac{2}{n}$$

2.1.18 设 $p$ 为正整数,证明:$p$ 为素数的必要充分条件是

$$C_{p-1}^k\equiv(-1)^k(\bmod p)(k=0,1,\cdots,p-1)$$

其中 $C_{p-1}^k$ 是 $(a+b)^{p-1}$ 展开式中 $b_1$ 的系数.

**证明** 由于 $C_{p-1}^k$ 是正整数,且

$$C_{p-1}^k=\frac{(p-1)(p-2)\cdots(p-k)}{k!}$$

因此只需证明 $p$ 是素数的充要条件是

$$(p-1)(p-2)\cdots(p-k)=(-1)^k k!\ (\bmod p)$$

其中 $k=0,1,\cdots,p-1$.

首先证明必要性. 由威尔逊定理知 $k=p-1$,$k=p-2$ 时,结论成立. 当 $k=0,1,\cdots,p-3$ 时,由于 $(p-k)\equiv -k(\bmod p)$,故当 $k=0,1,\cdots,p-3$ 时有

$$(p-1)(p-2)\cdots(p-k)\equiv(-1)^k k!\ (\bmod p)$$

反之,当 $(p-1)(p-2)\cdots(p-k)\equiv(-1)^k k!\ (k=0,1,\cdots,p-1)$ 成立时,显然有 $(p-1)!\ \equiv -1(\bmod p)$,由威尔逊定理知 $p$ 是素数.

2.1.19 $\{x_n\mid n\in\mathbf{N}\}$ 是一个实数列,对于每个正整数 $n\geqslant 2$,有

$$x_1-C_n^1x_2+C_n^2x_3-\cdots+(-1)^nC_n^nx_{n+1}=0$$

求证:对每对正整数 $k,n,1\leqslant k\leqslant n-1$,成立

$$\sum_{p=0}^{n}(-1)^pC_n^px_{p+1}^k=0$$

**证明** 取一个算术级数(即等差数列)$\{a_n\mid n\in\mathbf{N}\}$. 这里 $a_1=x_1$,$a_2=x_2$,记这个算术级数的公差为 $d$,且 $d=x_2-x_1$. 于是

$$\sum_{p=0}^{n}(-1)^pC_n^pa_{p+1}=\sum_{p=0}^{n}(-1)^pC_n^p(a_1+pd)=$$

$$a_1\sum_{p=0}^{n}(-1)^pC_n^p+d\sum_{p=0}^{n}(-1)^ppC_n^p \quad ①$$

当 $p \geqslant 1$ 时,利用

$$pC_n^p = p\frac{n!}{p!\ (n-p)!} = \frac{n!}{(p-1)!\ (n-p)!} = nC_{n-1}^{p-1} \quad ②$$

有

$$\sum_{p=0}^{n}(-1)^p C_n^p a_{p+1} = a_1\sum_{p=0}^{n}(-1)^p C_n^p + nd\sum_{p=1}^{n}(-1)^p C_{n-1}^{p-1} \quad ③$$

由于

$$0 = (1-1)^n = \sum_{p=0}^{n}(-1)^p C_n^p$$

$$0 = (1-1)^{n-1} = \sum_{q=0}^{n-1}(-1)^q C_{n-1}^q =$$

$$\sum_{p=1}^{n}(-1)^{p-1}C_{n-1}^{p-1}(\text{令 } q = p-1) \quad ④$$

将④代入③,有

$$\sum_{p=0}^{n}(-1)^p C_n^p a_{p+1} = 0 \quad ⑤$$

在⑤中令 $n = 2,3,4,5,\cdots$,再考虑到 $a_1 = x_1, a_2 = x_2$,有

$$x_1 - 2x_2 + a_3 = 0$$

$$x_1 - 3x_2 + 3a_3 - a_4 = 0$$

$$x_1 - 4x_2 + 6a_3 - 4a_4 + a_5 = 0$$

$$x_1 - 5x_2 + 10a_3 - 10a_4 + 5a_5 - a_6 = 0$$

$$\cdots$$

$$x_1 - C_n^1 x_2 + C_n^2 a_3 - \cdots + (-1)^n C_n^n a_{n+1} = 0 \quad ⑥$$

在题目等式中,也令 $n = 2,3,4,5,\cdots$,有

$$x_1 - 2x_2 + x_3 = 0$$

$$x_1 - 3x_2 + 3x_3 - x_4 = 0$$

$$x_1 - 4x_2 + 6x_3 - 4x_4 + x_5 = 0$$

$$x_1 - 5x_2 + 10x_3 - 10x_4 + 5x_5 - x_6 = 0$$

$$x_1 - C_n^1 x_2 + C_n^2 x_3 - \cdots + (-1)^n C_n^n x_{n+1} = 0 \quad ⑦$$

由⑥和⑦,有

$$x_3 = a_3, x_4 = a_4, \cdots, x_n = a_n (x_1 = a_1, x_2 = a_2) \quad ⑧$$

换句话讲,题目给出的 $\{x_n \mid n \in \mathbf{N}\}$ 是一个算术级数,即等差数列.

现在对 $k$ 用归纳法来证明本题,$n \geqslant 2$ 是任一个正整数.

当 $k = 1$ 时,由公式⑤和⑧知结论成立.当 $n \geqslant 3$ 时,设对正整数 $k$,$1 \leqslant k \leqslant n-2$,题目结论对这 $k$ 及任意正整数 $m \geqslant k+1$ 成立.对于 $k+1$ 的情况,由于 $\{x_p \mid p \in \mathbf{N}\}$ 是算术级数,有

$$\sum_{p=0}^{n}(-1)^p C_n^p x_{p+1}^{k+1} = \sum_{p=0}^{n}(-1)^p C_n^p x_{p+1}^k x_{p+1} =$$

心得 体会 拓广 疑问

$$\sum_{p=0}^{n}(-1)^{p}C_{n}^{p}x_{p+1}^{k}(x_1+pd)=$$

$$x_1\sum_{p=0}^{n}(-1)^{p}C_{n}^{p}x_{p+1}^{k}+d\sum_{p=0}^{n}(-1)^{p}C_{n}^{p}px_{p+1}^{k}=$$

$$nd\sum_{p=1}^{n}(-1)^{p}C_{n-1}^{p-1}x_{p+1}^{k} \quad ⑨$$

（利用归纳法假设，和公式②，这里 $n-1\geqslant k+1$）

由于 $\{x_{p+1}\mid p\in\mathbf{N}\}$ 也是一个算术级数，令 $y_p=x_{p+1}$，利用归纳法假设，对于等差数列 $\{y_p\mid p\in\mathbf{N}\}$，应用（注意 $n-1\geqslant k+1$）

$$\sum_{p=0}^{n-1}(-1)^{p}C_{n-1}^{p}y_{p+1}^{k}=0 \quad ⑩$$

这里 $k\in\{1,2,\cdots,n-2\}$. 由⑩，有

$$\sum_{p=0}^{n-1}(-1)^{p}C_{n-1}^{p}x_{p+2}^{k}=0 \quad ⑪$$

在上式中，令 $p+1=t$，有

$$\sum_{i=1}^{n}(-1)^{t-1}C_{n-1}^{t-1}x_{t+1}^{k}=0 \quad ⑫$$

将式⑫中 $t$ 改写为 $p$，可以知道⑨右端为零，因而本题结论成立.

2.1.20 设 $n>0$，求 $C_{2n}^{1},C_{2n}^{3},\cdots,C_{2n}^{2n-1}$ 的最大公因数.

**证明** 设它们的最大公因数为 $d$，因为

$$C_{2n}^{0}+C_{2n}^{1}+C_{2n}^{2}+\cdots+C_{2n}^{2n}=2^{2n}$$

$$C_{2n}^{0}-C_{2n}^{1}+C_{2n}^{2}-\cdots+C_{2n}^{2n}=0$$

所以
$$C_{2n}^{1}+C_{2n}^{3}+\cdots+C_{2n}^{2n-1}=2^{2n-1}$$

故 $d\mid 2^{2n-1}$，可设 $d-2^{\lambda}$，$\lambda\geqslant 0$. 又设 $2^{k}\parallel n$，我们来证明 $d=2^{k+1}$，由于

$$2^{k+1}\parallel C_{2n}^{1}$$

所以只需证明

$$2^{k+1}\mid C_{2n}^{j},j=3,5,\cdots,2n-1 \quad ①$$

设 $n=2^{k}l$，$2\nmid l$，由

$$C_{2n}^{j}=C_{2^{k+1}l}^{j}=\frac{2^{k+1}l}{j}\cdot C_{2^{k+1}l-1}^{j-1},j=3,5,\cdots,2n-1$$

即

$$jC_{2n}^{j}=2^{k+1}lC_{2^{k+1}l-1}^{j-1},j=3,5,\cdots,2n-1$$

因为 $j$ 是奇数即 $2\nmid j$，故式①成立，这就证明了 $d=2^{k+1}$.

心得 体会 拓广 疑问

2.1.21 求最小的 $k \in \mathbf{N}^*$,使每个自然数 $n \geqslant m$,$\frac{k}{n+m+1}C_{2n}^{n+m}$ 为自然数.

**解** 给定 $m \in \mathbf{N}^*$,并设 $k \in \mathbf{N}^*$ 是所求的最小数,则当 $n = m$ 时

$$\frac{k}{n+m+1}C_{2n}^{n+m} = \frac{k}{2m+1}$$

是自然数,所以 $(2m+1) \mid k$,从而 $k \geqslant 2m+1$. 下面证明 $k = 2m+1$. 因为对任意 $n > m$,有

$$\frac{2m+1}{n+m+1}C_{2n}^{n+m} = \left(1 - \frac{n-m}{n+m+1}\right)C_{2n}^{n+m} =$$

$$C_{2n}^{n+m} - \frac{(2n)!}{(n+m+1)!\ (n-m-1)!} =$$

$$C_{2n}^{n+m} - C_{2n}^{n-m-1}$$

而 $C_{2n}^{n+m}, C_{2n}^{n-m-1} \in \mathbf{N}^*$,所以

$$\frac{2m+1}{n+m+1}C_{2n}^{n+m} \in \mathbf{N}^*$$

2.1.22 设 $s,t$ 为非负整数,满足 $s+t=n$,$p$ 为素数,将 $n$ 写成下列表达式

$$n = n_k p^k + n_{k-1}p^{k-1} + \cdots + n_1 p + n_0$$

其中 $0 \leqslant n_i < p$,$0 \leqslant i \leqslant k$.

对 $s,t$ 也有类似的表达式,证明:

(1) $\frac{(s_0+t_0-n_0)+(s_1+t_1-n_1)+\cdots+(s_k+t_k-n_k)}{p-1}$

是能整除二项式系数 $C_n^s$ 的 $p$ 的最高次幂.

(2) 恰有 $(n_0+1)(n_1+1)\cdots(n_k+1)$ 个二项式系数 $C_n^s$,$0 \leqslant s \leqslant n$,不能被 $p$ 整除.

(加拿大数学奥林匹克训练题,1988 年)

**证明** (1) 在 $n!$ 中,$p$ 的最高次幂为

$$\left[\frac{n}{p}\right] + \left[\frac{n}{p^2}\right] + \cdots + \left[\frac{n}{p^k}\right] =$$

$$n_k + (n_k p + n_{k-1}) + (n_k p^2 + n_{k-1}p + n_{k-2}) + \cdots +$$

$$(n_k p^{k-1} + n_{k-1}p^{k-2} + \cdots + n_1) =$$

$$n_k(1 + p + \cdots + p^{k-1}) + \cdots + n_2(1+p) + n_1 =$$

$$\frac{1}{p-1}[n_k(p^k-1) + \cdots + n_2(p^2-1) + n_1(p-1)] =$$

$\frac{1}{p-1}(n-n_k-n_{k-1}-\cdots-n_1-n_0)$

所以在 $C_n^s=\frac{n!}{s!\ (n-s)!}=\frac{n!}{s!\ t!}$ 中 $p$ 的最高次幂为

$$\frac{n-n_k-n_{k-1}-\cdots-n_1-n_0-s+s_k+\cdots+s_0-t+t_k+\cdots+t_0}{p-1}=$$

$$\frac{(s_0+t_0-n_0)+(s_1+t_1-n_1)+\cdots+(s_k+t_k-n_k)}{p-1}$$

（2）由于 $s+t=n$，则当且仅当 $s_i\leqslant n_i,i=1,2,\cdots,k$ 时，(1) 中的表达式，即能整除 $C_n^s$ 的 $p$ 的最高次幂为 0，亦即 $C_n^s$ 不能被 $p$ 整除.

因为 $s_i$ 有 $n_i+1(i=0,1,2,\cdots,k)$ 种选择，所以共有 $(n_0+1)(n_1+1)\cdots(n_k+1)$ 个二项式系数 $C_n^s(0\leqslant s\leqslant n)$ 不能被 $p$ 整除.

2.1.23　设 $p$ 为质数，正整数 $a,b$ 的 $p$ 进制表示分别为

$$a=a_kp^k+a_{k-1}p^{k-1}+\cdots+a_1p+a_0$$

$$b=b_kp^k+b_{k-1}p^{k-1}+\cdots+b_1p+b_0$$

其中 $a_i,b_i\in\{0,1,2,\cdots,p-1\},0\leqslant i\leqslant k$. 证明

$$C_a^b\equiv C_{a_k}^{b_k}C_{a_{k-1}}^{b_{k-1}}\cdots C_{a_1}^{b_1}C_{a_0}^{b_0}(\bmod p) \quad ①$$

**注**　这里我们约定 $C_0^0=1$，当 $m>n$ 时，$C_n^m=0$.

**证明**　因为 $C_p^1,C_p^2,\cdots,C_p^{p-1}$ 都能被 $p$ 整除，所以

$$(1+x)^p\equiv 1+x^p(\bmod p) \quad ②$$

由 ② 并利用归纳法可得

$$(1+x)^{p^r}\equiv 1+x^{p^r}(\bmod p)$$

其中 $r$ 为正整数，从而

$$(1+x)^a\equiv(1+x^{p^k})^{a_k}(1+x^{p^{k-1}})^{a_{k-1}}\cdot\cdots\cdot(1+x^p)^{a_1}(1+x)^{a_0}(\bmod p) \quad ③$$

式 ③ 左边的 $x^b$ 项的系数为 $C_a^b$，而右边 $x^b$ 项的系数由 $b=(b_kb_{k-1}\cdots b_1b_0)_p$ 知为 $C_{a_k}^{b_k}C_{a_{k-1}}^{b_{k-1}}\cdots C_{a_1}^{b_1}C_{a_0}^{b_0}$，于是结论成立.

2.1.24　设 $p$ 为质数，证明：

（1）当且仅当 $n=p^k,k\in\mathbf{N}$ 时，$C_n^m(0<m<n)$ 均能被 $p$ 整除.

（2）当且仅当 $n=s\cdot p^k-1,1\leqslant s\leqslant p,s,k\in\mathbf{N}$ 时，$C_n^m(0\leqslant m\leqslant n)$ 均不能被 $p$ 整除.

**证明**　设 $n=(a_ka_{k-1}\cdots a_1a_0)_p$，由上题可知 $C_n^m(0<m<n)$ 均能被 $p$ 整除当且仅当

心得 体会 拓广 疑问

$$a_k=1,a_{k-1}=\cdots=a_1=a_0=0$$

即

$$n=p^k$$

$C_n^m(0\leqslant m\leqslant n)$ 均不能被 $p$ 整除当且仅当

$$a_k=s-1,1\leqslant s\leqslant p,a_{k-1}=\cdots=a_1=a_0=p-1$$

即

$$n=s\cdot p^k-1$$

2.1.25 设 $p$ 是一个素数,$1\leqslant k\leqslant p-1$. 证明

$$C_{p-1}^k\equiv(-1)^k(\bmod p)$$

**证明** 由于

$$(p-1)(p-2)\cdots(p-k)\equiv(-1)^k k!\ (\bmod p)$$

由于 $C_{p-1}^k=\dfrac{(p-1)(p-2)\cdots(p-k)}{k!}$ 是整数,所以

$$C_{p-1}^k=\frac{(p-1)(p-2)\cdots(p-k)}{k!}\equiv(-1)^k(\bmod p)$$

2.1.26 设 $n$ 为正整数,试求:$n+1$ 个组合数 $C_n^0,C_n^1,\cdots,C_n^n$ 中奇数的个数.

**解** 设 $C_n^i$ 为奇数,则注意到2是质数,故由题2.1.23中式① 知若 $n$ 的二进制表示中某个数位上的数字为0,则 $i$ 的二进制表示中对应数位上的数字也必为0;而若 $n$ 的某个数位上的数字为1,则 $i$ 的对应数位上的数字可为0或1. 从而 $i$ 的取值有 $2^{s(n)}$ 种可能,其中 $s(n)$ 为 $n$ 的二进制表示中1的个数,亦即 $C_n^0,C_n^1,\cdots,C_n^n$ 中有 $2^{s(n)}$ 个奇数.

2.1.27 证明:$C_{pa}^{pb}\equiv C_a^b(\bmod p)$ 对所有整数 $p,a$ 和 $b$ 都成立,这里 $p$ 为素数,$a\geqslant b\geqslant 0$.

(第38届美国普特南数学竞赛,1977年)

**证明** 可以证明

$$C_p^i\equiv 0(\bmod p)$$

对素数 $p$ 及 $i=1,2,\cdots,p-1$ 成立.

从而对整数 $x$ 有

$$(1+x)^p\equiv 1+x^p(\bmod p)$$

$$\sum_{k=0}^{pa}C_{pa}^k x^k=(1+x)^{pa}=[(1+x)^p]^a\equiv(1+x^p)^a\equiv$$

心得 体会 拓广 疑问

$$\sum_{j=0}^{a} C_a^j x^{jp} \pmod p$$

因为在等式

$$\sum_{k=0}^{pa} C_{pa}^k x^k \equiv \sum_{j=0}^{a} C_a^j x^{jp} \pmod p$$

中同次幂的系数必对于模 $p$ 同余，所以在 $k=pb$ 及 $j=b$ 时，有

$$C_{pa}^{pb} \equiv C_a^b \pmod p$$

2.1.28　证明：对于任何素数 $p$ 和自然数 $n(n \geqslant p)$，如下的数均可被 $p$ 整除

$$\sum_{k=0}^{[\frac{n}{p}]} (-1)^k C_n^{pk}$$

（全苏数学冬令营，1991年）

**证法1**　设 $n=pq+r, 0 \leqslant r < p$，则

$$C_n^{pk} = \frac{n(n-1)\cdots(n-pk+1)}{(pk)!} =$$

$$\frac{(pq+r)(pq+r-1)\cdots(pq+r-pk+1)}{pk(pk-1)\cdots 3 \cdot 2 \cdot 1} \equiv$$

$$\frac{q(q-1)\cdots(q-k+1)}{k!} \equiv C_q^k \pmod p$$

所以

$$\sum_{k=0}^{[\frac{n}{p}]} (-1)^k C_n^{pk} \equiv \sum_{k=0}^{q} (-1)^k C_q^k \equiv 0 \pmod p$$

故

$$p \mid \sum_{k=0}^{[\frac{n}{p}]} (-1)^k C_n^{pk}$$

**证法2**　设 $n=qp+r$，其中 $q, r$ 为整数，$0 \leqslant r \leqslant p-1$.

数 $n$ 与 $pk$ 的 $p$ 进制表示中的末位数字分别为 $r$ 与 $0$，而前若干位数字分别构成数 $q$ 与 $k$，从而由题2.1.23中式①可得

$$C_n^{pk} \equiv C_q^k C_r^0 \pmod p$$

即

$$C_n^{pk} \equiv C_q^k \pmod p$$

于是

$$\sum_{k=0}^{[\frac{n}{p}]} (-1)^k C_n^{pk} \equiv \sum_{k=0}^{q} (-1)^k C_q^k \equiv (1-1)^q \equiv 0 \pmod p$$

故命题得证.

心得 体会 拓广 疑问

2.1.29 证明:大于1的自然数 $n$ 是素数的充要条件是:对于每一个适合 $1 \leqslant k \leqslant n-1$ 的自然数 $k$,二项式系数 $C_n^k = \dfrac{n!}{k!\ (n-k)!}$ 能被 $n$ 整除.

(波兰数学竞赛,1969 年)

**证明** 由 $C_n^k$ 的表达式可得

$$n! = C_n^k k!\ (n-k)!$$

即

$$n(n-1)\cdots(n-k+1) = C_n^k k! \quad ①$$

如果 $n$ 是素数,且 $1 \leqslant k \leqslant n-1$,则 $1,2,\cdots,k$ 都不能被 $n$ 整除,而式 ① 的左边 $n(n-1)\cdots(n-k+1)$ 能被 $n$ 整除,所以 $C_n^k$ 能被 $n$ 整除.

反之,如果 $C_n^k$ 能被 $n$ 整除,则有

$$C_n^k = ns$$

其中 $s$ 是一个自然数.

于是由式 ① 得

$$(n-1)(n-2)\cdots[n-(k-1)] = sk! \quad ②$$

如果 $n$ 是合数,$p$ 是 $n$ 的一个素约数,则 $p$ 不能整除 $1,2,\cdots,p-1$,因而 $p$ 也不能整除 $n-1,n-2,\cdots,n-(p-1)$.

于是在式 ② 中,若令 $k=p$,则 $p$ 不能整除式 ② 的左边,而 $p$ 能整除式 ② 的右边 $sp!$,出现了矛盾,这就是说,如果 $p$ 是 $n$ 的素约数,且 $p < n$,则 $n$ 不能整除 $C_n^p$,于是 $n$ 是素数.

2.1.30 设 $p$ 为奇素数,且

$$(1+x)^{p-2} = 1 + a_1x + a_2x^2 + \cdots + a_{p-2}x^{p-2}$$

证明:$a_1+2,a_2-3,a_3+4,\cdots,a_{p-3}-(p-2),a_{p-2}+(p-1)$ 都是 $p$ 的倍数.

(加拿大数学奥林匹克训练题,1988 年)

**证明**

$$\begin{aligned}
&a_k + (-1)^{k-1}(k+1) = \\
&C_{p-2}^k + (-1)^{k-1}(k+1) = \\
&\frac{(p-2)(p-3)\cdots(p-k-1)}{k!} + (-1)^{k-1}(k+1) = \\
&\frac{(p-2)(p-3)\cdots(p-k-1) + (-1)^{k-1}(k+1)!}{k!}
\end{aligned}$$

所以有

$$\begin{aligned}
&k!\ [a_k + (-1)^{k-1}(k+1)] = \\
&(p-2)(p-3)\cdots(p-k-1) + (-1)^{k-1}(k+1)! =
\end{aligned}$$

心得 体会 拓广 疑问

$pg(p)+(-1)^{k}(k+1)!\ +(-1)^{k-1}(k+1)!\ =$
$pg(p)$(其中 $g(p)$ 是 $p$ 的整多项式)

由于 $p$ 是素数,在 $1\leqslant k\leqslant p-2$ 时,$k!$ 不能被 $p$ 整除,因而 $a_k+(-1)^{k-1}(k+1)$ 是 $p$ 的倍数($k=1,2,\cdots,p-2$).

2.1.31 证明:$C_n^k$ 为奇数的必要且充分条件是,在 $n,k\in\mathbf{N}$ 的二进制写法中,当 $k$ 的某个位数上的数字为1时,$n$ 在同一位数上的数字也为1.

(保加利亚,1968年)

**证明** 在 $l!$ 的素因子分解式中2的幂指数为

$$\left[\frac{l}{2}\right]+\left[\frac{l}{4}\right]+\left[\frac{l}{8}\right]+\cdots$$

因此 $C_n^k$ 为奇数的必要且充分条件是,在 $C_n^k$ 的素因子分解式中2的幂指数

$$d=\left(\left[\frac{n}{2}\right]-\left[\frac{k}{2}\right]-\left[\frac{n-k}{2}\right]\right)+\left(\left[\frac{n}{4}\right]-\left[\frac{k}{4}\right]-\left[\frac{n-k}{4}\right]\right)+\left(\left[\frac{n}{8}\right]-\left[\frac{k}{8}\right]-\left[\frac{n-k}{8}\right]\right)+\cdots=0$$

其中当 $m\in\mathbf{N}$ 充分大时

$$\left[\frac{n}{2^m}\right],\left[\frac{k}{2^m}\right],\left[\frac{n-k}{2^m}\right]$$

都为0,因为

$$\frac{n}{2^m}=\frac{k}{2^m}+\frac{n-k}{2^m}=\left[\frac{k}{2^m}\right]+\left[\frac{n-k}{2^m}\right]+\left\{\frac{k}{2^m}\right\}+\left\{\frac{n-k}{2^m}\right\}$$

所以,当 $m\in\mathbf{N}$ 时

$$\left[\frac{n}{2^m}\right]-\left[\frac{k}{2^m}\right]-\left[\frac{n-k}{2^m}\right]=\left[\left\{\frac{k}{2^m}\right\}+\left\{\frac{n-k}{2^m}\right\}\right]$$

是非负的,因此当且仅当对所有 $m\in\mathbf{N}$,均有

$$\left\{\frac{k}{2^m}\right\}+\left\{\frac{n-k}{2^m}\right\}<1$$

时 $d=0$. 下面证明,这个条件等价于题中所说的关于 $n$ 与 $k$ 的二进制写法的条件. 设在 $n$ 的二进制写法中,每个位数上的数字都不小于 $k$ 的同一位数上的数字,则对每个 $m\in\mathbf{N}$,$\left\{\frac{n}{2^m}\right\}\geqslant\left\{\frac{k}{2^m}\right\}$. 因此

$$\left\{\frac{n-k}{2^m}\right\}=\left\{\frac{n}{2^m}\right\}-\left\{\frac{k}{2^m}\right\}<1-\left\{\frac{k}{2^m}\right\}$$

现在设 $n$ 的某个位数上的数字小于 $k$ 在同一位数上的数字(此时这两个数字应分别为0与1),则对某个 $m\in\mathbf{N}$,$\left\{\frac{n}{2^m}\right\}<\left\{\frac{k}{2^m}\right\}$. 因

心得 体会 拓广 疑问

此

$$\left\{\frac{n-k}{2^m}\right\}=\left\{\frac{n}{2^m}\right\}-\left\{\frac{k}{2^m}\right\}+1\geqslant 1-\left\{\frac{k}{2^m}\right\}$$

这就证明了上述两个条件的等价性.

2.1.32 设 $n$ 是固定的正整数,求出满足下述性质的所有正整数的和:在二进制的数字表示中,正好是由 $2n$ 个数字组成,其中有 $n$ 个1,以及 $n$ 个0,但第一个数字不是0.

(第23届加拿大数学竞赛,1991年)

**解** (1)$n=1$ 时,由题设只有$(10)_2=2$,即所求的和为2.

(2)$n\geqslant 2$ 时,第一个数字为1,则其余 $2n-1$ 位有 $n-1$ 个位置放1,$n$ 个位置放0,所以共有 $C_{2n-1}^{n-1}$ 种可能.

又考虑除第一位之外的任一数位,其数字为1的有 $C_{2n-2}^{n-2}$ 个数,其数字为0的有 $C_{2n-2}^{n-1}$ 个数. 于是在此数位上的数字和为

$$C_{2n-2}^{n-2}=C_{2n-2}^{n}$$

因此,所有数的和为

$$C_{2n-2}^{n}(1+2+\cdots+2^{2n-2})+C_{2n-1}^{n-1}2^{2n-1}=$$
$$C_{2n-2}^{n}(2^{2n-1}-1)+C_{2n-1}^{n}2^{2n-1}$$

2.1.33 设 $n$ 是一个正整数,$n+1$ 个正整数 $C_n^0,C_n^1,C_n^2,\cdots,C_n^{n-1},C_n^n$ 中除以3余1的个数用 $a_n$ 表示,除以3余2的个数用 $b_n$ 表示. 求证:$a_n>b_n$.

**证法1** 用3进制写出 $n$,即

$$n=3^kn_k+3^{k-1}n_{k-1}+\cdots+3n_1+n_0\qquad①$$

这里 $n_k=1$ 或 $2$,$n_0,n_1,\cdots,n_{k-1}\in\{0,1,2\}$,$k$ 是非负整数,那么,我们有

$$(1+x)^n=(1+x)^{3^kn_k}(1+x)^{3^{k-1}n_{k-1}}\cdots(1+x)^{3n_1}(1+x)^{n_0}\qquad②$$

首先,对正整数 $m$ 用数学归纳法证明,对于任意整数 $x$,有

$$(1+x)^{3^m}\equiv 1+x^{3^m}\pmod 3\qquad③$$

当 $m=1$ 时,显然地,对于任意整数 $x$,有

$$(1+x)^3=1+3x+3x^2+x^3\equiv 1+x^3\pmod 3\qquad④$$

于是,当 $m=1$ 时,式③成立.

设 $m=s$ 时,对于任意整数 $x$,有

$$(1+x)^{3^s}\equiv 1+x^{3^s}\pmod 3\qquad⑤$$

那么,当 $m=s+1$ 时,利用⑤和④,有

$$(1+x)^{3^{s+1}}=((1+x)^{3^s})^3\equiv((1+x^{3^s}))^3\pmod 3\equiv$$

心得 体会 拓广 疑问

$$1 + (x^{3^s})^3 (\bmod 3) = 1 + x^{3^{s+1}} \quad ⑥$$

这里 $x$ 是任意整数. 于是,对于正整数 $m$,有 ③.

利用 ② 和 ③,对于任意整数 $x$,有

$$(1+x)^n \equiv (1+x^{3^k})^{n_k}(1+x^{3^{k-1}})^{n_{k-1}} \cdot \cdots \cdot (1+x^3)^{n_1}(1+x)^{n_0} (\bmod 3) \quad ⑦$$

对于任意整数 $x$,记

$$F_j(x) = (1+x^{3^j})^{n_j}(1+x^{3^{j-1}})^{n_{j-1}} \cdots (1+x^3)^{n_1}(1+x)^{n_0} \quad ⑧$$

这里 $j = 0,1,2,\cdots,k$. 从 ⑦ 和 ⑧,对于任意整数 $x$,有

$$(1+x)^n \equiv F_k(x) (\bmod 3) \quad ⑨$$

下面对 $j$ 用数学归纳法,证明 $F_j(x)$ $(j = 0,1,2,\cdots,k)$ 的展开式全部系数中除以 3 余 1 的个数 $a_j^*$ 大于除以 3 余 2 的个数 $b_j^*$. 如果能证明这点,则利用 ⑨,有

$$a_n = a_k^* > b_k^* = b_n \quad ⑩$$

题目的结论得到了证明.

当 $j = 0$ 时

$$F_0(x) = (1+x)^{n_0} \quad ⑪$$

这里 $n_0 \in \{0,1,2\}$,当 $n_0 = 0$ 时,$F_0(x) = 1$,这时 $a_0^* = 1$,$b_0^* = 0$,当 $n_0 = 1$ 时,$F_0(x) = 1 + x$,这时 $a_0^* = 2$,$b_0^* = 0$,当 $n_0 = 2$ 时,$F_0(x) = 1 + 2x + x^2$,这时 $a_0^* = 2$,$b_0^* = 1$,那么,无论哪一种情况,都有 $a_0^* > b_0^*$.

设对 $0 \leqslant j < k$,有 $a_j^* > b_j^*$,从 $F_j(x)$ 的定义 ⑧,有

$$F_{j+1}(x) = (1 + x^{3^{j+1}})^{n_{j+1}} F_j(x) \quad ⑫$$

这里 $n_{j+1} \in \{0,1,2\}$.

当 $n_{j+1} = 0$ 时,有

$$F_{j+1}(x) = F_j(x) \quad ⑬$$

那么,由 ⑬ 和归纳法假设,有

$$a_{j+1}^* = a_j^* > b_j^* = b_{j+1}^* \quad ⑭$$

当 $n_{j+1} = 1$ 时,从 ⑫,有

$$F_{j+1}(x) = (1 + x^{3^{j+1}}) F_j(x) = F_j(x) + x^{3^{j+1}} F_j(x) \quad ⑮$$

$F_j(x)$ 的展开式中 $x$ 的最高次数记为 $A$,利用 ⑧,及 $n_j$,$n_{j-1},\cdots,n_1,n_0 \in \{0,1,2\}$,有

$$A = 3^j n_j + 3^{j-1} n_{j-1} + \cdots + 3n_1 + n_0 \leqslant 2(3^j + 3^{j-1} + \cdots + 3 + 1) = 3^{j+1} - 1 < 3^{j+1} \quad ⑯$$

而 $x^{3^{j+1}} F_j(x)$ 的展开式中变量最低项次数为 $x^{3^{j+1}}$,所以,$F_{j+1}(x)$ 的展开式中各项系数的"集合"就是 $F_j(x)$ 与 $x^{3^{j+1}} F_j(x)$ 展开式中各项系数的"并集". 这里"集合"、"并集"内允许有相同元素. 那么,利用 ⑮ 及归纳法假设,有

心得 体会 拓广 疑问

$$a_{j+1}^* = 2a_j^* > 2b_j^* = b_{j+1}^* \quad ⑰$$

当 $n_{j+1} = 2$ 时,从 ⑫,有

$$F_{j+1}(x) = (1 + x^{3^{j+1}})^2 F_j(x) = F_j(x) + 2x^{3^{j+1}} F_j(x) + x^{2-3^{j+1}} F_j(x) \quad ⑱$$

类似上述的证明,可以知道,$F_{j+1}(x)$ 的展开式中各项系数的"集合"就是 $F_j(x)$,$2x^{3^{j+1}}F_j(x)$ 和 $x^{2-3^{j+1}}F_j(x)$ 的展开式中各项系数的"并集".那么,从 ⑱ 及归纳法假设,容易明白

$$a_{j+1}^* = a_j^* + b_j^* + a_j^* > b_j^* + a_j^* + b_j^* = b_{j+1}^* \quad ⑲$$

于是,对于任意 $j = 0,1,2,\cdots,k$,有 $a_j^* > b_j^*$,从而 ⑩ 成立.

**证法 2** 对 $n$ 归纳,$n = 1$ 时显然成立,设命题在小于 $n$ 时成立,下面考虑 $n$ 的情况.

设 $n = (a_l a_{l-1}\cdots a_1 a_0)_3$,$a_l \neq 0$,则 $n' = (a_{l-1}\cdots a_1 a_0)_3 < n$.仿题 2.1.23 可得

$$(1 + x)^n \equiv (1 + x^{3^l})^{a_l}(1 + x)^{n'} \pmod 3$$

从而,当 $a_l = 0,1,2$ 时分别有

$$a_n = a_{n'}, b_n = b_{n'}$$

$$a_n = 2a_{n'}, b_n = 2b_{n'}$$

$$a_n = 2a_{n'} + b_{n'}, b_n = a_{n'} + 2b_{n'}$$

总之,由 $a_{n'} > b_{n'}$ 即可导出 $a_n > b_n$.

2.1.34 已知 $k,m,n$ 都是正整数,且 $m + k + 1$ 是大于 $n + 1$ 的素数,令 $C_s = s(s + 1)$,求证:$(C_{m+1} - C_k)(C_{m+2} - C_k)\cdots(C_{m+n} - C_k)$ 能够被 $C_1C_2\cdots C_n$ 整除.

(第 9 届 IMO 第三题)

**证明** ① 当 $m + 1 \leqslant k \leqslant m + n$ 时,$(C_{m+1} - C_k)(C_{m+2} - C_k)\cdots(C_{m+n} - C_k) = 0$,显然成立.

② 当 $k \leqslant m$ 时,注意到数列 $C_s = s(s + 1)$ 是递增的,所以 $C_{m+i} \geqslant C_k$,$i = 1,2,\cdots,n$.

对于所有的 $p$ 有

$$C_p - C_k = p(p + 1) - k(k + 1) = (p - k)(p + k + 1)$$

所以

$$(C_{m+1} - C_k)(C_{m+2} - C_k)\cdots(C_{m+n} - C_k) = (m + 1 - k)(m + 1 + k + 1)(m + 2 - k)(m + 2 + k + 1)\cdot\cdots\cdot(m + n - k)(m + n + k + 1) = \frac{(m + n - k)!}{(m - k)!}\cdot\frac{(m + n + k + 1)!}{(m + k + 1)!}$$

且 $C_1C_2\cdots C_n = n!\,(n + 1)!$,因此

心得 体会 拓广 疑问

$$\frac{(C_{m+1}-C_k)(C_{m+2}-C_k)\cdots(C_{m+n}-C_k)}{C_1C_2\cdots C_n}=$$

$$\frac{(m+n-k)!}{(m-k)!\ n!}\cdot\frac{(m+n+k+1)!}{(m+k+1)!\ (n+1)!}=$$

$$\mathrm{C}_{m+n-k}^{n}\cdot\frac{1}{m+k+1}\mathrm{C}_{m+n+k+1}^{n+1}$$

由于二项系数肯定是正整数,并且注意到 $m+k+1$ 是 $(m+n+k+1)!$ 的因子,且 $m+k+1$ 与 $(m+k)!\ (n+1)!$ 互素,所以 $\frac{1}{m+k+1}\mathrm{C}_{m+n+k+1}^{n+1}$ 也是整数.

③ 当 $k\geqslant m+n+1$ 时

$$(m+1-k)(m+2-k)\cdots(m+n-k)=(-1)^n\frac{(k-m-n)!}{(k-m)!}$$

所以

$$\frac{(C_{m+1}-C_k)(C_{m+2}-C_k)\cdots(C_{m+n}-C_k)}{C_1C_2\cdots C_n}=$$

$$(-1)^n\mathrm{C}_{k-m-n}^{n}\cdot\frac{1}{m+k+1}\mathrm{C}_{m+n+k+1}^{n+1}$$

也是整数.

综上所述,$(C_{m+1}-C_k)(C_{m+2}-C_k)\cdots(C_{m+n}-C_k)$ 的确能够被 $C_1C_2\cdots C_n$ 整除.

2.1.35 证明:对任意 $n\in\mathbf{N}$ 与素数 $p$,下述条件是等价的.

(1) 当 $k=0,1,2,\cdots,n$ 时,$\mathrm{C}_n^k$ 都不被 $p$ 整除.

(2) $n=p^sm-1$,其中 $s\in\mathbf{Z}^*$,$m\in\mathbf{N}$,$m<p$.

(国际数学竞赛,卢森堡,1980 年)

**证明** 首先证明,条件(2)等价于下述条件.

(3) $n=p^tl+(p^t-1)$,其中 $t\in\mathbf{Z}^*$,$l\in\mathbf{N}$,$l<p$.事实上,由条件(2)

$$n=p^sm-1=p^s(m-1)+(p^s-1)$$

其中 $s\in\mathbf{Z}^*$,$m\in\mathbf{N}$,$m<p$.如果 $m>1$,则取 $t=s$,$l=m-1>0$.如果 $m=1$,则由于 $n=p^0-1=0\notin\mathbf{N}$,所以 $s>0$.因此

$$n=p^{s-1}p-1=p^{s-1}(p-1)+(p^{s-1}-1)$$

即可取 $t=s-1\geqslant 0$,$l=p-1<p$.因此条件(3)成立.另一方面,由条件(3)

$$n=p^tl+(p^t-1)=p^t(l+1)-1$$

如果 $l+1<p$,则取 $m=l+1$,$s=t$.如果 $l+1=p$,则取 $m=1$,$s=t+1$.因此条件(2)成立,对给定的 $n\in\mathbf{N}$,存在 $t\in\mathbf{Z}^*$,使得 $p^t\leqslant n<p^{t+1}$,即 $n=p^tl+r$,其中 $0<r<p^t$,$1\leqslant l<p$.在 $q!$ 的素因子

分解式中,素因数 $p$ 的幂指数为

$$\left[\frac{q}{p}\right]+\left[\frac{q}{p^2}\right]+\left[\frac{q}{p^3}\right]+\cdots$$

所以
$$C_n^k=\frac{n!}{k!\ (n-k)!}$$

的素因子分解式中素数 $p$ 的幂指数 $d_k$ 为

$$d_k=\left(\left[\frac{n}{p}\right]-\left[\frac{k}{p}\right]-\left[\frac{n-k}{p}\right]\right)+\left(\left[\frac{n}{p^2}\right]-\left[\frac{k}{p^2}\right]-\left[\frac{n-k}{p^2}\right]\right)+$$
$$\left(\left[\frac{n}{p^3}\right]-\left[\frac{k}{p^3}\right]-\left[\frac{n-k}{p^3}\right]\right)+\cdots$$

其中,当 $i>t$ 时

$$\left[\frac{n}{p^i}\right],\left[\frac{k}{p^i}\right],\left[\frac{n-k}{p^i}\right]$$

都为0. 由于

$$\left[\frac{n}{p^i}\right]=\left[\frac{k}{p^i}+\frac{n-k}{p^i}\right]\geqslant\left[\left[\frac{k}{p^i}\right]+\left[\frac{n-k}{p^i}\right]\right]=$$
$$\left[\frac{k}{p^i}\right]+\left[\frac{n-k}{p^i}\right]$$

所以,当且仅当对 $i=0,1,2,\cdots,t$,$\left[\frac{n}{p^i}\right]=\left[\frac{k}{p^i}\right]+\left[\frac{n-k}{p^i}\right]$ 时,$d_k=0$. 我们证明,这只有当 $r=p^t-1$,即条件(3) 成立时才有可能. 事实上,如果 $r\leqslant p^t-2$,则令 $k=p^t-1$,$i=t$. 于是

$$\left[\frac{k}{p^t}\right]=\left[\frac{p^t-1}{p^t}\right]=0,\left[\frac{n-k}{p^t}\right]\leqslant\left[\frac{p^tl-1}{p^t}\right]=l-1$$
$$\left[\frac{n}{p^t}\right]=\left[\frac{p^tl+r}{p^t}\right]=l,l>0+(l-1)$$

因此,上述等式与条件(1) 都不满足,现在设条件(3) 成立,则对 $i=0,1,2,\cdots,t$ 与 $k=0,1,2,\cdots,n$

$$n=p^i\left[\frac{n}{p^i}\right]+(p^i-1),k=p^i\left[\frac{k}{p^i}\right]+q,0\leqslant q<p^i$$
$$\left[\frac{n-k}{p^i}\right]=\left[\left[\frac{n}{p^i}\right]-\left[\frac{k}{p^i}\right]+\frac{p^i-(q+1)}{p^t}\right]=\left[\frac{n}{p^i}\right]-\left[\frac{k}{p^i}\right]$$

其中用到 $0\leqslant p^i-(q+1)<p^i$. 因此当 $k=0,1,\cdots,n$ 时,$d_k=0$,即条件(1) 成立. 证毕.

**2.1.36** 设 $p$ 是奇素数,证明:$\sum\limits_{j=0}^{p}C_p^jC_{p+j}^j\equiv 2^p+1(\bmod p^2)$.

**解**
$$\sum_{j=0}^{p}C_p^jC_{p+j}^j=\sum_{j=0}^{p}\frac{(p+j)!}{(j!\ )^2(p-j)!}=$$

心得 体会 拓广 疑问

$$1+\sum_{j=1}^{p-1}\frac{(p+j)!}{(j!)^2(p-j)!}+\frac{(2p)!}{(p!)^2} \quad ①$$

而

$$\frac{(2p)!}{(p!)^2}=2\cdot\frac{(p+1)(p+2)\cdots(p+p-1)}{1\cdot 2\cdot\cdots\cdot(p-1)} \quad ②$$

由于 $p$ 是奇素数,则表达式

$$(x+1)(x+2)\cdots(x+p-1)=\prod_{j=1}^{\frac{p-1}{2}}(x+j)(x+p-j)=$$

$$\prod_{j=1}^{\frac{p-1}{2}}[x^2+px+j(p-j)]=(p-1)!+\lambda px+x^2f(x)$$

这里,$\lambda$ 为某个正整数,$f(x)$ 为整系数多项式. 令 $x=p$,则

$$(p+1)(p+2)\cdots(p+p-1)\equiv(p-1)!\pmod{p^2} \quad ③$$

再由$\frac{(2p)!}{(p!)^2}$是整数,则由式②③可得

$$\frac{(2p)!}{(p!)^2}\equiv 2\pmod{p^2} \quad ④$$

另外,利用

$$p+j\equiv j\pmod p$$

$$\frac{(p+1)\cdots(p+j)}{j!}=1+\lambda_j p(\lambda_j\text{ 为整数})$$

以及 $C_{p+j}^j$ 为整数,可导出

$$\sum_{j=1}^{p-1}\frac{(p+j)!}{(j!)^2(p-j)!}=\sum_{j=1}^{p-1}\frac{p!}{j!(p-j)!}\cdot\frac{(p+1)\cdots(p+j)}{j!}=$$

$$\sum_{j=1}^{p-1}\frac{p!}{j!(p-j)!}(1+\lambda_j p)\equiv$$

$$\sum_{j=1}^{p-1}\frac{p!}{j!(p-j)!}\equiv$$

$$\sum_{j=1}^{p-1}C_p^j\equiv 2^p-2\pmod{p^2} \quad ⑤$$

由①④⑤,问题得证.

2.1.37 $p$ 是一个素数而 $n$ 是一个自然数,证明:下列命题(Ⅰ)和命题(Ⅱ)是等价的.

命题(Ⅰ):设有一个二项式系数 $C_n^k,k=0,1,\cdots,n$ 可被 $p$ 除尽.

命题(Ⅱ):$n$ 能表示为 $n=p^sq-1$,其中 $s,q$ 是整数,而 $s\geqslant 0,0<q<p$.

(卢森堡等五国国际数学竞赛,1980年)

心得 体会 拓广 疑问

**注** 卢森堡等五国是指比利时、英国、卢森堡、荷兰和前南斯拉夫.

**证明** 若命题(Ⅰ)不成立,则存在一个 $k$,$0\leqslant k\leqslant n$,使 $C_n^k$ 能被 $p$ 除尽. 由于

$$C_n^k=\frac{n!}{k!\ (n-k)!}$$

则 $C_n^k$ 中素数 $p$ 的方次数为

$$\sum_{i=1}^{\infty}\left(\left[\frac{n}{p^i}\right]-\left[\frac{k}{p^i}\right]-\left[\frac{n-k}{p^i}\right]\right)$$

由于 $[x+y]\geqslant[x]+[y]$,则当 $p$ 可以除尽 $C_n^k$ 时,必存在一个 $i$,使得

$$\left[\frac{n}{p^i}\right]-\left[\frac{k}{p^i}\right]-\left[\frac{n-k}{p^i}\right]\geqslant 1$$

又因为 $$[x]+[y]+1\geqslant[x+y]$$

则又有 $$\left[\frac{n}{p^i}\right]-\left[\frac{k}{p^i}\right]-\left[\frac{n-k}{p^i}\right]\leqslant 1$$

因此,对这个 $i$,必有

$$\left[\frac{n}{p^i}\right]-\left[\frac{k}{p^i}\right]-\left[\frac{n-k}{p^i}\right]=1$$

即

$$\left[\frac{n}{p^i}\right]=\left[\frac{k}{p^i}\right]+\left[\frac{n-k}{p^i}\right]+1 \qquad ①$$

现在我们将数 $n,k,n-k$ 都按 $p$ 进制展开,即

$$n=\sum_{k=0}^{r}n_kp^k=(\overline{n_rn_{r-1}\cdots n_1n_0})_p$$

其中 $0\leqslant n_k\leqslant p-1,k=0,1,\cdots,r-1,1\leqslant n_r\leqslant p-1$.
再注意到 $0\leqslant k\leqslant n,0\leqslant n-k\leqslant n$,则有

$$k=(\overline{n'_rn'_{r-1}\cdots n'_1n'_0})_p$$

$$n-k=(\overline{n''_rn''_{r-1}\cdots n''_1n''_0})_p$$

当 $i\leqslant r$ 时

$$\left[\frac{n}{p^i}\right]=(\overline{n_rn_{r-1}\cdots n_i})_p$$

$$\left[\frac{k}{p^i}\right]=(\overline{n'_rn'_{r-1}\cdots n'_i})_p$$

$$\left[\frac{n-k}{p^i}\right]=(\overline{n''_rn''_{r-1}\cdots n''_i})_p$$

因此,当 $i\leqslant r$ 时,式 ① 成为

$$(\overline{n_rn_{r-1}\cdots n_i})_p=(\overline{n'_rn'_{r-1}\cdots n'_i})_p+(\overline{n''_rn''_{r-1}\cdots n''_i})_p+1 \qquad ②$$

这显然是指在进行 $p$ 进制加法

心得 体会 拓广 疑问

$$(\overline{n_r n_{r-1}\cdots n_1 n_0})_p = (\overline{n'_r n'_{r-1}\cdots n'_1 n'_0})_p + (\overline{n''_r n''_{r-1}\cdots n''_1 n''_0})_p$$

时,从第 $i-1$ 位进到第 $i$ 位一个 1,因此 ② 就相当于

$$(\overline{n_{i-1}\cdots n_0})_p = (\overline{n'_{i-1}\cdots n'_0})_p + (\overline{n''_{i-1}\cdots n''_0})_p$$

当 $i \geqslant r+1$ 时,因为

$$\left[\frac{n}{p^i}\right]=0,\left[\frac{k}{p^i}\right]=0,\left[\frac{n-k}{p^i}\right]=0$$

故式 ② 显然不成立.

于是若 $n=(\overline{n_r n_{r-1}\cdots n_1 n_0})_p$,$1 \leqslant n_r \leqslant p-1$,则存在某一 $1 \leqslant i \leqslant r$,并且存在数$(\overline{n'_{i-1}\cdots n'_0})_p$ 及$(\overline{n''_{i-1}\cdots n''_0})_p$,使得

$$(\overline{1n_{i-1}\cdots n_0})_p = (\overline{n'_{i-1}\cdots n'_0})_p + (\overline{n''_{i-1}\cdots n''_0})_p \qquad ③$$

由于 $n'_k,n''_k,k=0,1,\cdots,i-1$ 在 $0,1,\cdots,p-1$ 内变动,则有

$$\begin{aligned} 0 \leqslant & (\overline{n'_{i-1}\cdots n'_0})_p + (\overline{n''_{i-1}\cdots n''_0})_p \leqslant \\ & (\underbrace{(p-1)\cdots(p-1)}_{i\text{位}})_p + (\underbrace{(p-1)\cdots(p-1)}_{i\text{位}})_p = \\ & (1\underbrace{(p-1)\cdots(p-1)}_{i-1\text{位}}(p-2))_p \end{aligned}$$

因此,只要 $n_{i-1},n_{i-2},\cdots,n_0$ 不都是 $p-1$,则式 ③ 总可以成立.

此外,当 $n$ 在 $p$ 进制下是一位数时,$r=0$,则不存在满足 $1 \leqslant i \leqslant r=0$ 的 $i$,从而式 ③ 当然不可能成立.

于是 $n$ 在 $p$ 进制下至少是一个两位数,并且

$$n \neq (\overline{n_r(p-1)\cdots(p-1)})_p$$

其中 $r \geqslant 1$,$1 \leqslant n_r \leqslant p-1$.

与 $n=p^s q-1$,$s \geqslant 0$,$0<q<p$ 矛盾,于是命题(Ⅱ)不成立.

反之,也可证明,若命题(Ⅱ)不成立,把 $n$ 表为 $p$ 进制数,进而可得式 ① 成立,于是存在 $0 \leqslant k \leqslant n$,使 $p \mid \mathrm{C}_n^k$,即命题(Ⅰ)不成立.

于是,命题(Ⅰ)和命题(Ⅱ)等价.

> 2.1.38　$n$ 是一个正整数,证明:当且仅当 $n$ 可以写为 $2^k-1$ 时,$(a+b)^n$ 展开式的各项系数都是奇数.

**证明**　① 若 $n=2^k-1$,则对任意 $1 \leqslant a \leqslant 2^k-1$,$a$ 与$(2^k-a)$ 所含 2 的次数相同,因此 $\mathrm{C}_n^m=\frac{(2^k-1)(2^k-2)\cdots(2^k-m)}{1\times 2\times\cdots\times m}=\left(\frac{2^k-1}{1}\right)\left(\frac{2^k-1}{2}\right)\cdots\left(\frac{2^k-m}{m}\right)$ 都是奇数.

② 若 $n$ 不是 $2^k-1$ 形式,可设 $n=2^k-b$,$2^{k-1}-1 \geqslant b \geqslant 2$,我

们取 $m=2^{k-1}-1$, $C_n^m=\frac{(2^k-b)(2^k-b-1)\cdots 2^{k-1}}{(2^{k-1}-b+1)!}=\frac{2^{k-1}}{(2^{k-1}-b+1)}C_{2^k-b}^{2^{k-1}-b}$ 是偶数.

**注** 实际上这个结论是 Lucas 定理的一个推论.

2.1.39 $n$ 是一个正整数,证明:$1,2,\cdots,2n$ 的最小公倍数一定是 $C_{2n}^n$ 的整数倍.

**证明** 设 $p_1,p_2,\cdots,p_k$ 是不超过 $2n$ 的所有素数,令 $p_i^{\alpha_i}\leqslant 2n<p_i^{\alpha_i+1}$,由 Legendre 定理,$C_{2n}^n$ 的素因子分解中 $p_i$ 的次数为

$$\sum_{t=1}^{\alpha_i}\left(\left[\frac{2n}{p_i^t}\right]-2\left[\frac{n}{p_i^t}\right]\right)$$

而 $1,2,\cdots,2n$ 的最小公倍数等于 $\prod_{i=1}^{k}p_i^{\alpha_i}$,因此只要能证明下式成立即可

$$\sum_{t=1}^{\alpha_i}\left(\left[\frac{2n}{p_i^t}\right]-2\left[\frac{n}{p_i^t}\right]\right)\leqslant\alpha_i \qquad ①$$

而对于任何实数 $x$,都有 $0\leqslant[2x]-2[x]<1$,故 ① 成立,证毕.

2.1.40 证明:如果 $b$ 是能被 $a^n$ 整除的自然数($a$ 和 $n$ 也是自然数),那么 $(a+1)^b-1$ 能被 $a^{n+1}$ 整除.

(匈牙利数学奥林匹克,1932 年)

**证法 1** 用牛顿二项式展开

$$(a+1)^b-1=\sum_{k=1}^{b}C_b^k a^k$$

下面我们证明

$$a^{n+1}\mid C_b^k a^k(k=1,2,\cdots,b)$$

由于 $kC_b^k=bC_{b-1}^{k-1}$,则

$$b\mid kC_b^k \qquad ①$$

设 $d$ 是 $b$ 和 $k$ 的最大公约数,则

$$\left(\frac{b}{d},\frac{k}{d}\right)=1$$

由式 ① 有

$$\frac{b}{d}\,\Big|\,\frac{k}{d}C_b^k$$

于是

$$\frac{b}{d}\,\Big|\,C_b^k$$

心得 体会 拓广 疑问

为证明 $a^{n+1} \mid C_b^k a^k$，只需证 $a^{n+1} \left| \dfrac{a^k b}{d} \right.$.

事实上，因为 $d \leqslant k$，则 $d$ 小于任何一个素数的 $k$ 次幂.

假设 $p$ 是 $a$ 的标准分解式中的某一个素因子，则有 $d \leqslant p^{k-1}$.

设 $p$ 在 $a$ 的标准分解式中的指数为 $\alpha$.

因为 $a^n \mid b$，则 $p$ 在 $b$ 的标准分解式中的指数不小于 $n\alpha$，从而在 $\dfrac{b}{d}$ 的标准分解式中，$p$ 的指数 $\beta$ 满足

$$\beta \geqslant n\alpha - (k-1) \geqslant (n-k+1)\alpha$$

从而在 $\dfrac{a^k b}{d}$ 的标准分解式中，$p$ 的指数 $\gamma$ 满足

$$\gamma \geqslant k\alpha + (n-k+1)\alpha = (n+1)\alpha$$

而 $a^{n+1}$ 的标准分解式中，$p$ 的指数为 $(n+1)\alpha$，于是必有

$$a^{n+1} \left| \frac{a^k b}{d} \right.$$

从而有

$$a^{n+1} \mid C_b^k a^k$$

即

$$a^{n+1} \left| \sum_{k=1}^{b} C_b^k a^k \right.$$

于是

$$a^{n+1} \mid (a+1)^b - 1$$

**证法2** 对 $n$ 用数学归纳法.

(1) $n=0$ 时，由 $a^0 \mid b$，可知 $b$ 是任意自然数，而

$$(a+1)^b - 1 = \sum_{k=1}^{b} C_b^k a^k$$

显然能被 $a^{0+1}=a$ 整除.

假设 $n=k$ 时，命题成立，即如果 $a^k \mid b$，则 $a^{k+1} \mid (a+1)^b - 1$.

假设 $b'$ 是能被 $a^{k+1}$ 整除的数，则 $a^k \left| \dfrac{b'}{a} \right.$. 令 $\dfrac{b'}{a}=b$，则

$$a^k \mid b$$

$$\begin{aligned}(a+1)^{b'} - 1 &= (a+1)^{ab} - 1 = [(a+1)^b]^a - 1 = \\ &[(a+1)^b - 1][(a+1)^{(a-1)b} + \\ &(a+1)^{(a-2)b} + \cdots + (a+1)^b + 1]\end{aligned}$$

由归纳假设 $a^{k+1} \mid (a+1)^b - 1$.

而上式中的第二个方括号中有 $a$ 个被加项，把它表示为

$$[(a+1)^{(a-1)b} - 1] + [(a+1)^{(a-2)b} - 1] + \cdots + [(a+1)^b - 1] + a$$

由(1)，即 $n=0$ 时命题成立的结论，上式每一项都能被 $a$ 整除，因而

$$a \mid [(a+1)^{(a-1)b} + (a+1)^{(a-2)b} + \cdots + 1]$$

从而有

$$a^{k+2} \mid (a+1)^{b'}-1$$

因此,当 $n=k+1$ 时,命题成立.

由以上,对非负整数 $n$,命题成立.

2.1.41 求所有的正整数 $k$,使得数列

$$C_2^1, C_4^2, \cdots, C_{2n}^n, \cdots \pmod k$$

自某项开始为周期数列.

**解** 设 $p$ 为奇质数,取 $n=\left(\frac{p+1}{2}0a_la_{l-1}\cdots a_1a_0\right)_p$,则

$$2n=(p1a'_{l+1}a'_l\cdots a'_1a'_0)_p$$

注意到 $C_1^{\frac{p+1}{2}}=0$,我们有 $p \mid C_{2n}^n$. 这就说明在数列 $\{C_{2n}^n\}$ 中存在任意长的连续若干项,它们均能被 $p$ 整除. 又取 $n=(\underbrace{11\cdots1}_{l个})_p$,则 $2n=(22\cdots2)_p$,从而可知 $p \nmid C_{2n}^n$. 即在数列 $\{C_{2n}^n\}$ 中存在无穷多项不能被 $p$ 整除. 因此,数列 $\{C_{2n}^n\}$ 不可能自某项开始 mod $p$ 为周期数列.

数 $C_{2n}^n$ 中所含质数 2 的幂次为 $\sum_{i=1}^{\infty}\left[\frac{2n}{2^i}\right]-2\left[\frac{n}{2^i}\right]$. 易见 $n$ 的二进制表示中从右往左数第 $i$ 个数位上的数字即等于 $\left[\frac{2n}{2^i}\right]-2\left[\frac{n}{2^i}\right]$,从而 $C_{2n}^n$ 中所含 2 的幂次为 $n$ 的二进制表示中 1 的个数. 于是取 $n=(11a_la_{l-1}\cdots a_1a_0)_2$ 或 $n=(1\underbrace{00\cdots0}_{l个})_2$,可知一方面数列 $\{C_{2n}^n\}$ 中含有任意长的连续若干项均能被 4 整除,而另一方面该数列中又有无穷多项不能被 4 整除. 故数列 $\{C_{2n}^n\}$ 不可能自某项开始 mod 4 为周期数列.

综上所述,所求的正整数 $k$ 应不能被任意奇质数或 4 整除. 又 $C_{2n}^n=2C_{2n-1}^{n-1}$ 是 2 的倍数,所以本题的答案为 $k$ 等于 1 或 2.

2.1.42 求证:对于任意正整数 $r$,存在 $n_r$,使得对每个正整数 $n>n_r$,至少有一个 $C_n^k$, $1 \leqslant k \leqslant n-1$,能被某个质数的 $r$ 次幂整除.

**证明** 设 $b_i$ 表示正整数中从小到大排列的第 $i$ 个质数.

下面证明对于任意正整数 $n$,若 $n>b_{r+1}^r$,则在 $C_n^k$, $1 \leqslant k \leqslant n-1$ 中必有一个能被某个质数的 $r$ 次幂整除,亦即取 $n_r=b_{r+1}^r$,我们有组合恒等式

心得 体会 拓广 疑问

$$C_n^k=\frac{k+1}{n+1}C_{n+1}^{k+1} \qquad ①$$

若 $n+1$ 至多含有 $r$ 个不同的质因子,则 $b_1,b_2,\cdots,b_{r+1}$ 中必有一个 $b_i$ 不是 $n+1$ 的因数. 取 $k$ 使 $k=b_i^r-1$,则

$$1\leqslant k\leqslant b_{r+1}^r-1<n-1$$

由 ① 及 $b_i^r=k+1,b_i\nmid n+1,C_{n+1}^{k+1}$ 为整数知 $C_n^k$ 可被 $b_i^r$ 整除.

若 $n+1$ 至少含有 $r+1$ 个不同的质因子,设 $n+1=p_1^{\alpha_1}p_2^{\alpha_2}\cdots p_s^{\alpha_s}$,其中 $\alpha_1,\alpha_2,\cdots,\alpha_s$ 为正整数,$s\geqslant r+1$. 设 $p_i^{\alpha_i}=\min\{p_1^{\alpha_1}p_2^{\alpha_2}\cdots p_s^{\alpha_s}\}$,则 $p_i^{\alpha_i}\leqslant(n+1)^{\frac{1}{s}}$. 从而

$$p_i^{r+\alpha_i}\leqslant(p_i^{\alpha_i})^{r+1}\leqslant(n+1)^{\frac{r+1}{s}}\leqslant n+1$$

又因为 $p_i^{\alpha_i}\parallel n+1$,故

$$p_i^{r+\alpha_i}<n+1$$

取 $k$ 使 $k=p_i^{r+\alpha_i}-1$,则 $1\leqslant k\leqslant n-1$,且由 ① 及 $p_i^{r+\alpha_i}=k+1,p_i^{\alpha_i}\parallel n+1$ 及 $C_{n+1}^{k+1}$ 为整数知 $C_n^k$ 可被 $p_i^r$ 整除.

综上所述,命题得证.

2.1.43　证明:(Lucas 定理)$p$ 是一个素数,将非负整数 $n,k$ 表示成 $p$ - 进制如下

$$n=\sum_{i=0}^{t}n_ip^i,k=\sum_{i=0}^{t}k_ip^i$$

首位允许是 0,并规定 $b<a\Rightarrow C_b^a=0$. 则

$$C_n^k\equiv\prod_{i=0}^{t}C_{n_i}^{k_i}(\bmod p)$$

**证明**　由费马定理,对所有 $r\geqslant 0$ 有

$$(a+b)^{p^r}\equiv a+b\equiv a^{p^r}+b^{p^r}(\bmod p)$$

因此

$$(1+X)^n\equiv\prod_{i=0}^{t}(1+X)^{n_i p^i}\equiv\prod_{i=0}^{t}(1+X^{p^i})^{n^i}\equiv$$
$$\prod_{i=0}^{t}(\sum_{j_i=0}^{n_i}C_{n_i}^{j_i}X^{j_i p^i})(\bmod p)$$

比较两边 $x^k$ 的系数,由于 $k$ 表达成 $p$ - 进制的唯一性得

$$C_n^k\equiv\prod_{i=0}^{t}C_{n_i}^{k_i}(\bmod p)$$

2.1.44　对于给定的正整数 $n,C_n^k,k=0,1,2,\cdots,n$ 中有多少项是奇数?

**解**　直接应用 Lucas 定理,注意到 $C_1^0=C_1^1=C_0^0=1,C_0^1=0$,

心得 体会 拓广 疑问

所以 $C_n^k \equiv \prod_{i=0}^{t} C_{n_i}^{k_i} \equiv 1 \pmod 2$,当且仅当$k$的2-进制表示中的非0项恰好是$n$的2-进制表示中的非0项的子集,假定$n$的2-进制表示有$m$个是1,则共有$2^m$个$C_n^k$是奇数.

作为此题的一个推论:当且仅当$n=2^a-1$形式的时候,$C_n^k$,$k=0,1,2,\cdots,n$都是奇数.

2.1.45 $p$是一个素数,$n$表示成$p$-进制如下

$$n=\sum_{i=0}^{t} n_i p^i$$

则$C_n^k$,$k=0,1,2,\cdots,n$中恰好有$(n+1)-\prod_{i=0}^{t}(n_i+1)$项是$p$的倍数.

**解** 现在来计算有多少个不是$p$的倍数,$k$表示成$p$-进制如下

$$k=\sum_{i=0}^{t} k_i p^i$$

由 Lucas 定理

$$C_n^k \equiv \prod_{i=0}^{t} C_{n_i}^{k_i} \not\equiv \pmod p \Leftrightarrow \forall 0 \leqslant i \leqslant t, 0 \leqslant k_i \leqslant n_i$$

所以共有$\prod_{i=0}^{t}(n_i+1)$项不是$p$的倍数,因此恰好有$(n+1)-\prod_{i=0}^{t}(n_i+1)$项是$p$的倍数.

2.1.46 证明:$C_{2^n}^k$,$k=1,2,\cdots,2^n-1$都是偶数,且仅有一项不是4的倍数.

(罗马尼亚)

**证明** 注意到,当$1 \leqslant k \leqslant 2^n-1$时,$C_{2^n}^k=\frac{2^n}{k}C_{2^n-1}^{k-1}$肯定都是偶数,且仅当$k=2^{n-1}$时才可能不是4的倍数,而由Lucas定理立得$C_{2^n-1}^{2^{n-1}-1} \equiv 1 \pmod 2$,故命题得证.

2.1.47 $p$是一个素数,则对于所有正整数$n$都有$C_{p^n}^p \equiv p^{n-1} \pmod{p^n}$.

**证明** $$C_{p^n}^p=p^{n-1}\frac{(p^n-1)(p^n-2)\cdots(p^n-(p-1))}{(p-1)(p-2)\cdots 1}$$

$$A=\frac{(p^n-1)(p^n-2)\cdots(p^n-(p-1))}{(p-1)(p-2)\cdots 1}$$

心得 体会 拓广 疑问

的分母不含 $p$ 的因子，所以 $A$ 还是整数，由于分子分母都 $\equiv(-1)^{p-1}(\bmod p)$，故 $A\equiv 1(\bmod p)$，故 $C_{p^n}^{p}\equiv p^{n-1}(\bmod p^n)$.

2.1.48 证明：$C_n^k,k=0,1,2,\cdots,n$ 中除以3余1的多于除以3余2的.

（英国）

**证明** 令 $n,k$ 表示成 $p$ - 进制如下

$$n=\sum_{i=0}^{t}n_ip^i,k=\sum_{i=0}^{t}k_ip^i$$

$$A=\{j\mid n_j=1\},B=\{j\mid n_j=2\},C=\{j\mid n_j=0\}$$

令 $r=|A|,s=|B|$.

① 由 Lucas 定理，若 $C_n^k\equiv\prod_{i=0}^{t}C_{n_i}^{k_i}\equiv 1(\bmod 3)$，则说明当 $j\in C$ 时，$k_j=0$；当 $j\in A$ 时，$k_j=0,1$；当 $j\in B$ 时，$k_j=0,1,2$，且恰好有偶数个取1. 设 $k_j$ 在取定的 $2m$ 个 $j\in B$ 取1，则所有的 $k_j$ 有 $2^r2^{s-2m}$ 种取法，因此共有 $2^r\sum_{m=0}^{[s/2]}C_s^{2m}2^{s-2m}$ 项除以3余1.

② 由 Lucas 定理，若 $C_n^k\equiv\prod_{i=0}^{t}C_{n_i}^{k_i}\equiv 2(\bmod 3)$，则当 $j\in C$ 时，$k_j=0$；当 $j\in A$ 时，$k_j=0,1$；当 $j\in B$ 时，$k_j=0,1,2$，且恰好有奇数个取1. 设 $k_j$ 在取定的 $2m+1$ 个 $j\in B$ 取1，故共有 $2^r\sum_{m=0}^{[(s-1)/2]}C_s^{2m+1}2^{s-2m-1}$ 项除以3余2.

因此两者的差为

$$2^r(C_s^02^s-C_s^12^{s-1}+C_s^22^{s-2}-C_s^32^{s-3}+C_s^42^{s-4}-\cdots)=$$
$$2^r(2-1)^s=2^r\geqslant 1$$

2.1.49 $p$ 是一个素数，则 $C_{2p}^{p}-2\equiv 0(\bmod p^2)$.

**证明** 比较 $(1+x)^{2p}=\sum_{k=0}^{2p}x^k=(1+x)^p(1+x)^p=(\sum_{i=0}^{p}x^i)(\sum_{i=0}^{p}x^i)$ 中 $x^p$ 的系数，得到

$$C_{2p}^{p}=\sum_{i=0}^{p}C_p^kC_p^{p-k}=\sum_{k=0}^{p}(C_p^k)^2$$

而当 $1\leqslant k\leqslant p-1$ 时，$p\mid C_p^k$，故 $C_{2p}^{p}-2\equiv 0(\bmod p^2)$.

心得 体会 拓广 疑问

**2.1.50** $p\geqslant 5$ 是一个素数,则 $C_{2p-1}^{p-1}-1\equiv 0\pmod{p^3}$.

**证明** 若 $ax\equiv 1\pmod p$,则记 $a\equiv x^{-1}\pmod p$,由上题有

$C_{2p}^{p}=\sum\limits_{k=0}^{p}(C_p^k)^2$,故

$$C_{2p}^{p}-2=\sum_{k=1}^{p-1}(C_p^k)^2=\sum_{k=1}^{p-1}\left(\frac{p}{k}C_{p-1}^{k-1}\right)^2=p^2\sum_{k=1}^{p-1}\left(\frac{1}{k}C_{p-1}^{k-1}\right)^2$$

另一方面

$$\sum_{k=1}^{p-1}\left(\frac{1}{k}C_{p-1}^{k-1}\right)^2\equiv\sum_{k=1}^{p-1}k^{-2}((-1)^{k-1}(k-1)!\ )^2((k-1)!\ )^{-2}\equiv$$

$$\sum_{k=1}^{p-1}k^{-2}\equiv\sum_{k=1}^{p-1}k^2\equiv 0\pmod p$$

因此 $C_{2p}^{p}-2\equiv 0\pmod{p^3}$,而 $C_{2p-1}^{p-1}-1=\frac{1}{2}(C_{2p}^{p}-2)$,故命题得证.

**2.1.51** $p$ 是一个大于 3 的素数,且 $k=\left[\frac{2p}{3}\right]$,证明:$\sum\limits_{i=1}^{k}C_p^i$ 能被 $p^2$ 整除.

**证明** ①若 $p=3n+1$,则 $k=2n$. 当 $(a,p)=1$ 时,$ax\equiv 1\pmod p$ 只有一个解,为了方便起见把这个解记为 $\frac{1}{a}$.

对于每一个 $1\leqslant i\leqslant k$,$\frac{1}{p}C_p^i=\frac{(p-1)(p-2)\cdots(p-i+1)}{1\cdot 2\cdot\cdots\cdot(i-1)}\cdot\frac{1}{i}\equiv(-1)^{i-1}\frac{1}{i}\pmod p$,故

$$\begin{aligned}\frac{1}{p}(C_p^1+C_p^2+\cdots+C_p^k)\equiv&\frac{1}{p}\left(1-\frac{1}{2}+\frac{1}{3}-\cdots-\frac{1}{2n}\right)\equiv\\&\frac{1}{p}\left(1+\frac{1}{2}+\frac{1}{3}+\cdots+\frac{1}{2n}\right)-\\&\frac{2}{p}\left(\frac{1}{2}+\frac{1}{4}+\cdots+\frac{1}{2n}\right)\equiv\\&\frac{1}{p}\left(1+\frac{1}{2}+\frac{1}{3}+\cdots+\frac{1}{2n}\right)+\\&\frac{1}{p}\left(-1-\frac{1}{2}-\cdots-\frac{1}{2n}\right)\equiv\\&\frac{1}{p}\left(1+\frac{1}{2}+\frac{1}{3}+\cdots+\frac{1}{2n}\right)+\\&\frac{1}{p}\left(\frac{1}{p-1}+\frac{1}{p-2}+\cdots+\frac{1}{p-n}\right)\equiv\end{aligned}$$

心得 体会 拓广 疑问

$$\frac{1}{p}\sum_{i=1}^{p-1}\frac{1}{i}(\bmod p)$$

由 Wolstenholme 定理，$\sum_{i=1}^{p-1}\frac{1}{i}$ 的分子是 $p^2$ 的倍数，故

$$\frac{1}{p}\sum_{i=1}^{k}C_p^i\equiv 0(\bmod p)$$

②$p=3n+2$，则 $k=2n+1$，故

$$\frac{1}{p}(C_p^1+C_p^2+\cdots+C_p^k)\equiv\frac{1}{p}\left(1-\frac{1}{2}+\frac{1}{3}-\cdots-\frac{1}{2n}+\frac{1}{2n+1}\right)\equiv$$
$$\frac{1}{p}\left(1+\frac{1}{2}+\frac{1}{3}+\cdots+\frac{1}{2n+1}\right)-$$
$$\frac{2}{p}\left(\frac{1}{2}+\frac{1}{4}+\cdots+\frac{1}{2n}\right)\equiv$$
$$\frac{1}{p}\left(1+\frac{1}{2}+\frac{1}{3}+\cdots+\frac{1}{2n}\right)+$$
$$\frac{1}{p}\left(-1-\frac{1}{2}-\cdots-\frac{1}{n}\right)\equiv$$
$$\frac{1}{p}\left(1+\frac{1}{2}+\frac{1}{3}+\cdots+\frac{1}{2n+1}\right)+$$
$$\frac{1}{p}\left(\frac{1}{p-1}+\frac{1}{p-2}+\cdots+\frac{1}{p-n}\right)\equiv$$
$$\frac{1}{p}\sum_{i=1}^{p-1}\frac{1}{i}(\bmod p)$$

由 Wolstenholme 定理，$\sum_{i=1}^{p-1}\frac{1}{i}$ 的分子是 $p^2$ 的倍数，故

$$\frac{1}{p}\sum_{i=1}^{k}C_p^i\equiv 0(\bmod p)$$

综上所述，$\sum_{i=1}^{k}C_p^i$ 能被 $p^2$ 整除.

2.1.52 设 $p$ 是一个素数，证明：

(1) $C_n^p\equiv\left[\frac{n}{p}\right](\bmod p)$；

(2) 如果 $p^s\left|\left[\frac{n}{p}\right]\right.$，则 $p^s\mid C_n^p$.

**证明** (1) $p$ 个连续数 $n,n-1,\cdots,n-p+1$ 构成模 $p$ 的一个完全剩余系，所以其中有一个也只有一个数，不妨设为 $n-i$ 使 $p\mid n-i,0\leqslant i\leqslant p-1$，即得 $\frac{n}{p}=\frac{n-i}{p}+\frac{i}{p}$，从而有

$$\left[\frac{n}{p}\right]=\frac{n-i}{p}\qquad①$$

心得 体会 拓广 疑问

设$M=\frac{n(n-1)\cdots(n-p+1)}{n-i}$,则易证

$$M\equiv(p-1)!\pmod p \quad ②$$

由①得

$$M\left[\frac{n}{p}\right]=\frac{(n-i)M}{p}=(p-1)!\ \mathrm{C}_n^p \quad ③$$

于是有

$$(p-1)!\ \left[\frac{n}{p}\right]\equiv M\left[\frac{n}{p}\right]\equiv(p-1)!\ \mathrm{C}_n^p\pmod p \quad ④$$

因为$(p,(p-1)!)=1$,从式④得出

$$\left[\frac{n}{p}\right]\equiv \mathrm{C}_n^p\pmod p$$

(2)由式③知,如果$p^s\left|\left[\frac{n}{p}\right]\right.$,则$p^s\mid(p-1)!\ \mathrm{C}_n^p$,由于$(p^s,(p-1)!)=1$,所以

$$p^s\mid \mathrm{C}_n^p$$

2.1.53 设$h_n$是$n!$的十进制写法中最后一个非零数字.证明:无限小数$0.h_1h_2h_3\cdots$是无理数.

(评委会,苏联,1983年)

**证明** 设$0.h_1h_2h_3\cdots$是有理数,则存在$N_0,T\in\mathbf{N}$,使得对每个$n\geqslant N_0$,都有$h_{n+T}=h_n$.

首先证明,存在$T_1\in\mathbf{N}$,$T\mid T_1$,且$T_1$的最后一位非零数字为1.事实上,设$T=2^\alpha5^\beta p$,其中$\alpha,\beta\in\mathbf{Z}^*$,$p$不被2与5整除,则$T_0=2^\beta5^\alpha T=2^{\alpha+\beta}5^{\alpha+\beta}p=10^{\alpha+\beta}p$的最后一位非零数字为奇数,且不等于5.如果它等于1,则取$T_1=T_0$;如果它等于3,则取$T_1=7T_0$;如果它等于7,则取$T_1=3T_0$;最后如果它等于9,则取$T_1=9T_0$.在这些情形下,$T_1$的最后一位非零数字分别与1,21,21,81的相同.这样就求出了当$n\geqslant N$时使得$h_{n+T_1}=h_n$的数$T_1=10^m(10a+1)$,$m,a\in\mathbf{Z}^*$.其次证明,对任意$n\in\mathbf{N}$,$h_n\neq5$.事实上,在$n!$的素因子分解式中,2的幂指数为

$$\gamma=\left[\frac{n}{2}\right]+\left[\frac{n}{2^2}\right]+\left[\frac{n}{2^3}\right]+\cdots$$

5的幂指数为

$$\delta=\left[\frac{n}{5}\right]+\left[\frac{n}{5^2}\right]+\left[\frac{n}{5^3}\right]+\cdots$$

因为当$i\in\mathbf{N}$时,$\left[\frac{n}{2^i}\right]\geqslant\left[\frac{n}{5^i}\right]$,所以$\gamma\geqslant\delta$,且$n!=2^\gamma5^\delta q=$

心得 体会 拓广 疑问

$10^{\delta}2^{\gamma-\delta}q$,其中 $q\in\mathbf{N}$ 不被 2 与 5 整除,从而 $n!$ 的最后一位非零数字与 $2^{\gamma-\delta}q$ 的相同,所以不等于 5,即 $h_n\neq 5$. 最后取充分大的 $b\in\mathbf{N}$,使得 $M=10^m(10b+1)>N_0$. 记 $h_{M-1}=h$. 则

$$(M-1)!=10^k(10c+h)$$

其中 $c,k\in\mathbf{Z}^*$. 于是

$$M!=(M-1)!\,M=10^k(10c-h)\cdot 10^m(10b+1)=$$
$$10^{k+m}(10(10bc+hb+c)+h)$$

因此 $h_M=h$. 因为 $T\mid T_1$,所以 $h_{M-1+T_1}=h_{M-1}=h$. 从而

$$(M-1+T_1)!=10^l(10d+h)$$

其中 $l,d\in\mathbf{Z}^*$. 所以

$$(M-T_1)!=(M-1+T_1)!\,(M+T_1)=$$
$$10^l(10d+h)(10^m(10b+1)+10^m(10a+1))=$$
$$10^{m+l}(10d+h)(10(a+b)+2)=$$
$$10^{m+l}(10(10ad+10bd+ah+bh+2d)+2h)$$

即 $h_{M+T_1}$ 与 $2h$ 的最后一位数字 $h'$ 相同. 另一方面,$h_{M+T_1}=h_M=h$. 但是,因为 $h\neq 0,5$,所以 $2h$ 的最后一位数字不等于 $h$,从而 $h_{M+T_1}=h'\neq h=h_{M+T_1}$ 矛盾. 证毕.

2.1.54 对任何正整数 $n$,求证

$$\sum_{k=0}^{n}C_n^k 2^k C_{n-k}^{\left[\frac{n-k}{2}\right]}=C_{2n+1}^n$$

其中 $C_0^0=1$,$\left[\dfrac{n-k}{2}\right]$ 表示 $\dfrac{n-k}{2}$ 的整数部分.

**证法 1** 考虑多项式 $(x+1)^{2n}$,它的 $x^n$ 及 $x^{n-1}$ 的系数和为

$$C_{2n}^n+C_{2n}^{n-1}=C_{2n+1}^n \qquad ①$$

另一方面

$$(x+1)^{2n}=(x^2+2x+1)^n=$$
$$\sum_{i+j+k=n}\frac{n!}{i!\,j!\,k!}(x^2)^i(2x)^j=$$
$$\sum_{0\leqslant i+j\leqslant n}\frac{n!}{i!\,j!\,(n-i-j)!}2^jx^{2i+j} \qquad ②$$

这里 $i,j,k$ 均为非负整数. 式 ② 右端 $x^n$ 及 $x^{n-1}$ 的系数之和是

$$\sum_{\substack{0\leqslant i+j\leqslant n\\ 2i+j=n}}\frac{n!}{i!\,j!\,(n-i-j)!}2^j+\sum_{\substack{0\leqslant i+j\leqslant n\\ 2i+j=n-1}}\frac{n!}{i!\,j!\,(n-i-j)!}2^j=$$
$$\sum_{0\leqslant i+(n-2i)\leqslant n}\frac{n!}{i!\,(n-2i)!\,i!}2^{n-2i}+$$
$$\sum_{0\leqslant i+(n-1-2i)\leqslant n}\frac{n!}{i!\,(n-1-2i)!\,(i+1)!}2^{n-2i-1}=$$

心得 体会 拓广 疑问

$$\sum_{i=0}^{\left[\frac{n}{2}\right]} C_n^{2i} C_{2i}^{i} 2^{n-2i} + \sum_{i=0}^{\left[\frac{n-1}{2}\right]} C_n^{2i+1} \cdot C_{2i+1}^{i} 2^{n-2i-1} =$$

$$\sum_{\substack{k=0\\ k\text{取偶数}}}^{n} C_n^k 2^{n-k} C_k^{\left[\frac{k}{2}\right]} + \sum_{\substack{k=1\\ k\text{取奇数}}}^{n} C_n^k 2^{n-k} C_k^{\left[\frac{k}{2}\right]} =$$

$$\sum_{k=0}^{n} C_n^k 2^{n-k} C_k^{\left[\frac{k}{2}\right]} \qquad ③$$

在上式右端,令 $n-k=s$,那么,有

$$\sum_{k=0}^{n} C_n^k 2^{n-k} C_k^{\left[\frac{k}{2}\right]} = \sum_{s=0}^{n} C_n^{n-s} 2^s C_{n-s}^{\left[\frac{n-s}{2}\right]} = \sum_{k=0}^{n} C_n^k 2^k C_{n-k}^{\left[\frac{n-k}{2}\right]} \qquad ④$$

由于 $C_n^{n-s}=C_n^s$,把 $s$ 改写为 $k$,可得上式最后一个等式. 从而得到所要证明的恒等式.

**证法2** 有 $2n+1$ 个人,其中有一位老师,$n$ 位男同学,$n$ 位女同学. 老师记为 $T$;$n$ 位男同学分别记为 $a_1,a_2,\cdots,a_n$;$n$ 位女同学分别记为 $b_1,b_2,\cdots,b_n$. $(a_i,b_i)$ 称为"一对",$i=1,2,\cdots,n$. 现在有 $n$ 个人去参加植树劳动.

有两种选人方法:

(1)$2n+1$ 个人中任选 $n$ 人,那么有 $C_{2n+1}^n$ 种选人方法.

(2)固定 $k$,这里 $0\leqslant k\leqslant n$,在 $n$ 对学生中任选 $k$ 对,要求每对只去一人. 对每个 $k$,有 $C_n^k 2^k$ 种选法. 其余的 $n-k$ 名同学是要一对一对地去植树的. 由于一共只能去 $n$ 人,所以只有 $\left[\frac{n-k}{2}\right]$ 对同学去植树,有 $C_{n-k}^{\left[\frac{n-k}{2}\right]}$ 种选对方案.

这时,去植树的同学总人数是 $k+2\left[\frac{n-k}{2}\right]$. 当 $n-k$ 为奇数时

$$k+2\left[\frac{n-k}{2}\right]=n-1$$

由于一共要有 $n$ 个人去植树,老师 $T$ 必须去. 当 $n-k$ 为偶数时

$$k+2\left[\frac{n-k}{2}\right]=n$$

受总人数限制,老师 $T$ 不去植树. 那么当 $k$ 固定时,不同的选人方案数为 $C_n^k 2^k C_{n-k}^{\left[\frac{n-k}{2}\right]}$,当 $k$ 取遍 $0,1,2,\cdots,n$ 时,所有的选人方案总数是应当等于 $C_{2n+1}^n$. 那么,有

$$\sum_{k=0}^{n} C_n^k 2^k C_{n-k}^{\left[\frac{n-k}{2}\right]} = C_{2n+1}^n$$

**2.1.55**　$N$ 是所有正整数组成的集合,对于 $N$ 的一个子集 $S$,$n\in\mathbf{N}$,定义

$$S\oplus\{n\}=\{s+n\mid s\in S\}$$

另外定义子集合 $S_k$ 如下

$$S_1=\{1\},S_k=\{S_{k-1}\oplus\{k\}\}\cup\{2k-1\}(k=2,3,4\cdots)$$

(1)求 $N-\bigcup\limits_{k=1}^{\infty}S_k$.

(2)求所有 $k\in N$,使得 $1\ 994\in S_k$.

**解**　(1)由于

$$\mathrm{C}_{k+1}^2+(k+1)=\frac{1}{2}k(k+1)+(k+1)=$$
$$\frac{1}{2}(k+1)(k+2)=\mathrm{C}_{k+2}^2 \quad ①$$

$$\mathrm{C}_{k+2}^2-\mathrm{C}_k^2=\frac{1}{2}(k+2)(k+1)-\frac{1}{2}k(k-1)=2k+1 \quad ②$$

由题设,有

$$S_1=\{1\},S_2=\{S_1\oplus\{2\}\}\cup\{3\}=\{3\}=\{\mathrm{C}_3^2\}$$
$$S_3=\{S_2\oplus\{3\}\}\cup\{5\}=\{6,5\}=\{\mathrm{C}_1^2,\mathrm{C}_4^2,\mathrm{C}_2^2\} \quad ③$$

设对某个正整数 $k$

$$S_k=\{\mathrm{C}_{k+1}^2,\mathrm{C}_{k+1}^2-\mathrm{C}_2^2,\mathrm{C}_{k+1}^2-\mathrm{C}_3^2,\cdots,\mathrm{C}_{k+1}^2-\mathrm{C}_{k-1}^2\} \quad ④$$

则由题设,有

$$S_{k+1}=\{\mathrm{C}_{k+1}^2+(k+1),\mathrm{C}_{k+1}^2-\mathrm{C}_2^2+(k+1),\mathrm{C}_{k+1}^2-\mathrm{C}_3^2+(k+1),\cdots,\mathrm{C}_{k+1}^2-\mathrm{C}_{k-1}^2+(k+1),2k+1\}=$$
$$\{\mathrm{C}_{k+2}^2,\mathrm{C}_{k+2}^2-\mathrm{C}_2^2,\mathrm{C}_{k+2}^2-\mathrm{C}_3^2,\cdots,\mathrm{C}_{k+2}^2-\mathrm{C}_{k-1}^2,\mathrm{C}_{k+2}^2-\mathrm{C}_k^2\}$$

(利用公式①和②)　⑤

公式④对于任意正整数 $k$ 成立.对于 $j=2,3,\cdots,k-1$,由于

$$\mathrm{C}_{k+1}^2-\mathrm{C}_j^2=\frac{1}{2}k(k+1)-\frac{1}{2}j(j-1)=$$
$$\frac{1}{2}(k+j)(k-j+1) \quad ⑥$$

$k+j$ 与 $k-j$ 具有相同的奇偶性,于是 $k+j$ 与 $k-j+1$ 具有不同的奇偶性,且 $k+j>1+k-j\geqslant 1+k-(k-1)=2$,因而 $\frac{1}{2}(k+j)(1+k-j)$ 不会具有 $2^m$ 的形状(这里 $m\in\mathbf{N}$).反之,如果一个正整数 $n$ 不具有 $2^m$ 的形状(这里 $m\in\mathbf{N}$),则 $n$ 一定有奇质因子,那么,存在一奇一偶的两个正整数 $p,q$,使得 $p>q>2$,且

$$2n=pq \quad ⑦$$

令

$$k+j-p,k-j+1=q \quad ⑧$$

心得 体会 拓广 疑问

于是

$$k - \frac{1}{2}(p+q-1), j = \frac{1}{2}(p-q+1) \qquad ⑨$$

由于 $p,q$ 一奇一偶,且 $p \geqslant q+1$,则 $k,j$ 都是正整数,且

$$k-j=q-1 \geqslant 1, 1 \leqslant j \leqslant k-1 \qquad ⑩$$

将 ⑧ 代入 ⑦,有

$$n = \frac{1}{2}(k+j)(k-j+1) =$$

$$C_{k+1}^2 - C_j^2 (\text{利用 ⑥}) \in S_k (\text{利用 ④}) \qquad ⑪$$

这里 $C_1^2=0$,因而

$$N - \bigcup_{k=1}^{\infty} S_k = \{2^m \mid m \in \mathbf{N}\} \qquad ⑫$$

(2) 因为 $n = 1\ 994$,则

$$2N = 4 \cdot 997 \qquad ⑬$$

注意 997 是一个质数,利用公式 ⑦,只可能

$$p = 997, q = 4 \qquad ⑭$$

再利用公式 ⑨,有

$$k = 500, j = 497 \qquad ⑮$$

因而利用公式 ⑪,有

$$1\ 994 \in S_{500} \qquad ⑯$$

2.1.56 $k$ 是一个正整数,$r_n$ 是 $C_{2n}^2$ 除以 $k$ 的余数,$0 \leqslant r_n \leqslant k-1$,求所有 $k$,使得数列 $r_1, r_2, r_3, \cdots$,对所有 $n \geqslant p$,有一个周期,这里 $p$ 是一个固定正整数(即它从某一项开始是周期变化的).

**解** 当 $k=1$ 时,所有 $C_{2n}^2 \equiv 0 \pmod 1$,因此 $k=1$ 是一个解.

当 $k=2$ 时,$\forall n \in \mathbf{N}$

$$C_{2n}^n = C_{2n-1}^n + C_{2n-1}^{n-1} = 2C_{2n-1}^{n-1} \equiv 0 \pmod 2 \qquad ①$$

所以 $k=2$ 也是一个解.

当 $k=4$ 时,我们知道 $(1+x)^{2n}$ 的展开式中 $x^n$ 的系数是 $C_{2n}^n$.

对于任一整数 $x$,下面证明,对任意正整数 $m$

$$(1+x)^{2m} \equiv 1 + 2x^{2m-1} + x^{2m} \pmod 4 \qquad ②$$

当 $m=1$ 时,上式左、右两端恒相等,设对某个正整数 $m$,上式成立.考虑 $m+1$ 的情况,有

$$(1+x)^{2m+1} = ((1+x)^{2m})^2 \equiv$$

$$(1+2x^{2m-1}+x^{2m})^2 \pmod 4 \equiv 1 + x^{2m+1} + 2x^{2m} \pmod 4 \qquad ③$$

所以 ② 成立.

当 $n=2^j$($j$ 是非负整数)时

心得 体会 拓广 疑问

$$(1+x)^{2n}=(1+x)^{2^{j+1}}$$

其展开式中 $x^{2^j}$ 的系数是 $C_{2n}^n$，在②中令 $m=j+1$，可以知道

$$(1+x)^{2^{j+1}}\equiv 1+2x^{2^j}+x^{2^{j+1}}\pmod 4 \quad ④$$

因此

$$C_{2n}^n\equiv 2\pmod 4 \quad ⑤$$

另外，如果 $n\geqslant 3$ 不是2的幂次，记 $n=2^j+r$，这里 $0<r<2^j$。由公式②，有

$$(1+x)^{2n}=(1+x)^{2^{j+1}}(1+x)^{2r}\equiv$$
$$(1+2x^{2^j}+x^{2^{j+1}})\cdot(1+x)^{2r}\pmod 4 \quad ⑥$$

因为 $2r<n<2^{j+1}$，上式 $x^n$（$x$ 为整数）在 mod 4 意义上，只有一项 $2x^{2^j}C_{2r}^r x^r=2C_{2r}^r x^n$。因此，在 mod 4 意义上，$x^n$ 的系数是 $2C_{2r}^r$。前面已证（见公式①），$C_{2r}^r(r\in\mathbf{N})$ 是偶数，则 $2C_{2r}^r\equiv 0\pmod 4$。因而，当正整数 $n\geqslant 3$ 且 $n$ 不是2的幂次时

$$C_{2n}^n\equiv 2C_{2r}^r\pmod 4\equiv 0\pmod 4$$

从而，当 $n=2^j$（$j$ 是非负整数）时，$C_{2n}^n\equiv 2\pmod 4$，对其余 $n$，$C_{2n}^n\equiv 0\pmod 4$。因而 $\{C_{2n}^n\mid n\in\mathbf{N}\}$ 在 mod 4 意义上不是周期的，即 $k=4$ 不满足题目要求。

如果 $k$ 是一个奇质数 $p$，因为 $p$ 是 $C_p^i$（这里 $i=1,2,\cdots,p-1$）的一个因子，则对于任意整数 $x$，利用二项式展开公式，有

$$(1+x)^p\equiv 1+x^p\pmod p \quad ⑦$$

设对某正整数 $m$，有

$$(1+x)^{p^m}\equiv 1+x^{p^m}\pmod p \quad ⑧$$

这里 $x$ 是任意整数，那么，利用⑧及⑦有

$$(1+x)^{p^{m+1}}=((1+x)^{p^m})^p\equiv(1+x^{p^m})^p\pmod p\equiv$$
$$1+x^{p^{m+1}}\pmod p \quad ⑨$$

从而可以知道，公式⑧对任意正整数 $m$ 成立。

利用公式⑧，对于 $j=1,2,\cdots,p^m-1$，有

$$(1+x)^{p^m+j}=(1+x)p^m(1+x)^j\equiv$$
$$(1+x^{p^m})(1+x)^j\pmod p \quad ⑩$$

利用公式⑩可以知道，在 mod $p$ 意义上，上式右端 $x^j$ 的系数是1，对 $j<i<p^m$，$x^i$ 的系数是零，而

$$(1+x)^{2p^m}\equiv(1+x^{p^m})^2\pmod p\text{（利用公式⑧）}\equiv$$
$$1+2x^{p^m}+x^{2p^m}\pmod p \quad ⑪$$

由公式⑪，有

$$C_{2p^m}^{p^m}\equiv 2\pmod p \quad ⑫$$

当奇正整数 $j\leqslant p^m-1$ 时，取 $2n=p^m+j$，$j<n<p^m$。那么，从上面叙述（公式⑩及其后面一段文字）可以知道在 mod $p$ 意义

心得 体会 拓广 疑问

上,$x^n$ 的系数为零,即当 $n=\frac{1}{2}(p^m+j)$ 时,这里任一奇正整数 $j<p^m$,有

$$C_{2n}^n \equiv 0(\bmod p) \quad ⑬$$

由 ⑫ 和 ⑬ 可以知道,$\{C_{2n}^n \mid n\in \mathbf{N}\}$ 在 mod $p$ 意义上不是周期的.

剩下的 $k$ 全为合数,只有以下两种情况:

(1)$k=4l$(正整数 $l\geqslant 2$);

(2)$k=pl$($p$ 为奇质数,正整数 $l\geqslant 2$).

如果序列 $\{C_{2n}^n \mid n\in \mathbf{N}\}$ 除以上述 $k$ 的余数,从某一项开始是周期变化的,则序列 $\{C_{2n}^n \mid n\in \mathbf{N}\}$ 除以 4 或 $p$ 的余数从这一项开始也是周期变化的,但前面已证明这是不可能的.

因此所求的全部正整数 $k$ 只有两个:1 和 2.

2.1.57 $n$ 是一个正整数,$n+1$ 个正整数 $C_n^0, C_n^1, C_n^2, \cdots, C_n^{n-1}, C_n^n$ 中除以 5 余 $j(1\leqslant j\leqslant 4)$ 的个数用 $a_j$ 表示,求证:$a_1+a_4\geqslant a_2+a_3$.

**证明** 将 $n$ 用 5 进制表示,有

$$n=n_k5^k+n_{k-1}5^{k-1}+\cdots+n_15+n_0 \quad ①$$

这里 $n_j(0\leqslant j\leqslant k)\in\{0,1,2,3,4\}$,且 $n_k\geqslant 1$,$k$ 是非负整数. 对正整数 $m$ 及任意整数 $x$,有

$$(1+x)^{5^m}\equiv 1+x^{5^m}(\bmod 5) \quad ②$$

利用 ① 和 ②,有

$$(1+x)^n=(1+x)^{5^kn_k}(1+x)^{5^{k-1}n_{k-1}}\cdots(1+x)^{5n_1}(1+x)^{n_0}\equiv$$
$$(1+x^{5^k})^{n_k}(1+x^{5^{k-1}})^{n_{k-1}}\cdots(1+x^5)^{n_1}(1+x)^{n_0}(\bmod 5) \quad ③$$

这里 $x$ 是任意整数. 令

$$F_j(x)=(1+x^{5^j})^{n_j}(1+x^{5^{j-1}})^{n_{j-1}}\cdots(1+x^5)^{n_1}(1+x)^{n_0} \quad ④$$

这里 $j=0,1,2,\cdots,k$,$x$ 是任意整数.

$F_j(x)$ 展开式中各项系数除以 5 余 $i(1\leqslant i\leqslant 4)$ 的个数用 $a_i^{(j)}$ 表示. 由 ③ 和 ④,有

$$(1+x)^n\equiv F_k(x)(\bmod 5) \quad ⑤$$

这里 $x$ 是任意整数,利用 ⑤,有

$$a_i=a_i^{(k)}(1\leqslant i\leqslant 4) \quad ⑥$$

下面对 $j$ 用数学归纳法,证明

$$a_1^{(j)}+a_4^{(j)}\geqslant a_2^{(j)}+a_3^{(j)} \quad ⑦$$

这里 $j=0,1,2,\cdots,k$.

当 $j=0$ 时,利用 ④,有

$$F_0(x)=(1+x)^{n_0} \quad ⑧$$

这里 $n_0\in\{0,1,2,3,4\}$.

心得 体会 拓广 疑问

当 $n_0=0$ 时

$$F_0(x)=1,a_1^{(0)}=1,a_2^{(0)}=0,a_3^{(0)}=0,a_4^{(0)}=0$$

当 $n_0=1$ 时

$$F_0(x)=1+x,a_1^{(0)}=2,a_2^{(0)}=0,a_3^{(0)}=0,a_4^{(0)}=0$$

当 $n_0=2$ 时

$$F_0(x)=(1+x)^2=1+2x+x^2,a_1^{(0)}=2$$
$$a_2^{(0)}=0,a_3^{(0)}=0,a_4^{(0)}=0$$

当 $n_0=3$ 时

$$F_0(x)=(1+x)^3=1+3x+3x^2+x^3$$
$$a_1^{(0)}=2,a_2^{(0)}=0,a_3^{(0)}=2,a_4^{(0)}=0$$

当 $n_0=4$ 时

$$F_0(x)=(1+x)^4=1+4x+6x^2+4x^3+x^4$$
$$a_1^{(0)}=3,a_2^{(0)}=0,a_3^{(0)}=0,a_4^{(0)}=2$$

在上述 5 种情况内,都有

$$a_1^{(0)}+a_4^{(0)}\geqslant a_2^{(0)}+a_3^{(0)} \tag{9}$$

假设对非负整数 $j(0\leqslant j<k)$,有

$$a_1^{(j)}+a_4^{(j)}\geqslant a_2^{(j)}+a_3^{(j)} \tag{10}$$

考虑 $j+1$ 的情况,由 ④ 有

$$F_{j+1}(x)=(1+x^{5^{j+1}})^{n_{j+1}}F_j(x) \tag{11}$$

这里 $n_{j+1}\in\{0,1,2,3,4\}$.

当 $n_{j+1}=0,F_{j+1}(x)=F_j(x)$,这里有

$$a_i^{(j+1)}=a_i^{(j)}(1\leqslant i\leqslant 4)$$

那么,利用归纳法假设 ⑩,有

$$a_1^{(j+1)}+a_4^{(j+1)}=a_1^{(j)}+a_4^{(j)}\geqslant a_2^{(j)}+a_3^{(j)}=$$
$$a_2^{(j+1)}+a_3^{(j+1)} \tag{12}$$

当 $n_{j+1}=1$ 时

$$F_{j+1}(x)=(1+x^{5^{j+1}})F_j(x)=F_j(x)+x^{5^{j+1}}F_j(x) \tag{13}$$

利用 ④,$F_j(x)$ 展开式中最高项次数记为 $A$,且

$$A=5^jn_j+5^{j-1}n_{j-1}+\cdots+5n_1+n_0\leqslant$$
$$4(5^j+5^{j-1}+\cdots+5+1)=5^{j+1}-1<5^{j+1} \tag{14}$$

所以,$F_{j+1}(x)$ 的展开式中各项系数“集合”就是 $F_j(x)$ 展开式与 $x^{5^{j+1}}F_j(x)$ 展开式中各项系数的“并集”,那么

$$a_i^{(j+1)}=2a_i^{(j)}(i=1,2,3,4) \tag{15}$$

从而,利用 ⑮ 及归纳法假设 ⑩,有

$$a_1^{(j+1)}+a_4^{(j+1)}=2(a_1^{(j)}+a_4^{(j)})\geqslant$$
$$2(a_2^{(j)}+a_3^{(j)})=a_2^{(j+1)}+a_3^{(j+1)} \tag{16}$$

完全类似地,当 $n_{j+1}=2$ 时,由于

$$F_{j+1}(x)=(1+x^{5^{j+1}})^2F_j(x)=$$

$$F_j(x)+2x^{5^{j+1}}F_j(x)+x^{2\cdot 5^{j+1}}F_j(x) \quad ⑰$$

可以知道

$$a_1^{(j+1)}=a_1^{(j)}+a_3^{(j)}+a_1^{(j)}=2a_1^{(j)}+a_3^{(j)}$$
$$a_2^{(j+1)}=a_2^{(j)}+a_1^{(j)}+a_2^{(j)}=2a_2^{(j)}+a_1^{(j)}$$
$$a_3^{(j+1)}=a_3^{(j)}+a_4^{(j)}+a_3^{(j)}=2a_3^{(j)}+a_4^{(j)}$$
$$a_4^{(j+1)}=a_4^{(j)}+a_2^{(j)}+a_4^{(j)}=2a_4^{(j)}+a_2^{(j)} \quad ⑱$$

那么,利用 ⑱ 及归纳法假设 ⑩,有

$$(a_1^{(j+1)}+a_4^{(j+1)})-(a_2^{(j+1)}+a_3^{(j+1)})=$$
$$(2a_1^{(j)}+a_3^{(j)}+2a_4^{(j)}+a_2^{(j)})-(2a_2^{(j)}+a_1^{(j)}+2a_3^{(j)}+a_4^{(j)})=$$
$$(a_1^{(j)}+a_4^{(j)})-(a_2^{(j)}+a_3^{(j)})\geqslant 0 \quad ⑲$$

当 $n_{j+1}=3$ 时,利用

$$F_{j+1}(x)=(1+x^{5^{j+1}})^3F_j(x)=$$
$$(1+3x^{5^{j+1}}+3x^{2\cdot 5^{j+1}}+x^{3\cdot 5^{j+1}})F_j(x) \quad ⑳$$

类似地,有

$$a_1^{(j+1)}=2(a_1^{(j)}+a_2^{(j)}),a_2^{(j+1)}=2(a_2^{(j)}+a_4^{(j)})$$
$$a_3^{(j+1)}=2(a_3^{(j)}+a_1^{(j)}),a_4^{(j+1)}=2(a_4^{(j)}+a_3^{(j)}) \quad ㉑$$

则

$$a_1^{(j+1)}+a_4^{(j+1)}=a_2^{(j+1)}+a_3^{(j+1)} \quad ㉒$$

当 $n_{j+1}=4$ 时,利用

$$F_{j+1}(x)=(1+x^{5^{j+1}})^4F_j(x)=$$
$$(1+4x^{5^{j+1}}+6x^{2\cdot 5^{j+1}}+4x^{3\cdot 5^{j+1}}+x^{4\cdot 5^{j+1}})F_j(x) \quad ㉓$$

类似上述,有

$$a_1^{(j+1)}=3a_1^{(j)}+2a_4^{(j)},a_2^{(j+1)}=3a_2^{(j)}+2a_3^{(j)}$$
$$a_3^{(j+1)}=3a_3^{(j)}+2a_2^{(j)},a_4^{(j+1)}=3a_4^{(j)}+2a_1^{(j)} \quad ㉔$$

那么,利用 ㉔ 和归纳假设 ⑩,有

$$(a_1^{(j+1)}+a_4^{(j+1)})-(a_2^{(j+1)}+a_3^{(j+1)})=$$
$$5(a_1^{(j)}+a_4^{(j)})-5(a_2^{(j)}+a_3^{(j)})\geqslant 0 \quad ㉕$$

从而对于任意非负整数 $j(0\leqslant j\leqslant k)$,有

$$a_1^{(j)}+a_4^{(j)}\geqslant a_2^{(j)}+a_3^{(j)} \quad ㉖$$

特别令 $j=k$,利用 ⑥ 和 ㉖,有

$$a_1+a_4\geqslant a_2+a_3 \quad ㉗$$

2.1.58 证明:同余式

$$C_{2p-1}^{p-1}\equiv 1(\bmod p^2)$$

是 $p$ 为一奇素数的充要条件.

**证明** 分别考虑必要性和充分性.

(1) 如果 $p$ 是一个奇素数,则同余式成立. 这由 Babbage 在爱

心得 体会 拓广 疑问

丁堡哲学杂志 1819 卷 146 页中所证明. Wolstenhalme 证明了对于 $p>3$, 同余式当模为 $p^3$ 时也成立,还可得如下更精确的结果

$$C_{2p-1}^{p-1}=\frac{(p+1)(p+2)\cdots(p+\overline{p-1})}{(p-1)!}=$$
$$1+\frac{A_{p-2}p+A_{p-3}p^2+\cdots+p^{p-1}}{(p-1)!}$$

其中 $A_c$ 是从 $1,2,\cdots,p-1$ 中一次取 $v$ 个的所有积的和. 因为 $p$ 是素数时, 对于 $0<v<p-1$, $A_v\equiv 0(\bmod p)$ 是熟知的事实, Babbage 同余式随之即得.

在恒等式

$$(x-1)(x-2)\cdots(x-\overline{p-1})=$$
$$x^{p-1}-A_1x^{p-2}+\cdots-A_{p-2}x+(p-1)!$$

又令 $x=p$,得

$$A_{p-2}=A_{p-3}p-A_{p-4}p^2+\cdots+p^{p-2}$$

此后假定 $p$ 是比 3 大的素数. 由 $A_{p-2}\equiv 0(\bmod p^2)$ 得出 Wolstenholme 同余式. 由于

$$\frac{A_{p-2}}{p^2}=\frac{A_{p-3}}{p}-A_{p-4}+\cdots+p^{p-4}\equiv\frac{A_{p-3}}{p}(\bmod p)$$

有

$$C_{2p-1}^{p-1}\equiv 1+\frac{p^3}{(p-1)!}\left(\frac{A_{p-2}}{p^2}+\frac{A_{p-3}}{p}\right)(\bmod p^4)\equiv$$
$$1+\frac{2p^3}{(p-1)!}\frac{A_{p-3}}{p}(\bmod p^4)$$

Wilson 定理使我们能用 $-1$ 取代 $(p-1)!$,由 Glaisher 的一个一般的结果(见 Dickson. op. cit. p. 100) 求得

$$\frac{A_{p-3}}{p}\equiv\frac{1}{3}B_{p-3}(\bmod p)$$

其中 $B_{p-3}$ 是一个以符号恒等式

$$e^{B_x}=\frac{x}{e^x-1}$$

定义的 Bernoulli 数. 于是最后

$$C_{2p-1}^{p-1}\equiv 1-\frac{2}{3}p^3B_{p-3}(\bmod p^4)$$

(2) 所设条件是非充分的,下面的讨论证明如果 $p=q^2$,则提出的同余式成立,其中 $q$ 是一素数,使得 $B_{q-3}\equiv 0(\bmod q)$. 这样的一个素数必须在不规则的素数 37,59,67,101,⋯ 中寻找,它们使得 $q$ 至少能除尽 $B_2,B_4,B_6,\cdots,B_{q-3}$ 中的一个;并且尽管在开始的几个情况中 $B_{q-3}$ 不是 $q$ 能除尽的数,这似乎不是最后也不能除尽的理由. 下面定义

心得 体会 拓广 疑问

$$f(1)=1, f(m)=\prod_i \frac{m+a_i}{a_i}$$

其中 $a_i$ 遍历 $\varphi(m)$ 个小于 $m$ 且与 $m$ 互素的正整数这并非总是一个整数,但对于素数 $p$

$$f(p)=\mathrm{C}_{2p-1}^{p-1}$$

一般容易得到

$$\mathrm{C}_{2m-1}^{m-1}=\prod_{\frac{d}{m}} f(d)$$

特别地,如果 $m=p^2$,则有

$$\mathrm{C}_{2m-1}^{m-1}=f(p^2)f(p) \equiv f(m)\mathrm{C}_{2p-1}^{p-1}$$

对于 $m>2$, $\sum a_i^{-1}=0 \pmod m$,故有

$$f(m)=(m^{\varphi(m)}+m^{\varphi(m)-1}\sum a_i+\cdots)(\pi a_i)^{-1}+ m\sum a_i^{-1}+1 \equiv 1 \pmod{m^2}$$

因此,由上面(1)中的最后结果,得

$$\mathrm{C}_{2p^2-1}^{p^2-1} \equiv 1-\frac{2}{3}p^3 B_{p-2} \pmod{p^4}$$

于是,如果有能除尽 $B_{p-3}$ 的素数 $p$,则那个素数的平方必定满足同余式

$$\mathrm{C}_{2m-1}^{m-1} \equiv 1 \pmod{m^2}$$

2.1.59 设 $n$ 为正整数,证明:任意 $2n-1$ 个整数中,必有 $n$ 个数,它们的和能被 $n$ 整除.

**证明** 先考虑 $n$ 为质数 $p$ 的情况.

设 $2p-1$ 个整数为 $x_1, x_2, \cdots, x_{2p-1}$. 如果这 $2p-1$ 个数中任意 $p$ 个数 $x_{i_1}, x_{i_2}, \cdots, x_{i_p}$ 的和均不能被 $p$ 整除,则由费马小定理有

$$(x_{i_1}, x_{i_2}, \cdots, x_{i_p})^{p-1} \equiv 1 \pmod p \quad ①$$

形如 ① 的同余式共有 $\mathrm{C}_{2p-1}^{p}$ 个,将这些同余式相加得

$$\sum (x_{i_1}+x_{i_2}+\cdots+x_{i_p})^{p-1} \equiv \mathrm{C}_{2p-1}^{p} \pmod p \quad ②$$

由上题的左边

$$\mathrm{C}_{2p-1}^{p} \equiv \left[\frac{2p-1}{p}\right] \equiv 1 \pmod p$$

式 ② 的左边将每个 $(x_{i_1}+x_{i_2}+\cdots+x_{i_p})^{p-1}$ 展开后,得到形如 $x_{i_1}^{\alpha_{i_1}} x_{i_2}^{\alpha_{i_2}} \cdots x_{il}^{\alpha_{il}}$ 的项,其中 $l \leqslant p-1$. 在 $\sum$ 中这样的项共有 $\mathrm{C}_{2p-1-l}^{p-l}$ 个. 但是

$$\mathrm{C}_{2p-1-l}^{p-l}=\frac{(2p-1-l)\cdots(p+1)p}{(p-l)!}$$

心得 体会 拓广 疑问

能被 $p$ 整除,从而 ② 的左边能被 $p$ 整除,矛盾!

这一矛盾说明在 $x_1,x_2,\cdots,x_{2p-1}$ 中一定有某 $p$ 个数的和能被 $p$ 整除.

下面证明如果题设结论在 $n=a$ 与 $n=b$ 时成立,那么这个结论在 $n=ab$ 时也成立. 由此及前面证明的 $n$ 为质数 $p$ 时成立,用归纳法易得对于任意正整数 $n$,题设结论成立.

当 $n=ab$ 时,可以先从 $2n-1$ 个数中选出 $x_1^{(1)},x_1^{(2)},\cdots,x_1^{(a)}$,使得它们的和能被 $a$ 整除,再从剩下的 $2n-1-a$ 个数中选出 $x_2^{(1)}$, $x_2^{(2)},\cdots,x_2^{(a)}$,使得它们的和能被 $a$ 整除. 依此类推,直至从最后 $2n-1-(2b-2)a=2a-1$ 个数中选出 $x_{2b-1}^{(1)},x_{2b-1}^{(2)},\cdots,x_{2b-1}^{(a)}$,使得它们的和能被 $a$ 整除.

记这各个和除以 $a$ 所得的商分别为 $x_1,x_2,\cdots,x_{2b-1}$,则从这 $2b-1$ 个数中可以选出 $b$ 个数,它们的和能被 $b$ 整除. 不妨设这 $b$ 个数即为 $x_1,x_2,\cdots,x_b$. 从而 $n$ 个数 $x_1^{(1)},x_1^{(2)},\cdots,x_1^{(a)},\cdots,x_b^{(1)},x_b^{(2)},\cdots,x_b^{(a)}$ 的和等于 $a(x_1+x_2+\cdots+x_b)$,能被 $ab=n$ 整除.

## 2.2 其他数列

2.2.1 数列 $\{x_i\}_{i=1}^{\infty}$ 满足 $x_1=x_2=x_3=1$, $x_{n+3}=x_n+x_{n+1}x_{n+2}$,证明:对于任意正整数 $m$,都有一个 $x_k$ 是 $m$ 的倍数.

**证明** 增加一项 $x_0=0$ 仍然满足递归式,考察所有的三元组 $(x_i,x_{i+1},x_{i+2})$,由于任意三元组在 mod $m$ 的情况下只有 $m^3$ 种不同的情况,因此肯定有 $i>j$ 使得

$$x_i\equiv x_j \pmod m$$

$$x_{i+1}\equiv x_{j+1}\pmod m, x_{i+2}\equiv x_{j+2}\pmod m$$

由此可得

$$x_{i-1}=x_{i+2}-x_ix_{i+1}\equiv x_{j-1}\pmod m$$

易知对于所有的 $k\leqslant j$, $x_{i-k}\equiv x_{j-k}\pmod m$,特别的 $x_{i-j}\equiv x_0\equiv 0\pmod m$.

2.2.2 $f(0)=f(1)=0$, $f(n+2)=4^{n+2}f(n+1)-16^{n+1}f(n)+n\cdot 2^{n^2}$, $n=0,1,2,\cdots$. 证明: $13\mid f(1\,989)$, $f(1\,990)$, $f(1\,991)$.

(希腊,1990 年)

**证明** 设 $f(n)=g(n)\cdot 2^{n^2}$,则由 $f(0)=f(1)=0$,得

$$g(0)=g(1)=0$$

再由所给递推关系,得

$$g(n+2)-2g(n+1)+g(n)=n\cdot 16^{-n-1}$$

对上式从 0 到 $n-1$ 求和,得

$$g(n+1)-g(n)=\frac{1}{15^3}[1-(15n+1)\cdot 16^{-n}]$$

再从 0 到 $n$ 对上式求和,得

$$g(n)=\frac{1}{15^2}[15n+2+(15n-32)\cdot 16^{n-1}]\cdot 2^{(n-1)2},n=0,1,2,\cdots$$

又

$$15n+2+(15n-32)\cdot 16^{n-1}\equiv 2n+2+(2n-6)3^{n-1}\equiv 2[n+1+(n-3)\cdot 3^{n-1}]\pmod{13}$$

$$1\ 990\equiv 1\pmod{13},3^3\equiv 1\pmod{13}$$

$$1\ 990\equiv 1\pmod 3$$

因此,当 $n=1\ 989,1\ 990,1\ 991$ 时,$f(n)\equiv 0\pmod{13}$.

2.2.3 设 $a_n>0,n=1,2,3,\cdots$ 满足

$$a_{n+1}=2a_n+1,n=1,2,3,\cdots \qquad ①$$

则 $a_n(n=1,2,3,\cdots)$ 不可能都是素数.

**证明** $a_1$ 是偶素数 2 时,则

$$a_2=5,a_3=11,a_4=23,a_5=47,a_6=95$$

$a_6$ 就不是素数,现设 $a_1$ 是奇素数 $p$,由 ①

$$a_2=2a_1+1$$

$$a_3=2a_2+1=2(2a_1+1)+1=2^2a_1+2^2-1$$

$$a_4=2a_3+1=2(2^2a_1+2^2-1)+1=2^3a_1+2^3-1$$

$$\cdots$$

即可证明

$$a_k=2^{k-1}a_1+2^{k-1}-1,k>0$$

取 $k=p$,则

$$a_p=2^{p-1}p+2^{p-1}-1$$

由于 $p$ 是奇素数,由上式得

$$a_p\equiv 0\pmod p$$

而 $a_p>p$,故 $a_p$ 是复合数.

2.2.4 确定由 7 个不同质数组成的等差数列中,最大项的最小可能值.

**解** 设等差数列为

心得 体会 拓广 疑问

$$p, p+d, p+2d, p+3d, p+4d, p+5d, p+6d$$

易知,$p > 2$. 因为若 $p = 2$,则 $p + 2d$ 为偶数且非2,其不是质数.

因为 $p$ 必为奇数,则 $d$ 是偶数. 否则,$p + d$ 是偶数且大于2,其不是质数.

又 $p > 3$,因为若 $p = 3$,则 $p + 3d$ 是3的倍数且非3,其不是质数.

所以,$d$ 必须是3的倍数. 否则,$p + d$ 和 $p + 2d$ 中的一个将会是3的倍数.

用同样的方法,$p > 5$. 因为若 $p = 5$,则 $p + 5d$ 是5的倍数且非5.

类似地,$d$ 是5的倍数,否则 $p + d, p + 2d, p + 3d, p + 4d$ 中的一个将会是5的倍数,其不是质数.

综上,有 $p \geqslant 7$ 和 $30 \mid d$.

若 $p > 7$,当 $7 \nmid d$ 时,总有7的倍数存在于等差数列中,故 $7 \mid d$,这表明 $210 \mid d$. 此时,最后项的最小可能值为

$$11 + 6 \times 210 = 1\ 271$$

若 $p = 7$(同时 $30 \mid d$),则必须避免在数列中有 $187 = 11 \times 17$. 因此,必须有 $d \geqslant 120$.

若 $d = 120$,则数列为

$$7, 127, 247, 367, 487, 607, 727$$

但 $247 = 13 \times 19$,所以,这不成立.

当 $d = 150$ 时,数列为

$$7, 157, 307, 457, 607, 757, 907$$

且所有的数为质数.

因为 $907 < 1\ 271$,此即为最大项的最小可能值.

2.2.5 在无限的"三角形"表

$$\begin{array}{ccccccc} & & & a_{1,0} & & & \\ & & a_{2,-1} & a_{2,0} & a_{2,1} & & \\ & a_{3,-2} & a_{3,-1} & a_{3,0} & a_{3,1} & a_{3,2} & \\ a_{4,-3} & a_{4,-2} & a_{4,-1} & a_{4,0} & a_{4,1} & a_{4,2} & a_{4,3} \\ & \cdots & \cdots & \cdots & \cdots & \cdots & \end{array}$$

中,$a_{1,0} = 1$,位于第 $n$ 行($n \in \mathbf{N}, n > 1$)第 $k$ 列($k \in \mathbf{Z}$, $|k| < n$)的数 $a_{n,k}$ 等于上一行三个数之和 $a_{n-1,k-1} + a_{n-1,k} + a_{n-1,k+1}$(如果这些数中有的不在表内,则在和式令它为0). 证明:从第三行起的每一行中都至少有一个偶数.

(英国数学奥林匹克,1965年)

**证明** 考虑定义在整数集合上的函数

$$f(m)=\begin{cases}0,\text{当 } m \text{ 为偶数时}\\1,\text{当 } m \text{ 为奇数时}\end{cases}$$

并用公式 $b_{n,k}=f(a_{n,k})$ 构造一个数表. 于是,当 $n>1$ 时有

$$\begin{aligned}b_{n,k}=f(a_{n,k})&=f(a_{n-1,k-1}+a_{n-1,k}+a_{n-1,k+1})=\\&f(f(a_{n-1,k-1})+f(a_{n-1,k})+f(a_{n-1,k+1}))=\\&f(b_{n-1,k-1}+b_{n-1,k}+b_{n-1,k+1})\end{aligned}$$

同时将表中的不出现的数换为0.

直接计算表明,第 $n$ 行的前四个数 $b_{n,1-n},b_{n,2-n},b_{n,3-n},b_{n,4-n}$ 唯一地确定了第 $n+1$ 行的前四个数,并且第8行和第4行上的这组数相同. 因此,第9行和第5行,第10行和第6行等,相应的这组数相同. 由于第3行起的每一行中,这组数都含有0,因此原表中这些行都有偶数.

2.2.6 设 $\{a_n\}_{n=1}^{\infty}=\{1,2,4,5,7,9,10,12,14,16,17,\cdots\}$ 是递增正整数数列,它先取1个奇数,2个偶数,3个奇数,4个偶数,5个奇数,……,求 $a_n$ 的表达式.

**解** 设 $\{b_n\}_{n=1}^{\infty}=\{1;2,2;3,3,3;4,4,4,4;5,5,5,5,5;6,\cdots\}$,用数学归纳法可证 $a_n+b_n=2n$. 接下来只要求出 $b_n$ 的表达式就可以了. 如果 $b_n=k$,则 $b_n$ 位于第 $k$ 块,而前面 $k-1$ 块有 $1+2+\cdots+(k-1)$ 面,所以

$$1+2+\cdots+(k-1)=\frac{k(k-1)}{2}=\frac{b_n(b_n-1)}{2}\leqslant n-1 \quad ①$$

解不等式得 $b_n\leqslant\frac{1+\sqrt{8n+7}}{2}$. 另一方面

$$1+2+\cdots+k=\frac{k(k+1)}{2}=\frac{b_n(b_n+1)}{2}\geqslant n>n-1$$

也就是说 $b_n$ 是不等式 $\frac{x(x-1)}{2}\leqslant n-1$ 的最大整数解,故

$$b_n=\left[\frac{1+\sqrt{8n+7}}{2}\right],a_n=2n-\left[\frac{1+\sqrt{8n+7}}{2}\right]$$

2.2.7 设 $\lambda$ 是方程 $t^2-2\,008t-1=0$ 的正数解,定义数列 $\{x_i\}_{i=0}^{\infty}$ 如下

$$x_0=1,x_{n+1}=[\lambda x_n]$$

求 $x_{2\,008}$ 除以2 008的余数.

心得 体会 拓广 疑问

**解**　由已知 $\lambda=\dfrac{2\ 008+\sqrt{2\ 008^2+4}}{2}$，由 $2\ 008<\lambda<2\ 009$，因此 $x_1=2\ 008$. 由韦达定理 $\lambda=2\ 008+\dfrac{1}{\lambda}$，由于 $x_n=[\lambda x_{n-1}]$，由于 $x_k$ 都是整数，$\lambda$ 是无理数，所以

$$x_n<\lambda x_{n-1}<x_n+1$$

$$\frac{x_n}{\lambda}<x_{n-1}<\frac{x_n}{\lambda}+\frac{1}{\lambda}\Rightarrow\left[\frac{x_n}{\lambda}\right]=x_{n-1}-1$$

故

$$x_{n+1}=[\lambda x_n]=\left[2\ 008x_n+\frac{x_n}{\lambda}\right]=2\ 008x_n+\left[\frac{x_n}{\lambda}\right]=$$
$$2\ 008x_n+x_{n-1}-1\Rightarrow x_{n+1}\equiv x_{n-1}-1\pmod{2\ 008}\Rightarrow$$
$$x_{2\ 008}\equiv x_0-1\ 004\equiv 1\ 005\pmod{2\ 008}$$

2.2.8　设 $a_1,a_2,\cdots,a_n,\cdots$ 是任意一个具有性质 $a_k<a_{k+1}$ $(k\geqslant 1)$ 的正整数的无穷数列. 求证：可以把这个数列的无穷多个 $a_m$ 用适当的正整数 $x,y$ 表示为

$$a_m=xa_p+ya_q(p\neq q)$$

（第17届国际数学奥林匹克，1975年）

**证明**　将数列 $\{a_n\}$ 中的所有项，按照以 $a_2$ 为模的不同剩余类分成若干个子数列（属于同一剩余类的各项构成同一个子数列）.

由于以 $a_2$ 为模的不同剩余类只有有限个，即 $a_2$ 个，而数列 $\{a_n\}$ 有无穷多项，所以至少有一个子数列有无穷多项.

现在考察这个无穷子数列.

由于已知数列 $\{a_n\}$ 是严格递增的，所以在这个子数列中一定存在一项最小的 $a_p$，使得 $a_p>a_2$ 成立，同时还存在无限多个这样的 $a_m$，使得 $a_m>a_p$.

由于这个子数列的各项同属于以 $a_2$ 为模的同一剩余类，因此有

$$a_m\equiv a_p\pmod{a_2}$$

即

$$a_m-a_p=ya_2(y\in\mathbf{N})$$
$$a_m=a_p+ya_2$$

令 $x=1$ 和 $a_q=a_2$，则有

$$a_m=xa_p+ya_q$$

它显然满足题设的要求：$x,y$ 是适当的自然数，因 $a_p>a_2$，则 $p\neq q$，而且使上述等式成立的 $a_m$ 是无限的.

心得 体会 拓广 疑问

2.2.9 设 $u_1,u_2,u_3,\cdots$ 是一个整数列,适合递推关系

$$u_{n+2}=u_{n+1}^2-u_n$$

设 $u_1=39,u_2=45$. 求证:1 986 可整除这个数列的无穷多项.

(第 18 届加拿大数学竞赛,1986 年)

**证明** 设 $u_n=1\ 986q_n+r_n,r_n=0,1,2,\cdots,1\ 985$. 考察数对 $(r_n,r_{n+1})$.

由于已知数列 $\{u_n\}$ 有无穷多项,因此对应的余数列 $\{r_n\}$ 也有无穷多项.

由于数对 $(r_n,r_{n+1})$ 最多有 $1\ 986^2$ 对,因此必然存在正整数 $m$ 和 $k$,使得数对 $(r_m,r_{m+1})$ 与 $(r_{m+k},r_{m+k+1})$ 相同. 由已知

$$u_{m+2}=u_{m+1}^2-u_m$$

以及

$$(r_m,r_{m+1})=(r_{m+k},r_{m+k+1})$$

可得

$$(r_{m+2},r_{m+3})=(r_{m+k+2},r_{m+k+3})$$

又由于

$$u_{m-1}=u_m^2-u_{m+1}$$

可得

$$(r_{m-1},r_m)=(r_{m+k-1},r_{m+k})$$

由以上可知,数列 $\{r_n\}$ 是以 $k$ 为周期的周期数列.

由 $u_1=39,u_2=45$ 得

$$u_3=45^2-39=1\ 986\equiv 0(\bmod 1\ 986)$$

于是 $r_3=0$. 所以 $u_3,u_{3+k},u_{3+2k},\cdots$ 对应的余数列

$$r_3,r_{3+k},r_{3+2k},\cdots$$

都等于0. 于是有无数个余数 $r_n=0$.

因此有无数多个 $u_n$ 是 1 986 的倍数.

2.2.10 已知 $a_1=0,a_{n+1}=5a_n+\sqrt{24a_n^2+1}$,证明:数列 $\{a_n\}$ 都是整数.

**证明** 由已知

$$a_{n+1}^2-10a_na_{n+1}+25a_n^2=24a_n^2+1\Rightarrow$$

$$a_{n+1}^2-10a_na_{n+1}+a_n^2+1=0$$

将此式中 $n$ 换成 $n-1$ 得到

$$a_n^2-10a_na_{n-1}+a_{n-1}^2+1=0$$

所以 $a_{n-1}$ 与 $a_{n+1}$ 都是一元二次方程

$$x^2-10a_nx+a_n^2+1=0 \quad ①$$

的根,由数学归纳法很容易证明 $\{a_n\}$ 是单调递增的正数列,所以 $a_{n-1}$ 与 $a_{n+1}$ 是 ① 的两个不同的根,由韦达定理

心得 体会 拓广 疑问

$$a_{n-1}+a_{n+1}=10a_n$$

这样就得到递推公式

$$a_{n+1}=10a_n-a_{n-1}$$

由于 $a_1=0,a_2=1$,所以数列 $\{a_n\}$ 都是整数.

2.2.11　设 $n$ 为任一正整数,求证:存在正整数 $m$,使

$$(\sqrt{2}-1)^n=\sqrt{m}-\sqrt{m-1}$$

(加拿大,1994 年)

**证明**　首先用数学归纳法证明

$$(\sqrt{2}-1)^n=\begin{cases}a\sqrt{2}-b,\text{其中 } 2a^2=b^2+1,\text{当 } n \text{ 为奇数时}\\ a-b\sqrt{2},\text{其中 } a^2=2b^2+1,\text{当 } n \text{ 为偶数时}\end{cases}$$

当 $n=1,2$ 时

$$(\sqrt{2}-1)^1=\sqrt{2}-1,2(1^2)=1^2+1$$

$$(\sqrt{2}-1)^2=3-2\sqrt{2},3^2=2\cdot(2^2)+1$$

因此,当 $n=1,2$ 时命题成立.

假设对奇数 $n(n\geqslant 1)$ 命题成立,则

$$(\sqrt{2}-1)^{n+1}=(\sqrt{2}-1)^n(\sqrt{2}-1)=(a\sqrt{2}-b)(\sqrt{2}-1)=$$
$$(2a+b)-(a+b)\sqrt{2}=A-B\sqrt{2}$$

其中,$2a^2=b^2+1$,而 $A=2a+b,B=a+b$ 满足

$$A^2=(2a+b)^2=4a^2+4ab+b^2=$$
$$2a^2+4ab+2b^2+1=2B^2+1$$

从而对 $n+1$ 命题成立.

假设对偶数 $n(n\geqslant 2)$ 命题成立,则

$$(\sqrt{2}-1)^{n+1}=(\sqrt{2}-1)^n(\sqrt{2}-1)=(a-b\sqrt{2})(\sqrt{2}-1)=$$
$$(a+b)\sqrt{2}-(a+2b)=A\sqrt{2}-B$$

其中 $a^2=2b^2+1,A=a+b,B=a+2b$,于是

$$2A^2=2a^2+4ab+2b^2=$$
$$a^2+4ab+4b^2+a^2-2b^2=B^2+1$$

即命题对 $n+1$ 也成立. 这就证明了命题成立.

于是,当 $n$ 是奇数时,取 $m=2a^2$;当 $n$ 是偶数时,取 $m=a^2$,则 $(\sqrt{2}-1)^n=\sqrt{m}-\sqrt{m-1}$.

2.2.12　将与 105 互素的所有正整数从小到大排成一数列,求这数列的第 1 000 项.

(中国,1994 年)

心得 体会 拓广 疑问

**解** 记题述数列为$\{a_n\}$,对$n\in\mathbf{N}^*$,用$S(n)$表示不超过$n$且与105互素的正整数个数,用$T(n)$表示不超过$n$且与105不互素的正整数个数,显然有

$$n=S(n)+T(n)$$

因为$105=3\times5\times7$,所以

$$T(105)=\left[\frac{105}{3}\right]+\left[\frac{105}{5}\right]+\left[\frac{105}{7}\right]-\left[\frac{105}{3\times5}\right]-\left[\frac{105}{3\times7}\right]-\left[\frac{105}{5\times7}\right]+\left[\frac{105}{3\times5\times7}\right]=$$
$$35+21+15-7-5-3+1=57$$
$$S(105)=105-57=48$$

对任意$n\in\mathbf{N}^*$,$n$可表示为$105k+r,k=0,1,2,\cdots,1\leqslant r\leqslant105$,且$(n,105)=1$的必要且充分条件是$(105k+r,105)=1$,也即$(r,105)=1$.把$N$分成这样一些子集:$N_1=\{1,2,\cdots,105\}$,$N_2=\{105+1,105+2,\cdots,105+105\}$,$\cdots$,$N_{k+1}=\{105k+1,105k+2,\cdots,105k+105\}$,$\cdots$,则在每个子集中均有48个数与105互素.

因为$1\ 000=48\times20+40$,所以$a_{1\ 000}\in N_{21}$,即

$$a_{1\ 000}=105\times20+a_{40}$$

而$a_{40}=86$,因此,$a_{1\ 000}=2\ 186$.

2.2.13 证明:数列1,11,111,$\cdots$中肯定存在一个由无穷多项构成的子数列,子数列的每两项互素.

**证法1** 设$x_n=\underbrace{11\cdots1}_{n个1}$,则

$$x_n=\frac{10^n-1}{9},(x_m,x_n)=\left(\frac{10^m-1}{9},\frac{10^n-1}{9}\right)=\frac{10^{(m,n)}-1}{9}$$

因此当$(m,n)=1$时

$$(x_m,x_n)=1$$

所以只要取所有的$x_p$即可,$p$为全体素数.

**证法2** 由于$x_{n+1}-10x_n=1$,所以$(x_{n+1},x_n)=1$,并且对于$m\mid n$有$x_m\mid x_n$,这样可以选取数列如下

$$y_1=x_{t_1}=x_1$$

当$y_2=x_{t_2},\cdots,y_n=x_{t_n}$都选定以后,取$t_{n+1}=\prod\limits_{i=1}^{n}t_i+1$,$y_{n+1}=x_{t_{n+1}}$即可,这是因为对所有的$1\leqslant k\leqslant n$,$y_k\mid x_{t_{n+1}-1}$.

心得 体会 拓广 疑问

2.2.14 数列$\{F_n\}$定义如下

$$F_1=F_2=1,F_{n+2}=F_{n+1}+F_n,n=1,2,\cdots$$

证明:该数列中奇下标的项没有形如$4k+3$的因子.

**证明** 用归纳法可以证明$F_{2n+1}=F_n^2+F_{n+1}^2$. 由$(F_n,F_{n+1})=1$易知$(F_{n+1},F_{2n+1})=1$. 设$F'_{n+1}$为$F_{n+1}$模$F_{2n+1}$的数论倒数,则$F_{2n+1}\mid(F_nF'_{n+1})^2+1$,于是可知$F_{2n+1}$不含形如$4k+3$的因子.

2.2.15 对任意正整数$m,n$,存在正整数$k$,使得

$$(\sqrt{m}+\sqrt{m-1})^n=\sqrt{k}+\sqrt{k-1}$$

(罗马尼亚,1980年)

**证明** 由Newton二项式定理,对给定的$m,n\in\mathbf{N}^*$,有

$$(\sqrt{m}\pm\sqrt{m-1})^n=\sum_{i=0}^{n}C_n^i(\sqrt{m})^{n-i}(\pm\sqrt{m-1})^i$$

当$n=2j,j\in\mathbf{N}^*$时

$$\begin{aligned}(\sqrt{m}\pm\sqrt{m-1})^n=&\sum_{i=0}^{j}C_n^{2i}(\sqrt{m})^{2j-2i}(\sqrt{m-1})^{2i}\pm\\&\sum_{i=1}^{j}C_n^{2i-1}(\sqrt{m})^{2j-2i+1}(\sqrt{m-1})^{2i-1}=\\&\sum_{i=0}^{j}C_n^{2i}m^{j-i}(m-1)^i\pm\\&\sqrt{m(m-1)}\sum_{i=1}^{j}C_n^{2i-1}m^{j-i}(m-1)^{i-1}=\\&a\pm b\sqrt{m(m-1)}\end{aligned}$$

其中$a,b\in\mathbf{Z}^*$,当$n=2j-1,j\in\mathbf{N}^*$时

$$\begin{aligned}(\sqrt{m}\pm\sqrt{m-1})^n=&\sum_{i=0}^{j-1}C_n^{2i}(\sqrt{m})^{2j-1-2i}(\sqrt{m-1})^{2i}\pm\\&\sum_{i=1}^{j}C_n^{2i-1}(\sqrt{m})^{2j-2i}(\sqrt{m-1})^{2i-1}=\\&\sqrt{m}\sum_{i=0}^{j-1}C_n^{2i}m^{j-i-1}(m-1)^i\pm\\&\sqrt{m-1}\sum_{i=1}^{j}C_n^{2i-1}m^{j-i}(m-1)^{i-1}=\\&C\sqrt{m}\pm d\sqrt{m-1}\end{aligned}$$

其中$c,d\in\mathbf{Z}^*$,总之有

$$(\sqrt{m}\pm\sqrt{m-1})^n=\sqrt{k}\pm\sqrt{l}$$

其中$k,l\in\mathbf{Z}^*$,并且

心得 体会 拓广 疑问

$$k-l=(\sqrt{k}+\sqrt{l})(\sqrt{k}-\sqrt{l})=$$
$$(\sqrt{m}+\sqrt{m-1})^n(\sqrt{m}-\sqrt{m-1})^n=$$
$$[(\sqrt{m})^2-(\sqrt{m-1})^2]^2=1$$

所以 $l=k-1$,且

$$(\sqrt{m}+\sqrt{m-1})^n=\sqrt{k}+\sqrt{k-1}$$

证毕.

2.2.16 两个整数数列 $\{a_k\}_{k\geqslant 0}$ 与 $\{b_k\}_{k\geqslant 0}$ 满足

$$b_k=a_k+9$$
$$a_{k+1}=8b_k+8(k\geqslant 0)$$

又数 1 988 出现于 $\{a_k\}_{k\geqslant 0}$ 或 $\{b_k\}_{k\geqslant 0}$ 中.

求证:数列 $\{a_k\}_{k\geqslant 0}$ 不含完全平方数的项.

(奥地利 - 波兰数学竞赛,1988 年)

**证明** 由已知条件得

$$a_{k+1}=8a_k+80$$

由此递推公式可得 $\{a_k\}$ 的通项公式

$$a_k=a_0\cdot 8^k+80\cdot\frac{8^k-1}{7}$$

当 $k\geqslant 3$ 时

$$a_k=16[4a_08^{k-2}+5(8^{k-1}+8^{k-2}+\cdots+1)]$$

由于对模 8

$$4a_08^{k-2}+5(8^{k-1}+8^{k-2}+\cdots+)\equiv 5(\bmod 8)$$

因而不是完全平方数. 因此 $a_k(k\geqslant 3)$ 不是完全平方数.

下面验证 $a_0,a_1,a_2$ 都不是完全平方数.

因为 $k\geqslant 1$ 时,$8\mid a_k$,且 $b_k$ 是奇数. 所以 $a_k$ 与 $b_k$ 均不可能等于 1 988. 因此必有 $a_0=1\ 988$ 或 $b_0=1\ 988$.

当 $b_0=1\ 988$ 时,$a_0=1\ 979$.

若 $a_0=1\ 988$,则 $a_1=8\cdot 1\ 998$,此时 $a_0$ 与 $a_1$ 均不是平方数. 而 $a_2=16[4\cdot 1\ 988+5(8+1)]$ 也不是平方数.

若 $a_0=1\ 979$,则

$$a_1=8\cdot 1\ 989$$
$$a_2=8\cdot(8\cdot 1\ 989+10)=16\cdot 7\ 961$$

$a_0,a_1$ 和 $a_2$ 均不是平方数.

于是对所有 $k\geqslant 0,a_k$ 不是完全平方数.

心得 体会 拓广 疑问

2.2.17　设 $h$ 是一个正整数,数列 $\{a_n\}$ 定义为

$$a_0=1,a_{n+1}=\begin{cases}\dfrac{a_n}{2} & a_n \text{ 是偶数}\\ a_n+h & a_n \text{ 是奇数}\end{cases}$$

问:对于怎样的 $h$,存在大于 0 的整数 $n$,使得 $a_n=1$.

**解**　若 $h$ 为偶数,则 $a_n=1+nh\neq 1$.

若 $h$ 为奇数,则 $a_1=1+h$ 是偶数,$a_2=\dfrac{h+1}{2}\leqslant h$. 类似地,可得当 $a_n$ 是奇数时,$a_n\leqslant h$.

于是,数列 $\{a_n\}$ 有上界,因此,一定有相等的项.

设 $r$ 是满足相等的项 $a_r=a_s(r\neq s)$ 中下标最小的,若 $r>0$,当 $a_r\leqslant h$ 时,则 $a_r$ 和 $a_s$ 分别是由 $a_{r-1}$ 和 $a_{s-1}$ 除以 2 得到的,即有 $a_{r-1}=a_{s-1}$,与 $r$ 的最小性矛盾;当 $a_r>h$ 时,$a_r$ 为偶数,则 $a_r$ 和 $a_s$ 分别是由 $a_{r-1}$ 和 $a_{s-1}$ 加上 $h$ 得到的,即有 $a_{r-1}=a_{s-1}$,也与 $r$ 的最小性矛盾.

于是 $r=0$,即 $a_s=a_0=1$.

2.2.18　正数数列 $\{x_n\}$,$\{y_n\}$ 满足条件:对一切正整数 $n$,有

$$x_{n+2}=x_n+x_{n+1}^2,y_{n+2}=y_n^2+y_{n+1}$$

且 $x_1,x_2,y_1,y_2$ 都大于 1. 证明:存在正整数 $n$,使得 $x_n>y_n$.

**证明**　显然,从第二项开始数列递增

$$x_{n+2}>x_{n+1}^2>x_{n+1},y_{n+2}>y_{n+1}$$

因为

$$x_3>1+1^2=2,y_3>1^2+1=2$$

每个数列从第三项开始各项都大于 2. 类似地,当 $n>3$ 时,有 $x_n>3,y_n>3$.

注意到,当 $n>1$ 时 $x_{n+2}>x_{n+1}^2>x_n^4$.

另一方面,当 $n>3$ 时

$$y_{n+2}=y_n^2+y_{n+1}=y_n^2+y_n+y_{n-1}^2<3y_n^2<y_n^3$$

这样当 $n>3$ 时,有

$$\frac{\lg x_{n+2}}{\lg y_{n+2}}>\frac{4\lg x_n}{3\lg y_n}$$

这推出

$$\frac{\lg x_{2k}}{\lg y_{2k}}>\left(\frac{4}{3}\right)^{k-1}\frac{\lg x_2}{\lg y_2}$$

心得 体会 拓广 疑问

当 $k$ 充分大时,最后不等式右边大于1.故 $x_{2k} > y_{2k}$.

2.2.19 设非负整数列 $a_1, a_2, \cdots, a_{1\,997}$ 满足 $a_i + a_j \leqslant a_{i+j} \leqslant a_i + a_j + 1$,对所有 $i, j \geqslant 1, i + j \leqslant 1\,997$,则存在唯一实数 $x$,使得对一切 $n = 1, 2, \cdots, 1\,997, a_n = [nx]$.

(第26届美国数学奥林匹克,1997年)

**证明** 若 $a_n = [nx]$ 存在,则

$$nx - 1 < a_n \leqslant nx < a_n + 1$$

因而

$$\frac{a_n}{n} \leqslant x < \frac{a_n + 1}{n}, \text{即 } x \in \left(\frac{a_n}{n}, \frac{a_n + 1}{n}\right)$$

取定 $x = \max \frac{a_n}{n}$,则只需证明对于一切 $1 \leqslant m \leqslant 1\,997$,$\frac{a_n}{n} \leqslant x < \frac{a_m + 1}{m}$,即

$$\frac{a_n}{n} < \frac{a_m + 1}{m}$$

因而

$$na_m + n > ma_n \quad ①$$

用数学归纳法证明式①.

当 $m = n = 1$ 时,式①成立.

假设 $m, n$ 均小于 $k$ 时,式①成立.

当 $m, n$ 中较大的一个为 $k$ 时,有两种情况:

(1)当 $n = k$ 时,设 $n = qm + r, q \in \mathbf{N}, 0 \leqslant r \leqslant m$.

由已知不等式有

$$a_n \leqslant a_{qm} + a_r + 1 \leqslant a_{(q-1)m} + a_m + a_r + 2 \leqslant \cdots \leqslant qa_m + a_r + q$$

又由归纳假设 $ra_m + r > ma_r$,于是

$$ma_n \leqslant mqa_m + ma_r + qm < mqa_m + ra_m + r + qm = (mq + r)a_m + (mq + r) = na_m + n$$

所以,式①成立.

(2)当 $m = k$ 时,设 $m = qn + r, q \in \mathbf{N}, 0 \leqslant r < m$.

由已知不等式有

$$a_m = a_{qn+r} \geqslant a_{qn} + a_r \geqslant a_{(q-1)n} + a_n + a_r \geqslant \cdots \geqslant qa_n + a_r$$

则

$$na_m \geqslant nqa_n + na_r$$

而

$$na_m + n \geqslant nqa_n + na_r + n =$$

心得 体会 拓广 疑问

$$(m-r)a_n+na_r+n=ma_n+na_r+n-ra_n$$

由归纳假设 $na_r+n>ra_n$，于是

$$na_m+n\geqslant ma_n+na_r+n-ra_n>ma_n$$

所以，式 ① 成立，从而本题得证.

2.2.20　已知

$$a_1=1,a_2=2$$

$$a_{n+2}=\begin{cases}5a_{n+1}-3a_n, & a_n\cdot a_{n+1}\text{ 为偶数时}\\ a_{n+1}-a_n, & a_n\cdot a_{n+1}\text{ 为奇数时}\end{cases}$$

求证：对一切 $n\in\mathbf{N}$，$a_n\neq 0$.

（中国高中数学联赛，1988 年）

**证法 1**　因为 $a_1=1,a_2=2$，所以不妨设

$$a_{2k-1}=3p+1,a_{2k}=3q+2(k\in\mathbf{N},p,q\in\mathbf{Z})$$

下面求 $a_{2k+1}$，则 $a_{2k+1}$ 为下列两种情形的一种：

$$a_{2k+1}=5a_{2k}-3a_{2k-1}=5(3q+2)-3(3p+1)=$$
$$3(5q-3p+2)+1=3s'+1(s'\in\mathbf{Z})$$

或

$$a_{2k+1}=a_{2k}-a_{2k-1}=(3q+2)-(3p+1)=$$
$$3(q-p)+1=3s''+1(s''\in\mathbf{Z})$$

统一记为 $a_{2k+1}=3s+1$.

下面再计算 $a_{2k+2}$.

$$a_{2k+2}=5a_{2k+1}-3a_{2k}=5(3s+1)-3(3q+2)=$$
$$3(5s-3q-1)+2=3t'+2(t'\in\mathbf{Z})$$

或

$$a_{2k+2}=a_{2k+1}-a_{2k}=(3s+1)-(3q+2)=$$
$$3(s-q-1)+2=3t''+2(t''\in\mathbf{Z})$$

由以上，在数列 $\{a_n\}$ 中，奇数项被 3 除余 1，偶数项被 3 除余 2，即不会出现 3 的倍数的项，而 0 是 3 的倍数，所以 $a_n\neq 0$.

**证法 2**　设 $A_i=\{4k+i\mid k\in\mathbf{Z}\}$，$i=1,2,3$，则

$$a_1=1\in A_1,a_2=2\in A_2$$

$$a_3=5a_2-3a_1=5\cdot 2-3\cdot 1=7\in A_3$$

假设 $a_{3m+1}\in A_1,a_{3m+2}\in A_2,a_{3m+3}\in A_3$，即有

$$a_{3m+1}=4p+1,a_{3m+2}=4q+2,a_{3m+3}=4r+3$$

其中 $p,q,r\in Z$. 于是

$$a_{3m+4}=5a_{3m+3}-3a_{3m+2}=4(5r-3q+2)+1\in A_1$$
$$a_{3m+5}=a_{3m+4}-a_{3m+3}=4(4r-3q+1)+2\in A_2$$
$$a_{3m+6}=5a_{3m+5}-3a_{3m+4}=4(5r-6q)+3\in A_3$$

所以,对一切 $n \in \mathbf{N}, a_n \in A_1 \cup A_2 \cup A_3$. 但 $0 \notin A_1 \cup A_2 \cup A_3$,所以 $a_n \neq 0$.

**证明 3** 由递推公式可知,$a_n, a_{n+1}, a_{n+2}$ 的奇偶性只能有

奇,偶,奇;偶,奇,奇;奇,奇,偶

这三种情形.

由于 $a_1 = 1, a_2 = 2, a_3 = 7$ 都不是 4 的倍数,下面证明 $\{a_n\}$ 中所有的项都不是 4 的倍数.

假设 $a_m$ 是 4 的倍数,且 $m$ 为最小下标,显然 $m > 3$,则 $a_{m-1}$, $a_{m-2}$ 均为奇数,$a_{m-3}$ 为偶数,且

$$a_m = a_{m-1} - a_{m-2}$$
$$a_{m-1} = 5a_{m-2} - 3a_{m-3}$$

于是

$$3a_{m-3} = 4a_{m-2} - a_m$$

则 $a_{m-3}$ 也是 4 的倍数,与 $m$ 为 $a_m$ 是 4 的倍数的最小下标矛盾. 因为 0 是 4 的倍数,所以对所有的 $n \in \mathbf{N}, a_n \neq 0$.

2.2.21 设 $a_1, a_2, \cdots$ 是一个整数数列,其中既有无穷多项是正整数,又有无穷多项是负整数. 如果对每一个正整数 $n$,整数 $a_1, a_2, \cdots, a_n$ 被 $n$ 除后所得到的 $n$ 个余数互不相同,证明:每个整数恰好在数列 $a_1, a_2, \cdots$ 中出现一次.

**证明** 由题设知,对任意正整数 $n, a_1, a_2, \cdots, a_n$ 构成模 $n$ 的一个完全剩余系.

若 $i < j$,则 $a_i \neq a_j$. 否则,设 $a_i = a_j = k(i < j)$,则在 $a_1$, $a_2, \cdots, a_j$ 中存在两个数 $a_i, a_j$,它们被 $j$ 除的余数相同,矛盾.

进而,若 $i < j \leqslant n$,则

$$|a_i - a_j| \leqslant n - 1$$

事实上,若 $|a_i - a_j| \geqslant n$,令

$$m = |a_i - a_j|$$

则 $a_1, a_2, \cdots, a_m$ 就不是模 $m$ 的一个完全剩余系,矛盾.

对于任意正整数 $n(n \geqslant 1)$,令

$$a_{i(n)} = \min\{a_1, a_2, \cdots, a_n\}$$
$$a_{j(n)} = \max\{a_1, a_2, \cdots, a_n\}$$

由上面的讨论知

$$|a_{i(n)} - a_{j(n)}| = n - 1$$

所以,$a_1, a_2, \cdots, a_n$ 含有 $a_{i(n)}$ 与 $a_{j(n)}$ 之间的所有整数.

设 $x$ 是任一整数,由题设及上面的讨论知,数列 $a_1, a_2, \cdots$, $a_n, \cdots$ 中既含有无穷多个不同的正整数,又含有无穷多个不同的负整数,故存在 $i, j$,使得

心得 体会 拓广 疑问

$$a_i < x < a_j$$

令 $n > \max\{i,j\}$,则 $a_1,a_2,\cdots,a_n$ 包含 $a_i$ 与 $a_j$ 之间的每一个整数,故 $x$ 在 $a_1,a_2,\cdots,a_n$ 中出现.

综上所述,每个整数恰好在数列中出现一次.

2.2.22 恰有一整数列 $a_1,a_2,\cdots$ 满足

$$a_1=1,a_2>1,a_{n+1}^3+1=a_na_{n+2}$$

(英国,1978年)

**证明** 设数列 $\{a_n\}$ 满足题中条件,因为 $a_1>0,a_2>0$,且 $a_2^3+1=a_1a_3$,所以 $a_3>0$. 仿此可得,当 $n=4,5,\cdots$ 时,$a_n>0$. 因此,当 $n\in\mathbf{N}^*$ 时

$$a_{n+2}=\frac{a_{n+1}^3+1}{a_n}$$

从而

$$a_3=\frac{a_2^3+1}{a_1}=a_2^3+1$$

$$a_4=\frac{a_3^3+1}{a_2}=\frac{(a_2^3+1)^3+1}{a_2}=\frac{a_2^9+3a_2^6+3a_2^3+2}{a_2}=$$

$$a_2^8+3a_2^5+3a_2^2+\frac{2}{a_2}$$

因为 $a_4\in\mathbf{Z}$,所以 $a_2>1$ 是2的因数,即 $a_2=2$. 由于数列所有其他的项都唯一地被其前面两项确定,所以所说的数列是唯一的. 现在对 $n\in\mathbf{N}^*$ 用归纳法证明,这个数列的每个项都是整数(即确实满足题中条件). 首先,上已检明,$a_1,a_2,a_3,a_4$ 都是整数,其次,设对某个 $n\geqslant 5,a_1,\cdots,a_{n-1}\in\mathbf{Z}$,则

$$a_n=\frac{a_{n-1}^3+1}{a_{n-2}}=\frac{((a_{n-2}^3+1)/a_{n-3})^3+1}{a_{n-2}}=$$

$$\frac{a_{n-2}^9+3a_{n-2}^6+3a_{n-2}^3+1+a_{n-3}^3}{a_{n-2}a_{n-3}^3}$$

因为

$$\frac{a_{n-2}^9+3a_{n-2}^6+3a_{n-2}^3+1+a_{n-3}^3}{a_{n-3}^3}=a_{n-1}^3+1$$

是整数,所以上式左端分子 $a_{n-2}^9+3a_{n-2}^6+3a_{n-2}^3+1+a_{n-3}^3$ 被 $a_{n-3}^3$ 整除,又因为

$$\frac{a_{n-2}^9+3a_{n-2}^6+3a_{n-2}^3+1+a_{n-3}^3}{a_{n-2}}=a_{n-2}^8+3a_{n-2}^5+3a_{n-2}^2+a_{n-4}$$

所以

$$a_{n-2}^9+3a_{n-2}^2+3a_{n-2}^3+1+a_{n-3}^3$$

也被 $a_{n-2}$ 整除,最后,由于

$$(a_{n-2},a_{n-3})=\left(\frac{a_{n-3}^3+1}{a_{n-4}},a_{n-3}\right)\leqslant$$

$$(a_{n-3}^3+1,a_{n-3})=(1,a_{n-3})=1$$

所以 $a_{n-2}$ 与 $a_{n-3}$ 互素. 因此 $a_{n-2}^9+3a_{n-2}^6+3a_{n-2}^3+1+a_{n-3}^3$ 被乘积 $a_{n-3}^3a_{n-2}$ 整除,从而 $a_n$ 是整数. 证毕.

2.2.23 试证:对于数列 $\{2^n-3\}$,$n=2,3,4,\cdots$,至少有一个无穷子列存在,其中的项两两互素.

(第13届国际数学奥林匹克,1971年)

**证明** 设 $\varphi(m)$ 为欧拉函数,即 $\varphi(m)$ 表示小于所给正整数 $m$,且与 $m$ 互素的正整数的个数.

在大于1的自然数 $n$ 中,按如下方法选出一个无穷子列:

(1) 取 $n_0=3$,取 $n_1=\varphi(2^{n_0}-3)=\varphi(5)=4$.

(2) 若 $n_k$ 已取出,则取

$$n_{k+1}=\varphi(2^{n_0}-3)\varphi(2^{n_1}-3)\cdots\varphi(2^{n_k}-3)=$$
$$n_k\cdot\varphi(2^{n_k}-3)(k\geqslant 1)$$

这样,给出数列 $\{2^n-3\}$ 的一个无穷子列

$$2^{n_0}-3,2^{n_1}-3,2^{n_2}-3,\cdots$$

现在只要能够证明

$$(2^{n_{k+1}}-3,2^{n_i}-3)=1$$

其中 $i=0,1,2,\cdots,k$. 那么这个无穷子列就符合题设要求.

为此要用到欧拉-费马定理:

若 $a$ 与 $m$ 互素,则

$$a^{\varphi(m)}\equiv 1(\bmod m)$$

取 $a=2,m=2^n-3(n=3,4,5,\cdots)$,则上式成立.

于是有

$$2^{\varphi(2^{n_i}-3)}\equiv 1(\bmod (2^{n_i}-3))$$

$$2^{n_{k+1}}=[2^{\varphi(2^{n_i}-3)}]^{\varphi(2^{n_0}-3)\varphi(2^{n_1}-3)\cdots\varphi(2^{n_{i-1}}-3)\varphi(2^{n_{i+1}}-3)\cdots\varphi(2^{n_k}-3)}\equiv$$
$$1(\bmod (2^{n_i}-3))$$

所以有

$$2^{n_{k+1}}-3\equiv -2(\bmod (2^{n_i}-3))$$

此时,若 $t$ 是 $2^{n_{k+1}}-3$ 和 $2^{n_i}-3$ 的一个公因子,则有 $t\mid 2$.

又因为 $2\nmid 2^{n_i}-3$,则 $t\neq 2$,即 $t=1$.

即证得

$$(2^{n_{k+1}}-3,2^{n_i}-3)=1(i=0,1,2,\cdots,k)$$

成立. 所以无穷子列 $\{2^{n_i}-3\}(i=0,1,2,\cdots)$ 中的项两两互素.

心得 体会 拓广 疑问

2.2.24　序列 $\{S_n\}$ 构造如下

$$S_1 = \{1,1\}, S_2 = \{1,2,1\}, S_3 = \{1,3,2,3,1\}$$

一般的,若 $S_k = \{a_1, a_2, \cdots, a_n\}$,则

$$S_{k+1} = \{a_1, a_1 + a_2, a_2, a_2 + a_3, \cdots, a_{n-1} + a_n, a_n\}$$

在 $S_{1\,988}$ 中有多少项等于 1 988?

(加拿大数学奥林匹克训练题,1988 年)

**解**　记 $\varphi(n)$ 为欧拉函数,即不超过 $n$ 的且与 $n$ 互素的自然数的个数.

容易看出 $S_n$ 中每两个相邻的数互素,并且较大的数等于它左右两个相邻数的和.

下面用数学归纳法证明:在 $n \geqslant 2$ 时,每一对不大于 $n$ 的互素数 $a > b$,在 $S_2, S_3, \cdots, S_n$ 中恰有两次相邻.

由对称性,因为每个 $S_t$ 中的数都关于 2 对称,则只需证明,$a$ 和 $b$ 在 2 的左边恰有一次相邻.

$n = 2$ 时,结论是显然的.

假设对 $n-1(n-1 \geqslant 2)$ 结论成立. 只考虑 2 的左边.

若 $a < n$,则 $a, b$ 在 $S_n$ 中不相邻.

否则,若 $a, b$ 在 $S_n$ 中相邻,由 $S_n$ 的构造,则 $a-b$ 与 $b$ 均在 $S_{n-1}$ 中并且相邻. 由归纳假设,$a$ 和 $b$ 在 $S_2, \cdots, S_{n-1}$ 中相邻,从而 $a-b, b$ 在 $S_2, S_3, \cdots, S_{n-2}$ 中相邻. 这样,$a-b$ 和 $b$ 在 $S_2, \cdots, S_{n-1}$ 中,在 2 的左边至少相邻两次,出现矛盾.

于是 $a$ 和 $b$ 在 $S_2, \cdots, S_n$ 中与在 $S_2, \cdots, S_{n-1}$ 中相邻的次数相同,均为一次.

若 $a = n$,则由 $n-b, b$ 在 $S_2, \cdots, S_{n-1}$ 中仅相邻一次,所以 $n, b$ 在 $S_2, \cdots, S_n$ 中仅相邻一次. 于是对 $n$,结论成立.

现在考虑 $S_2, \cdots, S_n$(不限于 2 的左边)中那些首次出现的 $n$. 它们也就是 $S_n$ 中 $n$ 的个数,这些 $n$ 的左邻与右邻小于 $n$(它们的和等于 $n$),并且与 $n$ 互素.

由上面的论证,$n$ 的左邻与右邻的个数为 $2\varphi(n)$,所以 $S_n$ 中 $n$ 的个数为 $\varphi(n)$.

本题的结果为:在 $S_{1\,988}$ 中,1 988 的个数是

$$\varphi(1\,988) = \varphi(4)\varphi(7)\varphi(71) = 840$$

心得 体会 拓广 疑问

2.2.25 设 $k$ 是一个大于1的固定的整数,$m=4k^2-5$. 证明:存在正整数 $a,b$,使得如下定义的数列 $\{s_n\}$

$$x_0=a,x_1=b$$

$$x_{n+2}=x_{n+1}+x_n,n=0,1,\cdots$$

其所有的项均与 $m$ 互质.

**证明** 取 $a=1,b=2k^2+k-2$. 因为 $4k^2\equiv 5(\bmod m)$,所以

$$2b=4k^2+2k-4\equiv 2k+1(\bmod m)$$

$$4b^2\equiv 4k^2+4k+1\equiv 4k+6\equiv 4b+4(\bmod m)$$

又因为 $m$ 是奇数,所以

$$b^2\equiv b+1(\bmod m)$$

由于

$$(b,m)=(2k^2+k-2,4k^2-5)=$$
$$(2k^2+k-2,2k+1)=(2,2k+1)=1$$

所以,$(b^n,m)=1$,其中 $n$ 为任意正整数.

下面用数学归纳法证明.

当 $n\geqslant 0$ 时,有 $x_n\equiv b^n(\bmod m)$.

当 $n=0,1$ 时,显然结论成立.

假设对于小于 $n$ 的非负整数结论也成立,其中 $n\geqslant 2$,则有

$$x_n=x_{n-1}+x_{n-2}\equiv b^{n-1}+b^{n-2}\equiv$$
$$b^{n-2}(b+1)\equiv b^{n-2}\cdot b^2\equiv b^n(\bmod m)$$

因此,对于所有的非负整数 $n$,有

$$(x_n,m)=(b^n,m)=1$$

2.2.26 在公比是大于1的等比数列中,最多有几项是100和1 000之间的整数.

(第4届加拿大数学竞赛,1972年)

**解** 设公比为 $r(r>1)$ 的等比数列满足

$$100\leqslant a<ar<ar^2<\cdots<ar^{n-1}\leqslant 1\ 000$$

其中 $ar^k(k=0,1,\cdots,n-1)$ 均为整数.

显然,$r$ 必为有理数,设 $r=\frac{p}{q}(p>q>1)$,这里 $(p,q)=1$. 因为

$$ar^{n-1}=\frac{ap^{n-1}}{q^{n-1}}$$

以及 $p$ 和 $q$ 互素,则有 $q^{n-1}$ 能整除 $a$,$\frac{a}{q^{n-1}}\geqslant 1$.

心得 体会 拓广 疑问

为使等比数列的项数最多,取 $p=q+1$,从而有

$$100 \leqslant a < a\left(\frac{q+1}{q}\right) < \cdots < a\left(\frac{q+1}{q}\right)^{n-1} \leqslant 1\ 000$$

若 $q \geqslant 3$,则

$$1\ 000 \geqslant a\left(\frac{q+1}{q}\right)^{n-1} \geqslant (q+1)^{n-1} \geqslant 4^{n-1}$$

所以

$$n-1 \leqslant \frac{3}{\lg 4}$$

$$n \leqslant 5$$

若 $q=1$,则

$$1\ 000 \geqslant a\left(\frac{q+1}{q}\right)^{n-1} = a \cdot 2^{n-1} \geqslant 100 \cdot 2^{n-1}$$

$$n-1 \leqslant \frac{1}{\lg 2}(n \leqslant 4)$$

若 $q=2$,则

$$1\ 000 \geqslant a\left(\frac{q+1}{q}\right)^{n-1} = a\left(\frac{3}{2}\right)^{n-1} \geqslant 100 \cdot \left(\frac{3}{2}\right)^{n-1}$$

$$n-1 \leqslant \frac{1}{\lg \frac{3}{2}}(n \leqslant 6)$$

因此,数列最长有 6 项.

当 $n=6$ 时,取 $q=2, r=\frac{3}{2}$,可由

$$a \cdot \left(\frac{3}{2}\right)^5 \leqslant 1\ 000$$

得

$$100 \leqslant a \leqslant \frac{32\ 000}{243} \quad ①$$

取满足不等式 ①,且 $2^5 \mid a$ 的整数 $a$,可得

$$a = 128$$

从而有满足条件的数列

$$128, 192, 288, 432, 648, 972$$

2.2.27 根据给定的自然数 $a_0$,可按照如下法则依次构造出数 $a_n, n=1,2,\cdots$:如果 $a_{n-1}$ 的最末一位数不超过 5,则将其划去,由此得到 $a_n$(这时可能什么也没剩下,那么造数过程即告结束),否则,则令

$$a_n = 9a_{n-1}$$

试问:由此所构造的数列 $\{a_n\}$ 可否为无穷数列?

(第 25 届全苏数学奥林匹克,1991 年)

心得 体会 拓广 疑问

**解** 先证明由此所构造的数列$\{a_n\}$不可能是无穷数列.

如果整数$a_{n-1}$的最末一位数字$\alpha$不超过5,那么就有

$$10a_n = a_{n-1} - \alpha \leqslant a_{n-1}$$

如果$a_{n-1}$的最末一位数字$\alpha$超过5,那么由于

$$a_n = 10a_{n-1} - a_{n-1}$$

可知,$a_n$的最末一位数字不超过5,从而就有

$$10a_{n+1} \leqslant a_n = 9a_{n-1} < 10a_{n-1}$$

$$a_{n+1} < a_{n-1}$$

于是,不论怎样,或有$a_n < a_{n-1}$,或有$a_{n+1} < a_{n-1}$.

因此,如果数列$\{a_n\}$是无穷数列,那么就可以从中挑出一个无穷的递减的无穷自然数数列,但这显然是不可能的,所以$\{a_n\}$不可能是无穷数列.

2.2.28 对每个正整数$n$,求最大正整数$k$,满足

$$2^k \mid [(3+\sqrt{11})^{2n-1}]$$

(奥地利-波兰,1979年)

**解** 记$a_n = (3+\sqrt{11})^n + (3-\sqrt{11})^n$. 设$\alpha = (3+\sqrt{11})^n$,$\beta = (3-\sqrt{11})^n$,则

$$a_n = \alpha + \beta, a_{n+1} = (3+\sqrt{11})\alpha + (3-\sqrt{11})\beta$$

$$\begin{aligned} a_{n+2} = & (3+\sqrt{11})^2\alpha + (3-\sqrt{11})^2\beta = \\ & (20+6\sqrt{11})\alpha + (20-6\sqrt{11})\beta = \\ & (18+6\sqrt{11})\alpha + (18-6\sqrt{11})\beta + (2\alpha+2\beta) = \\ & 6a_{n+1} + 2a_n \end{aligned}$$

因此,对$n \in \mathbf{Z}^*$,$a_{n+2} = 6a_{n+1} + 2a_n$. 于是,由$a_0 = 2$,$a_1 = 6$得到,对任意$n \in \mathbf{Z}^*$,$a_n$为整数,因为$-1 < 3-\sqrt{11} < 0$,所以当$n \in \mathbf{N}^*$时

$$\begin{aligned} a_{2n-1} = & (3+\sqrt{11})^{2n-1} + (3-\sqrt{11})^{2n-1} < \\ & (3+\sqrt{11})^{2n-1} < a_{2n-1} + 1 \end{aligned}$$

即$a_{2n-1} = [(3+\sqrt{11})^{2n-1}]$. 现在对$n \in \mathbf{N}^*$用归纳法证明,$a_{2n-2}$被$2^n$整除,而$a_{2n-1}$被$2^n$整除,但不被$2^{n+1}$整除. 当$n=1$时,因为$a_0 = 2$,$a_1 = 6$,所以结论成立. 设结论对某个$n \in \mathbf{N}^*$成立,于是,因为$a_{2n-1}$与$a_{2n-2}$都被$2^n$整除,所以$a_{2n} = 6a_{2n-1} + 2a_{2n-2}$被$2^{n+1}$整除,且因为$a_{2n}$与$a_{2n-1}$都被$2^n$整除,但$a_{2n-1}$不被$2^{n+1}$整除,所以$a_{2n+1} = 6a_{2n} + 2a_{2n-1}$被$2^{n+1}$整除,但不被$2^{n+2}$整除. 于是,由上述结论即可得到,能整除$a_{2n-1}$的2的最高次幂等于$2^n$,即$k=n$.

心得 体会 拓广 疑问

2.2.29　说明是否存在一个严格递增的正整数数列$\{a_k\}_1^\infty$，使得对于所有整数$a$，数列$\{a_k+a\}_1^\infty$中都只有有限多个素数.

**证法 1**　我们取$a_k=(k!)^3$，如果$a=\pm 1$，则

$$a_k+a=(k!)^3\pm 1=(k!\pm 1)[(k!)^2\mp k!+1]$$

对于$k\geqslant 3$都是合数；如果$|a|\geqslant 2$，则$a_k+a=(k!)^3+a$，当$k\geqslant |a|$时有真因子$|a|$.

**证法 2**　令$a_k=(2k)!+k$，当$k\geqslant \max\{|a|,2-a\}$时，$2\leqslant k+a\leqslant 2k$，而此时$a_k+a$都是$k+a$的倍数，所以都是合数.

2.2.30　设$a_1,a_2,\cdots,a_n$为$1,2,\cdots,n$的任一排列，设$f(n)$为满足下列的所有排列的数目

(1)$a_1=1$；

(2)$|a_i-a_{i+1}|\leqslant 2,i=1,2,,n-1$，问是否有$3\mid f(1\ 996)$？

（加拿大，1996 年）

**解**　容易验证$f(1)=f(2)=1$和$f(3)=2$. 设$n\geqslant 4$，则$a_1=1$且$a_2=2$或 3.

当$a_2=2$时，满足题设条件的排列数是$f(n-1)$，这是因为通过删去第一项且以后各项都减 1，便得$1,2,\cdots,n-1$的满足题设条件的排列.

如果$a_2=3$，则$a_3=2,4,5$. 当$a_3=2$时，必须$a_4=4$，这样的排列数为$f(n-3)$.

如果$a_3\neq 2$，则 2 一定排在 4 后面. 由此可知，所有奇数都顺序排列，然后是所有偶数都倒序排列，因此

$$f(n)=f(n-1)+f(n-3)+1$$

设$r(n)$是$f(n)$模 3 的余数，则当$n\geqslant 1$时，有

$$r(1)=r(2)=1,r(3)=2$$

$$r(n)=r(n-1)+r(n-3)+1$$

数列$\{r(n)\}$是周期为 8 的数列，它的前 8 项为$1,1,2,1,0,0,2,0$. 因为$1\ 994\equiv 4(\bmod 8)$且$r(4)=1$，所以$f(1\ 996)$不能被 3 整除.

心得 体会 拓广 疑问

2.2.31　是否存在这样的由正整数构成的数列:其中每个正整数都恰好出现一次,并且对任何 $k=1,2,3,\cdots$,数列中前 $k$ 项之和都可被 $k$ 整除?

(第21届全俄数学奥林匹克,1995年)

**解**　证明这样的数列是存在的.

取 $a_1=1$,假设已取定了数列中的前 $n$ 项:$a_1,a_2,\cdots,a_n$. 设 $m$ 是没有被取入的最小正整数,$M$ 是已经被取入的最大自然数.

记 $S_k=\sum_{i=1}^{k}a_i$,且设 $a_{n+1}=m[(n+2)^t-1]-S_n,a_{n+2}=m$.
其中 $t$ 是使得 $a_{n+1}>M$ 成立的足够大的正整数. 于是有

$$S_{n+1}=S_n+a_{n+1}=m[(n+2)^t-1]$$

能被 $n+1$ 整除,且 $S_{n+2}=S_{n+1}+a_{n+2}=m(n+2)^t$ 能被 $n+2$ 整除.

只要继续这样做下去,就可使每一个自然数都在构造的数列中出现,且都刚好出现一次.

2.2.32　定义 $\{a_n\}_{n=1}^{\infty}$ 如下:

$a_1=1\ 989^{1\ 989}$,且 $a_n(n>1)$ 等于 $a_{n-1}$ 的各位数字之和,$a_5$ 等于多少?

(第21届加拿大数学竞赛,1989年)

**解**　由于 $a_1=1\ 989^{1\ 989}<10\ 000^{1\ 989}$,而 $10\ 000^{1\ 989}$ 共有 $4\cdot 1\ 989+1=7\ 957$ 位,所以 $a_1$ 不多于 7 957 位.

由题设,$a_2$ 是 $a_1$ 的各位数字之和,则

$$a_2<10\cdot 8\ 000=80\ 000$$

所以 $a_2$ 最多为5位数,因而

$$a_3\leqslant 7+4\cdot 9=43$$

$$a_4\leqslant 4+9=13$$

于是 $a_5$ 为一位数.

由于任何一个正整数能被9整除的充要条件是它的数字和能被9整除. 由于 $9\mid 1+9+8+9=27$,则

$$9\mid 1\ 989^{1\ 989}$$

于是

$$9\mid a_5$$

即

$$a_5=0\text{ 或 }9$$

$a_5=0$ 显然不可能,所以 $a_5=9$.

心得 体会 拓广 疑问

2.2.33　数列 $a_1, a_2, \cdots$ 定义如下

$$a_n = 2^n + 3^n + 6^n - 1 (n = 1, 2, 3, \cdots)$$

求与此数列的每一项都互质的所有正整数.

(波兰提供)

**解**　满足条件的正整数只有 1.

下面证明:对任意质数 $p$,它一定是数列 $\{a_n\}$ 的某一项的因数.

对于 $p = 2$ 和 $p = 3$,它们是 $a_2 = 48$ 的约数.

对于每一个大于 3 的质数 $p$,因为

$$(2, p) = 1, (3, p) = 1, (6, p) = 1$$

所以,由费马小定理有

$$2^{p-1} \equiv 1 (\bmod p)$$
$$3^{p-1} \equiv 1 (\bmod p)$$
$$6^{p-1} \equiv 1 (\bmod p)$$

则

$$3 \times 2^{p-1} + 2 \times 3^{p-1} + 6^{p-1} \equiv 3 + 2 + 1 = 6 (\bmod p)$$

即

$$6 \times 2^{p-2} + 6 \times 3^{p-2} + 6 \times 6^{p-2} \equiv 6 (\bmod p)$$

故

$$a_{p-2} = 2^{p-2} + 3^{p-2} + 6^{p-2} - 1 \equiv 0 (\bmod p)$$

也就是说,$p \mid a_{p-2}$.

对任意大于 1 的正整数 $n$,它必有一个质因数 $p$.

若 $p \in \{2, 3\}$,则 $(n, a_2) > 1$;

若 $p \geqslant 5$,则 $(n, a_{p-2}) > 1$.

故大于 1 的正整数都不符合要求.

而 1 与所有正整数都互质,所以,符合题设要求的正整数只能为 1.

2.2.34　求证:由 $a_n = 3^n - 2^n$ 定义的数列 $\{a_n \mid n \in \mathbf{N}\}$ 不包含几何级数的连续三项.

**证明**　由于

$$a_{n+1} - a_n = (3^{n+1} - 2^{n+1}) - (3^n - 2^n) = 2 \cdot 3^n - 2^n > 0 \quad ①$$

所以,对于任意正整数 $n$,有

$$a_{n+1} > a_n \quad ②$$

现在证明,当 $1 \leqslant m < n$ 时($m, n$ 全是正整数),成立

$$a_m a_{2n-m} < a_n^2 < a_m a_{2n-m+1} \qquad ③$$

如果能证明 ③,由 ② 和 ③ 可以知道,对于正整数 $k,m,n$,$m<n<k$,有

$$a_n^2 \neq a_m a_k \qquad ④$$

本题结论成立.

利用题目条件,有($1 \leqslant m < n$)

$$\begin{aligned} a_n^2 - a_m a_{2n-m} &= (3^n-2^n)^2-(3^m-2^m)(3^{2n-m}-2^{2n-m}) = \\ &2^m3^m(3^{2(n-m)}+2^{2(n-m)}-2^{n+1-m}3^{n-m}) = \\ &2^m3^m(3^{n-m}-2^{n-m})^2>0 \qquad ⑤ \end{aligned}$$

另外,有($1 \leqslant m < n$)

$$\begin{aligned} a_m a_{2n-m+1} a_n^2 &= (3^m-2^m)(3^{2n-m+1}-2^{2n-m+1})-(3^n-2^n)^2 = \\ &2\cdot 3^{2n-m+1}(3^{m-1}-2^{m-1}) + \\ &2^{2n-m+1}(2^{m-1}-3^{m-1}) + \\ &2^{n+1}\cdot 3^n - 3^{m-1}\cdot 2^{2n-m+2} = \\ &(3^{m-1}-2^{m-1})(2\cdot 3^{2n-m+1}-2^{2n-m+1}) + \\ &2^{n+1}\cdot 3^{m-1}(3^{n-m+1}-2^{n-m+1})>0 \qquad ⑥ \end{aligned}$$

由 ⑤ 和 ⑥,即知不等式 ③ 成立.

2.2.35 给出一个无穷数列

$$a_1,a_2,\cdots,a_n,\cdots$$

其中每一项都是由它前面那个数在后面添上某个非 9 的数码而得. 现已知 $a_1$ 是任意一个十位数. 证明:该数列中至少有两项为合数.

(第 35 届莫斯科数学奥林匹克,1972 年)

**证明** 假设该数列中仅有不多于 1 个合数. 那么从某个数 $a$ 开始,所有的数都是素数.

显然在 $a$ 的后面不能添加偶数数码,也不能加 5,否则这个数就是合数.

如果在 $a$ 的后面添加 1 或 7,则至多添加 1 次. 否则,若 $a$ 是 $3k+2$ 型的数,则添加 1 次 1 或 7 就是 3 的倍数,若 $a$ 是 $3k+1$ 型的数,则添加 1 或 7 时,添加 2 次就是 3 的倍数. 于是,从某个时刻开始,就只能添加数码 3.

如果在这一时刻之前得到一个素数 $p$,这时,只要添加不多于 $p$ 个 3 就会得到一个能被 $p$ 整除的数,即得到一个合数,这是因为在

$$\overline{p3},\overline{p33},\cdots,\overline{p\underbrace{33\cdots3}_{p个3}}$$

中,至少有一个能被 $p$ 整除.

心得 体会 拓广 疑问

因此,无论如何添加非9数码,一定会产生一个合数,即已知数列中至少有两个合数.

2.2.36　设 $n \geqslant 2$,证明:存在 $n$ 个复合数,组成一个等差级数,而且其中任意两个数互素.

**证明**　选择一个素数 $p > n$ 和一个整数 $N \geqslant p + (n-1)n!$,则数列

$$N! + p, N! + p + n!, N! + p + 2n!, \cdots, N! + p + (n-1)n! \quad ①$$

组成一个等差级数. 由于 $N \geqslant p + (n-1)n!$,故 $N!$ 中有因子 $p$, $p+n!, \cdots, p+(n-1)n!$,故①中 $n$ 个数都是复合数. 如果①中有两个数不互素,设为 $N! + p + in!$, $N! + p + jn!$, $0 \leqslant i < j \leqslant n-1$,则这两个数的最大公因数必有素因数 $q$,即存在素数

$$q \mid N! + p + in!, q \mid N! + p + jn!$$

则有

$$q \mid (j-i)n!, 0 < j - i < n$$

因 $q$ 设为素数,故 $q \mid (j-i)$ 或 $q \mid n!$,归根结底 $q \mid n!$. 又因 $q \leqslant n! < N!$,故 $q \mid N!$,由

$$q \mid N! + p + in!$$

$$q \mid N!, q \mid n!$$

可推得 $q \mid p$. 由 $p, q$ 是素数知只有 $q = p$,而素数 $p > n$,这与 $q \mid n!$ 矛盾.

2.2.37　设 $T_1 = 2, T_{n+1} = T_n^2 - T_n + 1 (n > 0)$,求证:当 $m \neq n$ 时,$T_m$ 与 $T_n$ 互素.

(第16届美国普特南数学竞赛,1956年)

**证明**　首先用数学归纳法证明:对任意固定的正整数 $n$ 及对任意的正整数 $k$,恒有某个整数 $C_k$(与 $n, k$ 有关),使

$$T_{n+k} = C_k T_n + 1 \quad ①$$

当 $k = 1$ 时,取 $C_1 = T_n - 1$,则

$$T_{n+1} = T_n^2 - T_n + 1 = C_1 T_n + 1$$

即式①成立.

假设当 $k = h (h \geqslant 1)$ 时,有整数 $C_h$,使

$$T_{n+h} = C_h T_n + 1$$

那么,当 $k = h + 1$ 时

$$T_{n+h+1} = T_{n+h}^2 - T_{n+h} + 1 = T_{n+h}(T_{n+h} - 1) + 1 =$$

心得 体会 拓广 疑问

$$T_{n+h}C_hT_n+1$$

只要取 $C_{h+1}=T_{n+h}C_h$,则式 ① 对 $k=h+1$ 成立.

下面证明本题.

当 $m\neq n$ 时,不妨设 $m>n$,在 ① 中取 $k=m-n$,则

$$T_m=C_{m-n}T_n+1$$

这时 $T_m$ 与 $T_n$ 的任何公约数也是1的约数,即 $T_m$ 与 $T_n$ 只有公约数 $+1,-1$,从而 $T_m$ 与 $T_n$ 互素.

2.2.38 已知 $\{a_n\}$ 为正整数数列

$$a_{n+3}=a_{n+2}(a_{n+1}+2a_n)(n\in\mathbf{N}),a_6=2\ 288$$

求 $a_1,a_2,a_3$.

(中国四川省高中数学联赛,1988 年)

**解** 由递推公式

$$a_4=a_3(a_2+2a_1)$$

$$a_5=a_3(a_2+2a_1)(a_3+2a_2)$$

$$a_6=a_3^2(a_2+2a_1)(a_3+2a_2)(a_2+2a_1+2)$$

又

$$a_6=2\ 288=2^4\cdot 11\cdot 13$$

因为数列 $\{a_n\}$ 为正整数数列,所以

$$a_3+2a_2\geqslant 3,a_2+2a_1\geqslant 3$$

又由于

$$(a_2+2a_1+2)-(a_2+2a_1)=2$$

而 $a_6=2^4\cdot 11\cdot 13$ 中只有13与11是不小于3,且其差为2的因数,因此必有

$$\begin{cases}a_2+2a_1+2=13\\a_2+2a_1=11\end{cases}$$

因此

$$a_3^2(a_3+2a_2)=2^4 \qquad ①$$

若 $a_3$ 为奇数,则上式左边为奇数,右边为偶数,所以不可能.

于是 $a_3$ 为2的幂,由 $a_3+2a_2\geqslant 3$ 可知 $a_3=2$. 将 $a_3=2$ 代入式 ① 得

$$4(2+2a_2)=16$$

$$a_2=1$$

再由 $a_2+2a_1=11$,得 $a_1=5$. 于是

$$a_1=5,a_2=1,a_3=2$$

心得 体会 拓广 疑问

2.2.39　把所有 3 的方幂及互不相等的 3 的方幂的和排列成一个递增数列:1,3,4,9,10,12,13,… 求这个数列的第 100 项.

(第 4 届美国数学邀请赛,1986 年)

**解**　这个数列的每一项都是正数,其 3 进制表示只有 0 和 1 组成,所以可以在全体正整数与数列的项之间建立一一对应,使数 $n$ 的二进制表示与它所对应的数列中的三进制表示相同

$$1=1_{(2)}\longleftrightarrow 1_{(3)}=1$$
$$2=10_{(2)}\longleftrightarrow 10_{(3)}=3$$
$$3=11_{(2)}\longleftrightarrow 11_{(3)}=4$$
$$4=100_{(2)}\longleftrightarrow 100_{(3)}=9$$
$$5=101_{(2)}\longleftrightarrow 101_{(3)}=10$$
$$6=110_{(2)}\longleftrightarrow 110_{(3)}=12$$
$$7=111_{(2)}\longleftrightarrow 111_{(3)}=13$$

在这个对应中,第 $k$ 个正整数对应于数列中的第 $k$ 项. 所以,为了求已知数列的第 100 项,只需在二进制中找到十进制 100 的对应数,再进而求这个对应数在三进制中的对应数即可.

$$100=1\ 100\ 100_{(2)}\longleftrightarrow 1\ 100\ 100_{(3)}=981$$

因此,所求数列的第 100 项是 981(十进制).

2.2.40　能否选择 1 983 个不同的正整数,使它们都不大于 $10^5$ 且其中任何三数都不是等差数列中的连续项? 证明你的结论.

(第 24 届国际数学奥林匹克,1983 年)

**解**　设 $T$ 是这样的正整数集合,它的元素在 3 进制表示中最多有 11 位数字,且每一位的数字都是 0 或 1,但不全为 0.

这样的正整数显然有 $2^{11}-1>1\ 983$ 个. 并且 $T$ 中的最大数是

$$1+3+3^2+\cdots+3^{10}=88\ 573<10^5$$

为此,选择 $T$ 中的 1 983 个数,下面证明 $T$ 中任何三数都不是某个等差数列中的连续三项. 否则,若 $x,y,z\in T$,且 $x+z=2y$.

此时 $2y$ 的 3 进制表示中必只含数字 0 和 2,从而 $x$ 和 $z$ 一定是所有对应位的数字都相同,即 $x=z$,这是不可能的.

综上,证明了确能选择 1 983 个不同的正整数,使它们都不大于 $10^5$,且其中任何三数都不是某等差数列中的连续三项.

心得 体会 拓广 疑问

**【阅读材料】 不含单调算术级数的序列**

Erdös 和 Graham 研究了序列$\{a_i\}$,并认为如果存在下标$i_1 < i_2 < \cdots < i_k$使得子序列$a_{i_j}(1 \leqslant j \leqslant k)$是递增或递减的 AP,则序列$\{a_i\}$有长度为$k$的单调 AP. 长度为$k$的单调 AP 也说是单调的$k$项 AP. 如果$M(n)$是$[1,n]$上满足没有单调的 3 项 AP 的排列的个数,则 Davis 等人证明了

$$M(n) \geqslant 2^{n-1}, M(2n-1) \leqslant (n!)^2$$
$$M(2n+1) \leqslant (n+1)(n!)^2$$

他们问是否$M(n)^{1/n}$有界?

Davis 等人还证明了所有正整数的任何排列必包含一递增的 3 项 AP,但是,存在没有单调的 5 项 AP 的排列,仍不清楚是否有单调的 4 项 AP.

如果正整数被排成双无穷序列,那么单调 3 项 AP 仍然必定出现. 但是避免 4 项 AP 出现是可能的.

如果所有的整数参与排列,那么 Odda 证明了,在单无穷情形下,没有 7 项 AP 出现,但是其他情形如何,很少为人所知.

[1] J. A. Davis, R. C. Entringer, R. L. Graham and G. J. Simmons, On permutations containing no long arithmetic progressions, Acta Arith., 34(1977), 81-90; MR58#10705.

[2] Tom Odda, Solution to Problem E2440, Amer. Math. Monthly, 82(1975), 74.

2.2.41 斐波那契数定义为

$$a_0 = 0, a_1 = a_2 = 1, a_{n+1} = a_n + a_{n-1}(n \geqslant 1)$$

求第 1 960 项与 1 988 项的最大公约数.

(第 29 届国际数学奥林匹克候选题,1988 年)

**解** 由

$$a_1 = a_2 = 1$$

及

$$a_{n+1} = a_n + a_{n-1}(n > 1) \quad ①$$

可逐步算出数列的前 28 项为 1,1,2,3,5,8,13,21,34,55,89,144,233,377,610,987,1 597,2 584,4 181,6 765,10 946,17 711,28 657,46 368,75 025,121 393,196 418,317 811.

对斐波那契数,证明

$$(a_m, a_n) = a_{(m,n)} \quad ②$$

首先用数学归纳法证明

$$(a_n, a_{n-1}) = 1 \quad ③$$

当$n=1$时,$(a_1, a_0) = 1$;当$n=2$时,$(a_2, a_1) = (1,1) = 1$. 所以当$n = 1,2$时,式 ③ 成立.

心得 体会 拓广 疑问

假设当 $n = k$ 时,式 ③ 成立,即

$$(a_k, a_{k-1}) = 1$$

则由式 ① 有

$$(a_{k+1}, a_k) = (a_k, a_{k-1}) = 1$$

所以对所有自然数 $n$,式 ③ 成立.

设 $m \geqslant n$,由式 ① 可推出

$$a_m = a_n a_{m-n+1} + a_{n-1} a_{m-n} \tag{④}$$

由 ④ 可以看出,$a_{m-n}$ 与 $a_n$ 的最大公约数一定是 $a_m$ 的约数,$a_m$ 与 $a_n$ 的最大公约数一定是 $a_{n-1}a_{m-n}$ 的约数.

由 ③,$a_n$ 与 $a_{n-1}$ 互素,则 $a_m$ 与 $a_n$ 的最大公约数也是 $a_{m-n}$ 的约数,所以

$$(a_m, a_n) = (a_{m-n}, a_n) \tag{⑤}$$

设 $m = qn + r, 0 \leqslant r < n$,则由 ⑤ 得

$$(a_m, a_n) = (a_r, a_n)$$

注意到$(m,n) = (r,n)$.

由 $n > r$,继续上面的过程可得

$$(a_m, a_n) = a_{(m,n)}$$

由于$(1\ 988, 1\ 960) = 28$,则

$$(a_{1\ 988}, a_{1\ 960}) = a_{(1\ 988, 1\ 960)} = a_{28} = 317\ 811$$

2.2.42 设 $a > 0, d > 0$,等差级数

$$a, a + d, a + 2d, \cdots \tag{①}$$

(1)① 中如果包含一个整数的 $k$ 次幂,则包含无限多个整数的 $k$ 次幂.

(2) 再设$(a,d) = 1$,则 ① 中有无限多个数具有相同的素因数.

**证明** (1) 如果 ① 中包含了一个整数的 $k$ 次幂 $u^k$,则有

$$u^k \equiv a(\bmod d)$$

于是,对任意的 $n \geqslant 0$,有

$$(u + nd)^k \equiv u^k \equiv a(\bmod d)$$

因此,无限多个整数的 $k$ 次幂

$$(u + nd)^k, n = 0, 1, 2, \cdots$$

都在 ① 中.

(2) 如果 $a > 1$,则因为 $a^{\varphi(d)} \equiv 1(\bmod d)$,所以

$$n_l = \frac{a}{d}(a^{\varphi(d)l} - 1), l = 1, 2, \cdots$$

都是整数,数

$$a + n_l d = a^{\varphi(d)l+1}, l = 1, 2, \cdots$$

也在①中,而且$a^{\varphi(d)l+1}$与$a$有相同的素因数,故①中包含无限多个数具有相同的素因数.

如果$a=1$,则$a+d=a_1>1$,且$(a_1,d)=1$,同法可证①中包含无限多个数与$a_1$有相同的素因数.

2.2.43 数列$\{u_n\}$定义为

$$u_1=1,u_2=1,u_n=u_{n-1}+2u_{n-2},n=3,4,\cdots$$

证明对任意自然数$n,p(p>1)$有$u_{n+p}=u_{n+1}u_p+2u_nu_{p-1}$.求出$u_n$与$u_{n+3}$的最大公约数.

(第31届国际数学奥林匹克候选题,1990年)

**证明**

$$u_{n+p}=u_{n+p-1}+2u_{n+p-2}$$
$$u_{n+p-1}=u_{n+p-2}+2u_{n+p-3}$$
$$\cdots$$
$$u_{n+2}=u_{n+1}+2u_n$$

将以上各式分别乘以$u_1,u_2,\cdots,u_{p-1}$,得

$$u_1u_{n+p}=u_1u_{n+p-1}+2u_1u_{n+p-2}$$
$$u_2u_{n+p-1}=u_2u_{n+p-2}+2u_2u_{n+p-3}$$
$$\cdots$$
$$u_{p-1}u_{n+2}=u_{p-1}u_{n+1}+2u_{p-1}u_n$$

相加得

$$u_{n+p}=u_{n+p-1}(u_1-u_2)+u_{n+p-2}(u_2+2u_1-u_3)+\cdots+u_{n+1}(u_{p-1}+2u_{p-2})+2u_{p-1}u_n=u_{n+1}u_p+2u_{p-1}u_n$$

在上式中取$p=3$得

$$u_{n+3}=u_{n+1}u_3+2u_nu_2=3u_{n+1}+2u_n$$

从而$u_{n+3}$与$u_n$的最大公约数

$$(u_{n+3},u_n)=d\mid 3u_{n+1}$$

由$u_1=1,u_2=1$是奇数,及$u_n=u_{n-1}+2u_{n-2}$可推出$u_n$均为奇数,从而由

$$u_n=u_{n-1}+2u_{n-2}$$

可知

$$(u_n,u_{n-1})=(u_{n-1},u_{n-2})=\cdots=(u_2,u_1)=1$$

于是由$d\mid u_n,d\mid 3u_{n+1}$得

$$d\mid 3$$

即$d=1$或3.

再由

$$u_{n+3}=u_{n+2}+2u_{n+1}$$
$$u_{n+2}=u_{n+1}+2u_n$$

相加可得
$$u_{n+3}=3u_{n+1}+2u_n$$
由此易得,当且仅当 $3\mid n$ 时,$3\mid u_n$. 所以有
$$d=(u_n,u_{n+3})=\begin{cases}1, & 若 3\nmid n\\ 3, & 若 3\mid n\end{cases}$$

2.2.44　设 $m\geqslant 2$,则存在 $n+1$ 个整数
$$1\leqslant a_1<a_2<\cdots<a_{n+1}\leqslant m^n$$
使得下列 $m^{n+1}$ 个数
$$\sum_{k=1}^{n+1}t_ka_k,0\leqslant t_j\leqslant m-1,i=1,\cdots,n+1 \quad ①$$
都不相同.

**证明**　取
$$a_k=m^{k-1},k=1,\cdots,n+1$$
便合要求.

设 ① 中两个数相等
$$\sum_{k=1}^{n+1}t'_km^{k-1}=\sum_{k=1}^{n+1}t_km^{k-1} \quad ②$$
对 ② 取模 $m$ 可得
$$t_1\equiv t'_1(\bmod m)$$
由 $0\leqslant t_1,t'_1\leqslant m-1$ 知 $t_1=t'_1$,由 ② 得
$$\sum_{k=2}^{n+1}t'_km^{k-2}=\sum_{k=2}^{n+1}t_km^{k-2} \quad ③$$
对 ③ 取模 $m$,同理可得
$$t'_2\equiv t_2(\bmod m)$$
故知 $t'_2=t_2$,如此继续下去可得 $t'_i=t_i(i=1,2,\cdots,n+1)$,因此,① 中的数在 $a_k=m^{k-1}(k=1,2,\cdots,n+1)$ 时全不相同.

2.2.45　数列 101,104,116,… 的通项是 $a_n=100+n^2$,其中 $n=1,2,3,\cdots$. 对于每一个 $n$,用 $d_n$ 表示 $a_n$ 与 $a_{n+1}$ 的最大公约数. 求 $d_n$ 的最大值,其中 $n$ 取一切正整数.

(第 3 届美国数学邀请赛,1985 年)

**解**　可以证明更一般的结论:

如果 $a$ 是正整数,且 $d_n$ 是 $a+n^2$ 与 $a+(n+1)^2$ 的最大公约数,则当 $n=2a$ 时,$d_n$ 达到最大值是 $4a+1$.

由于 $d_n$ 是 $a+n^2$ 与 $a+(n+1)^2$ 的最大公约数,则
$$d_n\mid(a+n^2)$$

心得 体会 拓广 疑问

$$d_n \mid [a+(n+1)^2]$$

从而
$$d_n \mid [a+(n+1)^2]-(a+n^2)$$

即
$$d_n \mid (2n+1) \quad ①$$

又因为 $2(a+n^2)=n(2n+1)+(2a-n)$,则由
$$d_n \mid (a+n^2), d_n \mid (2n+1)$$

得
$$d_n \mid (2a-n) \quad ②$$

由 ①,② 知 $d_n \mid [(2n+1)+2(2a-n)]$,即
$$d_n \mid (4a+1)$$

因此有
$$1 \leqslant d_n \leqslant 4a+1$$

下面证明 $d_n$ 可以达到 $4a+1$.

事实上,当 $n=2a$ 时
$$a+n^2=a(4a+1)$$
$$a+(n+1)^2=(a+1)(4a+1)$$

因为 $(a,a+1)=1$,所以 $a+n^2$ 和 $a+(n+1)^2$ 的最大公约数为 $4a+1$. 所以 $d_n$ 达到的最大值为 $4a+1$.

特别地,当 $a=100$ 时,$d_n$ 的最大值为 401.

2.2.46 设
$$a_1=a_2=a_3=1$$
$$a_{n+1}=\frac{1+a_na_{n-1}}{a_{n-2}}, n \geqslant 3$$
则 $a_i(i=1,2,3,\cdots)$ 都是整数.

**证明** 用数学归纳法证. $n=3$ 时,$a_4=2$. 现在设 $n \geqslant 4$, $a_1,\cdots,a_n$ 都是整数,现来证明 $a_{n+1}$ 是整数,因为
$$a_{n+1}=\frac{1+a_na_{n-1}}{a_{n-2}}, a_n=\frac{1+a_{n-1}a_{n-2}}{a_{n-3}}$$

所以
$$a_{n+1}a_{n-2}=1+a_na_{n-1} \quad ①$$
$$a_na_{n-3}=1+a_{n-1}a_{n-2} \quad ②$$

由式 ① 和式 ② 可得
$$a_{n+1}a_{n-2}+a_{n-1}a_{n-2}=a_na_{n-1}+a_na_{n-3}$$

故有
$$\frac{a_{n+1}+a_{n-1}}{a_n}=\frac{a_{n-1}+a_{n-3}}{a_{n-2}} \quad ③$$

当 $2 \mid n$ 时,式 ③ 给出
$$\frac{a_{n+1}+a_{n-1}}{a_n}=\cdots=\frac{a_3+a_1}{a_2}=2$$

心得 体会 拓广 疑问

当 $2\nmid n$ 时,式③给出

$$\frac{a_{n+1}+a_{n-1}}{a_n}=\cdots=\frac{a_4+a_2}{a_3}=3$$

即 $a_{n+1}=2a_n-a_{n-1}$ 或 $a_{n=1}=3a_n-a_{n-1}$. 由于 $a_{n-1},a_n$ 是整数,所以 $a_{n+1}$ 是整数,于是结论成立.

**注** 此题可推广为:设 $a_1=a_2=1,a_3=l,a_{n+1}=\dfrac{k+a_na_{n-1}}{a_{n-2}}$, $0<l\leqslant k$,当 $k=rl-1$ 时,则 $a_i(i=1,2,3,\cdots)$ 是整数.

2.2.47 证明:如果 $a$ 和 $b$ 是正整数,那么等差数列

$$a,2a,3a,\cdots,ba$$

中能被 $b$ 整除的项的个数等于 $a$ 和 $b$ 的最大公约数.

(匈牙利数学奥林匹克,1901年)

**证明** 设 $d$ 是 $a$ 和 $b$ 的最大公约数,且

$$a=dr,b=ds$$

其中 $r$ 和 $s$ 是互素的整数.

如果所有的数 $a,2a,3a,\cdots,ba$ 用 $b$ 去除,那么它们的商可以写成

$$\frac{r}{s},\frac{2r}{s},\frac{3r}{s},\cdots,\frac{(ds)r}{s}$$

由于 $(r,s)=1$,则上面各数中,能为整数的数,必须是分子中 $r$ 的系数为

$$s,2s,3s,\cdots,ds$$

这样的个数恰为 $d$ 个. 即 $a,2a,3a,\cdots,ba$ 中能被 $b$ 整除的项的个数为 $d$ 个,即 $a$ 和 $b$ 的最大公约数.

2.2.48 设 $(a,b)=1,m>0$,则数列

$$\{a+bk\},k=0,1,2,\cdots$$

中存在无限多个数与 $m$ 互素.

**证明** 存在 $m$ 的因数与 $a$ 互素,例如1就是用 $c$ 表示 $m$ 的因数中与 $a$ 互素的所有数中的最大数,设 $(a+bc,m)=d$.

先证明 $d=1$. 由 $(a,b)=1,(a,c)=1$ 得

$$(a,bc)=1 \quad ①$$

从而可证得

$$(d,a)=1,(d,bc)=1 \quad ②$$

因为如果②不成立,便有 $(d,a)>1$ 或 $(d,bc)>1$,于是 $(d,a)$ 或 $(d,bc)$ 有素因数,即存在一个素数 $p$ 使 $p\mid(d,a)$ 或 $p\mid(d,bc)$. 而

$d \mid a+bc$,当 $p \mid (d,a)$ 时,由 $p \mid a$,$p \mid a+bc$,可得 $p \mid bc$,与①矛盾;同样,当 $p \mid (d,bc)$ 时,也将得出与①矛盾的结果.因此,$(d,c)=1$.

另一方面,由 $d \mid m$,$c \mid m$($c$ 是 $m$ 的因数)及 $(d,c)=1$,可得 $dc \mid m$,又从②的 $(d,a)=1$ 和 $(a,c)=1$,得出 $(a,cd)=1$,由于 $c$ 是 $m$ 的因数中与 $a$ 互素的数中最大的数,所以 $d=1$(否则 $cd>c$),即 $(a+bc,m)=1$.

对于 $k=c+lm$,$l=0,1,\cdots$,有

$$(a+bk,m)=(a+bc+blm,m)=(a+bc,m)=1$$

这就证明了有无穷多个 $k$ 使 $(a+bk,m)=1$.

2.2.49 $a_0$ 是一个小于 $\sqrt{1\,998}$ 的有理数,对于 $n \geqslant 0$,若 $a_n=\frac{p_n}{q_n}$,$(p_n,q_n)=1$,则定义 $a_{n+1}=\frac{p_n^2+5}{p_nq_n}$.证明:对于所有 $n \geqslant 0$,$a_n<\sqrt{1\,998}$.

**证明** 当 $n=0$ 时,结论显然成立;假设 $a_k=\frac{p_k}{q_k}<\sqrt{1\,998}$,则 $m=1\,998q_k^2-p_k^2$ 为正整数,$1\,998=2\times27\times37$,故

$$m\equiv -p_k^2\equiv 0,-1,-4,-7 \pmod 9 \Rightarrow m\neq 1,3,4,6,7,10$$

又由于

$$1\equiv p_k^{36}\equiv(-m)^{18}\equiv m^{18} \pmod{37} \Rightarrow m\neq 2,5,8$$

若 $m=9$,则 $3 \mid p_k$,令 $p_k=3a$,代入得

$$1+a^2+222q_k^2 \Rightarrow a^2\equiv -1 \pmod 3$$

矛盾.

综上所述,$m=1\,998q_k^2-p_k^2\geqslant 11$,因此当 $p_k\geqslant 6$ 时

$$1\,998p_k^2q_k^2\geqslant p_k^2(p_k^2+11)>(p_k^2+5)^2$$

故

$$a_{k+1}=\frac{p_k^2+5}{p_kq_k}<\sqrt{1\,998}$$

而当 $p_k\leqslant 5$ 时

$$a_{k+1}=\frac{p_k^2+5}{p_kq_k}=\frac{p_k}{q_k}+\frac{5}{p_kq_k}\leqslant\frac{10}{q_k}=10<\sqrt{1\,998}$$

因此,对于所有 $n\geqslant 0$,$a_n<\sqrt{1\,998}$.

2.2.50 $a_1=20$,$a_2=30$,$a_{n+1}=3a_n-a_{n-1}$,求所有使得 $5a_na_{n+1}+1$ 是平方数的 $n$.

心得 体会 拓广 疑问

**解**　$a_3=70,a_4=180,5a_2a_3+1=10\ 501$ 不是平方数；$n=3$ 时，$5a_3a_4+1=251^2$；先证明

$$5a_na_{n+1}+1=(a_n+a_{n+1})^2+501$$

$n=1$ 时显然；假设 $n=k$ 时结论成立，则

$$(5a_{k+1}a_{k+2}+1)-(5a_ka_{k+1}+1)=$$
$$5a_{k+1}(a_{k+2}-a_k)=(2a_{k+1}+a_{k+2}+a_k)(a_{k+2}-a_k)$$

因此

$$(5a_{k+1}a_{k+2}+1)=(a_k+a_{k+1})^2+501+(2a_{k+1}a_{k+2}-2a_ka_{k+1}+a_{k+2}^2-a_k^2)=(a_{k+1}+a_{k+1})^2+501$$

所以

$$5a_na_{n+1}+1=(a_n+a_{n+1})^2+501$$

对所有正整数 $n$ 都成立. 对于任意正整数 $m\geqslant 251$，$m^2<m^2+501<m^2+2m+1=(m+1)^2$ 不可能是平方数，所以必须要 $a_n+a_{n+1}\leqslant 250$，$5a_na_{n+1}+1$ 才有可能是平方数.

而 $a_{n+1}-a_n=a_n+(a_n-a_{n-1})$，所以由数学归纳法可知 $a_{n+1}>a_n$ 对所有的 $n$ 都成立，因此当 $n\geqslant 4$ 时

$$a_n+a_{n+1}>a_3+a_4=250$$

故 $5a_na_{n+1}+1$ 不能是平方数.

而当 $n=1$ 时，$5a_na_{n+1}+1=3\ 001$ 也不是平方数，故只有 $n=3$ 满足条件.

2.2.51　设 $n_1<n_2<\cdots<n_g<\cdots$ 是一整数序列，使得

$$\lim_{k\to\infty}\frac{n_k}{n_1n_2\cdots n_{k-1}}=\infty$$

证明：$\sum\limits_{i=1}^{\infty}\frac{1}{n_i}$ 是无理数.

**证明**　假若

$$\sum_{i=1}^{\infty}\frac{1}{n_i}=\frac{p}{q}$$

其中 $p$ 和 $q$ 都是整数，由题设可选取 $k$，使

$$\frac{n_k}{n_1n_2\cdots n_{k-1}q}>3$$

并且当 $i\geqslant k$ 时，$n_{i+1}>3n_i$. 于是

$$pn_1n_2\cdots n_{k-1}=\sum_{i=1}^{\infty}\frac{n_1n_2\cdots n_{k-1}q}{n_i}=$$
$$\sum_{i=1}^{k-1}\frac{n_1n_2\cdots n_{k-1}q}{n_i}+\sum_{i=k}^{\infty}\frac{n_1n_2\cdots n_{k-1}q}{n_i}$$

虽然 $pn_1n_2\cdots n_{k-1}$ 及上式右边的有限和都是整数，但是，依照对 $k$ 的选择

$$\sum_{i=k}^{\infty} \frac{n_1 n_2 \cdots n_{k-1} q}{n_i}$$

逐项小于和为$\frac{1}{2}$的级数 $1/3+1/9+\cdots+1/3^i+\cdots$ 的对应项. 与题设矛盾,得证.

2.2.52 对任一正整数 $q_0$,考虑由 $q_i=(q_{i-1}-1)^3+3(i=1,2,\cdots,n)$ 定义的序列 $q_1,q_2,\cdots,q_n$. 若每个 $q_i(i=1,2,\cdots,n)$ 都是素数的幂,求 $n$ 的最大的可能性.

(匈牙利数学奥林匹克,1990 年)

**解** 由于

$$m^3-m=m(m-1)(m+1)\equiv 0(\bmod 3)$$

所以

$$q_i=(q_{i-1}-1)^3+3\equiv(q_{i-1}-1)^3\equiv q_{i-1}-1(\bmod 3)$$

因而 $q_1,q_2,q_3$ 中必有一个能被 3 整除,这个数应当是 3 的幂.

若 $3\mid(q-1)^3+3$,则

$$3\mid(q-1)^3$$

于是

$$3\mid q-1$$

$$3^3\mid(q-1)^3$$

而

$$3\mid(q-1)^3+3$$

于是只有在 $q_i=1$ 时,$(q_i-1)^3+3$ 才是3 的幂. 这时必须 $i=0$. 但 $q_0=1$ 时推出

$$q_1=3,q_2=11,q_3=1\ 003=17\cdot 59$$

所以 $n$ 的最大值是 2.

2.2.53 数列$\{a_n\}$定义如下:$a_1=2$,对每个正整数 $n$,$a_{n+1}$ 等于 $a_1\cdot a_2\cdot\cdots\cdot a_n+1$ 的最大质因数. 证明:该数列中任何一项都不等于 5.

**证明** 当 $n\geqslant 2$ 时,$a_n$ 均为奇数,$a_2=3$. 设对某个 $n\geqslant 3$,有 $a_n=5$,即 5 是 $A=a_1\cdot a_2\cdot\cdots\cdot a_{n-1}+1$ 的最大质因数. 又注意到 $A$ 不能被 $a_1=2$ 及 $a_2=3$ 整除,所以 $A=5^m$. 因此 $A-1=(5-1)(5^{m-1}+\cdots+5+1)$ 能被4 整除,但 $a_1=2$,$a_2a_3\cdots a_{n-1}$ 是奇数,矛盾!

心得 体会 拓广 疑问

2.2.54 设 $r$ 为正整数,定义数列 $\{a_n\}$ 如下:

$a_1=1$,且对每个正整数 $n$

$$a_{n+1}=\frac{na_n+2(n+1)^{2r}}{n+2}$$

证明:每个 $a_n$ 都是正整数,并且确定对哪些 $n$,$a_n$ 是偶数.

(第 1 届中国台北数学奥林匹克,1992 年)

**证明** 由已知,有

$$(n+2)a_{n+1}=na_n+2(n+1)^{2r}$$

两边同乘以 $n+1$,得

$$(n+2)(n+1)a_{n+1}=n(n+1)a_n+2(n+1)^{2r+1}$$

令 $b_n=(n+1)na_n(n=1,2,\cdots)$,使得

$$b_{n+1}=b_n+2(n+1)^{2r+1}(n=1,2,\cdots)$$

或

$$b_k-b_{k-1}=2k^{2r+1}(k=2,3,\cdots) \quad ①$$

于是

$$b_n=\sum_{k=2}^{n}(b_k-b_{k-1})+b_1=$$
$$\sum_{k=2}^{n}2k^{2r+1}+2(b_1=(1+1)\cdot 1\cdot a_1=2)=$$
$$2\sum_{k=1}^{n}k^{2r+1}=2n^{2r+1}+\sum_{k=1}^{n-1}k^{2r+1}+\sum_{k=1}^{n-1}(n-k)^{2r+1}=$$
$$2n^{2r+1}+\sum_{k=1}^{n-1}[k^{2r+1}+(n-k)^{2r+1}]$$

注意到 $2r+1$ 是奇数,故

$$k+(n-k)\mid k^{2r+1}+(n-k)^{2r+1}$$

即
$$n\mid k^{2r+1}+(n-k)^{2r+1}$$

所以
$$n\mid b_n$$

再将 $b_n$ 改写成

$$b_n=\sum_{k=1}^{n}k^{2r+1}+\sum_{k=1}^{n}(n+1-k)^{2r+1}=$$
$$\sum_{k=1}^{n}[k^{2r+1}+(n+1-k)^{2r+1}]$$

所以
$$n+1\mid b_n$$

由于 $(n,n+1)=1$,则

$$n(n+1)\mid b_n$$

从而
$$a_n=\frac{b_n}{(n+1)n}(n=1,2,\cdots)$$

心得 体会 拓广 疑问

是正整数.

为了确定 $a_n$ 的奇偶性,先证明下面的结论

$$\frac{b_n}{n}=\begin{cases}\text{偶数},\text{若 } n\equiv 0(\bmod 4)\\ \text{奇数},\text{若 } n\equiv 2(\bmod 4)\end{cases}$$

事实上,由 $n$ 是偶数,故

$$b_n=2\sum_{k=1}^{n}k^{2r+1}=2n^{2r+1}+2\sum_{k=1}^{n-1}k^{2r+1}=$$

$$2n^{2r+1}+2\sum_{k=1}^{\frac{n-2}{2}}[k^{2r+1}+(n-k)^{2r+1}]+2(\frac{n}{2})^{2r+1}$$

$$\frac{b_n}{n}=2n^{2r}+2\sum_{k=1}^{\frac{n-2}{2}}\frac{k^{2r+1}+(n-k)^{2r+1}}{n}+\frac{1}{n}\cdot 2(\frac{n}{2})^{2r+1}$$

因而$\frac{b_n}{n}$与$\frac{1}{n}\cdot 2(\frac{n}{2})^{2r+1}=(\frac{n}{2})^{2r}$有相同的奇偶性. 而

$$\text{当 } n\equiv 0(\bmod 4)\text{ 时},(\frac{n}{2})^{2r}\text{ 为偶数}$$

$$\text{当 } n\equiv 2(\bmod 4)\text{ 时},(\frac{n}{2})^{2r}\text{ 为奇数}$$

结论得证.

最后,利用上述结论来分析 $a_n$ 的奇偶性.

(1) 若 $n\equiv 0(\bmod 4)$,由于 $a_n$ 是正整数,故

$$a_n=\frac{1}{n+1}\cdot\frac{b_n}{n}=\frac{\text{偶数}}{\text{奇数}}=\text{偶数}$$

(2) 若 $n\equiv 1(\bmod 4)$,则

$$n+1\equiv 2(\bmod 4)$$

于是由式 ① 有

$$a_n=\frac{b_n}{(n+1)n}=\frac{b_{n+1}-2(n+1)^{2r+1}}{n+1}\cdot\frac{1}{n}=$$

$$\text{奇数}-\text{偶数}=\text{奇数}$$

(3) 若 $n\equiv 2(\bmod 4)$,同理可知 $a_n$ 为奇数.

(4) 若 $n\equiv 3(\bmod 4)$,同理可知 $a_n$ 为偶数.

综合以上,当且仅当 $n\equiv 0$ 或 $3(\bmod 4)$ 时,$a_n$ 为偶数.

2.2.55 整数 $a_1,a_2,\cdots,a_n$ 之和为 1,证明:在数

$$b_i=a_i+2a_{i+1}+3a_{i+2}+\cdots+(n-i+1)a_n+$$
$$(n-i+2)a_1+(n-i+3)a_2+\cdots+na_{i-1},i=1,2,\cdots,n$$

中没有相同的.

(评委会,西班牙,1977 年)

**证明** 因为对 $i=1,2,\cdots,n-1$,有

心得 体会 拓广 疑问

$$b_i - b_{i+1} = (1-n)a_i + a_{i+1} + a_{i+2} + \cdots + a_n + a_1 + a_2 + \cdots + a_{i-1} + a_i = 1 - na_i \equiv 1 \pmod n$$

所以
$$b_{n-1} \equiv b_n + 1 \pmod n$$
$$b_{n-2} \equiv b_{n-1} + 1 \pmod n$$
$$\cdots$$
$$b_1 \equiv b_2 + 1 \pmod n$$

因此
$$b_{n-i} \equiv b_n + i \pmod n, i = 0,1,2,\cdots,n-1$$

即 $b_1, b_2, \cdots, b_n$ 被 $n$ 除的余数不同,从而没有相同的.

2.2.56　数列 $a_1, a_2, \cdots$,按如下法则构造出来:

$a_1 = 2$,而对每个 $n \geqslant 2$,$a_n$ 等于 $a_1 a_2 \cdots a_{n-1} + 1$ 的最大素因数. 证明:该数列中任何一项都不等于 5.

(前苏联教育部推荐试题,1989 年)

**证明**　由于 $a_1 = 2$,则 $a_1 a_2 \cdots a_{n-1} + 1$ 一定是奇数,其最大素因数也是奇数.

从而,当 $n \geqslant 2$ 时,所有 $a_n$ 都是奇数. 又 $a_2 = 3$,假设对某个 $n \geqslant 3$,有 $a_n = 5$. 即 5 是自然数 $A = a_1 a_2 \cdots a_{n-1} + 1$ 的最大素因数.

由于 $a_1 = 2, a_2 = 3$,显然
$$2 \nmid A, 3 \nmid A$$

再由 5 是 $A$ 的最大素因数,则 5 是 $A$ 的唯一素因数. 于是
$$A = 5^m (m \in \mathbf{N})$$

从而有
$$A - 1 = 5^m - 1 = (5-1)(5^{m-1} + 5^{m-2} + \cdots + 1) = 4(5^{m-1} + 5^{m-2} + \cdots + 1)$$

则
$$4 \mid A - 1$$

于是
$$4 \mid a_1 a_2 \cdots a_{n-1}, 2 \mid a_2 a_3 \cdots a_{n-1}$$

然而 $a_2, a_3, \cdots, a_{n-1}$ 都是奇数,则
$$2 \nmid a_2 a_3 \cdots a_{n-1}$$

出现矛盾. 所以对所有 $n \geqslant 3, a_n \neq 5$.

又 $a_1 \neq 5, a_2 \neq 5$. 于是数列 $\{a_n\}$ 中任何一项都不等于 5.

心得 体会 拓广 疑问

2.2.57 整数序列 $a_1,a_2,a_3,\cdots$ 定义如下:$a_1=1$,对 $n\geqslant 1$,$a_{n+1}$ 是大于 $a_n$ 且使得对 $\{1,2,\cdots,n+1\}$ 中的任意 $i,j,k$(不一定不同),$a_i+a_j\neq 3a_k$ 的最小整数,确定 $a_{1\,998}$.

(第 39 届国际数学奥林匹克预选题,1998 年)

**解** 已知 $a_1=1$,则 $a_2=3,a_3=4,a_4=7$ 满足题目要求.这是因为1,3,4,7 任两数相加(可以相同)的和为1,2,4,5,6,7,8,10,11,14,它们被 9 除的余数为1,2,4,5,6,7,8,而对于 $3a_k$ 被 9 除的余数为0,3.

设1,2,…,9$n$ 中恰有数列 $\{a_m\}$ 的前4$n$ 项,它们是 mod 9 余数为1,3,4,7 的那些数,则 $9n+1$ 添入数列 $\{a_m\}$ 的前4$n$ 项之后,有

$$a_i+a_j\equiv 1,2,4,5,6,7,8 \pmod 9$$

$$3a_k\equiv 0,9 \pmod 9$$

于是
$$a_{4n+1}=9n+1$$

由于
$$(9n+2)+1=3(3n+1)$$

而
$$3n+1\equiv 1,4,7 \pmod 9, 1\equiv 1 \pmod 9$$

因此
$$9n+2\notin\{a_m\}$$

同理可证
$$9n+3,9n+4,9n+7\in\{a_m\}$$

又因为
$$(9n+5)+7=3(3n+4)$$

即
$$(9n+8)+4=3(3n+4)$$

或
$$(9n+6)+(9n+6)=3(6n+4)$$

亦或
$$(9n+9)+3=3(3n+4)$$

因为
$$3n+4\equiv 1,4,7 \pmod 9$$

且
$$6n+4\equiv 1,4,7 \pmod 9$$

所以
$$3n+4,6n+4\in\{a_n\}$$

从而
$$9n+5,9n+6,9n+8,9n+9\notin\{a_n\}$$

于是 $\{a_m\}$ 由自然数列中,对 mod 9 余 1,3,4,7 的数组成.

因为 $1\,998=499\times 4+2$,所以 $a_{1\,998}=499\times 9+3=4\,494$.

2.2.58 对于每个正整数 $x$,定义 $g(x)=x$ 的最大奇约数

$$f(x)=\begin{cases}\dfrac{x}{2}+\dfrac{x}{g(x)}, & \text{如果 } x \text{ 是偶数}\\ 2^{\frac{x+1}{2}}, & \text{如果 } x \text{ 是奇数}\end{cases}$$

构造序列:$x_1=1,x_{n+1}=f(x_n)$.

证明:数 1 992 将出现在该序列中,试确定使得 $x_n=1\,992$ 的最小的 $n$,并说明这样的 $n$ 是否唯一.

(第 33 届国际数学奥林匹克预选题,1992 年)

**证明**　由题设中 $g(x)$ 与 $f(x)$ 的定义可求出

$$g(1)=1,g(2)=1,g(3)=3,g(4)=1$$
$$g(5)=5,g(6)=3,g(7)=7,g(8)=1$$
$$g(9)=9,g(10)=5,g(11)=11,g(12)=3$$
$$f(1)=2,f(2)=3,f(3)=4,f(4)=6$$
$$f(5)=8,f(6)=5,f(7)=16,f(8)=12$$
$$f(9)=32,f(10)=7,f(11)=64,f(12)=10$$

把 $f(x)$ 的值写成如下的三角数表

1
2　3
4　6　5
8　12　10　7
16　24　20　14　9
32　48　40　28　18　11
…

这个三角数表，奇数在对角线上，表中其余各数均为其上方邻数的 2 倍，每个正整数都恰好在表中出现一次. 因此，仅有唯一的 $n$ 可使 $x_n$ 等于 1 992. 注意到 $2k-1=x_{\frac{1}{2}k(k+1)}$，$k=1,2,3,\cdots$. 令 $x_n=1\ 992$，则有

$$x_{n+1}=4\cdot 251$$
$$x_{n+2}=2\cdot 253$$
$$x_{n+3}=255=2\cdot 128-1=x_{\frac{1}{2}\cdot 128\cdot(128+1)}=x_{8\ 256}$$

因此，所求的 $n=8\ 253$.

> 2.2.59　证明：可以用两种颜色给正整数 $1,2,\cdots,1\ 986$ 染色，使它不含有 18 个项的单色算术级数.
>
> （匈牙利，1986 年）

**证明**　设所有由正整数 $1,2,\cdots,1\ 986$ 中 18 个数构成的算术级数集合为 $M$. 设 $\alpha\in M$ 的首项为 $a$，公差为 $d$，则 $1\leqslant a\leqslant 1\ 969$，而且 $1\leqslant d\leqslant\left[\frac{1\ 986-a}{17}\right]$. 对给定的正整数 $a$，$1\leqslant a\leqslant 1\ 969$，当 $d$ 取 $1,2,\cdots,\left[\frac{1\ 986-a}{17}\right]$ 中一个值时，便可得到一个首项为 $a$，公差为 $d$ 的算术级数 $a\in M$. 因此 $M$ 中首项为 $a$ 的算术级数的个数为 $\left[\frac{1\ 986-a}{17}\right]$. 于是 $M$ 中所含的算术级数的个数 $A$ 为

$$A=\sum_{a=1}^{1\ 969}\left[\frac{1\ 986-a}{17}\right]\leqslant\sum_{a=1}^{1\ 969}\frac{1\ 986-a}{17}\leqslant$$

心得 体会 拓广 疑问

$$\frac{1}{17}(1\,986\times 1\,969-985\times 1\,969)<115\,940$$

设 $\alpha\in M$,则 $1,2,\cdots,1\,986$ 中除出现在 $\alpha$ 的 18 个数外有 1 968 个数,每个数有两种可能的染色方法.因此使 $\alpha$ 为单色算术级数的染色方法有 $2^{1\,968}$ 种.由于 $M$ 中共有 $A$ 个 18 个项的算术级数,而一种染色方法可能染出两个以上的单色算术级数,因此染出 18 个项的单色算术级数的染色方法至多为 $A\cdot 2^{1\,968}<115\,940\cdot 2^{1\,968}$.另一方面,用两种方法染 1 986 个数的所有染色方法种数为 $2^{1\,986}$,由于

$$2^{1\,986}-2^{1\,968}\cdot 115\,940=(2^{18}-115\,940)2^{1\,968}=(262\,144-115\,940)2^{1\,968}>0$$

所以至少有一种染色方法,使得二染色的正整数 $1,2,\cdots,1\,986$ 中不含 18 个项的算术级数.

2.2.60 证明:可以用四种颜色给正整数 $1,2,\cdots,1\,987$ 染色,使它不含有 10 个项的单色算术级数.

(评委会,罗马尼亚,1987 年)

**证明** 这里给出一种构造性的证明方法.证明更强的结论:可以用四种颜色染正整数 $1,2,\cdots,2\,916$,使得它不含 10 个项的单色算术级数.把正整数 $1,2,\cdots,2\,916=2^2\cdot 3^2\cdot 9^2$ 按自然顺序分为 9 个行,每行 36 个区组,每个区组含 9 个数,如图 1 所示.

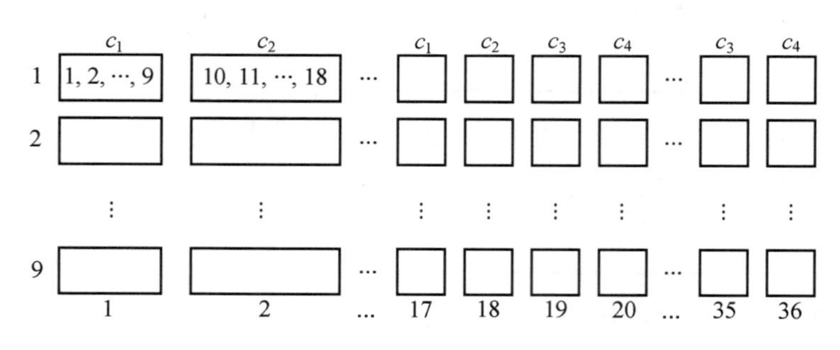


图 1

把每行前 18 个区组中奇数区组里每个数都染第一种颜色 $C_1$,偶数区组里每个数都染颜色 $C_2$.在后 18 个区组中奇数区组里每个数都染颜色 $C_3$,偶数区组里每个数都染颜色 $C_4$.下面用反证法证明,在这种染法下,正整数 $1,2,\cdots,2\,916$ 中不含 10 个项的单色算术级数,设 $\alpha=\{a,a+d,\cdots,a+9d\}$ 是单色算术级数.因为表中共有 9 个行,因此 $\alpha$ 中必有两个相邻的数 $a+id$ 和 $a+(i+1)d$ 在同一行.但同一行上同色的两个数之差至多为 $17\times 9-1$,因此 $d\leqslant 17\times 9-1$.如果 $\alpha$ 中有两个相邻的数 $a+jd$ 和 $a+(j+1)d$

心得 体会 拓广 疑问

在不同行上,则同色的两个数 $a+jd$ 和 $a+(j+1)d$ 之间至少相隔有19个区组,所以 $d\geqslant 19\times 9+1$,不可能;如果 $\alpha$ 中所有的数在同一行,则因每个区组只有9个数,所以 $\alpha$ 中至少有两个相邻的数 $a+kd$ 和 $a+(k+1)d$ 在不同的区组,从而 $d\geqslant 10$. 另一方面,$\alpha$ 中有10个数,每行有9个同色区组,因此至少有两个相邻的数 $a+ld$ 和 $a+(k+1)d$ 在同一个区组,从而 $d\leqslant 8$ 矛盾,结论证毕.

2.2.61 给定了3个由正整数构成的无穷等差数列,已知 $S=\{1,2,3,\cdots,7,8\}$ 都在其中出现,证明:2 008 必然也在其中出现.

**证明** 假设命题不成立. 显然三个等差数列都是递增的,如果有一个等差数列包含了 $S$ 中的两个相邻的整数,则必然包含了其后的所有正整数;如果其中一个等差数列包含了 $S$ 中的两个相邻偶数,则必然包含了其后的所有偶数. 所以以下假设任何数列都不含相邻的整数,也不含相邻的偶数.

假设1属于第一个等差数列,则这个数列不能有2;假设这个数列中有3,则它包含1,3,5,7,根据假设只能是2,6属于第二个等差数列,4,8属于第三个等差数列,这样第三个等差数列包含2 008;假设这个数列有4,则它包含全部 $3k+1$ 形式的正整数,因此也包含2 008. 因此2,3,4属于第二,第三个数列,由于两个数不能相邻,所以3不能和2或4在一起,这样2,4必然在一个数列中,矛盾.

综上所述,命题得证.

2.2.62 已知 $m$ 和 $n$ 为不超过2 000的正整数并且满足 $(m^2-mn-n^2)^2=1$. 试求:$m^2+n^2$ 的最大值.

**解** 易见,若正整数对 $(n,m)$ 满足题设等式,则 $n\leqslant m$ 且 $(m-n,n)$ 也满足该式.

又若 $m=n$,则有 $m=n=1$,从而 $(n,m)$ 为数列 $1,1,2,3,5,\cdots$ 中的相邻两项. 经计算可得 $m^2+n^2$ 的最大值为

$$987^2+1\ 579^2=3\ 524\ 578$$

2.2.63 已知一个数列 13,25,43,$\cdots$,它的第 $n$ 项是

$$a_n=3(n^2+n)+7$$

证明这个数列具有下列性质:

(1)它的任意连续五项中只有一项能被5整除.

(2)数列的任一项都不是整数的立方.

(波兰数学竞赛,1958年)

心得 体会 拓广 疑问

**证明** (1)命题等价于:

在已知数列中,从第二项开始,项数每增加5的项都能被5整除,而其余的任何一项都不能被5整除.

由于$a_2=25$能被5整除,为此只需证明当且仅当$n=5k+2$($k$为非负整数)时,$a_n$能被5整除.

为此设$n=2+m$,$m\in\{-1,0,1,2,\cdots\}$,于是

$$a_n=3(m+2)^2+3(m+2)+7=3m^2+15m+25$$

对整数$m$,$15m+25$能被5整除,因此当且仅当$3m^2$能被5整除时,$a_n$能被5整除.

由于3和5互素,所以当且仅当$m^2$能被5整除,即$m$能被5整除时,$a_n$能被5整除.

于是当且仅当$n=5k+2$($k$为非负整数)时,$a_n$能被5整除.

(2)用反证法

假设存在一个整数$t$,使得对某个自然数$n$,有

$$a_n=3n^2+3n+7=t^3$$

因此$n(n+1)$是偶数,所以$a_n$是奇数,因此$t$是奇数.

设$t=2s+1$(其中$s$是整数),则

$$3n^2+3n+7=8s^3+12s^2+6s+1$$

即

$$3n^2+3n+6=8s^3+12s^2+6s$$

在这个等式两边,除$8s^3$一项之外,其余各项都是3的倍数,所以$8s^3$能被3整除,又由于3和8互素,所以$s$是3的倍数.

设$s=3r$,则有

$$3n^2+3n+6=8\cdot 27r^3+12\cdot 9r^2+6\cdot 3r$$

$$n^2+n+2=72r^3+36r+6r \qquad ①$$

若$n=3k$,则$n^2+n+2$不能被3整除.

若$n=3k+1$,则

$$n^2+n+2=9k^2+9k+4$$

因而不能被3整除.

若$n=3k+2$,则

$$n^2+n+2=9k^2+15k+6+2$$

因而也不能被3整除.

于是,等式①的左边不能被3整除,而右边能被3整除,即等式①不成立.

因此,数列中的任何一项都不是整数的立方.

心得 体会 拓广 疑问

2.2.64　数列 $x_0, x_1, x_2, \cdots$ 如下定义

$$x_i = \begin{cases} 2^i, & 0 \leqslant i \leqslant 2\ 003 \\ \sum_{j=1}^{2\ 004} x_{i-j}, & i \geqslant 2\ 004 \end{cases}$$

求最大的整数 $k$，使得该数列中有 $k$ 个连续项能被 2 004 整除.

（新加坡，2004 年）

**解**　设 $r_i$ 是 $x_i$ 模 2 004 的余数，在数列中按照连续的 2 004 项分成块，这些块中的余数最多有 $2\ 004^{2\ 004}$ 种情况，由抽屉原理，至少有一种类型的情况会重复出现. 根据递推条件，由任意一个块中的项，既可以确定后面的项，也可以确定前面的项，所以 $\{r_i\}$ 是周期数列.

由已知条件可得向前的递推公式为

$$x_i = x_{i+2\ 004} - \sum_{j=1}^{2\ 003} x_{i+j}$$

由其中的 2 004 项组成的余数分别为

$$r_0 = 1, r_1 = 2, \cdots, r_{2\ 003} = 2^{2\ 003}$$

求这 2 004 项前面的 2 004 项模 2 004 的余数，由向前的递推公式可得，前 2 004 项模 2 004 的余数分别为 $\underbrace{0, 0, \cdots, 0}_{2\ 003项}, 1$. 结合余数数列的周期性，得 $k \geqslant 2\ 003$.

另一方面，若在余数数列 $\{r_i\}$ 中有连续的 2 004 项为 0，则由向前的递推公式和向后的递推公式可得，对于所有 $i \geqslant 0$，都有 $r_i = 0$，矛盾.

所以，$k$ 的最大值为 2 003.

2.2.65　按如下的规则构造数列 1,2,3,4,0,9,6,9,4,8,7,…，从第 5 个数字开始，每 1 个数字是前 4 个数字的和的末位数字. 问：

（1）数字 2,0,0,4 会出现在所构造的数列中吗？

（2）开头的数字 1,2,3,4 会出现在所构造的数列中吗？

（克罗地亚，2004 年）

**解**　（1）在数列中用 $P$ 代表一个偶数字，用 $N$ 代表一个奇数字. 于是，所给的数列相当于

$$NPNPPNPNPP\cdots$$

注意到此数列是以 5 为周期重复的排列. 此外，在任何四个依次相连的数字中至少有一个是奇数. 而数字 2,0,0,4 都是偶数，因

此,它们不可能出现在所构造的数列中.

(2) 因为数列中连续四个数字的情况是有限的(少于10 000),所以,数列必然在有限项后按周期排列.显然,数列能从任意连续四个数字向前或向后延伸.因此,数列从后向前也以周期排列.故1,2,3,4必定周期性出现.

2.2.66 已知 $v_0=0,v_1=1,v_{n+1}=8v_n-v_{n-1}(n=1,2,\cdots)$.求证:在数列 $\{v_n\}$ 中没有形如 $3^\alpha\cdot 5^\beta$($\alpha,\beta$ 为正整数)的项.

(中国国家集训队选拔考试,1989年)

**证明** 直接计算 $\{v_n\}$ 的前几项

$$v_0=0,v_1=1,v_2=8,v_3=63$$

$$v_4=496,v_5=3\ 905,v_6=30\ 744,\cdots$$

从中可以发现 $v_3=63,v_6=30\ 744$ 都是3和7的倍数,且其余的项 $v_1,v_2,v_4,v_5$ 都不是3或7的倍数.

猜测

$$3\mid v_n\Leftrightarrow 7\mid v_n \qquad ①$$

下面证明这个猜测.

先考虑模3.

数列 $\{v_n\}$ 被3除的余数($n=0,1,2,\cdots$)前几项为

$$0,1,-1,0,1,-1,\cdots$$

于是有

$$v_3\equiv v_0(\bmod 3)$$

$$v_4\equiv v_1(\bmod 3)$$

假设有 $$v_{k+3}\equiv v_k(\bmod 3)(k\leqslant n)$$

则由 $$v_{n+1}=8v_n-v_{n-1}$$

可得 $$v_{k+4}=8v_{k+3}-v_{k+2}\equiv 8v_k-v_{k-1}=v_{k+1}(\bmod 3)$$

因此由数学归纳法证明了

$$v_{n+3}\equiv v_n(\bmod 3),n=0,1,2,\cdots$$

即 $\{v_n\}$ 以3为模的余数列为以3为周期的周期数列,且由它的前三项为0,1,-1(从 $v_0$ 开始),所以有

$$3\mid v_n\Leftrightarrow 3\mid n \qquad ②$$

再考虑模7的情况.

$\{v_n\}$ 被7除的余数列的前几项为

$$v_0\equiv 0,v_1\equiv 1,v_2\equiv 1,v_4\equiv 0$$

$$v_5\equiv -1,v_6\equiv -1,v_7\equiv 0,v_8\equiv 1(\bmod 7)$$

仿上可以用数学归纳法证明,$\{v_n\}$ 以7为模的余数列是以6为周期的周期数列,且有

心得 体会 拓广 疑问

$$7 \mid v_n \Leftrightarrow 3 \mid n \qquad ③$$

由 ②,③ 可得 ①.

由 ① 可知,数列 $\{v_n\}$ 没有形如 $3^\alpha \cdot 5^\beta$ 的项,其中 $\alpha,\beta$ 为正整数.

**2.2.67**　数列 $x_n = 2^n + 49, n \geqslant 1$,求所有的正整数 $n$ 使得 $x_n$, $x_{n+1}$ 都是两个素数的乘积,且两个素因子的差相等.

(巴尔干,1988 年)

**解**　显然 $x_n$ 都是奇数,而当 $n = 2k + 1$ 时

$$x_n = 2^{2k+1} + 49 \equiv 2 \cdot 4^k + 49 \equiv 0 \pmod 3 \Rightarrow 3 \mid x_{2k+1}$$

由于 $x_n < x_{n+1}$,若

$$x_n = p(p + k), x_{n+1} = r(r + k)$$

则 $p < r$,由于 3 是数列 $x_n$ 最小素因子,因此当 $n$ 为偶数时,肯定无法满足要求,故只要讨论 $n$ 为奇数的情况:设

$$n = 2k + 1, k \geqslant 0$$

则

$$x_n = 2^n + 49 = 3p$$

$$x_{n+1} = 2^{n+1} + 49 = (3 + a)(p + a)$$

计算 $2x_n - x_{n+1}$ 得

$$49 = (3 - a)p - a^2 - 3a$$

由于 $a \geqslant 2$ 是一个偶数,故只能有 $a = 2$. 代入可得 $p = 59$,所以

$$x_n = 2^n + 49 = 177 \Rightarrow n = 7$$

而 $x_8 = 305 = 5 \times 61$ 满足,故 $n = 7$ 是唯一的解.

**2.2.68**　是否存在满足下述条件的自然数列 $\{a_n\}(a_n \neq 0)$, $a_n$ 恰好跑遍每个正整数,且对任意正整数 $k$,该数列前 $k$ 项之和被 $k$ 整除?

**解**　递归构造数列 $A = \{a_n\}_{n=1}^{\infty}$ 如下:

(1) $a_1 = 1$.

(2) 对 $n \geqslant 2$,设 $a_1, a_2, \cdots, a_{n-1}$ 已确定,记 $S_{n-1} = a_1 + a_2 + \cdots + a_{n-1}$. 定义 $a_n$ 是使得 $S_{n-1} + k$ 能被 $n$ 整除的且不在集合 $\{a_1, a_2, \cdots, a_{n-1}\}$ 中出现的最小自然数 $k$.

注意,(2) 保证了每个自然数在数列 $A$ 中至多只出现一次,而且 $A$ 有无数多项. 下面证明,每一自然数必将在 $A$ 中出现.

为此考察数列 $\left\{b_n = \dfrac{S_n}{n}\right\}$,易知 $b_1 = 1, b_2 = 2$,现在用数学归纳

心得 体会 拓广 疑问

法证明 $b_{n+1}=b_n$ 或 $b_n+1$.

当 $n=1$ 时,命题显然成立,设命题对 $n<t-1$ 时成立,分两种情形证明命题对 $n=t$ 时成立.

①$b_t$ 未在集合 $\{a_1,a_2,\cdots,a_t\}$ 中出现,此时上述条件(2)的最小的 $k$ 即为 $b_n$,于是

$$b_{n+1}=\frac{tb_t+b_t}{t+1}=b_t$$

②$b_t$ 在集合 $\{a_1,a_2,\cdots,a_t\}$ 中出现,此时满足上述条件(2)的 $k$ 有形式 $b_t+s(t+1)$,$s\in\mathbf{N}$. 由归纳假设 $b_{n+1}=b_n$ 或 $b_n+1$ 对所有 $n\leqslant t-1$ 成立,因此

$$\begin{aligned}a_n=s_n-s_{n-1}=nb_n-(n-1)b_{n-1}\leqslant\\ n(b_{n-1}+1)-(n-1)b_{n-1}=\\ b_{n-1}+n<b_{t+1}\cdot(t+1)\end{aligned}$$

所以,满足上述条件(2)的最小自然数为 $k=b_t+t+1$,于是

$$b_{t+1}=b_t+1$$

这表明,数列 $\{b_n\}$ 即为 $N$. 于是对任一自然数 $m$,必有 $l\in\mathbf{N}^*$ 使得 $b_t=m$. 因此,如果 $m\notin\{a_1,a_2,\cdots,a_l\}$,则 $a_{l+1}$ 必等于 $m$,所以每个自然数必在数列 $A$ 中出现.

2.2.69 设 $a_1=2,a_{n+1}=\left[\frac{3}{2}a_n\right]$,求证:$\{a_n\}$ 中有无限多个偶数,也有无限多个奇数.

(南斯拉夫,1983年)

**证明** 设数列 $\{a_n\}$ 中只有有限多个奇数项,则取奇数项 $a_m$,使它的下标为最大. 于是,对所有 $n\in\mathbf{N}^*$,$a_{m+n}$ 都是偶数. 因为 $a_1>0$ 且数列是递增的,所以 $a_{m+1}\neq 0$. 设 $a_{m+1}=2^pq$,其中 $q$ 为奇数且 $p\in\mathbf{N}^*$,因此

$$a_{m+2}=\left[\frac{3}{2}a_{m+1}\right]=2^{p-1}\cdot 3q$$

同理得到

$$a_{m+3}=2^{p-2}\cdot 3^2\cdot 9$$

如此继续,最后得到 $a_{m+p+1}=3^pq$ 为奇数,与下标 $m$ 的取法矛盾. 现在设数列 $\{a_n\}$ 只有有限多个偶数项,并设 $a_m$ 为偶数,且它的下标 $m$ 为最大,则 $a_{m+1}$ 是奇数,且 $a_{m+1}-1=2^pq$,其中 $q$ 是奇数,$p\in\mathbf{N}^*$,于是

$$a_{m+2}=\left[\frac{3}{2}a_{m+1}\right]=\left[\frac{3}{2}(a_{m+1}-1)+\frac{3}{2}\right]=2^{p-1}\cdot 3q+1$$

即 $a_{m+2}-1=2^{p-1}\cdot 3q$,同理得到

心得 体会 拓广 疑问

$$a_{m+3}-1=2^{p-2}\cdot 3^2p$$

如此继续,最后得到,$a_{m+p+1}-1=3^pq$,即 $a_{m+p+1}=3^p\cdot q+1$ 为偶数,与下标 $m$ 的取法矛盾,题中结论证毕.

2.2.70　证明:对于任意正整数 $n$,存在一个由 $n$ 个合数组成的数列,其所有的项两两互质.

**证明**　设 $p$ 是大于 $n$ 的质数,正整数 $N>p+(n-1)n!$.

下面证明由 $n$ 个数 $a_0=N!+p,a_1=N!+p+n!,\cdots,a_{n-1}=N!+p+(n-1)\cdot n!$ 构成的等差数列具有题设性质.

首先注意到对任意整数 $k,0\leqslant k\leqslant n-1$,有 $p+k\cdot n!\leqslant N$,从而 $(p+k\cdot n!)\mid N!$. 于是 $a_k$ 能被 $p+k\cdot n!$ 整除,且 $a_k>p+k\cdot n!$,故 $a_k$ 是合数.

其次设有数 $a_k$ 和 $a_m(0\leqslant k<m\leqslant n-1)$ 不互质,即均能被某个质数 $q$ 整数. 于是 $q$ 也能整除 $a_m-a_k$. 而

$$a_m-a_k=(N!+p+m\cdot n!)-(N!+p+k\cdot n!)=(m-k)\cdot n!$$

故 $q\mid(m-k)n!$. 注意到 $1\leqslant m-k\leqslant n-1$,从而 $(m-k)\mid n!$,因此 $q\mid n!$. 又 $N>n$,故 $q\mid N!$. 再结合 $q\mid a_m$ 即知 $q$ 整除 $p$,从而 $q=p$,但 $q\leqslant n<p$,矛盾! 这便表明构造的等差数列中任意两项均互质.

2.2.71　设 $n$ 为非负整数,将 $(1+4\sqrt[3]{2}-4\sqrt[3]{4})^n$ 写成

$$(1+4\sqrt[3]{2}-4\sqrt[3]{4})^n=a_n+b_n\sqrt[3]{2}+c_n\sqrt[3]{4}$$

其中 $a_n,b_n,c_n$ 为整数. 证明:若 $c_n=0$,则 $n=0$.

**证明**　由

$$(1+4\sqrt[3]{2}-4\sqrt[3]{4})^{n+1}=(a_n+b_n\sqrt[3]{2}+c_n\sqrt[3]{4})\times(1+4\sqrt[3]{2}-4\sqrt[3]{4})$$

得

$$a_{n+1}=a_n-8b_n+8c_n$$

又 $a_0=1$,故 $a_n$ 全是奇数.

设整数 $\beta_n,\gamma_n$ 满足 $2^{\beta_n}\parallel b_n,2^{\gamma_n}\parallel c_n$($a^k\parallel b$ 表示 $a^k\mid b,a^{k+1}\nmid b$),其中 $n$ 为非负整数.

首先证明对于任意非负整数 $t$,有

$$\beta_{2^t}=\gamma_{2^t}=t+2$$

当 $t=0$ 时,$b_1=4,c_1=-4$,上述断言成立. 设 $\beta_{2^t}=\gamma_{2^t}=t+2$,则由于

心得 体会 拓广 疑问

$$(a+2^{t+2}(b\sqrt[3]{2}+c\sqrt[3]{4}))^2=$$
$$a^2+2^{t+3}a(b\sqrt[3]{2}+c\sqrt[3]{4})+2^{2t+4}(b\sqrt[3]{2}+c\sqrt[3]{4})^2=$$
$$A+2^{t+3}(B\sqrt[3]{2}+C\sqrt[3]{4})$$

在 $a,b,c$ 为奇数时,$A,B,C$ 也为奇数,于是 $\beta_{2^{t+1}}=\gamma_{2^{t+1}}=t+3$. 从而由归纳原理知所述断言对一切非负整数 $t$ 成立.

其次证明若 $n,m$ 为正整数

$$\beta_n=\gamma_n=\lambda,\beta_m=\gamma_m=\mu,\mu<\lambda$$

则

$$\beta_{m+n}=\gamma_{m+n}=\mu$$

$$(a'+2^{\lambda}(b'\sqrt[3]{2}+c'\sqrt[3]{4}))\times(a''+2^{\mu}(b''\sqrt[3]{2}+c''\sqrt[3]{4}))=$$
$$(a'a''+2^{\lambda+\mu+1}b'c''+2^{\lambda+\mu+1}c'b'')+(2^{\mu}a'b''+2^{\lambda}b'a''+$$
$$2^{\lambda+\mu+1}c'c'')\sqrt[3]{2}+(2^{\mu}a'c''+2^{\lambda+\mu}b'b''+2^{\lambda}c'a'')\sqrt[3]{4}=$$
$$A'+2^{\mu}(B'\sqrt[3]{2}+C'\sqrt[3]{4})$$

由于在 $a',b',c',a'',b'',c''$ 为奇数时,$A',B',C'$ 也为奇数,从而上述断言成立.

根据前面的叙述可知,对于任意正整数 $n$,将其表示成 2 的方幂和的形式

$$n=2^{t_r}+2^{t_{r-1}}+\cdots+2^{t_1}+2^{t_0},0\leqslant t_0<t_1<\cdots<t_r$$

则有 $\gamma_n=t_0+2$,从而 $c_n$ 非零. 故命题得证.

2.2.72 在数列 $\{a_n\}$ 中,$a_1$ 是正整数,并且

$$a_{n+1}=\left[\frac{5}{4}a_n+\frac{3}{4}\sqrt{a_n^2-12}\right]$$

试求出所有的 $a_1$,使得在 $n\geqslant 2$ 时有 $a_n\equiv 1\pmod{10}$.

**解** 在 $a_n\geqslant 6$ 时,由 $\frac{3}{4}\sqrt{a_n^2-12}\geqslant\frac{3}{4}a_n-1$ 即知

$$\left[\frac{5}{4}a_n+\frac{3}{4}\sqrt{a_n^2-12}\right]=2a_n-1$$

也即是 $a_{n+1}=2a_n-1$.

于是若 $a_n\equiv 1\pmod{10}$,亦有 $a_{n+1}\equiv 1\pmod{10}$,从而在 $a_1\geqslant 6$ 时 $a_n\equiv 1\pmod{10}$ $(n\geqslant 2)$ 的充要条件是 $a_2\equiv 1\pmod{10}$,也即是 $a_1\equiv 6$ 或 $1\pmod{10}$. 而在 $a_1=4$ 或 5 时,都有 $1<a_2<11$ 不满足 $a_n\equiv 1\pmod{10}$ $(n\geqslant 2)$,于是所求的 $a_1$ 为尾数为 1 或 6 的大于 1 的正整数.

心得 体会 拓广 疑问

2.2.73　设 $a,b$ 是正奇数,定义数列 $\{f_n\}$ 如下:$f_1=a,f_2=b$;当 $n\geqslant 3$ 时,$f_n$ 为 $f_{n-1}+f_{n-2}$ 的最大奇因子,试证明:当 $n$ 充分大时,$f_n$ 为常数,并指出这个常数是什么?

**证明**　当 $a=b$ 时,$f_1+f_2=2a$,$2a$ 的最大奇因子自然为 $a$,从而 $f_3=a$. 类似地,对于任意大于等于 3 的正整数 $n$,$f_n=a$.

当 $a\neq b$ 时,如果 $\{f_n\mid n\in\mathbf{N}\}$ 内任意相邻两项 $f_n,f_{n+1}$ 不相等,由于 $f_n,f_{n+1}$ 皆正奇数,则 $f_n+f_{n+1}$ 是偶数 $2t(t\in\mathbf{N})$,$t$ 可能是奇数,也可能是偶数.

$$f_{n+2}\leqslant t=\frac{1}{2}(f_n+f_{n+1})<\max(f_n,f_{n+1}) \quad ①$$

上式最后一个不等式是由于 $f_n\neq f_{n+1}$ 的缘故. 由于假设序列 $\{f_n\mid n\in\mathbf{N}\}$ 内任意相邻两项不相等,则 $f_{n+1},f_{n+2}$ 也不相等,那么类似 ① 的证明,有

$$f_{n+3}<\max(f_{n+1},f_{n+2}) \quad ②$$

由 ① 和 ②,立刻有

$$\max(f_{n+2},f_{n+3})<\max(f_n,f_{n+1}) \quad ③$$

不等式 ③ 对于任意正整数 $n$ 成立. 从而,有

$$\max(a,b)=\max(f_1,f_2)>\max(f_3,f_4)>\max(f_5,f_6)>\cdots>\max(f_n,f_{n+1})>\max(f_{n+2},f_{n+3})>\cdots \quad ④$$

这样,有一个无限下降的正整数序列,这显然不可能. 于是,必存在正整数 $k$,使得

$$f_k=f_{k+1} \quad ⑤$$

于是,利用 $f_k+f_{k+1}=2f_k$,$f_k+f_{k+1}$ 的最大奇因子即 $f_k$,所以,$f_{k+2}=f_k$. 从而易知,$\forall n\geqslant k,f_n=f_k$. 换言之,当 $n$ 充分大时,$f_n$ 为常数.

设此常数为 $m$,由于 $\forall n\in\mathbf{N}$ 有

$$f_n+f_{n+1}=2^{\alpha}f_{n+2} \quad ⑥$$

这里 $\alpha\in\mathbf{N}$,由于 $f_n,f_{n+1},f_{n+2}$ 皆为奇数,因而

$$(f_n,f_{n+1})=(f_{n+1},f_{n+2}) \quad ⑦$$

公式 ⑦ 表明序列 $\{f_n\mid n\in\mathbf{N}\}$ 中任意相邻两项最大公约数相同. 于是

$$(a,b)=(f_1,f_2)=(f_2,f_3)=(f_3,f_4)=\cdots=(f_{k-1},f_k)=(f_k,f_{k+1})=m \quad ⑧$$

因此,题目中所求常数就是 $a,b$ 的最大公约数.

心得 体会 拓广 疑问

2.2.74 自然数序列$\{x_n\}$按如下法则构造出来

$$x_1=a, x_2=b, x_{n+2}=x_n+x_{n+1}, n\geqslant 1$$

现知序列中的某项为1 000,试问:和数$a+b$的最小可能值是多少?

(前苏联教委推荐试题,1990年)

**解** 可以求出数列的前几项

$$x_1=a, x_2=b, x_3=a+b, x_4=a+2b$$

$$x_5=2a+3b, x_6=3a+5b, x_7=5a+8b, \cdots$$

一般的有关系式

$$x_n=t_na+t_{n+1}b$$

其中$t_1=1, t_2=0, t_{n+2}=t_n+t_{n+1}$.

这一点不难用数学归纳法证明.

可以看出,从$n=4$开始,序列$\{t_n\}$便严格上升.所以,若$k>n\geqslant 4$,且

$$1\ 000=t_na+t_{n+1}b=t_ka'+t_{k+1}b'$$

则必有 $$(a+b)t_{n+1}>t_na+t_{n+1}b=t_ka'+t_{k+1}b'>t_k(a'+b')\geqslant t_{n+1}(a'+b')$$

即有 $$a+b>a'+b'$$

这就表明,为得到$a+b$的最小值,就应确定对怎样的最大的$n$,方程

$$t_na+t_{n+1}b=1\ 000$$

有正整数解,而且还需要在解不唯一时,从中选出使得和数$a+b$为最小的来解.

序列$\{t_n\}$的开头一些项为

1,0,1,1,2,3,5,8,13,21,34,55,89,144,233,377,610,987,…

显然,方程$610a+987b=1\ 000$以及其以后的相应的方程都不可能有正整数解.因为此时方程的左端对正整数$a$和$b$都大于1 000.

可以验证,方程

$$377a+610b=1\ 000$$

$$233a+377b=1\ 000$$

$$144a+233b=1\ 000$$

都没有正整数解.而方程

$$89a+144b=1\ 000$$

有唯一的一组正整数解

$$a=8, b=2$$

由此得到$a+b$的最小值为10.

心得 体会 拓广 疑问

2.2.75 $p$ 是一个奇素数,递增数列$\{a_n\}$定义如下:$a_0=0$, $a_1=1,\cdots,a_{p-2}=p-2$,对于所有的 $n\geqslant p-1$,$a_n$ 是使得不与前面的任意项构成长为 $p$ 的等差数列的最小正整数. 证明:$a_n$ 可以这样得到:把 $n$ 写成$(p-1)$进制,然后用 $p$ 进制来看待这个数.

**解** 设 $b_n$ = "把 $n$ 写成$(p-1)$进制,然后用 $p$ 进制来看待这个数得到的结果."

首先证明引理:

① 数列 $B=\{b_0,b_1,b_2,\cdots,b_n,\cdots\}$ 中不含长为 $p$ 的等差数列;

② 对于每个 $n\geqslant p-1$,和正整数 $b_{n-1}<a<b_n$,$\{b_0,b_1,\cdots,b_{n-1},a\}$ 中含有长为 $p$ 的等差数列.

证明:① 根据定义 $b_0,b_1,b_2,\cdots$,相当于每位数字不含有 $p-1$ 的 $p$ 进制数的全体. 对于每一个长为 $p$ 的等差数列

$$a,a+d,\cdots,a+(p-1)d$$

令 $d=p^mk,(p,k)=1$,则 $d$ 的 $p$ 进制数表示中后面 $m$ 位数字都是0,设第 $m+1$ 位数字 $\alpha$,则$(\alpha,p)=1$,$0,d,\cdots,(p-1)d$ 的第 $m+1$ 位数字分别为

$$0,\alpha,2\alpha,\cdots,(p-1)\alpha(\bmod p)$$

它们是相互不同的,因此取遍 $0,1,\cdots,p-1$,并且 $0,d,\cdots,(p-1)d$ 的后面 $m$ 位数字也都是0,这样 $a,a+d,\cdots,a+(p-1)d$ 的后 $m$ 位数字都和 $a$ 相同不会发生进位,而第 $m+1$ 也会取遍 $0,1,\cdots,p-1$,故 $B$ 中不含长为 $p$ 的等差数列.

② 若 $b_{n-1}<a<b_n$,则 $a\notin B$,所以 $a$ 的 $p$ 进制有某些位数字是 $p-1$,确定正整数 $d$ 如下:若 $a$ 的第 $i$ 位数字不是 $p-1$,则 $d$ 第 $i$ 位数字为0;若 $a$ 的第 $i$ 位数字是 $p-1$,则 $d$ 第 $i$ 位数字为1. 这样 $a-d,a-2d,\cdots,a-(p-1)d$ 在 $p$ 进制数表示中每位数字都不是 $p-1$,因此$\{a-d,a-2d,\cdots,a-(p-1)d\}\subseteq\{b_0,b_1,\cdots,b_{n-1}\}$,故$\{b_0,b_1,\cdots,b_{n-1},a\}$中含有长为 $p$ 的等差数列

$$a,a-d,a-2d,\cdots,a-(p-1)d$$

由定义当 $0\leqslant i\leqslant p-2$ 时,$a_i=b_i$. 假设对于某个 $k\geqslant p-2$,当 $i\leqslant k$ 时,都有 $a_i=b_i$. 令 $a_{k+1}=a$,由于$\{b_0,b_1,\cdots,b_k,a\}$不含有长为 $p$ 的等差数列,根据引理②只能有 $a\geqslant b_{k+1}$,而根据①,以及 $a_{k+1}$ 的最小性,只能有 $a_{k+1}=a=b_{k+1}$. 因此对于所有的 $n$,$a_n=b_n$.

心得 体会 拓广 疑问

2.2.76 设 $a_0,a_1,a_2,\cdots$ 是非负整数的递增数列,使得每个非负整数可以唯一地表成 $a_i+2a_j+4a_k$ 的形式,这里 $i,j,k$ 不一定不同,确定 $a_{1\,998}$.

(第39届国际数学奥林匹克预选题,1998年)

**解** 显然 $a_0=0,a_1=1$,如果已有符合条件的非负整数 $a_0$,$a_1,\cdots,a_n$,且 $a_{n+1}$ 是第一个不能表示成 $a_i+2a_j+4a_k$ 的数($i,j,k\in\{0,1,\cdots,n\}$),则 $a_{n+1}$ 被 $a_0,a_1,\cdots,a_n$ 唯一确定,所以数列 $\{a_n\}$ 如果存在,则只有唯一一种.

把每一自然数 $n$ 用二进制表示为

$$n=d_k\cdot 2^k+d_{k-1}\cdot 2^{k-1}+\cdots+d_1\cdot 2+d_0$$

考虑数列

$$a_n=d_k\cdot 8^k+d_{k-1}\cdot 8^{k-1}+\cdots+d_1\cdot 8+d_0 \quad ①$$

其中 $d_i(i=0,1,\cdots,k)\in\{0,1\},k\in N\cup\{0\}$.

由于每一个非负整数 $m$ 都可以唯一地表示成八进制

$$m=c_s\cdot 8^s+c_{s-1}\cdot 8^{s-1}+\cdots+c_1\cdot 8+c_0$$

其中 $c_i\in\{0,1,\cdots,7\},0\leqslant i\leqslant s,s\in N\cup\{0\}$.

而每个 $c_i\in\{0,1,\cdots,7\}$ 都可以唯一地表示成

$$c_i=d_i+2d_j+4d_k,d_i,d_j,d_k\in\{0,1\} \quad ②$$

的形式,所以,$m$ 可以表示成

$$m=a_i+2a_j+4a_k \quad ③$$

的形式,其中 $a_i,a_j,a_k$ 具有 ① 的形式,并且 $a_i,a_j,a_k$ 由 ② 唯一确定.

另一方面,如果有式 ③,其中 $a_i,a_j,a_k$ 具有 ① 的形式,那么由八进制的唯一性,它们的系数由 ② 唯一确定,从而 $m$ 的这种表示是唯一的.

因此,① 就是所求的数列. 由于

$$1\,998=2^{10}+2^9+2^8+2^7+2^6+2^3+2^2+2^1$$

所以

$$a_{1\,998}=8^{10}+8^9+8^8+8^7+8^6+8^3+8^2+8^1$$

2.2.77 (欧拉)素数无穷多,是由于所有素数的倒数和发散.

**证明** 对于每个素数 $p$,$\frac{1}{p}<1$,于是有几何级数求和

$$\sum_{k=0}^{\infty}\frac{1}{p^k}=\frac{1}{1-\frac{1}{p}}$$

心得 体会 拓广 疑问

类似地,对另一个素数 $q$

$$\sum_{k=0}^{\infty}\frac{1}{q^k}=\frac{1}{1-\frac{1}{q}}$$

将这两个等式相乘

$$1+\frac{1}{p}+\frac{1}{q}+\frac{1}{p^2}+\frac{1}{pq}+\frac{1}{q^2}+\cdots=\frac{1}{1-\frac{1}{p}}\cdot\frac{1}{1-\frac{1}{q}}$$

左边是所有自然数 $p^hq^k(h,k\geqslant 0)$ 的倒数之和,由唯一因子分解定理知这些自然数不重复,这个简单想法是证明的基础.

**欧拉的证明**　设 $p_1,p_2,\cdots,p_n$ 是素数全体,则

$$\sum_{k=0}^{\infty}\frac{1}{p_i^k}=\frac{1}{1-\frac{1}{p_i}}(1\leqslant i\leqslant n)$$

将这 $n$ 个等式相乘,得到

$$\prod_{i=1}^{n}\left(\sum_{k=0}^{\infty}\frac{1}{p_i^k}\right)=\prod_{i=1}^{n}\frac{1}{1-\frac{1}{p_i}}$$

左边是所有自然数的倒数和,由算术基本定理,每个自然数恰好出现一次.但是级数 $\sum_{n=1}^{\infty}\frac{1}{n}$ 是发散的,而上式左边有限,这导致矛盾.

2.2.78　证明:每一正有理数是调和级数

$$1+\frac{1}{2}+\frac{1}{3}+\cdots+\frac{1}{n}+\cdots$$

的有穷多个互异项的和.

**证明**　设 $A,B$ 为任意正整数,由于调和级数发散,从而存在 $n_0$,使

$$\sum_{i=0}^{n_0}\frac{1}{i}<\frac{A}{B}\leqslant\sum_{i=0}^{n_0+1}\frac{1}{i}$$

其中规定 $\frac{1}{0}=0$.如果等号成立,则问题得证,若

$$\frac{A}{B}<\sum_{i=0}^{n_0+1}\frac{1}{i}$$

于是

$$\frac{A}{B}-\sum_{i=0}^{n_0}\frac{1}{i}=\frac{C}{D}<\frac{1}{n_0+1}$$

从而可取唯一正整数 $n_1(>n_0)$ 使

心得 体会 拓广 疑问

$$1/(n_1+1) \leqslant C/D < 1/n_1$$

仍可假设不等号成立,因若等号成立,问题解决,故置

$$E/F \triangleq C/D - 1/(n_1+1) =$$
$$(C(n_1+1)-D)/D(n_1+1) > 0 \qquad ①$$

又因 $Cn_1 < D$,故

$$0 < C(n_1+1) - D < C$$

故 ① 约化后的分子 $E \leqslant C-1$. 再由

$$E/F < 1/n_1(n_1+1)$$

故存在唯一的整数 $n_2$,使

$$1/(n_2+1) \leqslant E/F < 1/n_2, \text{且 } n_2 > n_1$$

重复上述步骤,若在某一步等式成立,则问题得证. 若不然,因每作一步分子至少减少 1,而 $E$ 是有限整数,故最多经过 $E$ 步,所得分数的分子必为 1,从而此时等式必出现,问题得证.

2.2.79 已知整数列 $\{a_0,a_1,a_2,\cdots\}$ 满足

(1)$a_{n+1}=3a_n-3a_{n-1}+a_{n-2}, n=2,3,\cdots$;

(2)$2a_1=a_0+a_2-2$;

(3)对任意自然数 $m$,在数列 $\{a_0,a_1,a_2,\cdots\}$ 中必有相继的 $m$ 项 $a_k,a_{k+1},\cdots,a_{k+m-1}$ 都是完全平方数.

求证:$\{a_0,a_1,a_2,\cdots\}$ 的所有项都是完全平方数.

(第 7 届中国中学生数学冬令营,1992 年)

**证法 1** 由条件(1)知

$$a_{n+1}-a_n=2(a_n-a_{n-1})-(a_{n-1}-a_{n-2})$$

记 $d_n=a_n-a_{n-1}, n=1,2,\cdots$,则

$$d_{n+1}-d_n=d_n-d_{n-1}=\cdots=d_2-d_1$$

由条件(2)得

$$d_2-d_1=a_2-2a_1+a_0=2$$

所以有

$$a_n=a_0+\sum_{k=1}^{n} d_k=a_0+nd_1+n(n-1)$$

即

$$a_n=n^2+bn+c, n=0,1,2,\cdots$$

其中 $b=a_1-a_0-1, c=a_0$.

由条件(3)知,存在非负整数 $t$,使得 $a_t$ 和 $a_{t+2}$ 都是完全平方数,从而

$$a_{t+2}-a_t \not\equiv 2 \pmod 4$$

又

心得 体会 拓广 疑问

$$a_{t+2}-a_t=(t+2)^2+b(t+2)-t^2-bt=4t+4+2b$$

所以 $b$ 是偶数,令 $b=2\lambda$,则

$$a_n=n^2+2\lambda n+c=(n+\lambda)^2+c-\lambda^2 \qquad ①$$

下面证明 $c-\lambda^2=0$.

否则,若 $c-\lambda^2\neq 0$,则 $c-\lambda^2$ 的不同约数只有有限多个,设其个数为 $m$.

由 $a_n$ 的通项公式可知,存在 $n_0$ 使得当 $n\geqslant n_0$ 时,数列 $\{a_n\}$ 严格单调递增.

由条件(3),存在 $k\geqslant n_0$,使得

$$a_{k+i}=p_i^2,i=0,1,2,\cdots,m$$

其中 $p_i$ 为非负整数,且 $p_0<p_1<p_2<\cdots<p_m$.

由此可知

$$c-\lambda^2=a_n-(n+\lambda^2=p_i^2-(k+i+\lambda)^2=$$
$$(p_i-k-i-\lambda)(p_i+k+i+\lambda)$$
$$i=0,1,2,\cdots,m$$

与 $c-\lambda^2$ 只有 $m$ 个不同约数矛盾. 于是

$$c-\lambda^2=0$$

由式 ①,$a_n=(n+\lambda)^2,n=0,1,2,\cdots$. 即数列 $\{a_0,a_1,a_2,\cdots\}$ 的所有项都是完全平方数.

**证法 2** 由证法 1 得

$$a_n=n^2+bn+c$$

从而存在 $n_0$,使得当 $n\geqslant n_0$ 时,数列 $\{a_n\}$ 严格单调递增,且

$$0<\left(n-\frac{|b|+1}{2}\right)^2\leqslant a_n\leqslant\left(n+\frac{|b|+1}{2}\right)^2$$

于是有

$$0<\sqrt{a_{n+1}}-\sqrt{a_n}=\frac{a_{n+1}-a_n}{\sqrt{a_{n+1}}+\sqrt{a_n}}<$$
$$\frac{2n+1+b}{2\sqrt{a_n}}\leqslant\frac{2n+1+b}{2n-|b|-1}$$

由此可知,存在 $n_1\geqslant n_0$,使得当 $n\geqslant n_1$ 时

$$0<\sqrt{a_{n+1}}-\sqrt{a_n}<2 \qquad ②$$

利用条件(3),易知存在 $k\geqslant n_1$,使得 $a_k$ 和 $a_{k+1}$ 都是完全平方数,所以由 ② 有

$$\sqrt{a_{k+1}}-\sqrt{a_k}=1$$

记 $\sqrt{a_k}=t$,由 $a_n=n^2+bn+c$ 可得

$$a_{n+1}=2a_n-a_{n-1}+2,n=1,2,\cdots$$

所以由 $\sqrt{a_k}=t$,即 $a_k=t^2$ 得

$$a_{k+2}=2(t+1)^2-t^2+2=(t+2)^2$$

心得 体会 拓广 疑问

$$a_{k-1}=2t^2-(t+1)^2+2=(t-1)^2$$

于是,用数学归纳法易证,数列$\{a_0,a_1,a_2,\cdots\}$的所有项都是完全平方数.

2.2.80 给定整数$n\geqslant 3$. 证明:集合$X=\{1,2,3,\cdots,n^2-n\}$能被写为两个不相交的集合的并集,使得每个子集都不能包含这样的$n$个元素:$a_1<a_2<\cdots<a_n$,且对所有$2\leqslant k\leqslant n-1$,满足$a_k\leqslant\frac{a_{k-1}+a_{k+1}}{2}$.

**证明** $n=3$时,取$A_3=\{1,3,4\}$,$B_3=\{2,5,6\}$,容易验证这样的取法满足要求:称$a_1<a_2<\cdots<a_n$,且对所有$2\leqslant j\leqslant n-1$,满足$a_j\leqslant\frac{a_{j-1}+a_{j+1}}{2}$为长度为$n$的坏数列. 取

$$A_{n+1}=A_n\cup\{n^2-n+1,n^2-n+2,\cdots,n^2\}$$
$$B_{n+1}=B_n\cup\{n^2+1,n^2+2,\cdots,n^2+n\}$$

假设$n=k\geqslant 3$时结论成立,也就是说$A_k$,$B_k$都不包含长度为$k$的坏数列,现在来看$n=k+1$的情况.

① 假设$A_{k+1}$包含一个长度为$k+1$的坏数列,它的前$k$项当然是长度为$k$坏数列,由归纳假设,这$k$项不能都在$A_k$内,因此长度为$k+1$的坏数列最后两项$a_{k+1}$,$a_k$肯定属于$C_k=\{k^2-k+1,k^2-k+2,\cdots,k^2\}$,由于$a_k\leqslant\frac{a_{k-1}+a_{k+1}}{2}$,所以

$$a_{k-1}\geqslant 2a_k-a_{k+1}\geqslant 2(k^2-k+1)-k^2=(k-1)^2+1\Rightarrow$$
$$a_{k-1}\notin A_k\Rightarrow a_{k-1}\in C_k$$

同理

$$a_k,a_{k-1}\in C_k\Rightarrow a_{k-2}\in C_k$$

因此整个长为$k+1$的坏数列都属于$C_k$,而$C_k$只有$k$个元素矛盾. 因此$A_{k+1}$不包含一个长度为$k+1$的坏数列;

② 假设$B_{k+1}$包含一个长度为$k+1$的坏数列,它的前$k$项当然是长度为$k$的坏数列,由归纳假设,这$k$项不能都在$B_k$内,因此长度为$k+1$的坏数列最后两项$a_{k+1}$,$a_k$肯定属于$D_k=\{k^2+1,k^2+2,\cdots,k^2+k\}$,由于$a_k\leqslant\frac{a_{k-1}+a_{k+1}}{2}$,所以

$$a_{k-1}\geqslant 2a_k-a_{k+1}\geqslant 2(k^2+1)-(k^2+k)=$$
$$(k-1)^2+(k-1)+2\Rightarrow a_{k-1}\notin B_k\Rightarrow$$
$$a_{k-1}\in D_k$$

同理由

$$a_k,a_{k-1}\in C_k\Rightarrow a_{k-2}\in C_k\cdots$$

心得 体会 拓广 疑问

因此整个长为 $k+1$ 的坏数列都属于 $D_k$，而 $D_k$ 只有 $k$ 个元素矛盾. 因此 $B_{k+1}$ 不包含一个长度为 $k+1$ 的坏数列.

综上所述，$X=A_n\cup B_n$ 的分法使得两个子集 $A_n,B_n$ 都不含长为 $n$ 的坏数列.

2.2.81　对给定素数 $p$，求满足

$$\frac{a_0}{a_1}+\frac{a_0}{a_2}+\cdots+\frac{a_0}{a_n}+\frac{p}{a_{n+1}}=1$$

的不同自然数列 $a_0,a_1,\cdots$ 的个数.

（捷克，1970 年）

**解**　记

$$S_n=\frac{a_0}{a_1}+\frac{a_0}{a_2}+\cdots+\frac{a_0}{a_n}+\frac{p}{a_{n+1}}$$

则数列 $S_1,S_2,\cdots$ 由相同的数组成的必要且充分条件是，对每个 $n\in\mathbf{N}^*$ 有

$$S_{n+1}-S_n=\frac{a_0}{a_{n+1}}+\frac{p}{a_{n+1}}-\frac{p}{a_{n+1}}=\frac{p}{a_{n+2}}-\frac{p-a_0}{a_{n+1}}=0$$

即

$$a_{n+2}=\frac{p}{p-a_0}a_{n+1}$$

设数列 $a_0,a_1,\cdots$ 满足题中条件，则对每个 $n\geqslant 3$，有

$$a_n=\frac{p}{p-a_0}a_{n-1}=\left(\frac{p}{p-a_0}\right)^2a_{n-2}=\cdots=\left(\frac{p}{p-a_0}\right)^{n-2}a_2$$

由于 $a_n\in\mathbf{N}^*$，且 $p$ 与 $p-a_0$ 互素（因为 $0<p-a_0<p$），所以 $a_2$ 被 $p-a_0$ 的（具有正整数指数的）任何次幂整除，由此可知，$p-a_0=1$. 因此

$$a_0=p-1,\frac{p-1}{a_1}+\frac{p}{a_2}=1,a_n=p^{n-2}a_2$$

$$a_1,a_2\in\mathbf{N}^*,n=3,4,\cdots$$

反之，设数列 $\{a_n\}$ 满足上述等式，则因为 $S_1=1,S_{n+1}=S_n,n\in\mathbf{N}^*$，所以数列 $\{a_n\}$ 满足题中条件. 于是，问题归结为，对给定的素数 $p$，求方程

$$\frac{p-1}{a_1}+\frac{p}{a_2}=1$$

的自然数解的个数，将方程化为

$$pa_1=a_2(a_1-(p-1))$$

并注意，方程左端被 $p$ 整除，而且 $a_2>0,a_1-(p-1)>0$，因此，当 $a_2=kp$ 或 $a_1-(p-1)=mp,k,m\in\mathbf{N}^*$ 时，方程可能有解. 因为当 $a_1-(p-1)\equiv 0(\bmod p)$ 时，$a_1\equiv -1(\bmod p)$，即方程左端

心得 体会 拓广 疑问

不被 $p^2$ 整除,从而 $a_2$ 不被 $p$ 整除,所以上述两个条件 $a_2=kp$ 与 $a_1-(p-1)\equiv mp$ 是不相容的,设 $a_2=kp$,则原方程化为

$$a_1=k(a_1-(p-1))$$

即

$$p-1=(k-1)(a_1-p+1)$$

因此,方程的每个解可用下述方法得到:取 $p-1$ 的任意一个因数作为 $a_1-p+1$,然后令 $a_2=kp$,其中

$$k=\frac{p-1}{a_1-p+1}+1$$

现在设 $a_1-(p-1)=mp$,则原方程有解的必要且充分条件是

$$mp+p-1=a_2m$$

即

$$p-1=(a_2-p)m$$

而所有的解可以这样得到:取 $p-1$ 的任意一个因数作为 $m$,然后令

$$a_2=\frac{p-1}{m}+p,a_1=mp+p-1$$

因为上述两个条件是不相容的,因此所得到的解都不相同,所以方程 $pa_1=a_2(a_1-(p-1))$ 的解的个数,也即所求数列的个数,是 $p-1$ 的因数个数的两倍.

2.2.82 设 $x$ 是一个自然数,若一串自然数 $x_0=1,x_1,x_2,\cdots,x_l=x$,满足

$$x_{i-1}<x_i,x_{i-1}\mid x_i,i=1,2,\cdots,l$$

则称 $\{x_0,x_1,x_2,\cdots,x_l\}$ 为 $x$ 的一条因子链,$l$ 为该因子链的长度. $L(x)$ 与 $R(x)$ 分别表示 $x$ 的最长因子链的长度和最长因子链的条数.

对于 $x=5^k\cdot 31^m\cdot 1\ 990^n$($k,m,n$ 是自然数),试求 $L(x)$ 与 $R(x)$.

(第5届中国中学生数学冬令营,1990年)

**解** 对于任意自然数

$$x=p_1^{\alpha_1}p_2^{\alpha_2}\cdots p_n^{\alpha_n}$$

其中 $p_1,p_2,\cdots,p_n$ 为互不相同的素数,$\alpha_1,\alpha_2,\cdots,\alpha_n$ 为正整数.

显然,$x$ 的因子链存在且只有有限点,从而一定存在最长因子链.

设 $\{x_0,x_1,\cdots,x_t\}$ 为 $x$ 的一个最长因子链,现在证明 $\frac{x_i}{x_i-1}$ 必为素数($i=1,2,\cdots,t$).

心得 体会 拓广 疑问

事实上,如果存在 $i(1 \leqslant i \leqslant t)$ 使得 $\frac{x_i}{x_{i}-1}$ 不是素数,可设

$$\frac{x_i}{x_{i}-1}=q_1q_2$$

其中 $q_1,q_2$ 都是大于 1 的正整数,则

$$\{x_0,x_1,\cdots,x_{i-1},q_1x_{i-1},x_i,x_{i+1},\cdots,x_t\}$$

也是 $x$ 的一个因子链. 这与 $\{x_0,x_1,\cdots,x_{i-1},x_i,\cdots,x_t\}$ 是最长因子链相矛盾.

由此可知,对任何 $1 \leqslant i \leqslant t$,$\frac{x_i}{x_{i}-1}$ 必是 $x$ 的一个素因子,从而

$$t=L(x)=\alpha_1+\alpha_2+\cdots+\alpha_n$$

反之,如果

$$\{x_0,x_1,\cdots,x_m\}$$

为 $x$ 的一个因子链,而且对任何 $1 \leqslant i \leqslant m$,$\frac{x_i}{x_{i}-1}$ 都是素数,由因子链的定义可知

$$m=\alpha_1+\alpha_2+\cdots+\alpha_n=L(x)$$

即 $\{x_0,x_1,\cdots,x_m\}$ 必为最长因子链.

因此,从 1 开始逐次乘 $x$ 的一个素因子直到达到 $x$ 为止,就得到 $x$ 的一个最长因子链,而且不同素因子乘的顺序不同得到不同的最长因子链,因而

$$R(x)=\frac{(\alpha_1+\cdots+\alpha_n)!}{\alpha_1!\ \cdots\alpha_n!}$$

对于

$$x=5^k\cdot 31^m\cdot 1\ 990^n=2^n\cdot 5^{k+n}\cdot 31^m\cdot 199^n$$

则

$$L(x)=3n+k+m$$

$$R(x)=\frac{(3n+k+m)!}{(n!)^2m!\ (k+n)!}$$

2.2.83 设 $\{x_n\}$,$\{y_n\}$ 为如下定义的两个整数列

$$x_0=1,x_1=1,x_{n+1}=x_n+2x_{n-1}(n=1,2,\cdots)$$

$$y_0=1,y_1=7,y_{n+1}=2y_n+3y_{n-1}(n=1,2,\cdots)$$

于是这两个数列的前几项为

$$x:1,1,3,5,11,21,\cdots$$

$$y:1,7,17,55,161,487,\cdots$$

证明:除了 1 之外,这两个数列没有公共的项.

(第 2 届美国数学奥林匹克,1973 年)

心得 体会 拓广 疑问

**证法 1** 由 $x_{n+1}=x_n+2x_{n-1}$,得

$$x_{n+1}-2x_n=-(x_n-2x_{n-1})$$

于是数列 $\{x_n-2x_{n-1}\}$ 是以 $x_1-2x_0$ 为首项,-1 为公比的等比数列. 又

$$x_1-2x_0=1-2=-1$$

所以

$$x_n-2x_{n-1}=(-1)^n$$

由此可得出

$$x_n-2^n=(-1)^n\cdot\frac{1-(-2)^n}{3}$$

$$x_n=\frac{2^{n+1}+(-1)^n}{3}$$

同法可得

$$y_n=2\cdot 3^n-(-1)^n$$

假设除 1 之外,数列 $\{x_n\}$ 和 $\{y_n\}$ 还有公共元素,不妨设

$$x_m=y_n(m>1,n>1)$$

则有

$$\frac{2^{m+1}+(-1)^m}{3}=2\cdot 3^n-(-1)^n$$

$$2\cdot 3^{n+1}-2^{m+1}=(-1)^m+3(-1)^n$$

$$2(3^{n+1}-2^m)=(-1)^m+3(-1)^n \quad ①$$

由此看出,$m$ 和 $n$ 的奇偶性一定不相同.

否则,若 $m$ 和 $n$ 的奇偶性相同,则式 ① 左边被 4 除余 2,而右边能被 4 整除.

(1) 若 $m$ 是偶数,$n$ 是奇数.

设 $m=2k,n=2t-1$,则式 ① 化为

$$2(3^{2t}-2^{2k})=1+3(-1)=-2$$

$$3^{2t}+1=2^{2k}=4^k \quad ②$$

由于 $3^{2t}+1=9^t+1$ 被 4 除余 2,而由于 $m>1$,则 $k\geqslant 1$,所以 $4^k$ 能被 4 整除,从而式 ② 不可能成立.

(2) 若 $m$ 是奇数,$n$ 是偶数

设 $m=2k+1,n=2t$,则式 ① 化为

$$2(3^{2t+1}-2^{2k+1})=-1+3\cdot 1=2$$

$$3^{2t+1}-1=2^{2k+1} \quad ③$$

由于 $3^{2t+1}-1=(4-1)^{2t+1}-1$ 被 4 除余 2,而由 $k\geqslant 1$,$2^{2k+1}$ 能被 4 整除,从而式 ③ 不可能成立.

综合(1),(2),没有这样的 $m,n(m>1,n>1)$ 使 $x_m=y_n$ 成立,即两数列没有 1 之外的公共项.

**证法 2** 考虑这两个数列中各项被 8 除的余数.

心得 体会 拓广 疑问

对于所给出的前几项,它们被8除的余数依次是

$$x:1,1,3,5,3,5,\cdots$$
$$y:1,7,1,7,1,7,\cdots$$

用数学归纳法证明:数列$\{x_n\}$,$\{y_n\}$被8除的余数数列是周期数列(对$\{x_n\}$除前两项).若

$$x_n \equiv 3 \pmod 8, x_{n-1} \equiv 5 \pmod 8$$

则
$$x_n + 2x_{n-1} \equiv 3 + 2 \cdot 5 \equiv 5 \pmod 8$$

即
$$x_{n+1} \equiv 5 \pmod 8$$

若
$$x_n \equiv 5 \pmod 8, x_{n-1} \equiv 3 \pmod 8$$

则
$$x_n + 2x_{n-1} \equiv 5 + 2 \cdot 3 \equiv 3 \pmod 8$$

即
$$x_{n+1} \equiv 3 \pmod 8$$

于是数列$\{x_n\}$被8除的余数数列除前两项外是按3,5,3,5,$\cdots$进行周期变化的.

同样,若

$$y_n \equiv 1 \pmod 8, y_{n-1} \equiv 7 \pmod 8$$

则
$$y_{n+1} = 2y_n + 3y_{n-1} = 2 + 3 \cdot 7 \equiv 7 \pmod 8$$

若
$$y_n \equiv 7 \pmod 8, y_{n-1} \equiv 1 \pmod 8$$

则
$$y_{n+1} = 2y_n + 3y_{n-1} = 2 \cdot 7 + 3 \cdot 1 \equiv 1 \pmod 8$$

于是数列$\{y_n\}$被8除的余数数列是按1,7,1,7,$\cdots$进行周期变化的.

由于$\{x_n\}$及$\{y_n\}$除第1项$x_0 = y_0 = 1$之外,其余各项中$\{x_n\}$的各项(除第2项)被8除均余3或5,$\{y_n\}$的各项被8除均余1或7,又因为$\{x_n\}$和$\{y_n\}$都是递增数列,所以只有1是唯一的公共项.

**2.2.84**　求下列数列最小项的值

$$a_1 = 1\,993^{1\,994^{1\,995}} \text{ 和 } a_{n+1} = \begin{cases} \frac{1}{2}a_n, \text{如果 } a_n \text{ 是偶数} \\ a_n + 7, \text{如果 } a_n \text{ 是奇数} \end{cases}$$

**解**　显然,对于任意正整数$n$,$a_n$为正整数.在正整数组成的集合中,总有最小正整数存在,因此,总存在正整数$m$,使得$m$是题目中数列最小项$a_p$的值.由于当$a_p$为偶数时

$$a_{p+1} = \frac{1}{2}a_p < a_p$$

所以这最小项$a_p$必是奇数,由题目条件

$$a_{p+1} = a_p + 7, a_{p+2} = \frac{1}{2}a_{p+1} = \frac{1}{2}(a_p + 7) \quad ①$$

由于$a_p$最小,于是

$$a_{p+2} \geqslant a_p \quad ②$$

心得 体会 拓广 疑问

因而利用①和②,有

$$a_p = m \leqslant 7 \quad ③$$

由于 $m$ 是正奇数,$m$ 只有 4 个可能的值:1,3,4,7.

如果 $a_1 \equiv r(\bmod 7)$,$r \in \{1,2,3,4,5,6\}$(注意 1 993 不是 7 的倍数),利用题目条件,可以知道:

当 $a_n$ 是奇数时

$$a_{n+1} \equiv a_n(\bmod 7) \quad ④$$

当 $a_n$ 是偶数时

$$a_n = 7k + r^* \quad ④$$

这里 $k$ 为非负整数,$r^* \in \{0,1,2,3,4,5,6\}$. 当 $k$ 为奇数时,$r^*$ 也为奇数;当 $k$ 为偶数时,$r^*$ 也为偶数. 当 $k$,$r^*$ 都为奇数时,$k \geqslant 1$,$r^* \geqslant 1$.

$$a_{n+1} = \frac{1}{2}a_n = \frac{7}{2}(k-1) + \frac{1}{2}(r^* + 7) \quad ⑥$$

当 $r^* = 1$ 时

$$\frac{1}{2}(1+7) = 4 \equiv 4r^*(\bmod 7)$$

当 $r^* = 3$ 时

$$\frac{1}{2}(3+7) = 5 \equiv 4r^*(\bmod 7)$$

当 $r^* = 5$ 时

$$\frac{1}{2}(3+7) = 6 \equiv 4r^*(\bmod 7)$$

所以,当 $k$,$r^*$ 都为奇数时

$$a_{n+1} \equiv 4a_n(\bmod 7) \quad ⑦$$

当 $k$,$r^*$ 都为偶数时

$$a_{n+1} = \frac{1}{2}a_n = \frac{7}{2}k + \frac{r^*}{2} \quad ⑧$$

当 $r^* = 0$ 时

$$\frac{r^*}{2} = 0 \equiv 4r^*(\bmod 7)$$

当 $r^* = 2$ 时

$$\frac{r^*}{2} = 1 \equiv 4r^*(\bmod 7)$$

当 $r^* = 4$ 时

$$\frac{r^*}{2} = 2 \equiv 4r^*(\bmod 7)$$

当 $r^* = 6$ 时

$$\frac{r^*}{2} = 3 \equiv 4r^*(\bmod 7)$$

心得 体会 拓广 疑问

所以,当 $k,r^*$ 都为偶数时,等式 ⑦ 还是成立的.

从公式 ④ 和 ⑦ 可以知道,对任意正整数 $n$

$$a_{n+1}\equiv\begin{cases}a_n\pmod 7,\text{当 } a_n \text{ 是奇数时}\\4a_n\pmod 7,\text{当 } a_n \text{ 是偶数时}\end{cases}\qquad ⑨$$

公式 ⑨ 是个重要式子,当 $a_{n+1}$ 是奇数时,由 ⑨ 知

$$a_{n+2}\equiv a_{n+1}\pmod 7$$

当 $a_{n+1}$ 是偶数时,由 ⑨ 知

$$a_{n+2}\equiv 4a_{n+1}\pmod 7$$

再利用 $16\equiv 2\pmod 7$,有

$$a_{n+2}\equiv a_n\pmod 7,a_{n+2}\equiv 4a_n\pmod 7$$

或

$$a_{n+2}\equiv 2a_n\pmod 7\qquad ⑩$$

利用 $8\equiv 1\pmod 7$,对 $k$ 用数学归纳法,极容易看到(证明留给读者)

$$a_{n+k}\equiv a_n\pmod 7,a_{n+k}\equiv 4a_n\pmod 7$$

或

$$a_{n+k}\equiv 2a_n\pmod 7\ (k\in\mathbf{N})\qquad ⑪$$

如果 $a_p=m=5$,则

$$a_{p+1}=12,a_{p+2}=6,a_{p+3}=3$$

于是 $m\neq 5$. 由于 $a_1$ 不是 7 的倍数,则从 ⑪ 可以知道,对于任意正整数 $n,a_n$ 都不会是 7 的倍数,则 $m\neq 7$. 因此,$m=1$ 或 $m=3$.

当 $r=1,2,4$ 时,由公式 ⑪,有 $m=1$. 当 $r=3,5,6$ 时,由公式 ⑪,有 $m=3$.

由于 $1\ 994\equiv -1\pmod 3$,于是

$$1\ 994^{1\ 995}\equiv -1\pmod 3\equiv 2\pmod 3\qquad ⑫$$

因而有正整数 $t$,使得

$$1\ 994^{1\ 995}=3t+2\qquad ⑬$$

这里 $t$ 是偶数(因为 1 994 是偶数),所以,由 ⑬ 有

$$1\ 994^{1\ 995}=6s+2\qquad ⑭$$

这里 $s$ 是正整数,由于 $(1\ 993,7)=1$,利用费马小定理,有

$$1\ 993^6\equiv 1\pmod 7\qquad ⑮$$

而 $1\ 993\equiv -2\pmod 7$,于是有

$$\begin{aligned}1\ 993^{1\ 994^{1\ 995}}&=1\ 993^{6s+2}(\text{利用 ⑭})=(1\ 993^6)^s(1\ 993)^2\equiv\\&(1\ 993)^2\pmod 7(\text{利用 ⑮})\equiv\\&(-2)^2\pmod 7\equiv 4\pmod 7\end{aligned}\qquad ⑯$$

这表明 $r=4$,于是 $m=1$.

心得 体会 拓广 疑问

2.2.85　设 $a_1,a_2,\cdots$ 是一个使得 $\sum_{n=1}^{\infty}\frac{1}{a_n}$ 发散的整数序列,则几乎所有的整数同某个 $a_n$ 有一个公因子.

**证明**　设 $\{r_i\}$ 为 $a_n(n=1,2,\cdots)$ 的所有素因子的集合,对任意 $N$,有

$$\prod_{r_i\leqslant a_N}\left(\frac{1}{1-\frac{1}{r_i}}\right)=\prod_{r_i\leqslant a_N}\left(1+\frac{1}{r_i}+\frac{1}{r_i^2}+\cdots\right)\leqslant\sum_{a_N}\frac{1}{a_n}$$

其中最后一个和式遍取 $a_n$ 但 $a_n$ 不含超过 $a_N$ 的素因子.

这一条件对所有 $a_n\leqslant a_N$ 是满足的,故

$$\prod_{r_i\leqslant a_N}\left(\frac{1}{1-\frac{1}{r_i}}\right)\leqslant\sum_{n=1}^{N}\frac{1}{a_n}$$

且因 $a_N\to\infty$ 推出 $N\to\infty$,又因 $\sum_{n+1}^{\infty}\frac{1}{a_n}$ 发散,则 $\prod_i\left(1-\frac{1}{r_i}\right)^{-1}$ 发散,因此 $\prod_i(1-r_i)$ 发散于零.

设 $r_1,r_2,\cdots,r_k$ 是集 $\{r_i\}$ 中按大小次序的前 $k$ 个素数,不大于 $n$ 且不被素数 $r_1,\cdots,r_k$ 中任一个除尽的整数的个数为

$$f(n,k)=[n]-\sum_i\left[\frac{n}{r_i}\right]+\sum_{i,j}\left[\frac{n}{r_ir_j}\right]-\cdots \qquad ①$$

其中 $i,j$ 不相等且从 1 变到 $k$,而 $[x]$ 表示 $x$ 的整数部分,① 中括号的总数为 $1+k+k(k-1)/2+\cdots=2^k$,并且因 $0\leqslant x-[x]<1$,有

$$\begin{aligned}f(n,k)&\leqslant n-\sum_i\frac{n}{r_i}+\sum_{i,j}\frac{n}{r_ir_j}-\cdots+2^k=\\&n\prod_{r_i\leqslant r_k}\left(1-\frac{1}{r_i}\right)+2^k\end{aligned}$$

设 $f(n)$ 表示小于 $n$ 且不被任何一个素数 $r_i$ 除尽的整数的个数,则

$$f(n)\leqslant f(n,k)\leqslant n\prod_{r_i\leqslant r_k}\left(1-\frac{1}{r_i}\right)+2^k$$

而 $\prod_i\left(1-\frac{1}{r_i}\right)$ 发散于零,因此对任意 $\varepsilon$ 和充分大的 $k$ 有 $\prod_{r_i\leqslant r_k}\left(1-\frac{1}{r_i}\right)<\frac{1}{2}\varepsilon$,并且对充分大的 $n$,$\frac{2^k}{n}<\frac{1}{2}\varepsilon$,从而 $f(n)<\varepsilon n$,于是

$$\lim_{n\to\infty}\frac{f(n)}{n}=0$$

这便证明了定理.

心得 体会 拓广 疑问

上述证明中序列$\{a_n\}$的元假定全都是相异的,如果不然,譬如说,当$a_n=2(n=1,2,\cdots)$时,定理显然不真.

2.2.86　一个整数有限序列$a_0,a_1,\cdots,a_n$称为一个二次序列,是指对每个$i\in\{1,2,\cdots,n\}$,均成立等式$|a_i-a_{i-1}|=i^2$.

(1)证明:对任何两个整数$b$和$c$,都存在一个自然数$n$和一个二次序列满足$a_0=b,a_n=c$.

(2)求满足下述条件的最小自然数$n$:存在一个二次序列,且在该序列中$a_0=0,a_n=1\ 996$.

(第37届国际数学奥林匹克预选题,1996年)

**解**　(1)由于$a_i-a_{i-1}=\pm i^2,i\in\{1,2,\cdots,n\}$,而

$$c-b=a_n-a_0=\sum_{i=1}^{n}(a_i-a_{i-1})=\sum_{i=1}^{n}(\pm i^2)$$

设$d=c-b$,只需证明,对任何整数$d$,存在自然数$n$,使得可以在

$$\square1^2\square2^2\square\cdots\square n^2 \quad ①$$

的"□"适当填上"+"或"-",使其运算结果等于$d$.由于对任何自然数$k$,有

$$k^2-(k+1)^2-(k+2)^2-(k+3)^2=4$$
$$-k^2+(k+1)^2+(k+2)^2-(k+3)^2=-4$$

所以对于①中任意连续的4项,可适当填上"+"号或"-"号,使其运算结果等于4或者$-4$.

于是,对$d$以4为模进行讨论.

①$d\equiv0(\bmod 4)$.

此时取$n=4\cdot\frac{|d|}{4}$,显然满足要求.

由于$n$是自然数,所以当$d=0$时,可取$n=8$,使前4项之和为4,后4项之和为$-4$.

②$d\equiv1(\bmod 4)$.

取$n=1+|d-1|$,在$1^2$的前面填"+",而使后面的$4\cdot\frac{|d-1|}{4}$项的和为$d-1$,这时$n$项和为$d$.

③$d\equiv2(\bmod 4)$.

取$n=3+|d-14|$,使前三项为"$+1^2+2^2+3^2$"(等于14),后面的$4\cdot\frac{|d-14|}{4}$项的和为$d-14$,这时$n$项和为$d$.

④$d\equiv3(\bmod 4)$.

心得 体会 拓广 疑问

取 $n=1+|d+1|$,在 $1^2$ 前取"-",而使后面的 $4\cdot\frac{|d+1|}{4}$ 项的和为 $d+1$,这时 $n$ 项和为 $d$.

综上,对任意整数 $c-b=d$,总可找到 $n$,满足题目要求.

(2) 首先若 $n\leqslant 17$,则

$$a_n=\sum_{i=1}^{n}(a_i-a_{i-1})+a_0\leqslant\sum_{i=1}^{n}|a_i-a_{i-1}|+a_0=\sum_{i=1}^{n}|a_i-a_{i-1}|=\sum_{i=1}^{n}i^2=\frac{n(n+1)(2n+1)}{6}\leqslant\frac{17\times 18\times 35}{6}=1\ 785<1\ 996$$

这不可能.

再者若 $n=18$,则

$$a_n=\frac{n(n+1)(2n+1)}{6}=\frac{18\times 19\times 37}{6}=3\times 19\times 37\neq 1\ 996$$

于是 $n\geqslant 19$. 由于

$$(1^2+2^2+\cdots+19^2)-2(1^2+2^2+6^2+14^2)=1\ 996$$

这样,只要对 $i=1,2,6,14$ 取 $a_i-a_{i-1}=-i^2$,对其余的 $1\leqslant i\leqslant 19$,取 $a_i-a_{i-1}=i^2$,则 $a_0=0$ 时,$a_{19}=1\ 996$.

因此,满足条件的最小自然数为 $n=19$.

2.2.87 设 $n$ 是正整数,$n\geqslant 2$,如果若干个(可以只有一个)正整数所成的数列 $(a_1,a_2,\cdots,a_k)$,使得 $a_1\leqslant a_2\leqslant\cdots\leqslant a_k$,且满足

$$a_1+a_2+\cdots+a_k=n$$

称 $(a_1,a_2,\cdots,a_k)$ 为 $n$ 的一个分拆,$n$ 的分拆全体记为 $P_n$,并记

$$\{(a_1,a_2,\cdots,a_k)\in P_n\mid a_1<a_2<\cdots<a_k\}$$

为 $D_n$,记

$$\{(a_1,a_2,\cdots,a_k)\in P_n\mid a_1,a_2,\cdots,a_k\text{ 是奇数}\}$$

为 $O_n$,求证:$|D_n|=|O_n|$.

**注** 例如

$$P_4=\{(4),(1,1,1,1),(1,1,2),(1,3),(2,2)\}$$

$$D_4=\{(1,3),(4)\},O_4=\{(1,1,1,1),(1,3)\}$$

$$|D_4|=2=|O_4|$$

**证明** 对于 $O_n$ 中任一元 $(a_1,a_2,\cdots,a_k)$,这里 $a_1,a_2,\cdots,a_k$ 全是奇数,记其中 $1,3,5,\cdots$ 的个数分别为 $t_1,t_3,t_5,\cdots$,这里

心得 体会 拓广 疑问

$t_j(j=1,3,5,\cdots,n$ 或 $n-1)$ 是非负整数,那么,应当有 $\sum\limits_{j=\text{奇数}} t_j j=n$. 对于不等于零的 $t_j$,用二进制写出 $t_j$,$t_j=2^{\alpha_0}+2^{\alpha_1}+\cdots+2^{\alpha_l}(0\leqslant\alpha_0<\alpha_1<\alpha_2<\cdots<\alpha_l$,也可能 $\alpha_0>0$,即 $\alpha_0$ 是零或正整数,$\alpha_1,\alpha_2,\cdots,\alpha_l$ 都是正整数),从而有

$$t_j j=2^{\alpha_0}j+2^{\alpha_1}j+\cdots+2^{\alpha_l}j \qquad ①$$

由于每个正整数可唯一地写成 $2^{\alpha}j$,这里 $j$ 是奇数,$\alpha$ 是非负整数. 对于每个奇数 $j$,$2^{\alpha_0}j,2^{\alpha_1}j,\cdots,2^{\alpha_l}j$ 两两不相同. 对于不同的奇数 $j$,$j^*$,及任意两个非负整数 $\alpha,\beta$,$2^{\alpha}j$ 与 $2^{\beta}j^*$ 不会相等. 这样,对每个 $t_j\neq0$ 的 $j$,由①,作出 $2^{\alpha_0}j,2^{\alpha_1}j,\cdots,2^{\alpha_l}j$,$l$ 当然与 $j$ 有关,于是得到的一批数两两不相同,它们的总和为 $n$. 把这些数从小到大排列,记为 $b_1,b_2,\cdots,b_s$,$b_1<b_2<\cdots<b_s(b_1,b_2,\cdots,b_s)\in D_n$. 令

$$\varphi((a_1,a_2,\cdots,a_k))=(b_1,b_2,\cdots,b_k) \qquad ②$$

$\varphi$ 是 $O_n$ 到 $D_n$ 内的映射.

当 $(a_1,a_2,\cdots,a_k)$ 与 $(a_1^*,a_2^*,\cdots,a_m^*)$ 是 $O_n$ 中不同的元时,用上面办法,分别有 $t_1,t_3,t_5,\cdots$ 及 $t_1^*,t_3^*,t_5^*,\cdots$,明显地,总有一对 $t_j$ 与 $t_j^*$ 不相等. 写成二进制时,$t_j$ 与 $t_j^*$ 总有一位不同,具体地说,存在 $2^{\alpha}$,它只在 $t_j$ 与 $t_j^*$ 中的一个二进制表达式中出现. 于是,对应地有 $2^{\alpha}j$,它只在 $\varphi((a_1,a_2,\cdots,a_k))$ 与 $\varphi((a_1^*,a_2^*,\cdots,a_m^*))$ 中的一个中出现,可见 $\varphi$ 是一个一一的映射,即 $\varphi$ 是一个单射. 反之,对于 $D_n$ 中任一元 $(b_1,b_2,\cdots,b_s)$,把 $b_i$ 写成 $2^{\alpha_i}j_i$,这里 $j_i$ 是奇数,$\alpha_i$ 是非负整数,$1\leqslant i\leqslant s$. 把 $b_1,b_2,\cdots,b_s$ 中具相同 $j_i$ 的正整数相加,可得 $t_{j_i}j_i$(参考①),这样得到的正整数 $t_{j_i}$ 是 $\varphi^{-1}((b_1,b_2,\cdots,b_s))$ 中奇数 $j_i$ 的个数,于是 $\varphi^{-1}((b_1,b_2,\cdots,b_s))$ 唯一确定. 所以,$|D_n|=|O_n|$.

2.2.88　$N$ 个正整数组成的一个序列恰包含 $n$ 个不同的数 $(n\geqslant2)$,如果 $N\geqslant2^n$,求证:一定有一些连续项的乘积恰为完全平方数. 如果 $N<2^n$,这个结果不一定成立.

**证明**　$n$ 个不同的正整数记为 $\{a_1,a_2,\cdots,a_n\}$,记 $S=\{b_1,b_2,\cdots,b_N\}$ 是 $N$ 个正整数组成的一个序列. 取 $N$ 个子序列

$$S_1=\{b_1\},S_2=\{b_1,b_2\}$$
$$S_3=\{b_1,b_2,b_3\},\cdots,S_N=\{b_1,b_2,\cdots,b_N\}$$

对于每个子序列 $S_j(1\leqslant j\leqslant N)$,相应的作一个序列 $\{k_1,k_2,\cdots,k_r\}$. 在 $S_j$ 中 $a_l(1\leqslant l\leqslant n)$ 出现偶数次,令 $k_l=0$;$a_l(1\leqslant l\leqslant n)$ 出现奇数次,令 $k_l=1$(注意零是偶数). 这样作出的新序列一共有 $N$ 个. 由于两个数 0,1(允许重复),放入 $n$ 个座位,每个座位放一个

数的全部放法恰为 $2^n$ 个. 如果 $\{0,0,\cdots,0\}$ 不属于任一个新序列,则利用 $N \geqslant 2^n$,可以知道必有两个新序列 $\{k_1,k_2,\cdots,k_n\}$,$\{k_1^*,k_2^*,\cdots,k_n^*\}$,使得 $k_l = k_l^*(1 \leqslant l \leqslant n)$,这理由很简单,因为 $\{0,0,\cdots,0\}$ 不属于这 $N$ 个新序列,则这 $N$ 个新序列中可能出现的两两不同的个数至多 $2^n-1$ 个,但现在 $N \geqslant 2^n$. 于是,对应地有两个子序列

$$S_j = \{b_1,b_2,\cdots,b_j\}$$
$$S_{j+t} = \{b_1,b_2,\cdots,b_j,b_{j+1},\cdots,b_{j+t}\}$$

在这两个子序列中,$a_1,a_2,\cdots,a_n$ 出现次数的奇偶数完全相同. 于是 $\{b_{j+1},b_{j+2},\cdots,b_{j+t}\}$ 中出现的 $a_1,a_2,\cdots,a_n$ 皆为偶数次. 那么 $t$ 个连续项的乘积 $b_{j+1}b_{j+2}\cdots b_{j+t}$ 为一个完全平方数. 如果 $\{0,0,\cdots,0\}$ 属于这新序列,那么相应的有一个子序列 $\{b_1,b_2,\cdots,b_m\}$,注意这 $\{b_1,b_2,\cdots,b_m\}$ 恰对应 $\{0,0,\cdots,0\}$,$b_1,b_2,\cdots,b_m$ 中 $a_1,a_2,\cdots,a_m$ 出现次数全为偶数,那么 $b_1b_2\cdots b_m$ 恰为完全平方数.

如果 $N < 2^n$,用 $p_j(1 \leqslant j \leqslant n+1)$ 表示第 $j$ 个质数($p_1=2$,$p_2=3$,$p_3=5$,$p_4=7$ 等). 令

$$S_1 = p_1, S_2 = \{S_1,p_2,S_1\}, S_3 = \{S_2,p_3,S_2\},\cdots$$
$$S_n = \{S_{n-1},p_n,S_{n-1}\}, S_{n+1} = \{S_n,p_{n+1},S_n\} \qquad ①$$

$S_1$ 含 1 个正整数,$S_2$ 含 $2^2-1$ 个正整数,$S_3$ 含 $2^3-1$ 个正整数,设 $S_n$ 含 $2^n-1$ 个正整数,则从 ① 可以知道 $S_{n+1}$ 含 $(2^n-1)+1+(2^n-1)=2^{n+1}-1$ 个正整数. 因此,对于任意正整数 $n$,$S_n$ 恰含 $2^n-1$ 个正整数. 从 $S_n$ 的构造很容易看出,$S_n$ 中任意连续正整数都不是完全平方数. 当 $N < 2^n$ 时,$N \leqslant 2^n-1$,从 ① 的 $S_n$ 中删除最后 $2^n-1-N$ 个正整数,就得到一个恰含 $N$ 个($N < 2^n$)正整数的序列,这序列中任意连续正整数都不是完全平方数.

2.2.89 一个正整数无穷等差数列,含一项是整数的平方,另一项是整数的立方,证明:此数列含一项是整数的六次幂.

(第 38 届国际数学奥林匹克预选题,1997 年)

**证明** 设正整数无穷等差数列 $\{a+sh\}$,$s=0,1,2,\cdots$ 含 $x^2$ 项和 $y^3$ 项,其中 $x,y$ 是整数.

对公差 $h$ 施行数学归纳法.

$h=1$ 时,数列 $a,a+1,a+2,\cdots$ 一定含整数的六次幂项.

假设对所有小于 $h(h>1)$ 的公差,满足题设条件的等差数列一定含一项是整数的六次幂.

现在考察公差为 $h$ 时的情形. 令 $d=(a,h)$,$h=de$.

对 $(d,e)$ 分两种情况讨论.

心得 体会 拓广 疑问

(1) 当 $(d,e)=1$ 时. 由 $a+sh=x^2$, $a+sh=y^3$ 及 $h=de$, $(d,e)=1$ 可知

$$x^2 \equiv a \equiv y^3 \pmod h$$
$$x^2 \equiv a \equiv y^3 \pmod e$$

由 $(d,e)=1$, 则 $(a,e)=1$. 故 $e$ 与 $x,y$ 都互素. 所以有整数 $t$, 使

$$ty \equiv x \pmod e$$

则

$$(ty)^6 \equiv x^6 \pmod e$$

即

$$t^6a^2 \equiv a^3 \pmod e, t^6 \equiv a \pmod e$$

由 $(d,e)=1$, 则存在某个整数 $k$, 有

$$(t+ke) \equiv 0 \pmod d\ (t+ke)^6 \equiv 0 \equiv a \pmod d$$

由

$$t^6 \equiv a \pmod e$$

则

$$(t+ke)^6 \equiv a \pmod e$$

又 $(d,e)=1$, $h=de$, 由以上两个同余式, 有

$$(t+ke)^6 \equiv a \pmod h$$

显然, $k$ 可取任意大整数. 故上式说明已知数列中含一个整数的六次幂.

(2) 当 $(d,e)>1$ 时, 令素数 $p$, $p \mid d$, $p \mid e$, $p^\alpha \parallel a$, $p^\beta \parallel h$.

因为 $h=de$, $(e,a)=1$, 有 $\beta>\alpha \geqslant 1$. 因而对已知数列中的每一项, 能整除它的最高次幂是 $p^\alpha$.

因为 $x^2$, $y^3$ 是数列的两项, 则 $2 \mid \alpha$, $3 \mid \alpha$, 故 $\alpha=6r$, 因此 $\alpha \geqslant 6$, 则整数数列

$$p^{-6}(a+sh), s=0,1,2,\cdots$$

的公差 $\frac{h}{p^6}<h$, 且含有 $\left(\frac{x}{p^3}\right)^2$, $\left(\frac{y}{p^3}\right)^3$, 由归纳假设, 它含有 $z^6(z \in \mathbf{N})$, 所以 $(pz)^6$ 是原数列的一项.

2.2.90　设 $a_1,a_2,\cdots,a_m$ 都是非零数, 且对于任意整数 $k$, $k=0,1,\cdots,n$, $n<m-1$, 均有 $a_1+a_2\cdot 2^k+a_3\cdot 3^k+\cdots+a_m\cdot m^k=0$. 证明: 数列 $a_1,a_2,\cdots,a_m$ 中至少有 $n+1$ 对相邻的数符号相反.

(俄罗斯, 1996 年)

**证明**　不妨设 $a_m>0$ (否则可将数列 $a_1,a_2,\cdots,a_m$ 中各项都乘以 $-1$), 取数列 $b_1,b_2,\cdots,b_n$, 使 $b_i=\sum\limits_{j=0}^{n}c_ji^j$, 其中 $c_0,c_1,\cdots,c_n$ 为

任意实数. 由已知条件,得

$$\sum_{i=1}^{m} a_ib_i = \sum_{i=1}^{m} a_i \sum_{j=0}^{n} c_j i^j = \sum_{j=0}^{n} c_j \sum_{i=1}^{m} a_i i^j = \sum_{j=0}^{n} c_j 0 = 0$$

于是

$$\sum_{i=1}^{m} a_ib_i = 0 \quad ①$$

假设数列 $a_1,a_2,\cdots,a_m$ 中有 $k$ 对相邻的数符号相反,用 $i_1$, $i_2,\cdots,i_k$ 表示这些数对中前一个元素的下标($1 \leqslant i_1 \leqslant i_2 \leqslant \cdots \leqslant i_k < m$).

如果 $k < n + 1$,则取

$$b_i = f(i) = (i - x_1)(i - x_2)\cdots(i - x_k)$$

其中

$$x_i = i_l + \frac{1}{2}(l = 1,2,\cdots,k)$$

函数$f$在且仅在点 $x_1,x_2,\cdots,x_l$ 处变号,因此,$b_i$ 和 $b_{i+1}$ 当且仅当它们之间有 $x_i = i_l + \frac{1}{2}$,即 $i = i_l(l = 1,2,\cdots,m)$ 时异号,因此数列 $a_1$, $a_2,\cdots,a_m$ 中变号的数对和数列 $b_1,b_2,\cdots,b_m$ 中变号的数对的下标相同.

由于 $a_m > 0$ 和 $b_m > 0$,所以 $a_i$ 和 $b_i(i = 1,2,\cdots,m)$ 同号,即 $a_ib_i > 0$,因此 $\sum_{i=1}^{m} a_ib_i > 0$,与 ① 矛盾. 这就证明,数列 $a_1,a_2,\cdots$, $a_m$ 中至少有 $n + 1$ 对相邻的数的符号相反.

2.2.91 设 $C_0,C_1,\cdots$ 是坐标平面上的一族圆周,其定义如下:

(1)$C_0$ 是单位圆 $x^2 + y^2 = 1$;

(2)对每个 $n = 0,1,2,\cdots,C_{n+1}$ 位于上半平面 $y \geqslant 0$ 内及 $C_n$ 的上方与 $C_n$ 外切,且与双曲线 $x^2 - y^2 = 1$ 相切于两点. 若 $r_n$ 是 $C_n$ 半径,则 $r_n$ 是整数,并求之.

(韩国,1994 年)

**解** 由于 $C_0$ 及双曲线 $x^2 - y^2 = 1$ 都以 $Oy$ 为对称轴. 可知 $C_n$ 的圆心都在 $Oy$ 轴上. 设圆 $C_n$ 的圆心坐标为$(0,a_n)$,则 $C_n$ 的方程为

$$x^2 + (y - a_n)^2 = r_n^2(n = 1,2,\cdots) \quad ①$$

因为 $C_n$ 与 $C_{n-1}$ 外切,所以

$$a_n - a_{n-1} = r_n + r_{n-1} \quad ②$$

又圆 $C_n$ 与双曲线 $x^2 - y^2 = 1$ 相切于两点,所以方程组

$$\begin{cases}x^2-y^2=1\\x^2+(y-a_n)^2=r_n^2\end{cases} \quad ③$$

恰有两组解.

从③中消去$x$,得

$$y^2+1+(y-a_n)^2=r_n^2 \quad ④$$

依题意,④应有相等的实根,故判别式

$$\Delta=4a_n^2-8(a_n^2+1-r_n^2)=0$$

于是

$$a_n^2=2(r_n^2-1) \quad ⑤$$

上式应对所有的$n=0,1,2,\cdots$成立. 注意$r_0=1,a_0=0$.

$$a_n^2-a_{n-1}^2=(a_n+a_{n-1})(a_n-a_{n-1})=(a_n+a_{n-1})(r_n+r_{n-1})$$

又因为

$$a_n^2-a_{n-1}^2=2(r_n^2-r_{n-1}^2)=2(r_n+r_{n-1})(r_n-r_{n-1})$$

所以

$$a_n+a_{n-1}=2(r_n-r_{n-1}) \quad ⑥$$

由②,得

$$2a_n=3r_n-r_{n-1}(n=1,2,\cdots) \quad ⑦$$

$$2a_{n-1}=r_n-3r_{n-1}(n=1,2,\cdots) \quad ⑧$$

以$n-1$取代⑦中的$n$,得

$$2a_{n-1}=3r_{n-1}-r_{n-2}$$

再与⑧联立消去$a_{n-1}$,得

$$r_n=6r_{n-1}-r_{n-2}(n=2,3,\cdots) \quad ⑨$$

由②,知　$a_1=r_1+r_0=r_1+1$

由⑤,知　$a_1^2=(r_1+1)^2=2r_1^2-2$

解方程,得$r_1=3,r_1=-1$(舍去). 这就证明了$r_0,r_1$都是正整数,根据递推公式⑨可知,对所有自然数$n,r_n$都是正整数.

为了从递推式⑨求出$r_n$与$n$的直接关系,可设想将式⑨整理成

$$(r_n-\lambda r_{n-1})=q(r_{n-1}-\lambda r_{n-2}) \quad ⑩$$

的形式,其中$\lambda,q$是待定系数. 展开⑩并与⑨比较,得

$$\lambda+q=6,\lambda q=1$$

因此$\lambda,q$是方程式$x^2-6x+1=0$的根,即

$$\{\lambda,q\}=\{3+2\sqrt{2},3-2\sqrt{2}\}$$

由⑩,得

$$r_n-\lambda r_{n-1}=q^{n-1}(r_1-r_0)=2q^{n-1} \quad ⑪$$

令$\lambda=3+2\sqrt{2},q=3-2\sqrt{2}$,得

$$r_n-(3+2\sqrt{2})r_{n-1}=2(3-2\sqrt{2})^{n-1} \quad ⑫$$

令$\lambda=3-2\sqrt{2},q=3+2\sqrt{2}$,得

心得 体会 拓广 疑问

$$r_n-(3-2\sqrt{2})r_{n-1}=2(3+2\sqrt{2})^{n-1} \quad ⑬$$

联立⑫⑬解得

$$r_n=\frac{1}{2}[(3+2\sqrt{2})^n+(3-2\sqrt{2})^n](n=0,1,2,\cdots)$$

2.2.92 数列$\{a_n\}$定义如下:$a_1=8,a_2=20,a_{n+2}=a_{n+1}^2+12a_{n+1}a_n+a_{n+1}+11a_n,n=1,2,\cdots$. 证明:该数列中没有一项能表示成三个整数的七次幂的和.

**解** 将数列$\{a_n\}$模29,通过计算可得

$$a_1\equiv a_5\equiv a_9\equiv\cdots\equiv 8(\bmod 29)$$

$$a_2\equiv a_6\equiv a_{10}\equiv\cdots\equiv -9(\bmod 29)$$

$$a_3\equiv a_7\equiv a_{11}\equiv\cdots\equiv -8(\bmod 29)$$

$$a_4\equiv a_8\equiv a_{12}\equiv\cdots\equiv 9(\bmod 29)$$

又经检验可知,对于每个整数$a$,有

$$a^7\equiv 0,\ \pm 1,\ \pm 12(\bmod 29) \quad ①$$

从而三个整数的七次幂的和模29只可能为

$$0,0\pm 1,0\pm 2,0\pm 3;\ \pm 12,\ \pm 12\pm 1$$

$$\pm 12\pm 2;\ \pm 24,\ \pm 24\pm 1;\ \pm 36$$

即为

$$0,\ \pm 1,\ \pm 2,\cdots,\ \pm 7,\ \pm 10,\ \pm 11,\cdots\ \pm 14$$

恰巧不会得到$\pm 8$, $\pm 9$.

于是数列$\{a_n\}$中的任意一项都不能表示成三个整数的七次幂的和.

证明本题的基本思想是选取一个恰当的正整数$m$,使得数列$\{a_n\}$中的任意一项与任意三个整数的七次幂的和模$m$不等. 为此希望整数的七次幂出现在模$m$的尽可能少的剩余类中.

设$a$为整数,注意到$7\cdot 4+1=29$为质数,从而若$29\mid a$,则$29\mid a^7$;若$29\nmid a$,则由费马小定理有

$$(a^7)^4\equiv a^{28}\equiv 1(\bmod 29)$$

即$a^7$被29除的余数是同余方程$x^4\equiv 1(\bmod 29)$的解,由拉格朗日定理它至多有4个解. 这就说明$a^7$被29除的余数至多只有5种可能. 因此在本题中选取29作模.

心得 体会 拓广 疑问

2.2.93　一个整数数列定义如下

$$a_0=0,a_1=1,a_n=2a_{n-1}+a_{n-2}(n>1)$$

证明:当且仅当 $2^k\mid n$ 时,$2^k\mid a_n$.

(第 29 届国际数学奥林匹克预选题,1988 年)

**证法 1**　由初始条件

$$a_0=0,a_1=1$$

及递推关系

$$a_n=2a_{n-1}+a_{n-2}(n>1)$$

不难推出通项公式

$$a_n=\frac{(1+\sqrt{2})^n-(1-\sqrt{2})^n}{2\sqrt{2}}$$

下面用数学归纳法证明本题.

(1)$k=1$ 时,设 $2\mid n$,即 $n=2t,t\in\mathbf{N}$,则

$$a_{2t}=\frac{(1+\sqrt{2})^{2t}-(1-\sqrt{2})^{2t}}{2\sqrt{2}}=$$

$$\frac{(3+2\sqrt{2})^t-(3-2\sqrt{2})^t}{2\sqrt{2}}=$$

$$\frac{1}{\sqrt{2}}[C_t^1 3^{t-1}\cdot 2\sqrt{2}+C_t^3 3^{t-3}(2\sqrt{2})^3+\cdots]=$$

$$C_t^1 3^{t-1}\cdot 2+C_t^3 3^{t-3}\cdot 2^4+C_t^5 3^{t-5}\cdot 2^7+\cdots$$

显然

$$2\mid a_{2t}$$

又 $a_2=2a_1+a_0=2$,则 $4\nmid a_2$,则 $2^2\nmid a_2$.

于是,当且仅当 $2\mid n$ 时,$2\mid a_n$.

(2)假设 $n=2^k m$($k>1$,$m$ 是奇数)时,结论成立,即 $2^k\mid a_n$,且 $2^{k+1}\nmid a_n$.

证明当 $n=2^{k+1}m$ 时,$2^{k+1}\mid a_n$,且 $2^{k+2}\nmid a_n$.

$$a_n=\frac{(1+\sqrt{2})^{2^{k+1}m}-(1-\sqrt{2})^{2^{k+1}m}}{2\sqrt{2}}=$$

$$\frac{[(1+\sqrt{2})^{2^k m}]^2-[(1-\sqrt{2})^{2^k m}]^2}{2\sqrt{2}}=$$

$$\frac{[(1+\sqrt{2})^{2^k m}-(1-\sqrt{2})^{2^k m}]}{2\sqrt{2}}\cdot$$

$$[(1+\sqrt{2})^{2^k m}+(1-\sqrt{2})^{2^k m}]$$

由归纳假设

心得 体会 拓广 疑问

$$2^k \mid \frac{(1+\sqrt{2})^{2^k m}-(1-\sqrt{2})^{2^k m}}{2\sqrt{2}}$$

$$2^{k+1} \nmid \frac{(1+\sqrt{2})^{2^k m}-(1-\sqrt{2})^{2^k m}}{2\sqrt{2}}$$

下面考察

$$(1+\sqrt{2})^{2^k m}+(1-\sqrt{2})^{2^k m}$$

为方便计算,令 $t=2^k m$,则

$$M=(1+\sqrt{2})^t+(1-\sqrt{2})^t=2(1+\mathrm{C}_t^2 2+\mathrm{C}_t^4 2^2+\cdots)$$

于是
$$2 \mid M$$
又 $1+\mathrm{C}_t^2 2+\mathrm{C}_t^4 2^2+\cdots$ 是奇数,所以
$$2^2 \nmid M$$
因此 $2^{k+1} \mid a_n$,且 $2^{k+2} \nmid a_n$.

于是对 $n=2^{k+1}m$,结论成立. 因此对所有的自然数 $k$,结论成立. 即

$$2^k \mid n \Leftrightarrow 2^k \mid a_n$$

**证法 2** 由于

$$(1+\sqrt{2})^n=A_n+\sqrt{2}B_n, A_n, B_n \in \mathbf{N} \quad ①$$

则

$$(1-\sqrt{2})^n=A_n-\sqrt{2}B_n \quad ②$$

由证法 1
$$a_n=\frac{(1+\sqrt{2})^n-(1-\sqrt{2})^n}{2\sqrt{2}}$$

则
$$a_n=B_n$$

① × ② 得
$$A_n^2-2B_n^2=(-1)^n$$

于是,$A_n$ 恒为奇数.

当 $n$ 为奇数时

$$2B_n^2=A_n^2+1 \equiv 2 \pmod 4$$

所以 $B_n$ 是奇数.

设 $n=2^k(2l+1)$. 现证法 $2^k \mid B_n$,且 $2^{k+1} \nmid B_n$.

当 $k=0$ 时,$n$ 为奇数,上面已证明 $B_n$ 是奇数,此时结论成立.

假设结论对 $k$ 成立,则由于

$$(1+\sqrt{2})^{2n}=(A_n+\sqrt{2}B_n)^2=A_{2n}+\sqrt{2}B_{2n}$$

所以
$$B_{2n}=2A_nB_n$$

由于 $A_n$ 是奇数,$2^k \mid B_n$ 且 $2^{k+1} \nmid B_n$,则 $2^{k+1} \mid B_{2n}$,且 $2^{k+2} \nmid B_{2n}$,于是结论对 $k+1$ 成立.

从而对一切 $k \in \mathbf{N}$,$2^k \mid a_n$ 且 $2^{k+1} \nmid a_n$.

心得 体会 拓广 疑问

2.2.94　正整数序列$\{a_n\}$按如下方式构成：$a_0$为某个正整数，如果$a_n$可以被5整除，则$a_{n+1}=\frac{a_n}{5}$；如果$a_n$不能被5整除，则$a_{n+1}=[\sqrt{5}a_n]$（其中$[x]$表示不超过$x$的最大整数）. 证明：数列$a_n$自某一项开始递增.

（俄罗斯，2003年）

**证明**　题目的结论等价于"自某个$n$开始，$a_n$都不是5的倍数"，现来证明这一点.

首先证明数列中存在两个相邻项都不是5的倍数. 否则，对任何$n$都有：或者$a_{n+1}=\frac{a_n}{5}$，或者$a_{n+2}=\frac{a_{n+1}}{5}$. 注意到对任何$k$，都有$a_{k+1}\leqslant\sqrt{5}a_k$，所以恒有$a_{n+2}\leqslant\frac{\sqrt{5}}{5}a_n=\frac{1}{\sqrt{5}}a_n<a_n$. 这样一来，数列$a_1,a_3,a_5,\cdots$严格单调下降，此为不可能. 于是，可以找到某两个相邻项$a_k$和$a_{k+1}$都不是5的倍数.

其次证明$a_{k+2}$也不是5的倍数，那么将可以断言$a_{k+3},a_{k+4},\cdots$都不是5的倍数.

由题意可知$a_{k+1}=[\sqrt{5}a_k]$. 记$a_k=m$，于是

$$a_{k+1}=\sqrt{5}m-\alpha$$

其中$0<\alpha<1$，且

$$a_{k+2}=[\sqrt{5}(\sqrt{5}m-\alpha)]=5m+[-\sqrt{5}\alpha]$$

注意到$0<\sqrt{5}\alpha<3$，故可知

$$5m-3\leqslant a_{k+2}<5m$$

所以$a_{k+2}$也不是5的倍数.

2.2.95　证明：存在无穷多对正整数$a$和$b(a>b)$满足下列性质：

(1)$(a,b)=1$；

(2)$a\mid(b^2-5)$；

(3)$b\mid(a^2-5)$.

**证明**　设$a_1=4,a_2=11,a_{n+2}=3a_{n+1}-a_n(n=1,2,\cdots)$. 下面用数学归纳法证明$(a_n,a_{n+1})$满足条件.

(1) 当$n=1$时

$$(4,11)=1,4\mid(11^2-5),11\mid(4^2-5)$$

所以，当$n=1$时结论成立.

(2) 当$n=2$时

心得 体会 拓广 疑问

$$a_3=29,(11,29)=1,11\mid(29^2-5),29\mid(11^2-5)$$

所以,当 $n=2$ 时结论成立,且 $11^2=4\times 29+5$.

(3) 当 $n>2$ 时,假设 $n=k$ 时结论成立,即

$$(a_k,a_{k+1})=1,a_k^2=a_{k-1}a_{k+1}+5$$

当 $n=k+1$ 时,因为

$$(a_k,a_{k+1})=1$$

所以
$$(a_{k+1},3a_{k+1}-a_k)=1$$

即
$$(a_{k+1},a_{k+2})=1$$

$$(a_{k+1}^2-a_ka_{k+2})-(a_k^2-a_{k-1}a_{k+1})=$$
$$a_{k+1}^2-a_k(3a_{k+1}-a_k)-$$
$$a_k^2+a_{k+1}(3a_k-a_{k+1})=0$$

故
$$a_{k+1}^2-a_ka_{k+2}=a_k^2-a_{k+1}a_{k-1}=5$$

即
$$a_ka_{k+2}=a_{k+1}^2-5$$

所以
$$a_{k+2}\mid(a_{k+1}^2-5)$$

同理
$$a_{k+1}a_{k+3}=a_{k+2}^2-5,a_{k+1}\mid(a_{k+2}^2-5)$$

综上所述,结论成立.

2.2.96 设 $a_1<a_2<\cdots$ 是一个具有正的上限密度的无穷序列(即 $\lim\frac{a_k}{k}<\infty$),则存在一个无穷子序列,其中任一个元素不能整除另一个元素. 事实上存在一个无穷子序列 $a_{i_1}$,$a_{i_2},\cdots$,使得 $\sum\frac{1}{a_{i_k}}=\infty$,并且 $a_{i_k}$ 都不能整除其余的任一个元素.

**证明** 首先证明存在一个无穷序列 $a_{i_1}<a_{i_2}<\cdots$,使得没有一个可整除另一个,令

$$\lim\frac{a_k}{k}=\frac{1}{\alpha},0<\alpha\leqslant 1$$

则显然 $\alpha$ 是 $a_i$ 的上密度. 设 $a_i>4/\alpha$ 的最小者为 $a_{i_1}$,$a_i>2a_{i_1}$ 的最小者为 $a_{i_1}$,它不是 $a_{i_1}$ 的倍数;$a_i>2a_{i_2}$ 的最小者为 $a_{i_3}$,它不是 $a_{i_1}$ 或 $a_{i_2}$ 的倍数,…… 假设这样进行 $k$ 步后可以停止,则每一个充分大的 $a_i$ 是 $a_{i_1},a_{i_2},a_{i_3},\cdots,a_{i_k}$ 之一的倍数. 由定义,$a_{i_j}>\frac{2^j\cdot 4}{\alpha}$,如果,$a_{i_1},a_{i_2},\cdots,a_{i_k}$ 中各数的倍数所得的那些整数,其密度不大于

$$\frac{1}{a_{i_1}}+\frac{1}{a_{i_2}}+\cdots+\frac{1}{a_{i_k}}<\frac{a}{4}\sum_{j=1}^{\infty}\frac{1}{2^j}=\frac{a}{2}$$

或 $a_i$ 的上限密度小于$\frac{\alpha}{2}$. 矛盾.

为了证明一个强些的结果，以 $d_x$ 来表示含有一个介于 $x$ 和 $2x$ 之间的整数的密度. 已经证过①当 $x \to \infty$，$\lim d_x = 0$. 现定义一个序列 $n_1 < n_2 < \cdots$ 如下

$$d_{n_r} < \frac{a}{10^r} \quad ①$$

$$\text{在}(n_r, 2n_r)\text{中}, a_i\text{的个数} > \frac{1}{2}an_r \quad ②$$

（因为 $a_i$ 的上密度为 $\alpha$，这一条件能被满足）. 定义 $a_i$ 的子序列如下：考虑在 $(n_r, 2n_r)$ 中的 $a_i$，它们不是 $(n_j, 2n_j)$ 中任一整数的倍数，$j = 1, 2, \cdots, r-1$. 于是，得到序列 $a_{i_1}, a_{i_2}, \cdots$. 显然，它们中没有一个可整除其余的任一个. 又 $(n_r, 2n_r)$ 中 $a_{i_k}$ 的个数不小于

$$\frac{\alpha}{2}n_r - \sum \frac{\alpha n_r}{10^j} > \frac{\alpha}{4}n_r$$

（$(n_r, 2n_r)$ 中的 $a_{i_k}$ 的个数大于 $(n_r, 2n_r)$ 中 $a_i$ 的个数减去在 $(n_r, 2n_r)$ 内而有一个因子在 $(n_j, 2n_j)$ $(j = 1, 2, \cdots, r-1)$ 中的整数的个数），因此 $a_i$ 的上密度 $> 0$，且 $\sum \frac{1}{a_{i_k}} = \infty$.

不难看出，这些结果是最好的结果. 换句话说，如果 $f(x) \to \infty$ 任意的慢，存在一个序列 $a_1 < a_2 < \cdots$，使得对于一切 $x$，所有 $a_i \leqslant x$ 的个数超过 $x/f(x)$，但是不存在无穷子序列 $a_{i_1} < a_{i_2} < \cdots$，而它没有一个元素是可除尽另一个的.

2.2.97　设 $a_1 < a_2 < \cdots$ 是一个无穷整数序列，试证下列两种无穷子序列必有一种存在. 一种是子序列中任一个整数不能整除另一整数，另一种是子序列中的每一个整数是其前面一个的倍数.

**证法1**　在已知整数序列中，考虑所有不能整除任一其他项的整数. 若这种整数有无穷多个，那么它们就是题目要求的，其任一项都不能整除任一其他整数的子序列. 如果它们有有限个，则把它们以及它们的因子从序列中除去，于是余下的整数就构成一个无穷序列，在这无穷序列中每一个整数至少能除尽该序列中的某一整数. 从这序列中可选出一个无穷子序列，其每一个整数可整除其后面的数. 若 $b_k$ 被选为子列中的整数，便可选在序列中出现的任一个 $b_k$ 的倍数作为 $b_{k+1}$.

**证法2**　下一定理已经证明过：设已知一任意元素构成的无

① Erdös 的关于没有一项可除尽其他项的整数序列的注（伦敦，数学协会杂志 1935）.

心得 体会 拓广 疑问

穷序列,假如在每一个无穷子序列中至少存在一个有 $n$ 个不同的元素的具有某种性质 $p$ 的系统. 则存在一个无穷子序列,其中的每一个有 $n$ 个不同元素的系统有性质 $p$(见阿姆斯特丹皇家科学院院刊,1937,P359).

为解本问题,假设在所给整数序列

$$a_1 < a_2 < \cdots$$

的每一个无穷子序列中一些整数可整除另一些整数. 应用 $n=2$ 时的 Visser 定理并规定两个整数具有性质 $p$ 是指其中一个可整除另一个,可断定必定存在一个子序列使 $b_i$ 可整除 $b_{i+1}$.

**证法 3** 由格论的一个简单结果立即可导出题目中的结论. 格论中的这个结果是:正整数构成一个具可除性的格. 如果 $L$ 的一个子集 $S$ 没有不同的有序元素对,则称 $S$ 是自由的. 现可把问题复述为:必须证明 $L$ 的任一子集 $A$ 或者包含一个无穷链,或者包含一个无穷自由子集. 这对任一偏序无穷集 $A$ 是正确的只要 $A$ 中任一元素之下的所有元素的集合是有限的. 证之如下:假定 $A$ 没有无穷自由子集,可选取 $A$ 的任一最大自由子集 $A_0$,这必为一个有限集,$A$ 的每一个其他元素必在 $A_0$ 的某个元素之下或之上. 因此,$A_0$ 必有一个元素 $a_0$,在 $a_0$ 之上有 $A$ 的无穷多个元素. 从这些元素中选取一个最大自由子集 $A_1$,这又是有限的,且包含一个元素 $a_1$,在 $a_1$ 之上有 $A$ 的无穷多个元素,这个过程不断重复,便可生成一个无穷链 $a_1 < a_2 < \cdots$.

2.2.98 设 $k$ 是一个大于 1 的固定的整数,$m=4k^2-5$. 证明:存在正整数 $a,b$,使得如下定义的数列 $\{x_n\}$

$$x_0=a, x_1=b$$

$$x_{n+2}=x_{n+1}+x_n, n=0,1,\cdots$$

其所有的项均与 $m$ 互质.

(IMO 预选题,2004 年)

**证明** 取 $a=1, b=2k^2+k-2$. 因为

$$4k^2 \equiv 5(\bmod m)$$

所以

$$2b=4k^2+2k-4 \equiv 2k+1(\bmod m)$$

$$4b^2 \equiv 4k^2+4k+1 \equiv 4k+6 \equiv 4b+4(\bmod n)$$

又因为 $m$ 是奇数,所以

$$b^2 \equiv b+1(\bmod m)$$

由于

$$(b,m)=(2k^2+k-2,4k^2-5)=$$

心得 体会 拓广 疑问

$$(2k^2+k-2,2k+1)=(2,2k+1)=1$$

所以$(b^n,m)=1$,其中 $n$ 为任意正整数.

下面用数学归纳法证明.

当 $n\geqslant 0$ 时,有 $x_n\equiv b^n \pmod m$.

当 $n=0,1$ 时,结论显然成立.

假设对小于 $n$ 的非负整数结论也成立,其中 $n\geqslant 2$,则有

$$x_n=x_{n-1}+x_{n-2}\equiv b^{n-1}+b^{n-2}\equiv$$
$$b^{n-2}(b+1)\equiv b^{n-2}\cdot b^2\equiv b^n \pmod m$$

因此,对于所有的非负整数 $n$,有

$$(x_n,m)=(b^n,m)=1$$

2.2.99　设 $a>1$ 为确定的正整数,数列 $a_1,a_2,\cdots,a_n$ 如下确定:$a_1=1,a_2=a,a_{n+2}=a\cdot a_{n+1}-a_n(n\geqslant 1)$. 证明:存在一个由$\{a_i\}$ 中的项组成的无限集合,这个集合中任两项互素.

(保加利亚,2004 年)

**证明**　先证明对任意的 $m,n$ 有

$$a_{n+m}=a_m a_{n+1}-a_{m-1}a_n(m\geqslant 2) \quad ①$$

对 $m$ 进行归纳,当 $m=2$ 时

$$①\Leftrightarrow a_{n+2}=a\cdot a_{n+1}-a_n$$

此即已知条件,设对 $\leqslant m$ 的正整数式 ① 成立,对 $m+1$ 时

$$a_{n+m+1}=a\cdot a_{n+m}-a_{n+m-1}=$$
$$a(a_m a_{n+1}-a_{m-1}a_n)-(a_{m-1}a_{n+1}-a_{m-2}a_n)=$$
$$a_{n+1}(a\cdot a_m-a_{m-1})-a_n(a\cdot a_{m-1}-a_{m-2})=$$
$$a_{n+1}\cdot a_{m+1}-a_n\cdot a_m$$

故对 $m+1$ 时式 ① 成立,故对任意的 $m\geqslant 2$ 式 ① 成立.

由 $a_{n+2}=a\cdot a_{n+1}-a_n$,又$(a_1,a_2)=1$,易由归纳法证明对任意的 $n$ 有

$$(a_n,a_{n-1})=1$$

于是对任意的 $m,n(m>n)$ 有

$$(a_m,a_n)=(a_n a_{m-n+1}-a_{n-1}a_{m-n},a_n)=$$
$$(a_{n-1}a_{m-n},a_n)=(a_{m-n},a_n)$$

故对任意的 $m,n$ 有

$$(a_m,a_n)=a_{(m,n)}$$

取$1<n_1<n_2<n_3<\cdots$为无穷数列,且$n_1,n_2,\cdots$中两两互质(这样的数列显然存在,如取 $n_1,n_2,\cdots$ 为按从小到大排列的质数即可).

心得 体会 拓广 疑问

于是集合 $A=\{a_{n_1},a_{n_2},a_{n_3},\cdots\}$ 为无穷集合,且其中任两项 $(a_{n_i},a_{n_j})=a_{(n_i,n_j)}=1$,故结论得证.

**点评** 线性递归数列中有很多数论性质,本题中的 $(a_m,a_n)=a_{(m,n)}$ 就是一个很有用的性质.

> 2.2.100 设 $x_1$ 和 $x_2$ 是互质的正整数,对 $n\geqslant 2$,定义
> $$x_{n+1}=x_nx_{n-1}+1$$
> (1) 对每个正整数 $i>1$,求证:存在正整数 $j>i$,使得 $x_i^i$ 整除 $x_j^j$.
>
> (2) $x_1$ 是否必定整除某个 $x_j^j$,这里正整数 $j>1$?
>
> (拉脱维亚供题)

**解** (1) 正整数 $i>1$,$p$ 是 $x_i$ 的一个质因子,对于任一正整数 $n$,引入一列非负整数 $u_n$,$0\leqslant u_n\leqslant p-1$,使得

$$u_n\equiv x_n(\bmod p) \quad ①$$

显然

$$u_{n+1}\equiv u_nu_{n-1}+1(\bmod p) \quad ②$$

因为 $0\leqslant u_{n-1}\leqslant p-1$,$0\leqslant u_n\leqslant p-1$ 和 $u_{n-1},u_n$ 全是整数,则不同的有序非负整数对 $(u_{n-1},u_n)$ 只有有限个. 而当 $n\geqslant 2$,$n$ 取遍全部大于等于 2 的正整数时,$(u_{n-1},u_n)$ 有无限多对,因此,一定有正整数 $k,l$,$2\leqslant k<l$,使得

$$(u_{k-1},u_k)=(u_{l-1},u_l) \quad ③$$

即 $u_{k-1}=u_{l-1}$,$u_k=u_l$,再利用 ②,又有

$$u_{k+1}\equiv u_{l+1}(\bmod p) \quad ④$$

而 $0\leqslant u_{k+1},u_{l+1}\leqslant p-1$,则 $u_{k+1}=u_{l+1}$. 因此,在除去有限多个 $u_1,u_2,\cdots,u_{k-2}$ 以后,易知 $\{u_n\mid n\geqslant k-1\}$ 是周期变化的.

由于 $p\mid x_i$,及 $u_i\equiv x_i(\bmod p)$,于是

$$u_i=0 \quad ⑤$$

下面证明,存在某个正整数 $k_p$,使得

$$u_{i+k_p}=0 \quad ⑥$$

用反证法,如果对于任意正整数 $j$,$u_{i+j}\neq 0$. 考虑第一,第二个周期序列 $\{u_k,u_{k+1},\cdots,u_{k+s-1}\}$ 与 $\{u_{k+s},u_{k+s+1},\cdots,u_{k+2s-1}\}$,即

$$u_k=u_{k+s},u_{k+1}=u_{k+s+1},\cdots,u_{k+s-1}=u_{k+2s-1}$$

且

$$\{u_k,u_{k+1},\cdots,u_{k+s-1}\}$$

中无一对数相同,上述两个序列中无一数为 0. 由于 ⑤,因此 $k\geqslant i+1>2$. 利用 ②,有

$$u_ku_{k-1}\equiv u_{k+1}-1(\bmod p)=u_{k+s+1}-1\equiv$$

心得 体会 拓广 疑问

$$u_{k+s}u_{k+s-1}(\bmod p) \quad ⑦$$

因为 $u_k = u_{k+s} \neq 0$，则 $1 \leqslant u_k, u_{k+s} \leqslant p-1$，$p$ 是一个质数（即素数），由 ⑦ 有

$$u_{k-1} \equiv u_{k+s-1}(\bmod p) \quad ⑧$$

于是，$u_{k-1} = u_{k+s-1}$ 这与 $\{u_k, u_{k+1}, \cdots, u_{k+s-1}\}$ 是第一个周期序列矛盾，所以 ⑥ 成立.

由于固定的正整数 $i > 1$，$u_{i-1}$ 存在，利用 ⑤ 及

$$u_{i+1} \equiv u_{i-1}u_i + 1(\bmod p) \quad ⑨$$

可得 $u_{i+1} = 1$，同理，有 $u_{i+k_p} + 1 = 1$. 由

$$u_i = u_{i+k_p} = 0, u_{i+1} = u_{i+k_p} + 1 = 1 \quad ⑩$$

再利用 ②，有 $u_{i+2} = u_{i+k_p} + 2$，$u_{i+3} = u_{i+k_p} + 3$ 等. 显然，对于所有正整数 $l$，有

$$u_{i+lk_p} = 0 \quad ⑪$$

因此，利用 ① 和 ⑪，有 $p \mid x_{i+lk_p}$，对应 $x_i$ 的不同的质因子，用 $m$ 表示相应的全部 $k_p$ 的最小公倍数，那么，对于所有正整数 $l$，$x_{i+lm}$ 整除 $x_i$ 的每个质因子. 用 $t$ 表示 $x_i$ 的质因子分解式中每个质因子的最高指数，选择正整数 $l$，使得 $j = i + lm > ti$，那么 $x_i^i$ 整除 $x_j^j$.

（2）结论不一定正确，下面举一个反例.

取 $x_1 = 22$，$x_2 = 9$，$x_1$，$x_2$ 互素，即互质. 22 的质因子有 2 个，2 与 11. 先取 $p = 2$，由公式 ②，可以求得

$$u_1 = 0, u_2 = 1, u_3 = 1, u_4 = 0, u_5 = 1$$
$$u_6 = 1, u_7 = 0, u_8 = 1, u_9 = 1 \quad ⑫$$

因此，知道 $\{u_n \mid n \in \mathbf{N}\}$ 是周期的，一个周期序列是 $\{0,1,1\}$.

再取 $p = 11$，为表示区别，下面用 $u_n^*$ 表示相应的 $u_n$.

$$u_1^* = 0, u_2^* = 9, u_3^* = 1, u_4^* = 10$$
$$u_5^* = 0, u_6^* = 1, u_7^* = 1, u_8^* = 2$$
$$u_9^* = 3, u_{10}^* = 7, u_{11}^* = 0, u_{12}^* = 1, \cdots \quad ⑬$$

因此 $\{u_n^* \mid n \in \mathbf{N}\}$ 是 $\{0,9,1,10,\overline{0,1,1,2,3,7}\}$（后 6 个数是周期出现的）.

对于任意正整数 $n > 1$，$u_n = 0$，当且仅当 $n \equiv 1(\bmod 3)$；$u_n^* \equiv 0$，当且仅当 $n \equiv 5(\bmod 6)$. 而对于任意正整数 $k, l$，不会有 $3k + 1 = 6l + 5$. 因此，不存在 $x_j(j > 1)$，它既能整除 2，又能整除 11，所以，对任意正整数 $j > 1$，$x_1$ 不能整除 $x_j$，故不会有 $x_1 \mid x_j^j$.

心得 体会 拓广 疑问

2.2.101 对正整数 $n$,递归定义 $f(n)$ 如下:$f(1)=1$,对每一正整数 $n$,$f(n+1)$ 是最大的整数 $m$,使得有一正整数等差数列 $a_1<a_2<\cdots<a_m=n$,并且 $f(a_1)=f(a_2)=\cdots=f(a_m)$. 证明:存在正整数 $a$ 与 $b$,使对每一正整数 $n$,有 $f(a_n+b)=n+2$.

(评委会,1995 年)

**证明** 先确定数列 $f(n)$ 的开始几项的值如表 1 所示.

表 1

| $n$ | 1 | 2 | 3 | 4 | 5 | 6 | 7 | 8 | 9 | 10 | 11 | 12 | 13 | 14 | 15 |
|---|---|---|---|---|---|---|---|---|---|---|---|---|---|---|---|
| $f(n)$ | 1 | 1 | 2 | 1 | 2 | 2 | 2 | 3 | 1 | 2 | 2 | 3 | 2 | 3 | 2 |
| $n$ | 16 | 17 | 18 | 19 | 20 | 21 | 22 | 23 | 24 | 25 | 26 | 27 | 28 | 29 | … |
| $f(n)$ | 4 | 1 | 3 | 2 | 5 | 1 | 2 | 2 | 6 | 1 | 4 | 2 | 7 | 1 | … |

从中可以发现

$$f(4n+8)=n+2,n\geqslant 1$$
$$f(4n+7)=2,n\geqslant -1$$
$$f(4n+6)=n-2,n\geqslant 6$$
$$f(4n+5)=1,n\geqslant 3$$

假设以上四式对 $n<k(k\geqslant 7)$ 成立,则对 $n=k$ 有 $f(4k+5)=1$(因 $k+1=f(4k+4)$ 才出现一次),$f(4k+6)=k-2$,因为对

$$4k+5>4k+1>4k-3>\cdots>4\times 3+5 \qquad ①$$

$f$ 的值均为 1,而且 $f(3)=2\neq 1$,此外

$$f(9)=f(4)=f(2)=f(1)=1$$

若加入 9,则 ① 的公差 $\geqslant 8$,至少要去掉一半的数$\left(在 k\geqslant 7 时,\frac{k-2}{2}>2\right)$;加入 4 或 2,① 中要去掉的数更多,所以

$$f(4k+6)=f(4(k-4)+8)=k-2,f(4k+8)=k+2$$

因为对

$$4k+7>4k+3>\cdots>4\times(-1)+7 \qquad ②$$

$f$ 的值均为 2,并且 ② 最长(理由与 ① 为最长相同),因此,$a=4$,$b=8$ 满足题中要求.

心得 体会 拓广 疑问

2.2.102 四个正整数 $a,t,d$ 和 $r$ 是合数. 求证:存在正整数序列 $\{at^n+d \mid n\in\mathbf{N}\}$ 的 $r$ 个连续的数,每一个都是合数.

**证明** 记

$$f(n)=at^n+d \quad ①$$

这里 $n$ 为正整数,$f(n)$ 显然严格单调增加.

如果 $(a,d)>1$ 或 $(t,d)>1$,则每个 $f(n)$ 都是合数 $(n\in\mathbf{N})$,现在考虑 $(a,d)=1$,且 $(t,d)=1$ 情况.

明显地,对于任意正整数 $n$

$$3<f(n)<f(n+1) \quad ②$$

对于 $j=1,2,\cdots,r$,用 $p_j$ 表示 $f(j)$ 的一个质因数,注意可能有 $f(j)=p_j$. 由于 $(t,d)=1$,则

$$(t,p_j)=1(j=1,2,\cdots,r)$$

由费马小定理,有

$$t^{p_j-1}\equiv 1(\bmod p_j) \quad ③$$

令

$$x=(p_1-1)(p_2-1)\cdots(p_r-1) \quad ④$$

则

$$f(x+j)-f(j)=(at^{x+j}+d)-(at^j+d)=at^j(t^x-1) \quad ⑤$$

因为 ④,可以知道 $t^{p_j-1}-1(1\leqslant j\leqslant r)$ 是 $t^x-1$ 的一个因数. 再从 ③ 和 ⑤,可以看到 $p_j$ 是 $t^x-1$ 的因数,所以对于 $j=1,2,\cdots,r$,有

$$f(x+j)\equiv f(j)(\bmod p_j) \quad ⑥$$

$f(x+j)$ 是质数 $p_j$ 的倍数,又由于 $f(x+j)>f(j)$,则 $f(x+1)$, $f(x+2),\cdots,f(x+r)$ 全是合数.

2.2.103 设 $a_1,a_2,a_3,\cdots,a_n,\cdots$ 是任意一个具有性质 $a_k<a_{k+1}(k\geqslant 1)$ 的正整数的无穷数列. 试证:这数列中有无穷多个 $a_m$ 可以表示为

$$a_m=xa_p+ya_q$$

这里 $x,y$ 是适当的正整数,且 $p=q$.

**分析** 本题的条件是很宽的,可以把它适当加强一点,例如取 $x=1$,则得

$$a_m-a_p=y\cdot a_q \quad ①$$

只要

$$a_m=y_1a_q+r,a_p=y_2a_q+r$$

式 ① 必然成立.

这样,只要在数列 $\{a_n\}$ 中找出一个关于 $a_p$ 有相同的余数 $r$ 的

无穷子数列,这个子数列的无穷多项 $a_m$ 就是合于条件的了.

由于 $a_{k+1} > a_k$,而 $a_k$ 为正整数,故必存在 $a_p > 1$,而大于 $a_p$ 的项也仍然有无穷多. 这无穷多个自然数关于 $a_p$ 至多属于 $a_p$ 个不同的剩余类. 根据抽屉原则,容易判定至少有无穷多项属于同一个剩余类.

由此不难得出本题的解法,为简明计,在解法中,取 $a_p = a_2$(其实,这是可以任意选择的).

**证明** 根据题设,有 $a_2 > 1$.

将数列 $\{a_n\}$ 中的所有项,按照以 $a_2$ 为模的不同剩余类分成若干个子数列(属于同一剩余类的各项构成同一个子数列),根据抽屉法则. 这些子数列中,至少有一个是无穷数列(因为以 $a_2$ 为模的不同剩余类的个数是有限的. 事实上,假定每个剩余类中的项数也是有限的,那么所有不同的剩余类中的项数同样是有限的,这就和题设 $\{a_n\}$ 是无穷数列矛盾).

现在来考察这个无穷子数列,由于已知数列 $\{a_n\}$ 是严格递增的,所以在这子数列中一定存在一项最小的 $a_p$,使得 $a_p > a_2$ 成立,同时还存在无限多个这样的 $a_m$,使得 $a_m > a_p$.

由于这个子数列的各项属于以 $a_2$ 为模的同一剩余类,因此

$$a_m \equiv a_p \pmod 2$$

亦即

$$a_m - a_p = ya_2(y\text{ 为自然数})$$

令 $x = 1$ 和 $a_q = a_2$ 则得

$$a_m = x \cdot a_p + y \cdot a_q$$

它显然满足题设的要求:$x, y$ 为适当的自然数;因 $a_p > a_2$,则 $p \neq q$;而且使上述等式成立的 $a_m$ 是无限的.

2.2.104 对于任何正整数 $x_0$,三个序列 $\{x_n\}$,$\{y_n\}$ 和 $\{z_n\}$ 定义如下:

(1)$y_0 = 4$ 或 $z_0 = 1$;

(2)对非负整数 $n$,如果 $x_n$ 是偶数,$x_{n+1} = \frac{x_n}{2}$,$y_{n+1} = 2y_n$ 和 $z_{n+1} = z_n$;

(3)对非负整数 $n$,如果 $x_n$ 是奇数,$x_{n+1} = x_n - \frac{y_n}{2} - z_n$,$y_{n+1} = y_n$ 和 $z_{n+1} = y_n + z_n$.

整数 $x_0$ 称为一个好数当且仅当从某个正整数 $n$ 开始,$x_n = 0$,寻找小于等于 1 994 的好数的数目.

(法国供题)

**解**　从题目条件,立即可以知道:对于任意正整数 $n$,$y_n = 2^k$,这里 $k$ 是某个与 $n$ 有关的正整数,且 $k \geqslant 2$ 和 $z_n \equiv 1 \pmod 4$. $z_n$ 是正整数,$x_n$ 是整数.

下面证明:

对于正整数 $n$,如果 $x_{n-1}$ 是偶数,则 $y_n > z_n$;如果 $x_{n-1}$ 是奇数,则 $2y_n > z_n$. (*)

对 $n$ 用数学归纳法.

当 $n = 1$ 时,由于 $y_n = 4$ 和 $z_0 = 1$,则 $y_0 > z_0$ 和 $2y_0 > z_0$ 都成立.

设(*)对某个正整数 $n$ 成立. 考虑 $n + 1$ 的情况.

当 $x_n$ 是偶数时,知道 $y_{n+1} = 2y_n > z_n = z_{n+1}$.

当 $x_n$ 是奇数时,首先确定 $x_{n-1}$ 是奇数还是偶数. 如果 $x_{n-1}$ 是奇数,利用

$$x_n = x_{n-1} - \frac{y_{n-1}}{2} - z_{n-1} \quad ①$$

以及 $y_{n-1} = 2^k$,正整数 $k \geqslant 2$,和 $z_{n-1}$ 始终为奇数,可以得到 $x_n$ 是偶数,这与 $x_n$ 是奇数矛盾. 因此,$x_{n-1}$ 必是偶数. 由题目条件及归纳法假设,可以知道

$$y_{n+1} = y_n > z_n, 2y_{n+1} = 2y_n > y_n + z_n = z_{n+1} \quad ②$$

所以(*)对任何正整数 $n$ 成立,下面对好数 $x_0$ 分情况讨论:

(1) 如果 $x_0$ 是一个好数,当且仅当从 $n = 1$ 开始,$x_n = 0$. 在这种情况下 $x_0$ 如何确定呢?

首先 $x_0 \neq 0$,如果 $x_0$ 是偶数,由 $x_1 = \frac{1}{2}x_0$ 和 $x_1 = 0$,可以得到 $x_0 = 0$,这与 $x_0 \neq 0$ 矛盾. 于是 $x_0$ 必是奇数,利用 $y_0 = 4$,$z_0 = 1$ 和题目条件,有

$$0 = x_1 = x_0 - \frac{1}{2}y_0 - z_0 = x_0 - 3 \quad ③$$

从而 $x_0 = 3$. 因此,$x_0 = 3$ 是一个好数.

(2) 如果 $x_0$ 是一个好数,当且仅当从某个 $n \geqslant 2$ 开始,$x_n = 0$. 先确定 $x_{n-2}$ 是奇数,还是偶数. 如果 $x_{n-2}$ 是一个奇数,由题目条件可知 $x_{n-1}$ 必是偶数,利用 $x_n = \frac{1}{2}x_{n-1}$,可以得出 $x_{n-1} = 0$,矛盾. 因此 $x_{n-2}$ 必是一个偶数,而且 $x_{n-1}$ 必是一个奇数,由(*),可知 $y_{n-1} > z_{n-1}$.

由题目条件(3)和 $x_n = 0$,有

$$x_{n-1} = \frac{1}{2}y_{n-1} + z_{n-1}$$

$$y_n = y_{n-1}$$

心得 体会 拓广 疑问

$$z_n = y_{n-1} + z_{n-1} \quad ④$$

因而,当 $y_{n-1}, z_{n-1}$ 已知时, $x_{n-1}, y_n, z_n$ 可以唯一确定,由于 $x_{n-2}$ 是偶数,由题目条件(2),有

$$x_{n-2} = 2x_{n-1}, y_{n-2} = \frac{1}{2}y_{n-1}, z_{n-2} = z_{n-1} \quad ⑤$$

$x_{n-2}, y_{n-2}, z_{n-2}$ 可以定出.

一般地,如果 $x_k, y_k, z_k$ 已经求出,而且有序数组 $(y_k, z_k) \neq (4, 1)$,那么 $x_{k-1}, y_{k-1}, z_{k-1}$ 怎样来确定呢?

① 当 $y_k > z_k$ 时($y_k$ 偶, $z_k$ 奇,两者不能相等), $x_{k-1}$ 必定是偶数,因为当 $x_{k-1}$ 是奇数时,由题目条件(3)可知

$$y_k = y_{k-1} = z_k - z_{k-1} < z_k$$

与 $y_k > z_k$ 矛盾.再利用题目条件(2),有

$$x_{k-1} = 2x_k, y_{k-1} = \frac{1}{2}y_k, z_{k-1} = z_k \quad ⑥$$

② 当 $y_k < z_k$ 时, $x_{k-1}$ 必定是奇数,因为当 $x_{k-1}$ 是偶数时,由(*)可以知道 $y_k > z_k$,矛盾.再利用题目条件(3),有

$$y_{k-1} = y_k, z_{k-1} = z_k - y_k$$

$$x_{k-1} = x_k + \frac{1}{2}y_{k-1} + z_{k-1} \quad ⑦$$

由⑥和⑦可以知道,对于任何正整数 $k$,必有

$$y_k \geqslant y_{k-1}, z_k \geqslant z_{k-1} \quad ⑧$$

而且等号不会同时成立,因此,如果有序数组 $(y_k, z_k) = (4, 1)$,即 $y_k = y_0, z_k = z_0$,那么相应的 $x_k$ 就是所求的 $x_0$,换言之,这时必有 $k = 0$.由上面叙述可以看出,从任一对正整数 $k(k \geqslant 2), t$ 出发,取

$$y_{n-1} = 2^k, z_{n-1} = 4t + 1, x_n = 0 \quad ⑨$$

反复利用⑥,⑦,那么全部 $x_k, y_k, z_k(0 \leqslant k \leqslant n)$ 都可以算出,直到 $y_0 = 4, z_0 = 1$ 为止,这时 $n$ 也可以算出.记相应的 $x_0 = f(y_{n-1}, z_{n-1})$.例如,前面已经计算过,当 $n = 1$ 时, $f(4, 1) = 3$(见公式③).

取 $y_{n-1} = 64, z_{n-1} = 61$,利用上面方法,得到下列数表,并能定出 $n = 9$.

$$x_9 = 0, y_9 = 64, z_9 = 125$$
$$x_8 = 93, y_8 = 64, z_8 = 61$$
$$x_7 = 186, y_7 = 32, z_7 = 61$$
$$x_6 = 231, y_6 = 32, z_6 = 29$$
$$x_5 = 462, y_5 = 16, z_5 = 29$$
$$x_4 = 483, y_4 = 16, z_4 = 13$$
$$x_3 = 966, y_3 = 8, z_3 = 13$$
$$x_2 = 975, y_2 = 8, z_2 = 5$$
$$x_1 = 1\,950, y_1 = 4, z_1 = 5$$

心得 体会 拓广 疑问

$$x_0 = 1\ 953, y_0 = 4, z_0 = 1 \quad ⑩$$

另一个例子是

$$x_6 = 0, y_6 = 128, z_6 = 129$$
$$x_5 = 65, y_5 = 128, z_5 = 1$$
$$x_4 = 130, y_4 = 64, z_4 = 1$$
$$x_3 = 260, y_3 = 32, z_3 = 1$$
$$x_2 = 520, y_2 = 16, z_2 = 1$$
$$x_1 = 1\ 040, y_1 = 8, z_1 = 1$$
$$x_0 = 2\ 080, y_0 = 4, z_0 = 1 \quad ⑪$$

由 ⑩ 和 ⑪,有

$$f(64,61) = 1\ 953, f(128,1) = 2\ 080 \quad ⑫$$

从上面两个例子可以看出 1 953 是一个好数,而 2 080 > 1 994 不是要寻找的好数.

利用上面公式 ④,⑤,⑥,⑦ 等的叙述,容易看到

$$f(2y,z) > f(y,z), f(y,z+4) > f(y,z) \quad ⑬$$

有兴趣的读者可以列出数表,仔细证明上式,这留给读者作为练习.

由 ⑫ 和 ⑬,小于等于 1 994 的好数的集合是由下述正整数组成(注意 $y_{n-1} > z_{n-1}$)

$$f(4,1), f(8,1), f(8,5), f(16,1), f(16,5)$$
$$f(16,9), f(16,13), \cdots, f(64,1), f(64,5)$$
$$f(64,9), \cdots, f(64,61)$$

上述这个集合一共有

$$1 + 2 + 4 + 8 + 16 = 31$$

个元素.

> 2.2.105　整数列 $u_0, u_1, u_2, u_3, \cdots$ 满足 $u_0 = 1$,且对于每个正整数 $n$, $u_{n+1}u_{n-1} = ku_n$,这里 $k$ 是某个固定正整数. 如果 $u_{2\ 000} = 2\ 000$,求 $k$ 的所有可能的值.

**解**　记 $u_1 = u$. 由题设

$$u_2 = ku_1(\text{利用 } u_0 = 1) = ku \quad ①$$

如果 $u = 0$,那么 $u_2 = 0$,利用 $u_2u_4 = ku_3$,有 $u_3 = 0$,设 $u_{t-1} = 0$,利用 $u_{t+1}u_{t-1} = ku_t$,有 $u_t = 0$,所以对于任意正整数 $n$, $u_n = 0$,这与 $u_{2\ 000} = 2\ 000$ 矛盾,因此 $u \neq 0$. 由题设及公式 ①,有

$$u_3 = k^2, u_4 = \frac{k^2}{u}, u_5 = \frac{k}{u}, u_6 = 1, u_7 = u \quad ②$$

显然,由题设及公式 ②,有 $u_8 = u_2, u_9 = u_3, u_{10} = u_4, u_{11} = u_5, u_{12} = u_6, u_{13} = u_7$ 等. 从而极容易得到对任何正整数 $p$ 及 $q \in \{0,1,2,3,$

心得 体会 拓广 疑问

4,5},有

$$u_{6p+q}=u_q \quad ③$$

由于 $2\ 000=6\cdot 333+2$,利用③及①,有

$$2\ 000=u_{2\ 000}(\text{由题目条件})=u_2=ku \quad ④$$

利用题目条件,知道 $u_1$ 是一个整数,那么 $u$ 必是整数,前面已证 $u\neq 0$. 由公式④以及 $k>0$,可得 $u>0$,所以 $u$ 是一个正整数. 由于 $u_5$ 是一个整数,从公式②第三个等式,有 $k=uu_5$,将此关系式代入④,得

$$2\ 000=u^2u_5 \quad ⑤$$

而

$$2\ 000=2^4\cdot 5^3 \quad ⑥$$

由于 $u^2$ 是 2 000 的正因数,则 $u^2$ 的全部可能性为 1,4,16,25,100,400.

当 $u=1$ 时,利用公式⑤,有 $u_5=2\ 000$,$k=uu_5=2\ 000$. 类似地,当 $u=2$ 时,$u_5=500$,$k=1\ 000$. 当 $u=4$ 时,$u_5=125$,$k=500$. 当 $u=5$ 时,$u_5=80$,$k=400$. 当 $u=10$ 时,$u_5=20$,$k=200$. 当 $u=20$ 时,$u_5=5$,$k=100$. 这样,$k$ 共有 6 个可能的值

$$2\ 000,1\ 000,500,400,200,100$$

2.2.106 一个数列 $\{u_n\}$ 定义为

$$u_0=2,u_1=\frac{5}{2},u_{n+1}=u_n(u_{n-1}^2-2)-u_1(n=1,2,\cdots)$$

试证:对任意自然数 $n$

$$[u_n]=2^{\frac{2^n-1^n}{1}}$$

这里,$[x]$ 表示不超过非负数 $x$ 的最大整数.

**证明** 观察这个数列的前几项,不难得到

$$u_0=2=2^0+2^{-0}=2^{\frac{2^0-(-1)^0}{3}}+2^{-\frac{2^0-(-1)^0}{3}}$$

$$u_1=2\frac{1}{2}=2^1+2^{-1}=2^{\frac{2^1-(-1)^1}{3}}+2^{-\frac{2^1-(-1)^1}{3}}$$

$$u_2=2\frac{1}{2}=2^1+2^{-1}=2^{\frac{2^2-(-1)^2}{3}}+2^{-\frac{2^2-(-1)^2}{3}}$$

$$u_3=8\frac{1}{8}=2^3+2^{-3}=2^{\frac{2^3-(-1)^3}{3}}+2^{-\frac{2^3-(-1)^3}{3}}$$

$$u_4=32\frac{1}{32}=2^5+2^{-5}=2^{\frac{2^4-(-1)^4}{3}}+2^{-\frac{2^4-(-1)^4}{3}}$$

$$\cdots$$

由此猜想:对任意的非负整数 $n$ 都有

心得 体会 拓广 疑问

$$u_n=2^{\frac{2^n-(-1)^n}{3}}+2^{-\frac{2^n-(-1)^n}{3}} \quad ①$$

成立. 下面用数学归纳法证明这一命题.

为简便计,令 $f(n)=\dfrac{2^n-(-1)^n}{3}$,归纳的第一步已经验明. 设对 $n=k-1$ 与 $n=k$($k$ 为自然数),命题成立,即

$$u_{k-1}=2^{f(k-1)}+2^{-f(k-1)} \text{ 与 } u_k=2^{f(k)}+2^{-f(k)}$$

则据题设的递推公式得

$$u_{k+1}=(2^{f(k)}+2^{-f(k)})[2^{f(k-1)}+2^{-f(k-1)2}-2]-2\frac{1}{2}=$$
$$2^{f(k)+2f(k-1)}+2^{-[f(k)+2f(k-1)]}+2^{2f(k-1)-f(k)}+$$
$$2^{-[2f(k-1)-f(k)]}-2\frac{1}{2} \quad ②$$

但因

$$f(k)+2f(k-1)=\frac{2^k-(-1)^k}{3}+2\cdot\frac{2^{k-1}-(-1)^{k-1}}{3}=$$
$$\frac{2^{k+1}-(-1)^{k+1}}{3}=f(k+1) \quad ③$$

$$2f(k-1)-f(k)=2\cdot\frac{2^{k-1}-(-1)^{k-1}}{3}-$$
$$\frac{2^k-(-1)^k}{3}=(-1)^k \quad ④$$

故由 ④ 得

$$2^{2f(-1)-f(k)}+2^{-[2f(k-1)-f(k)]}-2\frac{1}{2}=$$
$$2^{(-1)^k}+2^{-(-1)^k}-2\frac{1}{2}=$$
$$2^{(-1)^k}+2^{(-1)^{k+1}}-(2+\frac{1}{2})=0 \quad ⑤$$

又将 ③,⑤ 代入 ②,得

$$u_{k+1}=2^{f(k+1)}+2^{-f(k+1)}$$

这就是说,命题对 $n=k+1$ 也成立. 所以 ① 对任意的非负整数 $n$ 都成立.

又因对任意自然数 $n$

$$f(n)=\frac{2^n-(-1)^n}{3}=\frac{(2+1)(2^{n-1}-2^{n-2}+\cdots)}{3}$$

为正整数,从而 $2^{-f(n)}$ 为 0 到 1 之间的正的纯小数,所以

$$[u_n]=2^{\frac{2^n-(-1)^n}{3}}$$

对任意自然数 $n$ 成立.

心得 体会 拓广 疑问

2.2.107　数列$\{a_n\}$按下列递推关系给出

$$a_1=1, a_{n+1}=a_n+\frac{1}{[a_n]}, n\geqslant 1$$

求使不等式$a_n>20$成立的所有$n$.

(第18届全俄数学奥林匹克,1992年)

**解**　首先计算数列的前若干项

$$a_2=2, a_3=2\frac{1}{2}, a_4=3, a_5=3\frac{1}{3}$$

$$a_6=3\frac{2}{3}, a_7=4, a_8=4\frac{1}{4}, \cdots$$

下面证明:此数列单调增加,且它的项具有形式

$$m+\frac{k}{m}, 0\leqslant k\leqslant m-1$$

当$n=1$时,结论显然成立.

若$a_n=m+\frac{k}{m}, 0\leqslant k\leqslant m-1$,则

$$[a_n]=\left[m+\frac{k}{m}\right]=m$$

因而有

$$a_{n+1}=a_n+\frac{1}{[a_n]}=\left(m+\frac{k}{m}\right)+\frac{1}{m}=m+\frac{k+1}{m}$$

于是得

$$a_{n+1}=\begin{cases}m+1, 若\ k=m-1\\ m+\frac{l}{m}, l\leqslant m-1, 若\ k<m-1\end{cases}$$

因此,数列有1项的整数部分为1,有2项的整数部分为2,有3项的整数部分为3,……,于是整数部分不超过19的项有

$$1+2+3+\cdots+19=\frac{19\cdot 20}{2}=190$$

而$a_{191}=20$. 所以当$n>191$时,$a_n>20$.

心得 体会 拓广 疑问

2.2.108　自某个 $x_1 \in [0,1]$ 开始定义数列 $x_1, x_2, x_3, \cdots$ 如下：

如果 $x_n = 0$，则令 $x_{n+1} = 0$；否则，就令

$$x_{n+1} = \frac{1}{x_n} - \left[\frac{1}{x_n}\right]$$

证明：$x_1 + x_2 + \cdots + x_n < \frac{F_1}{F_2} + \frac{F_2}{F_3} + \cdots + \frac{F_n}{F_{n+1}}$.

其中 $F_1 = F_2 = 1$，且对 $n \geqslant 1$ 有 $F_{n+2} = F_{n+1} + F_n$

（第 33 届国际数学奥林匹克预选题，1992 年）

**证明**　设 $f(x) = \frac{1}{x+1}$，并设

$$g_n(x) = x + f(x) + (f(x)) + \cdots + f(f(\cdots f(x)))$$

其中最后一项是以 $x$ 为自变量的函数 $f$ 的 $n$ 重复合.

首先证明下面的引理：

(1) 对于 $0 \leqslant x, y \leqslant 1$，只要 $x \neq y$，则差数 $f(x) - f(y)$ 的绝对值严格小于 $x - y$ 的绝对值且符号与之相反.

(2) 函数 $g_n(x)$ 在 $[0,1]$ 中递增.

(3) $g_{n-1}(1) = \frac{F_1}{F_2} + \frac{F_2}{F_3} + \cdots + \frac{F_n}{F_{n+1}}$.

(1) 由于

$$|f(x) - f(y)| = \left|\frac{1}{1+x} - \frac{1}{x+y}\right| = \left|\frac{y-x}{(1+x)(1+y)}\right| < |y - x|$$

从而结论成立.

(2) 如果 $x > y$，则由(1)的结论. 在表达式

$$g_n(x) - g_n(y) = (x - y) + [f(x) - f(y)] + [f(f(x)) - f(f(y))] + \cdots + [f(f(\cdots f(x))) - f(f(\cdots f(y)))]$$

中，每一个差数的绝对值都小于前一个差数，且符号相反，即

$$|f(x) - f(y)| < |y - x|$$

$$|f(f(x)) - f(f(y))| < |f(x) - f(y)|$$

$$\cdots$$

$$|\underbrace{f(f(\cdots f}_{n\text{个}}(x))) - \underbrace{f(f(\cdots f}_{n\text{个}}(y)))| < |\underbrace{f(f(\cdots f}_{n-1\text{个}}(x))) - \underbrace{f(f(\cdots f}_{n-1\text{个}}(y)))|$$

因此有

心得 体会 拓广 疑问

$$g_n(x)-g_n(y)>0$$

于是 $g_n(x)$ 在 $[0,1]$ 中递增.

(3) 只需注意到 $\frac{F_1}{F_2}=1$,而

$$f\left(\frac{F_i}{F_{i+1}}\right)=\frac{1}{1+\frac{F_i}{F_{i+1}}}=\frac{F_{i+1}}{F_i+F_{i+1}}=\frac{F_{i+1}}{F_{i+2}}$$

就有

$$g_{n-1}\left(\frac{F_1}{F_2}\right)=\frac{F_1}{F_2}+\frac{F_2}{F_3}+\cdots+\frac{F_n}{F_{n+1}}$$

于是得

$$g_{n-1}(1)=\frac{F_1}{F_2}+\frac{F_2}{F_3}+\cdots+\frac{F_n}{F_{n+1}}$$

由以上,引理(1),(2),(3) 得证.

下面证明本题的结论.

如果有某个 $x_i=0$,则 $x_n=0$,于是由关于前 $n-1$ 项的归纳假设即得结论.

若每个 $x_i\neq 0$,则由

$$x_i=\frac{1}{x_{i-1}}-\left[\frac{1}{x_{i-1}}\right]$$

得

$$x_{i-1}=\frac{1}{\left[\frac{1}{x_{i-1}}\right]+x_i}$$

令 $\left[\frac{1}{x_{i-1}}\right]=a_i$ 为自然数,则

$$x_{i-1}=\frac{1}{a_i+x_i}$$

于是有

$$x_n+x_{n-1}+x_{n-2}+\cdots+x_1=$$

$$x_n+\frac{1}{a_n+x_n}+\frac{1}{a_{n-1}+\frac{1}{a_n+x_n}}+\cdots+\frac{1}{a_2+\frac{1}{a_3+\frac{1}{\ddots+\frac{1}{a_n+x_n}}}}$$

下面证明:对于固定的 $x_n\in[0,1]$,上式右端在对一切 $i$ 都有 $a_i=1$ 时达到最大.

首先,不依赖于 $x_n,a_n,a_{n-1},\cdots,a_3$ 之值,令 $a_2=1$ 时,可使表达式达到最大,因为 $a_2$ 仅出现在最后一项中.

现设对 $i>2$,表达式在 $a_{i-1}=a_{i-2}=\cdots=a_2=1$ 时,不依赖于 $x_n,a_n,a_{n-1},\cdots,a_{i+1},a_i$ 之值而取最大值. 此时仅在后面 $i-1$ 项中

心得 体会 拓广 疑问

含有 $a_i$，且这些项的和确切地等于

$$g_{i-2}\left(\cfrac{1}{a_i+\cfrac{1}{a_{i+1}+\cfrac{1}{\ddots+\cfrac{1}{a_n+x_n}}}}\right)$$

由引理(2) 的结论，$g_{i-2}$ 是增函数，其值在 $a_i$ 的最小可能值处达到最大，也就是在 $a_i=1$ 时达到最大.

这样一来，便有

$$x_n+x_{n-1}+\cdots+x_1\leqslant$$

$$x_n+\frac{1}{1+x_n}+\cfrac{1}{1+\cfrac{1}{1+x_n}}+\cdots+\cfrac{1}{1+\cfrac{1}{1+\cfrac{1}{\ddots+\cfrac{1}{1+x_n}}}}=$$

$g_{n-1}(x_n)<g_{n-1}(1)$（由引理的(2)）=

$\frac{F_1}{F_2}+\frac{F_2}{F_3}+\cdots+\frac{F_n}{F_{n+1}}$（由引理的(3)）

心得 体会 拓广 疑问

# 第3章 多项式

设$f(x),g(x)$为多项式,其系数均为实数、有理数或整数,则存在系数与之同类的唯一多项式$q(x),r(x)$,使得

$$f(x)=g(x)q(x)+r(x)$$

其中$r(x)$或为0,或其次数$\deg r(x)<\deg g(x)$,$q(x),r(x)$分别称为商式和余式.

**定理** 设$f(x),g(x)$为多项式,则存在多项式$p(x),q(x)$,使

$$p(x)f(x)+q(x)g(x)=(f(x),g(x))$$

$(f(x),g(x))$为最大公因式,可要求最高项系数为1.

**推论** $(f(x),g(x))=1\Leftrightarrow$存在多项式$p(x),q(x),p(x)f(x)+q(x)g(x)=1$.

这都类似于整数的裴蜀定理.

与整数的情形类似,多项式$f(x)$也有唯一分解定理.

当$x$取整数时,$f(x)$之值均为整数,则称$f(x)$为整值多项式.记

$$C_x^k=\frac{x(x-1)\cdots(x-k-1)}{k!}$$

其中$k$为正整数.

**定理** $C_x^k$为整值多项式.

**定理** 若$f(x)$为整值$n$次多项式,则存在整数$a_0,a_1,\cdots,a_n(a_n\neq 0)$,满足

$$f(x)\equiv\sum_{i=0}^{n}a_iC_x^i$$

这里$C_x^0=1$.

下面讨论整系数多项式.

**定理** 设$\frac{p}{q}$为整系数多项式$f(x)=a_nx^n+a_{n-1}x^{n-1}+\cdots+a_0=0$的有理根,其中$p,q$为整数且$(p,q)=1$,则$p\mid a_0,q\mid a_n$.

**定理** (爱森斯坦制别法) 设$f(x)=a_nx^n+a_{n-1}x^{n-1}+\cdots+a_1x+a_0$为一整系数多项式,其中$n\geqslant 1$,设存在一素数$p$,$p\nmid a_n$,$p\mid a_i(0\leqslant i<n)$,且$p^2\nmid a_0$,则$f(x)$在整系数上不可约.

对于多元多项式$f(x_1,x_2,\cdots,x_n)$,记

心得 体会 拓广 疑问

$$\begin{cases}\sigma_1=\sum_{i=1}^{n}x_i\\ \sigma_2=\sum_{1\leqslant i<j\leqslant n}x_ix_j\\ \vdots\\ \sigma_n=\prod_{i=1}^{n}x_i\end{cases}$$

则有如下定理:

**定理** 任一对称多项式 $f(x_1,x_2,\cdots,x_n)$ 可表为某一多项式 $g(\sigma_1,\sigma_2,\cdots,\sigma_n)$.

最后还有拉格朗日插值公式.

**定理** 设 $a_0,a_1,\cdots,a_n$ 两两不同,$n$ 次多项式 $f(x)$ 满足 $f(a_i)=b_i,i=0,1,\cdots,n$,则

$$f(x)\equiv\sum_{i=0}^{n}b_i\prod_{\substack{j=0\\ j\neq i}}^{n}\frac{x-a_j}{a_i-a_j}$$

3.1 证明:对任意的整数 $x$,$\frac{1}{5}x^5+\frac{1}{3}x^3+\frac{7}{15}x$ 是一个整数.

**证明** 由于

$$\frac{1}{5}x^5+\frac{1}{3}x^3+\frac{7}{15}x=\frac{3x^5+15x^3+7x}{15}$$

只需证明对任意的整数 $x$ 下式成立

$$15\mid 3x^5+5x^3+7x \tag{①}$$

因为 $x^3\equiv x(\bmod 3)$,故

$$3x^5+5x^3+7x\equiv 5(x^3-x)+12x\equiv 12x\equiv 0(\bmod 3)$$

同理,因 $x^5\equiv x(\bmod 5)$,故

$$3x^5+5x^3+7x\equiv 10x\equiv 0(\bmod 5)$$

又因$(3,5)=1$,故知 ① 成立.

3.2 $P(x)$ 为整系数多项式.求证如果 $Q(x)=P(x)+12$ 至少有六个不同的整数根,则 $P(x)$ 无整数根.

(奥地利 - 波兰数学竞赛,1988 年)

**证明** 设 $Q(x)$ 有六个不同的整数根 $a_1,a_2,\cdots,a_6$,则

$$P(x)=(x-a_1)(x-a_2)\cdots(x-a_6)Q_1(x)-12$$

其中 $Q_1(x)$ 为整系数多项式.

假设 $P(x)$ 有整数根 $m$,则

$$(m-a_1)(m-a_2)\cdots(m-a_6)Q_1(m)-12=0$$

其中 $Q_1(m)$ 为整数.从而有

心得 体会 拓广 疑问

$$12=(m-a_1)(m-a_2)\cdots(m-a_6)Q_1(m)$$

由 $a_1,a_2,\cdots,a_6$ 是互不相同的整数,则 $m-a_1,m-a_2,\cdots,m-a_6$ 互不相等. 注意到同一绝对值的数至多有 2 个,因此有

$$12\geqslant |m-a_1||m-a_2|\cdots|m-a_6|\geqslant 1^2\cdot 2^2\cdot 3^2=36$$

出现矛盾.

于是 $P(x)$ 无整数根.

3.3 证明:$n^3+\frac{3}{2}n^2+\frac{1}{2}n-1$ 对任何正整数 $n$ 都是整数,并且用 3 除时余 2.

(中国北京市高中数学,1956 年)

**证明** 原式可化为

$$n^3+\frac{3}{2}n^2+\frac{1}{2}n-1=\frac{2n^3+3n^2+n}{2}-1=$$

$$\frac{n(n+1)(2n+1)}{2}-1=$$

$$\frac{2n(2n+1)(2n+2)}{8}-3+2$$

由于 $2n,2n+1,2n+2$ 是三个连续整数,则这三个数中必有一个是 3 的倍数,从而乘积

$$2n(2n+1)(2n+2)$$

一定能被 3 整除,又

$$\frac{2n(2n+1)(2n+2)}{8}=\frac{n(n+1)}{2}(2n+1)$$

一定是整数,且由 3 和 8 互素,则

$$\frac{2n(2n+1)(2n+2)}{8}$$

是 3 的倍数,于是

$$n^3+\frac{3}{2}n^2+\frac{1}{2}n-1$$

对任何正整数 $n$ 都是整数,并且用 3 除时余 2.

3.4 已知有整系数 $a_1,a_2,\cdots,a_n$ 的多项式

$$f(x)=x^n+a_1x^{n-1}+a_2x^{n-2}+\cdots+a_{n-1}x+a_n$$

又已知存在四个不同的整数 $a,b,c,d$,使得

$$f(a)=f(b)=f(c)=f(d)=5$$

证明:没有整数 $k$,使得 $f(k)=8$.

(第 2 届加拿大数学竞赛,1970 年)

**证明** 因为 $x=a,b,c,d$ 时,均有 $f(x)=5$,所以多项式

$f(x)-5$ 有四个整数根 $a,b,c,d$.

于是,对所有实数 $x$,有

$$f(x)-5=(x-a)(x-b)(x-c)(x-d)Q(x)$$

其中 $Q(x)=x^{n-4}+b_1x^{n-5}+\cdots+b_{n-4}$,且 $b_1,b_2,\cdots,b_{n-4}$ 为整数.

假设存在整数 $k$,使 $f(k)=8$,则有

$$f(k)-5=(k-a)(k-b)(k-c)(k-d)Q(k)$$

即
$$(k-a)(k-b)(k-c)(k-d)Q(k)=3$$

由于 $a,b,c,d$ 互不相同,则 $k-a,k-b,k-c,k-d$ 是3的四个不同约数,而3的四个不同约数为 $+1,-1,+3,-3$,于是有

$$(+1)(-1)(+3)(-3)Q(k)=3$$

$$9Q(k)=3$$

由于 $Q(k)$ 是整数,这是不可能的.

所以不存在整数 $k$,使 $f(k)=8$.

3.5 已知多项式 $x^3+bx^2+cx+d$ 的系数都是整数,并且 $bd+cd$ 是奇数. 证明:这多项式不能分解为两个整系数多项式的乘积.

(中国北京市高中数学竞赛,1963年)

**证法1** 设 $\varphi(x)=x^3+bx^2+cx+d$.

如果 $\varphi(x)$ 能分解成两个整系数多项式的乘积,由于 $\varphi(x)$ 的首项系数为1,则可设

$$x^3+bx^2+cx+d=(x+p)(x^2+qx+r)$$

比较对应项的系数得

$$pr=d,pq+r=c,p+q=b$$

因为 $bd+cd=(b+c)d$ 是奇数,则 $b+c$ 与 $d$ 都是奇数. 因而 $b$ 和 $c$ 必一为奇数,一为偶数.

若 $b$ 是偶数,$c$ 和 $d$ 是奇数.

此时 $p$ 和 $r$ 都是奇数,从而 $pq=c-r$ 为偶数,于是由 $p$ 是奇数,$q$ 是偶数可知 $p+q=b$ 是奇数,与 $b$ 是偶数矛盾.

若 $b$ 和 $d$ 是奇数,$c$ 是偶数.

由 $d$ 是奇数知 $p$ 和 $r$ 是奇数,从而 $q=b-p$ 是偶数,此时 $pq+r=c$ 是奇数,与 $c$ 是偶数矛盾.

以上矛盾表明,$\varphi(x)$ 不能分解为两个整系数多项式的乘积.

**证法2** 假设

$$x^3+bx^2+cx+d=(x+p)(x^2+qx+r)$$

则 $x^3+bx^2+cx+d$ 必能被 $x+p$ 整除,从而应有

$$-p^3+bp^2-cp+d=0 \quad ①$$

由于 $(b+c)d$ 是奇数,则 $d$ 是奇数,$b$ 和 $c$ 一为奇数一为偶数,又由

心得 体会 拓广 疑问

$d=pr$ 知 $p$ 是奇数.

从而式①左边有三项为奇数,一项为偶数,因而这四项之和为奇数不可能为零.

因此,$x^3+bx^2+cx+d$ 不能分解为两个整系数多项式的乘积.

**证明3** 假设

$$\varphi(x)=x^3+bx^2+cx+d=(x+p)(x^2+qx+r)$$

由 $bd+cd$ 是奇数,则 $b+c,d$ 是奇数,进而 $p$ 和 $r$ 也是奇数. 令 $x=1$,则

$$\varphi(1)=(1+p)(1+q+r)=1+(b+c)+d$$

然而 $1+p$ 是偶数,从而 $(1+p)(1+q+r)$ 是偶数,又 $1+(b+c)+d$ 是奇数,产生矛盾.

于是命题成立.

3.6 设 $P$ 为整系数多项式,且满足 $P(5)=2\ 005$.

试问:$P(2\ 005)$ 能否为完全平方数?

**解** 设 $P(x)=a_nx^n+a_{n-1}x^{n-1}+\cdots+a_1x+a_0$. 于是

$$P(5)=a_n\cdot 5^n+a_{n-1}\cdot 5^{n-1}+\cdots+a_1\cdot 5+a_0 \quad ①$$

$$P(2\ 005)=a_n\cdot 2\ 005^n+a_{n-1}\cdot 2\ 005^{n-1}+\cdots+a_1\cdot 2\ 005+a_0 \quad ②$$

② - ① 得

$$P(2\ 005)-P(5)=a_n(2\ 005^n-5^n)+a_{n-1}(2\ 005^{n-1}-5^{n-1})+\cdots+a_1(2\ 005-5) \quad ③$$

因为 $2\ 005^k-5^k=2\ 000(2\ 005^{k-1}+2\ 005^{k-2}\times 5+\cdots+2\ 005\times 5^{k-2}+5^{k-1})$,所以,式③中的各项能被 2 000 整除,即

$$P(2\ 005)-P(5)=2\ 000A$$

其中 $A$ 为整数.

因此,$P(2\ 005)=2\ 000A+2\ 005$,且 $P(2\ 005)$ 的后两位数为 05.

而 05 不可能为一个完全平方数的后两位,所以,$P(2\ 005)$ 不可能为完全平方数.

3.7 证明:对任何整系数多项式 $P(x)$ 和任何正整数 $k$,都存在正整数 $n$,使得

$$P(1)+P(2)+\cdots+P(n)$$

能被 $k$ 整除.

**证明** 首先指出:若 $P(x)$ 为整系数多项式,则对任何非负整

心得 体会 拓广 疑问

数 $r$,正整数 $m,k$,值 $P(r)$ 与 $P(mk+r)$ 被 $k$ 除的余数相同.

考察 $P(1)+P(2)+\cdots+P(k^2)$.

注意到,其中

$$P(1),P(k+1),P(2k+1),\cdots,P((k-1)k+1)$$

这 $k$ 个加项被 $k$ 除的余数相同,所以,它们的和能被 $k$ 整除;

同理可知

$$P(2),P(k+2),P(2k+2),\cdots,P((k-1)k+2)$$

的和能被 $k$ 整除;

如此下去

$$P(k),P(2k),P(3k),\cdots,P(k^2)$$

的和能被 $k$ 整除.

所以,$P(1)+P(2)+\cdots+P(k^2)$ 作为它们的总和能被 $k$ 整除.

3.8 设 $f(x)=a_0x^n+a_1x^{n-1}+\cdots+a_n$ 是一个 $n$ 次多项式,且 $a_0+a_1+\cdots+a_n=0$.

证明:$f(x^{k+1})$ 能被 $x^k+x^{k-1}+\cdots+x+1$ 整除.

(中国安徽省数学竞赛,1980 年)

**证明** 因为 $a_0+a_1+\cdots+a_n=0$,所以有

$$\begin{aligned}f(x)=&(a_0x^n+a_1x^{n-1}+\cdots+a_n)-(a_0+a_1+\cdots+a_n)=\\&a_0(x^n-1)+a_1(x^{n-1}-1)+\cdots+a_{n-1}(x-1)=\\&(x-1)[a_0(x^{n-1}+\cdots+x+1)+\\&a_1(x^{n-2}+\cdots+x+1)+\cdots+a_{n-1}]\end{aligned}$$

$$f(x^{k+1})=(x^{k+1}-1)[a_0(x^{n-1}+\cdots+x+1)+\cdots+a_{n-1}]$$

由于 $$x^{k+1}-1=(x-1)(x^k+x^{k-1}+\cdots+x+1)$$

所以 $f(x^{k+1})$ 能被 $x^k+x^{k-1}+\cdots+x+1$ 整除.

3.9 对于正整数 $n$,如果 $4^n+2^n+1$ 是一个素数,则 $n$ 是 3 的方幂.

**证明** 证明此题前先看一个引理.

**引理** 设 $\varphi(x)=x^2+x+1$,正整数 $q$ 与 3 互素,则 $\varphi(x)\mid\varphi(x^q)$.

设 $\omega$ 是 $\varphi(x)=0$ 的解,则 $\omega^3=1$,易知 $\omega^2$ 也是 $\varphi(x)=0$ 的解,且 $\omega^k=1\Leftrightarrow 3\mid k$,故

$$(q,3)=1\Rightarrow q\equiv 1 \text{ 或 } 2(\bmod 3)\Rightarrow\omega^q=\omega \text{ 或 } \omega^2\Rightarrow\varphi(\omega^q)=0$$

再来考察多项式 $\psi(x)=\varphi(x^q)=x^{2q}+x^q+1$,根据以上讨论

$(q,3)=1$ 时

$$\psi(\omega)=\varphi(\omega^q)=0$$

所以 $\omega$ 是整系数多项式 $\psi(x)=0$ 的一个解,当然 $\omega^2=\overline{\omega}$ 也是 $\psi(x)=0$ 的解,故

$$\varphi(x)\mid\psi(x)=\varphi(x^q)$$

下证此题.

设 $n$ 有除 3 以外的素因子 $q$,假定 $n=aq$,由引理 $\varphi(x)\mid\varphi(x^q)$,因此

$$\varphi(2^a)\mid\varphi(2^{aq})$$

而

$$\varphi(2^{aq})=\varphi(2^n)=2^{2n}+2^n+1=4^n+2^n+1$$

$$1<\varphi(2^a)<\varphi(2^n)$$

故 $4^n+2^n+1$ 不是素数,矛盾,因此 $n$ 是 3 的方幂.

3.10 证明:如果 $x,y,z$ 是不同的整数,而 $n$ 是非负整数,那么

$$\frac{x^n}{(x-y)(x-z)}+\frac{y^n}{(y-x)(y-z)}+\frac{z^n}{(z-x)(z-y)}$$

是整数.

(匈牙利数学奥林匹克,1959 年)

**证法 1** 已知的表达式可化为

$$\frac{x^n}{(x-y)(x-z)}+\frac{y^n}{(y-x)(y-z)}+\frac{z^n}{(z-x)(z-y)}=$$

$$\frac{x^n(y-z)+y^n(z-x)+z^n(x-y)}{(x-y)(x-z)(y-z)} \quad ①$$

当 $n=0$ 时,式 ① 的分子变为 0,因而是整数.

当 $n$ 是自然数时,由于

$$x-y=-(y-z)-(z-x)$$

则式 ① 的分子化为

$$(x^n-z^n)(y-z)+(y^n-z^n)(z-x) \quad ②$$

当 $n=1$ 时,式 ② 变为 0,因而是整数.

当 $n\geqslant 2$ 时,则式 ② 化为

$$(x^n-z^n)(y-z)+(y^n-z^n)(z-x)=$$
$$(x-z)(y-z)(x^{n-1}+x^{n-2}z+\cdots+xz^{n-2}+$$
$$z^{n-1}-y^{n-1}-y^{n-2}z-\cdots-yz^{n-1}-z^{n-1})=$$
$$(x-z)(y-z)(x-y)[(x^{n-2}+x^{n-3}y+\cdots+$$
$$xy^{n-3}+y^{n-2})+z(x^{n-3}+\cdots+y^{n-3})+\cdots+z^{n-2}]$$

从而式 ① 的分子与分母中的 $(x-z)(y-z)(x-y)$ 可以约去,式 ① 成为整系数多项式. 于是当 $n\geqslant 2$ 时,原式为整数.

由以上,对非负整数 $n$,原式为整数.

心得 体会 拓广 疑问

**证法2** 设

$$P_n(x,y,z)=\frac{x^n}{(x-y)(x-z)}+\frac{y^n}{(y-x)(y-z)}+\frac{z^n}{(z-x)(z-y)}$$

只要证明 $P_n(x,y,z)$ 对非负整数 $n$ 是整系数多项式即可.

对 $n$ 用数学归纳法.

当 $n=0$ 时,$P_0(x,y,z)=0$,结论是正确的.

假设 $n=k$ 时,$P_k(x,y,z)$ 是关于 $x,y,z$ 的整系数多项式,则

$$P_{k+1}(x,y,z)-zP_k(x,y,z)=\frac{x^{k+1}-zx^k}{(x-y)(x-z)}+\frac{y^{k+1}-zy^k}{(y-x)(y-z)}=\frac{x^k-y^k}{x-y}=x^{k-1}+x^{k-2}y+\cdots+y^{k-1}$$

于是有

$$P_{k+1}(x,y,z)=zP_k(x,y,z)+(x^{k-1}+x^{k-2}y+\cdots+y^{k-1})$$

因此 $P_{k+1}(x,y,z)$ 是整系数多项式.

从而对非负整数 $n$,$P_n(x,y,z)$ 是整系数多项式,因而对整数 $x,y,z$,$P_n(x,y,z)$ 是整数.

3.11 设 $n$ 次多项式 $P(x)$ 满足

$$P(k)=\frac{k}{k+1}$$

其中 $k=0,1,2,\cdots,n$,求 $P(n+1)$.

(美国,1975 年)

**解** 注意,只存在一个满足题中条件的多项式 $P(x)$. 否则,设另有多项式 $Q(x)\neq P(x)$ 也满足题中条件,则多项多 $P(x)-Q(x)$ 的次数至多为 $n$,但它又至少有 $n+1$ 个根,不可能. 因为多项式

$$R(x)=x+\frac{1}{(n+1)!}(0-x)(1-x)\cdots(n-x)$$

满足条件 $R(-1)=0$,所以由 Bézout 定理,它被 $x+1$ 整除,即 $R(x)\equiv S(x)(x+1)$,其中 $S(x)$ 是 $n$ 次多项式. 因为

$$R(k)=k,S(k)=\frac{k}{k+1}$$

其中 $k=0,1,\cdots,n$,所以 $S(x)$ 满足题中条件,即 $P(x)\equiv S(x)$,且

$$P(n+1)\equiv\frac{R(n+1)}{n+2}=\frac{(n+1)+(-1)^{n+1}}{n+2}=\begin{cases}\dfrac{n}{n+2} & \text{当 } n \text{ 为偶数时}\\ 1 & \text{当 } n \text{ 为奇数时}\end{cases}$$

心得 体会 拓广 疑问

3.12 当 $x=-1,x=0,x=1,x=2$ 时,多项式

$$P(x)=ax^3+bx^2+cx+d$$

取整数值.求证:对于所有的整数 $x$,这个多项式取整数值.

(第 14 届全俄数学奥林匹克,1988 年)

**证明** 考虑恒等式

$$P(x)=ax^3+bx^2+cx+d=$$
$$6a\cdot\frac{(x-1)x(x+1)}{6}+2b\cdot\frac{x(x-1)}{2}+$$
$$(a+b+c)x+d$$

由于 $P(0)=d,P(1)=a+b+c+d$ 是整数,则 $d$ 是整数,$a+b+c$ 是整数.

$P(-1)=2b-(a+b+c)+d$ 是整数,则 $2b$ 是整数.

$P(2)=6a+2b+2(a+b+c)+d$ 是整数,则 $6a$ 是整数.

又因为 $\frac{(x-1)x(x+1)}{6},\frac{x(x-1)}{2}$ 都是整数,于是

$$P(x)=6a\cdot\frac{(x-1)x(x+1)}{6}+2b\cdot\frac{x(x-1)}{2}+$$
$$(a+b+c)x+d$$

对任意的整数 $x$,都是整数.

3.13 设 $f(x)=a_0x^n+a_1x^{n-1}+\cdots+a_{n-1}x+a_n$ 是具有整数系数 $a_0,a_1,\cdots,a_{n-1},a_n$ 的多项式.

证明:如果 $f(0),f(1),f(2),\cdots,f(1\ 992)$ 都不能被 1 992 整除,则 $f(x)$ 没有整数根.

(乌克兰数学奥林匹克,1992 年)

**证明** 假设 $f(x)$ 有整数根 $m$,且

$$m\equiv r(\bmod 1\ 992),0\leqslant r<1\ 992 \quad ①$$

由题设 $f(r)$ 不能被 1 992 整除.由于 $f(m)=0$,则

$$f(r)-f(m)=f(r)$$
$$f(r)-f(m)=a_0(r^n-m^n)+$$
$$a_1(r^{n-1}-m^{n-1})+\cdots+a_{n-1}(r-m)$$

由 ① 可知

$$r^i-m^i\equiv 0(\bmod 1\ 992)$$

其中 $i=1,2,\cdots,n$.从而

$$1\ 992\mid f(r)-f(m)=f(r)$$

与 $f(r)$ 不能被 1 992 整除矛盾.

因此,$f(x)$ 没有整数根.

3.14 已知多项式 $f(x)=a_0x^n+a_1x^{n-1}+\cdots+a_{n-1}x+a_n$ 中,系数 $a_0,a_1,\cdots,a_n$ 皆为整数,并且 $f(2)$ 和 $f(3)$ 能被6整除.求证:$f(5)$ 也能被6整除.

(中国上海市数学竞赛,1963年)

**证明** $f(2)=a_0\cdot 2^n+a_1\cdot 2^{n-1}+\cdots+a_{n-1}\cdot 2+a_n$ ①

$f(3)=a_0\cdot 3^n+a_1\cdot 3^{n-1}+\cdots+a_{n-1}\cdot 3+a_n$ ②

因为 $6\mid f(2)$,则 $2\mid f(2)$.

于是,由式①有 $2\mid a_n$.又因为 $6\mid f(3)$,则 $3\mid f(3)$.于是,由式②有 $3\mid a_n$.由于 $(2,3)=1$,则 $6\mid a_n$.

$$f(5)=a_0(2+3)^n+a_1(2+3)^{n-1}+\cdots+a_{n-2}(2+3)^2+a_{n-1}(2+3)+a_n+a_n-a_n$$

按二项式定理展开,并由①,②有

$$f(5)=f(2)+f(3)-a_n+a_0(C_n^1 2^{n-1}\cdot 3+C_n^2 2^{n-2}\cdot 3^2+\cdots+C_n^{n-1}2\cdot 3^{n-1})+a_1(C_{n-1}^1 2^{n-2}\cdot 3+C_{n-1}^2 2^{n-3}\cdot 3^2+\cdots+C_{n-1}^{n-2}2\cdot 3^{n-2})+\cdots+a_{n-2}C_2^1 2\cdot 3$$

于是 $f(5)$ 能被6整除.

3.15 设 $P(x)$ 为整系数多项式,数列 $\{a_n\}$ 定义如下:$a_0=0$,$a_n=P(a_{n-1})$,$n=1,2,\cdots$.证明:对于任意正整数 $m$ 和 $k$,数 $a_m$ 和 $a_k$ 的最大公约数等于 $a_{(m,k)}$.

**证明** 对于任意正整数 $n$,记

$$P_n(x)=\underbrace{P(P(P\cdots(P}_{n重}(x)\cdots))$$

则 $P_n(x)$ 为整系数多项式,且有 $a_n=P_n(0)$.

设多项式 $P_n(x)$ 除以 $x$ 的商为 $Q_n(x)$,易见 $Q_n(x)$ 为整系数多项式.而余数由多项式的余数定理知等于 $P_n(0)$,即 $a_n$.故有

$$P_n(x)=a_n+xQ_n(x) \quad ①$$

当 $m=k$ 时,题设结论显然成立,故不妨设 $m>k$.

在①中取 $n=m-k$,$x=a_k$,便有

$$a_m=P_{m-k}(a_k)=a_{m-k}+a_kQ_{m-k}(a_k)$$

其中 $Q_{m-k}(a_k)$ 应为整数,从而有

$$(a_m,a_k)=(a_{m-k},a_k) \quad ②$$

由②及辗转相除法可知 $(a_m,a_k)=a_{(m,k)}$.

心得 体会 拓广 疑问

3.16 多项式 $x^5-x-1$ 和 $x^2+ax+b(a,b\in\mathbf{Q})$,能否有公共根?

(保加利亚,1983 年)

**解** 设 $\alpha$ 是两个给定的多项式的公共根,即

$$\alpha^5=\alpha+1,\alpha^2=-a\alpha-b$$

则

$$\begin{aligned}\alpha+1=\alpha^5=\alpha(\alpha^2)^2=\alpha(-a\alpha-b)^2=\\ \alpha(a^2(-a\alpha-b)+2ab\alpha+b^2)=\\ (2ab-a^3)(-a\alpha-b)+(b^2-ab)\alpha=\\ (a^4-3a^2b+b^2)\alpha+(a^3b-2ab^2)\end{aligned}$$

因此,得

$$(a^4-3a^2b+b^2-1)\alpha=-a^3b+2ab^2+1$$

从而

$$a^4-3a^2b+b^2-1=0,\ -a^3b+2ab^2+1=0$$

(否则 $\alpha$ 将是多项式 $x^5-x-1$ 的有理根,易知它没有有理根). 由上述两个等式求得

$$b=\frac{2a^5-2a-1}{5a^3}$$

于是,得等式

$$a^{10}+3a^6-11a^5-4a^2-4a-1=0$$

这与 $a$ 为有理数矛盾(多项式 $x^{10}+3x^6-11x^5-4x^2-4x-1$ 没有有理根). 因此当 $a,b\in\mathbf{Q}$ 时,多项式 $x^5-x-1$ 和 $x^2+ax+b$ 不可能有公共根.

3.17 当 $n$ 为何值时,$(x+1)^{2n}+x^{2n}+1$ 能被 $x^2+x+1$ 整除.

**证明** 设 $a$ 为 $x^2+x+1=0(*)$ 的一个解,则 $a^3=1$,且 $a^2$ 是$(*)$的另外一个解,并且有$(a+1)=-a^2$,由于 $x^2+x+1$ 是一个不可约的多项式,当且仅当 $f(a)=0$ 时,整系数多项式 $f(x)=(x+1)^{2n}+x^{2n}+1$ 能被 $x^2+x+1$ 整除,等价于 $f(a)=(-a^2)^{2n}+a^{2n}+1=0$,即

$$(a^{2n})^2+a^{2n}+1=0\Leftrightarrow a^{2n}\text{ 也是}(*)\text{的解}\Leftrightarrow 2n\equiv 1,2\pmod 3$$

因此当且仅当$(n,3)=1$ 时,$(x+1)^{2n}+x^{2n}+1$ 能被 $x^2+x+1$ 整除.

心得 体会 拓广 疑问

3.18 证明:四次多项式 $x^4+2x^2+2x+2$ 不可能分解成两个具有整系数 $a,b,c,d$ 的二次三项式 $x^2+ax+b$ 和 $x^2+cx+d$ 的乘积.

(匈牙利数学奥林匹克,1992年)

**证法**1 假设四次多项式 $x^4+2x^2+2x+2$ 能分解成 $x^2+ax+b$ 和 $x^2+cx+d$ 的乘积,则

$$x^4+2x^2+2x+2=(x^2+ax+b)(x^2+cx+d)=x^4+(a+c)x^3+(b+ac+d)x^2+(bc+ad)x+bd$$

它们的对应系数相等,即

$$a+c=0 \quad ①$$

$$b+ac+d=2 \quad ②$$

$$bc+ad=2 \quad ③$$

$$bd=2 \quad ④$$

由④得,$b$ 和 $d$ 一为奇数,一为偶数,不妨设 $b$ 为奇数(实际上为 $\pm 1$),$d$ 为偶数(实际上为 $\pm 2$).

这时,由式③得 $bc=2-ad$.

右边为偶数,而左边的因数 $b$ 为奇数,所以 $c$ 为偶数.

再考虑式②,由 $b$ 为奇数,$c$ 和 $d$ 为偶数可得 $b+ac+d$ 为奇数,而2为偶数,则

$$b+ac+d=2$$

不成立.

因此,四次多项式 $x^4+2x^2+2x+2$ 不能分解为 $x^2+ax+b$ 和 $x^2+cx+d$ 的乘积.

**证法**2 由爱森斯坦定理:

设整系数多项式

$$f(x)=a_0x^n+a_1x^{n-1}+\cdots+a_{n-1}x+a_n$$

如果存在这样一个素数 $p$,最高次项的系数 $a_0$ 不能被 $p$ 整除,而所有其他的系数能被 $p$ 整除,但常数项不能被 $p^2$ 整除,那么 $f(x)$ 不能分解为两个低次的整系数多项式的乘积. 设

$$f(x)=x^4+2x^2+2x+2$$

则有素数

$$p=2$$

$$2\nmid 1(x^4 \text{ 的系数})$$

$$2\mid 2 \text{ 且 } 2^2\nmid 2(\text{常数项})$$

于是 $x^4+2x^2+2x+2$ 不能分解为两个二次三项式之积.

心得 体会 拓广 疑问

3.19 证明:对任何整数 $x$ 和 $y$,下式

$$x^5+3x^4y-5x^3y^2-15x^2y^3+4xy^4+12y^5$$

的值不会等于33.

(第9届莫斯科数学奥林匹克,1946年)

**证明** $x^5+3x^4y-5x^3y^2-15x^2y^3+4xy^4+12y^5=$
$x^4(x+3y)-5x^2y^2(x+3y)+4y^4(x+3y)=$
$(x+3y)(x^4-5x^2y^2+4y^4)=$
$(x+3y)(x^2-y^2)(x^2-4y^2)=$
$(x+3y)(x+y)(x-y)(x+2y)(x-2y)$

所以原式可分解成5个不同因式的乘积,而 $33=11\cdot 3$,不可能分解成5个不同因数的乘积.

所以对任何整数 $x,y$,原式的值不会等于33.

3.20 设 $a,b,c$ 为三个不同的整数,试证明不存在整系数多项式 $P(x)$,使得 $P(a)=b,P(b)=c,P(c)=a$.

**证明** 用反证法,若存在整系数多项式

$$P(x)=a_0+a_1x+\cdots+a_nx^n$$

满足要求,即

$$P(a)=b,P(b)=c,P(c)=a$$

则

$$P(a)-P(b)=b-c,P(b)-P(c)=c-a$$
$$P(c)-P(a)=a-b \quad ①$$

另一方面,对任一多项式 $P(x)$,有

$$P(a)-P(b)=(a-b)Q(a,b)$$
$$P(b)-P(c)=(b-c)Q(b,c)$$
$$P(c)-P(a)=(c-a)Q(c,a) \quad ②$$

其中 $Q(\cdot,\cdot)$ 均为整数.

将①,②中三式相乘得

$$(b-c)(c-a)(a-b)=$$
$$(a-b)(b-c)(c-a)Q(a,b)Q(b,c)Q(c,a)$$

因为 $(b-c)(c-a)(a-b)\neq 0$,所以

$$Q(a,b)\cdot Q(b,c)\cdot Q(c,a)=1$$

而 $Q(\cdot,\cdot)$ 为整数,故

$$|Q(a,b)|=|Q(b,c)|=|Q(c,a)|=1$$

再利用①和②得

$$|a-b|=|b-c|=|c-a| \quad ③$$

心得 体会 拓广 疑问

但因$a,b,c$是不同整数,要使③成立,必有$a-b=b-c=c-a$(否则,由$a-b=c-b$得$a=c$,不可能),由此得

$$b-c=\frac{a-b+c-a}{2}=\frac{-b+c}{2}$$

所以$b=c$.同理也可证得$a=b$,从而$a=b=c$.这和$a,b,c$互不相同矛盾.

**注** 作为本题的推论,设$a_i(i=1,2,\cdots,m)$为$m$个不同整数,则不可能存在整系数多项式$P(x)$,使得$P(a_i)=a_{i+1}(i=1,2,\cdots,m)$,且$a_{m+1}=a_1$.

3.21 设$f(x)=3x+2$.证明:存在正整数$m$,使得$f^{(100)}(m)$能被1 988整除($f^{(k)}(x)$表示$\underbrace{f(f(\cdots f}_{k个f}(x)\cdots))$).

(中国国家集训队选拔试题,1988年)

**证明** 由$f(x)=3x+2$得

$$f(x)+1=3(x+1)$$

从而,对于给定的$x$,有

$$f^{(n+1)}(x)+1=3[f^{(n)}(x)+1],n=0,1,2,\cdots$$

于是,数列$\{f^{(n)}(x)+1\}$是以3为公比的等比数列,因而

$$f^{(n)}(x)+1=3^n(x+1),n=0,1,2,\cdots$$

这样,要证明存在正整数$m$,使得$f^{(100)}(m)$能被1 988整除,等价于要证方程

$$3^{100}(x+1)-1=1\ 988y$$

即

$$3^{100}(x+1)-1\ 988y=1 \quad ①$$

有整数解,且$x$为正整数.

因为 $(3^{100},1\ 988)=1$

所以方程①必有整数.

设$(x_0,y_0)$是方程①的一组特解,则①的所有整数解可表示为

$$\begin{cases}x=x_0+1\ 988t\\ y=y_0+3^{100}t\end{cases}$$

其中$t$为任意整数.

取足够大的$t$,使由上式给出的$x,y$均为正整数.此时令$m=x$,则$f^{(100)}(m)$能被1 988整除.

心得 体会 拓广 疑问

3.22 求证存在无限多具有下述性质的正整数 $n$:如果 $p$ 是 $n^2+3$ 的一个素因子,则有某个满足 $k^2<n$ 的整数 $k$,使 $p$ 也是 $k^2+3$ 的一个素因子.

(第 42 届美国普特南数学竞赛,1981 年)

**证明** 令 $f(x)=x^2+3$,则

$$
\begin{aligned}
f(x)f(x+1)=&(x^2+3)[(x+1)^2+3]=\\
&x^2(x+1)^2+3x^2+3(x+1)^2+6+3=\\
&x^2(x+1)^2+6x(x+1)+9+3=\\
&(x^2+x+3)^2+3=\\
&f(x^2+x+3) \qquad ①
\end{aligned}
$$

对任何非负整数 $m$,令

$$n=(m^2+m+2)^2+(m^2+m+2)+3 \qquad ②$$

则由 ① 得

$$
\begin{aligned}
f(n)=&f(m^2+m+2)\cdot f(m^2+m+3)=\\
&f(m^2+m+2)f(m)f(m+1)
\end{aligned}
$$

因此,如果 $p$ 是 $f(n)=n^2+3$ 的一个素因子,则也必是 $f(k)=k^2+3$ 的一个素因子,其中 $k$ 等于 $m^2+m+2$,或 $m$,或 $m+1$,并且

$$k^2\leqslant(m^2+m+2)^2<n$$

于是,形如 ② 的一切正整数 $n$,都有命题所要求的性质.

3.23 $a_1,a_2,\cdots,a_{2n}$ 是 $2n$ 个互不相等的整数,如果方程 $(x-a_1)(x-a_2)\cdots(x-a_{2n})+(-1)^{n-1}(n!)^2=0$ 有一个整数解 $r$,求证

$$r=\frac{a_1+a_2+\cdots+a_{2n}}{2n}$$

(第 2 届中国东北三省数学邀请赛,1987 年)

**证明** 由题设可知

$$(r-a_1)(r-a_2)\cdots(r-a_{2n})=(-1)^n(n!)^2$$

$r-a_1,r-a_2,\cdots,r-a_{2n}$ 是 $2n$ 个互不相等的整数,对上式双方取绝对值,得

$$|r-a_1||r-a_2|\cdots|r-a_{2n}|=(n!)^2$$

可以看出:$|r-a_1|,|r-a_2|,\cdots,|r-a_{2n}|$ 是 $2n$ 个正整数,而且其中至多有两个数相等.

若不然,设

$$|r-a_i|=|r-a_j|=|r-a_k|,i\neq j\neq k$$

那么，$r$ 必小于 $a_i,a_j$ 和 $a_k$ 中的两个，或者 $r$ 必大于 $a_i,a_j,a_k$ 中的两个. 不妨设 $r>a_i,r>a_j$. 这时有

$$r-a_i=|r-a_i|=|r-a_j|=r-a_j$$

于是 $a_i=a_j$ 与已知矛盾.

由此可知，为使

$$|r-a_1||r-a_2|\cdots|r-a_{2n}|=1\cdot 1\cdot 2\cdot 2\cdot\cdots\cdot n\cdot n$$

必须且只需在 $|r-a_1|,|r-a_2|,\cdots,|r-a_{2n}|$ 中，正好有两个 1，两个 2，……，两个 $n$.

如果有 $|r-a_i|=|r-a_j|$，也只能是

$$r-a_i=-(r-a_j)$$

否则，将有

$$a_i=a_j$$

因此有

$$(r-a_1)+(r-a_2)+\cdots+(r-a_{2n})=0$$

$$r=\frac{a_1+a_2+\cdots+a_{2n}}{2n}$$

3.24 设

$$p(x)=a_nx^n+a_{n-1}x^{n-1}+\cdots+a_1x+a_0$$

和

$$q(x)=b_mx^m+b_{m-1}x^{m-1}+\cdots+b_1x+b_0$$

是两个整系数多项式，假设乘积 $p(x)q(x)$ 的一切系数都是偶数，但是它们不完全被 4 整除.

证明：$p(x)$ 和 $q(x)$ 之一有全部偶系数，另一个至少有一个奇系数.

（第 9 届加拿大数学竞赛，1977 年）

**证明** 首先注意 $p(x)$ 和 $q(x)$ 不能都只有偶系数，否则，乘积 $p(x)q(x)$ 的全部系数都能被 4 整除.

下面证明 $p(x)$ 和 $q(x)$ 不能都至少有一个奇系数.

否则，假定对某 $0\leqslant k\leqslant n$ 和 $0\leqslant l\leqslant m$ 有 $a_n,a_{n-1},\cdots,a_{k+1}$ 都是偶数，而 $a_k$ 是奇数，且 $b_m,b_{m-1},\cdots,b_{l+1}$ 都是偶数，而 $b_l$ 是奇数.

在 $p(x)\cdot q(x)$ 中 $x^{k+l}$ 的系数为

$$a_kb_l+a_{k+1}b_{l-1}+a_{k+2}b_{l-2}+\cdots+a_{k-1}b_{l+1}+a_{k-2}b_{l+2}+\cdots$$

在这个和数中，$a_kb_l$ 是奇数，而其他各项均为偶数，于是 $x^{k+l}$ 的系数为奇数，与已知 $p(x)q(x)$ 的所有系数都是偶数相矛盾.

于是 $p(x)$ 和 $q(x)$ 之一的所有系数都是偶数，而另一个的系数中至少有一个奇数.

心得 体会 拓广 疑问

3.25 已知数 $x$ 是十进制数,并且它的各位数字的乘积为 $P(x)$.试求:满足 $P(x)=x^2-10x-22$ 的所有的正整数 $x$.

**解** 假定自然数 $x$ 满足本题条件,且 $n$ 为十进制数 $x$ 的位数,因此有

$$P(x)\leqslant 9^n$$

且

$$x\geqslant 10^{n-1}(n=1,2,\cdots)$$

(1) 若 $n=1$,则有

$$P(x)=x, x^2-11x-22=0$$

这个二次方程没有整数解.

(2) 若 $n=2$,则有

$$x^2-10x-22=P(x)\leqslant 9^2=81$$

$$x^2-10x-22+47\leqslant 81+47$$

$$x^2-10x+25\leqslant 128$$

$$|x-5|\leqslant\sqrt{128}<12$$

又因 $x\geqslant 10^{2-1}=10$,故有 $10\leqslant x\leqslant 16$.
但这时数 $x$ 必须满足

$$P(x)+47=x^2-10x+25=(x-5)^2$$

所以只有数 $x=12$ 满足此条件,同时容易验证,此数也满足本题所给的方程

$$P(x)=x^2-10x-22$$

(3) 若 $n>2$,这时应有

$$0<10^{n-1}-5\leqslant x-5$$

$$(10^{n-1}-5)^2\leqslant(x-5)^2$$

所以

$$P(x)=x^2-10x-22=(x-5)^2-47\geqslant(10^{n-1}-5)^2-47$$

$$P(x)\geqslant(10^{n-1}-5)^2-47=10^{2n-2}-10^n-22$$

由 $10^n\geqslant 10^3=1\ 000$ 和 $10^{n-2}\geqslant 8$,得

$$10^n(10^{n-2}-2)=10^{2n-2}-2\cdot 10^n\geqslant 8\ 000$$

因此

$$P(x)\geqslant 10^{2n-2}-10^n-22=10^{2n-2}-2\cdot 10^n+10^n-22\geqslant 8\ 000+10^n-22>10^n$$

但这和不等式 $P(x)\leqslant 9^n$ 矛盾.

综上所述,本题只有一解 $x=12$.

心得 体会 拓广 疑问

3.26 已知多项式

$$P(x)=x^k+c_{k-1}x^{k-1}+c_{k-2}x^{k-2}+\cdots+c_1x+c_0$$

整除多项式$(x+1)^n-1$，其中$k$为偶数，所有的系数$c_0$，$c_1,\cdots,c_{k-1}$为奇数. 证明：$k+1$整除$n$.

**证明** 重新将条件写成

$$(x+1)^n-1=P(z)Q(x)$$

这里$P(x)$是一个奇系数多项式.

称两个整系数多项式$f(x)$和$g(x)$相似，记作$f(x)\equiv g(x)$，如果它们同次项系数的奇偶性相同. 这样有

$$(x+1)^n-1\equiv(x^k+x^{k-1}+\cdots+1)Q(x) \quad ①$$

在式①中将$x$换为$\frac{1}{x}$后乘以$x^n$，得到

$$(x+1)^n-x^n\equiv(x^k+x^{k-1}+\cdots+1)x^{n-k}Q\left(\frac{1}{x}\right) \quad ②$$

在式②中，$x^{n-k}Q\left(\frac{1}{x}\right)$是一个$x$的幂次数不超过$n-k$的多项式. 从式①减去式②得

$$x^n-1\equiv(x^k+x^{k-1}+\cdots+1)R(x)$$

这里$R(x)$是一个整系数多项式，如果$k+1$不整除$n$，则

$$n=q(k+1)+r,0<r<k+1$$

多项式

$$x^{k+1}-1=(x^k+\cdots+1)(x-1)$$

整除

$$x^n-x^r=x^r(x^{q(k+1)}-1)$$

这推出

$$x^r-1=(x^n-1)-(x^n-x^r)\equiv(x^k+\cdots+1)R_1(x)$$

$R_1(x)$是一个整系数多项式. 不难看出，这不可能，因为多项式$x^r-1$幂次不高于多项式$x^k+\cdots+1$的幂次，也就是它们不相似.

3.27 设$F(x)$为整系数多项式，今知对任何整数$n$，$F(n)$都可以被整数$a_1,a_2,\cdots,a_m$之一整除. 证明：可以从这些整数中选出一个数来，使得对任何$n$，$F(n)$都可以被它整除.

（彼得格勒数学奥林匹克，1990年）

**证明** 用反证法.

假定能找到整数$x_1,x_2,\cdots,x_m$，使得对任何$k=1,2,\cdots,m$，函数值$F(x_k)$都不是$a_k$的倍数.

心得 体会 拓广 疑问

这就意味着,存在着整数 $d_k = p_k^{\alpha_k}$,使得 $a_k$ 可被 $d_k$ 整除,但 $F(x_k)$ 却不能被 $d_k$ 整除.

如果在 $d_1, d_2, \cdots, d_m$ 中存在有同一个素数的方幂,则可仅留下其中幂次最低的,去掉那些幂次较高的,因为如果 $F(x)$ 不能被幂次最低者整除,那么当然就更不能被幂次更高的整除.

这样一来,可以得到一个两两互素的数组 $d_1, d_2, \cdots, d_s$,由中国剩余定理知,存在整数 $N$,使得

$$N \equiv x_k(\bmod d_k), k = 1, 2, \cdots, s$$

从而 $F(N)$ 不可被 $d_k$ 中任何一个整除,因此也不可被 $a_k$ 中的任何一个整除,与题意矛盾.

3.28 设整数 $k$ 不能被 5 整除,证明:$x^5 - x + k$ 不能写成两个次数较低的整系数多项式的乘积.

(加拿大数学奥林匹克训练题,1988 年)

**证明** 对 $x^5 - x + k$ 的分解有两种可能

$$x^5 - x + k = (x + a)(x^4 + bx^3 + cx^2 + dx + e)$$
$$x^5 - x + k = (x^2 + ax + b)(x^3 + cx^2 + dx + e)$$

上两式的字母系数都是整数.

对于第一种可能:

$-a$ 为 $x^5 - x + k$ 的根,所以有

$$-(a^5 - a) + k = 0$$

由费马小定理

$$5 \mid a^5 - a$$

从而 $k$ 能被 5 整除,与 $k$ 不能被 5 整除矛盾.

对于第二种可能:

比较等式两边同次项系数,得

$$a + c = 0$$
$$ac + b + d = 0$$
$$e + ad + bc = 0$$
$$ae + bd = -1$$
$$be = k$$

由前三式得

$$c = -a, d = a^2 - b, e = 2ab - a^3$$

代入后两式后

$$3a^2b + 1 = a^4 + b^2$$
$$ab(2b - a^2) = k$$

于是有

$$k=2a(3a^2b+1-a^4)-a^3b=-2(a^5-a)+5a^3b$$

仍由费马小定理,$5\mid a^5-a$,从而 $k$ 能被5整除,与 $k$ 不能被5整除矛盾.

所以在 $k$ 不能被5整除时,$x^5-x+k$ 不能分解成两个次数较低的整系数多项式的积.

> 3.29 设整数 $p>1$,$x$ 是满足 $0\leqslant x<p$ 的所有整数,使得二次三项式 $x^2-x+p$ 是素数(例如 $p=5$ 与 $p=41$ 就有这种性质).
>
> 证明:存在唯一的整数组 $a,b,c$ 满足
>
> $$b^2-4ac=1-4p,0<a\leqslant c,-a\leqslant b<a$$
>
> (第34届美国普特南数学竞赛,1973年)

**证明** 满足条件的整数组 $(a,b,c)=(1,-1,p)$. 现证明它是唯一的解. 由

$$b^2-4ac=1-4p \qquad ①$$

可得 $b$ 是满足

$$b^2\equiv 1(\bmod 4)$$

的整数,因而 $b$ 是奇数.

记 $|b|=2x-1$,则由式①得

$$(2x-1)^2-4ac=1-4p$$

即

$$x^2-x+p=ac$$

若 $0\leqslant x<p$,由题设可知 $ac$ 是素数.

则由 $0<a\leqslant c$,得 $a=1$.

再由 $-a\leqslant b<a$ 及 $b$ 是奇数,可得 $b=-1$.

又由 $1-4p=b^2-4ac=1-4c$,可得 $c=p$.

下面只要证明 $0\leqslant x<p$ 即可.

由 $|b|=2x-1$,可得

$$x=\frac{|b|+1}{2}\geqslant 0$$

由 $|b|\leqslant a\leqslant c,b^2-4ac=1-4p$ 及 $p\geqslant 2$,则

$$3a^2=4a^2-a^2\leqslant 4ac-b^2=4p=1$$

$$|b|\leqslant a\leqslant\sqrt{\frac{4p-1}{3}}$$

$$x=\frac{|b|+1}{2}<\sqrt{\frac{p}{3}}+\frac{1}{2}<p$$

于是 $0\leqslant x<p$. 由以上,唯一性得证.

心得 体会 拓广 疑问

3.30 设$P(x)$为$n$次($n>1$)整系数多项式,$k$是一个正整数.考虑多项式$Q(x)=P(P(\cdots P(P(x))\cdots))$,其中$P$出现$k$次.证明:最多存在$n$个整数$t$,使得$Q(t)=t$.

**证明** 首先,如果$Q$的每个整数不动点也是$P$的不动点,那么,结论成立.

对任意整数$x_0$,满足$Q(x_0)=x_0$,但$P(x_0)\neq x_0$.现定义$x_{i+1}=P(x_i)$,$i=0,1,2,\cdots$,则$x_k=x_0$.

显然,对不同的$u,v$,有

$$u-v\mid P(u)-P(v)$$

从而,对于下面(非零)差式,前一项能整除后一项

$$x_0-x_1,x_1-x_2,\cdots,x_{k-1}-x_k,x_k-x_{k+1}$$

由于$x_k-x_{k+1}=x_0-x_1$,所以所有的差式的绝对值相等.考虑

$$x_m=\min(x_1,\cdots,x_k)$$

则

$$x_{m-1}-x_m=-(x_m-x_{m+1})$$

于是,$x_{m-1}=x_{m+1}(\neq x_m)$,推出相继的差有相反的符号,得到$x_0$,$x_1$,$\cdots$取两个不同的值.换句话说,$Q$的整数不动点为多项式$P(P(x))$的不动点,将证明这样的不动点最多有$n$个.

假设$a$为满足性质的一个不动点,设$b=P(a)\neq a$(已经假定这样的$a$存在),那么$a=P(b)$.取$P(P(x))$的任意整数不动点$\alpha$,令$P(\alpha)=\beta$,则$\alpha=P(\beta)$,$\alpha$和$\beta$可以相同(即$\alpha$可以是$P$的不动点),但$\alpha,\beta$与$a,b$互不相同.对四对数$(\alpha,a)$,$(\beta,b)$,$(\alpha,b)$,$(\beta,a)$应用前面的性质,得到$\alpha-a$与$\beta-b$相互整除,$\alpha-b$与$\beta-a$相互整除,从而

$$\alpha-b=\pm(\beta-a),\alpha-a=\pm(\beta-b)$$

如果在两式中取加号,则

$$\alpha-b=\beta-a\text{ 与 }\alpha-a=\beta-b$$

得到

$$a-b=b-a$$

与$a\neq b$矛盾.那么至少有一个等式取负号,得到$\alpha+\beta=a+b$,即

$$a+b-\alpha-P(\alpha)=0$$

用$C$表示$a+b$的集合,已经证明$Q$的每个不等于$a$和$b$的整数不动点都是多项式$F(x)=C-x-P(x)$的根,对于$a$和$b$同样成立.由于多项式$F(x)$与$P(x)$有相同的次,即为$n$次多项式,从而至多有$n$个不同的整数根,证毕.

心得 体会 拓广 疑问

3.31　对给定 $n$ 个不同数 $a_1,a_2,\cdots,a_n\in\mathbf{N}^*$，$n>1$，记

$$p_i=\prod_{\substack{1\leqslant j\leqslant n\\ j\neq i}}(a_i-a_j),i=1,2,\cdots,n$$

证明：对任意正整数 $k$，$\sum_{i=1}^{n}\frac{a_i^k}{p_i}$ 是整数.

（英国，1981 年）

**证明**　先证明结论对 $k=0,1,\cdots,n-1$ 成立. 构造一个次数不高于 $n-1$ 次的多项式，使它在每个点 $a_i$ 处取值为 $a_i^k$，$i=1,2,\cdots,n$. 由拉格朗日插值公式，这个多项式为

$$P(x)=\sum_{i=1}^{n}a_i^k\prod_{\substack{1\leqslant j\leqslant n\\ j\neq i}}\frac{x-a_j}{a_i-a_j}=\sum_{i=1}^{n}\frac{a_i^k}{p_i}\prod_{\substack{1\leqslant j\leqslant n\\ j\neq i}}(x-a_j)$$

其中 $x^{n-1}$ 的系数为 $\sum_{i=1}^{n}\frac{a_i^k}{p_i}$，另一方面，多项式 $p(x)$ 和多项式 $x^k$ 相等，因此，当 $k<n-1$ 时，$x^{n-1}$ 的系数为 0，而当 $k=n-1$ 时则为 1. 这就证明了，对 $k=0,1,\cdots,n-1$ 有

$$\sum_{i=1}^{n}\frac{a_i^k}{p_i}$$

都是整数. 现在证明，如果对某个 $k\geqslant n$，满足

$$\begin{cases}\dfrac{a_1^{k-1}}{p_1}+\dfrac{a_2^{k-1}}{p_2}+\cdots+\dfrac{a_n^{k-1}}{p_n}=b_1\\ \dfrac{a_1^{k-2}}{p_1}+\dfrac{a_2^{k-2}}{p_2}+\cdots+\dfrac{a_n^{k-2}}{p_n}=b_2\\ \quad\vdots\\ \dfrac{a_1^{k-n}}{p_1}+\dfrac{a_2^{k-n}}{p_2}+\cdots+\dfrac{a_n^{k-n}}{p_n}=b_n\end{cases}$$

的 $b_1,b_2,\cdots,b_n\in\mathbf{Z}$，则

$$b_0=\frac{a_1^k}{p_1}+\frac{a_2^k}{p_2}+\cdots+\frac{a_n^k}{p_n}$$

也是整数. 于是，由数学归纳法，所欲证的结论对每个 $k\in\mathbf{N}^*$ 成立. 设多项式 $x^n+c_1x^{n-1}+c_2x^{n-2}+\cdots+c_n$ 的根为 $a_1,a_2,\cdots,a_n$，则由 Viéta 定理，这个多项式的系数 $c_1,c_2,\cdots,c_n$ 为整数，并且对每个 $j=1,2,\cdots,n$，有 $a_j^n=-\sum_{i=1}^{n}c_ia_j^{n-i}$，方程组中的方程依次乘以 $c_1$，$c_2,\cdots,c_n$，然后求和，得到

$$\sum_{i=1}^{n}c_ib_i=\sum_{i=1}^{n}\sum_{j=1}^{n}c_j\frac{a_j^{k-i}}{p_j}=\sum_{j=1}^{n}\frac{a_j^{k-n}}{p_j}\sum_{i=1}^{n}c_ia_j^{n-i}=$$

心得 体会 拓广 疑问

$$-\sum_{j=1}^{n}\frac{a_j^{k-n}}{p_j}a_j^n=-\sum_{j=1}^{n}\frac{a_j^k}{p_j}=-b_0$$

即 $b_0=-\sum_{i=1}^{n}c_ib_i$ 为整数,这正是所要证明的.

3.32　设 $a_i,b_i(i=1,2,\cdots,n)$ 是有理数,使得对任意的实数 $x$ 都有

$$x^2+x+4=\sum_{i=1}^{n}(a_ix+b_i)^2$$

求 $n$ 的最小可能值.

**解**　因

$$x^2+x+4=\left(x+\frac{1}{2}\right)^2+\left(\frac{3}{2}\right)^2+1^2+\left(\frac{1}{2}\right)^2+\left(\frac{1}{2}\right)^2$$

故 $n=5$ 是可以的,下证 $n=4$ 不可以.

反证法.

若 $n=4$,设

$$x^2+x+4=\sum_{i=1}^{4}(a_ix+b_i)^2,a_i,b_i\in\mathbf{Q}$$

则

$$\sum_{i=1}^{4}a_i^2=1,\sum_{i=1}^{4}a_ib_i=\frac{1}{2},\sum_{i=1}^{4}b_i^2=4$$

故

$$\begin{aligned}\frac{15}{4}=&\left(\sum_{i=1}^{4}a_i^2\right)\left(\sum_{i=1}^{4}b_i^2\right)-\left(\sum_{i=1}^{4}a_ib_i\right)^2=\\&(-a_1b_2+a_2b_1-a_3b_4+a_4b_3)^2+\\&(-a_1b_3+a_3b_1-a_4b_2+a_2b_4)^2+\\&(-a_1b_4+a_4b_1-a_2b_3+a_3b_2)^2\end{aligned}$$

上式表明

$$a^2+b^2+c^2=15d^2\equiv-d^2(\bmod 8)$$

有解. 不妨设 $a,b,c,d$ 至少有一个奇数,且 $a^2,b^2,c^2,d^2\equiv0,1,4(\bmod 8)$,上式显然无解,矛盾. 故 $n=4$ 不可以.

3.33　设整系数多项式 $P(x)$ 在 4 个不同整数 $x$ 上都取值为 2. 证明:对任意整数 $x$,$P(x)\notin\{1,3,5,7,9\}$.

(北京,1963 年)

**证明**　考虑多项式 $Q(x)=P(x)-2$,并证明如下结论:如果整系数多项式 $Q(x)$ 有 4 个不同的整数根,则对每个 $x\in\mathbf{Z}$,整数 $|Q(x)|$ 要么等于 0,要么是合数(当然,它不能等于 1). 设 $a,b$,

心得 体会 拓广 疑问

$c,d$ 是多项式 $Q(x)$ 的4个不同的整数根,则由 Bézout 定理

$$Q(x)=S(x)R(x)$$

其中 $S(x)=(x-a)(x-b)(x-c)(x-d)$,且 $R(x)$ 是某个多项式,因为多项式 $S(x)$ 的首项系数为1,所以多项式 $R(x)$ 是整系数的. 设 $x_0$ 是整数,它不等于 $a,b,c$ 或 $d$,则 $R(x_0)$ 是整数,且 $Q(x_0)$ 被4个不同整数的乘积 $(x_0-a)(x_0-b)(x_0-c)(x_0-d)$ 整除(其中至少有两个不是1和 $-1$). 因此,要么 $Q(x_0)=0$,要么 $|Q(x_0)|$ 是合数,特别地,对每个 $x\in\mathbf{Z}$,$Q(x)$ 不可能是 $-1,1,3,5$ 或 $7$,这就是说,$P(x)=Q(x)+2$ 不可能是 $1,3,5,7$ 或 $9$.

3.34 求出所有正整数 $k$,使多项式 $x^{2k+1}+x+1$ 被 $x^k+x+1$ 整除. 对每个满足上述条件的 $k$,求出使 $x^n+x+1$ 被 $x^k+x+1$ 整除的正整数 $n$.

(英国数学奥林匹克,1991年)

**解** 因为

$$x^k+x+1\mid x^{2k+1}+x+1$$

则

$$x^k+x+1\mid (x^{2k+1}+x+1)-(x^k+x+1)$$

即

$$x^k+x+1\mid x^k(x^{k+1}-1) \quad ①$$

因为

$$x+1\mid x^k-(-1)^k$$

所以

$$(x^k,x+1)=1$$

$$(x^k,x^k+x+1)=(x^k,x+1)=1$$

于是 $x^k$ 与 $x^k+x+1$ 互素.

由式①必有

$$x^k+x+1\mid x^{k+1}-1$$

又

$$x^{k+1}-1=x(x^k+x+1)-(x^2+x+1)$$

因而

$$x^k+x+1\mid x^2+x+1$$

所以

$$k=1\text{ 或 }2$$

但 $k=1$ 时

$$x^k+x+1=2x+1\nmid x^2+x+1$$

所以

$$k=2$$

又因为 $x^2+x+1$ 的根为 $\omega=\frac{-1\pm\sqrt{3}\mathrm{i}}{2}$,其中 i 为虚单位,即 $\mathrm{i}^2=-1$.

若 $x^n+x+1$ 能被 $x^2+x+1$ 整除,则

$$\omega^n+\omega+1=0$$

所以 $n=3m+2$,$m$ 为非负整数.

心得 体会 拓广 疑问

3.35 设$f(x)=a_0x^n+a_1x^{n-1}+\cdots+a_n$是整系数多项式,既约有理分数$\frac{p}{q}$是它的一个根.

证明:对任何整数$k$,数$p-kq$都可整除数$f(k)$.

(第18届莫斯科数学奥林匹克,1955年)

**证明** 先证明一个引理.

**引理** 设$f(x)=\sum\limits_{i=0}^{m+1}f_ix^i$是$m+1$次整系数多项式,既约有理分数$\frac{p}{q}$是它的一个根,令

$$f(x)=\left(x-\frac{p}{q}\right)g(x) \quad ①$$

则$g(x)$是整系数多项式.

**引理的证明** 显然$g(x)$是有理多项式,且

$$p\mid f_0,q\mid f_{m+1}$$

令

$$g(x)=\sum_{i=0}^{m}g_ix^i$$

其中$g_i$是有理数,现证明$g_i$都是整数.

由①得

$$qf(x)=(qx-p)g(x)$$

$$q\sum_{i=0}^{m+1}f_ix^i=(qx-p)\sum_{i=0}^{m}g_ix_i=\sum_{i=0}^{m}qg_ix^{i+1}-\sum_{i=0}^{m}pg_ix^i=$$

$$qg_mx^{m+1}+\sum_{i=1}^{m}(qg_{i-1}-pg_i)x^i-pg_0$$

所以有

$$\begin{cases}qf_{m+1}=qg_m\\qf_i=qg_{i-1}-pg_i,i=1,2,\cdots,m\\qf_0=-pg_0\end{cases}$$

于是$g_m=f_{m+1}$是整数.

假设有某一个$i\geqslant 1$存在,使$g_m,g_{m-1},\cdots,g_i$都是整数,而$g_{i-1}$不是整数,则由

$$g_{i-1}=f_i+\frac{p}{q}g_i$$

可知,$g_{i-1}$的分母含有$q$的真因子,于是$g_{i-2}=f_i+\frac{p}{q}g_{i-1}$中$g_{i-2}$的分母也含有$q$的真因子,也不是整数.

这样,$g_{i-1},g_{i-2},\cdots,g_1,g_0$都不是整数,然而$qf_0=-pg_0$,且$p\mid f_0$,可得$g_0$是整数,从而导致了矛盾.这一矛盾说明$g_i$都是整数,即$g(x)$是整系数多项式.

心得 体会 拓广 疑问

由引理,令 $x=k$,$k$ 是整数,则

$$qf(k)=(qk-p)f(k)$$

其中 $f(k)$ 是整数.

由 $p$ 和 $q$ 互质,则 $(qk-p,q)=1$. 于是

$$qk-p \mid f(k)$$

3.36 $p,q$ 是两个不同的素数,正整数 $n\geqslant 3$. 求所有整数 $a$,使得多项式 $f(x)=x^n+ax^{n-1}+pq$ 能够分解为两个不低于一次的整系数多项式的积.

(中国国家集训队选拔考试,1994 年)

**解** 设

$$f(x)=x^n+ax^{n-1}+pq=g(x)h(x) \quad ①$$

可设 $g(x)$,$h(x)$ 的最高次项的系数为 $+1$,否则可考虑 $(-g(x))\cdot(-h(x))$,即设

$$g(x)=x^l+a_{l-1}x^{l-1}+\cdots+a_1x+a_0 \quad ②$$

$$h(x)=x^m+b_{m-1}x^{m-1}+\cdots+b_1x+b_0 \quad ③$$

显然

$$a_0b_0=pq \quad ④$$

由 $p,q$ 是不同的素数及式 ④,可设 $p\nmid a_0$,则 $p\mid b_0$,设 $p\mid b_k(\beta=0,1,\cdots,r-1)$,$p\nmid b_r(r\leqslant m)$,记 $f(x)$ 中 $x^r$ 的系数为 $c_r$,则由 ①,② 及 ③ 有

$$c_r=a_0b_r+a_1b_{r-1}+\cdots+a_rb_0$$

由 $p\nmid a_0$ 知 $p\nmid c_r$,又由题设条件

$$c_1=c_2=\cdots=c_{n-2}=0$$

它们全是 $p$ 的倍数.

由于 $r\leqslant m\leqslant n-1$,所以只可能是 $r=n-1$,即

$$m=n-1$$

$h(x)$ 为 $n-1$ 次多项式,$g(x)$ 为一次多项式,$g(x)=x+a_0$.

从而 $f(-a_0)=0$,即

$$0=(-a_0)^n+a(-a_0)^{n-1}+pq$$

则

$$(-a_0)^{n-1}(a-a_0)=-pq \quad ⑤$$

由 $n-1\geqslant 2$ 及 $p,q$ 是不同素数,则由上式知 $a_0=\pm 1$.

此时由式 ⑤ 有 $a=1+(-1)^npq$ 或 $a=-1-pq$.

心得 体会 拓广 疑问

3.37 证明:五次多项式

$$P(x)=x^5-3x^4+6x^3-3x^2+9x-6$$

不能表示成两个次数低于5的整系数多项式之积的形式.

(波兰数学竞赛,1962年)

**证明** 首先注意下面的事实:如果首项系数为1的多项式能表示成两个整系数多项式的积的形式,那么可以认为这两个多项式的首项系数为1.

事实上,如果乘积等于原多项式的两个多项式的首项是$a_0x^k$,$b_0x^l$,则由$a_0b_0=1$可知,或者$a_0=b_0=1$,或者$a_0=b_0=-1$,当$a_0=b_0=-1$时,只需将这两个多项式各项都变号就变成$a_0=b_0=1$的情形.

若多项式$P(x)$能分解成两个次数低于5的整系数多项式的积的形式,那么只有两种可能:一种是分解为一次多项式$(x+a)$与四次多项式$Q(x)$的积,一种是分解为二次多项式$(x^2+a_1x+a_2)$与三次多项式$(x^3+b_1x^2+b_2x+b_3)$的积.

(1)假定

$$x^5-3x^4+6x^3-3x^2+9x-6=(x+a)Q(x) \quad ①$$

若式①成立,则对所有实数$x$都成立,特别地,令$x=-a$,式①也应成立,此时有

$$-a^5-3a^4-6a^3-3a^2-9a-6=0 \quad ②$$

若$a$是3的倍数,则$-a^5-3a^4-6a^3-3a^2-9a$是9的倍数,而6不是9的倍数,所以式②左边不是9的倍数,因而它不可能是0.

若$a$不是3的倍数,当$a$被3除余1时,$a^5+3a^4+6a^3+3a^2+9a+6$被3除余1,当$a$被3除余2时,$a^5+3a^4+6a^3+3a^2+9a+6$被3除余2,因此,式②的左边不能为0.

于是,式①不可能成立.

(2)假定

$$x^5-3x^4+6x^3-3x^2+9x-6=$$
$$(x^2+a_1x+a_2)(x^3+b_1x^2+b_2x+b_3) \quad ③$$

比较式③两边$x$同次幂的系数,得

$$a_2b_3=-6 \quad ④$$
$$a_1b_3+a_2b_2=9 \quad ⑤$$
$$a_1b_2+a_2b_1+b_3=-3 \quad ⑥$$
$$a_1b_1+a_2+b_2=6 \quad ⑦$$
$$a_1+b_1=-3 \quad ⑧$$

从式④可以看出,$a_2$ 和 $b_3$ 中有一个且仅有一个是3的倍数.

$$若\ 3\mid a_2,且\ 3\nmid b_3 \quad ⑨$$

则由⑤可知

$$3\mid a_1$$

由⑥可知

$$3\mid b_3 \quad ⑩$$

⑩与⑨矛盾.

$$若\ 3\nmid a_2,且\ 3\mid b_3 \quad ⑪$$

则由⑤知

$$3\mid b_2$$

由⑥知

$$3\mid b_1$$

由⑦知

$$3\mid a_2 \quad ⑫$$

⑪与⑫矛盾.

于是式③不可能成立.

由(1),(2),$P(x)$ 不能表示成两个次数低于5的整系数多项式之积的形式.

3.38 设 $p$ 为素数,$f(x)$ 为整系数 $d$ 次多项式且满足:

(1)$f(0)=0,f(1)=1$;

(2)对任一正整数 $n$,$f(n)$ 被 $p$ 所除的余数或为0或为1.

证明:$d\geqslant p-1$.

(第38届国际数学奥林匹克预选题,1997年)

**证明** 反证法.假设 $d\leqslant p-2$,那么,多项式 $f(x)$ 完全由它在 $0,1,\cdots,p-2$ 的值所确定.

由拉格朗日插值公式,对于任一 $x$,有

$$f(x)=\sum_{k=0}^{p-1}f(k)\frac{x(x-1)\cdots(x-k+1)(x-k-1)\cdots(x-p+2)}{k!\ (-1)^{p-k}(p-k-2)!}$$

将 $x=p-1$ 代入上式得

$$f(p-1)=\sum_{k=0}^{p-1}f(k)\frac{(p-1)\cdots(p-k)}{(-1)^{p-k}k!}=$$

$$\sum_{k=0}^{p-2}f(k)(-1)^{p-k}C_{p-1}^{k} \quad ①$$

可以证明,若 $p$ 是素数,且 $0\leqslant k\leqslant p-1$,则

$$C_{p-1}^{k}\equiv(-1)^{k}(\bmod p) \quad ②$$

可以用数学归纳法证明式②.

当 $k=0$ 时,$C_{p-1}^{0}\equiv 1(\bmod p)$ 显然成立.

对满足 $1\leqslant k\leqslant p-1$ 的 $k$,假设 $C_{p-1}^{k-1}\equiv(-1)^{k-1}(\bmod p)$ 成

心得 体会 拓广 疑问

立,由 $p \mid C_p^k$ 及 $C_{p-1}^k = C_p^k - C_{p-1}^{k-1}$. 可得

$$C_{p-1}^k \equiv -(-1)^{k-1} = (-1)^k \pmod p$$

因而式 ② 成立.

由 ① 和 ② 可知

$$f(p-1) \equiv (-1)^p \sum_{k=0}^{p-2} f(k) \pmod p$$

上式可改写为对任一素数 $p$,有

$$f(0) + f(1) + \cdots + f(p-1) \equiv 0 \pmod p$$

设 $S(f) = f(0) + f(1) + \cdots + f(p-1)$,则有

$$S(f) \equiv 0 \pmod p \quad ③$$

式 ③ 对任一次数为 $d \leqslant p-2$ 的整系数多项式都成立.

由条件(2) 可知

$$S'(f) \equiv k \pmod p$$

其中 $k$ 表示在集合 $\{0,1,\cdots,p-1\}$ 中满足 $f(n) \equiv 1 \pmod p$ 的那些数,由条件(1) 可知 $1 \leqslant k \leqslant p-1$,于是

$$S(f) \not\equiv 0 \pmod p \quad ④$$

③ 与 ④ 矛盾,于是 $d \geqslant p-1$.

3.39 证明:如果存在 $n$ 个正整数 $x_1, x_2, \cdots, x_n$ 满足 $n$ 个方程

$$\begin{cases} 2x_1 - x_2 = 1 \\ -x_{k-1} + 2x_k - x_{k+1} = 1, k = 2,3,\cdots,n-1 \\ -x_{n-1} + 2x_n = 1 \end{cases}$$

则 $n$ 是偶数.

(瑞典数学竞赛,1983 年)

**证明** 考虑齐次方程组

$$\begin{cases} 2x_1 - x_2 = 0 \\ -x_{k-1} + 2x_k - x_{k+1} = 0, k = 2,3,\cdots,n-1 \\ -x_{n-1} + 2x_n = 0 \end{cases}$$

则可得出

$$\begin{cases} x_2 = 2x_1 \\ x_k = \dfrac{x_{k-1} + x_{k+1}}{2}, k = 2,3,\cdots,n-1 \\ x_{n-1} = 2x_n \end{cases}$$

于是解得

$$\begin{cases} x_i = ix_1, i = 2,3,\cdots,n \\ x_n = \dfrac{1}{2}(n-1)x_1 \end{cases}$$

这样就有

心得 体会 拓广 疑问

$$nx_1=\frac{1}{2}(n-1)x_1$$

解得 $$x_1=0$$

从而 $$x_i=0,i=1,2,\cdots,n$$

设 $x_1,x_2,\cdots,x_n$ 是方程组

$$\begin{cases}2x_1-x_2=1\\-x_{k-1}+2x_k-x_{k+1}=1,k=2,3,\cdots,n-1\\-x_{n-1}+2x_n=1\end{cases} ①$$

的一组解. 则 $x_n,x_{n-1},\cdots,x_1$ 也是这个方程组的一组解,于是

$$x_1-x_n,x_2-x_{n-1},x_3-x_{n-2},\cdots,x_n-x_1$$

是齐次方程组的解,因此

$$x_1=x_n,x_2=x_{n-1},x_3=x_{n-2},\cdots$$

又将方程组 ① 的 $n$ 个方程相加得

$$x_1+x_n=n$$

所以 $$x_1=x_n=\frac{n}{2}$$

因为 $x_1$ 是正整数,所以 $n$ 是偶数.

3.40 (1)$f(x)$ 是一元四次整系数多项式,即

$$f(x)=c_4x^4+c_3x^3+c_2x^2+c_1x+c_0$$

其中 $c_0,c_1,c_2,c_3,c_4$ 均为整数,求证:$a,b$ 为整数,且 $a>b$,则 $a-b$ 能整除 $f(a)-f(b)$.

(2) 甲乙二人在教室里做作业.

甲问乙:"你做完了几道题?"

乙回答说:"我做完的题目数是一个正整数,而且是一个一元四次整系数多项式的根,你猜一猜?"

于是,甲试着用7代入多项式,得值77,这时乙说:"我做的题目数比7多."

甲说:"好,我再用大一点的整数试一试."于是甲又用 $B$ 代入多项式,其值为85.

乙看了又说:"我做的题目比 $B$ 还多."后来甲经过思考和计算,终于求出了乙做的题目数.

试根据对话,求乙完成的题目数.

(中国河北省数学竞赛,1979 年)

**解** (1)$f(a)-f(b)=(c_4a^4+c_3a^3+c_2a^2+c_1a+c_0)-$
$(c_4b^4+c_3b^3+c_2b^2+c_1b+c_0)=$
$c_4(a^4-b^4)+c_3(a^3-b^3)+$

心得 体会 拓广 疑问

$$c_2(a^2-b^2)+c_1(a-b)$$

因为 $a-b\mid a^k-b^k,k\in\mathbf{N}$,则

$$a-b\mid f(a)-f(b)$$

(2) 设乙所说的一元四次整系数多项式为 $f(x)$,乙做的题目数为 $A$. 依题意有

$$f(7)=77,f(B)=85,f(A)=0$$

且 $$7<B<A$$

利用(1) 的结果有

$$A-7\mid f(A)-f(7)=-77 \quad ①$$

$$A-B\mid f(A)-f(B)=-85 \quad ②$$

$$B-7\mid f(B)-f(7)=8 \quad ③$$

由 ① 知 $$A-7=1,7,11,77$$

从而 $$A=8,14,18,84$$

由 ③ 知 $$B-7=1,2,4,8$$

从而 $$B=8,9,11,15$$

考虑 $A,B$ 不同取值的组合,仅当 $A=14,B=9$ 时,满足

$$A-B\mid -85$$

所以 $A=14$,即乙做了 14 道题.

3.41 设 $f(x)=x^8+4x^6+2x^4+28x^2+1,p>3$ 为素数,并设存在整数 $z$,使得 $p$ 整除 $f(z)$.

证明:存在整数 $z_1,z_2,\cdots,z_8$,使得对于

$$g(x)=(x-z_1)(x-z_2)\cdots(x-z_8)$$

多项式 $f(x)-g(x)$ 的所有系数均可被 $p$ 整除.

(第 33 届国际数学奥林匹克预选题,1992 年)

**证明** 首先注意到

$$f(x)=(x^4+2x^2-1)^2+32x^2$$

由于 $$p\mid f(z)=(z^4+2z^2-1)^2+32z^2$$

故知存在整数 $t$,使得

$$t^2\equiv -2(\bmod p) \quad ①$$

于是可以写作

$$z^4+2z^2-1\equiv 4zt(\bmod p) \quad ②$$

这是因为由 ① 有

$$(z^4+2z^2-1)^2+32z^2\equiv 16z^2t^2+32z^2\equiv 0(\bmod p)$$

对 ②,必要时可用 $-t$ 代替 $t$,从而

$$(z^2+1+t)^2=z^4+2z^2+1+t^2+2t(z^2+1)\equiv$$

$$2+4zt+t^2+2t(z^2+1)\equiv \quad (由 ②)$$

心得 体会 拓广 疑问

$$2t(z+1)^2 \pmod p \qquad (由①)$$

如果 $z \equiv -1 \pmod p$,则

$$(1+1+t)^2 \equiv 2t(z+1)^2 \equiv 0 \pmod p$$

即

$$t \equiv -2 \pmod p$$

再由①有

$$-2 \equiv 4 \pmod p$$

这意味着素数 $p \leqslant 3$,与已知条件相矛盾,所以 $z \not\equiv -1 \pmod p$,因此,存在整数 $s$,使得

$$4s^2 \equiv 2t \pmod p$$
$$16s^4 \equiv 4t^2 \pmod p$$
$$4s^4 \equiv -2 \pmod p$$

从而 $r = ts$ 满足

$$r^4 \equiv -2 \pmod p$$

于是可写作

$$z^2+1+t \equiv 2s(z+1) \pmod p$$

从而

$$(z-s)^2 \equiv -(s-1)^2 \pmod p$$

由于

$$s \not\equiv 1 \pmod p$$

故知存在整数 $m$,使得

$$m^2 \equiv -1 \pmod p$$

注意到

$$[(x-m)^4+r^4][(x+m)^4+r^4] \equiv$$
$$(x^2+1)^4+r^4[(x-m)^4+(x+m)^4]+r^8 \equiv$$
$$(x^2+1)^4-2[2x^4-12x^2+2]+4 \equiv f(x) \pmod p$$

故知

$$f(x) \equiv [(x-m)^4-2][(x+m)^4-2] \pmod p$$

由于 $mt \not\equiv 0 \pmod p$,所以存在整数 $u$,使得

$$mtu \equiv m+1 \pmod p$$

因此

$$u^2 \equiv m \pmod p$$
$$u^4 \equiv -1 \pmod p$$

故知 $v = ur$ 满足

$$v^4 \equiv 2 \pmod p$$

令 $z_1 = m+v, z_2 = m+mv, z_3 = m-v, z_4 = m-mv, z_5 = -m+v$, $z_6 = -m+mv, z_7 = -m-v, z_8 = -m-mv$,就有

$$(x-z_1)(x-z_2)(x-z_3)(x-z_4) \equiv (x-m)^4-2 \pmod p$$
$$(x-z_5)(x-z_6)(x-z_7)(x-z_8) \equiv (x+m)^4-2 \pmod p$$

从而得到要证的结论.

心得 体会 拓广 疑问

3.42 $n$是一个正整数,求整系数多项式$f(x)$的个数,使得其系数属于集合$\{0,1,2,3\}$,并满足$f(2)=n$.

**解** 记

$$f(x)=a_0+a_1x+a_2x^2+\cdots+a_jx^j+\cdots+a_kx^k \quad ①$$

这里$k$是非负整数,$a_j(0\leqslant j\leqslant k)\in\{0,1,2,3\}$,且$a_k\neq 0$. 由于$f(2)=n$,则

$$n=a_0+a_12+a_22^2+\cdots+a_j2^j+\cdots+a_k2^k \quad ②$$

令

$$b_j=\left[\frac{a_j}{2}\right](j=0,1,2,\cdots,k) \quad ③$$

这里$\left[\frac{a_j}{2}\right]$表示不超过$\frac{a_j}{2}$的最大整数,则$b_j\in\{0,1\}$. 又令

$$m=b_0+b_12+b_22^2+\cdots+b_j2^j+\cdots+b_k2^k \quad ④$$

由②,③和④,有

$$0\leqslant m\leqslant\frac{n}{2} \quad ⑤$$

于是,有一个满足题目条件的多项式$f(x)$,对应地,有闭区间$\left[0,\frac{n}{2}\right]$内一个非负整数$m$. 现在证明,对于$\left[0,\frac{n}{2}\right]$内任一个非负整数$m$,一定有唯一一个满足题目条件的整系数多项式$f(x)$,使得公式①,②,③,④成立.

在$\left[0,\frac{n}{2}\right]$内任取一个非负整数$m$,用2进制写出这个$m$为

$$m=c_0+c_12+c_22^2+\cdots+c_k2^k \quad ⑥$$

这里$c_k=1$,$k$是非负整数,$c_j\in\{0,1\}(j=0,1,\cdots,k-1)$. 那么公式①和②中整数$a_j(a_j\in\{0,1,2,3\})$如何确定呢?

由于$n$是给定的,从公式②知道$n-a_0$是2的倍数. 利用公式③,应有

$$\left[\frac{a_0}{2}\right]=c_0 \quad ⑦$$

这里$a_0\in\{0,1,2,3\}$. 当$c_0=0$时,如果$n$是偶数,必有$a_0=0$;如果$n$是奇数,必有$a_0=1$. 当$c_0=1$时,如果$n$是偶数,$a_0=2$;如果$n$是奇数,$a_0=3$. 所以$a_0$唯一确定. 有了$a_0$,类似于上述证明,一定有唯一整数$a_j(1\leqslant j\leqslant k)$,$a_j\in\{0,1,2,3\}$,使得$n-a_0-a_12-a_22^2-\cdots-a_j2^j$是$2^{j+1}$的倍数,且满足

$$\left[\frac{a_j}{2}\right]=c_j \quad ⑧$$

实际上,$a_j$ 的确定很容易. 由归纳法假设可以知道 $n - a_0 - a_1 2 - a_2 2^2 - \cdots - a_{j-1}2^{j-1}$ 已是 $2^j$ 的倍数,当 $c_j = 0$ 时,如果 $n - a_0 - a_1 2 - a_2 2^2 - \cdots - a_{j-1}2^{j-1}$ 是 $2^{j+1}$ 的倍数,令 $a_j = 0$;如果 $n - a_0 - a_1 2 - a_2 2^2 - \cdots - a_{j-1}2^{j-1}$ 是 $2^j$ 的奇数倍,令 $a_j = 1$. 当 $c_j = 1$ 时,对于上述第一种情况,令 $a_j = 2$;对于上述第二种情况,令 $a_j = 3$. 因此,我们找到了满足题目条件的多项式与 $\left[0,\frac{n}{2}\right]$ 内整数 $m$ 之间的一个一一对应. 所以,满足题目条件的多项式个数目就是 $\left[0,\frac{n}{2}\right]$ 内整数数目 $\left[\frac{n}{2}\right] + 1$.

3.43 考察 $q$ 个未知量的 $p$ 个方程($q = 2p$)

$$a_{11}x_1 + a_{12}x_2 + \cdots + a_{1q}x_q = 0$$
$$a_{21}x_1 + a_{22}x_2 + \cdots + a_{2q}x_q = 0$$
$$\vdots$$
$$a_{p1}x_1 + a_{p2}x_2 + \cdots + a_{pq}x_q = 0$$

其中 $a_{ij} \in \{-1,0,1\}, i = 1,2,\cdots,p; j = 1,2,\cdots,q$. 证明:这组方程存在一解 $(x_1,x_2,\cdots,x_q)$ 满足条件:

(1) 所有的 $x_j(j = 1,2,\cdots,q)$ 都是整数;

(2) 至少有一个 $j$,使得 $x_j \neq 0$;

(3) $|x_j| \leqslant q(j = 1,2,\cdots,q)$.

**证明** 首先考察能有多少个不同的 $q$ 元有序数组

$$(y_1,y_2,\cdots,y_q) \quad ①$$

使得整数 $y_j$ 适合 $0 \leqslant y_j \leqslant q(j = 1,2,\cdots,q)$.

由于这样的 $y_1$ 可取 $q + 1$ 个不同的值,且对应于 $y_1$ 的 $y_2,\cdots,y_q$ 均分别可取 $q + 1$ 个不同的值,因此 ① 有 $(q + 1)^q$ 个.

其次考察能有多少个 $p$ 元有序数组

$$(b_1,b_2,\cdots,b_p) \quad ②$$

其中 $b_i = a_{i1}y_1 + a_{i2}y_2 + \cdots + a_{iq}y_q(i = 1,2,\cdots,p)$.

因一切系数 $a_{ij} \in \{-1,0,1\}$,故可设第 $i$ 个方程的系数取1的个数为 $r_i$,则其系数取 $-1$ 的个数应不大于 $q - r_i$,从而

$$(r_i - q)q \leqslant b_i \leqslant r_i q$$

即 $b_i(i = 1,2,\cdots,p)$ 所能取的不同值的个数不多于

$$r_i q - (r_i - q)q + 1 = q^2 + 1$$

由此可知,② 不多于 $(q^2 + 1)^p$ 个.

因 $q = 2p$,所以

$$(q + 1)^q = (2p + 1)^{2p} = (4p^2 + 4p + 1)^p >$$
$$(4p^2 + 1)^p = [(2p)^2 + 1]^p = (q^2 + 1)^p$$

心得 体会 拓广 疑问

这就是说,① 的个数大于由 ① 所对应的 ② 的个数. 因此,必有两个相异的 ①,不妨设为

$$(y_1,y_2,\cdots,y_q) \text{ 与 } (y'_1,y'_2,\cdots,y'_q)$$

对应着同一个 ②,比如$(b_1,b_2,\cdots,b_p)$. 于是,有

$$a_{i1}y_1+a_{i2}y_2+\cdots+a_{iq}y_q=a_{i1}y_1'+a_{i2}y_2'+\cdots+a_{iq}y_q'=b_i$$

即

$$a_{i1}(y_1-y_1')+a_{i2}(y_2-y_2')+\cdots+a_{iq}(y_q-y_q')=0\ (i=1,2,\cdots,p)$$

令 $x_j=y_j-y_j'(j=1,2,\cdots,q)$,则$(x_1,x_2,\cdots,x_q)$ 显然是方程组的解. 下面,验证此组解满足条件(1),(2) 及(3).

因$(y_1,y_2,\cdots,y_q)$ 与$(y'_1,y'_2,\cdots,y'_q)$ 为两相异的 $q$ 元有序数组,故至少有一个 $j$,使 $y_j\neq y'_j$,即

$$y_j-y'_j\neq 0$$

条件(2) 得到满足.

又因对一切可能的 $j$ 值,$y_j$ 与 $y'_j$ 不仅均为整数,且有

$$0\leqslant y_j\leqslant q \text{ 与 } 0\leqslant y'_j\leqslant q$$

所以 $y_j-y'_j$ 不仅均为整数,且有 $|y_j-y'_j|\leqslant q$,即条件(1) 及(3) 得到满足. 证毕.

3.44 设给定整数 $x_0<x_1<\cdots<x_n$. 证明:多项式 $x^n+a_1x^{n-1}+\cdots+a_n$ 在点 $x_0,x_1,\cdots,x_n$ 取的值当中,存在这样一个数,其绝对值不小于$\frac{n!}{2^n}$.

(越南,1977 年)

**证明** 根据拉格朗日插值公式,多项式

$$P(x)=x^n+a_1x^{n-1}+\cdots+a_n$$

可表示为

$$P'(x)=\sum_{j=0}^{n}\Big(\prod_{\substack{i\neq j\\1\leqslant i\leqslant n}}\frac{x-x_i}{x_j-x_i}\Big)P(x_j)$$

设题中结论不成立,即当 $j=0,1,\cdots,n$ 时

$$|P(x_j)|<\frac{n!}{2^n}$$

则多项式 $P(x)$ 的首项系数 1 应等于乘积$\prod\limits_{i\neq j}\frac{x-x_i}{x_j-x_i}$的首项系数之和,且其模不超过

$$\left|\sum_{j=0}^{n}P(x_j)\prod_{\substack{i\neq j\\1\leqslant i\leqslant n}}\frac{1}{x_j-x_i}\right|<\frac{n!}{2^n}\prod_{\substack{i\neq j\\1\leqslant i\leqslant n}}\frac{1}{|x_j-x_i|}\leqslant$$

心得 体会 拓广 疑问

$$\sum_{j=0}^{n}\frac{n!}{2^n}\frac{1}{\prod\limits_{i<j}(j-i)}\cdot\frac{1}{\prod\limits_{i>j}(i-j)}=$$

$$\frac{1}{2^n}\sum_{j=0}^{n}\frac{n!}{j!\ (n-j)!}=\frac{1}{2^n}\sum_{j=0}^{n}C_n^j=1$$

矛盾. 结论证毕.

3.45 数列$\{a_n\}$由如下关系式定义

$$a_0=0,a_n=P(a_{n-1}),n=1,2,\cdots$$

其中$P(x)$为某个正整数系数的多项式.

证明:对于任何两个具有最大公约数$d$的自然数$m$和$k$,数$a_m$和$a_k$的最大公约数都是$a_d$.

(第22届全苏数学奥林匹克,1988年)

**证法1** 先证明如下的引理.

如果整数数列$a_0=0,a_1,a_2,a_3,\cdots$具有性质:

对任何下标$m>k\geqslant 1$,都有

$$(a_m,a_k)=(a_{m-k},a_k) \qquad ①$$

则必有

$$(a_m,a_k)=a_d$$

其中$d=(m,k)$,记号$(x,y)$表示$x$和$y$的最大公约数.

事实上,由$(m,k)=(m-k,k)$,可从任何数对$(m,k)$开始,反复运用$(m,k)\to(m-k,k)$,即由数对中的较大者减去其中的较小者,而保持较小者不动,终将得到数对$(d,0)$,其中$d=(m,k)$. 实际上,这正是通常的辗转相除法.

这样,由式①即可推得

$$(a_m,a_k)=(a_{m-k},a_k)=\cdots=(a_d,a_0)=a_d$$

下面来证明问题本身. 记

$$\underbrace{P(P(P\cdots(P}_{n重}(x))\cdots))=P_n(x)$$

则$P_n(x)$为整系数多项式,且有

$$a_m=P_m(a_0)$$

及

$$a_m=P_{m-k}(a_k),m>k$$

若记

$$P_n(x)=a_n+xQ_n(x)$$

则$Q_n(x)$也是整系数多项式.

下面只需再验证式①成立即可.

对$m>k\geqslant 1$,有

$$(a_m,a_k)=(P_{m-k}(a_k),a_k)=$$

$$(a_{m-k}+a_kQ_{m-k}(a_k),a_k)=(a_{m-k},a_k)$$

因而式①成立.

由引理,即有$(a_m,a_k)=a_d$,其中$d=(m,k)$.

心得 体会 拓广 疑问

**证法 2** 用数学归纳法证明.

对一切自然数 $m \leqslant n$ 和 $k \leqslant n$,有

$$(a_m,a_k)=a_d \quad ①$$

其中 $d=(m,k)$.

当 $n=1$ 时,结论显然成立.

假设对一切 $n \leqslant n_0$ 结论成立,证明当 $n=n_0+1$ 时结论也成立.

如果 $m \leqslant n_0$,且 $k \leqslant n_0$,那么由归纳假设可知,等式 ① 成立.

如果 $m=k=n_0+1$,① 显然成立.

剩下只要考察 $m$ 或者 $k$,其中一个等于 $n_0+1$,而另一个不超过 $n_0$ 的情形.

为确定起见,设 $m=n_0+1,k \leqslant n_0$. 那么

$$n_0=m-1 \geqslant m-k=n_0-k+1 \geqslant 1$$

即 $m-k$ 是不超过 $n_0$ 的自然数.

因此,由于 $(m,k)=(m-k,k)$ 及归纳假设,有

$$a_d=a_{(m,k)}=a_{(m-k,k)}=(a_{m-k},a_k) \quad ②$$

所以为了证明当 $m=n_0+1,k \leqslant n_0$ 时,等式 ① 成立,只要验证

$$(a_m,a_k)=(a_{m-k},a_k)$$

由已知条件得

$$a_m=P_{m-k}(a_k)$$

其中记号 $P_n(x)$ 同证法 1,又记

$$P_n(x)=a_n+xQ_n(x)$$

则同证法 1,有

$$(a_m,a_k)=(a_{m-k},a_k)$$

于是由式 ② 有

$$(a_m,a_k)=a_d$$

因而式 ① 对 $m=n_0+1,k \leqslant n_0$ 成立.

从而对所有 $m \leqslant n,k \leqslant n$,式 ① 成立.

3.46 设 $f(x)=a_0+a_1x+\cdots+a_{2n}x^{2n} \equiv (x+2x^2+\cdots+nx^n)^2$. 证明:$\sum_{k=n+1}^{2n} a_k=\frac{1}{24}n(n+1)(5n^2+5n+2)$.

(巴尔干,1990 年)

**证明** 由多项式 $f(x)$ 的条件,得

$$a_0=a_1=0,a_2=1$$

当 $3 \leqslant k \leqslant n$ 时,有

$$a_k=1 \cdot (k-1)+2 \cdot (k-2)+\cdots+(k-1) \cdot 1=$$

心得 体会 拓广 疑问

$$k(1+2+\cdots+k-1)-[1^2+2^2+\cdots+(k-1)^2]=$$
$$\frac{1}{2}k^2(k-1)-\frac{1}{6}(k-1)k(2k-1)=$$
$$\frac{1}{6}(k-1)k(k+1)=C_{k+1}^3$$

于是

$$\sum_{k=0}^{n}a_k=\sum_{k=1}^{n}C_{k+1}^3=C_{n+2}^4$$

因此

$$\sum_{k=n+1}^{2n}a_k=f(1)-\sum_{k=0}^{n}a_k=\left(\frac{n(n+1)}{2}\right)^2-$$
$$\frac{1}{24}(n+2)(n+1)n(n-1)=$$
$$\frac{1}{24}n(n+1)(5n^2+5n+2)$$

3.47 如果一个整系数多项式的所有系数是互素的,则称它为本原多项式.试证:本原多项式的积,还是本原多项式.

(前苏联大学生数学竞赛,1975 年)

**证法** 1 设 $f(x)$,$g(x)$ 为本原多项式,即

$$f(x)=a_0+a_1x+\cdots+a_nx^n$$
$$g(x)=b_0+b_1x+\cdots+b_mx^m$$
$$(a_0,a_1,\cdots,a_n)=1$$
$$(b_0,b_1,\cdots,b_n)=1$$

并设 $m\leqslant n$,则

$$f(x)g(x)=c_0+c_1x+c_2x^2+\cdots+c_{m+n}x^{m+n}$$

其中系数 $c_k$ 满足

$$c_k=\begin{cases}a_0b_k+a_1b_{k-1}+\cdots+a_kb_0(0\leqslant k\leqslant m)\\a_{k-m}b_m+a_{k-m+1}b_{m-1}+\cdots+a_kb_0(m<k\leqslant n)\\a_{k-m}b_m+a_{k-m+1}b_{m-1}+\cdots+a_nb_{k-n}(n<k\leqslant m+n)\end{cases}$$

若 $f(x)g(x)$ 不是本原多项式,则 $c_0,c_1,c_2,\cdots,c_{m+n}$ 有素公约数 $p$.

由 $p$ 是 $c_0=a_0b_0$ 的素约数,可有下面的三种可能:

(1)$p$ 是 $b_0$ 的约数,但不是 $a_0$ 的约数;

(2)$p$ 是 $a_0$ 的约数,但不是 $b_0$ 的约数;

(3)$p$ 既是 $a_0$ 的约数,也是 $b_0$ 的约数.

在情形(1)下,因$(b_0,b_1,\cdots,b_m)=1$,故有 $i(0\leqslant i<m)$ 使得 $b_0,b_1,\cdots,b_i$ 能被 $p$ 整除,但 $b_{i+1}$ 不能被 $p$ 整除,考察 $c_{i+1}$ 有

心得 体会 拓广 疑问

$$c_{i+1}=a_0b_{i+1}+a_1b_i+\cdots+a_{i+1}b_0$$

该式的第一项不能被 $p$ 整除,而后面的 $i+1$ 项都能被 $p$ 整除,所以 $c_{i+1}$ 不能被 $p$ 整除,与 $p$ 是 $c_0,c_1,c_2,\cdots,c_{m+n}$ 的公约数矛盾.

在情形(2)下,因 $(a_0,a_1,\cdots,a_n)=1$,故有 $j(0\leqslant j<n)$ 使得 $a_0,a_1,\cdots,a_j$ 能被 $p$ 整除,但 $a_{j+1}$ 不能被 $p$ 整除.

若 $j\leqslant m-1$,则

$$c_{j+1}=a_0b_{j+1}+\cdots+a_jb_1+a_{j+1}b_0$$

的前 $j+1$ 项能被 $p$ 整除,但最后一项不能被 $p$ 整除,故 $c_{j+1}$ 不能被 $p$ 整除.出现矛盾.

若 $m\leqslant j\leqslant n-1$,则

$$c_{j+1}=a_{j+1-m}b_m+\cdots+a_jb_1+a_{j+1}b_0$$

的前 $m$ 项能被 $p$ 整除,但最后一项不能被 $p$ 整除,故 $c_{j+1}$ 不能被 $p$ 整除,出现矛盾.

在情形(3)下,同理,有 $i,j(0\leqslant i\leqslant m-1,0\leqslant j\leqslant n-1)$ 使得 $b_0,b_1,\cdots,b_i$ 和 $a_0,a_1,\cdots,a_j$ 能被 $p$ 整除,但 $a_{j+1},b_{i+1}$ 都不能被 $p$ 整除,这时可以证明 $c_{i+j+2}$ 不能被 $p$ 整除,出现矛盾.

综上所述,$f(x)g(x)$ 的系数 $c_0,c_1,\cdots,c_{m+n}$ 没有任何素公约数,因此 $f(x)g(x)$ 也是本原多项式.

**证法2** 设 $f(x),g(x)$ 为本原多项式,即

$$f(x)=\sum_{i=0}^{n}a_ix^j,a_n\neq 0$$

$$g(x)=\sum_{j=0}^{m}b_jx^j,b_m\neq 0$$

且

$$(a_0,a_1,\cdots,a_n)=1 \quad ①$$

$$(b_0,b_1,\cdots,b_m)=1 \quad ②$$

对 $a_i,b_j$ 进行扩充,令

$$a_i=0,i<0 \text{ 或 } i>n$$

$$b_j=0,j<0 \text{ 或 } j>n$$

则

$$f(x)=\sum_{i=0}^{n}a_ix^i=\sum_{i=-\infty}^{\infty}a_ix^i$$

$$g(x)=\sum_{j=0}^{m}b_jx^j=\sum_{j=-\infty}^{\infty}b_jx^j$$

于是

$$f(x)\cdot g(x)=(\sum_{i=0}^{n}a_ix^i)(\sum_{j=0}^{m}b_jx^j)=$$

$$\sum_{k=0}^{m+n}(\sum_{i=0}^{n}a_ib_{k-i})x^k=\sum_{k=0}^{m+n}c_kx^k$$

其中

$$c_k=\sum_{i=0}^{n}a_ib_{k-i},k=0,1,\cdots,m+n$$

设 $p$ 是任一素数,则由 ① 可知,存在整数 $r$,使 $p\mid a_i,i<r$,且 $p\nmid a_r,0\leqslant r\leqslant n$.

由 ② 可知,存在整数 $s$,使 $p\mid b_j,j<s$,且 $p\nmid b_s,0\leqslant s\leqslant m$. 于是

$$c_{r+s}=\sum_{i=0}^{n}a_ib_{r+s-i}=\sum_{i=0}^{r-1}a_ib_{r+s-i}+a_rb_s+\sum_{j=0}^{s-1}a_{r+s-j}b_j$$

由此可得

$$p\nmid c_{r+s}$$

由 $p$ 的任意性可知

$$(c_0,c_1,\cdots,c_{m+n})=1$$

即 $f(x)\cdot g(x)$ 也是本原多项式.

3.48 给定

(1) 自然数系数的多项式 $P(x)$;

(2) 整数系数的多项式 $P(x)$.

用 $a_n$ 表示 $P(n)$ 在十进制记数法中的数码和.

证明:存在一个数,这个数在数列 $a_1,a_2,\cdots,a_n,\cdots$ 中出现无数次.

(第 9 届全苏数学奥林匹克,1975 年)

**证明** (1) 取多项式 $P(x)$ 的所有系数的数码之和为 $S$.

这个 $S$ 就是在数列 $a_1,a_2,\cdots,a_n,\cdots$ 中出现无数次的数.

这是因为,若 $n_0$ 是使 $10^{n_0}$ 大于 $P(x)$ 的所有系数的数. 那么当 $n\geqslant n_0$ 时,总有

$$a_{10^n}=S$$

因而 $S$ 在 $a_{10^{n_0}},a_{10^{n_0+1}},\cdots$ 中出现.

(2) 首先可以证明,当 $d>0$ 足够大时,多项式 $Q(x)=P(x+d)$ 的所有系数的符号与 $P(x)=p_0x^n+p_1x^{n-1}+\cdots+p_n$ 的首项系数 $p_0$ 的符号相同.

这是因为

$$\begin{aligned}Q(x)=P(x+d)=&p_0(x+d)^n+\\&p_1(x+d)^{n-1}+\cdots+p_n=\\&p_0(x^n+C_n^1x^{n-1}d+\cdots+C_n^{n-1}xd^{n-1}+d^n)+\\&p_1(x^{n-1}+C_{n-1}^1x^{n-2}d+\cdots+d^{n-1})+\cdots+p_n=\\&q_0x^n+q_1(d)x^{n-1}+\cdots+q_n(d)\end{aligned}$$

心得 体会 拓广 疑问

其中 $q_k(d)$ 是 $d$ 的多项式,$k=0,1,\cdots,n$,并且 $q_k(d)$ 的次数为 $k$,且首项为 $p_0\mathrm{C}_n^k d^k$,$q_0=p_0$.

因此当 $d>0$ 足够大的时候,$p_0\mathrm{C}_n^k d^k$ 就足够大,使得每一个 $q_k(d)$ 的符号与 $p_0$ 的符号相同.

于是当 $d$ 足够大时,$P(x+d)=Q(x)$ 可以变成自然数系数多项式,这样就可以用(1)的结果.

仍然设 $n_0$ 是使 $10^{n_0}$ 大于 $Q(x)=P(x+d)$ 的所有系数的数.

对于任意 $n\geqslant n_0$,数 $Q(10^n)=P(10^n+d)$ 的所有数码之和相同.

3.49 众所周知,当连分数

$$x=p-\cfrac{q}{p-\cfrac{q}{p-\ddots}}$$

收敛,则其值是方程 $x^2-px+q=0$ 的数值大的根. 另一方面,用逐次逼近法求根的牛顿公式是

$$x_{k+1}=x_k-\frac{x_k^2+px_k+q}{2x_k-p}=\frac{y_k^2-q}{2x_k-p},k=0,1,2,\cdots$$

证明:如果 $x_0$ 是连分数的一个近似值,则 $x_1,x_2,x_3,\cdots$ 都是连分数的近似值.

**证明** 连分数

$$x=a_1+\cfrac{b_1}{a_2+\cfrac{b_2}{a_3+\ddots}}$$

的逐次近似 $P_n/Q_n$ 用矩阵来表示是最容易的. 若规定 $P_0=1$,$Q_0=0$,使得 $P_1/Q_1=a_1$,则由归纳法可证明

$$\begin{pmatrix}P_n & b_nP_{n-1}\\ Q_n & b_nQ_{n-1}\end{pmatrix}=\begin{pmatrix}a_1 & b_1\\ 1 & 0\end{pmatrix}\begin{pmatrix}a_2 & b_2\\ 1 & 0\end{pmatrix}\cdots\begin{pmatrix}a_n & b_n\\ 1 & 0\end{pmatrix},n>0$$

在本题中 $a_i=p,b_i=-q$,有

$$\begin{pmatrix}P_n & -qP_{n-1}\\ Q_n & -qQ_{n-1}\end{pmatrix}=\begin{pmatrix}p & q\\ 1 & 0\end{pmatrix}^n=\begin{pmatrix}p & -q\\ 1 & 0\end{pmatrix}\begin{pmatrix}P_{n-1} & -qP_{n-2}\\ Q_{n-1} & -qQ_{n-2}\end{pmatrix}$$

因此,$P_n=pP_{n-1}-qQ_{n-1}$,$Q_n=P_{n-1}$ 及

$$\begin{pmatrix}P_n & -qQ_n\\ Q_n & P_n-pQ_n\end{pmatrix}=\begin{pmatrix}p & -q\\ 1 & 0\end{pmatrix}^n$$

平方,得

$$\begin{pmatrix}P_{2n} & -qQ_{2n}\\ Q_{2n} & P_{2n}-pQ_{2n}\end{pmatrix}=\begin{pmatrix}P_n & -qQ_n\\ Q_n & P_n-pQ_n\end{pmatrix}^2$$

然后展开,求得

心得 体会 拓广 疑问

$$\frac{P_{2n}}{Q_{2n}}=\frac{P_n^2-qQ_n^2}{Q_n(2P_n-pQ_n)}$$

所以,若在牛顿法中令 $x_k=P_n/Q_n$,求得 $x_{k+1}=P_{2n}/Q_{2n}$. 于是,每当应用一次牛顿法便等价于连分式长度增加一倍.

然而,若根据牛顿法的变差,由 $x_k$ 求得 $x_{k+1}$,则得

$$x_{k+1}=P_{3n}/Q_{3n}$$

因而每用一次这方法,就等价于把连分式的长度增加两倍.

3.50 设 $k,n$ 为大于1的正整数,$\mathbf{N}^*$ 为正整数集. $A_1,A_2,\cdots,A_k$ 为 $\mathbf{N}^*$ 的两两不相交的子集,其并为 $\mathbf{N}^*$. 证明:对某个 $i\in\{1,2,\cdots,k\}$,存在无穷多个不可约的 $n$ 次多项式,使得每个多项式系数两两不同且都在 $A_i$ 中.

**证明** 先证一个引理.

**引理** 设 $f(x)=a_nx^n+a_{n-1}x^{n-1}+\cdots+a_1x^1+a_0$ 为整系数多项式. 如果 $a_0=p$ 为质数,且 $p>|a_1|+\cdots+|a_n|$,则 $f$ 为不可约多项式.

**引理的证明** 设 $f(x)=g(x)h(x)$,$g,h$ 为整系数多项式,则 $p=g(0)h(0)$. 由于 $p$ 是质数,所以 $|g(0)|=1$ 或者 $|f(0)|=1$. 不妨设 $|g(0)|=1$,则 $g$ 的所有复根的绝对值的乘积为1,即 $g$ 存在一个根 $\alpha$,满足 $|\alpha|\leqslant 1$,从而 $\alpha$ 也是 $f$ 的根. 但

$$|f(\alpha)|=\left|\sum_{i=1}^n a_i\alpha^i+p\right|\geqslant p-\sum_{i=1}^n|a_i\alpha^i|\geqslant$$
$$p-\sum_{i=1}^n|a_i|>0$$

矛盾,故 $f$ 为不可约多项式.

现在回到原来的问题.

由 $A_i$ 包含有无穷多个质数,由引理可以找到无穷多个不可约的 $n$ 次多项式,使得每个多项式系数两两不同且都在 $A_i$ 中.

3.51 设 $p,q$ 为不同素数,正整数 $n\geqslant 3$,求所有整数 $a$,使多项式 $f(x)=x^n+ax^{n-1}+pq$ 可以分解为两个正次数的整系数多项式之积.

(中国集训队,1994年)

**解** 设 $f(x)=g(x)h(x)$,其中 $g(x)$ 和 $h(x)$ 是正次数的整系数多项式,由于 $f(x)$ 是首一整系数多项式,所以 $g(x)$ 和 $h(x)$ 也是首一的. 不妨设

$$g(x)=x^r+a_{r-1}x^{r-1}+\cdots+a_0$$

心得 体会 拓广 疑问

$$h(x)=x^s+b_{s-1}x^{s-1}+\cdots+b_0$$

其中$r,s\geqslant 1$,且$a_0,a_1,\cdots,a_{r-1},b_0,b_1,\cdots,b_{s-1}$是整数,则$a_0b_0=pq$,因此$p$整除$a_0$或$b_0$但不同时整除$a_0$和$b_0$,不妨设$p\nmid b_0$,则$p\mid a_0$.设$p\mid a_0,\cdots,p\mid a_{t-1},p\nmid a_t$,于是$g(x)h(x)$的$t$次项系数为

$$a_tb_0+a_{t-1}b_1+\cdots+a_1b_{t-1}+a_0b_t\equiv a_tb_0\not\equiv 0(\bmod p)$$

注意$f(x)$中次数小于$n-1$的项的系数都为$p$的倍数,因此$t\geqslant n-1$,所以$r\geqslant t\geqslant n-1$,于是由$r+s=n$及$s\geqslant 1$得到,$r=n-1,s=1$.因此

$$h(x)=x+b_0,p\nmid b_0$$

另一方面,$q\mid a_0b_0$.如果$q\mid b_0$,则同理可证$s=n-1$,于是$n=2$,与$n\geqslant 3$的假设矛盾.因此,$q\nmid b_0$,由于$b_0\mid pq$,所以$b_0=\pm 1$,即$h(x)=x\pm 1$.

如果$b_0=1$,则$h(x)=x+1$,因此,$f(-1)=0$,即

$$(-1)^n+a(-1)^{n-1}+pq=0,a=(-1)^npq+1$$

如果$b_0=-1$,则$h(x)=x-1$,因此,$f(1)=0$,所以$1+a+pq=0$,即$a=-pq-1$.

容易验证,当$a=(-1)^npq+1$或$a=-pq-1$时,$f(x)$均可分解为两个正次数的整系数多项式之积.于是所求$a$的值为$a=(-1)^npq+1$或$-pq-1$.

3.52 设$n$为正整数,求多项式$u_n(x)=(x^2+x+1)^n$中奇系数的个数.

(第29届国际数学奥林匹克候选题,1988年)

**解** 设$u_n(x)=(x^2+x+1)^n$中奇系数有$f(n)$个.由

$$u_1(x)=x^2+x+1$$

则

$$f(1)=3$$

又

$$(x^2+x+1)^{2^k}=[(x^2+x+1)^2]^{2^{k-1}}\equiv (x^4+x^2+1)^{2^{k-1}}(\bmod 2)\equiv (x^8+x^4+1)^{2^{k-2}}(\bmod 2)\equiv\cdots\equiv x^{2^{k+1}}+x^{2^k}+1(\bmod 2)$$

所以

$$f(2^k)=3$$

将$n$用二进制表示为

$$n=a_0+a_1\cdot 2+a_2\cdot 2^2+\cdots+a_m\cdot 2^m \quad ①$$

其中$a_i\in\{0,1\},i=0,1,2,\cdots,m$.

将①中连续的非零项并在一起,改写①为

$$n=n_1\cdot 2^{k_1}+n_2\cdot 2^{k_2}+\cdots+n_l\cdot 2^{k_l}$$

其中

心得 体会 拓广 疑问

$$k_1 < k_2 < \cdots < k_l$$
$$n_1 = 1 + 2 + 2^2 + \cdots + 2^{h_1}, h_1 + k_1 < k_2 - 1$$
$$n_2 = 1 + 2 + 2^2 + \cdots + 2^{h_2}, h_2 + k_2 < k_3 - 1$$
$$\cdots$$
$$n_l = 1 + 2 + 2^2 + \cdots + 2^{h_l}$$

(例如,$n = 1 + 2 + 2^2 + 2^4 + 2^5 + 2^{11} + 2^{12} + 2^{13} + 2^{15}$,则 $k_1 = 0$,$n_1 = 1 + 2 + 2^2$,$k_2 = 4$,$n_2 = 1 + 2$,$k_3 = 11$,$n_3 = 1 + 2 + 2^2$,$k_4 = 15$,$n_4 = 1$),则

$$(x^2 + x + 1)^n = (x^2 + x + 1)^{n_1\cdot 2^{k_1}}(x^2 + x + 1)^{n_2\cdot 2^{k_2}} \cdot \cdots \cdot (x^2 + x + 1)^{n_l\cdot 2^{k_l}} \equiv (x^{2^{k_1+1}} + x^{2^{k_1}} + 1)^{n_1} \cdot \cdots \cdot (x^{2^{k_l+1}} + x^{2^{k_l}} + 1)^{n_l} \pmod 2$$

由于

$$n_1 \cdot 2^{k_1+1} + n_2 \cdot 2^{k_2+1} + \cdots + n_i \cdot 2^{k_i+1} < 2^{h_1+k_1+2} + n_2 \cdot 2^{k_2+1} + \cdots + n_i \cdot 2^{k_i+1} < (n_2 + 1) \cdot 2^{k_2+1} + \cdots + n_i \cdot 2^{k_i+1} = 2^{h_2+k_2+2} + \cdots + n_i \cdot 2^{k_i+1} \leqslant \cdots \leqslant 2^{h_i+k_i+2} \leqslant 2^{k_{i+1}} \leqslant n_{i+1} \cdot 2^{k_{i+1}}$$

所以在乘方运算完成(对 mod 2)后,对

$$(x^{2^{k_1+1}} + x^{2^{k_1}} + 1)^{n_1}(x^{2^{k_2+1}} + x^{2^{k_2}} + 1)^{n_2}\cdots(x^{2^{k_l+1}} + x^{2^{k_l}} + 1)^{n_l}$$

施行乘法时,每一步得到的每个单项式 $x^m$ 都没有同类项,并且它的系数为 1. 于是共有

$$f(n_1) \cdot f(n_2) \cdot \cdots \cdot f(n_l)$$

个奇系数,即

$$f(n) = f(n_1) \cdot f(n_2) \cdot \cdots \cdot f(n_l)$$

剩下的问题是求出 $f(1 + 2 + 2^2 + \cdots + 2^k)$.

现证明

$$f(1 + 2 + 2^2 + \cdots + 2^k) = 2\left[\frac{2^{k+2} - 1}{3}\right] + 1 \quad ②$$

这里 $[x]$ 表示不超过 $x$ 的最大整数. 显然有

$$k = 0 \text{ 时}, f(1) = 3$$
$$k = 1 \text{ 时}, f(3) = 5$$

对于一般情况,我们有以下结论:

若 $k$ 为偶数,则

$$(x^2 + x + 1)^{2^{k-1}+2^{k-2}+\cdots+1} \equiv x^{2^{k+1}-2} + x^{2^{k+1}-3} + x^{2^{k+1}-5} + x^{2^{k+1}-6} + \cdots + x^{2^k+2} + x^{2^k+1} + x^{2^k-1} + x^{2^k-3} + x^{2^k-4} + x^{2^k-6} + x^{2^k-7} + \cdots + x + 1 \pmod 2 \quad ③$$

若 $k$ 为奇数,则

心得 体会 拓广 疑问

$(x^2+x+1)^{2^{k-1}+2^{k-2}}+\cdots+1\equiv x^{2^{k+1}-2}+x^{2^{k+1}-3}+x^{2^{k+1}-5}+x^{2^{k+1}-6}+\cdots+x^{2^k+3}+x^{2^k+2}+x^{2^k}+x^{2^k-1}+x^{2^k-2}+x^{2^k-4}+x^{2^k-5}+x^{2^k-7}+x^{2^k-8}+\cdots+x+1 \pmod 2$ ④

式 ③ 的右边的项数为

$$\frac{2^k-1}{3}\cdot 2^2+1$$

式 ④ 的右边的项数为

$$\frac{2^k-2}{3}\cdot 2^2+1$$

对于 ③,④ 不难用数学归纳法给予证明.

奠基是显然的.

设 $k$ 为偶数,且 ③,④ 成立,则

$(x^2+x+1)^{2^k+2^{k-1}+\cdots+1}=$

$(x^2+x+1)(x^2+x+1)^{2^k+2^{k-1}+\cdots+2}=$

$(x^2+x+1)(x^4+x^2+1)^{2^{k-1}+2^{k-2}+\cdots+1}=$

$(x^2+x+1)(x^{2^{k+2}-4}+x^{2^{k+2}-6}+x^{2^{k+2}-10}+x^{2^{k+2}-12}+\cdots+x^{2^{k+1}+4}+x^{2^{k+1}+2}+x^{2^{k+1}-2}+x^{2^{k+1}-6}+x^{2^{k+1}-8}+x^{2^{k+1}-12}+x^{2^{k+1}-14}+\cdots+x^2+1)\equiv$

$x^{2^{k+2}-2}+x^{2^{k+2}-3}+x^{2^{k+2}-5}+x^{2^{k+2}-6}+\cdots+x^{2^{k+1}+3}+x^{2^{k+1}+2}+x^{2^{k+1}}+x^{2^{k+1}-1}+x^{2^{k+1}-2}+x^{2^{k+1}-4}+x^{2^{k+1}-5}+x^{2^{k+1}-7}+x^{2^{k+1}-8}+\cdots+x+1 \pmod 2\equiv$

$(x^2+x+1)^{2^{k+1}+2^k+\cdots+1}=$

$(x^2+x+1)(x^2+x+1)^{2^{k+1}+2^k+\cdots+2}\equiv$

$(x^2+x+1)(x^4+x^2+1)^{2^k+2^{k-1}+\cdots+1}\equiv$

$(x^2+x+1)(x^{2^{k+3}-4}+x^{2^{k+3}-6}+x^{2^{k+3}-10}+x^{2^{k+3}-12}+\cdots+x^{2^{k+2}+6}+x^{2^{k+2}+4}+x^{2^{k+2}}+x^{2^{k+2}-2}+x^{2^{k+2}-4}+x^{2^{k+2}-8}+x^{2^{k+2}-10}+x^{2^{k+2}-14}+x^{2^{k+2}-16}+\cdots+x^2+1)\equiv$

$x^{2^{k+3}-2}+x^{2^{k+3}-3}+x^{2^{k+3}-5}+x^{2^{k+3}-6}+\cdots+x^{2^{k+2}+2}+x^{2^{k+2}+1}+x^{2^{k+2}-1}+x^{2^{k+2}-3}+x^{2^{k+2}-4}+x^{2^{k+2}-6}+x^{2^{k+2}-7}+\cdots+x+1 \pmod 2$

因此,③,④ 对一切自然数都成立.

从而可知,式 ② 成立.

3.53 证明:对任意 $\alpha\in\mathbf{Q}$,$\cos\alpha\pi=0$, $\pm\frac{1}{2}$, $\pm 1$ 或无理数.

(英国,1978 年)

**证明** 记 $x\equiv 2\cos t, t\in\mathbf{R}$,则

$$2\cos(0\cdot t)\equiv 2\equiv P_0(x)$$

$$2\cos(1\cdot t)\equiv 2\cos t\equiv P_1(x)$$

在公式

心得 体会 拓广 疑问

$$2\cos nt \equiv -2\cos(n-2)t+(2\cos t)(2\cos(n-1)t) \equiv -P_{n-2}(x)+xP_{n-1}(x)$$

中,设 $n$ 依次为2,3等,则依次得到多项式 $P_2(x)$,$P_3(x)$ 等.注意,当 $n\in\mathbf{N}$ 时,多项式 $P_n(x)$ 的首项系数都是1.

设 $a=\frac{m}{n}$,$m\in\mathbf{Z}$,$n\in\mathbf{N}^*$,且分数 $\frac{m}{n}$ 是既约的,则

$$2\cos n\alpha\pi = 2\cos m\pi$$

要么等于2,要么等于 $-2$.由上面证明的结论,$2\cos nt$ 可表为 $x=2\cos t$ 的整系数多项式 $P_n(x)$.于是 $x_0=2\cos\alpha\pi$ 是多项式 $Q(x)=P_n(x)-2\cos m\pi$ 的根.其中 $Q(x)$ 的所有系数都是整数且首项系数为1.因此,由于整系数多项式 $x^n+a_{n-1}x^{n-1}+\cdots+a_1x+a_0=0$ 的每个实根要么是整数,要么是无理数,故 $2\cos\alpha\pi$ 要么是整数,要么是无理数.设 $2\cos\alpha\pi$ 是整数.由于 $|2\cos\alpha\pi|\leqslant 2$,所以它只能取0,$\pm1$ 或 $\pm2$.于是,当 $\cos\alpha\pi$ 是有理数时($\alpha\in\mathbf{Q}$),它一定是0,$\pm\frac{1}{2}$,或 $\pm1$.

3.54 设 $\overline{a_na_{n-1}\cdots a_1a_0}=10^na_n+10^{n-1}a_{n-1}+\cdots+10a_1+a_0$ 为一个素数的十进制表示,$n>1$,$a_n>1$,证明:多项式

$$P(x)=a_nx^n+a_{n-1}x^{n-1}+\cdots+a_1x+a_0$$

不可约,即不能分解为两个次数为正的整系数多项式的积.

(第6届巴尔干地区数学竞赛,1989年)

**证明** 先证明一个引理.

**引理** 如果 $a_0,a_1,\cdots,a_n\in\{0,1,2,\cdots,9\}$,$n\geqslant1$,$a_n\geqslant1$,则多项式

$$P(x)=\sum_{i=0}^{n}a_ix^i$$

的根的实部小于4.

**引理的证明** 用反证法.假设复数 $z$ 的实部 $\mathrm{Re}(z)\geqslant4$,则

$$|z|\geqslant4,\mathrm{Re}\left(\frac{1}{z}\right)\geqslant0$$

$$\left|\frac{P(z)}{z^n}\right|\geqslant\left|a_n+\frac{a_{n-1}}{z}\right|-\frac{a_{n-2}}{|z|^2}-\frac{a_{n-3}}{|z|^3}-\cdots-\frac{a_0}{|z|^n}> \mathrm{Re}\left(a_n+\frac{a_{n-1}}{z}\right)-\frac{9}{|z|^2}-\frac{9}{|z|^3}-\cdots-\frac{9}{|z|^n}\geqslant 1-\frac{9}{|z|^2-|z|}\geqslant1-\frac{9}{|z|^2}\geqslant1-\frac{9}{16}>0$$

所以 $z$ 不为 $P(x)$ 的根,即 $P(x)$ 的根的实部必小于4.引理得证.

心得 体会 拓广 疑问

现在回到原来的问题.

如果 $P(x)=g(x)\cdot h(x)$,其中 $g(x)$ 和 $h(x)$ 都是次数为正的整系数多项式,那么设 $\alpha_1,\alpha_2,\cdots,\alpha_k$ 为 $g(x)$ 的根,则

$$\mathrm{Re}(\alpha_j)<4,1\leqslant j\leqslant k$$

所以
$$g(4)\neq 0$$
从而
$$|g(4)|\geqslant 1$$
同时
$$|10-\alpha_j|>|4-\alpha_j|,1\leqslant j\leqslant k$$
所以
$$|g(10)|>|g(4)|\geqslant 1$$
同理
$$|h(10)|>|h(4)|\geqslant 1$$
于是素数 $P(10)$ 分解为两个大于 1 的整数 $|g(10)|$ 和 $|h(10)|$ 的乘积,出现矛盾.

所以 $P(x)$ 不可约.

3.55 若多项式 $P(x,y),Q(x,y),R(x,y)$ 次数均小于正整数 $m$. 且满足 $x^{2m}P(x,y)+y^{2m}Q(x,y)\equiv(x+y)^{2m}R(x,y),x,y\in\mathbf{R}$,求证:$P(x,y)\equiv Q(x,y)\equiv R(x,y)\equiv 0$.

(波兰,1978 年)

**证明** 设多项式 $P,Q,R$ 满足题中条件,但其中至少有一个不恒为 0,则存在 $x_0,y_0\neq 0$,$P(x_0,y_0)$,$Q(x_0,y_0)$,$R(x_0,y_0)$ 中至少有一个不为 0. 考虑一元多项式

$$P_1(x)=P(x,y_0)$$
$$Q_1(x)=y_0^{2m}Q(x,y_0)$$
$$R_1(x)=R(x,y_0)$$

由题中条件,有

$$x^{2m}P_1(x)+Q_1(x)\equiv(x+y_0)^{2m}R_1(x)$$

并且多项式 $P_1(x),Q_1(x)$ 与 $R_1(x)$ 的次数都小于 $m$,记

$$U(x)=x^{2m}P_1(x)$$
$$T(x)=U(x)+Q_1(x)\equiv(x+y_0)^{2m}R_1(x)$$
$$S(x)=T^{(m)}(x)$$

因为多项式 $U(x)$ 被 $x^{2m}$ 整除,所以 0 是它的根,其重数至少是 $2m$,因此

$$U^{(m)}(0)=U^{(m+1)}(0)=\cdots=U^{(2m-1)}(0)=0$$

因为 $\deg Q_1(x)<m$,所以

$$Q_1^{(m)}(0)=Q_1^{(m+1)}(0)=\cdots=0$$

因此

$$T^{(m)}(0)=T^{(m+1)}(0)=\cdots=T^{(2m-1)}(0)=0$$

即

心得 体会 拓广 疑问

$$S(0)=S'(0)=\cdots=S^{(m-1)}(0)=0$$

由于 $-y_0$ 是多项式 $T(x)=(x+y_0)^{2m}R_1(x)$ 的根,其重数至少是 $2m$,所以

$$T^{(m)}(-y_0)=T^{(m+1)}(-y_0)=\cdots=T^{(2m-1)}(-y_0)=0$$

也就是说

$$S(-y_0)=S'(-y_0)=\cdots=S^{(m-1)}(-y_0)=0$$

于是,0 和 $-y_0\neq 0$ 是多项式 $S(x)$ 的根,它们的重数都至少为 $m$. 因此多项式 $S(x)$ 被 $2m$ 次多项式 $x^m(x+y_0)^m$ 整除,但 $\deg T(x)<3m$,即 $\deg S(x)<2m$,因此 $S(x)\equiv 0$. 由此得到,多项式 $T(x)$ 的次数小于 $m$. 但它又被多项式 $(x+y_0)^{2m}$ 整除,因而 $T(x)\equiv 0$,从而 $R_1(x)\equiv 0$. 由

$$x^{2m}P_1(x)+Q_1(x)\equiv T(x)\equiv 0$$

以及 $\deg Q_1(x)<m$ 得到,$P_1(x)\equiv Q_1(x)\equiv 0$,因此

$$P_1(x_0)=Q_1(x_0)=R_1(x_0)=0$$

与 $x_0$ 和 $y_0$ 的选取相矛盾. 于是,题中结论证毕.

3.56 设 $k\geqslant 3$ 是奇数. 证明:存在一个次数为 $k$ 的非整系数的整值多项式 $f(x)$,具有下面的性质:

(1) $f(0)=0, f(1)=1$;

(2) 有无穷多个正整数 $n$,使得:若方程

$$n=f(x_1)+\cdots+f(x_s)$$

有整数解 $x_1,\cdots,x_s$,则 $s\geqslant 2^k-1$(若对每个整数 $x$,都有 $f(x)\in\mathbf{Z}$,则称 $f(x)$ 为整值多项式).

**证明** 需要先证一个引理.

**引理** 存在一个 $k$ 次整值多项式 $f(x)$,系数不全是整数,满足 $f(0)=1, f(1)=1$,以及

$$f(x)\equiv\begin{cases}0\pmod{2^k},\text{当 } x \text{ 为偶数}\\1\pmod{2^k},\text{当 } x \text{ 为奇数}\end{cases}$$

**引理的证明** 熟知,满足 $f(0)=0, f(1)=1$ 的 $k$ 次整值多项式 $f(x)$ 可表示为下面的形式

$$f(x)=a_kF_k(x)+a_{k-1}F_{k-1}(x)+\cdots+a_1F_1(x) \qquad ①$$

其中 $F_i(x)=\dfrac{x(x-1)\cdots(x-i+1)}{i!}$,$a_k,\cdots,a_1$ 为整数,$a_k>0$,$a_1=1$.

容易验证

$$F_i(x+2)=F_i(x)+2F_{i-1}(x)+F_{i-2}(x)$$

故由 ① 易知

心得 体会 拓广 疑问

$$f(x+2)-f(x)=2a_kF_{k-1}(x)+\sum_{i=1}^{k-1}(2a_i+a_{i+1})F_{i-1}(x) \quad ②$$

现在取 $a_k,\cdots,a_2$ 满足

$$\begin{cases}2a_k=2^k\\2a_i+a_{i+1}=0,1\leqslant i\leqslant k-1\end{cases}$$

则易解得(注意 $a_1=1$)

$$a_k=2^{k-1},a_{k-1}=-2^{k-2},\cdots,a_2=-2$$

从而 ② 化为

$$f(x+2)-f(x)=2^kF_{k-1}(x)$$

由此即得,对所有整数 $x$,有

$$f(x+2)-f(x)\equiv 0(\bmod 2^k) \quad ③$$

由于 $f(0)=0,f(1)=1$,故由 ③ 易推出多项式

$$f(x)=2^{k-1}F_k(x)-2^{k-2}F_{k-1}(x)+\cdots-2F_2(x)+F_1(x)$$

满足引理的要求(注意 $x^k$ 的系数是 $\frac{2^{k-1}}{k!}$,这在 $k\geqslant 3$ 时非整数).

现在回到本题.

取 $n\equiv -1(\bmod 2^k)$,则若有整数 $x_1,\cdots,x_s$ 使得 $f(x_1)+\cdots+f(x_s)=n$,则更有

$$f(x_1)+\cdots+f(x_s)\equiv -1(\bmod 2^k) \quad ④$$

由引理可知,④ 中左边每一项 mod $2^k$ 是0或1,故加项至少有 $2^k-1$ 个,即 $s\geqslant 2^k-1$. 证毕.

3.57 对每个正整数 $n$,是否存在 $n$ 元非零整系数多项式 $P$ 和 $Q$,使 $(x_1+x_2+\cdots+x_n)P(x_1+x_2+\cdots+x_n)\equiv Q(x_1^2+x_2^2+\cdots+x_n^2)$,$x_1+x_2+\cdots+x_n$ 为实数.

(匈牙利,1977 年)

**解** 记所有可能的 $2^n$ 个数组 $\varepsilon=(\varepsilon_1,\varepsilon_2,\cdots,\varepsilon_n)$ 的集合为 $A_n$,其中每个 $\varepsilon_i$ 取值为1或 $-1$. 另外,记 $x_\varepsilon=\varepsilon_1x_1+\cdots+\varepsilon_nx_n$,并证明,对每个 $n\in\mathbf{N}^*$,乘积 $\prod\limits_{\varepsilon\in A_n}x_\varepsilon$ 可以表为 $Q_n(x_1^2,x_2^2,\cdots,x_n^2)$,其中 $Q_n$ 是某个整系数多项式. 当 $n=1$ 时,因为

$$\prod_{\varepsilon\in A_1}x_\varepsilon=x_1(-x_1)=Q_1(x_1^2)$$

所以结论成立. 现在设 $n>1$,并且 $k\in\{1,2,\cdots,n\}$. 记 $\varepsilon'=(\varepsilon_1,\cdots,\varepsilon_{k-1},\varepsilon_{k+1},\cdots,\varepsilon_n)$,则

$$\prod_{\varepsilon\in A_n}x_\varepsilon=\prod_{\varepsilon'\in A_{n-1}}((x_{\varepsilon'}+x_k)(x_{\varepsilon'}-x_k))=\prod_{\varepsilon'\in A_{n-1}}(x_{\varepsilon'}^2-x_k^2)$$

将上述乘积中的括号展开,合并同类项便得到某个依赖变量 $x_1,x_2,\cdots,x_n$ 的多项式,而且变量 $x_k$ 在其中出现的指数都是偶数. 由

心得 体会 拓广 疑问

于下标 $k$ 是随意的,所以类似的结论对每个变量 $x_1,x_2,\cdots,x_n$ 都成立. 这样便证明了

$$\prod_{\varepsilon\in A_n} x_\varepsilon = Q_n(x_1^2,\cdots,x_n^2)$$

注意,因为 $|Q_n(1,0,\cdots,0)|=1$,所以多项式 $Q_n$ 是非零的. 在乘积 $\prod_{\varepsilon\in A_n}(\varepsilon_1x_1+\cdots+\varepsilon_nx_n)$ 中分出因式 $x_1+x_2+\cdots+x_n$,它相应于 $\varepsilon(1,1,\cdots,1)$,把乘积中其他因式相乘得到的多项式($n$ 元整系数的)记作 $P_n$,便得到所要的对每个 $n\in\mathbf{N}^*$ 的恒等式

$$(x_1+\cdots+x_n)P_n(x_1,\cdots,x_n)\equiv(x_1^2,\cdots,x_n^2)$$

3.58 (1) 是否存在多项式 $P=P(x,y,z)$,$Q=Q(x,y,z)$,$R=R(x,y,z)$,满足 $(x-y+1)^3P+(y-z-1)^3Q+(z-2x+1)^3R\equiv1$;

(2) 改为 $(x-y+1)^3P+(y-z-1)^3Q+(z-x+1)^3R\equiv1$ 呢?

(苏联,1982 年)

**解** (1) 满足题中条件的多项式 $P,Q,R$ 不存在. 给出数组 $(x,y,z)=(1,2,1)$,它满足方程

$$x-y+1=0,y-z-1=0,z-2x+1=0$$

如果所需的多项式 $P,Q,R$ 存在,则用上述的数组的值替代给定的恒等式中的变元,便得到:$0=1$,矛盾. 因此,满足条件(1) 的多项式 $P,Q,R$ 是不存在的.

(2) 满足题中条件的多项式 $P,Q,R$ 是存在的. 记

$$f=x-y+1,g=y-z-1,h=z-x+1$$

显然有恒等式 $f+g+h=1$. 将此式两端同时7次乘方,于是等式右端仍为1,而左端是加项为形如 $f^kg^lh^m$(其中 $k\geqslant0,l\geqslant0,m\geqslant0$,$k+l+m=7$) 的和式的形式. 由 $k+l+m=7$ 知,$k,l,m$ 中至少有一个不小于3. 因此,每个加项或者被 $f^3$,或者被 $g^3$,或者被 $h^3$ 整除. 将加项中所有被 $f^3$ 整除的项划为一类,便可得到 $f^3P$;余下的项中,再将被 $g^3$ 整除的划为另一类,便可得到 $g^3Q$;剩下的项之和便可成为 $h^3R$ 的形式. 于是便得到题设所要求的恒等式. 因此,满足条件的多项式 $P,Q,R$ 是存在的.

3.59 求出所有整系数二次多项式 $d(x)=x^2+ax+b$,使得存在整系数多项式 $p(x)$ 和非零整系数多项式 $q(x)$,满足

$$(p(x))^2-d(x)(q(x))^2=1,\forall x\in\mathbf{R} \qquad ①$$

心得 体会 拓广 疑问

**解** 用$\mathbf{Z}[x]$表示整系数多项式,$\mathbf{Z}_n[x]$表示整系数$n$次多项式的集合.现将证明如下命题:

**命题** 方程①存在非平凡解$p,q\in\mathbf{Z}[x]$,当且仅当

$$(a,b)=(2k+1,k^2+k),(2k,k^2\pm 1)$$
$$(2k,k^2\pm 2),k\in\mathbf{Z}$$

**引理1** 方程①存在非平凡解$p\in\mathbf{Z}_1[x],q\in\mathbf{Z}$,当且仅当

$$(a,b)=(2k+1,k^2+k),(2k,k^2-1),k\in\mathbf{Z}$$

**证明** 充分性.若$(a,b)=(2k+1,k^2+k)$,则$p=2x+2k+1$,$q=2$是①的解.若$(a,b)=(2k,k^2-1)$,则$p=x+k,q=1$是①的解.

必要性.令$p=cx+e,q=l,c\neq 0,e,l\in\mathbf{Z}$,满足①,则

$$(cx+e)^2-l^2(x^2+ax+b)=1,\forall x\in\mathbf{R}$$

整理得

$$c^2=l^2,2ce=l^2a,e^2=l^2b+1$$

即

$$l=\pm c,2e=ca,e^2=c^2b+1$$

若$a=2k$为偶数,则

$$e=ck\Rightarrow c^2k^2=c^2b+1\Rightarrow b=k^2-1$$

若$a=2k+1$为奇数,则

$$e=\frac{c(2k+1)}{2}\Rightarrow c^2(2k+1)^2=4c^2b+4\Rightarrow$$
$$c^2=4,b=k^2+k$$

**引理2** $a=2k$为偶数,则存在$p\in\mathbf{Z}_2[x],q\in\mathbf{Z}_1[x]$满足式①,当且仅当$b=k^2\pm 1,k^2\pm 2$.

**证明** 充分性.若$(a,b)=(2k,k^2\pm 1)$,则$p=2(x+k)^2\pm 1$,$q=2(x+k)$是①的解.若$(a,b)=(2k,k^2\pm 2)$,则$p=(x+k)^2\pm 1,q=x+k$是①的解.

必要性.作变量替换$x+k\rightarrow x$,则$d(x)$变为$d(x)=x^2+l$.设$p(x)=cx^2+hx+e,q(x)=fx+g$,代入①后比较系数得

$$c^2=f^2\neq 0,ch=fg,h^2+2ce=lf^2+g^2,he=lfg$$
$$e^2=lg^2+1\Rightarrow c=\pm f,h=\pm g,2e=\pm lf$$

由上式推出

$$e\neq 0,l\neq 0,h=\pm 2g\Rightarrow h=g=0\Rightarrow$$
$$e=\pm 1,\Rightarrow lf=\pm 2,\Rightarrow l=\pm 1,\pm 2$$

**引理3** 设整系数二次多项式$d(x)=x^2+ax+b$满足$a=0$,1,且当$a=0$时,$|b|\geqslant 2$,当$a=1$时,$b\neq 0$.则对方程①的任意解$p(x),q(x)\in\mathbf{Z}[x]$,都存在$p_1(x)\in\mathbf{Z}[x]$使得

$$p(x)=p_1(x)d(x)\pm 1$$

**证明** 令$p(x)=p_1(x)d(x)+r(x),r(x)=a_1x+b_1\in\mathbf{Z}_1[x]$,

心得 体会 拓广 疑问

$x_{\pm}=\frac{-a\pm\sqrt{a^2-4b}}{2}$ 是 $d(x)=0$ 的两个根,则

$$r(x_+)^2=r(x_-)^2=1$$

即
$$(a_1x_++b_1)^2=(a_1x_-+b_1)^2=1$$

从而
$$a_1(-a_1a+2b_1)=0$$

如果 $-a_1a+2b_1=0$,则 $r(x_+)^2=1\Leftrightarrow a_1^2(a^2-4b)=4$ 矛盾. 故 $a_1=0,b_1=\pm1$.

由引理1和2,命题结论的充分性已得到证明.

下证必要性. 令 $a=2k,2k+1$,做变量替换 $x+k\rightarrow x$,则

$$d(x)=x^2+c,x^2+x+c,c\in\mathbf{Z}$$

现将证明下面条件成立时

$$d(x)=x^2+c,|c|\geqslant3 \tag{②}$$

或

$$d(x)=x^2+x+c,|c|\geqslant1 \tag{③}$$

方程 ① 没有非平凡的解 $p,q\in\mathbf{Z}[x]$.

对 $n=\deg p$ 作归纳法.

由引理1和2,当 ②(或 ③) 成立时,方程 ① 没有非平方解 $p(x),q(x)$ 满足 $\deg p(x)\leqslant2(\deg p(x)\leqslant1)$.

下设方程 ① 在条件 ②(或 ③) 成立时,没有满足 $\deg p<n$ 的解 $p,q\in\mathbf{Z}[x]$. 现用反证法证明它也没有满足 $\deg p=n$ 的解.

设 $p\in\mathbf{Z}_n[x],q\in\mathbf{Z}_{n-2}[x]$ 是 ① 的一个解,由引理3,存在 $p_1\in\mathbf{Z}[x]$ 使得

$$p=dp_1\pm1$$

带入 ① 得

$$p_1(dp_1+2)=q^2$$

由于 $p_1$ 与 $dp_1+2$ 互素,从而存在 $c_1\in\mathbf{Z},u(x),v(x)\in\mathbf{Z}(x)$ 满足

$$p_1=c_1u^2,dp_1\pm2=c_1v^2$$

推出 $c_1(v^2-du^2)=\pm2$.

令 $v(x)=dv_1+a_1x+b_1,a_1,b_1\in\mathbf{Z},v_1\in\mathbf{Z}[x]$. 设 $x_+,x_-$ 为 $d(x)=0$ 的两个根,则

$$c_1(a_1x_++b_1)^2=c_1(a_1x_-+b_1)^2=\pm2$$

若 $a_1\neq0$,则由上式可得(见引理3的证明)

$$c_1a_1^2(a^2-4c)=4$$

矛盾. 故 $a_1=0$,推出 $c_1b_1^2=\pm2$,推出 $c_1=\pm2$.

这样便得到

$$v^2-du^2=1$$

注意到 $\deg V<\deg P=n$,由归纳法假设上式不成立.

心得 体会 拓广 疑问

3.60 设$f(x)=x^n+5x^{n-1}+3$,其中$n$是一个大于1的整数.求证:$f(x)$不能表示为两个多项式的乘积,其中每一个多项式都具有整数系数,而且它们的次数都不低于一次.

(第34届国际数学奥林匹克,1993年)

**证法1** 假设$f(x)$可分解为两个整系数多项式之积

$$f(x)=g(x)\cdot h(x) \quad ①$$

其中$g(x)=\sum_{i=0}^{p}a_ix^i(a_p=1)$,$h(x)=\sum_{j=0}^{q}b_jx^j(b_q=1)$,$p,q\in\mathbf{N}$,$a_0$,$a_1,\cdots,a_{p-1},b_0,b_1,\cdots,b_{q-1}\in\mathbf{Z}$.

首先证明$p$和$q$均不小于2.若不然,不妨设$p=1$,则

$$f(x)=(x+a_0)h(x)$$

由于$a_0b_0=3$,则有

$$a_0=\pm1,b_0=\pm3$$

即$f(x)$有根$\pm1$或$\pm3$.

计算$f(1)$,$f(-1)$,$f(3)$,$f(-3)$的值为

$$f(1)=1+5+3=9\neq0$$

$$f(-1)=(-1)^n+5(-1)^{n-1}+3=(-1)^{n-1}\cdot4+3\neq0$$

$$f(3)=3^n+5\cdot3^{n-1}+3\neq0$$

$$f(-3)=(-3)^n+5(-3)^{n-1}+3=(-3)^{n-1}\cdot2+3\neq0$$

所以$\pm1$,$\pm3$不可能是$f(x)$的根.于是$p,q$均不小于2.

设$2\leqslant p\leqslant q\leqslant n-2$.由$a_0b_0=3$,不妨设$a_0=3,b_0=1$.

设$a_1,a_2,\cdots,a_{p-1}$中不能被3整除的系数中下标最小的为$a_k$,即有$k<p$,且

$$3\mid a_1,3\mid a_2,\cdots,3\mid a_{k-1},3\nmid a_k \quad ②$$

考察①中两边$x^k$的系数,有

$$0=a_kb_0+a_{k-1}b_1+\cdots+a_0b_k$$

即

$$a_k=-(a_{k-1}b_1+\cdots+a_0b_k)$$

由$3\mid a_i(i=0,1,\cdots,k-1)$可知$3\mid a_k$,导出矛盾.

于是,对所有$a\leqslant i\leqslant p-1$,$3\mid a_i$,而$a_p=1$.

考察$x^p$的系数,则有

$$0=1+a_{p-1}b_1+\cdots+a_0b_p\equiv1\pmod 3$$

出现矛盾.

所以$f(x)$不能分解为两个整系数多项式的乘积.

**证法2** 假设$f(x)$可分解为两个整系数多项式之积,设

$$f(x)=g(x)\cdot h(x)$$

由于$f(x)$的首项系数是1,则整系数多项式$g(x)$和$h(x)$的

首项系数都是1. 由于

$$g(0)h(0)=f(0)=3$$

其中 $g(0)\in\mathbf{Z},h(0)\in\mathbf{Z}$,则

$$|g(0)|=1\text{ 或 }|h(0)|=1$$

不妨设 $|g(0)|=1$,且设 $g(x)$ 有 $k$ 个根 $\alpha_1,\alpha_2,\cdots,\alpha_k(k<n)$,则由韦达定理知

$$|\alpha_1\alpha_2\cdots\alpha_k|=1 \qquad ①$$

又 $\alpha_i$ 为 $f(x)$ 的根,得

$$\alpha_i^n+5\alpha_i^{n-1}+3=0$$

$$\alpha_i^{n-1}(\alpha_i+5)=-3$$

$$|\alpha_i|^{n-1}|\alpha_i+5|=3 \qquad ②$$

由 ① 得

$$\prod_{i=1}^{k}|\alpha_i+5||\alpha_i|^{n-1}=3^k=\prod_{i=1}^{k}|\alpha_i+5|$$

设 $|\alpha_k+5|=\min\limits_{1\leqslant i\leqslant k}\{|\alpha_i+5|\}$,则

$$|\alpha_k+5|\leqslant 3$$

又因为 $5=|5+\alpha_k-\alpha_k|\leqslant|-\alpha_k|+|\alpha_k+5|$

则 $|\alpha_k|\geqslant 5-|\alpha_k+5|\geqslant 2$

故由 ① 知

$$k\geqslant 2$$

设 $|\alpha_1|=\min\limits_{1\leqslant i\leqslant k-1}|\alpha_i|$,则

$$|\alpha_1|^{k-1}\leqslant|\alpha_1||\alpha_2|\cdots|\alpha_{k-1}|=\frac{1}{|\alpha_k|}\leqslant\frac{1}{2}$$

从而 $|\alpha_1|\leqslant\dfrac{1}{2^{\frac{1}{k-1}}}$

$$|\alpha_1+5|\leqslant|\alpha_1|+5\leqslant 5+\left(\frac{1}{2}\right)^{\frac{1}{k-1}}<6$$

$$|\alpha_1|^{n-1}\leqslant\frac{1}{2^{\frac{n-1}{k-1}}}<\frac{1}{2}$$

所以 $|\alpha_1+5||\alpha_1|^{n-1}<3$

导致与 ② 矛盾.

所以 $f(x)$ 不能分解为两个整系数多项式的乘积.

心得 体会 拓广 疑问

3.61 求所有三次实系数多项式 $P(x)$ 和 $Q(x)$,满足:

(1)$P$ 与 $Q$ 在 $x=1,2,3,4$ 只取 0 或 1;

(2)若 $P(1)=0$ 或 $P(2)=1$,则 $Q(1)=Q(3)=1$;

(3)若 $P(2)=0$ 或 $P(4)=0$,则 $Q(2)=Q(4)=0$;

(4)若 $P(3)=1$ 或 $P(4)=1$,则 $Q(1)=0$.

(民主德国,1980 年)

**解** 设多项式 $P(x)$ 和 $Q(x)$ 满足题中条件,记

$$\alpha_k=P(k),\beta_k=Q(k)$$

其中 $k=1,2,3,4$. 因为多项式 $P(x),Q(x)$ 是 3 次的,所以"四元数组" $\overline{\alpha_1\alpha_2\alpha_3\alpha_4}$ 与 $\overline{\beta_1\beta_2\beta_3\beta_4}$ 不能是 0000,0110,1001 或 1111. 另一方面,"四元数组" $\overline{\alpha_1\alpha_2\alpha_3\alpha_4}$ 也不能是 $\overline{0\alpha_1 1\alpha_4}$, $\overline{0\alpha_2\alpha_3 1}$, $\overline{\alpha_1 11\alpha_4}$ 或 $\overline{\alpha_1 1\alpha_3 1}$. 否则,由条件(2)与(4)得到,$\beta_1=1$ 且 $\beta_1=0$,矛盾. 因此,由条件(3),由两种"四元数组"作成的对子($\overline{\alpha_1\alpha_2\alpha_3\alpha_4}$, $\overline{\beta_1\beta_2\beta_3\beta_4}$)是且只能是下述七种之一

(0100,1010),(1000,0010),(1000,1000)

(1000,1010),(1010,0010),(1011,0010),(1100,1010)

注意,其中只用到了六个不同的"四元数组",即 0010,0100,1000,1010,1011 和 1100. 由 Lagrange 插值公式,每个"四元数组" $\overline{\gamma_1\gamma_2\gamma_3\gamma_4}$ 可以作出一个多项式 $R(x)$,使得 $R(k)=\gamma_k$, $k=1,2,3,4$. 于是得到 6 个相应的多项式

$$R_1(x)=-\frac{1}{2}x^3+\frac{7}{2}x^2-7x+4$$

$$R_2(x)=\frac{1}{2}x^3-4x^2+\frac{19}{2}x-6$$

$$R_3(x)=-\frac{1}{6}x^3+\frac{3}{2}x^2-\frac{13}{3}x+4$$

$$R_4(x)=-\frac{2}{3}x^3+5x^2-\frac{34}{3}x+8$$

$$R_5(x)=-\frac{1}{2}x^3+4x^2-\frac{19}{2}x+7$$

$$R_6(x)=\frac{1}{3}x^3-\frac{5}{2}x^2+\frac{31}{6}x-2$$

因此,多项式对$(P(x),Q(x))$是下列各对之一

$$(R_2(x),R_4(x)),(R_3(x),R_1(x))$$

$$(R_3(x),R_3(x)),(R_3(x),R_4(x))$$

$$(R_4(x),R_1(x)),(R_5(x),R_1(x))$$

$$(R_6(x),R_4(x))$$

心得 体会 拓广 疑问

3.62　求所有整系数多项式 $W$，满足：对于每个正整数 $n$，整数 $2^n-1$ 可以被 $W(n)$ 整除.

（波兰，2003 年）

**解**　先证明一个引理.

**引理**　若 $p$ 为质数，则 $2^p-1$ 也是质数.

**引理的证明**　反证法.

假设存在质数 $q(q>2)$，使得 $q\mid(2^p-1)$，即

$$2^p\equiv 1(\bmod q)$$

由费马小定理知

$$2^{q-1}\equiv 1(\bmod q)$$

故存在最小的正整数 $r_0>1$，使得 $2^{r_0}\equiv 1(\bmod q)$.

设 $p=kr_0+r,0\leqslant r<r_0$，则

$$2^p=2^{kr_0+r}=2^{kr_0}\times 2^r\equiv 2^r\equiv 1(\bmod q)$$

故 $r=0,r_0\mid p$. 矛盾.

下面证明原题.

有无限多个质数 $p$，满足 $W(p)\mid(2^p-1)$，有三种可能情况：

(1) 有无限多个 $p$，使得 $W(p)=1$，则 $W(x)=1$；

(2) 有无限多个 $p$，使得 $W(p)=-1$，则 $W(x)=-1$；

(3) 有无限多个 $p$，使得 $|W(p)|=2^p-1$.

设 $W(x)$ 最高次项为 $ax^n$，则当 $p$ 充分大时，$|W(p)|<2ap^n<2^p-1$. 矛盾. 故 $W(x)=1$ 或 $-1$.

3.63　求所有整数 $n(n\geqslant 3)$，使得多项式

$$W(x)=x^n-3x^{n-1}+2x^{n-2}+6$$

可以表示为两个次数为正整数的整系数多项式的乘积.

**解**　当 $n=3$ 时

$$x^3-3x^2+2x+6=(x+1)(x^2-4x+6)$$

当 $n=4$ 时，设

$$x^4-3x^3+2x^2+6=(x^2+ax+b)(x^2+cx+d)$$

比较系数得

$$c+a=-3,ac+b+d=2,ad+bc=0,bd=6$$

由第一个式子可得 $a,c$ 的奇偶性不同，将其应用到第二个式子中可知 $b,d$ 的奇偶性相同，这与第四个式子矛盾.

设 $x^4-3x^3+2x^2+6=(x+a)(x^3+bx^2+cx+d)$，比较系数得

$$a+b=-3,ab+c=2,ac+d=0,ad=6$$

心得 体会 拓广 疑问

由第一个式子得 $a,b$ 的奇偶性不同,由第二个式子得 $c$ 为偶数,由第三个式子得 $d$ 为偶数,从而由第四个式子得 $a$ 为奇数. 当 $a=1$, $d=6$ 时,由第一个式子得 $b=-4$,由第二个式子得 $c=6$,不满足第三个式子. 同理,当 $a=-1,d=-6$,得 $b=-2,c=0$;当 $a=3,d=2$,得 $b=-6,c=20$;当 $a=-3,d=-2$,得 $b=0,c=2$,均不满足第三个式子. 因此,$n=4$ 时不能分解为两个次数大于等于1的整系数多项式.

当 $n\geqslant 5$ 时,假设 $W(x)$ 能分解为满足条件的多项式,设 $W(x)=P(x)Q(x)$,其中

$$P(x)=a_kx^k+a_{k-1}x^{k-1}+\cdots+a_1x+a_0$$
$$Q(x)=b_{n-k}x^{n-k}+b_{n-k-1}x^{n-k-1}+\cdots+b_1x+b_0$$

这里 $a_k=b_{n-k}=\pm 1$.

不失一般性,假设 $k\leqslant\left[\frac{1}{2}n\right]<n-2$.

比较系数得

$$a_0b_0=6$$
$$a_0b_1+a_1b_0=0$$
$$\cdots$$
$$a_0b_k+a_1b_{k-1}+\cdots+a_{k-1}b_1+a_kb_0=0$$

由于

$$a_0(a_0b_1+a_1b_0)=a_0^2b_1+6a_1=0$$

所以 $a_0^2\mid 6a_1$. 于是有 $a_0\mid a_1$.

假设 $a_1,a_2,\cdots,a_l$ 能被 $a_0$ 整除,由于

$$a_0(a_0b_{l+1}+a_1b_l+\cdots+a_lb_1+a_{l+1}b_0)=$$
$$a_0^2b_{l+1}+a_0a_1b_l+\cdots+a_0a_lb_1+6a_{l+1}=0$$

于是,由归纳假设,可得 $a_0^2\mid 6a_{l+1}$.

从而,有 $a_0\mid a_{l+1}$.

综上所述,$a_0$ 能整除 $a_1,a_2,\cdots,a_k$.

由于 $a_k=\pm 1$,所以,$a_0=\pm 1$.

不失一般性,设 $a_0=1$,则 $b_0=6$.

用类似的方法可得 $b_0=6$ 能整除 $b_1,b_2,\cdots,b_{n-3}$(若有必要,当 $t>n-k$ 时,令 $b_t=0$).

若 $n-k\leqslant n-3$,这与 $b_{n-k}=\pm 1$ 矛盾;

若 $n-k>n-3$,则 $k<3$.

若 $k=2$,比较 $x^{n-2}$ 前面的系数得

$$a_0b_{n-2}+a_1b_{n-3}+a_2b_{n-4}=2$$

由于 $a_0b_{n-2}=\pm 1,b_{n-3},b_{n-4}$ 均能被6整除,矛盾.

若 $k=1$,当 $n$ 为偶数时,$W(\pm 1)\neq 0$;

当 $n$ 为奇数时,$W(-1)=0$.

综上,满足条件的 $n$ 为大于或等于3的奇数.

心得 体会 拓广 疑问

3.64 设 $f(n)$ 满足 $f(0)=0, f(n)=n-f(f(n-1)), n=1,2,3,\cdots$. 试确定所有实系数多项式 $g(x)$,使得

$$f(n)=[g(n)], n=0,1,2,\cdots$$

其中 $[g(n)]$ 表示不超过 $g(n)$ 的最大整数.

**解** 答案为 $g(x)=\frac{1}{2}(\sqrt{5}-1)(x+1)$.

(1) 先证明

$$f(n)=\left[\frac{1}{2}(\sqrt{5}-1)(n+1)\right]$$

令 $\alpha=\frac{1}{2}(\sqrt{5}-1)$,只需证明对 $n=1,2,\cdots$ 有

$$[(n+1)\alpha]=n-[([n\alpha]+1)\alpha]$$

设 $n\alpha=[n\alpha]+\delta$,则(注意到 $\alpha^2+\alpha=1$)

$$[(n+1)\alpha]=[[n\alpha]+\delta+\alpha]=[n\alpha]+[\delta+\alpha]$$

$$\begin{aligned}[([n\alpha]+1)\alpha]&=[(n\alpha-\delta+1)\alpha]=\\&[n\alpha^2-\delta\alpha+\alpha]=\\&[n-n\alpha-\delta\alpha+\alpha]=\\&[n-[n\alpha]-\delta-\delta\alpha+\alpha]=\\&n-[n\alpha]+[-\delta-\delta\alpha+\alpha]=\\&n-[(n+1)\alpha]+[\delta+\alpha]+\\&[-\delta-\delta\alpha+\alpha]\end{aligned}$$

因此,只需证明 $[\delta+\alpha]+[-\delta-\delta\alpha+\alpha]=0$.

**情形1** $\delta+\alpha<1$,此时 $[\delta+\alpha]=0$.

$$\begin{aligned}-\delta-\delta\alpha+\alpha=-\delta(1+\alpha)+\alpha>(\alpha-1)(\alpha+1)+\alpha=\\\alpha^2+\alpha-1=0-\delta-\delta\alpha+\alpha\leqslant\alpha<1\end{aligned}$$

因此

$$[-\alpha-\delta\alpha+\alpha]=0$$

**情形2** $\delta+\alpha\geqslant 1$. 因为 $\delta+\alpha<2$,故 $[\delta+\alpha]=1$,此时

$$\begin{aligned}-\delta-\delta\alpha+\alpha=-\delta(1+\alpha)+\alpha<\\(\alpha-1)(\alpha+1)+\alpha=\\\alpha^2+\alpha-1=0\end{aligned}$$

$$-\delta-\delta\alpha+\alpha=-\delta(1+\alpha)+\alpha>-(1+\alpha)+\alpha=-1$$

因此

$$[-\delta-\delta\alpha+\alpha]=-1=-[\delta+\alpha]$$

即

$$[\delta+\alpha]+[-\delta-\delta\alpha+\alpha]=0$$

心得 体会 拓广 疑问

所以 $g(x)=(n+1)\alpha$ 满足要求.

(2) 证明 $g(x)=ax+b,a,b\in\mathbf{R},a\neq 0$.

设

$$g(x)=a_kx^k+a_{k-1}x^{k-1}+\cdots+a_1x+a_0,a_k\neq 0$$

由条件

$$[g(n)]=n-[g(g(n-1))] \quad ①$$

因此

$$\frac{[g(n)]}{n^{k^2}}=\frac{n}{n^{k^2}}-\frac{[g(g(n-1))]}{n^{k^2}} \quad ②$$

若 $k\geqslant 2$,则令 $n\to\infty$,有 $0=0-a_k^{k+1}$,与 $a_k\neq 0$ 矛盾. 因此 $k\leqslant 1$. 又由 ① 知 $g(x)$ 不能恒为常数,故 $k=1$,即

$$g(x)=a_1x+a_0,a_1\neq 0$$

(3) 证明 $0\leqslant f(n)\leqslant n$.

对 $n$ 用归纳法:

① 当 $n=0$ 时,显然成立;

② 假设 $n-1$ 成立,现看 $n$ 的情形,由归纳假设

$$0\leqslant f(n-1)\leqslant n-1$$

$$0\leqslant f(f(n-1))\leqslant f(n-1)\leqslant n-1$$

因此 $1\leqslant f(n)\leqslant n$.

由数学归纳法知对所有的 $n$,有 $0\leqslant f(n)\leqslant n$.

(4) 证明 $g(x)=\alpha x+b,b\in\mathbf{R}$.

由(2)知

$$g(x)=ax+b,a,b\in\mathbf{R},a\neq 0$$

在 ② 中令 $n\to\infty$,有 $a=1-a^2$,由(3)知 $a>0$,因此

$$a=\frac{-1+\sqrt{5}}{2}=\alpha$$

即

$$g(x)=\alpha x+b$$

(5) 证明 $g(x)=\alpha x+\alpha$.

$$f(n)=[g(n)]=[\alpha n+b]=[\alpha(n+1)+b-\alpha]=$$
$$[\alpha(n+1)]+[\{\alpha(n+1)\}+b-a]$$

由(1)知对所有的 $n\geqslant 0$,有

$$[\{\alpha(n+1)\}+b-\alpha]=0$$

令 $n=0$ 知 $0\leqslant b\leqslant 1$.

若 $b-\alpha<0$,现将证明存在 $n$,使得

$$\{\alpha(n+1)\}<\frac{1}{2}(\alpha-b)$$

此时

$$[\{\alpha(n+1)\}+b-\alpha]\leqslant -1$$

心得 体会 拓广 疑问

若 $b-\alpha>0$,将证明存在 $n$,使得

$$\{\alpha(n+1)\}>1-\frac{1}{2}(b-\alpha)$$

此时

$$[\{\alpha(n+1)\}+b-\alpha]\geqslant 1$$

为此要证明下面的引理.

**引理** 设 $\alpha=\frac{1}{2}(\sqrt{5}-1),\varepsilon>0$,则存在正整数 $n_1,n_2$ 使得

$$\{n_1\alpha\}<\varepsilon,\{n_2\alpha\}>1-\varepsilon$$

**引理的证明** 设 $N$ 为一整数,$\frac{1}{N}<\varepsilon$. 考虑 $0$, $\{\alpha\}$, $\{2\alpha\},\cdots,\{N\alpha\}$ 共 $N+1$ 个数,一定存在 $0\leqslant k,l\leqslant N,k\neq l$ 使得

$$0<\{k\alpha\}-\{l\alpha\}<\frac{1}{N}$$

即

$$0<(k-l)\alpha-[k\alpha]+[l\alpha]<\frac{1}{N}$$

若 $k>l$,则

$$0<\{(k-l)\alpha\}<\frac{1}{N}<\varepsilon$$

此时,设 $L$ 为整数,使

$$L\{(k-l)\alpha\}<1<(L+1)\{(k-l)\alpha\}$$

由于

$$L(k-l)\alpha=L[(k-l)\alpha]+L[(k-l)\alpha]$$

故

$$\{L(k-l)\alpha\}=L\{(k-l)\alpha\}>1-\{(k-l)\alpha\}>1-\varepsilon$$

若 $k<l$,则

$$-\frac{1}{N}<(l-k)\alpha+[k\alpha]-[l\alpha]<0$$

即

$$-\frac{1}{N}<\{(l-k)\alpha\}-1<0$$

即

$$1-\varepsilon<1-\frac{1}{N}<\{(l-k)\alpha\}<1$$

取整数 $T$,使

$$T(1-\{(l-k)\alpha\})<1<(T+1)(1-\{(l-k)\alpha\})$$

则

$$T(l-k)\alpha=T[(l-k)\alpha]+T\{(l-k)\alpha\}=$$
$$T[(l-k)\alpha]+T+T(\{(l-k)\alpha\}-1)=$$

心得 体会 拓广 疑问

$$T[(l-k)\alpha]+T-1+1-T(1-\{(l-k)\alpha\})$$

因此

$$\{T(l-k)\alpha\}=1-T(1-\{(l-k)\alpha\})<1-\{(l-k)\alpha\}<\frac{1}{N}<\varepsilon$$

引理得证.

所以 $b-\alpha=0$,即 $b=\alpha$.

综上可得

$$g(x)=\frac{1}{2}(\sqrt{5}-1)(x+1)$$

3.65 设 $p$ 是一个奇素数,考虑集合 $\{1,2,\cdots,2p\}$ 的满足以下两个条件的子集 $A$:

(1) $A$ 恰有 $p$ 个元素;

(2) $A$ 中所有元素的和可被 $p$ 整除.

试求所有这样的子集 $A$ 的个数.

(第 36 届国际数学奥林匹克,1995 年)

**解法 1** 记

$$W=\{1,2,\cdots,2p\}$$
$$U=\{1,2,\cdots,p\}$$
$$V=\{p+1,p+2,\cdots,2p\}$$

除 $U$ 和 $V$ 这两个子集之外,$W$ 的其他 $p$ 元子集 $E$ 都使得

$$E\cap V\neq\varnothing,E\cap U\neq\varnothing \qquad ①$$

若 $W$ 的两个满足条件 ① 的 $p$ 元子集 $S$ 和 $T$ 适合下面的条件:

(1) $S\cap V=T\cap V$.

(2) 只要编号适当,$S\cap U$ 的元素 $S_1,S_2,\cdots,S_m$ 和 $T\cap U$ 的元素 $t_1,t_2,\cdots,t_m$ 对适当的 $k\in\{0,1,\cdots,p-1\}$,满足同余式组

$$s_i-t_i\equiv k(\bmod p),i=1,2,\cdots,m$$

就约定这两个子集 $S$ 和 $T$ 归入同一类.

对于同一类中的不同子集显然有 $k\neq0$,因而有

$$\sum_{i=1}^{p}s_i-\sum_{i=1}^{p}t_i\equiv mk\not\equiv0(\bmod p)$$

对于同一类中的不同子集,它的各自元素之和,对模 $p$ 的余数各不相同,因此每一类中恰含 $p$ 个子集,其中仅有一个适合题目中的条件(2).

综上所述,在 $W=\{1,2,\cdots,2p\}$ 的 $C_{2p}^{p}$ 个 $p$ 元子集当中,除 $U$ 和 $V$ 这两个特殊的子集外,每 $p$ 个子集分成一类,每类恰有一个子集

满足条件(2).

据此可以算出,$W=\{1,2,\cdots,2p\}$ 的适合条件(1)和(2)的子集总数为

$$\frac{1}{p}(\mathrm{C}_{2p}^{p}-2)+2$$

**解法2** 为考察 $W=\{1,2,\cdots,2p\}$ 的子集,构造如下的生成函数

$$g(t,x)=(t+x)(t+x^2)\cdots(t+x^{2p})=\sum_{k,m}a_{k,m}t^kx^m$$

其中 $a_{k,m}$ 是展开式中 $t^kx^m$ 的系数,它表示 $W$ 的适合以下条件$(\alpha)$和$(\beta)$的子集的个数.

$(\alpha)$ 该子集恰含 $2p-k$ 个元素;

$(\beta)$ 该子集的元素之和等于 $m$.

记 $\varepsilon=\mathrm{e}^{\mathrm{i}\frac{2\pi}{p}}$,且 $E=\{\varepsilon^0,\varepsilon^1,\cdots,\varepsilon^{p-1}\}$,则有

$$\sum_{t\in E}\sum_{x\in E}g(t,x)=\sum_{t\in E}\Big[\sum_{k,m}a_{k,m}t^k\Big(\sum_{x\in E}x^m\Big)\Big]=$$
$$\sum_{t\in E}\Big(\sum_{k,m,p\mid m}a_{k,m}t^k\Big)p=\Big(\sum_{p\mid k,p\mid m}a_{k,m}\Big)p^2 \qquad ①$$

在计算中用到了这样一个事实

$$\sum_{j=0}^{p-1}\varepsilon^{jn}=\begin{cases}0,若\ p\nmid n\\ p,若\ p\mid n\end{cases}$$

直接利用 $g(t,x)$ 的定义式(不借助于展开式),用另一种方法计算同一和式,有

$$\sum_{t\in E}\sum_{x\in E}g(t,x)=\sum_{t\in E}\sum_{x\in E}(t+x)(t+x^2)\cdots(t+x^{2p})=$$
$$\sum_{t\in E}\sum_{x\in E}\Big[(t+1)^{2p}+\sum_{x\in E\setminus\{1\}}(t+x)\cdots(t+x^{2p})\Big]=$$
$$\sum_{t\in E}\big[(t+1)^{2p}+(p-1)(t^p+1)^2\big]=$$
$$\sum_{t\in E}(t+1)^{2p}+4p(p-1)=$$
$$\sum_{t\in E}(1+\mathrm{C}_{2p}^{1}t+\cdots+\mathrm{C}_{2p}^{2p}t^{2p})+4p(p-1)=$$
$$p(1+\mathrm{C}_{2p}^{p}+1)+4p(p-1)=$$
$$p(\mathrm{C}_{2p}^{p}+4p-2) \qquad ②$$

比较这两种方法计算的结果①和②,得

$$\sum_{p\mid k,p\mid m}a_{k,m}=\frac{1}{p}(\mathrm{C}_{2p}^{p}+4p-2)=\frac{1}{p}(\mathrm{C}_{2p}^{p}-2)+4$$

上式左端除去 $a_{0,p(p+1)}=a_{2p,0}=1$ 这两项外,其余各项之和就是满足条件(1)和(2)的子集的个数,因此,所求的子集个数为

$$\sum_{p\mid m}a_{k,m}=\sum_{p\mid k,p\mid m}a_{k,m}-2=\frac{1}{p}(\mathrm{C}_{2p}^{p}-2)+2$$

心得 体会 拓广 疑问

3.66 设 $P(x)$ 为一个非常数的整系数多项式,$n(P)$ 表示满足 $[P(x)]^2=1$ 的整数根 $x$ 的个数,又记 $\deg(P)$ 为多项式的次数,试证明不等式

$$n(P)\leqslant 2+\deg(P)$$

**证明** 由代数基本定理方程 $P^2(x)=1$ 根的个数小于等于 $\deg(P^2)=2\deg(P)$,从而整数根的个数更有

$$n(P)\leqslant 2\deg(P)$$

由此可知,当 $1\leqslant \deg(P)\leqslant 2$ 时,有

$$n(P)\leqslant 2\deg(P)\leqslant 2+\deg(P)$$

故此时不等式成立.

当 $\deg(P)\geqslant 3$ 时,用反证法,若结论不成立,存在某一多项式 $P$ 使得

$$n(P)\geqslant 3+\deg(P) \quad ①$$

记 $M_1=\{x_1,\cdots,x_k\}$ 为使得 $P(x)=-1$ 的所有不同整数解,$M_2=\{y_1,\cdots,y_l\}$ 为使得 $P(x)=1$ 的所有不同整数解. 显见 $M_1$ 和 $M_2$ 是不相交的,且有

$$k\leqslant \deg(P),l\leqslant \deg(P),k+l=n(P)$$

再和 ① 相减知

$$l=n(P)-k\geqslant 3,k=n(P)-l\geqslant 3$$

又不妨设 $x_1,\cdots,x_k,y_1,\cdots,y_l$ 中最小整数为 $x_1$,则由 $i\geqslant 3$ 知,至少有一个 $y_i$,使得

$$y_j-x_1\geqslant 3$$

设
$$P(x)=a_mx^m+a_{m-1}x^{m-1}+\cdots+a_0$$

则

$$a_mx_1^1+a_{m-1}x_1^{m-1}+\cdots+a_0=-1$$
$$a_my_j^m+a_{m-1}y_j^{m-1}+\cdots+a_0=1$$

相减得

$$a_m(y_j^m-x_1^m)+a_{m-1}(y_j^{m-1}-x_1^{m-1})+\cdots+a_1(y_j-x_1)=2$$

由于等式左边为整数,且有因子 $y_j-x_1$,从而

$$y_j-x_1\mid 2$$

即 $y_j-x_1=\pm 2$ 或 $\pm 1$,但这和 $y_j-x_1\geqslant 3$ 相矛盾,因此对一切非常数多项式恒有

$$n(P)<3+\deg(P)$$

即

$$n(P)\leqslant 2+\deg(P)$$

3.67 $n,k$ 是两个正整数,$n\geqslant 2$,记 $f^{[1]}(x)=f(x)$,$f^{[s+1]}(x)=f(f^{[s]}(x))$,这里 $s\in\mathbf{N}$,$\mathbf{N}$ 是全体正整数的集合.函数 $f:\mathbf{N}\to\mathbf{N}$,满足 $f^{[n]}(x)=x+k$,求函数 $f$ 存在的充要条件(这里 $x$ 是任意正整数).

**解** 首先,我们来分析一下,满足题目条件的函数 $f$ 存在,$f$ 必须满足哪些性质?

(1)$f$ 必是一一映射的,如果 $f(x)=f(y)$,则 $f^{[n]}(x)=f^{[n]}(y)$,那么 $x+k=y+k$,$x=y$,$f$ 的确是一一映射的.

(2) 对于任意正整数 $m$,有

$$f(x+mk)=f(x)+mk(x\in\mathbf{N}) \quad ①$$

对 $m$ 用数学归纳法,当 $m=1$ 时

$$\begin{aligned}f(x+k)=f(f^{[n]}(x))(\text{利用题目中函数方程})=\\ f^{[n+1]}(x)=f^{[n]}(f(x))=\\ f(x)+k(x\in\mathbf{N})\end{aligned} \quad ②$$

因此,当 $m=1$ 时,① 成立,假设当 $m=t$ 时,有

$$f(x+tk)=f(x)+tk \quad ③$$

当 $m=t+1$ 时

$$\begin{aligned}f(x+(t+1)k)=f((x+tk)+k)=f(x+tk)+k=\\ (f(x)+tk)+k=f(x)+(t+1)k\end{aligned} \quad ④$$

归纳法完成.因此,对于任意正整数 $m$,① 成立.

(3)$m$ 是任意一个正整数,有

$$f^{[mn]}(x)=x+mk(x\in\mathbf{N}) \quad ⑤$$

对 $m$ 用数学归纳法,当 $m=1$ 时,由题目函数方程立即可以得到式 ⑤.

设 $m=t$ 时,有

$$f^{[tn]}(x)=x+tk(x\in\mathbf{N}) \quad ⑥$$

则当 $m=t+1$ 时,有

$$\begin{aligned}f^{[(t+1)n]}(x)=f^{[tn]}(f^{[n]}(x))=f^{[n]}(x)+tk=\\ (x+k)+tk=x+(t+1)k\end{aligned} \quad ⑦$$

因而,式 ⑤ 成立.

从性质(3) 立即有下述结论:对于任意正整数 $l$ 及任意正整数 $x$

$$f^{[l]}(x)\neq x \quad ⑧$$

用反证法,如果有两个正整数 $l,x$,使得

$$f^{[l]}(x)=x \quad ⑨$$

在 ⑨ 两端不断作用 $f^{[l]}$,容易明白,对于任意正整数 $t$,有

心得 体会 拓广 疑问

$$f^{[tl]}(x)=x \tag{10}$$

取 $t=n$,从 ⑩ 和 ⑤,有

$$x+lk=x \tag{11}$$

$l,k$ 都是正整数,上式是不可能成立的. 因此 ⑧ 成立.

(4)$f(1),f(2),f(3),\cdots,f(k)$ 在 mod $k$ 意义上,无两数在同一剩余类内,用反证法,如果存在正整数 $i,j,1\leqslant i<j\leqslant k$,使得

$$f(i)\equiv f(j)\pmod k \tag{12}$$

由于 $f$ 是一一映射的,从 ⑫ 必存在非零整数 $t$,使得

$$f(j)=f(i)+kt \tag{13}$$

如果 $t$ 是正整数,利用 ① 和 ⑬ 有

$$f(j)=f(i+kt) \tag{14}$$

由于 $f$ 是一一映射的,有

$$j=i+kt \tag{15}$$

式 ⑮ 与 $1\leqslant i<j\leqslant k$ 矛盾.

如果 $t$ 是负整数,从 ⑬ 和 ①,有

$$f(i)=f(j)+k(-t)=f(j+k(-t)) \tag{16}$$

再一次利用 $f$ 是一一映射的,有

$$i=j+k(-t) \tag{17}$$

同样与 $1\leqslant i<j\leqslant k$ 矛盾.

(5)对于正整数 $i,1\leqslant i\leqslant k,f(i),f^{[2]}(i),f^{[3]}(i),\cdots,f^{[n]}(i)$ 中,在 mod $k$ 意义上,无两数属于同一个剩余类.

用反证法. 如果存在 $1\leqslant s<t\leqslant n$,使得

$$f^{[s]}(i)\equiv f^{[t]}(i)\pmod k \tag{18}$$

那么,就有整数 $l$,使得

$$f^{[t]}(i)=f^{[s]}(i)+lk \tag{19}$$

如果 $l$ 是正整数,在公式 ⑤ 中,令 $x=f^{[s]}(i),l=m$,利用 ⑥ 和 ⑲ 有

$$f^{[t]}(i)=f^{[ln]}(f^{[s]}(i))=f^{[ln+s]}(i) \tag{20}$$

由于 $f$ 是一一映射的,以及 $ln+s>t$,有

$$i=f^{[ln+s-t]}(i) \tag{21}$$

利用 ⑧,可以知道 ㉑ 是不成立的,矛盾.

如果 $l=0$,则从 ⑲,有

$$f^{[t]}(i)=f^{[s]}(i) \tag{22}$$

由于 $t>s,f$ 又是一一映射的,从上式有

$$f^{[t-s]}(i)=i \tag{23}$$

$t-s$ 是一个正整数,㉓ 同样与 ⑧ 矛盾.

如果 $l$ 是负整数,从 ⑲ 有

$$f^{[s]}(i)=f^{[t]}(i)+(-l)k \tag{24}$$

同样地利用 ⑤ 和 ㉔,有

$$f^{[s]}(i)=f^{[t-ln]}(i) \quad ㉕$$

由于 $t-ln>s$,类似有

$$i=f^{[t-ln-s]}(i) \quad ㉖$$

由于 $t-ln-s$ 是一个正整数,㉖ 也与 ⑧ 矛盾.

从上面叙述可以知道,在 mod $k$ 意义上,对于正整数 $i$,$1\leqslant i\leqslant k$,$f(i)$,$f^{[2]}(i)$,$f^{[3]}(i)$,$\cdots$,$f^{[n]}(i)$ 中无两数属于同一个剩余类. 因此,必有 $n\leqslant k$.

(6) 当 $1\leqslant i<j\leqslant k$ 时,这里 $i,j$ 是正整数,如果第一个集合 $\{f(i),f^{[2]}(i),f^{[3]}(i),\cdots,f^{[n]}(i)\}$ 中有一个元素与第二个集合 $\{f(j),f^{[2]}(j),f^{[3]}(j),\cdots,f^{[n]}(j)\}$ 中某个元素,在 mod $k$ 意义上,属于同一个剩余类,那么,这两个集合在 mod $k$ 意义上必相等.

利用条件,如果存在正整数 $s,t$,满足

$$f^{[s]}(i)\equiv f^{[t]}(j)\pmod k \quad ㉗$$

证明对于任意正整数 $l$,有

$$f^{[s+l]}(i)\equiv f^{[t+l]}(j)\pmod k \quad ㉘$$

如果 $f^{[s]}(i)=f^{[t]}(j)$,则两端作用 $f^{[l]}$,㉘ 当然成立. 下面不妨设存在正整数 $m$,使得

$$f^{[s]}(i)=f^{[t]}(j)+mk \quad ㉙$$

那么

$$f^{[s+1]}(i)=f(f^{[s]}(i))=f(f^{[t]}(j)+mk)=$$
$$f(f^{[t]}(j))+mk\equiv f^{[t+1]}(j)\pmod k \quad ㉚$$

显然,当 $f^{[t]}(j)=f^{[s]}(i)+mk$,这里 $m$ 是正整数时,类似证明有

$$f^{[t+1]}(j)\equiv f^{[s+1]}(i)\pmod k \quad ㉛$$

因此,当 $l=1$ 时,㉘ 成立.

假设当 $l=l^*$ 时,有

$$f^{[s+l^*]}(i)\equiv f^{[t+l^*]}(j)\pmod k \quad ㉜$$

先设存在正整数 $m$,使得

$$f^{[s+l^*]}(i)=f^{[t+l^*]}(j)+mk \quad ㉝$$

那么,当 $l=l^*+1$ 时

$$f^{[s+l^*+1]}(i)=f(f^{[s+l^*]}(i))=f(f^{[t+l^*]}(j)+mk)=$$
$$f(f^{[t+l^*]}(j))+mk\equiv f^{[t+l^*+1]}(j)\pmod k \quad ㉞$$

当 $f^{[t+l^*]}(j)=f^{[s+l^*]}(i)mk$,这里 $m\in\mathbf{N}$ 时,完全类似有

$$f^{[t+l^*+1]}(j)\equiv f^{[s+l^*+1]}(i)\pmod k \quad ㉟$$

因此,㉘ 成立.

利用题目函数方程,有

$$f^{[n]}(i)\equiv i\pmod k,\ f^{[n]}(j)\equiv j\pmod k \quad ㊱$$

利用 ㊱ 及题目函数方程,有

心得 体会 拓广 疑问

$$集合\{f(i),f^{[2]}(i),f^{[3]}(i),\cdots,f^{[n]}(i)\}\equiv$$
$$集合\{f^{[s]}(i),f^{[s+1]}(i),f^{[s+2]}(i),\cdots,f^{[s+n-1]}(i)\}\pmod k \quad ㊲$$
$$集合\{f(j),f^{[2]}(j),f^{[3]}(j),\cdots,f^{[n]}(j)\}\equiv$$
$$集合\{f^{[t]}(j),f^{[t+1]}(j),f^{[t+2]}(j),\cdots,f^{[t+n-1]}(j)\}\pmod k \quad ㊳$$

利用㉗,㉘,㊲和㊳,有

$$集合\{f(i),f^{[2]}(i),f^{[3]}(i),\cdots,f^{[n]}(i)\}\equiv$$
$$集合\{f(j),f^{[2]}(j),f^{[3]}(j),\cdots,f^{[n]}(j)\}\pmod k \quad ㊴$$

有了以上的分析,可以来求函数$f$存在的充要条件了.

利用性质(4)知道,在 mod $k$ 意义上,集合$\{f(1),f(2),f(3),\cdots,f(k)\}$内全部元素组成一个完全剩余系.利用性质(5)和性质(6),在 mod $k$ 意义上,可以将上述集合分成若干个子集合,每个子集合都为$\{f(j),f^{[2]}(j),f^{[3]}(j),\cdots,f^{[n]}(j)\}$形状,任意两个子集合都不相交.由于每个子集合恰含$n$个元素,所以$k$一定是$n$的倍数,这是必要条件,下面证明这条件也是充分的.

当$k$是$n$的倍数时,令

$$f(x)=x+\frac{k}{n} \quad ㊵$$

很容易看到,对于任意正整数$l$,有

$$f^{[l]}(x)=x+\frac{kl}{n} \quad ㊶$$

在上式中令$l=n$,有

$$f^{[n]}(x)=x+k(x\in\mathbf{N}) \quad ㊷$$

因此,本题所求的充要条件是$k$是$n$的倍数.

3.68 设$f(x)$是一个整系数多项式,已知$g(x)=f(x)+12$至少有6个两两不同的整数根,求证:$f(x)$没有整数根.

**证明** 对于正整数$l$,定义

$$M(2l)=(l!)^2,M(2l-1)=(l-1)!\ l! \quad ①$$

设$x_1,x_2,\cdots,x_k$为$g(x)=0$的$k$个两两不同的整数根.在本题中$k\geqslant 6$,那么,可以写成

$$g(x)=(x-x_1)(x-x_2)\cdots(x-x_k)h(x) \quad ②$$

这里$h(x)$也是一个多项式,由于

$$g(x)=a_nx^n+a_{n-1}x^{n-1}+\cdots+a_1x+a_0 \quad ③$$

是一个整系数多项式,且$a_n\neq 0$,则可写

$$h(x)=a_nx^{n-k}+b_{n-k-1}x^{n-k-1}+\cdots+b_1x+b_0 \quad ④$$

记

$$(x-x_1)(x-x_2)\cdots(x-x_k)=x^k+c_{k-1}x^{k-1}+\cdots+c_1x+c_0 \quad ⑤$$

这里$c_i(0\leqslant i\leqslant k-1)$全是整数.可以知道$h(x)$也是一个整系数

心得 体会 拓广 疑问

多项式. 当然可以用比较 ② 两端 $x$ 的不同幂次的系数,列出方程组

$$a_{n-1}=a_nc_{k-1}+b_{n-k-1}$$
$$a_{n-2}=a_nc_{k-2}+b_{n-k-1}c_{k-1}+b_{n-k-2}$$
$$\cdots \quad ⑥$$

依次定出 $b_{n-k-1},b_{n-k-2},\cdots$,都是整数.

取一个非零整数 $y$,在本题中 $y=12$. 如果 $f(x)=g(x)-y$ 有一个整数根 $x_0$,因为 $g(x_0)=y\neq 0$,那么 $x_0$ 不同于所有 $x_1$, $x_2,\cdots,x_k$,由于

$$y=g(x_0)=(x_0-x_1)(x_0-x_2)\cdots(x_0-x_k)h(x_0) \quad ⑦$$

$g(x_0)\neq 0$,则 $h(x_0)$ 也是一个非零整数,$|h(x_0)|\geqslant 1$. 那么

$$|y|\geqslant|(x_0-x_1)(x_0-x_2)\cdots(x_0-x_k)| \quad ⑧$$

由于 $x_0-x_1,x_0-x_2,\cdots,x_0-x_k$ 是 $k$ 个不同的整数,且无一个为零. 则当 $k$ 是偶数时,有

$$|y|\geqslant 1\times 1\times 2\times 2\times 3\times 3\times\cdots\times \frac{k}{2}\times\frac{k}{2}=\left(\frac{k}{2}!\right)^2=M(k) \quad ⑨$$

当 $k$ 是奇数时,有

$$|y|\geqslant 1\times 1\times 2\times 2\times 3\times 3\times\cdots\times\frac{k-1}{2}\times\frac{k-1}{2}\times\frac{k+1}{2}=\left(\frac{k-1}{2}\right)!\left(\frac{k+1}{2}\right)!=M(k) \quad ⑩$$

在本题 $k\geqslant 6$,而 $M(6)=(3!)^2=36$. 如果 $f(x)=0$ 有整数根,从 ⑨ 和 ⑩,有(在本题 $y=12$)

$12\geqslant M(k)\geqslant M(6)$(利用公式 ① 可以知道 $k\geqslant 6$ 时)

$$M(k)\geqslant M(6)=36 \quad ⑪$$

矛盾,所以 $f(x)$ 没有整数根.

> 3.69 将 $(1+x)^n$ 的展开式中被3除余数为 $r$ 的系数个数记为 $T_r(n)$,$r\in\{0,1,2\}$,试计算
>
> $$T_0(2\ 006),T_1(2\ 006),T_2(2\ 006)$$

**解** 先证几个引理.

**引理1** 若 $n=3^m$,$m\in\mathbf{N}$,则 $(1+x)^n\equiv 1+x^n \pmod 3$.

**证明** 对 $m$ 归纳,$m=0$ 时,有

$$(1+x)^{3^0}=1+x\equiv 1+x^{3^0} \pmod 3$$

设当 $m=k$ 时,有

$$(1+x)^{3^k}\equiv 1+x^{3^k} \pmod 3$$

则当 $m=k+1$ 时

心得 体会 拓广 疑问

$$(1+x)^{3^{k+1}}=[(1+x)^{3^k}]^3\equiv(1+x^{3^k})^3=1+3x^{3^k}+3x^{2\cdot 3^k}+x^{3^{k+1}}\equiv 1+x^{3^{k+1}}\pmod 3$$

因此对一切 $m\in\mathbf{N}$ 有

$$(1+x)^{3^m}\equiv 1+x^{3^m}\pmod 3$$

**引理2** 对于任一整系数多项式 $f(x)$,若用 $p_0(f)$,$p_1(f)$,$p_2(f)$ 分别表示 $f(x)$ 的系数中被3整除,余1及余2的系数的个数,则

$$p_0(2f)=p_0(f),p_1(2f)=p_2(f),p_2(2f)=p_1(f)$$

**证明** 设 $f(x)=\sum_{i=0}^{m}a_ix^i$,则

$$2f(x)=\sum_{i=0}^{m}2a_ix^i,\forall i\in\{0,1,\cdots,m\}$$

由于当 $a_i\equiv 1\pmod 3$ 时,有 $2a_i\equiv 2\pmod 3$;当 $a_i\equiv 2\pmod 3$ 时,有 $2a_i\equiv 1\pmod 3$;当 $a_i\equiv 0\pmod 3$ 时,有 $2a_i\equiv 0\pmod 3$;由此即得结论成立.

**引理3** 设 $f(x)$ 为 $m$ 次整系数多项式,又设多项式 $g(x)=x^{a_1}+x^{a_2}+\cdots+x^{a_k}$,其中 $a_j\in\mathbf{N},j=1,2,\cdots,k;a_{i+1}-a_i>m,i=1,2,\cdots,k-1$,则

$$p_r(f(x)\cdot g(x))=kp_r(f(x)),r\in\{0,1,2\}$$

**证明** $f(x)=b_0+b_1x+\cdots+b_mx^m$,则

$$f(x)\cdot g(x)=x^{a_1}f(x)+x^{a_2}f(x)+\cdots+x^{a_k}f(x)=(b_0x^{a_1}+b_1x^{a_1+1}+\cdots+b_mx^{a_1+m})+(b_0x^{a_2}+b_1x^{a_2+1}+\cdots+b_mx^{a_2+m})+\cdots+(b_0x^{a_k}+b_1x^{a_k+1}+\cdots+b_mx^{a_k+m})$$

由于等式右端各项均按 $x$ 的升幂排列,任两项皆不是同类项,故右端各项的系数中,被3除余数为 $r$ 的系数个数等于 $k$ 个括号中余数为 $r$ 的系数个数之和,但每个括号中皆为同一组系数(与 $f(x)$ 的系数组相同),所以

$$p_r(f\cdot g)=kp_r(f),r\in\{0,1,2\}$$

回到本题,证明对任何 $n\in\mathbf{N}$,若 $n$ 的三进制表达式中含有 $\alpha_1$ 个1,$\alpha_2$ 个2,则

$$T_1(n)=2^{\alpha_1-1}(3^{\alpha_2}+1)$$
$$T_2(n)=2^{\alpha_1-1}(3^{\alpha_2}-1) \quad ①$$

对非负整数 $\alpha_1+\alpha_2$ 用归纳法,当 $\alpha_1=\alpha_2=0$ 时,则 $n=0$,因

$$(1+x)^0=1$$

故

$$T_1(0)=1,T_2(0)=0$$

由于$2^{0-1}(3^0+1)=1,2^{0-1}(3^0-1)=0$,也就是

$$T_1(0)=2^{0-1}(3^0+1)=1$$
$$T_2(0)=2^{0-1}(3^0-1)=0$$

此时所证式成立.

当$\alpha_1=1,\alpha_2=0$时,则$n=3^m$,由引理1有

$$(1+x)^n\equiv 1+x^n(\bmod 3)$$

故

$$T_1(n)=2,T_2(n)=0$$

由于$2^{1-1}(3^0+1)=2,2^{1-1}(3^0-1)=0$,即

$$T_1(n)=2^{\alpha_1-1}(3^{\alpha_2}+1),T_2(n)=2^{\alpha_1-1}(3^{\alpha_2}-1)$$

当$\alpha_1=0,\alpha_2=1$时,则$n=2\cdot 3^m$,由引理1有

$$(1+x)^n=(1+x)^{2\cdot 3^m}=[(1+x)^{3^m}]^2\equiv (1+x^{3^m})^2\equiv 1+2x^{3^m}+x^{2\cdot 3^m}(\bmod 3)$$

故 $$T_1(n)=2,T_2(n)=1$$

由于$2^{0-1}(3^1+1)=2,2^{0-1}(3^1-1)=1$,即

$$T_1(n)=2^{\alpha_1-1}(3^{\alpha_2}+1),T_2(n)=2^{\alpha_1-1}(3^{\alpha_2}-1)$$

因此当$\alpha_1+\alpha_2\leqslant 1$时,结论成立.

设$\alpha_1+\alpha_2\leqslant k$时结论成立,往证$\alpha_1+\alpha_2=k+1$情形,设$3^m<n<3^{m+1}$(若$n=3^m$或$n=3^{m+1}$,属于已讨论过的情形),有如下情况:

(1)$n=3^m+n'$;

(2)$n=2\cdot 3^m+n'$.

其中$0<n'<3^m$(若$n'=0$或$n'=3^m$属于已经讨论过的情形).

设$n'$的三进制表达式中,含有$\alpha'_1$个1,$\alpha'_2$个2,则$\alpha'_1+\alpha'_2=k$,由归纳假设

$$T_1(n')=2^{\alpha'_1-1}(3^{\alpha'_2}+1),T_2(n')=2^{\alpha'_1-1}(3^{\alpha'_2}-1)$$

对于(1),当$n=3^m+n',0<n'<3^m$,则

$$\alpha_1=\alpha'_1+1,\alpha_2=\alpha'_2$$

于是

$$(1+x)^n=(1+x)^{3^m}\cdot(1+x)^{n'}\equiv (1+x^{3^m})\cdot(1+x)^{n'}(\bmod 3)$$

据引理3有

$$T_1(n)=p_1[(1+x)^n]=p_1[(1+x)^{3^m}(1+x)^{n'}]=2p_1[(1+x)^{n'}]=2\cdot 2^{\alpha'_1-1}(3^{\alpha'_2}+1)=2^{\alpha'_1-1}(3^{\alpha'_2}+1)$$

同理有

$$T_2(n)=2p_2[(1+x)^{n'}]=2\cdot 2^{\alpha'_1-1}(3^{\alpha'_2}-1)=2^{\alpha'_1-1}(3^{\alpha'_2}-1)$$

对于(2),当 $n=2\cdot 3^m+n', 0<n'<3^m$,则

$$\alpha_1=\alpha'_1, \alpha_2=\alpha'_2+1$$

于是

$$\begin{aligned}(1+x)^n&=[(1+x)^{3m}]^2(1+x)^{n'}\equiv(1+x^{3m})^2(1+x)^{n'}=\\&(1+2x^{3^m}+x^{2\cdot 3^m})(1+x)^{n'}=\\&(1+x)^{n'}+2x^{3^m}(1+x)^{n'}+x^{2\cdot 3^m}(1+x)^{n'}\pmod 3\end{aligned}$$

右端的三个多项式分别展开后,彼此间没有同类项,故由归纳假设及引理2有

$$\begin{aligned}p_1[(1+x)^n]&=p_1[(1+x)^{n'}]+p_1[2x^{3^m}(1+x)^{n'}]+\\&p_1[x^{2\cdot 3^m}(1+x)^{n'}]=p_1[(1+x)^{n'}]+\\&p_1[2\cdot(1+x)^{n'}]+p_1[(1+x)^{n'}]=\\&p_1[(1+x)^{n'}]+p_2[(1+x)^{n'}]+p_1[(1+x)^{n'}]=\\&2T_1(n')+T_2(n')=\\&2\cdot 2^{\alpha'_1-1}(3^{\alpha'_2}+1)+2^{\alpha'_1-1}(3^{\alpha'_2}-1)=\\&2^{\alpha'_1-1}(3^{\alpha'_2+1}+1)=2^{\alpha'_1-1}(3^{\alpha_2}+1)\end{aligned}$$

同理有

$$\begin{aligned}p_2[(1+x)^n]&=2T_2(n')+T_1(n')=\\&2\cdot 2^{\alpha'_1-1}(3^{\alpha'_2}-1)+2^{\alpha'_1-1}(3^{\alpha'_2}+1)=\\&2^{\alpha'_1-1}(3^{\alpha'_2+1}-1)=2^{\alpha'_1-1}(3^{\alpha_2}-1)\end{aligned}$$

故当 $\alpha_1+\alpha_2=k+1$ 时结论成立,由归纳法得式 ① 成立.

因为 $(1+x)^n$ 的展开式中,共有 $n+1$ 个项,则

$$T_0(n)=n+1-T_1(n)-T_2(n)=n+1-2^{\alpha_1}3^{\alpha_2} \quad ②$$

由于 $2\ 006=[2\ 202\ 022]_3$,则 $\alpha_1=0,\alpha_2=5$,因此

$$T_0(2\ 006)=2\ 007-2^0\cdot 3^5=1\ 764$$

$$T_1(2\ 006)=2^{0-1}(3^5+1)=122$$

$$T_2(2\ 006)=2^{0-1}(3^5-1)=121$$

3.70 求所有 $m,n\in\mathbf{N}^*$,使 $1+x+\cdots+x^m\mid 1+x^n+x^{2n}+\cdots+x^{mn}$.

(美国,1977 年)

**证明** 由于多项式 $x^{m+1}-1=(x-1)P(x)$ 和 $x^{n(m+1)}-1=(x^n-1)Q(x)$ 没有重根,所以多项式

$$P(x)=1+x+\cdots+x^m$$

和

$$Q(x)=1+x^n+\cdots+x^{mn}$$

也没有重根.由多项式 $Q(x)$ 被 $P(x)$ 整除的必要且充分条件为多项式 $P(x)$ 的每个根都是 $Q(x)$ 的根,或者说方程 $x^{m+1}=1$ 的每个

心得 体会 拓广 疑问

不等于1的根(它自然也满足方程$x^{n(m+1)}=1$)都不是方程$x^n=1$的根. 于是,全部所求的数对$m,n$(也只有这种数对)应当使方程组

$$\begin{cases}x^{m+1}=1\\x^n=1\end{cases}$$

有唯一解$x=1$. 如果$(m+1,n)=d>1$,则该方程组将有解

$$x=\cos\frac{2\pi}{d}+\mathrm{i}\sin\frac{2\pi}{d}\neq 1$$

如果$(m+1,n)=1$,存在整数$k$和$l$,使得$k(m+1)+ln=1$. 这表明,对该方程组的任意解$x$,有

$$x^{k(m+1)+ln}=(x^{m+1})^k(x^n)^l=1$$

因此,自然数对$m,n$当且仅当$m+1$与$n$互素时才满足题中条件.

3.71 $A$是一个给定正整数,$x$是任意整数,如果两个整系数多项式

$$f(x)=a_nx^n+a_{n-1}x^{n-1}+\cdots+a_1x+a_0$$

$$g(x)=b_nx^n+b_{n-1}x^{n-1}+\cdots+b_1x+b_0$$

对应项系数的差$a_j-b_j(j=0,1,\cdots,n-1,n)$都是$A$的倍数,则写

$$f(x)\equiv g(x)\pmod A \quad ①$$

或者写 $f(x)-g(x)\equiv 0\pmod A$

$p$是一个质数,是否存在$p$个正整数$a_1,a_2,\cdots,a_p$,使得

$$(x+a_1)(x+a_2)\cdots(x+a_p)\equiv(x^p+1)\pmod{p^2}$$

**解** 当$p=2$时,令

$$f(x)=(x+a_1)(x+a_2)-(x^2+1) \quad ②$$

用反证法. 如果能找到两个正整数$a_1,a_2$,使得对任意整数$x$,$f(x)$都是4的倍数. 令$x=2k-a_1$,这里$k$是一个偶数,那么$f(2k-a_1)$应是4的倍数. 另一方面,利用②有

$$\begin{aligned}f(2k-a_1)=&2k(2k-a_1+a_2)-[(2k-a_1)^2+1]=\\&2k(2k-a_1+a_2)-(4k^2-4ka_1+a_1^2+1)\equiv\\&-(a_1^2+1)\pmod 4\end{aligned} \quad ③$$

依照刚才的叙述,知道$a_1^2+1$应是4的倍数,不论$a_1$是奇数还是偶数,$a_1^2+1$都不会是4的倍数,矛盾. 因此,当$p=2$时,满足题目条件的正整数$a_1,a_2$不存在.

下面考虑$p$是奇质数的情况,也用反证法.

如果存在$p$个正整数$a_1,a_2,\cdots,a_p$满足题目条件,令

$$f(x)=(x+a_1)(x+a_2)\cdots(x+a_p)-(x^p+1) \quad ④$$

取$x=p^2-a_j$,这里$j\in\{1,2,\cdots,p\}$. 一方面知道$f(p^2-a_j)$是$p^2$的

倍数;另一方面,利用④及 $p$ 是奇质数,有

$$f(p^2-a_j)\equiv -(p^2-a_j)^p-1(\bmod p^2)\equiv a_j^p-1(\bmod p^2)$$

于是 $a_j^p-1$ 应是 $p^2$ 的倍数$(j=1,2,\cdots,p)$. 由费马小定理,$a_j^p-a_j$ 是质数 $p$ 的倍数,那么

$$(a_j^p-1)-(a_j^p-a_j)=a_j-1$$

也应是 $p$ 的倍数. 那么,存在非负整数 $b_j(j=1,2,\cdots,p)$,使得

$$a_j=1+b_jp \qquad ⑤$$

由题目条件及④,$f(0)$ 是 $p^2$ 的倍数,利用④和⑤,有

$$f(0)=a_1a_2\cdots a_p-1=$$
$$(1+b_1p)(1+b_2p)\cdots(1+b_pp)-1\equiv$$
$$\sum_{j=1}^{p}b_jp(\bmod p^2) \qquad ⑥$$

那么,必有

$$\sum_{j=1}^{p}b_j\equiv 0(\bmod p) \qquad ⑦$$

利用题目条件,可以看出

$$(x+a_1)(x+a_2)\cdots(x+a_p)=$$
$$x^p+(a_1+a_2+\cdots+a_p)x^{p-1}+\cdots+$$
$$a_1a_2\cdots a_p\equiv x^p+1(\bmod p^2)$$

那么,$a_1+a_2+\cdots+a_p$ 应是 $p^2$ 的倍数. 但从⑤,⑦,我们有

$$\sum_{j=1}^{p}a_j=p+p\sum_{j=1}^{p}b_j\equiv p(\bmod p^2) \qquad ⑧$$

因此,导出一个矛盾.

所以,满足题目条件的 $a_1,a_2,\cdots,a_p$ 不存在.

3.72 正整数 $n\geqslant 3$,$f(x)$ 是一个次数大于等于1的整系数多项式,已知存在 $n$ 个整数 $x_1,x_2,\cdots,x_n$ 使得 $f(x_1)=x_{i+1}$,这里 $i=1,2,\cdots,n-1$ 和 $f(x_n)=x_1$,求证:$x_3=x_1$.

**证明** 记 $x_{n+1}=x_1$,为了书写方便,记

$$f^{[n]}(x)=f(f\cdots f(x))\cdots)(n\text{ 个 }f,n\in\mathbf{N})$$

从题目条件,可以知道

$$f^{[n]}(x_i)=x_i(i=1,2,\cdots,n+1) \qquad ①$$

对于 $1\leqslant i<j\leqslant n+1$,由①有

$$f^{[n]}(x_j)-f^{[n]}(x_i)=x_j-x_i \qquad ②$$

如果 $x_j=x_i$,则 $f(x_j)=f(x_i)$,如果 $x_j\neq x_i$,由于 $f(x)$ 是次数大于等于1的整系数多项式,记

$$f(x)=a_mx^m+a_{m-1}x^{m-1}+\cdots+a_1x+a_0 \qquad ③$$

这里 $a_0,a_1,\cdots,a_{m-1},a_m$ 都是整数,对于不同整数 $y_i,y_j$,有

心得 体会 拓广 疑问

$$f(y_j)-f(y_i)=a_m(y_j^m-y_i^m)+a_{m-1}(y_j^{m-1}-y_i^{m-1})+\cdots+a_1(y_j-y_i) \quad ④$$

从④立即可以得出$f(y_j)-f(y_i)$是$y_j-y_i$的倍数,或者讲$y_j-y_i$整除$f(y_j)-f(y_i)$.

令$y_j=x_j,y_i=x_i$,有$x_j-x_i$整除$f(x_j)-f(x_i)$. 令$y_j=f(x_j)$,$y_i=f(x_i)$,则$f(x_j)-f(x_i)$整除$f^{[2]}(x_j)-f^{[2]}(x_i)$,……,类似地,对于$l=1,2,\cdots,n$,有$f^{[l]}(x_j)-f^{[l]}(x_i)$整除$f^{[l+1]}(x_j)-f^{[l+1]}(x_i)$,从上面叙述可以知道,存在整数$A_1,A_2,\cdots,A_n$使得

$$f(x_j)-f(x_i)=(x_j-x_i)A_1$$

$$f^{[2]}(x_j)-f^{[2]}(x_i)=(f(x_j)-f(x_i))A_2=(x_j-x_i)A_1A_2$$

$$\cdots$$

$$f^{[n]}(x_j)-f^{[n]}(x_i)=(f^{[n-1]}(x_j)-f^{[n-1]}(x_i))A_n=(x_j-x_i)A_1A_2\cdots A_n \quad ⑤$$

由于②,⑤以及$x_j\neq x_i$,可以得到

$$A_1A_2\cdots A_n=1 \quad ⑥$$

那么所有整数$A_l(1\leqslant l\leqslant n)$只有两个可能的值:1与$-1$. 再利用式⑤的第一式,有

$$f(x_j)-f(x_i)=\pm(x_j-x_i) \quad ⑦$$

明显地,公式⑦对$x_j=x_i$也是成立的. 下面的推导就是反复利用公式⑦,式⑦对任意$i,j(1\leqslant i<j\leqslant n+1)$成立. 对任意$j,1\leqslant j\leqslant n$,有

$$x_{j+1}-x_j=\pm[f(x_{j+1})-f(x_j)]\text{(在式⑦中用}j+1\text{代替}j,j\text{代替}i)=\pm(x_{j+2}-x_{j+1})\text{(利用题目条件)} \quad ⑧$$

记$x_2-x_1=d$,则

$$x_3-x_2=f(x_2)-f(x_1)=\pm(x_2-x_1)=\pm d \quad ⑨$$

当$d=0$时,显然有

$$x_3=x_2=x_1\text{(利用⑨)}$$

题目结论成立. 当$d\neq 0$时,由于$x_{n+1}=x_1$,有

$$(x_2-x_1)+(x_3-x_2)+\cdots+(x_n-x_{n-1})+(x_{n+1}-x_n)=0 \quad ⑩$$

那么,必有正整数$k$存在,$1\leqslant k\leqslant n-1$,使得

$$x_2-x_1=d,x_3-x_2=d,\cdots,x_k-x_{k-1}=d$$

$$x_{k+1}-x_k=d,x_{k+2}-x_{k+1}=-d \quad ⑪$$

而

$$x_{k+1}-x_1=(x_{k+1}-x_k)+(x_k-x_{k-1})+\cdots+(x_2-x_1)=kd \quad ⑫$$

另一方面,利用公式⑦有

$$x_{k+1}-x_1=\pm[f(x_{k+1})-f(x_1)]=\pm(x_{k+2}-x_2) \quad ⑬$$

心得 体会 拓广 疑问

而利用 ⑪,有

$$x_{k+2}-x_2=(x_{k+2}-x_{k+1})+(x_{k+1}-x_k)+(x_k-x_{k-1})+\cdots+(x_3-x_2)=-d+(k-1)d=(k-2)d \quad ⑭$$

从公式 ⑫,⑬ 和 ⑭,有

$$(k-2)d=\pm kd \quad ⑮$$

由于现在 $d\neq 0$ 及 $k>k-2$,从上式必有

$$k-2=-k \quad ⑯$$

那么

$$k=1 \quad ⑰$$

从 ⑪ 和 ⑰,有

$$x_2-x_1=d,x_3-x_2=-d \quad ⑱$$

于是,利用式 ⑱,有

$$x_3-x_1=(x_3-x_2)+(x_2-x_1)=0 \quad ⑲$$

这就是结论.

3.73 设实数列 $a_0,a_1,a_2,\cdots$,满足

$$a_0\neq a_1,a_{i-1}+a_{i+1}=2a_i,i=1,2,3,\cdots$$

证明:对任意 $n\in\mathbf{N}$,$p(x)=\sum_{k=0}^{n}a_kC_n^kx^k(1-x)^{n-k}$ 是 $x$ 的一次多项式.

(中国,1986 年)

**证明** 由条件可知

$$a_i-a_{i-1}=a_{i+1}-a_i,i=1,2,3,\cdots$$

这表明,$a_0,a_1,a_2,\cdots$ 是等差数列.设它的公差为 $d$,则

$$d=a_1-a_0\neq 0$$

且

$$a_i=a_0+id,i=1,2,\cdots$$

于是

$$\begin{aligned}P(x)=&a_0C_n^0(1-x)^n+(a_0+d)C_n^1x(1-x)^{n-1}+\\&(a_0+2d)C_n^2x^2(1-x)^{n-2}+\cdots+(a_0+nd)C_n^nx^n=\\&a_0[C_n^0(1-x)^n+C_n^1x(1-x)^{n-1}+\cdots+C_n^nx^n]+\\&dx[C_n^1(1-x)^{n-1}+2C_n^2x(1-x)^{n-2}+\cdots+nC_n^nx^{n-1}]\end{aligned}$$

由牛顿二项式定理及恒等式 $kC_n^k=nC_{n-1}^{k-1}$ 有

$$P(x)=a_0((1-x)+x)^n+ndx((1-x)+x)^{n-1}=a_0+ndx$$

因为 $d\neq 0$,所以 $P(x)$ 是 $x$ 的一次多项式.

心得 体会 拓广 疑问

3.74　对任意整系数的多项式 $p(x)=a_0+a_1x+\cdots+a_kx^k$，令 $W(P)$ 表示 $p(x)$ 中系数为奇数的个数，考虑多项式

$$Q_i(x)=(1+x)^i, i=1,2,\cdots$$

若 $i_1,i_2,\cdots,i_n$ 都是整数，并且

$$0\leqslant i_1<i_2<\cdots<i_n$$

求证：$W(Q_{i1}+Q_{i2}+\cdots+Q_{in})\geqslant W(Q_{i1})$.

**证明**　首先对 $n=2^m(m>0)$，有

$$Q_n(x)=1+E(x)+x^n$$

其中 $E(x)$ 是系数为偶数的各项之和. 于是当 $P(x)$ 的次数小于 $n$ 时，有

$$W(PQ_n)=2W(P) \qquad ①$$

若 $i_n=0$ 或 1，则不等式显然成立.

假设对 $i_n<2^m(m\geqslant 1)$ 的任何序列 $i_1,i_2,\cdots,i_n$ 不等式成立，则对 $2^m\leqslant i_n<2^{m+1}$，考虑两种情况：

(1)$i_1\geqslant 2^m$，则

$$Q_{i_1}+Q_{i_2}+\cdots+Q_{i_n}=$$
$$(1+x)^{2^m}\{(1+x)^{t_1-2^m}+\cdots+(1+x)^{i_n-2^m}\}$$

而

$$i_n-2^m<2^{m+1}-2^m=2^m$$

由式 ① 可得

$$W(Q_{i_1}+Q_{i_2}+\cdots+Q_{i_n})=$$
$$2W\{(1+x)^{i_1-2^m}+\cdots+(1+x)^{i_n-2^m}\} \qquad ②$$

由归纳假设，可得

式 ② 右边 $\geqslant 2W\{(1+x)^{i_1-2^m}\}=$

$$W\{(1+x)^{i_1-2^m}\cdot(1+x)^{2^m}\}=W(Q_{i_1})$$

(2)$i_1<2^m$，此时令 $k=2^m$，则

$$Q_{i_1}+Q_{i_2}+\cdots+Q_{i_n}=a_0+a_1x+\cdots+a_{k-1}x^{k-1}+$$
$$(1+x)^k(b_0+b_1x+\cdots+b_{i_n-k}x^{i_n-k})=$$
$$\sum_{i=0}^{k-1}a_ix^i+\sum_{i=0}^{i_n-k}b_ix^i+x^k\sum_{i=0}^{i_n-k}b_ix^i+E(x)$$

在上式中，若某 $a_i$ 为奇数，而 $b_i$ 也是奇数，从而 $x^i$ 的系数 $a_i+b_i$ 为偶数，但 $b_ix^kx^i$ 是系数为奇数的项，故有

$$W(Q_{i_1}+Q_{i_2}+\cdots+Q_{i_n})=W(\sum_{i=0}^{k-1}a_ix^i) \qquad ③$$

由归纳假设，式 ③ 右端大于等于 $W(Q_{i_1})$.

# 第4章 数论与函数

数论中有很多函数,但本书多不予讨论,本书的数论函数主要有以下几个:

(1) 取整函数【$x$】,关于这一函数的性质已讲过了.

(2) 正因子个数,一般用 $\tau(n)$ 表示.

**定理** 设 $n$ 的标准分解为 $p_1^{\alpha_1}p_2^{\alpha_2}\cdots p_k^{\alpha_k}$,则

$$\tau(n)=(\alpha_1+1)(\alpha_2+1)\cdots(\alpha_k+1)$$

(3) 正因子和,一般用 $\sigma(n)$ 表示.

**定理** 设 $n$ 的标准分解为 $p_1^{\alpha_1}p_2^{\alpha_2}\cdots p_k^{\alpha_k}$,则

$$\sigma(n)=\frac{p_1^{\alpha_1+1}-1}{p_1-1}\cdot\frac{p_2^{\alpha_2+1}-1}{p_2-1}\cdot\cdots\cdot\frac{p_k^{\alpha_k+1}-1}{p_k-1}$$

(4) 欧拉函数 $\varphi(n)$,即小于 $n$ 且与 $n$ 互质的正整数个数.

**定理** 设 $n$ 的标准分解为 $p_1^{\alpha_1}p_2^{\alpha_2}\cdots p_k^{\alpha_k}$,则

$$\varphi(n)=n\left(1-\frac{1}{p_1}\right)\left(1-\frac{1}{p_2}\right)\cdots\left(1-\frac{1}{p_k}\right)$$

以上是初等数论中最常见的几个数论函数.

在比较“高级”一点的数论函数中,最有名的是 $\pi(x)$,即不大于正数 $x$ 的素数个数.

如果 $f(n)$ 定义在 $\mathbf{N}^*$ 上,如果当 $(m,n)=1$ 时

$$f(mn)=f(m)\cdot f(n)$$

则称 $f(n)$ 为积性函数,如去掉 $(m,n)=1$ 之条件,则称 $f(n)$ 为完全积性函数.

**定理** 设 $n$ 的标准分解为 $p_1^{\alpha_1}p_2^{\alpha_2}\cdots p_k^{\alpha_k}$,若 $f(n)$ 为积性函数,则

$$f(n)=f(p_1^{\alpha_1})f(p_2^{\alpha_2})\cdots f(p_k^{\alpha_k})$$

若 $f(n)$ 为完全积性函数,则

$$f(n)=f^{\alpha_1}(p_1)f^{\alpha_2}(p_2)\cdots f^{\alpha_k}(p_k)$$

$\tau(n)$,$\sigma(n)$ 和 $\varphi(n)$ 都是积性函数.

## 4.1 数论函数

4.1.1 设 $Q(n)$ 表示正整数 $n$ 的各位数字之和. 证明

$$Q(Q(Q(2\ 005^{2\ 005})))=7$$

心得 体会 拓广 疑问

**证明** 显然

$$Q(n) \equiv n(\bmod 9)$$

而

$$2\ 005^{2\ 005} \equiv (9 \times 222 + 7)^{2\ 005} \equiv 7^{2\ 005} = 7^{6\times 334+1}(\bmod 9)$$

由欧拉定理

$$7^{\varphi(9)} = 7^6 \equiv 1(\bmod 9)$$

所以 $$2\ 005^{2\ 005} \equiv 7(\bmod 9)$$

故 $$Q(Q(Q(2\ 005^{2\ 005}))) = 2\ 005^{2\ 005} \equiv 7(\bmod 9)$$

又

$$2\ 005^{2\ 005} < (10^4)^{2\ 005} = 10^{8\ 020}$$

所以,$2\ 005^{2\ 005}$ 至多有 8 020 位.

故 $$Q(2\ 005^{2\ 005}) \leqslant 9 \times 8\ 020 = 72\ 180$$

于是,$Q(2\ 005^{2\ 005})$ 至多只有 5 位. 因此

$$Q(Q(2\ 005^{2\ 005})) \leqslant 9 \times 5 = 45$$

从而

$$Q(Q(Q(2\ 005^{2\ 005}))) \leqslant 3 + 9 = 12$$

又 $$Q(Q(Q(2\ 005^{2\ 005}))) \equiv 7(\bmod 9)$$

所以 $$Q(Q(Q(2\ 005^{2\ 005}))) \equiv 7$$

4.1.2 对自然数 $A$,定义其(在十进制中的)数码的积为 $p(A)$,求满足 $A = 1.5p(A)$ 的所有 $A$.

(中国国家集训队训练题,1990 年)

**解** 设 $A$ 为 $n$ 位数($n \geqslant 2$),其首位为 $a$,则有

$$A \geqslant a \cdot 10^{n-1} \tag{①}$$

若 $A$ 的其他数码均为 9,则 $9 \mid p(A)$,而由

$$A = 1.5p(A) \tag{②}$$

可得 $$9 \mid A$$

从而 $$9 \mid a$$

此时 $$1.5p(A) = \frac{3}{2} \cdot 9^n$$

不是整数,因此 $A$ 的首位数码后面的数码不全为 9,从而

$$p(A) \leqslant 8a \cdot 9^{n-2}$$

由 ①,② 可得

$$1.5 \cdot 8a \cdot 9^{n-2} \geqslant a \cdot 10^{n-1}$$

从而

$$12 \cdot 9^{n-2} \geqslant 10^{n-1}, n \leqslant 3$$

若 $n = 2$,设 $A = 10a + b$,则

$$20a + 2b = 3ab$$

心得 体会 拓广 疑问

解得 $a=4,b=8$

即 $A=48$

若 $n=3$,设 $A=100a+10b+c$,则

$$200a+20b+2c=3abc$$

于是 $$bc>\frac{200}{3}>66$$

$b$ 和 $c$ 只能取(9,9)或(9,8).此时 $a$ 均不是整数.

所以本题只有一解:$A=48$.

**4.1.3** 用 $E(n)$ 表示可使 $5^k$ 是乘积 $1^1\cdot 2^2\cdot 3^3\cdot 4^4\cdot\cdots\cdot n^n$ 的约数的最大整数 $k$,则 $E(150)$ 等于多少?

(中国上海市高一数学竞赛,1988年)

**解** 1,2,3,…,150 中有 $\left[\frac{150}{5}\right]=30$ 个 5 的倍数,每个提去一个约数 5,连同它们相应的指数,可得 5 的指数

$$5+5\cdot 2+5\cdot 3+\cdots+5\cdot 30=$$
$$5(1+2+\cdots+30)=2\ 325$$

1,2,…,150 中有 $\left[\frac{150}{5^2}\right]=6$ 个 $5^2$ 的倍数,每个已提去一个约数 5,再提去一个约数 5,连同它们相应的指数,可得 5 的指数

$$5^2+5^2\cdot 2+\cdots+5^2\cdot 6=$$
$$5^2(1+2+\cdots+6)=525$$

1,2,…,150 中,有 $\left[\frac{150}{5^3}\right]=1$ 个是 $5^3$ 的倍数,它已提去两个约数 5,再可提去一个约数 5,连同它的相应指数,可得 5 的指数为 $5^3=125$.

1,2,…,150 中没有 $5^k(k\geqslant 4)$ 的指数,于是

$$E(150)=2\ 325+525+125=2\ 975$$

**4.1.4** 前 1 000 个正整数当中,有多少个可以表示成 $[2x]+[4x]+[6x]+[8x]$ 的形式.

(第3届美国数学邀请赛,1985年)

**解法1** 令 $f(x)=[2x]+[4x]+[6x]+[8x]$.

设 $n$ 是整数,则

$$f(x+n)=[2x+2n]+[4x+4n]+[6x+6n]+[8x+8n]=$$
$$[2x]+[4x]+[6x]+[8x]+20n=$$
$$f(x)+20n \qquad ①$$

心得 体会 拓广 疑问

如果某个整数 $k$ 可以表示为 $f(x_0)$，即

$$f(x_0)=k$$

其中 $x_0$ 为某一实数. 则由①，对 $n=1,2,3,\cdots$ 有

$$k+20n=f(x_0)+20n=f(x_0+n)$$

即 $k+20$ 也可表示为 $f(x)$ 的形式.

由此，只要注意当 $x$ 在 $(0,1]$ 中变化时，$f(x)$ 可能产生前20个正整数中的几个.

其次，如果让 $x$ 增加，那么仅当 $2x,4x,6x,8x$ 达到某个整数时，$f(x)$ 才会改变，而且总是变成某个较大的整数.

在 $(0,1]$ 中，这种变化恰好发生于下述情况：即 $x$ 具有 $\frac{m}{n}$ 的形式，其中 $1\leqslant m\leqslant n$，而 $n=2,4,6,8$，这样的分数共有12个，它们从小到大的排列是

$$\frac{1}{8},\frac{1}{6},\frac{1}{4},\frac{1}{3},\frac{3}{8},\frac{1}{2},\frac{5}{8},\frac{2}{3},\frac{3}{4},\frac{5}{6},\frac{7}{8},1$$

因此前20个正整数中只有12个可以表示成所要求的形式.

由于 $1\ 000=50\cdot 20$，由①知，前1 000个正整数共分成50段，每段连续20个相邻正整数，其中有12个可以表示成所要求的形式.

所以，适合要求的数共有 $50\cdot 12=600$(个).

**解法2**　令 $f(x)=[2x]+[4x]+[6x]+[8x]$.

由此可得

$$f(x+\frac{1}{2})=[2x+1]+[4x+2]+[6x+3]+[8x+4]=$$
$$[2x]+[4x]+[6x]+[8x]+10=$$
$$f(x)+10$$

只需注意，当 $x\in[0,\frac{1}{2})$ 时，$f(x)$ 能表达哪些自然数.

在 $x\in[0,\frac{1}{2})$ 时，$[2x]=0$，因此

$$f(x)=[4x]+[6x]+[8x]$$

分以下情况讨论：

(1) 当 $x\in[0,\frac{1}{8})$，这时

$$f(x)=0$$

(2) 当 $x\in\left[\frac{1}{8},\frac{1}{6}\right)$，这时

$$[4x]=[6x]=0$$
$$f(x)=[8x]=1$$

心得 体会 拓广 疑问

(3) 当 $x\in\left[\frac{1}{6},\frac{1}{4}\right)$,这时

$$[4x]=0$$
$$f(x)=[6x]+[8x]=1+1=2$$

(4) 当 $x\in\left[\frac{1}{4},\frac{1}{3}\right)$,这时

$$f(x)=1+1+2=4$$

(5) 当 $x\in\left[\frac{1}{3},\frac{3}{8}\right)$,这时

$$f(x)=1+2+2=5$$

(6) 当 $x\in\left[\frac{3}{8},\frac{1}{2}\right)$,这时

$$f(x)=1+2+3=6$$

(7) 当 $x=\frac{1}{2}$,这时

$$f(x)=10$$

因此,当 $x\in\left(0,\frac{1}{2}\right]$ 时,$f(x)$ 能表达1,2,4,5,6,10这6个自然数.

这些数加上10的倍数也能表示成这种形式,因此前1 000个自然数中,有 $6\cdot 100=600$(个)能表达成这种形式.

4.1.5 若 $a,b$ 都是整数,求满足方程组

$$\begin{cases}[x]+2y=a\\ [y]+2x=b\end{cases}$$

的实数对 $(x,y)$?

(加拿大数学奥林匹克训练题,1992年)

**解** 由已知

$$2y=a-[x]$$
$$2x=b-[y]$$

都是整数.

(1) 若 $x,y$ 都是整数,则有

$$\begin{cases}2y=a-x\\ 2x=b-y\end{cases}$$

解得

$$\begin{cases}x=\dfrac{2b-a}{3}\\ y=\dfrac{2a-b}{3}\end{cases} \quad ①$$

当且仅当 $2b-a$ 与 $2a-b$ 都能被3整除,即 $a+b$ 能被3整除时,

式①是方程的解.

(2) 若 $x$ 是整数,$y$ 是半整数,即是与整数相差$\frac{1}{2}$的数.

令 $y=k+\frac{1}{2}, k\in\mathbf{Z}$,于是

$$\begin{cases}2(k+\frac{1}{2})=a-x\\2x=b-k\end{cases}$$

解得

$$\begin{cases}x=\frac{2b-a+1}{3}\\y=\frac{2a-b-2}{3}+\frac{1}{2}\end{cases} \quad ②$$

当且仅当 $2b-a+1$ 和 $2a-b-2$ 能被 3 整除,或等价地 $a+b\equiv 1(\bmod 3)$ 时,②是方程的解.

(3) 若 $x$ 是半整数,$y$ 是整数,同(2)可得

$$\begin{cases}x=\frac{2b-a-2}{3}+\frac{1}{2}\\y=\frac{2a-b+1}{3}\end{cases} \quad ③$$

当且仅当 $a+b\equiv 1(\bmod 3)$ 时,③是方程的解.

(4) 若 $x,y$ 都是半整数,同理可得

$$\begin{cases}x=\frac{2b-a-1}{3}+\frac{1}{2}\\y=\frac{2a-b-1}{3}+\frac{1}{2}\end{cases} \quad ④$$

当且仅当 $a+b\equiv 1(\bmod 3)$ 时,④是方程的解.

(5) 当 $a+b\equiv 2(\bmod 3)$ 时,方程无解.

4.1.6 试证方程

$$[x]+[2x]+[4x]+[8x]+[16x]+[32x]=12\ 345$$

没有实数解.

(第13届加拿大数学竞赛,1981年)

**证明** 记

$$f(x)=[x]+[2x]+[4x]+[8x]+[16x]+[32x]$$

假设方程有一实数解 $x$,则

$$f(x)=12\ 345$$

又因为

$$f(195)=12\ 285<12\ 345$$

心得 体会 拓广 疑问

$$f(196)=12\ 348<12\ 345$$

则

$$f(195)<f(x)<f(196)$$

又因为$f(x)$是一个不减函数,则

$$195<x<196$$

记$y=x-195$,则$0<y<1$.从而

$$f(y)=[x-195]+[2x-2\cdot 195]+\cdots+[32x-32\cdot 195]=$$
$$f(x)-f(195)=12\ 345-12\ 285=60 \qquad ①$$

由于$0<y<1$,则对一切正整数$n$满足

$$0<ny<n$$

从而

$$[ny]\leqslant n-1$$

因而又有

$$f(y)=[y]+[2y]+[4y]+[8y]+[16y]+[32y]\leqslant$$
$$0+1+3+7+15+31=57 \qquad ②$$

从而①与②矛盾.

因此原方程没有实数解.

4.1.7 设$n$是自然数,问$x^2-[x^2]=(x-[x])^2$在$1\leqslant x\leqslant n$中共有多少解?

(瑞典数学竞赛,1982年)

**解** 显然,$x=n$是方程的一个解.

设$1\leqslant x<n$.

记$m=[x],\{x\}=\alpha$,则

$$x=m+\alpha$$
$$x^2=m^2+2m\alpha+\alpha^2,0\leqslant\alpha<1$$

代入已知方程得

$$m^2+2m\alpha+\alpha^2-[m^2+2m\alpha+\alpha^2]=\alpha^2$$
$$m^2+2m\alpha-m^2-[2m\alpha+\alpha^2]=0$$
$$2m\alpha-[2m\alpha+\alpha^2]=0$$
$$2m\alpha=[2m\alpha+\alpha^2]$$

于是$2m\alpha$是整数.

为使$2m\alpha$是整数,又由于$0\leqslant\alpha<1$,则

$$\alpha=0,\frac{1}{2m},\frac{2}{2m},\cdots,\frac{2m-1}{2m}$$

因此,对于每一个确定的$m$,$\alpha$可取$2m$个,即有$2m$个解.

由于$m$可取$1,2,\cdots,n-1$,则有

$$2[1+2+\cdots+(n-1)]=n(n-1)$$

心得 体会 拓广 疑问

个解,再加上 $x=n$ 的解,则共有 $n(n-1)+1=n^2-n+1$ 个解.

4.1.8 若实数 $r$ 使得

$$\left[r+\frac{19}{100}\right]+\left[r+\frac{20}{100}\right]+\cdots+\left[r+\frac{91}{100}\right]=546$$

求 $[100r]$.

(第9届美国数学邀请赛,1991年)

**解** 设 $r=[r]+\alpha,0\leqslant\alpha<1$,则原式化为

$$73[r]+\left[\alpha+\frac{19}{100}\right]+\left[\alpha+\frac{20}{100}\right]+\cdots+\left[\alpha+\frac{91}{100}\right]=546$$

因为 $\left[\alpha+\frac{i}{100}\right]=0$ 或 $1,i=19,20,\cdots,91$,则

$$0\leqslant\sum_{i=19}^{91}\left[\alpha+\frac{i}{100}\right]<73$$

又

$$546=73\cdot7+35$$

所以

$$[r]=7$$

并且

$$\left[\alpha+\frac{i}{100}\right]\ (i=19,20,\cdots,91)$$

中有35个1,因此需

$$\left[\alpha+\frac{57}{100}\right]=\left[\alpha+\frac{58}{100}\right]=\cdots=\left[\alpha+\frac{91}{100}\right]=1$$

于是

$$\frac{43}{100}\leqslant\alpha<\frac{44}{100}$$

因为 $r=[r]+\alpha=7+\alpha$,所以

$$7+\frac{43}{100}\leqslant r<7+\frac{44}{100}$$

$$743\leqslant 100r<744$$

即

$$[100r]=743$$

4.1.9 已知 $m,n$ 是任意的非负整数,证明:若规定 $0!=1$,则 $\frac{(2m)!\,(2n)!}{m!\,n!\,(m+n)!}$ 是整数.

(第14届国际数学奥林匹克,1972年)

**证法1** 对 $n$ 施行数学归纳法.

(1) 当 $n=0$ 时,由于对一切非负整数 $m$

$$\frac{(2m)!\,0!}{m!\,0!\,(m+0)!}=\frac{(2m)!}{m!\,m!}=\mathrm{C}_{2m}^{m}$$

是组合数,所以它是整数.

所以当 $n=0$ 时,命题成立.

(2)假设$n=k$时,对一切非负整数$m$,$\frac{(2m)!\ (2k)!}{m!\ k!\ (m+k)!}$都是整数.则当$n=k+1$时

$$\frac{(2m)!\ (2k+2)!}{m!\ (k+1)!\ (m+k+1)!}=\frac{(2k+2)(2m)!\ (2k+1)(2k)!}{m!\ (k+1)k!\ (m+k+1)!}=$$

$$\frac{2(2m)!\ (2k+1)(2k)!}{m!\ k!\ (m+k+1)!}=$$

$$\frac{4(2m)!\ (2k)!}{m!\ k!\ (m+k)!}-\frac{(2m+2)!\ (2k)!}{(m+1)!\ k!\ (m+1+k)!}$$

由归纳假设,上式中的两项均为整数,所以当$n=k+1$时,命题成立.

于是,对一切非负整数$m$和$n$,$\frac{(2m)!\ (2n)!}{m!\ n!\ (m+n)!}$是整数.

**证法2** 记$f(m,n)=\frac{(2m)!\ (2n)!}{m!\ n!\ (m+n)!}$.因为

$$\frac{(2m)!\ (2n)!}{m!\ n!\ (m+n)!}=\frac{4(2m)!\ (2n-2)!}{m!\ (n-1)!\ (m+n-1)!}-\frac{(2m+2)!\ (2n-2)!}{(m+1)!\ (n-1)!\ (m+n)!}=$$

$$\frac{4(2m)!\ [2(n-1)]!}{m!\ (n-1)!\ [m+(n-1)]!}-\frac{[2(m+1)]!\ [2(n-1)]!}{(m+1)!\ (n-1)!\ [(m+1)+(n-1)]!}$$

所以有

$$f(m,n)=4f(m,n-1)-f(m+1,n-1) \qquad ①$$

由①得

$$f(m,n)=\sum_{k=0}^{1}C_{k1}\cdot f(m+k,n-1)$$

其中$C_{k1}$是整数($k=0,1$).

继续使用①,由

$$f(m+i,n-j)=4f(m+i,n-j-1)-f(m+i+1,n-j-1)$$

其中$0\leqslant i\leqslant n,0\leqslant j\leqslant n-1$,得

$$f(m,n)=\sum_{k=0}^{2}C_{k2}\cdot f(m+k,n-2)=\sum_{k=0}^{3}C_{k3}\cdot f(m+k,n-3)=\cdots=\sum_{k=0}^{n}C_{kn}f(m+k,0)$$

其中$C_{k2},C_{k3},\cdots,C_{kn}$是整数.注意到

心得 体会 拓广 疑问

$$f(m+k,0)=\frac{[2(m+k)!]}{(m+k)!\ (m+k)!}=C_{2(m+k)}^{m+k}$$

是一个整数,因此,$f(m,n)$ 是整数.

**证明 3**　先证明下面一个引理:

若$[\alpha]$表示不超过 $\alpha$ 的最大整数,则对于非负实数 $x$ 和 $y$,恒有

$$[2x]+[2y]\geqslant[x+y] \qquad ①$$

事实上,若 $0\leqslant x+y<1$,则

$$[x+y]=0$$

而

$$[2x]+[2y]\geqslant 0$$

此时,式 ① 成立.

若 $x+y\geqslant 1$,则

$$[x+y-1]\geqslant 0$$

$$[2x]+[2y]\geqslant[2x+2y-1]=[(x+y)+(x+y-1)]\geqslant [x+y]+[x+y-1]\geqslant[x+y]$$

此时,式 ① 亦成立.

由于在 $k!$ 的标准分解式中质因数 $p$ 的次数等于

$$\left[\frac{k}{p}\right]+\left[\frac{k}{p^2}\right]+\left[\frac{k}{p^3}\right]+\cdots$$

因此,欲证$\frac{(2m)!\ (2n)!}{m!\ n!\ (m+n)!}$是整数,只需证明

$$\left[\frac{2m}{p^r}\right]+\left[\frac{2n}{p^r}\right]\geqslant\left[\frac{m}{p^r}\right]+\left[\frac{n}{p^r}\right]+\left[\frac{m+n}{p^r}\right] \qquad ②$$

设

$$m=b\cdot p^r+c(0\leqslant c<p^r)$$
$$n=d\cdot p^r+e(0\leqslant e<p^r)$$

则

$$\left[\frac{2m}{p^r}\right]+\left[\frac{2n}{p^r}\right]=2b+\left[\frac{2c}{p^r}\right]+2d+\left[\frac{2e}{p^r}\right]= 2b+2d+\left[\frac{2c}{p^r}\right]+\left[\frac{2e}{p^r}\right] \qquad ③$$

$$\left[\frac{m}{p^r}\right]+\left[\frac{n}{p^r}\right]+\left[\frac{m+n}{p^r}\right]= b+\left[\frac{c}{p^r}\right]+d+\left[\frac{e}{p^r}\right]+b+d+\left[\frac{c+e}{p^r}\right]= 2b+2d+\left[\frac{c+e}{p^r}\right] \qquad ④$$

由引理,即式 ① 可得

$$\left[\frac{2c}{p^r}\right]+\left[\frac{2e}{p^r}\right]\geqslant\left[\frac{c+e}{p^r}\right] \qquad ⑤$$

从而由 ③④⑤ 可得式 ② 成立.

心得 体会 拓广 疑问

于是$\frac{(2m)!\ (2n)!}{m!\ n!\ (m+n)!}$是整数.

4.1.10 确定所有的实数对$(a,b)$使得$a[bn]=b[an]$对一切正整数$n$成立.

(第39届国际数学奥林匹克预选题,1998年)

**解** 令$n=1$,得

$$a[b]=b[a] \tag{①}$$

设

$$a=[a]+\{a\},b=[b]+\{b\}$$

其中$\{a\},\{b\}$为$a,b$的小数部分,则由已知有

$$a[[b]n+\{b\}n]=b[[a]n+\{a\}n]$$

$$a[b]n+a[\{b\}n]=b[a]n+b[\{a\}n]$$

由①得

$$a[\{b\}n]=b[\{a\}n] \tag{②}$$

存在自然数$k$,使$\{a\}<\frac{1}{k}$,令$n=k$,由②得

$$a[k\{b\}]=0 \tag{③}$$

若$a\neq 0$,则由③可得$\{b\}<\frac{1}{k}$.

这就表明,当$a$为整数(即$\{a\}=0$)时,$b$必为整数.

同样,若$b\neq 0$,且$\{b\}<\frac{1}{k}$,则$\{a\}<\frac{1}{k}$.

于是,当$a,b$都不是整数时,存在$k$,使得

$$\frac{1}{k+1}\leqslant\{a\}<\frac{1}{k},\frac{1}{k+1}\leqslant\{b\}<\frac{1}{k}$$

令$n=k+1$,则

$$1\leqslant n\{b\}<\frac{k+1}{k}<2,1\leqslant n\{a\}<\frac{k+1}{k}<2$$

由式②可得$a=b$.

由此可得,本题的解为$(0,a)$,$(a,0)$,$(a,a)$(当$a$为任意实数时),$(a,b)$(当$a,b$均为整数时).

4.1.11 证明:如果自然数$A$不是完全平方数,则可找到自然数$n$,使得$A=\left[n+\sqrt{n}+\frac{1}{2}\right]$.

(圣彼得堡数学奥林匹克,1992年)

**证明** 令$n=A-[\sqrt{A}]$.现证明$n$即为所求.

心得 体会 拓广 疑问

记$[\sqrt{A}]=x$,则有

$$x^2<A<(x+1)^2$$

即

$$x^2+1\leqslant A\leqslant x^2+2x$$

$$x^2-x+1\leqslant A-x\leqslant x^2+x$$

由于$A-x=n$,于是有

$$\sqrt{x^2-x+1}\leqslant\sqrt{n}\leqslant\sqrt{x^2+x}$$

从而

$$\sqrt{x^2-x+1}+\frac{1}{2}\leqslant\sqrt{n}+\frac{1}{2}\leqslant\sqrt{x^2+x}+\frac{1}{2}$$

$$x\leqslant\sqrt{x^2-x+1}+\frac{1}{2}\leqslant\sqrt{n}+\frac{1}{2}\leqslant\sqrt{x^2+x}+\frac{1}{2}<x+1$$

此不等式表明

$$\left[\sqrt{n}+\frac{1}{2}\right]=x$$

即有

$$\left[n+\sqrt{n}+\frac{1}{2}\right]=n+x=A$$

4.1.12 对每一正整数$n$,证明

$$[\sqrt{n}+\sqrt{n+1}]=[\sqrt{4n+1}]=[\sqrt{4n+2}]=[\sqrt{4n+3}]$$

(第19届加拿大数学竞赛,1987年)

**证明** 设$x$为正整数,且$x^2>4n+1$.

若$x$为偶数,则$x^2=4m>4n+1$,因而

$$m\geqslant n+1$$

$$x^2=4m\geqslant 4n+4>4n+3$$

同样有

$$x^2>4n+2$$

若$x$为奇数,则

$$x^2=4m+1>4n+1$$

同样有 $x^2>4n+3$

特别地,取$x=[\sqrt{4n+1}]+1$,则有

$$[\sqrt{4n+1}]+1>\sqrt{4n+3}>\sqrt{4n+1}\geqslant[\sqrt{4n+1}]$$

所以

$$[\sqrt{4n+3}]=[\sqrt{4n+1}]$$

从而

心得 体会 拓广 疑问

$$[\sqrt{4n+1}]=[\sqrt{4n+2}]=[\sqrt{4n+3}]$$

从另一方面

$$(\sqrt{n}+\sqrt{n+1})^2=2n+1+2\sqrt{n(n+1)}>2n+1+2n=4n+1$$

$$(\sqrt{n}+\sqrt{n+1})^2<2n+1+2(n+1)=4n+3$$

所以有

$$4n+1<(\sqrt{n}+\sqrt{n+1})^2<4n+3$$

即

$$[\sqrt{4n+1}]\leqslant[\sqrt{n}+\sqrt{n+1}]\leqslant[\sqrt{4n+3}]$$

于是有

$$[\sqrt{n}+\sqrt{n+1}]=[\sqrt{4n+1}]=[\sqrt{4n+2}]=[\sqrt{4n+3}]$$

4.1.13 求出$\left[\frac{10^{20\,000}}{10^{100}+3}\right]$的个位数字.

(第47届美国普特南数学竞赛,1986年)

**解** 令$10^{100}=t$,则

$$A=\left[\frac{10^{20\,000}}{10^{100}+3}\right]=\left[\frac{t^{200}}{t+3}\right]=\left[\frac{t^{200}-3^{200}}{t+3}+\frac{3^{200}}{t+3}\right]$$

因为$3^{200}=9^{100}<t+3$,所以

$$0<\frac{3^{200}}{t+3}<1$$

又因为$t+3\mid t^{200}-3^{200}$,则

$$A=\frac{t^{200}-3^{200}}{t+3}=\frac{t^{200}-81^{50}}{t+3}$$

因为$A$的分母$t+3$的个位数码是3,分子$t^{200}-81^{50}$的个位数码是9,所以$A$的个位数码是3.

4.1.14 设$P=n(n+1)(n+2)(n+3)(n+4)(n+5)\cdot(n+6)(n+7)$,$n\geqslant 1$,则

$$[\sqrt[4]{P}]=n^2+7n+6$$

**证明**

$$P=n(n+7)(n+1)(n+6)(n+2)(n+5)(n+3)\cdot(n+4)=$$
$$(n^2+7n+6-6)(n^2+7n+6)\cdot$$
$$(n^2+7n+6+4)(n^2+7n+6+6)=$$

$(a-6)a(a+4)(a+6)=$
$a^4+4a^3-36a^2-144a=$
$a^4+4a(a^2-9a-36)=$
$a^4+4a(a+3)(a-12)$

这里 $a=n^2+7n+6$,由于 $a>12$,故 $a^4<P$.

另一方面

$$(a+1)^4-P=42a^2+148a+1>0$$

于是,得

$$a^4<P<(a+1)^4 \quad ①$$

故

$$a<\sqrt[4]{P}<a+1 \quad ②$$

由式②得出

$$[\sqrt[4]{P}]=n^2+7n+6$$

**注** 由①知连续8个正整数的积 $P$ 不是一个整数的四次方幂.

4.1.15 已知 $n$ 是一个整数,设 $P(n)$ 表示它的各位数字的乘积(用十进制表示).

(1) 求证:$p(n)\leqslant n$;

(2) 求使 $10p(n)=n^2+4n-2\ 005$ 成立的所有 $n$.

**解** (1) 假设 $n$ 有 $k+1$ 位数,$k\in \mathbf{N}$,则

$$n=10^k a_k+10^{k-1}a_{k-1}+\cdots+10a_1+a_0$$

其中,$a_1,a_2,\cdots,a_k\in\{1,2,\cdots,9\}$.

于是,有

$$P(n)=a_0a_1\cdots a_k\leqslant a_k9^k\leqslant a_k10^k\leqslant n$$

因此,$p(n)\leqslant n$.

(2) 首先,由 $n^2+4n-2\ 005\geqslant 0$,得 $n\geqslant 43$.

其次,由 $n^2+4n-2\ 005=10p(n)\leqslant 10n$,得 $n\leqslant 47$.

从而,推断出 $n\in\{43,44,45,46,47\}$.

逐一检验知 $n=45$.

4.1.16 求证:对于正整数 $k,m$ 和 $n$,有

$$[k,m]\cdot[m,n]\cdot[n,k]\geqslant[k,m,n]^2$$

这里 $[a,b,\cdots,z]$ 表示正整数 $a,b,\cdots,z$ 的最小公倍数.

**证明** 对 $k,m,n$ 进行质因子分解,有

$$k=p_1^{\alpha_1}p_2^{\alpha_2}\cdots p_t^{\alpha_t}$$

心得 体会 拓广 疑问

$$m=p_1^{\beta_1}p_2^{\beta_2}\cdots p_t^{\beta_t}$$
$$n=p_1^{\gamma_1}p_2^{\gamma_2}\cdots p_t^{\gamma_t} \quad ①$$

这里$p_1,p_2,\cdots,p_t$全是质数,$\alpha_1,\alpha_2,\cdots,\alpha_t;\beta_1,\beta_2,\cdots,\beta_t;\gamma_1,\gamma_2,\cdots,\gamma_t$,全是非负整数.为了下面叙述方便,将$k,m,n$写成①的形式

$$[k,m]=p_1^{\max(\alpha_1,\beta_1)}p_2^{\max(\alpha_2,\beta_2)}\cdots p_t^{\max(\alpha_t,\beta_t)}$$
$$[m,n]=p_1^{\max(\beta_1,\gamma_1)}p_2^{\max(\beta_2,\gamma_2)}\cdots p_t^{\max(\beta_t,\gamma_t)}$$
$$[n,k]=p_1^{\max(\alpha_1,\gamma_1)}p_2^{\max(\alpha_2,\gamma_2)}\cdots p_t^{\max(\alpha_t,\gamma_t)}$$
$$[k,m,n]=p_t^{\max(\alpha_1,\beta_1,\gamma_1)}p_2^{\max(\alpha_2,\beta_2,\gamma_2)}\cdots p_t^{\max(\alpha_t,\beta_t,\gamma_t)} \quad ②$$
$$[k,m,n]^2=p_t^{2\max(\alpha_1,\beta_1,\gamma_1)}p_2^{2\max(\alpha_2,\beta_2,\gamma_2)}\cdots p_t^{2\max(\alpha_t,\beta_t,\gamma_t)} \quad ③$$

将$\alpha_j,\beta_j,\gamma_j(1\leqslant j\leqslant t)$中最小的一个记为$\alpha_j^*$,最大的一个记为$\gamma_j^*$,中间一个记为$\beta_j^*$,即$\alpha_j^*\leqslant\beta_j^*\leqslant\gamma_j^*$,于是有

$$\max(\alpha_j,\beta_j)+\max(\beta_j,\gamma_j)+\max(\alpha_j,\gamma_j)=$$
$$\max(\alpha_j^*,\beta_j^*)+\max(\beta_j^*,\gamma_j^*)+\max(\alpha_j^*,\gamma_j^*)=$$
$$\beta_j^*+\gamma_j^*+\gamma_j^*=\beta_j^*+2\gamma_j^*\geqslant 2\gamma_j^*=$$
$$2\max(\alpha_j,\beta_j,\gamma_j)(1\leqslant j\leqslant t) \quad ④$$

所以本题结论成立.

4.1.17 $n$为一正整数,试确定有多少个实数$x$,满足

$$1\leqslant x<n \text{ 和 } x^3-[x^3]=(x-[x])^3$$

(澳大利亚数学竞赛,1992年)

**解** 设

$$[x]=a,x=a+r,1\leqslant a\leqslant n-1,0\leqslant r<1$$

于是

$$(a+r)^3-[(a+r)^3]=(a+r-[a+r])^3$$

所以
$$a^3+3a^2r+3ar^2=[(a+r)^3]$$

于是$a^3+3a^2r+3ar^2$是一个整数,当$r$从0增大至1时,$a^3+3a^2r+3ar^2$从$a^3$增大到$a^3+3a^2+3a$,从而有

$$a^3\leqslant a^3+3a^2r+3ar^2<a^3+3a^2+3a=(a+1)^3-1$$

所以对$0\leqslant r<1$,取$(a+1)^3-1-a^3$个整数值,由于$1\leqslant a\leqslant n-1$,所以满足题设的实数$x$的个数为

$$\sum_{a=1}^{n-1}[(a+1)^3-1-a^3]=\sum_{a=1}^{n-1}(3a^2+3a)=$$
$$3\left[\frac{(n-1)n(2n-1)}{6}+\frac{n(n-1)}{2}\right]=n^3-n$$

4.1.18 求满足方程$\left[\frac{a}{2}\right]+\left[\frac{a}{3}\right]+\left[\frac{a}{5}\right]=a$的实数$a$.

(加拿大数学奥林匹克,1998年)

心得 体会 拓广 疑问

**解**　由 $x-1<[x]\leqslant x$,可得

$$a>\left(\frac{a}{2}-1\right)+\left(\frac{a}{3}-1\right)+\left(\frac{a}{5}-1\right)=\frac{31}{30}a-3$$

$$a\leqslant\frac{a}{2}+\frac{a}{3}+\frac{a}{5}=\frac{31}{30}a$$

即

$$\frac{31}{30}a-3<a\leqslant\frac{31}{30}a$$

所以

$$0\leqslant a<90$$

又 $a$ 是非负整数,故有

$$a\geqslant\left(\frac{a}{2}-\frac{1}{2}\right)+\left(\frac{a}{3}-\frac{2}{3}\right)+\left(\frac{a}{5}-\frac{4}{5}\right)=\frac{31}{30}a-\frac{59}{30}$$

因而 $a\leqslant 59$.

由题设可知

$$\frac{a}{2}-\left\{\frac{a}{2}\right\}+\frac{a}{3}-\left\{\frac{a}{3}\right\}+\frac{a}{5}-\left\{\frac{a}{5}\right\}=a$$

即

$$\left\{\frac{a}{2}\right\}+\left\{\frac{a}{3}\right\}+\left\{\frac{a}{5}\right\}=\frac{1}{30}a \qquad ①$$

由于 $$\left\{\frac{a}{2}\right\}=0,\frac{1}{2}$$

又 $$\left\{\frac{a}{3}\right\}=0,\frac{1}{3},\frac{2}{3}$$

且 $$\left\{\frac{a}{5}\right\}=0,\frac{1}{5},\frac{2}{5},\frac{3}{5},\frac{4}{5}$$

式①共有 $2\times3\times5=30$ 个结果.

又 $15i+10j+6k(i=0,1;j=0,1,2;k=0,1,2,3,4)$ 是方程的解,所以

$$a=15i+10j+6k(i=0,1;j=0,1,2;k=0,1,2,3,4)$$

4.1.19　求方程 $\left[\frac{x}{1!}\right]+\left[\frac{x}{2!}\right]+\left[\frac{x}{3!}\right]+\cdots+\left[\frac{x}{10!}\right]=1\ 995$ 的所有正整数解 $x$,这里 $\left[\frac{x}{a!}\right]$ $(a=1,2,\cdots,10)$ 表示不超过 $\frac{x}{a!}$ 的最大整数.

**解**　由于当 $x$ 是正整数时

$$\left[\frac{x}{1!}\right]=[x]=x,\left[\frac{x}{2!}\right]=\left[\frac{x}{2}\right]\geqslant\frac{x-1}{2}$$

心得 体会 拓广 疑问

$$\left[\frac{x}{3!}\right]=\left[\frac{x}{6}\right]>\frac{x}{6}-1 \quad ①$$

利用题目方程及①,可以看到

$$x+\frac{x-1}{2}+\frac{x}{6}-1<1\ 995 \quad ②$$

从而,可以得到

$$\frac{5}{3}x<1\ 996\frac{1}{2} \quad ③$$

由于 $x$ 是正整数有

$$x<1\ 198 \quad ④$$

由 $6!=720,7!=5\ 040$,于是得到解 $x<7!$.

每个小于 $7!$ 的正整数 $x$ 均可表示为下述形式

$$x=a\cdot 6!+b\cdot 5!+c\cdot 4!+d\cdot 3!+e\cdot 2!+f \quad ⑤$$

这里 $a,b,c,d,e,f$ 都是非负整数,且 $a\leqslant 6,b\leqslant 5,c\leqslant 4,d\leqslant 3,e\leqslant 2,f\leqslant 1$. 由于

$$1<2!,e\cdot 2!+f\leqslant 2\cdot 2!+1<3!$$
$$d\cdot 3!+e\cdot 2!+f\leqslant 3\cdot 3!+2\cdot 2!+1<4!$$
$$c\cdot 4!+d\cdot 3!+e\cdot 2!+f<4\cdot 4!+4!=5!$$
$$b\cdot 5!+c\cdot 4!+d\cdot 3!+e\cdot 2!+f<5\cdot 5!+5!=6! \quad ⑥$$

因此,⑤中 $x$ 的表示式是唯一的,讲得仔细一点,即一个小于 $7!$ 的正整数 $x$ 对应唯一一组 $(a,b,c,d,e,f)$ 满足⑤.

由于正整数 $x<7!$,则

$$\left[\frac{x}{7!}\right]=0,\left[\frac{x}{8!}\right]=0,\left[\frac{x}{9!}\right]=0,\left[\frac{x}{10!}\right]=0 \quad ⑦$$

利用⑤和⑥,可以看到

$$\left[\frac{x}{6!}\right]=a,\left[\frac{x}{5!}\right]=6a+b$$
$$\left[\frac{x}{4!}\right]=30a+5b+c$$
$$\left[\frac{x}{3!}\right]=120a+20b+4c+d$$
$$\left[\frac{x}{2!}\right]=360a+60b+12c+3d+e$$
$$\left[\frac{x}{1!}\right]=720a+120b+24c+6d+2e+f \quad ⑧$$

利用⑦,⑧和题目中方程,有

$$1\ 237a+206b+41c+10d+3e+f=1\ 995 \quad ⑨$$

利用公式⑤后面几句文字说明,可以看到

$$0\leqslant 206b+41c+10d+3e+f\leqslant$$

心得 体会 拓广 疑问

$$206 \cdot 5 + 41 \cdot 4 + 10 \cdot 3 + 3 \cdot 2 + 1 = 1\ 231 \quad ⑩$$

利用 ⑨ 和 ⑩,可以得到

$$1\ 995 - 1\ 231 \leqslant 1\ 237a \leqslant 1\ 995 \quad ⑪$$

由于 $a$ 是非负整数,从而必有

$$a = 1 \quad ⑫$$

将 ⑫ 代入 ⑨,有

$$206b + 41c + 10d + 3e + f = 758 \quad ⑬$$

再次利用 ⑤(实际上利用 ⑤ 后面几句文字说明),有

$$0 \leqslant 41c + 10d + 3e + f \leqslant$$
$$41 \cdot 4 + 10 \cdot 3 + 3 \cdot 2 + 1 = 201 \quad ⑭$$

从 ⑬ 和 ⑭,有

$$758 - 201 \leqslant 206b \leqslant 758 \quad ⑮$$

由于 $b$ 是非负整数,由 ⑮,有

$$b = 3 \quad ⑯$$

将 ⑯ 代入 ⑬,有

$$41c + 10d + 3e + f = 140 \quad ⑰$$

重复利用 ⑤ 后面几句文字说明,有

$$0 \leqslant 10d + 3e + f \leqslant 10 \cdot 3 + 3 \cdot 2 + 1 = 37 \quad ⑱$$

将 ⑱ 代入 ⑰,有

$$140 - 37 \leqslant 41c \leqslant 140 \quad ⑲$$

由于 $c$ 是非负整数,从上式,有

$$c = 3 \quad ⑳$$

将 ⑳ 代入 ⑰,有

$$10d + 3e + f = 17 \quad ㉑$$

类似地,有(参考 ⑱)

$$0 \leqslant 3e + f \leqslant 7 \quad ㉒$$

从 ㉑ 和 ㉒,利用 $d$ 是非负整数,立即有

$$d = 1 \quad ㉓$$

将 ㉓ 代入 ㉑,有

$$3e + f = 7 \quad ㉔$$

由于 $0 \leqslant f \leqslant 1$,$e$ 是非负整数,从上式,立刻可以得到

$$e = 2, f = 1 \quad ㉕$$

因此,将公式 ⑫,⑯,⑳,㉓ 和 ㉕ 代入公式 ⑤,可以得到

$$x = 6! + 3 \cdot 5! + 3 \cdot 4! + 3! + 2 \cdot 2! + 1 = 1\ 163 \quad ㉖$$

心得 体会 拓广 疑问

4.1.20 在数列 $\left[\frac{1^2}{1\ 980}\right]$, $\left[\frac{2^2}{1\ 980}\right]$, $\left[\frac{3^2}{1\ 980}\right]$,…, $\left[\frac{1\ 980^2}{1\ 980}\right]$ 中,有多少个不同的数?

(第6届全俄数学奥林匹克,1980年)

**解** 设 $x_k=\left[\frac{k^2}{1\ 980}\right]$,则数列 $\{x_k\}$ 是不减数列.

(1)当 $k\leqslant 44$ 时,由 $44^2=1\ 936<1\ 980$ 可得

$$0<\frac{k^2}{1\ 980}<1$$

于是 $x_1=x_2=\cdots=x_{44}=0$.

(2)由于 $k=62$ 时,$62^2=3\ 844<2\cdot 1\ 980$,而

$$63^2>2\cdot 1\ 980$$

所以当 $45\leqslant k\leqslant 62$ 时

$$1<\frac{k^2}{1\ 980}<2$$

于是
$$x_{45}=x_{46}=\cdots=x_{62}=1$$

由以上可知,数列 $\{x_k\}$ 的前62项只有两个不同的数0和1.

下面考察 $k\geqslant 63$ 的情形.

(3)
$$y_k=\frac{(k+1)^2}{1\ 980}-\frac{k^2}{1\ 980}=\frac{2k+1}{1\ 980}$$

当 $y_k>1$ 时,$x_{k+1}$ 与 $x_k$ 显然不同.

此时由 $2k+1>1\ 980$ 解得 $k>989$.

于是当 $989<k\leqslant 1\ 980$ 时,所有的 $x_k$ 都不同,即 $x_{990},x_{991},\cdots,x_{1\ 980}$ 这991个数是不同的.

(4)当 $k=989$ 时

$$\left[\frac{989^2}{1\ 980}\right]=494$$

当 $k\leqslant 989$ 时,$y_k<1$,此时 $x_k$ 与 $x_{k+1}$ 或者相同,或者差1,于是在 $x_1,x_2,\cdots,x_{989}$ 中,必然会出现0,1,2,…,494这些不同的整数.

因此,已知数列 $\{x_k\}$ 中,出现不同的数的总数为

$$991+495=1\ 486(\text{个})$$

4.1.21 求证:当且仅当存在某个正整数 $k$,使得 $n=2^{k-1}$ 时,$2^{n-1}$ 能整除 $n!$.

(第17届加拿大数学竞赛,1985年)

**证明** 对于任意给定的正整数 $n$,总可以找到正整数 $k$,使得

心得 体会 拓广 疑问

$$2^{k-1} \leqslant n < 2^k \qquad ①$$

因此,$n!$ 中含有因子 2 的个数 $m$ 为

$$m = \left[\frac{n}{2}\right] + \left[\frac{n}{2^2}\right] + \left[\frac{n}{2^3}\right] + \cdots + \left[\frac{n}{2^{k-1}}\right]$$

由函数$[x]$的性质

$$[x] + [y] \leqslant [x + y]$$

可得

$$m \leqslant \left[n\left(\frac{1}{2} + \frac{1}{2^2} + \cdots + \frac{1}{2^{k-1}}\right)\right] =$$

$$\left[n\left(1 - \frac{1}{2^{k-1}}\right)\right] = \left[n - \frac{n}{2^{k-1}}\right]$$

由于 $1 \leqslant \frac{n}{2^{k-1}} < 2$,可知

$$m \leqslant \left[n - \frac{n}{2^{k-1}}\right] \leqslant n - 1 \qquad ②$$

如果 $2^{n-1}$ 能整除 $n!$,由式 ② 可知,必须

$$m = n - 1$$

再由式 ① 知有$\frac{n}{2^{k-1}} = 1$,即 $n = 2^{k-1}$.

反之,如果 $n = 2^{k-1}$,由 $m$ 的定义知

$$m = 2^{k-2} + 2^{k-3} + \cdots + 2 + 1 = 2^{k-1} - 1 = n - 1$$

即 $n!$ 中有 $n - 1$ 个因数 2,从而 $2^{n-1}$ 能够整除 $n!$.

4.1.22 在区域 $x > 0, y > 0, xy = 1$ 中,求函数

$$f(x,y) = \frac{x + y}{[x][y] + [x] + [y] + 1}$$

的值域.

(奥地利数学竞赛,1988 年)

**解** 由对称性,设 $x \geqslant 1$.

(1) 当 $x = 1, y = 1$ 时

$$f(1,1) = \frac{1}{2}$$

(2) 当 $x > 1$ 时,令 $x = n + \alpha$,其中 $n \geqslant 1, n \in \mathbf{N}, 0 \leqslant \alpha < 1$,则

$$y = \frac{1}{n + \alpha}, [y] = 0, [x] = n$$

$$f(x,y) = \frac{n + \alpha + \frac{1}{n + \alpha}}{n + 1} \qquad ①$$

心得 体会 拓广 疑问

首先证明函数 $y = x + \frac{1}{x}$ 在 $x > 1$ 时是增函数. 为此,设 $x_1 > x_2 > 1$,则

$$y_1 - y_2 = (x_1 - x_2) + \left(\frac{1}{x_1} - \frac{1}{x_2}\right) = (x_1 - x_2)\left(1 - \frac{1}{x_1 x_2}\right)$$

由于 $x_1 > x_2 > 1$,则

$$x_1 - x_2 > 0, 1 - \frac{1}{x_1 x_2} > 0$$

于是

$$y_1 - y_2 > 0, y_1 > y_2$$

即函数 $y = x + \frac{1}{x}$ 在 $x > 1$ 时是增函数.

考虑函数①,由于

$$n \leqslant n + \alpha < n + 1$$

则

$$\frac{n + \frac{1}{n}}{n + 1} \leqslant f(x, y) < \frac{n + 1 + \frac{1}{n + 1}}{n + 1}$$

记

$$a_n = \frac{n + \frac{1}{n}}{n + 1}, b_n = \frac{n + 1 + \frac{1}{n + 1}}{n + 1}$$

则

$$a_n - a_{n+1} = \frac{n^2 + 1}{n(n + 1)} - \frac{(n + 1)^2 + 1}{(n + 1)(n + 2)} = \frac{2 - n}{n(n + 1)(n + 2)}$$

于是,当 $n \geqslant 1$ 时,有

$$a_1 > a_2 = a_3 < a_4 < a_5 < \cdots$$

即 $a_2 = a_3$ 最小.

$$b_n - b_{n+1} = \frac{(n + 1)^2 + 1}{(n + 1)^2} - \frac{(n + 2)^2 + 1}{(n + 2)^2} = \frac{2n + 3}{(n + 1)^2(n + 2)^2} > 0$$

于是,当 $n \geqslant 1$ 时,有

$$b_1 > b_2 > b_3 > b_4 > b_5 > \cdots$$

即 $b_1$ 最大.

所以,当 $x > 1$ 时,$f(x, y)$ 的值域为

心得 体会 拓广 疑问

$$[a_2,b_1)=\left[\frac{5}{6},\frac{5}{4}\right)$$

于是,$f(x,y)$ 的值域为

$$\left\{\frac{1}{2}\right\}\cup\left[\frac{5}{6},\frac{5}{4}\right)$$

4.1.23 $n$ 为非负整数,由 $f(0)=0,f(1)=1,f(n)=f\left(\left[\frac{n}{2}\right]\right)+n-2\left[\frac{n}{2}\right]$ 确定 $f(n)$. 求在 $0\leqslant n\leqslant 1\ 991$ 时,$f(n)$ 的最大值(这里 $[x]$ 表示不超过 $x$ 的最大整数).

(日本数学奥林匹克,1991 年)

**解** 将 $n$ 表示成二进制数

$$n=(\overline{a_ka_{k-1}\cdots a_2a_1})_2$$

这里 $a_i=0$ 或 $1,i=1,2,\cdots,k$,则

$$\left[\frac{n}{2}\right]=(\overline{a_ka_{k-1}\cdots a_2})_2$$

$$f(n)=f((\overline{a_ka_{k-1}\cdots a_2a_1})_2)=f\left(\left[\frac{n}{2}\right]\right)+n-2\left[\frac{n}{2}\right]=$$
$$f((\overline{a_ka_{k-1}\cdots a_2})_2)+a_1=$$
$$f((\overline{a_ka_{k-1}\cdots a_3})_2)+a_2+a_1=\cdots=$$
$$a_k+a_{k-1}+\cdots+a_2+a_1$$

于是 $f(n)$ 等于 $n$ 的二进制表示中数码 1 的个数. 由于

$$0<2^{10}-1<1\ 991<2^{11}-1$$

故 $n$ 最多是有 11 位的二进制数,但 $n$ 的数码可有 10 个 1,但不能有 11 个 1.

因此,$f(n)$ 的最大值为 10.

4.1.24 已知 $n$ 个正整数 $a_i(1\leqslant i\leqslant n)$,满足 $a_1<a_2<\cdots<a_n\leqslant 2n$,其中任意两个 $a_i,a_j(i\neq j)$ 的最小公倍数都大于 $2n$,求证:$a_1>\left[\frac{2n}{3}\right]$ $\left(\left[\frac{2n}{3}\right]\right.$ 表示 $\frac{2n}{3}$ 的整数部分$\left.\right)$.

(中国上海市数学竞赛,1994 年)

**证明** 将每个 $a_i$ 写成 $2^{\alpha_i}(2t_i-1)$ 的形式,其中 $\alpha_i$ 为非负整数,$t_i$ 为正整数.

因为 $[a_i,a_j]>2n$(对任意的 $i\neq j$),所以

$$2t_i-1\neq 2t_j-1$$

由此推知 $2t_1-1,2t_2-1,\cdots,2t_n-1$ 是 $1,3,\cdots,2n-1$ 的一个排列.

若 $a_1\leqslant\left[\frac{2}{3}n\right]\leqslant\frac{2}{3}n$,则 $3a_1\leqslant 2n$ 且 $3a_1=2^{\alpha_1}(6t_1-3)$,则

心得 体会 拓广 疑问

$6t_1-3$ 也是不超过 $2n-1$ 的正奇数.

因为

$$6t_1-3\neq 2t_1-1$$

所以存在大于 1 的整数 $j$,使得

$$6t_1-3=2t_j-1$$

于是有

$$a_j=2^{\alpha_j}(2t_j-1)=2^{\alpha_j}(6t_1-3)$$

则

$$[a_1,a_j]=\begin{cases}2^{\alpha_1}(2t_j-1)=3a_1\leqslant 2n,若\ \alpha_1\geqslant\alpha_j\\ \alpha^j(2t_j-1)=\alpha_j\leqslant 2n,若\ \alpha_1<\alpha_j\end{cases}$$

与题设 $[a_1,a_j]>2n$ 矛盾,因此 $a_1>\left[\frac{2n}{3}\right]$.

> 4.1.25 试求出最大的正数 $c$,对于每个自然数 $n$,均有 $\{n\sqrt{2}\}\geqslant\frac{c}{n}$,确定使 $\{n\sqrt{2}\}=\frac{c}{n}$ 的自然数 $n$.
>
> (这里 $\{n\sqrt{2}\}=n\sqrt{2}-[n\sqrt{2}]$,$[x]$ 表示 $x$ 的整数部分)
>
> (第 30 届国际数学奥林匹克候选题,1989 年)

**解** 证明所求的最大正数 $c=\frac{1}{2\sqrt{2}}$.

若 $c$ 为正数,对 $n\in\mathbf{N}$,恒有

$$\{n\sqrt{2}\}\geqslant\frac{c}{n}$$

取

$$n_k=\frac{(\sqrt{2}+1)^{4k+1}+(\sqrt{2}-1)^{4k+1}}{2\sqrt{2}}$$

则 $n_k$ 为自然数,并且

$$\sqrt{2}n_k=\frac{1}{2}((\sqrt{2}+1)^{4k+1}+(\sqrt{2}-1)^{4k+1})=$$

$$\frac{1}{2}((\sqrt{2}+1)^{4k+1}-(\sqrt{2}-1)^{4k+1})+(\sqrt{2}-1)^{4k+1}$$

由于 $0<(\sqrt{2}-1)^{4k+1}<1$,所以

$$[\sqrt{2}n_k]=\frac{1}{2}((\sqrt{2}+1)^{4k+1}-(\sqrt{2}-1)^{4k+1})$$

$$\{\sqrt{2}n_k\}=(\sqrt{2}-1)^{4k+1}$$

$$n_k\{\sqrt{2}n_k\}=\frac{[(\sqrt{2}+1)^{4k+1}+(\sqrt{2}-1)^{4k+1}](\sqrt{2}-1)^{4k+1}}{2\sqrt{2}}=$$

心得 体会 拓广 疑问

$$\frac{1+(\sqrt{2}-1)^{2(4k+1)}}{2\sqrt{2}}\to\frac{1}{2\sqrt{2}}(k\to\infty)$$

于是

$$c\leqslant\frac{1}{2\sqrt{2}}$$

另一方面,设 $m=[n\sqrt{2}]$,则

$$n\sqrt{2}>m>n\sqrt{2}-1$$

从而

$$1\leqslant 2n^2-m^2=n^2\left(\sqrt{2}+\frac{m}{n}\right)\left(\sqrt{2}-\frac{m}{n}\right)<$$

$$n^2\left(\sqrt{2}-\frac{m}{n}\right)\cdot 2\sqrt{2}$$

于是对一切 $n$ 有

$$\frac{1}{2\sqrt{2}n}<n\left(\sqrt{2}-\frac{m}{n}\right)=n\sqrt{2}-m=\{n\sqrt{2}\}$$

综合以上讨论便知

$$c=\frac{1}{2\sqrt{2}}$$

并且使 $\{n\sqrt{2}\}=\dfrac{1}{2\sqrt{2}n}$ 的 $n$ 不存在.

4.1.26 分别由整数 $[(\sqrt{10})^n]$,$[(\sqrt{2})^n]$ 的末位数字构成的数列 $\{\alpha_n\}$,$\{\beta_n\}$ 是循环数列吗(这里 $[x]$ 表示不超过 $x$ 的最大整数)?

(第17届全苏数学奥林匹克,1983年)

**解** (1) $$\sqrt{10}=3.162\ 277\ 66\cdots$$

$$[\sqrt{10}]\text{ 的末位数字为 }3,\text{即 }\alpha_1=3$$

$$[(\sqrt{10})^2]=[10]=10,\text{即 }\alpha_2=0$$

$$[(\sqrt{10})^3]=[10\sqrt{10}]=31,\text{即 }\alpha_3=1$$

$$[(\sqrt{10})^4]=[100]=100,\text{即 }\alpha_4=0$$

$$[(\sqrt{10})^5]=[100\sqrt{10}]=316,\text{即 }\alpha_5=6$$

因此 $\alpha_{2k+1}$ 恰等于 $\sqrt{10}$ 的十进制小数的小数点后的第 $k$ 个数字,$\alpha_{2k}=0$.

由于 $\sqrt{10}$ 是无理数,它是无限不循环小数,所以 $\{\alpha_{2k+1}\}$ 是不循环的,因而数列 $\{\alpha_n\}$ 不是循环数列.

(2) 由十进制小数化为二进制小数的方法. $\sqrt{2}$ 的二进制的小数点后的第 $n$ 位数字,恰等于 $[(\sqrt{2})^k]$ 的二进制的末位数字组成

心得 体会 拓广 疑问

数列$\{\gamma_k\}$的$\gamma_{2n+1}$. 由于$\sqrt{2}$是无理数,所以$\{\gamma_{2n+1}\}$不是循环数列,因而对十进制数来说,$\{\beta_n\}$也不是循环数列.

4.1.27 (1)求证存在正实数$\lambda$,使得对任意正整数$n$,$[\lambda^n]$和$n$有相同的奇偶性.

(2)求出一个满足(1)的正实数$\lambda$.

(中国国家集训队测验题,1988年)

**解** 令$\lambda$为方程

$$x^2-3x-2=0 \quad ①$$

的正根,则

$$\lambda=\frac{3+\sqrt{17}}{2}$$

$$\mu=\frac{3-\sqrt{17}}{2}$$

其中$\mu$为方程①的负根,且满足

$$-1<\mu<0$$

令$S_n=\lambda^n+\mu^n$,则由①有

$$\lambda^{n+2}-3\lambda^{n+1}-2\lambda^n=0$$

$$\mu^{n+2}-3\mu^{n+1}-2\mu^n=0$$

即

$$(\lambda^{n+2}+\mu^{n+2})-3(\lambda^{n+1}+\mu^{n+1})-2(\lambda^n+\mu^n)=0$$

$$S_{n+2}-3S_{n+1}-2S_n=0(n\geqslant 1)$$

容易求出 $S_1=3,S_2=13$

又 $S_{n+2}\equiv S_{n+1}(\bmod 2)$

则 $S_n\equiv 1(\bmod 2)$

再由$-1<\mu<0$及$S_n=\lambda^n+\mu^n$可得

$$[\lambda^n]=\begin{cases}S_n\equiv n(2\nmid n)(\bmod 2)\\ S_n-1\equiv n(2\mid n)(\bmod 2)\end{cases}$$

4.1.28 证明:在数$[2^k\cdot\sqrt{2}]$中有无穷多个合数.

(第34届莫斯科数学奥林匹克,1971年)

**证法1** 设$a_k=[2^k\cdot\sqrt{2}]$. 证明在数列$\{a_k\}$中有无穷多个偶数,从而在数列$\{a_k\}$中有无穷多个合数.

若数列$\{a_k\}$从某一项起都是奇数,那么在它们的二进制记法中就都以1结尾,这时在$\sqrt{2}$的二进制记法中,从某个位置开始就出现1,这与$\sqrt{2}$的无理性矛盾. 因此,不可能出现$\{a_k\}$从某一项起

心得 体会 拓广 疑问

都是奇数的情形.

**证法2** 设 $2^n\sqrt{2}=[2^n\sqrt{2}]+\alpha, 0<\alpha<1$.

如果 $0<\alpha<\frac{1}{2}$,则

$$2^{n+1}\sqrt{2}=2[2^n\sqrt{2}]+2\alpha$$

从而 $[2^{n+1}\sqrt{2}]=2[2^n\sqrt{2}]$ 是偶数,因而是合数.

如果 $\frac{1}{2}\leqslant\alpha<1$,则

$$2^{n+1}\sqrt{2}=2[2^n\sqrt{2}]+2\alpha$$

$$[2^{n+1}\sqrt{2}]=2[2^n\sqrt{2}]+1+[2\alpha]-1=2[2^n\sqrt{2}]+1$$

为奇数.

此时由 $2\alpha-[2\alpha]<\alpha$ 可知,用2的一系列方幂去乘 $2^n\cdot\sqrt{2}$,每乘一次都可使结果中的小数部分减小,直到它小于 $\frac{1}{2}$,这时再进行一次乘2的运算就又得到偶数.

因而在 $[2^n\sqrt{2}]$ 中有无穷多个偶数,即有无穷多个合数.

4.1.29 设 $m,n$ 是互质的正整数,且 $m$ 为偶数,$n$ 为奇数.证明:和

$$\frac{1}{2n}+\sum_{k=1}^{n-1}(-1)^{\left[\frac{mk}{n}\right]}\left\{\frac{mk}{n}\right\}$$

不依赖于 $m,n$.其中,$[x]$ 为不超过 $x$ 的最大整数,$\{x\}=x-[x]$,空项的和为0.

**证明** 证明

$$S=\sum_{k=1}^{n-1}(-1)^{\left[\frac{mk}{n}\right]}\left\{\frac{mk}{n}\right\}=\frac{1}{2}-\frac{1}{2n}$$

这表明,所给的和等于 $\frac{1}{2}$.

为方便计算 $S$,对任何 $k\in\{1,2,\cdots,n-1\}$,记 $mk=n\left[\frac{mk}{n}\right]+r_k$,其中 $r_k\in\{1,2,\cdots,n-1\}$.

可以导出:

(1) 由于 $m,n$ 互质,故 $r_k$ 是互不相同的,于是

$$\{r_1,r_2,\cdots,r_{n-1}\}=\{1,2,\cdots,n-1\}$$

(2) $\left\{\frac{mk}{n}\right\}=\frac{r_k}{n}(k=1,2,\cdots,n-1)$.

(3) 由于 $m$ 是偶数,$n$ 是奇数,则

心得 体会 拓广 疑问

$$\left[\frac{mk}{n}\right] \equiv r_k \pmod 2$$

于是

$$(-1)^{\left[\frac{mk}{n}\right]} = (-1)^{r_k} (k = 1, 2, \cdots, n-1)$$

因此

$$S = \frac{1}{n}\sum_{k=1}^{n-1}(-1)^{r_k} r_k = \frac{1}{n}\sum_{k=1}^{n-1}(-1)^k k = \frac{1}{2} - \frac{1}{2n}$$

4.1.30 对素数 $p \geqslant 3$,定义

$$F(p) = \sum_{k=1}^{\frac{p-1}{2}} k^{120}, f(p) = \frac{1}{2} - \left\{\frac{F(p)}{p}\right\}$$

这里 $\{x\} = x - [x]$ 表示 $x$ 的小数部分,求 $f(p)$ 的值.

(中国国家集训队选拔试题,1993 年)

**解** 作 120 除以 $p-1$ 的带余除法

$$120 = q(p-1) + r, 0 \leqslant r \leqslant p-2$$

因为素数 $p \geqslant 3$,所以 $p$ 是奇数,由于 120 与 $p-1$ 是偶数,所以 $r$ 是偶数.

定义

$$G(p) = \sum_{k=1}^{\frac{p-1}{2}} k^r$$

根据费马小定理,对于 $k = 1, 2, \cdots, \frac{p-1}{2}$ 有

$$k^{p-1} \equiv 1 \pmod p$$

所以

$$F(p) \equiv G(p) \pmod p$$

$$f(p) = \frac{1}{2} - \left\{\frac{F(p)}{p}\right\} = \frac{1}{2} - \left\{\frac{G(p)}{p}\right\}$$

以下分两种情况讨论.

情形 Ⅰ:$r = 0$.

此时有

$$G(p) = \sum_{k=1}^{\frac{p-1}{2}} k^0 = \frac{p-1}{2}$$

$$f(p) = \frac{1}{2} - \left\{\frac{G(p)}{p}\right\} = \frac{1}{2} - \frac{p-1}{2p} = \frac{1}{2p}$$

情形 Ⅱ:$r \neq 0$.

因为 $r$ 是偶数,所以对 mod $p$,有

$$G(p) = 1^r + 2^r + \cdots + \left(\frac{p-1}{2}\right)^r \equiv$$

心得 体会 拓广 疑问

$$(p-1)^r+(p-2)^r+\cdots+\left(p-\frac{p-1}{2}\right)^r=$$

$$(p-1)^r+(p-2)^r+\cdots+\left(\frac{p+1}{2}\right)^r \pmod p$$

$$2G(p)=G(p)+G(p)\equiv\sum_{i=1}^{p-1}i^r \pmod p$$

又因为同余方程

$$x^r\equiv 1 \pmod p$$

的互不同余的解不超过 $r$ 个,$0\leqslant r\leqslant p-2$,所以至少存在一个

$$a\in\{1,2,\cdots,p-1\}$$

使得

$$a^r\not\equiv 1 \pmod p$$

有

$$2a^rG(p)=(1\cdot a)^r+(2\cdot a)^r+\cdots+((p-1)a)^r\equiv 2G(p) \pmod p$$

(这是因为 $1\cdot a,2\cdot a,\cdots,(p-1)a$ 对于 mod $p$ 两两不同余,构成了模 $p$ 的剩余系),于是

$$2(a^r-1)G(p)\equiv 0 \pmod p$$

又由于

$$2(a^r-1)\not\equiv 0 \pmod p$$

所以有

$$G(p)\equiv 0 \pmod p$$

此时有

$$f(p)=\frac{1}{2}-\left\{\frac{G(p)}{p}\right\}=\frac{1}{2}$$

下面寻求属于情形 Ⅰ 的素数 $p\geqslant 3$,即满足 $p-1\mid 120$ 的素数 $p\geqslant 3$. 这些素数是

$$3,5,7,11,13,31,41,61$$

而其他素数属于情形 Ⅱ.

综上所述,本题的答案如表1所示.

**表1**

| $p$ | 3 | 5 | 7 | 11 | 13 | 31 | 41 | 61 | 其他奇素数 |
|---|---|---|---|---|---|---|---|---|---|
| $f(p)$ | $\frac{1}{6}$ | $\frac{1}{10}$ | $\frac{1}{14}$ | $\frac{1}{22}$ | $\frac{1}{26}$ | $\frac{1}{62}$ | $\frac{1}{82}$ | $\frac{1}{122}$ | $\frac{1}{2}$ |

4.1.31 当 $0\leqslant x\leqslant 100$ 时,求函数

$$f(x)=[x]+[2x]+\left[\frac{5x}{3}\right]+[3x]+[4x]$$

所取的不同整数的个数.

(第29届国际数学奥林匹克候选题,1988年;
亚太地区数学奥林匹克,1993年)

**解法1** (1)若 $x=3k+\alpha$,$k$ 是非负整数,$0\leqslant\alpha<1$,则

$$f(x)=3k+[6k+2\alpha]+\left[5k+\frac{5}{3}\alpha\right]+$$

心得 体会 拓广 疑问

$$[9k+3\alpha]+[12k+4\alpha]=$$

$$35k+\left[\frac{5}{3}\alpha\right]+[2\alpha]+[3\alpha]+[4\alpha]=$$

$$35k+\begin{cases}0, & 若 0\leqslant \alpha<\frac{1}{4}\\ 1, & 若\frac{1}{4}\leqslant \alpha<\frac{1}{3}\\ 2, & 若\frac{1}{3}\leqslant \alpha<\frac{1}{2}\\ 4, & 若\frac{1}{2}\leqslant \alpha<\frac{3}{5}\\ 5, & 若\frac{3}{5}\leqslant \alpha<\frac{2}{3}\\ 6, & 若\frac{2}{3}\leqslant \alpha<\frac{3}{4}\\ 7, & 若\frac{3}{4}\leqslant \alpha<1\end{cases}$$

对固定的 $k$,$f(x)$ 有 7 个不同的值,即当 $\alpha$ 从图 1 中的一个区间变到另一个区间时,$f(x)$ 的值变动一次.

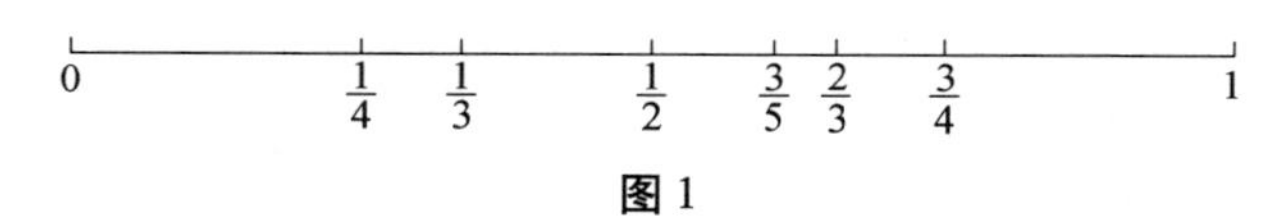


图 1

(2) 若 $x=3k+1+\alpha$,$k$ 是非负整数,$0\leqslant\alpha<1$,则

$$f(x)=35k+11+[2\alpha]+[3\alpha]+[4\alpha]+\left[\frac{5}{3}\alpha+\frac{2}{3}\right]=$$

$$35k+11+\begin{cases}0, & 若 0\leqslant \alpha<\frac{1}{5}\\ 1, & 若\frac{1}{5}\leqslant \alpha<\frac{1}{4}\\ 2, & 若\frac{1}{4}\leqslant \alpha<\frac{1}{3}\\ 3, & 若\frac{1}{3}\leqslant \alpha<\frac{1}{2}\\ 5, & 若\frac{1}{2}\leqslant \alpha<\frac{2}{3}\\ 6, & 若\frac{2}{3}\leqslant \alpha<\frac{3}{4}\\ 7, & 若\frac{3}{4}\leqslant \alpha<\frac{4}{5}\\ 8, & 若\frac{4}{5}\leqslant \alpha<1\end{cases}$$

对固定的 $k$,$f(x)$ 有 8 个不同的值,当 $\alpha$ 从图 2 中的一个区间变到另一个区间时,$f(x)$ 的值变动一次.

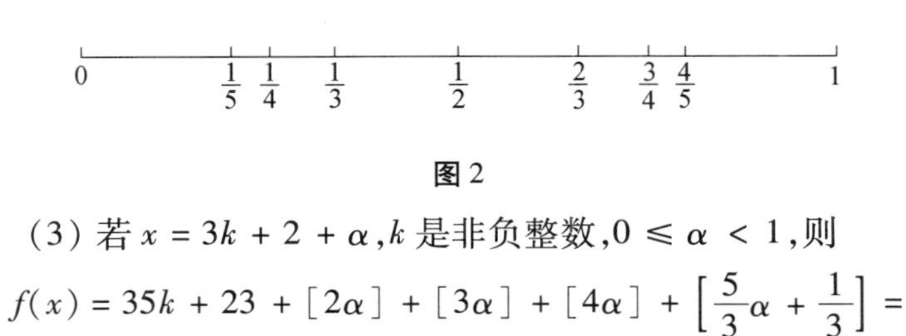

图2

(3) 若 $x=3k+2+\alpha$, $k$ 是非负整数, $0\leqslant\alpha<1$, 则

$$f(x)=35k+23+[2\alpha]+[3\alpha]+[4\alpha]+\left[\frac{5}{3}\alpha+\frac{1}{3}\right]=$$

$$35k+23+\begin{cases}0, & 若0\leqslant\alpha<\frac{1}{4}\\ 1, & 若\frac{1}{4}\leqslant\alpha<\frac{1}{3}\\ 2, & 若\frac{1}{3}\leqslant\alpha<\frac{2}{5}\\ 3, & 若\frac{2}{5}\leqslant\alpha<\frac{1}{2}\\ 5, & 若\frac{1}{2}\leqslant\alpha<\frac{2}{3}\\ 6, & 若\frac{2}{3}\leqslant\alpha<\frac{3}{4}\\ 7, & 若\frac{3}{4}\leqslant\alpha<1\end{cases}$$

对固定的 $k$, $f(x)$ 有7个不同的值,当 $\alpha$ 从图3的一个区间变到另一个区间时, $f(x)$ 的值变动一次.

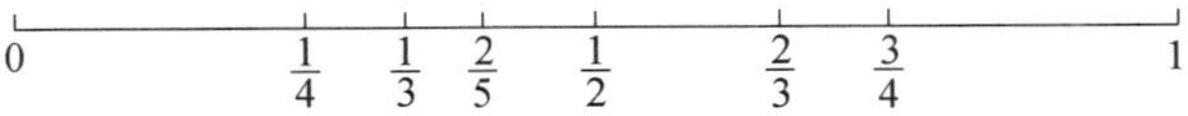

$0 \quad \frac{1}{4} \quad \frac{1}{3} \quad \frac{2}{5} \quad \frac{1}{2} \quad \frac{2}{3} \quad \frac{3}{4} \quad 1$

图3

当 $x=100$,即对第二种情况的 $k=33$, $\alpha=0$ 时, $f(x)$ 只有一个值 $35\cdot33+11$.

而当 $0\leqslant x\leqslant99$ 时,第一种情况, $k$ 可取从 $0\sim33$ 共34个值,第二种情况, $k$ 可取从 $0\sim32$ 共33个值,第三种情况, $k$ 可取从 $0\sim32$ 共33个值.

所以当 $0\leqslant x\leqslant100$ 时, $f(x)$ 共可取

$$34\cdot7+33\cdot8+33\cdot7+1=734$$

个不同的整数值.

**解法2** 设 $x=3n+r$, $n\geqslant0$, $0\leqslant r<3$, 则

$$f(x)=f(3n+r)=[3n+r]+[6n+2r]+\left[5n+\frac{5r}{3}\right]+$$
$$[9n+3r]+[12n+4r]=3n+6n+5n+9n+12n+$$

心得 体会 拓广 疑问

$$[r]+[2r]+\left[\frac{5r}{3}\right]+[3r]+[4r]=35n+f[r]$$

这样,对于每个 $n\geqslant 0$,在区间 $[n,n+3)$ 上函数 $f(x)$ 给出的不同整数值的个数相同.

为此,只需考虑区间 $[0,3)$ 上的情形.

注意到 $f(x)$ 是一个阶梯函数,且它的值至少在点 $[x]$,$[2x]$,$\left[\frac{5x}{3}\right]$,$[3x]$,$[4x]$ 之一跳跃. 显然 $f(x)$ 在区间 $[0,3)$ 上有 22 次跳跃,即在

$$0,\frac{1}{4},\frac{1}{3},\frac{1}{2},\frac{3}{5},\frac{2}{3},\frac{3}{4},1,\frac{6}{5},\frac{5}{4},\frac{4}{3}$$

$$\frac{3}{2},\frac{5}{3},\frac{7}{4},\frac{9}{5},2,\frac{9}{4},\frac{7}{3},\frac{12}{5},\frac{5}{2},\frac{8}{3},\frac{11}{4}$$

处跳跃.

因此,在区间 $[0,3)$ 上函数 $f(x)$ 所取的不同整数值的个数是 22.

于是,在区间 $[0,99)$ 上不同整数值的个数为

$$22\cdot 33=726$$

同理,函数在区间 $[99,100]$ 所取的不同整数值的个数与 $[0,1]$ 上相同,而在 $[0,1]$ 上函数有 8 次跳跃,即在

$$0,\frac{1}{4},\frac{1}{3},\frac{1}{2},\frac{3}{5},\frac{2}{3},\frac{3}{4},1$$

处跳跃.

因此,在区间 $[0,1]$ 上函数 $f(x)$ 所取的不同整数值的个数是 8,从而在 $[99,100]$ 上 $f(x)$ 所取的不同整数值的个数也是 8.

所以,$f(x)$ 在区间 $[0,100]$ 上所取的不同整数值的个数是

$$726+8=734$$

4.1.32 若 $x$ 为正实数,$n$ 为正整数,证明

$$[nx]\geqslant\frac{[x]}{1}+\frac{[2x]}{2}+\frac{[3x]}{3}+\cdots+\frac{[nx]}{n}$$

(第 10 届美国数学奥林匹克,1981 年)

**证明** 记 $x_n=\sum_{i=1}^{n}\frac{[ix]}{i}$,于是问题变为证明 $[nx]\geqslant x_n$.

用数学归纳法证明这个不等式.

(1) 当 $n=1$ 时,显然有 $[x]=x_1$,所以 $n=1$ 时,命题成立;

(2) 假设当 $k=1,2,\cdots,n-1$ 时,命题成立. 即

$$x_k\leqslant[kx]\ (k=1,2,\cdots,n-1)$$

心得 体会 拓广 疑问

由
$$x_k = x_{k-1} + \frac{[kx]}{k}$$
得
$$kx_k = (k-1)x_{k-1} + x_{k-1} + [kx]$$
对 $k$ 取 $n,n-1,n-2,\cdots,3,2$ 得
$$nx_n = (n-1)x_{n-1} + x_{n-1} + [nx]$$
$$(n-1)x_{n-1} = (n-2)x_{n-2} + x_{n-2} + [(n-1)x]$$
$$(n-2)x_{n-2} = (n-3)x_{n-3} + x_{n-3} + [(n-2)x]$$
$$\cdots$$
$$3x_3 = 2x_2 + x_2 + [3x]$$
$$2x_2 = x_1 + x_1 + [2x]$$
将以上 $n-1$ 个等式的两边分别相加,消去两边相同的项,得
$$nx_n = x_{n-1} + x_{n-2} + \cdots + x_2 + x_1 + x_1 + [nx] + [(n-1)x] + \cdots + [2x]$$
由归纳假设有
$$nx_n \leqslant [(n-1)x] + [(n-2)x] + \cdots + [2x] + [x] + [x] + [nx] + [(n-1)x] + \cdots + [2x] \quad ①$$
函数 $y=[x]$ 有这样的性质
$$[\alpha] + [\beta] \leqslant [\alpha+\beta]$$
这可由 $y=[x]$ 的不减性及定义得
$$[\alpha] \leqslant \alpha, [\beta] \leqslant \beta$$
即
$$[\alpha] + [\beta] \leqslant \alpha+\beta$$
$$[[\alpha] + [\beta]] \leqslant [\alpha+\beta]$$
从而
$$[\alpha] + [\beta] \leqslant [\alpha+\beta]$$
应用这个性质对上式继续推导,式①右端等于
$$([(n-1)x] + [x]) + ([(n-2)x] + [2x]) + \cdots + ([x] + [(n-1)x]) + [nx] \leqslant [(n-1)x + x] + [(n-2)x + 2x] + \cdots + [x + (n-1)x] + [nx] = [nx]$$
于是
$$x_n \leqslant [nx]$$
即 $k=n$ 时,命题成立.

由(1),(2),对所有自然数 $n$,命题成立.

4.1.33 令 $a$ 为方程 $x^3 - 3x^2 + 1 = 0$ 的最大正根. 证明:$[a^{1788}]$ 与 $[a^{1988}]$ 均能被17整除(记号 $[x]$ 表示不超过 $x$ 的最大整数).

(第29届国际数学奥林匹克预选题,1988年)

心得 体会 拓广 疑问

**证明** 设三次方程

$$x^3-3x^2+1=0$$

的三个根为 $\alpha<\beta<a$.

令 $f(x)=x^3-3x^2+1$,首先估计 $\alpha,\beta,a$ 的范围. 由于

$$f(-1)<0,f\left(-\frac{1}{2}\right)>0$$

$$f\left(\frac{1}{2}\right)>0,f(1)<0$$

$$f(2)<0,f(2\sqrt{2})<0,f(3)>0$$

则有

$$-1<\alpha<-\frac{1}{2},\frac{1}{2}<\beta<1,2\sqrt{2}<a<3$$

下面再估计 $\alpha^n+\beta^n$ 的范围. 因为

$$(-\alpha)^3-3(-\alpha)^2+1=-2\alpha^3+(\alpha^3-3\alpha^2+1)=$$
$$-2\alpha^3>0$$

又因为 $\frac{1}{2}<-\alpha<1$ 及 $f\left(\frac{1}{2}\right)>0$

所以有 $-\alpha<\beta$

从而 $|\alpha|<\beta$

于是 $\alpha^n+\beta^n>0(n\geqslant 1)$

又因为 $\alpha^2+\beta^2=(\alpha+\beta)^2-2\alpha\beta$

以及 $\alpha+\beta+a=3,\alpha\beta a=-1$

则

$$\alpha^2+\beta^2=(3-a)^2+\frac{2}{a}=9+a^2-6a+\frac{2}{a}=$$
$$\frac{2(-3a^2+1)}{a}+9+a^2=\frac{-2a^3}{a}+9+a^2=$$
$$9-a^2=1+(8-a^2)$$

由 $a>2\sqrt{2}$ 知 $8-a^2<0$,所以

$$\alpha^2+\beta^2<1$$

当 $n\geqslant 2$ 时

$$\alpha^n+\beta^n-(\alpha^2+\beta^2)=$$
$$\alpha^2(\alpha^{n-2}-1)+\beta^2(\beta^{n-2}-1)\leqslant 0$$

所以 $\alpha^n+\beta^n\leqslant\alpha^2+\beta^2<1$

于是 $0<\alpha^n+\beta^n<1$

对于所有正整数 $n$ 定义

$$u_n=\alpha^n+\beta^n+a^n$$

容易求出

$$u_0=\alpha^0+\beta^0+a^0=3$$

心得 体会 拓广 疑问

$$u_1 = \alpha + \beta + a = 3$$
$$u_2 = \alpha^2 + \beta^2 + a^2 = 9 - a^2 + a^2 = 9$$
$$u_{n+3} - 3u_{n+2} + u_n =$$
$$\alpha^{n+3} - 3\alpha^{n+2} + \alpha^n + \beta^{n+3} - 3\beta^{n+2} + \beta^n + a^{n+3} - 3a^{n+2} + a^n =$$
$$\alpha^n(\alpha^3 - 3\alpha^2 + 1) + \beta^n(\beta^3 - 3\beta^2 + 1) + a^n(a^3 - 3a^2 + 1) = 0$$
所以
$$u_{n+3} - 3u_{n+2} + u_n = 0$$
$$u_{n+3} = 3u_{n+2} - u_n$$
由数学归纳法可知,$u_n$ 是整数. 又
$$a^n = \alpha^n + \beta^n + a^n - (\alpha^n + \beta^n) = u_n - (\alpha^n + \beta^n)$$
因为 $0 < \alpha^n + \beta^n < 1$,则
$$[a^n] = u_n - 1$$
问题归结为证明 $u_{1\,788} - 1$ 和 $u_{1\,988} - 1$ 能被 17 整除.
由递推公式 $u_{n+3} = 3u_{n+2} - u_n$,可依次求出以 17 为模 $u_i$ 的值
$$u_0 \equiv 3, u_1 \equiv 3, u_2 \equiv 9, u_3 \equiv 7, u_4 \equiv 1, u_5 \equiv 11$$
$$u_6 \equiv 9, u_7 \equiv 9, u_8 \equiv 16, u_9 \equiv 5, u_{10} \equiv 6$$
$$u_{11} \equiv 2, u_{12} \equiv 1, u_{13} \equiv 14, u_{14} \equiv 6, u_{15} \equiv 0$$
$$u_{15} \equiv 0, u_{16} \equiv 3, u_{17} \equiv 3, u_{18} \equiv 9, u_{19} \equiv 7, u_{20} \equiv 1$$
由以上可知
$$u_{16} \equiv u_0, u_{17} \equiv u_1, u_{18} \equiv u_2, u_{19} \equiv u_3$$
可以用数学归纳法证明:

对一切非负整数 $n$ 有
$$u_{n+16} \equiv u_n \pmod{17}$$
对于 $n = 0,1,2$ 成立是显然的. 设
$$u_{k+16} \equiv u_k, u_{k+14} \equiv u_{k-2} \pmod{17}$$
则
$$u_{k+17} = 3u_{k+16} - u_{k+14} \equiv$$
$$3u_k - u_{k-2} \equiv u_{k+1} \pmod{17}$$
即
$$u_{k+17} \equiv u_{k+1} \pmod{17}$$
因此
$$u_{n+16} \equiv u_n \pmod{17}$$
因为
$$1\,788 = 16 \cdot 111 + 12$$
$$1\,988 = 16 \cdot 124 + 4$$
所以
$$u_{1\,788} \equiv u_{12} \equiv 1 \pmod{17}$$
$$u_{1\,988} \equiv u_4 \equiv 1 \pmod{17}$$
于是

心得 体会 拓广 疑问

$$u_{1\,788}-1\equiv 0(\bmod 17)$$
$$u_{1\,988}-1\equiv 0(\bmod 17)$$

所以$[a^{1\,788}]$及$[a^{1\,988}]$均能被 17 整除.

4.1.34 若 $n$ 历遍所有正整数. 证明

$$f(n)=\left[n+\sqrt{\frac{n}{3}}+\frac{1}{2}\right]$$

历遍除数列 $a_n=3n^2-2n$ 的项之外的所有正整数.

(第 29 届国际数学奥林匹克候选题,1988 年)

**证法** 1 令 $k=\left[\sqrt{\frac{n}{3}}+\frac{1}{2}\right]$,则

$$f(n)=\left[n+\sqrt{\frac{n}{3}}+\frac{1}{2}\right]=n+\left[\sqrt{\frac{n}{3}}+\frac{1}{2}\right]=n+k$$

正整数 $k$ 满足

$$k\leqslant\sqrt{\frac{n}{3}}+\frac{1}{2}<k+1$$

于是

$$k+2>\sqrt{\frac{n}{3}}+1+\frac{1}{2}>\sqrt{\frac{n+1}{3}}+\frac{1}{2}\geqslant k$$

$$f(n+1)=\left[n+1+\sqrt{\frac{n+1}{3}}+\frac{1}{2}\right]=n+1+\left[\sqrt{\frac{n+1}{3}}+\frac{1}{2}\right]=$$

$$\begin{cases}n+k+1, 若\sqrt{\frac{n+1}{3}}+\frac{1}{2}<k+1\\ n+k+2, 若\sqrt{\frac{n+1}{3}}+\frac{1}{2}\geqslant k+1\end{cases}$$

若不发生$\sqrt{\frac{n+1}{3}}+\frac{1}{2}\geqslant k+1$的情况,$f(n)$随 $n$ 的增加逐次增加 1.

发生$\sqrt{\frac{n+1}{3}}+\frac{1}{2}\geqslant k+1$的情况,$f(n)$跳过 1 个自然数 $n+k+1$,由于

$$\sqrt{\frac{n+1}{3}}+\frac{1}{2}\geqslant k+1\geqslant\sqrt{\frac{n}{3}}+\frac{1}{2}\Leftrightarrow$$

$$n+1\geqslant 3\left(k+\frac{1}{2}\right)^2>n\Leftrightarrow$$

$$n+1\geqslant 3k^2+3k+\frac{3}{4}>n\Leftrightarrow$$

$$n=3k^2+3k$$

所以$f(n)$跳过的数为

心得 体会 拓广 疑问

$$n+k+1=3k^2+3k+k+1=$$
$$3(k+1)^2-2(k+1)=a_{k+1}$$

又 $f(1)=2$,所以 $f(n)$ 历遍除数列

$$a_1=1,a_2=8,\cdots,a_k=3k^2-2k,\cdots$$

之外的所有自然数.

**证法2** 设 $m$ 为自然数,在区间 $(0,m)$ 中,$f(n)$ 的个数即为满足不等式

$$n+\sqrt{\frac{n}{3}}+\frac{1}{2}<m$$

的 $n$ 的个数,因此有

$$m-1-\left[\frac{1+\sqrt{3m-\frac{5}{4}}}{3}\right] \quad ①$$

个 $f(n)\in(0,m)$.

同样,在区间 $(0,m)$ 中,有

$$\left[\frac{1+\sqrt{3m-2}}{3}\right] \quad ②$$

个 $a_n$(这可从不等式 $3n^2-2n\leqslant m-1$ 解出). 由于

$$0<\sqrt{3m-\frac{5}{4}}-\sqrt{3m-2}=\frac{2-\frac{5}{4}}{\sqrt{3m-\frac{5}{4}}+\sqrt{3m-2}}<1$$

所以

$$\left[\frac{1+\sqrt{3m-\frac{5}{4}}}{3}\right]=\left[\frac{1+\sqrt{3m-2}}{3}\right] \quad ③$$

于是由 ①,②,③ 在区间 $(0,m)$ 内,$f(n)$ 与 $a_n$ 的个数一共有 $m-1$ 个.

在区间 $(0,m+1)$ 内,$f(n)$ 与 $a_n$ 的个数一共有 $m$ 个值.

因此,在区间 $[m,m+1)$ 内恰有一个 $f(n)$ 或一个 $a_n$,即对自然数 $m$,或者

$$f(n)=m$$

或者

$$a_n=m$$

但两者不能同时成立.

于是 $f(n)$ 历遍除 $a_n$ 之外的所有正整数.

心得 体会 拓广 疑问

4.1.35 求所有的自然数$n$,使得$\min\limits_{k\in\mathbf{N}}\left(k^2+\left[\frac{n}{k^2}\right]\right)=1\ 991$,这里$\mathbf{N}$是自然数集.

(第6届中国中学生数学冬令营,1991年)

**解** 由于

$$k^2+\frac{n}{k^2}-1<k^2+\left[\frac{n}{k^2}\right]\leqslant k^2+\frac{n}{k^2}$$

则

$$\min_{k\in\mathbf{N}}\left(k^2+\left[\frac{n}{k^2}\right]\right)=1\ 991$$

等价于对所有的$k\in\mathbf{N}$有

$$k^2+\frac{n}{k^2}\geqslant 1\ 991 \quad ①$$

且存在$k_0\in\mathbf{N}$,使得

$$k_0^2+\frac{n}{k_0^2}<1\ 992 \quad ②$$

由①有

$$k^4-1\ 991k^2+n\geqslant 0$$

$$\left(k^2-\frac{1\ 991}{2}\right)^2+n-\frac{1\ 991^2}{4}\geqslant 0$$

$$n\geqslant\frac{1\ 991^2}{4}-\left(k^2-\frac{1\ 991}{2}\right)^2$$

为使此式成立,只要$\frac{1\ 991^2}{4}-\left(k^2-\frac{1\ 991}{2}\right)^2$的最大值小于或等于$n$即可.

由于最接近$\frac{1\ 991}{2}$的平方数为$32^2=1\ 024$,所以当$k=32$时,$\left(k^2-\frac{1\ 991}{2}\right)^2$有最小值$\left(1\ 024-\frac{1\ 991}{2}\right)^2$.从而有

$$n\geqslant\frac{1\ 991^2}{4}-\left(1\ 024-\frac{1\ 991}{2}\right)^2=967\cdot 1\ 024$$

由于②,存在$k_0\in\mathbf{N}$,使得

$$k_0^4-1\ 992k_0^2+n<0$$

即

$$-(k_0^2-996)^2-n+996^2>0$$

$$n<-(k_0^2-996)^2+996^2$$

为使此式成立,只要求出使$-(k_0^2-996)^2+996^2$的最大值大于$n$的$k_0$的值即可.

显然,当$k_0=32$时,$-(k_0^2-996)^2+996$有最大值

心得 体会 拓广 疑问

$$-(1\ 024-996)^2+996^2$$

即

$$n<-(1\ 024-996)^2+996^2=1\ 024\cdot 968$$

于是

$$1\ 024\cdot 967\leqslant n<1\ 024\cdot 968$$

即集合$\{n\mid 1\ 024\cdot 967\leqslant n<1\ 024\cdot 968,n\in\mathbf{N}\}$为所求.

**4.1.36**　对每个正整数 $n$,定义函数

$$f(n)=\begin{cases}0, & \text{当 } n \text{ 为平方数}\\ \left[\dfrac{1}{\{\sqrt{n}\}}\right], & \text{当 } n \text{ 不为平方数}\end{cases}$$

(其中$[x]$表示不超过 $x$ 的最大整数,$\{x\}=x-[x]$). 试求:$\sum\limits_{k=1}^{240}f(k)$ 的值.

**解**　对任意 $a,k\in\mathbf{N}^*$,若 $k^2<a<(k+1)^2$,设

$$a=k^2+m,m=1,2,\cdots,2k$$

$$\sqrt{a}=k+\theta,0<\theta<1$$

则

$$\left[\frac{1}{\{\sqrt{a}\}}\right]=\left[\frac{1}{\sqrt{a}-k}\right]=\left[\frac{\sqrt{a}+k}{a-k^2}\right]=\left[\frac{2k+\theta}{m}\right]$$

因为

$$0<\frac{2k+\theta}{m}-\frac{2k}{m}<1$$

若在$\dfrac{2k}{m}$与$\dfrac{2k+\theta}{m}$之间存在整数 $t$,则

$$\frac{2k}{m}<t<\frac{2k+\theta}{m}$$

于是,一方面,$2k<mt$,故 $2k+1\leqslant mt$.

另一方面

$$mt<2k+\theta<2k+1$$

矛盾,故

$$\left[\frac{2k+\theta}{m}\right]=\left[\frac{2k}{m}\right]$$

所以

$$\sum_{k^2<a<(k+1)^2}\left[\frac{1}{\{a\}}\right]=\sum_{m=1}^{2k}\left[\frac{2k}{m}\right]$$

于是

$$\sum_{a=1}^{(n+1)^2}f(a)=\sum_{k=1}^{n}\sum_{i=1}^{2k}\left[\frac{2k}{i}\right] \tag{①}$$

心得 体会 拓广 疑问

下面计算 $\sum_{i=1}^{2k}\left[\frac{2k}{i}\right]$ :画一张 $2k\times 2k$ 的表,第 $i$ 行中,凡是 $i$ 的倍数处填写"*"号,则这行的"*"号共 $\left[\frac{2k}{i}\right]$ 个,全表的"*"号共 $\sum_{i=1}^{2k}\left[\frac{2k}{i}\right]$ 个;另一方面,按列收集"*"号数:第 $j$ 列中,若 $j$ 有 $T(j)$ 个正因数,则该列便有 $T(j)$ 个"*"号,故全表的"*"号个数共 $\sum_{j=1}^{2k}T(j)$ 个,因此 $\sum_{i=1}^{2k}\left[\frac{2k}{i}\right]=\sum_{j=1}^{2k}T(j)$.

示例如表 2 所示.

表 2

| $i$ \ $j$ | 1 | 2 | 3 | 4 | 5 | 6 |
|---|---|---|---|---|---|---|
| 1 | * | * | * | * | * | * |
| 2 |  | * |  | * |  | * |
| 3 |  |  | * |  |  | * |
| 4 |  |  |  | * |  |  |
| 5 |  |  |  |  | * |  |
| 6 |  |  |  |  |  | * |

则

$$\sum_{a=1}^{(n+1)^2}f(a)=\sum_{k=1}^{n}\sum_{j=1}^{2k}T(j)=$$
$$n[T(1)+T(2)]+(n-1)[T(3)+T(4)]+\cdots+[T(2n-1)+T(2n)] \quad ②$$

由此

$$\sum_{k=1}^{16^2}f(k)=\sum_{k=1}^{15}(16-k)[T(2k-1)+T(2k)] \quad ③$$

记 $a_k=T(2k-1)+T(2k)$ , $k=1,2,\cdots,15$ ,易得 $a_k$ 的取值情况如表 3 所示.

表 3

| $k$ | 1 | 2 | 3 | 4 | 5 | 6 | 7 | 8 | 9 | 10 | 11 | 12 | 13 | 14 | 15 |
|---|---|---|---|---|---|---|---|---|---|---|---|---|---|---|---|
| $a_k$ | 3 | 5 | 6 | 6 | 7 | 8 | 6 | 9 | 8 | 8 | 8 | 10 | 7 | 10 | 10 |

因此

$$\sum_{k=1}^{256}f(k)=\sum_{k=1}^{15}(16-k)a_k=783 \quad ④$$

由定义

$$f(256)=f(16^2)=0,当 k\in\{241,242,\cdots,255\}$$

心得 体会 拓广 疑问

设

$$k=15^2+r(16\leqslant r\leqslant 30)$$

$$\sqrt{k}-15=\sqrt{15^2+r}-15=\frac{r}{\sqrt{15^2+r}+15}$$

$$\frac{r}{31}<\frac{r}{\sqrt{15^2+r}+15}<\frac{r}{30}$$

$$1\leqslant\frac{30}{r}<\frac{1}{\{\sqrt{15^2+r}\}}<\frac{31}{r}<2$$

则

$$\left[\frac{1}{\{\sqrt{k}\}}\right]=1,k\in\{241,242,\cdots,255\} \quad ⑤$$

从而 $$\sum_{k=1}^{240}f(k)=783-\sum_{k=1}^{256}f(k)=783-15=768$$

4.1.37 设 $p=4n+1$ 是一个素数,证明

$$\sum_{k=1}^{\frac{p-1}{2}}\left[\frac{k^2}{p}\right]=\frac{(p-1)(p-5)}{24}$$

**证明** 已知 $1,2^2,\cdots,\left(\frac{p-1}{2}\right)^2$ 是模 $p$ 的全部二次剩余,由带余除法

$$k^2=p\left[\frac{k^2}{p}\right]+r_k,0<r_k<p,k=1,\cdots,\frac{p-1}{2}$$

则 $r_k\left(k=1,\cdots,\frac{p-1}{2}\right)$ 是模 $p$ 在 $1,\cdots,p-1$ 中的二次剩余,因此

$$\sum_{k=1}^{\frac{p-1}{2}}r_k=\sum_{k=1}^{\frac{p-1}{2}}k^2-p\sum_{k=1}^{\frac{p-1}{2}}\left[\frac{k^2}{p}\right]=\frac{p(p^2-1)}{24}-p\sum_{k=1}^{\frac{p-1}{2}}\left[\frac{k^2}{p}\right] \quad ①$$

另一方面

$$\left(\frac{p-r_k}{p}\right)=1,0<p-r_k<p,k=1,\cdots,\frac{p-1}{2}$$

故

$$\sum_{k=1}^{\frac{p-1}{2}}r_k=\sum_{k=1}^{\frac{p-1}{2}}(p-r_k)$$

即得

$$\sum_{k=1}^{\frac{p-1}{2}}r_k=\frac{p(p-1)}{4} \quad ②$$

把②代入①,因 $24\mid p^2-1$,得

心得 体会 拓广 疑问

$$\sum_{k=1}^{\frac{p-1}{2}}\left[\frac{k^2}{p}\right]=\frac{(p-1)(p-5)}{24}$$

4.1.38 通项为$a_n=b[\sqrt{n+c}]+d$的数列,逐次算得各项是

$$1,3,3,3,5,5,5,5,5,\cdots$$

其中每一个正奇数 $m$ 恰好连续出现 $m$ 次,上述 $b,c,d$ 是待定的整数.求 $b+c+d$ 的值.

(理科实验班入学数学复试,1989 年)

**解** 由于

$$a_{n+1}-a_n=b[\sqrt{n+1+c}]-b[\sqrt{n+c}]$$

且 $a_n$ 是奇数,$a_{n+1}\geqslant a_n$,则

$$a_{n+1}-a_n\in\{0,2\}$$

即 $b[\sqrt{n+1+c}]-b[\sqrt{n+c}]=0$ 或 2.

对任何自然数 $n$,恒有

$$[\sqrt{n+1+c}]-[\sqrt{n+c}]\in\{0,1\} \quad ①$$

显然,$b\neq 0$.

当 $a_{n+1}-a_n=2$ 时,即

$$b([\sqrt{n+1+c}]-[\sqrt{n+c}])=2$$

时,由 ① 知,只能有

$$[\sqrt{n+1+c}]-[\sqrt{n+c}]=1$$

因此 $$b=2$$

由于 $b$ 是常数,所以 $b=2$.

下面求 $c$.由

$$a_1=b[\sqrt{1+c}]+d=2[\sqrt{1+c}]+d$$

可知,$c\geqslant -1$.

由题设数列的特征有

$$a_{k^2}=2k-1$$

取充分大的 $k$,使 $2k+3>c$,这时

$$(k+1)^2+c<(k+1)^2+2k+3=(k+2)^2$$

从而有

$$[\sqrt{(k+1)^2+c}]<k+2 \quad ②$$

另一方面,又有

$$a_{(k+1)^2}=2(k+1)-1$$

则 $$a_{(k+1)^2}-a_1=[2(k+1)-1]-1=2k$$

即 $$2[\sqrt{(k+1)^2+c}]-2[\sqrt{1+c}]=2k$$

心得 体会 拓广 疑问

$$[\sqrt{(k+1)^2+c}]-[\sqrt{1+c}]=k$$

由不等式②,有

$$[\sqrt{1+c}]<2$$

因此

$$c<3$$

从而

$$-1\leqslant c<3,c=-1,0,1,2$$

若 $c=0,1,2$,则均有

$$a_5-a_4=[\sqrt{5+c}]-[\sqrt{4+c}]=2-2=0$$

与 $a_5-a_4=2$ 矛盾. 于是,只能有 $c=-1$.

下面求 $d$. 由

$$a_1=2[\sqrt{1+c}]+d=1$$

可知

$$d=1$$

因此

$$b+c+d=2+(-1)+1=2$$

4.1.39　证明:由 $a_n=[n\sqrt{2}]$ 定义的数列 $\{a_n\}$ 中含有无限多个 2 的整数幂.

(第 26 届国际数学奥林匹克候选题,1985 年)

**证明**　显然

$$[1\cdot\sqrt{2}]=1=2^0$$

$$[2\cdot\sqrt{2}]=2=2^1$$

$$[3\cdot\sqrt{2}]=4=2^2$$

一般的,必存在无穷多个自然数 $k$,使

$$\left\{\frac{2^k}{\sqrt{2}}\right\}>1-\frac{1}{\sqrt{2}} \quad ①$$

成立.

事实上,如果 $\{x\}<\frac{1}{2}$,则

$$\{2x\}=2\{x\}$$

如果 $\left\{\frac{2^k}{\sqrt{2}}\right\}\leqslant 1-\frac{1}{\sqrt{2}}<\frac{1}{2}$,那么

$$\left\{\frac{2^{k+1}}{\sqrt{2}}\right\}=\left\{2\cdot\frac{2^k}{\sqrt{2}}\right\}=2\left\{\frac{2^k}{\sqrt{2}}\right\}$$

于是

$$\left\{\frac{2^{k+2}}{\sqrt{2}}\right\}=2\left\{\frac{2^{k+1}}{\sqrt{2}}\right\}=4\left\{\frac{2^k}{\sqrt{2}}\right\}$$

$$\left\{\frac{2^{k+3}}{\sqrt{2}}\right\}=2\left\{\frac{2^{k+2}}{\sqrt{2}}\right\}=4\left\{\frac{2^{k+1}}{\sqrt{2}}\right\}=8\left\{\frac{2^k}{\sqrt{2}}\right\}$$

$$\cdots$$

心得 体会 拓广 疑问

如此继续下去,必有一个 $k' > k$,使得

$$\left\{\frac{2^k}{\sqrt{2}}\right\} > 1 - \frac{1}{\sqrt{2}}$$

因而式①成立.

此时令 $n = \left[\frac{2^k}{\sqrt{2}}\right] + 1$,则由

$$x - 1 < [x] \leqslant x$$

得

$$\frac{2^k}{\sqrt{2}} < n \tag{②}$$

则

$$1 + \frac{2^k}{\sqrt{2}} = n + \left\{\frac{2^k}{\sqrt{2}}\right\} > n + 1 - \frac{1}{\sqrt{2}}$$

所以

$$n < \frac{2^k}{\sqrt{2}} + \frac{1}{\sqrt{2}} \tag{③}$$

由②,③得

$$\frac{2^k}{\sqrt{2}} < n < \frac{2^k}{\sqrt{2}} + \frac{1}{\sqrt{2}}$$

$$2^k < n \cdot \sqrt{2} < 2^k + 1$$

所以
$$[n \cdot \sqrt{2}] = 2^k$$

即取 $n = \left[\frac{2^k}{\sqrt{2}}\right] + 1$ 时,$[\sqrt{2}n] = 2^k$,其中$\left\{\frac{2^k}{\sqrt{2}}\right\} > 1 - \frac{1}{\sqrt{2}}$.

4.1.40 设 $n$ 是一个固定的正整数,$b(n)$ 是 $k + \frac{n}{k}$ 关于所有正整数 $k$ 的最小值.证明:$[b(n)] = [\sqrt{4n+1}]$.

(第34届美国普特南数学竞赛,1973年)

**证明** 令 $c(n) = \sqrt{4n+1}$.又设 $k(n)$ 是使得 $k + \frac{n}{k}$ 为最小的 $k$ 值,则

$$b(n-1) \leqslant k(n) + \frac{n-1}{k(n)} < k(n) + \frac{n}{k(n)} = b(n)$$

即有

$$b(n-1) < b(n) \tag{①}$$

由

$$k + \frac{m^2}{k} \geqslant 2\sqrt{k \cdot \frac{m^2}{k}} = 2m(m \in \mathbf{N})$$

心得 体会 拓广 疑问

则当 $k=m$ 时，$k+\frac{m^2}{k}$ 取得最小值 $2m$，即对正整数 $m$ 有

$$b(m^2)=2m \quad ②$$

又对正整数 $m$，当且仅当 $k=m$ 或 $k=m+1$ 时，$k+\frac{m^2+m}{k}$ 取得最小值 $2m+1$，即

$$b(m^2+m)=2m+1 \quad ③$$

由 ①②③ 可得

$$\begin{cases}[b(n)]=2m,当\ m^2\leqslant n<m^2+m\\ [b(n)]=2m+1,当\ m^2+m\leqslant n<(m+1)^2\end{cases} \quad ④$$

另一方面，$c(n)=\sqrt{4n+1}$ 也是一个增函数，并且

$$c(m^2-1)=\sqrt{4m^2-3}<2m$$

$$c(m^2)=\sqrt{4m^2+1}>2m$$

$$c(m^2+m)=\sqrt{4m^2+4m+1}=2m+1$$

由此也可得

$$\begin{cases}[c(n)]=2m,当\ m^2\leqslant n<m^2+m\\ [c(n)]=2m+1,当\ m^2+m\leqslant n<(m+1)^2\end{cases} \quad ⑤$$

由 ④⑤ 得

$$[b(n)]=[c(n)]=[\sqrt{4n+1}]$$

4.1.41 设 $f(x)=x+[\sqrt{x}]$，试证：对于任意自然数 $m$

$$m,f(m),f(f(m)),f(f(f(m))),\cdots$$

中必含有完全平方数.

（第44届美国普特南数学竞赛，1983年）

**证明** (1) 若 $m$ 为完全平方数，结论显然.

(2) 若 $m$ 不是平方数，设

$$m=k^2+r$$

其中 $k$ 和 $r$ 为正整数，且 $0<r\leqslant 2k$. 令

$$A=\{m\mid m=k^2+r,0<r\leqslant k\}$$

$$B=\{m\mid m=k^2+r,k<r\leqslant 2k\}$$

对于集合 $B$ 中的每一个 $m=k^2+r$，由

$$k<r\leqslant 2k$$

得

$$k^2+k<k^2+r\leqslant k^2+2k<(k+1)^2$$

所以

$$[\sqrt{k^2+r}]=k$$

心得 体会 拓广 疑问

$$f(m)=m+[\sqrt{m}]=k^2+r+k=(k+1)^2+(r-k-1)$$

由

$$0\leqslant r-k-1<k$$

可得$f(m)\in A$或$f(m)$是完全平方数.这就说明,只需考虑$m$在$A$中的情况.

设$m=k^2+r,0<r\leqslant k$,则

$$f(m)=m+[\sqrt{m}]=m+[\sqrt{k^2+r}]=m+k$$

$$f(f(m))=f(m+k)=m+2k=k^2+r+2k=(k+1)^2+(r-1)$$

进而可推出

$$f(f(f(m)))=(k+1)^2+(r-1)+k+1=k^2+3k+2+(r-1)=k^2+4k+4+(r-k-3)$$

$$k^2+3k+1<k^2+3k+1+r\leqslant k^2+4k+1$$

所以

$$[\sqrt{k^2+3k+1+r}]=k+1$$

$$f(f(f(f(m))))=(k+1)^2+r+k+k+1=(k+2)^2+(r-2)$$

如此下去,随着$f$的复合,有

$$r\to r-1\to r-2\to\cdots\to 2\to 1\to 0$$

于是,当$r=0$时,数列

$$m,f(m),f(f(m)),\cdots$$

中的项必含有完全平方数.

4.1.42 对给定的自然数$k>1,n,n+1,\cdots,n+k$的最小公倍数记作$Q(n),n\in\mathbf{N}$.证明:存在无限多个$n\in\mathbf{N}$,使得$Q(n)>Q(n+1)$.

(匈牙利,1982年)

**证明** 证明对每个$n=r\cdot k!-1$,其中$r\in\mathbf{N},r\geqslant 3$,均有$Q(n)>Q(n+1)$.

记$m=[n+1,n+2,\cdots,n+k]$.当$j=1,2,\cdots,k$时,有

$$n\equiv -1(\bmod j)$$

因此$(n,j)=1$,且$(n,n+j)=1$.从而$(n,m)=1$,且$Q(n)=[n,n+1,\cdots,n+k]=[n,m]=nm$.

另一方面,$n+k+1=r\cdot k!+k$被$k$整除.$m$被$n+1=r\cdot k!$

心得 体会 拓广 疑问

整除,从而被 $k$ 整除. 因此 $\frac{m(n+k+1)}{k}$ 不但被 $m$ 整除,而且也被 $n+k+1$ 整除,于是

$$Q(n+1)=[n+1,\cdots,n+k,n+k+1]=[m,n+k+1]<\frac{m(n+k+1)}{k}$$

因为 $k\geqslant 2,r\geqslant 3$,所以

$$Q(n+1)\leqslant\frac{m(n+k+1)}{2}=\frac{mn}{2}\left(1+\frac{k+1}{n}\right)\leqslant\frac{mn}{2}\left(1+\frac{k+1}{3k-1}\right)<\frac{mn}{2}\cdot 2=mn=Q(n)$$

这正是所要证的.

4.1.43 以 $\alpha(n)$ 表示正整数 $n$ 的二进制表示式中1的个数. 证明

(1) $\alpha(n^2)\leqslant\frac{1}{2}\alpha(n)[\alpha(n)+1]$;

(2) 上式中的等号对无穷多个整数成立;

(3) 存在数列 $(n_i)_1^{\infty}$,使得

$$\frac{\alpha(n_i^2)}{\alpha(n_i)}\to 0,i\to\infty$$

(第33届国际数学奥林匹克预选题,1992年)

**证明** (1) 首先可用数学归纳法证得 $\alpha(n)$ 具有半可加性,亦即

$$\alpha(n+m)\leqslant\alpha(n)+\alpha(m)$$

下面利用这一事实证明不等式(1)成立.

如果 $n=1$,则

$$\alpha(1^2)=1,\alpha(1)=1$$

$$\frac{1}{2}\alpha(1)[\alpha(1)+1]=1$$

因而不等式 $\alpha(n^2)\leqslant\frac{1}{2}\alpha(n)[\alpha(n)+1]$ 成立;

假设对于一切 $1\leqslant n<N$,不等式均已成立,下证 $k=N$ 时成立. 则当 $N=2n$ 时,有

$$\alpha(N^2)=\alpha(4n^2)=\alpha(n^2)\leqslant\frac{1}{2}\alpha(n)[\alpha(n)+1]=\frac{1}{2}\alpha(N)[\alpha(N)+1]$$

当 $N=2n+1$ 时,有

心得 体会 拓广 疑问

$$\alpha(N^2)=\alpha(4n^2+4n+1)\leqslant\alpha(n^2+n)+1\leqslant$$
$$\alpha(n^2)+\alpha(n)+1\leqslant$$
$$\frac{1}{2}\alpha(n)[\alpha(n)+1]+\alpha(n)+1=$$
$$\frac{1}{2}[\alpha(n)+1][\alpha(n)+2]=$$
$$\frac{1}{2}[\alpha(2n)+1][\alpha(2n)+1+1]=$$
$$\frac{1}{2}\alpha(2n+1)[\alpha(2n+1)+1]=$$
$$\frac{1}{2}\alpha(N)[\alpha(N)+1]$$

于是对所有 $n$,$\alpha(n^2)\leqslant\frac{1}{2}\alpha(n)[\alpha(n)+1]$ 成立.

(2) 取 $n=2+\sum_{j=2}^{m}2^{2^j}$,则

$$\alpha(n)=m$$

且

$$n^2=2^2+\sum_{j=2}^{m}2^{2^{j+1}}+\sum_{j=2}^{m}2^{2+2^j}+\sum_{2\leqslant i<j\leqslant m}2^{1+2^i+2^j}$$

该和式中的所有项互不相同,因此

$$\alpha(n^2)=1+(m-1)+(m-1)+\frac{1}{2}(m-1)(m-2)=$$
$$\frac{1}{2}m(m+1)=\frac{1}{2}\alpha(n)[\alpha(n)+1]$$

于是,有无穷多个整数 $n$,使等式

$$\alpha(n^2)=\frac{1}{2}\alpha(n)[\alpha(n)+1]$$

成立.

(3) 取 $n=2^{2m}-1-\sum_{j=1}^{n}2^{2m-2j}$,其中 $m>1$,则

$$\alpha\left(n+\sum_{j=1}^{m}2^{2m-2j}\right)=2^m$$

这表明

$$\alpha(n)=2^m-m$$

将 $n$ 平方并化简得

$$n^2=1-2^{2m+1}+\sum_{j=1}^{m}2^{2m-2j+1}-\sum_{j=1}^{m}2^{2m+1-2j}$$

及

$$\alpha(n^2)=1+\frac{1}{2}m(m+1)$$

因此,当 $m\to\infty$ 时

心得 体会 拓广 疑问

$$\frac{\alpha(n^2)}{\alpha(n)}=\frac{1+\frac{1}{2}m(m+1)}{2^m-m}\to 0$$

4.1.44 求出方程

$$[n\sqrt{2}]=[2+m\sqrt{2}] \quad ①$$

的所有整数解.

(第28届国际数学奥林匹克候选题,1987年)

**解** (1)先求 $m$ 是正整数的解,由①有

$$[n\sqrt{2}]=2+[m\sqrt{2}]$$

则 $m$ 是正整数时,$n$ 也是正整数解. 显然,$m<n$.

若 $n\geqslant m+3$,则

$$[n\sqrt{2}]\geqslant[(m+3)\sqrt{2}]=[m\sqrt{2}+3\sqrt{2}]\geqslant [m\sqrt{2}+4]=[m\sqrt{2}]+4>2+[m\sqrt{2}]$$

因此

$$n<m+3$$

即

$$n=m+1 \text{ 或 } n=m+2$$

(a)当 $n=m+1$ 时

$$[m\sqrt{2}]+2=[n\sqrt{2}]=[(m+1)\sqrt{2}]=[m\sqrt{2}+\sqrt{2}]= [[m\sqrt{2}]+\{m\sqrt{2}\}+\sqrt{2}]= [m\sqrt{2}]+[\{m\sqrt{2}\}+\sqrt{2}]$$

所以

$$2=[\{m\sqrt{2}\}+\sqrt{2}]$$

即

$$\{m\sqrt{2}\}+\sqrt{2}\geqslant 2$$

$$\{m\sqrt{2}\}\geqslant 2-\sqrt{2}$$

(b)当 $n=m+2$ 时

$$[m\sqrt{2}]+2=[n\sqrt{2}]=[m\sqrt{2}+2\sqrt{2}]= [m\sqrt{2}]+[\{m\sqrt{2}\}+2\sqrt{2}]$$

所以

$$2=[\{m\sqrt{2}\}+2\sqrt{2}]$$

$$2\leqslant\{m\sqrt{2}\}+2\sqrt{2}<3$$

$$\{m\sqrt{2}\}<3-2\sqrt{2}$$

当 $\alpha,\beta$ 为正无理数,并且

$$\frac{1}{\alpha}+\frac{1}{\beta}=1$$

心得 体会 拓广 疑问

时,集$\{[m\alpha] \mid m=1,2,\cdots\}$与$\{[n\beta] \mid n=1,2,\cdots\}$是互补的.由于

$$\frac{1}{\sqrt{2}}+\frac{1}{2+\sqrt{2}}=1$$

则集$\{[m\sqrt{2}] \mid m=1,2,\cdots\}$与集$\{[(2+\sqrt{2})h] \mid h=1,2,\cdots\}$是互补的.

若$n=m+1$,则$[m\sqrt{2}]$与$[(m+1)\sqrt{2}]$之间,由$[m\sqrt{2}]+2=[(m+1)\sqrt{2}]$可知,恰有一个整数$[(2+\sqrt{2})h]$,所以

$$m\sqrt{2}<(2+\sqrt{2})h<(m+1)\sqrt{2}$$

即

$$m<(\sqrt{2}+1)h<m+1$$

从而这时必有$m=[(\sqrt{2}+1)h]$.

若$n=m+2$,则由

$$[m\sqrt{2}]+2=[(m+2)\sqrt{2}]$$

可知$[m\sqrt{2}]$,$[(m+1)\sqrt{2}]$,$[(m+2)\sqrt{2}]$是三个连续整数,由于

$$3 \leqslant [(2+\sqrt{2})(h+1)]-[(2+\sqrt{2})h] \leqslant [2+\sqrt{2}+1]=4$$

所以,$[m\sqrt{2}]$前面的整数为$[(2+\sqrt{2})h]$,$[n\sqrt{2}]$后面的整数为$[(2+\sqrt{2})(h+1)]$,并且$[(2+\sqrt{2})h]$前面的整数为$[(m-1)\sqrt{2}]$,从而

$$(m-1)\sqrt{2}<(2+\sqrt{2})h<m\sqrt{2}<(m+2)\sqrt{2}<(2+\sqrt{2})(h+1)$$

即

$$m-1<(1+\sqrt{2})h<m<m+2<(1+\sqrt{2})(h+1)$$

这时必有

$$m=[(1+\sqrt{2})h]+1=[(1+\sqrt{2})h]+\left[\frac{[(1+\sqrt{2})(h+1)]-[(1+\sqrt{2})h]}{3}\right]$$

已知方程 ① 的正整数解为

$$\begin{cases} m=[(1+\sqrt{2})h]+\left[\dfrac{[(1+\sqrt{2})(h+1)]-[(1+\sqrt{2})h]}{3}\right] \\ n=[(1+\sqrt{2})h]+1+2\cdot\left[\dfrac{[(1+\sqrt{2})(h+1)]-[(1+\sqrt{2})h]}{3}\right] \end{cases} \quad ②$$

其中$h=1,2,3,\cdots$

下面证明:这样得到的正整数$(m,n)$确为方程 ① 的解.

心得 体会 拓广 疑问

令$\sqrt{2}h = l + t$,$l$是正整数,$0 < t < 1$.

若$t < 2 - \sqrt{2}$,则

$$[(1+\sqrt{2})(h+1)] - [(1+\sqrt{2})h] =$$
$$[1+\sqrt{2}+\{(1+\sqrt{2})h\}] = [1+\sqrt{2}+t] = 2$$

所以

$$m = [(1+\sqrt{2})h] = h + l$$
$$n = h + l + 1 = m + 1$$

由于

$$\{m\sqrt{2}\} = \{(h+l)\sqrt{2}\} = \{l + t + (\sqrt{2}h - t)\sqrt{2}\} =$$
$$\{1 - (\sqrt{2}-1)t\} \geqslant 1 - (\sqrt{2}-1) = 2 - \sqrt{2}$$

所以式①成立.

若$t > 2 - \sqrt{2}$,则

$$m = [(1+\sqrt{2})h] + 1 = h + l + 1$$
$$n = m + 2$$
$$\{m\sqrt{2}\} = \{(h+l+1)\sqrt{2}\} = \{\sqrt{2} - 1 - (\sqrt{2}-1)t\} =$$
$$(\sqrt{2}-1)(1-t) < (\sqrt{2}-1)(\sqrt{2}-1) =$$
$$3 - 2\sqrt{2}$$

所以式①成立.

而$t = 2 - \sqrt{2}$的情况不会发生. 因为若$\sqrt{2}h = l + 2 - \sqrt{2}$,则

$$\sqrt{2} = \frac{l+2}{h+1}$$

为有理数,矛盾.

于是,由②得到的$(m,n)$是①的解,并且②包括了所有的正整数解.

(2)当$m = 0$时,$n = 2$.

(3)当$m = -1$时,$n = 0$.

(4)当$m < -1$时,则$n < 0$.

由于

$$[-x] = -[x] - 1 (x \notin \mathbf{Z})$$

所以由式①得

$$-[-2 - m\sqrt{2}] - 1 = -[-h\sqrt{2}] - 1$$

即
$$[-m\sqrt{2}] = [-n\sqrt{2} + 2]$$

从而可得

$$m = -[(\sqrt{2}+1)h] - 1 - 2\left[\frac{[(\sqrt{2}+1)(h+1)] - [(\sqrt{2}+1)h]}{3}\right]$$

心得 体会 拓广 疑问

$$n=-[(\sqrt{2}+1)h]-\left[\frac{[(\sqrt{2}+1)(h+1)]-[(\sqrt{2}+1)h]}{3}\right]$$

其中 $h=1,2,\cdots$

4.1.45 证明:对每一个自然数 $k(k\geqslant 2)$,存在一个无理数 $r$,使得对每一个自然数 $m$,$[r^m]\equiv -1(\bmod k)$.

(第 28 届国际数学奥林匹克候选题,1987 年)

**证明** 首先用数学归纳法证明.

当 $r+s$,$rs$ 为整数,且能被 $k$ 整除时,对任意自然数 $m$,$r^m+s^m$ 是整数且能被 $k$ 整除.

设 $r+s=kp$,$rs=kq$,其中 $k\in\mathbf{N}$,$p,q\in\mathbf{Z}$. 则

$$r^2+s^2=(r+s)^2-2rs=k^2p^2-2kq$$

是整数,且能被 $k$ 整除.

因此,当 $m=1,2$ 时结论成立.

假设对于小于 $m$ 的自然数,结论成立,即

$$r+s,r^2+s^2,\cdots,r^{m-1}+s^{m-1}$$

都是整数且能被 $k$ 整除. 由于

$$r^m+s^m=(r+s)(r^{m-1}+s^{m-1})-rs(r^{m-2}+s^{m-2})$$

则 $r^m+s^m$ 是整数,且能被 $k$ 整除.

于是对所有自然数 $m$,$r^m+s^m$ 都是整数,且能被 $k$ 整除.

下面证明存在这样的 $r$ 和 $s$,其中 $r$ 是无理数,$s$ 满足 $0<s<1$,使得 $r+s$ 和 $rs$ 都是整数,且能被 $k$ 整除.

为此考虑方程

$$x^2-kpx+kq=0$$

如果 $r,s$ 存在,且 $0<s<1$,则必须满足

$$\begin{cases}\Delta=k^2p^2-4kq>0\\ 0<\dfrac{kp-\sqrt{k^2p^2-4kq}}{2}<1\end{cases}$$

即

$$\begin{cases}p^2>\dfrac{4q}{k}\\ p>q>0\end{cases} \quad ①$$

显然,满足这样条件的整数 $p,q$ 是存在的,从而 $r,s$ 是存在的.

为使 $r$ 是无理数,只要 $k^2p^2-4kq$ 不是平方数就可以了,为此设 $q=k$,则

$$\Delta=k^2p^2-4kq=k^2(p^2-4)$$

因为 $p>q$,所以 $p^2>4$.

显然,$p^2-4$ 不是平方数,否则若

心得 体会 拓广 疑问

$$p^2-4=u^2$$

则

$$(p+u)(p-u)=4$$

这是不可能的.

于是,对任意自然数 $k$,选择 $q=k$,$p$ 满足条件 ①,则存在 $r$ 和 $s$,使 $r+s$ 与 $rs$ 都是整数,且能被 $k$ 整除,$r$ 是无理数,$0<s<1$. 于是

$$r^m+s^m=[r^m]+1\equiv 0(\bmod k)$$

4.1.46　设 $p_1,p_2,p_3,\cdots$ 是依递增次序排列的素数,$x_0$ 是 0 与 1 之间的实数. 对正整数 $k$,定义

$$x_k=\begin{cases}0, & 若\ x_{k-1}=0\\ \left\{\dfrac{p_k}{x_{k-1}}\right\}, & 若\ x_{k-1}\neq 0\end{cases}$$

这里 $\{x\}$ 表示 $x$ 的小数部分,求出一切 $x_0$ 满足 $0<x_0<1$ 且使数列 $x_0,x_1,x_2,\cdots$ 中最终出现 0,并加以证明.

（第 26 届美国数学奥林匹克,1997 年）

**解**　证明该数列最终出现 0,当且仅当 $x_0$ 为有理数.

首先,证明对 $k\geqslant 1$,若 $x_k$ 为有理数,则它的前一项 $x_{k-1}$ 也是有理数.

若 $x_k=0$(为有理数),则由题设定义,或者有 $x_{k-1}=0$,或者有 $\dfrac{p_k}{x_{k-1}}$ 为正整数,从而 $x_{k-1}$ 为有理数.

若 $x_k$ 为非零有理数,那么由

$$x_k=\left\{\frac{p_k}{x_{k-1}}\right\}=\frac{p_k}{x_{k-1}}-\left[\frac{p_k}{x_{k-1}}\right]$$

可得

$$x_{k-1}=\frac{p_k}{x_k+\left[\dfrac{p_k}{x_{k-1}}\right]}$$

于是 $x_{k-1}$ 也是有理数.

由以上结论可知,对某个 $k$,若 $x_k$ 是有理数,特别地,若数列最终出现 0,那么 $x_0$ 也是有理数.

现设 $x_0$ 为有理数,那么数列 $x_0,x_1,x_2,\cdots$ 为有理数列.

若 $x_{k-1}=\dfrac{m}{n}$,$0<m<n$,那么

$$x_k=\left\{\frac{p_k}{\frac{m}{n}}\right\}=\left\{\frac{n\cdot p_k}{m}\right\}=\frac{r}{m},0<r<m$$

这里 $r$ 是 $np_k$ 除以 $m$ 的余数.

所以,数列 $\{x_k\}$ 的每一个非零项的分母严格地小于前一项的分母,从而非零项的个数不超过 $x_0$ 的分母.

因此,数列 $\{x_k\}$ 最终必出现0.

4.1.47 求满足下式的所有自然数 $a$ 和 $b$

$$\left[\frac{a^2}{b}\right]+\left[\frac{b^2}{a}\right]=\left[\frac{a^2+b^2}{ab}\right]+ab$$

(第37届国际数学奥林匹克预选题,1996年)

**解** 由对称性,不妨设 $a\leqslant b$.

由 $x-1<[x]\leqslant x$,有

$$\frac{b^2}{a}+\frac{a^2}{b}-2<\left[\frac{a^2}{b}\right]+\left[\frac{b^2}{a}\right]\leqslant\frac{a^2}{b}+\frac{b^2}{a}$$

及

$$ab+\frac{a^2+b^2}{ab}-1<\left[\frac{a^2+b^2}{ab}\right]+ab\leqslant\frac{a^2+b^2}{ab}+ab$$

即
$$-1<\frac{a^2}{b}+\frac{b^2}{a}-\frac{a^2+b^2}{ab}-ab<2$$

或
$$-ab<a^3+b^3-a^2-b^2-a^2b^2<2ab$$

整理得

$$\begin{cases}b^3-(a^2+1)b^2-2ab+a^3-a^2<0 & ①\\ b^3-(a^2+1)b^2+ab+a^3-a^2>0 & ②\end{cases}$$

先考虑式①,若 $b\geqslant a^2+2$,则

$b^3-(a^2+1)b^2-2ab+a^3-a^2=$

$b[b(b-a^2-1)-2a]+a^3-a^2\geqslant$

$b(b-2a)+a^3-a^2=$

$(b-a)^2+a^3-2a^2\geqslant(a^2-a+2)^2+a^3-2a^2=$

$(a^2-a+2)^2-a^2+a^2(a-1)=$

$(a^2+2)(a^2-2a+2)+a^2(a-1)>0$

与式①矛盾,$b\geqslant a^2+2$ 不真,于是 $b\leqslant a^2+1$.

再考虑式②,设

$$f(x)=a^3-(a^2+1)x^2+ax+a^3-a^2$$

当 $a\geqslant 2$ 时,有

$$f(-a)=-a^3-(a^2+1)a^2-a^2+a^3-a^2<0$$

又
$$f(0)=a^3-a^2>0$$

且
$$f(a)=a^2(-a^2+2a-1)<0$$

而
$$f(a^2)=a^2(-a^2+2a-1)<0$$

同时
$$f(a^2+1)=a(2a^2-a+1)>0$$

心得 体会 拓广 疑问

因此,方程 $f(x)=0$ 的三个根在区间 $(-a,0),(0,a),(a^2,a^2+1)$ 中各有一个.

故当 $a\leqslant b\leqslant a^2$ 时,有 $f(b)<0$. 与式②矛盾,于是 $b\geqslant a^2+1$.

当 $a=1$ 时,式②化为 $b^3-2b^2+b>0$,即

$$b(b-1)^2>0$$

所以

$$b\geqslant 2=a^2+1$$

总之,若式②成立,则 $b\geqslant a^2+1$.

综上,只能有 $b=a^2+1$.

将 $b=a^2+1$ 代入原式得

$$\left[\frac{a^2}{a^2+1}\right]+\left[\frac{a^4+2a^2+1}{a}\right]=\left[\frac{a^2+1}{a}+\frac{1}{a^2+1}\right]+a(a^2+1)$$

当 $a\geqslant 2$ 时,上式化为

$$a^3+2a=a+a(a^2+1)$$

这是一个恒等式. 当 $a=1$ 时,上式化为

$$\left[\frac{1}{2}\right]+\left[\frac{1+2+1}{1}\right]=\left[\frac{2}{1}+\frac{1}{2}\right]+(1+1)$$

此时显然成立.

因此,$a\leqslant b$ 时,原方程的所有解为

$$b=a^2+1,a\in\mathbf{N}$$

同理,$b\leqslant a$ 时,原方程的所有解为

$$a=b^2+1,b\in\mathbf{N}$$

因此,原方程的所有解为

$$b=a^2+1,a\in\mathbf{N}\text{ 或 }a=b^2+1,b\in\mathbf{N}$$

4.1.48 (1)证明:$[5x]+[5y]\geqslant[3x+y]+[3y+x]$,其中 $x,y\geqslant 0$.

(2)应用(1)或其他方法,证明:对于一切正整数 $m,n$, $\dfrac{(5m)!\ (5n)!}{m!\ n!\ (3m+n)!\ (3n+m)!}$ 是整数.

(第4届美国数学奥林匹克,1975年)

**证明** (1)设 $x=[x]+\alpha,y=[y]+\beta$,这里 $0\leqslant\alpha<1,0\leqslant\beta<1$,则原式化为

$$5[x]+[5\alpha]+5[y]+[5\beta]\geqslant$$
$$3[x]+[y]+[3\alpha+\beta]+3[y]+[x]+[3\beta+\alpha]$$

于是原不等式等价于

$$[x]+[y]+[5\alpha]+[5\beta]\geqslant[3\alpha+\beta]+[3\beta+\alpha]$$

因为 $0\leqslant\alpha<1,0\leqslant\beta<1$,把 $[0,1)$ 平均分成五等分,列成

心得 体会 拓广 疑问

表4,表5来比较$[5\alpha]+[5\beta]$与$[3\alpha+\beta]+[3\beta+\alpha]$的大小.

**表4** $[5\alpha]+[5\beta]$

| $\beta$ \ $\alpha$ | $[0,\frac{1}{5})$ | $[\frac{1}{5},\frac{2}{5})$ | $[\frac{2}{5},\frac{3}{5})$ | $[\frac{3}{5},\frac{4}{5})$ | $[\frac{4}{5},1)$ |
|---|---|---|---|---|---|
| $[0,\frac{1}{5})$ | 0 | 1 | 2 | 3 | 4 |
| $[\frac{1}{5},\frac{2}{5})$ | 1 | 2 | 3 | 4 | 5 |
| $[\frac{2}{5},\frac{3}{5})$ | 2 | 3 | 4 | 5 | 6 |
| $[\frac{3}{5},\frac{4}{5})$ | 3 | 4 | 5 | 6 | 7 |
| $[\frac{4}{5},1)$ | 4 | 5 | 6 | 7 | 8 |

**表5** $[3\alpha+\beta]+[3\beta+\alpha]$

| $\beta$ \ $\alpha$ | $[0,\frac{1}{5})$ | $[\frac{1}{5},\frac{2}{5})$ | $[\frac{2}{5},\frac{3}{5})$ | $[\frac{3}{5},\frac{4}{5})$ | $[\frac{4}{5},1)$ |
|---|---|---|---|---|---|
| $[0,\frac{1}{5})$ | 0 | $\leqslant 1$ | $\leqslant 2$ | $\leqslant 3$ | $\leqslant 4$ |
| $[\frac{1}{5},\frac{2}{5})$ | $\leqslant 1$ | $\leqslant 2$ | $\leqslant 3$ | $\leqslant 4$ | $\leqslant 5$ |
| $[\frac{2}{5},\frac{3}{5})$ | $\leqslant 2$ | $\leqslant 3$ | $\leqslant 4$ | $\leqslant 4$ | $\leqslant 5$ |
| $[\frac{3}{5},\frac{4}{5})$ | $\leqslant 3$ | $\leqslant 3$ | $\leqslant 4$ | $\leqslant 6$ | $\leqslant 6$ |
| $[\frac{4}{5},1)$ | $\leqslant 4$ | $\leqslant 5$ | $\leqslant 5$ | $\leqslant 6$ | $\leqslant 6$ |

由表4和表5可得

$$[5\alpha]+[5\beta]\geqslant[3\alpha+\beta]+[3\beta+\alpha]$$

又由$x\geqslant 0,y\geqslant 0$得

$$[x]\geqslant 0,[y]\geqslant 0$$

于是

$$[x]+[y]+[5\alpha]+[5\beta]\geqslant[3\alpha+\beta]+[3\beta+\alpha]$$

从而要证的不等式$[5x]+[5y]\geqslant[3x+y]+[3y+x]$成立.

(2)由(1)的证明及$[\alpha]=[\beta]=0$可得

$$[5\alpha]+[5\beta]\geqslant[\alpha]+[\beta]+[3\alpha+\beta]+[3\beta+\alpha]$$

从而有

$$[5x]+[5y]\geqslant[x]+[y]+[3x+y]+[3y+x] \quad ①$$

由于能够除尽$m!$的素数$p$的最高次方指数是

心得 体会 拓广 疑问

$$\sum_{t=1}^{\infty}\left[\frac{m}{p^t}\right]=\left[\frac{m}{p}\right]+\left[\frac{m}{p^2}\right]+\left[\frac{m}{p^3}\right]+\cdots$$

于是分母 $m!\ n!\ (3m+n)!\ (3n+m)!$ 中含素数 $p$ 的最高次方指数是

$$\sum_{t=1}^{\infty}\left[\frac{m}{p^t}\right]+\sum_{t=1}^{\infty}\left[\frac{n}{p^t}\right]+\sum_{t=1}^{\infty}\left[\frac{3m+n}{p^t}\right]+\sum_{t=1}^{\infty}\left[\frac{3n+m}{p^t}\right]=$$
$$\sum_{t=1}^{\infty}\left(\left[\frac{m}{p^t}\right]+\left[\frac{n}{p^t}\right]+\left[\frac{3m+n}{p^t}\right]+\left[\frac{3n+m}{p^t}\right]\right) \quad ②$$

分子 $(5m)!\ (5n)!$ 中含素数 $p$ 的最高次方指数是

$$\sum_{t=1}^{\infty}\left[\frac{5m}{p^t}\right]+\sum_{t=1}^{\infty}\left[\frac{5n}{p^t}\right]=\sum_{t=1}^{\infty}\left(\left[\frac{5m}{p^t}\right]+\left[\frac{5n}{p^t}\right]\right) \quad ③$$

由 ②,③ 及不等式 ① 可知,分子中素数 $p$ 的方次数大于或等于分母中素数 $p$ 的方次数,因而对一切正整数 $m,n$ 有

$$\frac{(5m)!\ (5n)!}{m!\ n!\ (3m+n)!\ (3n+m)!}$$

是整数.

4.1.49　设 $p$ 是一个质数,$s$ 为整数,$0<s<p$. 证明:存在整数 $m,n$,使得 $0<m<n<p$,且

$$\left\{\frac{sm}{p}\right\}<\left\{\frac{sn}{p}\right\}<\frac{s}{p}$$

成立的充要条件是:$s$ 不是 $p-1$ 的约数.

这里 $\{x\}$ 表示实数 $x$ 的小数部分,其定义为 $\{x\}=x-[x]$,其中 $[x]$ 是不大于 $x$ 的最大整数.

**证明**　一方面,设 $s$ 是 $p-1$ 的约数,记 $d=\frac{p-1}{s}$,对 $j\in\{1,2,\cdots,s-1\}$,考察使得 $\left\{\frac{sx}{p}\right\}=\frac{j}{p}$ 成立的 $x$,这里 $x\in\{1,2,\cdots,p-1\}$.

注意到,$\left\{\frac{sx}{p}\right\}=\frac{j}{p}$ 等价于 $\left\{\frac{(p-1)x}{dp}\right\}=\frac{j}{p}$,此式成立的充要条件是:$dp\mid(p-1)x-jd$,结合 $p$ 为质数及 $d<p$,知 $(d,p)=1$,且 $d\mid p-1$. 因此

$$dp\mid(p-1)x-jd\Leftrightarrow p\mid(p-1)x-jd$$

即

$$p\mid x+jd$$

现在,由

$$x+jd\leqslant p-1+(s-1)d=2(p-1)-d<2p$$

可知 $x+jd=p$,从而 $x$ 只能为 $p-jd$. 这表明:对 $j\in\{1,2,\cdots,s-$

1},存在唯一的 $x \in \{1,2,\cdots,p-1\}$ 使得 $\left\{\frac{sx}{p}\right\}=\frac{j}{p}$,并且该 $x=p-jd$,于是,若 $\left\{\frac{sm}{p}\right\}<\left\{\frac{sn}{p}\right\}<\frac{s}{p}$,则要求 $m>n$. 从而,当 $s$ 为 $p-1$ 的约数时,不存在符合要求的 $m,n$.

另一方面,设 $s$ 不是 $p-1$ 的约数. 令 $m=\left[\frac{p}{s}\right]$(这里 $[x]$ 表示不小于 $x$ 的最小整数),则 $m$ 是使得 $\left\{\frac{ms}{p}\right\}<\frac{s}{p}$ 成立的最小正整数,并且 $\left\{\frac{ms}{p}\right\}=\frac{ms}{p}-1$.

我们说,$\left\{\frac{ms}{p}\right\}\neq\frac{s-1}{p}$,否则,$ms-p=s-1$,导致 $s(m-1)=p-1$,即 $s\mid p-1$,矛盾.

现在由 $p$ 的质数,知 $(s,p)=1$,故存在唯一的 $n\in\{1,2,\cdots,p-1\}$,使得 $sn\equiv s-1 \pmod p$,对这个 $n$,有 $\left\{\frac{sn}{p}\right\}=\frac{s-1}{p}$,结合 $\left\{\frac{ms}{p}\right\}\neq\frac{s-1}{p}$ 有 $m$ 是最小的使得 $\left\{\frac{ms}{p}\right\}<\frac{s}{p}$ 成立的正整数,可知 $0<m<n<p$. 所以,当 $s$ 不是 $p-1$ 的约数时,存在符合要求的 $m$,$n$.

命题获证.

**4.1.50** 设 $m$ 为正整数,$m!$ 中所含因子 2 的个数记为 $n(m)$. 求证存在自然数 $m>1\,990^{1\,990}$,使 $m=3^{1\,990}+n(m)$.

(中国浙江省高中数学夏令营,1990 年)

**证明** 令 $m=2^\alpha-1$,$m!$ 中含因子 2 的个数为

$$\left[\frac{2^\alpha-1}{2}\right]+\left[\frac{2^\alpha-1}{2^2}\right]+\cdots+\left[\frac{2^\alpha-1}{2^\alpha}\right]=$$

$$(2^{\alpha-1}-1)+(2^{\alpha-2}-1)+\cdots+(1-1)=$$

$$(2^{\alpha-1}+2^{\alpha-2}+\cdots+1)-\alpha=2^\alpha-1-\alpha$$

即
$$n(m)=2^\alpha-1-\alpha$$

只要取 $\alpha=3^{1\,990}$,则有

$$m=2^\alpha-1=(2^\alpha-1-\alpha)+\alpha=3^{1\,990}+n(m)$$

下面证明 $m>1\,990^{1\,990}$. 即

$$m=2^{3^{1\,990}}-1>2^{3^{1\,989}}=(2^{27})^{3^{1\,986}}>1\,990^{3^{1\,986}}>1\,990^{1\,990}$$

心得 体会 拓广 疑问

4.1.51 证明:正整数 $n$ 的所有正因数的积 $p$ 等于 $n^{\frac{\tau(n)}{2}}$. 其中 $\tau(n)$ 表示 $n$ 的正因数的个数.

**证明** $n$ 的所有正因数的个数是 $\tau(n)$,设这些正因数为 $d_1$, $d_2,\cdots,d_{\tau(n)}$,易知 $\frac{n}{d_1},\frac{n}{d_2},\cdots,\frac{n}{d_{\tau(n)}}$ 也是 $n$ 的 $\tau(n)$ 个正因数,于是有

$$p=d_1d_2\cdots d_{\tau(n)}=\frac{n}{d_1}\cdot\frac{n}{d_2}\cdot\cdots\cdot\frac{n}{d_{\tau(n)}}=\frac{n^{\tau(n)}}{p}$$

故
$$p^2=n^{\tau(n)}$$

从而有
$$p=n^{\frac{\tau(n)}{2}}$$

4.1.52 证明:存在无穷多个奇数 $n$,使 $\sigma(n)>2n$. 这里 $\sigma(n)$ 为 $n$ 的正因子和.

**证明** 由 $945=3^3\cdot 5\cdot 7$,故

$$\sigma(945)=(1+3+3^2+3^3)(1+5)(1+7)=1\ 920$$

故
$$\sigma(945)>2\cdot 945=1\ 890$$

设 $n=945m,2\nmid m,(945,m)=1$,于是

$$\sigma(n)=\sigma(945m)=\sigma(945)\sigma(m)\geqslant$$
$$\sigma(945)m>2\cdot 945m=2n$$

所以有无穷多个奇数 $n$,使

$$\sigma(n)>2n$$

**注** 945 是最小的奇正整数使 $\sigma(n)>2n$.

4.1.53 证明:$\varphi(n)\geqslant\frac{n}{d(n)}$. 这里 $d(n)$ 是 $n$ 的正因子个数, $\varphi(n)$ 为欧拉函数.

**证明** 设 $n$ 的标准分解式为 $n=p_1^{l_1}\cdots p_s^{l_s}$,故

$$\varphi(n)d(n)=n\left(1-\frac{1}{p_1}\right)\cdots\left(1-\frac{1}{p_s}\right)(l_1+1)\cdots(l_s+1)\geqslant$$
$$n\left(\frac{1}{2}\right)^s2^s=n$$

于是得
$$\varphi(n)\geqslant\frac{n}{d(n)}$$

**【阅读】Lehmer 问题**

对于素数 $p,\varphi(p)=p-1$. Lehmer 在 1932 年问:是否存在合成数 $n$,使得 $\varphi(n)\mid n-1$? 这个问题至今没有解决,而且在今天看来,离解决此问题似乎仍旧和 Lehmer 在 70 年前提出它时一样的

遥远.如果答案是否定的,将给出素数的又一个刻画.

如果不能解决这个问题,我们还可以说些什么?有许多原因显示出不大可能有合成数 $n$,使得 $\varphi(n) \mid n-1$.

(1) 这种数一定很大(如果存在的话);

(2) 这种数一定有许多素因子(如果存在的话);

(3) 不超过 $x$ 的这种数的个数有上界 $f(x)$,其中 $f(x)$ 与 $x$ 相比是很小的函数.

Lehmer 在1932年证明了:若 $n$ 是合成数并且 $\varphi(n) \mid n-1$,则 $n$ 为无平方因子的奇数,并且它的不同素因子个数 $\omega(n) \geqslant 7$.后来 Schuh(1944) 又改进为 $\omega(n) \geqslant 11$. 1970年,Lieuwens 证明了:若 $3 \mid n$,则 $\omega(n) \geqslant 213$ 并且 $n > 5.5 \times 10^{570}$.而当 $30 \nmid n$ 时,$\omega(n) \geqslant 13$.

**纪录**

1980年 Cohen 和 Hagis 证明了:若 $n$ 为合成数并且 $\varphi(n) \mid n-1$,则 $n > 10^{20}$ 并且 $\omega(n) \geqslant 14$. Wall(1980) 证明了:若 $\gcd(30,n)=1$,则 $\omega(n) \geqslant 26$.而当 $3 \mid n$ 时,Licuwens 的结果目前仍是最好的.

1977年 Pomerance 证明了:对每个充分大的正实数 $x$,以 $L(x)$ 表示满足 $\varphi(n) \mid n-1$ 和 $n \leqslant x$ 的合成数个数,则

$$L(x) \leqslant x^{1/2}(\lg x)^{3/4}$$

并且当 $\omega(n)=k$ 时,$n < k^{2^k}$.

4.1.54 证明:$\varphi(n)$ 等于1或者等于偶数.

**证明** 当 $n=1$ 时,$\varphi(1)=1$.当 $n>1$ 时,设 $p$ 是 $n$ 的一个素因数,$p^r$ 是 $n$ 的 $p$ 成分,于是如设 $n=p^r a$,则 $(p,a)=1$,由于 $\varphi(n)$ 是积性函数,故有

$$\varphi(n)=\varphi(p^r a)=\varphi(p^r)\varphi(a)=p^{r-1}(p-1)\varphi(a)$$

当 $p$ 是奇素数时,$2 \mid p-1$,故 $\varphi(n)$ 是素数.当 $p=2,r>1$ 时,$\varphi(n)$ 也是偶数;当 $p=2,r=1$ 时,$\varphi(n)=\varphi(a)$,其中 $a$ 是奇数.这时如果 $a=1$,由 $\varphi(a)=1$ 知 $\varphi(n)=1$;如果 $a>1$,由于 $a$ 本身是奇数,它的素因数当然也是奇素数,由前面的证明 $\varphi(a)$ 是偶数,从而 $\varphi(n)$ 也是偶数.

4.1.55 设正整数 $n$ 的不同因数的个数为 $N(n)$,例如24有因数1,2,3,4,6,8,12,24,所以 $N_{(24)}=8$.试确定和 $N_{(1)}+N_{(2)}+\cdots+N_{(1\,989)}$ 是奇数还是偶数.

(澳大利亚数学竞赛,1989年)

心得 体会 拓广 疑问

**解** 因为当且仅当 $n$ 是平方数时，$N(n)$ 是奇数. 又因为

$$44^2 < 1\,989 < 45^2$$

所以 $1,2,\cdots,1\,989$ 中有 44 个完全平方数，即在数

$$N_{(1)},N_{(2)},\cdots,N_{(1\,989)}$$

中有 44 个奇数，其余为偶数，于是 $N_{(1)}+N_{(2)}+\cdots+N_{(1\,989)}$ 是偶数.

4.1.56 设 $n$ 是正整数，在 1 到 $n$ 的整数中与 $n$ 互素的整数之和 $S$ 等于 $\frac{1}{2}n\varphi(n)$.

**证明** 从 1 到 $n$ 的整数中与 $n$ 互素的整数的个数为 $\varphi(n)$，设这些整数为 $a_1,a_2,\cdots,a_{\varphi(n)}$. 可以证明，$n-a_1,n-a_2,\cdots,n-a_{\varphi(n)}$ 也是与 $n$ 互素的 $\varphi(n)$ 个整数. 事实上由于

$$(a_i,n)=1(i=1,2,\cdots,\varphi(n))$$

故存在整数 $x,y$ 使 $a_ix+ny=1$，于是有

$$(n-a_i)y+a_i(x+y)=1$$

由于 $x,x+y$ 为整数，从而 $n-a_i$ 与 $a_i$ 互素，因而 $(n-a_i,n)=1$，因此便有

$$\begin{aligned}S=&a_1+a_2+\cdots+a_{\varphi(n)}=\\&(n-a_1)+(n-a_2)+\cdots+(n-a_{\varphi(n)})=\\&n\varphi(n)-(a_1+a_2+-+a_{\varphi(n)})=\\&n\varphi(n)-S\end{aligned}$$

故

$$S=\frac{1}{2}n\varphi(n)$$

4.1.57 证明：任何不超过 $n!$ 的自然数至多可以表示为 $n$ 个数之和. 并且这些数中任何两个都不相等，同时每个数都是 $n!$ 的约数.

(第 2 届全苏数学奥林匹克，1968 年)

**证明** 对 $n$ 施用数学归纳法.

(1)$n=1$ 时，$1!=1$，结论成立；

(2) 假设结论对 $\leqslant n!$ 的自然数成立.

设 $a\leqslant(n+1)!$，则

$$a=(n+1)d+r,d\leqslant n!,0\leqslant r<n+1$$

由于 $d\leqslant n!$，由归纳假设，$d$ 可以表示为不超过 $n$ 个数之和，且这些数两两不等，每个数又都是 $n!$ 的因数，即

$$d=d_1+d_2+\cdots+d_l$$

这里 $d_i$ 是 $n!$ 的不同因数 $(i=1,2,\cdots,l)$，且 $l\leqslant n$. 那么有

心得 体会 拓广 疑问

$$a = d_1(n+1) + d_2(n+1) + \cdots + d_l(n+1) + r$$

显然这个和中的加数不多于 $n+1$ 个,且每一个加数都是 $(n+1)!$ 的因数,任两个加数都不相同.

于是,结论对 $n+1$ 成立.

由(1),(2),对所有自然数 $n$,结论成立.

4.1.58 如果 $n>0$ 适合 $\sigma(n)=2n+1$,则 $n$ 是一个奇数的平方($\sigma(n)$ 为 $n$ 的正因子和).

**证明** 设 $n=2^{\alpha}p_1^{\alpha_1}\cdots p_k^{\alpha_k}$,$\alpha\geqslant 0$,$p_1<\cdots<p_k$,$p_i$ 是奇素数,$\alpha_i\geqslant 0$,$i=1,\cdots,k$,由 $\sigma(n)$ 的公式不难知道,当 $(m,n)=1$ 时

$$\sigma(mn)=\sigma(m)\sigma(n)$$

则有

$$\sigma(n)=\sigma(2^{\alpha})\sigma(p_1^{\alpha_1})\cdots\sigma(p_k^{\alpha_k})=2n+1 \quad ①$$

因为

$$\sigma(p_i^{\alpha_i})=1+p_i+\cdots+p_i^{\alpha_i}$$

由式 ① 右是奇数可知必须有 $\alpha_i$ 是偶数才能使所有 $\sigma(p_i^{\alpha_i})$ 是奇数,故 $2\mid\alpha_i$,故可设 $n=2^{\alpha}M^2$,$2\nmid M$,代入 $\sigma(n)=2n+1$ 得

$$\sigma(n)=2^{\alpha+1}M^2+1 \quad ②$$

而

$$\sigma(2^{\alpha}M^2)=\sigma(2^{\alpha})\sigma(M^2)=(2^{\alpha+1}-1)\sigma(M^2)$$

代入 ② 得

$$(2^{\alpha+1}-1)\sigma(M^2)=2^{\alpha+1}M^2+1=(2^{\alpha+1}-1)M^2+M^2+1 \quad ③$$

对 ③ 取模 $2^{\alpha+1}-1$ 可得

$$M^2+1\equiv 0(\bmod 2^{\alpha+1}-1) \quad ④$$

如果 $\alpha>0$,$2^{\alpha+1}-1\equiv 3(\bmod 4)$,则至少有一个 $2^{\alpha+1}-1$ 的素因数 $p$ 存在且 $p\equiv 3(\bmod 4)$,由 ④ 有

$$M^2+1\equiv 0(\bmod p)$$

上式与 $\left(\frac{-1}{p}\right)=-1$ 矛盾,故 $\alpha=0$,$n=M^2$.

4.1.59 对每个自然数 $k\geqslant 2$,定义数列 $a_n(k)$ 为

$$a_0=k$$

$$a_n=\tau(a_{n-1}),n=1,2,\cdots$$

其中 $\tau(a)$ 是 $a$ 的不同的正因数的个数.

求出所有的 $k$,使数列中没有平方数.

(第 28 届国际数学奥林匹克候选题,1987 年)

心得 体会 拓广 疑问

**解** (1) 若 $k$ 为素数,则

$$a_1=a_2=a_3=\cdots=2$$

其中没有平方数.

(2) 设 $a_n(k)$ 中没有平方数. 记

$$a_{n-1}=p_1^{\alpha_1}p_2^{\alpha_2}\cdots p_h^{\alpha_h}(\alpha_i\geqslant 1,i=1,2,\cdots,h)$$

则

$$a_n=(\alpha_1+1)(\alpha_2+1)\cdots(\alpha_h+1)$$

若
$$a_{n-1}>2$$
显然有
$$a_n<a_{n-1}$$

如果 $a_{n-1}$ 是合数,必有 $h>1$ 或者 $h=1$,而 $\alpha_1$ 是大于2的奇数(因为 $a_{n-1}$ 不是平方数).

此时 $a_n$ 也为合数.

这就导致一个完全由合数组成的严格递减的数列,这是不可能的.

所以 $a_{n-1}$ 为素数,即数列的各项都是素数.

特别地,$k$ 为素数.

因此,$k$ 为素数时,数列中没有平方数.

4.1.60 设 $\sigma(n)$ 为 $n$ 因子和,证明:存在无限多个自然数 $n$,使对 $k=1,2,\cdots,n-1$,有

$$\frac{\sigma(n)}{n}>\frac{\sigma(k)}{k}$$

(比利时,1983年)

**证明** 设结论不真,即只有有限个 $n\in\mathbf{N}^*$,使得当 $k=1,2,\cdots,n-1$ 时 $a_n>a_k$,此处

$$a_n=\frac{\sigma(n)}{n}$$

设 $M$ 是这些 $n$ 的最大者,则数列 $A_n=\max\limits_{1\leqslant i\leqslant n}\{a_i\}$ 以 $A_M$ 为上界(因为 $A_1\leqslant A_2\leqslant\cdots\leqslant A_M$),并且对每个 $n>M$,有

$$A_n=\max\{A_{n-1},a_n\}=A_{n-1}$$

(因为存在 $k\in\{1,2,\cdots,n-1\}$,使得 $a_k\geqslant a_n$),即

$$A_M=A_{M+1}=A_{M+2}=\cdots$$

所以数列 $\{a_n\}$ 也以 $A_N$ 为上界. 因为当 $i=1,2,\cdots,M-1$ 时 $a_i<a_M$,因此 $A_M=a_M$.

另一方面,$2M$ 的因数是形如 $2d$ 的数和1,其中 $d\mid M$,因此

$$\sigma(2M)\geqslant 2\sigma(M)+1$$

从而

$$a_{2M}\geqslant\frac{2\sigma(M)+1}{2M}=a_M+\frac{1}{2M}>a_M=A_M$$

矛盾,结论证毕.

心得 体会 拓广 疑问

4.1.61 对给定的一个正整数 $n$,设 $p(n)$ 表示 $n$ 的各位上的非零的数字乘积(如果 $n$ 只有一位数字,那么 $p(n)$ 等于那个数字),若 $S=p(1)+p(2)+p(3)+\cdots+p(999)$,则 $S$ 的最大素因子是多少?

(第12届美国数学邀请赛,1994年)

**解** 考虑所有小于1 000的正整数,若不是三位数,在该数的前面补上0,使之成为三位数. 所有这样的正整数各位数字的乘积的和是

$$(0\cdot0\cdot0+0\cdot0\cdot1+0\cdot0\cdot2+\cdots+9\cdot9\cdot8+9\cdot9\cdot9)-0\cdot0\cdot0=(0+1+2+\cdots+9)^3-0$$

然而,$p(n)$ 是 $n$ 的非零数字的乘积,这个乘积的和可以将上面表达式中的0用1代替而得到. 于是

$$\sum_{n=1}^{999}p(n)=(1+1+2+3+\cdots+9)^3-1=46^3-1=3^3\cdot5\cdot7\cdot103$$

所以,所求的最大素因子是103.

4.1.62 设 $p,q$ 是素数,$a>0,b>0$,且 $p^a>q^b$,如果 $p^a\mid\sigma(q^b)\sigma(q^a)$,则

$$p^a=\sigma(q^b)$$

**证明** 由于

$$\sigma(p^a)=1+p+\cdots+p^a\equiv1\pmod p$$

故 $(p^a,\sigma(p^a))=1$,因此当

$$p^a\mid\sigma(q^b)\sigma(p^a)$$

时,可得

$$p^a\mid\sigma(q^b) \quad ①$$

但另一方面

$$\sigma(q^b)=1+q+\cdots+q^b=\frac{q^b-1}{q-1}+q^b<2q^b$$

由 $q^b<p^a$ 得

$$\sigma(q^b)<2p^a$$

故由式①得

$$p^a=\sigma(q^b)$$

心得 体会 拓广 疑问

4.1.63　对任意的 $n\in\mathbf{N},k\in\mathbf{Z}$,定义 $\sigma_k(n)=\sum_{d\mid n}d^k$.

(1) 如果 $(m,n)=1,k\in\mathbf{Z}$,证明:$\sigma_k(mn)=\sigma_k(m)\sigma_k(n)$.

(2) 证明:对所有的 $n\in\mathbf{N},k\in\mathbf{Z},\sigma_k(n)=n^k\sigma_{-k}(n)$.

**证明**　(1) 如果 $(m,n)=1$,则

$$\sigma_k(mn)=\sum_{d\mid mn}d^k=\sum_{d_1\mid m,d_2\mid n}(d_1d_2)^k=$$

$$\sum_{d_1\mid m}d_1^k\cdot\sum_{d_2\mid n}d_2^k=\sigma_k(m)\sigma_k(n)$$

(2)
$$\sigma_k(n)=\sum_{d\mid n}d^k=\sum_{d\mid n}\left(\frac{n}{d}\right)^k=$$

$$n^k\sum_{d\mid n}d^{-k}=n^k\sigma_{-k}(n)\,(n\in\mathbf{N},k\in\mathbf{Z})$$

4.1.64　设 $\alpha,\beta$ 是非零有理数,$\alpha+\beta\neq0$,则它们关于素数 $p$ 的幂指数满足

$$p(\alpha\beta)=p(\alpha)+p(\beta),p(\alpha+\beta)\geqslant\min\{p(\alpha),p(\beta)\}$$

**证明**　设

$$\alpha=p^l\gamma,\beta=p^s\delta$$

可以假设 $\gamma,\delta$ 的分子及分母均与 $p$ 互素,这样

$$\alpha\beta=p^{l+s}\gamma\delta$$

由于 $\gamma\delta$ 的分子及分母与 $p$ 互素,故

$$p(\alpha\beta)=l+s=p(\alpha)+p(\beta)$$

其次,不妨设 $p(\alpha)\geqslant p(\beta)$,即 $l\geqslant s$,于是

$$\alpha+\beta=p^l\gamma+p^s\delta=p^s(p^{l-s}\gamma+\delta)$$

由于 $p^{l-s}\gamma$ 和 $\delta$ 的分母与 $p$ 互素,故

$$p(\alpha+\beta)\geqslant s=p(\beta)=\min\{p(\alpha),p(\beta)\}$$

在 $p(\alpha)\leqslant p(\beta)$ 的情况下,也同样证明.

**注**　(1) 若规定 $p(0)=\infty$,那么 $\alpha,\beta,\alpha+\beta$ 即使有等于零的,本题结果仍成立.

(2) 设 $x$ 取一切非零有理数,如果 $f(x)$ 的值取一切整数,且满足下述条件

$$f(xy)=f(x)+f(y),f(x+y)\geqslant\min\{f(x),f(y)\}$$

时,则称 $f(x)$ 是关于有理数的指数付值.

由本题知,有理数的 $p$ 成分的幂指数是指数付值,这个结果的逆也成立,即有理数的指数付值是关于某个素数 $p$ 的 $p$ 成分的幂指数.

心得 体会 拓广 疑问

4.1.65 求出满足

$$d(n)=\varphi(n) \qquad ①$$

的全部正整数 $n$. 这里 $d(n)$ 为 $n$ 的正因子个数.

**证明** 设 $H(n)=\frac{\varphi(n)}{d(n)}$, 由 $d(n),\varphi(n)$ 的公式知, 当 $(s,t)=1$ 时

$$d(st)=d(s)d(t),\varphi(st)=\varphi(s)\varphi(t)$$

故在 $(s,t)=1$ 时, 有

$$H(st)=H(s)H(t)$$

式 ① 可写为求解

$$H(n)=1 \qquad ②$$

如果 $p,q$ 是素数, $p>q$, 有

$$H(p)=\frac{p-1}{2}>\frac{q-1}{2}=H(q)$$

现在固定 $p$, 对于 $k\geqslant 1$, 有

$$\frac{H(p^{k+1})}{H(p^k)}=\frac{p(1+k)}{2+k}\geqslant\frac{2k+2}{2+k}>1$$

所以在 $k\geqslant 1$ 时

$$H(p^{k+1})>H(p^k)$$

由于

$$H(2)=\frac{1}{2},H(3)=1,H(5)=2,H(2^2)=\frac{2}{3}$$

$$H(3^2)=2,H(2^3)=1,H(2^4)=\frac{8}{5}$$

所以 ② 的全部解是

$$H(1)=1,H(3)=1,H(8)=1$$

$$H(2)H(5)=H(10)=1,H(2)H(9)=H(18)=1$$

$$H(3)H(8)=H(24)=1$$

$$H(2)H(3)H(5)=H(30)=1$$

即 ① 的全部解是

$$n=1,3,8,10,18,24,30$$

**注** 1964 年证明了: 对于给定的正整数 $a,b,s,t$, 方程

$$a(d(n))^s=b(\varphi(n))^t$$

只有有限个正整数解 $n$.

**【阅读】 欧拉函数值的重复度**

现在谈欧拉函数的"重复度", 即考察一个函数值 $\varphi(n)$ 可以取多少次. 为了系统地解释这方面的结果, 最好引入某些记号, 对

于 $m \geqslant 1$,令

$$V_\varphi(m) = \#\{n \geqslant 1 \mid \varphi(n) = m\}$$

$V_\varphi(m)$ 都可能取哪些值? 存在无穷多个偶数 $m$,使得 $V_\varphi(m)=0$. 下面事情也是对的:对于 $m = 2 \times 3^{6k+1}(k \geqslant 1)$,则 $\varphi(n)=m$ 恰好在 $n=3^{6k+2}$ 或者 $n=2\times 3^{6k+2}$ 的时候,所以有无穷多整数 $m$,使得 $V_\varphi(m)=2$.

不难证明对每个 $m \geqslant 1, V_\varphi(m) \neq \infty$.

Pillai(1929) 有以下结果

$$\sup\{V_\varphi(m)\} = \infty$$

Schinzel 于 1956 年给出一个简单的证明. 换句话说,对每个 $k \geqslant 1$,均有整数 $m_k$,使得存在至少 $k$ 个整数 $n$,使得 $\varphi(n)=m_k$.

Sierpiński 有一个更强的猜想:对每个整数 $k \geqslant 2$,均存在 $m > 1$,使得 $k = V_\varphi(m)$. 采用很精细的方法,Ford(1999) 证明了这个猜想.

4.1.66 设 $n > 0$,满足 $24 \mid n+1$,则

$$24 \mid \sigma(n) \tag{①}$$

**证明** 由 $24 \mid n+1$ 知

$$n \equiv -1 \pmod 3 \text{ 和 } n \equiv -1 \pmod 8$$

设因子 $d \mid n$,则

$$3 \nmid d, 2 \nmid d$$

可设

$$d \equiv 1,2 \pmod 3, d \equiv 1,3,5,7 \pmod 8$$

因为

$$d\frac{n}{d} = n \equiv -1 \pmod 3$$

和

$$d\frac{n}{d} = n \equiv -1 \pmod 8$$

由此得出 $d \equiv 1 \pmod 3, \frac{n}{d} \equiv 2 \pmod 3$

或 $d \equiv 2 \pmod 3, \frac{n}{d} \equiv 1 \pmod 3$

和 $d \equiv 3 \pmod 8, \frac{n}{d} \equiv 5 \pmod 8$

或 $d \equiv 5 \pmod 8, \frac{n}{d} \equiv 3 \pmod 8$

或 $d \equiv 1 \pmod 8, \frac{n}{d} \equiv 7 \pmod 8$

心得 体会 拓广 疑问

或 $d \equiv 7(\bmod 8), \frac{n}{d} \equiv 1(\bmod 8)$

每一种情形都有

$$d+\frac{n}{d} \equiv 0(\bmod 3), d+\frac{n}{d} \equiv 0(\bmod 8)$$

故

$$d+\frac{n}{d} \equiv 0(\bmod 24) \quad ②$$

又知 $n \neq k^2, k>1$,因为,否则由 $2 \nmid n, n=k^2 \equiv 1(\bmod 8)$ 与 $n \equiv -1 \equiv 7(\bmod 8)$ 矛盾. 所以,$d(n)$ 是偶数,$d$ 和$\frac{n}{d}$ 成对出现,由 ② 便知 ① 成立.

4.1.67 设 $N>0$,如果 $\sigma(N)=2N$,$N$ 叫做一个完全数,证明:

(1) 平方数不是完全数.

(2) 如果完全数 $N$ 为无平方因子数(即对于任给的 $a>1, a^2 \nmid N$),则必有 $N=6$.

**证明** (1) 若不然,可设 $N=p_1^{2\alpha_1} \cdot \cdots \cdot p_s^{2\alpha_i}, \alpha_i \geqslant 0, p_i$ 是素数,$i=1,\cdots,s, p_1<\cdots<p_s$,故

$$\sigma(N)=(p_1^{2\alpha_1}+\cdots+1)\cdots(p_s^{2\alpha_i}+\cdots+1)$$

其中每一个因子 $p_i^{2\alpha_i}+\cdots+1$ 都是奇数个奇数之和,故 $\sigma(N)$ 是奇数,所以 $N$ 不是完全数.

(2) 可设 $N=p_1\cdots p_s, p_i$ 是素数$(i=1,\cdots,s)$,$p_1<\cdots<p_s$,故

$$\sigma(N)=(p_1+1)\cdots(p_s+1)$$

如果

$$\sigma(N)=2N \quad ①$$

当 $s=1$ 时,$p_1+1=2p_1$,得 $p_1=1$,不可能. 当 $s \geqslant 2$ 时,如果 $N$ 是奇数,即 $p_i$ 都是奇素数时,可得 $4 \mid \sigma(N)$,即 $4 \mid 2N$,与 $N$ 奇矛盾. 故 $N$ 必是偶数. 当 $s=2$ 时得 $N=6$. 当 $s=3$ 时,由于 $\sigma(N)=3(p_1+1)(p_2+1)=2 \cdot 2p_1p_2$,易知无解. 当 $s>3$ 时,由 $8 \mid \sigma(N)$ 得 $4 \mid N$,与假设 $N$ 无平方因子矛盾. 因此 $N=6$.

4.1.68 如有正整数 $n$ 满足

$$\varphi(n+3)=\varphi(n)+2 \quad ①$$

则 $n=2p^\alpha$ 或 $n+3=2p^\alpha$,其中 $\alpha \geqslant 1, p \equiv 3(\bmod 4)$,$p$ 是素数.

心得 体会 拓广 疑问

**证明** 验证可知 $n=1,2$ 不满足式 ①,可设 $n>2$,这时 $\varphi(n),\varphi(n+3)$ 都是偶数,由 ① 中的 $\varphi(n)$ 和 $\varphi(n+3)$ 不能同时被 4 整除,故只能有

$$\varphi(n)\equiv 2(\bmod 4) \text{ 或 } \varphi(n+3)\equiv 2(\bmod 4)$$

令 $n=2^{\alpha_1}p_2^{\alpha_2}\cdots p_k^{\alpha_k}$,则

$$\varphi(n)=2^{\alpha_1-1}p_2^{\alpha_2-1}(p_2-1)\cdots p_k^{\alpha_k-1}(p_k-1)$$

从中分析可得 $n=4,n=p^\alpha,2p^\alpha$ 或 $n+3=p^\alpha,2p^\alpha,\alpha\geqslant 1$,其中都有 $p\equiv 3(\bmod 4)$,$p$ 是素数,$n=4$ 不适合式 ①. 设 $n=p^\alpha$,由 ① 得

$$\varphi(p^\alpha+3)=p^\alpha-p^{\alpha-1}+2 \quad ②$$

设 $2^t\parallel p^\alpha+3,t\geqslant 1$,由 ② 得

$$p^\alpha-p^{\alpha-1}+2=\varphi\left(2^t\cdot\frac{p^\alpha+3}{2^t}\right)=2^{t-1}\varphi\left(\frac{p^\alpha+3}{2^t}\right)\leqslant$$

$$2^{t-1}\left(\frac{p^\alpha+3}{2^t}-1\right)=\frac{p^\alpha+3}{2}-2^{t-1}$$

即有

$$p^\alpha-p^{\alpha-1}+2\leqslant\frac{p^\alpha+3}{2}-1$$

$$p^\alpha\leqslant 2p^{\alpha-1}-3 \text{ 或 } 3\leqslant p^{\alpha-1}(2-p) \quad ③$$

由于 $p>2$,故式 ③ 不能成立,同样可证 $n+3=p^\alpha$ 时,式 ① 不成立,故 $n=2p^\alpha$ 或 $n+3=2p^\alpha$.

**注** 1962 年曾证明 $n<2.6\times 10^{17}$ 时,式 ① 无正整数解.

**【阅读】Carmichael 猜想**

在欧拉函数取值重复度方面起主导作用的是 Carmichael 于 1922 年提出的以下猜想:1 不是 $V_\varphi$ 的取值. 也就是说,给了任何 $n\geqslant 1$ 均有 $n'\geqslant 1,n'\neq n$,使得 $\varphi(n')=\varphi(n)$.

1947 年,Klee 证明了此猜想对 $\varphi(n)<10^{400}$ 的每个 $n$ 成立. 利用 Klee 的方法,Masai 和 Valette(1982) 改进到 $\varphi(n)<10^{10\,000}$. Schlafly 和 Wagon 本质上仍采用 Klee 方法但加入大量计算,于 1994 年将此猜想反例的下界提高很多:如果 $V_\varphi(n)=1$,则 $n>10^{107}$. Ford(1998) 采用更有力的方法,进一步将此下界改进为 $n>10^{10^{10}}$.

Wagon 对 Carmichael 猜想也写过一篇文章,登在 The Mathematical Intelligencer(1986) 上,计算结果均支持 Carmichael 猜想是对的. 但是 Pomerance(1974) 证明了:如果 $m\geqslant 1$,并且对每个满足条件 $p-1\mid\varphi(m)$ 的素数 $p$ 均有 $p^2\mid m$,即 $V_\varphi(\varphi(m))=1$.

于是,若满足上述条件的 $m$ 存在,则 Carmichael 猜想不正确. 但是这种 $m$ 的存在性问题一直未能解决,很可能是不存在的.

关于 Carmichael 猜想近来最重要的结果是 K. Ford(1998) 给

心得 体会 拓广 疑问

出的. 对每个 $x>0$,令 $E(x)=\#\{n\mid 1\leqslant n<x$,并且存在 $k>1$,使 $\varphi(k)=n\}$,$E_1(x)=\#\{n\mid 1\leqslant n\leqslant x$,并且存在唯一的 $k$,使 $\varphi(k)=n\}$. Carmichael 猜想是说对每个 $x>0$,$E_1(x)=0$. 而 Ford 证明了:若 Carmichael 猜想不成立,则存在 $C>0$,使得对充分大的 $x$,均有 $E(x)\leqslant CE_1(x)$,由此提出 Carmichael 猜想等价于

$$\liminf_{x\to\infty}\frac{E_1(x)}{E(x)}=0$$

Ford 还证明了 $E_1(10^{10^{10}})=0$.

最后,作为 Carmichael 猜想的一个推广,人们相信每个 $s>1$ 都是 $V_\varphi$ 的取值,这是 Sierpinski 的一个猜想(这是另一个未被证明的有趣猜想的推论).

$V_\varphi$ 的取值重复度又会怎样呢? 存在无穷多个 $m$ 不是 $\varphi$ 的取值,即 $V_\varphi(m)=0$. 所以 $V_\varphi$ 无穷多次取值为 0. Erdøs 在 1958 年将此作了推广:若 $s\geqslant 1$ 为 $V_\varphi$ 的取值,则 $V_\varphi$ 必然无穷多次取值为 $s$.

4.1.69　确定所有的正整数 $n$,满足 $n=[d(n)]^2$,其中 $d(n)$ 表示 $n$ 的所有正约数的个数(包括 1 及其本身).

(加拿大数学奥林匹克,1999 年)

**解**　设 $n$ 的标准分解式为

$$n=p_1^{\alpha_1}p_2^{\alpha_2}\cdots p_k^{\alpha_k}(p_i\text{ 是素数},\alpha_i\geqslant 0)$$

有

$$d(n)=(1+\alpha_1)(1+\alpha_2)\cdots(1+\alpha_k)$$

由题意,$n=[d(n)]^2$,则 $n$ 为完全平方数,$\alpha_i$ 为偶数,记 $\alpha_i=2\beta_i$,于是

$$p_1^{2\beta_1}p_2^{2\beta_2}\cdots p_k^{2\beta_k}=(1+2\beta_1)^2(1+2\beta_2)^2\cdots(1+2\beta_k)^2$$

$$p_1^{\beta_1}p_2^{\beta_2}\cdots p_k^{\beta_k}=k=(1+2\beta_1)(1+2\beta_2)\cdots(1+2\beta_k) \quad ①$$

上式右边是奇数,于是 $p_i$ 为奇素数,$p_i\geqslant 3$.

当 $\beta_i>0$ 时,有

$$p_i^{\beta_i}\geqslant 3^{\beta_i}=(1+2)^{\beta_i}>1+2\beta_i$$

$$p_1^{\beta_1}p_2^{\beta_2}\cdots p_k^{\beta_k}>(1+2\beta_1)(1+2\beta_2)\cdots(1+2\beta_k) \quad ②$$

式 ① 与式 ② 矛盾.

所以对所有 $i$,$\beta_i=0$,因此 $n=1$.

心得 体会 拓广 疑问

4.1.70 用 $S(n)$ 表示自然数 $n$ 的所有数码之和.

(1) 是否存在自然数 $n$,使 $n+S(n)=1\ 980$?

(2) 证明:任何两个连续自然数中能有一个表示成 $n+S(n)$ 的形式,其中 $n$ 是某一个自然数.

(第14届全苏数学奥林匹克,1980年)

**解** (1) 由 $n+S(n)=1\ 980$ 可知,$n$ 是一个四位数,因而

$$S(n)\leqslant 36$$

于是 $n$ 是 $\overline{19xy}$ 的形式.

由题设有

$$1\ 990+10x+y+(1+9+x+y)=1\ 980$$

$$11x+2y=70$$

于是
$$5\leqslant x\leqslant 6$$

又 $x$ 是偶数,所以 $x=6,y=2$.

即
$$n=1\ 962$$

有
$$1\ 962+S(1\ 962)=1\ 980$$

(2) 设
$$S_n=S(n)+n$$

如果 $n$ 的个位数字是9,则 $S_{n+1}<S_n$.

如果 $n$ 的个位数字不是9,则 $S_{n+1}=S_n+2$.

由此,对于任意自然数 $m>2$,选择最大的 $N$,使 $S_N<m$,且 $N$ 的末位数字不是9,则

$$S_{N+1}\geqslant m$$

这样就有 $S_{N+1}=m$ 或 $S_{N+1}=m+1$. 于是在 $m$ 和 $m+1$ 中有一个能表示成 $S_n=n+S(n)$ 的形式.

4.1.71 设 $k$ 个整数

$$1<a_1<a_2<\cdots<a_k\leqslant n$$

中,没有一个数能整除其余各数的乘积,则

$$k\leqslant \pi(n)$$

其中 $\pi(n)$ 表示不超过 $n$ 的素数的个数.

**证明** 题设对每一 $i(1\leqslant i\leqslant k)$ 有

$$a_i\nmid\prod_{\substack{1\leqslant j\leqslant k\\ i\neq j}}a_j$$

对每一 $a_i$ 来说至少有一个素数 $p_i\mid a_i$ 使得 $p_i^{\alpha_i}\parallel a_i,p_i^{\beta_i}\parallel\prod\limits_{\substack{1\leqslant j\leqslant k\\ i\neq j}}a_j$,而且 $\alpha_i>\beta_i\geqslant 0$. 现在来证明这些 $p_i$ 互不相等,即

心得 体会 拓广 疑问

$$p_i \neq p_j, 1 \leqslant i < j \leqslant k \quad ①$$

如果①不成立,则其中至少有两个素数相同,譬如说 $p_1 = p_2$,在 $\alpha_1 \geqslant \alpha_2$ 时有 $\beta_2 \geqslant \alpha_1$(否则与 $p_2^{\beta_2} \parallel \prod_{\substack{1 \leqslant j \leqslant k \\ j \neq 2}} a_j$ 矛盾),故有

$$\beta_2 \geqslant \alpha_1 \geqslant \alpha_2$$

在 $\alpha_2 \geqslant \alpha_1$ 时同样有 $\beta_1 \geqslant \alpha_2 \geqslant \alpha_1$,都与所设 $\alpha_1 > \beta_1, \alpha_2 > \beta_2$ 不合,这就证明了①中的 $k$ 个素数没有两个相同,而 $p_i \leqslant n, i = 1, \cdots, k$,故 $k \leqslant \pi(n)$.

**【阅读】 $\pi(x)$ 确切值计算**

$\pi(x)$ 的确切值可以从素数表中数出,也可用 Meissel 在 1871 年设计的一个聪明的方法算出. 他用这个方法算出的结果超出素数表的范围. 用这个方法计算 $\pi(x^{1/2})$,需要知道不超过 $x^{1/2}$ 的全部素数和 $y \leqslant x^{2/3}$ 的全部值 $\pi(y)$. 然后根据下面的公式

$$\pi(x) = \varphi(x, m) + m(s+1) + \frac{s(s-1)}{2} - 1 - \sum_{i=1}^{s} \pi\left(\frac{x}{p_{m+i}}\right)$$

其中 $m = \pi(x^{1/3}), n = \pi(x^{1/2}), s = n - m$,而 $\varphi(x, m)$ 表示在不超过 $x$ 的正整数当中不被 $2, 3, \cdots, p_m$ 整除的整数个数.

当 $m$ 很大时,$\varphi(x, m)$ 的计算需要花时间,但这没有太大的困难,因为计算中可利用下面一些关系:

**递归关系**

$$\varphi(x, m) = \varphi(x, m-1) - \varphi\left(\left[\frac{x}{p_m}\right], m-1\right)$$

**除法性质**

若 $P_m = p_1 p_2 \cdots p_m, a \geqslant 0, 0 \leqslant r < P_m$,则

$$\varphi(aP_m + r, m) = a\varphi(P_m) + \varphi(r, m)$$

**对称性质**

若 $\frac{1}{2}P_m < r < P_m$,则

$$\varphi(r, m) = \varphi(P_m) - \varphi(P_m - r - 1, m)$$

Meissel 于 1885 年计算了 $\pi(10^9)$(但是他算出的数小了 56). 1946 年 Brauer 给出 Meissel 公式一个简单的计算. Lehmer 在 1959 年又简化和推广了 Meissel 方法. Lagarias, Miller 和 Odlyzko 采用新的筛法技术,于 1985 年又把方法作了改进. 他们对 $4 \times 10^{16}$ 以内的 $x$ 计算了 $\pi(x)$ 值. 而 Deléglise 和 Rivat(1996) 又把 $x$ 扩大到 $10^{18}$,这些计算由 Deléglise 扩大到 $\pi(10^{20})$(1996 年 4 月宣布),而由 X. Gourdon 扩大到 $\pi(10^{21})$(2000 年 10 月宣布). 表 6 给出 $x$ 到 $10^{21}$ 的 $\pi(x)$ 值,并与函数 $x/\lg x, Li(x)$ 和 $R(x)$ 的对应值作了比较.

下面的值也计算出来

$$\pi(4\ 185\ 296\ 581\ 467\ 695\ 669) = 10^{17}$$

心得 体会 拓广 疑问

**纪录**

X. Gourdon和P. Demichel用分布式计算方法算出$\pi(x)$的最大数值,最近计算的数值如下.

表6

| $x$ | $\pi(x)$ | $Li(x)-\pi(x)$ | $R(x)-\pi(x)$ |
|---|---|---|---|
| $2\times10^{21}$ | 41 644 391 885 053 857 293 | 1 454 564 714 | 501 830 649 |
| $4\times10^{21}$ | 82 103 246 362 658 124 007 | 1 200 472 717 | -127 211 330 |
| $10^{22}$ | 201 467 286 689 315 906 290 | 1 932 355 207 | -127 132 665 |
| $2\times10^{22}$ | 397 382 840 070 993 192 736 | 2 732 289 619 | -139 131 087 |
| $4\times10^{22}$ | 783 964 159 847 056 303 858 | 5101648384 | 1 097 388 163 |

4.1.72　一个正整数$m$被称为好数,如果存在一个正整数$n$,使得$m=\frac{n}{\sigma(n)}$,其中$\sigma(n)$表示$n$的所有正整数因子的个数(包括$1,n$).证明:$1,2,\cdots,17$都是好数,但是18不是好数.

**解**　设$n$素因子分解为$n=\prod_{i=1}^{k}p_i^{\alpha_i},p_1<p_2<\cdots<p_k$,则

$$\frac{n}{\sigma(n)}=\prod_{i=1}^{k}\frac{p_i^{\alpha_i}}{\alpha_i+1}$$

(1)构造如下

$$1=f(2);2=f(8);3=f(9);4=f(36)$$

对于大于3的素数$p$有

$$p=f(8p);6=f(72),8=f(80)$$
$$9=f(108);10=f(180);12=f(240)$$
$$14=f(252);15=f(360);16=f(128)$$

因此$1,2,\cdots,17$都是好数.

(2)设存在$n=\prod_{i=1}^{k}p_i^{\alpha_i}$使得$18=\frac{n}{\sigma(n)}=\prod_{i=1}^{k}\frac{p_i^{\alpha_i}}{\alpha_i+1}$,显然$18\mid n$,故$p_1=2,p_2=3$.

①若$2\parallel n$,由于$\frac{2}{\sigma(2)}=1$,并且除$p_1=2$以外,$\prod_{i=1}^{k}\frac{p_i^{\alpha_i}}{\alpha_i+1}$的分子中没有2的因子,所以不可能等于$18=2\times3^2$矛盾,因此$4\mid n$,即$\alpha_1\geqslant2$;

②若$3^2\parallel n$,由于$\frac{9}{\sigma(9)}=3$,并且除$p_2=3$以外,$\prod_{i=1}^{k}\frac{p_i^{\alpha_i}}{\alpha_i+1}$的

分子中没有 3 的因子,所以不可能等于 $18=2\times 3^2$ 矛盾,因此 $27\mid n$, 即 $\alpha_2\geqslant 3$.

对于所有素数 $p$ 和正整数 $a$ 有

$$\frac{p^{a+1}}{a+2}:\frac{p^a}{a+1}=\frac{p(a+1)}{a+2}>\frac{a+2}{a+2}=1$$

所以$\frac{p^a}{a+1}$关于正整数 $a$ 递增,且$\frac{p^a}{a+1}\geqslant 1$. 如果$3^4\mid n$,即$\alpha_2\geqslant 4$,故

$$\frac{n}{\sigma(n)}\geqslant\frac{2^{\alpha_1}}{\alpha_1+1}\frac{3^{\alpha_2}}{\alpha_2+1}\geqslant\frac{2^2}{2+1}\times\frac{3^4}{4+1}>18$$

矛盾. 因此 $27\parallel n,\alpha_2=3$;注意到$\prod\limits_{i=1}^{k}\frac{p_i^{\alpha_i}}{\alpha_i+1}$的分母不再有 2 的因子,因此要使得最终乘积为 18 这个偶数,前面两项$\frac{2^{\alpha_1}}{\alpha_1+1}\frac{3^{\alpha_2}}{\alpha_2+1}=\frac{2^{\alpha_1}}{\alpha_1+1}\times\frac{27}{4}$的分子一定要是偶数,所以必须有 $\alpha_1\geqslant 4$. 因此有

$$\frac{n}{\sigma(n)}\geqslant\frac{2^{\alpha_1}}{\alpha_1+1}\times\frac{3^{\alpha_2}}{\alpha_2+1}\geqslant\frac{2^4}{4+1}\times\frac{3^3}{3+1}>18$$

矛盾. 故 18 不是好数.

4.1.73 证明:对任给正整数 $m,n$, 总存在正整数 $k$, 使得 $2^k-m$ 至少有 $n$ 个不同的素因子.

**证明** 固定 $m$,不妨设 $m$ 为奇数. 现证明对任何正整数 $n$,总存在 $k_n$,使得 $2^{k_n}-m$ 至少有 $n$ 个不同的素因子. 对 $n$ 用归纳法:

(1) 当 $n=1$ 时,$2^{3m}-m$ 至少有一个素因子.

(2) 假设 $2^{k_n}-m$ 至少有 $n$ 个不同的素因子,令 $A_n=2^{k_n}-m$,则$(A_n,2)=1$,且

$$2^{k_n+\varphi(A_n^2)}-m\equiv 2^{k_n}-m\equiv A_n(\bmod A_n^2)$$

因此

$$A_n\mid 2^{k_n+\varphi(A_n^2)}-m$$

取素数 $p$,$p\left|\frac{2^{k_n+\varphi(A_n^2)}-m}{A_n}\right.$. 由$\frac{2^{k_n+\varphi(A_n^2)}-m}{A_n}\equiv 1(\bmod A_n)$ 知,$p$ 不能整除$A_n$,所以$2^{k_n+\varphi(A_n^2)}-m$ 至少有 $n+1$ 个不同素因子. 由数学归纳法知结论成立.

心得 体会 拓广 疑问

4.1.74 记$\sigma(k)$表示$k$的所有正整数因子之和,对任意正整数$n$,证明

$$\frac{\sigma(1)}{1}+\frac{\sigma(2)}{2}+\cdots+\frac{\sigma(n)}{n}\leqslant 2n$$

**证明** $d$走遍$i$的因子时,$i/d$也走遍$i$的因子,所以

$$\frac{\sigma(i)}{i}=\frac{1}{i}\sum_{d\mid i}d=\sum_{d\mid i}\frac{1}{i/d}=\sum_{d\mid i}\frac{1}{d}$$

原式等价于

$$\sum_{i=1}^{n}\sum_{d\mid i}\frac{1}{d}\leqslant 2n \quad ①$$

对于每个$1\leqslant d\leqslant n$,$\{1,2,\cdots,n\}$中有$\left[\frac{n}{d}\right]$个$d$的倍数,因此$\frac{1}{d}$在①中出现$\left[\frac{n}{d}\right]$次,所以

$$\text{原式}\Leftrightarrow①\Leftrightarrow\sum_{d=1}^{n}\frac{1}{d}\left[\frac{n}{d}\right]\leqslant 2n\Leftarrow\sum_{d=1}^{n}\frac{n}{d^2}\leqslant 2n\Leftrightarrow\sum_{d=2}^{n}\frac{1}{d^2}\leqslant 1$$

由于$\frac{1}{2^2}+\frac{1}{3^2}+\cdots+\frac{1}{n^2}<\frac{1}{1\cdot 2}+\frac{1}{2\cdot 3}+\cdots+\frac{1}{n(n-1)}=1-\frac{1}{n}<1$,证毕.

4.1.75 假设$\sigma(k)$代表$k$的所有正整数因子之和,证明:对于所有正整数$n$都有

$$\sigma(1)+\sigma(2)+\cdots+\sigma(n)\leqslant n^2$$

**证明** 把左边的每一项按照$\sigma(k)$的定义展开,对于每个不大于$n$的正整数$i$,$i$在左边出现的次数等于$\{1,2,\cdots,n\}$中$i$的倍数的个数$=\left[\frac{n}{i}\right]$次,所以

$$\sum_{k=1}^{n}\sigma(k)=\sum_{i=1}^{n}\left[\frac{n}{i}\right]i\leqslant n\times n=n^2$$

4.1.76 求正整数$n$,使$\varphi(n)=24$.

**解** $24=2^3\cdot 3$,它的素因数仅为2,3. 因$n$不能含有2,3以外的素因数的平方,故设

$$2=2^k\cdot 3^l\cdot p_1p_2\cdots p_r$$

其中$p_i(i=1,2,\cdots,r)$为除掉2,3以外的$n$的其他素因数,不妨设$p_1<p_2<\cdots<p_r$.

当 $r=0$ 时,$n=2^k\cdot 3^l$,由于 $\varphi(n)=2^3\cdot 3,k>0,l>0$,而 $\varphi(n)$ 是积性函数,故有

$$\varphi(n)=\varphi(2^k\cdot 3^l)=\varphi(2^k)\cdot\varphi(3^l)=2^k\cdot 3^{l-1}=2^3\cdot 3$$

从而有 $k=3,l=2$. 故 $n=2^3\cdot 3^2=72$.

当 $r\geqslant 1$ 时,当 $k=0,l=0$ 时,$n=p_1p_2\cdots p_r$,有

$$\varphi(n)=(p_1-1)(p_2-1)\cdots(p_r-1)=2^2\cdot 3$$

如果 $r=1$,于是有 $p_1-1=24,p_1=25$,它不是素数. 故 $r\neq 1$,即必有 $r\geqslant 2$. 这时由于 $p_1-1<p_2-1,p_1,p_2$ 是2,3以外是素数,故必 $r=2,p_1-1=4,p_2-1=6$,从而 $p_1=5,p_2=7$. 这时 $n=5\cdot 7=35$.

当 $r\geqslant 1$ 时,当 $k=1,l=0$ 时,$n=2p_1p_2\cdots p_r$,有

$$\varphi(n)=(p_1-1)(p_2-1)\cdots(p_r-1)=2^2\cdot 3$$

和上面一样,$p_1=5,p_2=7,r=2$. 故 $n=70$.

当 $r\geqslant 1,k=2,l=0$ 时,$n=2^2p_1p_2\cdots p_r$,有

$$\varphi(n)=2(p_1-1)(p_2-1)\cdots(p_r-1)=2^3\cdot 3$$

这时如果 $r=1$,则

$$p_1-1=12,p_1=13,n=2^2\cdot 13=52$$

如果 $r\geqslant 2$,由于 $p_1-1<p_2-1$,就有 $p_1-1<\sqrt{12}$,这与 $p_1\geqslant 5$ 矛盾. 故这时 $n=52$.

当 $r\geqslant 1,k=3,l=0$ 时,$n=2^3\cdot p_1p_2\cdots p_r$,有

$$\varphi(n)=2^2(p_1-1)(p_2-1)\cdots(p_r-1)=2^3\cdot 3$$

如果 $r=1,p_1-1=6,p_1=7,n=2^3\cdot 7=56$. 如果 $r\geqslant 2$,无解.

当 $r\geqslant 1,k\geqslant 4,l=0$ 时,无解.

当 $r\geqslant 1,k=0,l=1$ 时,$n=3p_1p_2\cdots p_r$,有

$$\varphi(n)=2(p_1-1)(p_2-1)\cdots(p_r-1)=2^3\cdot 3$$

和上面一样,必需 $r=1$,这时 $p_1-1=12,p_1=13,n=39$.

当 $r\geqslant 1,k=1,l=1$ 时,$n=2\cdot 3\cdot p_1p_2\cdots p_r$,有

$$\varphi(n)=2(p_1-1)(p_2-1)\cdots(p_r-1)=2^3\cdot 3$$

必需 $r=1$,这时 $p_1=13,n=2\cdot 3\cdot 13=78$.

当 $r\geqslant 1,k=2,l=1$ 时,$n=2^2\cdot 3\cdot p_1p_2\cdots p_r$,有

$$\varphi(n)=2^2(p_1-1)(p_2-1)\cdots(p_r-1)=2^3\cdot 3$$

只有 $r=1$ 有解,这时 $p_1=7,n=2^2\cdot 3\cdot 7=84$.

当 $r\geqslant 1,k\geqslant 3,l=1$ 无解.

当 $r\geqslant 1,k=0,l=2$ 时,$n=3^2\cdot p_1p_2\cdots p_r$,有

$$\varphi(n)=2\cdot 3(p_1-1)(p_2-1)\cdots(p_r-1)=2^3\cdot 3$$

只有 $r=1$ 有解,$p_1=5,n=3^2\cdot 5=45$.

当 $r\geqslant 1,k=1,l=2$ 时,$n=2\cdot 3^2\cdot p_1p_2\cdots p_r$,有

$$\varphi(n)=2\cdot 3(p_1-1)(p_2-1)\cdots(p_r-1)=2^3\cdot 3$$

只有 $r=1$ 有解,$p_1=5,n=2\cdot 3^2\cdot 5=90$.

心得 体会 拓广 疑问

当 $r\geqslant 1,k=2,l=2$ 时，$n=2^2\cdot 3^2\cdot p_1p_2\cdots p_r$，有

$$\varphi(n)=2^2\cdot 3(p_1-1)(p_2-1)\cdots(p_r-1)=2^3\cdot 3$$

但由于 $p_1\geqslant 5$，故无解. 同样可证 $r\geqslant 1,k\geqslant 3,l=2$ 时无解. 当 $r\geqslant 1,l\geqslant 3$ 时无解.

综上讨论，使 $\varphi(n)=24$ 的 $n$ 如下

$$72,35,70,52,56,39,78,84,45,90$$

4.1.77 设 $m$ 是正整数，证明

$$\sum_{k=1}^{m}\sigma(k)=\sum_{k=1}^{m}k\left[\frac{m}{k}\right]$$

**证明** 设 $1\leqslant k\leqslant m$，在 1 到 $m$ 的整数中具有因数 $k$ 的整数(即 $k$ 的倍数)的个数是 $\left[\frac{m}{k}\right]$. 在 1 到 $m$ 的所有整数的所有正因数相加时，$k$ 被加了 $\left[\frac{m}{k}\right]$ 次，故

$$\sum_{k=1}^{m}\sigma(k)=\sum_{k=1}^{m}k\left[\frac{m}{k}\right]$$

其次，由于

$$\frac{m}{k}-1<\left[\frac{m}{k}\right]$$

因此有

$$\frac{1}{m}\sum_{k=1}^{m}\sigma(k)=\sum_{k=1}^{m}\frac{k}{m}\left[\frac{m}{k}\right]>\sum_{k=1}^{m}\frac{k}{m}\left(\frac{m}{k}-1\right)=$$

$$\sum_{k=1}^{m}\left(1-\frac{k}{m}\right)=m-\frac{1}{m}\sum_{k=1}^{m}k=\frac{m-1}{2}$$

故

$$\lim_{m\to\infty}\frac{1}{m}\sum_{k=1}^{m}\sigma(k)=\infty$$

4.1.78 设 $\mu(n)$ 是麦比乌斯函数，证明

$$\sum_{d\mid n}\frac{\mu(d)}{d}=\begin{cases}1, & n=1\\ \left(1-\frac{1}{p_1}\right)\left(1-\frac{1}{p_2}\right)\cdots\left(1-\frac{1}{p_r}\right), & n=p_1^{l_1}p_2^{l_2}\cdots p_r^{l_r}\end{cases}$$

**证明** 当 $n=1$ 时，结论显然成立. 又容易证明 $\frac{\mu(d)}{d}$ 是积性函数.

首先设 $n=p^l$，于是有

$$\sum_{d\mid n}\frac{\mu(d)}{d}=\frac{\mu(1)}{1}+\frac{\mu(p)}{p}+\frac{\mu(p^2)}{p^2}+\cdots+\frac{\mu(p^l)}{p^l}$$

由 $\mu(n)$ 的定义知

$$\mu(1)=1,\mu(p)=-1,\mu(p^l)=0(l\geqslant 2)$$

因此有

$$\sum_{d\mid n}\frac{\mu(d)}{d}=1-\frac{1}{p}$$

其次,设 $n=p_1^{l_1}p_2^{l_2}\cdots p_r^{l_r}$,利用$\frac{\mu(d)}{d}$的积性,并且 $n$ 的因数 $d$ 是 $p_i^{l_i}(i=1,2,\cdots,r)$ 的因数 $d_i$ 的乘积,就有

$$\sum_{d\mid n}\frac{\mu(d)}{d}=\sum_{d_1\mid p_1^{l_1}}\sum_{d_2\mid p_2^{l_2}}\cdots\sum_{d_r\mid p_r^{l_r}}\frac{\mu(d_1d_2\cdots d_r)}{d_1d_2\cdots d_r}=$$
$$\sum_{d_1\mid p_1^{l_1}}\frac{\mu(d_1)}{d_1}\cdot\sum_{d_2\mid p_2^{l_2}}\frac{\mu(d_2)}{d_2}\cdot\cdots\cdot\sum_{d_r\mid p_r^{l_r}}\frac{\mu(d_r)}{d_r}=$$
$$\left(1-\frac{1}{p_1}\right)\left(1-\frac{1}{p_2}\right)\cdots\left(1-\frac{1}{p_r}\right)$$

4.1.79 设 $n$ 是大于 1 的整数,$x_i$ 取 0 到 $n-1$ 的整数值,$x_1$, $x_2,\cdots,x_k$ 所取的 $n^k$ 个值中,使$(x_1,x_2,\cdots,x_k,n)=1$ 的个数用 $\varphi_k(n)$ 表示,证明

$$\sum_{d\mid n}\varphi_k(d)=n^k,\varphi_k(n)=\sum_{d\mid n}\mu(d)=\frac{n^k}{d^k}$$

**证明** 若 $d$ 为 $n$ 的任意正因数,$n=dN$,则 $x_1,x_2,\cdots,x_k$ 所取的 $n^k$ 个值中,使$(x_1,x_2,\cdots,x_k,n)=d$ 的个数为 $\varphi_k(N)$.

其次,设 $n$ 的互异的因数为

$$1,\alpha_1,\alpha_2,\cdots,\alpha_r,n$$

其互补的因数则为

$$1\cdot n=n,a_1n_1=n,a_2n_2=n,\cdots,a_rn_r=n,n\cdot 1=n$$

于是 $x_1,x_2,\cdots,x_k$ 所取的 $n^k$ 个值中使$(x_1,x_2,\cdots,x_k,n)=n$ 的有 $\varphi_k(1)$ 个,使$(x_1,x_2,\cdots,x_k,n)=n_1$ 的有 $\varphi_k(a_1)$ 个,……,使$(x_1,x_2,\cdots,x_r,n)=n_r$ 的有 $\varphi_k(a_r)$ 个,使$(x_1,x_2,\cdots,x_k,n)=1$ 的有 $\varphi_k(n)$ 个. 现将 $x_1,x_2,\cdots,x_k$ 所取的 $n^k$ 个值分类:凡使$(x_1,x_2,\cdots,x_k,n)=n$ 的分作一类,共有 $\varphi_k(1)$ 个,凡使$(x_1,x_2,\cdots,x_k,n)=n_1$ 的分作一类,共有 $\varphi_k(a_1)$ 个,……,凡使$(x_1,x_2,\cdots,x_k,n)=n_r$ 的分作一类,共有 $\varphi_k(a_r)$ 个,凡使$(x_1,x_2,\cdots,x_k,n)=1$ 的分作一类,共有 $\varphi_k(n)$ 个. $x_1,x_2,\cdots,x_k$ 所取的 $n^k$ 个数,每个数必居且只居其中一类,这些类中的数共有

$$\varphi_k(1)+\varphi_k(a_1)+\cdots+\varphi_k(a_r)+\varphi_k(n)=\sum_{d\mid n}\varphi_k(d)$$

个,故就得到

$$\sum_{d\mid n}\varphi_k(d)=n^k$$

心得 体会 拓广 疑问

最后对上式应用定理,就得到

$$\varphi_k(n)=\sum_{d\mid n}\mu(d)\left(\frac{n}{d}\right)^k=n^k\sum_{d\mid n}\frac{\mu(d)}{d^k}$$

4.1.80　若 $k$ 和 $x$ 均为正整数,设

$f'_k(x)=k\phi(x)$,其中 $\phi(x)$ 为欧拉 $\phi$ 函数

$$f_k^j(x)=f_k^{j-1}[f'_k(x)],j=2,3,\cdots$$

证明:对于 $k\leqslant 3$,序列 $f_k^1(x),f_k^2(x),\cdots$ 最后是常数,而且当 $k\geqslant 4$ 时,序列最后是单调增加的.

**证明**　设 $f_k^j(x)=x_j$,若 $x_i$ 含有大于 $k$ 的任意素数因子,则以运算子 $k\phi$ 施于 $x_i$ 使最大素数因子的指数减少 1. 因此,如果固定 $k$,则存在一个 $j$,对所有 $i>j$,使得 $x_i$ 的一切素数因子都小于或等于 $k$.

当 $k=1$,对 $i>j,x_i=1$.

当 $k=2$,对 $i>j,x_i=2^a$ 且 $2\phi(2^a)=2^a$.

当 $k=3$,对 $i>j,x_i=2^a3^b$ 且 $3\phi(2^a3^b)=2^a3^b$.

当 $k=4$,对 $i>j$ 有

$$k\phi(x_i)=kx_i\prod_{P\leqslant k}(1-1/P)>kx_i\prod_{r=2}^{k}(1-1/r)=x_i$$

因此 $x_{i+1}>x_i$. 证毕.

4.1.81　(1)在保险室内放着编号为 $1,2,3,\cdots,n$ 的 $n$ 个保险柜,原来都锁着. 一个职员进行一系列名之为 $T_1,T_2,\cdots,T_n$ 的操作,这里 $T_k(1\leqslant k\leqslant n)$ 是指对所有那些而且仅仅那些编号为 $k$ 的倍数的保险柜进行一次由上锁变开锁或由开锁变上锁的操作. 完成这 $n$ 步操作之后发现,现在是且只是那些编号为完全平方数的保险柜的锁开着. 请对此给予数学证明.

(2)研究出几种在数学上有意义的操作程序,使得能分别打开编号为完全立方数的柜;或形如 $2m^2$ 的数的柜,或形如 $m^2+1$ 的数的柜,或你自选的非平凡的类似数的保险柜.

(第 28 届美国普特南数学竞赛,1967 年)

**证明**　(1)在 $n$ 步操作都执行后,第 $m$ 号保险柜($1\leqslant m\leqslant n$),当且仅当 $m$ 有奇数个因子时成为开锁.

设 $m$ 的标准分解式为

$$m=p_1^{\alpha_1}p_2^{\alpha_2}\cdots p_k^{\alpha_k}$$

则 $m$ 的所有约数的个数为

$$(\alpha_1+1)(\alpha_2+1)\cdots(\alpha_k+1)$$

心得 体会 拓广 疑问

当且仅当$\alpha_1,\alpha_2,\cdots,\alpha_k$是偶数时,约数个数为奇数,此时$m$为完全平方数.

(2) 记$T_k$为对号码是$2k$的倍数的保险柜进行一次开锁或上锁的操作,则可得号码为$2m^2$的柜锁都开着.

若$T_k$对柜员$i(i-1$是$k$的倍数)的操作,并约定1号柜只被$T_1$所作用,则编号为$m^2+1$的柜锁都开着.

4.1.82 证明:$\sum_{n=1}^{\infty}\frac{\sigma(n)}{n!}$是一个无理数,这里$\sigma(n)$为$n$的正因子和.

**证明** 用反证法,若$h=\sum_{n=1}^{\infty}\frac{\sigma(n)}{n!}=\frac{r}{s}$是一个有理数,其中$(r,s)=1$,又设$p>\max(s,6)$是一个素数,由

$$h=\sum_{n=1}^{p-1}\frac{\sigma(n)}{n!}+\sum_{n=p}^{\infty}\frac{\sigma(n)}{n!}$$

得

$$(p-1)!\ h=(p-1)!\ \sum_{n=1}^{p-1}\frac{\sigma(n)}{n!}+\sum_{c=0}^{\infty}\frac{\sigma(p+c)}{p(p+1)\cdots(p+c)} \quad ①$$

令

$$k=\sum_{c=0}^{\infty}\frac{\sigma(p+c)}{p(p+1)\cdots(p+c)}$$

由于

$$\frac{\sigma(p)}{p}=1+\frac{1}{p}$$

$$\sigma(p+c)<1+2+\cdots+(p+c)=\frac{1}{2}(p+c)(p+c+1)$$

故

$$1<k=1+\frac{1}{p}+\sum_{c=1}^{\infty}\frac{\sigma(p+c)}{p(p+1)\cdots(p+c)}<$$

$$1+\frac{1}{p}+\sum_{c=1}^{\infty}\frac{(p+c+1)}{2p(p+1)\cdots(p+c-1)}<$$

$$1+\frac{1}{p}+\sum_{c=1}^{\infty}\frac{p+2}{2p^c}=1+\frac{1}{p}+\frac{p+2}{2(p-1)}$$

因为$p>6$,由上式得

$$1<k<1+\frac{1}{p}+\frac{p-1}{p}=2$$

由于$(p-1)!\ h$和$(p-1)!\ \sum_{n=1}^{p-1}\frac{\sigma(n)}{n!}$都是整数,而$k$不是整数,

心得 体会 拓广 疑问

故式 ① 不成立，这便证明了 $\sum_{n=1}^{\infty} \frac{\sigma(n)}{n!}$ 是无理数.

4.1.83　设 $a_1 < a_2 < \cdots < a_n \leqslant 2n$ 是 $n$ 个正整数，其中任意两个数的最小公倍数大于 $2n$，则 $a_1 > [2n/3]$.

**解法1**　显然这些数中没有一个可整除另一个，因此记 $a_i = 2^{p_i}A_i$，$A_i$ 为奇数. 可看出 $A_i$ 是全不相同的，既然它们共有 $n$ 个，故在某一顺序下，它们重合于比 $2n$ 小的奇数集合.

现在考虑 $a_1 = 2^{p_1}A_1$，若 $a_1 \leqslant [2n/3]$，则 $3a_1 = 2^{p_1} \cdot 3A_1 \leqslant 2n$ 和 $3A_1 \leqslant 2n$. 因此对于某一个 $j$，$3A_1 = A_j$ 和 $a_j = 2^{p_j} \cdot 3A_1$，$a_1$ 和 $a_j$ 的最小公倍数或者是 $2^{p_1} \cdot 3A_1 = 3a_1 \leqslant 2n$，或者是 $2^{p_j}3A_1 = a_j \leqslant 2n$，此矛盾证明了命题.

**解法2**　假设 $a_1 \leqslant [2n/3]$，那么 $3a_1 \leqslant 2n$，考虑 $2a_1, 3a_1, a_2, \cdots, a_n$ 这 $n+1$ 个整数的集合，没有一个能被另一个整除，这是不可能的，从而命题得证.

4.1.84　方程

$$k\varphi(n) = n - 1, k \geqslant 2 \quad ①$$

如果有正整数解，则 $n$ 至少是4个不同的奇素数的乘积.

**证明**　由于 $n=1$ 和2不是 ① 的解，因此，可设 $n > 2$，此时，由 $\varphi(n)$ 的公式不难证法 $2 \mid \varphi(n)$，由 ① 可知左边为偶数，则 $2 \nmid n$. 当 $p$ 是素数 $p^2 \mid n$ 或 $p \mid n, q \mid n$，$q$ 是 $pm+1$ 形状的素数时，由 $\varphi(n)$ 的公式知 ① 的左端将被 $p$ 整除而右端不能被 $p$ 整除，这是不可能的，因此，可设 $n = p_1 \cdots p_s$，$p_1 < \cdots < p_s$，因 $2 \nmid n$，故其中 $p_i$ 是奇素数 $(i = 1, \cdots, s)$，且 $p_i$ 满足前面对 $q$ 的限制，代入 ① 得

$$k(p_1 - 1)\cdots(p_s - 1) = p_1 \cdots p_s - 1 \quad ②$$

如果 $s \leqslant 3$，并注意到前面对 $q$ 的限制，则由 ② 可得

$$k = \prod_{i=1}^{s} \frac{p_i}{(p_i - 1)} - \frac{1}{\prod_{i=1}^{s}(p_i - 1)} < \frac{3}{2} \cdot \frac{5}{4} \cdot \frac{17}{16} < 2$$

或
$$k < \frac{3}{2} \cdot \frac{11}{10} \cdot \frac{17}{16} < 2$$

或
$$k < \frac{5}{4} \cdot \frac{7}{6} \cdot \frac{11}{10} < 2$$

均与 $k \geqslant 2$ 矛盾，故 $s \geqslant 4$.

**注**　当 $n$ 是素数时，显然有 $\varphi(n) \mid n-1$；曾经猜想不存在复合数 $n$，使 $\varphi(n) \mid n-1$，即 ① 无正整数解，这个猜想尚未解决，

心得 体会 拓广 疑问

1962 年曾证明了①有解,则 $n$ 至少是 12 个不同的奇素数的乘积.

**【阅读】 欧拉函数的取值**

不难证明:欧拉函数值不能取遍所有正偶数. 比如 Schinzel 在 1956 年证明了,对每个 $k \geqslant 1, 2 \times 7^k$ 都不是欧拉函数值.

1976 年 Mendelsohn 证明了:存在无穷多个素数 $p$,使得对每个 $k \geqslant 1, 2^k p$ 均不是欧拉函数值. 关于欧拉函数有趣的取值,Erdøs 于 1946 年提出一个猜想:对每个 $k \geqslant 1$ 均有 $n$ 使得 $\varphi(n) = k!$. Lambak 于 1948 年给出此问题的解,后来又由 Gupta(1950) 给出同样结果.

下面结果表明欧拉函数值的分布是多么混乱. Somayajulu 于 1950 年证明了

$$\lim_{n\to\infty}\sup\frac{\varphi(n+1)}{\varphi(n)} = \infty, \quad \lim_{n\to\infty}\inf\frac{\varphi(n+1)}{\varphi(n)} = \infty$$

这个结果由 Schinzel 和 Sierpińnski 加以改进,见 Schinzel(1954):所有 $\varphi(n+1)/\varphi(n)$ 组成的集合在正实数集合中稠密.

Sierpiński(1954) 和 Schinzel(1954) 中还证明了:对每个 $m, k \geqslant 1$,存在 $n, h \geqslant 1$ 使得对所有 $i = 1, 2, \cdots, k$ 均有

$$\frac{\varphi(n+i)}{\varphi(n+i-1)} > m, \quad \frac{\varphi(h+i-1)}{\varphi(h+i)} > m$$

最后,所有 $\varphi(n)/n$ 组成的集合在区间 $(0,1)$ 中稠密.

4.1.85 设 $F(n) = \sum_{d\mid n} f(d)$. 如果 $F(n)$ 是积性的,则 $f(n)$ 也是积性的,且当 $n = p_1^{l_1} p_2^{l_2} \cdots p_r^{l_r}$ 时,证明

$$f(n) = \prod_{i=1}^{r}\{F(p_i^{l_i}) - F(p_i^{l_i-1})\}$$

**证明** 作数论函数 $h(n)$ 如下

$$h(n) = \begin{cases} 1, & n = 1 \\ \prod_{i=1}^{r} F(p_i^{l_i}) - F(p_i^{l_i-1}), & n = p_1^{l_1} p_2^{l_2} \cdots p_r^{l_r} \end{cases}$$

由定义知 $h(n)$ 是积性函数,设 $n = p^l$($p$ 是素数),有

$$h(n) = h(p^l) = F(p^l) - F(p^{l-1})$$

另一方面,有

$$F(n) = F(p^l) = \sum_{d\mid n} f(d) = f(1) + f(p) + f(p^2) + \cdots + f(p^l)$$

$$F(p^{l-1}) = f(1) + f(p) + f(p^2) + \cdots + f(p^{l-1})$$

因此 $$f(p^l) = F(p^l) - F(p^{l-1}) = h(p^l)$$

这样,如设

心得 体会 拓广 疑问

$$H(n)=\sum_{d\mid n}h(d)$$

由 $h(p^l)=f(p^l)$ 便有 $H(p^l)=F(p^l)$. 由于 $h(n)$ 是积性函数,故知 $H(n)$ 也是积性函数.

如设 $n=p_1^{l_1}p_2^{l_2}\cdots p_r^{l_r}$,则由 $H(n)$ 和 $F(n)$ 的积性便得

$$H(n)=H(p_1^{l_1})H(p_2^{l_2})\cdots H(p_r^{l_r})=$$
$$F(p_1^{l_1})F(p_2^{l_2})\cdots F(p_r^{l_r})=F(n)$$

因此有
$$F(n)=\sum_{d\mid n}f(d)=\sum_{d\mid n}h(d)$$

便有 $f(n)=h(n)$. 故 $f(n)$ 是积性函数.

4.1.86 关于有理数的指数付值 $f(x)$,证明具有如下性质:

(1) 当 $x$ 是整数时, $f(x)\geqslant 0$;

(2) 使 $f(x)>0$ 的正整数 $x$ 的最小正整数 $p$ 必为素数;

(3) 如果 $l$ 是有理数 $a$ 的 $p$ 成分的幂指数,则 $f(a)=l$.

**证明** (1) 由于 $f(1)=f(1)+f(1)$,故 $f(1)=0$,如果对正整数 $r$,有 $f(r)\geqslant 0$,则

$$f(r+1)\geqslant \min\{f(r),f(1)\}=\min\{f(r),0\}=0$$

因此,由归纳法可知,对任意正整数 $n$,有 $f(n)\geqslant 0$.

又由于 $f(-1)+f(-1)=f(1)=0$,故 $f(-1)=0$,再由

$$f(-n)+f(-1)=f(n)$$

有
$$f(-n)=f(n)\geqslant 0$$

(2) 首先证集合 $M=\{c\mid f(c)>0,c$ 为整数$\}$ 是一个理想.

如果对一切非零整数 $n$ 有 $f(n)=0$,则对于任一非零有理数 $b/a$ 有

$$f(b/a)=f(b)-f(a)=0$$

这与指数付值的定义相矛盾,这说明存在非零整数 $m$,使 $f(m)>0$. 再由(1) 的证明知

$$f(-m)=f(m)>0$$

这说明 $M$ 中确有正整数存在.

又设 $u,v\in M$, $f(u)>0$, $f(v)>0$,由于 $f(-v)=f(v)>0$,故

$$f(u+v)\geqslant \min\{f(u),f(v)\}>0$$
$$f(u-v)\geqslant \min\{f(u),f(-v)\}>0$$

因此, $u+v,u-v\in M$.

再设 $u\in M$, $f(u)>0$,由于对非零整数 $r$ 有 $f(r)\geqslant 0$,故

$$f(ru)=f(r)+f(u)>0$$

因此 $ru\in M$. 这就证明了 $M$ 是一个理想.

心得 体会 拓广 疑问

设 $p$ 是属于 $M$ 的最小正整数,则有

$$M=\{rp \mid r\text{ 取一切整数}\}$$

如果 $p$ 不是素数,则存在整数 $k$ 和 $h$,$1<k<p$,$1<h<p$,使得 $p=kh$,显然 $k,h\notin M$,因此

$$f(k)=0,f(h)=0,f(p)=f(k)+f(h)=0$$

这和 $f(p)>0$ 相矛盾,因此 $p$ 为素数.

(3) 设 $l$ 是任一非零有理数 $a$ 的 $p$ 成分的幂指数,如设

$$\alpha=p^l\beta$$

$\beta$ 的分子、分母均不能被 $p$ 整除,从而 $\beta\notin M$,即 $f(\beta)=0$,所以

$$f(\alpha)=f(p^l\beta)=lf(p)+f(\beta)=lf(p)$$

另一方面必有 $f(p)=1$,若不然,$f(p)\neq 1$,而 $f(p)>0$,故 $f(p)>1$,于是 $f(x)$ 的值均为 $f(p)$ 的倍数,这和指数付值的定义相矛盾,因此 $f(p)=1$. 这就证明了 $f(a)=l$.

4.1.87 $f(n)$ 是对一切正整数 $n$ 有定义的函数,且

$$f(1)=1$$

$$f(n)=(-1)^k(n>1,k\text{ 是 }n\text{ 的素约数的个数})$$

例如 $f(9)=(-1)^2$,$f(20)=(-1)^3$,令

$$F(n)=\sum_{d\mid n}f(d)$$

$d\mid n$ 表示 $d$ 是 $n$ 的约数,上式表示对 $n$ 的一切约数 $d$ 的函数 $f(d)$ 求和. 求证 $F(n)=0$ 或 1. 问对怎样的 $n$,$F(n)=1$?

(第 22 届美国普特南数学竞赛,1961 年)

**证明** 当 $n=1$ 时

$$F(1)=f(1)=1$$

当 $n>1$ 时,设 $n=\prod_{i=1}^{k}p_i^{\alpha_i}$,其中 $p_i$ 是不同的素数,$\alpha_i$ 是正整数,$i=1,2,\cdots,k$.

$n$ 的约数是形如 $d=p_1^{\beta_1}p_2^{\beta_2}\cdots p_k^{\beta_k}$,$0\leqslant\beta_i\leqslant\alpha_i$,$i=1,2,\cdots,k$ 的一切数. 所以

$$f(d)=(-1)^{\beta_1+\beta_2+\cdots+\beta_k}=(-1)^{\beta_1}\cdot(-1)^{\beta_2}\cdots(-1)^{\beta_k}$$

$$F(n)=\sum_{d\mid n}f(d)=\sum_{(\beta_1+\beta_2+\cdots+\beta_k)}(-1)^{\beta_1}\cdot(-1)^{\beta_2}\cdots(-1)^{\beta_k}=$$

$$\sum_{\beta_1=0}^{\alpha_1}(-1)^{\beta_1}\cdots\sum_{\beta_k=0}^{\alpha_k}(-1)^{\beta_k}$$

因为

$$\sum_{\beta_1=0}^{\alpha_1}(-1)^{\beta_1}=1+(-1)+1+(-1)+\cdots+(-1)^{\alpha_1}=$$

心得 体会 拓广 疑问

$$\begin{cases}1, & \alpha_1 \text{ 是偶数} \\ 0, & \alpha_1 \text{ 是奇数}\end{cases}$$

$$\cdots$$

$$\sum_{\beta_k=0}^{\alpha_k}(-1)^{\beta_k}=1+(-1)+1+(-1)+\cdots+(-1)^{\alpha_k}=$$

$$\begin{cases}1, & \alpha_k \text{ 是偶数} \\ 0, & \alpha_k \text{ 是奇数}\end{cases}$$

所以 $F(0)=0$ 或 1.

当且仅当 $\alpha_1,\alpha_2,\cdots,\alpha_k$ 都是偶数,即 $n$ 是完全平方数时,$F(n)=1$.

4.1.88 设 $m$ 为正整数,函数 $\lambda(m)$ 规定如下

$$\lambda(m)=\begin{cases}\varphi(2^\alpha),m=2^\alpha,\alpha=0,1,2 \\ \dfrac{1}{2}\varphi(2^\alpha),m=2^\alpha,\alpha\geqslant 3 \\ \varphi(p^\alpha),m=p^\alpha,p \text{ 为奇素数},\alpha\geqslant 1 \\ \{\varphi(2^\alpha),\lambda(p_1^{\alpha_1}),\lambda(p_2^{\alpha_2}),\cdots,\lambda(p_k^{\alpha_k})\},m=2^\alpha p_1^{\alpha_1}\cdots p_r^{\alpha_r}\end{cases}$$

其中 $\varphi(k)$ 为 $k$ 的欧拉函数,证明:

如果 $(a,m)=1$,则 $\alpha^{\lambda(m)}\equiv 1(\bmod m)$.

**证明** 首先用归纳法证明,当 $\alpha\geqslant 3$ 时,有

$$a^{\frac{1}{2}\varphi(2^\alpha)}\equiv 1(\bmod 2^\alpha),(a,2^\alpha)=1$$

当 $\alpha=3$ 时,由于 $a$ 为奇数,故必有

$$a^2\equiv 1(\bmod 2^3)$$

设 $\alpha=k$ 时,有 $a^{\frac{1}{2}\varphi(2^k)}\equiv 1(\bmod 2^k)$,由于

$$\frac{1}{2}\varphi(2^k)=\frac{1}{2}\cdot 2^k\left(1-\frac{1}{2}\right)=2^{k-2}$$

从而 $a^{2^{k-2}}=1+2^kh$($h$ 为整数),将它两边平方,就有

$$a^{2^{k-1}}=(1+2^hh)^2=1+2^{k+1}h+2^{2k}h^2\equiv 1(\bmod 2^{k+1})$$

故

$$a^{\frac{1}{2}\varphi(2^{k+1})}\equiv 1(\bmod 2^{k+1})$$

因此,对于任意 $\alpha\geqslant 3$,有 $a^{\frac{1}{2}\varphi(2^\alpha)}\equiv 1(\bmod 2^\alpha)$.

再设 $m=2^\alpha p_1^{\alpha_1}p_2^{\alpha_2}\cdots p_r^{\alpha_r}$,由 $\lambda(m)$ 的定义及欧拉定理,有

$$a^{\lambda(2^\alpha)}\equiv 1(\bmod 2^\alpha)(\alpha\geqslant 1)$$

$$a^{\lambda(p_i^{\alpha_i})}=a^{\varphi(p_i^{\alpha_i})}\equiv 1(\bmod p_i^{\alpha_i})(i=1,2,\cdots,r)$$

由同余的性质有

$$[a^{\lambda(2^\alpha)}]^{\lambda(m)/\lambda(2^\alpha)}\equiv 1(\bmod 2^\alpha)(\alpha\geqslant 1)$$

心得 体会 拓广 疑问

$$[a^{\lambda(p_i^{\alpha_i})}]^{\lambda(m)/\lambda(2^\alpha)} \equiv 1(\bmod p_i^{\alpha_i})(i=1,2,\cdots,r)$$

即 $a^{\lambda(m)} \equiv 1(\bmod 2^\alpha), a^{\lambda(m)} \equiv 1(\bmod p_i^{\alpha_i})(i=1,2,\cdots,r)$

从而有
$$a^{\lambda(m)} \equiv 1(\bmod m)$$

**注** 对于正整数 $m$,由 $\lambda(m)$ 的定义,易知 $\lambda(m) \leqslant \varphi(m)$. 如果 $\lambda(m) < \varphi(m)$,则 $m$ 无原根,因此 $\lambda(m)=\varphi(m)$ 是 $m$ 有原根的必要条件,反之,当 $\lambda(m)=\varphi(m)$ 时,$m$ 有原根,事实上,只有当 $m=2,4,p^\alpha,2p^\alpha$ 时,$\lambda(m)=\varphi(m)$,这时 $m$ 有原根. 因此,正整数 $m$ 有原根的必要充分条件是:$\lambda(m)=\varphi(m)$.

4.1.89 设 $\tau(n)$ 表示正整数 $n$ 的正因数的个数. 证明:存在无穷多个正整数 $a$,使得方程 $\tau(an)=n$ 没有正整数解 $n$.

**证明** 如果对于某个正整数 $n$,有 $\tau(an)=n$,则 $a=\frac{an}{\tau(an)}$. 于是,关于正整数 $k$ 的方程 $\frac{k}{\tau(k)}=a$ 有解. 因此,只需证明:

若质数 $p \geqslant 5$,则方程 $\frac{k}{\tau(k)}=p^{p-1}$ 没有正整数解.

设 $n$ 在区间 $[1,\sqrt{n}]$ 内有 $k$ 个因数,则在区间 $(\sqrt{n},n]$ 内至多有 $k$ 个因数. 事实上,如果 $d$ 是一个比 $\sqrt{n}$ 大的 $n$ 的因数,则 $\frac{n}{d}$ 就是一个比 $\sqrt{n}$ 小的 $n$ 的因数. 故 $\tau(n) \leqslant 2k \leqslant 2\sqrt{n}$.

假设对于某个质数 $p \geqslant 5$,方程 $\frac{k}{\tau(k)}=p^{p-1}$ 有正整数解 $k$,则 $k$ 能被 $p^{p-1}$ 整除. 设 $k=p^\alpha s$,其中 $\alpha \geqslant p-1$,$p$ 不能整除 $s$. 于是,有

$$\frac{p^\alpha s}{(\alpha+1)\tau(s)}=p^{p-1}$$

若 $\alpha=p-1$,则 $s=p\tau(s)$.

所以,$p$ 整除 $s$,矛盾.

若 $\alpha \geqslant p+1$,则

$$\frac{p^{p-1}(\alpha+1)}{p^\alpha}=\frac{s}{\tau(s)} \geqslant \frac{s}{2\sqrt{s}}=\frac{\sqrt{s}}{2}$$

因为对于所有 $p \geqslant 5$,$\alpha \geqslant p+1$,有 $2(\alpha+1) < p^{\alpha-p+1}$(对 $\alpha$ 用数学归纳法容易证明),所以,可得 $s<1$,矛盾.

若 $\alpha=p$,则 $ps=(p+1)\tau(s)$.

特别地,$p$ 整除 $\tau(s)$,所以

$$p \leqslant \tau(s) \leqslant 2\sqrt{s}$$

心得 体会 拓广 疑问

于是
$$\sqrt{s}=\frac{s}{\sqrt{s}}\leqslant\frac{2s}{\tau(s)}=\frac{2(p+1)}{p}$$

从而
$$p\leqslant 2\sqrt{s}\leqslant\frac{4(p+1)}{p}$$

对于 $p\geqslant 5$ 而言,这是不可能的.

4.1.90　设 $p_1,p_2,\cdots,p_r$ 是不超过 $\sqrt[3]{x}$ 的所有素数,$q_1,q_2,\cdots,q_s$ 是满足 $\sqrt[3]{x}<q_i\leqslant\sqrt{x}$ 的素数,$x$ 是正实数,证明
$$\pi(x)=\varphi(p_1p_2\cdots p_r,x)+\pi(\sqrt[3]{x})-1-\sum_{i=1}^{s}\left\{\pi\left(\frac{x}{q_i}\right)-\pi(q_i)+1\right\}$$

**证明**　设 $p$ 是 $p_1,p_2,\cdots,p_r$ 均除不尽的正整数的素因数,显然有 $p>\sqrt[3]{x}$. 因此在不超过 $x$ 的正整数中,$p_1,p_2,\cdots,p_r$ 均不能除尽的整数只能是 1 以及或者是大于 $\sqrt[3]{x}$ 的素数或者是两个都大于 $\sqrt[3]{x}$ 的素数的乘积. 由于 $\sqrt[3]{x}<p\leqslant x$ 中的素数 $p$ 的个数是 $\pi(x)-\pi(\sqrt[3]{x})$,因此如设不超过 $x$ 的正整数中是两个大于 $\sqrt[3]{x}$ 的素数的乘积的整数的个数为 $N$,则有
$$\varphi(p_1p_2\cdots p_r,x)=1+\pi(x)-\pi(\sqrt[3]{x})+N$$

下面来计算 $N$. 设 $p,q$ 为大于 $\sqrt[3]{x}$ 的两个素数($p>\sqrt[3]{x},q>\sqrt[3]{x}$),如果 $pq\leqslant x$,那么就有 $p\leqslant\sqrt{x}$ 或 $q\leqslant\sqrt{x}$. 因此乘 $q_i(i=1,2,\cdots,s)$,较大的那个设为 $l$,那么由于有 $lq_i\leqslant x,q_i\leqslant l$,从而就有 $q_i\leqslant l\leqslant\frac{x}{q_i}$,这样的素数 $l$ 的个数是 $\pi\left(\frac{x}{q_i}\right)-\pi(q_i)+1$,因此有
$$N=\sum_{i=1}^{s}\left\{\pi\left(\frac{x}{q_i}\right)-\pi(q_i)+1\right\}$$
于是就得到
$$\pi(x)=\varphi(p_1p_2\cdots p_r,x)+\pi(\sqrt[3]{x})-1-\sum_{i=1}^{s}\left\{\pi\left(\frac{x}{q_i}\right)-\pi(q_i)+1\right\}$$

4.1.91　利用上题的公式计算 $\pi(1\ 000)$.

**解**　不超过 $\sqrt[3]{1\ 000}=10$ 的四个素数为 2,3,5,7,有
$$\pi(\sqrt[3]{1\ 000})=4$$
$$\varphi(2\cdot 3\cdot 5\cdot 7,1\ 000)=\varphi(2\cdot 3\cdot 5,1\ 000)-$$

心得 体会 拓广 疑问

$$\varphi\left(2\cdot 3\cdot 5,\frac{1\ 000}{7}\right)$$

$$\varphi(2\cdot 3\cdot 5,1\ 000)=\varphi(2\cdot 3,1\ 000)-\varphi\left(2\cdot 3,\frac{1\ 000}{5}\right)$$

$$\varphi(2\cdot 3,1\ 000)=\varphi(2,1\ 000)-\varphi\left(2,\frac{1\ 000}{5}\right)=$$

$$(1\ 000-500)-\left(\left[\frac{1\ 000}{3}\right]-\left[\frac{1\ 000}{6}\right]\right)=$$

$$500-(333-166)=333$$

$$\varphi\left(2\cdot 3,\frac{1\ 000}{5}\right)=\varphi(2\cdot 3,2\ 00)=$$

$$\varphi(2,200)-\varphi\left(2,\frac{200}{3}\right)=$$

$$(200-100)-\left(\left[\frac{200}{3}\right]-\left[\frac{200}{6}\right]\right)=$$

$$100-(66-33)=67$$

因此

$$\varphi(2\cdot 3\cdot 5,1\ 000)=333-67=266$$

又有

$$\varphi\left(2\cdot 3\cdot 5,\frac{1\ 000}{7}\right)=\varphi\left(2\cdot 3,\frac{1\ 000}{7}\right)-\varphi\left(2\cdot 3,\frac{1\ 000}{35}\right)$$

$$\varphi\left(2\cdot 3,\frac{1\ 000}{7}\right)=\varphi\left(2,\frac{1\ 000}{7}\right)-\varphi\left(2,\frac{1\ 000}{21}\right)=$$

$$\left[\frac{1\ 000}{7}\right]-\left[\frac{1\ 000}{14}\right]-\left(\left[\frac{1\ 000}{21}\right]-\left[\frac{1\ 000}{42}\right]\right)=$$

$$(142-71)-(47-23)=47$$

$$\varphi\left(2\cdot 3,\frac{1\ 000}{35}\right)=\varphi\left(2,\frac{1\ 000}{35}\right)-\varphi\left(2,\frac{1\ 000}{105}\right)=$$

$$\left[\frac{1\ 000}{35}\right]-\left[\frac{1\ 000}{70}\right]-\left(\left[\frac{1\ 000}{105}\right]-\left[\frac{1\ 000}{210}\right]\right)=$$

$$(28-14)-(9-4)=9$$

因此

$$\varphi\left(2\cdot 3\cdot 5,\frac{1\ 000}{7}\right)=47-9=38$$

于是有

$$\varphi(2\cdot 3\cdot 5\cdot 7,1\ 000)=266-38=228$$

其次,由于$31<\sqrt{1\ 000}<32$,故$\sqrt[3]{1\ 000}<p\leqslant\sqrt{1\ 000}$之间的素数为11,13,17,19,23,29,31. 于是

$$q_1=11,\pi(11)=5,\pi\left(\frac{1\ 000}{11}\right)=\pi(90)=24$$

心得 体会 拓广 疑问

$$q_2=13,\pi(13)=6,\pi\left(\frac{1\ 000}{13}\right)=\pi(76)=21$$

$$q_3=17,\pi(17)=7,\pi\left(\frac{1\ 000}{17}\right)=\pi(58)=16$$

$$q_4=19,\pi(19)=8,\pi\left(\frac{1\ 000}{19}\right)=\pi(52)=15$$

$$q_5=23,\pi(23)=9,\pi\left(\frac{1\ 000}{23}\right)=\pi(43)=14$$

$$q_6=29,\pi(29)=10,\pi\left(\frac{1\ 000}{29}\right)=\pi(34)=11$$

$$q_7=31,\pi(31)=11,\pi\left(\frac{1\ 000}{31}\right)=\pi(32)=11$$

因此

$$\pi\left(\frac{1\ 000}{11}\right)-\pi(11)+1=24-5+1=20$$

$$\pi\left(\frac{1\ 000}{13}\right)-\pi(13)+1=21-6+1=16$$

$$\pi\left(\frac{1\ 000}{17}\right)-\pi(17)+1=16-7+1=10$$

$$\pi\left(\frac{1\ 000}{19}\right)-\pi(19)+1=15-8+1=8$$

$$\pi\left(\frac{1\ 000}{23}\right)-\pi(23)+1=14-9+1=6$$

$$\pi\left(\frac{1\ 000}{29}\right)-\pi(29)+1=11-10+1=2$$

$$\pi\left(\frac{1\ 000}{31}\right)-\pi(31)+1=11-11+1=1$$

所以,由上题公式有

$$\pi(1\ 000)=\varphi(2\cdot3\cdot5\cdot7,1\ 000)+\pi(10)-1-(20+16+10+8+6+2+1)=228+4-1-63=168$$

即在1到1 000的整数中有168个素数.

**注** 利用上题求 $\pi(x)$ 的方法叫密塞尔(Meissel)方法,当 $x$ 较大时,这个方法比较简单.

4.1.92 给函数

$$f(n)=n\left(1+\frac{1}{p_1}\right)\left(1+\frac{1}{p_2}\right)\cdots\left(1+\frac{1}{p_k}\right)$$

一个解释,其中 $f(n)$ 是把欧拉 $\varphi$- 函数中的负号换成正号后得到的函数.

**解法1** 设 $p_1,p_2,\cdots,p_k$ 是 $n$ 的不同素数因子,并令

心得 体会 拓广 疑问

$$m=\frac{n}{p_1\cdot p_2\cdot\cdots\cdot p_k}$$

又设$a_i$是数$n$里所含的$p_i$的指数,那么$f(n)$是所有同时为$m$的乘数与$n$的除数的那些数的和.换言之,假设$s$是$n$的任一个除数(其中$n$不能被平方数整除),$T$是它的余因子($s\cdot T=n$),则$f(n)$是所有数$T$的和.当然,若$a_1=a_2=\cdots=a_k=1$,那么$f(n)$是$n$所有除数的和.这些断语可根据下面的两个明显事实而立即得到

$$f(p_i^{a_k})=p_i^{a_i}+p_i^{a_i-1}$$
$$f(x,y)=f(x)f(y)$$

其中$x,y$互质.

**解法2** $\varphi_2(n)$除以$\varphi(n)$便是所要求的函数.由于在阶为$n^2$,型(1,1)的阿贝尔群中,$\varphi_2(n)$表示周期为$n$的元素的数目.所以,所形成的函数($f(n)$)代表阶为$n^2$,(1,1)型的阿贝尔群中循环子群的数目.

**注** 参考Dickson的《数论的历史》第一卷123页发现R. Dedekind证明了:如果$n$用每一种方法分解为$ad$,且$e$是$a,d$的最大公因子,则有

$$\sum\frac{a}{e\varphi(e)}=n\prod\left(1+\frac{1}{p}\right)=f(n)$$

其中$a$在$n$的所有除数上变化,$p$在$n$的所有素数除数上变化.

将使用欧拉$\varphi$-函数的一般约当形式$J_k(n)$,由定义知$J_k(n)$是$k$的不同集合的数($k$等于或不等于正整数,$k\leqslant n$),它们的最大公因子与$n$互质,由公式给出

$$J_k(n)=n^k\left(1-\frac{1}{p_1^k}\right)\cdots\left(1-\frac{1}{p_q^k}\right)$$

可以说明有下面关系式

$$f(n)=\frac{J_2(n)}{\varphi(n)},J_2(n)=\varphi(n)\sum\frac{a}{e\varphi(e)}$$

令
$$f_k(n)=n^k\left(1-\frac{1}{p_1^k}\right)\cdots\left(1-\frac{1}{p_q^k}\right)$$

则有
$$f_k(n)=\frac{J_{2k}(n)}{J_k(n)}$$

4.1.93 记$T(m)=\sum\limits_{n=1}^{m}\tau(n)$,证明

$$\lim_{m\to\infty}\frac{T(m)}{m\lg m}=1 \quad ①$$

**证明**
$$T(m)=\sum_{n=1}^{m}\tau(n)=\sum_{n=1}^{m}\left[\frac{m}{n}\right]$$

心得 体会 拓广 疑问

又有
$$\left[\frac{m}{n}\right] \leqslant \frac{m}{n} < \left[\frac{m}{n}\right] + 1$$
因此有
$$\frac{T(m)}{m\lg m}\frac{\sum_{n=1}^{m}\left[\frac{m}{n}\right]}{m\lg m} \leqslant \frac{\sum_{n=1}^{m}\frac{m}{n}}{m\lg m} = \frac{\sum_{n=1}^{m}\frac{1}{n}}{\lg m} <$$
$$\frac{\sum_{n=1}^{m}\left\{\left[\frac{m}{n}\right]+1\right\}}{m\lg m} = \frac{\sum_{n=1}^{m}\left[\frac{m}{n}\right]}{m\lg m} + \frac{1}{\lg m} = \frac{T(m)}{m\lg m} + \frac{1}{\lg m}$$
即
$$\frac{T(m)}{m\lg m} \leqslant \frac{1+\frac{1}{2}+\cdots+\frac{1}{m}}{\lg m} < \frac{T(m)}{m\lg m} + \frac{1}{\lg m}$$
因此,为要证明式 ①,只需证明
$$\lim_{m\to\infty}\frac{1+\frac{1}{2}+\cdots+\frac{1}{m}}{\lg m} = 1$$
为此考虑$\frac{1}{x}$的积分
$$\int_{n}^{n+1}\frac{1}{x}\mathrm{d}x = \lg(n+1) - \lg n$$
$$\frac{1}{n+1} < \int_{n}^{n+1}\frac{1}{x}\mathrm{d}x < \frac{1}{n}$$
故
$$\frac{1}{2}+\frac{1}{3}+\cdots+\frac{1}{m} < \int_{1}^{m}\frac{1}{x}\mathrm{d}x = \sum_{n=1}^{m-1}\int_{n}^{n+1}\frac{1}{x}\mathrm{d}x =$$
$$\lg m < 1+\frac{1}{2}+\cdots+\frac{1}{m-1}$$
因此
$$\frac{1+\frac{1}{2}+\cdots+\frac{1}{m}}{\lg m} = \frac{1}{\lg m} + \frac{\frac{1}{2}+\cdots+\frac{1}{m}}{\lg m} < \frac{1}{\lg m} + 1$$
$$\frac{1+\frac{1}{2}+\cdots+\frac{1}{m}}{\lg m} = \frac{1+\frac{1}{2}+\cdots+\frac{1}{m-1}}{\lg m} + \frac{1}{m\lg m} > 1 + \frac{1}{m\lg m}$$
从而有
$$1+\frac{1}{m\lg m} < \frac{1+\frac{1}{2}+\cdots+\frac{1}{m}}{\lg m} < 1+\frac{1}{\lg m}$$
在上式中令 $m\to\infty$,即得
$$\lim_{m\to\infty}\frac{1+\frac{1}{2}+\cdots+\frac{1}{m}}{\lg m} = 1$$

心得 体会 拓广 疑问

4.1.94 设函数 $\lambda(n)$ 定义如下

$$\lambda(n)=\begin{cases}1, & n=1\\ 1, & n>1 \text{ 且 } n \text{ 为偶数个素数之积}\\ -1, & n>1 \text{ 且 } n \text{ 为奇数个素数之积}\end{cases}$$

$\lambda(n)$ 称为刘维尔(Liouville)函数. 如果函数 $f(n)$ 定义如下

$$f(n)=\begin{cases}1, & n \text{ 是平方数}\\ 0, & n \text{ 不是平方数}\end{cases}$$

证明:$\lambda(n)=\sum_{d\mid n}\mu(d)f\left(\frac{n}{d}\right)$.

**证法** 1 根据 $f(n)$ 的定义可知

当 $l$ 是偶数时

$$f(p^l)=1=\lambda(1)+\lambda(p)+\lambda(p^2)+\cdots+\lambda(p^l)$$

当 $l$ 为奇数时

$$f(p^l)=0=\lambda(1)+\lambda(p)+\lambda(p^2)+\cdots+\lambda(p^l)$$

因此,如设

$$F(n)=\sum_{d\mid n}\lambda(d)$$

则有

$$F(1)=f(1),F(p^l)=f(p^l)$$

由 $\lambda(n)$ 的定义可知,$\lambda(n)$ 是积性函数. 事实上,设 $m,n$ 满足 $(m,n)=1$,如果 $m,n$ 均为偶数个(或均为奇数个)素数之乘积,那 $m\cdot n$ 也为偶数个素数之乘积,故

$$\lambda(mn)=1=\lambda(m)\lambda(n)$$

如果 $m,n$ 中有且只有一个是奇数个素数之乘积,那么 $m\cdot n$ 也是奇数个素数之乘积,于是

$$\lambda(mn)=-1=\lambda(m)\lambda(n)$$

这表示 $\lambda(n)$ 是积性函数,因此 $F(n)$ 也是积性函数. 再由 $f(n)$ 的定义容易证明 $f(n)$ 也是积性函数,因此如设 $n=p_1^{l_1}p_2^{l_2}\cdots p_r^{l_r}$,就有

$$F(n)=F(p_1^{l_1}p_2^{l_2}\cdots p_r^{l_r})=F(p_1^{l_1})F(p_2^{l_2})\cdots F(p_r^{l_r})=$$
$$f(p_1^{l_1})f(p_2^{l_2})\cdots f(p_r^{l_r})=f(n)$$

因此便证明了

$$f(n)=\sum_{d\mid n}\lambda(d)$$

这样,便有

$$\lambda(n)=\sum_{d\mid n}\mu(d)f\left(\frac{n}{d}\right)$$

**证法** 2 当 $n=1$ 时,等式显然成立. 由 $\mu(d)$ 的定义,当 $d$ 可被素数的平方整除时,$\mu(d)=0$,因此当 $n>1$ 时,在

心得 体会 拓广 疑问

$$\sum_{d\mid n}\mu(d)f\left(\frac{n}{d}\right)$$

中只要考虑 $d$ 是 $n$ 的相异素因数的乘积就可以了.

因任何正整数均可表为一个平方数与 1 或相异素数之乘积，故可设

$$n=a^2p_1p_2\cdots p_r$$

其中 $p_1,p_2,\cdots,p_r$ 是相异素数,$a$ 是正整数. 当 $n$ 的正因数 $d$ 是相异素数的乘积时,仅当 $d=p_1p_2\cdots p_r$ 时,$n/d$ 才是平方数,故当 $r\geqslant 1$ 时,有

$$\sum_{d\mid n}\mu(d)f\left(\frac{n}{d}\right)=\mu(1)f(n)+\mu(p_1p_2\cdots p_r)f(a^2)$$

这时由于 $r\geqslant 1$,$n$ 不是平方数,故 $f(n)=0$,于是有

$$\sum_{d\mid n}\mu(d)f\left(\frac{n}{d}\right)=\mu(p_1p_2\cdots p_r)f(a^2)=(-1)^r$$

当 $r=0$,即 $n=a^2$ 时,这时 $f(n)=1$,故

$$\sum_{d\mid n}\mu(d)f\left(\frac{n}{d}\right)=\mu(1)f(n)=1$$

另一方面,由 $\lambda(n)$ 的定义,当 $r\geqslant 1$ 时,有 $\lambda(n)=(-1)^r$,当 $r=0$ 时,$\lambda(n)=\lambda(a^2)=1$,因此有

$$\sum_{d\mid n}\mu(d)f\left(\frac{n}{d}\right)=\lambda(n)$$

4.1.95　求出满足

$$\varphi(mn)=\varphi(m)+\varphi(n) \qquad ①$$

的全部正整数对 $(m,n)$.

**证明**　设 $(m,n)=d$,则从 $\varphi(n)$ 的公式不难有

$$\varphi(mn)=\frac{d\varphi(m)\varphi(n)}{\varphi(d)}$$

由 ① 得

$$\varphi(m)+\varphi(n)=\frac{d\varphi(m)\varphi(n)}{\varphi(d)} \qquad ②$$

设 $\frac{\varphi(m)}{\varphi(d)}=a,\frac{\varphi(n)}{\varphi(d)}=b$,$a,b$ 都是正整数,② 化为

$$\frac{1}{a}+\frac{1}{b}=d \qquad ③$$

当 $d>2$ 时,易证 ③ 无正整数解,在 $d=1$ 和 $d=2$ 时,③ 分别仅有正整数解 $a=b=2$ 和 $a=b=1$. 在 $d=1,a=b=2$ 时,$\varphi(m)=\varphi(n)=2$,得 $(m,n)=(3,4),(4,3)$;在 $d=2,a=b=1$ 时,$\varphi(m)=\varphi(n)=1$,得 $(m,n)=(2,2)$.

心得 体会 拓广 疑问

4.1.96　证明:对任意 $n\in\mathbf{N}$,有

$$0<\sum_{k=1}^{n}\frac{g(k)}{k}-\frac{2n}{3}<\frac{2}{3}$$

其中 $g(k)$ 表示 $k$ 的最大奇因数.

(奥地利,1973 年)

**证明**　用 $m(k)$ 表示 $k\in\mathbf{N}$ 的素因子分解式中 2 的指数,则 $k=2^{m(k)}g(k)$,且

$$S=\sum_{k=1}^{n}\frac{g(k)}{k}=\sum_{k=1}^{n}\frac{1}{2^{m(k)}}$$

注意,在 $1,2,\cdots,n$ 中恰有 $\left[\frac{n}{2}\right]$ 个偶数,$\left[\frac{n}{2^2}\right]$ 个 4 的倍数,$\left[\frac{n}{2^3}\right]$ 个 8 的倍数,一般的,有 $\left[\frac{n}{2^m}\right]$ 个被 $2^m$ 整除的数(其中 $m$ 跑遍 $0,1,2,\cdots$,并且从某个适合 $2^M>n$ 的数 $M$ 起都有 $\left[\frac{n}{2^M}\right]=\left[\frac{n}{2^{M+1}}\right]=\cdots=0$). 因此,使 $m(k)$ 取值为 $m$ 的数 $k\in\{1,2,\cdots,n\}$ 的个数恰为

$$\left[\frac{n}{2^m}\right]-\left[\frac{n}{2^{m+1}}\right]$$

于是,由于 $\left[\frac{n}{2^{M+1}}\right]=0$,故

$$\begin{aligned}S&=\sum_{m=0}^{M}\frac{1}{2^m}\left(\left[\frac{n}{2^m}\right]-\left[\frac{n}{2^{m+1}}\right]\right)=\\&\sum_{m=0}^{M}\frac{1}{2^m}\left[\frac{n}{2^m}\right]-\sum_{m=1}^{M}\frac{1}{2^{m-1}}\left[\frac{1}{2^m}\right]=\\&\left[\frac{n}{2^0}\right]+\sum_{m=1}^{M}\left(\frac{1}{2^m}-\frac{1}{2^{m-1}}\right)\left[\frac{n}{2^m}\right]=\\&n-\sum_{m=1}^{M}-\frac{1}{2^m}\left[\frac{n}{2^m}\right]\end{aligned}$$

因为对任意 $x\in\mathbf{R}$,$[x]\leqslant x$,所以

$$\begin{aligned}S&\geqslant n-\sum_{m=1}^{M}\frac{1}{2^m}\cdot\frac{n}{2^m}=n-n\sum_{m=1}^{N}\frac{1}{4^m}=\\&n-\frac{n}{3}\left(1-\frac{1}{4^M}\right)=\frac{2}{3}n+\frac{n}{3\cdot 4^M}>\frac{2}{3}n\end{aligned}$$

即得左端不等式. 为证明右端不等式,注意对任意 $p,q\in\mathbf{N}$,有

$$\left[\frac{p}{q}\right]\geqslant\frac{p+1}{q}-1$$

事实上,设 $\left[\frac{p}{q}\right]=r$,则 $p=rq+s$,其中 $s\in\{0,1,2,\cdots,q-1\}$,因此

心得 体会 拓广 疑问

$$\left[\frac{p}{q}\right]=r=\left[\frac{p-s}{q}\right]\geqslant\frac{p-(q-1)}{q}=\frac{p+1}{q}-1$$

利用这个不等式,即得

$$S=n-\sum_{m=1}^{M}\frac{1}{2^m}\left[\frac{n}{2^m}\right]\leqslant n-\sum_{m=1}^{M}\frac{1}{2^m}\left(\frac{n+1}{2^m}-1\right)=$$

$$n-(n+1)\sum_{m=1}^{M}\frac{1}{4^m}+\sum_{m=1}^{M}\frac{1}{2^m}=$$

$$n-\frac{n+1}{3}\left(1-\frac{1}{4^M}\right)+\left(1-\frac{1}{2^M}\right)=$$

$$\frac{2}{3}n+\frac{2}{3}+\frac{n+1}{3\cdot 4^M}-\frac{1}{2^M}$$

因为
$$2^M>n>\frac{n+1}{3}$$

所以
$$\frac{n+1}{3\cdot 4^M}<\frac{1}{2^M}$$

于是 $S<\frac{2}{3}n+\frac{2}{3}$,即得右端不等式,结论证毕.

4.1.97 设 $\sigma(N)$ 为 $N$ 的所有正整数因子之和(其中包含1与 $N$ 自身),例如 $p$ 是一个素数,则 $\sigma(p)=p+1$. 当 $\sigma(N)=2N+1$ 称正整数 $N$ 为拟完全的,证明:每个拟完全数是一个奇数的平方.

(第37届美国普特南数学竞赛,1976年)

**证明** 设 $N=2^\alpha p_1^{\beta_1}p_2^{\beta_2}\cdots p_n^{\beta_n}$,其中 $\alpha$ 与 $\beta_i$ 是非负整数,并且 $p_i$ 是不同的奇素数,$i=1,2,\cdots,k$.

由 $\sigma(N)$ 为 $N$ 的所有正整数因子之和,则

$$\sigma(N)=\sigma(2^\alpha)\cdot\sigma(p_1^{\beta_1})\cdots\sigma(p_k^{\beta_k})$$

因为 $\sigma(N)=2N+1$ 是奇数,则 $\sigma(p_i^{\beta_i})$ 是奇数,且 $1\leqslant i\leqslant k$. 由于

$$\sigma(p_i^{\beta_i})=1+p_i+p_i^2+\cdots+p_i^{\beta_i}$$

所以当且仅当 $\beta_i$ 为偶数时,$\sigma(p_i^{\beta_i})$ 为奇数. 这是因为上式右边为奇数个奇数之和,所以为奇数.

由 $\beta_i$ 为偶数($1\leqslant i\leqslant k$),可知

$$p_1^{\beta_1}\cdot p_2^{\beta_2}\cdot\cdots\cdot p_k^{\beta_k}$$

是一个完全平方数,设为 $M^2$,且 $M$ 为奇数,从而

$$N=2^\alpha M^2,\alpha\geqslant 0 \quad ①$$

下面证明 $\alpha=0$.

因为 $N$ 是拟完全数,则

$$\sigma(N)=2N+1=2^{\alpha+1}M^2+1 \quad ②$$

心得 体会 拓广 疑问

由 ① 可得

$$\sigma(N)=\sigma(2^{\alpha})\cdot\sigma(M^2)=(2^{\alpha+1}-1)\sigma(M^2)$$

再由 ② 有

$$2^{\alpha+1}M^2+1=(2^{\alpha+1}-1)\sigma(M^2)$$

$$M^2+1\equiv 0(\bmod 2^{\alpha+1}-1) \quad ③$$

如果 $\alpha>0$,则

$$2^{\alpha+1}-1\equiv 3(\bmod 4)$$

所以 $2^{\alpha+1}-1$ 有一素因子 $p\equiv 3(\bmod 4)$.

由式 ③ 得

$$M^2+1\equiv 0(\bmod p)$$

即 $-1$ 是 $p$ 的二次剩余,这与 $p\equiv 3(\bmod 4)$ 相矛盾.

于是 $\alpha=0$.

再由 ①,$N$ 是完全平方数,且为奇数的平方.

**【阅读】 超完全数**

Suryanarayana 用 $\sigma^2(n)=2n$ 定义了超完全数,即 $n$ 满足 $\sigma(\sigma(n))=2n$. 他和 Kanold 证明,偶超完全数恰有 $2^{p-1}$,其中 $p$ 满足 $2^p-1$ 为 Mensenne 素数. 存在奇超完全数吗? 如存在,则 Kanold 证明了,它们是完全平方数. Dandapat 等人证明了,$n$ 或 $\sigma(n)$ 至少可被三个不同素数整除.

更一般地,Bode 称满足 $\sigma^m(n)=2n$ 的 $n$ 为 $m$ 重完全数,且证明了对 $m\geqslant 3$,不存在偶的 $m$ 重完全数. 他还证明了,对于 $m=2$,不存在小于 $10^{10}$ 的奇超完全数. Hunsucker 和 Pomerance 已改进这个上界到 $7\times 10^{24}$,并且他们还得到了关于 $n$ 为超完全数时,$n$ 和 $\sigma(n)$ 的不同素因子的个数的结果.

如果 $\sigma^2(n)=2n+1$,此时它将与早先把 $n$ 称为拟完全数的术语相一致. Mersenne 素数便是这样的数,还有其他的拟超完全数吗? 存在"几乎超完全数"使 $\sigma^2(n)=2n-1$ 吗?

Erdös 问,当 $k\to\infty$ 时,$(\sigma^k(n))^{1/k}$ 是否有极限? 他猜想,对每一个 $n>1$,它为无穷.

Schinzel 问,当 $n\to\infty$ 时,对每个 $k$,是否有

$$\liminf \sigma^k(n)/n<\infty$$

他观察到,对 $k=2$,由 Rényi 的很深的定理,上式将成立. Makowski 和 Schinzel 给出 $k=2$ 时上述极限为 1 的初等证明.

[1] Dieter Bode, Uber eine Verallgemeinerung der Vollkommenen Zahlen, Dissertation, Braunschweig, 1971.

[2] P. Erdøs, Some remarks on the iterates of the $\varphi$ and $\sigma$ functions, Colloq. Math. ,17(1967),195-202.

[3] J. L. Hunsucker and C. Pomerance, There are no odd

心得 体会 拓广 疑问

superperfect numbers less than $7 \times 10^{24}$, Indian J. Math., 17(1995),107-120.

[4] H. J. Kanold, Uber "Super perfect numbers", Elem. Math., 24(1969),61-62;MR 39#5 463.

[5] Graham Lord, Even perfect and superperfect numbers, Elem. Math.,30(1975),87-88.

[6] A. Makowski and A. Schinzel, On the functions $\varphi(n)$ and $\sigma(n)$, Colloq. Math.,13(1964-65),95-99.

[7] A. Schinzel, Ungeloste Probleme Nr. 30, Elem. Math., 14(1959),60-61.

[8] D. Suryanarayana, Super perfect numbers, Elem. Math., 24(1969),16-17,MR 39#5 706.

[9] D. Suryanarayana, There is no odd superperfect number of the form $p^{2a}$ Elem. Math.,28(1973),148-150.

4.1.98 已知从正整数集 $\mathbf{N}^*$ 到其自身的函数 $\psi$ 定义为

$$\psi(n)=\sum_{k=1}^{n}(k,n),n\in\mathbf{N}^*$$

其中 $(k,n)$ 表示 $k$ 和 $n$ 的最大公因数.

(1) 证明:对于任意两个互质的正整数 $m,n$,有 $\psi(mn)=\psi(m)\psi(n)$;

(2) 证明:对于每一个 $a\in\mathbf{N}^*$,方程 $\psi(x)=ax$ 有一个整数解;

(3) 求所有的 $a\in\mathbf{N}^*$,使得方程 $\psi(x)=ax$ 有唯一的整数解.

**证明** (1) 设 $m,n$ 是两个互质的正整数,则对于任意一个 $k\in\mathbf{N}^*$,有

$$(k,mn)=(k,m)(k,n)$$

故

$$\psi(mn)=\sum_{k=1}^{mn}(k,mn)=\sum_{k=1}^{mn}(k,m)(k,n)$$

对于每一个 $k\in\{1,2,\cdots,mn\}$,有唯一的有序正整数对 $(r,s)$ 满足

$$r\equiv k(\bmod m),s\equiv k(\bmod n),1\leqslant r\leqslant m,1\leqslant s\leqslant n$$

这个映射是双射.

实际上,满足 $1\leqslant r\leqslant m,1\leqslant s\leqslant n$ 的数的 $(r,s)$ 的个数为 $mn$.

如果 $k_1\equiv k_2(\bmod m),k_1\equiv k_2(\bmod n)$,其中 $k_1,k_2\in\{1,2,\cdots,mn\}$,则

心得 体会 拓广 疑问

$$k_1 \equiv k_2 (\bmod mn)$$

所以,有 $k_1 = k_2$.

因为对于每一个 $k \in \{1,2,\cdots,mn\}$ 和它对应的数对 $(r,s)$,有

$$(k,m) = (r,m),(k,n) = (s,n)$$

则

$$\psi(mn) = \sum_{k=1}^{mn}(k,m)(k,n) = \sum_{\substack{1\leqslant r\leqslant m\\1\leqslant s\leqslant n}}(r,m)(s,n) = \sum_{r=1}^{m}(r,m)\sum_{s=1}^{n}(s,n) = \psi(m)\psi(n)$$

(2) 设 $n = p^\alpha$,其中 $p$ 是质数,$\alpha$ 是正整数. $\sum_{k=1}^{n}(k,n)$ 中的每一个被加数都具有 $p^l$ 的形式,$p^l$ 出现的次数等于区间 $[1,p^\alpha]$ 中能被 $p^l$ 整除但不能被 $p^{l+1}$ 整除的整数的个数.

于是,对于 $l = 0,1,\cdots,\alpha-1$,这些整数的个数为 $p^{\alpha-l} - p^{\alpha-l-1}$,所以

$$\psi(n) = \psi(p^\alpha) = p^\alpha + \sum_{l=0}^{\alpha-1}p^l(p^{\alpha-l} - p^{\alpha-l-1}) = (\alpha+1)p^\alpha - \alpha p^{\alpha-1} \quad ①$$

对于任意的 $a \in \mathbf{N}^*$,取 $p = 2,\alpha = 2\alpha - 2$,有

$$\psi(2^{2\alpha-2}) = \alpha \cdot 2^{2\alpha-2}$$

所以,$x = 2^{2\alpha-2}$ 是方程 $\psi(x) = ax$ 的一个整数解.

(3) 取 $\alpha = p$,可得 $\psi(p^p) = p^{p+1}$,其中 $p$ 为质数. 如果 $a \in \mathbf{N}^*$ 有一个奇质因数 $p$,则 $x = 2^{2\frac{a}{p}-2}p^p$ 满足方程 $\psi(x) = ax$.

实际上,由(1)及式①可得

$$\psi(2^{2\frac{a}{p}-2}p^p) = \psi(2^{2\frac{a}{p}-2})\psi(p^p) = \frac{2a}{p}\cdot 2^{2\frac{a}{p}-3}p^{p+1} = a\cdot 2^{2\frac{a}{p}-2}p^p$$

因为 $p$ 是奇数,所以,解 $x = 2^{2\frac{a}{p}-2}p^p$ 和 $x = 2^{2a-2}$ 不同.

于是,若 $\psi(x) = ax$ 有唯一的整数解,则

$$a = 2^\alpha,\alpha = 0,1,2,\cdots$$

下面证明,反之结论也是正确的.

考虑 $\psi(x) = 2^\alpha x$ 的任意整数解 $x$,设 $x = 2^\beta l$,其中 $\beta \geqslant 0$,$l$ 是奇数. 由(1)及式①可得

$$2^{\alpha+\beta}l = 2^\alpha x = \psi(x) = \psi(2^\beta l) = \psi(2^\beta)\psi(l) = (\beta+2)2^{\beta-1}\psi(l)$$

由于 $l$ 是奇数,由 $\psi$ 的定义,可得 $\psi(l)$ 是奇数个奇数的和,还是奇数,所以,$\psi(l)$ 整除 $l$. 又由 $\psi(l) > l(l>1)$,可得 $l = 1 = \psi(l)$.

于是,有 $\beta = 2^{\alpha+1} - 2 = 2a - 2$,即 $x = 2^{2a-2}$ 是方程 $\psi(x) = ax$ 的唯一整数解.

4.1.99 方程 $x^p+y^p+z^p=0$ 有与奇素数 $p$ 互素的整数 $x,y,z$ 只要

$$\frac{1}{2}\left[\frac{1}{2}N_2(p)-\frac{1}{3}N_3(p)+\frac{1}{4}N_4(p)-\cdots+\frac{1}{p-1}N_{p-1}(p)\right]+1$$

可被 $p$ 整除,其中 $N_r(n)$ 为将 $n$ 表示为 $r$ 个使根 $\geqslant 0$ 的整数的平方和(次序是重要的)的表示法的个数. 试证明之.

**证明** 所给的条件就是韦弗里奇(Wieferich)判定的另一形式:如果 $(2^{p-1}-1)/p^2$ 是整数,该方程可能有解,因为若 $m$ 是奇数,有

$$m\sum_{r=1}^{m}\frac{(-1)^{r-1}}{r}N_r(m)=2\zeta_1(m) \quad ①$$

其中 $\zeta_1(m)=m$ 的一切因子的和. 若在①中置 $m=p$,由 $N_1(p)=0$ 及注意到 $N_2(p)=2^p$,得

$$\frac{1}{2}N_2(p)-\frac{1}{3}N_3(p)+\frac{1}{4}N_4(p)-\cdots+\frac{1}{p-1}N_{p-1}(p)=2\left[\frac{2^{p-1}-1}{p}-1\right]$$

因此,若 $(2^{p-1}-1)/p^2$ 是整数,得到所述的条件. 由恒等式①可使

$$q\frac{\mathrm{d}}{\mathrm{d}q}\lg(1+2\sum_{n=1}^{\infty}q^{n^2})\equiv q\frac{\mathrm{d}}{\mathrm{d}q}\left[\sum_{s=1}^{\infty}\lg(1-q^{2n})+2\sum_{s=1}^{\infty}\lg(1-q^{2n-1})\right] \quad ②$$

最后可以说一句,上面的 $F(v)$ 的表达式中如用渐近公式去代替所涉及的伽玛函数,容易证明 $a_v=O(1/v\lg^2 v)$(参看 M. Riesz 关于某些求和方法的等价法,伦敦数学会会报,(2)22,1923-1924,412-419,主要是 P416).

4.1.100 设

$$a_1=2\cdot 3,a_2=3\cdot 5,a_3=5\cdot 7,\cdots,a_k=P_k\cdot P_{k+1},\cdots$$

其中 $P_k$ 是第 $k$ 个素数. 用 $f(x)$ 表示完全由这些 $a_k$ 构成的小于或等于 $n$ 的整数的个数(即形如 $\prod a_i^{a_i},a_i\geqslant 0$ 的整数),证明

$$f(n)=cn^{\frac{1}{2}}+O(n^{\frac{1}{2}}),\text{其中}\frac{1}{2}<c<1 \quad ①$$

**证明** 引出结果

心得 体会 拓广 疑问

$$c=\prod_{i=1}^{\infty}\frac{1-P_i^{-1}}{1-(P_iP_{i+1})^{-\frac{1}{2}}} \quad ②$$

(易见对于乘积 $c$ 收敛,其实,当 $P_1<P_2<\cdots$ 换为任意一个递增的实数序列时乘积仍然收敛).

设 $k$ 为大的整数,$l=A_1(k)<A_2(k)<\cdots$ 表示由 $a_1,a_2,\cdots,a_k$ 构成的整数,且 $B_1(k)<B_2(k)<\cdots$ 表示由 $a_{k+1},a_{k+2},\cdots$ 构成的整数. 记 $A_i(k),B_i(k)$ 为 $A_i,B_i$,用 $g_k(m)$ 表示不大于 $m$ 的 $B$ 的个数,显然

$$f(n)=\sum_{i=1}^{\infty}g_k\left(\frac{n}{A_i}\right) \quad ③$$

用 $h_j(n)$ 表示由 $P_{j+1}^2,P_{j+2}^2,\cdots$ 构成的小于或等于 $n$ 的整数的个数,即 $h_j(n)$ 等于那些平方数 $k^2\leqslant n$ 的个数,其中的 $k$ 不能被 $P_i$ 整除 $(1\leqslant i\leqslant j)$,有

$$h_{j+1}(m)\leqslant g_j(m)\leqslant h_j(m) \quad ④$$

令 $P_k^2$ 对应 $a_k,k=j+1,j+2,\cdots$,便得出 ④ 的第一个不等式;令 $a_k$ 对应 $P_{k+1}^2$,便得出 ④ 的第二个不等式. 由 ④,当 $j=0$,有

$$\frac{1}{2}n^{\frac{1}{2}}<f(n)<n^{\frac{1}{2}}$$

由 ③ 和 ④,得

$$\sum_{i=1}^{\infty}h_{k+1}\left(\frac{n}{A_i}\right)\leqslant f(n)\leqslant\sum_{i=1}^{\infty}h_k\left(\frac{n}{A_i}\right) \quad ⑤$$

由埃拉托塞尼,有

$$n^{\frac{1}{2}}\prod_{i=1}^{k}\left(1-\frac{1}{P_i}\right)-2^k<h_k(n)<n^{\frac{1}{2}}\prod_{i=1}^{k}\left(1-\frac{1}{P_i}\right)+2^k \quad ⑥$$

其次

$$h_k(m)\leqslant m^{\frac{1}{2}} \quad ⑦$$

设 $t$ 充分大然而固定不变(即相对于 $n$ 独立),由 ⑤ 和 ⑦

$$\sum_{i=1}^{t}h_{k+1}\left(\frac{n}{A_i}\right)<f(n)<\sum_{i=1}^{t}h_k\left(\frac{n}{A_i}\right)+n^{\frac{1}{2}}\sum_{i=t+1}^{\infty}\frac{1}{A_i^{\frac{1}{2}}}$$

利用 ⑥ 得

$$n^{\frac{1}{2}}\prod_{i=1}^{k+1}\left(1-\frac{1}{P_i}\right)\sum_{i=1}^{t}\frac{1}{A_i^{\frac{1}{2}}}-2^{k+1}t<f(n)<$$

$$n^{\frac{1}{2}}\prod_{i=1}^{k}\left(1-\frac{1}{P_i}\right)\sum_{i=1}^{t}\frac{1}{A_i^{\frac{1}{2}}}+2^kt+n^{\frac{1}{2}}\sum_{i=t+1}^{\infty}\frac{1}{A_i^{\frac{1}{2}}} \quad ⑧$$

$\frac{\sum 1}{A_i^{\frac{1}{2}}}$ 显然收敛,而且 $\lim\limits_{k\to\infty}\prod_{i=1}^{k}\left(1-\frac{1}{p_i}\right)\sum_{i=1}^{\infty}1/A_i^{\frac{1}{2}}$ 存在. 事实上

心得 体会 拓广 疑问

$$\sum_{i=1}^{\infty}\frac{1}{A_i^{\frac{1}{2}}}=\prod_{i=1}^{k}\left[1+\frac{1}{(P_iP_{i+1})^{1/2}}+\frac{1}{P_iP_{i+1}}+\frac{1}{(P_iP_{i+1})^{3/2}}+\cdots\right]=$$

$$\prod_{i=1}^{k}\frac{1}{1-(P_iP_{i+1})^{-\frac{1}{2}}}$$

因此,借助于式 ② 给出 $c$,选取充分大的 $t$ 和 $k$ 有 $|f(n)-cn^{\frac{1}{2}}|<\varepsilon n^{\frac{1}{2}}$,$n>n_0$,这就是所要求的式 ①.

4.1.101 已知一固定的正整数及定义于正整数上的一个复值函数 $f(n)$,当 $n_1\equiv n_2(\bmod k)$ 时,$f(n_1)=f(n_2)$;对一切 $n$,$|f(n)|\leqslant 1$;对于 $(n,k)>1$,$f(n)=0$,又 $\sum_{n=1}^{k}f(n)=0$. 证明

$$\left|\sum_{n=1}^{\infty}\frac{f(n)}{n}\right|<\lg k$$

**证明** 对于这个定理的结论,下列解的条件是充分的:

(1) $|f(n)|\leqslant 1$.

(2) $f(k)=0$.

(3) $\sum_{v=pk+1}^{pk+k}f(v)=0$,对于每一个整数 $p\geqslant 0$.

则对每一个 $N=sk+t$

$$\sum_{n=1}^{N}\frac{f(n)}{n}=\sum_{p=0}^{s-1}\sum_{r=1}^{k}\frac{f(pk+r)}{pk+r}+\sum_{n=sk+1}^{N}\frac{f(n)}{n}$$

或根据(1) 和(3)

$$\sum_{n=1}^{N}\frac{f(n)}{n}=\sum_{p=0}^{s-1}\sum_{r=1}^{k}f(pk+r)\left[\frac{1}{pk+r}-\frac{1}{pk+k}\right]+\sum_{n=sk+1}^{N}\frac{f(n)}{n}$$

$$\left|\sum_{n=1}^{N}\frac{f(n)}{n}\right|\leqslant\sum_{p=0}^{s-1}\left(\sum_{r=1}^{k}\frac{1}{pk+r}-\frac{k}{pk+k}\right)+\frac{k}{sk}=$$

$$\sum_{n=1}^{sk}\frac{1}{n}-\sum_{p=0}^{s-1}\frac{1}{p+1}+\frac{1}{s}=$$

$$\sum_{n=s+1}^{sk}\frac{1}{n}+\frac{1}{s}<\lg sk-\lg s+\varepsilon$$

对于任意的 $\varepsilon$ 和充分大的 $N$,于是由条件(1) 和(3) 有

$$\left|\sum_{n=1}^{\infty}\frac{f(n)}{n}\right|\leqslant\lg k$$

如果加上条件(2),结果有

$$\left|\sum_{r=1}^{k}\frac{f(r)}{r}\right|\leqslant\sum_{r=1}^{k-1}\frac{1}{r}-\frac{k-1}{k-1}=\sum_{r=2}^{k}\frac{1}{r}-\frac{k}{k}-\frac{1}{k}$$

心得 体会 拓广 疑问

所以,前面的结果可以改进为

$$\left|\sum_{n=1}^{\infty}\frac{f(n)}{n}\right| \leqslant \lg k-\frac{1}{k}<\lg k$$

4.1.102 对于每个正整数 $n$,以 $S(n)$ 表示满足如下条件的最大整数:对于每个正整数 $k \leqslant S(n)$,$n^2$ 都可能表为 $k$ 个正整数的平方之和.

(1) 证明:对于每个 $n \geqslant 4$,都有 $S(n) \leqslant n^2-14$;

(2) 试找出一个正整数 $n$,使得 $S(n)=n^2-14$;

(3) 证明:存在无限多个正整数 $n$,使得

$$S(n)=n^2-14$$

(第 33 届国际数学奥林匹克,1992 年)

**证明** (1) 假设命题不成立,即对某个 $n \geqslant 4$,有 $S(n) > n^2-14$,即存在 $k=n^2-13$ 个正整数

$$a_1,a_2,\cdots,a_k$$

使得
$$n^2=a_1^2+a_2^2+\cdots+a_k^2$$
所以
$$a_1^2+a_2^2+\cdots+a_k^2=k+13$$
于是有
$$\sum_{i=1}^{k}(a_i^2-1)=13$$
由于 $a_i$ 为正整数,所以由上式可知,必有
$$0 \leqslant a_i^2-1 \leqslant 13$$
从而 $a_i=1,2,3$,即
$$a_i^2-1 \in \{0,3,8\}$$
设在 $a_1^2-1,a_2^2-1,\cdots,a_k^2-1$ 中有 $a$ 个 0,$b$ 个 3,$c$ 个 8,于是就有
$$3b+8c=13$$
要使这个不定方程有非负整数解,$c$ 只能为 0 或 1. 当 $c=0$ 时,$3b=13$,当 $c=1$ 时,$3b=5$,此时均不存在整数解 $b$.

因此,上述假设不成立,所以对一切正整数 $n \geqslant 4$,都有
$$S(n) \leqslant n^2-14$$

(2) 证明对 $n=13$ 可以成立等式 $S(n)=n^2-14$.

首先证明,每一个大于 13 的正整数 $l$ 都可以表示为 $3s+8t$ 的形式,其中 $s$ 和 $t$ 为非负整数.

事实上,若 $l=3s_0$,则 $l=3s_0+8\cdot 0$;

若 $l=3s_1+1$,则 $s_1 \geqslant 5$,$l=3(s_1-5)+8\cdot 2$;

若 $l=3s_2+2$,则 $s_2 \geqslant 4$,$l=3(s_2-2)+8\cdot 1$.

于是可以对满足 $s+t \leqslant k \leqslant n^2-14$ 的 $k$,取 $s,t$ 使
$$3s+8t=n^2-k$$

心得 体会 拓广 疑问

若 $s+t\leqslant k$,则有等式

$$\underbrace{1^2+\cdots+1^2}_{(k-s-t)\text{个}}+\underbrace{2^2+\cdots+2^2}_{s\text{个}}+\underbrace{3^2+\cdots+3^2}_{t\text{个}}=$$
$$k-s-t+4s+9t=3s+8t+k=n^2$$

即 $n^2$ 可以表为 $k$ 个平方数之和.

当 $k\geqslant\frac{1}{4}n^2$ 时,则

$$k\geqslant\frac{1}{4}n^2\geqslant\frac{1}{3}(n^2-k)\geqslant s+t$$

此时每个 $n^2$ 都可表为

$$\left[\frac{1}{4}n^2\right]+1,\left[\frac{1}{4}n^2\right]+2,\cdots,n^2-15,n^2-14$$

个平方数之和.

令 $n=13$,由于 $\left[\frac{1}{4}n^2\right]+1=\left[\frac{169}{4}\right]+1=43$,所以 $13^2$ 可以表为 $43,44,\cdots,155$ 个平方数之和.

因此只要证法 $13^2$ 能表示为 $1,2,\cdots,42$ 个平方数之和即可,由于

$$n^2=13^2=12^2+5^2=12^2+4^2+3^2=$$
$$8^2+8^2+5^2+4^2=8^2+8^2+4^2+4^2+3^2$$

因为

$$8^2=4^2+4^2+4^2+4^2,4^2=2^2+2^2+2^2+2^2$$
$$2^2=1^2+1^2+1^2+1^2$$

即 $8^2$ 可表为4个 $4^2$ 之和,$4^2$ 可表为4个 $2^2$ 之和,$2^2$ 可表为4个 $1^2$ 之和,所以对于 $n^2=8^2+8^2+5^2+4^2$ 可表为 $4,7,10,\cdots,43$ 个平方数之和.

对于 $n^2=8^2+8^2+4^2+4^2+3^2$ 又可表为 $5,8,11,\cdots,44$ 个平方数之和.

下面讨论 $n^2=12^2+4^2+3^2$.

因为 $12^2$ 可表为4个 $6^2$ 之和,$6^2$ 可表为4个 $3^2$ 之和,$4^2$ 可表为4个 $2^2$ 之和,$2^2$ 可表为4个 $1^2$ 之和,所以 $n^2=12^2+4^2+3^2$ 可表为 $3,6,9,\cdots,33$ 个平方数之和.

又因为 $n^2=\underbrace{3^2+3^2+\cdots+3^2}_{17\text{个}}+4^2$,$3^2=2^2+2^2+1^2$,所以,$n^2$ 又可表为 $18+2\cdot9=36$,$18+2\cdot12=42$ 个平方数之和,再由 $4^2$ 可表为4个 $2^2$ 之和,则 $n^2$ 也可表为 $36+3=39$ 个平方数之和. 因此 $n^2$ 可以表为 $1,2,3,\cdots,42,43,44$ 个平方数之和.

由以上 $n^2=13^2$ 可表为 $1,2,\cdots,155$ 个平方数之和,$n=13$ 满足要求.

(3) 证明如果 $S(n)=n^2-14$,则 $S(2n)=(2n)^2-14$,其中

心得 体会 拓广 疑问

$n \geqslant 13$.

首先对任何正整数 $1 \leqslant k \leqslant n^2 - 14$,都存在 $k$ 个正整数 $a_1$, $a_2$,…,$a_k$,使得

$$n^2 = a_1^2 + a_2^2 + \cdots + a_k^2$$

因此 $$(2n)^2 = (2a_1)^2 + (2a_2)^2 + \cdots + (2a_k)^2$$

可见,对于这样的 $k$,$(2n)^2$ 都能表示成 $k$ 个平方数之和. 由此,由 $(2n)^2 = n^2 + n^2 + n^2 + n^2$ 可知,对 $1 \leqslant k \leqslant 4(n^2 - 14)$,$(2n)^2$ 都能表示为 $k$ 个平方数之和.

对于任何正整数 $4(n^2 - 14) \leqslant k \leqslant 4n^2 - 14$,因为 $n \geqslant 13$,则有

$$4k \geqslant 16(n^2 - 14) = 4n^2 + 2(6n^2 - 112) > (2n)^2$$

由(2)的证明可知,对于 $k \geqslant \frac{1}{4}(2n)^2$,$(2n)^2$ 可以表示为 $k$ 个平方数之和.

综上所述,对于 $n \geqslant 13$,只要有 $S(n) = n^2 - 14$,则必有 $S(2n) = (2n)^2 - 14$,由(2)已存在 $n = 13$,使 $S(13) = 13^2 - 14$,所以存在无限多个正整数 $n$,使得 $S(n) = n^2 - 14$.

4.1.103 对于整数 $x \geqslant 1$,设 $p(x)$ 是不整除 $x$ 的最小素数,$q(x)$ 是所有小于 $p(x)$ 的素数之积. 特别地 $p(1) = 2$,若有某个 $x$,使 $p(x) = 2$,则定义 $q(x) = 1$.

序列 $x_0, x_1, x_2, \cdots$ 由下式定义

$$x_0 = 1, x_{n+1} = \frac{x_n p(x_n)}{q(x_n)}$$

其中 $n \geqslant 0$,试求所有使 $x_n = 1\ 995$ 的整数 $n$.

(第36届国际数学奥林匹克预选题,1995年)

**证明** 显然,由 $p(x)$ 与 $q(x)$ 的定义可导出,对任何 $x$,$q(x)$ 都整除 $x$,于是

$$x_{n+1} = \frac{x_n}{q(x_n)} \cdot p(x_n)$$

即对任何 $n$,$x_{n+1}$ 都是正整数.

另外,用数学归纳法容易证明,对所有 $n$,$x_n$ 都设有平方因子. 因而,可依据是否被某个素数整除对 $x$ 确定唯一的一个编码,具体做法如下:

设 $p_0 = 2, p_1 = 3, p_2 = 5, \cdots$ 是按递增顺序排列的全部素数的序列.

设 $x > 1$ 是任一个无平方因子的数,并设 $p_m$ 是整除 $x$ 的最大素数.

用 $p_i$ 除 $x$，若 $p_i$ 能整除 $x$ 时，取编码 $S_i=1$，否则取编码 $S_i=0$，则 $x$ 的编码为 $(1,S_{m-1},S_{m-2},\cdots,S_1,S_0)$。定义 $f(x)=\frac{xp(x)}{q(x)}$，若 $x$ 的编码最后一位是 0，则 $x$ 是奇数，$p(x)=2,q(x)=1,f(x)=2x$，$f(x)$ 的编码除了最后一位的 0 被 1 替代外，其余的与 $x$ 的编码相同，如果 $x$ 的编码的最后若干位为 $011\cdots1$，则 $f(x)$ 的编码的最后若干位为 $100\cdots0$，如果将编码遍历全部二进制数，则 $f(x)$ 的编码可由 $x$ 的编码加 1 得到.

由 $x_1=2$ 以及当 $n\geqslant2$ 时，$x_{n+1}=f(x_n)$，$x_n$ 的编码可直接等于 $n$ 的二进制表示.

因此，当 $x_n=1\ 995=3\cdot5\cdot7\cdot19$ 时，存在的唯一的 $n$，由 $x_n$ 的编号 10001110（从右向左的编号是由 $2\nmid1\ 995,3\mid1\ 995,5\mid1\ 995,7\mid1\ 995,11\nmid1\ 995,13\nmid1\ 995,17\nmid1\ 995,19\mid1\ 995$ 而得）. 由

$$(10001110)_2=(142)_{10}$$

所以，$n=142$ 是使 $x_n=1\ 995$ 的整数 $n$.

4.1.104　设 $\mu(n)$ 是麦比乌斯函数，证明：

（1）$\sum_{d^2\mid n}\mu(d)=\mu^2(n)$；

（2）设 $n=p_1^{l_1}p_2^{l_2}\cdots p_r^{l_r}$，则 $\sum_{d\mid n}|\mu(d)|=2^r$.

**证明**　（1）由 $\mu(n)$ 的定义可知

$$\mu^2(n)=\begin{cases}1, & n\text{ 等于 1 及不含有大于 1 的平方因数时}\\0, & n\text{ 含有平方因数时}\end{cases}$$

因此，当 $n$ 等于 1 及不含有大于 1 的平方因数时，有

$$\sum_{d^2\mid n}\mu(d)=\mu(1)=1$$

当 $n$ 含有平方因数时，设 $n=n_0^2m,n_0>1$，$m$ 不含有平方因数，这时当 $d^2\mid n$ 时，必有 $d\mid n_0$，故有

$$\sum_{d^2\mid n}\mu(d)=\sum_{d\mid n_0}\mu(d)=0$$

（2）由 $\mu(n)$ 的定义，易知有

$$\sum_{d\mid n}|\mu(d)|=\sum_{d\mid p_1p_2\cdots p_r}|\mu(d)| \tag{①}$$

为此，只需证明当 $r\geqslant1$ 时有

$$\sum_{d\mid p_1\cdots p_r}|\mu(d)|=2^r \tag{②}$$

当 $r=1$ 时，由于

$$\sum_{d\mid p}|\mu(d)|=|\mu(1)|+|\mu(p)|=1+|-1|=2$$

式②成立.设$k\geqslant 2$,且当$r=1,2,\cdots,k-1$时,式②成立,要证$r=k$时,式②也成立.由于$p_1,p_2,\cdots,p_k$是$k$个相异素数,所以$(p_1\cdots p_{k-1},p_k)=1$,且$p_1p_2\cdots p_{k-1}p_k$的正因数$d$是$p_1p_2\cdots p_{k-1}$的正因数$d_1$和$p_k$的正因数$d_2$的乘积,故有

$$\sum_{d\mid p_1\cdots p_{k-1}p_k}|\mu(d)|=\sum_{d_1\mid p_1\cdots p_{k-1}}\sum_{d_2\mid p_k}|\mu(d_1d_2)|=$$

$$\sum_{d_1\mid p_1\cdots p_{k-1}}|\mu(d_1)|\cdot\sum_{d_2\mid p_k}|\mu(d_2)|=$$

$$2\sum_{d_1\mid p_1\cdots p_{k-1}}|\mu(d_1)|=2\cdot 2^{k-1}=2^k$$

因此由数学归纳法,式②成立,所以由式①和式②,就证明了结论.

4.1.105 证明:

(1)若$n$是奇数,则$\varphi(4n)=2\varphi(n)$.

(2)若$(m,n)=2$,则$\varphi(mn)=2\varphi(m)\varphi(n)$.又若$(m,n)=p$($p$是素数),问$\varphi(mn)$与$\varphi(m)\varphi(n)$有怎样的关系.

(3)求正整数$n$,使$\varphi(n)=2n$.

(4)当且仅当$n=2^k$($k$是正整数)时,$\varphi(n)=\frac{1}{2}n$.

**证明** (1)由于$n$是奇数,$(2,n)=1$,从而

$$\varphi(4n)=\varphi(4)\varphi(n)=2\varphi(n)$$

(2)设$m=2^rM,n=2^sN,M,N$是奇数,且$(M,N)=1$,于是

$$\varphi(mn)=\varphi(2^{r+s}\cdot MN)=\varphi(2^{r+s})\varphi(M)\varphi(N)=$$

$$2^{r+s-1}\varphi(M)\varphi(N)$$

$$\varphi(m)=\varphi(2^rM)=2^{r-1}\varphi(M)$$

$$\varphi(n)=\varphi(2^sN)=2^{s-1}\varphi(N)$$

因此

$$\varphi(mn)=2\varphi(m)\varphi(n)$$

其次,当$(m,n)=p$时,设$m=p^rM,n=p^sN$,有

$$(p,M)=1,(p,N)=1,(M,N)=1$$

同上可证

$$\varphi(mn)=\frac{p}{p-1}\varphi(m)\varphi(n)$$

(3)显然$n$不能等于1.如设$n=p_1^{l_1}p_2^{l_2}\cdots p_r^{l_r}$,于是

$$\varphi(n)=n\left(1-\frac{1}{p_1}\right)\left(1-\frac{1}{p_2}\right)\cdots\left(1-\frac{1}{p_r}\right)=2p_1^{l_1}p_2^{l_2}\cdots p_r^{l_r}$$

从而

$$(p_1-1)(p_2-1)\cdots(p_r-1)=2p_1p_2\cdots p_r$$

但$p_i-1<p_i(i=1,2,\cdots,r)$,故上式对任何素数$p_i$都不能成立,故

心得 体会 拓广 疑问

不存在正整数 $n$,使 $\varphi(n)=2n$. 对一切正整数 $n$,有 $\varphi(n)\leqslant n$.

(4) 当 $n=2^k$ 时,显然有

$$\varphi(n)=\varphi(2^k)=2^{k-1}=\frac{1}{2}n$$

反之,若设 $n=2^kN$,$N$ 是奇数,于是

$$\varphi(n)=\varphi(2^kN)=\varphi(2^k)\varphi(N)=2^{k-1}\varphi(N)=\frac{1}{2}n=2^{k-1}N$$

故 $\varphi(N)=N$,这只有 $N=1$ 时才成立.

(5) 当 $n=2^k\cdot 3^j$ 时

$$\varphi(n)=\varphi(2^k)\varphi(3^j)=2^k\cdot 3^{j-1}=\frac{1}{3}n$$

反之,如设 $n=2^k\cdot 3^jN$,其中 $(2,N)=1$,$(3,N)=1$,于是

$$\varphi(2^k\cdot 3^jN)=\varphi(2^k\cdot 3^j)\varphi(N)=2^k\cdot 3^{j-1}\varphi(N)=\frac{1}{3}n=2^k\cdot 3^{j-1}N$$

故 $\varphi(N)=N$,这只有 $N=1$ 时才成立.

(6) 由于 $6\mid n$,故设

$$n=2^k\cdot 3^jN(k\geqslant 1,j\geqslant 1),(2,N)=1,(3,N)=1$$

于是 $\varphi(n)=2^k\cdot 3^{j-1}\varphi(N)$,而对于任意正整数 $N$,$\varphi(N)\leqslant N$,故 $\varphi(n)\leqslant 2^k\cdot 3^{j-1}N=\frac{1}{3}n$.

(7) 可以证明,当 $n-1$ 和 $n+1$ 均为素数,且 $n>4$ 时,有 $6\mid n$. 事实上,$n>4$,$n-1$ 和 $n+1$ 均为奇素数,故 $2\mid n$. 另一方面因 $3\nmid n-1$,$3\nmid n+1$,故用 3 除 $n-1$ 时余数必为 2,否则余数若为 1,将有 $3\mid n+1$. 这样便有

$$n-1=3k+2,n+1=3(k+1)+1$$

这表示 $3\mid 2n$,从而 $3\mid n$,因此 $6\mid n$. 再由(6)知结论正确.

4.1.106　对于由整数构成的非空集合 $S$,令 $\sigma(S)$ 表示 $S$ 中的所有元素之和. 设 $A=\{a_1,a_2,\cdots,a_{11}\}$ 是一个由正整数构成的集合,并且 $a_1<a_2<\cdots<a_{11}$. 如果对于每个正整数 $n\leqslant 1\ 500$,都存在 $A$ 的一个子集 $S$,使得 $\sigma(S)=n$,求 $a_{10}$ 的最小可能值.

(第 21 届美国数学奥林匹克,1992 年)

**解**　设 $S_k=\sum\limits_{i=1}^{k}a_i$,则有

$$a_{k+1}\leqslant S_k+1,k=1,2,\cdots,10$$

事实上,若存在 $j$,使得

$$a_{j+1}>S_j+1$$

那么,对 $n = S_j + 1$,由于

$$a_1 + a_2 + \cdots + a_j = S_j < n$$

而

$$a_t > S_j + 1 = n(t > j)$$

从而不存在 $S \subset A$,使得 $\sigma(S) = n$.

易知,$a_1 = 1$,于是可得

$$a_2 \leqslant 2, a_3 \leqslant 4, a_4 \leqslant 8, a_5 \leqslant 16$$

$$a_6 \leqslant 32, a_7 \leqslant 64, a_8 \leqslant 128$$

若 $a_{10} \leqslant 247$,则 $a_9 \leqslant 246$,因此

$$a_{11} \leqslant S_{10} + 1 = (1 + 2 + 4 + \cdots + 128) + 246 + 247 + 1 = 749$$

从而

$$S_{11} = S_{10} + a_{11} \leqslant 1\ 497$$

这是不可能的. 从而

$$a_{10} \geqslant 248$$

又当 $a_1 = 1, a_2 = 2, a_3 = 4, a_4 = 8, a_5 = 16, a_6 = 32, a_7 = 64, a_8 = 128$, $a_9 = 247, a_{10} = 248, a_{11} = 751$ 时,集合 $A = \{a_1, a_2, \cdots, a_{11}\}$ 满足题目要求.

实际上,1,2,4,8,…,128 可表示 1 至 $2^7 + 2^6 + \cdots + 2 + 1 = 255$ 之间的所有整数,这可由二进制表示得到.

1,2,4,…,128,247,248 可表示从 248 至 $247 + 248 + 255 = 750$ 之间的所有整数.

从而 1,2,…,128,247,248,751 可表示从 1 至 1 500 间的所有整数.

4.1.107 设 $x$ 为正实数,$p$ 为素数,证明

$$\varphi(p, x) = [x] - \left[\frac{x}{p}\right]$$

又当 $p_1, p_2, \cdots, p_r$ 是相异素数时,证明

$$\varphi(p_1 p_2 \cdots p_r, x) = \varphi(p_1 p_2 \cdots p_{r-1}, x) - \varphi\left(p_1 p_2 \cdots p_{r-1}, \frac{x}{p_r}\right)$$

**证明** 由于

$$\left[\frac{x}{p}\right] \leqslant \frac{x}{p} < \left[\frac{x}{p}\right] + 1$$

故

$$\left[\frac{x}{p}\right] p \leqslant x < \left(\left[\frac{x}{p}\right] + 1\right) p$$

由此知,不超过 $x$ 的 $p$ 的倍数(正倍数)共有 $\left[\frac{x}{p}\right]$ 个,由于 $p$ 是素数,故在 1 到 $[x]$ 的整数中,凡不是 $p$ 的倍数的均与 $p$ 互素,其个数显然等于 $[x] - \left[\frac{x}{p}\right]$,故

心得 体会 拓广 疑问

$$\varphi(p,x)=[x]-\left[\frac{x}{p}\right]$$

其次,设不超过 $x$ 的 $p_r$ 的正倍数是

$$p_r,2p_r,3p_r,\cdots,\left[\frac{x}{p_r}\right]p_r$$

它们之中与 $p_1,p_2,\cdots,p_{r-1}$ 互素的个数同 $1,2,\cdots,\left[\frac{x}{p_r}\right]$ 之中与 $p_1,p_2,\cdots,p_{r-1}$ 互素的个数 $\varphi(p_1p_2\cdots p_{r-1},\frac{x}{p_r})$ 相等. 在不超过 $x$ 且与 $p_1,p_2,\cdots,p_{r-1}$ 互素的整数中除去上面那些整数,剩下的就是不超过 $x$ 的整数中与 $p_1,p_2,\cdots,p_r$ 都互素的整数,故

$$\varphi(p_1p_2\cdots p_r,x)=\varphi(p_1p_2\cdots p_{r-1},x)-\varphi(p_1p_2\cdots p_{r-1},\frac{x}{p_r})$$

4.1.108 在1的 $n$ 次方根 $\cos\frac{2k\pi}{n}+\mathrm{i}\sin\frac{2k\pi}{n}(k=0,1,\cdots,n-1)$ 中,$n$ 阶单位根的个数是 $\varphi(n)$. 设 $F_n(x)$ 是以这些 $n$ 阶单位根为根的 $\varphi(n)$ 次多项式,证明

$$F_n(x)=\prod_{d\mid n}(x^{\frac{n}{d}}-1)^{n(d)}$$

这里 $a$ 是 $n$ 阶单位根是指 $a^n=1,a^d\neq 1(0<d<n)$.

**证明** 先证法1的 $n$ 次方根中有 $\varphi(n)$ 个 $n$ 阶单位根.

将 $n$ 次方根 $\cos\frac{2k\pi}{n}+\mathrm{i}\sin\frac{2k\pi}{n}$ 记为

$$\mathrm{e}^{\mathrm{i}\frac{2k\pi}{n}}=W_n^k(k=0,1,\cdots,n-1)$$

其中 $W_n=\mathrm{e}^{\mathrm{i}\frac{2k\pi}{n}}$. 显然 $W_n$ 是 $n$ 阶单位根. 下面证明,当且仅当$(k,n)=1$ 时,$W_n^k$ 是 $n$ 阶单位根. 事实上,有

$$(W_n^k)^n=(W_n^n)^k=1(k=0,1,\cdots,n-1)$$

当 $W_n^k$ 是 $n$ 阶单位根时,如设$(k,n)=d\geqslant 1$,有

$$(W_n^k)^{\frac{n}{d}}=(W_n^n)^{\frac{k}{d}}=1$$

这时,必有 $d=1$,否则与 $W_n^k$ 的阶数是 $n$ 矛盾,故$(k,n)=1$. 反之,设$(k,n)=1$,如设 $W_n^k$ 的阶数是 $n'$,由于$(W_n^t)^n=1$,这时必有 $n'\mid n$,这是因为,如设 $n=n'q+r(0<r<n^l)$,就有

$$1=(W_n^k)^n=(W_n^k)^{n'q+r}=(W_n^k)^r$$

由于 $0<r<n$,这与 $W_n^k$ 的阶数是 $n'$ 矛盾,故 $r=0$,从而 $n'\mid n$. 另一方面,由于 $W_n^{kn'}=1$,$W_n$ 是 $n$ 阶单位根,故 $n\mid kn'$,从而 $n\mid n'$(因$(k,n)=1$),这样就有 $n'=n$. 所以当$(k,n)=1$ 时,$W_n^k$ 的阶数是 $n$.

由上知,当且仅当$(k,n)=1$ 时,$W_n^k$ 是 $n$ 阶单位根. 由于0,

$1,\cdots,n-1$ 中与 $n$ 互素的整数的个数是 $\varphi(n)$,所以在 $n$ 次方根中是 $n$ 阶单位根的方根个数是 $\varphi(n)$.

其次,由 $F_n(x)$ 的定义以及 $\sum\limits_{d\mid n}\varphi(d)=n$,便有

$$\prod_{d\mid n}F_d(x)=x^n-1$$

从而有

$$\lg\prod_{d\mid n}F_d(x)=\sum_{d\mid n}\lg F_d(x)=\lg(x^n-1)$$

$$\lg F_n(x)=\sum_{d\mid n}\mu(d)\lg(x^{\frac{n}{d}}-1)$$

于是

$$\lg F_n(x)=\sum_{d\mid n}\lg(x^{\frac{n}{d}}-1)^{n(d)}=\lg\prod_{d\mid n}(x^{\frac{n}{d}}-1)^{\mu(d)}$$

故

$$F_n(x)=\prod_{d\mid n}(x^{\frac{n}{d}}-1)^{\mu(d)}$$

4.1.109 $\alpha,\beta$ 为两个正实数,对于所有正整数 $n$,已知 $[n\alpha]+[n\beta]=[n(\alpha+\beta)]$,求证:$\alpha,\beta$ 中至少有一个为正整数,这里 $[nx]$($x=\alpha,\beta$ 或 $\alpha+\beta$)表示不超过 $nx$ 的最大整数.

**证明** 用反证法,设 $\alpha,\beta$ 都不是正整数,记

$$\alpha=[\alpha]+\alpha_1,0<\alpha_1<1$$

$$\beta=[\beta]+\beta_1,0<\beta_1<1 \quad ①$$

那么,有

$$[n\alpha]+[n\beta]=(n[\alpha]+n[\beta])+([n\alpha_1]+[n\beta_1])$$

$$[n(\alpha+\beta)]=n([\alpha]+[\beta])+[n(\alpha_1+\beta_1)] \quad ②$$

利用题目条件,对于任意正整数 $n$,有

$$[n\alpha_1]+[n\beta_1]=[n(\alpha_1+\beta_1)] \quad ③$$

首先证明 $\alpha_1+\beta_1<1$,用反证法.如果 $\alpha_1+\beta_1\geqslant 1$,在 ③ 中取 $n=2$,应有

$$[\alpha_1]+[\beta_1]=[\alpha_1+\beta_1]=1 \quad ④$$

但从 ① 知道 ④ 左边为零,矛盾.

对于任意正实数 $x$,记

$$\{x\}=x-[x] \quad ⑤$$

在记号 ⑤ 下

$$\alpha_1=\{\alpha\},\beta_1=\{\beta\}$$

由于 $n\alpha_1+n\beta_1=n(\alpha_1+\beta_1)$,此等式减去 ③,再利用 ⑤,有

$$\{n\alpha_1\}+\{n\beta_1\}=\{n(\alpha_1+\beta_1)\} \quad ⑥$$

如果 $\alpha_1+\beta_1$ 是正有理数,则存在正整数 $p,q$,使得

$$\alpha_1+\beta_1=\frac{p}{q} \quad ⑦$$

心得 体会 拓广 疑问

那么

$$\{q(\alpha_1+\beta_1)\}=q(\alpha_1+\beta_1)-[q(\alpha_1+\beta_1)]=p-p=0 \quad ⑧$$

当 $\alpha_1+\beta_1$ 是正无理数时,需要下述定理.

**定理(有理数逼近实数定理)** $x$ 是一个正的无理数,那么一定存在两个单调递增的正整数数列 $\{p_n \mid n\in\mathbf{N}\}$ 和 $\{q_n \mid n\in\mathbf{N}\}$,满足 $\left|x-\frac{p_n}{q_n}\right|<\frac{1}{q_n^2}$.

**定理的证明** 用 $a_0$ 表示 $x$ 的整数部分,即 $a_0=[x]$,令

$$\frac{1}{x_1}=x-a_0 \quad ⑨$$

$x_1$ 也是一个正无理数,而且大于 1,取正整数 $a_1=[x_1]$,再令

$$\frac{1}{x_2}=x_1-a_1 \quad ⑩$$

如此继续下去,对于 $j=2,3,\cdots,n$,令

$$\frac{1}{a_{j+1}}=x_j-a_j \quad ⑪$$

这里 $a_j=[x_j]$ 都是正整数,$x_2,x_3,\cdots,x_{n+1}$ 全是大于 1 的正无理数.

这样,就得到了一分数表示式

$$x=a_0+\cfrac{1}{a_1+\cfrac{1}{a_2+\cfrac{}{\ddots+\cfrac{1}{a_n+\cfrac{1}{x_{n+1}}}}}} \quad ⑫$$

由于 ⑫ 的写法太占篇幅,可简记为

$$x=[a_0,a_1,a_2,\cdots,a_n,x_{n+1}] \quad ⑬$$

利用 ⑫ 与 ⑬ 的关系有

$$[a_0]=\frac{a_0}{1},[a_0,a_1]=a_0+\frac{1}{a_1}=\frac{a_0a_1+1}{a_1}$$

$$[a_0,a_1,a_2]=a_0+\cfrac{1}{a_1+\cfrac{1}{a_2}}=a_0+\frac{a_2}{a_1a_2+1}=$$

$$\frac{a_0a_1a_2+a_0+a_2}{a_1a_2+1} \quad ⑭$$

记

$$p_0=a_0,q_0=1,p_1=a_0a_1+1,q_1=a_1$$

$$p_2=a_0a_1a_2+a_0+a_2=a_2p_1+p_0$$

$$q_2=a_1a_2+1=a_2q_1+q_0 \quad ⑮$$

那么有

$$[a_0]=\frac{p_0}{q_0},[a_0,a_1]=\frac{p_1}{q_1},[a_0,a_1,a_2]=\frac{p_2}{q_2} \quad ⑯$$

心得 体会 拓广 疑问

引入两列数(参考 ⑮)

$$p_n = a_n p_{n-1} + p_{n-2}, q_n = a_n q_{n-1} + q_{n-2} \quad ⑰$$

这里正整数 $n \geq 2$. 现要证明

$$p_n q_{n-1} - p_{n-1} q_n = (-1)^{n-1} (n \in \mathbf{N}) \quad ⑱$$

$$p_n q_{n-2} - p_{n-2} q_n = (-1)^n a_n, \text{正整数 } n \geq 2 \quad ⑲$$

$$[a_0, a_1, \cdots, a_n] = \frac{p_n}{q_n} (n \in \mathbf{N}) \quad ⑳$$

在这里要申明,这里一切 $a_j (j = 0, 1, 2, \cdots, n)$ 全是正实数,式 ⑫ 是一个形式的定义,这样做的目的是便于 ⑳ 的证明,过一会儿就能看到.

对于式 ⑱,对 $n$ 用归纳法. 当 $n = 1$ 时,利用 ⑮,有

$$p_1 q_0 - p_0 q_1 = (a_0 a_1 + 1) - a_0 a_1 = 1 \quad ㉑$$

因此,当 $n = 1$ 时,⑱ 成立,设当 $n = k$ 时

$$p_k q_{k-1} - p_{k-1} q_k = (-1)^{k-1} \quad ㉒$$

则当 $n = k + 1$ 时,有

$$\begin{aligned} p_{k+1} q_k - p_k q_{k+1} &= (a_{k+1} p_k + p_{k-1}) q_k - \\ & p_k (a_{k+1} q_k + q_{k-1}) = \\ & p_{k-1} q_k - p_k q_{k-1} = (-1)^k \end{aligned} \quad ㉓$$

因此 ⑱ 成立,现对 ⑲,用 ⑱ 的结果,很容易得到

$$\begin{aligned} p_n q_{n-2} - p_{n-2} q_n &= (a_n p_{n-1} + p_{n-2}) q_{n-2} - p_{n-2} (a_n q_{n-1} + q_{n-2}) = \\ & a_n (p_{n-1} q_{n-2} - p_{n-2} q_{n-1}) = \\ & a_n (-1)^{n-2} = (-1)^n a_n \end{aligned} \quad ㉔$$

这样式 ⑲ 也得到了,现在证明 ⑳. 对 $n$ 用数学归纳法,奠基工作 ⑯ 已经做了,设当 $n = m$ 时

$$[a_0, a_1, \cdots, a_m] = \frac{p_m}{q_m} \quad ㉕$$

这里 $p_m = a_m p_{m-1} + p_{m-2}, q_m = a_m q_{m-1} + q_{m-2}$,当 $n = m + 1$ 时,从 ⑫ 和 ⑬,有

$$[a_0, a_1, \cdots, a_{m-1}, a_m, a_{m+1}] =$$

$$\left[a_0, a_1, \cdots, a_{m-1}, a_m + \frac{1}{a_{m+1}}\right] =$$

$$\frac{\left(a_m + \frac{1}{a_{m+1}}\right) p_{m-1} + p_{m-2}}{\left(a_m + \frac{1}{a_{m+1}}\right) q_{m-1} + q_{m-2}}$$(利用归纳法假设 ㉕,在公式 ㉕ 中,$a_m$ 是任意一个正实数) =

心得 体会 拓广 疑问

$$\frac{(a_m p_{m-1}+p_{m-2})+\dfrac{p_{m-1}}{a_{m+1}}}{(a_m q_{m-1}+q_{m-2})+\dfrac{q_{m-1}}{a_{m+1}}}=$$

$$\frac{p_m+\dfrac{p_{m+1}}{a_{m+1}}}{q_m+\dfrac{q_{m+1}}{a_{m+1}}}=\frac{a_{m+1}p_m+p_{m-1}}{a_{m+1}q_m+q_{m-1}}=\frac{p_{m+1}}{q_{m+1}}$$

式⑳成立.

现在来证明有理数逼近实数定理. $a_1,a_2,\cdots,a_n$ 全是正整数,利用⑬,有

$$x=[a_0,a_1,a_2,\cdots,a_n,x_{n+1}]=\frac{x_{n+1}p_n+p_{n-1}}{x_{n+1}q_n+q_{n-1}} \tag{26}$$

所以

$$x-\frac{p_n}{q_n}=\frac{x_{n+1}p_n+p_{n-1}}{x_{n+1}q_n+q_{n-1}}-\frac{p_n}{q_n}=\frac{p_{n-1}q_n-p_nq_{n-1}}{q_n(x_{n+1}q_n+q_{n-1})}=$$
$$\frac{(-1)^n}{q_n(x_{n+1}q_n+q_{n-1})} \tag{27}$$

由于 $a_0$ 是非负整数,$a_1,a_2,\cdots,a_n$ 都是正整数,从式⑮和式⑰可以知道 $p_j,q_j(j\in\mathbf{N})$ 都是正整数,而且满足

$$p_0<p_1\leqslant p_2(\text{当 } a_0=0,a_2=1 \text{ 时取等号})<$$
$$p_3<\cdots<p_n\cdots,q_1<q_2<q_3<\cdots<q_n<\cdots \tag{28}$$

显然 $p_n\geqslant n-1,q_n\geqslant n$.

利用㉗,两端取绝对值,有

$$\left|x-\frac{p_n}{q_n}\right|=\frac{1}{q_n(x_{n+1}q_n+q_{n-1})}<\frac{1}{q_n^2}(n\in\mathbf{N}) \tag{29}$$

这里利用 $x_{n+1}>1,q_{n-1}>0$.

当 $\alpha_1+\beta_1$ 是正无理数时,令 $x=\alpha_1+\beta_1$,在式㉗中取 $n=2k$ $(k\in\mathbf{N})$,两端乘以正整数 $q_n$,有

$$0<(\alpha_1+\beta_1)q_{2k}-p_{2k}=\frac{1}{x_{2k+1}q_{2k}+q_{2k-1}}<\frac{1}{q_{2k}} \tag{30}$$

从㉚,有

$$p_{2k}<(\alpha_1+\beta_1)q_{2k}<p_{2k}+\frac{1}{2k} \tag{31}$$

上式表明对于正实数 $\varepsilon$,这里 $\varepsilon<\min(\alpha_1,\beta_1)<1$,一定有正整数 $q_{2k}$ 存在,使得

$$\{q_{2k}(\alpha_1+\beta_1)\}<\varepsilon \tag{32}$$

实际上只要取正整数 $k$ 满足 $\frac{1}{2k}<\varepsilon$ 即可.

从⑥和㉜,有

心得 体会 拓广 疑问

$$\{q_{2k}\alpha_1\} < \varepsilon, \{q_{2k}\beta_1\} < \varepsilon \quad ㉝$$

而

$$(q_{2k}-1)(\alpha_1+\beta_1)=q_{2k}(\alpha_1+\beta_1)-(\alpha_1+\beta_1)=[q_{2k}(\alpha_1+\beta_1)]+\{q_{2k}(\alpha_1+\beta_1)\}-(\alpha_1+\beta_1)$$

从上面叙述,有

$$\{q_{2k}(\alpha_1+\beta_1)\}-(\alpha_1+\beta_1)<\varepsilon-(\alpha_1+\beta_1)<0 \quad ㉟$$

于是

$$[(q_{2k}-1)(\alpha_1+\beta_1)]=[q_{2k}(\alpha_1+\beta_1)]-1 \quad ㊱$$

另一方面

$$(q_{2k}-1)\alpha_1=q_{2k}\alpha_1-\alpha_1=[q_{2k}\alpha_1]+\{q_{2k}\alpha_1\}-\alpha_1<[q_{2k}\alpha_1]$$

(利用 ㉝ 及 $\varepsilon<\alpha_1$) ㊲

类似有

$$(q_{2k}-1)\beta_1<[q_{2k}\beta_1] \quad ㊳$$

则

$$[(q_{2k}-1)\alpha_1]=[q_{2k}\alpha_1]-1$$
$$[(q_{2k}-1)\beta_1]=[q_{2k}\beta_1]-1 \quad ㊴$$

由式 ③,应当有

$$[(q_{2k}-1)(\alpha_1+\beta_1)]=[(q_{2k}-1)\alpha_1]+[(q_{2k}-1)\beta_1] \quad ㊵$$

但是从 ㊱ 和 ㊴,知道 ㊵ 不可能成立.矛盾.

当 $\alpha_1+\beta_1$ 是正有理数时,利用式 ⑥ 和式 ⑧,知道

$$\{q\alpha_1\}=0, \{q\beta_1\}=0$$

在上述证明中,取 $q_{2k}=q$,式 ㉜ ~ ㊵ 的叙述都仍然有效.因此,也推出矛盾.

当 $\alpha,\beta$ 中有一个是正整数时,题目等式当然对任意正整数 $n$ 成立.

## 4.2 函数方程

4.2.1 设 $n$ 是自然数,$f(n)=n^2+1$(十进制)的各位数码之和,$f^{(1)}(n)=f(n)$,$f^{(2)}(n)=f(f(n))$,$\cdots$,$f^{(k+1)}(n)=f(f^{(k)}(n))$,$k\geqslant 1$,求 $f^{(100)}(1\ 990)$.

(中国上海市高三数学竞赛,1990 年)

**解** 设 $\mu(n)$ 表示 $n$ 的各位数码之和,则

$$f(1\ 990)=\mu(1\ 990^2+1)=\mu(3\ 960\ 101)=20$$
$$f^{(2)}(1\ 990)=f(20)=\mu(20^2+1)=\mu(401)=5$$

心得 体会 拓广 疑问

$$f^{(3)}(1\ 990)=f(5)=\mu(5^2+1)=\mu(26)=8$$
$$f^{(4)}(1\ 990)=f(8)=\mu(8^2+1)=\mu(65)=11$$
$$f^{(5)}(1\ 990)=f(11)=\mu(11^2+1)=\mu(122)=5$$

从而当 $k\geqslant 1$ 时

$$f^{(3k)}(1\ 990)=8$$
$$f^{(3k+1)}(1\ 990)=11$$
$$f^{(3k+2)}(1\ 990)=5$$

因为 $100\equiv 1(\bmod 3)$

所以 $f^{(100)}(1\ 990)=11$

4.2.2 对于给定的正整数$k$,定义$f_1(k)$为$k$的各位数码之和的开方,并令$f_{n+1}(k)=f_1(f_n(k))$. 求$f_{1\ 991}(2^{1\ 990})$的值.

(第31届国际数学奥林匹克预选题,1990年)

**解** 因为 $2^{1\ 990}<8^{700}<10^{700}$

所以

$$f_1(2^{1\ 990})\leqslant(700\cdot 9)^2=6\ 300^2<5\cdot 10^7$$
$$f_2(2^{1\ 990})\leqslant(4+7\cdot 9)^2=67^2<70^2=4\ 900$$
$$f_3(2^{1\ 990})\leqslant(4+8+9\cdot 2)^2=30^2$$

由于一个正整数与它的各位数码之和对模9同余,考虑$2^{1\ 990}$对模9的余数

$$2^6\equiv 1(\bmod 9)$$
$$2^{1\ 990}=2^{331\cdot 6+4}\equiv 2^4(\bmod 9)$$

所以 $2^{1\ 990}\equiv 7(\bmod 9)$

$$f_1(2^{1\ 990})\equiv 7^2(\bmod 9)$$
$$f_1(2^{1\ 990})\equiv 4(\bmod 9)$$
$$f_2(2^{1\ 990})\equiv 4^2\equiv 7(\bmod 9)$$

设$f_3(2^{1\ 990})\equiv t^2$,其中$t\leqslant 30$. 又

$$t\equiv f_2(2^{1\ 990})\equiv 7(\bmod 9)$$

则 $t\in\{7,16,25\}$

$$f_3(2^{1\ 990})\in\{7^2,16^2,25^2\}=\{49,256,625\}$$

而 $4+9=2+5+6=6+2+5=13$

所以必有

$$f_4(2^{1\ 990})=13^2=169$$
$$f_5(2^{1\ 990})=16^2=256$$
$$f_6(2^{1\ 990})=13^2=169$$
$$f_7(2^{1\ 990})=16^2=256$$

于是$f_4,f_5,f_6,f_7,\cdots$以169,256为周期循环. 即$k\geqslant 4$时

心得 体会 拓广 疑问

$$f_k(2^{1\,990})=\begin{cases}169, & k\text{ 为偶数}\\ 256, & k\text{ 为奇数}\end{cases}$$

于是
$$f_{1\,991}(2^{1\,990})=256$$

4.2.3 求所有函数 $f:\mathbf{Z}\to\mathbf{Z}$,使得对于所有 $x\in\mathbf{Z}$ 都有 $2f(f(x))-3f(x)+x=0$.

**解** 令 $g(x)=f(x)-x$,$g$ 也是 $\mathbf{Z}\to\mathbf{Z}$ 的函数,由已知得到

$$g(x)=2g(f(x)) \quad ①$$

**引理** 对于所有正整数 $x\in\mathbf{Z}$ 和正整数 $n$,都有 $2^n\mid g(x)$.

**证明** 当 $n=1$ 时由①已经成立,假设所有正整数 $x\in\mathbf{Z}$,都有 $2^k\mid g(x)$,由于 $f(x)$ 也是整数,因此也有 $2^k\mid g(f(x))$,根据①可知 $2^{k+1}\mid g(x)$,所以引理成立.

根据引理只能有 $g(x)\equiv 0$,所以 $f(x)=x$ 为所求.

4.2.4 对于自然数 $x$,用 $Q(x)$ 表示 $x$ 的各位数码(十进制)的和,用 $P(x)$ 表示 $x$ 的各位数码的积.证明:对每一个自然数 $n$,存在着无穷多个自然数 $x$,满足

$$Q(Q(x))+P(Q(x))+Q(P(x))+P(P(x))=n$$

(澳大利亚数学竞赛,1983 年)

**证明** 令 $x=11\cdots100\cdots0$. 其中 1 的个数为 $\underbrace{11\cdots10}_{n个}$ 个,0 的个数为任意自然数.

显然,这样的 $x$ 有无穷多个. 于是

$$Q(x)=\underbrace{11\cdots10}_{n个},P(x)=0$$

从而有

$$P(Q(x))=0,P(P(x))=0$$
$$Q(Q(x))=n,Q(P(x))=0$$

于是有

$$Q(Q(x))+P(Q(x))+Q(P(x))+P(P(x))=n$$

4.2.5 $f$ 是一个正整数集合到正整数的一个函数,并且满足:对于任意的正整数 $x,y$,都有

$$xf(y)+yf(x)=(x+y)f(x^2+y^2) \quad ①$$

求所有可能的 $f$.

**解** 对于任意的正整数 $k$,常数函数 $f(x)=k$ 显然满足①,以

心得 体会 拓广 疑问

下假设 $f$ 不是常数函数,因此存在两个正整数 $a,b$,使得 $f(a)<f(b)$,故

$$(a+b)f(a)<af(b)+bf(a)<(a+b)f(b)$$

由 ① 可得

$$(a+b)f(a)<(a+b)f(a^2+b^2)<(a+b)f(b)\Rightarrow f(a)<f(a^2+b^2)<f(b)$$

因此在 $f$ 值域中的任何两个正整数之间都还有一个正整数属于 $f$ 值域,矛盾.所以 $f$ 只能是常数函数.

> 4.2.6　设 $g,s$ 均是给定的大于等于1的正整数,$f(n)$ 表示正整数 $n$ 在 $g$ 进制中所有数码的 $s$ 次方之和.证明:$n,f(n),f(f(n)),\cdots$ 是周期的(也就是数列 $\{f^{(t)}(n),t=0,1,2,\cdots\}$ 是周期数列).
>
> (中国国家集训队训练题,1990年)

**证明**　设 $x$ 在 $g$ 进制中的表示为

$$x=(\overline{a_m a_{m-1}\cdots a_1 a_0})_g$$

其中 $0\leqslant a_i\leqslant g-1,0\leqslant i\leqslant m,a_m\neq 0$,则

$$f(x)=a_m^s+a_{m-1}^s+\cdots+a_0^s\leqslant(m+1)(g-1)^s$$

当 $m$ 足够大时

$$g^m\geqslant(m+1)(g-1)^s$$

因此存在足够大的 $x_0$,使得对一自然数 $p$,当 $p>x_0$ 时,$p>f(p)$.

由于在任何一个严格递减的自然数的数列中,只有有限多项大于 $x_0$,所以,在数列 $n,f(n),f^{(2)}(n),\cdots$ 中,有无数多个小于或等于 $x_0$.因此必有某两数相等,即有 $i\neq j$,满足

$$f^{(i)}(n)=f^{(j)}(n)$$

这样就有

$$f^{(i+l)}(n)=f^{(j+l)}(n)$$

所以 $n,f(n),f(f(n)),\cdots$ 是周期的.

> 4.2.7　$m$ 为正整数,定义 $f(m)$ 为 $m!$ 中因数2的个数(即满足 $2^k\mid m!$ 的最大整数 $k$).证明:有无穷多个正整数 $m$,满足 $m-f(m)=1\ 989$.
>
> (第30届国际数学奥林匹克候选题,1989年)

**证明**　将 $m$ 用二进制表示,即

$$m=\sum_{j=1}^{n}2^{r_j}=2^{r_n}+2^{r_{n-1}}+\cdots+2^{r_1}$$

其中整数 $r_n>r_{n-1}>\cdots>r_1\geqslant 0$,这时

心得 体会 拓广 疑问

$$f(m)=\left[\frac{\sum_j 2^{r_j}}{2}\right]+\left[\frac{\sum_j 2^{r_j}}{2^2}\right]+\left[\frac{\sum_j 2^{r_j}}{2^3}\right]+\cdots=$$
$$\sum_j 2^{r_j-1}+\sum_j 2^{r_j-2}+\sum_j 2^{r_j-3}+\cdots=$$
$$\sum_j (2^{r_j-1}+2^{r_j-2}+\cdots+1)=$$
$$\sum_j (2^{r_j}-1)=m-n$$

所以 $m-f(m)$ 等于 $m$ 在二进制中的非零数字的个数 $n$.

因为有无数多个 $m$ 的二进制表示中恰有 1 989 个非零数字,因此有无穷多个正整数 $m$,满足

$$n=m-f(m)=1\ 989$$

4.2.8 求所有正整数到正整数的函数,使得

$$f(n)+2f(f(n))=3n+5 \quad ①$$

对所有 $n\in \mathbf{N}$ 都成立.

**解** 将 $n=1$ 代入得到

$$f(1)+2f(f(1))=8$$

$f(1)$ 只能是偶数,故 $f(1)=2,4,6$.

① 若 $f(1)=6$,则 $f(6)=1$,因此

$$f(6)+2f(f(6))=23\Rightarrow f(1)=11$$

矛盾.

② 若 $f(1)=4$,则 $f(4)=2$,因此

$$f(4)+2f(f(4))=17\Rightarrow 2f(2)=15$$

矛盾.

③ 因此 $f(1)=2$,则 $f(2)=3$,假设对于某个 $n=k$ 时

$$f(k)=k+1$$

把 $n=k$ 代入式 ①,得到

$$f(k)+2f(f(k))=3k+5\Rightarrow f(k+1)=k+2=(k+1)+1$$

因此对于所有的正整数 $n$ 都有 $f(n)=n+1$,显然此函数的确满足条件.

4.2.9 对任何整数 $n\geqslant 0$,令 $S(n)=n-m^2$,其中 $m$ 是满足 $m^2\leqslant n$ 的最大整数,数列 $\{a_k\}_{k=0}^{\infty}$ 定义如下

$$a_0=A,a_{k+1}=a_k+S(a_k),k\geqslant 0$$

问对于哪些正整数 $A$,这个数列最终为常数?

(第 52 届美国普特南数学竞赛,1991 年)

心得 体会 拓广 疑问

**解** 如果 $A$ 是完全平方数,由题设,这个数列各项恒等于 $A$,因此这个数列最终为常数.

显然,如果数列不包含任何完全平方数,它将发散于无穷大.

下面证明如果 $A$ 不是完全平方数,则任何 $a_n$ 都不是完全平方数.

事实上,如果 $a_n$ 不是完全平方数,而 $a_{n+1}$ 是完全平方数,设

$$a_{n+1}=(r+1)^2$$

若 $a_n\geqslant r^2$,则

$$a_{n+1}=a_n+S(a_n)$$
$$(r+1)^2=a_n+(a_n-r^2)$$
$$r^2+(r+1)^2=2a_n$$

此式的左边是奇数,右边是偶数,矛盾. 若 $a_n<r^2$,则

$$a_{n+1}=a_n+S(a_n)$$
$$(r+1)^2<r^2+[r^2-1-(r-1)^2]=r^2+2r-2$$

此不等式显然不成立.

因此 $A$ 不是完全平方数,则任何 $a_n$ 都不可能是完全平方数.

由以上可知,仅当 $A$ 是完全平方数时,这个数列最终是常数.

4.2.10 一个函数 $f:\mathbf{N}\to\mathbf{N}$ 是严格递增的,$f(2)=2$,并且对于任意两个互素的正整数 $m,n$ 都有 $f(mn)=f(m)f(n)$,求所有这样的函数 $f$.

**证明** 因为 $f(1)<f(2)=2$,且 $f(1)$ 为正整数,故只能有 $f(1)=1$. 由于 $f$ 是严格递增的,故

$$f(3)f(5)=f(15)<f(18)=f(2)f(9)=2f(9)$$
$$f(9)<f(10)=f(2)f(5)=2f(5)$$

所以

$$f(3)f(5)<4f(5)\Rightarrow 2=f(2)<$$
$$f(3)<4\Rightarrow f(3)=3\Rightarrow f(6)=f(2)f(3)=6$$

假设对于某个 $k\geqslant 1$,$f(3\cdot 2^k)=3\cdot 2^k$,由于 $f$ 是严格递增的函数,因此它是 $[1,3\cdot 2^k]$ 到 $[1,3\cdot 2^k]$ 的映射,当然只能是一一映射,且对所有 $l\leqslant 3\cdot 2^k$ 都有 $f(l)=l$,故 $f(2^{k+1})=2^{k+1}$,因此

$$f(3\cdot 2^{k+1})=f(3)f(2^{k+1})=3\cdot 2^{k+1}$$

所以对于任意正整数 $n$,都有 $f(3\cdot 2^n)=3\cdot 2^n$. 对于任意正整数 $m$,都存在 $n$ 使得 $m\leqslant 3\cdot 2^n$,由于 $f$ 是 $[1,3\cdot 2^n]$ 到 $[1,3\cdot 2^n]$ 的恒等映射,所以有 $f(m)=m$,因此符合要求的函数为 $f(m)=m$.

心得 体会 拓广 疑问

4.2.11 设函数 $f$ 对非负整数有定义,且满足条件

$$f(0)=0,f(1)=1$$

$$f(n+2)=23f(n+1)+f(n),n=0,1,2,\cdots$$

试证:对任意 $m\in\mathbf{N}$,都存在 $d\in\mathbf{N}$,使得

$$m\mid f(f(n))\Leftrightarrow d\mid n$$

(中国国家集训队选拔试题,1991年)

**证明** (1) 首先证明对任意 $m\in\mathbf{N}$,存在 $n\in\mathbf{N}$,使得 $m\mid f(n)$.

不妨设 $m>1$,令 $g(n)$ 是 $f(n)$ 除以 $m$ 所得的余数,于是

$$g(n)\in\{0,1,2,\cdots,m-1\}$$

且

$$g(0)=0,g(1)=1$$

$$g(n+2)\equiv 23g(n+1)+g(n)\pmod m\ (n=0,1,2,\cdots) \quad ①$$

考虑映射 $T$

$$(f(n),f(n+1))\xrightarrow{T}(g(n),g(n+1))$$

由于 $(g(n),g(n+1))$ 仅有 $m^2$ 个不同的取值,于是存在 $n$ 与 $n'$ 满足 $1\leqslant n<n'\leqslant m^2+1$,且

$$(g(n),g(n+1))=(g(n'),g(n'+1))$$

即

$$\begin{cases}g(n+1)=g(n'+1)\\ g(n)=g(n')\end{cases}$$

由 ① 推得 $g(n-1)=g(n'-1)$. 递推可得

$$g(0)=g(n'-n)$$

由于 $g(0)=0$,所以 $g(n'-n)=0$. 即

$$m\mid f(n'-n),n'-n\in\mathbf{N}$$

(2) 令 $c=\min\{n;n\in\mathbf{N},m\mid f(n)\}$. 下面证明

$$m\mid f(n)\Leftrightarrow c\mid n \quad ②$$

当 $m=1$ 时,显然 $c=1$,从而 ② 成立;当 $m>1$ 时,由于 $f(1)=1$,所以 $c>1$. 从而有

$$m\mid f(0)=0$$

$$m\mid f(c),\text{但 } m\nmid f(n),n<c \quad ③$$

为证明 ②,用数学归纳法证明如下的命题:设 $k\in\mathbf{N}$,且 $m\mid f(k)$,则

$$f(k+t)\equiv(-1)^{t+1}f(k-t)\pmod m \quad ④$$

对任意 $t\in\mathbf{N}$,且 $t\leqslant k$.

(i) 当 $t=1$ 时,由于 $f(k)\equiv 0\pmod m$,从而由递推公式可知

$$f(k+1)=23f(k)+f(k-1)\equiv f(k-1)\pmod m$$

即 $t=1$ 时,④ 成立.

(ii) 设 $1\leqslant t\leqslant s$ 时,④ 成立,其中 $s\in\mathbf{N}$,且 $s<k$.

由递推公式及归纳假设知

$$f(k+s+1)=23f(k+s)+f(k+s-1)\equiv$$
$$(-1)^{s+1}23f(k-s)+(-1)^{s}f(k-(s-1))\pmod m$$

又

$$(-1)^{s+1}23f(k-s)+(-1)^{s}f(k-(s-1))=$$
$$(-1)^{s}[f(k-(s-1))-23f(k-s)]=$$
$$(-1)^{s+2}f(k-(s+1))$$

所以

$$f(k+s+1)\equiv(-1)^{s+2}f(k-(s+1))\pmod m$$

因此,当 $t=s+1$ 时 ④ 成立.

综合 ③,④ 即可得 ②.

以下利用 ② 证明所要的结果.

事实上,对任意 $m\in\mathbf{N}$,由 ② 知,存在 $c\in\mathbf{N}$,使得

$$m\mid f(n)\Leftrightarrow c\mid n$$

对于 $c\mid n$,再由 ② 可知,存在 $d\in\mathbf{N}$,使得

$$c\mid f(n)\Leftrightarrow d\mid n$$

于是

$$m\mid f(f(n))\Leftrightarrow c\mid f(n)\Leftrightarrow d\mid n$$

4.2.12 设 $\mathbf{N}$ 为正整数集,在 $\mathbf{N}$ 上定义函数 $f$ 如下:

(i) $f(1)=1,f(3)=3$;

(ii) 对 $n\in\mathbf{N}$,有

$$f(2n)=f(n)$$
$$f(4n+1)=2f(2n+1)-f(n)$$
$$f(4n+3)=3f(2n+1)-2f(n)$$

试求所有的 $n$,使 $n\leqslant 1\ 988$,且 $f(n)=n$.

(第 29 届国际数学奥林匹克,1988 年)

**解** 由已知公式可得到表 7.

**表 7**

| $n$ | 1 | 2 | 3 | 4 | 5 | 6 | 7 | 8 | 9 | 10 | 11 | 12 | 13 | 14 | 15 | 16 | 17 |
|---|---|---|---|---|---|---|---|---|---|---|---|---|---|---|---|---|---|
| $f(n)$ | 1 | 1 | 3 | 1 | 5 | 3 | 7 | 1 | 9 | 5 | 13 | 3 | 11 | 7 | 15 | 1 | 17 |

这张表说明,在 $n\leqslant 17$ 的范围内有

$$f(2^k)=1,f(2^k-1)=2^k-1,f(2^k+1)=2^k+1$$

这启发我们从二进制的角度来讨论问题,将上面的表格改写为二进制表示(表 8).

心得 体会 拓广 疑问

表 8

| $n$ | 1 | 2 | 3 | 4 | 5 | 6 | 7 | 8 | 9 |
| --- | --- | --- | --- | --- | --- | --- | --- | --- | --- |
| $f(n)$ | 1 | 1 | 3 | 1 | 5 | 3 | 7 | 1 | 9 |
| $n_{(2)}$ | 1 | 10 | 11 | 100 | 101 | 110 | 111 | 1000 | 1001 |
| $f(n)_{(2)}$ | 1 | 01 | 11 | 001 | 101 | 011 | 111 | 0001 | 1001 |

| $n$ | 10 | 11 | 12 | 13 | 14 | 15 | 16 | 17 |
| --- | --- | --- | --- | --- | --- | --- | --- | --- |
| $f(n)$ | 5 | 13 | 3 | 11 | 7 | 15 | 1 | 17 |
| $n_{(2)}$ | 1010 | 1011 | 1100 | 1101 | 1110 | 1111 | 10000 | 10001 |
| $f(n)_{(2)}$ | 0101 | 1101 | 0011 | 1011 | 0111 | 1111 | 00001 | 10001 |

由此猜想:$f(n)$ 的值等于 $n$ 的二进制展开式的反向排列所形成的二进制数.

下面用数学归纳法证明这个猜想.

由于 $f(2n)=f(n)$,所以只需考虑 $n$ 为奇数的情形.

(1) 如果 $n$ 具有 $4m+1$ 的形式. 设

$$4m+1=a_k\cdot 2^k+a_{k-1}\cdot 2^{k-1}+\cdots+a_1\cdot 2^1+a_0\cdot 1$$

其中 $a_i\in\{0,1\}$,$i=0,1,2,\cdots,k$,且 $a_k=1$.

显然,$a_0=1$,$a_1=0$. 所以

$$4m=a_k\cdot 2^k+a_{k-1}\cdot 2^{k-1}+\cdots+a_2\cdot 2^2$$

$$m=a_k\cdot 2^{k-2}+a_{k-1}\cdot 2^{k-3}+\cdots+a_3\cdot 2+a_2$$

$$2m+1=a_k\cdot 2^{k-1}+a_{k-1}\cdot 2^{k-2}+\cdots+a_3\cdot 2^2+a_2\cdot 2+1$$

由归纳假设有

$$f(m)=a_k+a_{k-1}\cdot 2+\cdots+a_3\cdot 2^{k-3}+a_2\cdot 2^{k-2}$$

$$f(2m+1)=a_k+a_{k-1}\cdot 2+\cdots+a_3\cdot 2^{k-3}+a_2\cdot 2^{k-2}+2^{k-1}$$

下面计算 $f(4m+1)$ 如下

$$\begin{aligned}f(4m+1)&=2f(2m+1)-f(m)=\\&(a_k\cdot 2+a_{k-1}\cdot 2^2+\cdots+a_3\cdot 2^{k-2}+a_2\cdot 2^{k-1}+2^k)-\\&(a_k+a_{k-1}\cdot 2+\cdots+a_3\cdot 2^{k-3}+a_2\cdot 2^{k-2})=\\&a_k+a_{k-1}\cdot 2+\cdots+a_3\cdot 2^{k-3}+a_2\cdot 2^{k-2}+\\&a_1\cdot 2^{k-1}+a_0\cdot 2^k\end{aligned}$$

所以 $f(4m+1)$ 恰为 $4m+1$ 的二进制展开式的反向排列. 于是 $n=4m+1$ 时猜想成立.

(2) 如果 $n$ 具有 $4m+3$ 的形式. 设

$$4m+3=a_k\cdot 2^k+a_{k-1}\cdot 2^{k-1}+\cdots+a_3\cdot 2^3+a_2\cdot 2^2+a_1\cdot 2+a_0$$

心得 体会 拓广 疑问

其中 $a_i \in \{0,1\}$，且 $a_k = 1$，显然 $a_0 = a_1 = 1$. 所以

$$4m = a_k \cdot 2^k + a_{k-1} \cdot 2^{k-1} + \cdots + a_2 \cdot 2^2$$

$$m = a_k \cdot 2^{k-2} + a_{k-1} \cdot 2^{k-3} + \cdots + a_2$$

$$2m + 1 = a_k \cdot 2^{k-1} + a_{k-1} \cdot 2^{k-2} + \cdots + a_2 \cdot 2 + 1$$

由归纳假设

$$f(m) = a_k + a_{k-1} \cdot 2 + \cdots + a_2 \cdot 2^{k-2}$$

$$f(2m+1) = a_k + a_{k-1} \cdot 2 + \cdots + a_2 \cdot 2^{k-2} + 2^{k-1}$$

下面计算 $f(4m+3)$ 如下

$$\begin{aligned} f(4m+3) = 3f(2m+1) - 2f(m) = \\ a_k + a_{k-1} \cdot 2 + \cdots + a_2 \cdot 2^{k-2} + 3 \cdot 2^{k-1} = \\ a_k + a_{k-1} \cdot 2 + \cdots + a_2 \cdot 2^{k-2} + 2^{k-1} + 2^k = \\ a_k + a_{k-1} \cdot 2 + \cdots + a_2 \cdot 2^{k-2} + a_1 \cdot 2^{k-1} + a_0 \cdot 2^k \end{aligned}$$

所以 $f(4m+3)$ 恰为 $4m+3$ 的二进制展开式的反向排列. 于是 $n = 4m+3$ 时猜想成立.

由以上，对所有 $n \in \mathbf{N}$，猜想成立.

设 $n = (\overline{t_1 t_2 \cdots t_m})_2$ 是 $n$ 的二进制表示，则满足 $f(n) = n$ 的数 $n$ 应具有下面的对称形式

$$(\overline{t_1 t_2 \cdots t_m})_2 = (\overline{t_m \cdots t_1 t_2})_2$$

容易验证，无论 $m = 2m_1$，还是 $m = 2m_1 - 1$，恰有 $m$ 位的二进制对称数都恰有 $2^{m_1-1}$ 个. 所以，小于 $2^{11} = 2\ 048$ 的二进制对称数共有

$$2(2^0 + 2^1 + 2^2 + 2^3 + 2^4) + 2^5 = 94(\text{个})$$

因为 $1\ 988 = (11111000100)_2$，而满足 $1\ 988 < n < 2\ 048$ 的二进对称数只有 $(11111011111)_2$ 和 $(11111111111)_2$ 这两个，从而满足 $n \leqslant 1\ 988$ 且 $f(n) = n$ 的数 $n$ 共 92 个.

4.2.13 设 $n$ 是不小于 3 的自然数，以 $f(n)$ 表示不是 $n$ 的因数的最小自然数（例如 $f(12) = 5$）. 如果 $f(n) \geqslant 3$，又可作 $f(f(n))$. 类似地，如果 $f(f(n)) \geqslant 3$，又可作 $f(f(f(n)))$ 等. 如果

$$\underbrace{f(f(\cdots f}_{k\text{个}f}(n)\cdots)) = 2$$

就把 $k$ 称为 $n$ 的“长度”.

如果用 $l_n$ 表示 $n$ 的长度，试对任意的自然数 $n(n \geqslant 3)$，求 $l_n$，并证明你的结论.

（第 3 届中国中学生数学冬令营，1988 年）

**解法 1** （1）当 $n$ 为奇数时，$f(n) = 2$. 所以 $l_n = 1$.

（2）我们指出，对任意 $n \geqslant 3$，都有

心得 体会 拓广 疑问

$$f(n)=p^k \quad ①$$

其中 $p$ 为质数而 $k$ 为正整数.

实际上,若 ① 不成立,设

$$f(n)=p_1^{k_1}p_2^{k_2}\cdots p_m^{k_m} \quad ②$$

其中 $p_1,\cdots,p_m$ 为互不相同的质数,而 $k_1,\cdots,k_m$ 为正整数,且 $m>1$.

则由 ② 知,存在两个互质的且均大于 1 的自然数 $a$ 和 $b$,使

$$f(n)=ab$$

显然

$$a<f(n),b<f(n)$$

显然 $f(n)$ 是不能整除 $n$ 的最小自然数,所以有 $a\mid n,b\mid n$.

从而由 $(a,b)=1$ 得 $ab\mid n$,即

$$f(n)\mid n$$

出现矛盾,从而证明了 ① 成立.

(3) 由 ① 知,若 $p$ 为奇数,则 $f(f(n))=2$,即

$$l_n=2$$

若 $p=2$,且 $k\geqslant 2$,则

$$f(f(n))=3,f(f(f(n)))=2$$

即

$$l_n=3$$

(4) 对于自然数 $n$,若存在正整数 $k\geqslant 2$,使得

$$j\mid n,j=2,3,\cdots,2^k-1$$

且

$$2^k\nmid n$$

则

$$f(n)=2^k$$

此时

$$l_n=3$$

若 $n$ 为偶数且不属于上述情况,则 $l_n=2$. 于是

$$l_n=1,2,3$$

**解法 2** 设 $f(n)=m=2^a\cdot b(n\geqslant 3,m\geqslant 2,b$ 为正奇数,$a$ 为非负整数).

由题设,$m\nmid n$,又因为 $(2^a,b)=1$,所以

$$2^a\nmid n \text{ 或 } b\nmid n$$

而

$$2^a\leqslant m,b\leqslant m$$

由 $m$ 为不是 $n$ 的约数的最小自然数. 所以

$$f(n)=2^a \text{ 或 } f(n)=b$$

(1) $f(n)=2^a$ 时,若 $a=1$,则 $f(n)=2,l_n=1$. 若 $a>1$,则 $f(f(n))=3,f(f(f(n)))=2$,即 $l_n=3$.

(2) $f(n)=b$ 时,$f(f(n))=f(b)=2$,即 $l_n=2$. 于是 $l_n=1,2,3$.

4.2.14 求所有满足 $f:\mathbf{N}^*\to\mathbf{N}^*$ 的函数,存在 $k\in\mathbf{N}$ 和一个质数 $p$,使得对任何 $n\geqslant k$,都有 $f(n+p)=f(n)$. 同时还要满足:若 $m\mid n$,就有 $f(m+1)\mid(f(n)+1)$.

心得 体会 拓广 疑问

**解**　对于 $n \geqslant k$，若 $n \not\equiv 1 \pmod p$，即 $(n-1,p)=1$，则存在一个正整数 $k_0$，使得 $(n-1) \mid (n+k_0p)$，所以

$$f(n) \mid (f(n+k_0p)+1)$$

又 $f(n)=f(n+k_0p)$，所以 $f(n) \mid 1$. 故对任意 $n \geqslant k, n \not\equiv 1 \pmod p$，有 $f(n)=1$.

考虑任意的 $n>1$.

由于 $(n-1) \mid (n-1)kp$，所以

$$f(n) \mid (f((n-1)kp)+1)=2$$

故对于任何 $n \neq 1$，都有 $f(n) \in \{1,2\}$.

这样就有两种情况：

(1) 对全部 $n \geqslant k, n \equiv 1 \pmod p$，有 $f(n)=2$.

考虑 $n<k$，若 $(n-1,p)=1$，则存在一个数 $m \geqslant k$，满足 $(n-1) \mid m$ 和 $p \mid (m-1)$.

于是，有 $f(n) \mid (f(m)+1)=3$. 故 $f(n)=1$.

所以，当 $n<k, n \not\equiv 1 \pmod p$ 时，$f(n)=1$.

此时，满足条件的函数可以定义为：

当 $n \not\equiv 1 \pmod p$ 时，$f(n)=1$；

当 $n \geqslant k, n \equiv 1 \pmod p$ 时，$f(n)=2$；

当 $1<n<k, n \equiv 1 \pmod p$ 时，$f(n)=1$ 或 $2$；

$f(1)$ 取满足 $f(2) \mid (f(1)+1)$ 的任意正整数.

(2) 对全部 $n \geqslant k, n \equiv 1 \pmod p$，有 $f(n)=1$.

在这种情况中，对于任意 $n \geqslant k$，都有 $f(n)=1$.

令 $S=\{a \mid f(a)=2, a<k\}$. 由定义知，不存在 $m,n \in S$ 使得 $(m-1) \mid n$.

此时，满足题目条件的函数可以这样定义：

$S$ 是一个正整数的有限子集，不存在 $m,n \in S$，使得 $(m-1) \mid n$.

对于 $n>1$，有 $f(n)=2$ 的充分必要条件是 $n \in S$，$f(1)$ 可以定义为满足条件 $f(2) \mid (f(1)+1)$ 的任意正整数.

**4.2.15**　在正整数集上定义一个函数 $f(n)$ 如下：当 $n$ 为偶数时 $f(n)=\frac{n}{2}$；$n$ 为奇数时 $f(n)=n+3$.

(1) 证明：对任何一个正整数 $m$，数列

$$a_0=m, a_1=f(a_0), \cdots, a_n=f(a_{n-1}), \cdots$$

中总有一项为 1 或 3.

(2) 在全部正整数中，哪些 $m$ 使上述数列必然出现 3？哪些 $m$ 使上述数列必然出现 1？

（中国高中数学联赛，1979 年）

心得 体会 拓广 疑问

**解** (1)若数列中的某一项 $a_k>3$,则 $a_{k+1}$ 或 $a_{k+2}$ 必小于 $a_k$. 这是因为,当 $a_k$ 为偶数时

$$a_{k+1}=f(a_k)=\frac{a_k}{2}<a_k$$

当 $a_k$ 为奇数时,$a_{k+1}=f(a_k)=a_k+3$ 为偶数

$$a_{k+2}=f(a_{k+1})=\frac{a_{k+1}}{2}=\frac{f(a_k)}{2}=\frac{a_k+3}{2}<a_k$$

不妨设 $a_{k+1}<a_k$. 若仍有 $a_{k+1}>3$,同理,$a_{k+2}$ 或 $a_{k+3}$ 必小于 $a_{k+1}$,如此继续下去. 由于 $a_k$ 是有限的,所以必有某个 $a_{k+1}\leqslant 3$. 再注意到 $a_{k+1}$ 是正整数,所以必有

$$a_{k+1}=1,2\text{ 或 }3$$

若 $a_{k+1}=1$ 或 3,则结论已得证.

若 $a_{k+1}=2$,则 $a_{k+2}=f(a_{k+1})=\frac{a_{k+1}}{2}=1$,结论亦得证.

(2)若 $a_0=m$ 是 3 的倍数,设 $m=3k$($k$ 为正整数),则

$$a_1=\begin{cases}f(3k)=\frac{3k}{2},k\text{ 为偶数}\\ f(3k)=3k+3,k\text{ 为奇数}\end{cases}$$

即 $a_1$ 仍是 3 的倍数.

由此又推得 $a_2=f(a_1)$ 是 3 的倍数,由此继续下去,可知数列的所有项都是 3 的倍数,这样,在此数列中不会出现 1,于是由(1)可知,此数列必出现 3.

若 $a_0=m$ 不是 3 的倍数. 设 $m=3k+1$,则

$$\begin{cases}a_1=\frac{3(2l+1)+1}{2}=3l+2,\text{当 }k=2l+1\text{ 时}\\ (3k+1)+3=3(k+1)+1',\text{当 }k\text{ 为偶数时}\end{cases}$$

则 $a_1$ 不是 3 的倍数.

设 $m=3k+2$,同理可证 $a_1$ 不是 3 的倍数.

如此继续下去可知,当 $a_0=m$ 不是 3 的倍数时,数列的所有项都不是 3 的倍数,再由(1),此数列必出现 1.

4.2.16 证明:存在唯一的函数 $f:\mathbf{Z}^*\to\mathbf{Z}^*$,使 $f(m+f(n))=n+f(m+95)$,其中 $m,n$ 为任意正整数,并求 $f(m)$.

(印度,1995 年)

**解** 对 $n\in\mathbf{N}^*$,记 $F(n)=f(n)-95$,用 $k$ 代替 $m+95$,则由题设条件,得

$$F(k+F(n))=n+F(k) \quad ①$$

其中 $n\geqslant 1,k\geqslant 96$. 在 ① 中,用 $m$ 代替 $k$,然后两边再加 $k$,并取函

心得 体会 拓广 疑问

数 $F$ 即得

$$F(k+n+F(m))=F(k+F(m+F(n)))$$

再应用①,得

$$F(k+n)=F(k)+F(n) \quad ②$$

其中 $n\geqslant 1,k\geqslant 96$. 下面证明,对 $q\in\mathbf{N}^*$ 有

$$F(96q)=qF(96) \quad ③$$

事实上,当 $q=1$ 时,③ 显然成立,再应用 ② 以及数学归纳法即可证明 ③ 成立. 对任意 $m\in\mathbf{N}^*$,设 $F(m)=96q+r,0\leqslant r\leqslant 95$,对于任意 $n\in\mathbf{N}$,由 ①,② 和 ③,得

$$m+F(n)=F(n+F(m))=F(n+96q+r)=$$
$$F(n+r)+F(96q)=F(n+r)+qF(96) \quad ④$$

如果 $1\leqslant n\leqslant 96-r$,则有 $1+r\leqslant n+r\leqslant 96$. 如果 $97-r\leqslant n\leqslant 96$(其中 $r\geqslant 1$),则有 $1\leqslant n+r-96\leqslant r$.

由 ②,④ 得

$$m+F(n)=F(n+r-96+96)+qF(96)=$$
$$F(n+r-96)+(q+1)F(96) \quad ⑤$$

对 ④ 由 $n=1$ 到 $n=96-r$ 求和,如果 $r\geqslant 1$,再对 ⑤ 由 $n=97-r$ 到 $n=96$ 求和,然后从两边消去 $F(1)+F(2)+\cdots+F(96)$,最后,得

$$96m=F(96)\{q(96-r)+(q+1)r\}=F(96)F(m) \quad ⑥$$

在 ⑥ 中,取 $m=96$,得 $96^2=[F(96)]^2$,由于 $F(96)>0$,所以,$F(96)=96$. 再由 ⑥,得 $F(m)=m$,即

$$f(m)=m+95$$

其中 $m\geqslant 1$.

4.2.17 定义在正整数集上的函数 $f$ 满足

$$f(1)=1,f(2)=2$$
$$f(n+2)=f(n+2-f(n+1))+f(n+1-f(n))\ (n\geqslant 1)$$

(1) 求证:

(i) $0\leqslant f(n+1)-f(n)\leqslant 1$;

(ii) 如果 $f(n)$ 是奇数,则 $f(n+1)=f(n)+1$.

(2) 试求(并证明)适合 $f(n)=2^{10}+1$ 的一切 $n$ 的值.

(第 22 届加拿大数学竞赛,1990 年)

**证明** 根据已知条件,写出 $f(n)$ 开始的一些值表 9.

**表 9**

| $n$ | 1 | 2 | 3 | 4 | 5 | 6 | 7 | 8 | 9 | 10 |
|---|---|---|---|---|---|---|---|---|---|---|
| $f(n)$ | 1 | 2 | 2 | 3 | 4 | 4 | 4 | 5 | 6 | 6 |
| $n$ | 11 | 12 | 13 | 14 | 15 | 16 | 17 | 18 | 19 | 20 |
| $f(n)$ | 7 | 8 | 8 | 8 | 8 | 9 | 10 | 10 | 11 | 12 |

心得 体会 拓广 疑问

由表9可以猜想这样的结果：

$f(n)$ 递增地取遍正整数值，且每个值 $m$ 出现 $r+1$ 次，其中 $r$ 是 $m$ 含2的最高次数，即

$$2^r \mid m, 2^{r+1} \nmid m$$

记作 $2^r \parallel m$.

为了证明上面的结果使用 $m$ 的二进制记法

$$m=\overline{(b_k b_{k-1}\cdots b_2 b_1)}_2, b_i \in \{0,1\}$$

则在不超过 $m$ 的自然数中，奇数的个数为

$$\overline{b_k b_{k-1}\cdots b_2}+b_1$$

2的倍数的个数(非4的倍数)为

$$\overline{b_k b_{k-1}\cdots b_2}-\overline{b_k b_{k-1}\cdots b_3},\cdots$$

$2^{k-1}$ 的倍数的个数为 $b_k$.

因此适合 $f(n)=m$ 的最大的 $n$(记作 $a_m$)为

$$\begin{aligned}
a_m &= 1\cdot(\overline{b_k\cdots b_2}+b_1)+2(\overline{b_k\cdots b_2}-\overline{b_k\cdots b_3})+\cdots+\\
&\quad (k-1)(\overline{b_k b_{k-1}}-b_k)+kb_k=\\
&\quad b_1+3\,\overline{b_k\cdots b_2}+\overline{b_k\cdots b_3}+\cdots+\overline{b_k b_{k-1}}+b_k=\\
&\quad (2\,\overline{b_k\cdots b_2}+b_1)+\overline{b_k\cdots b_2}+\overline{b_k\cdots b_3}+\cdots+\overline{b_k b_{k-1}}+b_k=\\
&\quad \overline{b_k\cdots b_1}+\overline{b_k\cdots b_2}+\cdots+\overline{b_k b_{k-1}}+b_k=\\
&\quad b_1+b_2(1+2)+\cdots+b_k(1+2+\cdots+2^{k-1})=\\
&\quad \sum_{j=1}^{k} b_j(2^i-1)
\end{aligned}$$

由此式可求出

$$a_1=2^1-1=1, a_2=2^2-1=3$$

$$a_3=(2^2-1)+(2-1)=4, a_4=2^3-1=7,\cdots$$

如果 $2^r \parallel m$，则

$$\begin{aligned}
a_m-a_{m-1} &= (2^{r+1}-1)-[(2^r-1)+(2^{r-1}-1)+\cdots+\\
&\quad (2-1)]=r+1
\end{aligned}$$

下面用数学归纳法证明：(规定 $a_0=0$)

当 $a_{m-1}<n\leqslant a_m$ 时，$f(n)=m$.

当 $m\leqslant 10$ 时，已直接验证结论成立.

假设 $n\leqslant a_m$ 时，结论成立，下面证明：

当 $a_m<n\leqslant a_{m+1}$ 时，$f(n)=m+1$.

(1) 若 $m+1$ 为奇数，令

$$m+1=1+2^{i_1}+2^{i_2}+\cdots+2^{i_k}$$

其中 $1\leqslant i_1<i_2<\cdots<i_k$，则

$$a_m=(2^{i_1+1}-1)+(2^{i_2+1}-1)+\cdots+(2^{i_k+1}-1)$$

$$a_{m+1}=a_m+1$$

于是

$$\begin{aligned}f(a_m+1)&=f(a_{m+1}-m)+f(a_m-m)=\\&f(a_{\frac{m}{2}}+1)+f(a_{\frac{m}{2}})=\\&\frac{m}{2}+1+\frac{m}{2}=m+1\end{aligned}$$

(2) 若 $m+1$ 为偶数,令 $m+1=2^{i_1}+2^{i_2}+\cdots+2^{i_k}$,其中 $1\leqslant i_1<i_2<\cdots<i_k$,则

$$2^{i_1-1}\parallel\frac{m+1}{2}$$

$$\begin{aligned}a_m&=(2-1)+\cdots+(2^{i_1}-1)+(2^{i_2+1}-1)+\cdots+(2^{i_k+1}-1)=\\&(2^{i_1+1}-1)+(2^{i_2+1}-1)+\cdots+(2^{i_k+1}-1)-(i_1+1)\end{aligned}$$

$$\begin{aligned}f(a_m+1)&=f(a_{\frac{m+1}{2}}-i_1+1)+f(a_{\frac{m+1}{2}}-i_1+1)=\\&\frac{m+1}{2}+\frac{m+1}{2}=m+1\end{aligned}$$

$$f(a_m+2)=f(a_{\frac{m+1}{2}}-i_1+1)+f(a_{\frac{m+1}{2}}-i_1+1)=m+1$$

$$f(a_m+3)=f(a_{\frac{m+1}{2}}-(i_1-2))+f(a_{\frac{m+1}{2}}-i_1+1)=m+1$$

$$\cdots$$

$$f(a_m+i_1+1)=f(a_{\frac{m+1}{2}})+f(a_{\frac{m+1}{2}}-1)=m+1$$

即对 $a_m<n\leqslant a_{m+1}$,均有 $f(n)=m+1$. 所以

$$0\leqslant f(n+1)-f(n)\leqslant 1$$

并且 $f(n)$ 是奇数时,$f(n+1)=f(n)+1$.

由以上,满足 $f(n)=2^{10}+1$ 的 $n$ 只有一个,即

$$n=2^{11}-1+2-1=2^{11}$$

4.2.18 三位数与它的各位数码的立方和之差的最大值是多少?怎样的三位数才能达到上述的最大值?这个差的最小正值又是多少?

(第10届全俄数学奥林匹克,1984年)

**解** 设 $\overline{abc}$ 为任意的三位数,其中 $a\in\{1,2,\cdots,9\}$,$b,c\in\{0,1,2,\cdots,9\}$. 记 $f(\overline{abc})=\overline{abc}-(a^3-b^3+c^3)$,则

$$\begin{aligned}f(\overline{abc})&=100a+10b+c-(a^3+b^3+c^3)=\\&(100a-a^3)+(10b-b^3)+(c-c^3)=\\&f_1(a)+f_2(b)+f_3(c)\end{aligned}$$

其中 $f_1(a)=100a-a^3$,$f_2(b)=10b-b^3$,$f_3(c)=c-c^3$.

当且仅当 $f_1(a)$,$f_2(b)$,$f_3(c)$ 取最大值时,$f(\overline{abc})$ 取得最大值. 计算 $f_1(a)$ 得

心得 体会 拓广 疑问

$$f_1(1)=99, f_1(2)=192, f_1(3)=273$$
$$f_1(4)=336, f_1(5)=375, f_1(6)=384$$
$$f_1(7)=357, f_1(8)=288, f_1(9)=171$$

由以上可知,$a=6$ 时,$f_1(a)=384$ 最大. 计算 $f_2(a)$ 得

$$f_2(0)=0, f_2(1)=9, f_2(2)=12, f_2(3)=3$$
$$f_2(4)=-24<0, f_2(b)<0(b=4,5,\cdots,9)$$

由以上可知,$b=2$ 时,$f_2(b)=12$ 最大.

显然 $c\geqslant 2$ 时,$f_3(c)<0$,而

$$f_3(0)=0, f_3(1)=0$$

因此,当 $\overline{abc}=620$ 或 $621$ 时,$f(\overline{abc})$ 取得最大值,最大值为

$$384+12+0=396$$

下面考虑 $f(\overline{abc})$ 的最小正值,由于

$$f_1(a)=100a-a^3=99a+(a-a^3)=$$
$$99a-(a-1)a(a+1)$$
$$f_2(b)=10b-b^3=9b+(b-b^3)=$$
$$9b-(b-1)b(b+1)$$
$$f_3(c)=c-c^3=-(c-1)c(c+1)$$

因为三个连续整数之积能够被 3 整除,所以 $f_1(a)$,$f_2(b)$,$f_3(c)$ 都能被 3 整除,从而 $f(\overline{abc})$ 也能被 3 整除.

因此,$f(\overline{abc})$ 的最小正值 $\geqslant 3$. 可以验证

$$f(437)=f(474)=f(856)=3$$

所以 $f(\overline{abc})$ 的最小正值是 3.

4.2.19 设 $S=\{1,2,\cdots,100\}$,有多少个函数 $f:S\to S$ 满足下列条件:

(1)$f(1)=1$;

(2)$f$ 是双射的(即对每一个 $y\in S$,$f(x)=y$ 恰好有一个解);

(3)对每一个 $n\in S$ 有

$$f(n)=f(g(n))f(h(n))$$

这里 $g(n)$ 和 $h(n)$ 是唯一确定的正整数,使得

$$g(n)\leqslant h(n), g(n)h(n)=n$$

且 $h(n)-g(n)$ 是最小的整数(例如,$g(80)=8$,$h(80)=10$,$g(81)=h(81)=9$).

**解** $2!\times 2!\times 4!\times 10!=348\ 364\ 800$.

下面给出证明.

用数学归纳法易证明函数 $f$ 满足

$$f(p_1^{e_1}p_2^{e_2}\cdots p_r^{e_r})=(f(p_1))^{e_1}(f(p_2))^{e_2}\cdots(f(p_r))^{e_r} \quad ①$$

心得 体会 拓广 疑问

其中 $p_i$ 为质数，$e_i\in\mathbf{N}, i=1,2,\cdots,r$.

因为 $100\geqslant f(64)=f(2^6)=[f(2)]^6$，故

$$f(2)\leqslant 2$$

又 $f(1)=1$，所以 $f(2)=2$. 同样的讨论可得 $f(3)=3$. 依次地，$f(i)=i, i=1,2,3,4,6,8,9$.

因为 $f(n^2)=[f(n)]^2$，又 $f(i^2)=i^2, i=1,2,3,4,6,8,9$，故 $f(25)$ 只可能是 25，49，100. 但

$$100\geqslant f(75)=f(5)f(15)=f(3)[f(5)]^2=3f(25)$$

故 $f(25)=25$，即 $f(5)=5$.

类似地，$f(7)=7, f(10)=10$. 所以，$f(i)=i, 1\leqslant i\leqslant 10$.

现断言 $f(p)$ 是质数，当且仅当 $p$ 是质数.

事实上，因为 $f$ 是双射的，且 $f(1)=1, f(q)>1$，对 $q>1$.

如果 $p$ 不是质数，则

$$g(p), h(p)>1$$

于是，$f(p)=f(g(p))f(h(p))$ 不是质数.

如果对某个质数 $p$，$f(p)$ 不是质数，则至少存在一个合数 $r$，使得 $f(r)$ 是质数，与前面的证明相矛盾，故断言得证.

对 $11\leqslant n\leqslant 100$ 一定有 $g(n)\leqslant 10$，且 $h(n)$ 的值小于等于 10 或为 11 ~ 100 之间的某个质数.

因此，剩下的就是确定 $f(p)$ 在 11 ~ 100 之间的某些质数的值.

(i) 因为 $100\geqslant f(99)=f(9)f(11)=9f(11)$，则一定有 $f(11)=11$. 同样地，$f(13)=13$.

(ii) 因为 $100\geqslant f(85)=f(5)f(17)=5f(17)$，所以 $f(17)$ 只能是 17 或 19. 对 $f(19)$ 也是这样的.

于是，有 2！种方法确定 $f(17)$ 和 $f(19)$ 的值.

(iii) 因为 $100\geqslant f(92)=f(4)f(23)=4f(23)$，一定有 $f(23)=23$.

(iv) 用与 (ii) 相同的方法，知有 2！种方法确定 $f(29)$ 和 $f(31)$ 的值.

(v) 再次应用 (ii) 的方法，知有 4！种方法确定

$$\{37,41,43,47\}$$

各自对应的函数值，有 10！种方法确定

$$\{53,59,61,67,71,73,79,83,89,97\}$$

各自对应的函数值.

根据 (ii)，(iv)，(v)，$f$ 有 $2!\times 2!\times 4!\times 10!$ 种可能性.

最后，验证全部 $2!\times 2!\times 4!\times 10!$ 种可能性都满足题目中的性质.

心得 体会 拓广 疑问

由式①知,(i)到(v)确保$f(n)$的值不超过100,且满足性质(1),(2),(3).故满足题设条件的函数有348 364 800个.

4.2.20 用$s(n)$表示正整数$n$的各位数字之和.

(1)是否存在正整数$n$,使得$n+s(n)=1\ 995$?

(2)求证:任何两个相邻正整数中至少有一个能够表示为$n+s(n)$,这里$n$是某个适当的正整数.

**解** (1)因为$s(n)\geqslant 1$,如果$n+s(n)=1\ 995$有解$n$,则$n\leqslant 1\ 994$. 由于$s(1\ 999)=28$,明显地$s(n)\leqslant 28$,利用题目方程,有$n\geqslant 1\ 967$.

用$*$表示$\{0,1,2,3,\cdots,9\}$中一个数时,由于$s(198*)=18+*$,则

$$198*+s(198*)>1\ 995 \qquad ①$$

因此$198*$不是所要的解,$199*$($*$表示$\{0,1,2,3,4\}$中一个数)更不是所要的解.因此,如果题目方程有解,则$1\ 967\leqslant n\leqslant 1\ 979$.由于

$$s(1\ 967)=23,s(1\ 968)=24,s(1\ 969)=25$$
$$s(1\ 970)=17,s(1\ 971)=18,s(1\ 972)=19$$
$$s(1\ 973)=20,s(1\ 974)=21,s(1\ 975)=22$$
$$s(1\ 976)=23,s(1\ 977)=24,s(1\ 978)=25$$
$$s(1\ 979)=26 \qquad ②$$

因此,满足$n+s(n)=1\ 995$的正整数$n$只有一个$n=1\ 974$.

(2)任取两个相邻的正整数$m-1,m$一定有一个非负整数$k$,使得

$$10^k+1\leqslant m<10^{k+1}+1 \qquad ③$$

为方便,记上述$m$为$m_k$,一定有正整数$d_k$存在,$1\leqslant d_k\leqslant 9$,使得

$$d_k(10^k+1)\leqslant m_k<(d_k+1)(10^k+1) \qquad ④$$

令

$$m_{k-1}=m_k-d_k(10^k+1) \qquad ⑤$$

从④和⑤,有

$$0\leqslant m_{k-1}<10^k+1 \qquad ⑥$$

对于$m_{k-1}$这个非负整数,一定有一个非负整数$d_{k-1}$存在,使得

$$d_{k-1}(10^{k-1}+1)\leqslant m_{k-1}<(d_{k-1}+1)(10^{k-1}+1) \qquad ⑦$$

从⑥和⑦知道

$$d_{k-1}\leqslant 9 \qquad ⑧$$

再令

$$m_{k-2}=m_{k-1}-d_{k-1}(10^{k-1}+1) \qquad ⑨$$

心得 体会 拓广 疑问

从 ⑦ 和 ⑨ 有 $0 \leqslant m_{k-2} < 10^{k-1}+1$，那么一定有非负整数 $d_{k-2}$ 存在，$d_{k-2} \leqslant 9$，使得

$$d_{k-2}(10^{k-2}+1) \leqslant m_{k-2} < (d_{k-2}+1)(10^{k-2}+1) \quad ⑩$$

这样一直作下去，一般地，记

$$m_{j-1} = m_j - d_j(10^j+1) \quad ⑪$$

$$d_j(10^j+1) \leqslant m_j < (d_j+1)(10^j+1) \quad ⑫$$

$d_j$ 是小于等于9的非负整数，这里 $j = k, k-1, \cdots, 1, 0$.

由于(⑪ 和 ⑫ 中取 $j=1$)

$$m_0 = m_1 - 11d_1$$

$$11d_1 \leqslant m_1 < 11(d_1+1) \quad ⑬$$

则有 $0 \leqslant m_0 < 11$. 再利用 ⑪ 和 ⑫，取 $j=0$，有

$$m_{-1} = m_0 - 2d_0, 2d_0 \leqslant m_0 < 2(d_0+1) \quad ⑭$$

那么 $0 \leqslant m_{-1} < 2$. 于是

$$m_{-1} = 0 \text{ 或 } 1$$

$d_k, d_{k-1}, \cdots, d_1, d_0$ 全部确定后，令

$$n = \sum_{j=0}^{k} d_j 10^j \quad ⑮$$

那么

$$n + s(n) = \sum_{j=0}^{k} d_j 10^j + \sum_{j=0}^{k} d_j = \sum_{j=0}^{k} d_j(10^j+1) = \sum_{j=0}^{k}(m_j - m_{j-1}) = m_k - m_{-1} = \begin{cases} m, \text{如果 } m_{-1}=0 \\ m-1, \text{如果 } m_{-1}=1 \end{cases} \quad ⑯$$

**4.2.21** 给定一个大于1的正整数 $n$，$S_n$ 表示所有置换

$$f: \{1,2,\cdots,n\} \to \{1,2,\cdots,n\}$$

组成的集合. 对于每个置换 $f$，令

$$F(f) = \sum_{k=1}^{n} |k - f(k)|$$

求 $\frac{1}{n!}\sum_{f\in S_n} F(f)$.

**解** 明显地，有

$$\sum_{f\in S_n} F(f) = \sum_{k=1}^{n}\sum_{f\in S_n} |k - f(k)| \quad ①$$

由于 $S_n$ 内一共有 $n!$ 个置换，对于某个固定 $k(1 \leqslant k \leqslant n)$，以及对于某个固定 $j$，满足 $f(k)=j$ 的置换一共有 $(n-1)!$ 个，这里 $j=1, 2, \cdots, n$，那么有

$$\sum_{f\in S_n} F(f) = \sum_{k=1}^{n}(n-1)! \sum_{j=1}^{n} |k-j| =$$

心得 体会 拓广 疑问

$$(n-1)!\sum_{j,k=1}^{n}|k-j| \qquad ②$$

利用②,有

$$\frac{1}{n!}\sum_{f\in S_n}F(f)=\frac{1}{n}\sum_{j,k=1}^{n}|k-j|=$$
$$\frac{1}{n}\left[\sum_{j=1}^{n}|1-j|+\sum_{j=1}^{n}|2-j|+\cdots+\sum_{j=1}^{n}|n-j|\right]=$$
$$\frac{1}{n}\{[1+2+3+\cdots+(n-1)]+$$
$$[1+1+2+3+\cdots+(n-2)]+$$
$$[2+1+1+2+3+\cdots+(n-3)]+\cdots+$$
$$[(n-1)+(n-2)+\cdots+2+1]\}=$$
$$\frac{1}{n}[1\cdot(2n-2)+2\cdot(2n-4)+$$
$$3\cdot(2n-6)+\cdots+(n-1)\cdot 2]=$$
$$\frac{1}{n}\{[1+2+3+\cdots+(n-1)]\cdot 2n-$$
$$2[1^2+2^2+3^2+\cdots+(n-1)^2]\}=$$
$$\frac{1}{n}\left[\frac{1}{2}n(n-1)\cdot 2n-\frac{1}{3}n(n-1)(2n-1)\right]=$$
$$\frac{1}{3}(n^2-1) \qquad ③$$

4.2.22 设集合 $A=\{0,1,2,3,4,5,6\}$,设 $f:A\rightarrow A$ 是 $A$ 到 $A$ 上的函数,对于 $i\in A$. 把 $i-f(i)$ 被 7 除所得的余数记作 $d_i$ $(0\leqslant d_i<7)$,如果 $d_0,d_1,d_2,d_3,d_4,d_5,d_6$ 两两不同,则称 $f$ 是 $A$ 到 $A$ 上的 $D$ 函数.

(1) 判断下面两个 $A$ 到 $A$ 上的函数 $f_1,f_2$ 是不是 $D$ 函数(表 10,表 11):

**表 10**

| $i$ | 0 | 1 | 2 | 3 | 4 | 5 | 6 |
|---|---|---|---|---|---|---|---|
| $f_1(i)$ | 0 | 4 | 6 | 5 | 1 | 3 | 2 |

**表 11**

| $i$ | 0 | 1 | 2 | 3 | 4 | 5 | 6 |
|---|---|---|---|---|---|---|---|
| $f_2(i)$ | 1 | 6 | 4 | 2 | 0 | 5 | 3 |

(2) 设 $f$ 是 $A$ 到 $A$ 上的 $D$ 函数,$d_i$ 表示 $i-f(i)$ 被 7 除所得的余数 $(0\leqslant d_i<7)$,令 $F(i)=d_i,i\in A$,证明:$F$ 也是 $A$ 到 $A$ 上的 $D$ 函数.

(3) 证明:所有 $A$ 到 $A$ 上的不同的 $D$ 函数的个数是奇数.

(理科实验班入学数学复试,1987 年)

心得 体会 拓广 疑问

**解** (1)由定义列出表12,表13.

表12

| $i$ | 0 | 1 | 2 | 3 | 4 | 5 | 6 |
|---|---|---|---|---|---|---|---|
| $f_1(i)$ | 0 | 4 | 6 | 5 | 1 | 3 | 2 |
| $i-f_1(i)$ | 0 | -3 | -4 | -2 | 3 | 2 | 4 |
| $d_i$ | 0 | 4 | 3 | 5 | 3 | 2 | 4 |

由于 $d_1=d_6,d_2=d_4$,所以 $f_1$ 不是 $D$ 函数.

表13

| $i$ | 0 | 1 | 2 | 3 | 4 | 5 | 6 |
|---|---|---|---|---|---|---|---|
| $f_2(i)$ | 1 | 6 | 4 | 2 | 0 | 5 | 3 |
| $i-f_2(i)$ | -1 | -5 | -2 | 1 | 4 | 0 | 3 |
| $d_i$ | 6 | 2 | 5 | 1 | 4 | 0 | 3 |

因为 $d_i$ 两两不等,所以 $f_2$ 是 $D$ 函数.

(2)由题设,$f$ 是 $A$ 到 $A$ 上的函数,且 $F(i)=d_i$,则

$$0\leqslant F(i)<7$$

所以 $F$ 是 $A$ 到 $A$ 上的函数.

又 $i-f(i)=7k_i+d_i$,所以

$$i-d_i=i-F(i)=7k_i+f(i)$$

因为$f(i)(i=0,1,\cdots,6)$两两不同,所以 $F$ 是 $A$ 到 $A$ 上的 $D$ 函数.

(3)由于 $A$ 是有限集合,所以 $A$ 到 $A$ 上的函数数目为有限个,因此从 $A$ 到 $A$ 上的 $D$ 函数也是有限个.

由(2)知,对于每一个 $A$ 到 $A$ 上的 $D$ 函数 $f$ 一定有一个 $A$ 到 $A$ 上的 $D$ 函数 $F$,关键在于 $F\neq f$ 的有多少个? $F=f$ 的有多少个?

首先计算满足 $F\neq f$ 的 $D$ 函数的数目.

设 $f$ 是 $A$ 到 $A$ 上的 $D$ 函数,$F(i)=d(i)$,即 $F$ 是按(2)得到的 $D$ 函数,对于 $F$ 用同样的方法可以得到一个 $D$ 函数 $G$,即 $G(i)$ 是 $i-F(i)$ 被7除的余数,由(2)知,$i-F(i)$ 被7除的余数就是$f(i)$,所以

$$G(i)=f(i),0\leqslant i<6$$

这就是说,从 $F$ 出发得到 $D$,函数 $G$,而 $G$ 就是 $f$,因此满足 $F\neq f$ 的 $D$ 函数是两两配对的.

所以,$F\neq f$ 的 $D$ 函数数目为偶数.

下面再求 $F=f$ 的 $D$ 函数的数目.

设 $F(i)=f(i)$,又 $F(i)=d_i$,则

$$i-f(i)=7k_i+d_i=7k_i+f(i)$$

$$f(i)=\frac{i-7k_i}{2},0\leqslant f(i)<7$$

下面求 $f(i)$. 当 $i=0$ 时

$$f(0)=\frac{0-7k_0}{2}=-\frac{7}{2}k_0$$

因为 $0\leqslant -\frac{7}{2}k_0<7$,所以 $-2<k_0\leqslant 0$.

现考虑 $k_0=0$ 或 $k_0=-1$ 时的情况.

当 $k_0=0$ 时,$f(0)=0$.

当 $k_0=-1$ 时,$f(0)=\frac{7}{2}$ 不是整数.

所以 $k_0=0$,$f(0)=0$.

当 $i=1$ 时

$$f(1)=\frac{1-7k_1}{2},0\leqslant\frac{1-7k_1}{2}<7$$

$$-\frac{13}{7}<k_1\leqslant\frac{1}{7}$$

所以 $k_1=-1$ 或 $k_1=0$.

当 $k_1=-1$ 时,$f(1)=\frac{1-7\cdot(-1)}{2}=4$

当 $k_1=0$ 时,$f(1)=\frac{1}{2}$ 不是整数.

所以 $k_1=-1$,$f(1)=4$.

当 $i=2$ 时,由

$$0\leqslant\frac{2-7k_2}{2}<1$$

得 $k_2=-1$ 或 $k_2=0$.

当 $k_2=0$ 时,$f(2)=\frac{2-7\cdot 0}{2}=1$.

当 $k_2=-1$ 时,$f(2)=\frac{9}{2}$ 不是整数.

所以 $k_2=0$,$f(2)=1$.

同法可求 $f(3)=5$,$f(4)=2$,$f(5)=6$,$f(6)=3$.

由以上可得表 14.

**表 14**

| $i$ | 0 | 1 | 2 | 3 | 4 | 5 | 6 |
|---|---|---|---|---|---|---|---|
| $f(i)$ | 0 | 4 | 1 | 5 | 2 | 6 | 3 |
| $i-f(i)$ | 0 | -3 | 1 | -2 | 2 | -1 | 3 |
| $d_i$ | 0 | 4 | 1 | 5 | 2 | 6 | 3 |

所以经验证,$f(i)=F(i)=d_i$ 为 $D$ 函数,且是唯一一个 $F=f$ 的 $D$ 函数.

于是 $A$ 到 $A$ 上的 $D$ 函数个数为奇数.

心得 体会 拓广 疑问

4.2.23 对正整数 $n\geq 1$ 的一个划分 $\pi$,是指将 $n$ 分成一个或若干个正整数之和,且按非减顺序排列(如 $n=4$,划分 $\pi$ 有 $1+1+1+1,1+1+2,1+3,2+2$ 和4).对任一划分 $\pi$,定义 $A(\pi)$ 为划分 $\pi$ 中数1出现的个数,定义 $B(\pi)$ 为划分 $\pi$ 中出现的不同数字的个数(如对 $n=13$ 的一个划分 $\pi$:$1+1+2+2+2+5$ 而言,$A(\pi)=2,B(\pi)=3$).求证:对任意正整数 $n$,其所有划分 $\pi$ 的 $A(\pi)$ 之和等于 $B(\pi)$ 之和.

(第15届美国数学奥林匹克,1986年)

**证明** 设 $P(n)$ 表示对正整数 $n$ 的划分个数,且令 $P(0)=1$.

首先证明:对任意正整数 $n$,其所有划分 $\pi$ 的 $A(\pi)$ 之和等于

$$\sum_{i=0}^{n-1} P(i)=P(n-1)+P(n-2)+\cdots+P(0)$$

对 $A(\pi)$ 之和计算如下:对每一个至少有一个"1"的划分拿去第一个"1",这种情况将发生 $P(n-1)$ 次,即对 $n$ 的所有划分 $\pi$ 中,第一个数是"1"的划分有 $P(n-1)$ 个;同理对 $n$ 的所有划分 $\pi$ 中第二个数是"1"的划分有 $P(n-2)$ 个;……;对 $n$ 的所有划分 $\pi$ 中第 $n-1$ 个数是"1"的划分有 $P(1)=1$ 个;对 $n$ 的所有划分 $\pi$ 中第 $n$ 个数是"1"的划分有 $P(0)=1$ 个.所以 $A(\pi)$ 的和等于

$$P(n-1)+P(n-2)+\cdots+P(1)+P(0)$$

再来证明:对任意正整数 $n$,其所有划分 $\pi$ 的 $B(\pi)$ 之和等于

$$P(n-1)+P(n-2)+\cdots+P(1)+P(0)$$

设想有一个有 $P(n)$ 行 $n$ 列的矩阵.若划分 $\pi_i(i=1,2,\cdots,P(n))$ 中有数字 $d(1\leq d\leq n)$,则在第 $i$ 行,第 $d$ 列的位置上打一个"√",现用两种不同的方法计算打"√"数.

(1)各行分别计"√"数.

第 $i$ 行的"√"$=B(\pi_i)(i=1,2,\cdots,P(n))$,再将这 $P(n)$ 个数相加,即为 $B(\pi)$ 之和.

(2)各列分别计"√"数.

由于对 $n$ 的所有含 $d$ 的划分与对 $n-d$ 的所有划分是一一对应的,所以第 $d$ 列中的"√"数应为 $P(n-d)(d=1,2,\cdots,n)$,再将这 $n$ 个数相加得

$$P(n-1)+P(n-2)+\cdots+P(1)+P(0)$$

由(1),(2)可得 $B(\pi)$ 之和.

综合以上,命题得证.

心得 体会 拓广 疑问

4.2.24 是否存在一个函数 $f:\mathbf{Q}\to\{-1,1\}$,使得如果 $x,y$ 是两个不同的有理数,且满足 $xy=1$ 或 $x+y\in\{0,1\}$,则 $f(x)f(y)=-1$? 证明你的结论.

**证明** 存在.

设 $x=\frac{a}{b}$ 是一个正实数,$a,b$ 是互质的正整数. 考虑对数对 $(a,b)$ 使用辗转相除法得到的连续的剩余构成的序列.

设 $(u \bmod v)$ 表示 $u$ 模 $v$ 的最小非负剩余,这个序列可写为

$$r_0=a,r_1=b,r_2=(a \bmod b),\cdots$$
$$r_{i+1}=(r_{i-1} \bmod r_i),\cdots$$
$$r_n=1,r_{n+1}=0$$

最后一个非零剩余 $r_n=1$ 的下标 $n=n(x)$ 是由 $x$ 唯一确定的,记 $g(x)=(-1)^{n(x)}$,它是由正实数到 $\{-1,1\}$ 的函数.

定义 $f:\mathbf{Q}\to\{-1,1\}$ 如下

$$f(x)=\begin{cases}g(x), & x\in\mathbf{Q},x>0\\ -g(-x), & x\in\mathbf{Q},x<0\\ 1, & x=0\end{cases}$$

下面证明 $f(x)$ 满足要求.

设 $x,y$ 是不同的有理数. 若 $x+y=0$,不妨假设 $x>0,y<0$. 由定义可得

$$f(x)=g(x),f(y)=-g(-y)=-g(x)$$

于是,$f(x)f(y)=-1$.

若 $xy=1$,则 $x,y$ 同号.

假设 $x=\frac{a}{b}>0,y=\frac{b}{a}>0$,其中 $a,b$ 是互质的正整数. 不妨设 $a>b$. 由辗转相除法,数对 $(a,b)$ 得到的序列为

$$a,b,(a \bmod b),\cdots$$

另外,数对 $(b,a)$ 得到的序列为

$$b,a,b,(a \bmod b),\cdots$$

这是因为 $a>b$,这表明

$$r_2=(b \bmod a)=b$$

由于序列只依赖于前两项,所以,$x$ 对应的序列的长度比 $y$ 对应的序列的长度小 1,即

$$n(y)=n(x)+1$$

于是,$g(y)=-g(x),f(y)=-f(x)$,即

$$f(x)f(y)=-1$$

同理,可证 $x,y$ 同是负有理数的情形.

心得 体会 拓广 疑问

若 $x+y=1$,则 $x,y$ 中至少有一个是正的,且均不等于$\frac{1}{2}$,假设 $x=\frac{a}{b}>0$,其中 $a,b$ 是互质的正整数,$y=\frac{b-a}{b}$.

如果 $y<0$,则

$$f(y)=-g(-y)=-g\left(\frac{a-b}{b}\right)$$

数对 $(a,b)$ 得到的序列为

$$a,b,(a \bmod b),\cdots$$

数对 $(a-b,b)$ 得到的序列为

$$a-b,b,((a-b) \bmod b),\cdots$$

由 $a>b$,可得 $((a-b) \bmod b)=(a \bmod b)$.

于是,这两个数列从第二项开始相同,所以,长度相同,故有

$$g\left(\frac{b}{a}\right)=g\left(\frac{a-b}{b}\right)$$

这表明 $f(x)f(y)=-1$.

如果 $y>0$,不妨设 $0<x<\frac{1}{2}<y<1$,则有 $2a<b$. 因为 $a<b,b-a<b$,所以,数对 $(a,b)$ 得到的序列为

$$a,b,a,(b \bmod a),\cdots$$

数对 $(b-a,b)$ 得到的序列为

$$b-a,b-a,(b \bmod (b-a)),\cdots$$

由于 $(b\bmod(b-a))=a$,且 $a<b-a$,则第二个序列

$$r_3=a,r_4=((b-a)\bmod a)=(b \bmod a)$$

于是,$y$ 对应的序列为

$$b-a,b,b-a,a,(b \bmod a),\cdots$$

从而
$$n(y)=n(x)+1$$
因此
$$f(x)f(y)=-1$$

4.2.25 对于任何正整数 $k$,$f(k)$ 表示集合 $\{k+1,k+2,\cdots,2k\}$ 内在二进制下恰有 3 个 1 的所有元素的个数.

(1) 求证:对于每个正整数 $m$,至少存在一个正整数 $k$,使得 $f(k)=m$.

(2) 确定所有正整数 $m$,对每一个 $m$,恰存在一个 $k$,满足 $f(k)=m$.

(第 35 届国际数学奥林匹克,1994 年)

**解** 用 $S$ 表示正整数集合内在二进制表示下恰有 3 个 1 的所有元素组成的集合.

首先证明

心得 体会 拓广 疑问

$$f(k+1)=\begin{cases}f(k), & \text{当 } 2k+1\notin S\\ f(k)+1, & \text{当 } 2k+1\in S\end{cases} \quad ①$$

由于$f(k+1)$是集合$\{k+2,k+3,\cdots,2k+1,2k+2\}$内在二进制表示下恰有3个1的所有元素的集合,$f(k)$是集合$\{k+1,k+2,k+3,\cdots,2k\}$内在二进制表示下恰有3个1的所有元素的集合.在二进制表示下,在$k+1$的后面添加一个零,恰为$2(k+1)$在二进制表示下的数,于是$k+1$与$2(k+1)$或者同属于$S$,或者同不属于$S$,因此公式①得证.

(1)显然$f(1)=0,f(2)=0$.

当$k=2^s(s\geqslant 2,s\in\mathbf{N})$时,$f(2^s)$表示集合$\{2^s+1,2^s+2,\cdots,2^{s+1}\}$内在二进制表示下恰有3个1的所有元素的个数.

在二进制下,$2^s+1=1\underbrace{0\cdots01}_{s-1\text{个}0}$,$2^{s+1}=10\underbrace{0\cdots0}_{s+1\text{个}0}$.

考虑所有形如1※※…※的$s+1$位数,取2个1放入这$s$个※中的任两个※的位置,其余※的位置全放入0,就得到集合$\{2^s+1,\cdots,2^{s+1}\}$内在二进制表示下恰有3个1的一个元素,于是有$f(2^s)=C_s^2=\frac{1}{2}s(s-1)$.

由①可知$f(k)$无上界,又从$f(1)=0$,$f(k)$无上界及式①可知,当$k$取遍所有正整数时,$f(k)$取遍所有非负整数.

于是,对每个$m\in\mathbf{N}$,至少存在一个$k\in\mathbf{N}$,满足$f(k)=m$.

(2)由于对每一个适当的$m$,恰存在一个$k$,满足$f(k)=m$,则由式①可知

$$f(k+1)=f(k)+1=m+1 \quad ②$$

$$f(k-1)=f(k)-1=m-1 \quad ③$$

于是$2k+1\in S,2(k-1)+1\in S$.

设在二进制下

$$k=2^s+k_1\cdot 2^{s-1}k_2\cdot 2^{s-2}+\cdots+k_{s-1}\cdot 2+k_s$$

其中$k_1,k_2,\cdots,k_S\in\{0,1\},S\in\mathbf{N}$,则

$$2k-1=2^{s+1}+k_1\cdot 2^s+k_2\cdot 2^{s-1}+\cdots+k_{s-1}\cdot 2^2+k_s\cdot 2-1$$

$$2k+1=2^{s+1}+k_1\cdot 2^s+k_2\cdot 2^{s-1}+\cdots+k_{s-1}\cdot 2^2+k_s\cdot 2+1$$

由于在二进制下,$2k+1$恰有3个1,则在$k_1,k_2,\cdots,k_s$中只能有一个1,其余为0.于是

$$2k+1=2^{s+1}+2^t+1$$

其中$t\leqslant S,t\in\mathbf{N}$,由此解得

$$k=2^s+2^{t-1} \quad ④$$

进而有

$$2k-1=2^{s+1}+2^t-1=2^{s+1}+2^{t-1}+2^{t-1}+\cdots+2+1$$

由于在二进制下,$2k-1$也恰有三个1,则只能有$t=2$,从而由

心得 体会 拓广 疑问

式④，$k=2^s+2$，即

$$k+1=2^s+2+1$$

且

$$2k=2^{s+1}+2^2$$

在二进制下，$k+1=1\underbrace{0\cdots0}_{s-2\text{个}0}11$，$2k=1\underbrace{0\cdots0}_{s-2\text{个}0}100$，在 $k+1$ 与 $2k$ 之间的正整数为

$$1\underbrace{※※※\cdots※}_{s\text{个}※}$$

(但这里要排除 $10\cdots0$，$10\cdots01$，$10\cdots010$ 这三个数)，还有 $s+2$ 位数 $10\cdots01$，$10\cdots010$，$10\cdots011$，$10\cdots0100$.

因此

$$f(k)=f(2^s+2)=C_s^2+1=\frac{1}{2}s(s-1)+1$$

从而 $f(k)=m$ 恰有唯一解时，必有

$$m=\frac{1}{2}s(s-1)+1(s\geqslant 2)$$

当 $m=\frac{1}{2}s(s-1)+1$ 时 $(s\geqslant 2)$，取 $k=2^s+2$，由于

$$2(2^s+2)-1=2^{s+1}+2+1$$
$$2(2^s+2)+1=2^{s+1}+2^2+1$$

它们在二进制下恰有3个1，由式①得

$$f(2^s+2-1)=f(2^s+2)-1$$
$$f(2^s+2+1)=f(2^s+2)+1$$

从而，$f(k)=\frac{1}{2}s(s-1)+1(s\geqslant 2)$ 有唯一解 $k=2^s+2$.

**4.2.26** 一个从正整数集 $\mathbf{N}^*$ 到其自身的函数 $f$ 满足：对于任意的 $m,n\in\mathbf{N}^*$，$(m^2+n)^2$ 可以被 $f^2(m)+f(n)$ 整除. 证明：对于每个 $n\in\mathbf{N}^*$，有 $f(n)=n$.

**证明** 当 $m=n=1$ 时，由已知条件可得 $f^2(1)+f(1)$ 是 $(1^2+1)^2=4$ 的正因数. 因为 $t^2+t=4$ 无整数根，且 $f^2(1)+f(1)$ 比1大，所以

$$f^2(1)+f(1)=2$$

从而，$f(1)=1$. 当 $m=1$ 时，有

$$(f(n)+1)\mid(n+1)^2 \tag{①}$$

其中 $n$ 为任意正整数.

同理，当 $n=1$ 时，有

$$(f^2(m)+1)\mid(m^2+1)^2 \tag{②}$$

其中 $m$ 为任意正整数.

心得 体会 拓广 疑问

要证明$f(n)=n$,只需证明有无穷多个正整数$k$,使得$f(k)=k$.实际上,若这个结论是对的,对于任意一个确定的$n\in\mathbf{N}$和每一个满足$f(k)=k$的正整数$k$,由已知条件可得

$$k^2+f(n)=f^2(k)+f(n)$$

整除$(k^2+n)^2$.又

$$(k^2+n)^2=[(k^2+f(n))+(n-f(n))]^2=A(k^2+f(n))+(n-f(n))^2$$

其中$A$为整数.

于是,$(n-f(n))^2$能被$k^2+f(n)$整除.因为$k$有无穷多个,所以,一定有$(n-f(n))^2=0$,即对于所有的$n\in\mathbf{N}$,有$f(n)=n$.

对于任意的质数$p$,由式①有

$$(f(p-1)+1)\mid p^2$$

所以,$f(p-1)+1=p$或$f(p-1)+1=p^2$.

若$f(p-1)+1=p^2$,由式②知$(p^2-1)^2+1$是$[(p-1)^2+1]^2$的因数,但由$p>1$,有

$$(p^2-1)^2+1>(p-1)^2(p+1)^2$$

$$[(p-1)^2+1]^2\leqslant[(p-1)^2+(p-1)]^2=(p-1)^2p^2$$

矛盾.因此,$f(p-1)+1=p$,即有无穷多个正整数$p-1$,使得

$$f(p-1)=p-1$$

4.2.27 设$m$是一个正整数,$s(m)$为$m$的各位数字之和.对于正整数$n(n\geqslant 2)$,存在一个含有$n$个正整数的集合$S$,对于任意的非空子集$X\subset S$,$s(\sum\limits_{x\in X}x)=k$,$k$的最小值设为$f(n)$.证明:存在常数$0<c_1<c_2$,使得

$$c_1\lg n\leqslant f(n)\leqslant c_2\lg n$$

**证明** 设$p$是满足

$$10^p\geqslant\frac{1}{2}n(n+1)$$

的最小的正整数.

令

$$S=\{10^p-1,2(10^p-1),\cdots,n(10^p-1)\}$$

显然,$S$的任意一个非空子集的元素和有$k(10^p-1)$的形式,其中$1\leqslant k\leqslant\frac{1}{2}n(n+1)$.

由于

$$k(10^n-1)=(k-1)10^p+[(10^p-1)-(k-1)]$$

则第一项末尾至少有$p$个零,而第二项至多为$p$位数字,$10^p-1$的

心得 体会 拓广 疑问

每位数字都是9,且 $10^p-1\geqslant k-1$. 因此,$k(10^p-1)$ 的各位数字之和就是 $(k-1)10^p$ 的各位数字之和加上 $10^p-1$ 的各位数字之和,再减去 $k-1$ 的各位数字之和. 所以,$k(10^p-1)$ 的各位数字之和即为 $10^p-1$ 的各位数字之和 $9p$.

因为 $10^{p-1}<\frac{1}{2}n(n+1)$,所以

$$f(n)\leqslant 9p<9\lg[5n(n+1)]$$

因为当 $n\geqslant 2$ 时,$5(n+1)<n^4$,所以

$$f(n)<9\lg n^5=45\lg n$$

设 $S$ 是由 $n(n\geqslant 2)$ 个正整数组成的集合,使得对于任意非空子集 $X\subset S$,均有 $s(\sum\limits_{x\in X}x)=f(n)$. 因为 $s(m)$ 总是与 $m$ 模9同余,所以,对于所有非空集合 $X\subset S$,有 $\sum\limits_{x\in X}x\equiv f(n)\pmod 9$.

对 $S$ 中的任意一个数 $x_1$,当 $X$ 取一个不同于 $x_1$ 的数 $x_2$ 时,有 $x_2\equiv f(n)\pmod 9$;当 $X$ 取两个数 $x_1,x_2$ 时,有 $x_1+x_2\equiv f(n)\pmod 9$.

于是,$x_1\equiv 0\pmod 9$,即 $S$ 中的每个元素都是9的整数倍,且 $f(n)\geqslant 9$.

设 $q$ 是满足 $10^q-1\leqslant n$ 的最大整数,由下面的引理1可知,有一个 $S$ 的非空子集 $X$,使得 $\sum\limits_{x\in X}x$ 是 $10^q-1$ 的倍数. 于是,再由引理2得 $f(n)\geqslant 9q$.

**引理1** 含有 $m$ 个正整数的集合包含一个非空的子集,其元素的和是 $m$ 的倍数.

**引理1的证明** 假设集合 $T$ 没有其元素和能被 $m$ 整除的非空子集. 下面考虑 $T$ 的非空子集在模 $m$ 意义上的元素之和. 设 $T=\{a_1,a_2,\cdots,a_m\}$,则

$$\{a_1\},\{a_1,a_2\},\cdots,\{a_1,a_2,\cdots,a_m\}$$

为 $T$ 的非空子集. 模 $m$ 意义上的元素之和中一定有两个集合的元素之和相等,不妨假设 $\{a_1,a_2,\cdots,a_i\}$ 和 $\{a_1,a_2,\cdots,a_j\}$,其中 $i<j$. 于是,集合 $\{a_{i+1},a_{i+2},\cdots,a_j\}$ 中元素之和模 $m$ 的余数为0. 矛盾.

引理1得证.

**引理2** 若正整数 $M$ 为 $10^q-1$ 的倍数,则 $s(M)\geqslant 9q$.

**引理2的证明** 假设结论不成立,则存在 $10^q-1$ 的倍数,使得其各位数字之和小于 $9q$. 不妨设 $M$ 是这些数中最小的一个,于是有 $s(M)<9q$,且 $M\neq 10^q-1$. 因此,$M>10^q$.

假设 $M$ 的最高位的有效数字是 $10^m$ 位,则 $m\geqslant q$. 所以,$N=M-10^{m-q}(10^q-1)$ 是满足 $10^q-1$ 的倍数中的比 $M$ 小的正整数,且 $N$ 的各位数字之和小于或等于 $M$ 的各位数字之和.

心得 体会 拓广 疑问

实际上,由于 $N=M-10^m+10^{m-q}$,$M-10^m$ 只是 $M$ 的第一位减少了1,不存在借位.若再加上 $10^{m-q}$ 不存在进位,则 $N$ 的各位数字之和等于 $M$ 的各位数字之和.若再加上 $10^{m-q}$ 后有进位,则 $N$ 的各位数字之和小于 $M$ 的各位数字之和.

因此,有 $s(N)\leqslant s(M)<9q$,与 $M$ 的最小性矛盾.

引理2得证.

因为 $10^{q+1}>n$,则有 $q+1>\lg n$.又因为 $f(n)\geqslant 9q$,$f(n)\geqslant 9$,则 $f(n)\geqslant \dfrac{9q+9}{2}>\dfrac{9}{2}\lg n$.

综上所述,可取 $c_1=\dfrac{9}{2}$,$c_2=45$.

4.2.28 定义函数 $f(n)(n\in\mathbf{N})$ 如下:设

$$\frac{(2n)!}{n!\ (n+1\ 000)!}=\frac{A(n)}{B(n)}$$

这里 $A(n)$,$B(n)$ 是互素的正整数.

若 $B(n)=1$,则 $f(n)=1$.

若 $B(n)\neq 1$,则 $f(n)=B(n)$ 的最大素因数.

求证:$f(n)$ 的不同值只有有限个,并求出它的最大值.

(第31届国际数学奥林匹克候选题,1990年)

**证明** 先证明下面的引理.

**引理** 设 $n$,$a$ 是正整数,且设分数

$$\frac{(2n)!}{n!\ (n+a)!}$$

被写成既约形式,则分母不能被任意大于 $2a$ 的素数整除.

**引理的证明** 设 $x=\dfrac{(2n)!\ (2a)!}{n!\ (n+a)!}$,任一素数 $p$ 在 $x$ 中的最大的幂等于

$$\sum_{r\geqslant 1}\left(\left\{\left[\frac{2n}{p^r}\right]+\left[\frac{2a}{p^r}\right]\right\}-\left\{\left[\frac{n}{p^r}\right]+\left[\frac{n+a}{p^r}\right]\right\}\right) \quad ①$$

由于对任意非负数 $y$,$z$,不等式

$$[2y]+[2z]\geqslant [y]+[y+z] \quad ②$$

成立.

事实上,设 $y=[y]+\alpha$,$z=[z]+\beta$,$0\leqslant \alpha,\beta<1$,则不等式②等价于

$$2[y]+[2\alpha]+2[z]+[2\beta]\geqslant [y]+[y]+[z]+[\alpha+\beta]$$

$$[z]+[2\alpha]+[2\beta]\geqslant [\alpha+\beta] \quad ③$$

由 $0\leqslant \alpha,\beta<1$,可得

$$0\leqslant \alpha+\beta<2$$

心得 体会 拓广 疑问

若$[\alpha+\beta]=0$,则式③显然成立.

若$[\alpha+\beta]=1$,则$\alpha,\beta$中至少有一个不小于$\frac{1}{2}$,从而$[2\alpha]$与$[2\beta]$中至少有一个为1,则式③成立.从而可证式②成立.

由式②可知,①中的每一项均不小于0,因此$x$是整数.从而$\frac{x}{(2a)!}$的分母不可能包含任意大于$2a$的素数,引理得证.

由引理及$f(n)$的定义可得

$$f(n)<2\ 000$$

从而$f(n)$的值只有有限个.

小于2 000的最大素数为1 999,可以证明

$$f(999)=1\ 999$$

当$n=999$时

$$\frac{(2n)!}{n!\ (n+1\ 000)!}=\frac{1\ 998!}{999!\ 1\ 999!}=\frac{1}{1\ 999\cdot 999!}$$

所以

$$B(999)=1\ 999(999!)$$

因为1 999是素数,所以

$$f(999)=1\ 999$$

因此,$f(n)$的最大值是1 999.

4.2.29 定义在正整数集上的函数$D(n)$满足条件:

(i)$D(1)=0$;

(ii)当$p$是素数时,$D(p)=1$;

(iii)对任意两个正整数$u,v$有

$$D(uv)=uD(v)+vD(u)$$

(1)求证:这三个条件是相容的(即互不矛盾),且唯一确定函数$D(n)$.推导出$\frac{D(n)}{n}$的公式(设$n=p_1^{\alpha_1}p_2^{\alpha_2}\cdots p_k^{\alpha_k}$,其中$p_1,p_2,\cdots,p_k$是不同的素数).

(2)求$n$,使$D(n)=n$.

(3)令$D^1(n)=D(n),D^{k+1}(n)=D(D^k(n))(k=1,2,\cdots)$,求当$m\to\infty$时,$D^m(63)$的极限.

(第10届美国普特南数学竞赛,1950年)

**解** (1)令

$$D(n)=\begin{cases}0, & 当\ n=1\\ n\left(\frac{\alpha_1}{p_1}+\frac{\alpha_2}{p_2}+\cdots+\frac{\alpha_k}{p_k}\right), & 当\ n=p_1^{\alpha_1}p_2^{\alpha_2}\cdots p_k^{\alpha_k}\end{cases}$$

显然,$D(n)$满足条件(i),(ii).

心得 体会 拓广 疑问

设 $u=p_1^{\alpha_1}p_2^{\alpha_2}\cdots p_k^{\alpha_k}$，$v=p_1^{\beta_1}p_2^{\beta_2}\cdots p_k^{\beta_k}$，则

$$uv=p_1^{\alpha_1+\beta_1}p_2^{\alpha_2+\beta_2}\cdots p_k^{\alpha_k+\beta_k}$$

$$uD(v)+vD(u)=$$

$$uv\left(\frac{\beta_1}{p_1}+\frac{\beta_2}{p_2}+\cdots+\frac{\beta_k}{p_k}\right)+vu\left(\frac{\alpha_1}{p_1}+\frac{\alpha_2}{p_2}+\cdots+\frac{\alpha_k}{p_k}\right)=$$

$$uv\left(\frac{\alpha_1+\beta_1}{p_1}+\frac{\alpha_k+\beta_k}{p_k}\right)=D(uv)$$

故 $D(n)$ 也满足条件(iii)，即条件(i)，(ii)，(iii) 是相容的，下面证明这三个条件可唯一确定 $D(n)$.

由条件(iii) 得

$$\frac{D(uv)}{uv}=\frac{D(u)}{u}+\frac{D(v)}{v}$$

利用数学归纳法可证：对任意 $k$ 个正整数 $u_1,u_2,\cdots,u_k$，有

$$\frac{D(u_1u_2\cdots u_k)}{u_1u_2\cdots u_k}=\frac{D(u_1)}{u_1}+\frac{D(u_2)}{u_2}+\cdots+\frac{D(u_k)}{u_k}$$

从而，若 $n=p_1^{\alpha_1}p_2^{\alpha_2}\cdots p_k^{\alpha_k}$，则

$$\frac{D(n)}{n}=\underbrace{\frac{D(p_1)}{p_1}+\cdots+\frac{D(p_1)}{p_1}}_{\alpha_1\text{项}}+\underbrace{\frac{D(p_2)}{p_2}+\cdots+\frac{D(p_2)}{p_2}}_{\alpha_2\text{项}}+\cdots+\underbrace{\frac{D(p_k)}{p_k}+\cdots+\frac{D(p_k)}{p_k}}_{\alpha_k\text{项}}$$

由条件(ii) 得

$$\frac{D(n)}{n}=\frac{\alpha_1}{p_1}+\frac{\alpha_2}{p_2}+\cdots+\frac{\alpha_k}{p_k}$$

结合条件(i)，得

$$D(n)=\begin{cases}0,\text{当 } n=1\\ n\left(\frac{\alpha_1}{p_1}+\frac{\alpha_2}{p_2}+\cdots+\frac{\alpha_k}{p_k}\right),\text{当 } n=p_1^{\alpha_1}p_2^{\alpha_2}\cdots p_k^{\alpha_k}\end{cases}$$

(2) 若 $D(n)=n$，则 $n>1$，可得

$$\frac{\alpha_1}{p_1}+\frac{\alpha_2}{p_2}+\cdots+\frac{\alpha_k}{p_k}=1 \quad ①$$

若 $k>1$，则

$$\frac{\alpha_1}{p_1}p_2\cdots p_k=p_2\cdots p_k\left(1-\frac{\alpha_2}{p_2}-\cdots-\frac{\alpha_k}{p_k}\right)$$

的右边为整数，从而左边为整数，故 $\alpha_1$ 能被 $p_1$ 整除，由 ① 只能有 $\frac{\alpha_1}{p_1}=1$，即 $\alpha_1=p_1$，故 $\alpha_2=\cdots=\alpha_k=0$，$n=p^p$，其中 $p$ 是素数.

(3) 因为 $63=3^2\cdot 7$，则 $D(63)=63\left(\frac{2}{3}+\frac{1}{7}\right)=51$，又可求出

心得 体会 拓广 疑问

$$D^2(63)=20, D^3(63)=24$$

现证明当 $m\geqslant 2$ 时

$$D^{m+1}(63)>D^m(63)$$

$$D^m(63)=4u_m(u_m \text{ 是某个正整数}) \quad ②$$

当 $m=2$ 时,② 是显然的.

假设 $m=t$ 时,② 成立,则当 $m=t+1$ 时

$$D^{t+1}(63)=D(D^t(63))=D(4u_t)=$$
$$4D(u_t)+u_tD(4)=$$
$$4(D(u_t)+u_t)$$

令 $u_{t+1}=D(u_t)+u_t$,则

$$D^{t+2}(63)=4(D(u_{t+1})+u_{t+1})>4u_{t+1}=D^{t+1}(63)$$

所以,当 $m=t+1$ 时 ② 成立.

4.2.30 对整数 $m$,用 $p(m)$ 表示 $m$ 的最大质因子,为方便计,令 $p(\pm1)=1, p(0)=\infty$. 求所有的整系数多项式 $f$,使得数列 $\{p(f(n^2))-2n\}_{n\geqslant 0}$ 有上界(特别地,这要求对任意 $n\geqslant 0$,都有 $f(n^2)\neq 0$).

**解** 问题的答案是:$f$ 为形如

$$f(x)=c(4x-a_1^2)(4x-a_2^2)\cdots(4x-a_k^2) \quad ①$$

的多项式,这里 $a_1,a_2,\cdots,a_k$ 都是正奇数,$c$ 为非零整数.

先证:由 ① 给出的多项式符合要求.

事实上,设 $p$ 是 $f(n^2)$ 的质因子但不是 $c$ 的质因子,则存在 $j\in\{1,2,\cdots,k\}$,使得 $p\mid 2n-a_j$ 或 $p\mid 2n+a_j$,所以

$$p-2n\leqslant \max\{a_1,a_2,\cdots,a_k\}$$

而 $c$ 的质因子只有有限个,不影响“数列 $\{p(f(n^2))-2n\}_{n\geqslant 0}$ 有上界”这个结论.

再证:若 $f$ 使得 $\{p(f(n^2))-2n\}_{n\geqslant 0}$ 有上界,则 $f$ 必为 ① 给出的多项式.

为此,需要下面的引理.

**引理** 若 $f(x)\in\mathbf{Z}[x]$,$f(x)$ 不是常系数多项式,则 $P(f)$ 是一个无限集.

这里 $\mathbf{Z}[x]$ 表示全体整系数多项式组成的集合,而集合 $P(f)$ 表示至少整除数列 $\{f(n)\}_{n\geqslant 0}$ 中某一项的质数组成的集合.

**引理的证明** 采用反证法.

设 $f(x)=a_nx^n+a_{n-1}x^{n-1}+\cdots+a_0\in\mathbf{Z}[x]$,$n\in\mathbf{N}^*$,$a_n\neq 0$,使得 $P(f)(=\{p_1,\cdots,p_m\})$ 为有限集.

若 $a_0\neq 0$,不妨设 $|a_0|=p_1^{\alpha_1}\cdots p_k^{\alpha_k}a$,这里 $\alpha_1,\cdots,\alpha_k\in\mathbf{N}^*$,并

且 $a$ 与 $p_1,\cdots,p_m$ 都互质，令 $x=(p_1^{\alpha_1+1}\cdot p_2^{\alpha_2+1}\cdot\cdots\cdot p_k^{\alpha_k+1}\cdot p_{k+1}\cdot\cdots\cdot p_m)\cdot t$，则可写 $f(x)=p_1^{\alpha_1}\cdots p_k^{\alpha_k}(M\cdot p_1\cdots p_m+a)$，这里 $M\in\mathbf{Z}$. 由于 $f(x)$ 不是常数，因此 $t$ 充分大时，$|M\cdot p_1\cdots p_m+a|>1$. 又由 $(a,p_1\cdots p_m)=1$，知 $M\cdot p_1\cdots p_m+a$ 有一个不同于 $p_1,\cdots,p_m$ 的质因子，这与 $P(f)=\{p_1,\cdots,p_m\}$ 矛盾.

若 $a_0=0$，则 $f(x)=g(x)\cdot x$，取 $x\in\mathbf{N}^*$，使 $x$ 有不同于 $p_1,\cdots,p_m$ 的质因子，即可得矛盾.

引理获证.

回到原题，设 $f(x)$ 是一个非常数的整系数多项式，并且存在常数 $M$，使得对任意 $n\in\mathbf{N}$，都有 $p(f(n^2))-2n\leqslant M$.

对多项式 $f(x^2)$ 用引理的结论，可知存在一个由无穷多个不同奇质数组成的数列 $\{p_j\}$，使得对每个 $p_j$，存在 $k_j\in\mathbf{N}$，使得 $p_j\mid f(k_j^2)$.

现设 $r_j$ 是 $k_j$ 模 $p_j$ 的绝对值最小剩余，即 $k_j\equiv r_j\pmod{p_j}$，且 $|r_j|\leqslant\frac{p_j-1}{2}$. 记 $t_j=|r_j|$，则由因式定理可知

$$f(k_j^2)\equiv f(t_j^2)\pmod{p_j}$$

从而

$$2t_j+1\leqslant p_j\leqslant p(f(t_j^2))\leqslant M+2t_j$$

此式对每个 $j\in\mathbf{N}^*$ 都成立，所以，存在 $a_1\in\{1,2,\cdots,M\}$，使得有无穷多个 $j\in\mathbf{N}^*$，满足等式 $p_j-2t_j=a_1$.

记 $\deg f=m$，则 $4^m\left(\left(\frac{x-a_1}{2}\right)^2\right)\in\mathbf{Z}[x]$，并且 $p_j\mid 4^mf\left(\left(\frac{p_j-a_1}{2}\right)^2\right)$，从而 $p_j\mid 4^mf\left(\left(\frac{a_1}{2}\right)^2\right)$. 由于满足此整除关系的 $j$ 有无穷多个，因此，$f\left(\left(\frac{a_1}{2}\right)^2\right)=0$，即 $\left(\frac{a_1}{2}\right)^2$ 是 $f(x)$ 的根. 再由 $n\in\mathbf{N}$ 时 $f(n^2)\neq 0$，知 $a_1$ 必为奇数. 于是，可写 $f(x)=(4x-a_1^2)g(x)$，这里 $g(x)\in\mathbf{Z}[x]$（注意，这个结论需要用到一个关于本原多项式的高斯引理），这时，由于 $p(g(n^2))\leqslant p(f(n^2))$，故数列 $\{p(g(n^2))-2n\}$ 也有上界，用 $g(x)$ 代替 $f(x)$ 重复上述讨论，可知 $f(x)$ 是由 ① 确定的某个整系数多项式.

心得 体会 拓广 疑问

4.2.31 对于任何正整数 $k$,$f(k)$ 表示集合 $\{k+1,k+2,\cdots,2k\}$ 内在二进制下恰有3个1的所有元素的个数.

(1) 求证:对于每个正整数 $m$,至少存在一个正整数 $k$,使得 $f(k)=m$.

(2) 确定所有正整数 $m$,对每一个 $m$,恰存在一个 $k$,满足 $f(k)=m$.

(罗马尼亚)

**证明** 用 $S$ 表示正整数集合内在二进制表示下恰有3个1的所有元素组成的集合,首先证明

$$f(k+1)=\begin{cases}f(k),当 2k+1\notin S\\ f(k)+1,当 2k+1\in S\end{cases} \quad ①$$

由于 $f(k+1)$ 是集合 $\{k+2,k+3,\cdots,2k+1,2k+2\}$ 内在二进制表示下恰有3个1的所有元素组成的集合,$f(k)$ 是集合 $\{k+1,k+2,\cdots,2k\}$ 内在二进制表示下恰有3个1的所有元素组成的集合.在二进制表示下,在 $k+1$ 的个位数后面添加一个零,恰为 $2(k+1)$ 在二进制表示下的数字.于是,$k+1$ 与 $2(k+1)$ 同属于 $S$,或者同时不属于 $S$,因此有公式①.

(1) 显然 $f(1)=0$,$f(2)=0$.当 $k=2^s$,$s$ 是大于等于2的正整数时,$f(2^s)$ 表示集合 $\{2^s+1,2^s+2,\cdots,2^{s+1}\}$ 内在二进制表示下恰有3个1的所有元素的个数,在二进制下

$$2^s+1=10\cdots01(中间有 s-1 个0)$$

$$2^{s+1}=10\cdots0(后面有 s+1 个0)$$

考虑所有形如 $1**\cdots*$ 的 $s+1$ 位数,取2个1放入这 $s$ 个 $*$ 中的任两个 $*$ 位置,其余 $*$ 位置全部放入0,就得到集合 $\{2^s+1,2^s+2,\cdots,2^{s+1}\}$ 内在二进制表示下恰有3个1的一个元素,于是

$$f(2^s)=C_s^2=\frac{1}{2}s(s-1) \quad ②$$

当 $s$ 增大时,$\frac{1}{2}s(s-1)$ 显然无上界.从①可知,$f(k)$ 无上界.又从 $f(1)=0$,$f(k)$ 无上界及公式①可知,当 $k$ 取遍所有正整数时,$f(k)$ 取遍所有非负整数.于是,对于每个正整数 $m$,至少存在一个正整数 $k$,满足 $f(k)=m$.

(2) 由于对每一个(适当的)$m$,恰存在一个 $k$,满足 $f(k)=m$,则由公式①可知

$$f(k+1)=f(k)+1=m+1 \quad ③$$

以及

$$f(k-1)=f(k)-1=m-1 \quad ④$$

心得 体会 拓广 疑问

这表明 $2k+1\in S, 2(k-1)+1\in S$.

设在二进制下

$$k=2^s+k_12^{s-1}+k_22^{s-2}+\cdots+k_{s-1}2+k_s \quad ⑤$$

这里 $k_1,k_2,\cdots,k_s\in\{1,0\}$, $s$ 是正整数.

$$2k-1=2^{s+1}+k_12^s+k_22^{s-1}+\cdots+k_{s-1}2^2+k_s2-1 \quad ⑥$$

$$2k+1=2^{s+1}+k_12^s+k_22^{s-1}+\cdots+k_s2+1 \quad ⑦$$

由于在二进制下,$2k+1$ 恰有 3 个 1,则 $k_1,k_2,\cdots,k_s$ 中只有一个为 1,其余皆为 0,于是

$$2k+1=2^{s+1}+2^t+1 \quad ⑧$$

这里 $t$ 是小于等于 $s$ 的正整数,因此

$$k=2^s+2^{t-1} \quad ⑨$$

于是有

$$2k-1=2^{s+1}+2^t-1=2^{s+1}+2^{t-1}+\cdots+2+1 \quad ⑩$$

由于在二进制下,$2k-1$ 也恰有 3 个 1,则 $t=2$,从而,$s\geqslant 2$. 由 ⑨ 有

$$k=2^s+2 \quad ⑪$$

$$k+1=2^s+2+1, 2k=2^{s+1}+2^2 \quad ⑫$$

在二进制下,$k+1$ 为 10…011(中间有 $s-2$ 个 0),$2k$ 为 10…0100(一共有 $s$ 个 0). 在 $k+1$ 与 $2k$ 之间的正整数为 1 * * … *(有 $s$ 个 *,但排除 10…000,10…001,10…010 三个数)及 $s+2$ 位数 10…01,10…010,10…011,10…0100,因此

$$f(2^s+2)=C_s^2+1=\frac{1}{2}s(s-1)+1 \quad ⑬$$

从而,$f(k)=m$ 恰有唯一解时,必有 ⑪ 和

$$m=\frac{1}{2}s(s-1)+1 \quad ⑭$$

这里 $s\geqslant 2$.

当 $m=\frac{1}{2}s(s-1)+1$ 时,这里正整数 $s\geqslant 2$,取 $k=2^s+2$,从上述证明可以得到 ⑬. 由于

$$2(2^s+2)-1=2^{s+1}+2+1$$

$$2(2^s+2)+1=2^{s+1}+2^2+1 \quad ⑮$$

它们在二进制下都恰有 3 个 1,则由公式 ①,可以得到

$$f(2^s+2-1)=f(2^s+2)-1$$

$$f(2^s+2+1)=f(2^s+2)+1 \quad ⑯$$

从而,$f(k)=\frac{1}{2}s(s-1)+1$ 的确有唯一解 $k=2^s+2$,这里正整数 $s\geqslant 2$.

心得 体会 拓广 疑问

4.2.32 $d(n)$ 是正整数 $n$ 的全部正整数因子的个数. 定义 $S(n)=\sum d(k)$,这里求和是对于 $n$ 的所有正整数因子 $k$ 求和. 求所有 $n$,使得 $n=S(n)$.

**解** 先考虑 $n=p^k$ 情况,这里 $p$ 是一个质数,$k$ 是一个正整数. 明显地,$p^k$ 的所有正整数因子是 $1,p,p^2,\cdots,p^{k-1},p^k$. 于是,有

$$d(1)=1,d(p)=2,d(p^2)=3,\cdots,$$
$$d(p^{k-1})=k,d(p^k)=k+1 \quad ①$$

那么,由题目条件有

$$S(p^k)=d(1)+d(p)+d(p^2)+\cdots+d(p^{k-1})+d(p^k)=$$
$$1+2+3+\cdots+k+(k+1)=$$
$$\frac{1}{2}(k+1)(k+2) \quad ②$$

如果 $S(p^k)=p^k$,那么,利用②有

$$\frac{1}{2}(k+1)(k+2)=p^k \quad ③$$

当 $k$ 是奇数时,$\frac{1}{2}(k+1)$ 是正整数,从 $\frac{1}{2}(k+1)<k+2$ 及 $\frac{1}{2}(k+1)$ 与 $k+2$ 互质,从③有

$$\frac{1}{2}(k+1)=1,k+2=p^k \quad ④$$

从④第一式,有 $k=1$,代入④第二式,有 $p=3$. 当 $k$ 是偶数时,$\frac{1}{2}(k+2)$ 是正整数,和 $\frac{1}{2}(k+2)<k+1$,利用 $\frac{1}{2}(k+2)$,$k+1$ 互质,从③有

$$\frac{1}{2}(k+2)=1 \quad ⑤$$

那么 $k=0$,这与 $k$ 是正整数矛盾.

从上面叙述可以知道,如果 $n=p^k$,这里 $p$ 是质数,$k$ 是正整数,满足 $S(n)=n$,则必有 $n=3$. 另外,利用 $S(1)=1$ 可以知道 $n=1$ 也满足题目要求.

下面考虑正整数 $n$,它既不等于1,也不等于3. 当 $p_1,p_2$ 为不同质数时,$p_1^{k_1}p_2^{k_2}$ 的全部正整数因子可以列成表14,这里 $k_1,k_2$ 为正整数.

心得 体会 拓广 疑问

表 14

| | 1, | $p_2$, | $p_2^2$, | ,…, | $p_2^{k_2}$ |
|---|---|---|---|---|---|
| 1 | 1, | $p_2$, | $p_2^2$, | ,…, | $p_2^{k_2}$ |
| $p_1$ | $p_1$, | $p_1p_2$, | $p_1p_2^2$ | ,…, | $p_1p_2^{k_2}$ |
| $p_1^2$ | $p_1^2$, | $p_1^2p_2$, | $p_1^2p_2^2$ | ,…, | $p_1^2p_2^{k_2}$ |
| ⋮ | ⋮ | ⋮ | ⋮ | | ⋮ |
| $p_1^{k_1}$ | $p_1^{k_1}$, | $p_1^{k_1}p_2$, | $p_1^{k_1}p_2^2$ | … | $p_1^{k_1}p_2^{k_2}$ |

⑥

这表是按下法制作的,横线上一行第 $i$ 个数与竖线左侧第 $j$ 个数相乘,将此乘积填入横线下,竖线右侧第 $j$ 行第 $i$ 列的位置上,利用①和⑥,有

$$\begin{aligned}S(p_1^{k_1}p_2^{k_2}) = &[d(1)+d(p_2)+d(p_2^2)+\cdots+d(p_2^{k_2})]+\\&[d(p_1)+d(p_1p_2)+d(p_1p_2^2)+\cdots+d(p_1p_2^{k_2})]+\\&[d(p_1^2)+d(p_1^2p_2)+d(p_1^2p_2^2)+\cdots+d(p_1^2p_2^{k_2})]+\cdots+\\&[d(p_1^{k_1})+d(p_1^{k_1}p_2)+d(p_1^{k_1}p_2^2)+\cdots+d(p_1^{k_1}p_2^{k_2})]=\\&[1+2+3\cdots+(k_2+1)]+\\&[2+4+6+\cdots+2(k_2+1)]+\\&[3+6+9+\cdots+3(k_2+1)]+\cdots+\\&[(k_1+1)+2(k_1+1)+3(k_1+1)+\cdots+\\&(k_2+1)(k_1+1)]=\\&[1+2+3+\cdots+(k_2+1)]\cdot[1+2+3+\cdots+\\&(k_1+1)]=\\&\frac{1}{2}(k_2+1)(k_2+2)\frac{1}{2}(k_1+1)(k_1+2)=\\&S(p_1^{k_1})S(p_2^{k_2})\end{aligned} \quad ⑦$$

对 $n$ 进行质因子分解

$$n=p_1^{k_1}p_2^{k_2}\cdots p_t^{k_t} \quad ⑧$$

这里 $p_1,p_2,\cdots,p_t$ 是两两不同的质数,$k_1,k_2,\cdots,k_t$ 全是正整数. 现断言

$$S(n)=S(p_1^{k_1}p_2^{k_2}\cdots p_t^{k_t})=S(p_1^{k_1})S(p_2^{k_2})\cdots S(p_t^{k_t}) \quad ⑨$$

对正整数 $t$ 用数学归纳法来证明式⑨. 当 $t=1$ 时,式⑨显然成立. 当 $t=2$ 时,式⑦表明⑨成立. 假设当 $t=m$ 时,这里正整数 $m\geqslant 2$,有

$$S(p_1^{k_1}p_2^{k_2}\cdots p_m^{k_m})=S(p_1^{k_1})S(p_2^{k_2})\cdots S(p_m^{k_m}) \quad ⑩$$

这里 $p_1,p_2,\cdots,p_m$ 是两两不同的质数,$k_1,k_2,\cdots,k_m$ 全是正整数. 当 $t=m+1$ 时,如果能证明

$$S(p_1^{k_1}p_2^{k_2}\cdots p_m^{k_m}p_{m+1}^{k_{m+1}})=S(p_1^{k_1}p_2^{k_2}p_m^{k_m})S(p_{m+1}^{k_{m+1}}) \quad ⑪$$

心得 体会 拓广 疑问

则归纳法完成,式⑨成立.这里 $p_1,p_2,\cdots,p_m,p_{m+1}$ 是两两不同的质数,$k_1,k_2,\cdots,k_m,k_{m+1}$ 全是正整数.

将 $p_1^{k_1}p_2^{k_2}\cdots p_m^{k_m}$ 的全部正整数因子记为 $1,a_1,a_2,\cdots,a_\beta$,这里 $\beta=(k_1+1)(k_2+1)\cdots(k_m+1)$,类似表14列表15如下.

**表15**

| | 1, | $a_1$, | $a_2$ | ,…, | $a_\beta$ |
|---|---|---|---|---|---|
| 1 | 1, | $a_1$, | $a_2$ | ,…, | $a_\beta$ |
| $p_{m+1}$ | $p_{m+1}$, | $p_{m+1}a_1$, | $p_{m+1}a_2$ | ,…, | $p_{m+1}a_\beta$ |
| $p_{m+1}^2$ | $p_{m+1}^2$, | $p_{m+1}^2a_1$, | $p_{m+1}^2a_2$ | ,…, | $p_{m+1}^2a_\beta$ |
| ⋮ | ⋮ | ⋮ | ⋮ | | ⋮ |
| $p_{m+1}^{k_{m+1}}$ | $p_{m+1}^{k_{m+1}}$, | $p_{m+1}^{k_{m+1}}a_1$, | $p_{m+1}^{k_{m+1}}a_2$ | ,…, | $p_{m+1}^{k_{m+1}}a_\beta$ |

⑫

⑫的横线下,竖线右侧给出 $p_1^{k_1}p_2^{k_2}\cdots p_{m+1}^{k_{m+1}}$ 的全部正整数因子.那么,类似式⑦,有

$$S(p_1^{k_1}p_2^{k_2}\cdots p_m^{k_m}p_{m+1}^{k_{m+1}})=[d(1)+d(a_1)+d(a_2)+\cdots+d(a_\beta)]\cdot[1+2+3\cdots+(k_m+1)]=S(p_1^{k_1}p_2^{k_2}\cdots p_m^{k_m})S(p_{m+1}^{k_{m+1}}) \qquad ⑬$$

因而式⑪的确成立.

现在考虑 $S(n)=n$,这里 $n$ 既不是1,也不是3.利用式⑧和⑨,有

$$\frac{S(p_1^{k_1})}{p_1^{k_1}}\frac{S(p_2^{k_2})}{p_2^{k_2}}\cdots\frac{S(p_t^{k_t})}{p_t^{k_t}}=1 \qquad ⑭$$

如果有某个正整数 $j,1\leqslant j\leqslant t$,满足

$$S(p_j^{k_j})=p_j^{k_j} \qquad ⑮$$

则从本题开始时的讨论可以知道

$$p_j=3,k_j=1 \qquad ⑯$$

由于其他 $p_l(l\neq j)$ 与 $p_j$ 互质,则满足⑮的 $p_j$ 至多一个.由于现在 $n\neq3$,如果⑭有解,则必有 $t\geqslant2$ 且

$$\frac{S(p_j^{k_j})}{p_j^{k_j}}>1 \qquad ⑰$$

从⑭和⑰,必有另一正整数 $l,1\leqslant l\leqslant t,l\neq j$,满足

$$\frac{S(p_j^{k_j})}{p_j^{k_j}}<1 \qquad ⑱$$

反之亦然.利用式②和⑰有

$$\frac{1}{2}(k_j+1)(k_j+2)>p_j^{k_j} \qquad ⑲$$

下面证明当 $p_j\geqslant3$ 时,有

心得 体会 拓广 疑问

$$p_j^{k_j} \geqslant \frac{1}{2}(k_j+1)(k_j+2)(k \in \mathbf{N}) \quad ⑳$$

对正整数 $k_j$ 用数学归纳法,当 $k_j=1$ 时,⑳ 右端为3,而左端为 $p_j$,利用 $p_j \geqslant 3$,可以知道不等式 ⑳,当 $k_j=1$ 时成立. 假设不等式 ⑳ 对某个正整数 $k_j$ 成立,利用归纳法假设,可以看到

$$\begin{aligned} p_j^{k_j+1} = p_j \cdot p_j^{k_j} \geqslant p_j \frac{1}{2}(k_j+1)(k_j+2) = \\ \frac{1}{2}(k_j+2)(k_j+3) + \\ \frac{1}{2}(k_j+2) \cdot [p_j(k_j+1)-(k_j+3)] > \\ \frac{1}{2}(k_j+2)(k_j+3)(\text{利用 } p_j \geqslant 3) \end{aligned} \quad ㉑$$

于是不等式 ② 成立. 因此满足 ⑲ 的只有 $p_i=2$. 此时不等式 ⑲ 为

$$\frac{1}{2}(k_j+1)(k_j+2) > 2^{k_j} \quad ㉒$$

下面证明:当正整数 $k_j \geqslant 4$ 时,必有

$$2^{k_j} > \frac{1}{2}(k_j+1)(k_j+2) \quad ㉓$$

对正整数 $k_j(k_j \geqslant 4)$ 用数学归纳法. 当 $k_j=4$ 时,由于

$$2^4 = 16 > \frac{1}{2}(4+1)(4+2) \quad ㉔$$

所以不等式 ㉓ 对于 $k_j=4$ 成立. 如果不等式 ㉓ 对某个正整数 $k_j \geqslant 4$ 成立,则利用归纳法假设有

$$\begin{aligned} 2^{k_j+1} = 2 \cdot 2^{k_j} > 2 \cdot \frac{1}{2}(k_j+1)(k_j+2) = \\ (k_j+1)(k_j+2) = \frac{1}{2}(k_j+2)(k_j+3) + \\ (k_j+2)\left[(k_j+1)-\frac{1}{2}(k_j+3)\right] > \\ \frac{1}{2}(k_j+2)(k_j+3)(\text{利用 } k_j \geqslant 4) \end{aligned} \quad ㉕$$

于是不等式 ㉓ 成立,这样一来,满足不等式 ㉒ 的正整数 $k_j$ 只有1,2,3.

利用式 ②,可以知道

$$S(2)=3, S(2^2)=6, S(2^3)=10 \quad ㉖$$

以上面叙述可以知道,满足不等式 ⑰ 的只有 $p_j=2, k_j=1,2$ 或 3. 显然,利用 ㉖ 有

$$\frac{S(2)}{2}=\frac{3}{2}, \frac{S(2^2)}{2^2}=\frac{3}{2}, \frac{S(2^3)}{2^3}=\frac{5}{4}<\frac{3}{2} \quad ㉗$$

从不等式 ⑰ 和 ㉗ 有

心得 体会 拓广 疑问

$$1<\frac{S(p_j^{k_j})}{p_j^{k_j}}\leqslant\frac{3}{2} \qquad ㉘$$

从式 ⑭,⑮ 和 ⑯ 可以知道,必然至少有一个质数 $p_j$ 满足不等式 ⑰(注意 $t\geqslant 2$),从上面叙述又可以知道,这样的 $p_j$ 恰只有一个. 从式 ⑭,⑮,⑯ 和 ㉘ 可以得到

$$\frac{2}{3}\leqslant\frac{S(p_1^{k_1})}{p_1^{k_1}}\frac{S(p_2^{k_2})}{p_2^{k_2}}\cdots\frac{S(p_{j-1}^{k_{j-1}})}{p_{j-1}^{k_{j-1}}}\frac{S(p_{j+1}^{k_{j+1}})}{p_{j+1}^{k_{j+1}}}\cdots\frac{S(p_t^{k_t})}{p_t^{k_t}}<1 \qquad ㉙$$

这里 $p_1,p_2,\cdots,p_{j-1},p_{j+1},\cdots,p_t$ 全是奇质数. 从公式 ⑰ ~ ㉗ 可以知道,对于不等式 ㉙ 中任一个因子

$$\frac{S(p_l^{k_l})}{p_l^{k_l}}(l=1,2,\cdots,j-1,j+1,\cdots,t)$$

都有

$$\frac{S(p_l^{k_l})}{p_l^{k_l}}\leqslant 1 \qquad ㉚$$

利用 ㉙ 和 ㉚,有

$$\frac{S(p_l^{k_l})}{p_l^{k_l}}\geqslant\frac{2}{3} \qquad ㉛$$

这里 $l=1,2,\cdots,j-1,j+1,\cdots,t$. 从式 ② 和 ㉛ 有

$$\frac{1}{2}(k_l+1)(k_l+2)\geqslant\frac{2}{3}p_l^{k_l} \qquad ㉜$$

上式等价于

$$\frac{3}{4}(k_l+1)(k_l+2)\geqslant p_l^{k_l} \qquad ㉝$$

下面证明:当奇质数 $p_l\geqslant 5$ 时,对任意正整数 $k_l$ 有

$$p_l^{k_l}>\frac{3}{4}(k_l+1)(k_l+2) \qquad ㉞$$

对于正整数 $k_l$ 用数学归纳法. 当 $k_l=1$ 时,利用 $p_l\geqslant 5>\frac{3}{4}\times 2\times 3$,可以知道在 $k_l=1$ 时,不等式 ㉞ 成立. 假设不等式 ㉞ 对某个正整数 $k_l$ 成立,则

$$p_l^{k_l+1}=p_l\cdot p_l^{k_l}>p_l\cdot\frac{3}{4}(k_l+1)(k_l+2)=$$
$$\frac{3}{4}(k_l+2)(k_l+3)+\frac{3}{4}(k_l+2)[p_l(k_l+1)-(k_l+3)]>$$
$$\frac{3}{4}(k_l+2)(k_l+3)(\text{利用 } p_l>5) \qquad ㉟$$

因此,满足不等式 ㉝ 的奇质数只有一个,$p_l=3$. 将 $p_l=3$ 代入 ㉝,有

$$\frac{3}{4}(k_l+1)(k_l+2)\geqslant 3^{k_l} \qquad ㊱$$

下面证明,当正整数 $k_l \geqslant 3$ 时,必有

$$3^{k_l} > \frac{3}{4}(k_l+1)(k_l+2) \tag{37}$$

当 $k_l=3$ 时,$3^2=27>\frac{3}{4}\cdot 4\cdot 5$,即不等式㊲对 $k_l=3$ 成立. 假设不等式对某个正整数 $k_l(k_l \geqslant 3)$ 成立,则利用归纳法假设,有

$$\begin{aligned}3^{k_l+1}&=3\cdot 3^{k_l}>3\cdot\frac{3}{4}(k_l+1)(k_l+2)=\\&\frac{3}{4}(k_l+2)(k_l+3)+\frac{3}{4}(k_l+2)[3(k_l+1)-(k_l+3)]>\\&\frac{3}{4}(k_l+2)(k_l+3)\end{aligned} \tag{38}$$

于是,不等式㊲成立,那么满足不等式㊱的 $k_l=1$ 或2. 利用式②有

$$\frac{S(3^2)}{3^2}=\frac{2}{3} \tag{39}$$

到目前为止,可知 $n$ 的所有可能的正整数因子为 $1,2,2^2,2^3,3$ 和 $3^2$,那么 $n$ 的全部可能的解为

$$1,2,4,8,3,6,12,24,9,18,36,72 \tag{40}$$

在㊵中所列出的12个值中,从式㉗和㊴可以知道,2,4,8,9不满足 $S(n)=n$,$n=1,3$ 已知满足 $S(n)=n$. 对于㊵中剩下6个值进行计算,有

$$\begin{gathered}S(6)=S(2\cdot 3)=S(2)S(3)=9\\S(12)=S(2^2\cdot 3)=S(2^2)S(3)=6\cdot 3=18\\S(24)=S(2^3\cdot 3)=S(2^3)S(3)=10\cdot 3=30\\S(18)=S(3^2\cdot 2)=S(3^2)S(2)=6\cdot 3=18\\S(36)=S(2^2\cdot 3^2)=S(2^2)S(3^2)=6\cdot 6=36\\S(72)=S(2^3\cdot 3^2)=S(2^3)S(3^2)=10\cdot 6=60\end{gathered} \tag{41}$$

因此,满足 $S(n)=n$ 的全部正整数解是1,3,18和36.

**4.2.33** $N_0$ 表示全部非负整数的集合. 函数 $f:N_0\to N_0$,$f(1)>0$,对于 $N_0$ 内任意两个整数 $m,n$ 有

$$f(m^2+n^2)=(f(m))^2+(f(n))^2$$

求满足上述条件的所有 $f$.

**解** 在题目函数方程中,令 $m=n=0$,有

$$f(0)=2(f(0))^2 \tag{1}$$

因为 $f(0)$ 是非负整数,从上式有

$$f(0)=0 \tag{2}$$

在题目方程中,令 $m=1,n=0$,有

心得 体会 拓广 疑问

$$f(1)=f(1^2+0^2)=(f(1))^2+(f(0))^2=(f(1))^2 \quad ③$$

由于$f(1)>0$,从③有

$$f(1)=1 \quad ④$$

$$f(2)=f(1^2+1^2)=(f(1))^2+(f(1))^2=2 \quad ⑤$$

类似地,在题目函数方程中,取$m=2,n=0$,有

$$f(4)=f(2^2+0^2)=(f(2))^2+(f(0))^2=4 \quad ⑥$$

在题目方程中,取$m=2,n=1$,有

$$f(5)=f(2^2+1^2)=(f(2))^2+(f(1))^2=5 \quad ⑦$$

再在题目方程中,取$m=2,n=2$,有

$$f(8)=f(2^2+2^2)=(f(2))^2+(f(2))^2=8 \quad ⑧$$

如果有非负整数$m,n,k,l$,满足$m^2+n^2=k^2+l^2$,则

$$f(m^2+n^2)=f(k^2+l^2)$$

利用题目方程,有

$$(f(m))^2+(f(n))^2=(f(k))^2+(f(l))^2 \quad ⑨$$

由于$3^2+4^2=0^2+5^2$,利用上式,有

$$(f(3))^2+(f(4))^2=(f(0))^2+(f(5))^2 \quad ⑩$$

于是

$$(f(3))^2=(f(5))^2-(f(4))^2=25-16=9 \quad ⑪$$

由于$f(3)\geqslant 0$,则

$$f(3)=3 \quad ⑫$$

又利用$7^2+1^2=5^2+5^2$及⑨,有

$$(f(7))^2+(f(1))^2=(f(5))^2+(f(5))^2 \quad ⑬$$

从而,可以看到

$$(f(7))^2=2(f(5))^2-(f(1))^2=50-1=49 \quad ⑭$$

由于$f(7)\geqslant 0$,有

$$f(7)=7 \quad ⑮$$

又

$$f(9)=f(3^2+0^2)=(f(3))^2+(f(0))^2=9 \quad ⑯$$

$$f(10)=f(3^2+1^2)=(f(3))^2+(f(1))^2=10 \quad ⑰$$

以及

$$(f(6))^2+(f(8))^2=f(6^2+8^2)=f(10^2+0^2)=(f(10))^2+(f(0))^2=100 \quad ⑱$$

那么,利用$f(6)\geqslant 0$,⑧和⑱,有

$$f(6)=6 \quad ⑲$$

于是,从上述可以知道,对于$n=0,1,2,\cdots,10$,有

$$f(n)=n \quad ⑳$$

下面对$n$用数学归纳法,证明对任意非负整数$n$,⑳成立.根据前面所证,假设对所有$n<m$(这里正整数$m>10$,$n$为非负整数),有$f(n)=n$.现考虑$n=m$的情况,如果$m$是奇数,$m=2k+1$,

由于 $m > 10$,则 $k \geqslant 5, k \in \mathbf{N}$,利用

$$(2k+1)^2+(k-2)^2=(2k-1)^2+(k+2)^2 \tag{21}$$

以及式 ⑨,有

$$(f(2k+1))^2+(f(k-2))^2=(f(2k-1))^2+(f(k+2))^2 \tag{22}$$

由于 $k \geqslant 5$,则 $k+2 < 2k+1$,当然 $k-2, 2k-1$ 都小于 $2k+1$,而且这些数都是非负整数,利用归纳法假设,有

$$f(k-2)=k-2, f(2k-1)=2k-1$$
$$f(k+2)=k+2 \tag{23}$$

从 ㉒ 和 ㉓,有

$$(f(2k+1))^2=(2k-1)^2+(k+2)^2-(k-2)^2=(2k+1)^2 \tag{24}$$

由于 $f(2k+1) \geqslant 0$,有

$$f(2k+1)=2k+1 \tag{25}$$

如果 $m$ 是偶数,$m=2k+2$,这里 $k \in \mathbf{N}$,由于 $m > 10$,则 $k \geqslant 5$,利用

$$(2k+2)^2+(k-4)^2=(2k-2)^2+(k+4)^2 \tag{26}$$

以及式 ⑨,有

$$(f(2k+2))^2+(f(k-4))^2=(f(2k-2))^2+(f(k+4))^2 \tag{27}$$

由于 $k \geqslant 5$,则 $k+4 < 2k+2$,当然 $k-4, 2k-2$ 都小于 $2k+2$,利用归纳法假设,这些非负整数满足

$$f(k-4)=k-4, f(2k-2)=2k-2$$
$$f(k+4)=k+4 \tag{28}$$

利用 ㉖,㉗,㉘ 以及 $f(2k+2) \geqslant 0$,有

$$f(2k+2)=2k+2 \tag{29}$$

因此,证明了 $f(m)=m$,式 ⑳ 对所有非负整数成立. 因此,满足本题条件的解是唯一的(式 ⑳ 定义的函数当然满足题目条件).

# The Collection of Difficult Problem of Elementary Number Theory

(The Second Volume)

# 初等数论难题集

（第二卷）

主　编　刘培杰

副主编　周晓东 田廷彦 许逸飞

哈爾濱工業大學出版社
HARBIN INSTITUTE OF TECHNOLOGY PRESS

## 内 容 简 介

本书共分7章:第1章同余,第2章数列中的数论问题,第3章多项式,第4章数论与函数,第5章二次剩余与同余方程,第6章不定方程,第7章数论与组合.

本书适合于数学奥林匹克竞赛选手和教练员,高等院校相关专业研究人员及数论爱好者.

**图书在版编目(CIP)数据**

初等数论难题集.第2卷.下/刘培杰主编.—哈尔滨:哈尔滨工业大学出版社,2010.12(2024.5重印)
ISBN 978-7-5603-2921-5

Ⅰ.①初… Ⅱ.①刘… Ⅲ.①初等数论-解题
Ⅳ.①O156.1-44

中国版本图书馆CIP数据核字(2010)第223125号

策划编辑 刘培杰
责任编辑 张永芹
封面设计 孙茵艾
出版发行 哈尔滨工业大学出版社
社　　址 哈尔滨市南岗区复华四道街10号　邮编150006
传　　真 0451-86414749
网　　址 http://hitpress.hit.edu.cn
印　　刷 哈尔滨市石桥印务有限公司
开　　本 787mm×1092mm　1/16　印张30.75　字数600千字
版　　次 2011年2月第1版　2024年5月第4次印刷
书　　号 ISBN 978-7-5603-2921-5
定　　价 128.00元(上、下册)

◎ 目录

心得 体会 拓广 疑问

# 第5章　二次剩余与同余方程

## 5.1　二次剩余

设 $p$ 是奇素数，$a$ 是整数，$p\nmid a$. 如果存在整数 $x$，使得 $x^2\equiv a\pmod p$，则称 $a$ 是模 $p$ 的二次剩余，否则称 $a$ 是模 $p$ 的二次非剩余. 例如1是模3的二次剩余，而 $-1$ 是模3的二次非剩余.

当 $x$ 取遍模 $p$ 的缩剩余系 $\left\{\pm 1,\ \pm 2,\cdots,\ \pm\frac{p-1}{2}\right\}$ 中的每一个数时，$x^2$ 的取值有 $1^2,2^2,\cdots,\left(\frac{p-1}{2}\right)^2$ 共 $\frac{p-1}{2}$ 种可能.

设整数 $i,j$ 满足 $1\leqslant i<j\leqslant\frac{p-1}{2}$，则 $0<j-i<j+i<p$，故 $(j-i)(j+i)\not\equiv 0\pmod p$，即 $i^2\not\equiv j^2\pmod p$. 这说明上述 $\frac{p-1}{2}$ 个数对模 $p$ 互不同余. 从而在模 $p$ 的每个缩剩余系中恰有 $\frac{p-1}{2}$ 个数是模 $p$ 的二次剩余，而另 $(p-1)-\frac{p-1}{2}=\frac{p-1}{2}$ 个数是模 $p$ 的二次非剩余. 且 $x^2\equiv d\pmod p$ 的解数为0或2.

**定理(欧拉判别法)**　$p$ 为大于2的素数，$p\nmid d$，$d$ 是模 $p$ 的二次剩余的充要条件是

$$d^{\frac{p-1}{2}}\equiv 1\pmod p$$

$d$ 是模 $p$ 的二次非剩余的充要条件是

$$d^{\frac{p-1}{2}}\equiv -1\pmod p$$

**定理**　设素数 $p>2$，$p\nmid d_1$，$p\nmid d_2$，若 $d_1$ 与 $d_2$ 均为模 $p$ 的二次剩余或均为模 $p$ 的二次非剩余，则 $d_1d_2$ 也是模 $p$ 的二次剩余.

若 $d_1$ 是二次剩余，$d_2$ 是二次非剩余，则 $d_1d_2$ 是二次非剩余.

引进勒让德符号如下

$$\left(\frac{d}{p}\right)=\begin{cases}1, & d\text{ 是模 }p\text{ 的二次剩余}\\ -1, & d\text{ 是模 }p\text{ 的二次非剩余}\\ 0, & p\mid d\end{cases}$$

这里 $p>2$ 为素数，$d$ 为整数.

勒让德符号有以下性质：

心得 体会 拓广 疑问

(1)$\left(\frac{d}{p}\right)=\left(\frac{p+d}{p}\right)$;

(2)$\left(\frac{d}{p}\right)\equiv d^{\frac{p-1}{2}}\pmod p$;

(3)$\left(\frac{dc}{p}\right)=\left(\frac{d}{p}\right)\left(\frac{c}{p}\right)$;

(4) 当 $p\nmid d$,有$\left(\frac{d^2}{p}\right)=1$;

(5)$\left(\frac{1}{p}\right)=1,\left(\frac{-1}{p}\right)=(-1)^{\frac{p-1}{2}}$.

于是计算勒让德符号变为计算:

$\left(\frac{-1}{p}\right),\left(\frac{2}{p}\right),\left(\frac{q}{p}\right)$,$q$ 为奇素数.

**定理** $\left(\frac{2}{p}\right)=(-1)^{\frac{p^2-1}{8}}=\begin{cases}1, & p\equiv\pm1\pmod 8\\ -1, & p\equiv\pm3\pmod 8\end{cases}$.

**定理(高斯二次互反律)** 设 $p,q$ 为奇素数,$p\neq q$,则

$$\left(\frac{p}{q}\right)\cdot\left(\frac{q}{p}\right)=(-1)^{\frac{p-1}{2}\cdot\frac{q-1}{2}}$$

设奇数 $p>1$,$p=p_1p_2\cdots p_5$,$p_i(1\leqslant i\leqslant s)$ 为素数,定义$\left(\frac{d}{p}\right)=\left(\frac{d}{p_1}\right)\cdots\left(\frac{d}{p_s}\right)$,$\left(\frac{d}{p_i}\right)$ 为勒让德符号,则$\left(\frac{d}{p}\right)$ 为雅可比符号.

注意$\left(\frac{d}{p}\right)=1$ 不代表 $x^2\equiv d\pmod p$ 一定有解.

雅可比符号的性质有些很易推导,注意有:

$\left(\frac{dc}{p}\right)=\left(\frac{d}{p}\right)\left(\frac{c}{p}\right)$;

$\left(\frac{d}{p_1p_2}\right)=\left(\frac{d}{p_1}\right)\left(\frac{d}{p_2}\right)$;

$(p,d)=1$ 时,$\left(\frac{d^2}{p}\right)=\left(\frac{d}{p^2}\right)=1$.

**定理** $\left(\frac{-1}{p}\right)=(-1)^{\frac{p-1}{2}},\left(\frac{2}{p}\right)=(-1)^{\frac{p^2-1}{8}}$.

**定理** 若 $P,Q>1$,为奇数,$(P,Q)=1$,则

$$\left(\frac{P}{Q}\right)\cdot\left(\frac{Q}{P}\right)=(-1)^{\frac{P-1}{2}\cdot\frac{Q-1}{2}}$$

5.1.1 设 $p$ 是奇素数. 证明:$-1$ 是模 $p$ 的二次剩余的充要条件是 $p\equiv1\pmod 4$.

**证明** 先证必要性. 设有整数 $a$,使得 $a^2\equiv-1\pmod p$,显然 $p\nmid a$,故由费马小定理知

心得 体会 拓广 疑问

$$1 \equiv a^{p-1} \equiv (a^2)^{\frac{p-1}{2}} \equiv (-1)^{\frac{p-1}{2}} \pmod p$$

从而$\frac{p-1}{2}$应为偶数，即$p \equiv 1 \pmod 4$.

再证充分性. 若$p \equiv 1 \pmod 4$，即$\frac{p-1}{2}$为偶数，于是

$$\begin{aligned}(p-1)! &= 1 \times 2 \times \cdots \times \frac{p-1}{2} \times (p-1) \times \\ &(p-2) \times \left(p - \frac{p-1}{2}\right) \equiv \\ &1 \times 2 \times \cdots \times \frac{p-1}{2} \times (-1) \times (-2) \times \cdots \times \\ &\left(-\frac{p-1}{2}\right) \pmod p = \\ &(-1)^{\frac{p-1}{2}} \times 1^2 \times 2^2 \times \cdots \times \left(\frac{p-1}{2}\right)^2 = \\ &\left[\left(\frac{p-1}{2}\right)!\right]^2\end{aligned}$$

从而由威尔逊定理即知$\left[\left(\frac{p-1}{2}\right)!\right]^2 \equiv -1 \pmod p$.

本题的这个结论十分重要，利用它便可以证明形如$4n+1$，$n=1,2,\cdots$的质数有无限多个.

5.1.2　证明：形如$p \equiv 1 \pmod 4$的素数有无穷多个.

**证明**　设$N$是任意正整数，$p_1, p_2, \cdots, p_s$是不超过$N$的全部形如$p \equiv 1 \pmod 4$的素数. 令

$$q = 4(p_1 p_2 \cdots p_s)^2 + 1$$

如果$q$本身是素数，由于$p_i (i=1,2,\cdots,s)$为素因数，故必有$q > N$，而$q \equiv 1 \pmod 4$，从而存在大于$N$的形如$p \equiv 1 \pmod 4$的素数$q$.

如果$q$本身不是素数，由于$q$是奇数，故它必具有奇素因数$a$，$q \equiv 0 \pmod a$. 从而$-1$是模$a$的平方剩余，$\left(\frac{-1}{a}\right) = 1$. 因此，必有$a \equiv 1 \pmod 4$. 又由于$p_i \nmid q (i=1,2,\cdots,s)$，故$a \neq p_i (i=1,2,\cdots,s)$，从而知$a > N$. 这表示存在大于$N$的形如$p \equiv 1 \pmod 4$的素数$a$.

由于$N$是任取之正整数，因此形如$p \equiv 1 \pmod 4$的素数有无穷多个.

心得 体会 拓广 疑问

5.1.3 (1) 设$p$是素数,如果$a$和$b$是模$p$的平方剩余,取$c$使$a \equiv bc \pmod p$,则$c$也是模$p$的平方剩余.

(2) 证明:若$ab \equiv 1 \pmod p$($p$是素数),则$a$和$b$同时为模$p$的平方剩余或同时为非平方剩余.试推广上述结论,找出关于$r$的条件,当$ab \equiv r \pmod p$时,$a$和$b$同为模$p$的平方剩余或同为非平方剩余.

**证明** (1) 由于$a$和$b$均与$p$互素,所以$c$也与$p$互素,故有

$$\left(\frac{a}{p}\right)=\left(\frac{bc}{p}\right)=\left(\frac{b}{p}\right)\left(\frac{c}{p}\right)$$

由于$a$和$b$均为模$p$的平方剩余,故$\left(\frac{a}{p}\right)=1$,$\left(\frac{b}{p}\right)=1$,从而$\left(\frac{c}{p}\right)=1$,所以$c$是模$p$的平方剩余.

(2) 由于

$$1=\left(\frac{1}{p}\right)=\left(\frac{ab}{p}\right)=\left(\frac{a}{p}\right)\left(\frac{b}{p}\right)$$

故当$\left(\frac{a}{p}\right)=1$时,$\left(\frac{b}{p}\right)=1$,又当$\left(\frac{a}{p}\right)=-1$时,$\left(\frac{a}{p}\right)=-1$,$p$为素数,故$a$和$b$同为平方剩余,或同为非平方剩余.

显然当$r$是模$p$的平方剩余时,即当

$$\left(\frac{r}{p}\right)=1$$

时,$a$,$b$同为平方剩余或同为非平方剩余.

5.1.4 如果$p$是任一奇素数,证明:分数$\frac{1}{p}$的小数展式有$\frac{p-1}{2}$位数字的循环,或循环的位数是$\frac{p-1}{2}$的因数,当且仅当$p=\pm 3^K \pmod{40}$.

**证明** 当且仅当$10^{\frac{p-1}{2}} \equiv 1 \pmod p$,就会出现$\frac{p-1}{2}$位数字的循环小数展开式,或循环位数为$\frac{p-1}{2}$的某些因子.这就是欧拉准则:10是二次余式$(\bmod p)$.

现在已知5是形如$5n \pm 1$的任何素数的二次余式,而8是形如$8m \pm 1$为任何素数的二次余数.又如果5和2都是余式或都非余式,则10是一个二次余式$(\bmod p)$.于是$p$必为上述两种形式或者都不是;即$p=4n \pm r$,其中$r=1,3,9$或27.因为$3^4=81=1 \pmod{40}$,这就是所求的结果(已经假定$p \neq 5$).

心得 体会 拓广 疑问

**5.1.5**　设 $p$ 是素数，证明：当 $p\equiv 1(\bmod 4)$ 时，两整数 $a$ 和 $p-a$ 同为平方剩余或同为非平方剩余；而当 $p\equiv 3(\bmod 4)$ 时，$a$ 和 $p-a$ 中一个是平方剩余，另一个是非平方剩余.

**证明**　由于 $p-a\equiv -a(\bmod p)$，故

$$\left(\frac{p-a}{p}\right)=\left(\frac{-a}{p}\right)=\left(\frac{-1}{p}\right)\left(\frac{a}{p}\right)$$

当 $p\equiv 1(\bmod 4)$ 时，有 $\left(\frac{-1}{p}\right)=1$，故

$$\left(\frac{p-a}{p}\right)=\left(\frac{a}{p}\right)$$

因此，当 $\left(\frac{a}{p}\right)=1$ 时，$\left(\frac{p-a}{p}\right)=1$；当 $\left(\frac{a}{p}\right)=-1$ 时，$\left(\frac{p-a}{p}\right)=-1$. $p$ 又为素数，所以 $a$ 和 $p-a$ 同为模 $p$ 的平方剩余或同为非平方剩余，反之亦然.

又当 $p\equiv 3(\bmod 4)$ 时，$\left(\frac{-1}{p}\right)=-1$，从而

$$\left(\frac{p-a}{p}\right)=-\left(\frac{a}{p}\right)$$

因此，当 $\left(\frac{a}{p}\right)=1$ 时，$\left(\frac{p-a}{p}\right)=-1$，当 $\left(\frac{a}{p}\right)=-1$ 时，$\left(\frac{p-a}{p}\right)=1$，$p$ 又为素数，故两数 $a$ 和 $p-a$ 一个是模的平方剩余，另一个是非平方剩余.

**5.1.6**　证明：

(1) $n^2+(n+1)^2=2m^2$ 不可能成立.

(2) 仅当 $-1$ 是模 $k$ 的平方剩余时，$n^2+(n+1)^2=km^2$ 才能成立.

**证明**　(1) 如果 $n^2+(n+1)^2=2m^2$ 成立，则有

$$n^2+(n+1)^2\equiv 0(\bmod 2)$$

但 $n^2+(n+1)^2=2n^2+2n+1$，于是

$$n^2+(n+1)^2\equiv 1(\bmod 2)$$

因此便有 $1\equiv 0(\bmod 2)$，但这不可能.

(2) 当 $n^2+(n+1)^2=km^2$ 成立时，就有 $n^2+(n+1)^2\equiv 0(\bmod k)$，于是有

$$2n^2+2n+1\equiv 0(\bmod k)$$

故有

$$4n^2+4n+2\equiv 0(\bmod k)$$

$$4n^2+4n+1\equiv -1(\bmod k)$$

心得 体会 拓广 疑问

即
$$(2n+1)^2 \equiv -1 \pmod{k}$$
这表示 $x=2n+1$ 是同余式 $x^2 \equiv -1 \pmod{k}$ 的解,故 $-1$ 是模 $k$ 的平方剩余.

5.1.7　证明:如果 $x$ 和 $y$ 没有公因子,则 $x^{2^n}+y^{2^n}$(其中 $n$ 是正整数)的每一个奇数因子为形式 $2^{n+1}m+1$.

**证明**　设 $p$ 是一奇素数,使得 $x^{2^n}+y^{2^n} \equiv 0 \pmod{p}$. 因为 $(x,y)=1$,所以有 $x \not\equiv 0, y \not\equiv 0 \pmod{p}$,于是
$$(xy^{-1})^{2^n} \equiv -1 \pmod{p}$$
其中 $y^{-1}$ 是模 $p$ 剩余的乘法群中 $y$ 的逆. 所以同余式
$$u^{2^n} \equiv -1 \pmod{p}$$
有解. 根据欧拉准则
$$(-1)^{\frac{p-1}{d}} \equiv 1 \pmod{p} \quad ①$$
其中 $d=(p-1,2^n)$. 由 ① 可得 $\frac{p-1}{d}$ 是偶数. 于是根据 $d$ 的定义,得出 $p-1$ 可被 $2^{n+1}$ 除尽. 因此
$$p=2^{n+1}m+1 \quad ②$$
最后,因为式 ② 的那些数的每一个乘积也是上述形式. 本题得证.

5.1.8　设正奇数 $m$ 的素因数分解式是
$$m=p_1^{l_1}p_2^{l_2}\cdots p_r^{l_r}$$
这时,如果 $(a,m)=1$,则定义 $\left(\frac{a}{m}\right)$ 的意义如下
$$\left(\frac{a}{m}\right)=\left(\frac{a}{p_1}\right)^{l_1}\left(\frac{a}{p_2}\right)^{l_2}\cdots\left(\frac{a}{p_r}\right)^{l_r}$$
其中 $\left(\frac{a}{p_i}\right)$ $(i=1,2,\cdots,r)$ 是勒让德符号. 称 $\left(\frac{a}{m}\right)$ 为雅可比(Jacobi)符号. 试证明:

(1) 若 $a \equiv b \pmod{m}$,则 $\left(\frac{a}{m}\right)=\left(\frac{b}{m}\right)$;

(2) $\left(\frac{ab}{m}\right)=\left(\frac{a}{m}\right)\left(\frac{b}{m}\right)$, $\left(\frac{a}{mn}\right)=\left(\frac{a}{m}\right)\left(\frac{a}{n}\right)$;

(3) $\left(\frac{-1}{m}\right)=(-1)^{\frac{m-1}{2}}$;

(4) $\left(\frac{2}{m}\right)=(-1)^{\frac{m^2-1}{8}}$;

(5) $\left(\frac{n}{m}\right)\left(\frac{m}{n}\right)=(-1)^{\frac{m-1}{2}\cdot\frac{n-1}{2}}$.

心得 体会 拓广 疑问

**证明** (1) 如果 $a \equiv b(\bmod m)$,则

$$a \equiv b(\bmod p_i)(i = 1,2,\cdots,r)$$

故由勒让德符号的性质,有

$$\left(\frac{a}{p_i}\right) = \left(\frac{b}{p_i}\right) \quad (i = 1,2,\cdots,r)$$

再由$\left(\frac{a}{m}\right)$的定义,知(1)成立.

(2) 由于

$$\left(\frac{ab}{p_i}\right) = \left(\frac{a}{p_i}\right)\left(\frac{b}{p_i}\right) (i = 1,2,\cdots,r)$$

故(2)的第一式成立.

将 $mn$ 作素因数分解,就可得到第二式.

(3) 设 $m > 1$,当 $m = p_1p_2,\cdots,p_s$($p_1,p_2,\cdots,p_s$ 均为奇素数,不必相异),根据定义

$$\left(\frac{-1}{m}\right) = \left(\frac{-1}{p_1}\right)\left(\frac{-1}{p_2}\right)\cdots\left(\frac{-1}{p_s}\right)$$

由勒让德符号的性质,有

$$\left(\frac{-1}{p_i}\right) = (-1)^{\frac{p_i-1}{2}}(i = 1,2,\cdots,s)$$

于是

$$\left(\frac{-1}{m}\right) = (-1)^{\sum\limits_{i=1}^{s}\frac{p_i-1}{2}}$$

为此只要证明

$$\sum_{i=1}^{s}\frac{p_i-1}{2} \equiv \frac{p_1p_2\cdots p_s-1}{2} \equiv \frac{m-1}{2}(\bmod 2)$$

当 $s = 2$ 时,由于$(p_1-1)(p_2-1) \equiv 0(\bmod 4)$,故

$$(p_1-1)(p_2-1) = p_1p_2-(p_1+p_2)+1 = (p_1p_2-1)-(p_1-1)-(p_2-1) \equiv 0(\bmod 4)$$

从而有

$$\frac{p_1p_2-1}{2} \equiv \frac{p_1-1}{2}+\frac{p_2-1}{2}(\bmod 2)$$

又因为$(p_1p_2\cdots p_k-1)(p_{k+1}-1) \equiv 0(\bmod 4)$,故

$$(p_1p_2\cdots p_{k+1}-1) \equiv (p_1p_2\cdots p_k-1)+(p_{k+1}-1)(\bmod 4)$$

从而有

$$\frac{p_1p_2\cdots p_{k+1}-1}{2} \equiv \frac{p_1p_2\cdots p_k-1}{2} \equiv \frac{p_{k+1}-1}{2}(\bmod 2)$$

再由归纳法假设,对于一切正整数 $s$,就有

$$\sum_{i=1}^{s}\frac{p_i-1}{2} \equiv \frac{p_1p_2\cdots p_s-1}{2} = \frac{m-1}{2}(\bmod 2)$$

故
$$\left(\frac{-1}{m}\right)=(-1)^{\frac{m-1}{2}}$$

(4) 由
$$\left(\frac{2}{m}\right)=\left(\frac{2}{p_1}\right)\left(\frac{2}{p_2}\right)\cdots\left(\frac{2}{p_s}\right)$$

而
$$\left(\frac{2}{p_i}\right)=(-1)^{\frac{p_i^2-1}{8}}(i=1,2,\cdots,s)$$

故
$$\left(\frac{2}{m}\right)=(-1)^{\sum\limits_{i=1}^{s}\frac{p_i^2-1}{8}}$$

为此,只需证明
$$\sum_{i=1}^{s}\frac{p_i^2-1}{8}\equiv\frac{(p_1p_2\cdots p_s)^2-1}{8}\equiv\frac{m^2-1}{8}(\bmod 2)$$

当 $s=2$ 时,由于 $p_1^2-1\equiv 0(\bmod 8)$,$p_2^2-1\equiv 0(\bmod 8)$,故
$$(p_1^2-1)(p_2^2-1)\equiv 0(\bmod 64)$$

从而
$$(p_1^2-1)(p_2^2-1)=(p_1p_2)^2-(p_1^2+p_2^2)+1=[(p_1p_2)^2-1]-(p_1^2-1)-(p_2^2-1)\equiv 0(\bmod 64)$$

故
$$\frac{(p_1p_2)^2-1}{8}\equiv\frac{p_1^2-1}{8}+\frac{p_2^2-1}{8}(\bmod 2)$$

又由于 $[(p_1p_2\cdots p_k)^2-1](p_{k+1}^2-1)\equiv 0(\bmod 64)$,故
$$(p_1p_2\cdots p_{k+1})^2-1\equiv[(p_1p_2\cdots p_k)^2-1]+[p_{k+1}^2-1](\bmod 64)$$

从而
$$\frac{(p_1p_2\cdots p_{k+1})^2-1}{8}\equiv\frac{(p_1p_2\cdots p_k)^2-1}{8}+\frac{p_{k+1}^2-1}{8}(\bmod 2)$$

再由归纳法假设,对于任意正整数 $s$,就有
$$\frac{(p_1p_2\cdots p_s)^2-1}{8}\equiv\sum_{i=1}^{s}\frac{p_i^2-1}{8}(\bmod 2)$$

故有
$$\left(\frac{2}{m}\right)=(-1)^{\frac{m^s-1}{8}}$$

(5) 设 $m,n$ 的素因数分解为
$$m=p_1p_2\cdots p_r, n=q_1q_2\cdots q_s$$

根据定义,有
$$\left(\frac{n}{m}\right)=\left(\frac{n}{p_1}\right)\left(\frac{n}{p_2}\right)\cdots\left(\frac{n}{p_r}\right)$$

心得 体会 拓广 疑问

$$\left(\frac{m}{n}\right)=\left(\frac{p_1}{n}\right)\left(\frac{p_2}{n}\right)\cdots\left(\frac{p_r}{n}\right)$$

从而有

$$\left(\frac{n}{m}\right)\left(\frac{m}{n}\right)=\left(\frac{p_1}{n}\right)\left(\frac{p_2}{n}\right)\cdots\left(\frac{p_r}{n}\right)\left(\frac{n}{p_1}\right)\left(\frac{n}{p_2}\right)\cdots\left(\frac{n}{p_r}\right)=$$
$$\left(\frac{p_1}{n}\right)\left(\frac{n}{p_1}\right)\left(\frac{p_2}{n}\right)\left(\frac{n}{p_2}\right)\cdots\left(\frac{p_r}{n}\right)\left(\frac{n}{p_r}\right)$$

由于有$\frac{m-1}{2}\equiv\sum_{i=1}^{r}\frac{p_i-1}{2}(\bmod 2)$,为此只需证明

$$\left(\frac{p_i}{n}\right)\left(\frac{n}{p_i}\right)=(-1)^{\frac{p_i-1}{2}\cdot\frac{n-1}{2}}(i=1,2,\cdots,r)$$

由于

$$\left(\frac{n}{p_i}\right)=\left(\frac{q_1}{p_i}\right)\left(\frac{q_2}{p_i}\right)\cdots\left(\frac{q_s}{p_i}\right)$$
$$\left(\frac{p_i}{n}\right)=\left(\frac{p_i}{q_1}\right)\left(\frac{p_i}{q_2}\right)\cdots\left(\frac{p_i}{q_s}\right)(i=1,2,\cdots,r)$$
$$\left(\frac{q_j}{p_i}\right)\left(\frac{p_i}{q_j}\right)=(-1)^{\frac{p_i-1}{2}\cdot\frac{q_j-1}{2}}(i=1,2,\cdots,r;j=1,2,\cdots,s)$$

又由于$\sum_{j=1}^{s}\frac{q_j-1}{2}\equiv\frac{n-1}{2}(\bmod 2)$,故

$$\left(\frac{n}{p_i}\right)\left(\frac{p_i}{n}\right)=(-1)^{\sum_{i=1}^{s}\frac{p_i-1}{2}\cdot\frac{q_i-1}{2}}=(-1)^{\frac{p_i-1}{2}\cdot\frac{n-1}{2}}$$

因此$\left(\frac{n}{m}\right)\left(\frac{m}{n}\right)=(-1)^{\frac{m-1}{2}\cdot\frac{n-1}{2}}$.

**注**　本题引进的符号$\left(\frac{a}{m}\right)$称为雅可比符号,所以引进这个符号,是因为在计算勒让德符号之值时,最大的困难是分解分子成素因数,在分子很大时,这实际上办不到,雅可比符号可避免这个困难. 另外,雅可比符号和勒让德符号相异之处是当$\left(\frac{a}{m}\right)=1$时,$a$不一定是模$m$的平方剩余. 例如,$\left(\frac{2}{3}\right)=-1$,$\left(\frac{2}{5}\right)=-1$,于是由定义就有$\left(\frac{2}{15}\right)=1$,但 2 不是模 15 的平方剩余.

5.1.9　设$p$是奇素数,证明:模$p$的平方剩余类的个数是$\frac{p-1}{2}$. 当$l\geqslant 3$时,模$2^l$的平方剩余类有几个?

**证法 1**　模$p$的最小绝对剩余系是

$$\pm\frac{p-1}{2},\ \pm\frac{p-3}{2},\cdots,\ \pm 2,\ \pm 1,0$$

显然,模 $p$ 的平方剩余类除了这些数的平方所属的剩余类外,别无其他. 另一方面,可以证明

$$\left(\frac{p-1}{2}\right)^2,\left(\frac{p-3}{2}\right)^2,\cdots,2^2,1$$

各自所属的剩余类是相异的$\left(共\frac{p-1}{2}个\right)$. 事实上,设

$$1\leqslant i\leqslant\frac{p-1}{2},1\leqslant j\leqslant\frac{p-1}{2}$$

如果有 $i^2\equiv j^2(\bmod p)$,则 $i^2-j^2=(i+j)(i-j)\equiv 0(\bmod p)$,从而 $p\mid(i+j)$ 或 $p\mid(i-j)$,但由于 $0<i+j\leqslant\frac{p-1}{2}+\frac{p-1}{2}<p$,故 $p\nmid(i+j)$,因此

$$i\equiv j(\bmod p)$$

又因为 $|i-j|\leqslant i+j<p$,故 $i=j$,所以 $\left(\frac{p-1}{2}\right)^2,\left(\frac{p-3}{2}\right)^2,\cdots,2^2$,1 所属的剩余类互异,这样便证明了模 $p$ 的平方剩余类的个数是 $\frac{p-1}{2}$.

**证法 2** 设模 $p$ 的一个简化剩余系为

$$a_1,a_2,\cdots,a_{p-1}$$

同余式 $x^2\equiv a_i^2(\bmod p)(i=1,2,\cdots,p-1)$ 的解关于模 $p$ 是两个,所以在 $a_1^2,a_2^2,\cdots,a_{p-1}^2$ 中与 $a_i^2$ 属于同一个剩余类的,除了 $a_i^2$ 外,必还有一个. 也就是说,$a_1^2,a_2^2,\cdots,a_{p-1}^2$ 中两两属于同一个剩余类. 所以模 $p$ 的平方剩余类的个数是 $\frac{p-1}{2}$.

又因为模 $2^l$ 的简化类的个数是

$$\varphi(2^l)=2^l\left(1-\frac{1}{2}\right)=2^{l-1}$$

如设模 $2^l$ 的一个简化剩余系是

$$a_1,a_2,\cdots,a_r(r=2^{l-1})$$

同余式

$$x^2\equiv a_i^2(\bmod 2^l)(i=1,2,\cdots,r)$$

有四个解,因此 $a_1^2,a_2^2,\cdots,a_r^2$ 中每四个属于一个平方剩余类,所以模 $2^l$ 的平方剩余类的个数是

$$\frac{r}{4}=\frac{2^{l-1}}{4}=2^{l-3}$$

5.1.10 由无穷递减的费马方法证明形如 $3n+2$ 的奇素数 $p$ 有二次非剩余 $-3$.

心得 体会 拓广 疑问

**证明**　如果 $-3$ 不是所有形如 $3n+2$ 的素数的非剩余，则设 $p$ 是这种形式的满足同余式 $x^2\equiv 3(\bmod p)$ 的最小奇素数，设 $x=e$ 是这一同余式的解，这里 $e<p$，可以假定 $e$ 是偶数，因为如果 $e$ 是奇数，则同余式的另一解 $p-e$ 将是偶数. 首先考虑 $e^2\equiv 1(\bmod 3)$ 的情形，记

$$e^2\equiv -3(\bmod p) \text{ 或 } e^2=-3+fp, f<p, f \text{ 奇数} \quad ①$$

因此 $pf=e^2+3\equiv 4(\bmod 3)$，因为 $p\equiv 2(\bmod 3)$，得

$$f\equiv 2(\bmod 3)$$

此时 $f$ 是奇数且形如 $3n+2$，它一定有一个形如 $3n+2$ 的奇素数因子 $q$，因为如果它所有的因子形如 3 或 $3n+1$，则它们的乘积将形如 $3n$ 和 $3n+1$，由 ①，有 $e^2\equiv -3(\bmod f)$，则

$$e^2\equiv -3(\bmod q)$$

而这后一同余式，与 $-3$ 是形如 $3n+2$ 的最小素数 $p$ 的二次剩余这一假设矛盾.

现在考虑 $e^2\equiv 0(\bmod 3)$ 的情形，记 $e=3^ak, k\not\equiv 0(\bmod 3)$，因 $e^2\equiv -3(\bmod p)$，有 $3^{2a}k^2\equiv -3(\bmod p)$；至此

$$3^{2a-1}k^2\equiv -1(\bmod p)$$

或

$$3^{2a-1}k^2+1=ph, h<p, h \text{ 奇数} \quad ②$$

因此 $ph\equiv 1(\bmod 3)$，而 $p\equiv 2(\bmod 3)$，则 $h\equiv 2(\bmod 3)$，因此 $h$ 是奇数且形如 $3n+2$，它一定有形如 $3n+2$ 的奇素数因子 $r$，由 ② 有 $3^{2a-1}k^2\equiv -1(\bmod h)$，因此 $3^{2a-1}k^2\equiv -1(\bmod r)$，且 $3^{2a}k^2\equiv -3(\bmod r)$.

因为再次导出不存在形如 $3n+2$ 的最小奇素数，$-3$ 是其二次剩余这样的矛盾，因而证明了定理，由此可得，形如 $3n+2$ 的素数 $p$ 的任意非二次剩余对形如 $-3a^2, a=1,2,\cdots,\frac{p-1}{2}$ 的数是同余$(\bmod p)$.

5.1.11　证明：对任给正整数 $m,n$，总存在正整数 $k$，使得 $2^k-m$ 至少有 $n$ 个不同的素因子.

**证明**　固定 $m$，不妨设 $m$ 为奇数. 现证明对任何正整数 $n$，总存在 $k_n$，使得 $2^{k_n}-m$ 至少有 $n$ 个不同的素因子. 对 $n$ 用归纳法：

(1) 当 $n=1$ 时，$2^{3m}-m$ 至少有一个素因子.

(2) 假设 $2^{k_n}-m$ 至少有 $n$ 个不同的素因子，令 $A_n=2^{k_n}-m$，则 $(A_n,2)=1$，且 $2^{k_n+\varphi(A_n^2)}-m\equiv 2^{k_n}-m\equiv A_n(\bmod A_n^2)$，因此

$$A_n \mid 2^{k_n+\varphi(A_n^2)}-m$$

心得 体会 拓广 疑问

取素数 $p$, $p \mid \dfrac{2^{k_n+\varphi(A_n^2)}-m}{A_n}$. 由 $\dfrac{2^{k_n+\varphi(A_n^2)}-m}{A_n} \equiv 1(\bmod A_n)$, 知 $p$ 不能整除 $A_n$, 所以 $2^{k_n+\varphi(A_n^2)}-m$ 至少有 $n+1$ 个不同素因子. 由数学归纳法知结论成立.

5.1.12 证明:形如 $p \equiv 1(\bmod 8)$ 的素数有无穷多个.

**证明** 设 $N$ 是任意正整数, $p_1, p_2, \cdots, p_s$ 是不超过 $N$ 的一切形如 $p \equiv 1(\bmod 8)$ 的素数. 记

$$q=(2p_1p_2\cdots p_s)^4+1$$

显然 $q$ 的任意素因数 $a$ 异于 2, 且 $x=2p_1p_2\cdots p_s$ 是同余式

$$x^4+1 \equiv 0(\bmod a)$$

的解. 因此 $a \equiv 1(\bmod 8)$. 又由于 $p_i(i=1,2,\cdots,s)$ 不是 $q$ 的因数, 故 $a \neq p_i(i=1,2,\cdots,s)$, 从而 $a>N$. 因此形如 $p \equiv 1(\bmod 8)$ 的素数有无穷多个.

5.1.13 证明:形如 $p \equiv 7(\bmod 8)$ 的素数有无穷多个.

**证明** 设 $N$ 是任意正整数, $p_1, p_2, \cdots, p_s$ 是不超过 $N$ 的一切形如 $p \equiv 7(\bmod 8)$ 的素数, 记

$$q=(p_1p_2\cdots p_s)^2-2$$

由于 $p_i$ 是形如 $p \equiv 7(\bmod 8)$ 的素数, 故必为奇素数. 从而 $(p_1p_2\cdots p_s)^2$ 是奇数, 所以 $2 \nmid q$. 今设 $a$ 是 $q$ 的任一素因数(如果 $q$ 本身是素数, $a$ 就取作 $q$), 于是 $q \equiv 0(\bmod a)$, 2 是模 $a$ 的平方剩余, 即 $\left(\dfrac{2}{a}\right)=1$. 根据定理, 知 $a \equiv 1(\bmod 8)$ 或者 $a \equiv 7(\bmod 8)$. 又由于 $p_i^2 \equiv 7^2 \equiv 1(\bmod 8)$, 故

$$q=p_1^2p_2^2\cdots p_s^2-2 \equiv -1(\bmod 8)$$

因此, 如果对于 $q$ 的一切素因数 $a$ 均有 $a \equiv 1(\bmod 8)$, 那么就有 $q \equiv 1(\bmod 8)$, 但这与 $q \equiv -1(\bmod 8)$ 矛盾. 所以 $q$ 一定含有形如 $a \equiv 7(\bmod 8)$ 的素因数. 又由于 $p_i \nmid q(i=1,2,\cdots,s)$, 故 $a \neq p_i$ $(i=1,2,\cdots,s)$, 从而 $a>N$. 这表示存在大于任取正整数 $N$ 的素数 $a$, 故形如 $p \equiv 7(\bmod 8)$ 的素数有无穷多个.

5.1.14 证明:形如 $p \equiv 3(\bmod 8)$ 的素数有无穷多个.

**证明** 设 $N$ 是任意正整数, $p_1, p_2, \cdots, p_s$ 是不超过 $N$ 的一切形如 $p \equiv 3(\bmod 8)$ 的素数, 记

$$q=(p_1p_2\cdots p_s)^2+2$$

心得 体会 拓广 疑问

显然,$q$ 的任意素因数 $a$ 均异于 2,否则将有 $(p_1p_2\cdots p_s)^2\equiv 0 \pmod 2$,即 $p_1p_2\cdots p_s\equiv 0 \pmod 2$,但是 $p_i\equiv 3\equiv 1 \pmod 2$ $(i=1,2,\cdots,s)$,这是不可能的. 于是 $-2$ 是模 $a$ 的平方剩余,即

$$\left(\frac{-2}{a}\right)=1$$

因此,$a\equiv 1 \pmod 8$ 或 $a\equiv 3 \pmod 8$. 如果 $q$ 的所有素因数均有 $a\equiv 1 \pmod 8$,那么就应有 $q\equiv 1 \pmod 8$,这样就有

$$(p_1p_2\cdots p_s)^2\equiv -1 \pmod 8$$

但是,$p_i(i=1,2,\cdots,s)$ 均为奇数,应有 $p_i^2\equiv 1 \pmod 8$,这样就有 $1\equiv -1 \pmod 8$,这是不可能的. 因此 $q$ 的素因数中,一定有形如 $a\equiv 3 \pmod 8$ 的素因数,又由于 $a\neq p_i(i=1,2,\cdots,s)$,故必有 $a>N$. 因此形如 $p\equiv 3 \pmod 8$ 的素数有无穷多个.

5.1.15　证明:形如 $p\equiv 1 \pmod 6$ 的素数有无穷多个.

**证明**　设 $N$ 是任意正整数,$p_1,p_2,\cdots,p_s$ 是不超过 $N$ 的一切形如 $p\equiv 1 \pmod 6$ 的素数,记

$$q=4(p_1p_2\cdots p_s)^2+3$$

$q$ 的任意素因数 $a$ 不能是2,否则 $3\equiv 0 \pmod 2$,这是不可能的. 因此 $-3$ 是模 $a$ 的平方剩余,即

$$\left(\frac{-3}{a}\right)=1$$

由 $a\equiv 1 \pmod 6$,可以证明 $a\neq p_i(i=1,2,\cdots,s)$. 事实上,如果 $a$ 与某个 $p_i$ 相等,则 $3\equiv 0 \pmod a$,但是 $a$ 是形如 $a\equiv 1 \pmod 6$ 的素数,故这是不可能的. 从而 $a>N$. 因此形如 $p\equiv 1 \pmod 6$ 的素数有无穷多个.

**注**　由本题知,形如 $p\equiv 1 \pmod 3$ 的素数也有无穷多个. 在习题中,读者不难证明,形如 $p\equiv 2 \pmod 3$ 的素数也有无穷多个.

狄利克雷曾经证明,只要 $(a,b)=1$,那么形如 $p\equiv a \pmod b$ 的素数有无穷多个. 这里 $(a,b)=1$ 是必要的,例如只有一个素数具有形式 $p\equiv 3 \pmod 6$,它就是 3,而没有一个素数具有 $p\equiv 4 \pmod 6$ 的形式. 狄利克雷的重大贡献在于条件 $(a,b)=1$ 还是充分的. 要证明这个重要定理,已不属于初等数论的范围.

5.1.16　设 $F_n=2^{2^n}+1,n>1$,则 $F_n$ 的任一素因数 $p$ 具有形状 $p=2^{n+2}k+1,k>0$.

**证明**　因为 $2^{2^n}\equiv -1 \pmod p$,可设

$$p=2^{n+1}h+1,h>0 \qquad ①$$

由 $n > 1$,式 ① 推出 $p \equiv 1 \pmod 8$,故

$$\left(\frac{2}{p}\right) = 1, 2^{\frac{p-1}{2}} \equiv 1 \pmod p$$

故

$$1 \equiv 2^{2^n h} \equiv (-1)^h \pmod p$$

故 $h \equiv 0 \pmod 2$,设 $h = 2k$,便得 $p = 2^{n+2}k + 1$.

**【阅读材料】 费马数**

对于具有更特别形式的数,则有更适宜的方法来判别它们是素数还是合数. 比如对形如 $2^m + 1$ 的数的研究就有很长的历史了.

如果 $2^m + 1$ 为素数,则 $m = 2^n$,即必为费马数 $F_n = 2^{2^n} + 1$. 前几个费马数 $F_0 = 3, F_1 = 5, F_2 = 17, F_3 = 257, F_4 = 65\ 537$ 都是素数. 费马相信并且打算证明:所有费马数都是素数. 由于 $F_5$ 是 10 位数,为了检测它的素性,需要在 $10^5$ 以内的素数表(当时费马没有这种数据),或者采用某种判别法,能够判别某个数是否为费马数的因子. 在这些方面费马都没有成功.

欧拉证明了:当 $n \geqslant 2$ 时,$F_n$ 的每个因子必有形式 $k \cdot 2^{n+2} + 1$,由此他找到了 $F_5$ 的一个素因子 641

$$F_5 = 641 \times 6\ 700\ 417$$

**证明** 只需证 $F_n$ 的每个素因子 $p$ 有所述形式. 由于 $2^{2^n} \equiv -1 \pmod p$,可知 $2^{2^{n+1}} \equiv 1 \pmod p$. 所以 2 模 $p$ 的阶为 $2^{n+1}$. 由费马小定理知 $2^{n+1} \mid p - 1$. 特别地,$8 \mid p - 1$. 于是

$$2^{(p-1)/2} \equiv (2 \mid p) = 1 \pmod p$$

所以又有 $2^{n+1} \left| \frac{p-1}{2}\right.$. 这表明 $p = k \cdot 2^{n+2} = 1$.

当 $n$ 增大时,$F_n$ 增大的很快,所以判别 $F_n$ 的素性很花时间. 利用 Lucas 给出的费马小定理逆命题,Pepin 在 1877 年对于费马数给出以下判定素性的方法.

Pepin **检测** 令 $F_n = 2^{2^n} + 1 (n \geqslant 2), k \geqslant 2$,则以下两条件等价:

(i) $F_n$ 为素数并且 $(k \mid F_n) = -1$.

(ii) $k^{(F_n-1)/2} \equiv -1 \pmod{F_n}$.

**证明** 如果(i)成立,则由欧拉判别法

$$k^{(F_n-1)/2} \equiv \left(\frac{k}{F_n}\right) \equiv -1 \pmod{F_n}$$

反之若(ii)成立,取 $1 \leqslant a < F_n$ 使得 $a \equiv k \pmod{F_n}$,则

$$a^{(F_n-1)/2} \equiv -1 \pmod{F_n}$$

于是 $a^{F_n-1} \equiv 1 \pmod{F_n}$. 因 $F_n$ 为素数,而且

$$\left(\frac{k}{F_n}\right) \equiv k^{(F_n-1)/2} \equiv -1 \pmod{F_n}$$

心得 体会 拓广 疑问

可以取 $k=3,5,10$. 由于 $F_n\equiv 2(\bmod 3)$，$F_n\equiv 2(\bmod 5)$，$F_n\equiv 1(\bmod 8)$，利用雅可比互反律得到

$$\left(\frac{3}{F_n}\right)=\left(\frac{F_n}{3}\right)=\left(\frac{2}{3}\right)=-1$$

$$\left(\frac{5}{F_n}\right)=\left(\frac{F_n}{5}\right)=\left(\frac{2}{5}\right)=-1$$

$$\left(\frac{10}{F_n}\right)=\left(\frac{2}{F_n}\right)=\left(\frac{5}{F_n}\right)=-1$$

这个检测在应用中很有效，但若 $F_n$ 为合成数，这个检测不能给出 $F_n$ 的任何因子.

Lucas 用这个方法证明了 $F_6$ 是合成数，而 Landry 在82岁的时候(1880年)给出分解式

$$F_6=274\ 177\times 67\ 280\ 421\ 310\ 721$$

Landry 没有说明他如何给出这个分解式. Williams(1993)根据 Landry 的信件和文章中的一些线索，指出了 Landry 所用的方法，但是在 Biermann(1964)为 Clausen 所写的传记中有一个更精彩的故事. Clausen 是著名的计算能手和天文学家，他在1855年1月1日给高斯的信中已经得到 $F_6$ 的完全分解式. 这封信保存在哥丁根大学图书馆中. Clausen 在信中相信 $F_6$ 的两个因子中的大因子是当时所知的最大素数. 奇怪的是，Biermann 在传记和所写的有关评注多年来并不为人所知.

将费马数因子分解是一个被大量研究的课题. 表1中给出这项研究的现状，其中 $P_n$ 表示是一个 $n$ 位的素数，而 $C_n$ 表示一个 $n$ 位的合成数.

**表1　费马数的完全分解式**

$F_5=641\times 6\ 700\ 417$

$F_6=274\ 177\times 67\ 280\ 421\ 310\ 721$

$F_7=59\ 649\ 589\ 127\ 497\ 217\times 5\ 704\ 689\ 200\ 685\ 129\ 054\ 721$

$F_8=1\ 238\ 926\ 361\ 552\ 897\times P62$

$F_9=2\ 424\ 833\times$
$7\ 455\ 602\ 825\ 647\ 884\ 208\ 337\ 395\ 736\ 200\ 454\ 918\ 783\ 366\ 342\ 657\times P99$

$F_{10}=45\ 592\ 577\times 6\ 487\ 031\ 809\times$
$4\ 659\ 775\ 785\ 220\ 018\ 543\ 264\ 560\ 743\ 076\ 778\ 192\ 897\times P252$

$F_{11}=319\ 489\times 974\ 849\times 167\ 988\ 556\ 341\ 760\ 475\ 137\times$
$3\ 560\ 841\ 906\ 445\ 833\ 920\ 513\times P564$

**注**　$F_5$：欧拉(1732)

$F_6$：第1个因子由 Clausen(1855，未公开发表)，Landry 和 Le Lasseur(1880)

$F_7$：Morrison 和 Brillhart(1970)

心得 体会 拓广 疑问

$F_8$:Brent 和 Pollard(1980),第 1 个因子

$F_9$:Western(1903),第 1 个因子;其余因子由 A. K. Lenstra 和 Manasse(1990)

$F_{10}$:第 1 个因子由 Selfridge(1953),第 2 个因子由 Brillhart(1962),其余因子由 Brent(1995)

$F_{11}$:前两个因子由 Cunningham(1899),其余因子由 Brent(1988),第 5 个因子的素性由 Morain(1988)证明

跟踪迅速发展的所有最新结果和了解费马数分解的最新方法是相当困难的,如表 2 和表 3 所示.

表 2　费马数的不完全分解

| | |
|---|---|
| $F_{12}$ | = 114 689 × 26 017 793 × 63 766 529 × 190 274 191 361 × 1 256 132 134 125 569 × C1 187 |
| $F_{13}$ | = 2 710 954 639 361 × 2 663 848 877 152 141 313 × 3 603 109 844 542 291 969 × 319 546 020 820 551 643 220 672 513 × C2 391 |
| $F_{15}$ | = 1 214 251 009 × 2 327 042 503 868 417 × 168 768 817 029 516 972 383 024 127 016 961 × C9 808 |
| $F_{16}$ | = 825 753 601 × 188 981 757 975 021 318 420 037 633 × C19 694 |
| $F_{17}$ | = 31 065 037 602 817 × C39 444 |
| $F_{18}$ | = 13 631 489 × 81 274 690 703 860 512 587 777 × C78 884 |
| $F_{19}$ | = 70 525 124 609 × 646 730 219 521 × C157 804 |
| $F_{21}$ | = 4 485 296 422 913 × C631 294 |
| $F_{23}$ | = 167 772 161 × C2 525 215 |

表 3　费马数是合成数,但不知它的素因子

| |
|---|
| $F_{14}$:Selfridge and Hurwitz(1963) |
| $F_{20}$:Buell and Young(1987) |
| $F_{22}$:Crandall, Doenias, Norrie and Young(1993) Carvalho and Trevisan(1993)(彼此独立地) |
| $F_{24}$:Mayer,Papadopoulos and Crandall(1999) |

目前完全不了解的最小费马数为 $F_{33}$,$F_{34}$,$F_{35}$,$F_{40}$,$F_{41}$,$F_{44}$,…

**纪录**

A. 目前所知的最大费马数为 $F_4=65\ 537$.

B. 目前所知为合成数的最大费马数是 $F_{2\ 145\ 351}$,它有因子 $3\cdot 2^{2\ 145\ 353}+1$. 这个 645 817 位的因子是 J. B. Cosgrave 和他在 St. Patrick 学院(爱尔兰,都柏林)的研究小组于 2003 年 2 月 21 日找到的. P. Jobling, G. Woltman 和 Y. Gallot 三人的研究计划在这项发现中起了本质的作用.

C. 到 2003 年 5 月底,已知共有 214 个费马数是合成数.

心得 体会 拓广 疑问

下面是一些未解的问题：

(1) 是否存在无穷多费马素数？

由于高斯的一个著名结果，这个问题成为一个重要的问题. 高斯在《算术探究》一书的第365,366两节解决了古代三大数学难题之一：哪些正$n$边形$(n\geqslant 3)$可以尺规作图？他证明了：可以尺规作图的正多边形的边数有形式$n=2^k p_1\cdots p_h$，其中$k,h\geqslant 0$，而$p_1,\cdots,p_h$是不同的费马素数.

1844年，Eisenstein曾经想证明存在无穷多个费马素数. 事实上，早在1828年，一位不知名的作者说过

$$2+1,2^2+1,2^{2^2}+1,2^{2^{2^2}}+1,\cdots$$

都是素数，并且还认为再加上$2^{2^3}+1$之后就给出全部费马素数. 但是Selfridge在1953年发现$F_{16}$的一个因子，即$F_{16}$不是素数，从而否定了上述猜想.

(2) 是否存在无穷多费马数是合成数？

使用目前的方法，似乎很难解决这两个问题，至今我们对它们还所知甚少.

(3) 是否每个费马数都是无平方数(即没有大于1的平方因子)？

Sierpiński在1958年研究数$S_n=n^n+1(n\geqslant 2)$. 他证明了：若$S_n$为素数，则存在$m\geqslant 0$，使得$n=2^{2^m}$. 所以$S_n=F_{m+2^m}$是费马数. 由此可证明：在位数$\leqslant 3\cdot 10^{20}$的整数中，$S_n$为素数的只有5和257. 这两个数对应于$m=0$和$1(F_1=5,F_3=257)$. 对于$m=2,3,4,5,F_6,F_{11},F_{20}$和$F_{37}$都是合成数. 对于$m=6$，则为$F_{70}$. 目前不知$F_{70}$是否为素数，但是

$$F_{70}>2^{2^{70}}>2^{10^{21}}=(2^{10})^{10^{20}}>10^{3\cdot 10^{20}}$$

形如$n^n+1$的素数是很少的. 但是，是否只有有限多个这种形式的素数？如果答案是肯定的，那就有无穷多费马数为合成数. 但是这个猜想没有任何基础.

最近三位作者(Krizck, Luca和Somer)合写一本257页的书，书名叫《关于费马大数的17个讲义》，书中介绍了费马数的一些有趣的事情.

5.1.17　任意正整数$m$可唯一的表作$m=k^2 l$，其中$k^2$是平方数，$l$是1或相异素数的乘积. 试证明：$m$可表作两个平方数之和的必要充分条件是：$l=1$或者$l$的一切奇因数$p$均满足$p\equiv 1(\bmod 4)$.

**证明**　先证必要性. 设$m=c^2+d^2$，如果$a=(c,d)$，显然$a^2\mid$

$m^2$,从而知 $a^2 \mid k^2 l$. 根据假设,$l$ 不能被素数的平方整除,由于 $a \mid k$. 于是设 $c = ac_1, d = ad_1, k = ak_1, (c_1, d_1) = 1$,且

$$a^2 k_1^2 l = a^2 c_1^2 + a^2 d_1^2$$

从而有

$$k_1^2 l = c_1^2 + d_1^2$$

由此知 $l$ 的任意素因数 $p$ 不能整除 $c_1$,否则,若 $c_1 \equiv 0 \pmod p$,则由于 $l \equiv 0 \pmod p$,从而 $d_1 \equiv 0 \pmod p$,这与 $(c_1, d_1) = 1$ 矛盾. 因此,存在整数 $t$,使

$$c_1 t \equiv d_1 \pmod p$$

这样就有

$$c_1^2 + d_1^2 \equiv c_1^2(1 + t^2) \equiv 0 \pmod p$$

故 $t^2 \equiv -1 \pmod p$,这表示 $\left(\frac{-1}{p}\right) = 1$. 故有 $p \equiv 1 \pmod 4$.

再证充分性.

当 $l = 1$ 时,$m = k^2 = k^2 + 0^2$.

当 $l > 1$ 时,$l$ 的所有奇素因数 $p$,$p \equiv 1 \pmod 4$,那么可知,$p$ 可作两平方数之和 $p = a^2 + b^2$,由于两平方数之和的积

$$(a_1^2 + b_1^2)(a_2^2 + b_2^2) = (a_1 b_2 - a_2 b_1)^2 + (a_1 a_2 + b_1 b_2)^2$$

仍为两平方数之和,故 $l$ 可表作两平方数之和,即

$$l = c^2 + d^2$$

于是

$$m = k^2 l = (kc)^2 + (kd)^2$$

**注** 由于满足 $p \equiv 1 \pmod 4$ 的素数可唯一的表作两个平方数之和(不计和的次序),但在本题的一般情况下,表示的方法却不一定是唯一的. 如

$$65 = 5 \cdot 13 = (1^2 + 2^2)(2^2 + 3^2) =$$
$$(1 \cdot 2 + 2 \cdot 3)^2 + (1 \cdot 3 - 2 \cdot 2)^2 =$$
$$8^2 + 1^2 = (1 \cdot 2 - 2 \cdot 3)^2 + (1 \cdot 3 + 2 \cdot 2)^2 = 4^2 + 7^2$$
$$34 = 2 \cdot 17 = (1^2 + 1^2)(1^2 + 4^2) =$$
$$(1 \cdot 1 + 1 \cdot 4)^2 + (1 \cdot 4 - 1 \cdot 1)^2 = 5^2 + 3^2 =$$
$$(1 \cdot 1 - 1 \cdot 4)^2 + (1 \cdot 4 + 1 \cdot 1)^2 = 3^2 + 5^2$$

在这种情况下,表示法究竟有多少种,读者可参阅华罗康《数论导引》第 134 页定理 5.

5.1.18 费马说"$2n + 1$ 是两个平方数之和的必要充分条件是:(1)$n$ 为偶数;(2)$2n + 1$ 除以它最大的平方数因数后所得之数不能被一个素数 $4k - 1$ 整除",试证明之.

**证明** 设奇数 $2n + 1$ 的一切奇素因数为 $p_1, p_2, \cdots, p_s$,于是

$$2n+1=p_1^{l_1}p_2^{l_2}\cdots p_s^{l_s}(l_i>0,i=1,2,\cdots,s)$$

记 $l_i=2k_i+r_i,r_i=0,1(i=1,2,\cdots,s)$，于是就有

$$2n+1=(p_1^{k_1}p_2^{k_2}\cdots p_s^{k_s})^2p_1^{r_1}p_2^{r_2}\cdots p_s^{r_s}=k^2l$$

其中 $k^2$ 为平方数，$l$ 是 1 或相异素数的乘积，这个 $k^2$ 即为 $2n+1$ 的最大平方因数.

首先，设 $2n+1=x^2+y^2$，可以证明 $n\equiv 0(\bmod 2),l\equiv -1(\bmod 4)$，从而 $l$ 不能被任何 $4k-1$ 形式的素数整除. 事实上，$2n+1$ 是奇数，故 $x,y$ 不能都是偶数，也不能都是奇数，否则将有 $x^2+y^2\equiv 0(\bmod 4)$（$x,y$ 均为偶数），或 $x^2+y^2\equiv 2(\bmod 4)$（$x,y$ 均为奇数）. 但 $2n+1\equiv 1$ 或 $3(\bmod 4)$，因此 $x,y$ 中必然是一个为奇数，一个为偶数，从而 $2n+1\equiv 1(\bmod 4)$，即 $2n\equiv 0(\bmod 4)$，故 $n\equiv 0(\bmod 2)$. 此外，由于 $k^2l\equiv 2n+1\equiv 1(\bmod 4)$. 因此 $k^2\equiv 1(\bmod 4)$，从而 $l\equiv 1(\bmod 4)$. 此即必要性.

反之，如设 $n\equiv 0(\bmod 2)$，且 $l$ 不能被一个形如 $4k-1$ 的素数整除，那么这时有 $p_i\equiv 1(\bmod 4)$，也就是说 $l$ 的一切素因数均具有 $p\equiv 1(\bmod 4)$ 的形式，由于 $p_i$ 均能表作两平方数之和. 又由于两个可表为两平方数之和的整数之乘积仍可表为两平方数之和，故 $l$ 可表作两平方数之和，设为 $l=a^2+b^2$，从而有

$$2n+1=k^2l=(ak)^2+(bk)^2$$

此即充分性.

**5.1.19** 设 $m=2^n+1,n>1$. 证明：$m$ 是素数的充要条件是

$$3^{\frac{m-1}{2}}\equiv -1(\bmod m) \quad ①$$

**证明** 必要性. 因为 $n>1$，$m$ 是素数，故 $3\nmid m$，于是必有 $2^n\equiv 1(\bmod 3)$，从而 $m\equiv 2(\bmod 3)$. 再由 $m\equiv 1(\bmod 4)$ 知

$$\left(\frac{3}{m}\right)=\left(\frac{m}{3}\right)=\left(\frac{2}{3}\right)=-1$$

因此，3 是模 $m$ 的二次非剩余，由欧拉判别法即知式 ① 成立，必要性得证.

充分性. 若式 ① 成立，则有

$$3^{2^{n-1}}\equiv -1(\bmod m),3^{2^n}\equiv 3^{m-1}\equiv 1(\bmod m)$$

由此及 $\delta_m(3)\mid 2^n$ 即得 $\delta_m(3)=m-1$ 且有 $m-1\mid\varphi(m)$. 设 $m=p_1^{\alpha_1}\cdots p_r^{\alpha_r}$，由于

$$\varphi(m)=m\left(1-\frac{1}{p_1}\right)\cdots\left(1-\frac{1}{p_r}\right)\leqslant m\left(1-\frac{1}{p_1}\right)\leqslant m-1$$

故必有 $\varphi(m)=m-1$，仅当 $m$ 是素数时，上式取等号，故 $m$ 是素数.

心得 体会 拓广 疑问

5.1.20 如果$p$是形如$3n+1$的素数,当且仅当2是$p$的三次剩余,它能表示为

$$p=A^2+27B^2$$

其中$A$和$B$是正整数.

**证明** 由立方互逆定律

$$\left[\frac{w}{w_1}\right]=\left[\frac{w_1}{w}\right] \quad ①$$

其中$w$和$w_1$在$\sqrt{-3}$的数域内是基准素复数,且式①左边的表达式表示$w$关于$w_1$的立方特征,同样

$$\left[\frac{\alpha+\beta P}{a+bP}\right]^2=\left[\frac{\alpha+\beta P^2}{a+bP^2}\right] \quad ②$$

其中$P$是1的立方元根,且$\alpha,\beta,a,b$是实的正整数,素复数$w=a+bp$是基准的,如果

$$a\equiv -1,b\equiv 0(\bmod 3) \quad ③$$

如果$w$的模是一个素实数$P$,则

$$P=(a+bP)(a+bP^2)=a^2-ab+b^2 \quad ④$$

如果设$w_1=2$,则由①知:2是$w$的立方剩余,当且仅当$w$是2的立方次剩余.但同样易见1是2的唯一的立方剩余.

因此,有

$$a+bP\equiv 1(\bmod 2),a\equiv 1(\bmod 2),b\equiv 0(\bmod 2) \quad ⑤$$

$$\left[\frac{2}{a+bP}\right]=\left[\frac{2}{a+bP}\right]^2=1=\left[\frac{2}{P}\right]$$

且2是$P$的立方剩余.设$b=6c$,则由③,⑤及④有

$$P=a^2-6ac+36c^2=(a-3c)^2+27c^2=A^2+27B^2$$

把这些步骤倒转过来就可得逆命题的证明.

5.1.21 $x,y,z$是正整数,且满足$xy=z^2+1$,证明:存在整数$a,b,c,d$使得$x=a^2+b^2,y=c^2+d^2$且$z=ac+bd$.

**提示** 此题需要Guass整数的基本知识,需要应用Guass整数的唯一分解定理.

**证明** $xy=z^2+1=(z+\mathrm{i})(z-\mathrm{i})$,将$(z+\mathrm{i})$分解为Guass素数的乘积$(z+\mathrm{i})=\pi_1\pi_2\cdots\pi_n$,因此$(z-\mathrm{i})=\overline{(z+\mathrm{i})}=\overline{\pi_1\pi_2}\cdots\overline{\pi_n}$,注意这里$\pi_i$可以相同.由Guass整数的唯一分解定理可以得到

$$x=\pi_1\pi_2\cdots\pi_k\overline{\pi_1\pi_2}\cdots\overline{\pi_k}=(a+b\mathrm{i})(a-b\mathrm{i})=a^2+b^2$$

以及

心得 体会 拓广 疑问

$$y=\pi_{k+1}\pi_{k+2}\cdots\pi_n\overline{\pi_{k+1}\pi_{k+2}\cdots\pi_n}=(c-di)(c+di)=c^2+d^2$$

并且

$$(z+\mathrm{i})=\pi_1\pi_2\cdots\pi_n=(a+bi)(c-di)=(ac+bd)+(-ad+bc)\mathrm{i}$$

因此也有

$$z=ac+bd$$

**5.1.22**　设 $p$ 是奇素数,证明:当 $p\equiv 1\pmod{12}$ 或 $p\equiv -1\pmod{12}$ 时,$\left(\frac{3}{p}\right)=1$;当 $p\equiv 1\pmod 6$ 时,$\left(\frac{-3}{p}\right)=1$.

**证法 1**　对于奇素数 $p$,为使 $\left(\frac{3}{p}\right)=1$,必需 $p\neq 3$. 于是,根据高斯定理,只需研究 $\frac{p-1}{2}$ 个 3 的倍数

$$3,6,9,\cdots,3\cdot\frac{p-1}{2}\qquad ①$$

中,每个被 $p$ 除余数大于 $\frac{p}{2}$ 的个数 $\lambda$,$\left(\frac{3}{p}\right)=(-1)^{\lambda}$. 在式 ① 中,由于 $3\cdot\frac{p-1}{2}<\frac{3}{2}p$,这表示式 ① 中的数被 $p$ 除余数大于 $\frac{p}{2}$ 的,必在 $\frac{p}{2}$ 和 $p$ 之间. 从 1 到 $p$ 的正整数中是 3 的倍数的个数是 $\left[\frac{p}{3}\right]$. 不超过 $\frac{p}{2}$ 的正整数中,是 3 的倍数的个数是 $\left[\frac{\frac{p}{2}}{3}\right]=\left[\frac{p}{6}\right]$. 因此,在 $\frac{p}{2}$ 和 $p$ 之间的正整数中,是 3 的倍数的个数为

$$\left[\frac{p}{3}\right]-\left[\frac{p}{6}\right]$$

此即 $\lambda$ 之值,即

$$\lambda=\left[\frac{p}{3}\right]-\left[\frac{p}{6}\right]$$

由于 $p\neq 2,3$,故只需研究其余的奇素数,$\lambda$ 的奇偶性即可. 不等于 3 的奇素数 $p$ 可写作

$$p\equiv 1\pmod{12},p\equiv 5\pmod{12},p\equiv 7\pmod{12},p\equiv 11\pmod{12}$$

因此当 $p\equiv 1\pmod{12}$ 时

$$\left[\frac{p}{3}\right]=\left[\frac{12k+1}{3}\right]=4k=\frac{p-1}{3},\left[\frac{p}{6}\right]=\frac{p-1}{6}$$

故

$$\lambda=\frac{p-1}{3}-\frac{p-1}{6}=\frac{p-1}{6}=2k=\text{偶数}$$

当 $p \equiv 5 \pmod{12}$ 时

$$\left[\frac{p}{3}\right]=\frac{p-2}{3},\left[\frac{p}{6}\right]=\frac{p-5}{6}$$

故

$$\lambda=\frac{p-2}{3}-\frac{p-5}{6}=\frac{p+1}{6}=\text{奇数}$$

当 $p \equiv 7 \pmod{12}$ 时

$$\left[\frac{p}{3}\right]=\frac{p-1}{3},\left[\frac{p}{6}\right]=\frac{p-1}{6}$$

故

$$\lambda=\frac{p-1}{3}-\frac{p-1}{6}=\frac{p-1}{6}=\text{奇数}$$

当 $p \equiv 11 \equiv -1 \pmod{12}$ 时

$$\left[\frac{p}{3}\right]=\frac{p-2}{3},\left[\frac{p}{6}\right]=\frac{p-5}{6}$$

故

$$\lambda=\frac{p-2}{3}-\frac{p-5}{6}=\frac{p+1}{6}=\text{偶数}$$

因此,由高斯定理知:

当 $p \equiv 1 \pmod{12}$ 或 $p \equiv -1 \pmod{12}$ 时,$\left(\frac{3}{p}\right)=1$;

当 $p \equiv 5 \pmod{12}$ 或 $p \equiv 7 \pmod{12}$ 时,$\left(\frac{3}{p}\right)=-1$.

其次,由于

$$\left(\frac{-3}{p}\right)=\left(\frac{-1}{p}\right)\left(\frac{3}{p}\right)=(-1)^{\frac{p-1}{2}}\left(\frac{3}{p}\right)$$

$$\begin{cases}p \equiv 1 \pmod 4\\ p \equiv 1,-1 \pmod{12}\end{cases} \text{或} \begin{cases}p \equiv 3 \pmod 4\\ p \equiv 5,7 \pmod{12}\end{cases}$$

也就是当 $p \equiv 1 \pmod{12}$,$p \equiv 7 \pmod{12}$,即当 $p \equiv 1 \pmod 6$ 时 $\left(\frac{-3}{p}\right)=1$.

又当

$$\begin{cases}p \equiv 1 \pmod 4\\ p \equiv 5,7 \pmod{12}\end{cases} \text{或} \begin{cases}p \equiv 3 \pmod 4\\ p \equiv 1,-1 \pmod{12}\end{cases}$$

时,也就是当 $p \equiv 5 \pmod{12}$,$p \equiv 11 \pmod{12}$,即当 $p \equiv 5 \pmod 6$ 时,$\left(\frac{-3}{p}\right)=-1$.

因此

$$\text{当 } p \equiv 1 \pmod 6 \text{ 时},\left(\frac{-3}{p}\right)=1$$

心得 体会 拓广 疑问

$$当 p\equiv 5 \pmod 6 时,\left(\frac{-3}{p}\right)=-1$$

**证法2** 利用互反律,有

$$\left(\frac{3}{p}\right)=(-1)^{\frac{3-1}{2}\cdot\frac{p-1}{2}}\left(\frac{p}{3}\right)=(-1)^{\frac{p-1}{2}}\left(\frac{p}{3}\right)$$

因此

$$当\begin{cases}p\equiv 1 \pmod 4\\ \left(\frac{p}{3}\right)\equiv 1\end{cases}或\begin{cases}p\equiv 3 \pmod 4\\ \left(\frac{p}{3}\right)\equiv -1\end{cases}时,有\left(\frac{p}{3}\right)\equiv 1$$

由于当 $p\equiv 1 \pmod 3$ 时,$\left(\frac{p}{3}\right)=1$,当 $p\equiv 2 \pmod 3$ 时,$\left(\frac{p}{3}\right)=-1$. 因此,只需解同余方程组

$$\begin{cases}p\equiv 1 \pmod 4\\ p\equiv 1 \pmod 3\end{cases}或\begin{cases}p\equiv 3 \pmod 4\\ p\equiv 2 \pmod 3\end{cases}$$

解得为 $p\equiv 1 \pmod{12}$,$p\equiv -1 \pmod{12}$,故当 $p\equiv 1 \pmod{12}$ 或 $p\equiv -1 \pmod{12}$ 时,$\left(\frac{p}{3}\right)=1$,同理

$$当\begin{cases}p\equiv 1 \pmod 4\\ p\equiv 2 \pmod 3\end{cases}或\begin{cases}p\equiv 3 \pmod 4\\ p\equiv 1 \pmod 3\end{cases}时,\left(\frac{p}{3}\right)=-1$$

解上述同余方程组得 $p\equiv 3 \pmod{12}$ 及 $p\equiv 7 \pmod{12}$,故

$$当 p\equiv 3 \pmod{12} 或 p\equiv 7 \pmod{12} 时,\left(\frac{p}{3}\right)=-1$$

对于$\left(\frac{-3}{p}\right)$,解法与证法1相同.

**注** 从上面两个证法可知,对于给定的整数 $a$,求素数 $p$,使 $a$ 是模 $p$ 的平方剩余或非平方剩余的问题,利用互反律来解要简单得多. 这是因为互反律将求模 $p$ 的问题转化为给定模 $a$,求 $p$,使 $p$ 是模 $a$ 的平方剩余或非平方剩余的问题.

5.1.23 设 $p$ 为奇素数,求使$\left(\frac{5}{p}\right)=1$ 的一切 $p$. 当$\left(\frac{5}{p}\right)=-1$ 时,$p$ 值又为何?

**解** 由于 $5\equiv 1 \pmod 4$,故由互反律有

$$\left(\frac{5}{p}\right)=\left(\frac{p}{5}\right)$$

当 $p\equiv 1 \pmod 5$ 时,$\left(\frac{p}{5}\right)=\left(\frac{1}{5}\right)=1$;

当 $p\equiv 2 \pmod 5$ 时,$\left(\frac{p}{5}\right)=\left(\frac{2}{5}\right)=-1$;

当 $p\equiv 3 \pmod 5$ 时,$\left(\frac{p}{5}\right)=\left(\frac{3}{5}\right)=\left(\frac{5}{3}\right)=\left(\frac{2}{3}\right)=-1$;

当 $p\equiv 4 \pmod 5$ 时,$\left(\frac{p}{5}\right)=\left(\frac{4}{5}\right)=1$.

故知

$$p\equiv 1,4 \pmod 5,\left(\frac{5}{p}\right)=1$$

$$p\equiv 2,3 \pmod 5,\left(\frac{5}{p}\right)=-1$$

**5.1.24** 设 $p$ 是奇素数,求使 $\left(\frac{-5}{p}\right)=1$ 的一切 $p$.

**解** 由于 $\left(\frac{-5}{p}\right)=\left(\frac{-1}{p}\right)\left(\frac{5}{p}\right)$,故

当 $\begin{cases}\left(\frac{-1}{p}\right)=1\\ \left(\frac{5}{p}\right)=1\end{cases}$ 或 $\begin{cases}\left(\frac{-1}{p}\right)=-1\\ \left(\frac{5}{p}\right)=-1\end{cases}$ 时,有 $\left(\frac{-5}{p}\right)=1$

而

$$p\equiv 1 \pmod 4 \text{ 时},\left(\frac{-1}{p}\right)=1$$

$$p\equiv 3 \pmod 4 \text{ 时},\left(\frac{-1}{p}\right)=-1$$

$$p\equiv 1,4 \pmod 5 \text{ 时},\left(\frac{5}{p}\right)=1$$

$$p\equiv 2,3 \pmod 5 \text{ 时},\left(\frac{5}{p}\right)=-1$$

故当

$\begin{cases}p\equiv 1 \pmod 4\\ p\equiv 1 \pmod 5\end{cases}$ $\begin{cases}p\equiv 1 \pmod 4\\ p\equiv 4 \pmod 5\end{cases}$ $\begin{cases}p\equiv 3 \pmod 4\\ p\equiv 2 \pmod 5\end{cases}$ $\begin{cases}p\equiv 3 \pmod 4\\ p\equiv 3 \pmod 5\end{cases}$

时,有 $\left(\frac{-5}{p}\right)=1$.

解上列四个联立同余式,得

$p\equiv 1 \pmod{20}$,$p\equiv 9 \pmod{20}$,$p\equiv 7 \pmod{20}$,$p\equiv 3 \pmod{20}$

故

$$\text{当 } p\equiv 1,3,7,9 \pmod{20} \text{ 时},\left(\frac{-5}{p}\right)=1$$

同理可知

$$\text{当 } p\equiv 11,13,17,19 \pmod{20} \text{ 时},\left(\frac{-5}{p}\right)=-1$$

心得 体会 拓广 疑问

5.1.25　求使 $\left(\frac{-19}{p}\right)=1$ 的一切 $p$ 值.

**解**　由于

$$\left(\frac{-19}{p}\right)=\left(\frac{-1}{p}\right)\left(\frac{19}{p}\right)=(-1)^{\frac{p-1}{2}}\left(\frac{19}{p}\right)$$

又因为 $19\equiv 3(\bmod 4)$,故由互反律,有

$$\left(\frac{19}{p}\right)=(-1)^{\frac{p-1}{2}}\cdot\left(\frac{p}{19}\right)$$

因此,有

$$\left(\frac{-19}{p}\right)=(-1)^{2\cdot\frac{p-1}{2}}\left(\frac{p}{19}\right)=(-1)^{p-1}\left(\frac{p}{19}\right)$$

因为 $p$ 是奇数,所以 $(-1)^{p-1}=1$,从而有

$$\left(\frac{-19}{p}\right)=\left(\frac{p}{19}\right)$$

当 $p\equiv 1,2,3,\cdots,18(\bmod 19)$ 分别代入上式右端,知当 $p\equiv 1,4,5,6,7,9,11,16,17(\bmod 19)$ 时,有 $\left(\frac{p}{19}\right)=1$;当 $p\equiv 2,3,8,10,12,13,14,15,18(\bmod 19)$ 时,有 $\left(\frac{p}{19}\right)=-1$. 因此,要求使 $\left(\frac{-19}{p}\right)=1$ 的一切 $p$ 值,只需解联立同余式

$$\begin{cases}p\equiv 1(\bmod 2)\\ p\equiv 1,4,5,6,7,9,11,16,17(\bmod 19)\end{cases}$$

解得

$$p\equiv 1,5,7,9,11,17,23,25,35(\bmod 38)$$

同理,可求使 $\left(\frac{-19}{p}\right)=-1$ 的一切 $p$ 值,这只需解联立同余式

$$\begin{cases}p\equiv 1(\bmod 2)\\ p\equiv 2,3,8,10,12,13,14,15,18(\bmod 19)\end{cases}$$

解得

$$p\equiv 3,13,15,21,27,29,31,33,37(\bmod 38)$$

心得 体会 拓广 疑问

5.1.26 (1) 试直接证明:若 $7\mid n, 7^2\nmid n$,则 $n$ 不能表为两平方数之和;

(2) 证明:若 $n\equiv 3$ 或 $6 \pmod 9$,则 $n$ 不能表为两平方数之和;

(3) 若 $m, n$ 都是可表为两平方数之和的整数,且 $m\mid n$,证明:$\frac{n}{m}$ 也可表为两平方数之和.

**证明** (1) 用反证法. 设正整数 $n$,有 $n\equiv 0 \pmod 7, n\not\equiv 0 \pmod{7^2}$,但 $n$ 可表为两平方数之和 $n=x^2+y^2$.

由于 $x, y\equiv 0,1,2,3,4,5,6 \pmod 7$,因此就有 $x^2, y^2\equiv 0,1,2,4 \pmod 7$,而 $x^2+y^2=n\equiv 0 \pmod 7$,故只能有 $x^2\equiv 0 \pmod 7$,$y^2\equiv 0 \pmod 7$. 但是由于 7 是素数,故有 $x\equiv 0 \pmod 7, y\equiv 0 \pmod 7$. 从而就有 $x^2\equiv 0 \pmod{7^2}, y^2\equiv 0 \pmod{7^2}$. 即

$$x^2+y^2=n\equiv 0 \pmod{7^2}$$

这与假设 $n\not\equiv 0 \pmod{7^2}$ 矛盾.

(2) 用反证法. 设 $n=x^2+y^2$,由于 $x^2, y^2\equiv 0,1,4,7 \pmod 9$,故必有

$$n=x^2+y^2\equiv 0,1,2,4,5,7,8 \pmod 9$$

但由假设 $n\equiv 3,6 \pmod 9$,此即矛盾.

(3) 由于 $m\mid n$,故设 $p$ 为任意素数,由于 $p(n)\geqslant p(m)$,因此如设

$$n=2^{l_0}p_1^{l_1}p_2^{l_2}\cdots p_s^{l_s}(l_i>0, i=1,2,\cdots,s, l_0\geqslant 0)$$

则

$$m=2^{m_0}p_1^{m_1}p_2^{m_2}\cdots p_s^{m_s}(l_i\geqslant m_i, m_i\geqslant 0)$$

从而

$$\frac{n}{m}=2^{l_0-m_0}p_1^{l_1-m_1}p_2^{l_2-m_2}\cdots p_s^{l_s-m_s}$$

其中 $l_i-m_i\geqslant 0(i=0,1,2,\cdots,s)$. 但是由于 $n, m$ 均可表作两平方数之和,故知

$$l_0=0,1, m_0=0,1, p_i\equiv 1 \pmod 4 (i=1,2,\cdots,s)$$

因此由 $\frac{n}{m}$ 的素因数分解式中有

$$l_0-m_0=0,1, p_i\equiv 1 \pmod 4 (i=1,2,\cdots,s)$$

故知 $\frac{n}{m}$ 可表作两平方数之和.

心得 体会 拓广 疑问

5.1.27 设 $m$ 是正整数.

(1) 如果 $2^{m+1}+1$ 整除 $3^{2^m}+1$,证明:$2^{m+1}+1$ 是质数;

(2)(1) 的逆命题是否成立?

(韩国,2003 年)

**证明** (1) 设 $q=2^{m+1}+1$. 根据题中的条件,可得

$$3^{2^m}\equiv -1(\bmod q) \quad ①$$

由此可知,$(3,q)=1$.

将式 ① 两边平方,得 $3^{2^{m+1}}\equiv 1(\bmod q)$. 设 $k$ 是满足 $3^k\equiv 1(\bmod q)$ 的最小正整数. 那么,$k$ 是 $2^{m+1}=q-1$ 的因子.

于是 $k$ 具有 $2^r$ 的形式,其中 $r$ 是某个满足 $r\leqslant m+1$ 的正整数. 假定 $r\leqslant m$,则 $3^{2^m}\equiv 1(\bmod q)$,这与式 ① 矛盾. 因此必有 $r=m+1$.

另一方面,由欧拉定理,$k$ 是 $\varphi(q)$ 的因子,于是,$2^{m+1}=q-1$ 整除 $\varphi(q)$.

由于 $\varphi(q)\leqslant q-1$,可得 $\varphi(q)=q-1$. 因而 $q$ 是质数.

(2) 设 $q=2^{m+1}+1$ 是质数,则

$$\varphi(q)=q-1=2^{m+1}$$

由于 $q\geqslant 5$,可得$(3,q)=1$. 由费马小定理,有

$$3^{\varphi(q)}=3^{2^{m+1}}\equiv 1(\bmod q)$$

于是

$$3^{\frac{\varphi(q)}{2}}=3^{2^m}\equiv \pm 1(\bmod q) \quad ②$$

由于 $q\equiv 1(\bmod 4)$,以及 $q\equiv 2(\bmod 3)$,有

$$\left(\frac{3}{q}\right)=(-1)^{\frac{(3-1)(q-1)}{4}}\left(\frac{q}{3}\right)=\left(\frac{2}{3}\right)=-1$$

其中$\left(\frac{*}{*}\right)$是 Legendre 符号.

另外,由于 $-1=\left(\frac{3}{q}\right)\equiv 3^{\frac{(q-1)}{2}}(\bmod q)$,故式 ② 的值应取 $-1$.

因此,$q\mid(3^{2^m}+1)$.

这就证明了(1) 的逆命题.

5.1.28 设 $m^2>1$,则对任意的 $n,m$

$$\frac{4n^2+1}{m^2+2},\frac{4n^2+1}{m^2-2},\frac{n^2-2}{2m^2-3},\frac{n^2+2}{3m^2+4}$$

没有一个是整数.

心得 体会 拓广 疑问

**证明** 由于$4n^2+1$是奇数,如果$\frac{4n^2+1}{m^2\pm2}$是整数,则分别得

$$4n^2+1\equiv0(\bmod m^2+2) \quad ①$$

和

$$4n^2+1\equiv0(\bmod m^2-2) \quad ②$$

故

$$m\equiv1(\bmod 2),m^2\pm2\equiv3(\bmod 4)$$

在$m^2>1$时,$m^2\pm2$至少有一个素因数$p,p\equiv3(\bmod 4)$,由①和②得

$$(2n)^2+1=4n^2+1\equiv0(\bmod p)$$

与$\left(\frac{-1}{p}\right)=-1$矛盾.

如果$\frac{n^2-2}{2m^2+3}$和$\frac{n^2+2}{3m^2+4}$是整数,则分别得

$$n^2-2\equiv0(\bmod 2m^2+3) \quad ③$$

和

$$n^2+2\equiv0(\bmod 3m^2+4) \quad ④$$

由于$2m^2+3\equiv\pm3(\bmod 8)$,故$2m^2+3$至少有一个素因数$q$,且

$$q\equiv3(\bmod 8)\text{ 或 }q\equiv5(\bmod 8)$$

由③得

$$n^2-2\equiv0(\bmod q)$$

此与$\left(\frac{2}{q}\right)=-1$矛盾.

当$2\mid m$时,$3m^2+4\equiv0(\bmod 4)$,由④得出$n\equiv0(\bmod 2)$,$n^2+2\equiv0(\bmod 4)$,故④不可能成立,$2\nmid m$时,$3m^2+4\equiv7(\bmod 8)$,则$3m^2+4$至少有一个素因数$q,q\equiv5(\bmod 8)$或$q\equiv7(\bmod 8)$,故④得

$$n^2+2\equiv0(\bmod q)$$

与$\left(\frac{-2}{q}\right)=-1$矛盾.这就证明了结论.

**5.1.29** 设$n$是正整数.证明:$2^n+1$不存在模8余$-1$的质因子.

(越南,2003年)

**证明** 对质数$p\equiv-1(\bmod 8)$,考虑

$$2,2\times2,2\times3,2\times4,\cdots,2\times\frac{p-1}{2}$$

记其中不大于$\frac{p-1}{2}$的数为$r_1,r_2,\cdots,r_h$,大于$\frac{p-1}{2}$的数为$s_1$,$s_2,\cdots,s_g$.易知

心得 体会 拓广 疑问

$$r_i = r_j \Leftrightarrow i = j(1 \leqslant i,j \leqslant h)$$
$$s_i = s_j \Leftrightarrow i = j(1 \leqslant i,j \leqslant g)$$

若 $p - s_i = r_j$，则 $2 \mid p$. 矛盾. 所以 $p - s_i \neq r_j$（任意的 $1 \leqslant i \leqslant g, 1 \leqslant j \leqslant h$）.

因为 $p - s_i \leqslant \frac{p-1}{2}(1 \leqslant i \leqslant g)$，则

$$r_1 r_2 \cdots r_h (p - s_1)(p - s_2) \cdots (p - s_g) = \left(\frac{p-1}{2}\right)!$$

故

$$r_1 r_2 \cdots r_h (s_1 s_2 \cdots s_g) = (-1)^g \left(\frac{p-1}{2}\right)! \pmod p$$

所以

$$2^{\frac{p-1}{2}} \times \left(\frac{p-1}{2}\right)! \equiv (-1)^g \left(\frac{p-1}{2}\right)! \pmod p$$

从而

$$2^{\frac{p-1}{2}} \equiv (-1)^g \pmod p$$

又因为

$$2 \times \frac{p-3}{4} < \frac{p-1}{2}, 2 \times \frac{p+1}{4} > \frac{p-1}{2}$$

所以 $g = \frac{p+1}{4}$.

设 $p = 8k - 1$，则 $2^{4k-1} \equiv 1 \pmod p$.

（以上是复述 Gauss 引理）

设 $n_0$ 为最小的正整数，使得 $2^{n_0} \equiv 1 \pmod p$，则 $n_0 \mid (4k - 1)$（由 $4k - 1 = n_0 a + b, 0 \leqslant b < n_0$，有 $2^b \equiv 1 \pmod p \Rightarrow b = 0$）.

若存在 $n$，使得 $2^n \equiv -1 \pmod p$. 取其中最小的正整数 $n_1$，易知 $n_1 < n_0$（否则，$2^{n_1 - n_0} \equiv 2^{n_1 - n_0} \times 2^{n_0} = 2^{n_1} \equiv -1 \pmod p$，与 $n_1$ 的最小性矛盾）.

设 $n_0 = n_1 c + d, 0 \leqslant d < n_1$，则

$$1 \equiv 2^{n_0} = 2^{n_1 c} \times 2^d \equiv (-1)^c 2^d \pmod p$$

若 $c$ 为奇数，则 $2^d \equiv -1 \pmod p$，与 $n_1$ 的最小性矛盾. 所以，$c$ 为偶数，且 $d = 0$，即 $n_0 = 2en_1$，与 $n_0 \mid (4k - 1)$ 矛盾.

因此，不存在 $n$，使得 $2^n + 1$ 有模 8 余 $-1$ 的质因子.

**5.1.30**　设 $n > 1$，则

$$2^n - 1 \nmid 3^n - 1$$

**证明**　设 $A_n = 2^n - 1, B_n = 3^n - 1$，对于 $2 \mid n$ 时，由 $3 \mid A_n$，而 $3 \nmid B_n$，故 $A_n \nmid B_n$.

心得 体会 拓广 疑问

现设 $n=2m-1$,可得

$$A_n \equiv -5 \pmod{12} \quad ①$$

因为每一个素数 $p>3$,是满足以下同余式

$$p\equiv 1 \pmod{12}, p\equiv -1 \pmod{12}$$
$$p\equiv 5 \pmod{12}, p\equiv -5 \pmod{12}$$

中的一个. 由式 ①, 至少存在一个 $A_n$ 的素因数 $q, q\equiv \pm 5 \pmod{12}$, 如果 $A_n \mid B_n$,则由 $q\mid A_n$ 得 $q\mid B_n$,故

$$q\mid 3B_n=3^{n+1}-3$$

即

$$3^{2m}\equiv 3 \pmod q$$

故得 $\left(\frac{3}{q}\right)=1$,此与 $q\equiv \pm 5 \pmod{12}$ 矛盾.

5.1.31 给定一个非负整数 $n$ 和一个正质数 $p\equiv 7 \pmod 8$. 证明

$$\sum_{k=1}^{\frac{p-1}{2}}\left[\frac{k^{2^n}}{p}+\frac{1}{2}\right]=\frac{1}{p}\sum_{k=1}^{\frac{p-1}{2}}k^{2^n}$$

**证明** 当 $n=0$ 时,结论显然成立.

当 $n\geqslant 1$ 时,将和式改写为

$$\sum_{k=1}^{p-1}\left\{\frac{k^{2^n}}{p}+\frac{1}{2}\right\}=2\sum_{k=1}^{\frac{p-1}{2}}\left\{\frac{k^{2^n}}{p}+\frac{1}{2}\right\}=$$
$$2\left(\sum_{k=1}^{\frac{p-1}{2}}\left(\frac{k^{2^n}}{p}+\frac{1}{2}\right)-\sum_{k=1}^{\frac{p-1}{2}}\left[\frac{k^{2^n}}{p}+\frac{1}{2}\right]\right)=$$
$$\frac{p-1}{2}+2\left(\frac{1}{p}\sum_{k=1}^{\frac{p-1}{2}}k^{2^n}-\sum_{k=1}^{\frac{p-1}{2}}\left[\frac{k^{2^n}}{p}+\frac{1}{2}\right]\right)$$

下面证明

$$\sum_{k=1}^{\frac{p-1}{2}}\left[\frac{k^{2^n}}{p}+\frac{1}{2}\right]=\frac{1}{p}\sum_{k=1}^{\frac{p-1}{2}}k^{2^n}$$

为此,易知

$$\left[\frac{k^{2^n}}{p}+\frac{1}{2}\right]=\left[\frac{2k^{2^n}}{p}\right]-\left[\frac{k^{2^n}}{p}\right],\quad k=1,2,\cdots,\frac{p-1}{2}$$

对每个 $k\in\left\{1,2,\cdots,\frac{p-1}{2}\right\}$,记

$$2k^{2^n}=p\left[\frac{2k^{2^n}}{p}\right]+r_k, r_k\in\{1,2,\cdots,p-1\}$$

由于 $p\equiv 7 \pmod 8$,2 是模 $p$ 的二次剩余,因此,每个 $r_k$ 也是模 $p$ 的二次剩余.

心得 体会 拓广 疑问

下面再证明：当 $k \neq l$ 时，$r_k \neq r_l$.

如果 $r_k = r_l$，则

$$0 = r_k - r_l \equiv 2(k^{2^n} - l^{2^n}) \pmod p \equiv$$
$$2(k-l)\prod_{j=0}^{n-1}(k^{2^j} + l^{2^j}) \pmod p$$

由于 $k,l \in \left\{1,2,\cdots,\frac{p-1}{2}\right\}$，故因子 $k+l \not\equiv 0 \pmod p$. 当 $j \geq 1$ 时，因子 $k^{2^j} + l^{2^j} \not\equiv 0 \pmod p$，这是因为 $-1$ 关于模 $p \equiv 7 \pmod 8$ 是个二次非剩余. 因此，必有 $k - l \equiv 0 \pmod p$. 但 $k,l \in \{1,2,\cdots,\frac{p-1}{2}\}$，于是 $k = l$，矛盾.

这就证明了 $\{r_k\}$ 是 $\frac{p-1}{2}$ 个不同的关于模 $p$ 的二次剩余，即它们构成了一个模 $p$ 的二次剩余系.

类似地，$k^{2^n}$ 被 $p$ 除的余项 $r'_k$，$k \in \{1,2,\cdots,\frac{p-1}{2}\}$，也是个模 $p$ 的二次剩余系. 因此

$$\sum_{k=1}^{\frac{p-1}{2}} r_k = \sum_{k=1}^{\frac{p-1}{2}} r'_k$$

故

$$\sum_{k=1}^{\frac{p-1}{2}}\left[\frac{k^{2^n}}{p} + \frac{1}{2}\right] = \sum_{k=1}^{\frac{p-1}{2}}\left[\frac{2k^{2^n}}{p}\right] - \sum_{k=1}^{\frac{p-1}{2}}\left[\frac{k^{2^n}}{p}\right] =$$
$$\frac{1}{p}\sum_{k=1}^{\frac{p-1}{2}}(2k^{2^n} - r_k) - \frac{1}{p}\sum_{k=1}^{\frac{p-1}{2}}(k^{2^n} - r'_k) =$$
$$\frac{1}{p}\sum_{k=1}^{\frac{p-1}{2}} k^{2^n}$$

5.1.32 某学校课间休息时，$n$ 个孩子围成一个圆坐下做游戏.

老师按顺时针方向一边走一边按照下面的规则给孩子们分发糖果：

选一个孩子，给他及下一个孩子各一块糖，然后，超过一个孩子，给下一个孩子一块糖，再然后，超过 2 个孩子，给下一个孩子一块糖，接着超过 3 个孩子等.

试确定 $n$ 的值，使得所有的孩子都至少得到（可能在老师转过很多圈之后）一块糖.

（第 31 届国际数学奥林匹克候选题，1990 年
亚洲太平洋地区数学竞赛，1991 年）

心得 体会 拓广 疑问

**解** 问题等价于求 $n$,使同余式

$$1+2+3+\cdots+x\equiv a(\bmod n)\quad(x\in\mathbf{N})$$

对一切整数 $a$ 都可解.上式可化为

$$\frac{x(x+1)}{2}\equiv a(\bmod n)$$

此式等价于

$$(2x+1)^2\equiv 8a+1(\bmod 8n)\qquad ①$$

我们证明:当且仅当 $n$ 为 2 的幂时,同余式方程 ① 恒有解.

首先设 $n$ 不是 2 的幂,则 $n$ 有一个奇素数约数 $p$.由于 $(\pm i)^2=i^2$,所以以 $p$ 为模的剩余类中,只有 $\frac{p+1}{2}$ 个可以写成平方.

取 $r$ 为 $\bmod p$ 的非平方剩余(即没有 $y$ 能使 $y^2\equiv r(\bmod p)$),然后,又取 $a$ 使

$$8a+1\equiv r(\bmod p)$$

(因为 $p$ 与 8 互素,所以这样的 $a$ 一定存在.)

这时,同余式 ① 无解.

现在设 $n=2^k(k\geqslant 0)$.令 $A=\{1,3,5,\cdots,2^{k+1}-1\}$.若 $u,v$ 为 $A$ 中两个不同的数,则 $u-v=2^rm$,其中 $m$ 为奇数,$1\leqslant r\leqslant k$,从而

$$u+v=u-v+2v=2^rm+2v=2(v+2^{r-1}m)$$

若 $r>1$,则由 $v$ 是奇数可知

$$2\mid u+v \text{ 且 } 2^2\nmid u+v$$

因而有

$$2^{r+1}\mid (u+v)(u-v)$$

且

$$2^{r+2}\nmid (u+v)(u-v)$$

若 $r=1$,则

$$2\mid u-v,\text{且 } 2^2\nmid u-v$$

又

$$u+v<2u\leqslant 2(2^{k+1}-1)<2^{k+2}$$

无论哪一种情况都有

$$2^{k+3}\nmid u^2-v^2$$

从而

$$u^2\not\equiv v^2(\bmod 2^{k+3})$$

所以,$1^2,3^2,5^2,\cdots,(2^{k+1}-1)^2$ 是 $\bmod 8n$ 的 $2^k$ 个不同的剩余类.

对于 $A$ 中的数 $u=2t+1$,则 $u^2=4t(t+1)+1$ 都是 $8a+1$ 型的数,因而,$1^2,3^2,5^2,\cdots,(2^{k+1}-1)^2$ 是 $\bmod 8n$ 中的 $2^k$ 个形如 $8a+1$ 的互不相同的剩余类.

另一方面,如果 $a\equiv b(\bmod 2^k)$,那么

$$8a+1\equiv 8b+1(\bmod 8n)$$

所以,mod $8n$ 的剩余类中恰有 $2^k$ 个形如 $8a+1$ 的剩余类($a=0,1,2,\cdots,2^k-1$).

综合以上,每个形如 $8a+1$ 的剩余类(mod $8n$)均可表成 $t^2$($t\in A$),即方程 ① 恒有解.

因此,当且仅当 $n$ 为 2 的幂时,方程 ① 恒有解.

即本题的 $n$ 为 2 的幂.

5.1.33 求使 $\left(\frac{21}{p}\right)=1$ 的一切 $p$ 值.

**解** 由于 $21\equiv 1(\bmod 4)$,故由互反律有

$$\left(\frac{21}{p}\right)=\left(\frac{p}{21}\right)$$

由定义,$p$ 必须与 21 互素,即必需 $(p,21)=1$,因此,$p$ 必须是

$$p\equiv \pm 1,\ \pm 2,\ \pm 4,\ \pm 5,\ \pm 8,\ \pm 10(\bmod 21)$$

以上十二类数中的每一个均与 21 互素,在这十二类数每个加以验算,计算 $\left(\frac{21}{p}\right)$ 的值,其值是 1 的有下面六类

$$p\equiv \pm 1,\ \pm 4,\ \pm 5(\bmod 21)$$

又因为 $p$ 必须是奇数,故需满足

$$p\equiv 1(\bmod 2)$$

因此要求使 $\left(\frac{21}{p}\right)=1$ 的 $p$ 值,只需解如下同余方程组

$$\begin{cases}p\equiv 1(\bmod 21)\\p\equiv 1(\bmod 2)\end{cases},\quad \begin{cases}p\equiv 4(\bmod 21)\\p\equiv 1(\bmod 2)\end{cases},\quad \begin{cases}p\equiv 5(\bmod 21)\\p\equiv 1(\bmod 2)\end{cases}$$

$$\begin{cases}p\equiv -1(\bmod 21)\\p\equiv 1(\bmod 2)\end{cases},\quad \begin{cases}p\equiv -4(\bmod 21)\\p\equiv 1(\bmod 2)\end{cases},\quad \begin{cases}p\equiv -5(\bmod 21)\\p\equiv 1(\bmod 2)\end{cases}$$

分别解之,得

$$p\equiv 1,5,17,25,37,41(\bmod 42)$$

这些就是一切使

$$\left(\frac{21}{p}\right)=1$$

的 $p$ 值.

5.1.34 求使 $\left(\frac{15}{p}\right)=1$ 的一切 $p$ 值.

**解** 因为 $15\equiv 3(\bmod 4)$,故由互反律有

$$\left(\frac{15}{p}\right)=(-1)^{\frac{p-1}{2}}\left(\frac{p}{15}\right)$$

先研究$\left(\frac{p}{15}\right)$之值. 应用上题类似的方法,知当$p\equiv 1,2,4,-7 \pmod{15}$时,$\left(\frac{p}{15}\right)=1$;当$p\equiv -1,-2,-4,7 \pmod{15}$时,$\left(\frac{p}{15}\right)=-1$.

事实上,$p$必须与15互素,即必需$(p,15)=1$,故$p$只能是下列八类数

$$p\equiv \pm 1,\ \pm 2,\ \pm 4,\ \pm 7 \pmod{15}$$

在这八类数中分别验证$\left(\frac{p}{15}\right)$之值,且$p$也要奇数,即得上述结果.

因此,要使$\left(\frac{15}{p}\right)=1$,必需

$$\begin{cases}p\equiv 1 \pmod 4\\ p\equiv 1,2,4,-7 \pmod{15}\end{cases}$$

或者

$$\begin{cases}p\equiv 3 \pmod 4\\ p\equiv -1,-2,-4,7 \pmod{15}\end{cases}$$

分别解上述八个联立同余方程,得

$$p\equiv 1,7,11,17,43,49,53,59 \pmod{60}$$

这些便是使

$$\left(\frac{15}{p}\right)=1$$

的一切$p$值,由此可知,使$\left(\frac{15}{p}\right)=-1$的一切$p$值为

$$p\equiv 13,19,23,29,31,37,41,47 \pmod{60}$$

5.1.35 设$p,q$是相异的奇素数,当$a\equiv 0 \pmod 4$或者$a\equiv 1 \pmod 4$时,如果$p\equiv q \pmod{2|a|}$,则

$$\left(\frac{a}{p}\right)=\left(\frac{a}{q}\right)$$

当$a\equiv 2 \pmod 4$或$a\equiv 3 \pmod 4$时,如果$p\equiv q \pmod{4|a|}$,则

$$\left(\frac{a}{p}\right)=\left(\frac{a}{q}\right)$$

这时如果$p\equiv q \pmod{2|a|}$,但$p\not\equiv q \pmod{4|a|}$,则

$$\left(\frac{a}{p}\right)=-\left(\frac{a}{q}\right)$$

**证明** 利用互反律来证明,首先设$a>0$.

由雅可比符号的性质,知

心得 体会 拓广 疑问

$$\left(\frac{a}{p}\right)=(-1)^{\frac{p-1}{2}\cdot\frac{a-1}{2}}\left(\frac{p}{a}\right)$$

$$\left(\frac{a}{q}\right)=(-1)^{\frac{q-1}{2}\cdot\frac{a-1}{2}}\left(\frac{q}{a}\right)$$

在 $p\equiv q \pmod{2a}$ 和 $p\equiv q \pmod{4a}$ 的情况下均有 $p\equiv q \pmod a$，故

$$\left(\frac{p}{a}\right)=\left(\frac{q}{a}\right)$$

因此，只需在各种不同情况下，研究 $\frac{(p-1)(a-1)}{4}$ 与 $\frac{(q-1)(a-1)}{4}$ 是否关于模 2 同余.

在 $a\equiv 0 \pmod 4$，$p\equiv q \pmod{2a}$ 时，设 $q=2ak+p$（$k$ 为整数），则

$$\frac{(q-1)}{2}\cdot\frac{(a-1)}{2}=\left(ak+\frac{p-1}{2}\right)\cdot\frac{a-1}{2}\equiv \frac{p-1}{2}\cdot\frac{a-1}{2} \pmod 2$$

在 $a\equiv 1 \pmod 4$，$p\equiv q \pmod{2a}$ 时

$$q=2ak+p$$

$$0\equiv\frac{q-1}{2}\cdot\frac{a-1}{2}=\left(ak+\frac{p-1}{2}\right)\cdot\frac{a-1}{2}\equiv \frac{p-1}{2}\cdot\frac{a-1}{2}+\frac{a-1}{2}\cdot k\equiv\frac{p-1}{2}\cdot\frac{a-1}{2}\equiv 0 \pmod 2$$

在 $a\equiv 2 \pmod 4$，$p\equiv q \pmod{4a}$ 时

$$q=4ak+p$$

$$\frac{q-1}{2}\cdot\frac{a-1}{2}=\left(2ak+\frac{p-1}{2}\right)\cdot\frac{a-1}{2}\equiv \frac{p-1}{2}\cdot\frac{a-1}{2} \pmod 2$$

在 $a\equiv 3 \pmod 4$，$p\equiv q \pmod{4a}$ 时

$$q=4ak+p$$

$$0\equiv\frac{q-1}{2}\cdot\frac{a-1}{2}=\left(2ak+\frac{p-1}{2}\right)\cdot\frac{a-1}{2}\equiv \frac{p-1}{2}\cdot\frac{a-1}{2}\equiv \pmod 2$$

若 $a\equiv 2 \pmod 4$，$p\equiv q \pmod{2a}$，但 $p\not\equiv q \pmod{4a}$ 时，$q=2ak+p$，其中 $k$ 为奇数，于是

$$\frac{q-1}{2}\cdot\frac{a-1}{2}\equiv\left(ak+\frac{p-1}{2}\right)\cdot\frac{a-1}{2}\equiv$$

心得 体会 拓广 疑问

$$\frac{p-1}{2}\cdot\frac{a-1}{2}+1\pmod 2$$

在 $a\equiv 3\pmod 4$,$p\equiv q\pmod{2a}$,但 $p\not\equiv q\pmod{4a}$ 时,$q=2ak+p$,$k$ 为奇数,于是

$$\frac{q-1}{2}\cdot\frac{a-1}{2}\equiv\left(ak+\frac{p-1}{2}\right)\cdot\frac{a-1}{2}\equiv\frac{p-1}{2}\cdot\frac{a-1}{2}+\frac{ak(a-1)}{2}\equiv\frac{p-1}{2}\cdot\frac{a-1}{2}+1\pmod 2$$

因此,在 $a>0$ 时,命题正确.

在 $a<0$ 时,只需设 $a=-b$,$b>0$,利用

$$\left(\frac{a}{p}\right)=\left(\frac{-b}{p}\right)=\left(\frac{-1}{p}\right)\left(\frac{b}{p}\right)=(-1)^{\frac{p-1}{2}}\left(\frac{b}{p}\right)$$

$$\left(\frac{a}{q}\right)=\left(\frac{-b}{q}\right)=\left(\frac{-1}{q}\right)\left(\frac{b}{q}\right)=(-1)^{\frac{q-1}{2}}\left(\frac{b}{q}\right)$$

并注意到 $b\equiv -a\equiv 4-a\pmod 4$,即可得到证明.

**注** 利用互反律可以证明本题,反之,利用本题可以证明互反律.事实上,设 $p,q$ 是相异奇素数,当 $p\equiv q\pmod 4$ 时,设 $q-p=4a$,则由勒让德符号的性质及本题之结论,知

$$\left(\frac{a}{p}\right)=\left(\frac{q-p}{p}\right)=\left(\frac{4a}{p}\right)=\left(\frac{4}{p}\right)\left(\frac{a}{p}\right)=\left(\frac{a}{p}\right)=\left(\frac{a}{q}\right)=\left(\frac{4}{q}\right)\left(\frac{a}{q}\right)=\left(\frac{4a}{q}\right)=\left(\frac{q-p}{q}\right)=\left(\frac{-p}{q}\right)=\left(\frac{-1}{q}\right)\left(\frac{p}{q}\right)$$

当 $p\equiv 1\pmod 4$,$q\equiv 1\pmod 4$ 时,$\left(\frac{-1}{q}\right)=1$,故 $\left(\frac{a}{q}\right)=\left(\frac{p}{q}\right)$.

当 $p\equiv 3\pmod 4$,$q\equiv 3\pmod 4$ 时,$\left(\frac{-1}{q}\right)=-1$,故 $\left(\frac{q}{p}\right)=-\left(\frac{p}{q}\right)$.

当 $p\not\equiv q\pmod 4$ 时,设 $q-p=2c$,当 $c\equiv 1\pmod 4$ 时($c\equiv 3\equiv -1\pmod 4$ 时也一样讨论)$q-p\equiv 2\pmod 8$,于是

$$\left(\frac{q}{p}\right)=\left(\frac{q-p}{p}\right)=\left(\frac{2c}{p}\right)=\left(\frac{2}{p}\right)\left(\frac{c}{p}\right)=\left(\frac{2}{p}\right)\left(\frac{c}{q}\right)$$

$$\left(\frac{p}{q}\right)=\left(\frac{p-q}{q}\right)=\left(\frac{-2c}{p}\right)=\left(\frac{-2}{p}\right)\left(\frac{c}{q}\right)$$

如果 $p\equiv 1\pmod 8$,$q\equiv 3\pmod 8$,$\left(\frac{2}{p}\right)=1$,$\left(\frac{-2}{q}\right)=1$;

$p\equiv 3\pmod 8$,$q\equiv 5\pmod 8$,$\left(\frac{2}{p}\right)=-1$,$\left(\frac{-2}{q}\right)=-1$;

$p\equiv 5\pmod 8$,$q\equiv 7\pmod 8$,$\left(\frac{2}{p}\right)=-1$,$\left(\frac{-2}{q}\right)=-1$;

$p\equiv 7(\bmod 8)$，$q\equiv 1(\bmod 8)$，$\left(\frac{2}{p}\right)=1$，$\left(\frac{-2}{q}\right)=1$.

因此，当 $p\not\equiv q(\bmod 4)$ 时，总有

$$\left(\frac{q}{p}\right)=\left(\frac{p}{q}\right)$$

这样便证明了互反律. 因此，互反律与本题只需独立证明一个，另一个便可直接推出.

> 5.1.36　设 $p$ 是大于 3 的素数，证明：$p$ 整除它的所有平方剩余之和.

**证明**　首先证明，在 $1,2,3,\cdots,p-1$ 中有 $\frac{p-1}{2}$ 个是模 $p$ 的平方剩余，$\frac{p-1}{2}$ 个是模 $p$ 的非平方剩余，且

$$1^2,2^2,3^2,\cdots,\left(\frac{p-1}{2}\right)^2 \qquad ①$$

用 $p$ 除所得的余数，就是模 $p$ 的全体平方剩余.

式 ① 中的数被 $p$ 除所得的余数显然是模 $p$ 的平方剩余. 这是因为若 $x^2$ 是式 ① 中的某个数，它被 $p$ 除所得的余数设为 $a$，即

$$x^2\equiv a(\bmod p)$$

上式显然有解，故 $\left(\frac{a}{p}\right)=1$. 现在再来证明，在 $1,2,3,\cdots,p-1$ 中，模 $p$ 的平方剩余也仅是这些. 假定整数 $a$，$1\leqslant a<p$，如果同余式

$$x^2\equiv a(\bmod p) \qquad ②$$

有解且有两个解，由于

$$(p-x)^2\equiv(-x)^2\equiv x^2\equiv a(\bmod p)$$

故知 $p-x$ 也是式 ② 的一个解. 如果 $\frac{1}{2}(p-1)<x\leqslant p-1$，那么就有 $1\leqslant p-x\leqslant\frac{1}{2}(p-1)$. 因此，如果式 ② 有解，它总有一个解适合

$$1\leqslant x\leqslant\frac{1}{2}(p-1)$$

也就是说，如果 $a$ 是模 $p$ 的平方剩余，那么 $a$ 必与式 ① 中的某数关于模 $p$ 同余.

下面再来证明，$1,2,3,\cdots,p-1$ 中是模 $p$ 的平方剩余的恰有 $\frac{1}{2}(p-1)$ 个. 这只要证明式 ① 中任意两个数关于模互不同余即可. 设 $b^2$ 和 $c^2$ 是式 ① 中任意两个数，不妨设 $b>c$. 如果

心得 体会 拓广 疑问

$$b^2 \equiv c^2 \pmod p$$

那么就得到

$$p \mid (b+c)(b-c)$$

由于 $p$ 是奇素数,于是 $p \mid b+c$ 或 $p \mid b-c$. 但 $1 \leqslant b+c < p, 1 \leqslant b-c < p$,故这是不可能的. 这就证明了式①中的任意两个数互不同余.

因此,模 $p$ 的全部平方剩余,即为式①中的数用 $p$ 除所得的余数,所以要证明 $p$ 整除模 $p$ 的全部平方剩余之和,只要证明

$$1^2+2^2+3^2+\cdots+\left(\frac{p-1}{2}\right)^2 \equiv 0 \pmod p$$

由于

$$1^2+2^2+3^2+\cdots+\left(\frac{p-1}{2}\right)^2 = p \cdot \frac{p^2-1}{24}$$

所以只要在 $p$ 是大于 3 的奇素数的条件下,证明

$$p^2-1 \equiv 0 \pmod{24}$$

这只需证明

$$p^2-1 \equiv 0 \pmod 3 \text{ 以及 } p^2 \equiv 1 \pmod 8$$

即可. 由于 $p$ 是大于 3 的奇素数,故

$$p \equiv 1 \pmod 3 \text{ 或 } p \equiv -1 \pmod 3$$

均有

$$p^2 \equiv 1 \pmod 3$$

同样有

$$p \equiv 1,3,5,7 \pmod 8$$

不管哪种情况,都有 $p^2 \equiv 1 \pmod 8$. 因此 $p^2-1 \equiv 0 \pmod{24}$,从而

$$1^2+2^2+3^2+\cdots+\left(\frac{p-1}{2}\right)^2 \equiv 0 \pmod p$$

5.1.37 设 $p$ 是奇素数,计算

$$\left(\frac{1\cdot 2}{p}\right)+\left(\frac{2\cdot 3}{p}\right)+\cdots+\left(\frac{(p-2)(p-1)}{p}\right)$$

之值.

**解** 设 $n=1,2,3,\cdots,p-1$,由于 $p$ 是奇素数,故 $(n,p)=1$. 从而存在整数 $n'$,使

$$n'n \equiv 1 \pmod p$$

于是就有

$$n(n+1) \equiv n(n+nn') = n^2(1+n') \pmod p$$

故

心得 体会 拓广 疑问

$$\left(\frac{n(n+1)}{p}\right)=\left(\frac{n^2(1+n')}{p}\right)=\left(\frac{n^2}{p}\right)\left(\frac{1+n'}{p}\right)=\left(\frac{1+n'}{p}\right)$$

由于 $p$ 是奇素数，且 $(n,p)=1$，因此对于每个 $n=1,2,\cdots,p-1$ 均有逆元 $n^{-1}=n'$，且 $(n^{-1},p)=(n',p)=1$. 另外，对于 $1,2,\cdots,p-1$ 中不同的数 $n$，其逆元 $n^{-1}=n'$ 也是不同的，因此当 $n$ 取遍 $1,2,\cdots,p-1$ 时，$n'$ 也取遍 $1,2,\cdots,p-1$. 又由于 $n=p-1$ 时，$n'=p-1$，故当 $n$ 取遍 $1,2,\cdots,p-2$ 时，$n'+1$ 也取遍 $2,3,\cdots,p-1$. 这样一来，就有

$$\left(\frac{1\cdot 2}{p}\right)+\left(\frac{2\cdot 3}{p}\right)+\cdots+\left(\frac{(p-2)(p-1)}{p}\right)=$$

$$\left(\frac{2}{p}\right)+\left(\frac{3}{p}\right)+\cdots+\left(\frac{p-1}{p}\right)=$$

$$\left(\frac{1}{p}\right)+\left(\frac{2}{p}\right)+\left(\frac{3}{p}\right)+\cdots+\left(\frac{p-1}{p}\right)-\left(\frac{1}{p}\right)$$

由于在 $1,2,3,\cdots,p-1$ 中，模 $p$ 的平方剩余有 $\frac{p-1}{2}$ 个，非平方剩余也是 $\frac{p-1}{2}$ 个，故

$$\left(\frac{1}{p}\right)+\left(\frac{2}{p}\right)+\left(\frac{3}{p}\right)+\cdots+\left(\frac{p-1}{p}\right)=0$$

而
$$\left(\frac{1}{p}\right)=1$$

因此
$$\left(\frac{1\cdot 2}{p}\right)+\left(\frac{2\cdot 3}{p}\right)+\left(\frac{(p-2)(p-1)}{p}\right)=-1$$

**5.1.38**　设 $q=2h+1$ 是一个素数，$q\equiv 7\pmod 8$，则

$$\sum_{n=1}^{h}n\left(\frac{n}{q}\right)=0$$

**证明**　因为 $q\equiv 7\pmod 8$，故 $\left(\frac{2}{q}\right)=1$，$\left(\frac{-1}{q}\right)=-1$，所以

$$\sum_{n=1}^{q-1}n\left(\frac{n}{q}\right)=\sum_{n=1}^{h}n\left(\frac{n}{q}\right)+\sum_{n=h+1}^{2h}n\left(\frac{n}{q}\right)=$$

$$\sum_{n=1}^{h}n\left(\frac{n}{q}\right)+\sum_{n=1}^{h}(q-n)\left(\frac{q-n}{q}\right)=$$

$$2\sum_{n=1}^{h}n\left(\frac{n}{q}\right)-q\sum_{n=1}^{h}\left(\frac{n}{q}\right)$$

另一方面

$$\sum_{n=1}^{q-1}n\left(\frac{n}{q}\right)=\sum_{n=1}^{h}2n\left(\frac{2n}{q}\right)+\sum_{n=1}^{h}(q-2n)\left(\frac{q-2n}{q}\right)=$$

$$4\sum_{n=1}^{h}n\left(\frac{n}{q}\right)-q\sum_{n=1}^{h}\left(\frac{n}{q}\right)$$

故有
$$\sum_{n=1}^{h} n\left(\frac{n}{q}\right)=0$$

5.1.39 设$p\neq 2,3,5,11,17$是一个素数,则存在$p$的三个不同的二次剩余$r_1,r_2,r_3$,使得
$$r_1+r_2+r_3\equiv 0(\bmod p) \quad ①$$

**证明** 当$p=7$时,$1+2+4\equiv 0(\bmod 7)$,当$p=13$时,$\left(\frac{3}{13}\right)=1$,$1+3+9\equiv 0(\bmod 13)$,故$p=7,13$时式①成立.

设$p\geqslant 19$. 当$\left(\frac{-1}{p}\right)=-1$时,如$\left(\frac{2}{p}\right)=-1$,则$\left(\frac{8}{p}\right)=-1$,$n=4,5,6,7$当中有一个值使
$$\left(\frac{n}{p}\right)=1,\left(\frac{n+1}{p}\right)=-1$$
成立,而$\left(\frac{-(n+1)}{p}\right)=1$,$1,n,-n-1$都是模$p$的二次剩余,且$n$为$4,5,6,7$中某数时,由$p\geqslant 19$知,$1,n,-n-1$中任意两个都不同余模$p$,由$1+n+(-1-n)\equiv 0(\bmod p)$知,式①成立.

当$\left(\frac{-1}{p}\right)=-1$时,如$\left(\frac{2}{p}\right)=1$,设$n$是最小的正整数使
$$\left(\frac{n+1}{p}\right)=-1 \quad ②$$
即$1\leqslant i\leqslant n$时,$\left(\frac{i}{p}\right)=1$,而恰有$\frac{p-1}{2}$个二次剩余,所以$n\leqslant\frac{p-1}{2}$,如$n=\frac{p-1}{2}$,则
$$2(n+1)=p+1,1=\left(\frac{p+1}{p}\right)=\left(\frac{2(n+1)}{p}\right)=\left(\frac{n+1}{p}\right)$$
与②矛盾,所以$n<\frac{p-1}{2}$,于是$1,n,-n-1$中任意两个都模$p$不同余,由$1+n+(-1-n)\equiv 0(\bmod p)$知式①成立.

当$\left(\frac{-1}{p}\right)=1$时,如$\left(\frac{5}{p}\right)=1$,则
$$1+4+(-5)\equiv 0(\bmod p) \quad ③$$
如$\left(\frac{10}{p}\right)=1$,则
$$1+9+(-10)\equiv 0(\bmod p) \quad ④$$
如$\left(\frac{10}{p}\right)=\left(\frac{5}{p}\right)=-1$,由$-1=\left(\frac{2\cdot 5}{p}\right)=\left(\frac{2}{p}\right)\left(\frac{5}{p}\right)=-\left(\frac{2}{p}\right)$,得

$\left(\frac{2}{p}\right)=1,\left(\frac{8}{p}\right)=1$,故

$$1+8+(-9)\equiv 0(\bmod p) \quad ⑤$$

由于 $p\geqslant 19$,在 ③,④,⑤ 中的三个数都分别是模 $p$ 的不同的二次剩余,故式 ① 成立.

**注**　如果 $r$ 是模 $p$ 的一个二次非剩余,则 $\left(\frac{rr_i}{p}\right)=-1,i=1,2,3$,所以也存在模 $p$ 的三个不同的二次非剩余 $R_1,R_2,R_3$,使

$$R_1+R_2+R_3=0(\bmod p)$$

5.1.40　试利用整点证明互反律.

**证明**　设 $p,q$ 是相异奇素数,要证明:

若 $p\equiv 3(\bmod 4),q\equiv 3(\bmod 4)$,则

$$\left(\frac{p}{q}\right)=-\left(\frac{q}{p}\right)$$

其他情况均有

$$\left(\frac{p}{q}\right)=\left(\frac{q}{p}\right)$$

如图1,在平面上分别取点 $G,H,G',H',L,C$,它们的坐标分别是

$$G\left(0,\frac{1}{2}\right),H\left(\frac{1}{2},0\right),G'\left(\frac{p}{2},\frac{q+1}{2}\right)$$

$$H'\left(\frac{p+1}{2},\frac{q}{2}\right),L\left(\frac{p}{2},\frac{q}{2}\right),C\left(\frac{p+1}{2},\frac{q+1}{2}\right)$$

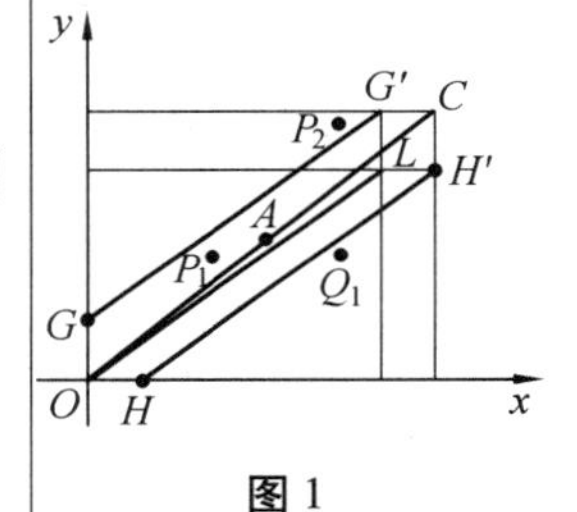

图 1

显然它们均非整点. 直线 $GG',HH',OL$ 的方程分别是

$$y=\frac{q}{p}x+\frac{1}{2},x=\frac{p}{q}y+\frac{1}{2},y=\frac{q}{p}x$$

它们互相平行.

现考虑点 $P_i\left(i=1,2,\cdots,\frac{p-1}{2}\right)$,$P_i$ 的坐标是 $\left(i,\left[\frac{iq}{p}\right]+1\right)$. 这时,如果 $iq\left(i=1,2,\cdots,\frac{p-1}{2}\right)$ 被 $p$ 除,余数大于 $\frac{p}{2}$,即

$$\frac{iq}{p}=\left[\frac{iq}{p}\right]+r,\left(\frac{1}{2}<r<1\right)$$

则就有

$$\frac{iq}{p}<\left[\frac{iq}{p}\right]+1<\frac{iq}{p}+\frac{1}{2}$$

从而点 $P_i$ 就位于直线 $OL$ 以上,$GG'$ 以下,也就是位于平行四边形 $OLG'G$ 的内部,如果 $iq$ 被 $p$ 除余数小于 $\frac{p}{2}$,即

心得 体会 拓广 疑问

$$\frac{iq}{p}=\left[\frac{iq}{p}\right]+r,\left(0\leqslant r<\frac{1}{2}\right)$$

则就有

$$\frac{iq}{p}+\frac{1}{2}=\left[\frac{iq}{p}\right]+r+\frac{1}{2}<\frac{iq}{p}+1$$

从而点 $P_i$ 就位于直线 $GG'$ 的上面. 此外,又由于平行四边形 $OLG'G$ 内部除 $P_i$ 外无其他整点,因此,$q,2q,\cdots,\frac{p-1}{2}q$ 被 $p$ 除,余数大于$\frac{p}{2}$ 的个数 $\lambda$ 等于平行四边形 $OLG'G$ 内部整点的个数.

同样,考虑点 $Q_i\left(i=1,2,\cdots,\frac{q-1}{2}\right)$,点 $Q_i$ 的坐标为 $\left(\left[\frac{ip}{q}\right]+1,i\right)$,$ip$ 被 $q$ 除余数如果大于$\frac{q}{2}$,则点 $Q_i$ 就在平行四边形 $OLH'H$ 的内部,余数如果小于$\frac{q}{2}$,点 $Q_i$ 就在直线 $HH'$ 的下面. 因此,$p,2p,\cdots,\frac{q-1}{2}p$ 被 $q$ 除,余数大于$\frac{q}{2}$ 的个数$\mu$ 等于平行四边形 $OLH'H$ 内部整点的个数.

由于 $p,q$ 是相异奇素数,故直线段 $OL$ 上除原点 $O$ 外,无其他整点. 正方形 $G'LH'C$ 内部也无整点,这是因为它面积是$\frac{1}{4}$,顶点均非整点的缘故. 因此六角形 $OHH'CGG'$ 内部整点的个数等于 $\lambda+\mu$,根据高斯定理,有

$$\left(\frac{p}{q}\right)\left(\frac{q}{p}\right)=(-1)^{\lambda+\mu}$$

因此,只需研究,在 $p,q$ 各种不同情况下,$\lambda+\mu$ 能否被2整除便可.

取线段 $OC$ 的中点 $A$,点 $A$ 的坐标是$\left(\frac{p+1}{4},\frac{q+1}{4}\right)$. 六角形 $OHH'CG'G$ 是关于点 $A$ 的对称图形,由于 $p,q$ 是奇素数,故点 $A$ 的坐标是整数或是以 2 为分母的分数. 可以证明(见注(1)),关于点 $A$ 对称的两点中,如有一点是整点,则另一点也是整点. 因此六角形 $OHH'CG'G$ 内部整点的个数 $\lambda+\mu$ 是偶数还是奇数完全决定于 $A$ 本身是否是整点.

如果 $A$ 是整点,$\lambda+\mu$ 是奇数.

如果 $A$ 不是整点,$\lambda+\mu$ 是偶数.

由于点 $A$ 的坐标是$\left(\frac{p+1}{4},\frac{q+1}{4}\right)$,因此,当且仅当 $p\equiv 3(\bmod 4)$,$q\equiv 3(\bmod 4)$ 时,$A$ 是整点,$\lambda+\mu$ 是奇数,从而

$$\left(\frac{p}{q}\right)\left(\frac{q}{p}\right)=(-1)^{\lambda+\mu}=-1$$

心得 体会 拓广 疑问

即

$$\left(\frac{p}{q}\right)=-\left(\frac{q}{p}\right)$$

在其他情况下,$A$ 不是整点,$\lambda+\mu$ 是偶数,从而

$$\left(\frac{p}{q}\right)\left(\frac{q}{p}\right)=(-1)^{\lambda+\mu}=1$$

即

$$\left(\frac{p}{q}\right)=\left(\frac{q}{p}\right)$$

**注** (1) 设点 $P,Q$ 的坐标分别是 $(x_1,y_1),(x_2,y_2)$,点 $A$ 是线段 $PQ$ 的中点,$A$ 的坐标是 $\left(\frac{x_1+x_2}{2},\frac{y_1+y_2}{2}\right)$. 如果 $P$ 是整点,那么 $x_1,y_1$ 均为整数,由假设 $\frac{x_1+x_2}{2},\frac{y_1+y_2}{2}$ 是整数或是以2为分母的分数,从而 $x_1+x_2,y_1+y_2$ 都是整数,因此 $x_2,y_2$ 也是整数,这表示 $Q$ 也是整点.

(2) 互反律是非常重要的定律. 欧拉早在1783年已经发现,但当时未得严密的证明. 后来,1785年勒让得重新独自发现,并证明其一部分. 1796年高斯第一次给出了严格证明,后来高斯又给出了六个不同的证明. 高斯认为,这定律价值很大,是平方剩余的基本定理. 到目前为止,该定律已有五十多种证明,上面的证明是日本高木博士给出的.

5.1.41 设正整数 $m$ 的素因数分解式为

$$m=2^l p_1^{l_1}p_2^{l_2}\cdots p_r^{l_r}$$

试证明 $m$ 可表作两个互素的平方数之和的必要充分条件是

$$l=0\text{ 或 }l=1;p_i\equiv 1\pmod 4\ (i=1,2,\cdots,r)$$

并且这样的表示法共有 $2^{r-1}$ 个.

**证明** 先证必要性. 如果

$$m=a^2+b^2,(a,b)=1,a>0,b>0$$

这时必有 $(a,m)=1$,否则,如果 $(a,m)=k>1$,则取 $k$ 的任一素因数 $k_1$,则将有 $b^2\equiv 0\pmod{k_1}$,从而 $b\equiv 0\pmod{k_1}$,这与 $(a,b)=1$ 矛盾. 因此,存在整数 $s$,使

$$sa\equiv b\pmod m$$

从而有

$$0\equiv a^2+b^2\equiv a^2(1+s^2)\pmod m$$

所以

$$s^2\equiv -1\pmod m$$

这表示 $-1$ 是模 $m$ 的平方剩余,当然也是 $m$ 的任一奇素因数 $p_i$ 的平方剩余(因为这时也有 $s^2\equiv -1(\bmod p_i)(i=1,2,\cdots,r)$),故有 $p_i\equiv 1(\bmod 4)(i=1,2,\cdots,r)$.

此外,由于 $-1$ 也是模 $2^l$ 的平方剩余($s^2\equiv -1(\bmod 2^l)$),但因为 $-1\not\equiv 1(\bmod 4)$,又因 $l$ 不能大于1,故 $0\leqslant l\leqslant 1$. 即 $l=0,1$,因此条件是必要的.

再证明充分性. 当条件满足时,2 和 $p_i(i=1,2,$和$\cdots,r)$ 均可表作两个平方数之和,而两个平方数之和的积 $(a_1^2+b_1^2)(a_2^2+b_2^2)=(a_1b_2-a_2b_1)^2+(a_1a_2+b_1b_2)^2$ 仍是两个平方数之和,因此,$m$ 可表作两个平方数之和 $m=a^2+b^2$.

下面再证明,可取到 $a,b$,使得 $(a,b)=1$.

当条件成立时,知存在整数 $s$ 使 $s^2\equiv -1(\bmod m)$.

当 $m=2$ 时,$2=1^2+1^2$.

当 $m$ 是素数且 $m\equiv 1(\bmod 4)$ 时,$m$ 可表作两平方数之和,$m=a^2+b^2$,由于 $m$ 是素数,显然有 $(a,b)=1$. 这时,还可进而证法 $2m,pm$(这里假设 $p$ 是形如 $p\equiv 1(\bmod 4)$ 的素数)均可表作两个互素的平方数之和. 事实上,存在整数 $t$,使 $t^2\equiv -1(\bmod 2m)$,这时,如 $m=a^2+b^2,(a,b)=1,at\equiv b(\bmod m)$,就有

$$2m=2a^2+2b^2=(a-b)^2+(a+b)^2$$

$$(a-b)t\equiv a+b(\bmod 2m)$$

由于 $(a,b)=1$,故

$$(a-b,a+b)=(a-b,2b)=(a-b,2)=1\text{ 或 }2$$

又由于 $m$ 是奇数,故 $a-b,a+b$ 均为奇数,从而 $(a-b,a+b)=1$. 这样便证明了,当 $m$ 是形如 $m\equiv 1(\bmod 4)$ 的素数时,$2m$ 可表作两个互素的平方数之和.

再设 $p$ 是形如 $p\equiv 1(\bmod 4)$ 的素数,这时有 $\left(\frac{-1}{p}\right)=1$,故存在整数 $r$,使 $r^2\equiv -1(\bmod p)$. 对于这个 $r$,有

$$m=a^2+b^2,(a,b)=1,ar\equiv b(\bmod m)$$

由于 $p\equiv 1(\bmod 4)$,故有 $p\equiv u^2+v^2$,这时如设 $ur\equiv v(\bmod p)$ 或 $vr\equiv u(\bmod p)$(因为 $r^2\equiv -1(\bmod p)$),那么就有

$$pm=(u^2+v^2)(a^2+b^2)=(ua-vb)^2+(ub+va)^2=(ub-va)^2+(ua+vb)^2$$

$$(ua-vb)r\equiv ub+va(\bmod pm)$$

$$(ua+vb)r\equiv ub-va(\bmod pm)$$

如果 $(ua-vb,ub+va)$ 和 $(ub-va,ua+vb)$ 均不为1,那么,对于 $(ua-vb,ub+va)$ 的素因数 $q$,就有

$$ua\equiv vb(\bmod q),ub\equiv -va(\bmod q)$$

这样就有

$$a(u^2+v^2)=au\cdot u+av\cdot v\equiv buv-buv\equiv 0(\bmod q)$$
$$b(u^2+v^2)=bu\cdot u+bv\cdot v\equiv -auv+auv\equiv 0(\bmod q)$$

即

$$a(u^2+v^2)\equiv 0(\bmod q),b(u^2+v^2)\equiv 0(\bmod q)$$

由于$(a,b)=1$,故$u^2+v^2\equiv 0(\bmod q)$,即

$$u^2+v^2=kq(k\text{ 为不小于 1 的整数},k\geqslant 1)$$

由于$u^2+v^2=p,q$是素数,故$k=1$,从而有$q=p$.

这表示$p$是$ua-vb$和$ub+va$的公因数. 同样证明$p$是$ub-va$和$ua+vb$的公因数. 因此$p$是$ua-vb,ub+va,ub-va,ua+vb$的公因数,从而$p$就是

$$(ua-vb,ub+va,ub-va,ua+vb)$$

的因数. 因此,$p$就是

$$(2ua,2ub,2va,2vb)=2(u,v)(a,b)=2$$

的因数. 但这与$p$是形如$p\equiv 1(\bmod 4)$的素数矛盾. 因此,$(ua-vb,ub+va)$和$(ub-va,ua+vb)$至少有一个为1. 这样便证明了$pm$也可表作两个互素的平方数之和.

同上一样证明,如果$m$是符合条件的奇数,且可以表作两个互素的平方数之和,那么$2m$和$pm$(其$p$是形如$p\equiv 1(\bmod 4)$的素数)也可表作两个互素的平方数之和.

因此,由数学归纳法便证明了条件的充分性.

下面再来证明,表示法共有$2^{r-1}$个.

设$m=a^2+b^2,(a,b)=1,a>0,b>0$是$m$的一个表示法. 这时,对于模$m$可确定整数$s$使

$$s^2\equiv -1(\bmod m)\text{ 且 }as\equiv b(\bmod m)$$

这时,如果把$m=a^2+b^2=b^2+a^2$看作一种表示法(即不计平方和的次序),那么,对于使$s^2\equiv -1(\bmod m)$且$as\equiv b(\bmod m)$的$s$,以及使$s_1^2\equiv -1(\bmod m)$,且$bs_1\equiv a(\bmod m)$的$s_1$,就有

$$bs\equiv as^2\equiv -a\equiv -bs_1(\bmod m)$$

由于$(m,b)=1$,故

$$s\equiv -s_1(\bmod m)$$

这就表示,对应于将$m$表作两个互素的平方数之和的一种表示法,同余式

$$x^2\equiv -1(\bmod m)$$

有两个解.

反之,可以证明,对于同余式

$$x^2\equiv -1(\bmod m)$$

的两个解$x=\pm s$,对应于将$m$表作两个互素的平方和的一个表示法.

心得 体会 拓广 疑问

事实上,设$m=a^2+b^2$,$(a,b)=1$,$a>0$,$b>0$,$as\equiv b(\bmod m)$,$s^2\equiv-1(\bmod m)$以及$m=c^2+d^2$,$(c,d)=1$,$c>0$,$d>0$,$cs\equiv d(\bmod m)$或$c(-s)\equiv d(\bmod m)$,就有$ad-bc\equiv 0(\bmod m)$或者$ad+bc\equiv 0(\bmod m)$,这是因为$(s,m)=1$.

另外又有

$$m^2=(a^2+b^2)(c^2+d^2)=(ad-bc)^2+(ac+bd)^2=(ad+bc)^2+(ac-bd)^2$$

由于$ac+bd>0$,$ad+bc>0$,故必有

$$ad-bc=0\quad 或者\quad ac-bd=0$$

从而有$a=c$,$b=d$或者$a=d$,$b=c$.这样便证明了,对应于$x^2\equiv-1(\bmod m)$的两个解$x=\pm s$,有且只有一种将$m$表作两个互素的平方数之和的方法.

因此,将$m$表作两个互素的平方数之和的方法数等于同余式

$$x^2\equiv-1(\bmod m)$$

解数的一半.当

$$m=2^l p_1^{l_1}p_2^{l_2}\cdots p_r^{l_r}$$

时,同余式

$$x^2\equiv-1(\bmod m)$$

的解数为$2^r$.所以将$m$表作两个互素的平方数之和的方法共$2^{r-1}$个.

5.1.42　正整数$m,n$使得$A=\dfrac{(m+3)^n+1}{3m}$是整数,证明:$A$是一个奇数.

**证明**　在证明此题前先看两个引理及一个推论.

**引理1**　$a$是一个整数,$p$是一个奇素数,$n$是一个奇数,且$a^n\equiv-1(\bmod p)$,则$-a$是$p$的二次剩余.

**引理1的证明**　设$g$是$p$的原根,且$g^k\equiv-a(\bmod p)$,由已知$g^{kn}=(g^k)^n\equiv(-a)^n\equiv 1(\bmod p)$,因此$(p-1)\mid kn$,这样$k$肯定是偶数,所以$-a$是$p$的二次剩余.

**引理2**　$p$是一个奇素数,则$-3$是$p$的二次剩余当且仅当$p\equiv 1(\bmod 3)$.

**引理2的证明**

$$\left(\frac{-3}{p}\right)=1\Leftrightarrow\left(\frac{-1}{p}\right)=1\text{ 且}\left(\frac{3}{p}\right)=1$$

或者

$$\left(\frac{-1}{p}\right)=-1\text{ 且}\left(\frac{3}{p}\right)=-1$$

而

心得 体会 拓广 疑问

$$\left(\frac{-1}{p}\right)=1 且\left(\frac{3}{p}\right)=1 \Leftrightarrow p\equiv 1(\bmod 4) 且 p\equiv \pm 1(\bmod 12)\Leftrightarrow$$

$$p\equiv 1(\bmod 12)\Rightarrow p\equiv 1(\bmod 3)$$

且

$$\left(\frac{-1}{p}\right)=-1 且\left(\frac{3}{p}\right)=-1 \Leftrightarrow p\equiv -1(\bmod 4) 且 p\equiv \pm 5(\bmod 12)\Leftrightarrow$$

$$p\equiv -5(\bmod 12)\Rightarrow p\equiv 1(\bmod 3)$$

反之,奇素数 $p\equiv 1(\bmod 3)\Rightarrow p\equiv 1,7(\bmod 12)$,因此结论成立.

**推论1** $p$ 是一个奇素数,$n$ 是一个奇数,且 $3^n\equiv -1(\bmod p)$,则 $p\equiv 1(\bmod 3)$.

下面来看原问题的证明.

若 $A=\dfrac{(m+3)^n+1}{3m}$ 是整数,所以

$$m^n+1\equiv 0(\bmod 3)$$

因此 $(m,3)=1$ 且 $n$ 为奇数;又因为 $3^n+1\equiv 0(\bmod m)$,根据引理 2,$m$ 的所有奇素因子都满足 $\equiv 1(\bmod 3)$,因而 $m$ 的所有奇素因子都满足 $\equiv 1(\bmod 6)$,因此 $m=2^a(6t+1)$.

设 $n=2b+1$,则

$$3^n+1\equiv 3\cdot 9^b+1\equiv 4(\bmod 8)$$

因此 $m$ 也不可能是 8 的倍数,所以 $a\leqslant 2$. 若 $a=0,2$,则

$$m\equiv 1(\bmod 3)$$

因此 $(m+3)^n+1\equiv 2(\bmod 3)$ 矛盾,所以只能有 $a=1$. 因而 $m=12t+2$,带入得分子 $(m+3)^n+1=2(\bmod 4)$,且分母 $3m\equiv 2(\bmod 4)$,因此 $A$ 肯定是奇数.

5.1.43 求整数

$(1)t^2-7u^2$;$(2)t^2-14u^2$

的所有素因数,其中 $t,u$ 是整数,且 $(t,u)=1$.

**解** (1) 为求 $t^2-7u^2$ 的一切素因数,先求使

$$\left(\frac{7}{p}\right)=1$$

的一切奇素数 $p$. 由于 $7\equiv 3(\bmod 4)$,故由互反律有

$$\left(\frac{7}{p}\right)=(-1)^{\frac{p-1}{2}}\cdot\left(\frac{p}{7}\right)$$

因此,为使 $\left(\frac{7}{p}\right)=1$,必需

心得 体会 拓广 疑问

$$\begin{cases}p\equiv 1 \pmod 4\\ \left(\frac{p}{7}\right)=1\end{cases} \text{或} \begin{cases}p\equiv 3 \pmod 4\\ \left(\frac{p}{7}\right)=-1\end{cases}$$

而当 $p\equiv 1,2,4 \pmod 7$ 时,$\left(\frac{p}{7}\right)=1$;当 $p\equiv 3,5,6 \pmod 7$ 时,$\left(\frac{p}{7}\right)=-1$,因此只需解

$$\begin{cases}p\equiv 1 \pmod 4\\ p\equiv 1,2,4 \pmod 7\end{cases} \text{及} \begin{cases}p\equiv 3 \pmod 4\\ p=3,5,6 \pmod 7\end{cases}$$

解上面六个联立同余式,得

$$p\equiv \pm 1,\ \pm 3,\ \pm 9 \pmod{28}$$

此外,当 $u=0,t=2$ 时,$t^2-7u^2$ 可被2整除;$t=0,u=1$ 时,$t^2-7u^2$ 可被7整除. 因此,一切形如 $t^2-7u^2$ 的整数的所有素因数是

$$2,7,28k\pm 1,28k\pm 3,28k\pm 9 (\text{其中 } k \text{ 为整数})$$

(2) 先求使

$$\left(\frac{14}{p}\right)=1$$

的一切奇素数 $p$. 由于

$$\left(\frac{14}{p}\right)=\left(\frac{2}{p}\right)\left(\frac{7}{p}\right)$$

因此 $p$ 必需满足

$$\begin{cases}\left(\frac{2}{p}\right)=1\\ \left(\frac{7}{p}\right)=1\end{cases} \text{或} \begin{cases}\left(\frac{2}{p}\right)=-1\\ \left(\frac{7}{p}\right)=-1\end{cases}$$

因此只需如下联立同余式

$$\begin{cases}p\equiv \pm 1 \pmod 8\\ p\equiv 1,2,4 \pmod 7\end{cases} \text{或} \begin{cases}p\equiv \pm 3 \pmod 8\\ p\equiv 3,5,6 \pmod 7\end{cases}$$

解得有

$$p\equiv \pm 1,\ \pm 5,\ \pm 9,\ \pm 11,\ \pm 13,\ \pm 15 \pmod{56}$$

又因为 $t=2,u=0$ 时,2 可整除 $t^2-14u^2$;$t=0,u=1$ 时,7 可整除 $t^2-14u^2$,故形如 $t^2-14u^2$ 的整数的所有素因数为

$$2,7,56k\pm 1,56k\pm 5,56k\pm 9,56k\pm 11,56k\pm 13,56k\pm 15$$

其中 $k$ 为整数.

5.1.44 设 $t,u$ 是整数,且 $(t,u)=1$. 试求整数 $t^2-au^2$ 的一切素因数($a$ 是整数).

**解** 首先证明形如 $x^2-a$ 和形如 $t^2-au^2$ 的两整数具有相同的素因数,其中 $x$ 是整数. 事实上,设 $p$ 为 $t^2-au^2$ 的素因数,则有

心得 体会 拓广 疑问

$$t^2 - au^2 \equiv 0 \pmod p$$

由于$(t,u)=1$,故$p$不能整除$t$,同样也不能整除$u$,否则如果$p \mid t$,就必$p \mid u$,这与$(t,u)=1$矛盾.因此

$$(t,p)=1,(u,p)=1$$

所以存在整数$v$,使

$$uv \equiv 1 \pmod p$$

于是就有

$$v^2(t^2 - au^2) \equiv 0 \pmod p$$

即

$$(vt)^2 - a(uv)^2 \equiv 0 \pmod p$$

从而

$$(vt)^2 - a \equiv 0 \pmod p$$

因此当$x = vt$时,就有

$$x^2 - a \equiv 0 \pmod p$$

这表示$t^2 - au^2$的素因数是$x^2 - a$的素因数.又当$t = x, u = 1$时,$t^2 - au^2$就为$x^2 - a$,故$x^2 - a$的素因数也是$t^2 - au^2$的素因数.

因此,由上所证,要求$t^2 - au^2$的所有素因数,只要求$x^2 - a$的素因数.为此,先求与$a$互素的奇素数$p$,使$x^2 \equiv a \pmod p$,也就是,求使

$$\left(\frac{a}{p}\right) = 1$$

的一切奇素数$p$,这个$p$必为$t^2 - au^2$的奇素因数.此外,由于$p$是奇素数,且与$a$互素,所以还需考虑2及$a$的素因数$q$是否是$t^2 - au^2$的因数.

所以,$t^2 - au^2$的一切素因数是使$\left(\frac{a}{p}\right) = 1$的奇素数,可能还有2及$a$的素因数.

> 5.1.45　设$x$是整数,证明:一切形如$x^2 - 2$的整数的奇因数都具有$q = 8h \pm 1$的形式($h$是整数).

**证明**　设$2n+1$是$x^2 - 2$的任一奇素因数,于是

$$x^2 - 2 \equiv 0 \pmod{2n+1}$$

即

$$x^2 \equiv 2 \pmod{2n+1}$$

故知2是模$2n+1$的平方剩余,即

$$\left(\frac{2}{2n+1}\right) = 1$$

因此,就有$2n+1 \equiv \pm 1 \pmod 8$,即

$$2n \equiv 0 \pmod 8 \quad 或 \quad 2n \equiv -2 \pmod 8$$

于是有

$$n \equiv 0 \pmod 4 \quad 或 \quad n \equiv -1 \pmod 4$$

这样就有 $n=4h$ 或 $n=4h-1$. 所以整数 $x^2-2$ 的任一奇素因数必有 $2n+1=8h+1$ 或 $2n+1=8h-1$ 的形式,其中 $h$ 是整数. 另外,两个形如 $8h\pm1$ 的素数的乘积仍为形如 $8h\pm1$ 的奇数,故 $x^2-2$ 的奇因数必有 $8h\pm1$ 的形式.

**注** 读者不难证明,当 $x,y$ 是互素的整数,那么形如 $x^2-2y^2$ 的整数的奇因数都具有 $8h\pm1$ 的形式,其中 $h$ 是整数.

5.1.46 求证:每一个质数都能表示成四个整数的平方和.

**证明** 先证明一个引理.

**引理** 如果 $n_1,n_2$ 是正整数,并且 $n_1,n_2$ 都能表示成四个整数的平方和,则 $n_1n_2$ 也能表示成四个整数的平方和.

**引理的证明** 设

$$n_1=x_1^2+x_2^2+x_3^2+x_4^2$$
$$n_2=y_1^2+y_2^2+y_3^2+y_4^2 \quad ①$$

这里 $x_i,y_i(1\leqslant i\leqslant 4)$ 全是整数,则

$$n_1n_2=(x_1^2+x_2^2+x_3^2+x_4^2)(y_1^2+y_2^2+y_3^2+y_4^2)=(x_1y_1+x_2y_2+x_3y_3+x_4y_4)^2+(x_1y_2-x_2y_1+x_3y_4-x_4y_3)^2+(x_1y_3-x_3y_1+x_4y_2-x_2y_4)^2+(x_1y_4-x_4y_1+x_2y_3-x_3y_2)^2 \quad ②$$

这就是引理的结论. 因为

$$2=1^2+1^2+0^2+0^2 \quad ③$$

对于质数2,题目结论成立,下面考虑奇质数 $p$.

考虑下列 $p+1$ 个整数

$$0,1^2,2^2,\cdots,\left(\frac{p-1}{2}\right)^2,-1,-1-1^2,-1-2^2,\cdots,-1-\left(\frac{p-1}{2}\right)^2 \quad ④$$

注意,对 mod $p$ 来讲,只有 $p$ 个不同的剩余类,那么,④中必有两个不同整数,在同一个剩余类内. 当 $0\leqslant k<t\leqslant\frac{p-1}{2}$ 时,利用

$$t^2-k^2=(t+k)(t-k) \quad ⑤$$

以及 $0<t,k\leqslant\frac{p-1}{2}$,$0<t+k<p+1$,可以知道 $t^2-k^2$ 不是奇质数 $p$ 的倍数. 类似地,当 $0\leqslant k<t\leqslant\frac{p-1}{2}$ 时,利用

心得 体会 拓广 疑问

$$(-1-k^2)-(-1-t^2)=t^2-k^2=(t+k)(t-k) \quad ⑥$$

可以知道$(-1-k^2)-(-1-t^2)$也不是$p$的倍数. 因此,④ 中属于同一剩余类的两个整数必为$x^2$和$-1-y^2$形状,这里$0 \leqslant x, y \leqslant \frac{1}{2}(p-1)$. 从而$x^2-(-1-y^2)$必是$p$的倍数. 于是,存在正整数$m$,使得

$$1+x^2+y^2=mp \quad ⑦$$

而

$$1 \leqslant 1+x^2+y^2 \leqslant 1+2\left(\frac{p-1}{2}\right)^2=1+\frac{1}{2}(p-1)^2<p^2 \quad ⑧$$

因此,从 ⑦ 和 ⑧,有

$$0<m<p \quad ⑨$$

从 ⑦ 可知,$p$有一个正的倍数,它能表示成 4 个整数 $0,1,x,y$ 的平方和. 在所有能表示成 4 个整数平方和的$p$的非零倍数中,一定有$p$的一个最小的正倍数$m_0p$

$$m_0p=x_1^2+x_2^2+x_3^2+x_4^2, \text{这时 } 0<m_0<p \quad ⑩$$

下面证明$m_0=1$.

首先证明:$m_0$是奇数. 用反证法. 如果$m_0$是偶数,则$x_1^2+x_2^2+x_3^2+x_4^2$是偶数. 有以下三种情况:

①$x_1,x_2,x_3,x_4$都是偶数;

②$x_1,x_2,x_3,x_4$都是奇数;

③$x_1,x_2,x_3,x_4$中两个奇数,两个偶数.

不妨假定$x_1,x_2$是偶数,$x_3,x_4$是奇数. 不论 ①,② 还是 ③,$x_1+x_2,x_1-x_2,x_3+x_4,x_3-x_4$全是偶数. 利用 ⑩,有

$$\left(\frac{x_1+x_2}{2}\right)^2+\left(\frac{x_1-x_2}{2}\right)^2+\left(\frac{x_3+x_4}{2}\right)^2+\left(\frac{x_3-x_4}{2}\right)^2=\frac{1}{2}m_0p \quad ⑪$$

于是,当$m_0$是偶数时,$\frac{1}{2}m_0p$能表示成为四个整数的平方和. 这与$m_0$的最小性假定矛盾,所以当$m_0$最小时,$m_0$必为奇数.

现在可以证明$m_0=1$了,用反证法. 假设奇数$m_0>1$,则$m_0 \geqslant 3$. 且$m_0$不是$x_1,x_2,x_3,x_4$四整数(可以认为全是非负整数)最大公约数的因数,如果$m_0$是$x_1,x_2,x_3,x_4$四整数的最大公约数的因数,则$m_0^2$是$x_1^2,x_2^2,x_3^2,x_4^2$的因数,那么$m_0^2$也是$x_1^2+x_2^2+x_3^2+x_4^2=m_0p$的因数,而$p$是质数,$m_0>1$,这种情况不会发生.

由于闭区间$\left[-\frac{1}{2}m_0,\frac{1}{2}m_0\right]$长为$m_0$,对于$x_1,x_2,x_3,x_4$必存在$\left[-\frac{1}{2}m_0,\frac{1}{2}m_0\right]$内四个整数$y_1,y_2,y_3,y_4$,使得

心得 体会 拓广 疑问

$$y_i \equiv x_i \pmod{m_0} \quad ⑫$$

由于 $m_0$ 是奇数,$\frac{1}{2}m_0$, $-\frac{1}{2}m_0$ 都不是整数,则 $|y_i| < \frac{1}{2}m_0$,$1 \leqslant i \leqslant 4$. 由于 $m_0$ 不是 $x_1,x_2,x_3,x_4$ 四整数最大公约数的因数,则 $y_1$,$y_2$,$y_3$,$y_4$ 不全为零. 因此,有

$$0 < y_1^2 + y_2^2 + y_3^2 + y_4^2 < 4\left(\frac{1}{2}m_0\right)^2 = m_0^2 \quad ⑬$$

利用 ⑩,⑫,可以看到

$$y_1^2 + y_2^2 + y_3^2 + y_4^2 \equiv x_1^2 + x_2^2 + x_3^2 + x_4^2 \pmod{m_0} \equiv 0 \quad ⑭$$

因此,存在正整数 $m_1$,$m_1 < m_0$ 使得

$$y_1^2 + y_2^2 + y_3^2 + y_4^2 = m_1 m_0 \quad ⑮$$

由引理、公式 ⑩ 和 ⑮,可以知道,有四个整数 $z_1,z_2,z_3,z_4$,使得

$$z_1^2 + z_2^2 + z_3^2 + z_4^2 = m_0^2 m_1 p \quad ⑯$$

由公式 ②,可以写

$$z_1 = x_1y_1 + x_2y_2 + x_3y_3 + x_4y_4 =$$
$$x_1^2 + x_2^2 + x_3^2 + x_4^2 \pmod{m_0} \equiv 0 \pmod{m_0}$$
$$z_2 = x_1y_2 - x_2y_1 + x_3y_4 - x_4y_3 \equiv 0 \pmod{m_0}$$
$$z_3 = x_1y_3 - x_3y_1 + x_4y_2 - x_2y_4 \equiv 0 \pmod{m_0}$$
$$z_4 = x_1y_4 - x_4y_1 + x_2y_3 - x_3y_2 \equiv 0 \pmod{m_0} \quad ⑰$$

那么,存在整数 $t_i(i = 1,2,3,4)$,使得

$$z_i = m_0 t_i \quad ⑱$$

将 ⑱ 代入 ⑯,由于 $m_0$ 是正整数,有

$$t_1^2 + t_2^2 + t_3^2 + t_4^2 = m_1 p \quad ⑲$$

而正整数 $m_1 < m_0$,这与 $m_0$ 的最小性假定矛盾. 所以,$m_0 = 1$.

**注** 由于每一个正整数 $n$ 可表示为若干个质因数的乘积,而每个质因数都能表示成四个整数的平方和,可以知道下述著名的定理:

**Lagrange 定理** 每个正整数都能表示成四个整数的平方和.

> 5.1.47 设 $a,b,c$ 是整数,$p$ 是奇质数. 如果 $x$ 对 $2p-1$ 个连续整数都有 $f(x) = ax^2 + bx + c$ 是完全平方数,证明:$p$ 整除 $b^2 - 4ac$.

**证明** 设连续 $2p-1$ 个整数为 $x+1,x+2,\cdots,x+2p-1$. 下面分情况讨论,在解题过程中将用如下两个恒等式

$$f(x) - f(y) = (x-y)(ax+ay+b) \quad ①$$

$$b^2 - 4ac = (2ax+b)^2 - 4af(x) \quad ②$$

当 $p \nmid a$ 时,首先证明存在整数 $i$,$1 \leqslant i \leqslant p$,使得 $p \mid f(x+i)$.

心得 体会 拓广 疑问

（反证法）假设上述断言不成立，则对任意整数 $i,1\leqslant i\leqslant p$，存在整数 $a_i\in\left\{1,2,\cdots,\frac{p-1}{2}\right\}$，使得

$$p\mid f(x+i)-a_i^2$$

由于 $a_1,a_2,\cdots,a_p$ 至多取 $\frac{p-1}{2}$ 个不同的值，故由抽屉原理知存在 $1\leqslant t<k<m\leqslant p$，使得 $a_t=a_k=a_m$. 于是

$$f(x+k)-f(x+t)=(k-t)(2ax+ak+at+b)$$
$$f(x+m)-f(x+k)=(m-k)(2ax+am+ak+b)$$

均能被 $p$ 整除. 注意到 $0<k-t,m-k<p$，从而

$$(2ax+ak+at+b)-(2ax+am+ak+b)=a(m-t)$$

能被 $p$ 整除，但 $p\nmid a,0<m-t<p$，矛盾！

因此存在整数 $i,1\leqslant i\leqslant p$，使得 $p\mid f(x+i)$.

由于 $p\nmid a$，所以 $\{1\cdot a,2\cdot a,\cdots,p\cdot a\}$ 是模 $p$ 的完系，故存在整数 $j,1\leqslant j\leqslant p$，使得

$$p\mid a(x+j)+a(x+i)+b$$

若 $j=i$，则 $p\mid 2a(x+i)+b$，由 ② 及 $p\mid f(x+i)$ 可知 $p\mid b^2-4ac$.

若 $j\neq i$，则由 ① 可知 $p\mid f(x+i)-f(x+j)$，所以 $p\mid f(x+j)$. 由对称性不妨设 $i<j$，即 $1\leqslant i\leqslant p-1$.

由 $p\mid f(x+i)$ 知 $p\mid f(x+p+i)$，又依题意 $f(x+i)$ 与 $f(x+p+i)$ 都是完全平方数，因此

$$f(x+p+i)-f(x+i)=p[2a(x+i)+b]+ap^2$$

能被 $p^2$ 整除，从而 $p\mid 2a(x+i)+b$，利用 ② 及 $p\mid f(x+i)$ 便知 $p\mid b^2-4ac$.

当 $p\mid a$ 时，若 $p\nmid b$，由于 $p$ 是奇质数，从而存在整数 $k$，使得 $k$ 为模 $p$ 的二次非剩余. 因为 $p\nmid b$，所以 $\{1\cdot b,2\cdot b,\cdots,p\cdot b\}$ 是模 $p$ 的完系，故存在整数 $i,1\leqslant i\leqslant p$，使得

$$p\mid b(x+i)+c-k$$

再由 $p\mid a$ 即知 $p\mid f(x+i)-k$. 但 $f(x+i)$ 为完全平方数，从而与 $k$ 的选取矛盾！这一矛盾说明 $p\mid b$，故 $p\mid b^2-4ac$.

5.1.48　设 $m,n$ 都是大于 2 的奇数，$(m,n)=1$，又 $A(n)=\frac{x^n-y^n}{x-y}$，$x\neq y,(x,y)=1,x>0,y>0$，则

（1）如果 $x+y\equiv 0(\bmod 4)$，则 $\left(\frac{A(m)}{A(n)}\right)=1$；

（2）如果 $xy\equiv 0(\bmod 4)$，则 $\left(\frac{A(m)}{A(n)}\right)=1$.

心得 体会 拓广 疑问

**证明** 不妨设 $m>n>3$. 由于 $x+y\equiv 0 \pmod 4$ 或 $xy\equiv 0 \pmod 4$,故当 $2\nmid t$ 时有(注意 $(x,y)=1$)

$$A(t)=x^{t-1}+x^{t-2}y+\cdots+xy^{t-2}+y^{t-1}\equiv 1 \pmod 4$$

对于 $m>n$,由带余除法不难推出,必有正奇数 $r<n$ 使得

$$m=2kn+r \quad 或 \quad m=2kn-r$$

如果 $m=2kn+r$,由于 $x^n-y^n=(x-y)A(n)$,有

$$A(m)=\frac{x^{2kn+r}-y^{2kn+r}}{x-y}=$$

$$\frac{((x-y)A(n)+y^n)^{2k}\cdot x^r-y^{2kn+r}}{x-y}\equiv$$

$$y^{2kn}A(r)(A(n))$$

因为 $(A(m),A(n))=A((m,n))=A(1)=1$,故由上式得

$$\left(\frac{A(m)}{A(n)}\right)=\left(\frac{A(r)}{A(n)}\right)$$

如果 $m=2kr-r$,由于

$$A(m)=x^{n-r}A(n(2k-1))+y^{m-n}A(n)-y^{m-n}x^{n-r}A(r)$$

并注意到 $A(n)\mid A(n(2k-1))$,$A(n)\equiv 1 \pmod 4$ 及 $m-n$ 和 $n-r$ 都是偶数,上式给出

$$\left(\frac{A(m)}{A(n)}\right)=\left(\frac{-y^{m-n}x^{n-r}A(r)}{A(n)}\right)=\left(\frac{A(r)}{A(n)}\right)$$

这就证明了 $m=2kn+\varepsilon r(\varepsilon=\pm 1)$ 时

$$\left(\frac{A(m)}{A(n)}\right)=\left(\frac{A(r)}{A(n)}\right)$$

对 $n,r$ 由辗转相除法有

$$n=2k_1r+\varepsilon_1r_1,0<r_1<r$$

$$r=2k_2r_1+\varepsilon_2r_2,0<r_2<r_1$$

$$\cdots$$

$$r_{s-1}=2k_{s+1}r_s+\varepsilon_{s+1}r_{s+1},0<r_{s+1}<r_s$$

$$r_s=k_{s+2}r_{s+1}$$

其中 $\varepsilon_i=\pm 1,i=1,2,\cdots,s+1,2\nmid r_j$. 由 $(m,n)=1$ 知 $r_{s+1}=1$,由此可得

$$\left(\frac{A(m)}{A(n)}\right)=\left(\frac{A(r)}{A(n)}\right)=\left(\frac{A(n)}{A(r)}\right)=\left(\frac{A(r_1)}{A(r)}\right)=$$

$$\left(\frac{A(r)}{A(r_1)}\right)=\left(\frac{A(r_2)}{A(r_1)}\right)=\cdots=$$

$$\left(\frac{A(r_{s-1})}{A(r_s)}\right)=\left(\frac{A(1)}{A(r_s)}\right)=\left(\frac{1}{A(r_s)}\right)=1$$

心得 体会 拓广 疑问

5.1.49 设 $p = 8p_1 + 1$，$p_1$ 为任意奇素数，$b$ 为模 $p$ 的任意一个二次非剩余，且适合

$$b^{p_1} \equiv a_1 \pmod{p}, 0 < a_1 < p$$

又设 $c$ 为适合 $c^{p_1} \not\equiv \pm 1 \pmod{p}$ 的模 $p$ 的二次剩余，并且

$$(cb)^{p_1} \equiv a_2 \pmod{p}, 0 < a_2 < p$$

则从模 $p$ 的全部二次非剩余中去掉 $a_1, a_2$ 与 $p - a_1, p - a_2$ 后，剩余的数就是模 $p$ 的全部原根.

**证明** 由 $c(b)$ 是模 $p$ 的二次(非)剩余知

$$\left(\frac{a_1}{p}\right) = \left(\frac{b^{p_1}}{p}\right) = \left(\frac{b}{p}\right) = -1$$

$$\left(\frac{a_2}{p}\right) = \left(\frac{c^{p_1}b^{p_1}}{p}\right) = \left(\frac{b}{p}\right) = -1$$

所以 $a_1, a_2$ 都是模 $p$ 的二次非剩余，由于 $p \equiv 1 \pmod{4}$ 仿上可证 $p - a_1, p - a_2$ 也是模 $p$ 的二次非剩余. 因为 $p - 1 = 8p_1$，故由费马－欧拉定理可得

$$a_1^{\frac{p-1}{p_1}} \equiv a_1^8 \equiv (b^{p_1})^8 \equiv b^{p-1} \equiv 1 \pmod{p}$$

$$a_2^{\frac{p-1}{p_1}} \equiv a_2^8 \equiv ((cb)^{p_1})^8 \equiv (cb)^{p-1} \equiv 1 \pmod{p}$$

于是 $a_1, a_2$ 都不是模 $p$ 的原根，因而 $p - a_1$ 与 $p - a_2$ 也都不是模 $p$ 的原根.

下面来证明 $a_1, a_2, p - a_1, p - a_2$ 对模 $p$ 互不同余.

首先，显然有

$$a_i \not\equiv p - a_i \pmod{p}, i = 1, 2$$

其次，由题设 $c^{p_1} \not\equiv \pm 1 \pmod{p}$ 知

$$a_1 \equiv b^{p_1} \not\equiv c^{p_1}b^{p_1} \equiv a_2 \pmod{p}$$

最后，假设 $a_1 \equiv p - a_2 \pmod{p}$，则 $a_1 + a_2 \equiv 0 \pmod{p}$，即

$$b^{p_1}(1 + c^{p_1}) \equiv 0 \pmod{p}$$

因为 $(b, p) = 1$，$c^{p_1} \not\equiv \pm 1 \pmod{p}$，故上式不成立，所以

$$a_1 \not\equiv p - a_2 \pmod{p}$$

同理有 $a_2 \not\equiv p - a_1 \pmod{p}$.

模 $p$ 的二次非剩余共有 $\frac{p-1}{2} = 4p_1$ 个. 模 $p$ 的原根共有

$$\varphi(\varphi(8p_1 + 1)) = \varphi(8p_1) = 4(p_1 - 1) = 4p_1 - 4$$

个. 所以，从模 $p$ 的所有二次非剩余中去掉 $a_1, a_2, p - a_1, p - a_2$ 后，其余的数就是模 $p$ 的全部原根.

心得 体会 拓广 疑问

5.1.50 (1)若 $p$ 和 $q=4p+1$ 均为素数,则 2 是模 $q$ 的一个原根.

(2)若 $p$ 和 $q=6p+1$ 均为奇素数,则 3 是模 $q$ 的一个原根.

**证明** (1)由于 $p$ 和 $q=4p+1$ 均为素数,故 $p\neq 2$,从而$(2,q)=1$.根据费马小定理,有

$$2^{q-1}=2^{4p}\equiv 1(\bmod q)$$

因此要证法 2 是模 $q$ 的一个原根,只需证明

$$2^{\frac{q-1}{2}}=2^{2p}\equiv -1(\bmod q)$$

即可.由于

$$2^{2p}=2^{\frac{q-1}{2}}\equiv\left(\frac{2}{q}\right)(\bmod q)$$

而 $p$ 是奇素数,必有 $p\equiv 1,3,5,7(\bmod 8)$ 之一,但不管哪一种,均有 $4p\equiv 4(\bmod 8)$,因此

$$q=4p+1\equiv 5(\bmod 8)$$

所以 2 是模 $q$ 的非平方剩余,即

$$\left(\frac{2}{q}\right)=-1$$

从而有

$$2^{2p}\equiv -1(\bmod q)$$

故 2 关于模 $q$ 的阶为 $4p=q-1$,所以 2 是模 $q$ 的一个原根.

(2)由于 $p$ 和 $q=6p+1$ 均为奇素数,故 $3\nmid q$,从而$(3,q)=1$,故由费马小定理,有

$$3^{q-1}=3^{6p}\equiv 1(\bmod q)$$

为了证明 3 是模 $q$ 的一个原根,只需证明

$$3^{3p}=3^{\frac{q-1}{2}}\equiv -1(\bmod q)$$

即可.故有

$$3^{3p}=3^{\frac{q-1}{2}}\equiv\left(\frac{3}{q}\right)(\bmod q)$$

由于 $p$ 是奇素数,故 $p\equiv 1,3,5,7,11(\bmod 12)$ 之一,不管哪一种情况,均有 $6p\equiv 6(\bmod 12)$,所以

$$q=6p+1\equiv 7(\bmod 12)$$

易知,3 是模 $q$ 的非平方剩余,即

$$\left(\frac{3}{q}\right)=-1$$

所以

$$3^{3p}\equiv -1(\bmod q)$$

故 3 关于模 $q$ 的阶为 $6p=q-1$,所以 3 是模 $q$ 的一个原根.

心得 体会 拓广 疑问

5.1.51　设素数 $p=2^n p_1+1, n\geqslant 4, p_1$ 为任意奇素数，$g$ 为模 $p$ 的一个原根，且

$$(g^{p_1})^{2k-1}\equiv a_k \pmod p, 0<a_k<p, 1\leqslant k\leqslant 2^{n-2}$$

则从 $p$ 的全部二次非剩余中，去掉 $a_k$ 与 $p-a_k(1\leqslant k\leqslant 2^{n-2})$ 之后，其余的数就是模 $p$ 的全部原根.

**证明**　模 $p$ 共有 $\frac{p-1}{2}=2^{n-1}p_1$ 个二次非剩余，而模 $p$ 共有

$$\varphi(p-1)=\varphi(2^n)\varphi(p_1)=2^{n-1}(p_1-1)=2^{n-1}p_1-2^{n-1}$$

个原根. 于是模 $p$ 的二次非剩余中恰有 $2^{n-1}$ 个不是模 $p$ 的原根. 因此，为证此题，只须证明此题中给出的 $2^{n-1}$ 个 $a_k, p-a_k$ 即为上述不是模 $p$ 原根的那 $2^{n-1}$ 个数，分三步来证明.

首先，来证明这 $2^{n-1}$ 个数都是模 $p$ 的二次非剩余.

因为 $g$ 是模 $p$ 的原根，故 $g$ 是模 $p$ 的二次剩余，由于 $p_1(2k-1)$ 是奇数，所以满足

$$(g^{p_1})^{2k-1}\equiv a_k \pmod p, 0<a_k<p, 1\leqslant k\leqslant 2^{n-2}$$

之 $a_k$ 都是模 $p$ 的二次非剩余，再由 $p\equiv 1 \pmod 4$ 知 $p-a_k$ 也都是模 $p$ 的二次非剩余.

其次，证明这些 $a_k, p-a_k$ 对模 $p$ 两两互不同余. 因为 $k\leqslant 2^{n-2}$ 故

$$2k-1\leqslant 2^{n-1}-1<2^{n-1}$$

于是

$$p_1(2k-1)<2^{n-1}p_1<2^n p_1=p-1$$

又由于 $g$ 是模 $p$ 的原根，所以知

$$g^{p_1}, g^{3p_1}, \cdots, g^{(2^{n-1}-1)p_1}$$

两两对模 $p$ 互不同余，从而 $a_1, a_2, \cdots, a_{2^{n-2}}$ 也两两对模 $p$ 互不同余，假如对于 $1\leqslant k<l\leqslant 2^{n-2}$ 有

$$a_l\equiv p-a_k \pmod p \quad 或 \quad a_k\equiv p-a_l \pmod p$$

即

$$a_k+a_l\equiv 0 \pmod p$$

亦即

$$g^{p_1(2k-1)}+g^{p_1(2l-1)}\equiv 0 \pmod p$$

则有

$$g^{p_1(2k-1)}(1+g^{p_1 2(l-k)})\equiv 0 \pmod p$$

于是

$$g^{2p_1(l-k)}\equiv -1 \pmod p$$

从而有

$$g^{4p_1(l-k)}\equiv 1 \pmod p$$

由于 $1 \leqslant k < l \leqslant 2^{n-2}$,所以 $l-k \leqslant 2^{n-2}-1 < 2^{n-2}$,于是

$$4p_1(l-k) < 4p_1 2^{n-2} = 2^n p_1 = p-1$$

因为 $g$ 是模 $p$ 的原根,即 $g$ 对模 $p$ 的指数为 $p-1$,所以上式不可能成立,故得

$$a_k \not\equiv p-a_l(\mathrm{mod}\ p), a_l \not\equiv p-a_k(\mathrm{mod}\ p), 1 \leqslant k < l \leqslant 2^{n-2}$$

这样就证明了这些 $a_k, p-a_k(1 \leqslant k \leqslant 2^{n-2})$ 两两对模 $p$ 互不同余.

最后来证明这些 $a_k, p-a_k(1 \leqslant k \leqslant 2^{n-2})$ 都不是模 $p$ 的原根.

已知 $p-1=2^n p_1(n \geqslant 4)$,由费马 - 欧拉定理

$$a_k^{\frac{p-1}{p_1}} = (g^{(2k-1)p_1})^{\frac{p-1}{p_1}} \equiv (g^{p-1})^{2k-1} \equiv 1(\mathrm{mod}\ p), 1 \leqslant k \leqslant 2^{n-2}$$

故 $a_k(k=1,2,\cdots,2^{n-2})$ 不是模 $p$ 的原根,再由 $p \equiv 1(\mathrm{mod}\ 4)$ 知 $p-a_k(k=1,2,\cdots,2^{n-2})$ 也不是模 $p$ 的原根.

## 5.2 同余方程

设整系数多项式

$$f(x)=a_n x^n + a_{n-1}x^{n-1} + \cdots + a_1 x + a_0 \qquad ①$$

含有变数 $x$ 的同余式

$$f(x) \equiv 0(\mathrm{mod}\ m) \qquad ②$$

称为同余方程.

由于如果整数 $c$ 是同余方程 ② 的解,那么与 $c$ 在模 $m$ 的同一个剩余类中的任意整数也是同余方程 ② 的解. 因此,把这些解都作为是相同的,并把所有对模 $m$ 两两不同余的 ② 的解的个数称为同余方程 ② 的解数. 显然模 $m$ 的同余方程的解数至多是 $m$.

**定理** $ax=b(\mathrm{mod}\ m)$ 有解的充分条件是 $(a,m)=1$,且恰有一个解.

中国剩余定理是一次同余方程组的基础,二次剩余乃至高次剩余的知识也是.

**拉格朗日定理** 设 $p$ 为素数,$f(x)=a_n x^n+\cdots+a_0$($a_i$ 为整数,$i=0,1,\cdots,n$,$a_n \neq 0$),则 $f(x) \equiv 0(\mathrm{mod}\ p)$ 的解数 $k \leqslant \min(n,p)$.

5.2.1 证明:联立同余式 $\begin{cases} x \equiv a(\mathrm{mod}\ m) \\ x \equiv b(\mathrm{mod}\ n) \end{cases}$ 有解的必要充分条件是:$a \equiv b(\mathrm{mod}\ (m,n))$. 这时,该联立同余式的解数关于模 $\{m,n\}$ 是一个.

**证明** 设所给联立同余式有解 $x=c$,则

$$\begin{cases} c \equiv a(\mathrm{mod}\ m) \\ c \equiv b(\mathrm{mod}\ n) \end{cases}$$

由于$(m,n)$是$m$和$n$的公因数,故有

$$c \equiv a(\bmod (m,n)), c \equiv b(\bmod (m,n))$$

从而有$a \equiv b(\bmod (m,n))$. 此即必要性.

反之,当$a \equiv b(\bmod (m,n))$时,也就是当$a-b \equiv 0(\bmod (m,n))$时,则知同余式

$$my \equiv b-a(\bmod n)$$

有解,设解为$y \equiv d(\bmod n)$. 如再设$x=a+md$,就有

$$x=a+md \equiv a(\bmod m)$$

$$x=a+md \equiv a+b-a \equiv b(\bmod n)$$

从而$x=a+md$为所给联立同余式的解. 此即充分性.

再设所给联立同余式有两个解$x=c, x=d$,即

$$\begin{cases} c \equiv a(\bmod m) \\ c \equiv b(\bmod n) \end{cases}, \quad \begin{cases} d \equiv a(\bmod m) \\ d \equiv b(\bmod n) \end{cases}$$

于是就有

$$\begin{cases} c \equiv d(\bmod m) \\ c \equiv d(\bmod n) \end{cases}$$

这样就知$d-c$可被$\{m,n\}$整除,从而有

$$c \equiv d(\bmod \{m,n\})$$

因此所给联立同余式有解时,其解数关于模$\{m,n\}$是一个.

**注** 本题的证明提供了当$(m,n)=d \neq 1$时,联立同余式$x \equiv a(\bmod m), x \equiv b(\bmod n)$的一个解法. 这时只需求$my \equiv b-a(\bmod n)$的一个解$y=d$,则所给联立同余式的一切解为

$$x \equiv a+md(\bmod \{m,n\})$$

5.2.2 设$p$是任意奇素数,证明:同余式

$$1+x^2+y^2 \equiv 0(\bmod p)$$

必有一组解$x=a, y=b$,满足$0 \leqslant a < \frac{p}{2}, 0 \leqslant b < \frac{p}{2}$.

**证明** 取模$p$的最小绝对剩余系

$$-\frac{p-1}{2}, \cdots, -1, 0, 1, \cdots, \frac{p-1}{2}$$

它们显然关于模$p$互不同余,因此数列

$$S_1: 0, 1, 2^2, \cdots, \left(\frac{p-1}{2}\right)^2$$

中的各数关于模$p$也两两互不同余. 事实上,若$a^2 \in S_1, b^2 \in S_1, a^2 \neq b^2$,但$a^2 \equiv b^2(\bmod p)$,则必有$(a+b)(a-b) \equiv 0(\bmod p)$. 从而$a \equiv b(\bmod p)$或$a \equiv -b(\bmod p)$,但$a, -a, b, -b$均属于模$p$的最小绝对剩余系,这是不可能的. 于是数列

$$S_2: -1, -2, -1-2^2, \cdots, -1-\left(\frac{p-1}{2}\right)^2$$

关于模 $p$ 也两两互不同余.

数列 $S_1$ 和 $S_2$ 各有 $\frac{p-1}{2}+1$ 个数,这样数列 $S_1+S_2$ 共有 $2\left(\frac{p-1}{2}+1\right)=p+1$ 个数,根据抽屉证法,数列 $S_1+S_2$ 中至少有两个数关于模 $p$ 同余,但 $S_1$ 及 $S_2$ 中各数两两互不同余,因此数列 $S_1$ 中至少有一数 $a^2$ 与数列 $S_2$ 中某数 $-1-b^2$ 关于模 $p$ 同余,即

$$a^2 \equiv -1-b^2 \pmod p$$

即

$$1+a^2+b^2 \equiv 0 \pmod p$$

显然有 $0 \leqslant a, b < \frac{p}{2}$. 故同余式 $1+x^2+y^2 \equiv 0 \pmod p$ 恒有满足 $0 \leqslant a, b \leqslant \frac{p}{2}$ 的解 $x=a, y=b$.

5.2.3 设正整数 $m$ 的素因数分解式是

$$m = p_1^{l_1} p_2^{l_2} \cdots p_r^{l_r}$$

如果同余式 $f(x) \equiv 0 \pmod{p_i^{l_i}}$ $(i=1,2,\cdots,r)$ 有解,则同余式 $f(x) \equiv 0 \pmod m$ 有解. 设 $f(x) \equiv 0 \pmod{p_i^{l_i}}$ 关于模 $p_i^{l_i}$ 的解数为 $N_i$,则 $f(x) \equiv 0 \pmod m$ 关于模 $m$ 的解数 $N$ 为

$$N = N_1 N_2 \cdots N_r$$

**证明** 设同余式 $f(x) \equiv 0 \pmod{p_i^{l_i}}$ $(i=1,2,\cdots,r)$ 有解且关于模 $p_i^{l_i}$ 有 $N_i$ 个相异的解 $x=c_1^{(i)}, x=c_2^{(i)}, \cdots, x=c_{N_i}^{(i)}$.

设 $1 \leqslant j_1 \leqslant N_1, 1 \leqslant j_2 \leqslant N_2, \cdots, 1 \leqslant j_r \leqslant N_r$,则由孙子定理知存在整数 $a$,满足

$$a \equiv c_{j_1}^{(1)} \pmod{p_1^{l_1}}, a \equiv c_{j_2}^{(2)} \pmod{p_2^{l_2}}, \cdots, a \equiv c_{j_r}^{(r)} \pmod{p_r^{l_5}} \quad ①$$

于是根据同余的性质便有

$$f(a) \equiv f(c_{j_i}^{(i)}) \equiv 0 \pmod{p_i^{l_i}} \quad (i=1,2,\cdots,r)$$

因此有

$$f(a) \equiv 0 \pmod m$$

这表示同余式 $f(x) \equiv 0 \pmod m$ 有解.

改变式①中 $j_1, j_2, \cdots, j_r$ 的值(在 $1 \leqslant j_i \leqslant N_i$ 的范围内),就得到 $f(x) \equiv 0 \pmod m$ 的关于模 $m$ 的不同的解. 由于 $j_i$ 有 $1,2,\cdots,N_i$ 等 $N_i$ 个不同的值,因此 $f(x) \equiv 0 \pmod m$ 关于模 $m$ 至少有 $N_1 N_2 \cdots N_r$ 个相异的解.

心得 体会 拓广 疑问

再设 $x=b$ 是同余式 $f(x)\equiv 0(\bmod m)$ 的任意一个解,可以证明 $b$ 必与上面得到的解关于模 $m$ 同余.事实上,由于 $f(b)\equiv 0(\bmod m)$,故有

$$f(b)\equiv 0(\bmod p_i^{l_i})(i=1,2,\cdots,r)$$

由于 $f(x)\equiv 0(\bmod p_i^{l_i})$ 只有 $N_i$ 个解 $x=c_1^{(i)},c_2^{(i)},\cdots,c_{N_i}^{(i)}$,所以在 $c_1^i,c_2^i,\cdots,c_{N_i}^i$ 中必有一个 $c_{k_i}^{(1)}$,使

$$b\equiv c_{k_i}^{(i)}(\bmod p_i^{l_i})$$

因此 $b$ 必与上面得到的 $f(x)\equiv 0(\bmod m)$ 的 $N$ 个解中的某个关于模 $m$ 同余.

5.2.4　证明:联立同余式

$$x\equiv a_1(\bmod m_1),x\equiv a_2(\bmod m_2),\cdots,x\equiv a_n(\bmod m_n)$$

有解的必要充分条件是

$$a_i\equiv a_j(\bmod (m_i,m_j)(i,j=1,2,\cdots,n))$$

这时,该联立同余式的解数关于模 $\{m_1,m_2,\cdots,m_n\}$ 是一个.

**证明**　设 $x=c$ 是所给联立同余式的一个解,即

$$c\equiv a_k(\bmod m_k)(k=1,2,\cdots,n)$$

于是就有

$$c\equiv a_i(\bmod (m_i,m_j)),c\equiv a_j(\bmod (m_i,m_j))$$

因此有

$$a_i\equiv a_j(\bmod (m_i,m_j))(i,j=1,2,\cdots,n)$$

此即必要性.

再证充分性.关于 $n$ 用归纳法证明.

当 $n=2$ 时,成立.

设 $n=\lambda$ 时有解,则当 $n=\lambda+1$ 时,联立同余式为

$$x\equiv a_1(\bmod m_1),\cdots,x\equiv a_\lambda(\bmod m_\lambda),x\equiv a_{\lambda+1}(\bmod m_{\lambda+1})\quad ①$$

要证明,当 $a_i\equiv a_j(\bmod (m_i,m_j))(i,j=1,\cdots,\lambda,\lambda+1)$ 时,① 有解.由于 $a_\lambda\equiv a_{\lambda+1}(\bmod (m_1,m_{\lambda+1}))$,故知

$$x\equiv a_\lambda(\bmod m_i),x\equiv a_{\lambda-1}(\bmod m_{\lambda+1})$$

有解.设其一个解为 $x=c_\lambda$,则其一切解为

$$x\equiv c_\lambda(\bmod \{m_\lambda,m_{\lambda+1}\})$$

下面考虑如下的 $\lambda$ 个联立同余式

$$x\equiv a_1(\bmod m_1),\cdots,x\equiv c_{\lambda-1}(\bmod m_{\lambda-1})$$
$$x\equiv c_\lambda(\bmod \{m_k,m_{k+1}\})\quad ②$$

其中由假设知当 $1\leqslant i\leqslant\lambda-1,1\leqslant j\leqslant\lambda-1$ 时

$$a_i\equiv a_j(\bmod (m_i,m_j))$$

因有

心得 体会 拓广 疑问

$$c_\lambda \equiv a_\lambda \pmod{m_\lambda}, c_\lambda \equiv a_{\lambda+1} \pmod{m_{\lambda+1}}$$

并且由假设有

$$a_i \equiv a_\lambda (\bmod\ (m_i, m_\lambda)), a_i \equiv a_{\lambda+1} (\bmod\ (m_i, m_{\lambda+1}))$$

因此有

$$a_i \equiv c_\lambda (\bmod\ (m_i, m_\lambda)), a_i \equiv c_{\lambda+1} (\bmod\ (m_i, m_{\lambda+1}))$$

从而就得到

$$a_i \equiv c_\lambda (\bmod\ \{(m_i, m_\lambda), (m_i, m_{\lambda+1})\})$$

有

$$\{(m_i, m_\lambda), (m_i, m_{\lambda+1})\} = (m_i, \{m_\lambda, m_{\lambda+1}\})$$

所以联立同余式②满足如下条件

$$a_i \equiv a_j (\bmod\ (m_i, m_j))(1 \leqslant i, j \leqslant \lambda - 1)$$

$$a_i \equiv c_\lambda (\bmod\ (m_i, \{m_\lambda, m_{\lambda+1}\}))(i = 1, 2, \cdots, \lambda - 1)$$

因此由归纳法假设,联立同余式②有解,而②的解即为①的解,所以条件是充分的.

再设所给联立同余式有两个解 $x = c, x = d$,即

$$c \equiv a_i \pmod{m_i}, d \equiv a_i \pmod{m_i} (i = 1, 2, \cdots, n)$$

于是有

$$c \equiv d \pmod{m_i} (i = 1, 2, \cdots, n)$$

因此有

$$c \equiv d (\bmod\ \{m_1, m_2, \cdots, m_n\})$$

所以所给联立同余式的解数关于模 $\{m_1, m_2, \cdots, m_n\}$ 是一个.

**注** 如果 $m_1, m_2, \cdots, m_n$ 两两互素,则联立同余式 $x \equiv a_i \pmod{m_i} (i = 1, 2, \cdots, n)$ 恒有解. 这时有

$$\{m_1, m_2, \cdots, m_n\} = m_1 m_2 \cdots m_n$$

所以解数关于模 $m_1 m_2 \cdots m_n$ 是一个.

5.2.5 设 $p$ 是奇素数,$(a, p) = 1$,$l$ 是正整数,证明:同余式 $x^2 \equiv a \pmod{p^l}$ 有解的必要充分条件是 $\left(\frac{a}{p}\right) = 1$.

**证明** 先证必要性. 设同余式 $x^2 \equiv a \pmod{p^l}$ 有解,设解为 $b$,则

$$b^2 \equiv a \pmod{p^l}$$

于是有 $b^2 \equiv a \pmod{p}$. 这表示 $x = b$ 是同余式 $x^2 \equiv a \pmod{p}$ 的解,所以 $a$ 是模 $p$ 的平方剩余,即

$$\left(\frac{a}{p}\right) = 1$$

再证充分性. 设 $\left(\frac{a}{p}\right) = 1$,那么同余式 $x^2 \equiv a \pmod{p}$ 有解,设

心得 体会 拓广 疑问

解为 $b$. 于是 $b^2 \equiv a(\bmod p)$. 由于 $(a,p)=1$, 故 $(b,p)=1$. 于是有

$$b^2 - a = kp$$

这里 $k$ 是整数,因此

$$(b^2-a)^l = k^l p^l \equiv 0(\bmod p^l)$$

利用牛顿二项式,有

$$(b+\sqrt{a})^l = b^l + lb^{l-1}\sqrt{a} + \frac{l(l-1)}{2!}b^{l-1}a + \frac{l(l-1)(l-2)}{3!}b^{l-3}a\sqrt{a} + \frac{l(l-1)(l-2)(l-3)}{4!}b^{l-4}a^2 + \cdots = t + v\sqrt{a}$$

其中 $t$ 是第一个等号与第二个等号之间的不含有 $\sqrt{a}$ 的项之和, $v$ 是含有 $\sqrt{a}$ 的项之和的 $\sqrt{a}$ 的系数,它们都是整数. 同理

$$(b-\sqrt{a})^l = t - v\sqrt{a}$$

于是就有

$$(b^2-a)^l = (b+\sqrt{a})^l(b-\sqrt{a})^l = t^2 - av^2 \equiv 0(\bmod p^l)$$

即

$$t^2 \equiv av^2(\bmod p^l)$$

又由于

$$t = \frac{1}{2}[(b+\sqrt{a})^l - (b-\sqrt{a})^l] \equiv \frac{1}{2}[(b+b)^l - (b-b)^l] = 2^{l-1}b^l(\bmod p)$$

而 $(b,p)=1$, 故

$$(t,p) = (2^{l-1}b^l, p) = 1$$

也就是有 $(t,p^l)=1$, 因此存在整数 $u$, 使

$$ut \equiv a(\bmod p^l)$$

从而有

$$u^2t^2 \equiv a^2(\bmod p^l)$$

另一方面,又有

$$u^2t^2 \equiv u^2v^2a(\bmod p^l)$$

故

$$u^2v^2 = (uv)^2 \equiv a(\bmod p^l)$$

由于 $u,v$ 均为整数,故 $x=uv$ 是同余式

$$x^2 \equiv a(\bmod p^l)$$

的解. 此即充分性.

**注** 其实,同余式 $x^2 \equiv a(\bmod p^l)$ 关于模 $p^l$ 有两个解. 本题也指明这两个解为 $x \equiv \pm uv(\bmod p^l)$, 其中 $u,v$ 的意义如前.

心得 体会 拓广 疑问

例如解 $x^2 \equiv 11 \pmod{125}$,因为 $125 = 5^3$,故先解 $x^2 \equiv 11 \equiv 1 \pmod 5$,由于 $\left(\frac{1}{5}\right) = 1$,故这个同余式有解,它的一个解为 $b = 4$.于是

$$(b + \sqrt{a})^3 = (4 + \sqrt{11})^3 = 196 + 59\sqrt{11}$$

故 $t = 196, v = 59$. 再求 $u$,按定义,$u$ 满足 $tu \equiv a \pmod{5^3}$,即

$$196u \equiv 11 \pmod{125}$$

即

$$71u \equiv 11 \pmod{125}$$

解此不定方程,得 $u \equiv 16 \pmod{125}$,因此

$$uv \equiv 16 \cdot 59 \equiv 69 \equiv -56 \pmod{125}$$

所以同余式 $x^2 \equiv 11 \pmod{125}$ 的解为

$$x \equiv \pm 56 \pmod{125}$$

用这个方法求 $x^2 \equiv a \pmod{p^l}$ 的解,有某些方便之处.

5.2.6 设 $p$ 为奇素数,证明:同余式

$$x^{10} + 1 \equiv 0 \pmod p$$

有解的必要充分条件是 $p \equiv 1 \pmod{20}$.

**证明** 先证必要性. 设同余式 $x^{10} + 1 \equiv 0 \pmod p$ 有解 $x = a$,则 $a^{10} + 1 \equiv 0 \pmod p$,于是就有

$$a^{10} \equiv -1 \pmod p, a^{20} \equiv 1 \pmod p$$

这表示 $a$ 是模 $p$ 的 20 阶本原单位根,$(a,p) = 1$. 再根据费马小定理,有

$$a^{p-1} \equiv 1 \pmod p$$

从而 $20 \mid (p-1)$,这表示 $p \equiv 1 \pmod{20}$.

再证充分性. 当 $p \equiv 1 \pmod{20}$ 时,这时 20 是 $p-1$ 的因数. 关于模 $p$ 的阶数为 20 的简化类的个数是 $\varphi(20) = 8$,这样,如设整数 $a$ 是模 $p$ 的阶数为 20 的任一本原单位根,就有

$$a^{20} \equiv 1 \pmod p$$

于是就有

$$(a^{10} + 1)(a^{10} - 1) \equiv 0 \pmod p$$

由于 $p \nmid 2$,且 $p$ 是素数,故

$$p \mid a^{10} + 1 \quad 或 \quad p \mid a^{10} - 1$$

两者必居其一. 由于 $a$ 的阶数为 20,故 $p \nmid a^{10} - 1$,从而必有 $p \nmid a^{10} + 1$,故

$$a^{10} + 1 \equiv 0 \pmod p$$

这表示 $x = a$ 是同余式

心得 体会 拓广 疑问

$$x^{10}+1\equiv 0(\bmod p)$$

的解.

这样就证明了当且仅当 $p\equiv 1(\bmod 20)$ 时,同余式 $x^{10}+1\equiv 0(\bmod p)$ 有解.

5.2.7　证明:形如 $p\equiv 1(\bmod 20)$ 的素数有无穷多个.

**证明**　设 $N$ 是任意正整数,$p_1,p_2,\cdots,p_s$ 是不超过 $N$ 的一切形如 $p\equiv 1(\bmod 20)$ 的素数,设

$$q=(2p_1p_2\cdots p_s)^{10}+1$$

$q$ 的任一素因数 $a$ 显然异于 2,否则 $2\mid 1$,这是不可能的,从而 $x=2p_1p_2\cdots p_s$ 是同余式

$$x^{10}+1\equiv 0(\bmod a)$$

的解,其中 $a$ 是奇素数. 因此

$$a\equiv 1(\bmod 20)$$

又由于 $a\neq p_i(i=1,2,\cdots,s)$,这是因为 $a\nmid 1$,所以必有 $a>N$. 这表示存在形如 $p\equiv 1(\bmod 20)$ 的素数 $a$,它大于任取之正整数 $N$,故形如 $p\equiv 1(\bmod 20)$ 的素数有无穷多个.

5.2.8　(拉格朗日定理) 设 $p$ 是质数,$n$ 是非负整数,$f(x)=a_nx^n+a_{n-1}x^{n-1}+\cdots+a_1x+a_0$ 且 $p\nmid a_n$,则 $n$ 次同余方程

$$f(x)\equiv 0(\bmod p)\qquad ①$$

的解数 $k\leqslant \min(n,p)$.

**证明**　对次数 $n$ 用归纳法,显然只要证明 $k\leqslant n$.

当 $n=0$ 时,$f(x)=a_0$. 因为 $p\nmid a_0$,故同余方程 ① 无解,命题成立.

设当 $n=l$ 时命题成立,则当 $n=l+1$ 时,若命题不成立,即同余方程 ① 至少有 $l+1$ 个解,设为

$$x\equiv c_1,c_2,\cdots,c_{l+2}(\bmod p)\qquad ②$$

现考虑多项式

$$\begin{aligned}f(x)-f(c_1)=&a_{l+1}(x^{l+1}-c_1^{l+1})+\\&a_l(x^l-c_1^l)+\cdots+a_1(x-c_1)=\\&(x-c_1)(a_{l+1}x^l+\cdots)=(x-c_1)h(x)\end{aligned}\qquad ③$$

其中 $h(x)$ 是 $l$ 次多项式并且首项系数 $a_{l+1}$ 满足 $p\nmid a_{l+1}$. 从而由归纳假设知 $l$ 次同余方程

$$h(x)\equiv 0(\bmod p)\qquad ④$$

至多有 $l$ 个解. 但由 ②,③ 可知同余方程 ④ 至少有 $l+1$ 个解

$$x \equiv c_2, c_3, \cdots, c_{l+2} \pmod p$$

矛盾！故当 $n = l + 1$ 时命题成立.

综上所述,命题得证.

5.2.9　设 $p > 3$ 是质数,$A_l$ 表示集合 $\{1,2,\cdots,p-1\}$ 中两两不同的 $l$ 个正整数的乘积之和,即

$$A_1 = 1 + 2 + \cdots + (p-1)$$

$$A_2 = 1 \cdot 2 + 1 \cdot 3 + \cdots + (p-2)(p-1)$$

$$\cdots$$

$$A_{p-1} = (p-1)!$$

证明:(1) 当 $1 \leqslant l \leqslant p-2$ 时,$A_l \equiv 0 \pmod p$;

(2) 当 $1 < l < p$ 且 $l$ 为奇数时,$A_l \equiv 0 \pmod{p^2}$.

**证明**　设

$$f(x) = (x-1)(x-2)\cdots(x-(p-1)) = x^{p-1} + \sum_{l=1}^{p-1} (-1)^l A_l x^{p-1-l}$$

$$g(x) = x^{p-1} - 1$$

则同余方程 $f(x) \equiv 0 \pmod p$ 有 $p-1$ 个解 $x = 1,2,\cdots,p-1$,由费马小定理可知 $g(x) \equiv 0 \pmod p$ 也有 $p-1$ 个解 $x = 1,2,\cdots,p-1$. 从而同余方程

$$f(x) - g(x) \equiv 0 \pmod p$$

至少有 $p-1$ 个解. 但是

$$f(x) - g(x) = \sum_{l=1}^{p-2} (-1)^l A_l x^{p-1-l} + (p-1)! + 1$$

是 $p-2$ 次多项式,故由拉格朗日定理知 $f(x) - g(x)$ 的各项系数均能被 $p$ 整除,即有

$$(p-1)! \equiv -1 \pmod p$$

(这里实际上给出了威尔逊定理的另一种证明)

$$A_l \equiv 0 \pmod p$$

于是 ① 得证.

$$f(x) = (x-1)(x-2)\cdots(x-(p-1)) = (-x+1)(-x+2)\cdots(-x+p-1) = [(-x+p)-1][(-x+p)-2] \cdot \cdots \cdot [(-x+p)-(p-1)] = f(p-x)$$

即 $f(x) = f(p-x)$. 将 $x$ 换成 $-x$ 即得 $f(-x) = f(p+x)$,从而

$$x^{p-1} + \sum_{l=1}^{p-2} A_l x^{p-1-l} + (p-1)! =$$

心得 体会 拓广 疑问

$$(x+p)^{p-1}+\sum_{l=1}^{p-2}(-1)^l A_l (x+p)^{p-1-l}+(p-1)!$$

对上式模 $p^2$ 可得

$$x^{p-1}+\sum_{l=1}^{p-2}A_l x^{p-1-l}\equiv$$
$$x^{p-1}+(p-1)px^{p-2}+\sum_{l=1}^{p-2}(-1)^l A_l x^{p-1-l}\pmod{p^2}$$

即

$$\sum_{l=1}^{p-2}[1+(-1)^{l+1}]A_l x^{p-1-l}\equiv p(p-1)x^{p-2}\pmod{p^2}$$

从而当 $l$ 为奇数且 $1<l<p$ 时有

$$A_l\equiv 0\pmod{p^2}$$

5.2.10 设 $p>3$ 是质数.

(1) 设 $\frac{1}{1}+\frac{1}{2}+\cdots+\frac{1}{p-1}=\frac{a}{b}$,其中 $a,b$ 为正整数. 证明:$p^2\mid a$.

(2) $\frac{1}{1^2}+\frac{1}{2^2}+\cdots+\frac{1}{(p-1)^2}=\frac{c}{d}$,其中 $c,d$ 为正整数. 证明:$p\mid c$.

**证明** (1) $\frac{a}{b}=\frac{A_{p-2}}{(p-1)!}$,因为 $p^2\mid A_{p-2}$,又 $p\nmid(p-1)!$,故 $p^2\mid a$.

(2) 设 $k^*$ 表示 $k$ 的数论倒数,其中 $1\leqslant k,k^*\leqslant p-1$,则 $\{1^*,2^*,\cdots,(p-1)^*\}=\{1,2,\cdots,p-1\}$,从而

$$\frac{((p-1)!)^2c}{d}\equiv\sum_{k=1}^{p-1}\frac{((p-1)!)^2}{k^2}\equiv\sum_{k=1}^{p-1}[(p-1)!]^2k^{*2}\equiv$$
$$((p-1)!)^2\frac{p(p-1)(2p-1)}{6}\equiv$$
$$0\pmod p$$

故 $p\mid c$.

5.2.11 设 $p>3$ 是素数,证明:$p^3\mid C_{2p}^p-2$.

**证明** 由题 5.2.9 可知 $p\mid A_{p-3}$,$p^2\mid A_{p-2}$,于是

$$(2p-1)(2p-2)\cdot\cdots\cdot(2p-(p-1)!)\equiv$$
$$A_{p-3}(2p)^2-A_{p-2}\cdot 2p+(p-1)!\equiv$$
$$(p-1)!\pmod{p^3}$$

从而

心得 体会 拓广 疑问

$$C_{2p}^{p}-2=2(C_{2p-1}^{p-1}-1)=2\left(\frac{(2p-1)(2p-2)\cdot\cdots\cdot(p+1)}{(p-1)!}+1\right)=$$

$$2\left(\frac{Mp^3+(p-1)!}{(p-1)!}-1\right)=\frac{2Mp^3}{(p-1)!}$$

其中 $M$ 是整数,又 $p\nmid(p-1)!$,故 $p^3\mid C_{2p}^{p}-2$.

5.2.12 解同余式.

(1)$x^2\equiv 11(\bmod 313)$;(2)$x^2\equiv 2(\bmod 41)$.

**解** (1) 由于 $313\equiv 1(\bmod 4)$,故

$$\left(\frac{11}{313}\right)=\left(\frac{313}{11}\right)=\left(\frac{5}{11}\right)=\left(\frac{11}{5}\right)=\left(\frac{1}{5}\right)=1$$

所以所给同余式有解. 又 $313=2^3\cdot 39+1,\lambda=3,k=39$. 因为

$$11^5\equiv 169(\bmod 313),11^{10}\equiv 78(\bmod 313)$$

$$11^{20}\equiv 137(\bmod 313),11^{40}\equiv -11(\bmod 313)$$

故

$$11^{39}\equiv -1(\bmod 313)$$

因此解为

$$x\equiv \pm f^{2\lambda-2\cdot k}\cdot 11^{\frac{k+1}{2}}\equiv \pm f^{2\cdot 39}\cdot 11^{20}\equiv \pm 137\cdot f^{78}(\bmod 313)$$

其中 $f$ 为模 313 的任一非平方剩余,可取 $f=5$,因为

$$\left(\frac{5}{313}\right)=\left(\frac{313}{5}\right)=\left(\frac{3}{5}\right)=\left(\frac{5}{3}\right)=\left(\frac{2}{3}\right)=-1$$

故解为

$$x\equiv \pm 137\cdot 5^{78}\equiv \pm 137\cdot(-25)\equiv \pm 18(\bmod 313)$$

(2) 由于 $41\equiv 1(\bmod 4)$,故 $\left(\frac{2}{41}\right)=1$,所以所给同余式有解,$41=2^3\cdot 5+1,\lambda=3,k=5$. 而

$$2^k=2^5=32\equiv -9(\bmod 41)$$

$$2^{2k}\equiv 2^{10}\equiv 81\equiv -1(\bmod 41)$$

且 $s=2$,因此要找 $b$,使

$$b^2\equiv 2^k\equiv -9(\bmod 41)$$

为此,作同余式

$$z_1^2\equiv -1(\bmod 41),z_2^{2^{\lambda-1}}\equiv z_2^4\equiv -1(\bmod 41) \quad ①$$

由于 $\left(\frac{3}{41}\right)=\left(\frac{41}{3}\right)=\left(\frac{2}{3}\right)=-1$,故 $f=3$ 是模 41 的一个非平方剩余.

故有

$$f^{\frac{p-1}{2}}=3^{2^2\cdot 5}=3^{20}\equiv -1(\bmod 41)$$

心得 体会 拓广 疑问

所以式 ① 中第一个同余式的两个解为

$$u_{11} \equiv 3^{10} \equiv 9(\bmod 41), u_{12} \equiv -3^{10} \equiv -9(\bmod 41)$$

又由 $(3^5)^4 \equiv -1(\bmod 41)$，故式 ① 中第二个同余式的解为

$$u_{21} \equiv 3^5 \equiv 3(\bmod 41) \quad u_{22} \equiv -3^5 \equiv -3(\bmod 41)$$

$$u_{23} \equiv 3 \cdot u_{11} \equiv 27 \equiv -14(\bmod 41)$$

$$u_{24} \equiv 3 \cdot u_{12} \equiv 14(\bmod 41)$$

由于 $2^{2k} \equiv 9^2 \equiv -1(\bmod 41)$，故

$$u_{24}^2 \equiv 14^2 \equiv 3^2 \cdot 9^2 \equiv -9(\bmod 41)$$

因此 $b = 14$.

下面再解同余式 $bt \equiv 1(\bmod 41)$，得 $t \equiv 3(\bmod 41)$. 而 $2^{\frac{k+1}{2}} \equiv 2^3 \equiv 8(\bmod 41)$，故所给同余式的解为

$$x \equiv \pm t \cdot 2^{\frac{k+1}{2}} \equiv \pm 24 \equiv \pm 17(\bmod 41)$$

**注**　由本题(2)的解法可以看出，因为 $a^{2^{\lambda-s}\cdot k} \equiv -1(\bmod p)$，故有

$$(a^k)^{2^{\lambda-s}} \equiv -1(\bmod p)$$

因此，作同余式

$$z_1^2 \equiv -1(\bmod p), \quad z_2^{2^2} \equiv -1(\bmod p), \cdots,$$

$$z_{\lambda-s}^{2^{\lambda-s}} \equiv -1(\bmod p), \cdots, z_{\lambda-1}^{2^{\lambda-1}} \equiv -1(\bmod p) \qquad ②$$

可知 $a^k$ 是上式第 $\lambda - s$ 个同余式的解. 取第 $\lambda - s + 1$ 个同余式的一个解 $b$，于是 $b$ 满足

$$b^2 \equiv a^k(\bmod p)$$

这是因为

$$b^{2^{\lambda-s+1}} \equiv (b^2)^{2^{\lambda-s}} \equiv (a^k)^{2^{\lambda-s}} \equiv -1(\bmod p)$$

因此，可以取式 ② 中第 $\lambda - s + 1$ 个同余式的某个解作为 $b$. 再解同余式 $bt \equiv 1(\bmod p)$，即得 $t$.

式 ② 中的同余式可以这样解：取模 $p$ 的任一个非平方剩余 $f$(这是一定存在的)，由于

$$f^{\frac{p-1}{2}} \equiv f^{2^{\lambda-1}\cdot k} \equiv -1(\bmod p)$$

故

$$(f^{2^{\lambda-1}\cdot k})^2 \equiv 1(\bmod p)$$

因此式 ② 中第一个同余式的两个解为

$$u_{11} \equiv f^{2^{\lambda-2}\cdot k}(\bmod p), u_{12} \equiv -f^{2^{\lambda-2}\cdot k}(\bmod p)$$

再由

$$(f^{2^{\lambda-3}\cdot k})^4 \equiv -1(\bmod p)$$

可知式 ② 第二个同余式的四个解为

$$u_{21} \equiv f^{2^{\lambda-3}\cdot k}(\bmod p), u_{22} \equiv -f^{2^{\lambda=3}\cdot k}(\bmod p)$$

$$u_{23} \equiv u_{11}u_{21}(\bmod p), u_{24} \equiv u_{12}u_{21}(\bmod p)$$

这4个解互异.

同理,再由$(f^{2^{\lambda-4}\cdot k})^8\equiv-1(\bmod p)$,可知式②中第三个同余式的8个解为

$$u_{31}\equiv f^{2^{\lambda-4}\cdot k}(\bmod p),u_{32}\equiv -f^{2^{\lambda-4}\cdot k}$$

以及$u_{31}$乘前两个同余式的6个解$u_{33}\equiv u_{31}u_{11},u_{34}\equiv u_{31}u_{12}$,$u_{35}\equiv u_{31}u_{21},u_{36}\equiv u_{31}u_{22},u_{37}\equiv u_{31}u_{23},u_{33}\equiv u_{31}u_{24}(\bmod p)$,不难证明这6个解互异.

继续之,可得式②中所有同余式的解.

5.2.13 求$m$的一切值,使同余式$x^2\equiv 6(\bmod m)$有解.

**解** 设$m$能取偶数值,并设$m$所含2的最高次幂为$2^n$,则

$$m=2^n p$$

其中$p$为奇整数,由于$(2^n,p)=1$,故同余式$x^2\equiv 6(\bmod 2^n p)$,等价于如下联立同余式

$$\begin{cases}x^2\equiv 6(\bmod 2^n)\\x^2\equiv 6(\bmod p)\end{cases}$$

其中第一式只有当$n=1$时才有解,因为当$n=1$且$x$为任意整数时,恒有

$$x^2\equiv 0,1(\bmod 2)$$

而当$n=2$时,$x^2\equiv 6(\bmod 4)$已无解,更不用说最高次幂了.

再研究第二式,欲使它有解,必需$\left(\frac{6}{p}\right)=1$,而

$$\left(\frac{6}{p}\right)\equiv\left(\frac{2}{p}\right)\left(\frac{3}{p}\right)=(-1)^{\frac{p^2-1}{8}}\left(\frac{3}{p}\right)=(-1)^{\frac{p^2-1}{8}+\frac{p-1}{2}}\left(\frac{p}{3}\right)$$

即

$$\left(\frac{6}{p}\right)=(-1)^{\frac{p^2-1}{8}+\frac{p-1}{2}}\left(\frac{p}{3}\right)$$

当

$$p\equiv 1(\bmod 3)\text{ 时},\left(\frac{p}{3}\right)=1$$

$$p\equiv 2(\bmod 3)\text{ 时},\left(\frac{p}{3}\right)=-1$$

当$p\equiv 1,3,5,7(\bmod 8)$时,分别有

$$\frac{p^2-1}{8}\equiv 0,1,1,0(\bmod 2)$$

$$\frac{p-1}{2}\equiv 0,1,0,1(\bmod 2)$$

因此,要使$\left(\frac{6}{p}\right)=1$,只需解如下联立方程

心得 体会 拓广 疑问

$$\begin{cases}p \equiv 1 \pmod 3\\ p \equiv 1,3 \pmod 8\end{cases} \quad 以及 \quad \begin{cases}p \equiv 2 \pmod 3\\ p \equiv 5,7 \pmod 8\end{cases}$$

分别解之,得

$$p \equiv 1,5,19,23 \pmod{24}$$

因此,同余式

$$x^2 \equiv 6 \pmod m$$

有解的一切 $m$ 值是

$$m \equiv 1,5,19,23,2,10,14,22 \pmod{24}$$

5.2.14　(1) 设素数 $p$ 有 $p \equiv 3 \pmod 4$ 的形式,且 $\left(\frac{a}{p}\right) = 1$,试证明同余式 $x^2 \equiv a \pmod p$,有下列解

$$x \equiv \pm a^{k+1} \pmod p$$

其中 $k = \frac{p-3}{4}$.

(2) 设素数 $p$ 有 $p \equiv 5 \pmod 8$ 的形式,且 $\left(\frac{a}{p}\right) = 1$,试证明同余式 $x^2 \equiv a \pmod p$ 有下列解

$$x \equiv \pm 2^{(2k+1)t} \cdot a^{k+1} \pmod p$$

其中 $k = \frac{p-5}{8}$,$t = 0,1$.

**证明**　(1) 由于 $\left(\frac{a}{p}\right) = 1$,故所给同余式有解,且有

$$a^{\frac{p-1}{2}} \equiv 1 \pmod p$$

而 $\frac{p-1}{2} = \frac{4k+2}{2} = 2k+1$,故

$$a^{2k+1} \equiv 1 \pmod p$$

两边乘以 $a$,即得

$$a^{2k+2} \equiv a \pmod p$$

即

$$(a^{k+1})^2 \equiv a \pmod p$$

因此,$x \equiv \pm a^{k+1} \pmod p$ 是同余式 $x^2 \equiv a \pmod p$ 的解,其中

$$k = \frac{p-3}{4}$$

(2) 由于 $\left(\frac{a}{p}\right) = 1$,故所给同余式有解,且

$$a^{\frac{p-1}{2}} \equiv 1 \pmod p$$

而 $\frac{p-1}{2} = \frac{8k+4}{2} = 4k+2$,故

$$a^{4k+2} \equiv 1 \pmod p$$

从而

$$(a^{2k+1}-1)(a^{2k+1}+1) \equiv 0 \pmod p$$

由于 $p$ 是素数,又 $p \nmid 2$,故

$$a^{2k+1}-1 \equiv 0 \pmod p \quad \text{或} \quad a^{2k+1}+1 \equiv 0 \pmod p$$

两者必居其一,于是:

如果 $a^{2k+1} \equiv 1 \pmod p$,那么

$$a^{2k+2} = (a^{k+1})^2 \equiv a \pmod p$$

因而 $x \equiv \pm a^{k+1} \pmod p$ 是同余式 $x^2 \equiv a \pmod p$ 的解.

如果 $a^{2k+1} \equiv -1 \pmod p$,那么

$$a^{2k+2} \equiv -a \pmod p$$

由于 $p \equiv 5 \pmod 8$,故 2 是模 $p$ 的非平方剩余,于是

$$2^{\frac{p-1}{2}} \equiv 2^{4k+2} \equiv -1 \pmod p$$

因此

$$a^{2k+2} \cdot 2^{4k+2} \equiv a \pmod p$$

从而

$$(a^{k+1} \cdot 2^{2k+1})^2 \equiv a \pmod p$$

因此,$x \equiv \pm 2^{2k+1} \cdot a^{k+1} \pmod p$ 是同余式 $x^2 \equiv a \pmod p$ 的解.

总结上面两种情况,同余式

$$x^2 \equiv a \pmod p$$

的解为 $x \equiv \pm 2^{(2k+1)t} a^{k+1}$,其中 $p$ 是形如 $p \equiv 5 \pmod 8$ 的素数,$k = \frac{p-5}{8}$,$t=0,1$.

**5.2.15** 解如下同余式:

(1) $x^2 \equiv 2 \pmod{311}$;(2) $x^2 \equiv 5 \pmod{29}$.

**解** (1) $311 \equiv 3 \pmod 4$,故属于上题(1)的情况,$k = \frac{311-3}{4} = 77$,故所给同余式的解为

$$x \equiv \pm 2^{78} \pmod{311}$$

由于

$$2^{10} \equiv 32 \cdot 32 \equiv 91 \pmod{311}$$

$$2^{20} \equiv 91 \cdot 91 \equiv 195 \pmod{311}$$

$$2^{40} \equiv 195 \cdot 195 \equiv 83 \pmod{311}$$

$$2^{80} \equiv 83 \cdot 83 \equiv 47 \pmod{311}$$

$$2^{78} \cdot 4 \equiv 47 \pmod{311}$$

故

$$2^{78} \equiv 4^{-1} \cdot 47 \equiv 78 \cdot 47 \equiv -66 \pmod{311}$$

所以,所给同余式的解为 $x=\pm 66 \pmod{311}$.

(2)$29\equiv 5 \pmod 8$,故属于上题(2)的情况,$k=\dfrac{29-5}{8}=3$.

由于

$$\left(\frac{5}{29}\right)=\left(\frac{29}{5}\right)=\left(\frac{4}{5}\right)=1$$

故所给同余式有解,又由于

$$5^{2k+1}=5^7\equiv 9\cdot 9\cdot 5\equiv -30\equiv -1 \pmod{29}$$

故所给同余式的解为

$$x\equiv \pm 2^7\cdot 5^4\equiv \pm 18\equiv \mp 11 \pmod{29}$$

故解为

$$x\equiv \pm 11 \pmod{29}$$

5.2.16　设素数 $p$ 有 $p\equiv 1 \pmod 8$ 的形式,$\left(\dfrac{a}{p}\right)=1$,试证明同余式 $x^2\equiv a \pmod p$ 的解为:

设 $p=2^{\lambda}k+1$,$\lambda\geqslant 3$,$k$ 为奇数,则

(1)若 $a^k\equiv 1 \pmod p$,则解为 $x\equiv \pm a^{\frac{k+1}{2}} \pmod p$.

(2)若 $a^k\equiv -1 \pmod p$,则解为 $x\equiv f^{2^{\lambda-2}\cdot k}a^{\frac{k+1}{2}} \pmod p$,其中 $f$ 是模 $p$ 的任一非平方剩余.

(3)若 $a^{2^{\lambda-s}\cdot k}\equiv -1 \pmod p$,其中 $2\leqslant s<\lambda$,则解为 $x\equiv \pm a^{\frac{k+1}{2}t} \pmod p$,其中 $t$ 是方程 $bt\equiv 1 \pmod p$ 的解,$b^2\equiv a^k \pmod p$.

**证明**　由于 $\left(\dfrac{a}{p}\right)=1$,$\dfrac{p-1}{2}=2^{\lambda-1}k$,故有

$$a^{\frac{p-1}{2}}\equiv a^{2^{\lambda-1}\cdot k}\equiv 1 \pmod p$$

这时可以证明,必有 $a^k\equiv 1 \pmod p$ 或者 $a^{2^{\lambda-2}\cdot k},a^{2^{\lambda-3}\cdot k},\cdots,a^{2k},a^k$ 中一定有一个数关于模 $p$ 与 $-1$ 同余.事实上,由

$$a^{2^{\lambda-1}\cdot k}-1\equiv 1 \pmod p$$

有

$$a^{2^{\lambda-1}\cdot k}-1=(a^{2^{\lambda-2}\cdot k}+1)(a^{2^{\lambda-2}\cdot k}-1)\equiv 0 \pmod p$$

由于 $p$ 为素数,且 $p\nmid 2$,故

$$a^{2^{\lambda-2}\cdot k}+1\equiv 0 \pmod p \text{ 或 } a^{2^{\lambda-2}\cdot k}-1\equiv 0 \pmod p$$

两者必居其一.

如果 $a^{2^{\lambda-2}\cdot k}+1\equiv 0 \pmod p$,即 $a^{2^{\lambda-2}\cdot k}\equiv -1 \pmod p$,则结论成立.

如果 $a^{2^{\lambda-2}\cdot k}-1\equiv 0 \pmod p$,则

$$(a^{2^{\lambda-3}\cdot k}+1)(a^{2^{\lambda-3}\cdot k}-1)\equiv 0 \pmod p$$

同样,$a^{2^{\lambda-3}\cdot k}+1\equiv 0(\bmod p)$ 或 $a^{2^{\lambda-3}\cdot k}-1\equiv 0(\bmod p)$,两者必居其一.

如果前一式成立,则结论成立.

如果后一式成立,再将它分解,继续之,由于 $\lambda$ 是正整数,有限次分解后,必有

$$(a^k+1)(a_k-1)\equiv 0(\bmod p)$$

从而

$$a^k+1\equiv 0(\bmod p) \text{ 或 } a_k-1\equiv 0(\bmod p)$$

两者必居其一,这样便证明了结论,因此:

(1) 若 $a^k\equiv 1(\bmod p)$,则

$$a^{k+1}=(a^{\frac{k+1}{2}})^2\equiv a(\bmod p)$$

$k$ 是奇数,$2\mid k+1$,故 $x\equiv \pm a^{\frac{k+1}{2}}(\bmod p)$ 是同余式 $x^2\equiv a(\bmod p)$ 的解.

(2) 若 $a^k\equiv -1(\bmod p)$,则

$$a^{k+1}=(a^{\frac{k+1}{2}})^2\equiv -a(\bmod p)$$

设 $f$ 是模 p 的任一非平方剩余,有

$$f^{\frac{p-1}{2}}=f^{2^{\lambda-1}\cdot k}\equiv -1(\bmod p)$$

因此

$$(f^{2^{\lambda-1}\cdot k}\cdot a^{\frac{k+1}{2}})^2\equiv a(\bmod p)$$

故 $x\equiv \pm f^{2^{\lambda-2}\cdot k}\cdot a^{\frac{k+1}{2}}(\bmod p)$ 是同余式 $x^2\equiv a(\bmod p)$ 的解.

(3) 若 $a^{2^{\lambda-s}\cdot k}\equiv -1(\bmod p)$,$2\leqslant s<\lambda$,则

$$(a^k)^{2^{\lambda-s}}\equiv -1(\bmod p)$$

取 $b$,使 $b^2\equiv a^k(\bmod p)$,由于$\left(\frac{a^k}{p}\right)=\left(\frac{a}{p}\right)^k=1$,故同余式 $x^2\equiv a^k(\bmod p)$ 有解,所以 $b$ 是存在的. 又由于$(a,p)=1$,故有$(b,p)=1$,于是

$$a^{k+1}=(a^{\frac{k+1}{2}})^2\equiv b^2a(\bmod p)$$

即

$$(b^{-1}a^{\frac{k+1}{2}})^2\equiv a(\bmod p)$$

故 $x\equiv \pm b^{-1}a^{\frac{k+1}{2}}\equiv \pm ta^{\frac{k+1}{2}}(\bmod p)$ 是同余式 $x^2\equiv a(\bmod p)$ 的解,其中 $t=b^{-1}$,即 $tb\equiv 1(\bmod p)$.

**注** 在上述第三种情况下,虽然证明了 $b$ 是存在的,但要具体确定 $b$,却要具体解同余式 $x^2\equiv a^k(\bmod p)$. 具体步骤,请参阅 А. К. Сушкебич:“Теория Чисел-Элементарный Курс”中译本 p. 141. §53.

心得 体会 拓广 疑问

5.2.17　设 $f(x)$ 是整系数多项式，$f'(x)$ 表示它的导函数，$p$ 是素数，$x=c$ 是同余式 $f(x)\equiv 0(\mathrm{mod}\ p)$ 的一个解. 如果 $f'(c)$ 不能被 $p$ 整除，则同余式 $f(x)\equiv 0(\mathrm{mod}\ p^l)$ 的满足 $d\equiv c(\mathrm{mod}\ p)$ 的解 $x=d$ 关于模 $p^l$ 唯一确定(其中 $l$ 是任意正整数).

**证明**　关于 $l$ 用归纳法来证明.

当 $l=1$ 时，命题显然成立.

设 $l=\lambda$ 时，命题成立，即同余式 $f(x)\equiv 0(\mathrm{mod}\ p^l)$ 满足 $c_\lambda\equiv c(\mathrm{mod}\ p)$ 的解 $x=c_\lambda$ 由模 $p^\lambda$ 唯一确定. 于是有

$$f'(c_\lambda)\equiv f'(c)(\mathrm{mod}\ p)$$

于是 $p\nmid f'(c_\lambda)$. 又由于 $f(c_\lambda)\equiv 0(\mathrm{mod}\ p^\lambda)$，故有 $f(c_\lambda)=kp^\lambda$. 而 $(p,f'(c_\lambda))=1$，所以存在整数 $y$，使

$$k+yf'(c_\lambda)\equiv 0(\mathrm{mod}\ p) \tag{①}$$

因此如设 $c_\lambda+yp^\lambda=c_{\lambda+1}$，则由泰勒公式有

$$\begin{aligned}f(c_{\lambda+1})&=f(c_\lambda+yp^\lambda)=f(c_\lambda)+yp^\lambda f'(c_\lambda)+\\&(yp^\lambda)^2\cdot\frac{f''(c_\lambda)}{2!}+\cdots\equiv\\&f(c_\lambda)+yp^\lambda f'(c_\lambda)\equiv kp^\lambda+yp^\lambda f'(c_\lambda)=\\&p^\lambda(k+yf'(c_\lambda))\equiv 0(\mathrm{mod}\ p^{\lambda+1})\end{aligned}$$

所以 $x=c_{\lambda+1}$ 是同余式 $f(x)\equiv 0(\mathrm{mod}\ p^{\lambda+1})$ 的解，且由 $c_{\lambda+1}$ 的定义，有 $c_{\lambda+1}\equiv c_\lambda\equiv c(\mathrm{mod}\ p)$.

下面再证明解 $x=c_{\lambda+1}$ 由模 $p^{\lambda+1}$ 唯一确定.

设 $x=d$ 是同余式 $f(x)\equiv 0(\mathrm{mod}\ p^{\lambda+1})$ 满足 $d\equiv c(\mathrm{mod}\ p)$ 的解. 由于 $f(d)\equiv 0(\mathrm{mod}\ p^{\lambda+1})$，故

$$f(d)\equiv 0(\mathrm{mod}\ p^\lambda)$$

因此由归纳法假设，有 $d\equiv c_\lambda(\mathrm{mod}\ p^\lambda)$. 于是 $d=c_\lambda+hp^\lambda$. 由于有

$$\begin{aligned}f(d)&=f(c_\lambda+hp^\lambda)=f(c_\lambda)+hp^\lambda f'(c_\lambda)+\\&(hp^\lambda)^2\cdot\frac{f''(c_\lambda)}{2}+\cdots\equiv\\&f(c_\lambda)+hp^\lambda f'(c_\lambda)\equiv kp^\lambda+hp^\lambda f'(c_\lambda)=\\&p^\lambda(k+hf'(c_\lambda))\equiv\\&0(\mathrm{mod}\ p^{\lambda+1})\end{aligned}$$

因此

$$k+hf'(c_\lambda)\equiv 0(\mathrm{mod}\ p) \tag{②}$$

将②与①比较，知 $h\equiv y(\mathrm{mod}\ p)$，从而有

$$d=c_\lambda+hp^\lambda\equiv c_\lambda+yp^\lambda=c_{\lambda+1}(\mathrm{mod}\ p^{\lambda+1})$$

这样就证明了 $l=\lambda+1$ 时，命题也成立，故由归纳法知当 $l$ 是任意正整数时，命题成立.

心得 体会 拓广 疑问

5.2.18 平面上点的坐标为整数的点,称为整点(或格点),如果有三个不同的整点$(x,y)$适合$p\mid xy-t$(这里$p$是一个素数,$p\nmid t$),且在一直线上,则在该三点中至少有两个点,其纵横坐标的差,分别被$p$整除.

**证明** 可设三个整点$(x_1,y_1),(x_2,y_2),(x_3,y_3)$所满足的直线方程为$ax+by=c$,这里$a,b,c$是整数,且可设$(a,b)=1$.不失一般性,设$p\nmid a$,由$p\mid x_iy_i-t$和$p\nmid t$知$p\nmid x_i$,$i=1,2,3$.从$ax_i+by_i=c$知

$$ax_i+by_i\equiv c(\bmod p)$$

并推出

$$ax_i^2+bx_iy_i\equiv cx_i(\bmod p),i=1,2,3$$

即

$$ax_i^2-cx_i+bt\equiv 0(\bmod p),i=1,2,3 \quad ①$$

如果$p=2$,则$x_1,x_2,x_3$中至少有两个设为$x_1,x_2$,满足$x_1\equiv x_2(\bmod p)$;如果$p>2$,则知①最少有两个解模$p$.不失一般,仍可设$x_1\equiv x_2(\bmod p)$.因为$(x_1y_1-t)-(x_2y_2-t)\equiv 0(\bmod p)$,故$x_1y_1\equiv x_2y_2(\bmod p)$.又由$p\nmid x_1$,可得$y_1\equiv y_2(\bmod p)$,这就证明了结论.

5.2.19 今有物不知总,以五累减之无剩,以七百十五累减之剩十,以二百四十七累减之剩一百四十,以三百九十一累减之剩二百四十五,以一百八十七累减之剩一百零九,问总数若干?(黄宗宪:求一术通解)

**解** 依题意,应解同余式组

$$\begin{cases}x\equiv 0(\bmod 5)\\x\equiv 10(\bmod 715)\\x\equiv 140(\bmod 247)\\x\equiv 245(\bmod 391)\\x\equiv 109(\bmod 187)\end{cases} \quad ①$$

因为

$$715=5\cdot 11\cdot 13,247=13\cdot 19,391=17\cdot 23,187=11\cdot 17$$

同余式$x\equiv 10(\bmod 715)$与同余式组

$$\begin{cases}x\equiv 0(\bmod 5)\\x\equiv 10(\bmod 11)\\x\equiv 10(\bmod 13)\end{cases}$$

同解;同余式$x\equiv 140(\bmod 247)$与同余式组

心得 体会 拓广 疑问

$$\begin{cases}x \equiv 10 \pmod{13}\\ x \equiv 7 \pmod{19}\end{cases}$$

同解;同余式 $x \equiv 245 \pmod{391}$ 与同余式组

$$\begin{cases}x \equiv 7 \pmod{17}\\ x \equiv 15 \pmod{23}\end{cases}$$

同解;同余式 $x \equiv 109 \pmod{187}$ 与同余式组

$$\begin{cases}x \equiv 10 \pmod{11}\\ x \equiv 7 \pmod{17}\end{cases}$$

同解. 去掉重复的同余式,① 与同余式组

$$\begin{cases}x \equiv 0 \pmod 5, x \equiv 10 \pmod{11}, x \equiv 10 \pmod{13}\\ x \equiv 7 \pmod{17}, x \equiv 7 \pmod{19}, x \equiv 15 \pmod{23}\end{cases} \quad ②$$

同解,而 ② 合乎孙子定理的条件.

现在来解同余式组 ②,此时

$$m_1 = 5, m_2 = 11, m_3 = 13, m_4 = 17$$

$$m_5 = 19, m_6 = 23, m = 5\ 311\ 735$$

$$b_1 = 0, b_2 = b_3 = 10, b_4 = b_5 = 7, b_6 = 15$$

$$M_1 = 11 \cdot 13 \cdot 17 \cdot 19 \cdot 23, M_2 = 5 \cdot 13 \cdot 17 \cdot 19 \cdot 23$$

$$M_3 = 5 \cdot 11 \cdot 17 \cdot 19 \cdot 23, M_4 = 5 \cdot 11 \cdot 13 \cdot 19 \cdot 23$$

$$M_5 = 5 \cdot 11 \cdot 13 \cdot 17 \cdot 23, M_6 = 5 \cdot 11 \cdot 13 \cdot 17 \cdot 23$$

由 $b_1 = 0$ 知可不求 $M_1^{-1}$. 由于

$$M_2 \equiv 5 \cdot 2 \cdot 6 \cdot 8 \cdot 1 \equiv 7 \pmod{11}$$

$$1 \equiv M_2^{-1} M_2 \equiv 7 M_2^{-1} \pmod{11}$$

所以可取 $M_2^{-1} = 8$. 由于

$$M_3 \equiv 5 \cdot 11 \cdot 4 \cdot 6 \cdot 10 \equiv 5 \pmod{13}$$

$$1 \equiv M_3^{-1} M_3 \equiv 5 M_3^{-1} \pmod{13}$$

所以可取 $M_3^{-1} = 8$. 由于

$$M_4 \equiv 5 \cdot 11 \cdot 13 \cdot 2 \cdot 6 \equiv 12 \pmod{17}$$

及

$$1 \equiv M_4^{-1} M_4 \equiv 12 M_4^{-1} \pmod{17}$$

知可取 $M_4^{-1} = 10$. 由

$$M_5 \equiv 5 \cdot 11 \cdot 13 \cdot (-6) \cdot (-2) \cdot 4 \equiv -1 \pmod 9$$

及
$$1 \equiv M_5^{-1} M_5 \equiv 12 M_5^{-1} \pmod{19}$$

知可取 $M_5^{-1} = -1$. 由

$$M_6 \equiv 5 \cdot 11 \cdot 13 \cdot (-6) \cdot (-4) \equiv 2 \pmod{23}$$

及
$$1 \equiv M_6^{-1} M_6 \equiv 12 M_6^{-1} \pmod{23}$$

知可取 $M_6 = 12$. 由孙子定理知,② 的唯一解,也就是 ① 的唯一解为

$$x \equiv M_1^{-1} M_1 b_1 + M_2^{-1} M_2 b_2 + M_3^{-1} M_3 b_3 +$$

心得 体会 拓广 疑问

$$M_4^{-1}M_4b_4+M_5^{-1}M_5b_5+M_6^{-1}M_6b_6\equiv$$
$$8\cdot(5\cdot 13\cdot 17\cdot 19\cdot 23)\cdot 10+$$
$$8\cdot(5\cdot 11\cdot 17\cdot 19\cdot 23)\cdot 10+$$
$$10\cdot(5\cdot 11\cdot 13\cdot 19\cdot 23)\cdot 7+$$
$$(-1)\cdot(5\cdot 11\cdot 13\cdot 17\cdot 23)\cdot 7+$$
$$12\cdot(5\cdot 11\cdot 13\cdot 17\cdot 19)\cdot 15 \pmod{5\ 311\ 735}$$

即

$$x\equiv 38\ 630\ 800+32\ 687\ 600+21\ 871\ 850-1\ 956\ 955+41\ 570\ 100\equiv$$
$$1\ 448\ 655+817\ 190-1\ 956\ 955+4\ 387\ 955\equiv$$
$$10\ 020 \pmod{5\ 311\ 735}$$

5.2.20　设 $p$ 是一个质数,$A$ 是一个正整数集合,且满足下列条件:

(1) 集合 $A$ 中的元素的质因数的集合中包含 $p-1$ 个元素;

(2) 对于 $A$ 的任意非空子集,其元素之积不是一个整数的 $p$ 次幂.

求 $A$ 中元素个数的最大值.

(IMO 预选题,2003 年)

**解**　最大值为 $(p-1)^2$.

设 $r=p-1$,假设互不相同的质数分别为 $p_1,p_2,\cdots,p_r$,定义

$$B_i=\{p_i,p_i^{p+1},p_i^{2p+1},\cdots,p_i^{(r-1)p+1}\}$$

设 $B=\bigcup_{i=1}^{r}B_i$,则 $B$ 中有 $r^2$ 个元素,且满足条件(1),(2).

假设 $|A|\geqslant r^2+1$,且 $A$ 满足条件(1),(2).下面证明 $A$ 的一个非空子集中的元素之积是一个整数的 $p$ 次幂,从而导致矛盾.

设 $p_1,p_2,\cdots,p_r$ 是 $r$ 个不同的质数,使得每一个 $t\in A$ 均可表示为 $t=p_1^{\alpha_1}p_2^{\alpha_2}\cdots p_r^{\alpha_r}$. 设 $t_1,t_2,\cdots,t_{r+1}^2\in A$,对于每个 $i$,记 $t_i$ 的质因数的幂构成的向量为 $\boldsymbol{v}_i=(\alpha_{i1},\alpha_{i2},\cdots,\alpha_{ir})$. 下面证明,若干个向量 $\boldsymbol{v}_i$ 的和模 $p$ 是零向量,从而可知结论成立.

为此,只要证明下列同余方程组有非零解

$$F_1=\sum_{i=1}^{r^2+1}\alpha_{i1}x'_i\equiv 0 \pmod p$$
$$F_2=\sum_{i=1}^{r^2+1}\alpha_{i2}x'_i\equiv 0 \pmod p$$
$$\vdots$$
$$F_r=\sum_{i=1}^{r^2+1}\alpha_{ir}x'_i\equiv 0 \pmod p$$

心得 体会 拓广 疑问

实际上,如果$(x_1,x_2,\cdots,x_{r^2+1})$是上述同余方程组的非零解,因为$x'_i\equiv 0$或$1(\bmod p)$,所以,一定有若干个向量$\boldsymbol{v}_i$(满足$x_i^r\equiv 1(\bmod p)$的$i$)的和模$p$是零向量.

为证明上面的同余方程组有非零解,只要证明同余方程

$$F=f_1^r+f_2^r+\cdots+f_r^r\equiv 0(\bmod p) \quad ①$$

有非零解即可.

因为每一个$f_i^r\equiv 0$或$1(\bmod p)$,所以,同余方程①等价于$f_i^r\equiv 0(\bmod p)$,$1\leqslant i\leqslant r$.由于$p$为质数,所以,$f_i^r\equiv 0(\bmod p)$又等价于$F_i\equiv 0(\bmod p)$,$1\leqslant i\leqslant r$.

下面证明同余方程①解的个数可以被$p$整除.为此,只要证明

$$\sum f^r(x_1,x_2,\cdots,x_{x^2+1})\equiv 0(\bmod p)$$

这里"$\sum$"表示对所有可能的$(x_1,x_2,\cdots,x_{r^2+1})$的取值求和.实际上,由于$x_i$模$p$有$p$种取值方法,因此,共有$p^{r^2+1}$项.

因为$f^r\equiv 0$或$1(\bmod p)$,所以,$f^r$模$p$余1的项能被$p$整除.从而,$f^r\equiv 0(\bmod p)$的项也能被$p$整除.于是,$F\equiv 0(\bmod p)$的项同样能被$p$整除.因为$p$是质数,平凡解$(0,0,\cdots,0)$只有一个,因此,一定有非零解.

考虑$f^r$的每一个单项式,由于$f_i^r$的单项式最多有$r$个变量,因此,$f^r$的每一个单项式最多有$r^2$个变量,所以,每一个单项式至少缺少一个变量.

假设单项式形如$bx_{j_1}^{\alpha_1}x_{j_2}^{\alpha_2}\cdots x_{j_k}^{\alpha_k}$,其中,$1\leqslant k\leqslant r^2$.当其他$r^2+1-k$个变量变化时,形如$bx_{j_1}^{\alpha_1}x_{j_2}^{\alpha_2}\cdots x_{j_k}^{\alpha_k}$的单项式出现$p^{r^2+1-k}$次,所以,$\sum f^r(x_1,x_2,\cdots,x_{r^2+1})$的每一个单项式均能被$p$整除.

因此$\sum f^r(x_1,x_2,\cdots,x_{r^2+1})\equiv 0(\bmod p)$.

综上所述,所求最大值为$(p-1)^2$.

5.2.21　已知质数$p$不整除整数$k$,求满足

$$(x+y+z)^2\equiv kxyz(\bmod p),0\leqslant x,y,z\leqslant p-1 \quad ①$$

的整数组$(x,y,z)$的个数.

**解**　整数组$(x,y,z)$,$0\leqslant x,y,z\leqslant p-1$可以分成如下四类:

①$p\mid xyz$且$p\nmid x+y+z$,此时对任意整数$k$,式①不成立;

②$p\mid xyz$且$p\mid x+y+z$,此时对任意整数$k$,式①成立;

③$p\nmid xyz$且$p\mid x+y+z$,此时对整数$k=0$,式①成立;

④$p\nmid xyz$且$p\nmid x+y+z$,此时恰存在唯一的整数$k$,$1\leqslant k\leqslant p-1$,使得式①成立.

心得 体会 拓广 疑问

首先计算满足②的整数组$(x,y,z)$的个数.

若$x,y,z$中恰有一个数能被$p$整数,不妨设$p \mid x$,于是$p \mid y+z$,故$(y,z)$可以为$(1,p-1),(2,p-2),\cdots,(p-1,1)$共$p-1$种可能.若$x,y,z$中有两个数能被$p$整除,则第三个数也能被$p$整除,即有$x=y=z=0$.

综上所述,满足②的整数组$(x,y,z)$有$3(p-1)+1=3p-2$个.

其次计算满足③的整数组$(x,y,z)$的个数.

此时$1 \leqslant x,y,z \leqslant p-1, x+y+z=p$或$2p$.

满足$x+y+z=p$且$1 \leqslant x,y,z \leqslant p-1$的整数组$(x,y,z)$的个数即方程$x+y+z=p$的正整数解的个数,等于$C_{p-1}^2$.满足$x+y+z=2p$且$1 \leqslant x,y,z \leqslant p-1$的整数$(x,y,z)$的个数即方程$(p-x)+(p-y)+(p-z)=p$的正整数解的个数,也等于$C_{p-1}^2$.

从而满足③的整数组$(x,y,z)$有$2C_{p-1}^2=(p-1)(p-2)$个.满足③,④的整数组$(x,y,z)$显然共有$(p-1)^3$个.从而满足④的整数组$(x,y,z)$有$(p-1)^3-(p-1)(p-2)$个.

最后证明对于任意整数$k$,$1 \leqslant k \leqslant p-1$,满足式①的整数组$(x,y,z)$的个数都是相同的.

设$(x_0,y_0,z_0)$是①的一组解,$(x_1,y_1,z_1)$是方程

$$(x+y+z)^2 \equiv xyz \pmod p, 0 \leqslant x,y,z \leqslant p-1 \qquad ②$$

的一组解.

建立映射$f:(x_0,y_0,z_0) \to (x_1,y_1,z_1)$如下:

$x_1,y_1,z_1$分别为$kx_0,ky_0,kz_0$除以$p$的余数.由①可知

$$(kx_0+ky_0+kz_0)^2 \equiv (kx_0)(ky_0)(kz_0) \pmod p$$

即$(x_1,y_1,z_1)$是②的解,$f$确是一个映射.并且由于$p \nmid k$,所以不同的$(x_0,y_0,z_0)$对应不同的$(x_1,y_1,z_1)$,$f$是单射.

又对②的任一解$(x_1,y_1,z_1)$,设$k'$为$k$的数论倒数(即$kk' \equiv 1 \pmod p$),则令$x_0,y_0,z_0$分别为$k'x_1,k'y_1,k'z_1$除以$p$的余数,由于

$$(k'x_1+k'y_1+k'z_1)^2 \equiv k'^2x_1y_1z_1 \equiv k \cdot (k'x_1)(k'y_1)(k'z_1) \pmod p$$

故$(x_0,y_0,z_0)$为①的解.

并且易见$(x_0,y_0,z_0)$在$f$下的象即为$(x_1,y_1,z_1)$,从而$f$是满映.

综上所述,$f$是一一映射,即满足式①与②的整数组$(x,y,z)$的个数是相同的.

于是本题的答案为

$$3(p-1)+1+\frac{(p-1)^3-(p-1)(p-2)}{p-1}=p^2+1$$

心得 体会 拓广 疑问

# 第6章 不定方程

不定方程又称“丢番图方程”，它一般是求方程的整数解，也有求正整数解和有理数解的.

解不定方程一般有以下几点要求：

(1) 证明无解或有解；

(2) 求出部分解；

(3) 求出全部解.

不定方程的几个特殊类型，人们已搞得比较清楚，它们是复杂不定方程的基础.

**定理** 一次不定方程 $a_1x_1+a_2x_2+\cdots+a_kx_k=c$ 有解的充要条件是 $(a_1,a_2,\cdots,a_k)\mid c$.

**定理** $ax+by=c$ 中 $(x_0,y_0)$ 是一组解，则通解为

$$x=x_0+\frac{b}{(a,b)}t$$

$$y=y_0-\frac{a}{(a,b)}t$$

$t$ 为任意整数.

**定理** 设 $n$ 为正整数，$n=d^2m$，其中 $m$ 无平方因子，则 $x^2+y^2=n$ 有整数解的充要条件为 $m$ 无 $4k+3$ 型素因数.

**定理** 若 $(x,y)=1$，且 $x^2+y^2=z^2$，$x$ 为偶数，则存在整数 $a$，$b$ 使

$$x=2ab, y=b^2-a^2, z=a^2+b^2$$

设 $d$ 为非平方正整数，$x^2-dy^2=\pm1$ 称为Pell方程，Pell方程 $x^2-dy^2=1$ 一定有解.

**定理** Pell方程 $x^2-dy^2=1$ 中最小正整数解为 $(x_1,y_1)$，则通解为

$$x_n\pm\sqrt{d}y_n=(x_0\pm\sqrt{d}y_0)^n$$

**定理** 对于Pell方程 $x^2-dy^2=-1$，如果 $\sqrt{d}$ 的循环连分数周期为偶数，则无解；如 $\sqrt{d}$ 的循环连分数周期为奇数，则

$$x_n\pm\sqrt{d}y_n=(x_1\pm\sqrt{d}y_1)^n$$

这里 $n$ 为奇数，$(x_1,y_1)$ 是最小正解.

证明不定方程无解或求解，通常用模、不等式估计和无穷递降法等.

心得 体会 拓广 疑问

## 6.1 一次及二次不定方程(组)

6.1.1 有堆成一堆的100个小砝码,总量为500 g,已知只有1 g,10 g和50 g三种砝码,在这堆砝码中,每一种砝码各有多少?

(第9届全俄数学奥林匹克,1983年)

**解** 设1 g,10 g和50 g砝码分别有$x$个,$y$个和$z$个,由题目条件得方程组

$$\begin{cases}x+y+z=100\\x+10y+50z=500\end{cases}$$

消去$x$得

$$9y+49z=400$$
$$9(y+5z)=4(100-z)$$

由此可得

$$4\mid y+5z$$

设$y+5z=4t,t\in\mathbf{Z}$,则

$$100-z=9t$$
$$z=100-9t$$
$$y=4t-5z=49t-500$$

由$y\geqslant 1,z\geqslant 1$可得

$$10<\frac{501}{49}\leqslant t\leqslant 11$$

于是 $t=11,z=1,y=39,x=60$

所以在这堆砝码中,1 g的60个,10 g的39个,50 g的1个.

6.1.2 求$2x+3y+5z=15$的正整数解.

**解** 设$u=x+2z$,得$2u+3y+z=15$,故

$$z=15-2u-3y$$
$$x=u-2z=5u+6y-30$$

其中$y,u$为任意整数.又要求$x>0,z>0$得

$$5u+6y-30>0 \quad ①$$
$$15-2u-3y>0 \quad ②$$

①×2+②×5得

$$-3y+15>0$$

因此$0<y<5$,即

心得 体会 拓广 疑问

$$y = 1,2,3,4$$

当 $y = 1$,由 ①,② 知 $\frac{24}{5} < u < 6$,即 $u = 5$,从而

$$x = 1, z = 2$$

同理,当 $y = 2$ 得 $u = 4, x = 2, z = 1$;当 $y = 3$ 和 4 时满足 ①,② 的整数值 $u$ 不存在.

因此,方程的整数解为

$$\begin{cases} x = 1 \\ y = 1, \\ z = 2 \end{cases} \quad \begin{cases} x = 2 \\ y = 2 \\ z = 1 \end{cases}$$

6.1.3　证明:对任意的整数 $a$ 和 $b$,方程组

$$\begin{cases} x + y + 2z + 2t = a \\ 2x - 2y + z - t = b \end{cases}$$

有整数解.

(匈牙利数学奥林匹克,1926 年)

**证明**　(1) 首先证明,如果 $a = 1, b = 0$,那么方程组

$$\begin{cases} x + y + 2z + 2t = 1 \\ 2x - 2y + z - t = 0 \end{cases} \quad ①$$

至少有一组整数解.

事实上,$x = 1, y = 0, z = -1, t = 1$ 就是方程组 ① 的一组解.

(2) 如果 $a = 0, b = 1$,那么方程组

$$\begin{cases} x + y + 2z + 2t = 0 \\ 2x - 2y + z - t = 1 \end{cases} \quad ②$$

也至少有一组整数解.

事实上,$x = -1, y = -1, z = 1, t = 0$ 就是方程组 ② 的一组解.

(3) 如果方程组 ① 的任一组解为 $(x_1, y_1, z_1, t_1)$,方程组 ② 的任一组解为 $(x_2, y_2, z_2, t_2)$,那么

$$\begin{cases} x = ax_1 + bx_2 \\ y = ay_1 + by_2 \\ z = az_1 + bz_2 \\ t = at_1 + bt_2 \end{cases}$$

满足原来的方程组

$$\begin{cases} x + y + 2z + 2t = a \\ 2x - 2y + z - t = b \end{cases} \quad ③$$

对于方程组 ① 和 ② 的特解

$$(x_1, y_1, z_1, t_1) = (1, 0, -1, 1)$$

心得 体会 拓广 疑问

$$(x_2, y_2, z_2, t_2) = (-1, -1, 1, 0)$$

则 $x = a - b, y = -b, z = -a + b, t = a$ 是方程组 ③ 的整数解.

于是,对于任意的整数 $a$ 和 $b$,原来的方程组至少有一组整数解.

6.1.4 设 $x, y$ 是使 $xy - 1$ 能被素数 1 979 除尽的整数,以 $(x, y)$ 为坐标的那些点,如果有三点在一条直线上,求证:这三点中至少有两点,它们的横坐标之差与纵坐标之差都能被 1 979 除尽.

(中国四川省数学竞赛,1979 年)

**证明** 记 $1\,979 = p$.

设 $(x_1, y_1)$ 与 $(x_i, y_i)$ $(i = 2, 3)$ 三个整点所共线的既约方程为 $ax + by = c$,其中 $a, b, c$ 为整数.

若 $p \mid a, p \mid b$,则必有 $p \mid c$,由此可设 $p \nmid b$. 因为

$$ax_1 + by_1 = c$$

$$ax_i + by_i = c \quad (i = 2, 3)$$

所以

$$a(x_1 - x_i) = b(y_i - y_1) \quad ①$$

$$a(x_3 - x_2) = b(y_2 - y_3) \quad ②$$

根据题设

$$x_1 y_1 = 1 + k_1 p$$

$$x_i y_i = 1 + k_i p \quad (i = 2, 3) \quad ③$$

所以

$$x_i y_i = x_1 y_1 + (k_i - k_1) p$$

于是有

$$\begin{aligned}(x_1 - x_i) b y_i = b x_1 y_i - b x_i y_i = \\ b x_1 y_i - b x_1 y_1 - b(k_i - k_1) p = \\ b x_1 (y_i - y_1) - b(k_i - k_1) p = \\ a x_1 (x_1 - x_i) - b(k_i - k_1) p\end{aligned}$$

即

$$(x_1 - x_i)(a x_1 - b y_i) = b(k_i - k_1) p$$

由此可见,若 $p \nmid (x_1 - x_2)$,则 $p \mid (ax_1 - by_2)$,若 $p \nmid (x_1 - x_3)$,则 $p \mid (ax_1 - by_3)$,因此,若 $p \nmid (x_1 - x_2)(x_1 - x_3)$,则

$$p \mid b(y_2 - y_3)$$

因为 $p \nmid b$,则

$$p \mid (y_2 - y_3)$$

所以

$$p \mid x_2 (y_2 - y_3)$$

又由 ③ 有

心得 体会 拓广 疑问

$$p \mid (1 - x_2y_2),\quad p \mid (x_3y_3 - 1)$$

将以上三式相加得

$$p \mid (x_3 - x_2)y_3$$

由 ③,显然 $p \nmid y_3$,于是

$$p \mid (x_3 - x_2)$$

同理,若 $p \nmid (x_3 - x_2)$,则 $p \mid (x_1 - x_2)$ 或 $p \mid (x_1 - x_3)$.

因此,$x_1 - x_2, x_1 - x_3, x_3 - x_2$ 三者至少有一个能被 $p$ 整除.

由 ①,②,若 $p \mid (x_j - x_i)$,则 $p \mid (y_j - y_i)$.

于是本题得证.

6.1.5　某人到银行去兑换一张 $d$ 元和 $c$ 分的支票,出纳员出错,给了他 $c$ 元和 $d$ 分,此人直到用去 23 分后才发觉其错误,此时他发现还有 $2d$ 元和 $2c$ 分,问该支票原为多少钱?

**解**　由题意列式得

$$100c + d - 23 = 100 \times 2d + 2c$$

即

$$98c - 199d = 23$$

令 $u = c - 2d$ 得

$$98u - 3d = 23$$

令 $v = 33u - d$ 得

$$3v - u = 23$$

所以 $u = 3v - 23$($v$ 为任意整数),代入得

$$d = 33u - v = 98v - 33 \times 23$$

$$c = u + 2d = 199v - 67 \times 23 \quad ①$$

其中 $v$ 是任意整数,又根据题意要求

$$d > 0, 0 < c < 100$$

根据 ①,仅当 $v = 8$ 时满足此要求,从而

$$d = 25, c = 51$$

因此该支票原为 25 元 51 分.

6.1.6　设 $a_i, b_i, k_i (i = 1,2)$ 是给定的整数,且 $a_1b_2 - a_2b_1 \neq 0$. 求存在同时满足方程

$$a_1x + b_1y = k_1, a_2x + b_2y = k_2$$

的整数值 $x, y$ 的必要充分条件.

**解**　设存在整数 $x = c, y = d$,使

$$a_1c + b_1d = k_1, a_2c + b_2d = k_2$$

于是有

$$c(a_1b_2-a_2b_1)=k_1b_2-k_2b_1$$
$$d(a_1b_2-a_2b_1)=a_1k_2-a_2k_1$$

由于 $a_1b_2-a_2b_1\neq 0$,于是有

$$a_1b_2-a_2b_1 \mid k_1b_2-k_2b_1$$
$$a_1b_2-a_2b_1 \mid a_1k_2-a_2k_1$$

此即必要条件.

反之,当此条件成立时,设

$$(a_1b_2-a_2b_1)q=k_1b_2-k_2b_1$$
$$(a_1b_2-a_2b_1)\gamma=a_1k_2-a_2k_1$$

于是有

$$(a_1b_2-a_2b_1)(a_1q+b_1\gamma)=a_1(k_1b_2-k_2b_1)+b_1(a_1k_2-a_2k_1)=(a_1b_2-a_2b_1)k_1$$

由于 $a_1b_2-a_2b_1\neq 0$,故 $a_1q+b_1\gamma=k_1$. 同理可得 $a_2q+b_2\gamma=k_2$. 所以,所得条件也是充分的.

因此所求的充要条件是 $a_1b_2-a_2b_1$ 同时整除 $k_1b_2-k_2b_1$ 和 $a_1k_2-a_2k_1$.

6.1.7 证明:对任意 $a,b,c\in\mathbf{N}^*$,$(a,b)=1$,且 $c\geqslant(a-b)(b-1)$,方程 $c=ax+by$ 有非负整数解.

(法国,1979 年)

**证明** 由中国剩余定理,存在整数 $n\in[0,ab)$,使得 $n\equiv 0(\bmod b)$,且 $n\equiv c(\bmod a)$,因此 $n=by=c-ax$,其中 $x,y\in\mathbf{Z}$,因为 $0\leqslant by<ab$,所以 $0\leqslant y\leqslant a-1$,且 $n\leqslant(a-1)b$. 再由 $c-ax\leqslant(a-1)\times b$,$c\geqslant(a-1)(b-1)$ 可知

$$ax\geqslant(a-1)(b-1)-(a-1)b=1-a>-a$$

即 $x>-1$. 因此 $\in\mathbf{Z}^*$ 是原方程的解.

6.1.8 在平面上考虑由整点构成的点网络. 试对具有有理斜率的直线证明下述结论:

(1) 这样的直线或者不通过网络点,或者通过无穷多个网络点.

(2) 对于每一条这样的直线,都存在一个正数 $d$,使得除去直线上可能有的网络点之外,再没有网络点与直线的距离小于 $d$.

(第 11 届美国普特南数学竞赛,1951 年)

**证明** (1) 设 $l$ 是一条具有有理斜率的直线,则其方程可以写为

心得 体会 拓广 疑问

$$ax + by + c = 0$$

其中 $a$ 和 $b$ 都是整数,且 $b \neq 0$.

设$(x_1, y_1)$是直线 $l$ 上的一个整点,则

$$ax_1 + by_1 + c = 0$$

且又有

$$a(x_1 + kb) + b(y_1 - ka) + c = ax_1 + by_1 + c = 0$$

因此,形为$(x_1 + kb, y_1 - ka)$, $k \in \mathbf{Z}$ 的整点全在直线 $l$ 上.
所以,如果在具有有理斜率的一条直线上有一个整点,则在它上面就有无穷多个整点.

(2) 设$(p,q)$为一整点,则$(p,q)$到直线 $l: ax + by + c = 0$ 的距离为

$$d_0 = \frac{|ap + bp + c|}{\sqrt{a^2 + b^2}}$$

因为 $a,b,p,q$ 均为整数,则 $ap + bp$ 为整数.

若 $c$ 为整数,则

$$d_0 = 0 \quad 或 \quad d_0 \geqslant \frac{1}{\sqrt{a^2 + b^2}} \tag{①}$$

若 $c$ 不是整数,设 $e$ 是与 $c$ 最接近的整数,则

$$d_0 \geqslant \frac{|e - c|}{\sqrt{a^2 + b^2}} \tag{②}$$

由于$(p,q)$是任意的,则存在 $d$ 使之不满足①,②$(d \neq 0)$,即存在正数 $d$,使得没有直线 $l$ 之外的整点与该直线的距离小于 $d$.

6.1.9 设 $L$ 为平面上所有整点的集合. 证明:对 $L$ 中的任意三点 $A,B,C$,$L$ 中有第四点 $D$,不同于 $A,B,C$,使得线段 $AD$,$BD$,$CD$ 的内部不含 $L$ 的点,对于 $L$ 中任意四点,结论是否成立?

(第 30 届国际数学奥林匹克候选题,1989 年)

**解** 联结整点 $A(a_1,a_2)$,$B(b_1,b_2)$的线段内部无整点等价于

$$(b_1 - a_2, b_2 - a_2) = 1$$

不妨设已知的三点为 $A(a_1,a_2)$,$B(b_1,b_2)$,$C(0,0)$.

设$(a_2,b_2) = d$,则

$$a_2 = a_2 d, b_2 = b_2 d, (a_2, b_2) = 1$$

由于

$$(a'_2 - b'_2, b'_2) = 1$$

可取整数 $s$ 满足

$$sb'_2 \equiv 1 (\bmod (a'_2 - b'_2))$$

令 $y = da'_2 b'_2 s + 1$,则

$$(y,y-a_2)=(y,y-b_2)=1$$

由于 $b'_2s\equiv 1(\bmod a'_2-b'_2)$,则可设 $b'_2s-1=k(a'_2-b'_2)$.

$$\begin{aligned}(y-a_2,y-b_2)&=(1+a'_2d(b'_2s-1),a_2-b_2)=\\&(1+a'_2dk(a'_2-b'_2),a_2-b_2)=\\&(1+a'_2k(a_2-b_2),a_2-b_2)=1\end{aligned}$$

由中国剩余定理知,有整数 $x$ 满足不定方程组

$$\begin{cases}x\equiv 1 & (\bmod y)\\x\equiv a_1+1 & (\bmod y-a_2)\\x\equiv b_1+1 & (\bmod y-b_2)\end{cases}$$

这里整点 $(x,y)$ 满足

$$(x,y)=(x-a_1,y-a_2)=(x-b_1,y-b_2)=1$$

因此存在第四点 $D$,使得 $AD,BD,CD$ 的内部不含 $L$ 的点.

对任意四点,题中所述结论不一定成立.

设集 $L$ 中的四点为

$$A(0,0),B(1,0),C(0,1),D(1,1)$$

对于任意一点 $E(x,y)\in L$,则 $(x,y)$ 的奇偶分布情况必与 $A,B,C,D$ 中某一点完全相同,从而 $E$ 与这点的对应的坐标之差均为偶数,联结这点与 $E$ 的线段内部必有整点.因此,对于 $L$ 中任意四点,题中所述结论不再成立.

6.1.10 $T$ 为三维空间中所有整点的集合.点 $(x,y,z)$ 与点 $(u,v,w)$,当且仅当 $|x-u|+|y-v|+|z-w|=1$ 时,称为相邻的点.

证明:存在集 $S\subset T$,使得每个点 $P\in T$,在 $P$ 与 $P$ 的相邻点中恰好有一个属于 $S$.

(第 26 届国际数学奥林匹克候选题,1985 年)

**证明** 我们注意到,任一整点 $P(u,v,w)$ 都有六个相邻点

$$(u\pm 1,v,w),(u,v\pm 1,w),(u,v,w\pm 1)$$

构造一个关于 $(x,y,z)$ 的辅助函数

$$f(x,y,z)=x+2y+3z$$

则点 $P$ 及其六个相邻对应的函数值为

$$u+2v+3w,u+2v+3w\pm 1$$

$$u+2v+3w\pm 2,u+2v+3w\pm 3$$

这七个数是相邻的整数,因此恰有一个数能被 7 整除.

为此,令

$$S=\{(x,y,z)\mid 7\mid x+2y+3z\}$$

显然,集合 $S$ 即为所求.

心得 体会 拓广 疑问

6.1.11　求使前 $n$ 个自然数($n>1$)的平方平均数是一个整数的最小正整数 $n$.

(注:$n$ 个数 $a_1,a_2,\cdots,a_n$ 的平方平均数是 $\sqrt{\dfrac{a_1^2+a_2^2+\cdots+a_n^2}{n}}$)

(第5届美国数学奥林匹克,1986年)

**解**　设 $\sqrt{\dfrac{1^2+2^2+\cdots+n^2}{n}}=m,m\in\mathbf{Z}$,则

$$\frac{1^2+2^2+\cdots+n^2}{n}=m^2$$

$$\frac{(n+1)(2n+1)}{6}=m^2$$

$$(n+1)(2n+1)=6m^2$$

因为 $6m^2$ 为偶数,$2n+1$ 为奇数,所以 $n+1$ 是偶数,从而 $n$ 是奇数.

设 $n=6p+3$ 或 $n=6p-1$ 或 $n=6p+1$.

(1)当 $n=6p+3$ 时,则

$$(6p+4)(12p+7)=6m^2$$

$$72p^2+90p+28=6m^2$$

由于

$$6\mid 72,6\mid 90,6\nmid 28$$

所以此时无解.

(2)当 $n=6p-1$ 时,则

$$6p(12p-1)=6m^2$$

即

$$m^2=p(12p-1)$$

由于 $p$ 和 $12p-1$ 互质,则为使上式成立,$p$ 和 $12p-1$ 必须都是完全平方数.设

$$p=s^2,12p-1=t^2$$

消去 $p$ 得

$$t^2=12s^2-1=4(3s^2-1)+3$$

因为一个平方数被4除只能余0或1,所以上式不可能成立.

此时亦无解.

(3)当 $n=6p+1$ 时,则

$$(6p+2)(12p+3)=6m^2$$

即

$$m^2=(3p+1)(4p+1)$$

由于 $3p+1$ 和 $4p+1$ 互质,则 $3p+1$ 与 $4p+1$ 必须都是完全平方数.

设

$$3p+1=u^2,4p+1=v^2$$

消去 $p$ 得

$$4u^2-3v^2=1$$

显然,$u=v=1$ 是其中的一组解,但此时

心得 体会 拓广 疑问

$$p=0,n=1$$

与 $n>1$ 矛盾.

由 $4u^2-3v^2=1$ 可知,$v$ 必为奇数.

设 $v=2q+1$,则方程化为

$$u^2-3q(q+1)-1=0$$

由于 $q(q+1)$ 为偶数,可知 $u$ 也为奇数.

设 $u=2j+1$,则上面的方程化为

$$4j(j+1)=3q(q+1)$$

显然,方程左边为 8 的倍数,为使方程右边为 8 的倍数,又使 $n$ 最小,可设 $q+1=8$. 此时

$$q=7,j=6,j+1=7$$

于是有

$$u=2j+1=13,v=2q+1=15$$

$$u^2=3p+1=169,p=56$$

从而

$$n=6p+1=337$$

6.1.12 $n(n\geqslant 2)$ 名选手的比赛持续 $k$ 天,每天各选手的得分恰为 $1,2,\cdots,n$(无两人有相同得分),$k$ 天结束时,每位选手的总分都是 26.

试求所有可能的 $(n,k)$ 值.

(第 22 届加拿大数学竞赛,1990 年)

**解** 计算全体选手所得总分之和,有 $k(1+2+\cdots+n)=26n$,即

$$k(n+1)=52 \qquad ①$$

对 52 进行素因数分解,$52=2^2\cdot 13$,它共有 6 个不同的约数

$$1,2,4,13,26,52$$

由于 $n+1\geqslant 3$,$k\geqslant 2$(若 $k=1$,即只有一天比赛,各选手得分不可能相同),所以方程 ① 只有三组解

$$(n,k)=(25,2),(12,4),(3,13)$$

事实上,这三组解都是可能的,可以列出这三组解中各选手每天得分的情况.

当 $n=25,k=2$ 时

$$1,2,3,\cdots,25 \qquad (第 1 天)$$

$$25,24,23,\cdots,1 \qquad (第 2 天)$$

当 $n=12,k=4$ 时

$$1,2,3,\cdots,12 \qquad (第 1 天)$$

$$12,11,10,\cdots,1 \qquad (第 2 天)$$

心得 体会 拓广 疑问

$1,2,3,\cdots,12$ （第3天）

$12,11,10,\cdots,1$ （第4天）

当 $n=3,k=13$ 时

1,2,3 （第1天）

1,2,3 （第2天）

1,2,3 （第3天）

1,2,3 （第4天）

2,3,1 （第5天）

2,3,1 （第6天）

2,3,1 （第7天）

2,3,1 （第8天）

2,1,3 （第9天）

3,1,2 （第10天）

3,1,2 （第11天）

3,1,2 （第12天）

3,2,1 （第13天）

6.1.13　方程 $2x_1+x_2+x_3+x_4+x_5+x_6+x_7+x_8+x_9+x_{10}=3$ 有多少个非负整数解？

（中国，1985年）

**解**　因为方程中 $x_1,x_2,\cdots,x_{10}$ 都是非负整数，所以 $x_1=1$ 或 0. 下面分两种情形讨论.

（1）当 $x=1$ 时，$x_2+x_3+\cdots+x_{10}=1$. 因此在非负整数 $x_2,x_3,\cdots,x_{10}$ 中恰有一个为1，其他均为0. 这种取值方法有 $C_9^1=9$ 种.

（2）当 $x=0$ 时，$x_2+x_3+\cdots+x_{10}=3$. 因此在非负整数 $x_2,x_3,\cdots,x_{10}$ 中可以恰有三个为1，其他均为0，也可以恰有一个为1，一个为2，其他为0，还可以恰有一个为3，其他为0. 所有的可能取值方法总数为 $C_9^3+C_9^2+C_9^1=165$ 种.

于是原方程共有174个非负整数解.

6.1.14　证明：对任意整数 $a,b,5a\geqslant 7b\geqslant 0$，方程组

$$\begin{cases}x+2y+3z=7u=a\\ y+2z+5u=b\end{cases}$$

有非负整数解.

（南斯拉夫，1981年）

**证明**　设 $a,b\in\mathbf{Z}$，且 $5a\geqslant 7b\geqslant 0$. 令 $u=\left[\dfrac{b}{5}\right]$，则 $v=b-5u$

心得 体会 拓广 疑问

只能在集合{0,1,2,3,4}中取值.

由 $7b=7(5u+v)=35u+7v$ 得到

$$a-7u\geqslant\frac{7b}{5}-7u=\frac{7v}{5}$$

当 $v=0$ 时,令 $y=z=0,x=a-7u$,则 $x\geqslant\frac{7v}{5}=0$.

当 $v=1$ 时,令 $y=1,z=0,x=a-7u-2$,则 $x\geqslant\frac{7}{5}-2>-1$,即 $x\geqslant0$(因为 $x\in\mathbf{Z}$).

当 $v=2$ 时,令 $y=0,z=1,x=a-7u-3$,则 $x\geqslant\frac{14}{5}-3>-1$,即 $x\geqslant0$.

当 $v=3$ 时,令 $y=z=1,x=a-7u-5$,则 $x\geqslant\frac{21}{5}-5>-1$,即 $x\geqslant0$.

最后当 $v=4$ 时,令 $y=0,z=2,x=a-7u-6$,则 $x\geqslant\frac{28}{5}-6>-1$,即 $x\geqslant0$.

由此可见,在各情形下,$x,y,z,u\in\mathbf{Z}^*$ 满足 $x=a-7u-3z-2y,5u=b-v=b-2z-y$,因而也满足原方程组.

6.1.15 证明:方程 $x-y+z=1$ 有无限多组正整数解,其中 $x,y,z$ 两两不同,并且任意两个之积都被第三个整除.

(苏联,1988年)

**证明** 设方程的正整数的解 $x,y,z$ 两两不同,并且其中任意两个之积都被第三个整除,即

$$x\mid yz,y\mid xz,z\mid xy$$

因此

$$xy=zu,yz=xv,xz=yw$$

其中 $u,v,w\in\mathbf{Z}^*$. 所以

$$(xyz)^2=xyzuvw$$

由于 $xyz\neq0$,所以 $uvw=xyz$. 于是

$$z^2u=x^2v=y^2w=xyz=uvw$$

从而

$$x^2=uw,y^2=uv,z^2=vw$$

即

$$x=\sqrt{uw},y=\sqrt{uv},z=\sqrt{vw}$$

令 $n=\sqrt{u},m=\sqrt{w},k=\sqrt{v}$,则

$$x=nm,y=nk,z=mk$$

把 $x,y,z$ 代入原方程,得到 $n(k-m)=mk-1$. 令 $k-m=1$,则 $n=m^2+m-1$. 于是

$$x=m(m^2+m-1), y=(m+1)(m^2+m-1), z=m(m+1)$$

经验证,当 $m=1,2,\cdots$ 时,上式给出了原方程的无限多个符合要求的正整数解.

6.1.16 设 $a_1,a_2,\cdots,a_n,\cdots$ 为无限正整数列,且 $a_k<a_{k+1}$ $(k\geqslant 1)$. 试证明:存在 $a_p,a_q(p\neq q)$ 使得方程

$$a_px+a_qy=a_m$$

对无限多个 $a_m$ 有正整数解.

**证法1** 由假设 $a_n>a_2>1(n>2)$. 用 $a_2$ 除 $a_n(n>2)$ 各项得

$$a_n=Q_na_2+r_n, 0\leqslant r_n\leqslant a_2-1, n=3,4,\cdots$$

这样将数列 $\{a_n\}$ 分成余数为 $r(r=0,1,\cdots,a_2-1)$ 的 $a_2$ 组子数列. 由于 $\{a_n\}$ 是无限数列,从而这 $a_2$ 组子数列中,至少有一组是无限子列,不妨设余数为 $r_0$ 的子列是无限的,即有无限子列 $\{a_{n_i}\}$ 使得

$$a_{n_i}=Q_{n_i}\cdot a_2+r_0 \quad (i=1,2,\cdots) \qquad ①$$

这里 $n_{i+1}>n_i\geqslant 3(i=1,2,\cdots)$,由①可知

$$a_{n_i}-a_{n_1}=(Q_{n_i}-Q_{n_1})a_2 \quad (i=2,3,\cdots)$$

因 $a_{n_i}-a_{n_1}>0, a_2>0$,故 $Q_{n_i}-Q_{n_1}>0$. 取 $a_p=a_2, a_q=a_{n_1}$,则方程

$$x_{a_p}+y_{a_q}=a_{n_1}$$

对一切 $i=2,3,\cdots$ 有正整数解

$$x=Q_{n_i}-Q_{n_1}, y=1$$

这就证明了结论.

**证法2** 利用同余的概念,可得到更简洁的证明.

因为有 $a_2>0$,故可以 $a_2$ 为模,将 $\{a_n\}$ 中的所有项分为 $a_2$ 个剩余类,每类中的项关于模 $a_2$ 互相同余,不同类的项则不同余,这 $a_2$ 个剩余类中至少有一个含有无限多个 $a_i$,记这类元素为 $\{a_{n_i}\}$,于是

$$a_{n_m}\equiv a_{n_p}(\bmod a_2) \quad (m,p=1,2,\cdots)$$

从而

$$a_{n_m}-a_{n_p}=ya_2$$

这里 $y$ 为正整数. 令 $x=1, a_2=a_q, a_p=a_{n_p}$,于是

$$a_px+ya_q=a_{n_m} \quad (m=1,2,\cdots)$$

因为 $a_p>a_2$,故 $p\neq q$,$x,y$ 为正整数. 这样便证明了结论.

6.1.17 设$(a,b,c)=1$,证明:$ax+by+cz=1$的一般解为

$$x=rt+crm+nb/d$$
$$y=st+csm-na/d$$
$$z=u-dm \qquad ①$$

其中$m,n$为任意整数,$r$和$s$满足$ar+bs=d=(a,b)$,$t$和$u$满足$dt+cu=1$的整数.

**证明** 将①代入方程$ax+by+cz=1$,易知是方程的解.只要证方程的一切解具有形式①.

设$(a,b)=d$,则方程$ax+by=d$的一般解为

$$x=r+nb/d$$
$$y=s-na/d$$

从而方程$ax+by=vd$的一般解为

$$\begin{cases}x=vr+nb/d\\y=vs-na/d\end{cases}\quad (n=0,\ \pm1,\ \pm2,\cdots) \qquad ②$$

由此可见,方程$ax+by+cz=1$的整数解,必使$ax+by$为整数,从而必有$ax+by=vd$,其中$v$为整数,即此时转化为求方程

$$dv+cz=1$$

的整数解.因为$(a,b,c)=1$,$(a,b)=d$,故$(d,c)=1$,从而方程的一般解为

$$\begin{cases}v=t+mc\\z=u-md\end{cases}\quad (m=0,\ \pm1,\ \pm2,\cdots) \qquad ③$$

将③代入②得方程①的解为

$$x=rt+rmc+nb/d$$
$$y=st+smc-na/d$$
$$z=u-md$$

其中$m,n$为任意整数,$r$和$s$满足$ar+bs=d=(a,b)$,$t$和$u$满足$dt+cu=1$的整数解.

6.1.18 求所有使等式

$$7a+14b=5a^2+5ab+5b^2$$

成立的整数对$(a,b)$.

**解** 原方程可看作关于$b$的一元二次方程

$$5b^2+(5a-14)b+5a^2-7a=0$$

其解为

心得 体会 拓广 疑问

$$b_{1,2}=\frac{14-5a\pm\sqrt{(5a-14)^2-20(5a^2-7a)}}{10}=$$

$$\frac{14-5a\pm\sqrt{196-75a^2}}{10} \qquad ①$$

仅当 $196-75a^2\geqslant 0$,即 $a^2\leqslant\frac{196}{75}$ 时其解为实数. 因此

$$-\frac{14\sqrt{3}}{15}\leqslant a\leqslant\frac{14\sqrt{3}}{15}$$

因为 $a$ 必须是整数,所以 $a\in\{-1,0,1\}$.

将 $a=-1$ 代入式 ① 得

$$b_1=3,b_2\notin\mathbf{Z}$$

同理,当 $a=0$ 时,$b_1\notin\mathbf{Z}$,$b_2=0$;当 $a=1$ 时,$b_1=2$,$b_2\notin\mathbf{Z}$. 因此,所给方程的解为

$$(a,b)\in\{(-1,3),(0,0),(1,2)\}$$

6.1.19　给定方程组

$$\begin{cases}y-2x-a=0 & ①\\ y^2-xy+x^2-b=0 & ②\end{cases}$$

其中 $a,b$ 是整数,$x$ 和 $y$ 是未知数.

证明:如果这个方程组有一组有理数解,那么这组有理数一定是整数.

(匈牙利数学奥林匹克,1917 年)

**证明**　由 ① 得

$$x=\frac{y-a}{2} \qquad ③$$

将 ③ 代入 ② 得

$$y^2-y\cdot\frac{y-a}{2}+\left(\frac{y-a}{2}\right)^2-b=0$$

整理得

$$3y^2=4b-a^2$$

$$(3y)^2=3(4b-a^2) \qquad ④$$

假设 $x$ 和 $y$ 是满足方程组 ① 和 ② 的有理数,因而 $x$ 和 $y$ 也满足方程 ③ 和 ④.

因为 $a$ 与 $b$ 是整数,则式 ④ 右边也是整数,于是 $(3y)^2$ 为整数,因此 $3y$ 也必须是整数.

又因为式 ④ 右边是 3 的倍数,从而 $(3y)^2$ 也能被 3 整除,因此 $3y$ 也必须是 3 的倍数,于是 $y$ 是整数.

下面再证明 $x$ 是整数.

由式 ④ 可得

$$(3y)^2+3a^2=12b, 3y^2+a^2=4b$$

由于$4b$是偶数,则$3y^2$与$a^2$必须同为奇数或同为偶数,于是$y$和$a$也同为奇数或同为偶数.

于是,$y-a$为偶数,$x=\frac{y-a}{2}$为整数.

**6.1.20** 如果两个相邻数的立方之差为一平方数,则它是相邻的两数平方的和之平方.

**解** 为此,解丢番图方程

$$(x+1)^3-x^3=3x^2+3x+1=y^2$$

乘以4,得

$$3(2x+1)^2=(2y-1)(2y+1)$$

因为$2y-1$和$2y+1$互素,得下列两种情况

$$(1)\begin{cases}2y-1=3m^2\\2y+1=n^2\end{cases},\quad(2)\begin{cases}2y-1=m^2\\2y+1=3n^2\end{cases}$$

其中$m$和$n$是互素奇整数.第一种情况是不可能的,因为得到$n^2-3m^2=2$,这与2是3的二次非剩余这一事实相矛盾.第二种情况中,令$m=2k+1$,得

$$2y=4k^2+4k+2=\{(k+1)^2+k^2\}$$

这便证明了定理.

**6.1.21** 证明:存在无穷多个正整数三元组$(a,b,c)$,使得$a$,$b$,$c$是等差数列,并且$ab+1$,$bc+1$,$ca+1$都是完全平方数.

**证明** 设$(u,v)$是Pell方程$x^2-3y^2=1$的一组正整数解,令$a=2v-u$,$b=2v$,$c=2v+u$,显然$a,b,c$都是正整数,由于$u^2=3v^2+1$,故

$$ab+1=4v^2-2uv+1=u^2+v^2-2uv$$

是完全平方数,$bc+1=4v^2+2uv+1=u^2+v^2+2uv$以及$ca+1=4v^2-u^2+1=u^2$都是完全平方数.由于Pell方程$x^2-3y^2=1$有无穷多组正整数解,故结论成立.

心得 体会 拓广 疑问

6.1.22　设 $a$ 是整数,且 $|a| \leqslant 2\ 005$. 求使得方程组

$$\begin{cases} x^2 = y + a \\ y^2 = x + a \end{cases}$$

有整数解的 $a$ 的个数.

(奥地利,2005 年)

**解**　如果 $(x,y)$ 是给定方程组的一组整数解,将两个式子相减,得到

$$x^2 - y^2 = y - x \Leftrightarrow (x-y)(x+y+1) = 0$$

考虑下列两种情况.

(1)$x - y = 0$.

将 $x = y = m$ 代入方程组得

$$a = m^2 - m = m(m-1)$$

易知 $a$ 是两个连续整数的积. 故 $a$ 是非负的,这些数不大于 2 005. 又

$$45 \times 44 = 1\ 980 < 2\ 005$$
$$46 \times 45 = 2\ 007 > 2\ 005$$

因为 $m$ 可以取 $1 \leqslant m \leqslant 45$ 中的所有整数,这样,就有 45 个 $a$ 满足条件.

(2)$x + y + 1 = 0$.

将 $x = m, y = -(m+1)$ 代入方程组得

$$a = m^2 + m + 1 = m(m+1) + 1$$

易知 $a$ 比两个连续整数的积大 1. 由第一种情况中得到的 $a$ 加上 1 就得到第二种情况中的 $a$,也有 45 个不同的 $a$ 满足条件.

综上所述,总共有 90 个 $a$ 满足条件.

6.1.23　证明:不论 $n$ 是什么整数,方程 $x^2 - 16nx + 7^5 = 0$ 没有整数解.

(中国北京市高中数学竞赛,1962 年)

**证明**　设方程

$$x^2 - 16nx + 7^5 = 0 \quad ①$$

的两个根为 $x_1$ 和 $x_2$,则有

$$x_1 + x_2 = 16n \quad ②$$

$$x_1 x_2 = 7^5 \quad ③$$

现假定 ① 有一根为整数,则由 ②,另一根也是整数.

因为 7 是素数,由 ③ 知,$x_1$ 和 $x_2$ 可以写成下面的形式

心得 体会 拓广 疑问

$$x_1=\pm 7^k, x_2=\pm 7^h \quad ④$$

上面两式同时取正负号,且

$$k+h=5 \quad ⑤$$

把式④代入②,得(不妨设 $k>h$)

$$7^k+7^h=\pm 16n$$

$$7^h(7^{k-h}+1)=\pm 16n \quad ⑥$$

因为 $k+h$ 为奇数,所以 $k-h$ 也为奇数,从而有恒等式

$$7^{k-h}+1=8(7^{k-h-1}-7^{k-h-2}+\cdots+1)$$

由于上式右边括号中每一项都是奇数,并且 $k-h$ 也是奇数,所以代数和是奇数,把它记为 $m$,从而式⑥化为

$$7^h\cdot 8m=\pm 16n$$

$$7^h\cdot m=\pm 2n$$

上式左边为奇数之积,仍为一奇数,而右边为偶数,所以不可能成立.

因此,方程①没有整数解.

6.1.24 求方程组

$$\begin{cases}xz-2yt=3\\ xt+yz=1\end{cases}$$

的所有整数解.

(全俄,1991年)

**解** 由原方程组,得

$$(xz-2yt)^2+2(xt+yz)^2=(x^2+2y^2)(z^2+2t^2)=11$$

所以 $x^2+2y^2=1$,或 $z^2+2t^2=1$.

当 $x^2+2y^2=1$ 时,$y=0,x=\pm 1$. 然后由第二个方程得 $t=\pm 1$,从而 $z=\pm 3$,因此

$$(x,y,z,t)=(1,0,3,1)\text{ 或 }(-1,0,-3,-1)$$

当 $z^2+2t^2=1$ 时,$t=0,z=\pm 1$. 从而得到 $y=\pm 1,x=\pm 3$. 因此

$$(x,y,z,t)=(3,1,1,0)\text{ 或 }(-3,-1,-1,0)$$

经验证,它们都是原方程组的整数解.

6.1.25 试求方程 $x+y=x^2-xy+y^2$ 的整数解.

(第7届莫斯科数学奥林匹克,1941年)

**解法1** 已知方程可化为

$$x^2-(y+1)x+y^2-y=0$$

若方程有整数解,则其判别式

心得 体会 拓广 疑问

$$\Delta=(y+1)^2-4(y^2-y)\geqslant 0$$
$$3y^2-6y-1\leqslant 0$$
$$\frac{6-4\sqrt{3}}{6}\leqslant y\leqslant\frac{6+4\sqrt{3}}{6}$$
$$1-\frac{2}{3}\sqrt{3}\leqslant y\leqslant 1+\frac{2}{3}\sqrt{3}$$

由于 $y$ 是整数,则

$$y=0,1,2$$

当 $y=0$ 时,已知方程化为

$$x=x^2$$

解得　$x=0$ 或 $x=1$

当 $y=1$ 时,已知方程化为

$$x^2-2x=0$$

解得　$x=0$ 或 $x=2$

当 $y=2$ 时,已知方程化为

$$x^2-3x+2=0$$

解得　$x=1$ 或 $x=2$

于是求得 6 组整数解

$$(x,y)=(0,0),(1,0),(0,1),(2,1),(1,2),(2,2)$$

**解法 2**　已知方程可化为 $(x-1)^2+(y-1)^2+(x-y)^2=2$ 的形式. 于是可得下面的方程组

$$\begin{cases}(x-1)^2=1\\(y-1)^2=1,\\(x-y)^2=0\end{cases}\quad\begin{cases}(x-1)^2=1\\(y-1)^2=0,\\(x-y)^2=1\end{cases}\quad\begin{cases}(x-1)^2=0\\(y-1)^2=1\\(x-y)^2=1\end{cases}$$

由以上可解得

$$(x,y)=(0,0),(1,0),(0,1),(2,1),(1,2),(2,2)$$

6.1.26　证明:对任意整数 $a,b,c,d,a\neq b$,方程 $(x+ay+c)(x+by+d)=2$ 至多有 4 组整数解,再确定 $a,b,c,d$ 使方程恰有 4 组不同的解.

(英国,1972 年)

**解**　因为 $a,b,c,d\in\mathbf{Z}$,所以方程

$$(x+ay+c)(x+by+d)=2$$

等价于方程组

$$\begin{cases}x+ay+c=p\\x+by+d=q\end{cases}$$

其中 $p,q\in\mathbf{Z}$,且 $pq=2$. 对给定的 $p,q\in\mathbf{Z}$,上述方程组至多有一个整数解,因为方程组的解是唯一的(注意条件 $a\neq b$)

心得 体会 拓广 疑问

$$y=\frac{p-q+d-c}{a-b},x=p-c-ay$$

注意,适合 $pq=2$ 的不同整数对 $(p,q)$ 共有 4 对

$$(1,2),(-1,-2),(2,1),(-2,-1)$$

不同的整数对 $p,q$ 确定不同的解 $x,y$. 因此方程至多有 4 个解,而且当且仅当 $\frac{p-q+d-c}{a-b}$ 为整数,也即

$$\frac{\pm 1+d-c}{a-b}\in \mathbf{Z}$$

时恰有四个整数解. 此时

$$\frac{1+d-c}{a-b}-\frac{-1+d-c}{a-b}=\frac{2}{a-b}$$

为整数,即 $(a-b)\mid 2$. 如果 $a-b=\pm 1$,则 $\frac{\pm 1+d-c}{a-b}\in \mathbf{Z}$;如果 $a-b=\pm 2$,则 $\frac{\pm 1+d-c}{a-b}$ 为整数的必要且充分条件是 $d-c$ 为奇数. 因此当 $|a-b|=1$,或 $|a-b|=2$ 且 $c-d=2k+1$,其中 $k\in \mathbf{Z}$ 时,原方程恰有 4 个解.

6.1.27 试找出如下方程 $x^2-51y^2=1$ 的一组正整数解.

(第 14 届全俄数学奥林匹克,1988 年)

**解** 已知方程可化为

$$x^2=51y^2+1=49y^2+14y+1+2y^2-14y=(7y+1)^2+2y(y-7)$$

于是 $y-7=0$,即 $y=7$ 时,上式右边为平方数,此时,$x=50$. 即 $x=50,y=7$ 是已知方程的一组正整数解.

6.1.28 求满足方程 $x^2+2xy+3y^2-2x+y+1=0$ 的所有有序整数对 $(x,y)$.

(中国北京市高二数学竞赛,1988 年)

**解** 把已知方程化为关于 $x$ 的二次方程

$$x^2+2(y-1)x+(3y^2+y+1)=0$$

若方程有整数解,则其必要条件是

$$\Delta=4[(y-1)^2-(3y^2+y+1)]\geqslant 0$$

由此解得

$$-\frac{3}{2}\leqslant y\leqslant 0$$

由于 $y$ 是整数,则

心得 体会 拓广 疑问

$$y=0,-1$$

当 $y=0$ 时

$$x^2-2x+1=0$$
$$x=1$$

当 $y=-1$ 时

$$x^2-4x+3=0$$
$$x=1,x=3$$

所以,满足已知方程的所有有序整数对为

$$(x,y)=(1,0),(1,-1),(3,-1)$$

6.1.29 试求出满足下述等式 $x^2=y^2+2y+13$ 的所有整数对 $(x,y)$.

(第46届莫斯科数学奥林匹克,1983年)

**解** 已知方程可化为

$$x^2-(y+1)^2=12$$
$$(x+y+1)(x-y-1)=12$$

因为 $x+y+1$ 与 $x-y-1$ 有相同的奇偶性,而12是偶数,则有

$$\begin{cases}x+y+1=2\\x-y-1=6\end{cases},\quad\begin{cases}x+y+1=6\\x-y-1=2\end{cases}$$
$$\begin{cases}x+y+1=-2\\x-y-1=-6\end{cases},\quad\begin{cases}x+y+1=-6\\x-y-1=-2\end{cases}$$

由以上可得四组整数解

$$(x,y)=(4,-3),(4,1),(-4,1),(-4,-3)$$

6.1.30 设 $a,b,c,d,m,n$ 为正整数,$a^2+b^2+c^2+d^2=1\ 989$,$a+b+c+d=m^2$,并且 $a,b,c,d$ 中最大的为 $n^2$,试确定 $m,n$ 的值.

(爱尔兰,1989年)

**解** 由 Cauchy 不等式得到

$$a+b+c+d\leqslant 2\sqrt{1\ 989}<90$$

又因 $a^2+b^2+c^2+d^2$ 是奇数,故 $a+b+c+d$ 也是奇数,因此,$m^2\in\{1,9,25,49,81\}$.

由于 $(a+b+c+d)^2>a^2+b^2+c^2+d^2$,因此,$m^2=49$ 或 $81$,不妨设 $a\leqslant b\leqslant c\leqslant d=n^2$.

如果 $m^2=49$,则

$$(49-d)^2=(a+b+c)^2>a^2+b^2+c^2=1\ 989-d^2$$

心得 体会 拓广 疑问

从而 $d^2-49d+206>0$. 因此,$d<4$. 又 $4d^2\geqslant a^2+b^2+c^2+d^2=1\ 989$, 所以,$d>22$,和 $d<4$ 矛盾,因此 $m^2\neq 49$,从而 $m^2=81$,$m=9$,并且 $d=n^2\in\{25,36\}$.

如果 $d=n^2=25$,则令 $a=25-p,b=25-q,c=25-r,p,q,r\geqslant 0$,因此

$$p+q+r=19,p^2+q^2+r^2=439$$

这与 $(p+q+r)^2>p^2+q^2+r^2$ 矛盾. 所以,$n^2=36$,即 $n=6$,在 $a=12,b=15,c=18,d=36$ 时取得.

6.1.31 设 $a,b,c$ 是满足 $a^2+b^2=c^2$ 的正整数. 证明:

(1) $\left(\frac{c}{a}+\frac{c}{b}\right)^2>8$;

(2) 不存在整数 $n$,使得 $\left(\frac{c}{a}+\frac{c}{b}\right)^2=n$ 成立.

**证明** (1) 因为 $a^2+b^2=c^2$,所以,$a\neq b$(否则,$c=\sqrt{2}a$,矛盾). 故 $a+b<\sqrt{2(a^2+b^2)}=\sqrt{2}c$,即

$$\left(\frac{a}{c}+\frac{b}{c}\right)<\sqrt{2}$$

由柯西不等式有

$$\left(\frac{a}{c}+\frac{b}{c}\right)\left(\frac{c}{a}+\frac{c}{b}\right)\geqslant 4$$

则

$$\frac{c}{a}+\frac{c}{b}>2\sqrt{2}$$

故

$$\left(\frac{c}{a}+\frac{c}{b}\right)^2>8$$

(2) 不妨设 $(a,b)=1$.

若存在 $n\in\mathbf{Z}$,满足 $\left(\frac{c}{a}+\frac{c}{b}\right)^2=n$. 由于 $\frac{c}{a}+\frac{c}{b}$ 是有理数,所以,$n=m^2(m\in\mathbf{Z})$. 故 $\frac{c}{a}+\frac{c}{b}=m$,即 $ab\mid(a+b)c$.

又 $(a,b)=1$,则 $(a,c)=(b,c)=1$. 所以,$ab\mid(a+b)$.

因此,$a+b\geqslant ab$,即 $(a-1)(b-1)\leqslant 1$. 故 $a\leqslant 2,b\leqslant 2$,但 $a^2+b^2$ 不是完全平方数. 矛盾.

6.1.32 证明:不存在不同时为零,且满足方程 $x^2+y^2=3z^2$ 的整数 $x,y,z$.

(基辅数学奥林匹克,1962 年)

**证明** 首先证明若方程

心得 体会 拓广 疑问

$$x^2+y^2=3z^2 \quad ①$$

有整数解 $(x,y,z)\neq(0,0,0)$，那么它有 $x$ 和 $y$ 互素的解.

假设 $(x,y,z)$ 是 ① 的整数解，且 $x$ 和 $y$ 不互素，并设 $(x,y)=d$，则

$$x=dx_1, y=dy_1$$

且 $(x_1,y_1)=1$，这时 ① 化为

$$(dx_1)^2+(dy_1)^2=3z^2$$

$$d^2(x_1^2+y_1^2)=3z^2$$

由此得 $3z^2$ 能被 $d^2$ 整除，又由于 3 是素数，可得 $z^2$ 能被 $d^2$ 整除，所以 $z$ 能被 $d$ 整除. 设 $z=dz_1$，于是

$$d^2(x_1^2+y_1^2)=3d^2z_1^2$$

$$x_1^2+y_1^2=3z_1^2$$

因此 $(x_1,y_1,z_1)$ 也是方程 ① 的整数解，且 $x_1$ 和 $y_1$ 互素.

因此，只要证明方程 ① 没有 $x$ 和 $y$ 互素的整数解即可.

若 $x$ 和 $y$ 互素，则 $x$ 和 $y$ 不能同时被 3 整除.

如果 $x$ 和 $y$ 都不能被 3 整除，则

$$x^2+y^2\equiv 2 \pmod 3$$

于是方程 ① 没有整数解.

如果 $x$ 和 $y$ 一个能被 3 整除，一个不能被 3 整除，则

$$x^2+y^2\equiv 1 \pmod 3$$

此时，方程 ① 也没有整数解.

于是，已知方程没有不同时为零的整数解.

6.1.33　证明：不定方程

$$x^2+y^2+z^2=x^2y^2 \quad ①$$

除了 $x=y=z=0$ 外，无其他的整数解.

**证明**　分三种情况讨论.

(1) 设 $2\nmid x, 2\nmid y$，由 ① 得 $2\nmid z$，再对 ① 取模 4 得

$$3\equiv 1 \pmod 4$$

这是不可能的.

(2) 设 $2\mid x$，对式 ① 取模 4 得

$$y^2+z^2\equiv 0 \pmod 4 \quad ②$$

如 $y$ 和 $z$ 中有一个是奇数或全是奇数，则 $y^2+z^2\equiv 1$ 或 $2 \pmod 4$，式 ② 不成立，故得

$$x\equiv y\equiv z\equiv 0 \pmod 2$$

令 $x=2x_1, y=2y_1, z=2z_1$，代入 ① 得

$$x_1^2+y_1^2+z_1^2=4x_1^2y_1^2 \quad ③$$

心得 体会 拓广 疑问

对 ③ 取模4,仿上同理可得

$$x_1 \equiv y_1 \equiv z_1 \equiv 0(\bmod 2)$$

令 $x_1 = 2x_2, y_1 = 2y_2, z_1 = 2z_2$,代入 ③ 得

$$x_2^2 + y_2^2 + z_2^2 = 4^2 x_2^2 y_2^2$$

再对上式取模4,又同理可得

$$x_2 \equiv y_2 \equiv z_2 \equiv 0(\bmod 2)$$

如此继续下去,可以推出如果存在 ① 的一组整解 $x,y,z$,则分别可被2的任意次幂所整除,故此时仅有解 $x = y = z = 0$.

(3) 对 $2 \nmid y$ 的情形,用与(2)同样的方法可以证明仅有解 $x = y = z = 0$.

6.1.34　求不定方程 $x^2 + 2x + 35y = 129$ 的整数解.

**解**　将所给不定方程变形,有

$$(x+1)^2 + 35y = 130 \qquad ①$$

由于式 ① 左边第二项及右端均可被5整除,故必有 $5 \mid x+1$,设 $x+1 = 5z$,于是有

$$5z^2 + 7y = 20$$

解同余式 $5z^2 \equiv 26(\bmod 7)$. 由于有 $z^2 \equiv 1(\bmod 7)$,故其解为

$$z \equiv \pm 1(\bmod 7)$$

当 $z \equiv 1(\bmod 7)$ 时,有 $5z \equiv 5(\bmod 35)$,故

$$x \equiv 5z - 1 \equiv 4(\bmod 35)$$

当 $z \equiv -1(\bmod 7)$ 时,有 $5z \equiv -5(\bmod 35)$,故

$$x \equiv 5z - 1 \equiv -6(\bmod 35)$$

于是当 $x \equiv 4(\bmod 35)$ 时,$x = 35k + 4$,代入①,得到原不定方程的解为

$$x = 35k + 4, y = -35k^2 - 10k + 3$$

当 $x \equiv -6(\bmod 35)$ 时,$x = 35k - 6$,代入①,得解为

$$x = 35k - 6, y = -35k^2 + 10k + 3$$

因此所给不定方程之解为

$$\begin{cases} x = 35k + 4 \\ y = -35k^2 - 10k + 3 \end{cases}, \quad \begin{cases} x = 35k - 6 \\ y = -35k^2 + 10k + 3 \end{cases}$$

其中 $k$ 是任意整数.

6.1.35　试证:边长为整数而面积在数值上等于周长的两倍的直角三角形,正好有三个.

(第26届美国普特南数学竞赛,1965年)

心得 体会 拓广 疑问

**证明** 设直角三角形的三边长为 $x,y$ 和 $z$,其中 $z$ 为斜边的长,且 $x,y$ 和 $z$ 为整数.

由题意,有不定方程组

$$\begin{cases}x^2+y^2=z^2 & ①\\ \frac{1}{2}xy=2(x+y+z) & ②\end{cases}$$

由①可得

$$x=\lambda(p^2-q^2), y=2\lambda pq, z=\lambda(p^2+q^2)$$

其中 $(p,q)=1$,$p\not\equiv q \pmod 2$,$\lambda$ 为任意自然数. 将 $x,y,z$ 的值代入②,得

$$\lambda^2(p^2-q^2)pq=2\lambda(p^2-q^2+2pq+p^2+q^2)$$

化简可得

$$\lambda(p-q)q=4$$

由 $p\not\equiv q \pmod 2$ 可得 $p-q$ 是奇数,于是

$$q=1,2 \text{ 或 } 4$$

当 $q=1$ 时,$p=2$,$\lambda=4$,$x=12$,$y=16$,$z=20$;

当 $q=2$ 时,$p=3$,$\lambda=2$,$x=10$,$y=24$,$z=26$;

当 $q=4$ 时,$p=5$,$\lambda=1$,$x=9$,$y=40$,$z=41$.

因而正好有三组解.

6.1.36 证明:存在无穷多对互素的正整数对 $(a,b)$,使得 $\frac{a^2-5}{b}$ 和 $\frac{b^2-5}{a}$ 都是正整数.

**证明** 如果对于某个正整数 $k$,满足 $a^2+b^2-5-kab=0$,则 $\frac{a^2-5}{b}=ka-b$ 和 $\frac{b^2-5}{a}=kb-a$ 都是正整数. 而当 $k=3$ 时

$$a^2+b^2-5-kab=0\Leftrightarrow(2a-b)^2-5b^2=20$$

而

$$x^2-5y^2=20 \quad (*)$$

有一组解 $(x,y)=(5,1)$,由Pell方程的理论,( * )有无穷多个解,因此 $a^2+b^2-5-3ab=0$ 有无穷多个解,因此结论成立.

6.1.37 对给定的 $n\in \mathbf{N}^*$,用 $a_n$ 表示 $n^2+x^2=y^2$ 的大于 $n$ 的自然数解的个数.

(1)证明:对任意给定数 $M$,至少有个 $n\in \mathbf{N}$,$a_n>M$.

(2)是否有 $\lim\limits_{n\to\infty}a_n=\infty$?

(英国,1970年)

心得 体会 拓广 疑问

**证明** 满足方程$n^2=y^2-x^2$的每个数对$x,y\in\mathbf{N}^*$都对应着乘积为$n^2$的一个数对

$$p=y+x,q=y-x$$

因此这种数对的个数$a_n$不超过$n^2$的不同的自然数因数之个数.所以,对所有的素数$n$,均有$a_n\leqslant 3$,因为当$n$为素数时,$n^2$恰有3个自然数因数.因此对问题(2)的回答是否定的.其次,每对奇偶性相同且满足$pq=n^2$的数对$p,q$都对应着一对数对

$$y=\frac{p+q}{2},x=\frac{p-q}{2}$$

并且当且仅当

$$2x=p-q=\frac{n^2}{q}-q>2n$$

即当
$$q<\frac{n}{1+\sqrt{2}}$$

时,$x>n$.当$n=3^l,l\in\mathbf{N}^*$时,$q=3^i,i\in\mathbf{Z}^*,p=2^{2l-i}$,且$p,q$同奇偶.因此,当$i=0,1,\cdots,l-1$时,$3^i<\frac{3^l}{1+\sqrt{2}}$.于是$a_n=l$.由此即可证明问题(1)的断言.

6.1.38 求有序整数对$(a,b)$的个数,使得

$$x^2+ax+b=167y$$

有整数解$(x,y)$,其中$1\leqslant a,b\leqslant 2\ 004$.

(新加坡,2004年)

**解** 先证明一个引理.

**引理** $p$为奇质数,当$x$取遍模$p$的完全剩余系时,$x^2$模$p$恰能取到$0,1,\cdots,p-1$中的$\frac{p+1}{2}$个值.

**引理的证明** 当$x\equiv 0\pmod p$时,$x^2\equiv 0\pmod p$.

当$p\nmid x$时,若$x_1^2\equiv x_2^2\pmod p$,$x_1\not\equiv x_2\pmod p$,则有

$$p\mid(x_1+x_2)(x_1-x_2),p\mid(x_1+x_2)$$

所以$x_1\equiv -x_2\pmod p$.

这样,将$1,2,\cdots,p-1$分成$\frac{p-1}{2}$组

$$(1,p-1),(2,p-2),\cdots,\left(\frac{p-1}{2},\frac{p+1}{2}\right)$$

同组数的平方模$p$相等,不同组数的平方模$p$不相等.

因此二次剩余恰能取到$1+\frac{p-1}{2}=\frac{p+1}{2}$个值.

接下来求解原题.

心得 体会 拓广 疑问

当存在 $x \in \mathbf{Z}$，使 $x^2+ax+b\equiv 0 \pmod{167}$ 时，则有整数解 $(x,y)$，即

$$4x^2+4ax+4b\equiv 0 \pmod{167}$$
$$a^2-4b\equiv (2x+a)^2 \pmod{167}$$

因此 $a$ 取一个值时，$a^2-4b$ 取模 167 的二次剩余.

由引理 $a^2-4b$ 模 167 能取到 84 个不同的值，所以，$b$ 模 167 能取 84 个不同的值.

又因为 $\frac{2\ 004}{167}=12$，故每个 $a$ 对应 $84\times 12$ 个满足要求的 $b$，因此，共有

$$2\ 004\times 84\times 12=2\ 020\ 032$$

个有序整数对.

6.1.39　设 $a,b$ 是正整数，当 $a^2+b^2$ 被 $a+b$ 除时，商为 $q$，余数为 $r$，求所有数对 $(a,b)$，使 $q^2+r=1\ 977$.

（第 19 届国际数学奥林匹克，1977 年）

**解**　由 $r\geqslant 0$ 及 $q^2+r=1\ 977$ 知

$$q^2\leqslant 1\ 977,q\leqslant \sqrt{1\ 977}=44.4\cdots$$

于是，数对 $(q,r)$ 的取值为

$$(44,41),(43,128),(42,213),\cdots$$

因为 $a^2+b^2=(a+b)q+r,0\leqslant r<a+b$，以及 $a^2+b^2\geqslant \frac{1}{2}(a+b)^2$，所以

$$\frac{a^2+b^2}{a+b}\geqslant \frac{1}{2}(a+b)>\frac{1}{2}r$$

由于

$$q=\frac{a^2+b^2}{a+b}-\frac{r}{a+b}>\frac{1}{2}r-1$$

则 $q\leqslant 43$ 时，$r\geqslant 128$，从而

$$\frac{1}{2}r-1\geqslant 63>43\geqslant q$$

所以 $q\leqslant 43$ 时不可能. 即 $(q,r)$ 只能取值 $(44,41)$. 于是

$$a^2+b^2=44(a+b)+41$$
$$(a-22)^2+(b-22)^2=1\ 009$$

设 $x=|a-22|,y=|b-22|$，则 $x^2+y^2=1\ 009$，解得

$$\begin{cases}x=28\\y=15\end{cases},\quad \begin{cases}x=15\\y=28\end{cases}$$

从而可得

$$\begin{cases}a_1=50\\b_1=37\end{cases},\quad\begin{cases}a_2=50\\b_2=7\end{cases},\quad\begin{cases}a_3=37\\b_3=50\end{cases},\quad\begin{cases}a_4=7\\b_4=50\end{cases}$$

即所求数对$(a,b)$只有四组

$$(50,37),(50,7),(37,50),(7,50)$$

6.1.40　试验证圆周$x^2+2x+y^2=1\ 992$经过点$A(42,12)$，并证明该圆周上含有无穷多个点$B(x,y)$，它们的两个坐标$x$和$y$都是有理数.

(乌克兰数学奥林匹克,1992年)

**解**　由于$42^2+2\cdot42+12^2=1\ 992$，所以$A(42,12)$在该圆周上.

考察任意一条经过点$A(42,12)$的直线$y-12=k(x-42)$，其中$k$为有理数.

求直线与圆周的另一个交点，为此解方程组

$$\begin{cases}y-12=k(x-42) & ①\\x^2+2x+y^2=1\ 992 & ②\end{cases}$$

将①代入②得

$$x^2+2x+[k(x-42)+12]^2=1\ 992$$

即

$$(1+k^2)x^2+2(1+12k-42k^2)x+(12-42k)^2-1\ 992=0$$

显然$x_1=42$是这个方程的一个根，由于此方程的系数均为有理数，则它的另一个根$x$也是有理数，并且$y=k(x-42)+12$也是有理数.

即直线与圆周的另一个交点$B(x,y)$的坐标$x$和$y$都是有理数，由于经过点$A$，斜率$k$为有理数的直线有无数条，所以该圆周上含有无穷多个有理点$B(x,y)$.

6.1.41　试证：在半径为1的圆周上存在1 975个点，其中任意两点的直线距离都是有理数.

(第17届国际数学奥林匹克,1975年)

**证明**　设半圆直径$RS=1$. 令$k=1\ 973!$，设

$$u_1=1,v_1=k$$

$$u_2=2,v_2=\frac{k}{2}$$

$$\cdots$$

$$u_{1\ 973}=1\ 973,v_{1\ 973}=\frac{k}{1\ 973}$$

心得 体会 拓广 疑问

则 $u_i,v_i$ 均为正整数,且

$$2u_1v_1=2u_2v_2=\cdots=2u_{1\,973}v_{1\,973}=2\cdot 1\,973!$$
$$u_1^2+v_1^2>u_2^2+v_2^2>\cdots>u_{1\,973}^2+v_{1\,973}^2$$

于是有

$$\frac{2u_1v_1}{u_1^2+v_1^2}<\frac{2u_2v_2}{u_2^2+v_2^2}<\cdots<\frac{2u_{1\,973}v_{1\,973}}{u_{1\,973}^2+v_{1\,973}^2}$$

这样,在直径 $RS=1$ 的半圆上自 $R$ 起顺时针方向取点 $A_1,A_2,\cdots,A_{1\,973}$,使得

$$A_iR=\frac{2u_iv_i}{u_i^2+v_i^2}\quad(i=1,2,\cdots,1\,973)$$

由于$\frac{2u_iv_i}{u_i^2+v_i^2}<1$,这是可以办到的. 由

$$\left(\frac{2uv}{u^2+v^2}\right)^2+\left(\frac{u^2-v^2}{u^2+v^2}\right)^2=1$$

及
$$A_iR^2+A_iS^2=RS^2=1$$

则
$$A_iS=\frac{u_i^2-v_i^2}{u_i^2+v_i^2}\quad(i=1,2,\cdots,1\,973)$$

下面证明这样选出的1 975个点 $R,A_1,A_2,\cdots,A_{1\,973},S$ 每两点之间的距离都是有理数.

由 $u_i,v_i$ 是整数可知 $A_iR,A_iS$ 为有理数,下面只要证明 $A_iA_j$ $(i\neq j,i,j=1,2,\cdots,1\,973)$ 是有理数就可以了. 事实上

$$A_iA_j=\sin\angle A_iRA_j=\sin(\angle A_iRS-\angle A_jRS)=$$
$$\sin\angle A_iRS\cdot\cos\angle A_jRS-\cos\angle A_iRS\cdot\sin\angle A_jRS$$

因为
$$\sin\angle A_iRS=A_iS,\cos\angle A_iRS=A_iR,$$
$$\sin\angle A_jRS=A_iS,\cos\angle A_jRS=A_jR$$

而 $A_iS,A_iR,A_jS,A_jR$ 都是有理数. 所以 $\sin\angle A_iRA_j$,即 $A_iA_j$ 为有理数.

以半圆的圆心 $O$ 为位似中心,把圆位似放大2倍,这时半径为 $\frac{1}{2}$ 的圆变为半径为1的圆,小半圆上的1 975个点 $R,A_1,A_2,\cdots,A_{1\,975},S$ 变为大圆上 $R',A'_1,A'_2,\cdots,A'_{1\,973}$,它们位于半径为1的圆上,且任意两点的距离都是有理数.

6.1.42　证明:方程 $6(6a^2+3b^2+c^2)=5n^2$ 除去 $a=b=c=n=0$ 之外,没有整数解.

(亚洲太平洋地区数学竞赛,1989年)

**证明**　不妨设非零解 $a,b,c,n$ 的最大公约数 $(a,b,c,n)=1$. 方程

心得 体会 拓广 疑问

$$6(6a^2+3b^2+c^2)=5n^2 \quad ①$$

由$(6,5)=1$可得,$6\mid n^2$从而$6\mid n$,进而又有

$$6^2\mid 6(6a^2+3b^2+c^2)$$

$$6\mid 6a^2+3b^2+c^2$$

于是$3\mid c$. 令$n=6m,c=3d$,其中$m$和$d$都是整数,则方程①可化为

$$6(6a^2+3b^2+9d^2)=5\cdot 6^2m^2$$

即

$$2a^2+b^2+3d^2=10m^2 \quad ②$$

由于

$$m^2\equiv 0,1,4(\bmod 8)$$

则

$$10m^2=0,2(\bmod 8) \quad ③$$

又由②,$b^2+3d^2$一定为偶数,则$b$和$d$的奇偶性相同. 由于

$$2a^2\equiv 0,2(\bmod 8)$$

则当$b$和$d$都为奇数时

$$2a^2+b^2+3d^2\equiv 2+1+3\equiv 6(\bmod 8)$$

或

$$2a^2+b^2+3d^2\equiv 0+1+3\equiv 4(\bmod 8) \quad ④$$

③和④矛盾,所以$b$和$d$都为偶数.

由于$b,d,n$均为偶数,且$(a,b,c,n)=1$,则$a$为奇数,此时

$$2a^2+b^2+3d^2\equiv 2,6(\bmod 8)$$

于是由③知,$m$是奇数.

令$b=2b_1,d=2d_1$,则②化为

$$a^2+2b_1^2+6d_1^2=5m^2,b_1^2+3d_1^2=\frac{5m^2-a^2}{2}$$

因为$a$和$m$是奇数,则

$$5m^2-a^2\equiv 5-1=4(\bmod 8)$$

$$\frac{5m^2-a^2}{2}\equiv 2(\bmod 4)$$

于是

$$b_1^2+3d_1^2\equiv 2(\bmod 4) \quad ⑤$$

然而

$$b_1^2\equiv 0,1(\bmod 4),3d_1^2\equiv 0,3(\bmod 4)$$

则

$$b_1^2+3d_1^2\equiv 0,1,3(\bmod 4) \quad ⑥$$

⑤和⑥矛盾.

因此,方程①仅有$a=b=c=n=0$一组解.

6.1.43 (1) 求不定方程 $mn + nr + mr = 2(m + n + r)$ 的正整数解 $(m,n,r)$ 的组数;

(2) 对于给定的整数 $k > 1$,证明:不定方程 $mn + nr + mr = k(m + n + r)$ 至少有 $3k + 1$ 组正整数解 $(m,n,r)$.

**解** (1) 若 $m,n,r \geqslant 2$,由

$$mn \geqslant 2m, nr \geqslant 2n, mr \geqslant 2r$$

得

$$mn + nr + mr \geqslant 2(m + n + r)$$

所以以上不等式均取等号,故 $m = n = r = 2$.

若 $l \in \{m,n,r\}$,不妨设 $m = 1$,则

$$nr + n + r = 2(1 + n + r)$$

于是 $(n - 1)(r - 1) = 3$,所以

$$\{n - 1, r - 1\} = \{1,3\}$$

故

$$\{n,r\} = \{2,4\}, \{m,n,r\} = \{1,2,4\}$$

这样的解有 $3! = 6$ 组.

所以,不定方程 $mn + nr + mr = 2(m + n + r)$ 共有 7 组正整数解.

(2) 将 $mn + nr + mr = k(m + n + r)$ 化为

$$[n - (k - m)][r - (k - m)] = k^2 - km + m^2$$

$$n = k - m + 1, r = k^2 - km + m^2 + k - m$$

满足上式,且 $m = 1,2,\cdots,\left[\frac{k}{2}\right]$ 时,$0 < m < n < r$.

当 $k$ 为偶数时

$$\{m,n,r\} = \{l, k - l + 1, k^2 - kl + l^2 + k - l\}$$

其中 $l = 1,2,\cdots,\frac{k}{2}$ 给出了不定方程的 $3k$ 组正整数解.

当 $k$ 为奇数时

$$\{m,n,r\} = \{l, k - l + 1, k^2 - kl + l^2 + k - l\}$$

其中 $l = 1,2,\cdots,\frac{k - 1}{2}$ 给出了不定方程的 $3(k - 1)$ 组正整数解,

$m,n,r$ 中有两个 $\frac{k + 1}{2}$,另一个为

$$k^2 - k\frac{k + 1}{2} + \left(\frac{k + 1}{2}\right)^2 + k - \frac{k + 1}{2} = \frac{(k + 1)(3k - 1)}{4}$$

的情况给出了不定方程的 3 组正整数解.

而 $m = n = r = k$ 亦为不定方程的正整数解.

故不定方程 $mn+nr+mr=k(m+n+r)$ 至少有 $3k+1$ 组正整数解.

6.1.44 设 $p$ 是两个大于 2 的连续整数的积. 证明没有整数 $x_1,x_2,\cdots,x_p$ 适合方程 $\sum_{i=1}^{p}x_i^2-\frac{4}{4p+1}\left(\sum_{i=1}^{p}x_i\right)^2=1$ 或证明仅有两个 $p$ 的值, 使得有整数 $x_1,x_2,\cdots,x_p$ 适合 $\sum_{i=1}^{p}x_i^2-\frac{4}{4p+1}\left(\sum_{i=1}^{p}x_i\right)^2=1$.

(第 29 届国际数学奥林匹克预选题,1988 年)

**证明** 设 $p=k(k+1),k\geqslant 3$,则

$$4p+1\geqslant 12\cdot 4+1=49 \quad ①$$

若有整数 $x_1\geqslant x_2\geqslant\cdots\geqslant x_p$,适合方程

$$\sum_{i=1}^{p}x_i^2-\frac{4}{4p+1}\left(\sum_{i=1}^{p}x_i\right)^2=1 \quad ②$$

则

$$4p+1=(4p+1)\sum_{i=1}^{p}x_i^2-4\left(\sum_{i=1}^{p}x_i\right)^2=$$

$$4\left[p\sum_{i=1}^{p}x_i^2-\left(\sum_{i=1}^{p}x_i\right)^2\right]+\sum_{i=1}^{p}x_i^2=$$

$$2\sum_{i,j}(x_i-x_j)^2+\sum_{i=1}^{p}x_i^2 \quad ③$$

其中 $\sum\limits_{i,j}$ 表示对 $i,j$ 的每一种组合求和,$i,j\in\{1,2,\cdots,p\}$.

如果所有的 $x_i(i=1,2,\cdots,p)$ 均相等,那么由 ③ 得

$$4p+1=px^2$$

此式右边能被 $p$ 整除,而左边不能被 $p$ 整除,出现矛盾. 于是,必有两个 $x_l,x_{l+1}$ 不相等,即必有

$$x_1\geqslant x_2\geqslant\cdots\geqslant x_l\geqslant x_{l+1}\geqslant\cdots\geqslant x_p$$

其中 $l$ 是自然数.

当 $p-1>l\geqslant 2$ 时

$$2\sum_{i,j}(x_i-x_j)^2\geqslant 4l(p-l)\geqslant 8(p-2)$$

由 ①,$p\geqslant 12$ 可知 $8(p-2)>4p+1$,于是

$$2\sum_{i,j}(x_i-x_j)^2>4p+1$$

所以 $l=1$ 或 $l=p-1$. 不妨设 $x_1>x_2=x_3=\cdots=x_{p-1}\geqslant x_p$,由 ③ 得

$$4p+1=4[(p-2)(x_1-x_2)^2+(x_1-x_p)^2+(p-2)(x_p-x_2)^2]+\sum_{i=1}^{p}x_i^2$$

于是 $x_1-x_2=1$,上式可化为

$$9=4[(x_1-x_p)^2+(p-2)(x_p-x_2)^2]+\sum_{i=1}^{p}x_i^2$$

从而有 $$x_1-x_p=1,x_p=x_2$$

这样就有 $$5=x_1^2+(p-1)x_2^2$$

由 $p\geqslant 12$ 可得 $$x_2=0$$

从而 $$x_1^2=5$$

这也是不可能的.

因此没有整数 $x_1,x_2,\cdots,x_p$ 满足方程 ②.

> 6.1.45　设 $p$ 是不为 3 的素数,证明:不定方程
> $$x^2+3y^2=p$$
> 具有整数解的必要充分条件是 $p\equiv 1(\bmod 6)$.

**证明**　如果 $x^2+3y^2=p$ 具有整数解 $x=a,y=b$,则有

$$a^2+3b^2=p$$

$a$ 不能被 $p$ 整除,否则如果 $p\mid a$,从而有 $p\mid b$,这样就得到 $p^2\mid p$,这是不可能的. 故 $(a,p)=1$ 于是就有

$$a^2\equiv -3b^2(\bmod p)$$

这表示 $-3b^2$ 是模 $p$ 的平方剩余,从而

$$\left(\frac{-3b^2}{p}\right)=\left(\frac{-3}{p}\right)\left(\frac{b^2}{p}\right)=\left(\frac{-3}{p}\right)=1$$

即 $-3$ 是模 $p$ 的平方剩余. 又如果 $p=2$,则由 $a^2+3b^2=2$,就有 $b=0,a^2=2$,这样 $a$ 就不是整数,这与 $x^2+3y^2=p$ 有整数解有矛盾,故 $p\neq 2$. 因此有 $p\equiv 1(\bmod 6)$,此即必要性.

再证充分性.

设 $p\equiv 1(\bmod 6)$,$-3$ 是模 $p$ 的平方剩余,从而存在整数 $t$,使 $t^2\equiv -3(\bmod p)$. 取正整数 $l$,使

$$l^2>p>(l-1)^2$$

考虑 $x,y$ 的一次式 $x-ty$,分别取 $x=0,1,\cdots,l-1;y=0,1,\cdots,l-1$. 这样就得到一次式 $x-ty$ 的 $l^2$ 个值. 我们来考虑这样得到的 $l^2$ 个值. 由于 $l^2>p$,因此这 $l^2$ 个值中至少存在两个值关于模 $p$ 同余(抽屉证法),不妨设 $x_1-ty_1$ 和 $x_2-ty_2$ 关于模同余,即

$$x_1-ty_1\equiv x_2-ty_2(\bmod p),x_1\neq x_2,y_1\neq y_2$$

于是就有

$$x_1-x_2\equiv t(y_1-y_2)(\bmod p)$$

$$(x_1-x_2)^2 \equiv t^2(y_1-y_2)^2 \equiv -3(y_1-y_2)^2 \pmod p$$

故$(x_1-x_2)^2+3(y_1-y_2)^2$是$p$的倍数.又因为$0 \leqslant x_1 \leqslant l-1$,$0 \leqslant x_2 \leqslant l-1$,$0 \leqslant y_1 \leqslant l-1$,$0 \leqslant y_2 \leqslant l-1$,所以

$$4p > 4(l-1)^2 \geqslant (x_1-x_2)^2+3(y_1-y_2)^2 > 0$$

因此,有

$$(x_1-x_2)^2+3(y_1-y_2)^2=p$$
$$(x_1-x_2)^2+p(y_1-y_2)^2=2p$$
$$(x_1-x_2)^2+p(y_1-y_2)=3p$$

设$a=x_1-x_2$,$b=y_1-y_2$.如果$a^2+3b^2=2p$,因为$p \equiv 1 \pmod 6$,从而$p \equiv 1 \pmod 3$,因而就有

$$2 \equiv 2p \equiv a^2 \pmod 3$$

这表示2是模3的平方剩余,但这与$\left(\frac{2}{3}\right)=-1$矛盾.又如果$a^2+3b^2=3p$,这样就有$3 \mid a^2$,从而$3 \mid a$.如设$a=3c$,就有

$$9c^2+3b^2=3p$$

即

$$b^2+3c^2=p$$

从而$x=b$,$y=c$就是所给同余式的解.如果$a^2+3b^2=p$,则$x=a$,$y=b$就是所给同余式的解.

因此,当$p \equiv 1 \pmod 6$时,不定方程$x^2+3y^2=p$有整数解.

**注** 本题结论换种说法,即为:凡是形如$p \equiv 1 \pmod 6$($p=6k+1$形式的素数)的素数,都可以表作一平方数的三倍与另一个平方数的和,并且只有一种表示法.

> 6.1.46 设$p$是奇素数,证明:不定方程
> $$x^2+2y^2=p$$
> 有整数解的必要充分条件是$p \equiv 1 \pmod 8$或$p \equiv 3 \pmod 8$.

**证明** 如果$x^2+2y^2=p$有整数解$x=a$,$y=b$,那么

$$a^2 \equiv -2b^2 \pmod p$$

从而$-2b^2$是模$p$的平方剩余,故

$$\left(\frac{-2}{p}\right)=\left(\frac{-2}{p}\right)\left(\frac{b^2}{p}\right)=\left(\frac{-2b^2}{p}\right)=1$$

也就是$-2$是模$p$的平方剩余,有$p \equiv 1 \pmod 8$或$p \equiv 3 \pmod 8$,此即必要性.

又当$p \equiv 1 \pmod 8$或$p \equiv 3 \pmod 8$成立时,$-2$是模$p$的平方剩余,故存在整数$t$,使

$$t^2 \equiv -2 \pmod p$$

设$l^2$是大于$p$的最小平方数,即$l^2 > p > (l-1)^2$.考虑$x$,$y$的一次式$x-ty$,分别取$x=0,1,\cdots,l-1$;$y=0,1,\cdots,l-1$.这样就得

心得 体会 拓广 疑问

到一次式 $x-ty$ 的 $l^2$ 个值. 由于 $l^2>p$,故这 $l^2$ 个值中至少有两个关于模 $p$ 同余,不妨设

$$x_1-ty_1\equiv x_2-ty_2 \pmod p, x_1\neq x_2, y_1\neq y_2$$

于是就有

$$x_1-x_2\equiv t(y_1-y_2)\pmod p$$

$$(x_1-x_2)^2\equiv t^2(y_1-y_2)^2\equiv -2(y_1-y_2)^2\pmod p$$

从而 $(x_1-x_2)^2+2(y_1-y_2)^2$ 是 $p$ 的倍数. 此外,又因为 $0\leqslant x_1,x_2,y_1,y_2\leqslant l-1$,故

$$3p>3(l-1)^2\geqslant (x_1-x_2)^2+2(y_1-y_2)^2>0$$

因此便有

$$(x_1-x_2)^2+2(y_1-y_2)^2=p$$

或

$$(x_1-x_2)^2+2(y_1-y_2)^2=2p$$

在前一种情况下,只要设 $x=x_1-x_2, y=y_1-y_2$ 便是 $x^2+2y^2=p$ 的解. 在后一种情况下,只要设 $x_1-x_2=2c$,就有

$$4c^2+2(y_1-y_2)^2=2p$$

即

$$(y_1-y_2)^2+2c^2=p$$

于是 $x=y_1-y_2, y=c$ 便是不定方程 $x^2+2y^2=p$ 的解.

6.1.47　设 Pell 方程 $x^2-my^2=-4$ 具有正整数解,其 $y$ 值最小的正整数解为 $x=s,y=t$. 如果 $x=u_1,y=v_1$ 是 $x^2-my^2=4$ 的 $y$ 值最小的正整数解,则

$$\frac{u_1+v_1\sqrt{m}}{2}=\left(\frac{s+t\sqrt{m}}{2}\right)^2$$

**证明**　由于 $x=s,y=t$ 是 Pell 方程 $x^2-my^2=-4$ 的正整数解,故 $s^2-mt^2=-4$,从而有

$$\frac{s+t\sqrt{m}}{2}\cdot\frac{s-t\sqrt{m}}{2}=-1$$

因此

$$\left(\frac{s+t\sqrt{m}}{2}\right)^2\cdot\left(\frac{s-t\sqrt{m}}{2}\right)^2=1$$

如设 $\left(\frac{s+t\sqrt{m}}{2}\right)^2=\frac{u+v\sqrt{m}}{2}$,可以证明,$x=u,y=v$ 是 Pell 方程 $x^2-my^2=4$ 的正整数解. 事实上

$$\frac{u+v\sqrt{m}}{2}=\frac{s^2+t^2m+2st\sqrt{m}}{4}$$

故

心得 体会 拓广 疑问

$$\frac{u-v\sqrt{m}}{2}=\frac{s^2+mt^2-2st\sqrt{m}}{4}=\left(\frac{s-t\sqrt{m}}{2}\right)^2$$

从而

$$\frac{u+v\sqrt{m}}{2}\cdot\frac{u-v\sqrt{m}}{2}=\left(\frac{s+t\sqrt{m}}{2}\right)^2\cdot\left(\frac{s-t\sqrt{m}}{2}\right)^2=1$$

即

$$u^2-mv^2=4$$

这样,就有

$$\frac{u+v\sqrt{m}}{2}=\left(\frac{s+t\sqrt{m}}{2}\right)^2=\left(\frac{u_1+v_1\sqrt{m}}{2}\right)^n$$

其中 $n$ 是某正整数.

如果 $n\geqslant 2$,则有$\frac{s+t\sqrt{m}}{2}\geqslant\frac{u_1+v_1\sqrt{m}}{2}>1.$

由于$1>\frac{u_1-v_1\sqrt{m}}{2}>0$,故有

$$\frac{s+t\sqrt{m}}{2}>\frac{s+t\sqrt{m}}{2}\cdot\frac{u_1-v_1\sqrt{m}}{2}$$

设$\frac{s+t\sqrt{m}}{2}\cdot\frac{u_1-v_1\sqrt{m}}{2}=\frac{a+b\sqrt{m}}{2}$,可以证明 $x=a,y=b$ 是 Pell 方程 $x^2-my^2=-4$ 的整数解. 由于有

$$\frac{a+b\sqrt{m}}{2}\geqslant\frac{u_1+v_1\sqrt{m}}{2}\cdot\frac{u_1-v_1\sqrt{m}}{2}=1$$

从而有

$$0<\frac{b\sqrt{m}-a}{2}\leqslant 1$$

因此 $b>0,a\geqslant 0$. 如果 $a=0$,就有 $mb^2=4=2^2$,这与 $m$ 是正的非平方数矛盾,故 $x=a,y=b$ 是方程 $x^2-my^2=-4$ 的正整数解. 这样由假设有 $b\geqslant t$. 又由 $a^2-s^2=m(b^2-t^2)\geqslant 0$,就有$a\geqslant s$. 故

$$\frac{a+b\sqrt{m}}{2}\geqslant\frac{s+t\sqrt{m}}{2}$$

但这与

$$\frac{a+b\sqrt{m}}{2}=\frac{s+t\sqrt{m}}{2}\cdot\frac{u_1-v_1\sqrt{m}}{2}<\frac{s+t\sqrt{m}}{2}$$

矛盾,所以 $n=1$,从而有

$$\frac{u_1+v_1\sqrt{m}}{2}=\left(\frac{s+t\sqrt{m}}{2}\right)^2$$

心得 体会 拓广 疑问

6.1.48　Pell 方程 $x^2 - my^2 = 1, m > 0$($m$ 为非平方数)的无穷多个正整数解为满足下式

$$x_n + \sqrt{m}y_n = (x_1 + \sqrt{m}y_1)^n \quad (n = 1,2,\cdots)$$

的正整数 $x = x_n, y = y_n$,其中 $x = x_1, y = y_1$ 是该方程的所有正整数解中 $y$ 值最小的那一个解. 试证明:该方程除掉 $x = x_n, y = y_n (n = 1,2,\cdots)$ 外,无其他正整数解.

**证明**　设 $x = a, y = b$ 是 Pell 方程 $x^2 - my^2 = 1$ 的任意的正整数解. 只需证明,必存在一个正整数 $n$,使 $a = x_n, b = y_n$ 即可.

由于在 $x^2 - my^2 = 1$ 的解 $x = x_n, y = y_n$ 之间有关系

$$x_1 < x_2 < \cdots < x_n < \cdots, y_1 < y_2 < \cdots < y_n < \cdots$$

又由于 $b \geqslant y_1$,因此在 $y_1, y_2, y_3, \cdots$ 中,存在一个不超过 $b$ 的最大的 $y_n$,这时有

$$y_{n+1} > b \geqslant y_n$$

因为

$$a^2 - x_n^2 = (1 + mb^2) - (1 + my_n^2) = m(b^2 - y_n^2) \geqslant 0$$
$$x_{n+1}^2 - a^2 = (1 + my_{n+1}^2) - (1 + mb^2) = m(y_{n+1}^2 - b^2) > 0$$

从而有 $x_{n+1} > a \geqslant x_n$,于是

$$x_{n+1} + \sqrt{m}y_{n+1} > a + \sqrt{m}b \geqslant x_n + \sqrt{m}y_n$$

又由于

$$(x_n + \sqrt{m}y_n)(x_1 + \sqrt{m}y_1) = x_{n+1} + \sqrt{m}y_{n+1}$$

从而

$$(x_n + \sqrt{m}y_n)(x_1 + \sqrt{m}y_1) = x_{n+1} + \sqrt{m}y_{n+1} > a + \sqrt{m}b \geqslant x_n + \sqrt{m}y_n$$

在上式的两边乘以 $x_n - \sqrt{m}y_n$,由于

$$(x_n + \sqrt{m}y_n)(x_n - \sqrt{m}y_n) = x_n^2 - my_n^2 = 1$$

故　$$x_1 + \sqrt{m}y_1 > (x_n - \sqrt{m}y_n)(a + \sqrt{m}b) \geqslant 1$$

即　$$x_1 + \sqrt{m}y_1 > (ax_n - bmy_n) + \sqrt{m}(bx_n - ay_n) \geqslant 1$$

记 $s = ax_n - bmy_n, t = bx_n - ay_n$,就有

$$x_1 + \sqrt{m}y_1 > s + \sqrt{m}t \geqslant 1$$

并且

$$\begin{aligned} s^2 - mt^2 = (ax_n - bmy_n)^2 - m(bx_n - ay_n)^2 = \\ a^2x_n^2 - 2abmx_ny_n + b^2m^2y_n^2 - \\ m(b^2x_n^2 - 2abx_ny_n + a^2y_n^2) = \\ a^2x_n^2 + b^2m^2y_n^2 - mb^2x_n^2 - ma^2y_n^2 = \\ (a^2 - mb^2)(x_n^2 - my_n^2) = 1 \end{aligned}$$

心得 体会 拓广 疑问

即

$$s^2 - mt^2 = (s + \sqrt{m}t)(s - \sqrt{m}t) = 1$$

而 $x_1 + \sqrt{m}y_1 > s + \sqrt{m}t \geqslant 1$,从而

$$1 \geqslant s - \sqrt{m}t > 0$$

因此便有 $s \geqslant \frac{1}{2}$. 但是因为 $s$ 是整数,故 $s \geqslant 1$. 从而 $t \geqslant 0$.

如果 $t > 0$,那么由 $x = x_1, y = y_1$ 的定义,必有 $t \geqslant y_1$,这样就有

$$s^2 - x_1^2 = (1 + mt^2) - (1 + my_1^2) = m(t^2 - y_1^2) \geqslant 0$$

从而 $s > x_1$,于是就有

$$s + \sqrt{m}t \geqslant x_1 + \sqrt{m}y_1$$

但这与上面得的结果矛盾,因此必有 $t = 0$,从而有 $ay_n = bx_n$,即

$$\frac{a}{b} = \frac{x_n}{y_n}$$

知 $(a,b) = 1, (x_n, y_n) = 1$,故

$$a = x_n, b = y_n$$

**注** 由本题知,要求 Pell 方程 $x^2 - my^2 = 1$($m > 0$, $m$ 为非平方数)的一切正整数解,只要先求出它的 $y$ 值最小的正整数解,再由下式

$$x_n + \sqrt{m}y_n = (x_1 + \sqrt{m}y_1)^n (n = 1, 2, 3, \cdots)$$

求出 $x = x_n, y = y_n$,便得到它的一切正整数解.

6.1.49 求 Pell 方程 $x^2 - 11y^2 = 1$ 的整数解.

**解** 从 $y = 1$ 开始,逐次试验求出 $y$ 值最小的正整数解 $x = x_1$, $y = y_1$ 来. $y = 1$ 时,$x^2 = 12$;$y = 2$ 时,$x^2 = 45$;$y = 3$ 时,$x^2 = 100$,故得到解

$$x = x_1 = 10, y = y_1 = 3$$

它就是所给 Pell 方程 $y$ 值最小的正整数解,于是

$$x_n + \sqrt{11}y_n = (10 + \sqrt{11} \cdot 3)^n (n = 1, 2, \cdots)$$

便得到它的一切正整数解 $x = x_n, y = y_n$,如

$$x_2 = 199, y_2 = 60; x_3 = 3\ 970, y_3 = 1\ 197, \cdots$$

因此,所给 Pell 方程的一切整数解便是

$$x = \pm x_n, y = \pm y_n$$

其中正、负号可任意取.

心得 体会 拓广 疑问

6.1.50 证明:Pell 方程 $x^2-my^2=4$ 的整数解 $x=u,y=v$ 是正整数解的必要充分条件是

$$\frac{u+\sqrt{m}v}{2}>1$$

**证明** 如果 $x=u,y=v$ 是 $x^2-my^2=4$ 的正整数解,那么 $u\geqslant 1,v\geqslant 1$,而 $\sqrt{m}>1$,所以

$$\frac{u+\sqrt{m}v}{2}>1$$

反之,如果 $\frac{u+v\sqrt{m}}{2}>1$,那么由于 $u,v$ 是方程的整数解,故 $u^2-mv^2=4$. 于是

$$\frac{u+v\sqrt{m}}{2}\cdot\frac{u-v\sqrt{m}}{2}=1$$

因此当 $\frac{u+v\sqrt{m}}{2}>1$ 时,就有

$$1>\frac{u-v\sqrt{m}}{2}>0$$

所以将 $\frac{u+v\sqrt{m}}{2}>1$ 与 $\frac{u-v\sqrt{m}}{2}>0$ 相加,就有 $u>1$,从而 $u\geqslant 2$.

这时如果 $v\leqslant -1$,那么就有

$$\frac{u-v\sqrt{m}}{2}>\frac{2+\sqrt{m}}{2}>1$$

这与 $1>\frac{u-v\sqrt{m}}{2}>0$ 矛盾. 所以 $v\geqslant 0$. 如果 $v=0$,那么就有 $u=2$,但这与 $\frac{u+v\sqrt{m}}{2}>1$ 矛盾,故 $v>0$,即 $v\geqslant 1$.

6.1.51 设 Pell 方程 $x^2-my^2=4$ 的两个整数解是 $x=x_1,y=y_1$ 和 $x=x_2,y=y_2$,而 $u,v$ 由下式

$$\frac{x_1+\sqrt{m}y_1}{2}\cdot\frac{x_2+\sqrt{m}y_2}{2}=\frac{u+v\sqrt{m}}{2}$$

确定,试证明:$x=u,y=v$ 也是该方程的整数解.

**证明** 首先证明 $u,v$ 是整数. 由 $u,v$ 的定义知

$$u=\frac{1}{2}(x_1x_2+my_1y_2),v=\frac{1}{2}(x_1y_2+x_2y_1)$$

由于 $x_1^2-my_1^2=4,x_2^2-my_2^2=4$,故

$$x_1^2\equiv my_1^2(\bmod 4),x_2^2\equiv my_2^2(\bmod 4)$$

因此

$$x_1^2x_2^2 \equiv m^2y_1^2y_2^2 \pmod 4, x_1^2y_2^2 \equiv x_2^2y_1^2 \pmod 4$$

又

$$x_1^2x_2^2 - m^2y_1^2y_2^2 = (x_1x_2 + my_1y_2)(x_1x_2 - my_1y_2) = (x_1x_2 + my_1y_2)^2 - 2my_1y_2(x_1x_2 + my_1y_2) \equiv 0 \pmod 4$$

因此必有

$$x_1x_2 + my_1y_2 \equiv 0 \pmod 2$$

又由于

$$x_1^2y_2^2 - x_2^2y_1^2 = (x_1y_2 + x_2y_1)(x_1y_2 - x_2y_1) = (x_1y_2 + x_2y_1)^2 - 2x_2y_1(x_1y_2 + x_2y_1) \equiv 0 \pmod 4$$

同样就有

$$x_1y_2 + x_2y_1 \equiv 0 \pmod 2$$

因此 $u,v$ 是整数.

而

$$\frac{u - u\sqrt{m}}{2} = \frac{1}{2}\left[\frac{1}{2}(x_1x_2 + my_1y_2) - \frac{1}{2}\sqrt{m}(x_1y_2 + x_2y_1)\right] = \frac{1}{4}[x_1x_2 - \sqrt{m}(x_1y_2 + x_2y_1) + my_1y_2] = \frac{x_1 - \sqrt{m}y_1}{2} \cdot \frac{x_2 - \sqrt{m}y_2}{2}$$

将上式与 $\frac{u + v\sqrt{m}}{2} = \frac{x_1 + \sqrt{m}y_1}{2} \cdot \frac{x_2 + \sqrt{m}y_2}{2}$ 等号左右两边相乘,就有

$$\frac{u^2 - mv^2}{4} = \frac{x_1^2 - my_1^2}{4} \cdot \frac{x_2^2 - my_2^2}{4} = 1$$

所以 $u^2 - mv^2 = 4$. 因此 $x = u, y = v$ 是 $x^2 - my^2 = 4$ 的整数解.

**注** (1) 如果 $x = x_1, y = y_1$ 和 $x = x_2, y = y_2$ 是 Pell 方程 $x^2 - my^2 = 4$ 的正整数解,那么由本题确定的 $x = u, y = v$ 也是该方程的正整数解.

(2) 如果 $x = x_1, y = y_1$ 是 $x^2 - my^2 = 4$ 的任一个正整数解,那么对于任意正整数 $n$,设

$$\frac{x_n + \sqrt{m}y_n}{2} = \left(\frac{x_1 + \sqrt{m}y_1}{2}\right)^n$$

则由本题知,$x = x_n, y = y_n$ 也是该方程的正整数解. 因此,如果 $x^2 - my^2 = 4$ 有正整数解,则必有无穷多个.

心得 体会 拓广 疑问

6.1.52　设 $x=u_1, y=v_1$ 是 Pell 方程 $x^2-my^2=4$ 的 $y$ 值最小的正整数解,如果 $u_n$ 和 $v_n$ 由下式确定

$$\frac{u_n+\sqrt{m}v_n}{2}=\left(\frac{u_1+\sqrt{m}v_1}{2}\right)^n\ (n=1,2,\cdots)$$

则 Pell 方程 $x^2-my^2=4$ 的一切正整数解为

$$x=u_n, y=v_n\quad (n=1,2,\cdots)$$

**证明**　$x=u_n, y=v_n(n=1,2,\cdots)$ 是 Pell 方程 $x^2-my^2=4$ 的正整数解,已由上题的注指明. 现在只需证明,除 $x=u_n, y=v_n(n=1,2,\cdots)$ 外,该方程无其他正整数解,也就是如设 $x=a, y=b$ 是 $x^2-my^2=4$ 的任一正整数解,则必存在正整数 $n$,使 $a=u_n, b=v_n$.

由于 $b\geqslant v_1$,故由

$$a^2-u_1^2=(4+mb^2)-(4+mv_1^2)=m(b^2-v_1^2)\geqslant 0$$

所以 $a\geqslant u_1$,从而

$$\frac{a+\sqrt{m}b}{2}\geqslant\frac{u_1+\sqrt{m}v_1}{2}>1$$

上式第二个不等式(即大于 1)是因为 $u_1, v_1$ 是正整数解的缘故,由于

$$\frac{u_1+\sqrt{m}v_1}{2}<\frac{u_2+\sqrt{m}v_2}{2}<\frac{u_3+\sqrt{m}v_3}{2}<\cdots<\frac{u_n+\sqrt{m}v_n}{2}<\cdots$$

从而存在正整数 $n$,使得

$$\left(\frac{u_1+\sqrt{m}v_1}{2}\right)^{n+1}>\frac{a+\sqrt{m}b}{2}\geqslant\left(\frac{u_1+\sqrt{m}v_1}{2}\right)^n=\frac{u_n+\sqrt{m}v_n}{2}$$

可以证明,上式第二个关系中等号必成立,即必有

$$\frac{a+\sqrt{m}b}{2}=\left(\frac{u_1+\sqrt{m}v_1}{2}\right)^n=\frac{u_n+\sqrt{m}v_n}{2}$$

从而有 $a=u_n, b=u_n$. 事实上,如果等号不成立,则

$$\frac{u_1+\sqrt{m}v_1}{2}=\frac{u_n^2-mv_n^2}{4}\cdot\frac{u_1+\sqrt{m}v_1}{2}=$$

$$\frac{u_n+\sqrt{m}v_n}{2}\cdot\frac{u_n-\sqrt{m}v_n}{2}\cdot\frac{u_1+\sqrt{m}v_1}{2}=$$

$$\left(\frac{u_1+\sqrt{m}v_1}{2}\right)^n\cdot\frac{u_2-\sqrt{m}v_n}{2}\cdot\frac{u_1+\sqrt{m}v_1}{2}=$$

心得 体会 拓广 疑问

$$\left(\frac{u_1+\sqrt{m}v_1}{2}\right)^{n+1}\cdot\frac{u_n-\sqrt{m}v_n}{2}>$$

$$\frac{a+\sqrt{m}b}{2}\cdot\frac{u_n-\sqrt{m}v_n}{2}>$$

$$\left(\frac{u_1+\sqrt{m}v_1}{2}\right)^{n}\cdot\frac{u_n-\sqrt{m}v_n}{2}=$$

$$\left(\frac{u_n+\sqrt{m}v_n}{2}\right)^{n}\cdot\frac{u_n-\sqrt{m}v_n}{2}=1$$

另一方面,设

$$\frac{a+\sqrt{m}b}{2}\cdot\frac{u_n-\sqrt{m}v_n}{2}=\frac{s+\sqrt{m}t}{2}$$

由于 $x=a,y=b$ 和 $x=u_n,y=-v_n$ 均为 $x^2-my^2=4$ 的整数解,故由上题知 $x=s,y=t$ 也是该方程的整数解. 再由上述不等式知

$$\frac{s+\sqrt{m}t}{2}=\frac{a+\sqrt{m}b}{2}\cdot\frac{u_n-\sqrt{m}v_n}{2}>1$$

因此 $x=s,y=t$ 是正整数解. 从而 $t\geqslant v_1$,于是

$$s^2-u_1^2=(4+mt^2)-(4+mv_1^2)=m(t^2-v_1^2)\geqslant 0$$

故 $s\geqslant u_1$. 从而有

$$\frac{s+\sqrt{m}t}{2}\geqslant\frac{u_1+\sqrt{m}v_1}{2}$$

这与上述不等式矛盾.

**注** 与方程 $x^2-my^2=1$ 一样,先用试验法求出 $x^2-my^2=4$ 的 $y$ 值最小的正整数解 $x=u_1,y=v_1$ 来,那么该方程的一切正整数解 $x=u_n,y=v_n$ 便由

$$\frac{u_n+\sqrt{m}v_n}{2}=\left(\frac{u_1+\sqrt{m}v_1}{2}\right)^n(n=1,2,\cdots)$$

确定,再冠以正,负号,即得一切整数解.

例如求 $x^2-3y^2=4$ 的一切整数解. 当 $y=1$ 时,$x^2=7$;当 $y=2$ 时,$x^2=16$,故 $x=u_1=4,y=v_1=2$ 便是 $y$ 值最小的正整数解,于是由

$$\frac{u_n+\sqrt{3}v_n}{2}=\left(\frac{4+2\sqrt{3}}{2}\right)^n(n=1,2,\cdots)$$

确定的 $x=u_n,y=v_n$ 便是 $x^2-3y^2=4$ 的一切正整数解,例如 $u_2=14,v_2=8;u_3=52,v_3=30,\cdots$,该方程的一切整数解便是 $x=\pm u_n,y=\pm v_n$.

心得 体会 拓广 疑问

6.1.53 设不定方程 $ax^2+bxy+cy^2=k$ 的判别式 $D=b^2-4ac$ 是正的非平方数，$k\neq 0$，证明该方程如果有整数解，则必有无穷多个整数解.

**证明** 由于 $D=b^2-4ac$ 是正的非平方数，故 $a\neq 0$. 如果所给方程有一个解 $x=x_0,y=y_0$，那么有 $ax_0^2+bx_0y_0+cy_0^2=k$，于是有

$$(2ax_0+by_0+y_0\sqrt{D})(2ax_0+by_0-y_0\sqrt{D})=4ak$$

再设 $x=u,y=v$ 是 Pell 方程 $x^2-Dy^2=1$ 的任意整数解，于是

$$u^2-Dv^2=(u+\sqrt{D}v)(u-\sqrt{D}v)=1$$

将上两等式两边相乘，就有

$$(2ax_0+by_0+y_0\sqrt{D})(u+\sqrt{D}v)\cdot$$
$$(2ax_0+by_0-y_0\sqrt{D})(u-\sqrt{D}v)=4ak$$

如记

$$X=x_0u-bx_0v-2cy_0v$$
$$Y=2ax_0v+y_0u+by_0v$$

就有

$$(2aX+bY+Y\sqrt{D})(2aX+bY-Y\sqrt{D})=4ak$$

即

$$(2aX+bY)^2-DY^2=4ak$$
$$aX^2+bXY+cY^2=k$$

这表示 $x=X,y=Y$ 也是所给方程的解. 由于 $k\neq 0$，故

$$2ax_0+by_0+y_0\sqrt{D}\neq 0,2ax_0+by_0-y_0\sqrt{D}\neq 0$$

由此可知，当 $u,v$ 改变时，$x=X,y=Y$ 也随之改变. 又因 Pell 方程 $x^2-Dy^2=1$ 有无穷多个整数解，因此所给方程 $ax^2+bxy+cy^2=k$ 也有无穷多个整数解.

**注** 由本题知，当 $D>0$ 且为非平方数时，如果 $k\neq 0$，方程

$$ax^2+bxy+cy^2=k$$

或者无整数解或者有无穷多个整数解. 如果 $k=0$，则该方程只有零解. 这是因为这时有

$$[2ax+(b+\sqrt{D})y][2ax+(b-\sqrt{D})y]=0$$

$D>0$ 且为非平方数，故

$$2ax+(b+\sqrt{D})y=0,2ax+(b-\sqrt{D})y=0$$

两者必居其一，但只有 $x=0,y=0$ 才是它的整数解.

6.1.54 设不定方程 $ax^2+bxy+cy^2=k$ 的判别式 $D=b^2-4ac$ 为正的非平方数,并设它有整数解 $x=x_0,y=y_0$. 再设 $x=u,y=v$ 是 Pell 方程

$$x^2-Dy^2=4$$

的任意整数解. 证明

$$X=\frac{u-bv}{2}x_0-cvy_0,Y=avx_0+\frac{u+bv}{2}y_0$$

也是 $ax^2+bxy+cy^2=k$ 的整数解.

**证明** 首先证明 $X,Y$ 是整数,由于

$$u^2-Dv^2=4,D=b^2-4ac$$

故
$$u^2-Dv^2\equiv 0(\bmod 4),D\equiv b^2(\bmod 4)$$

因此
$$u^2-b^2v^2\equiv 0(\bmod 4)$$

而

$$u^2-b^2v^2=(u+bv)^2-2bv(u+bv)=(u-bv)^2+2bv(u-bv)\equiv 0(\bmod 4)$$

所以有 $u+bv\equiv 0(\bmod 2),u-bv\equiv 0(\bmod 2)$,故 $X,Y$ 是整数.

再证明 $x=X,y=Y$ 是 $ax^2+bxy+cy^2=k$ 的解.

由于 $a\neq 0$,故有

$$(2ax_0+by_0+y_0\sqrt{D})(2ax_0+by_0-y_0\sqrt{D})=4ak$$

又由于 $u^2-Dv^2=4$,故

$$\frac{u+\sqrt{D}v}{2}\cdot\frac{u-\sqrt{D}v}{2}=1$$

将上面两等式两边相乘,并注意到

$$X=\frac{u-bv}{2}x_0-cvy_0,Y=avx_0+\frac{u+bv}{2}y_0$$

则由

$$(2ax_0+by_0+\sqrt{D}y_0)\cdot\frac{u+\sqrt{D}v}{2}\cdot(2ax_0+by_0-\sqrt{D}y_0)\cdot\frac{u-\sqrt{D}v}{2}=4ak$$

得
$$(2aX+bY+\sqrt{D}Y)(2aX+bY-\sqrt{D}Y)=4ak$$

从而有
$$aX^2+bXY+cY^2=k$$

此即所欲证者.

**注** 设 $u,v$ 是 Pell 方程 $x^2-Dy^2=4$ 的任意整数解,称 $x=X,y=Y$ 为 $x=x_0,y=y_0$ 的伴随解,其中

$$X=\frac{u-bv}{2}x_0-cvy_0,Y=avx_0+\frac{u+bv}{2}y_0$$

心得 体会 拓广 疑问

由本题的证明知,解 $x=x_0,y=y_0$ 及其伴随解 $x=X,y=Y$ 满足如下关系

$$(2ax_0+by_0+y_0\sqrt{D})\cdot\frac{u+v\sqrt{D}}{2}=2aX+bY+Y\sqrt{D} \quad ①$$

关于伴随解,有

(1) $x=x_0,y=y_0$ 是 $x=x_0,y=y_0$ 的伴随解. 事实上,$u=2,v=0$ 是 Pell 方程 $x^2-Dy^2=4$ 的解,所以

$$(2ax_0+by_0+y_0\sqrt{D})\cdot\frac{2+0\cdot\sqrt{D}}{2}=(2ax_0+by_0+y_0\sqrt{D})$$

(2) 如 $x=X,y=Y$ 是 $x=x_0,y=y_0$ 的伴随解,则 $x=x_0,y=y_0$ 是 $x=X,y=Y$ 的伴随解. 事实上,在式 ① 的两端乘以$\frac{u-v\sqrt{D}}{2}$,就有

$$(2aX+bY+Y\sqrt{D})\cdot\frac{u-v\sqrt{D}}{2}=2ax_0+by_0+y_0\sqrt{D}$$

而 $x=u,y=-v$ 也是 Pell 方程 $x^2-Dy^2=4$ 的解.

(3) 如果 $x=x_1,y=y_1$ 是解 $x=x_0,y=y_0$ 的伴随解,$x=x_2,y=y_2$ 又是解 $x=x_1,y=y_1$ 的伴随解,则 $x=x_2,y=y_2$ 是 $x=x_0,y=y_0$ 的伴随解. 事实上,如设 $x=u_1,y=v_1$ 和 $x=u_2,y=v_2$ 是 Pell 方程 $x^2-Dy^2=4$ 的两个解,使得

$$(2ax_0+by_0+y_0\sqrt{D})\cdot\frac{u_1+v_1\sqrt{D}}{2}=2ax_1+by_1+y_1\sqrt{D}$$

$$(2ax_1+by_1+y_1\sqrt{D})\cdot\frac{u_2+v_2\sqrt{D}}{2}=2ax_2+by_2+y_2\sqrt{D}$$

由题6.1.51,如 $x=u_3,y=v_3$ 由

$$\frac{u_1+v_1\sqrt{D}}{2}\cdot\frac{u_2+v_2\sqrt{D}}{2}=\frac{u_3+v_3\sqrt{D}}{2}$$

定义,则 $x=u_3,y=v_3$ 也是 $x^2-Dy^2=4$ 的解,这样将 $x=x_1,y=y_1$, $x=x_2,y=y_2,x=x_0,y=y_0$ 所满足的那两个关系两边相乘,就有

$$(2ax_0+by_0+y_0\sqrt{D})\cdot\frac{u_3+u_3\sqrt{D}}{2}=2ax_2+by_2+y_2\sqrt{D}$$

这表示 $x=x_2,y=y_2$ 是 $x=x_0,y=y_0$ 的伴随解.

心得 体会 拓广 疑问

6.1.55 设不定方程 $ax^2+bxy+cy^2=k$ 的判别式 $D=b^2-4ac$ 是正的非平方数,如果 $k\neq 0$,则该方程的任意一个解与满足如下条件

$$\frac{u_1+v_1\sqrt{D}}{2}>2aX+bY+\sqrt{D}Y\geqslant 1$$

的解 $x=X,y=Y$ 互为伴随解.其中 $x=u_1,y=v_1$ 是 Pell 方程 $x^2-Dy^2=4$ 的 $y$ 值最小的正整数解.

**证明** 由于 $k\neq 0$,故对于所给方程 $ax+bxy+cy^2=k$ 的任意一个整数解 $x=x_0,y=y_0$,有

$$2ax_0+by_0+y_0\sqrt{D}\neq 0$$

首先考虑 $2ax_0+by_0+y_0\sqrt{D}>0$ 的情况.这时,如果

$$2ax_0+by_0+y_0\sqrt{D}\geqslant\frac{u_1+v_1\sqrt{D}}{2}$$

则由于

$$\frac{u_1+v_1\sqrt{D}}{2}<\frac{u_2+v_2\sqrt{D}}{2}<\cdots<\frac{u_n+v_n\sqrt{D}}{2}<\cdots$$

故存在正整数 $n$,使

$$\left(\frac{u_1+v_1\sqrt{D}}{2}\right)^{n+1}>2ax_0+by_0+y_0\sqrt{D}\geqslant\left(\frac{u_1+v_1\sqrt{D}}{2}\right)^{n}$$

上式两端乘以 $\frac{u_n-v_n\sqrt{D}}{2}(>0)$,有

$$\frac{u_1+v_1\sqrt{D}}{2}>(2ax_0+by_0+y_0\sqrt{D})\cdot\frac{u_n-v_n\sqrt{D}}{2}\geqslant 1$$

设 $(2ax_0+by_0+y_0\sqrt{D})\cdot\frac{u_n-v_n\sqrt{D}}{2}=2ax_n+by_n+y_n\sqrt{D}$

于是就有

$$\frac{u_1+v_1\sqrt{D}}{2}>2ax_n+by_n+y_n\sqrt{D}\geqslant 1$$

由于 $x=u_n,y=-v_n$ 是 Pell 方程 $x^2-Dy^2=4$ 的解,故 $x=x_n,y=y_n$ 是 $x=x_0,y=y_0$ 的伴随解,且满足

$$\frac{u_1+v_1\sqrt{D}}{2}>2ax_n+by_n+y_n\sqrt{D}\geqslant 1$$

如果 $$1\leqslant 2ax_0+by_0+y_0\sqrt{D}<\frac{u_1+v_1\sqrt{D}}{2}$$

那么,解 $x=x_0,y=y_0$ 是 $x=x_0,y=y_0$ 的伴随解,而 $x=x_0,y=y_0$ 满足所给条件.

心得 体会 拓广 疑问

如果 $0<2ax_0+by_0+y_0\sqrt{D}<1$，那么由于 $\frac{u_1+v_1\sqrt{D}}{2}>1$，故总存在正整数 $n$，使

$$(2ax_0+by_0+y_0\sqrt{D})\cdot\left(\frac{u_1+v_1\sqrt{D}}{2}\right)^n\geqslant 1$$

记

$$(2ax_0+by_0+y_0\sqrt{D})\cdot\left(\frac{u_1+v_1\sqrt{D}}{2}\right)^n=$$

$$(2ax_0+by_0+y_0\sqrt{D})\cdot\frac{u_n+v_n\sqrt{D}}{2}=2ax_n+by_n+y_n\sqrt{D}$$

$x=u_n,y=v_n$ 是 Pell 方程 $x^2-Dy^2=4$ 的正整数解，故 $x=x_n,y=y_n$ 是 $x=x_0,y=y_0$ 的伴随解，且有

$$2ax_n+by_n+y_n\sqrt{D}\geqslant 1$$

由前面的证明已知，解 $x=x_n,y=y_n$ 有满足条件

$$\frac{u_1+v_1\sqrt{D}}{2}>2aX+bY+Y\sqrt{D}\geqslant 1$$

的伴随解 $x=X,y=Y$，再根据伴随解的性质(传递性)，知 $x=X$，$y=Y$ 是 $x=x_0,y=y_0$ 的伴随解，而 $x=X,y=Y$ 满足所给的条件.

其次再考虑 $2ax_0+by_0+y_0\sqrt{D}<0$ 的情况.

这时有

$$2a(-x_0)+b(-y_0)+(-y_0)\sqrt{D}>0$$

由上面证明知解 $x=-x_0,y=-y_0$ 有满足所给条件的伴随解 $x=X$，$y=Y$. 而 $x=-x_0,y=-y_0$ 与 $x=x_0,y=y_0$ 互为伴随解. 事实上，由于 $u=-2,v=0$ 是 Pell 方程 $x^2-Dy^2=4$ 的解，而

$$(2ax_0+by_0+y_0\sqrt{D})\cdot\frac{-2+0\cdot\sqrt{D}}{2}=$$

$$2a(-x_0)+b(-y_0)+(-y_0)\sqrt{D}$$

因此知满足所给条件的解 $x=X,y=Y$ 是解 $x=x_0,y=y_0$ 的伴随解.

这样就证明了，当 $k\neq 0$ 时，$D$ 为正的非平方数时，不定方程 $ax^2+bxy+cy^2=k$ 的任何解 $x=x_0,y=y_0$ 均有满足条件

$$\frac{u_1+\sqrt{D}v_1}{2}>2aX+bY+Y\sqrt{D}\geqslant 1$$

的伴随解 $x=X,y=Y$.

下面再证明满足上述条件的不定方程 $ax^2+bxy+cy^2=k$ 的解 $x=x_0,y=y_0$ 的伴随解 $x=X,y=Y$ 只有一个. 设 $x=X_1,y=Y_1$ 和 $x=X_2,y=Y_2$ 均为 $x=x_0,y=y_0$ 的伴随解，且满足

心得 体会 拓广 疑问

$$\frac{u_1+\sqrt{D}v_1}{2}>2aX_1+bY_1+Y_1\sqrt{D}\geqslant 1$$

$$\frac{u_1+\sqrt{D}v_1}{2}>2aX_2+bY_2+Y_2\sqrt{D}\geqslant 1$$

由于 $x=X_1,y=Y_1$ 与 $x=X_2,y=Y_2$ 也互为伴随解,故有

$$(2aX_2+bY_2+Y_2\sqrt{D})\cdot\frac{u+v\sqrt{D}}{2}=2aX_1+bY_1+Y_1\sqrt{D}$$

其中 $x=u,y=v$ 满足 $u^2-Dv^2=4$.

由于 $2aX_i+bY_i+Y_i\sqrt{D}\geqslant 1(i=1,2)$,故 $\frac{u+v\sqrt{D}}{2}>0$,这样就有 $\frac{u-v\sqrt{D}}{2}>0$,将这两个不等式相加,就有 $u>0$. 当 $v=0$ 时,$u=2$,于是就有 $X_2=X_1,Y_2=Y_1$. 当 $v>0$ 时,由于这时 $x=u,y=v$ 是 Pell 方程 $x^2-Dy^2=4$ 的正整数解,故由题6.1.52知存在正整数 $n$,有

$$\frac{u+v\sqrt{D}}{2}=\left(\frac{u_1+v_1\sqrt{D}}{2}\right)^n\geqslant\frac{u_1+v_1\sqrt{D}}{2}$$

于是就有

$$2aX_1+bY_1+Y_1\sqrt{D}\geqslant\frac{u_1+v_1\sqrt{D}}{2}$$

$$2aX_2+bY_2+Y_2\sqrt{D}\geqslant\frac{u_1+v_1\sqrt{D}}{2}$$

这与 $x=X_1,y=Y_1$ 所满足的条件矛盾. 当 $v<0$ 时,有

$$2aX_2+bY_2+Y_2\sqrt{D}=(2aX_1+bY_1+Y_1\sqrt{D})\cdot\frac{u-v\sqrt{D}}{2}$$

这时 $-v>0$,从而 $x=u,y=-v$ 是 Pell 方程 $x^2-Dy^2=4$ 的正整数解,故存在正整数 $n$,使

$$\frac{u-v\sqrt{D}}{2}=\left(\frac{u_1+v_1\sqrt{D}}{2}\right)^n\geqslant\frac{u_1+v_1\sqrt{D}}{2}$$

从而

$$2aX_2+bY_2+Y_2\sqrt{D}\geqslant(2aX_1+bY_1+Y_1\sqrt{D})\cdot\frac{u_1+v_1\sqrt{D}}{2}\geqslant\frac{u_1+v_1\sqrt{D}}{2}$$

这与 $x=X_2,y=Y_2$ 满足的条件矛盾.

心得 体会 拓广 疑问

6.1.56　证明:对任意 $a,b\in\mathbf{Q}$,方程 $ax^2+by^2=1$ 在有理数范围内要么无解,要么有无限多个解.

(匈牙利,1978年)

**证明**　设 $x_0,y_0\in\mathbf{Q}$ 是原方程的解,且 $k\in\mathbf{Q}$ 满足条件 $ak^2+b\neq0$. 注意,因为 $a^2+b^2>0$,所以满足 $ak^2+b=0$ 的 $k\in\mathbf{Q}$ 至多有两个,而满足 $ak^2+b\neq0$ 的 $k\in\mathbf{Q}$ 有无限多个. 记

$$x_k=\frac{(b-ak^2)x_0-2bky_0}{ak^2+b}$$

$$y_k=\frac{(b-ak^2)y_0+2akx_0}{ak^2+b}$$

因此

$$ax_k^2+by_k^2=\frac{(b-ak^2)^2(ax_0^2+by_0^2)+4abk^2(ax_0^2+by_0^2)}{(ak^2+b)^2}=$$

$$ax_0^2+by_0^2=1$$

所以 $x_k,y_k$ 也是原方程的解. 对于上面给定的 $x_k,y_k$,可以导出 $k$ 所应满足的方程组

$$\begin{cases}a(x_k+x_0)k^2+2by_0k+b(x_k-x_0)=0\\a(y_k+y_0)k^2-2ax_0k+b(y_k-y_0)=0\end{cases}$$

因为 $ax_0^2+by_0^2=1$,所以方程组中 $k$ 的系数至少有一个是非零的. 因此上述关于 $k$ 的方程组至多有两个解. 于是,如果上面给出的数对 $x_k,y_k$ 只有 $n$ 对,则满足 $ak^2+b\neq0$ 的 $k\in\mathbf{Q}$ 至多有 $2n$ 个,矛盾. 因此原方程有无限多个有理数解.

**注**　上面给出的解 $x_k,y_k$ 有其直观的几何意义. 在坐标平面上,点 $(x_0,y_0)$ 与 $(x_k,y_k)$ 是直线 $x-x_0=k(y-y_0)$ 与曲线 $ax^2+by^2=1$ 的交点. 所以无需计算即可证明 $x_k$ 与 $y_k$ 为有理数. 事实上,当 $ak^2+b\neq0$ 时,$y_0$ 与 $y_k$ 是关于 $y$ 的具有有理系数的二次方程

$$a[x_0+k(y-y_0)]^2+by^2=1$$

的根,所以由 Vie'ta 这理可知,$y_0+y_k$ 为有理数. 因此,$y_k\in\mathbf{Q}$,且 $\tilde{x}_k=x_k+k(y_k-y_0)\in\mathbf{Q}$.

心得 体会 拓广 疑问

6.1.57 设$p$是奇素数,$a>0$且$a<p$. 证明:如果不定方程$x^2+ay^2=p$有整数解$x,y$,则必有$(x,y)=1$,$\left(\frac{-a}{p}\right)=1$,并且这个方程的解是唯一的.
(注:如果$x,y$满足$x^2+ay^2=p$,显然$-x,y$;$x,-y$;$-x,-y$均满足它,因此这里的唯一性是指这四个解当作一个解,因为它仅符号不同.)

**证明** 如果$(x,y)=k>1$,设$x=kx_1,y=ky_1,(x_1,y_1)=1$,于是

$$k^2(x_1^2+ay_1^2)=p\equiv 0(\bmod p)$$

由于$(x_1,y_1)=1$,故$p\nmid x_1,p\nmid y_1$,从而$p\mid k$. 这样就得到$p^2\mid p$,但这是不可能的,所以$k=1$. 因此$x^2+ay^2=p$的解$x,y$,必有$(x,y)=1$. 又因为整数$x,y$是$x^2+ay^2=p$的解,故

$$x^2\equiv -ay^2(\bmod p)$$

这表示$-ay^2$是模$p$的平方剩余,故

$$1=\left(\frac{-ay^2}{p}\right)=\left(\frac{-a}{p}\right)\left(\frac{y^2}{p}\right)=\left(\frac{-a}{p}\right)$$

即

$$\left(\frac{-a}{p}\right)=1$$

再设$(x_1,y_1)$和$(x_2,y_2)$是不定方程

$$x^2+ay^2=p$$

的两个解,即

$$x_1^2+ay_1^2=p,x_2^2+ay_2^2=p,x_1>0,x_2>0,y_1>0,y_2>0$$

先设$a>1$. 以$y_2^2$乘上面第一式,以$y_1^2$乘第二式,再相减得

$$(x_1y_2-x_2y_1)(x_iy_2+x_2y_1)=p(y_2^2-y_1^2)\equiv 0(\bmod p)$$

由此知,$x_1y_2-x_2y_1$和$x_1y_2+x_2y_1$之中至少有一个可被$p$整除,但是因为$p\nmid 2x_1y_2$(这是因为$p\nmid 2,p\nmid x_1,p\nmid y_2$),故

$$p\mid x_1y_2-x_2y_1 \quad 和 \quad p\mid x_1y_2+x_2y_1$$

两者必居其一.

但是由于

$$(x_1^2+ay_1^2)(x_2^2+ay_2^2)=p^2$$

即

$$(x_1x_2-ay_1y_2)^2+a(x_1y_2+x_2y_1)^2=p^2$$
$$(x_1x_2+ay_1y_2)^2+a(x_1y_2-x_2y_1)^2=p^2$$

因此如果$p\mid x_1y_2+x_2y_1$,那么因为$x_1y_2+x_2y_1>0$,就必有

$$x_1y_2+x_2y_1=np(n\geqslant 1)$$

而$(x_1x_2-ay_1y_2)^2\geqslant 0,a>1$,那么就将有$p^2>an^2p^2$,这是不可能

的. 因此只能有

$$p \mid x_1y_2 - x_2y_1$$

在这种情况下,由于 $x_1x_2 + ay_1y_2 > 0, a > 1$,故必有

$$x_1y_2 - x_2y_1 = 0$$

即

$$\frac{x_1}{y_1} = \frac{x_2}{y_2}$$

由于 $(x_1, y_1) = 1, (x_2, y_2) = 1$,故 $x_1 = x_2, y_1 = y_2$.

在 $a = 1$ 的情况,方程成为

$$x^2 + y^2 = p$$

这时和 $a > 1$ 的情况一样,有

$$p \mid x_1y_2 - x_2y_1 \quad 或 \quad p \mid x_1y_2 + x_2y_1$$

两者必居其一. 且

$$(x_1x_2 + y_1y_2)^2 + (x_1y_2 - x_2y_1)^2 = p^2$$
$$(x_1x_2 - y_1y_2)^2 + (x_1y_2 + x_2y_1)^2 = p^2$$

当 $p \mid x_1y_2 - x_2y_1$ 时,由于 $x_1x_2 + y_1y_2 > 0$,故有

$$x_1y_2 - x_2y_1 = 0$$

再由 $(x_1, y_1) = 1, (x_2, y_2) = 0$,便有

$$x_1 = x_2, y_1 = y_2$$

当 $p \mid x_1y_2 + x_2y_1$ 时,因为 $x_1y_2 + x_2y_1 = p$,这样就有 $x_1x_2 - y_1y_2 = 0$,从而得到 $x_1 = y_2, x_2 = y_1$. 由于 $(x, y)$ 是 $x^2 + y^2 = p$ 的解, $(y, x)$ 也是它的解,这两个解当作一个解.

这样便证明了,若不定方程 $x^2 + ay^2 = p$ 有解,则解是唯一的.

6.1.58 已知正整数 $a$ 和 $b$ 使得 $ab + 1$ 整除 $a^2 + b^2$,求证: $\frac{a^2 + b^2}{ab + 1}$ 是某个正整数的平方.

(第29届国际数学奥林匹克,1988年)

**证明** 当 $a = b$ 时,有正整数 $q$,使得

$$\frac{2a^2}{a^2 + 1} = q, (2 - q)a^2 = q$$

显然,$q = 1 = 1^2$,此时结论成立.

由对称性,不妨设 $a > b$. 设 $s$ 与 $t$ 是满足下列条件的整数

$$\begin{cases} a = bs - t \\ s \geqslant 2, 0 \leqslant t < b \end{cases} \quad ①$$

将①代入 $\frac{a^2 + b^2}{ab + 1}$ 得

$$\frac{a^2 + b^2}{ab + 1} = \frac{b^2s^2 - 2bst + t^2 + b^2}{b^2s - bt + 1}$$

考察这个数与 $s - 1$ 的差

心得 体会 拓广 疑问

$$\frac{b^2s^2-2bst+t^2+b^2}{b^2s-bt+1}-(s-1)=$$
$$\frac{b^2s-bst+b^2+t^2-s-bt+1}{b(bs-t)+1}=$$
$$\frac{s(b^2-bt-1)+b(b-t)+t^2+1}{b(bs-t)+1} \quad ②$$

因为 $t<b$,所以 $b-t\geqslant 1$,从而

$$b^2-bt-1\geqslant 0,b-t>0,t^2+1>0$$

于是式 ② 大于0,即

$$\frac{b^2s^2-2bst+t^2+b^2}{b^2s-bt+1}>s-1 \quad ③$$

同理

$$\frac{b^2s^2-2bst+t^2+b^2}{b^2s-bt+1}<s+1 \quad ④$$

由于$\frac{a^2+b^2}{ab+1}=\frac{b^2s^2-2bst+t^2+b^2}{b^2s-bt+1}$是整数,所以由 ③,④ 可得

$$\frac{b^2s^2-2bst+t^2+b^2}{b^2s-bt+1}=s$$

由此得

$$b^2+t^2=bts+s$$

即

$$\frac{b^2+t^2}{bt+1}=s=\frac{a^2+b^2}{ab+1}$$

因为 $a>b>t$,所以 $t=0$ 时,$s=b^2$ 为平方数,若 $t\neq 0$,可仿此继续下去,经过有限步之后,总可以使最小的数变为0,所以 $s$ 是平方数,即$\frac{a^2+b^2}{ab+1}$是某个正整数的平方.

**证法2** 令 $A=\{(a,b)\mid a,b\in\mathbf{N},a\geqslant b,ab+1\mid a^2+b^2\}$.本题的结论是:对所有 $(a,b)\in A$,都有

$$f(a,b)=\frac{a^2+b^2}{ab+1}=k^2\quad(k\in\mathbf{N}) \quad ①$$

记 $B=\{(a,b)\mid (a,b)\in A,且 f(a,b)\neq k^2,k\in\mathbf{N}\}$.

只需证明 $B=\varnothing$.

若 $B\neq\varnothing$,则不妨设 $B$ 中使 $a+b$ 最小的数对为 $(a,b)$.

令 $f(a,b)=\frac{a^2+b^2}{ab+1}=t(\neq k^2)$,则有

$$a^2-tba+b^2-t=0 \quad ②$$

把 ② 看为关于 $a$ 的二次方程,显然 $a$ 是方程 ② 的一个根,设 $c$ 为 ② 的另一根,则由韦达定理有

心得 体会 拓广 疑问

$$\begin{cases} a+c=tb & ③ \\ ac=b^2-t & ④ \end{cases}$$

由③知 $c$ 是整数,由④知 $c\neq 0$.

若 $c<0$,则由 $t>0,b>0$ 知

$$-tcb-t\geqslant 0$$

由 $c$ 是②的根得

$$c^2-tcb+b^2-t=0 \quad ⑤$$

于是 $$c^2+b^2=tcb+t\leqslant 0$$

出现矛盾. 因而 $c>0$. 由④知

$$0<ac=b^2-t<b^2\leqslant a^2$$

所以 $$0<c<a$$

由⑤得 $$t=\frac{c^2+b^2}{cb+1}$$

于是 $(b,c)$ 或 $(c,b)\in B$,但此时 $b+c<a+b$ 与 $(a,b)$ 的选择,即 $a+b$ 最小相矛盾.

所以 $B=\varnothing$,从而命题得证.

6.1.59 设 $a,b,c$ 都是整数,且 $a>0,ac-b^2=p=p_1p_2\cdots p_n$,其中 $p_1,p_2,\cdots,p_n$ 是互异的素数,设 $M(n)$ 表示满足方程 $ax^2+2bxy+cy^2=n$ 的整数解的组数.

求证 $M(n)$ 为有限数,且对每个非负整数 $k$,都有 $M(p^kn)=M(n)$.

(第34届国际数学奥林匹克预选题,1993年)

**证明** 设整数对 $(x,y)$ 满足方程

$$ax^2+2bxy+cy^2=p^kn \quad ①$$

将式①两边乘以 $a$,并注意 $ac-b^2=p$,得到

$$(ax+by)^2+py^2=ap^kn \quad ②$$

类似地,将式①两边乘以 $c$,又可得到

$$(bx+cy)^2+py^2=ap^kn \quad ③$$

由②和③知,$M(n)$ 为有限数且 $(ax+by)^2$ 与 $(bx+cy)^2$ 都能被 $p$ 整除. 由于 $p=p_1p_2\cdots p_n$,所以 $ax+by$ 与 $bx+cy$ 都能被 $p$ 整除. 从而存在整数 $X$ 和 $Y$,使得

$$\begin{cases} ax+by=-pY \\ bx+cy=pX \end{cases} \quad ④$$

由于 $ac-b^2=p\neq 0$,则④有唯一解

$$\begin{cases} x=-bX-cY \\ y=aX+bY \end{cases} \quad ⑤$$

将⑤代入①,化简后可得

心得 体会 拓广 疑问

$$aX^2+2bXY+cY^2=p^{k-1}n$$

这表明,当整数对$(x,y)$是①$_k$的解时,由④给出的整数对$(X,Y)$是①$_{k-1}$的解,反之亦然,于是,我们就在①$_k$与①$_{k-1}$之间建立了一个双射,所以二者的整数解的组数相等,即有$M(p^kn)=M(p^{k-1}n)$,由此类推可得$M(p^kn)=M(n)$.

6.1.60 证明有无穷多个自然数 $n$, 使平均数 $\frac{1^2+2^2+\cdots+n^2}{n}$ 为完全平方数,第一个这样的数当然是1,请写出紧接着在1后面的两个这样的自然数.

(第31届国际数学奥林匹克候选题,1990年)

**证明** 由于

$$1^2+2^2+\cdots+n^2=\frac{n(n+1)(2n+1)}{6}$$

即

$$\frac{1^2+2^2+\cdots+n^2}{n}=\frac{2n^2+3n+1}{6}$$

设$\frac{1^2+2^2+\cdots+n^2}{n}=m^2,m\in\mathbf{N}$,则

$$m^2=\frac{2n^2+3n+1}{6}$$

因此,本题等价于求出一切自然数对$(n,m)$使方程

$$2n^2+3n+1=6m^2$$

成立.将上式两边乘8,并配方得

$$(4n+3)^2-3(4m)^2=1$$

这个方程可以看为是Pell方程

$$x^2-3y^2=1$$

满足$x\equiv 3(\bmod 4)$和$y\equiv 0(\bmod 4)$的解.

Pell方程的解可以通过将$(2+\sqrt{3})^k$($k\geqslant 1$的整数)写成$x+y\sqrt{3}$的形式来得到.

设正整数$x_k,y_k$满足

$$x_k+y_k\sqrt{3}=(2+\sqrt{3})^k,k\geqslant 1$$

则$(x_k,y_k)$是Pell方程$x^2-3y^2=1$的所有正整数解.

下面证明,存在无穷多个$k$,使

$$x_k\equiv 3(\bmod 4)\quad 且\quad y_k\equiv 0(\bmod 4)$$

显然

$$x_{k+1}+y_{k+1}\sqrt{3}=(x_k+y_k\sqrt{3})(2+\sqrt{3})$$

于是

$$\begin{cases}x_{k+1}=2x_k+3y_k\\y_{k+1}=x_k+2y_k\end{cases}$$

进而有

$$\begin{cases}x_{k+2}=4x_{k+1}-x_k\\y_{k+2}=4y_{k+1}-y_k\end{cases}$$

注意到 $x_k,y_k$ 的前4项分别为

$$x_k:2,7,26,97;\quad y_k:1,4,15,56$$

从而有 $\{x_k(\mathrm{mod}\ 4)\}$ 和 $\{y_k(\mathrm{mod}\ 4)\}$ 都是以4为周期的周期数列，且

$$x_k\equiv 3(\mathrm{mod}\ 4)\Leftrightarrow k\equiv 2(\mathrm{mod}\ 4)$$

$$y_k\equiv 0(\mathrm{mod}\ 4)\Leftrightarrow k\equiv 0(\mathrm{mod}\ 4)$$

于是，当且仅当 $k\equiv 2(\mathrm{mod}\ 4)$ 时，有

$$x_k\equiv 3(\mathrm{mod}\ 4)\quad 且\quad y_k\equiv 0(\mathrm{mod}\ 4)$$

这就证明了存在无穷多个 $n$ 满足题设要求.

由以上，符合要求的前3个 $n$ 所对应的 $k$ 分别为2,6,10. 此时易得 $n$ 分别为1,337,65 521，所以紧接着1后面的符合要求的数为337,65 521.

6.1.61 证明不存在这样的正四棱锥，它的所有棱长、表面积和体积都是整数.

（第21届国际数学奥林匹克候选题，1979年）

**证明** 假设这样的正四棱锥存在.

设 $g$ 为底面正方形的边长，$h$ 为棱锥的高，$f$ 为侧棱的长，$s$ 为表面积，$v$ 为体积，则

$$f=\sqrt{h^2+2\cdot\left(\frac{g}{2}\right)^2}\qquad ①$$

$$s=g^2+2g\sqrt{h^2+\left(\frac{g}{2}\right)^2}\qquad ②$$

$$v=\frac{1}{3}g^2h\qquad ③$$

由于 $g,f,s,v$ 为自然数，所以

$$x=g^3,y=bv,z=g(s-g^2),u=2g^2f\qquad ④$$

都是自然数，且

$$x^2+y^2=g^6+36v^2=4g^4\left[\left(\frac{g}{2}\right)^2+h^2\right]=g^2(s-g^2)^2=z^2$$

$$x^2+z^2=g^6+4g^4\left[\left(\frac{g}{2}\right)^2+h^2\right]=4g^4\left[h^2+2\left(\frac{g}{2}\right)^2\right]=u^2$$

于是方程组

$$\begin{cases} x^2 + y^2 = z^2 & ⑤ \\ x^2 + z^2 = u^2 & ⑥ \end{cases}$$

有自然数解,取其中一个解为$(x_0, y_0, z_0, u_0)$,使得$x_0$是所有解中$x$的最小值.$(x_0, y_0, z_0, u_0)$显然两两互素.

事实上,如果其中某两个同时被某个素数$p$整除,则由

$$x_0^2 + y_0^2 = z_0^2$$

$$x_0^2 + z_0^2 = u_0^2$$

$$y_0^2 + u_0^2 = 2z_0^2$$

可知,另两个数也能被$p$整除,从而

$$\left(\frac{x_0}{p}, \frac{y_0}{p}, \frac{z_0}{p}, \frac{u_0}{p}\right)$$

也是方程组的解.由$\frac{x_0}{p} < x_0$,与$x_0$的选取相矛盾,因此$x_0, y_0, z_0, u_0$两两互素.

因为$f$为自然数,则由①,$g$为偶数.于是由④,$x_0$为偶数,从而$y_0, z_0, u_0$为奇数,于是由$x_0^2 = z_0^2 - y_0^2$得到

$$\left(\frac{x_0}{2}\right)^2 = \frac{z_0 + y_0}{2} \cdot \frac{z_0 - y_0}{2}$$

如果自然数$\frac{z_0 + y_0}{2}$与$\frac{z_0 - y_0}{2}$不互素,则

$$(z_0, y_0) = (z_0, z_0 - y_0) \geqslant \left(z_0, \frac{z_0 - y_0}{2}\right) =$$

$$\left(z_0 - \frac{z_0 - y_0}{2}, \frac{z_0 - y_0}{2}\right) =$$

$$\left(\frac{z_0 + y_0}{2}, \frac{z_0 - y_0}{2}\right) > 1$$

与$y_0$和$z_0$互素相矛盾.这是不可能的.因此,$\frac{z_0 + y_0}{2}$与$\frac{z_0 - y_0}{2}$互素.可设

$$\begin{cases} \dfrac{z_0 + y_0}{2} = k^2 \\ \dfrac{z_0 - y_0}{2} = l^2 \end{cases}$$

从而

$$x_0 = 2kl, y_0 = k^2 - l^2, z_0 = k^2 + l^2$$

同理由$x_0^2 = u_0^2 - z_0^2$可得

$$x_0 = 2mn, z_0 = m^2 - n^2, u_0 = m^2 + n^2$$

其中$k, l, m, n$都是自然数.$k$与$l$互素,$m$与$n$互素,于是得到方程组

心得 体会 拓广 疑问

$$\begin{cases}kl=mn\\k^2+l^2=m^2-n^2\end{cases}$$

记$(k,m)=a$,则

$$k=ab,m=ac$$

其中$a,b,c$为自然数且$(b,c)=1$.

由于$kl=mn$,所以$abl=acn$,即$bl=cn$,且$l=cd$. 其中$d$为自然数. 从而$bcd=cn$,故$n=cd$.

再由$(k,l)=(ab,cd)=1$可得$(a,d)=1$. 其次有

$$a^2b^2+c^2d^2=a^2c^2-b^2d^2$$

即

$$(a^2+d^2)(b^2+c^2)=2a^2c^2$$

由$(a^2+d^2,a^2)=(d^2,a^2)=1$,而且$(b^2+c^2,c^2)=(b^2,c^2)=1$,所以由上式得

$$\begin{cases}c^2+d^2=2c^2\\b^2+c^2=a^2\end{cases} \text{或} \begin{cases}a^2+d^2=c^2\\b^2+c^2=2a^2\end{cases}$$

由此分别得到

$$\begin{cases}b^2+d^2=c^2\\b^2+c^2=a^2\end{cases} \text{或} \begin{cases}d^2+b^2=a^2\\d^2+a^2=c^2\end{cases}$$

从而得到$(b,d,c,a)$和$(d,b,a,c)$中必有一个是解$(x_0,y_0,z_0,u_0)$.

因为$x_0=2mn=2mbd$,所以$b<x_0$与$x_0$的选取矛盾.

由以上,题中的正四棱锥不存在.

6.1.62 设不定方程$ax^2+bxy+cy^2=k$的判别式$D=b^2-4ac$为正的非平方数,$k\neq 0$,证明:它的满足条件

$$\frac{u_1+v_1\sqrt{D}}{2}>2aX+bY+Y\sqrt{D}\geqslant 1$$

的整数解$x=X,y=Y$只有有限个,其中$u_1,v_1$是$y$值最小的不定方程$x^2-Dy^2=4$的正整数解.

**证明** 将所给条件写作

$$\frac{2}{u_1+v_1\sqrt{D}}<\frac{1}{2aX+bY+Y\sqrt{D}}\leqslant 1$$

将它有理化分母,就有

$$\frac{u_1-v_1\sqrt{D}}{2}<\frac{2aX+bY-Y\sqrt{D}}{4ak}\leqslant 1$$

同样,可将

心得 体会 拓广 疑问

$$\frac{u_1+v_1\sqrt{D}}{2}>2ax+by+y\sqrt{D}\geqslant 1$$

改写作

$$\frac{u_1-v_1\sqrt{D}}{2}<\frac{2ax+by-y\sqrt{D}}{4ak}\leqslant 1$$

由此可知,以满足上面最后一个不等式的 $x,y$ 为坐标的点位于矩形 $x=\frac{u_1-v_1\sqrt{D}}{2}$, $x=A$, $y=\frac{u_1-v_1\sqrt{D}}{2}$, $y=A(0<|A|\leqslant 1$,这里是指上述四直线围成的矩形)的内部或边界($x=A$ 或 $y=A$)上,由于这个矩形是有限的,位于它内部或边界上的整点只有有限个,因此满足上述条件的整数只有有限个.从而知满足所给条件的整数解 $x=X,y=Y$ 只有有限个.

**注** 二元二次不定方程

$$ax^2+bxy+cy^2=k$$

的判别式 $D=b^2-4ac$ 是正的非平方数时,如果 $k\neq 0$,这时先将方程满足条件

$$\frac{u_1+v_1\sqrt{D}}{2}>2aX+bY+Y\sqrt{D}\geqslant 1$$

的解全部求出(只有有限个),由题6.1.55知,该方程其余的解必为这些解中的某一个的伴随解.又由于伴随关系满足题6.1.54注中三个关系(自反性、对称性、传递性),因此可将该方程的无穷多个解分类(共分为有限个类),每类中的解互为伴随解,不同类中的解则否.

6.1.63 求不定方程 $x^2+xy-y^2=19$ 的整数解.

**解** $D=1+4=5$ 是正的非平方数,$k=19\neq 0$.

首先求Pell方程 $x^2-5y^2=4$ 的 $y$ 值最小的正整数解.求得为 $u_1=3,v_1=1$.

然后再求满足条件

$$\frac{3+\sqrt{5}}{2}>2x+y(1+\sqrt{5})\geqslant 1$$

即

$$\frac{3-\sqrt{5}}{2}<\frac{2x+y(1-\sqrt{5})}{76}\leqslant 1$$

的整数解 $x=X,y=Y$,由于

$$\frac{3+\sqrt{5}}{2}>2x+y(1+\sqrt{5})\geqslant 1$$

心得 体会 拓广 疑问

$$38(\sqrt{5}-3)>-2x-y(1-\sqrt{5})\geqslant -76$$

将上面两不等式相加,就有

$$\frac{-225+77\sqrt{5}}{2}>2\sqrt{5}y\geqslant -75$$

即

$$\frac{77-45\sqrt{5}}{4}>y\geqslant -\frac{15}{2}\sqrt{5}$$

因此

$$-5\geqslant y\geqslant -16$$

于是在 $y$ 分别等于 $-5,-6,-7,\cdots,-16$ 时,分别求方程 $x^2+xy-y^2=19$ 的整数解.求得如下

$$\begin{cases}x=11\\y=-6\end{cases},\begin{cases}x=-5\\y=-6\end{cases},\begin{cases}x=17\\y=-10\end{cases},\begin{cases}x=-7\\y=-10\end{cases}$$

其中满足条件

$$\frac{3+\sqrt{5}}{2}>2x+y(1+\sqrt{5})\geqslant 1$$

的整数解是

$$\begin{cases}x=11\\y=-6\end{cases},\begin{cases}x=17\\y=-10\end{cases}$$

这样,就可将方程 $x^2+xy-y^2=19$ 的所有整数解分成两大类,一类与解 $x=11,y=-6$ 互为伴随解,另一类与解 $x=17,y=-10$ 互为伴随解.为了简单起见,将前一类记为类 Ⅰ,后一类记为类 Ⅱ.下面就来求这两类解.

因为 $x=u_1=3,y=v_1=1$ 是 Pell 方程 $x^2-5y^2=4$ 的 $y$ 值最小的正整数解,根据题6.1.52,它的一切正整数解 $x=u_n,y=v_n$ 为

$$\frac{u_n+v_n\sqrt{5}}{2}=\left(\frac{u_1+v_1\sqrt{5}}{2}\right)^n=\left(\frac{3+\sqrt{5}}{2}\right)^n\quad(n=1,2,\cdots)$$

即

$$\begin{cases}x=u_1=3\\y=v_1=1\end{cases},\begin{cases}x=u_2=7\\y=v_2=3\end{cases},\begin{cases}x=u_3=18\\y=v_3=8\end{cases},\begin{cases}x=u_4=47\\y=v_4=21\end{cases},\cdots$$

因此,Pell 方程 $x^2-5y^2=4$ 的一切整数解为

$$\begin{cases}u=\pm 3\\v=\pm 1\end{cases},\begin{cases}u=\pm 7\\v=\pm 3\end{cases},\begin{cases}u=\pm 18\\v=\pm 8\end{cases},\begin{cases}u=\pm 47\\v=\pm 21\end{cases}$$
$$\cdots \qquad ①$$

根据题6.1.54,就有

类 Ⅰ:

心得 体会 拓广 疑问

$$\begin{cases}x=\dfrac{11}{2}(u-v)-6v\\ y=8v-3u\end{cases}$$

其中 $u,v$ 为式 ① 中的一切值. 有

$$\begin{cases}x=5\\ y=-1\end{cases},\begin{cases}x=-5\\ y=1\end{cases},\begin{cases}x=28\\ y=-17\end{cases},\begin{cases}x=-28\\ y=17\end{cases}$$

$$\begin{cases}x=4\\ y=3\end{cases},\begin{cases}x=73\\ y=-45\end{cases},\begin{cases}x=-4\\ y=-3\end{cases},\begin{cases}x=-73\\ y=45\end{cases},\cdots$$

类 Ⅱ:

$$\begin{cases}x=\dfrac{17}{2}(u-v)-10v\\ y=12v-5u\end{cases}$$

其中 $u,v$ 为式 ① 中的一切值. 有

$$\begin{cases}x=7\\ y=-3\end{cases},\begin{cases}x=44\\ y=-27\end{cases},\begin{cases}x=-44\\ y=27\end{cases},\begin{cases}x=-7\\ y=3\end{cases}$$

$$\begin{cases}x=4\\ y=1\end{cases},\begin{cases}x=7\\ y=-3\end{cases},\begin{cases}x=-4\\ y=-1\end{cases},\cdots$$

**注** 利用本题的方法,可求不定方程 $ax^2+bxy+cy^2=k$($D=b^2-4ac>0$ 非平方数,$k\neq 0$)的所有整数解. 其步骤归纳如下:

(1)用试验法求 Pell 方程 $x^2-Dy^2=4$ 的 $y$ 值最小的正整数解 $x=u_1,y=v_1$. 再由

$$\frac{u_n+v_n\sqrt{D}}{2}=\left(\frac{u_1+v_1\sqrt{D}}{2}\right)^n\quad(n=1,2,\cdots)$$

求得它的一切正整数解 $x=u_n,y=v_n$,从而得到它的一切整数解

$$x=\pm u_n,y=\pm v_n(n=1,2,\cdots)$$

(2)求所给不定方程 $ax^2+bxy+cy^2=k$ 的满足

$$\frac{u_1+v_1\sqrt{D}}{2}>2aX+bY+Y\sqrt{D}\geqslant 1$$

的解. 这只有有限个,设

$$x=X_i,y=Y_i\quad(i=1,2,\cdots,m)$$

其具体步骤可参考本题. 这样所给方程的一切整数解可分为 $m$ 类,每一类互为伴随解,不同类则否.

(3)再利用题 6.1.54 中的公式,求出每类解. 如第 $i$ 类解为

$$\begin{cases}x=\dfrac{u-bv}{2}X_i-cvY_i\\ y=avX_i+\dfrac{u+bv}{2}Y_i\end{cases}\quad(i=1,2,\cdots,m)$$

其中 $u,v$ 为 Pell 方程 $x^2-Dy^2=4$ 的一切整数解.

心得 体会 拓广 疑问

6.1.64 设 $a,b,c$ 为整数,且 $b\neq 0$,$d$ 和 $f$ 分别为 $a$ 与 $b$,$c$ 与 $b$ 的最大公约数,若 $a\not\equiv \pm d \pmod b$ 和 $c\not\equiv \pm f \pmod b$,则存在无穷多个整数 $k$,使得方程

$$ax+byx+cy=k$$

没有整数解.

**证明** 现将证明下述一个更普遍的结果(从这结果可得出普特南(Putnam)定理):

函数 $\phi=bxy+ax+cy$(其中 $a,b,c$ 是整数,$b\neq 0$)表示除有限个整数外的所有整数,当且仅当有

(1)$a\equiv \pm 1 \pmod b$ 或 $c\equiv \pm 1 \pmod b$ 或者有

(2)$|b|=6,a\equiv \pm 3,c\equiv \pm 2 \pmod 6$ 或把 $a$ 和 $c$ 互换也行.

当(1)成立时,$\phi$ 表示所有整数,当(2)成立时,$\phi$ 表示除一个,即 $-ac/6$ 之外的所有整数.

(3)考虑方程 $bxy+ax+cy=n$ 或 $(bx+c)(by+a)=bn+ac$ 以 $x-h$ 替换 $x$,$y-k$ 替换 $y$,就能够把 $b$ 的任意倍数加到 $a$ 和 $c$,而保留 $bn+ac$ 不变. 交换 $x,y$ 和 $\phi$ 的符号,得 $b>0,a\geqslant 0,c\geqslant 0$. 这些计算保持 $\pm(bn+ac)$ 不变,且将问题简化为形式 $\phi$,在这个形式中

(4)$0\leqslant a\leqslant \frac{1}{2}b,0\leqslant c\leqslant \frac{1}{2}b$.

如果或者 $a$ 是1或者 $c$ 是1,显然 $\phi$ 表示所有整数. 如果 $a=0$ 和 $c>1$. 则 $\phi=y(bx+c)$ 不能表示任何形如 $bn\pm 1$ 的素数.

这样能够假设:$a\geqslant c\geqslant 2,b\geqslant 5$,如果 $|x|\geqslant 2$ 和 $|y|\geqslant 2$,则由(4)知

$$|bxy+ax+cy|\geqslant 2a$$

如果 $x$ 和 $y$ 的值为 $0,\pm 1$,那么可以等于1或2的 $\phi$ 只能有值

$$b-a-c,a,c$$

因此如果 $\phi$ 表示1和2,那么

$$b-a-c=1,c=2$$

由(4)知或者 $b=5,a=c=2$;或者 $b=6,a=3,c=2$. 在第一种情况下,$\phi$ 不表示3. 在第二种情况下,$6xy+3x+2y+1=(3x+1)(2y+1)$,其中 $3x+1$ 表示 $\pm 2^h$,$2y+1$ 是任何奇数,从而 $6xy+3x+2y$ 表示除 $-1$ 外的每个整数.

由此导出,除非(1)或(2)成立,否则 $\phi$ 不能表示为使 $bn+ac\neq 0$ 的某个整数 $n$. 即根据(3),如果 $bn+ac=\pm p_1p_2\cdots p_r$ 为一素数积,不可能将这个积分解成在模为 $b$ 时分别与 $a,c$ 同余的两个因子. 若 $p$ 是任何同余于 $\pm 1$(模为 $b$)的素数,则对于 $\pm p_1p_2\cdots p_rp$,

同样的性质也必定成立. 因此 $\phi$ 不能表示无穷多个整数 $n$.

上面使用了这样的事实:即存在无穷多个形如 $nb\pm1$ 的素数. 这已由好几个数学工作者用初等方法证明过了(请参考狄克森的"数论的历史"第一卷,第418 ~ 419 页). 当然,它是狄利克雷定理在算术级数中的素数方面的特殊情况,但是,这定理至今仍未由严格的初等方法证明.

6.1.65　求 $x^2+y^2=1\ 997(x-y)$ 的所有正整数解.

(巴尔干)

**解**　由已知

$$(x+y)^2+(x-y)^2=2(x^2+y^2)=2\cdot 1\ 997(x-y)$$

因此

$$(x+y)^2+(1\ 997-x+y)^2=1\ 997^2$$

由于 $x,y$ 都是正整数,所以 $0<x+y<1\ 997$,当然也有 $0<1\ 997-x+y<1\ 997$,因此现在相当于是要求 $a^2+b^2=1\ 997^2$ 的正整数解. 注意到 1 997 是一个素数,因此存在两个互素的整数 $u>v$ 使得

$$1\ 997=u^2+v^2,a=u^2-v^2,b=2uv$$

由于 $u>v$,故

$$\frac{1\ 997}{2}<u^2<1\ 997\Rightarrow 33\leqslant u\leqslant 44$$

验算得知 $u=34,v=29$. 代入得到

$$x+y=2\times 34\times 29$$

$$1\ 997-x+y=34^2-29^2\Rightarrow(x,y)=(1\ 827,145)$$

或

$$x+y=34^2-29^2$$

$$1\ 997-x+y=2\times 34\times 29\Rightarrow(x,y)=(170,145)$$

两组解.

6.1.66　求最大的正整数 $n$,使得方程组

$$(x+1)^2+y_1^2=(x+2)^2+y_2^2=\cdots=$$

$$(x+k)^2+y_k^2=\cdots=(x+n)^2+y_n^2$$

有整数解 $(x,y_1,y_2,\cdots,y_n)$.

(越南,2003 年)

**证明**　为证原题先给出一个引理.

**引理**　对任意整数 $a,b$ 有

$$a^2+b^2\equiv\begin{cases}2,1,5(\bmod 8),\text{当 } a\equiv\pm 1(\bmod 4)\\1,0,4(\bmod 8),\text{当 } a\equiv 0(\bmod 4)\\5,4,0(\bmod 8),\text{当 } a\equiv 2(\bmod 4)\end{cases}$$

此引理易证,下面证明原题.

当 $n=3$ 时,易知,所给的方程组有整数解($x=-2,y_1=0,y_2=1,y_3=0$).

当 $n=4$ 时,假定所给的方程组有整数解($x,y_1,y_2,y_3,y_4$). 由于 $x+1,x+2,x+3,x+4$ 构成了模4的完全剩余系,由引理,应存在一个整数 $m$ 满足

$$m\in\{2,1,5\}\cap\{1,0,4\}\cap\{5,4,0\}=\varnothing$$

这个矛盾表明,当 $n=4$ 时,所给的方程组没有整数解.

显然,当 $n\geqslant 4$ 时,所给的方程组都没有整数解. 于是所求最大的正整数是 $n=3$.

6.1.67　注意到 $3\ 003=C_{15}^5=C_{14}^6$. 求方程 $C_{x+1}^y=C_x^{y+1}$ 的正整数解.

**解**　问题中的方程化简为

$$x^2-3xy+y^2-2y-1=0 \qquad ①$$

对 $x$ 解此方程,得到

$$2x=3y\pm m,m^2=5y^2+8y+4 \qquad ②$$

其中 $m$ 为正整数. 对 $y$ 解 ② 中第二个方程并且舍去负根,求得

$$5y=t-4,t^2=5m^2-4 \qquad ③$$

其中 $l$ 为正整数. 置 $m=2r,t=2s$ 可得到 ③ 中第二个方程的偶数整数解. 作此代换后,方程化简为

$$5r^2-s^2=1 \qquad ④$$

既然 $y$ 必为整数,$s-2$ 必可被5除尽. ③ 中第二个方程的简单奇数整数解为 $m=1,t=1$,方程可记为

$$5m^2-t^2=-(5\cdot 1^2-1^2)(5r^2-s^2)$$

其中 $r$ 和 $s$ 是方程

$$5r^2-s^2=-1 \qquad ⑤$$

的解. 用同样的条件,可以记

$$5m^2-t^2=5(s\pm r)^2-(5r\pm s)^2$$

因此

$$m=s\pm r,t=5r\pm s$$

其中 $r$ 和 $s$ 是 ⑤ 的解,此时,欲使 $y$ 为整数,$s\mp 4$ 应被5除尽.

由 Hall 和 Knight 的高等代数第 369 ~ 376 页,④ 和 ⑤ 的解依赖于连分数

$$5^{\frac{1}{2}}=2+\cfrac{1}{4+\cfrac{1}{4+\cfrac{1}{4+\cdots}}}$$

由关系

$$p_n=4p_{n-1}+p_{n-2}, q_n=4q_{n-1}+q_{n-2}$$

可算出这个连分数各次近似,或可由

$$p_n=\frac{1}{2}(\alpha^n+\beta^n), q_n=\frac{1}{2}5^{-\frac{1}{2}}(\alpha^n-\beta^n)$$

$$\alpha=2+5^{\frac{1}{2}}, \beta=2-5^{\frac{1}{2}}$$

得到. 现将其中几个列表(表1)以备最后求解之用.

**表 1**

| $n$ | 1 | 2 | 3 | 4 | 5 | 6 | 7 |
|---|---|---|---|---|---|---|---|
| $p_n$ | 2 | 9 | 38 | 161 | 682 | 2 889 | 12 238 |
| $q_n$ | 1 | 4 | 17 | 72 | 305 | 1 292 | 5 473 |

奇次近似给出 ④ 的一个解 $r=q_{2n-1}, s=p_{2n-1}$;而偶次近似给出 ⑤ 的一个解.

情形 Ⅰ　奇次近似. ③ 的第二个方程的解由 $m=2q_{2n-1}$, $t=2p_{2n-1}$ 给出,但它们受 ② 和 ③ 中 $y$ 与 $x$ 的限制,它们必须是使 $x$ 大于 $y$ 的正整数. 对于 $n=1$,求得 $r=1, s=2, m=2, t=4$,因此 $y=0, x=1$. 因为

$$C_2^0=C_1^1=1$$

它是一个解,这可认为是问题中方程的一个平凡解. 对于 $n=3$,有结果

$$r=17, s=38, m=34, t=76$$

因为这时关于 $x$ 和 $y$ 的结果值为分数,故舍掉这种情形. 对于 $n=5$ 有

$$r=305, s=682, m=610, t=1\ 364$$

引出解

$$y=272, x=713 \text{ 和 } x=103, y=272$$

当 $n=7$ 只得出 $x$ 和 $y$ 的分数值.

情形 Ⅱ　偶次近似. 解由 $m=s\pm r, t=5r\pm s$ 给出,这里 $r=q_{2n}$, $s=p_{2n}$,但它们也受前面所说的同样限制. 当 $n=2$ 时,$r=4, s=9$,并且对于一对$(m,t)$有两个值集:$(13,29)$和$(5,11)$. 关于 $m,t$ 的第二对值对 $x$ 和 $y$ 给出分数值,而第一对值给出 $y=5, x=14$,它们是问题中所提及的解;当 $n=4$ 时,$r=72, s=161, (m,t)=(233, 521)$和$(89,199)$. 第一对值给出 $x$ 和 $y$ 的分数值,但第二对值产生解 $y=39, x=103$;当 $n=6$ 时,$r=1\ 292, s=2\ 889, (m,t)=(4\ 181,$

9 349)和(1 597,3 571).第二对值给出$x$和$y$的分数值,而第一对值给出解$y=1\ 869,x=4\ 894$.这些解以及$n=8,9,10$解列在表2中.显然,用同样的方法可以得到①的所有正整数解.

**表2**

| $n$ | 1 | 2 | 3 | 4 | 5 | 6 | 7 | 8 | 9 | 10 |
|---|---|---|---|---|---|---|---|---|---|---|
| $x$ | 1 | 14 | – | 103 | 713 | 4 894 | – | 33 551 | 229 969 | 1 576 238 |
| $y$ | 0 | 5 | – | 39 | 272 | 1 869 | – | 12 815 | 87 840 | 602 069 |

**注**　用检验公式来计算之前,可以先分出那些无解的情形,因而在②中要舍去$2x=3y-m$的情形.其次,因$m$和$y$是正的,由②的第二个方程必有$m>5^{\frac{1}{2}}y$.因此

$$2(y-x)=m-y>(5^{\frac{1}{2}}-1)y>0\text{ 或 }y>x$$

如果$2x=3y+m$,显然$x$大于$y$.为了丢开其他无用的情形,要证明下面的定理.

下列关于mod 5的同余式成立

$$p_{4i+1}\equiv 2,p_{4i+2}\equiv -1,p_{4i+3}\equiv -2,p_{4i+4}\equiv 1,\text{其中 }i=0,1,2,\cdots \quad ①$$

**证明**　一般的,有

$$p_{n+2}=4p_{n+1}+p_n\equiv -p_{n+1}+p_n(\text{mod }5)$$

假定①的前两个同余式为真,则

$$p_{4i+3}\equiv -p_{4i+2}+p_{4i+1}\equiv -2$$
$$p_{4i+4}\equiv 2-1=1;p_{4i+5}\equiv -1-2\equiv 2$$
$$p_{4i+6}\equiv -2+1=-1$$

现$p_1=2$和$p_2=9\equiv -1$,从而定理成立.

偶次近似.当$m=s-r,t=5r-s$时

$$y=r-\frac{s+4}{5},x=r+\frac{s-6}{5}$$

因此,欲使$x$和$y$为整数的充分必要条件是$s\equiv 1(\text{mod }5)$,在这种情形下只有解

$$y=q_{4i}-\frac{p_{4i}+4}{5},x=q_{4i}+\frac{p_{4i}-6}{5} \quad ②$$

$$5q_{4i}^2-p_{4i}^2=-1$$

对于$m=s+r,t=5r+s$,有

$$y=r+\frac{s-4}{5},x=2r+\frac{4s-6}{5}$$

因此,欲使$x$和$y$为整数的充分必要条件是$s\equiv -1$.在这种情形下只有解

$$y = q_{4i+2} + \frac{p_{4i+2} - 4}{5}, x = 2q_{4i+2} + \frac{4p_{4i+2} - 6}{5} \quad ③$$

$$5q_{4i+2}^2 - p_{4i+2}^2 = -1$$

奇次近似. 此时有 $m = 2r, t = 2s$,从而

$$y = \frac{2(s-2)}{5}, x = r + \frac{3(s-2)}{5}$$

其为整数解的充要条件是 $s \equiv 2 \pmod 5$,只能采用第$(4i+1)$次近似,因此

$$y = \frac{2(p_{4i+1} - 2)}{5}, x = q_{4i+1} + \frac{3(p_{4i+1} - 2)}{5} \quad ④$$

$$5q_{4i+1}^2 - p_{4i+1}^2 = 1$$

容易验证②,③,④为解,对于所给的方程可以记为各个解的对应形式,并且这种形式易换为

$$5\left[\frac{x+y}{2} + 1\right]^2 - \left[5\left(\frac{x-y}{2}\right) + 1\right]^2 + 1 = 0$$

$$5\left[\frac{4y-x}{2} + 1\right]^2 - \left[5\left(\frac{x-2y}{2}\right) - 1\right]^2 + 1 = 0$$

$$5\left[x - \frac{3}{2}y\right]^2 - \left[\frac{5y}{2} + 2\right]^2 - 1 = 0$$

**6.1.68** 设 $\xi, \eta$ 是 $x^2 - dy^2 = 1$ 的正整数解,且

$$\xi > \frac{\eta^2}{2} - 1$$

则 $\xi + \eta\sqrt{d}$ 是基本解.

**证明** 若 $\eta = 1$,由 $\eta$ 的最小知定理成立. 现在设

$$\varepsilon = x_0 + y_0\sqrt{d}$$

是基本解,且 $1 \leqslant y_0 < \eta$,则

$$d = \frac{x_0^2 - 1}{y_0^2} = \frac{\xi^2 - 1}{\eta^2}$$

$$x_0^2\eta^2 - y_0^2\xi^2 = \eta^2(1 + dy_0^2) - y_0^2\xi^2 = \eta^2 - y_0^2(\xi^2 - d\eta^2) = \eta^2 - y_0^2 = a > 0$$

由此可知,若令

$$x_0\eta + y_0\xi = a_1, x_0\eta - y_0\xi = a_2$$

则

$$a_1a_2 = a > 0, a_1 > 0, a_2 > 0$$

于是

$$\xi = \frac{a_1 - a_2}{2y_0} \leqslant \frac{a-1}{2y_0} = \frac{\eta^2 - y_0^2 - 1}{2y_0} \leqslant \frac{\eta^2}{2} - 1$$

心得 体会 拓广 疑问

但这与已知条件矛盾.故必有 $\eta = y_0$,从而有

$$x_0 = \xi, \varepsilon = \xi + \eta\sqrt{d}$$

**推论** 设 $s > 0, t > 0, d = s(st^2 + 2)$,则基本解为 $x_0 = 1 + st^2$, $y_0 = t$.

**证明** 显然,$x_0, y_0$ 是一组正整数解且满足

$$x_0 = 1 + st^2 > \frac{t^2}{2} - 1 = \frac{y_0^2}{2} - 1$$

故 $x_0, y_0$ 是基本解.

6.1.69 证明:

(1)
$$(3a + 1)x_1^2 + (3b + 1)x_2^2 = 3x_3^2 \quad ①$$
仅有解 $x_1 = x_2 = x_3 = 0$;

(2)
$$x_1^3 + 3x_1^2x_2 + x_2^3 = 9x_3 + 2 \quad ②$$
无解.

**证明** (1) 除去 $x_1 = x_2 = x_3 = 0$ 这组解外,可设 $(x_1, x_2, x_3) = 1$. 取模 3 得

$$x_1^2 + x_2^2 \equiv 0 \pmod 3$$

由于 $x_i^2 \equiv 0, 1 \pmod 3\ (i = 1, 2)$,故只可能是

$$x_1 \equiv x_2 \equiv 0 \pmod 3$$

再由 ① 即得 $x_3 \equiv 0 \pmod 3$,此与 $(x_1, x_2, x_3) = 1$ 相矛盾,故 ① 仅有解

$$x_1 = x_2 = x_3 = 0$$

(2) 对式 ② 取模 3 知

$$x_1^3 + x_2^3 \equiv \pmod 3$$

由费马小定理,此即 $x_1 + x_2 \equiv 2 \pmod 3$,有三种情形:

① $x_1 \equiv x_2 \equiv 1 \pmod 3$;

② $x_1 \equiv 2 \pmod 3, x_2 \equiv 0 \pmod 3$;

③ $x_1 \equiv 0 \pmod 3, x_2 \equiv 2 \pmod 3$.

在情形 ①,由于 $x_1^3 \equiv x_2^3 \equiv 1 \pmod 9$,对式 ② 取模 9 得

$$2 + 3x_1^2x_2 \equiv 2 \pmod 9$$

此与 $x_1 \equiv x_2 \equiv 1 \pmod 3$ 相矛盾;在情形 ②,对式 ② 取模 9 得 $8 \equiv 2 \pmod 9$,这也不成立;在情形 ③,与 ② 类似可证 ② 无解.

利用 $x^3 \equiv 0, \pm 1 \pmod 7$,取模 7 也可用来解一些含数字 7 的方程. 例如,取模 7 易知方程 $x_1^3 + 2 \equiv 7x_2$ 无整数解. 由此可进一步证明方程 $x_1^3 + 2x_2^3 = 7(x_3^3 + 2x_4^3)$ 仅有解

$$x_1 = x_2 = x_3 = x_4 = 0$$

详细证明留给读者.

心得 体会 拓广 疑问

6.1.70 不定方程

$$x_2 + y_2 = p \tag{①}$$

有正整数解的充要条件是 $p = 2$ 或 $p = 4m + 1$.

**证明** 必要性. 若 $p > 2$,则 $p$ 是奇素数. 设 $x_0, y_0$ 是①的解,则显然有

$$(x_0, p) = (y_0 p) = 1$$

又由 $x_0^2 + y_0^2 = p$ 有 $x_0^2 \equiv -y_0^2 \pmod p$,于是有

$$1 = \left(\frac{x_0^2}{p}\right) = \left(\frac{-y_0^2}{p}\right) = \left(\frac{-1}{p}\right) = (-1)^{\frac{p-1}{2}}$$

故必有 $\frac{p-1}{2} = 2m$,即 $p = 4m + 1$.

充分性. $p = 2$ 时,①显然有解 $x = y = 1$;$p > 2$ 时,由 $p = 4m + 1$ 知

$$\left(\frac{-1}{p}\right) = (-1)^{\frac{p-1}{2}} = (-1)^{2m} = 1$$

由此可知 $-1$ 是模 $p$ 的二次剩余,即二次同余式

$$x^2 + 1 \equiv 0 \pmod p$$

有解. 可以假定其解 $x \equiv x_0 \pmod p$ 满足 $0 < |x_0| < \frac{p}{2}$. 由此可知,必有 $p > m_0 \geqslant 1$ 及 $x, y$ 满足

$$x^2 + y^2 = m_0 p \tag{②}$$

显然,可以设 $m_0$ 就是使式②成立的最小正整数. 现来证明必有 $m_0 = 1$. 首先,断言式②中的 $x, y$ 满足 $(x, y) = 1$. 若不然,设 $q$ 是 $(x, y)$ 的任一素因数,则由式②知 $q^2 \mid m_0 p$,由 $m_0 < p$ 易知 $q \nmid p$,从而必有 $q^2 \mid m_0$,于是就有

$$\left(\frac{x}{q}\right)^2 + \left(\frac{y}{q}\right)^2 = \left(\frac{m_0}{q}\right) p$$

但这与 $m_0$ 的最小性相矛盾.

假设 $m_0 > 1$,而 $x, y$ 满足②,令

$$\begin{cases} u \equiv x \pmod{m_0}, & |u| \leqslant \dfrac{m_0}{2} \\ v \equiv y \pmod{m_0}, & |v| \leqslant \dfrac{m_0}{2} \end{cases} \tag{③}$$

则由此及 $(x, y) = 1$ 推出

$$0 < u^2 + v^2 \leqslant \frac{m_0^2}{2}$$

$$u^2 + v^2 \equiv x^2 + y^2 \equiv 0 \pmod{m_0}$$

心得 体会 拓广 疑问

设 $u^2+v^2=m_1m_0$，则由 $u^2+v^2\leqslant\frac{m_0^2}{2}$ 知 $1\leqslant m<m_0$，再由式②即得

$$(u^2+v^2)(x^2+y^2)=m_1m_0^2p_0 \quad ④$$

利用恒等式

$$(a^2+b^2)(c^2+d^2)=(ac+bd)^2+(ad-bc)^2 \quad ⑤$$

式④可以写成

$$(ux+vy)^2+(ux-vy)^2=m_1m_0^2p$$

由式③与式②知

$$ux+vy\equiv x^2+y^2\equiv 0\pmod{m_0}$$
$$uy-vx\equiv xy-xy\equiv 0\pmod{m_0}$$

所以有

$$\left(\frac{ux+vy}{m_0}\right)^2+\left(\frac{uy-vx}{m_0}\right)^2=m_1p,1\leqslant m_1<m_0$$

但这与 $m_0$ 的最小性相矛盾，故必有 $m_0=1$.

6.1.71　如果 $a,b,c$ 是正整数，使得 $0<a^2+b^2-abc\leqslant c+1$，求证：$a^2+b^2-abc$ 是一个完全平方数.

**证明**　设

$$a^2+b^2-abc=k \quad ①$$

由题目条件，$k$ 是一个正整数，且 $k\leqslant c+1$. 考虑下述形式的方程

$$x^2+y^2-cxy=k \quad ②$$

显然 $\begin{cases}x=a\\y=b\end{cases}$，$\begin{cases}x=b\\y=a\end{cases}$ 是②的两组正整数解. 我们断言，满足方程②的任意一组整数解 $(x,y)$，必定有

$$xy\geqslant 0 \quad ③$$

用反证法. 如果 $xy<0$，由于 $x,y$ 都是整数，则 $xy\leqslant -1$，$c$ 是正整数，则 $-cxy\geqslant c$. 由于 $k\leqslant c+1$（利用①及题目条件），从方程②，有 $x^2+y^2\leqslant 1$. 由于 $x,y$ 都是整数，则 $x,y$ 中必有一个为零，这与 $xy\leqslant -1$ 矛盾. 因此，不等式③成立.

由于方程②有正整数组解，则设 $x=a^*,y=b^*$ 是满足②的所有正整数组解中，$a^*+b^*$ 最小的一组正整数解. 因为每一组正整数解 $x=\tilde{a},y=\tilde{b}$，对应有一个正整数 $+\tilde{b}$，无论有限个，还是无限个正整数 $\tilde{a}+\tilde{b}$，总有最小的一个存在.

由于 $x=b^*,y=a^*$ 也是方程②的一组正整数解. 因此，不妨设 $a^*\geqslant b^*$，在方程②中，令 $y=b^*$，考虑下述一元二次方程

$$x^2-cb^*x+b^{*2}-k=0 \quad ④$$

我们已知方程④有一个根 $x=a^*$，$a^*$ 是一个正整数，设另一根为

$\bar{a}$,由韦达定理,有

$$\begin{cases}a^* + \bar{a} = cb^* \\ a^*\bar{a} = b^{*2} - k\end{cases} \quad ⑤$$

对本题的结论,用反证法. 设 $k$ 不是一个完全平方数,则 $b^{*2} - k \neq 0$. 于是,从⑤第二式,有 $\bar{a} \neq 0$. 而 $x = \bar{a}, y = b^*$ 是满足方程②的一组整数组解,由不等式③,有 $\bar{a}b^* \geqslant 0$,由于 $\bar{a} \neq 0$,$b^*$ 是一个正整数,则有 $\bar{a} > 0$. 从式⑤第一式,知道 $\bar{a} = cb^* - a^*$ 为一个整数,那么,$\bar{a}$ 必为一个正整数. 利用⑤的第二式,有

$$\bar{a} = \frac{b^{*2} - k}{a^*} \leqslant \frac{b^{*2} - 1}{a^*} \leqslant \frac{a^{*2} - 1}{a^*} < a^* \quad ⑥$$

那么②的正整数组解 $x = \bar{a}, y = b^*$,具性质 $\bar{a} + b^* < a^* + b^*$,这与 $a^* + b^*$ 的最小性假定矛盾. 因此,$k$ 一定是一个完全平方数.

6.1.72 如果 $a,b,c,R$ 是一些整数,它们满足

$$a^2 + b^2 + c^2 = R^2$$

试求下列联立方程组的整数解.

$$x^2 + y^2 + z^2 = R^2$$
$$ax + by + cz = 0$$

它至少有四个解.

**解** 因为上述方程是齐次的,显然可以认为 $a,b,c$ 没有公因子,即

$$(a,b,c) = 1 \quad ①$$

也可以假设 $abc \neq 0$,如果其中有一个譬如说 $c$ 是零,立即得到要求的解,就是 $x = \pm b, y = \mp a, z = 0$ 和 $x = 0, y = 0, z = \pm R$.

设 $x,y,z$ 是这问题的解,那么有

$$z = -(ax + by)/c \quad ②$$

$$c^2(x^2 + y^2) + (ax + by)^2 = c^2R^2 \quad ③$$

以 $(b^2 + c^2)$ 乘以③,经简单的代数变换之后,获得

$$c^2R^2x^2 + [abx + (b^2 + c^2)y]^2 = (b^2 + c^2)c^2R^2$$

置

$$X = x, Y = \frac{abx + (b^2 + c^2)y}{cR} \quad ④$$

于是

$$X^2 + Y^2 = b^2 + c^2 \quad ⑤$$

另一方面容易看出,⑤中 $X, Y$ 的任意整数解可得出由④和②确定的 $x,y,z$ 值,只要从④中得出的 $y$ 的值是整数,即

$$abX \equiv cRY(\bmod (b^2 + c^2)) \quad ⑥$$

由②和③,知 $z$ 将是整数,从④可容易看出⑤和⑥的两个不同

心得 体会 拓广 疑问

的解 $X,Y$ 将导出两个不同的 $x,y$ 的数对，即得出问题的两个不同的解 $x,y,z$，因而只尚须证明至少有四对整数 $X,Y$ 满足 ⑤ 和 ⑥.

为此我们从下一同余式开始.

$$a^2b^2 \equiv -c^2R^2 (\bmod b^2+c^2) \tag{7}$$

这可从 $a^2 \equiv R^2$ 和 $b^2 \equiv -c^2 (\bmod b^2+c^2)$ 立即推得 $a^2b^2$ 和 $b^2+c^2$ 的最大公因子必是一个平方数，如果不是这样，就会存在一个质数 $p$ 和一个正整数 $j$，使得 $p^{2j-1}$ 是能除尽 $a^2+b^2$ 的 $p$ 的最高次幂，而 $p^{2j}$ 能除尽 $a^2b^2$. 因为根据 ①，$p$ 不可能是 $a$ 和 $b$ 两个的素因子，那么 $p^{2j}$ 就会能整除 $a^2$ 和 $b^2$ 中的一个，然而，后者将意味着 $p^{2j-1}$ 将是能除尽 $c^2$ 的 $p$ 的最高次幂，而前者（结合 $b^2+c^2=R^2-a^2$）将意味着 $p^{2j-1}$ 是能除尽 $R^2$ 的 $p$ 的最高次幂，这两者都是不可能的.

因而有 $(a^2b^2, b^2+c^2)=d^2$，且从 ⑦ 可得

$$\left(\frac{ab}{d}\right)^2 \equiv -\left(\frac{cR}{d}\right)^2 \quad \left(\bmod \frac{b^2+c^2}{d^2}\right) \tag{8}$$

因为 $(ab/d)$ 与模互素，可以确定 $\lambda$ 使得

$$\lambda\left(\frac{ab}{d}\right) \equiv \left(\frac{cR}{d}\right) \quad \left(\bmod \frac{b^2+c^2}{d^2}\right) \tag{9}$$

从 ⑧ 和 ⑨ 断定

$$\lambda^2 \equiv -1\left(\bmod \frac{b^2+c^2}{d^2}\right)$$

因此，可以求得整数 $u$ 和 $v$ 使得

$$u^2+v^2=\frac{b^2+c^2}{d^2} \tag{10}$$

$$u \equiv \lambda v\left(\bmod \frac{b^2+c^2}{d^2}\right) \tag{11}$$

从 ⑨ 和 ⑪ 有

$$\left(\frac{ab}{d}\right)u \equiv \left(\frac{cR}{d}\right)v\left(\bmod \frac{b^2+c^2}{d^2}\right) \tag{12}$$

以 $d^2$ 遍乘 ⑩ 和 ⑫，且置 $ud=X, vd=Y$，得知 $X,Y$ 是 ⑤ 和 ⑥ 的解. 最后，因为容易看出这四对 $(u,v),(v,-u),(-v,u)$ 和 $(-u,v)$ 是 ⑩ 和 ⑪ 的四组不同的解，由此，得出 $(X,Y),(-X,-Y),(Y,-X)$ 和 $(-Y,X)$ 分别是 ⑤ 和 ⑥ 的四个解.

心得 体会 拓广 疑问

6.1.73 三角形有边 $x-1,x,x+1$,以 $x$ 为底,$h$ 为高,其面积为 $A$,其中 $x,h,A$ 是整数. 下面表示的是前六个这样的三角形

| $n$ | $h$ | $x$ | $A$ |
|---|---|---|---|
| 0 | 0 | 2 | 0 |
| 1 | 3 | 4 | 6 |
| 2 | 12 | 14 | 84 |
| 3 | 45 | 52 | 1 170 |
| 4 | 168 | 194 | 16 296 |
| 5 | 627 | 724 | 226 974 |
| 6 | ⋮ | ⋮ | ⋮ |

那么,对满足已知条件的所有三角形下列关系

$$h_{n+2}=4h_{n+1}-h_n, x_{n+2}=4x_{n+1}-x_n$$

$$A_{n+2}=14A_{n+1}-A_n$$

成立吗?

**解** 利用熟知的公式

$$A=\frac{1}{2}hx=\sqrt{\frac{1}{2}(3x)\cdot\frac{1}{2}(x+2)\cdot\frac{1}{2}x\cdot\frac{1}{2}(x-2)}=$$

$$\frac{1}{2}x\sqrt{3x^2-12}$$

对提出的问题可以给出一个肯定的回答. 由于 $A$ 是整数,则 $x$ 应该是偶数,不妨令 $x=2y$,得

$$A=hy, h=\sqrt{3(y^2-1)}$$

这样,$h$ 必须是 3 的倍数,不妨令 $h=3z$,于是得 $A=3yz$ 和

$$y^2-3z^2=1 \quad ①$$

我们的问题等价于:要求出满足 ① 的所有正整数对$(y,z)$. 考虑

$$y_{n+1}=2y_n+3z_n, z_{n+1}=2z_n+y_n \quad ②$$

或者解出 $y_n$ 和 $z_n$,即

$$y_n=2y_{n+1}-3z_{n+1}, z_n=2z_{n+1}-y_{n+1} \quad ③$$

如果$(y_n,z_n)$ 满足式 ①,则容易验证$(y_{n+1},z_{n+1})$ 也满足 ①,反之亦然,由 ② 又可得

$$y_{n+2}=2y_{n+1}+3z_{n+1}, z_{n+2}=2z_{n+1}+y_{n+1}$$

若从上面这些方程和 ② 中分别消去 $z_n,z_{n+1},z_{n+2}$ 及 $y_n,y_{n+1},y_{n+2}$ 就得到

$$y_{n+2}=4y_{n+1}-y_n, z_{n+2}=4z_{n+1}-z_n \quad ④$$

如果 $y_n,z_n$ 是非负数,则 ② 意味着 $y_{n+1}>y_n, z_{n+1}>z_n$. 另外,如果

心得 体会 拓广 疑问

$y_{n+1},z_{n+1}$ 是满足 ① 的正整数,则

$$9z_{z+1}^2=3y_{n+1}^2-3<4y_{n+1}^2$$

即

$$3z_{n+1}<2y_{n+1}$$

并且由 ③ 知 $y_n$ 是正的. 类似地有

$$y_{n+1}^2=3z_{n+1}^2+1<4z_{n+1}^2\quad(z_{n+1}\neq 1)$$

即 $y_{n+1}<2z_{n+1}$,并且 $z_n$ 为正. 这样,如果 $(y_{n+1},z_{n+1})$ 是 ① 的任一个解,且 $z_{n+1}\neq 1$,则由此可以获得 ③ 的较小的正整数解 $(y_n,z_n)$,再由 $(y_n,z_n)$ 获得另外更小的解,等等.

由于 $z$ 的值为正整数,且后一个值小于前一个值的无穷级数不可能存在,那么上面递减过程必须终止于某处,即在某一步,$z$ 的值变成 1. 由逆过程可知,通过重复使用 ②,从 $y_0=1,z=0,y_1=2,z_1=1$ 可获得 ① 的任一解.

分别以2和3乘方程 ④ 的第一个方程和第二个方程就得到题中分别关于 $x$ 和 $h$ 的方程,显然这对所有满足已知条件的三角形成立.

利用 ② 和 ③,恒等式 $2y_{n+1}z_{n+1}=(2y_{n+1}-3z_{n+1})(y_{n+1}+2z_{n+1})+(2z_{n+1}-y_{n+1})(2y_{n+1}+3z_{n+1})$ 变成

$$2y_{n+1}z_{n+1}=y_n\cdot z_{n+2}+y_{n+2}\cdot z_n \tag{5}$$

从 ④ 可以命

$$(4y_{n+1})(4z_{n+1})=(y_{n+2}+y_n)(z_{n+2}+z_n)=$$
$$y_{n+2}\cdot z_{n+2}+y_n\cdot z_{n+2}+y_{n+2}\cdot z_n+y_n\cdot z_n$$

由 ⑤ 上式可以化简成下面形式

$$14y_{n+1}\cdot z_{n+1}=y_n\cdot z_n+y_{n+2}\cdot z_{n+2}$$

最后,由于 $3yz=A$,只要将上式两边同时乘以 3,就可以看出题中第三个关系对一切满足已知条件的三角形也成立.

6.1.74　证明:边长为整数的直角三角形,当斜边长与一直角边长之差为 1 时,它的三个边长可表作

$$2b+1,2b^2+2b,2b^2+2b+1$$

其中 $b$ 是任意正整数.

**证法 1**　设直角三角形三边长为 $x,y,z$,则它们满足关系

$$x^2+y^2=z^2,x>0,y>0,z>0$$

由于 $z-x=1$,故

$$(x,z)=(x,z-x)=(x,1)=1$$

如设 $(x,y)=d\geqslant 1$,则

$$x=dx',y=dy',(x',y')=1$$

于是

心得 体会 拓广 疑问

$$d^2(x'^2+y'^2)=z^2$$

故 $d\mid z$. 由 $(x,z)=1$,知 $d=1$,因此

$$(x,y)=1,(z,y)=1$$

如果 $x,y$ 均为奇数,则

$$x^2\equiv 1(\bmod 4),y^2\equiv 1(\bmod 4)$$

于是就有 $z^2\equiv 2(\bmod 4)$. 但不管 $z$ 是奇数还是偶数,这均不能成立. 因此 $x,y$ 必有一个是偶数,一个是奇数,而 $z$ 是奇数. 又因为有 $z-x=1$,故 $x$ 是偶数,$y$ 是奇数. 因此便存在正整数 $u,v,w$,使

$$z+y=2u,z-y=2v,x=2w$$

这样就有 $z=u+v,y=u-v$. 由于 $(z,y)=1$,因此 $(u,v)=1$,且有

$$uv=\frac{1}{4}(z^2-y^2)=\frac{1}{4}x^2=w^2$$

因此 $u,v$ 本身必为平方数. 事实上,设 $p$ 是任意素数,于是

$$p(w^2)=2p(w)=p(uv)=p(v)+p(u)$$

由于 $(u,v)=1$,故若 $p(u)\neq 0$,则 $p(v)=0$,反之,若 $p(v)\neq 0$,则 $p(u)=0$,而 $p(w)\geqslant 0$,故 $p(u)$ 和 $p(v)$ 必同为偶数. 又由于 $p$ 是任意素数,故 $u,v$ 均为平方数. 所以存在正整数 $a,b$,使

$$u=a^2,v=b^2\quad(a>b)$$

于是有

$$x=2ab,y=a^2-b^2,z=a^2+b^2$$

再由 $z-x=1$,就有

$$a^2+b^2-2ab=(a-b)^2=1$$

从而 $a-b=1$,即 $a=b+1$,将它代入,便有

$$x=2(b+1)b=2b^2+2b$$

$$y=(b+1)^2-b^2=2b+1$$

$$z=(b+1)^2+b^2=2b^2+2b+1$$

其中 $b$ 是任意正整数.

**证法2** 由 $x^2+y^2=z^2,z=x+1$,就有

$$x^2+y^2=(x+1)^2=x^2+2x+1$$

故得 $y^2=2x+1$. 由于 $x$ 是正整数,所以 $y$ 是奇数,设 $y=2b+1$,这里 $b$ 是任意正整数,于是便有

$$(2b+1)^2=4b^2+4b+1=2x+1$$

故 $x=2b(b+1)$. 而 $z=x+1$,所以

$$z=2b(b+1)+1$$

这样便得

$$\begin{cases}x=2b^2+2b\\y=2b+1\\z=2b^2+2b+1\end{cases}$$

其中 $b$ 是任意正整数.

心得 体会 拓广 疑问

**注** 将 $b$ 用一系列正整数代入,就得到

$$4^2+3^2=5^2,12^2+5^2=13^2,24^2+7^2=25^2,\cdots$$

6.1.75 如果一个圆的半径是任意一个奇素数 $P$,刚好有两个不同的原始毕达哥拉斯三角形外接于此圆,对于每一对这样的三角形,求证:

(1) 它们的最短边相差1;

(2) 它们的斜边与相应的较长的直角边的比分别大1和2;

(3) 它们的周长的和是一个完全平方数的六倍;

(4) 当 $p$ 无限增加时,它们的最小的角度的比趋于极限2;

(5) 当 $p$ 无限增加时,其面积的比趋于极限2;

(6) 较小的三角形总能放在较大的一个的里面而不相接触.

**证明** 一个原始毕达哥拉斯三角形的边是形为

$$a=m^2-n^2,b=2mn,c=m^2+n^2$$

其中 $m$ 比 $n$ 大,一个为奇而另一个为偶且 $m$ 和 $n$ 互素. 如果 $P$ 为半径,则

$$c=a+b-2P$$

因此

$$P=n(m-n)$$

现在 $P$ 是奇素数,因而恰有两种可能性:或者 $n=1,m=P+1$,且边为

$$a_1=P(P+2),b_1=2(P+1),c_1=P^2+2P+2$$

或者 $n=P,m=P+1$,且边为

$$a_2=2P+1,b_2=2P(P+1),c_2=2P^2+2P+1$$

(1) 因为 $a_1-b_1=P^2-2$,且 $b_2-a_2=2P^2-1$,故最短的边为 $b_1$ 和 $c_2$,它相差为1.

(2) $c_1-a_2=2$,且 $c_2-b_2=1$.

(3) $a_1+b_1+c_1+a_2+b_2+c_2=6(P+1)^2$.

(4) 最小的角度即为 $\arctan\dfrac{P+1}{P(P+2)}$ 和 $\arctan\dfrac{2P+1}{2P(P+1)}$,均趋于0,因此它们的极限比值等于它们的正切的极限比值

$$\lim_{P\to\infty}\frac{2(P+1)^2}{\left[\left(P+\frac{1}{2}\right)(P+2)\right]}=2$$

(5) 面积的比值为

$$\frac{\frac{1}{2}a_2b_2}{\frac{1}{2}a_1b_1}=\frac{2P+1}{P+1}=2-\frac{3}{P+2}$$

(6)较小的三角形决不能被安置在较大的里面,而不接触它,因为它们有相等的内接圆.

6.1.76 求

$$T=\sum \frac{1}{n_1!\ n_2!\ \cdots n_{1\,994}!\ (n_2+2n_3+3n_4+\cdots+1\,993n_{1\,994})!}$$

这里$\sum$是对满足下述方程

$$n_1+2n_2+3n_3+\cdots+1\,994n_{1\,994}!\ =1\,994$$

的所有非负整数组$(n_1,n_2,n_3,\cdots,n_{1\,994})$求和(规定$0!\ =1$).

**解** 考虑下述所有数组的集合

$$A:(a_1,a_2,\cdots,a_{1\,994},a_{1\,995},\cdots,a_{1\,993+1\,994})$$

这里$a_i\in\{1,0\},i=1,2,\cdots,1\,994,1\,995,\cdots,1\,993+1\,994$,并且1的个数在每个数组里恰出现1 994次. $A$中所有元素的个数显然是$C_{1\,993+1\,994}^{1\,994}$.

对于满足

$$n_1+2n_2+3n_3+\cdots+1\,994n_{1\,994}=1\,994 \quad ①$$

的一个非负整数组解$(n_1,n_2,n_3,\cdots,n_{1\,994})$作下述考虑:

在集合$A$中,有连续$k$个1的数组称为一个$k$子列(数组),例如$(1,1,\cdots,1,0,\cdots,0)$($k$个1,其余全为0),$(0,\cdots,0,1,1,\cdots,1,0,\cdots,0)$($k$个1,其余0),$(0,\cdots,0,1,1,\cdots,1)$($k$个1,其余0)都是$k$子列数组.

用$A_{(n_1,n_2,\cdots,n_{1\,994})}$表示集合$A$中满足下述条件的数组组成的子集合.在每个数组中,恰有$n_1$个1子列,$n_2$个2子列,……,$n_k$个$k$子列,……,$n_{1\,994}$个1 994子列.由于$A$中任一元素(即数组)中1的个数恰有1 994个,再利用①,有

$$A=\cup\ (A_{n_1,n_2,\cdots,n_{1\,994}}) \quad ②$$

这里并集是对满足①的所有非负整数组解$(n_1,n_2,\cdots,n_{1\,994})$作并集.现在来求子集合$(A_{n_1,n_2,\cdots,n_{1\,994}})$内所有元素的个数.

将1 994个□及1 993个 *,以□ * □ * … * □ * □交替放置成一排.将1 994个1,分成1个1一组,$n_1$组;2个1一组,$n_2$组;3个1一组,$n_3$组;……;1 994个1一组,$n_{1\,994}$组.由于方程①这1 994个1恰分完.然后将上述$n_1$组1个1的元素组任意放入$n_1$个□位置上.接着将$n_2$组2个1的元素组任意放入其余$1\,994-n_1$个有□位置的$n_2$个位置内.再将$n_3$组3个1的元素组任意放入剩下$1\,994-n_1-n_2$个有□位置的$n_3$个位置内,……,将所有1的元素组放完.将剩下的空□拿走,然后按放法,从左到右,写这1 994个

心得 体会 拓广 疑问

1,每个 * 用0代替. 不打乱原来□与 * 的前后次序,0用来表示两个 $k$ 子列,$l$ 子列之间的识别. 这样,对于固定的非负整数组($n_1$, $n_2,\cdots,n_{1\,994}$)(当然要满足方程①),有一个子集合 $A_{(n_1,n_2,\cdots,n_{1\,994})}$,它的全部元素(即数组)的个数是

$$C_{1\,994}^{n_1}C_{1\,994-n_1}^{n_2}C_{1\,994-n_1-n_2}^{n_3}\cdot\cdots\cdot C_{1\,994-n_1-n_2-\cdots-n_{1\,994}}^{1\,994-n_1-n_2-\cdots-n_{1\,994}}$$

记此个数为 $|A_{(n_1,n_2,\cdots,n_{1\,994}}|$,那么

$$|A_{(n_1,n_2,\cdots,n_{1\,994}}|=\frac{1\,994}{n_1!\ (1\,994-n_1)!}\cdot\frac{(1\,994-n_1)!}{n_2!\ (1\,994-n_1-n_2)!}\cdot$$
$$\frac{(1\,994-n_1-n_2)!}{n_3!\ (1\,994-n_1-n_2-n_3)!}\cdot\cdots\cdot$$
$$\frac{(1\,994-n_1-n_2-\cdots-n_{1\,994})!}{(1\,994-n_1-n_2-\cdots-n_{1\,994})!}=$$
$$\frac{1\,994!}{n_1!\ n_2!\ n_3!\ \cdot\cdots\cdot n_{1\,994}!\ (1\,994-n_1-n_2-\cdots-n_{1\,994})!}=$$
$$\frac{1\,994!}{n_1!\ n_2!\ n_3!\ \cdot\cdots\cdot n_{1\,994}!\ (n_2+2n_3+\cdots+1\,993n_{1\,994})!} \quad ③$$

于是,有

$$1\,994!\ T=\sum_{n_1+2n_2+\cdots+1\,994n_{1\,994}=1\,994}\cdot$$
$$\frac{1\,994!}{n_1!\ n_2!\ n_3!\ \cdots n_{1\,994}!\ (n_2+2n_3+\cdots+1\,993n_{1\,994})!}=$$
$$\sum_{n_1+2n_2+\cdots+1\,994n_{1\,994}=1\,994}|A_{(n_1,n_2,\cdots,n_{1\,994})}|=$$
$$|A|=C_{1\,993+1\,994}^{1\,994} \quad ④$$

所以

$$T=\frac{C_{3\,987}^{1\,994}}{1\,994!} \quad ⑤$$

**6.1.77**　设 $a,b$ 为非平方整数,证明,如 $x^2-ay^2-bz^2+abw^2=0$ 有非平凡整数解($x,y,z,w$),即 $x,y,z,w$ 不全为0,则 $x^2-ay^2-bz^2=0$ 也有非平凡整数解.

(韩国,1989 年)

**证明**　由于 $a,b$ 为非完全平凡的整数,因此都不为0. 由于方程 $x^2-ay^2-bz^2+abw^2=0$ 有非平凡的整数解,因此,$a,b$ 不同时为负数,不妨设 $a>0$. 若($x_0,y_0,z_0,w_0$)是方程 $x^2-ay^2-bz^2+abw^2=0$ 的非平凡的整数解,则

$$x_0^2-ay_0^2=b(z_0^2-aw_0^2) \quad ①$$

由此得到

$$(x_0^2-ay_0^2)(z_0^2-aw_0^2)-b[z^2-aw_0^2]^2=0$$

心得 体会 拓广 疑问

而

$$(x_0^2-ay_0^2)(z_0^2-aw_0^2)=x_0^2z_0^2-ay_0^2z_0^2-ax_0^2w_0^2+a^2y_0^2w_0^2=$$
$$x_0^2z_0^2-2ax_0y_0z_0w_0+a^2y_0^2z_0^2-$$
$$a(y_0^2z_0^2-2x_0y_0z_0w_0+x_0^2w_0^2)=$$
$$(x_0z_0-ay_0w_0)^2-a(y_0z_0-x_0w_0)^2$$

所以

$$(x_0z_0-ay_0w_0)^2-a(y_0z_0-x_0w_0)^2-b(z_0^2-aw_0^2)^2=0$$

令

$$x_1=x_0z_0-ay_0w_0,y_1=y_0z_0-x_0w_0,z_1=z_0^2-aw_0^2$$

则$(x_1,y_1,z_1)$是方程$x^2-ay^2-bz^2=0$的整数解. 若$z_1=0$,则$z_0^2=aw_0^2$,由于$a$不是完全平方,所以$z_0=w_0=0$,再由①得,$x_0^2=ay_0^2$. 同理可推出$x_0=y_0=0$,这与$(x_0,y_0,z_0,w_0)\neq(0,0,0,0)$矛盾. 所以$z_1\neq0$,从而$(x_1,y_1,z_1)$是方程$x^2-ay^2-bz^2=0$的非平凡整数解.

6.1.78 求所有正整数$n<200$,使得$n^2+(n+1)^2$是一个完全平方数.

**解** 设正整数$n<200$,满足

$$n^2+(n+1)^2=k^2 \quad ①$$

这里$k$是一个正整数,那么,$k>n$,且

$$(n+1)^2=k^2-n^2=(k+n)(k-n) \quad ②$$

由于$n,n+1$互质,从①可以知道$n,k$互质,而且$n+1,k$也互质. 记

$$d=(k+n,k-n) \quad ③$$

即$d$是$k+n,k-n$的最大公约数. 于是$d$整除$(k+n)-(k-n)=2n$. 由于②及③,可以知道$d^2$整除$(k+n)(k-n)$,即$d^2$整除$(n+1)^2$,$d$整除$n+1$,而$n,n+1$互质,则$d,n$互质,又$d$整除$2n$,所以,必有

$$d=1 \quad 或 \quad d=2 \quad ④$$

当$d=1$时,必有在互质的正整数$a,b,a>b$,使得

$$k+n=a^2,k-n=b^2$$
$$n+1=ab \quad ⑤$$

由⑤的前两式,有

$$n=\frac{1}{2}(a^2-b^2) \quad ⑥$$

由于$a,b$互质,故$a,b$都是奇数,由⑥及⑤的第三式,有

$$a^2-2ba+(2-b^2)=0 \quad ⑦$$

视上式为$a$的一元二次方程,有

心得 体会 拓广 疑问

$$a = b \pm \sqrt{2(b^2 - 1)} \quad ⑧$$

由于$a > b$,舍去上式中负号,又$a,b$都是正整数,则存在正整数$t$,使得

$$b^2 - 1 = 2t^2, a = b + 2t \quad ⑨$$

由⑨第一式,有

$$2t^2 = (b - 1)(b + 1) \quad ⑩$$

由于$b$是奇数,$b - 1,b + 1$都是偶数,记

$$b - 1 = 2s(s \in \mathbf{N}) \quad ⑪$$

那么

$$b + 1 = 2(s + 1) \quad ⑫$$

将⑪,⑫代入⑩,有

$$t^2 = 2s(s + 1) \quad ⑬$$

当$s$为偶数时,利用$2s,s + 1$互质,那么存在互质的两个正整数$c$,$d$,使得

$$2s = c^2, s + 1 = d^2 \quad ⑭$$

$c$是偶数,$d$是奇数,将⑭代入⑬,有

$$t = cd \quad ⑮$$

将⑭代入⑪,将⑮代入⑨的第二式,有

$$b = c^2 + 1, a = b + 2cd = c^2 + 1 + 2cd \quad ⑯$$

将⑯代入⑤的第三式,有

$$n = ab - 1 = (c^2 + 1 + 2cd)(c^2 + 1) - 1 = (c^2 + 1)^2 + 2cd(c^2 + 1) - 1 > (c^2 + 1)^2 \quad ⑰$$

由于$n < 200$,由⑰,有

$$(c^2 + 1)^2 < 200 \quad ⑱$$

于是

$$c^2 + 1 < 15 \quad ⑲$$

由于$c$是偶数,则$c = 2$,将它代入⑭第一式,有$s = 2$,再代入⑭第二式,有$d^2 = 3$,$d$不是正整数,矛盾.

当$s$为奇数时,利用$s,2(s + 1)$互质,于是存在互质的两个正整数$c^*,d^*$,使得

$$s = c^{*2}, 2(s + 1) = d^{*2} \quad ⑳$$

这里$d^*$是偶数,$c^*$是奇数.将⑳代入⑬,有

$$t = c^* d^* \quad ㉑$$

将⑳代入⑪,将㉑代入⑨的第二式,有

$$b = 2c^{*2} + 1, a = b + 2c^* d^* = 2c^{*2} + 1 + 2c^* d^* \quad ㉒$$

将㉒代入⑤第三式,有

$$n = ab - 1 = (2c^{*2} + 1)^2 + 2c^* d^*(2c^{*2} + 1) - 1 > (2c^{*2} + 1)^2 \quad ㉓$$

由于 $n<200$,由上式,有

$$2c^{*2}+1<15 \tag{㉔}$$

由于 $c^*$ 是奇数,则

$$c^*=1 \tag{㉕}$$

将㉕代入⑳,有

$$s=1,d^*=2 \tag{㉖}$$

将㉕和㉖代入㉒,⑤第三式,有

$$b=3,a=7,n=20 \tag{㉗}$$

当 $d=2$ 时,从公式③可以知道 $k+n,k-n$ 全是偶数,由于 $k$,$n$ 互质,则 $k,n$ 全是奇数,由③和②,以及 $\frac{1}{2}(k+n)$,$\frac{1}{2}(k-n)$ 互质,有互质的两个正整数 $a^*,b^*$,使得

$$\frac{1}{2}(k+n)=a^{*2},\frac{1}{2}(k-n)=b^{*2},\frac{1}{2}(n+1)=a^*b^* \tag{㉘}$$

显然 $a^*>b^*$,由㉓前两式,有

$$n=a^{*2}-b^{*2} \tag{㉙}$$

由㉙及㉘的第三式,有

$$a^{*2}-2b^*a^*+(1-b^{*2})=0 \tag{㉚}$$

视上式为关于 $a^*$ 的一元二次方程,有

$$a^{n}=b^{n}+\sqrt{2b^{*2}-1} \tag{㉛}$$

这里由于 $a^*>b^*$,舍去另一根. 因为 $a^*,b^*$ 都是正整数,利用㉛,有正整数 $t^*$(注意 $a^*>b^*$),使得

$$2b^{*2}-1=t^{*2},a^*=b^*+t^* \tag{㉜}$$

显然

$$b^*=1,t^*=1,a^*=2,n=3 \tag{㉝}$$

是解.

下面考虑正整数 $b^*\geqslant 2$ 的情况,由于 $b^*\geqslant 2$,由㉜,有 $t^*>1$ 及 $t^*$ 是奇数. 记

$$t^*=2t+1\quad (t\in \mathbf{N}) \tag{㉞}$$

将㉞代入㉜第一式,有

$$b^{*2}=2t^2+2t+1 \tag{㉟}$$

$b^*$ 必是奇数,显然,由于 $b^*\geqslant 2$,有

$$2b^{*2}-1>b^{*2},a^*>2b^* \tag{㊱}$$

将㊱第二式代入㉘第三式,有

$$n+1>4b^{*2} \tag{㊲}$$

因为 $n<200$,$b^*$ 是正奇数,从上式必有(注意 $b^*\geqslant 2$)

$$b^*=3,5\text{ 或 }7 \tag{㊳}$$

当 $b^*=3,7$ 时,利用㉜第一式知道 $t^*$ 不是正整数,舍去.

当 $b^*=5$ 时,从㉜第一式,有 $t^*=7$,再利用㉜第二式有

心得 体会 拓广 疑问

$a^{*}=12$,将这些数值代入㉙,有

$$n=119 \tag{39}$$

6.1.79 正整数 $m,n,k$ 满足:$mn=k^2+k+3$,证明不定方程

$$x^2+11y^2=4m \text{ 和 } x^2+11y^2=4n$$

中至少有一个有奇数解 $(x,y)$.

**证法1** 首先证明如下一个引理.

**引理** 不定方程

$$x^2+11y^2=4m \tag{1}$$

或有奇数解 $(x_0,y_0)$,或者满足

$$x_0\equiv(2k+1)y_0 \pmod m \tag{2}$$

的偶数解 $(x_0,y_0)$.

**引理的证明** 考虑如下表示:

$x+(2k+1)y$,其中 $x,y$ 为整数,且 $0\leqslant x\leqslant 2\sqrt{m}$,$0\leqslant y\leqslant \frac{\sqrt{m}}{2}$,则共有 $([2\sqrt{m}]+1)\left(\left[\frac{\sqrt{m}}{2}\right]+1\right)>m$ 个表示,因此存在整数 $x_1,x_2\in[0,2\sqrt{m}]$,$y_1,y_2\in\left[0,\frac{\sqrt{m}}{2}\right]$,满足 $(x_1,y_1)\neq(x_2,y_2)$,且

$$x_1+(2k+1)y_1\equiv x_2+(2k+1)y_2 \pmod m$$

这表明

$$x\equiv(2k+1)y \pmod m \tag{3}$$

这里 $x=x_1-x_2$,$y=y_2-y_1$. 由此可得

$$x^2\equiv(2k+1)^2y^2\equiv -11y^2 \pmod m$$

故 $x^2+11y^2=km$,因为 $|x|\leqslant 2\sqrt{m}$,$|y|\leqslant\frac{\sqrt{m}}{2}$,所以

$$x^2+11y^2<4m+\frac{11}{4}m<7m$$

于是 $1\leqslant k\leqslant 6$. 因为 $m$ 为奇数,$x^2+11y^2=2m$,$x^2+11y^2=6m$ 显然没有整数解.

(1)若 $x^2+11y^2=m$,则 $x_0=2x$,$y_0=2y$ 是方程①满足②的解.

(2)若 $x^2+11y^2=4m$,则 $x_0=x$,$y_0=y$ 是方程①满足②的解.

(3)若 $x^2+11y^2=3m$,则 $(x\pm 11y)^2+11(x\mp y)^2=3^2\cdot 4m$.

首先假设 $3\nmid m$,若 $x\not\equiv 0 \pmod 3$,$y\not\equiv 0\pmod 3$,且 $x\not\equiv y\pmod 3$,则

心得 体会 拓广 疑问

$$x_0=\frac{x-11y}{3},\quad y_0=\frac{x+y}{3} \qquad ④$$

是方程 ① 满足 ② 的解. 若 $x\equiv y\not\equiv 0 \pmod 3$,则

$$x_0=\frac{x+11y}{3},\quad y_0=\frac{y-x}{3} \qquad ⑤$$

是方程 ① 满足 ② 的解.

现在假设 $3\mid m$,则公式 ④ 和 ⑤ 仍然给出方程 ① 的整数解. 若方程 ① 有偶数解 $x_0=2x_1,y_0=2y_1$,则

$$x_1^2+11y_1^2=m\Leftrightarrow 36m=(5x_1\pm 11y_1)^2+11(5y_1\mp x_1)^2$$

因为 $x_1,y_1$ 的奇偶性不同,所以 $5x_1\pm 11y_1,5y_1\mp x_1$ 都为奇数.

若 $x\equiv y \pmod 3$,则 $x_0=\frac{5x_1-11y_1}{3},y_0=\frac{5y_1+x_1}{3}$ 是方程 ① 的一奇数解.

若 $x_1\not\equiv y_1 \pmod 3$,则 $x_0=\frac{5x_1+11y_1}{3},y_0=\frac{5y_1-x_1}{3}$ 是方程 ① 的一奇数解.

(4)$x^2+11y^2=5m$,则

$$5^2\cdot 4m=(3x\mp 11y)^2+11(3y\pm x)^2$$

当 $5\nmid m$ 时,若 $x\equiv \pm 1 \pmod 5,y\equiv \mp 2 \pmod 5$,或 $x\equiv \pm 2 \pmod 5,y\equiv \pm 1 \pmod 5$,则

$$x_0=\frac{3x-11y}{3},\quad y_0=\frac{3y+x}{5} \qquad ⑥$$

是方程 ① 满足 ② 的解.

若 $x\equiv \pm 1 \pmod 5,y\equiv \pm 2 \pmod 5$,或 $x\equiv \pm 2 \pmod 5,y\equiv \mp 1 \pmod 5$, 则

$$x_0=\frac{3x+11y}{5},\quad y_0=\frac{3y-x}{5} \qquad ⑦$$

是方程 ① 满足 ② 的解.

当 $5\mid m$,则公式 ⑥ 和 ⑦ 仍然给出方程 ① 的整数解. 若方程 ① 有偶数解 $x_0=2x_1,y_0=2y_1$,则

$$x_1^2+11y_1^2=m,x_1\not\equiv y_1 \pmod 2$$

可得

$$100m=(x_1\mp 33y_1)^2+11(y_1\pm 3x_1)^2$$

若 $x_1\equiv y_1\equiv 0 \pmod 5$,或者 $x_1\equiv \pm 1 \pmod 5,y_1\equiv \pm 2 \pmod 5$,或者 $x_1\equiv \pm 2 \pmod 5,y_1\equiv \mp 1 \pmod 5$,则

$$x_0=\frac{x_1-33y_1}{5},y_0=\frac{y_1+3x_1}{5}$$

是方程 ① 的一奇数解.

若 $x_1\equiv \pm 1 \pmod 5,y_1\equiv \mp 2 \pmod 5$,或 $x_1\equiv \pm 2 \pmod 5$,

心得 体会 拓广 疑问

$y_1 \equiv \pm 1 \pmod 5$,则

$$x_0 = \frac{x_1 + 33y_1}{5}, \quad y_0 = \frac{y_1 - 33x_1}{5}$$

是方程①的一奇数解.

引理证毕.

下面回到本题的证明.

由引理,若方程①没有奇数解,则它有一个满足②的偶数解$(x_0, y_0)$. 令$l = 2k + 1$,考虑二次方程

$$mx^2 + ly_0x + ny_0^2 - 1 = 0 \tag{8}$$

则

$$x = \frac{-ly_0 \pm \sqrt{l^2y_0^2 - 4mny_0^2 + 4m}}{2m} = \frac{-ly_0 \pm x_0}{2m}$$

这表明方程⑧至少有一个整数根$x_1$,即

$$mx_1^2 + ly_0x_1 + ny_0^2 - 1 = 0 \tag{9}$$

上式表明$x_1$必为奇数. 将⑨乘以$4n$后配方得

$$(2ny_0 + lx_1)^2 - 11x_1^2 = 4n$$

这表明方程$x^2 + 11y^2 = 4n$有奇数解$x = 2ny_0 + lx_1, y = x_1$.

**证法2** 首先证明如下引理.

**引理** 令$m, n, t$是三个正整数,满足$t^2 + 11 = 4mn$,则存在整数$u, v, x, y$,使得下面三式之一成立:

(1)当$u, v$为奇数时,有

$$\begin{cases} 4m = u^2 + 11v^2 \\ n = x^2 + 11y^2 \\ t = ux + 11vy \\ |uy - vx| = 1 \end{cases}$$

(2)当$x, y$为奇数时,有

$$\begin{cases} m = u^2 + 11v^2 \\ 4n = x^2 + 11y^2 \\ t = ux + 11vy \\ |uy - vx| = 1 \end{cases}$$

(3)当$u, v$为奇数,且$x, y$为奇数时,有

$$\begin{cases} 4m = u^2 + 11v^2 \\ 4n = x^2 + 11y^2 \\ t = \dfrac{ux + 11vy}{2} \\ |uy - vx| = 2 \end{cases}$$

**引理的证明** 对$t$用归纳法.

当$t = 1$时,$(m, n) = (1, 3), (3, 1)$. 前者可取$u = 1, v = 0, x =$

$y=1$,属于(2);后者可取 $u=v=1,x=1,y=0$,属于(1). 现在假设结论对小于 $t$ 的自然数成立.

不妨设 $m\leqslant n$. 若 $m=n,\Rightarrow 4m^2-t^2=11\Rightarrow m=n=3,t=5$. 此时可取 $u=v=1,x=-1,y=1$,(3) 成立. 若 $m=1$,则可取 $u=1$, $v=0,x=t,y=1$,(2) 成立. 下设 $1<m<n\Rightarrow n\geqslant m+2\Rightarrow t^2+11\geqslant 4m(m+2)>(2m)^2+11\Rightarrow t>2m$.

$$4mn=t^2+11\Rightarrow 4m(m+n-t)=(t-2m)^2+11$$

$$m+n\geqslant\sqrt{4mn}>t,0<t-2m<t$$

由归纳法假设,(1),(2),(3) 之一对 $(m,m+n-t,t-2m)$ 成立.

如果对 $(m,m+n-t,t-2m)$,(1) 成立,则存在整数 $u,v,x,y$,使得

$$\begin{cases}4m=u^2+11v^2\\ m+n-t=x^2+11y^2\\ t-2m=ux+11vy\\ |uy-vx|=1\end{cases}\quad (u,v\text{ 为奇数})$$

从上式中解出 $m,n,t$ 得

$$\begin{cases}4m=u^2+11v^2\\ 4n=(2x+u)^2+11(2y+v)^2\\ t=\dfrac{u(2x+u)+11v(2y+v)}{2}\\ |u(2y+v)-v(2x+u)|=2|uy-vx|=2\end{cases}\quad (u,v\text{ 为奇数})$$

即对 $(m,n,t)$,(3) 成立.

如果对 $(m,m+n-t,t-2m)$,(2) 成立,则存在整数 $u,v,x,y$,使得

$$\begin{cases}m=u^2+11v^2\\ 4(m+n-t)=x^2+11y^2\\ t-2m=ux+11vy\\ |uy-vx|=1\end{cases}\quad (x,y\text{ 为奇数})$$

从上式中解出 $m,n,t$ 得

$$\begin{cases}m=u^2+11v^2\\ 4n=(x+2u)^2+11(y+2v)^2\\ t=u(x+2u)+11v(y+2v)\\ |u(y+2v)-v(x+2u)|=|uy-vx|=1\end{cases}\quad (u,v\text{ 为奇数})$$

即对 $(m,n,t)$,(2) 成立.

如果对 $(m,m+n-t,t-2m)$,(3) 成立,则存在整数 $u,v,x,y$,使得

心得 体会 拓广 疑问

$$\begin{cases}4m=u^2+11v^2\\4(m+n-t)=x^2+11y^2\\t-2m=\dfrac{ux+11vy}{2}\\|uy-vx|=2\end{cases}\quad(u,v\text{ 为奇数};x,y\text{ 为奇数})$$

从上式中解出 $m,n,t$ 得

$$\begin{cases}4m=u^2+11v^2\\n=\left(\dfrac{x+u}{2}\right)^2+11\left(\dfrac{y+v}{2}\right)^2\\t=u\left(\dfrac{x+u}{2}\right)+11v\left(\dfrac{y+v}{2}\right)\\\left|u\left(\dfrac{y+v}{2}\right)-v\left(\dfrac{x+u}{2}\right)\right|=\dfrac{|uy-vx|}{2}=1\end{cases}\quad(u,v\text{ 为奇数})$$

即对 $(m,n,t)$，(1) 成立. 引理证毕.

对 $t=2k+1$ 应用上述引理立得本题结论.

6.1.80　求最小的正整数 $n>1$，使得 $1^2,2^2,3^2,\cdots,n^2$ 的算术平均值是一个完全平方数.

**解**　由于

$$1^2+2^2+3^2+\cdots+n^2=\frac{1}{6}n(n+1)(2n+1) \qquad ①$$

依照题意，有正整数 $k$，使得

$$\frac{1}{6}(n+1)(2n+1)=k^2 \qquad ②$$

由于 $n\geqslant 2$，从上式有

$$k\geqslant 2 \qquad ③$$

因为 $2n+1$ 是奇数，从公式 ② 可以知道 $n+1$ 必是偶数(如果 $n+1$ 是奇数，从公式 ②，$k$ 就不是整数了). 因此存在正整数 $m$，使得

$$n+1=2m \qquad ④$$

由于 $n\geqslant 2$，则 $m\geqslant 2$.

将 ④ 代入 ②，得

$$\frac{1}{3}m(4m-1)=k^2 \qquad ⑤$$

由此可知 $m$ 是 3 的倍数，或者 $4m-1$ 是 3 的倍数.

当 $m=3t(t\in\mathbf{N})$ 时，⑤ 变为

$$t(12t-1)=k^2 \qquad ⑥$$

由于 $t$ 与 $12t-1$ 互质，则 $t$ 与 $12t-1$ 都是完全平方数. 一个完全平方数除以 4，余数为 0 或 1，但作为一个完全平方数的 $12t-1$ 除以 4 余数为 3，矛盾. 所以，当 $m=3t(t\in\mathbf{N})$ 时，无所求的解.

心得 体会 拓广 疑问

当$4m-1=3t(t\in\mathbf{N})$时,⑤变为

$$\frac{1}{4}(3t+1)t=k^2 \quad ⑦$$

由于$m\geqslant 2$,则$t\geqslant 3$. 从上式,有

$$(3t+1)t=(2k)^2 \quad ⑧$$

一个正整数$t$,我们知道只可能是$4j+1,4j+2,4j+3,4j+4$四种类型之一,这里$j$是非负整数. 由于$m=\frac{1}{4}(3t+1)$,那么$3t+1$必是4的倍数,由于$t\geqslant 3$,那么,必有某个$j\in\mathbf{N}$,使得

$$t=4j+1 \quad ⑨$$

将⑨代入⑧,得

$$(3j+1)(4j+1)=k^2 \quad ⑩$$

由于$(4j+1)-(3j+1)=j$,$4j+1$与$j$互质,则$4j+1$必与$3j+1$互质,再利用⑩,可以知道$3j+1$与$4j+1$都是完全平方数. 因此有正整数$a$与$b$,使得

$$3j+1=a^2,4j+1=b^2 \quad ⑪$$

从上式,有

$$3b^2+1=4a^2 \quad ⑫$$

从⑪的第二式可以知道$b$是奇数,且$b\geqslant 3$. 记$b=2s+1(s\in\mathbf{N})$,那么

$$3b^2+1=12s(s+1)+4 \quad ⑬$$

$s(s+1)$是偶数,则利用上式,有

$$3b^2+1\equiv 4(\bmod 8) \quad ⑭$$

由⑫和⑭可以知道$a$必为奇数,再由⑪第一式,有奇数$a\geqslant 3$. 因此可记

$$b=4c\pm 1,a=4d\pm 1 \quad ⑮$$

这里$c,d$都是正整数,将⑮代入⑫,有

$$3(4c\pm 1)^2+1=4(4d\pm 1)^2 \quad ⑯$$

展开上式,化简后有

$$3c(2c\pm 1)=4d(2d\pm 1) \quad ⑰$$

上式右端是4的倍数,而$3,2c\pm 1$都是奇数,则$c$是4的倍数,有$e\in\mathbf{N}$,使得

$$c=4e \quad ⑱$$

将⑱代入⑮第一式,得

$$b=16e\pm 1 \quad ⑲$$

将⑲代入⑪第二式,有

$$j=8e(8e\pm 1) \quad ⑳$$

再将⑳代入⑨,得

$$t=32e(8e\pm 1)+1 \quad ㉑$$

心得 体会 拓广 疑问

因此

$$m=\frac{1}{4}(3t+1)=24e(8e\pm 1)+1 \qquad ㉒$$

将㉒代入④,得

$$n=48e(8e\pm 1)+1 \qquad ㉓$$

在上式中取 $e=1$,右端括号内取减号,这样得到的正整数 $n$ 自然是最小的,这时

$$n=337 \qquad ㉔$$

接着,由公式②,可以得到

$$k=195 \qquad ㉕$$

6.1.81　如果 $a>0, D=b^2-4ac<0$,则方程

$$ax^2+bxy+cy^2\leqslant\frac{2\sqrt{D}}{\pi}$$

除 $x=0, y=0$ 外,有其他整数解.

**证明**　由于 $D=b^2-4ac<0$,所以 $ax^2+bxy+cy^2=\frac{2\sqrt{|D|}}{\pi}$ 表示的曲线是椭圆. 将坐标旋转便得到它的标准方程

$$AX^2+CY^2=\frac{2\sqrt{|D|}}{\pi}$$

其中 $AC=ac-\frac{b^2}{4}=\frac{1}{4}|D|$. 因此它的面积 $S$ 是

$$S=\pi\cdot\frac{2\sqrt{D}}{\pi}\cdot\frac{1}{\sqrt{AC}}=4$$

可知这椭圆内部及其边界上除原点外还有其他整点,故所给方程除 $x=0, y=0$ 外还有其他整数解.

## 6.2　分数及幂、指数不定方程

6.2.1　求方程组

$$\begin{cases}x+y+z=0\\x^3+y^3-z^3=-18\end{cases}$$

的整数解.

(中国,1978年)

**解**　由第一个方程得到,$z=-(x+y)$. 将它代入第二个方程,得到

$$x^3+y^3-(x+y)^3=-18$$

心得 体会 拓广 疑问

化简得到,$xy(x+y)=6$,即 $xyz=-6$,这说明,原方程组的整数解 $x,y,z$ 应是6的因数 $\pm1$, $\pm2$, $\pm3$,且其中有且只有一个是负的,并且这个负数应是绝对值最大的.据此逐一检验,便可求得所有的解为

$$\begin{cases}x=-3\\y=1\\z=2\end{cases},\begin{cases}x=-3\\y=2\\z=1\end{cases},\begin{cases}x=2\\y=-3\\z=1\end{cases},\begin{cases}x=1\\y=-3\\z=2\end{cases},\begin{cases}x=2\\y=1\\z=-3\end{cases},\begin{cases}x=1\\y=2\\z=-3\end{cases}$$

6.2.2 求方程 $x_1^4+x_2^4+\cdots+x_{14}^4=1\ 599$ 的整数解.

(美国,1979年)

**证明** 注意,如果 $n$ 为偶数,则 $n=2k$,且 $n^4=16k^4\equiv0\pmod{16}$.如果 $n$ 为奇数,则 $n-1,n+1,n^2+1$ 都是偶数,且 $n-1$ 或 $n+1$ 被4整除,因此

$$n^4-1=(n-1)(n+1)\cdot(n^2+1)$$

被16整除,即 $n^4\equiv1\pmod{16}$.所以方程左端 $x_1^4+x_2^4+\cdots+x_{14}^4$ 除以16的余数等于 $x_1,x_2,\cdots,x_{14}$ 中奇数的个数,即不超过14.另一方面

$$1\ 599=1\ 600-1\equiv15\pmod{16}$$

这表明,不论未知量取什么整数值,要使方程的左端与右端相等是不可能的,即原方程无整数解.

6.2.3 求满足方程

$$2a^2=3b^3 \quad ①$$

的一切正整数对$(a,b)$.

(第10届加拿大数学竞赛,1978年)

**解** 设$(x,y)$是满足方程①的正整数对,则

$$2x^2=3y^3$$

因为2和3互素,所以 $x$ 是3的倍数.

设 $x=3x_1$,则有

$$2\cdot3^2x_1^2=3y^3$$

$$2\cdot3x_1^2=y^3$$

从而 $y$ 是 $2\cdot3=6$ 的倍数.

设 $y=6y_1$,则有

$$6x_1^2=6^3y_1^3$$

$$x_1^2=6^2y_1^3$$

于是 $x_1$ 又是6的倍数.

心得 体会 拓广 疑问

设 $x_1 = 6x_2$,则有

$$6^2x_2^2 = 6^2y_1^3$$

从而

$$x_2^2 = y_1^3 = c$$

于是 $c$ 既是完全平方数,又是完全立方数,因而 $c$ 是6次方数.

设 $c = d^6$,于是

$$x_2 = d^3, y_1 = d^2$$
$$x_1 = 6x_2 = 6d^3, y = 6y_1 = 6d^2$$
$$x = 3x_1 = 18d^3$$

因此,所求的数对为

$$(a,b) = (18d^3, 6d^2)$$

其中 $d$ 是任何正整数.

6.2.4 求方程 $x^3 - y^3 = xy + 61$ 的自然数解 $x,y$.

(第15届全苏数学奥林匹克,1981年)

**解** 由已知方程可知,若 $x,y$ 是方程的自然数解,则必有 $x > y$.

设 $x = y + d, d \geqslant 1. d \in \mathbf{N}$,则已知方程化为

$$3dy^2 + 3d^2y + d^3 = y^2 + dy + 61$$
$$(3d-1)y^2 + d(3d-1)y + d^3 = 61$$

于是 $d^3 < 61$,即 $d = 1,2,3$.

(1)若 $d = 1$,则方程化为

$$2y^2 + 2y - 60 = 0$$
$$y_1 = 5, y_2 = -6(舍去)$$

于是方程有自然数解 $x = 6, y = 5$.

(2)若 $d = 2$,则方程化为

$$5y^2 + 10y - 53 = 0$$

此方程没有整数解 $y$,因而原方程也无自然数解.

(3)若 $d = 3$,则方程化为

$$8y^2 + 24y - 34 = 0$$

此方程也没有整数解 $y$,因而原方程也无自然数解.

于是,已知方程只有唯一一组自然数解

$$\begin{cases} x = 6 \\ y = 5 \end{cases}$$

6.2.5 求方程 $x^2 + xy + y^2 = x^2y^2$ 的整数解.

(南斯拉夫,1974年)

**解** 设 $x,y\in\mathbf{Z}$ 满足方程,则

$$x^2+2xy+y^2=x^2y^2+xy$$

即

$$(x+y)^2=xy(xy+1)$$

如果 $xy>0$,则

$$xy+1>\sqrt{xy(xy+1)}>xy$$

因此整数 $|x+y|=\sqrt{xy(xy+1)}$ 位于两个相邻整数 $xy$ 与 $xy+1$ 之间,不可能.同理,如果 $xy<-1$,则

$$-xy-1<\sqrt{xy(xy+1)}<-xy$$

因此 $|x+y|$ 仍不能是整数,矛盾.于是 $xy=0$ 或 $xy=-1$.在这两种情形下,方程等价于 $x+y=0$.因此有

$$x=y=0 \text{ 或者 } x=-y=\pm 1$$

由此得到方程的整数解:(0,0),(1,-1),(-1,1).

6.2.6 求所有的质数 $p,q,r$,使得等式 $p^3=p^2+q^2+r^2$ 成立.

**解** 若 $p=2$,代入等式得

$$q^2+r^2=4$$

这个等式没有质数解.故 $p$ 是奇质数.

考虑 $q^2+r^2\equiv 0(\bmod p)$,有

$$p\mid q,p\mid r \text{ 或 } p=4k+1$$

在第一种情况中,因为 $q,r$ 是质数,可以得到 $p=q=r$,这时,等式可化简为 $p^3=3p^2$.解得 $p=q=r=3$.

在第二种情况中

$$q^2+r^2\equiv 0(\bmod 4)$$

所以,$2\mid q,r$,由于 $q,r$ 是质数,所以,$q=r=2$.

但 $p^3-p^2=8$ 无质数解.

最后得到解为 $p=q=r=3$.

6.2.7 求 $(x+2)^4-x^4=y^3$ 的整数解.

(东德,1974年)

**解** 设 $x,y\in\mathbf{Z}$ 满足方程.如果 $x\geqslant 0$,则

$$y^3=8x^3+24x^2+32x+16=8(x^3+3x^2+4x+2)$$

因此,$y=2z,z\in\mathbf{Z}$,且 $z^3=x^3+3x^2+4x+2$.因为

$$(x+1)^3=x^3+3x^2+3x+1<$$
$$z^3<x^3+6x^2+12x+8=(x+2)^3$$

所以 $x+1<z<x+2$,不可能.如果 $x\leqslant -2$,则

心得 体会 拓广 疑问

$$x_1=-x-2\geqslant 0,y_1=-y$$

也满足原方程,这是因为

$$(x_1+2)^4-x_1^4=x^4-(x+2)^4=-y^3=y_1^3$$

但如上所证,不可能有 $x_1\geqslant 0$. 于是 $-2<x<0$. 由此即得唯一的解

$$x=-1,y=0$$

6.2.8 求 $x(x+1)(x+7)(x+8)=y^2$ 的整数.

(东德,1973 年)

**解** 设 $x,y\in\mathbf{Z}$ 满足方程,则

$$y^2=(x(x+8))((x+1)(x+7))=$$
$$(x^2+8x)(x^2+8x+7)=z^2+7z$$

其中 $z=x^2+8x$. 如果 $z>9$,则

$$(z+3)^2=z^2+6z+9<z^2+7z=$$
$$y^2<z^2+8z+16=(z+4)^2$$

即 $y^2$ 位于两个相邻自然数的平方之间,不可能. 因此

$$x^2+8x=z\leqslant 9$$

由此得到,$-9\leqslant x\leqslant 1$. 将 $x=-9,-8,\cdots,1$ 依次代入方程可知,当 $x=-9,-8,-7,-4,-1,0,1$ 时,$x(x+1)(x+7)(x+8)$ 才是整数的平方. 因此原方程的解为:$(-9,12),(-9,-12),(-8,0),(-7,0),(-4,12),(-4,-12),(-1,0),(0,0),(1,12),(1,-12)$.

6.2.9 证明不定方程

$$x^3+y^3+z^3=x+y+z=3 \quad ①$$

仅有四组整数解 $(x,y,z)=(1,1,1),(-5,4,4),(4,-5,4),(4,4,-5)$.

**证明** 式 ① 可写为

$$\begin{cases}x^3+y^3+z^3=3 & ②\\ z=3-(x+y) & ③\end{cases}$$

把 ③ 代入 ② 可得

$$8-9x-9y+3x^2+6xy+3y^2-x^2y-xy^2=0$$

上式可因式分解为

$$8-3x(3-x)-3y(3-x)+xy(3-x)+y^2(3-x)=0$$

故对该方程的解 $x$ 必有

$$3-x\mid 8$$

故 $3-x$ 只可能为 $\pm 1,\pm 2,\pm 4,\pm 8$,即 $x$ 可能为

$$-5,-1,1,2,4,5,7,11$$

设 $x=-5$,代入 ② 和 ③ 可得

$$y^3+z^3=128,y+z=8 \quad ④$$

由 ④ 可解出 ① 的一组解 $(-5,4,4)$,用同样的方法,设 $x=-1,1,2,4,5,7,11$,可得 ① 的另三组解

$$(1,1,1),(4,-5,4),(4,4,-5)$$

6.2.10　求出所有边长为整数,内切圆半径为 1 的三角形.
(第 29 届国际数学奥林匹克候选题,1988 年)

**解**　设三角形的三边满足

$$a\geqslant b\geqslant c(a,b,c\in \mathbf{N})$$

又设 $p=\frac{1}{2}(a+b+c)$,内切圆半径 $r=1$.

由面积公式得

$$pr=\sqrt{p(p-a)(p-b)(p-c)}$$

即

$$p=(p-a)(p-b)(p-c)$$

$$4(a+b+c)=(b+c-a)(c+a-b)(a+b-c) \quad ①$$

由 ① 的左边为偶数,则 ① 的右边也为偶数.

再由 $b+c-a,c+a-b,a+b-c$ 有相同的奇偶性,因此一定都是偶数. 令

$$x=\frac{b+c-a}{2},y=\frac{c+a-b}{2},z=\frac{a+b-c}{2}$$

则 $x,y,z$ 均为正整数,且 $x\leqslant y\leqslant z$. 由式 ① 有

$$xyz=x+y+z \quad ②$$

因为 $x\leqslant y\leqslant z$,所以

$$xyz=x+y+z\leqslant 3z$$

$$xy\leqslant 3$$

(1) 若 $xy=3$,则 $xyz=3z$,于是

$$x=y=z$$

然而由 $xy=3$ 得 $x=1,y=3$,出现矛盾.

(2) 若 $xy=2$,则 $x=1,y=2$,代入 ② 得

$$z=3$$

此时　$a=5,b=4,c=3$

(3) 若 $xy=1$,则 $x=1,y=1$,代入 ② 得

$$2+z=z$$

出现矛盾.

于是只有唯一一组解:$a=5,b=4,c=3$.

心得 体会 拓广 疑问

6.2.11 证明对于每个实数 $R_0$，方程 $x_1^2+x_2^2+x_3^2=x_1x_2x_3$ 必有一组解 $x_1,x_2,x_3$，它们都是大于 $R_0$ 的整数.

（第1届中国浙江省数学夏令营，1989年）

**证明** 显然 $x_1=x_2=x_3=3$ 是方程

$$x_1^2+x_2^2+x_3^2=x_1x_2x_3 \quad ①$$

的一组解.

把①看成关于 $x_3$ 的二次方程

$$x_3^2-(x_1x_2)x_3+x_1^2+x_2^2=0 \quad ②$$

设②的解为 $x_3,x_3^{(1)}$，则由韦达定理

$$x_3+x_3^{(1)}=x_1x_2$$

$$x_3^{(1)}=x_1x_2-x_3$$

因为 $x_3=3$ 是方程②的一个解，则

$$x_3^{(1)}=x_1x_2-x_3=3\cdot 3-3=6>x_3$$

也是方程②的解，且 $x_3^{(1)}$ 是整数，$x_3^{(1)}>x_3$.

同理可证，$x_1,x_2$ 的另一解 $x_1^{(1)},x_2^{(1)}$ 都满足

$$x_1^{(1)}>x_1,x_2^{(1)}>x_2$$

于是有

$$x_1^{(1)2}+x_2^{(1)2}+x_3^{(1)2}=x_1^{(1)}x_2^{(1)}x_3^{(1)} \quad ③$$

从①到③可以看作一次递推，于是经过有限次递推必能得到一组解$(x_1^{(n)},x_2^{(n)},x_3^{(n)})$，它们都是整数，且每一个都大于预先指定的实数 $R_0$.

6.2.12 证明：方程组

$$\begin{cases}x^6+x^3+x^3y+y=147^{157}\\x^3+x^3y+y^2+y+z^9=157^{147}\end{cases}$$

没有整数解 $x,y,z$.

**证明** 将方程两端相加，再同时加1，可得

$$(x^3+y+1)^2+z^9=147^{157}+157^{147}+1 \quad ①$$

下面证明，式①两边模19不同余.

选择模19是因为2和9的最小公倍数为18，由费马小定理，当 $a$ 不是19的倍数时，$a^{18}\equiv 1 \pmod{19}$.

特别地，$(z^9)^2\equiv 0$ 或 $1 \pmod{19}$，于是，有

$$z^9\equiv -1,0,1 \pmod{19}$$

经计算可得

$$n^2\equiv -8,-3,-2,0,1,4,5,6,7,9 \pmod{19}$$

由费马小定理有

心得 体会 拓广 疑问

$$147^{157}+157^{147}+1=147^{13}+157^{3}+1\pmod{19}\equiv$$
$$-5^{13}+5^{3}+1\pmod{19}\equiv 14\pmod{19}$$

因为$z^{9}+n^{2}\not\equiv 14\pmod{19}$,所以,式①无整数解.

6.2.13 试确定,对于任意给定的正有理数$r$,是否一定能表为两个正有理数的立方和?是否一定能表为三个正有理数的立方和?

**解** (1)$r$不一定能表为两个正有理数的立方和,为此,只须说明,1不能表为两个正有理数的立方和,假若存在正有理数$\frac{a}{b}$,$\frac{c}{d}$,使$1=\left(\frac{a}{b}\right)^{3}+\left(\frac{c}{d}\right)^{3}$,则

$$(bd)^{3}=(ad)^{3}+(bc)^{3}\quad(a,b,c,d\text{ 为正整数})$$

而由费马定理,$z^{3}=x^{3}+y^{3}$无正整数解,矛盾!

(2)$r$能够表为三个正有理数的立方和.为此,设

$$r=x^{3}+y^{3}+z^{3} \tag{①}$$

由恒等式

$$(x+y+z)^{3}-(x^{3}+y^{3}+z^{3})=$$
$$3(x+y)(y+z)(z+x)$$

因此

$$r=(x+y+z)^{3}-3(x+y)(y+z)(z+x)$$

令$x+y+z=a,x+y=b$,则

$$y=b-x,z=a-b$$
$$x+z=a-y=a-b+x$$

故

$$r=a^{3}-3b(a-x)(a-b+x)=$$
$$a^{3}-3b(a^{2}-x^{2})+3b^{2}(a-x) \tag{②}$$

为找出满足①的一组有理数$x,y,z$,可考虑在某种特殊情形下简化式②,试令

$$a^{3}=3b(a^{2}-x^{2}) \tag{③}$$

则有

$$r=3b^{2}(a-x) \tag{④}$$

由③得

$$a=3b\left[1-\left(\frac{x}{a}\right)^{2}\right] \tag{⑤}$$

由④得

$$r=3ab^{2}\left(1-\frac{x}{a}\right) \tag{⑥}$$

心得 体会 拓广 疑问

将⑤,⑥相乘得

$$r=9b^3\left(1-\frac{x}{a}\right)^2\left(1+\frac{x}{a}\right) \quad ⑦$$

再令

$$c=\frac{x}{a} \quad ⑧$$

则⑤,⑦成为

$$\begin{cases}a=3b(1-c^2)\\ r=9b^3(1-c)^2(1+c)\end{cases}$$

又令 $t=3b(1-c)$,则 $a=t(1+c)$,而 $r=\frac{1}{3}t^3\cdot\frac{1+c}{1-c}$,所以

$$c=\frac{3r-t^3}{3r+t^3}$$

因此

$$1-c=\frac{2t^3}{3r+t^3},1+c=\frac{6r}{3r+t^3}$$

$$a=t(1+c)=\frac{6rt}{3r+t^3},b=\frac{t}{3(1-c)}=\frac{3r+t^3}{6t^2}$$

所以

$$x=ac=\frac{6rt(3r-t^3)}{(3r+t^3)^2},x+y=b=\frac{3r+t^3}{6t^2}$$

$$x+y+z=a=\frac{6rt}{3r+t^3}$$

由此知,只要 $t$ 为有理数,则 $x,y,z$ 都是有理数.

注意到,当 $t$ 为有理数,$t\to\sqrt[3]{3r}$,即 $t^3\to 3r$ 时,有

$$x\to 0,x+y\to\frac{1}{3}\sqrt[3]{3r},x+y+z\to\sqrt[3]{3r}$$

因此

$$y\to\frac{1}{3}\sqrt[3]{3r},z\to\frac{2}{3}\sqrt[3]{3r}$$

从而可选择满足如下条件的 $t$,使 $x,y,z$ 全为正有理数,即 $t$ 为正有理数,$t^3<3r$,$t^3$ 充分接近 $3r$(此时可保证 $x,y,z$ 为正数).易知,适合条件的 $t$ 有无穷多个.

6.2.14 求所有实数 $p$,使三次方程

$$5x^3-5(p+1)x^2+(71p-1)x+1=66p$$

的三根都是自然数.

(中国,1995年)

**解** 容易看出,$x=1$ 是原三次方程的一个自然数根,故可用

心得 体会 拓广 疑问

综合除法将原三次方程降次为二次方程

$$5x^2-5px+66p-1=0 \qquad (*)$$

于是,原三次方程的三个根均为自然数当且仅当上述二次方程(*)的两个根均为自然数.设$u,v(u\leqslant v)$为方程(*)的两个根,则由 Viéte 定理,得

$$\begin{cases}u+v=p & ①\\ uv=\frac{1}{5}(66p-1) & ②\end{cases}$$

上两式消去$p$,得

$$5uv=66(u+v)-1 \qquad ③$$

由此可知,$u,v$都不能被2,3,11所整除.

由③,得

$$v=\frac{66u-1}{5u-66} \qquad ④$$

而$u,v$均为自然数,因此,由④可知,$u>\frac{66}{5}$,即$u\geqslant 14$.因为$2\nmid u$且$3\nmid u$,所以$u\geqslant 17$.由$v\geqslant u$及④,得$\frac{66u-1}{5u-66}\geqslant u$,即

$$5u^2-132u+1\leqslant 0$$

于是

$$u\leqslant\frac{66+\sqrt{66^2-5}}{5}<\frac{132}{5}$$

故$17\leqslant u\leqslant 26$.再由$2\nmid u$,且$3\nmid u$知,$u$只可能取17,19,23和25.

当$u=17$时,由④,得$v=\frac{1\ 121}{19}=59$;

当$u=19$时,由④,得$v=\frac{1\ 253}{29}$,因此$v$非自然数,应舍去.同理可验证,当$u=23$与25时,$v$也非自然数,都应舍去.

因此,仅当$p=u+v=76$时,方程(*)的两个根均为自然数,即原方程的三个根均为自然数.

6.2.15 证明:方程$x^3+3y^3+9z^3-9xyz=0$有唯一有理数解.

(匈牙利,1983年)

**证明** 注意,如果$x,y,z$是原方程的解,则对任意$t\in\mathbf{Q}$,$tx$,$ty$,$tz$也是解.因此如果某个非零的有理数组$x=\frac{m}{n}$,$y=\frac{l}{k}$,$z=\frac{p}{q}$满足方程,其中$m,l,p\in\mathbf{Z}$不全为零,$n,k,q\in\mathbf{N}^*$,则非零的整数组$x_1=t_1x$,$y_1=t_1y$,$z_1=t_1z$也满足方程,其中$t_1=nkq$.设$d$是$x_1,y_1$,

$z_1$ 的最大公因数,则 $x_2=t_2x_1,y_2=t_2y_1,z_2=t_2z_1$ 也满足方程,其中 $t_2=\frac{1}{d}$,并且它们的最大公因数为1. 由方程可知,$x_2^3=3(-y_2^3-3z_2^3+3x_2y_2z_2)$ 被3整除. 因此 $x_2=3x_3,x_3\in\mathbf{Z}$.

其次,$y_2^3+3z_2^3+9x_3^3-9y_2z_2x_3=0$,即 $x=y_2,y=z_2,z=x_3$ 也满足方程. 因此 $y_2=3y_3,y_3\in\mathbf{Z}$,且 $x=z_2,y=x_3,z=y_3$ 仍满足方程. 因而 $z_2=3z_3,z_3\in\mathbf{Z}$. 于是,$x_2,y_2,z_2$ 都被3整除,与这些数的选取相矛盾. 这就证明,原方程有唯一解.

6.2.16 证明对于每个实数 $N$,方程

$$x_1^2+x_2^2+x_3^2+x_4^2=x_1x_2x_3+x_1x_2x_4+x_1x_3x_4+x_2x_3x_4$$

有一解 $x_1,x_2,x_3,x_4$ 都是大于 $N$ 的整数.

(第39届美国普特南数学竞赛,1978年)

**证明** 显然,$(x_1,x_2,x_3,x_4)=(1,1,1,1)$ 是方程的一组解. 固定 $x_1,x_2,x_3$,则原式化为

$$x_4^2-(x_1x_2+x_1x_3+x_2x_3)x_4+x_1^2+x_2^2+x_3^2-x_1x_2x_3=0$$

这是一个关于 $x_4$ 的二次方程.

若 $x_4$ 是方程的一个解,则由韦达定理

$$x'_4=x_1x_2+x_1x_3+x_2x_3-x_4$$

在 $x'_4\neq x_4$ 时,$x'_4$ 是方程的另一个解.

于是当 $(x_1,x_2,x_3,x_4)=(1,1,1,1)$ 时

$$x'_4=1+1+1-1=2$$

即 $(1,1,1,2)$ 是方程的一组解.

由对称性 $(1,1,2,1)$ 也是方程的解. 进而 $(1,1,2,1\cdot1+1\cdot2+1\cdot2-1)=(1,1,2,4)$ 是方程的解.

于是 $(1,1,4,2)$ 是方程的解,下一个解是 $(1,1,4,7)$,再由对称性得到解 $(1,1,7,4)$,如此下去,即可得到符合题目要求的解.

6.2.17 满足 $n^2+(n+1)^2=m^4+(m+1)^4$ 的整数对 $(m,n)$ 共有多少组?

(中国北京市高中一年级数学竞赛,1988年)

**解** 原式可化为

$$n^2+(n+1)^2-2n(n+1)+2n(n+1)=$$
$$m^4+(m+1)^4-2m^2(m+1)^2+2m^2(m+1)^2$$
$$1+2n(n+1)=[m^2-(m+1)^2]^2+2m^2(m+1)^2$$
$$1+2n(n+1)=(2m+1)^2+2m^2(m+1)^2$$
$$1+2n(n+1)=4m^2+4m+1+2m^2(m+1)^2$$

$$n(n+1)=m(m+1)[m(m+1)+2]$$

令 $m(m+1)=k$,则原式化为

$$n(n+1)=k(k+2)$$

上式只有在左、右两边同时为0时才成立,即 $n=0$ 或 $n=-1$,$k=0$ 或 $k=-2$,进而求得 $m=0$ 或 $m=-1$.

所以符合方程的整数对只有四组

$$(m,n)=(0,0),(0,-1),(-1,0),(-1,-1)$$

6.2.18 证明:对任意互素的整数 $a,b$,$ax^2+by^2=z^3$ 有无限多组整数解满足 $(x,y)=1$.

(罗马尼亚,1979 年)

**证明** 设 $x=ak^3-3bkm^2$,$y=3ak^2m-bm^3$,$z=ak^2+bm^2$,$k,m\in\mathbf{Z}$,则

$$a(ak^3-3bkm^2)^2+b(3ak^2m-am^3)^2=(ak^2+bm^2)^3$$

因此 $x,y,z$ 满足方程. 下面证明,有无限多个数对 $k,m\in\mathbf{Z}$,使得由上面的方法所确定的 $x,y,z\in\mathbf{Z}$ 满足 $(x,y)=1$. 首先注意,如果 $k,m,a,b$ 两两互素(根据条件,$a$ 与 $b$ 互素),其中恰有一个为偶数,并且 $k$ 与 $m$ 都不被3整除,则 $x$ 与 $y$ 互素. 事实上,由于 $k,m,a,b$ 两两互素,所以

$$(k,y)=(k,3ak^2m-bm^3)=(k,bm^3)=1$$

$$(m,x)=(m,ak^3-3bkm^2)=(m,ak^3)=1$$

又因为 $a$ 与 $b$ 互素,所以 $a$ 与 $b$ 中至少有一个不被3整除,不妨设此数为 $b$. $a$ 不被3整除的情形是相仿的. 于是,由于 $3ak^2-bm$ 为奇数,$bm^2$ 不被3整除,所以

$$\begin{aligned}(x,y)=(k(ak^2-3bm^2),m(3ak^2-bm^2))=\\(ak^2-3bm^2,3ak^2-bm^2)\leqslant\\(3ak^2-9bm^2,3ak^2-bm^2)=\\(8bm^2,3ak^2-bm^2)=\\(bm^2,3ak^2-bm^2)=(bm^2,3ak^2)=1\end{aligned}$$

其次设 $a,b$ 全非零,则取 $k=3|ab|+1$,$m=(6|ab|+1)^l$,其中 $l\in\mathbf{N}^*$. 容易验证,$k,m,a,b$ 满足上面所说的条件. 由如此的 $k,m$ 所确定的 $x,y,z$ 是方程的符合条件的解,而且不同的数对 $k,m$ 所确定的数组 $x,y,z$ 也不同,因为 $z=ak^2+bm^2$ 的值不同. 最后,设 $a$ 与 $b$ 中有一个为0,不妨设 $b=0$,$a=0$ 的情形可仿此讨论. 此时取 $x=z=a$,取 $y$ 为与 $a$ 互素的整数,则

$$ax^2+by^2=a\cdot a^2+0\cdot y^2=z^3$$

心得 体会 拓广 疑问

6.2.19 求所有满足方程 $x+y^2+z^3=xyz$ 的正整数 $x$ 和 $y$，$z=(x,y)$.

（保加利亚，1995 年）

**解** 令 $x=zc, y=zb$，其中 $c,b$ 为互素的整数，则原方程可化为

$$c+zb^2+z^2=z^2cb$$

因此 $z$ 整除 $c$，故存在某个整数 $a$，使 $c=za$，于是可得

$$a+b^2+z=z^2ab$$

即 $a=\frac{b^2+z}{z^2b-1}$. 如果 $z=1$，则

$$a=\frac{b^2+1}{b-1}=b+1+\frac{2}{b-1}$$

因为 $a,b$ 为整数，所以 $b=2$ 或 $b=3$，于是 $(x,y)=(5,2)$ 或 $(5,3)$. 如果 $z=2$，则

$$16a=\frac{16b^2+32}{4b-1}=4b+1+\frac{33}{4b-1}$$

由此可得 $b=1$ 或 $b=3$，相应的解为 $(x,y)=(4,2)$ 或 $(4,6)$. 当 $z\geqslant 3$ 时

$$z^2a=\frac{z^2b^2+z^3}{z^2b-1}=b+\frac{b+z^3}{z^2b-1}$$

注意，$\frac{b+z^3}{z^2b-1}$ 是正整数，因此 $\frac{b+z^3}{z^2b-1}\geqslant 1$，即 $b\leqslant\frac{z^2-z+1}{z-1}$. 由于 $z\geqslant 3$，所以

$$\frac{z^2-z+1}{z-1}<z+1$$

因此 $b<z$. 由此得到

$$a\leqslant\frac{z^2+z}{z^2-1}<2$$

故 $a=1$. 于是 $b$ 是方程 $b^2-z^2b+z+1=0$ 的整数解. 因此，判别式 $z^4-4z-4$ 是完全平方数，但是，它又严格地界于 $(z^2-1)^2$ 与 $(z^2)^2$ 之间，矛盾. 所以当 $z\geqslant 3$ 时无解. 于是所求的解 $(x,y)$ 为 $(4,2)$，$(4,6)$，$(5,2)$ 与 $(5,3)$.

6.2.20 证明，方程 $x^2+5=y^3$ 无整数解.

（保加利亚，1979 年）

**证明** 否则，有某对 $x,y\in\mathbf{Z}$ 满足方程. 如果 $x$ 是奇数，则

$$x^2=(2k+1)^2=4k(k+1)+1\equiv 1\pmod 4$$

因此

$$y^3=x^2+5\equiv 2 \pmod 4$$

不可能(因为此时$y$应为偶数,从而$y^3\equiv 0 \pmod 4$,矛盾).所以$x$为偶数,因而

$$y^3=x^2+5\equiv 1 \pmod 4$$

如果$y\equiv -1 \pmod 4$,则$y^3\equiv -1 \pmod 4$.所以$y\equiv 1 \pmod 4$.记$x=2n,y=4m+1,m,n\in \mathbf{Z}$,则由原方程得到

$$4(n^2+1)=x^2+4=y^3-1=(y-1)(y^2+y+1)=4m(16m^2+12m+3)$$

即$n^2+1=md$,其中$d=16m^2+12m+3\equiv 3 \pmod 4$.显然$d$是奇数.因此它的素因子都是奇数.如果$d$的素因子都是模4余1的,则$d$也是模4余1的.所以$d$的素因子中至少有一个具有形式$p=4l+3$,其中$l\in \mathbf{Z}^*$.于是

$$n^2+1=md\equiv 0 \pmod p$$

从而$n^2\equiv -1 \pmod p$,且

$$n^{p-1}=n^{4l+2}=(n^2)^{2l+1}\equiv -1 \pmod p$$

但由费马小定理,$n^{p-1}\equiv 1 \pmod p$,矛盾.结论证毕.

**6.2.21** 求$x^6+3x^3+1=y^4$的整数解.

(罗马尼亚,1981年)

**解** 设$x,y\in \mathbf{Z}$满足方程.当$x>0$时

$$(x^3+1)^2=x^6+2x^3+1<x^6+3x^3+1=y^4<x^6+4x^3+4=(x^3+2)^2$$

由此得到

$$x^3+1<y^2<x^3+2$$

故$y^2$不能是整数,不可能.当$x\leqslant -2$时同样导出矛盾.事实上,在此情形下,$x^3+3<0$.从而

$$(x^3+2)^2=x^6+4x^3+4<x^6+3x^3+1=y^4<x^6+2x^3+1=(x^3+1)^2$$

由此得

$$-(x^3+2)=|x^3+2|<y^2<|x^3+1|=-(x^3+1)$$

与$y$为整数相矛盾.当$x=-1$时,方程化为$-1=y^4$,不可能.最后,当$x=0$时,$1=y^4$,由此得到方程的解:$x=0,y=\pm 1$.

**6.2.22** 证明方程$x^2+y^2+z^2=x^3+y^3+z^3$有无穷多组整数解$(x,y,z)$.

(第57届莫斯科数学奥林匹克,1994年)

心得 体会 拓广 疑问

**证明** 事实上,对任何正整数 $n$ 有

$$\begin{cases}x=n(4n^2-1)+1\\y=1-n(4n^2-1)\\z=1-4n^2\end{cases}$$

都是原方程的解,这是因为

$$x^2(x-1)=[n(4n^2-1)+1]^2\cdot n(4n^2-1)=$$
$$[n(4n^2-1)-1]^2\cdot n(4n^2-1)+(4n^2-1)^2\cdot 4n^2=$$
$$y^2(1-y)+z^2(1-z)$$

即

$$x^2+y^2+z^2=x^3+y^3+z^3$$

6.2.23 求方程 $(a^2+b)(a+b^2)=(a-b)^2$ 的所有非零整数解 $a,b$.

(第16届美国数学奥林匹克,1987年)

**解** 分情况进行讨论.

(1)当 $a=b$ 时,有 $(a^2+a)(a+a^2)=0$,解得

$$a=-1 \quad 或 \quad a=0$$

即

$$\begin{cases}a=-1\\b=-1\end{cases} 或 \begin{cases}a=0\\b=0(舍去)\end{cases}$$

(2)当 $a=0$ 时,有 $b^3=b^2$.

当 $b\neq 0$ 时,$b=1$,因此有解

$$\begin{cases}a=0\\b=1\end{cases}$$

(3)当 $b=0$ 时,同理有解

$$\begin{cases}a=1\\b=0\end{cases}$$

(4)当 $a\neq b$,且 $a$ 和 $b$ 都不为0时.

首先证明 $a$ 和 $b$ 异号.

若 $a,b$ 都大于0,由对称性及 $a,b$ 是整数,不妨设 $a>b\geqslant 1$.由原方程得

$$a^2<(a^2+b)(b^2+a)=(a-b)^2<a^2$$

出现矛盾.

若 $a,b$ 都小于0,不妨设 $b<a\leqslant -1$.于是 $b^2+a\geqslant 1$,由原方程 $a^2+b\geqslant 1$,从而

$$b^2+a\leqslant (a^2+b)(b^2+a)=(a-b)^2$$

即 $a\leqslant a^2-2ab$,则 $2b+1\geqslant a$,即 $(b-a)+b+1\geqslant 0$,而由 $b<$

心得 体会 拓广 疑问

$a \leqslant -1$ 得

$$b - a < 0, b + 1 < 0$$

从而

$$(b - a) + b + 1 < 0$$

出现矛盾.

于是 $a$ 和 $b$ 异号.

不妨设 $a > 0, b < 0$. 用 $-b$ 代替 $b$ 得

$$(a^2 - b)(a + b^2) = (a + b)^2 \quad ①$$

这样,① 中的字母 $a, b$ 均为正整数.

设 $(a, b) = d$,记 $a = a_1 d, b = b_1 d$,则 $(a_1, b_1) = 1$. 把 $a, b$ 代入 ① 可化为

$$(da_1^2 - b_1)(db_1^2 + a_1) = (a_1 + b_1)^2 \quad ②$$

$$a_1 b_1(d^2 a_1 b_1 - 3) + a_1^2(da_1 - 1) = b_1^2(db_1 + 1)$$

因为 $(a_1, b_1) = 1$,则必有

$$b_1 \mid da_1 - 1, a_1 \mid db_1 + 1$$

下面再分几种情况讨论:

(1) 若 $da_1 - 1 = 0$,即 $da_1 = 1 = a$,代入原方程得 $b = 0$;由对称性还有 $a = 0, b = 1$,而这两组解在(2) 和(3) 中已经得出.

(2) 若 $da_1 - 1 = 1$,即 $da_1 = 2 = a$,代入原方程得 $b = -1$;由对称性还有 $a = -1, b = 2$. 因而又得到两组解

$$\begin{cases} a = 2 \\ b = -1 \end{cases}, \quad \begin{cases} a = -1 \\ b = 2 \end{cases}$$

(3) 若 $da_1 - 1 \geqslant 2$,即 $da_1 = a \geqslant 3$,则

$$(da_1^2 - b_1)(db_1^2 + a_1) - (a_1 + b_1)^2 =$$
$$d^2 a_1^2 b_1^2 + da_1^3 - (a_1 + b_1)^2 - db_1^3 - a_1 b_1$$

由 $b_1 \mid da_1 - 1$ 得 $b_1 \leqslant da_1 - 1, da_1 \geqslant b_1 + 1$,于是

$$d^2 a_1^2 b_1^2 + da_1^3 - (a_1 + b_1)^2 - db_1^3 - a_1 b_1 \geqslant$$
$$(b_1 + 1) da_1 b_1^2 + a_1^2(da_1 - 1) - b_1^2 - db_1^3 - 3a_1 b_1 =$$
$$da_1 b_1^3 + da_1 b_1^2 - db_1^3 + a_1^2(da_1 - 1) - b_1^2 - 3a_1 b_1 =$$
$$db_1^3(a_1 - 1) + b_1^2(da_1 - 1) + a_1^2(da_1 - 1) - 3a_1 b_1 =$$
$$db_1^3(a_1 - 1) + (da_1 - 1)(a_1^2 + b_1^2) - 3a_1 b_1 \geqslant$$
$$2(a_1^2 + b_1^2) - 3a_1 b_1 + db_1^3(a_1 - 1) \geqslant$$
$$a_1 b_1 + db_1^3(a_1 - 1) > 0$$

然而由式 ② 有

$$(da_1^2 - b_1)(db_1^2 + a_1) - (a_1 + b_1)^2 = 0$$

出现矛盾. 即 $da_1 - 1 \geqslant 2$ 时无解.

于是原方程只有五组解

$\begin{cases}a=0\\b=1\end{cases},\begin{cases}a=1\\b=0\end{cases},\begin{cases}a=-1\\b=-1\end{cases},\begin{cases}a=2\\b=-1\end{cases},\begin{cases}a=-1\\b=2\end{cases}$

心得 体会 拓广 疑问

6.2.24 试求方程 $2x^4+1=y^2$ 的一切整数解.

(中国国家集训队选拔试题,1993年)

**解** (1)当 $y=0$ 时,方程无整数解.

(2)当 $x=0$ 时,$y=\pm1$,因此方程有解 $x=0,y=1$ 和 $x=0,y=-1$.

(3)若$(x_0,y_0)$是方程的解,则$(x_0,\pm y_0)$以及$(-x_0,\pm y_0)$也是方程的解,因此只需考虑方程的自然数解.

证明方程

$$2x^4+1=y^2 \qquad ①$$

无自然数解.

若①有自然数解$(x,y)$,则 $y$ 是奇数,设 $y=2z+1$,于是①化为

$$x^4=2z(z+1)$$

因此 $x$ 为偶数,记作 $x=2u$,从而有

$$8u^4=z(z+1)$$

由$(z,z+1)=1$,可有

$$(1)\qquad \begin{cases}z=8v^4\\z+1=w^4\\vw=u\end{cases}\qquad (v,w)=1$$

$$(2)\qquad \begin{cases}z=v^4\\z+1=8w^4\\vw=u\end{cases}\qquad (v,w)=1$$

对于情形(2),有方程

$$8w^4=v^4+1$$

由于

$$v^4\equiv 0,1(\bmod 8),8w^4\equiv 0(\bmod 8)$$

于是情形(2)无解.

对于情形(1),有

$$w^4=8v^4+1$$

从而 $w$ 是奇数,设 $w=2q+1$,则

$$(2q+1)^4=8v^4+1$$

$$v^4=2q^4+4q^3+3q^2+q=q(q+1)(2q^2+2q+1)$$

显然

$$(q,q+1,2q^2+2q+1)=1$$

心得 体会 拓广 疑问

所以应有

$$\begin{cases}q=\alpha^4\\q+1=\beta^4\end{cases}$$

即 $\beta^4-\alpha^4=1$. 此方程无自然数解,于是 ① 无自然数解.

综合(1),(2),(3),已知方程的所有整数解 $(x,y)=(0,1)$,$(0,-1)$.

6.2.25 证明不存在不同时为零的整数 $x,y,z$,使得

$$2x^4+y^4=7z^4$$

(基辅数学奥林匹克,1962 年)

**证明** 首先可以看出,$y$ 与 $z$ 具有相同的奇偶性.

若 $y$ 与 $z$ 同为奇数,$x$ 为奇数,则由

$$2x^4\equiv 2(\bmod 8)$$
$$y^4\equiv 1(\bmod 8)$$
$$7z^4\equiv 7(\bmod 8)$$

显然方程此时无解.

若 $y$ 与 $z$ 同为奇数,$x$ 为偶数,则由

$$2x^4\equiv 0(\bmod 8)$$
$$y^4\equiv 1(\bmod 8)$$
$$7z^4\equiv 7(\bmod 8)$$

此时方程也无解.

若 $y$ 和 $z$ 同为偶数,并设 $y>0,z>0$,设 $y=2y_1,z=2z_1$,则

$$2x^4+16y_1^4=7\cdot 16z_1^4$$
$$x^4+8y_1^4=7\cdot 8z_1^4$$

于是 $x$ 也是偶数,设 $x=2x_1$,则

$$16x_1^4+8y_1^4=7\cdot 8z_1^4$$
$$2x_1^4+y_1^4=7z_1^4$$

于是 $x_1,y_1,z_1$ 也为方程的解,显然 $y_1$ 和 $z_1$ 同为偶数,由此又推得 $x_1$ 是偶数,进而设 $x_1=2x_2,y_1=2y_2,z_1=2z_2$,代入原方程得

$$2x_2^4+y_2^4=7z_2^4$$

于是 $x_2,y_2,z_2$ 也为方程的解,并且 $x_2,y_2,z_2$ 也是偶数.

由此继续下去,因为

$$x>x_1>x_2>x_3>\cdots>0$$
$$y>y_1>y_2>y_3>\cdots>0$$
$$z>z_1>z_2>z_3>\cdots>0$$

则必有一个时刻,使得 $y_k$ 或 $z_k$ 为奇数,这时,方程显然无解.

由以上,已知方程没有不同时为零的整数解 $x,y,z$.

6.2.26 证明任何四个自然数 $x,y,z,t$ 都不能满足等式

$$3x^4+5y^4+7z^4=11t^4 \qquad ①$$

(第 51 届莫斯科数学奥林匹克,1988 年)

**证明** 假设自然数 $x,y,z,t$ 满足等式 ①.

(1) 若 $t$ 为奇数,则有

$$11t^4 \equiv 3(\bmod 8)$$

则式 ① 左边应为两个字母为偶数,一个字母为奇数.

若 $x$ 和 $y$ 为偶数,$z$ 为奇数,则

$$3x^4+5y^4+7z^4 \equiv 7(\bmod 8)$$

若 $x$ 和 $y$ 为偶数,$z$ 为奇数,则

$$3x^4+5y^4+7z^4 \equiv 5(\bmod 8)$$

若 $x$ 为奇数,$y$ 和 $z$ 为偶数,则

$$3x^4+5y^4+7z^4 \equiv 3(\bmod 8)$$

由此可知,$y$ 和 $z$ 为偶数,$x$ 为奇数.

将式 ① 化为

$$5y^4+7z^4=3(t^4-x^4)+8t^4 \qquad ②$$

考察

$$t^4-x^4=(t+x)(t-x)(t^2+x^2)$$

若奇数 $t$ 和 $x$ 对模 4 同余,则 $t-x$ 能被 4 整除,此时 $t+x,t^2+x^2$ 均能被 2 整除,于是 $t^4-x^4$ 能被 16 整除.

若奇数 $t$ 和 $x$ 对模 4 不同余,即余数为 1 和 3,则 $t+x$ 能被 4 整除,同样有 $t^4-x^4$ 能被 16 整除.

由 $y$ 和 $z$ 是偶数,则式 ② 左边

$$5y^4+7z^4 \equiv 0(\bmod 16)$$

而式 ② 右边

$$3(t^4-x^4)+8t^4 \equiv 8(\bmod 16)$$

于是式 ② 不可能成立.

从而,$t$ 为奇数时,不满足等式 ①.

(2) 若 $t$ 为偶数,且 $x,y,z$ 中二奇一偶.

若 $x$ 为偶数,$y$ 和 $z$ 为奇数,则

$$3x^4+5y^4+7z^4 \equiv 4(\bmod 8)$$

$$11t^4 \equiv 0(\bmod 8)$$

若 $y$ 为偶数,$x$ 和 $z$ 为奇数,则

$$3x^4+5y^4+7z^4 \equiv 2(\bmod 8)$$

若 $z$ 为偶数,$x$ 和 $y$ 为奇数,则考察模 16 有

$$3x^4+5y^4 \equiv 8(\bmod 16)$$

$$11t^4 - 7z^4 \equiv 0 \pmod{16}$$

从而,$t$ 为奇数,$x,y,z$ 为二奇一偶时,不满足等式 ①.

(3) 若 $t$ 为偶数,$x,y,z$ 均为偶数时,只要在式 ① 两边同除以2的适当的幂即可化为(1),(2).

由以上,不存在自然数 $x,y,z,t$ 满足 ①.

6.2.27 求方程组

$$\begin{cases} x^3 - 4x^2 - 16x + 60 = y & ① \\ y^3 - 4y^2 - 16y + 60 = z & ② \\ z^3 - 4z^2 - 16z + 60 = x & ③ \end{cases}$$

的整数解.

(德国,2003 年)

**解** 由已知得

$$\begin{cases} (x-4)^2(x+4) = y+4 & ① \\ (y-4)^2(y+4) = z+4 & ② \\ (z-4)^2(z+4) = x+4 & ③ \end{cases}$$

故 $(x,y,z) = (-4,-4,-4)$ 是方程组的一组解.

若 $x \neq -4$,由 ③ 可知 $z \neq -4$,从而 $y \neq -4$.

由 ① × ② × ③ 并化简得

$$(x-4)^2(y-4)^2(z-4)^2 = 1$$

整数解只能是 $x = 3$ 或 $x = 5$.

再根据已知等式可得方程组的三组解为

$$(x,y,z) = (3,3,3),(x,y,z) = (5,5,5)$$

6.2.28 求所有的整数对 $(x,y)$,使得 $1 + 2^x + 2^{2x+1} = y^2$ 成立.

(IMO,2006 年)

**解** 对于每组解 $(x,y)$,显然 $x \geqslant 0$,且 $(x,-y)$ 也是解. $x=0$ 时给出两组解 $(0,\pm 2)$.

设 $x,y > 0$. 原式化为

$$2^x(2^{x+1} + 1) = (y+1)(y-1)$$

$y+1$ 与 $y-1$ 同为偶数且只有一个被4整除,故 $x \geqslant 3$,且可令 $y = m \cdot 2^{x-1} + \varepsilon$,其中 $m$ 为正的奇数,$\varepsilon = \pm 1$,代入化简得

$$1 - \varepsilon m = 2^{x-2}(m^2 - 8)$$

若 $\varepsilon = 1$,$m^2 - 8 \leqslant 0$,$m = 1$ 不满足上式. 故必有 $\varepsilon = -1$,此时

$$1 + m = 2^{x-2}(m^2 - 8) \geqslant 2(m^2 - 8)$$

心得 体会 拓广 疑问

解得 $m \leqslant 3$,但 $m=1$ 不符合,只有 $m=3, x=4, y=23$.

因此共有 4 组整数解 $(0, \pm 2),(4, \pm 23)$.

6.2.29　求方程的所有整数解

$$(m^2+n)(m+n^2)=(m+n)^3$$

(爱尔兰,2003 年)

**解**　展开后整理后

$$mn+m^2n^2=3m^2n+3mn^2$$

移项后因式分解,得

$$mn(mn-3m-3n+1)=0$$

于是,$mn=0$ 或 $mn-3m-3n+1=0$. 前者得解

$$(m,n)=(0,a) \text{ 或 } (a,0)$$

其中 $a$ 为任意整数. 对后者有

$$(m-3)(n-3)=8$$

故 $(m-3,n-3)=(-8,-1),(-4,-2),(-2,-4),(-1,-8),(1,8),(2,4),(4,2)$ 或 $(8,1)$,得解 $(m,n)=(-5,2),(-1,1),(1,-1),(2,-5),(4,11),(5,7),(7,5)$ 或 $(11,4)$.

6.2.30　求方程的所有整数解:$y^2+2y=x^4+20x^3+104x^2+40x+2\ 003$.

(爱尔兰,2003 年)

**解**　配方得

$$(y+1)^2=(x^2+10x+2)^2+2\ 000$$

于是记

$$a=y+1, b=x^2+10x+2, a-b=u, a+b=v$$

则 $uv=2\ 000$,并且 $b=\dfrac{v-u}{2}$,即 $x^2+10x+2-\dfrac{v-u}{2}=0$ 这个关于 $x$ 的方程有整数解,故

$$\Delta=100-4\left(2-\frac{v-u}{2}\right)=92+2(v-u)$$

为完全平方数.

由 $v-u$ 为偶数及 $uv=2\ 000$,可知 $(u,v)$ 只能为 $(2,1\ 000),(-2,-1\ 000),(4,500),(-4,-500),(8,250),(-8,-250),(10,200),(-10,-200),(20,100),(-20,-100),(40,50),(-40,-50)$ 或其对称形式.

其中使得 $92+2(v-u)$ 为完全平方数的 $(u,v)$ 只能是 $(8,250)$ 或 $(-250,-8)$,依此得 $x=-17,7$. 对应地求出 $y$,可知满足条件的整数对 $(x,y)=(-17,128),(7,128),(-17,-130)$ 或

心得 体会 拓广 疑问

(7, - 130).

6.2.31 证明:不存在整数 $x,y,z$,满足 $2x^4+2x^2y^2+y^4=z^2$,$x\neq 0$.

(韩国,2003 年)

**证明** 因为 $x\neq 0$,显然有 $y\neq 0$.

不失一般性,假定 $x$ 和 $y$ 是题设方程的整数解,且满足 $x>0$,$y>0$,及 $(x,y)=1$,还可以进一步假定 $x$ 是满足上述条件的最小整数解.

由于 $z^2\equiv 0,1,4\pmod 8$,可知 $x$ 是偶数,而 $y$ 是奇数. 注意到

$$x^4+(x^2+y^2)^2=z^2\ 及\ (x^2,x^2+y^2)=1$$

故存在一个奇整数 $p$ 和偶整数 $q$,使得

$$x^2=2pq,x^2+y^2=p^2-q^2\ 及\ (p,q)=1$$

由此易证,存在一个整数 $a$ 与奇数 $b$,使得

$$p=b^2,q=2a^2$$

故

$$x=2ab,y^2=b^4-4a^4-4a^2b^2$$

注意到

$$\left(\frac{2a^2+b^2+y}{2}\right)^2+\left(\frac{2a^2+b^2-y}{2}\right)^2=b^4$$

及

$$\left(\frac{2a^2+b^2+y}{2},\frac{2a^2+b^2-y}{2}\right)=1$$

故存在整数 $s$ 和 $t$,其中 $s>t$,$(s,t)=1$,使得

$$\frac{2a^2+b^2+y}{2}=2st,\quad \frac{2a^2+b^2-y}{2}=s^2-t^2$$

或

$$\frac{2a^2+b^2-y}{2}=2st,\quad \frac{2a^2+b^2+y}{2}=s^2-t^2$$

及

$$b^2=s^2+t^2$$

易知 $a^2=(s-t)t$.

由于 $(a,b)=1$,$(s,t)=1$,故存在正整数 $m$ 和 $n((m,n)=1)$,使得 $(s-t)=m^2$,$t=n^2$. 因此 $b^2=n^4+(n^2+m^2)^2$.

而 $x=2ab>t=n^2\geqslant n$,这与 $x$ 是最小解的假定矛盾.

心得 体会 拓广 疑问

6.2.32　确定不定方程

$$x^3+x^2y+xy^2+y^3=8(x^2+xy+y^2+1)$$

的所有整数解.

（卢森堡等五国国际数学竞赛，1980 年）

**解**　已知方程可化为

$$(x^2+y^2)(x+y-8)=8xy+8 \quad ①$$

若 $x$ 和 $y$ 一为奇数，一为偶数，则①的左边为奇数，右边为偶数，这是不可能的.

因此 $x$ 和 $y$ 有相同的奇偶性. 于是 $x+y-8$ 为偶数.

(1) 若 $x+y-8\geqslant 6$，则

$$x^2+y^2\geqslant\frac{(x+y)^2}{2}\geqslant\frac{14^2}{2}>4$$

$$(x^2+y^2)(x+y-8)\geqslant 6(x^2+y^2)\geqslant 2(x^2+y^2)+8xy>8+8xy$$

此时式①不成立，方程无整数解.

(2) 若 $x+y-8\leqslant -4$，则

$$(x^2+y^2)(x+y-8)\leqslant -4(x^2+y^2)\leqslant 8xy<8xy+8$$

同样式①不成立，方程无整数解.

(3) 若 $x+y-8=4$，则由①得

$$(x-y)^2=2$$

方程无整数解.

(4) 若 $x+y-8=2$，则由①得

$$x^2+y^2=4xy+4$$

从而解得

$$\begin{cases}x=8\\y=2\end{cases},\quad\begin{cases}x=2\\y=8\end{cases}$$

(5) 若 $x+y-8=0$，则有

$$8xy+8=0$$

显然无整数解.

(6) 若 $x+y-8=-2$，则由式①得

$$x^2+y^2+4xy+4=0$$

从而有

$$x+y=6,xy=-20$$

仍无整数解.

因此已知方程只有两组整数解

$$(x,y)=(8,2)\text{ 或 }(2,8)$$

心得 体会 拓广 疑问

6.2.33 证明方程 $x^3+2y^3+4z^3-6xyz=0$ 没有不全为零的整数解.

(基辅数学奥林匹克,1948 年)

**证明** 首先指出,若$(x,y,z)$是方程的一组整数解,则对任意的整数 $k$ 有

$$(kx)^3+2(ky)^3+4(kz)^3-6(kx)(ky)(kz)=0$$

因而$(kx,ky,kz)$也是方程的解.

因此,只要证明方程

$$x^3+2y^3+4z^3-6xyz=0 \quad ①$$

没有互素的整数解即可.

设$(x,y,z)$是方程①的整数解,且 $x,y,z$ 没有大于 1 的公约数.由①可知,$x$ 为偶数.

设 $x=2x_0$,则①化为

$$8x_0^3+2y^3+4z^3-12x_0yz=0$$

$$4x_0^3+y^3+2z^3-6x_0yz=0 \quad ②$$

于是 $y$ 是偶数,设 $y=2y_0$,则②化为

$$4x_0^3+8y_0^3+2z^3-12x_0y_0z=0$$

$$2x_0^3+4y_0^3+z^3-6x_0y_0z=0$$

于是 $z$ 是偶数,设 $z=2z_0$.

这样 $x=2x_0,y=2y_0,z=2z_0$ 是方程的解,且有公约数 2,与假设矛盾.

从而,已知方程没有不同时为零的整数解.

6.2.34 已知整数 $m,n$ 满足 $m,n\in\{1,2,\cdots,1\ 981\}$ 及

$$(n^2-mn-m^2)^2=1 \quad ①$$

求 $m^2+n^2$ 的最大值.

(第 22 届国际数学奥林匹克,1981 年)

**解** 若 $m=n$,由①可得$(mn)^2=1$,又由 $m,n\in\{1,2,\cdots,1\ 981\}$,所以 $m=n=1$.

若 $m\neq n$,并约定 $n>m$.

令 $n=m+u_k$,于是由式①有

$$[(m+u_k)^2-m(m+u_k)-m^2]^2=1$$

即

$$(m^2-u_km-u_k^2)^2=1$$

再令 $m=u_k+u_{k-1}$,同样有

心得 体会 拓广 疑问

$$(u_k^2-u_{k-1}u_k-u_{k-1}^2)^2=1$$

如果 $u_k\neq u_{k-1}$,则以上步骤可继续下去,直至

$$(u_{k-i-1}^2-u_{k-i}u_{k-i-1}-u_{k-i}^2)^2=1$$

且

$$u_{k-i}=u_{k-i-1}=1$$

这样就得到数列

$$n,m,u_k,u_{k-1},\cdots,u_{k-i}(=1),u_{k-i-1}(=1)$$

此数列任意相邻两项均满足方程①,并且满足 $u_j=u_{j-1}+u_{j-2}$,这恰好是斐波那契数列.

容易求出,集合 $\{1,2,\cdots,1\ 981\}$ 中的斐波那契数为

$$1,1,2,3,5,8,13,21,34,55$$
$$89,144,233,377,610,987,1\ 597$$

由此可知,当 $m=987,n=1\ 597$ 时,$m^2+n^2$ 的值最大,最大值为 $987^2+1\ 597^2=3\ 524\ 578$.

**6.2.35** 试判定下述不定方程组是否存在正整数解

$$x_1^2+x_2^2+\cdots+x_{1\ 985}^2=y^3$$
$$x_1^3+x_2^3+\cdots+x_{1\ 985}^3=z^2$$

其中 $x_i\neq x_j(i\neq j)$.

(第14届美国数学奥林匹克,1985年)

**解法1** 证明更一般的结果:

对于任意正整数 $n$,不定方程组

$$x_1^2+x_2^2+\cdots+x_n^2=y^3 \qquad ①$$
$$x_1^3+x_2^3+\cdots+x_n^3=z^2 \qquad ②$$

存在无穷多组正整数解. 显然

$$1^3+2^3+\cdots+n^3=\left[\frac{n(n+1)}{2}\right]^2$$

$1,2,\cdots,n$ 及 $\frac{n(n+1)}{2}$ 是方程②的一组正整数解.

令 $x_i=k_i,i=1,2,\cdots,n$,代入方程①得

$$k^2(1^2+2^2+\cdots+n^2)=y^3$$

即

$$y^3=\frac{k^2n(n+1)(2n+1)}{6} \qquad ③$$

代入方程②得

$$k^3(1^3+2^3+\cdots+n^3)=z^2$$

即

心得 体会 拓广 疑问

$$z^2=k^3\left[\frac{n(n+1)}{2}\right]^2 \quad ④$$

考虑式③,$\frac{k^2n(n+1)(2n+1)}{6}$应为一立方数,考虑式④,$k$应为一平方数,于是取

$$k=\left[\frac{n(n+1)(2n+1)}{6}\right]^{6t+4},t\in\mathbf{N}$$

则 $x_i=k_i(i=1,2,\cdots,n)$ 都是方程组的解.

**解法 2** 设 $a_1,a_2,\cdots,a_n$ 为任意一组互不相同的正整数,令

$$s=a_1^2+a_2^2+\cdots+a_n^2$$
$$t=a_1^3+a_2^3+\cdots+a_n^3$$

设 $x_i=s^mt^ka_i$,代入两个方程得

$$x_1^2+x_2^2+\cdots+x_n^2=s^{2m+1}t^{2k}=y^3$$
$$x_1^3+x_2^3+\cdots+x_n^3=s^{3m}t^{3k+1}=z^2$$

因此,只须 $2m+1$ 是 3 的倍数,$3m$ 是 2 的倍数,于是取

$$m=6p+4(p\in\mathbf{N})$$

又须 $2k$ 是3的倍数,$3k+1$ 是2的倍数,于是取 $k=6q+3(q\in\mathbf{N})$.

则 $x_i=s^{6p+4}t^{6q+3}a_i(p,q\in\mathbf{N})$ 是方程组的一组解.

从而方程组有无穷多组解.

6.2.36 证明方程 $x^2+y^5=z^3$ 有无穷多组整数解 $x,y,z$. 其中 $xyz\neq 0$.

(第 23 届加拿大数学竞赛,1991 年)

**证法 1** 可以验证方程有两组解

$$(x,y,z)=(3,-1,2),(10,3,7)$$

假定$(u,v,w)$是方程的一组解. 那么,对任意整数 $k$,则由$[2,5,3]=30$ 可设

$$x=k^{15}u,y=k^6v,z=k^{10}w$$

这时有

$$x^2+y^5=k^{30}u^2+k^{30}v^5=k^{30}(u^2+v^5)=k^{30}w^3=z^3$$

于是$(k^{15}u,k^6v,k^{10}w)$是已知方程的解.

从而已知方程有无穷多组解.

**证法 2** 取 $x=2^{15k+10},y=2^{6k+4},z=2^{10k+7},k\in\mathbf{N}$,则

$$x^2+y^5=2^{30k+20}+2^{30k+20}=2^{30k+21}=z^3$$

因此

$$(x,y,z)=(2^{15k+10},2^{6k+4},2^{10k+7}),k\in\mathbf{N}$$

是已知方程的无穷多组解.

心得 体会 拓广 疑问

**证法3** 令 $x=n^5, y=n^2$，则

$$x^2+y^5=(2n)n^9$$

现在取 $n=4r^3$，则

$$2n\cdot n^9=8r^3\cdot 2^{18}r^{27}=(2^7r^{10})^3$$

于是 $(x,y,z)=(2^{10}r^{15},2^4r^6,2^7r^{10})$ 是已知方程的解，从而已知方程有无穷多组解.

6.2.37 考虑方程

$$x^3-3xy^2+y^3=n \quad ①$$

其中 $n$ 为正整数，试证：

(1) 如果方程有一组整数解 $(x,y)$，则它至少有三组整数解；

(2) 当 $n=2\ 891$ 时，方程没有整数解.

(第23届国际数学奥林匹克，1982年)

**证明** (1) 设 $(x,y)$ 是方程①的一组解，由于 $n$ 为正整数，则 $x$ 和 $y$ 不同时为零. 同时

$$(y-x)^3=y^3-3xy^2+3x^2y-x^3=$$
$$y^3-3xy^2+x^3+3(y-x)x^2+x^3$$
$$y^3-3xy^2+x^3=(y-x)^3-3x^2(y-x)-x^3$$

由于

$$x^3-3xy^2+y^3=n$$

则

$$(y-x)^3-3x^2(y-x)+(-x)^3=n$$

于是 $(y-x,-x)$ 是方程①的一组整数解.

同理 $(-y,x-y)$ 也是方程①的一组整数解.

容易验证，$(x,y),(y-x,-x),(-y,x-y)$ 这三组解是不同的.

(2) 假设 $n=2\ 891$ 时，方程①有一组整数解 $(x,y)$，即

$$x^3-3xy^2+y^3=2\ 891$$

则有

$$x^3+y^3=3xy^2+3\cdot 963+2 \quad ②$$

从而有

$$x^3+y^3\equiv 2\pmod 3 \quad ③$$

于是 $x,y$ 有如下三种可能

(i) $\begin{cases}x\equiv 0\pmod 3\\ y\equiv 2\pmod 3\end{cases}$，(ii) $\begin{cases}x\equiv 1\pmod 3\\ y\equiv 1\pmod 3\end{cases}$，(iii) $\begin{cases}x\equiv 2\pmod 3\\ y\equiv 0\pmod 3\end{cases}$

对于(i)，设 $x=3p, y=3q+2$，其中 $p,q$ 均为整数，代入式②得

$$(3p)^3+(3q+2)^3=3(3p)(3q+2)^2+9\cdot 321+2$$

对于模 9,上式左边有

$$(3p)^3+(3q+2)^3\equiv 8(\bmod 9)$$

$$3(3p)(3q+2)^2+9\cdot 321+2\equiv 2(\bmod 9)$$

所以此时方程 ② 无解,即方程 ① 无解.

同理可证(ii) 和(iii) 这两种情况下,方程 ① 仍无解.

因此,$n=2\ 891$ 时,已知方程无整数解.

6.2.38 试确定所有满足方程 $x+y^2+z^3=xyz$ 的正整数 $x,y$. 其中 $z$ 是 $x,y$ 的最大公约数.

(第 36 届国际数学奥林匹克预选题,1995 年)

**解** 由于 $(x,y)=z$,可设 $x=zc,y=zb$,其中 $(c,b)=1$. 于是已知方程化为

$$zc+z^2b^2+z^3=z^3bc$$

即

$$c+zb^2+z^2=z^2bc \qquad ①$$

于是 $z\mid c$,即存在整数 $a$,使 $c=za$,从而 ① 又化为

$$a+b^2+z=z^2ab \qquad ②$$

即

$$a=\frac{b^2+z}{z^2b-1}$$

(1) 如果 $z=1$,则

$$a=\frac{b^2+1}{b-1}=b+1+\frac{2}{b-1}$$

于是 $b-1\mid 2,b=2$ 或 3,相应的 $a=5$. 又

$$x=zc=z(za)=5$$

所以有解 $(x,y)=(5,2)$ 或 $(5,3)$.

(2) 如果 $z=2$,则 $a=\dfrac{b^2+2}{4b-1}$,因而

$$16a=\frac{16b^2+3^2}{4b-1}=4b+1+\frac{33}{4b-1}$$

于是 $4b-1\mid 33,b=1$ 或 3. 相应的 $a=1$. 又

$$x=z^2a=4,y=zb=2 \text{ 或 } 6$$

所以有解 $(x,y)=(4,2)$ 或 $(4,6)$.

(3) 如果 $z^2\geqslant 3$,则

$$z^2a=\frac{z^2b^2+z^3}{z^2b-1}=b+\frac{b+z^3}{z^2b-1}$$

由于 $x=z^2a$ 为正整数,则应有$\frac{b+z^3}{z^2b-1}\geqslant 1$,即

$$b\leqslant\frac{z^2-z+1}{z-1}$$

由于 $z\geqslant 3$,则$\frac{z^2-z+1}{z-1}<z+1$,从而 $b<z+1$,有 $b\leqslant z$. 由此可得

$$a=\frac{b^2+z}{z^2b-1}<\frac{z^2+z}{z^2-1}=1+\frac{z+1}{z^2-1}<2$$

于是

$$a=1$$

由式②有 $1+b^2+z=bz^2$,从而 $b$ 是方程 $t^2-z^2t+z+1=0$ 的整数解,考虑判别式 $z^4-4z-4$ 应是完全平方数,但是

$$(z^2-1)^2<z^4-4z-4<z^2$$

即 $z^4-4z-4$ 介于两个相继平方数之间,因而不是平方数.

所以,$z\geqslant 3$ 时方程无正整数解.

综上,方程的解为

$$(x,y)=(4,2),(4,6),(5,2),(5,3)$$

6.2.39　求所有正整数 $k$,使得有 $k$ 个连续正整数之和是一个正整数的立方.

**解**　记

$$S_n(k)=n+(n+1)+(n+2)+\cdots+(n+k-1)=\frac{1}{2}k(2n+k-1) \quad ①$$

这里 $n$ 是一个正整数,依照题目条件,有一个正整数 $m$,使得

$$\frac{1}{2}k(2n+k-1)=m^3 \quad ②$$

令

$$t=2n+k-1 \quad ③$$

那么

$$n=\frac{1}{2}(t-k+1) \quad ④$$

由于 $n$ 是一个正整数,则正整数 $t,k$ 具有不同的奇偶性,$t>k$.

当 $k$ 是一个奇数时,那么 $t$ 是一个偶数,对任意正奇数 $k$,取 $t=2k^2$,那么,由②和③,有

$$m^3=\frac{1}{2}kt=k^3 \quad ⑤$$

当 $k$ 是一个偶数时,那么,存在两个正整数 $r$ 和 $s$,使得

$$k=2^rs(s\text{ 为奇数}) \quad ⑥$$

由于 $k$ 是偶数,$t$ 必是一个奇数,由 ②,③ 和 ⑥,有

$$m^3 = \frac{1}{2} \cdot 2^r s \cdot t = 2^{r-1} st \qquad ⑦$$

由于 $s,t$ 都是奇数,⑦ 要成立,$r-1$ 必是 3 的倍数,此时,取 $t = s^2 3^{3r}$,$n$ 由 ④ 确定,问题解决.

综上所述,所有正奇数 $k$,和偶数 $k = 2^r s$,这里正整数 $r$ 满足条件:$r-1$ 必是3的倍数,$s$ 是一个正奇数,它们是满足题目条件的全部解.

6.2.40 试证:(1) 如果正整数 $n$ 使方程

$$x^3 - 3xy^2 + 3y^3 = n$$

有一组整数解$(x,y)$,那么这个方程至少有三组整数解.

(2) 当 $n = 2\ 891$ 时,上述方程无整数解.

**证明** (1) 因为

$$(y-x)^3 = y^3 - 3xy^2 + x^3 + 3x^2(y-x) + x^3$$

又

$$y^3 - 3xy^2 + x^3 = n$$

所以

$$(y-x)^3 = n + 3x(y-x) + x^3$$

即

$$(y-x)^3 - 3x^2(y-x) - x^3 = n$$

设 $y - x = u,\ -x = v$,则

$$u^3 - 3uv^2 + v^3 = n \qquad (*)$$

这说明,如果$(x,y)$ 是原方程的一个解,则$(u,v)$ 是方程$(*)$ 的一个解,即$(y-x,\ -x)$ 也是原方程的解;同理$(v-u,\ -u)$ 也就是$(-y,x-y)$ 也为原方程的一个解. 于是证明了方程至少有三个解(这三个解是不同的,证明从略).

(2) 反设方程在 $n = 2\ 891$ 时有解,即整数 $x$ 和 $y$ 使得 $x^3 - 3xy^2 + y^3 = 2\ 891$,则

$$x^3 + y^3 = 3xy^2 + 3 \times 963 + 2$$

从而

$$x^3 + y^3 \equiv 2 \pmod 3$$

这样 $x$ 和 $y$ 有如下三种情况

$$x \equiv 0 \pmod 3, y \equiv 2 \pmod 3$$
$$x \equiv 1 \pmod 3, y \equiv 1 \pmod 3$$
$$x \equiv 2 \pmod 3, y \equiv 0 \pmod 3$$

就第一种情况而言,设 $x = 3s, y = 3t + 2$(其中 $s$ 和 $t$ 为整数),代入方程有

心得 体会 拓广 疑问

$$(3s)^3-3(3s)(3t+2)^2+(3t+2)^3=2\ 891$$

第一,二项是9的倍数,第三项被9除余8,而2 891被9除余2,矛盾.类似地对第二,三种情况也能推出矛盾.

6.2.41 $x,y$ 是满足方程 $y^2+3x^2y^2=30x^2+517$ 的整数,求 $3x^2y^2$ 的值.

(第5届美国数学邀请赛,1987年)

**解** 由

$$y^2+3x^2y^2=30x^2+517$$

和

$$y^2+3x^2y^2-30x^2-10=507$$

$$(y^2-10)(3x^2+1)=3\cdot 169=3\cdot 13^2$$

由于 $x,y$ 是整数,所以

$$y^2-10=1,3,13,39,169,507$$

$$y^2=11,13,23,49,179,517$$

其中只有49为完全平方数,所以

$$y^2=49,y^2-10=39$$

从而

$$3x^2+1=13$$

$$x^2=4$$

于是

$$3x^2y^2=3\cdot 4\cdot 49=588$$

6.2.42 求方程

$$x^4+4y^4=2(z^4+4u^4) \quad ①$$

的整数解.

(波兰数学竞赛,1965年)

**证法1** 显然,方程①有解

$$x=y=z=u=0$$

现证明这是方程①的唯一一组整数解.

为此,需要下面的引理:

如果 $k_1,k_2,\cdots,k_n$ 是互异的非负整数,而 $x_1,x_2,\cdots,x_n$ 是不能被自然数 $c$ 整除的整数,那么

$$c^{k_1}x_1+c^{k_2}x_2+\cdots+c^{k_n}x_n\neq 0 \quad ②$$

事实上,若设 $k_1=\min\{k_1,k_2,\cdots,k_n\}$,则有

$$c^{k_1}x_1+c^{k_2}x_2+\cdots+c^{k_n}x_n=c^{k_1}(x_1+c^{k_2-k_1}x_2+\cdots+c^{k_n-k_1}x_n)$$

因为当 $i\neq 1$ 时,$k_i-k_1>0$,因而 $c^{k_2-k_1}x_2+\cdots+c^{k_n-k_1}x_n$ 能被

心得 体会 拓广 疑问

$c$ 整除,而 $x_1$ 由已知不能被 $c$ 整除,于是

$$x_1 + c^{k_2-k_1}x_2 + \cdots + c^{k_n-k_1}x_n \neq 0$$

又因为 $c^{k_1} \neq 0$,于是

$$c^{k_1}x_1 + c^{k_2}x_2 + \cdots + c^{k_n}x_n \neq 0$$

下面证明问题本身.

设 $x,y,z,u$ 是方程 ① 的一组整数解,则存在非负整数 $k,l,m,n$ 适合

$$x = 2^k x_1, y = 2^l y_1, z = 2^m z_1, u = 2^n u_1$$

其中 $x_1,y_1,z_1,u_1$ 是奇数或零.

把这些式子代入方程 ① 可得

$$2^{4k}x_1^4 + 2^{4l+2}y_1^4 - 2^{4m+1}z_1^4 - 2^{4n+3}u_1^4 = 0 \quad ③$$

然而,由 $4k,4l+2,4m+1,4n+3$ 是互异的非负整数,若 $x_1,y_1,z_1$ 和 $u_1$ 都是奇数,则它们不能被 2 整除,由引理就有

$$2^{4k}x_1 + 2^{4l+2}y_1 - 2^{4m+1}z_1 - 2^{4n+3}u_1^4 \neq 0 \quad ④$$

③ 和 ④ 矛盾. 因此只能有

$$x_1 = y_1 = z_1 = u_1 = 0$$

即

$$x = y = z = u = 0$$

**证法2** 设 $x,y,z,u$ 是方程 ① 的一组整数解. 则易知,$x$ 为偶数,设 $x = 2x_1$,$x_1$ 为整数,则有

$$16x_1^4 + 4y^4 = 2(z^4 + 4u^4)$$

$$8x_1^4 + 2y^4 = z^4 + 4u^4$$

因而 $z$ 是偶数,设 $z = 2z_1$,$z_1$ 为整数,则有

$$8x_1^4 + 2y^4 = 16z_1^4 + 4u^4$$

$$4x_1^4 + y^4 = 8z_1^4 + 2u^4$$

因而 $y$ 是偶数,设 $y = 2y_1$,$y_1$ 是整数,则有

$$4x_1^4 + 16y_1^4 = 8z_1^4 + 2u^4$$

$$2x_1^4 + 8y_1^4 = 4z_1^4 + u^4$$

因而 $u$ 是偶数,设 $u = 2u_1$,$u_1$ 是整数,则有

$$2x_1^4 + 8y_1^4 = 4z_1^4 + 16u_1^4$$

$$x_1^4 + 4y_1^4 = 2(z_1^4 + 4u_1^4)$$

重复上面的讨论可得,$x_1,y_1,z_1,u_1$ 都是偶数,于是又可设

$$x_1 = 2x_2, y_1 = 2y_2, z_1 = 2z_2, u_1 = 2u_2$$

这样经过 $k$ 步,若 $x,y,z,u$ 都不等于 0,则有

$$x_k = y_k = z_k = u_k = 2$$

但是 $2^4 + 4 \cdot 2^4 \neq 2(2^4 + 4 \times 2^4)$,所以必有

$$x = y = z = u = 0$$

心得 体会 拓广 疑问

6.2.43　设有理数 $x,y$ 满足方程 $x^5+y^5=2x^2y^2$. 证明 $1-xy$ 是有理数的平方.

（第 22 届全苏数学奥林匹克，1988 年）

**证明**　$x=0,y=0$ 显然是已知方程的解. 此时，$1-xy=1$ 是有理数的平方.

若 $xy\neq 0$，将已知方程两边平方得

$$x^{10}+2x^5y^5+y^{10}=4x^4y^4$$

即

$$x^{10}-2x^5y^5+y^{10}=4x^4y^4(1-xy)$$

于是

$$1-xy=\frac{x^{10}-2x^5y^5+y^{10}}{4x^4y^4}$$

$$1-xy=\left(\frac{x^5-y^5}{2x^2y^2}\right)^2$$

6.2.44　求方程 $4x^3+4x^2y-15xy^2-18y^3-12x^2+6xy+36y^2+5x-10y=0$ 的所有正整数解.

（第 30 届国际数学奥林匹克候选题，1989 年）

**解**　已知方程可化为

$4x^3+4x^2y-15xy^2-18y^3-12x^2+6xy+36y^2+5x-10y=$
$(x-2y)(4x^2+12xy+9y^2-12x-18y+5)=$
$(x-2y)(2x+3y-5)(2x+3y-1)=0$

则

$$x-2y=0 \text{ 或 } 2x+3y-5=0 \text{ 或 } 2x+3y-1=0$$

方程 $x-2y=0$ 的正整数解为 $(x,y)=(2y,y),y\in\mathbf{N}$.

方程 $2x+3y-5=0$ 仅有一组正整数解 $(x,y)=(1,1)$.

方程 $2x+3y-1=0$ 没有正整数解.

于是，已知方程的全部正整数解为

$$\{(x,y)\}=\{(1,1)\}\cup\{(2y,y),y\in\mathbf{N}\}$$

6.2.45　对于给定的质数 $p$，判断方程

$$x^2+y^2+pz=2\ 003$$

是否总有整数解 $x,y,z$? 并证明你的结论.

（新加坡，2003 年）

心得 体会 拓广 疑问

**解** 为证原题先给出如下引理.

**引理** 每个与1模4同余的质数均可写为两个平方数的和.

**引理的证明** 首先,引入 Legendre 记号$\left(\frac{a}{p}\right)$,其中$p$为奇质数,且$(a,p)=1$,则

(1)当$x^2\equiv a(\bmod p)$有解时,$\left(\frac{a}{p}\right)=1$;

(2)当$x^2\equiv a(\bmod p)$无解时,$\left(\frac{a}{p}\right)=-1$.

Legendre 记号有如下性质:

(1)$\left(\frac{a}{p}\right)\cdot\left(\frac{b}{p}\right)=\left(\frac{ab}{p}\right)$;

(2)$\left(\frac{-1}{p}\right)=\begin{cases}1, & p\equiv 1(\bmod 4)\\ -1, & p\equiv -1(\bmod 4)\end{cases}$.

因为$p\equiv 1(\bmod 4)$,故$\left(\frac{-1}{p}\right)=1$. 所以存在$u\in\mathbf{Z}$,使得$u^2+1\equiv 0(\bmod p)$.

故存在某个$k(k\geqslant 1)$,满足$u^2+1=kp$,即存在$k(k\geqslant 1)$,使$kp=x^2+y^2(x,y\in\mathbf{Z})$.

令$r\equiv x(\bmod k),s\equiv y(\bmod k)$,$-\frac{k}{2}<r,s\leqslant\frac{k}{2}$,则

$$r^2+s^2\equiv x^2+y^2\equiv 0(\bmod k)$$

即存在$k_1\in\mathbf{N}$. 使得$r^2+s^2=k_1k$. 从而

$$(r^2+s^2)(x^2+y^2)=k_1k\cdot kp=k_1k^2p$$

又

$$(r^2+s^2)(x^2+y^2)=(rx+sy)^2+(ry-sx)^2$$

故

$$\left(\frac{rs+sy}{k}\right)^2+\left(\frac{ry-sx}{k}\right)^2=k_1p$$

由于

$$rx+sy\equiv x^2+y^2\equiv 0(\bmod k)$$
$$ry-sx\equiv xy-yx\equiv 0(\bmod k)$$

所以$\frac{rx+sy}{k}$与$\frac{ry-sx}{k}$都是整数,从而$k_1p$也可表示为两个数的平方和的形式.

因为

$$k_1k=r^2+s^2\leqslant\left(\frac{k}{2}\right)^2+\left(\frac{k}{2}\right)^2=\frac{k^2}{2}$$

所以

心得 体会 拓广 疑问

$$k_1 \leqslant \frac{k}{2} < k$$

故只要 $k \neq 1$，总存在一个 $k_1 < k$，使得 $k_1 p$ 也可表示为两个数的平方和的形式. 因此，$p$ 可表示为两个数的平方和.

下面证明原题.

若 $p \neq 2\ 003$ 且 $p \neq 2$，则

$$(2\ 003, 2p) = 1, \quad (2\ 003 + 2p, 4p) = 1$$

由狄利克雷定理可知，数列 $\{2\ 003 + 2p + 4pn\}$ 包含无限多个质数. 取其中任一个 $q = 2\ 003 + 4pn_0 + 2p$，由于

$$2\ 003 + 4pn_0 + 2p \equiv 1 \pmod 4$$

故

$$q \equiv 1 \pmod 4$$

由引理可知，$q$ 可表示为 $x^2 + y^2$ 的形式 $(x, y \in \mathbf{Z})$，故

$$x^2 + y^2 + p(-4n_0 - 2) = 2\ 003$$

取 $z = -4n_0 - 2$，即有 $x^2 + y^2 + pz = 2\ 003$.

若 $p = 2\ 003$，取 $x = y = 0, z = 1$；

若 $p = 2$，取 $x = 1, y = 0, z = 1\ 001$.

所以，方程 $x^2 + y^2 + pz = 2\ 003$ 总有解.

**注** 这里给出狄利克雷定理.

若 $(a, b) = 1$，则 $\{an + b\}$ 包含有无限多个质数.

> 6.2.46 已知奇数 $m, n$ 满足 $m^2 - n^2 + 1$ 整除 $n^2 - 1$. 证明：$m^2 - n^2 + 1$ 是一个完全平方数.

**引理1** 设 $p, k$ 是给定的正整数，$p \geqslant k$，$k$ 不是完全平方数，则关于 $a, b$ 的不定方程

$$a^2 - pab + b^2 - k = 0 \qquad ①$$

无正整数解.

**引理1的证明** 假设有正整数解，设 $(a_0, b_0)$ 是使 $a + b$ 最小的一组正整数解，且 $a_0 \geqslant b_0$，又设 $a'_0 = pb_0 - a_0$，则 $a_0, a'_0$ 是关于 $t$ 的一元二次方程

$$t^2 - pb_0 t + b_0^2 - k = 0 \qquad ②$$

的两根. 所以

$$a'^2_0 - pa'_0 b_0 + b_0^2 - k = 0$$

若 $0 < a'_0 < a_0$，则 $(b_0, a'_0)$ 也是方程①的一组正整数解，且 $b_0 + a'_0 < a_0 + b_0$，矛盾. 所以，$a'_0 \leqslant 0$ 或 $a'_0 \geqslant a_0$.

(1) 若 $a'_0 = 0$，则 $a_0 = pb_0$. 代入方程①得 $b_0^2 - k = 0$. 但 $k$ 不是完全平方数，矛盾.

(2) 若 $a'_0 < 0$，则 $a_0 > pb_0$. 从而，$a_0 \geqslant pb_0 + 1$. 故

$$a_0^2-pa_0b_0+b_0^2-k=a_0(a_0-pb_0)+b_0^2-k\geqslant$$
$$a_0+b_0^2-k\geqslant pb_0+1+b_0^2-k>p-k\geqslant 0$$

矛盾.

(3)若 $a'_0\geqslant a_0$,因为 $a_0,a'_0$ 是方程②的两根,由韦达定理得 $a_0a'_0=b_0^2-k$. 但 $a_0a'_0\geqslant a_0^2\geqslant b_0^2>b_0^2-k$,矛盾.

综上,方程①无正整数解.

**引理2** 设 $p,k$ 是给定的正整数,$p\geqslant 4k$. 则关于 $a,b$ 的不定方程

$$a^2-pab+b^2+k=0 \tag{③}$$

无正整数解.

**引理2的证明** 假设有正整数解,设 $(a_0,b_0)$ 是使 $a+b$ 最小的一组正整数解,且 $a_0\geqslant b_0$,又设 $a'_0=pb_0-a_0$,则 $a_0,a'_0$ 是关于 $t$ 的一元二次方程

$$t^2-pb_0t+b_0^2+k=0 \tag{④}$$

的两根. 所以

$$a'^2_0-pa'_0b_0+b_0^2+k=0$$

若 $0<a'_0<a_0$,则 $(b_0,a'_0)$ 也是方程③的一组正整数解,且 $b_0+a'_0<a_0+b_0$. 矛盾.

所以,$a'_0\leqslant 0$ 或 $a'_0\geqslant a_0$.

(1)若 $a'_0\leqslant 0$,则 $a_0\geqslant pb_0$,故

$$a_0^2-pa_0b_0+b_0^2+k\geqslant b_0^2+k>0$$

矛盾.

(2)若 $a'_0\geqslant a_0$,则 $a_0\leqslant\frac{pb_0}{2}$. 因为方程④的两根是

$$\frac{pb_0\pm\sqrt{(pb_0)^2-4(b_0^2+k)}}{2}$$

则

$$a_0=\frac{pb_0-\sqrt{(pb_0)^2-4(b_0^2+k)}}{2}$$

又因为 $a_0\geqslant b_0$,则

$$b_0\leqslant\frac{pb_0-\sqrt{(pb_0)^2-4(b_0^2+k)}}{2}\Rightarrow$$
$$(p-2)b_0\geqslant\sqrt{p^2b_0^2-4b_0^2-4k}\Rightarrow$$
$$(p-2)^2b_0^2\geqslant p^2b_0^2-4b_0^2-4k\Rightarrow$$
$$(4p-8)b_0^2\leqslant 4k$$

而 $p\geqslant 4k\geqslant 4$,则

$$(4p-8)b_0^2\geqslant 4p-8\geqslant 2p>4k$$

矛盾.

心得 体会 拓广 疑问

综上,方程③无正整数解.

下面证明原题.

不妨设 $m,n>0$. 因为 $(m^2-n^2+1)\mid(n^2-1)$,则

$$(m^2-n^2+1)\mid[(n^2-1)+(m^2-n^2+1)]=m^2$$

(1) 若 $m=n$,则 $m^2-n^2+1=1$ 是完全平方数.

(2) 若 $m>n$,因为 $m,n$ 都是奇数,则

$$2\mid(m+n),2\mid(m-n)$$

设 $m+n=2a,m-n=2b$,则 $a,b$ 都是正整数.

因为 $m^2-n^2+1=4ab+1,m^2=(a+b)^2$,则

$$(4ab+1)\mid(a+b)^2$$

设 $(a+b)^2=k(4ab+1)$,其中 $k$ 是正整数,则

$$a^2-(4k-2)ab+b^2-k=0$$

若 $k$ 不是完全平方数,由引理1,矛盾.

所以,$k$ 是完全平方数. 故

$$m^2-n^2+1=4ab+1=\frac{(a+b)^2}{k}=\left(\frac{a+b}{\sqrt{k}}\right)^2$$

也是完全平方数.

(3) 若 $m<n$,因为 $m,n$ 都是奇数,则

$$2\mid(m+n),2\mid(m-n)$$

设 $m+n=2a,n-m=2b$,则 $a,b$ 都是正整数.

因为 $m^2-n^2+1=-(4ab-1),m^2=(a-b)^2$,则

$$(4ab-1)\mid(a-b)^2$$

设 $(a-b)^2=k(4ab-1)$,其中 $k$ 是正整数,则

$$a^2-(4k+2)ab+b^2+k=0$$

由引理2,矛盾.

综上,$m^2-n^2+1$ 是完全平方数.

6.2.47 求最小的正整数 $k$,使得

$$x_1^3+x_2^3+\cdots+x_k^3=2\,002^{2\,002}$$

有整数解.

**解** 由于 $a^3\equiv0,\pm1\pmod 9$,所以

$$a^3+b^3+c^3\not\equiv4\pmod 9$$

而 $2\,002^{2\,002}\equiv4\pmod 9$,故 $k\geqslant4$. 而

$$2\,002=10^3+10^3+1^3+1^3$$

$$2\,002^{2\,002}=2\,002\times(2\,002^{667})^3$$

故 $k=4$.

心得 体会 拓广 疑问

6.2.48 证明:$19^{19}=x^3+y^4$ 没有整数解.

**证明** 由费马定理,当$(x,13)=1$时

$$x^{12}\equiv 1(\bmod 13)$$

而$12=3\times 4$,因此想到可以用$(\bmod 13)$来试一下,易知

$$19^{19}\equiv 19^7\equiv 6^7\equiv 7(\bmod 13)$$

$$x^3\equiv 0,1,5,8,12(\bmod 13)$$

$$y^4\equiv 0,1,3,9(\bmod 13)$$

因此

$$x^3+y^4\equiv 0,1,2,3,4,5,6,8,9,10,11,12(\bmod 13)$$

故无解.

6.2.49 求所有正整数$x,y$,使得

$$(x+y)(xy+1)$$

是2的整数次幂.

(新西兰,2005年)

**解** 设$x+y=2^a,xy+1=2^b$.若$xy+1\geqslant x+y$,则$b\geqslant a$.于是,有$xy+1\equiv 0(\bmod 2^a)$.

又因为$x+y\equiv 0(\bmod 2^a)$,所以

$$-x^2+1\equiv 0(\bmod 2^a)$$

即

$$2^a\mid(x+1)(x-1)$$

由于$x+1$与$x-1$只能均为偶数,且$(x+1,x-1)=2$,从而,一定有一个能被$2^{a-1}$整除.

由于$1\leqslant x\leqslant 2^a-1$,所以

$$x=1,2^{a-1}-1,2^{a-1}+1\text{ 或 }2^a-1$$

相应的,$y=2^a-1,2^{a-1}+1,2^{a-1}-1$或1满足条件.

若$x+y>xy+1$,则有$(x-1)(y-1)<0$,矛盾.

综上所述

$$\begin{cases}x=1\\y=2^a-1\end{cases},\begin{cases}x=2^b-1\\y=2^b+1\end{cases},\begin{cases}x=2^c+1\\y=2^c-1\end{cases},\begin{cases}x=2^d-1\\y=1\end{cases}$$

其中$a,b,c,d$为任意正整数.

心得 体会 拓广 疑问

**6.2.50**　求满足方程

$$y(x+y)=x^3-7x^2-11x-3$$

的所有整数对$(x,y)$.

**解**　原方程等价于

$$(2y+x)^2=4x^3-27x^2+44x-12=$$
$$(x-2)(4x^2-19x+6)=$$
$$(x-2)((x-2)(4x-1)-16)$$

当$x=2$时,$y=-1$满足原方程.

若$x\neq 2$时,由于$(2y+x)^2$是完全平方数,令$x-2=ks^2$,其中$k\in\{-2,-1,1,2\}$,$s$为正整数.实际上,若存在质数$p$和非负整数$m$,使得$p^{2m+1}$整除$x-2$,$p^{2m+2}$不能整除$x-2$,于是,$p$能整除$(x-2)\cdot(4x-11)-16$,则有$p\mid 16$,即$p=2$.

若$k=\pm 2$,则$4x^2-19x+6=\pm 2n^2$,其中$n$为正整数,即

$$(8x-19)^2-265=\pm 32n^2$$

由于

$$\pm 32n^2\equiv 0,\ \pm 2\pmod 5$$
$$(8x-19)^2\equiv 0,\ \pm 1\pmod 5$$

且$25\nmid 265$,矛盾.

若$k=1$,则$4x^2-19x+6=n^2$,其中$n$为正整数,即

$$265=(8x-19)^2-16n^2=(8x-19-4n)(8x-19+4n)$$

分别对

$$265=1\times 265=5\times 53=$$
$$(-265)\times(-1)=(-53)\times(-5)$$

四种情况讨论得到相应的$x,n$,使得$x-2=s^2$是完全平方数.

只有$x=6$满足条件,于是$y=3$或$y=-9$.

若$k=-1$,则$4x^2-19x+6=-n^2$,其中$n$为正整数,即

$$265=(8x-19)^2+16n^2$$

由$16n^2\leqslant 265$,得$n\leqslant 4$.

当$n=1,2$时,$4x^2-19x+6=-n^2$无整数解;

当$n=3$时,得整数解$x=1$.于是,$y=1$或$-2$;

当$n=4$时,得整数解$x=2$,矛盾.

综上所述,满足条件的$(x,y)$为

$$\{(6,3),(6,-9),(1,1),(1,-2),(2,-1)\}$$

**6.2.51**　求方程$x(x+1)(2x+1)=6y^2$的所有正整数组解$(x,y)$,使得$x$是偶数.

心得 体会 拓广 疑问

**解** 由于$x$是偶数,则$x+1$是奇数,容易明白三个正整数$x$,$x+1$,$2x+1$两两互质($x$,$x+1$显然互质,利用$2x+1=x+(x+1)$,可以知道$x$,$2x+1$互质,$x+1$,$2x+1$也互质).

现在证明偶数$x$必是3的倍数.如果$x+1$,$2x+1$都不是3的倍数,则由方程可以知道$x$是3的倍数.如果$x+1$是3的倍数,则奇数$2x+1$不是3的倍数,从题目方程以及$x$,$x+1$,$2x+1$两两互质,可以知道这时候$2x+1$必是一个完全平方数,而

$$(3k+1)^2\equiv 1(\mathrm{mod}\ 3),(3k+2)^2\equiv 1(\mathrm{mod}\ 3)$$

则$2x+1$除以3必余1,那么$2x$是3的倍数,2,3互质,$x$必是3的倍数,这与$x+1$是3的倍数矛盾.如果$2x+1$是3的倍数,则$x+1$就不是3的倍数,又由于$x+1$是一个奇数,从题目方程以及$x$,$x+1$,$2x+1$两两互质,可以知道这时候$x+1$必是一个完全平方数.类似地,$x+1$除以3必余1,$x$是3的倍数,这与$2x+1$是3的倍数矛盾.从上述叙述,可以知道,偶数$x$必是3的倍数,那么$x$必是6的倍数,利用$x$,$x+1$,$2x+1$两两互质,可以知道存在正整数$p$,$q$,$r$,满足

$$x=6q^2,x+1=p^2,2x+1=r^2 \quad ①$$

利用①,有

$$6q^2=x=(2x+1)-(x+1)=r^2-p^2=(r-p)(r+p) \quad ②$$

由于$x$是偶数,从①可以知道$p$,$r$都是奇数,那么$(r-p)\cdot(r+p)$是两个偶数相乘,必是4的倍数,再利用②可以知道,$q$必为偶数,记$q=2q^*$,这里$q^*$是正整数.这样一来,②变形为

$$6q^{k2}=\frac{r-p}{2}\cdot\frac{r+p}{2} \quad ③$$

由于$x+1$,$2x+1$互质,从①可以知道$p$,$r$互质,于是,$\frac{r-p}{2}$,$\frac{r+p}{2}$互质.对$\frac{r-p}{2}$,$\frac{r+p}{2}$的取值,利用③,有以下两种情况:

(1)$\frac{r-p}{2}$,$\frac{r+p}{2}$中有一个是$6A^2$,另一个是$B^2$,这里$A$,$B$都是正整数,利用

$$p=\frac{r+p}{2}-\frac{r-p}{2} \quad ④$$

可以得到

$$p=6A^2-B^2 \quad 或 \quad p=-(6A^2-B^2) \quad ⑤$$

利用③,又可以得到

$$q^*=AB \quad ⑥$$

从①,有

心得 体会 拓广 疑问

$$p^2 = x + 1 = 6q^2 + 1 \tag{7}$$

利用⑤,⑦,$q = 2q^*$ 以及⑥,有

$$(6A^2 - B^2)^2 = 24q^{*2} + 1 = 24A^2B^2 + 1 \tag{8}$$

从上式,可以看到

$$8B^4 + 1 = (6A^2 - 3B^2)^2 \tag{9}$$

因为 $A$,$B$ 都是正整数,所以可知

$$B = 1, A = 1 \tag{10}$$

利用①,⑥,$q = 2q^*$ 以及⑩,有

$$q^* = 1, q = 2, x = 24 \tag{11}$$

(2)$\frac{r-p}{2}$,$\frac{r+p}{2}$ 中有一个是 $3A^2$,另一个是 $2B^2$,这里 $A$ 和 $B$ 都是正整数. 利用④,有

$$p = 3A^2 - 2B^2 \quad 或 \quad p = 2B^2 - 3A^2 \tag{12}$$

上述公式⑥,⑦还是成立的,类似⑧,有

$$(3A^2 - 2B^2)^2 = 24A^2B^2 + 1 \tag{13}$$

从上式,有

$$2(2B)^4 + 1 = (3A^2 - 6B^2)^2 \tag{14}$$

可以知道没有正整数对 $(A,B)$ 满足⑭.

综上所述,满足题目要求的偶数 $x$ 是唯一的,所求的正整数组解是

$$x = 24, y = 70$$

**6.2.52**　求方程 $2x^4 + 1 = y^2$ 的所有整数组解.

**解**　明显地,$x = 0, y = 1; x = 0, y = -1$ 是方程的两组整数解. 如果 $(x,y)$ 是解,则 $(|x|,|y|)$ 也是解. 因此,如果能证明方程无正整数组解,则方程一定无负整数组解. 那么,所有整数组解只有上述两组. 用反证法. 如果题目方程有正整数组解,假设 $(x,y)$ 是原方程的所有正整数组解中具最小正整数 $y$ 的一组正整数解. 从题目方程,可以知道 $y$ 是奇数. 由于 $x$ 是正整数,利用题目方程,存在正整数 $s$,使得

$$y = 2s + 1 \tag{1}$$

将①代入题目方程,有

$$x^4 = 2s(s + 1) \tag{2}$$

如果 $s$ 是奇数,则 $s$,$2(s+1)$ 互质,有两个互质的正整数 $u$,$v$,使得

$$s = u^4, 2(s + 1) = v^4 \tag{3}$$

从③,有

$$2(u^4 + 1) = v^4 \tag{4}$$

从③可以知道 $v$ 是偶数,由于 $u$,$v$ 互质,则 $u$ 为奇数,利用 $u^4$ 除以

心得 体会 拓广 疑问

8 余 1,则

$$2(u^4+1)\equiv 4(\bmod 8)$$

但 $v$ 是一个偶数,$v^4$ 必是 8 的倍数,矛盾.

如果 $s$ 是偶数,则 $2s,s+1$ 互质,从 ②,有两个互质的正整数 $u,v$,使得

$$2s=u^4,s+1=v^4 \quad ⑤$$

由于 $s$ 是正整数,则 $u\geqslant 2,v\geqslant 2,u$ 为偶数,$u=2w,w\in\mathbf{N},s$ 是偶数,则 $v$ 是奇数,$v^2$ 除以 4 余 1,因而,有一个偶数 $a$,使得

$$v^2=2a+1 \quad ⑥$$

从上面叙述,有

$$2w^4=\frac{1}{8}u^4=\frac{1}{4}(v^4-1)=a(a+1) \quad ⑦$$

$a$ 是偶数,$a+1$ 为奇数,又 $(a,a+1)=1$,则存在正整数 $b,c$,使得

$$a=2b^4,a+1=c^4 \quad ⑧$$

从上式,有

$$2b^4+1=(c^2)^2 \quad ⑨$$

因此,$x=b,y=c^2$ 是题目方程的一组正整数解.然而

$$c^2<c^4=a+1<2a+1=v^2<v^4=s+1<2s+1=y$$

这与 $y$ 的最小性假设矛盾.

**6.2.53** 求方程 $8x^4+1=y^2$ 的所有整数组解.

**解** 显然

$$\begin{cases}x=0\\y=1\end{cases},\begin{cases}x=0\\y=-1\end{cases},\begin{cases}x=1\\y=3\end{cases},\begin{cases}x=-1\\y=3\end{cases},\begin{cases}x=1\\y=-3\end{cases},\begin{cases}x=-1\\y=-3\end{cases}$$

是满足题目方程的六组整数解.如果能证明本题无其他正整数组解,则本题所有整数组解仅此六组.用反证法.如果本题有其他正整数组解 $(x,y)$,这里 $x\geqslant 2,y>11$.

首先,存在正整数 $s>5$,满足

$$8x^4+1=(2s+1)^2 \quad ①$$

从上式,有

$$2x^4=s(s+1) \quad ②$$

如果 $s$ 是偶数,利用 $(s,s+1)=1$,可以知道存在正整数 $u,v$,使得

$$s=2u^4,s+1=v^4 \quad ③$$

那么,利用 ③,有

$$2u^4+1=v^4 \quad ④$$

从上题的结论可以知道,这时候,必有 $u=0$,矛盾.

如果 $s$ 是奇数,则 $s\geqslant 7$,那么 $s+1$ 是偶数,利用 $s,s+1$ 互质,以及 ②,存在互质的正整数 $u,v$,使得

心得 体会 拓广 疑问

$$s=u^4,s+1=2v^4 \quad ⑤$$

由于 $s$ 是奇数，则 $u$ 是奇数，由于 $s\geqslant 7$，则 $u\geqslant 3$，$u^4\equiv 1\pmod 4$，所以 $u^4+1\equiv 2\pmod 4$，从 ⑤ 第二式，可以知道 $v$ 也是奇数.

用 ⑤ 的第二式两端平方，利用 ⑤ 的第一式，有

$$(u^4+1)^2=4v^8 \quad ⑥$$

从式 ⑥，有

$$u^8-2u^4+1=4(v^8-u^4) \quad ⑦$$

于是

$$\left[\frac{1}{4}(u^4-1)\right]^2=\frac{v^4+u^2}{2}\cdot\frac{v^4-u^2}{2} \quad ⑧$$

由于 $u,v$ 互质，则 $(u^2,v^4)=1$，又由于 $u,v$ 都是奇数，且 $u\geqslant 3$，利用式 ⑧，可以知道 $\frac{v^4+u^2}{2},\frac{v^4-u^2}{2}$ 是两个互质的正整数，于是，存在正整数 $x^*$ 及正整数 $y^*$，使得

$$\frac{v^4+u^2}{2}=x^{*2},\quad \frac{v^4-u^2}{2}=y^{*2} \quad ⑨$$

利用 ⑨，可以看到

$$(v^2-u)^2+(v^2+u)^2=2(v^4+u^2)=(2x^*)^2$$

$$\frac{1}{2}(v^2-u)(v^2+u)=y^{*2} \quad ⑩$$

记

$$\bar{x}=v^2-u,\bar{y}=v^2+u \quad ⑪$$

从 ⑩ 和 ⑪，可以知道 $\bar{x},\bar{y}$ 都是正整数，且满足

$$\bar{x}^2+\bar{y}^2=(2x^*)^2,\frac{1}{2}\bar{x}\bar{y}=y^{*2} \quad ⑫$$

下面要证明不存在正整数 $\bar{x},\bar{y}$，使得 $\bar{x}^2+\bar{y}^2$ 和 $\frac{1}{2}\bar{x}\bar{y}$ 都是完全平方数，如果是这样，式 ⑫ 是不可能成立的，那么问题就解决了.

用反证法. 假设存在正整数 $\bar{x},\bar{y}$ 使得 $\bar{x}^2+\bar{y}^2$ 及 $\frac{1}{2}\bar{x}\bar{y}$ 都是完全平方数，记 $(\bar{x},\bar{y})$ 是满足这个性质的所有正整数组中，$\bar{x}\bar{y}$ 是最小的一组. 因为 $\bar{x}\bar{y}$ 最小，则 $(\bar{x},\bar{y})=1$. 如果 $(\bar{x},\bar{y})>1$，则正整数组 $\left(\frac{\bar{x}}{(\bar{x},\bar{y})},\frac{\bar{y}}{(\bar{x},\bar{y})}\right)$ 仍然满足这个性质，且 $\frac{\bar{x}}{(\bar{x},\bar{y})}\cdot\frac{\bar{y}}{(\bar{x},\bar{y})}<\bar{x}\bar{y}$，这与 $\bar{x}\bar{y}$ 最小的假定矛盾. 由于 $\bar{x},\bar{y}$ 互质，$\bar{x}^2+\bar{y}^2$ 是一个完全平方数，可以知道 $\bar{x},\bar{y}$ 必定一奇一偶（$\bar{x},\bar{y}$ 互质，不可能都是偶数，如果 $\bar{x},\bar{y}$ 都是奇数，则有 $\bar{x}^2+\bar{y}^2\equiv 2\pmod 4$ 不可能是一个完全平方数）. 不妨设 $\bar{x}$ 是偶数，$\bar{y}$ 奇数. 记

$$\bar{x}^2+\bar{y}^2=m^2,\frac{1}{2}\bar{x}\bar{y}=n^2 \quad ⑬$$

这里 $m,n$ 都是正整数,有

$$\bar{x}=2ab,\bar{y}=a^2-b^2,m=a^2+b^2$$

$$n^2=ab(a^2-b^2) \tag{14}$$

这里 $a,b$ 一奇一偶,且 $a,b$ 互质,于是 $a+b,a-b,a,b$ 四个正整数两两互质,那么,利用⑭最后一个等式,可以知道存在四个正整数 $r,s,t,w$,满足

$$a=r^2,b=s^2,a-b=t^2,a+b=w^2 \tag{15}$$

$t,w$ 互质,由于 $a,b$ 一奇一偶,则 $t,w$ 都是奇数. 从⑮,有 $w>t$. 令

$$\tilde{x}=\frac{1}{2}(t+w),\tilde{y}=\frac{1}{2}(w-t) \tag{16}$$

则

$$\tilde{x}+\tilde{y}=w \tag{17}$$

由于 $w$ 为奇数,则正整数 $\tilde{x},\tilde{y}$ 必定一奇一偶. 由于 $t,w$ 互质,则 $\tilde{x},\tilde{y}$ 互质. 利用⑮和⑯,有

$$\tilde{x}^2+\tilde{y}^2=\frac{1}{2}(t^2+w^2)=a=r^2$$

$$\frac{1}{2}\tilde{x}\tilde{y}=\frac{1}{8}(w^2-t^2)=\frac{1}{4}b=\left(\frac{1}{2}s\right)^2 \tag{18}$$

由于 $\tilde{x},\tilde{y}$ 一奇一偶,则 $\frac{1}{2}\tilde{x}\tilde{y}$ 应是一个正整数,从式⑱最后一个等式及 $s$ 是一个正整数,$s$ 必不是奇数,否则 $\left(\frac{1}{2}s\right)^2$ 不可能是正整数,那么,$s$ 必是偶数. 从⑱可以知道 $\tilde{x}^2+\tilde{y}^2,\frac{1}{2}\tilde{x}\tilde{y}$ 都是完全平方数,但是,由⑱,⑮,⑭及⑬,有

$$\frac{1}{2}\tilde{x}\tilde{y}=\left(\frac{1}{2}s\right)^2<s^2=b<ab(a^2-b^2)=n^2=\frac{1}{2}\bar{x}\bar{y} \tag{19}$$

于是 $\tilde{x}\tilde{y}<\bar{x}\bar{y}$,与 $\bar{x}\bar{y}$ 的最小性假定矛盾.

6.2.54 求所有正整数组 $(x,y,z)$,使得 $xy+1$ 是 $z$ 的倍数,$yz-1$ 是 $x$ 的倍数,$zx-1$ 是 $y$ 的倍数.

**解** 先考虑一些特殊情况.

(1)当 $x=y$ 时,利用题目条件,$xz-1$ 是 $x$ 的倍数,则 $x=1$,那么,$y=1$,$xy+1=2$ 是 $z$ 的倍数,则 $z=1$ 或 $z=2$. 因此,有两个解

$$\begin{cases}x=1\\y=1\\z=1\end{cases} \quad 和 \quad \begin{cases}x=1\\y=1\\z=1\end{cases} \tag{1}$$

(2)当 $x=z$ 时,利用题目条件知道 $xy+1$ 是 $x$ 的倍数,则 $x=1$,

心得 体会 拓广 疑问

那么

$$\begin{cases}x=1\\y=n\\z=1\end{cases}\quad(n\in\mathbf{N})\qquad②$$

是满足题目条件的解.

(3) 当 $y=1$ 时,现在,由题目条件可以知道 $x+1$ 是 $z$ 的倍数, $z-1$ 是 $x$ 的倍数,于是,存在非负整数 $a$ 及正整数 $b$,满足

$$z-1=xa,x+1=zb\qquad③$$

将 ③ 第一式代入 ③ 第二式,有

$$x+1=(1+xa)b\qquad④$$

从上式知道只有两种情况:$a=0,a=1$. 当 $a=0$ 时,从 ③ 第一式,有 $z=1$,再代入 ③ 第二式,有 $x=b-1$. 当 $a=1$ 时,从式 ④,有 $b=1$. 因此,又有解

$$\begin{cases}x=b-1\\y=1\\z=1\end{cases}\quad(\text{正整数 } b\geqslant 2)\text{ 和}\begin{cases}x=n\\y=1\\z=n+1\end{cases}\qquad⑤$$

解 ⑤ 包含解 ①.

(4) 当 $z=1$ 时,利用题目条件,可以知道 $y-1$ 是 $x$ 的倍数, $x-1$ 是 $y$ 的倍数,因而有非负整数 $a,b$,使得

$$y-1=xa,x-1=yb\qquad⑥$$

将 ⑥ 第二式代入第一式,有

$$y=1+a(1+yb)\qquad⑦$$

由于 $y$ 是正整数,上式中 $a,b$ 不可能都是正整数. 当 $a=0$ 时,$y=1$, $x=b+1$. 当 $b=0$ 时,$x=1,y=1+a$,这两组解分别在 ⑤ 和 ② 中出现过,故不产生新解.

(5) 当 $x\neq y,x\neq z,y\neq 1$ 和 $z\neq 1$ 时,由于是求正整数组解,则 $y\geqslant 2,z\geqslant 2$. 由于题目条件关于 $x,y$ 是对称的,即 $(x,y,z)-(x_0,y_0,z_0)$ 是一组解,则 $(x,y,z)=(x_0,y_0,z_0)$ 也是一组解. 首先,从式 ⑤,可以得一组新解

$$\begin{cases}x=1\\y=n\\z=n+1\end{cases}\quad(\text{正整数 } n\geqslant 2)\qquad⑧$$

现在在情况(5)中,考虑 $x>y\geqslant 2$ 及 $z\geqslant 2$,从题目条件可以知道 $x,y,z$ 两两互质,那么 $xy+1-(x+y)z$ 既是 $z$ 的倍数,$x$ 的倍数及 $y$ 的倍数,那么,存在整数 $k$,使得

$$xy+1-(x+y)z=kxyz\qquad⑨$$

由 $x>y\geqslant 2$ 及 $z\geqslant 2$,可以看到

$$xy+1-(x+y)z<xy+1\leqslant xyz\qquad⑩$$

及

$$xy+1-(x+y)z>-(x+y)z>-2xz\geqslant -xyz \qquad ⑪$$

从⑨,⑩和⑪,有 $-1<k<1$,由于 $k$ 为整数,则

$$k=0 \qquad ⑫$$

将⑫代入⑨,有

$$xy+1=(x+y)z \qquad ⑬$$

任取一个大于1的正整数 $t$,令 $z=t$,令 $a=y-t$,$a$ 是一个非零整数,代入⑬,有

$$x(a+t)+1=(x+a+t)t \qquad ⑭$$

从⑭,有

$$x=t+\frac{t^2-1}{a} \qquad ⑮$$

当 $t^2-1$ 是 $a$ 的倍数时,有正整数组解

$$\begin{cases}x=t+\dfrac{t^2-1}{a}\\ y=a+t\\ z=t\end{cases} \qquad ⑯$$

由于 $x,y$ 对称,还应当有解

$$\begin{cases}x=a+t\\ y=t+\dfrac{t^2-1}{a}\\ z=t\end{cases} \qquad ⑰$$

式⑯和⑰中,$t$ 是大于1的任意正整数,整数 $a$ 不等于零,当 $a$ 取正整数时,$a$ 要满足两个条件:$\frac{t^2-1}{a}$ 是一个正整数,以及 $a^2+1<t^2$(由于式⑯中 $x>y$).下面证明 $a$ 不能取负整数.由于式⑯中,$y\geqslant 2$,则 $a\geqslant 2-t$,如果 $a$ 是负整数,不等式两端平方后,有 $a^2\leqslant(2-t)^2$,由于 $t\geqslant 2$,则有

$$t^2-1\geqslant a^2+4t-5\geqslant a^2+3$$

又由于⑯中 $x>y$,则应有

$$\frac{t^2-1}{a}>a,a<0$$

那么 $t^2-1<a^2$,这导致矛盾.

因此,满足本题的全部解由式②,⑤,⑧,⑯和⑰给出.请读者验证这些解都满足题意.

6.2.55 设 $p$ 是一个奇素数,则不定方程 $4x^4-py^2=1$,仅当 $p=3$ 时有解 $x=y=1$;$p=7$ 时有解 $x=2,y=3$;在其他情形无正整数解.

心得 体会 拓广 疑问

**证明** 原方程可化为

$$(2x^2-1)(2x^2+1)=py^2$$

由于$(2x^2-1)(2x^2+1)=1$(相邻奇数必互素),$p$是一个奇素数,故由上式可得

$$2x^2\pm 1=py^2,2x^2\mp 1=y_2^2,y=y_1y_2 \quad ①$$

其中$(y_1y_2)=1$. 由①的前两式得$4x^2=py_1^2+y_2^2$,此式可整理成

$$(2x+y_2)(2x-y_2)=py_1^2$$

由于$(2x+y_2,2x-y_2)=(x,y_2)=1,4x^4-py^2=1$,即

$$(4x^3)x+(-py)y=1$$

由两数互素的充要条件知$(x,y)=1$,从而$(x,y_2)=1$,故上式给出

$$2x\pm y_2=py_3^2,2x\mp y_2=y_4^2,y_1=y_3y_4$$

其中$(y_3y_4)=1$. 由此解出

$$x=\frac{py_3^2+y_4^2}{4},y_1=y_3y_4$$

代入①的第一式得

$$2\left(\frac{py_3^2+y_4^2}{4}\right)^2\pm 1=py_3^2y_4^2$$

此式经整理得

$$y_4^4-2\left(\frac{py_3^2-3y_4^2}{4}\right)^2=\pm 1$$

上式右端取"+"号时,上式给出

$$y_4^2=1,\frac{py_3^2-3y_4^2}{4}=0$$

由此即得

$$p=3,x=y=1$$

上式右端取"-"号时,上式即

$$y_4^4+1=2\left(\frac{py_3^2-3y_4^2}{4}\right)^2$$

此方程是方程$x^4+y^4=2z^2,(x,y)=1$的特殊情形,后面将用"无穷递降法"证明$x^4+y^4=2z^2$仅有整数解$x^2=y^2=z^2=1$,由此可知上式给出$y_4^2=1,\frac{py_3^2-3y_4^2}{4}=\pm 1$,于是得

$$p=7,x=2,y=3$$

心得 体会 拓广 疑问

6.2.56 不定方程

$$y^2=x^3+kb^2-k^3a^3 \quad ①$$

在下列条件都满足时无解:

(1)$a\equiv-1(\bmod 4)$,$b\equiv 0(\bmod 2)$;

(2)$k$ 无平方因子,$(k,b)=1$,$k\equiv 3(\bmod 4)$,且 $k\equiv 2(\bmod 3)$ 时,$b\not\equiv 0(\bmod 3)$;

(3)对每一个奇素数 $p$,当$\left(\frac{k}{p}\right)=-1$ 时,$p\nmid(a,b)$.

**证明** 显然$x\not\equiv 0(\bmod 2)$,$x\not\equiv 3(\bmod 4)$,故可设$x\equiv 1(\bmod 4)$,记

$$y^2-kb^2=(x-ka)(x^2+kax+k^2a^2) \quad ②$$

$$F=x^2+kax+k^2a^2>0$$

如果存在素数 $q$,$q\mid(x,k)$,则 $q\mid y^2$,于是由式②得 $q^2\mid kb^2$,由 $k$ 无平方因子及$(k,b)=1$ 知这不可能成立,这就证明了$(x,k)=1$,从而$(F,k)=1$. 因为 $F\equiv 3(\bmod 4)$,故

$$\left(\frac{k}{F}\right)=-\left(\frac{F}{k}\right)=-\left(\frac{x^2}{k}\right)=-1$$

由此可知,存在 $F$ 的素因子 $p$,使得$\left(\frac{k}{p}\right)=-1$,并且 $p$ 在 $F$ 的标准分解式中的指数是奇数 $2u+1$,$u\geqslant 0$. 如果 $p\nmid b$,则由式②得

$$y^2\equiv kb^2(\bmod p)$$

由此可推出

$$1=\left(\frac{y^2}{p}\right)=\left(\frac{kb^2}{p}\right)=\left(\frac{k}{p}\right)=-1$$

的矛盾. 故必有 $p\mid b$,从而 $p\mid y$,于是 $p^2\mid y^2-kb^2$ 重复运用以上的推理可得 $p^{2u+2}\mid y^2-kb^2$. 由式②得

$$x-ka\equiv 0(\bmod p),x^2+kax+k^2a^2\equiv 0(\bmod p)$$

故 $3kax\equiv 0(\bmod p)$. 如果 $p=3$,由$\left(\frac{k}{p}\right)=-1$ 知 $k\equiv 2(\bmod 3)$,此时 $b\equiv 0(\bmod 3)$,与题设不符.

如果 $x\equiv 0(\bmod p)$,则由 $p\mid x^3-k3a^3$,可得 $p\mid a$;如果 $ka\equiv 0(\bmod p)$,也得到 $p\mid a$;再注意到 $p\mid b$,就有 $p\mid(a,b)$,这与题设矛盾.

6.2.57 设 $p$ 是奇素数,则不定方程 $x^2-1=y^p$ 如有正整数解,必有 $2\mid y$,$p\mid x$.

心得 体会 拓广 疑问

**证明** 若 $2\nmid y$,则必有 $2\mid x$,设 $x=2x_1,x_1>0$,于是

$$(2x_1-1)(2x_1+1)=2x_1$$

由于 $(2x_1-1,2x_1+1)=1$,故有

$$2x_1-1=y_1^p,2x_1+1=y_1^p,(y_1,y_2)=1,y=y_1y_2$$

其中 $y_1\geqslant 1,y_2\geqslant 3$. 于是有 $2=y_1^p-y_1^p$. 但

$$y_2^p-y_1^p=(y_2-y_1)(y_2^{p-1}+\cdots+y_1^{p-1})\geqslant 2_2-y_1\geqslant 2$$

这一矛盾表明必有 $2\mid y$.

现在来证 $p\mid x$. 设 $p\nmid x$,则由原方程有

$$(y+1)\frac{y^p+1}{y+1}=x^2$$

由 $p\nmid x$ 知 $\left(y+1,\frac{y^p+1}{y+1}\right)=1$,所以上式给出

$$y+1=x_1^2,2\nmid x_1,x_1\mid x,x_1>1$$

把 $y=x_1^2-1$ 代入原方程得

$$x^2-(x_1^2-1)[(x_1^2-1)^{\frac{p-1}{2}}]^2=1$$

因为 Pell 方程 $x^2-(x_1^2-1)=1$ 的基本解 $\varepsilon=x_1+\sqrt{x_1^2-1}$,故上式给出

$$(x_1^2-1)^{\frac{p-1}{2}}=\frac{\varepsilon^n-\overline{\varepsilon^n}}{2\sqrt{x_1^2-1}}=\mathrm{C}_n^1x_1^{n-1}+\mathrm{C}_n^3x_1^{n-3}(\sqrt{x_1^2-1})^2+\cdots+\mathrm{C}_n^{n-(2m+1)}(\sqrt{x_1^2-1})^{2m}$$

其中 $n=2m+1$ 或 $n=2m+2,m\geqslant 0$. 若 $n=2m+2$,对上式取模 $x_1$ 得

$$(-1)^{\frac{p-1}{2}}\equiv 0(\bmod x_1)$$

这是不可能的. 若 $n=2m+1$,由 $2\nmid x_1$ 知,上式左边为偶数,而右边为奇数,也是不可能的,故必有 $p\mid x$.

**6.2.58** $p$ 是一个质数,求方程 $x^p+y^p=p^z$ 的全部正整数组解 $(x,y,z,p)$.

**解** 如果 $(x,y,z,p)$ 是一组满足题目条件的正整数组解. 明显地,由于 $p$ 是质数,$x,y$ 的最大公因数有下述等式

$$(x,y)=p^k \quad ①$$

这里 $k$ 是一个非负整数. 由(1),有

$$x=p^kx^*,y=p^ky^* \quad ②$$

这里 $x^*,y^*$ 是两个互质的正整数. 将②代入题目中方程,有

$$x^{*p}+y^{*p}=p^{z-kp} \quad ③$$

由于 $x^*,y^*$ 都是正整数,则③的右端应大于等于2,从而 $z-kp$ 应是一个正整数,令

心得 体会 拓广 疑问

$$z^* = z - kp \quad ④$$

由 ③ 和 ④,有

$$x^{*p} + y^{*p} = p^{z^*} \quad ⑤$$

方程 ⑤ 的形状与题目中的方程完全一样,只不过方程 ⑤ 多了一个辅助条件,$x^*$,$y^*$ 互质.由 ⑤ 以及 $x^*$,$y^*$ 互质,可以推出 $x^*$ 不是 $p$ 的倍数,$y^*$ 也不是 $p$ 的倍数.特别当 $p = 2$ 时,可以知道,满足 ⑤ 的正整数 $x^*$,$y^*$ 都是奇数,当 $p = 2$ 时,方程 ⑤ 变为

$$x^{*2} + y^{*2} = 2^{z^*} \quad ⑥$$

由于 $x^*$,$y^*$ 都是奇数,则

$$x^{*2} \equiv 1 \pmod 4, y^{*2} \equiv 1 \pmod 4 \quad ⑦$$

因而

$$x^{*2} + y^{*2} \equiv 2 \pmod 4 \quad ⑧$$

由 ⑥ 和 ⑧ 立即可以知道

$$z^* = 1 \quad ⑨$$

将 ⑨ 代入 ⑥,有

$$x^* = 1, y^* = 1 \quad ⑩$$

那么,利用 ② 和 ⑩,有(注意 $p = 2$)

$$x = 2^k, y = 2^k \quad ⑪$$

将它代入题目中的方程(注意 $p = 2$),有

$$2^z = x^2 + y^2 = 2^{2k} + 2^{2k} = 2^{2k+1} \quad ⑫$$

于是

$$z = 2k + 1 \quad ⑬$$

当质数 $p > 2$,即 $p$ 为奇质数时,这时 $x^{*p} + y^{*p}$ 是 $x^* + y^*$ 的倍数,再利用方程 ⑤,可知 $x^* + y^*$ 是 $p^{z^*}$ 的因数,即存在正整数 $t^*$,使得

$$x^* + y^* = p^{t^*} \quad ⑭$$

由于 $p \geqslant 3$,由上式,$x^* + y^* \geqslant 3$,于是

$$x^{*p} + y^{*p} > x^* + y^* \quad ⑮$$

利用 ⑤,⑭ 和 ⑮,有

$$1 \leqslant t^* \leqslant z^* - 1 \quad ⑯$$

将 ⑭ 代入 ⑤,得

$$x^{*p} + (p^{t^*} - x^*)^p = p^{z^*} \quad ⑰$$

展开上式左端第二项,并注意到 $p$ 是奇数,由 ⑰,有

$$p^{pt^*} - C_p^1 p^{(p-1)t^*} x^* + \cdots - C_p^{p-2} p^{2t^*} x^{*p-2} + C_p^1 p^{t^*} x^{*p-1} = p^{z^*} \quad ⑱$$

因为 $p$ 是奇质数,则 $C_p^j (j = 1, 2, \cdots, p-2)$ 都是 $p$ 的倍数.式 ⑱ 左端除了最后一项外,其余各项都是 $p^{2t^*+1}$ 的倍数,而 ⑱ 左端最后一项只是 $p^{t^*+1}$ 的倍数(注意 $x^*$ 不是 $p$ 的倍数).因此,$p^{z^*}$ 一定是

心得 体会 拓广 疑问

$p^{t^*+1}$ 的倍数,但肯定不是 $p^{t^*+2}$ 的倍数. 因此必定有

$$z^* = t^* + 1 \quad ⑲$$

将 ⑲ 代入 ⑭,有

$$x^* + y^* = p^{z^*-1} \quad ⑳$$

由式 ⑤ 和 ⑳,得

$$x^{*p} + y^{*p} = p(x^* + y^*) \quad ㉑$$

当正整数 $u \geqslant 2$ 时,用数学归纳法极容易证明:对于任何大于等于 3 的正整数 $n$,有

$$u^{n-1} > n \quad ㉒$$

(当 $n = 3$ 时,$u^2 \geqslant 4 > 3$,假设对某个正整数 $n \geqslant 3$,㉒ 成立,则 $u^n = u \cdot u^{n-1} > un \geqslant 2n > n + 1$.)

利用不等式 ㉒,当 $x^* \geqslant 2$ 和 $y^* \geqslant 2$ 时,有

$$x^{*p} + y^{*p} = x^* \cdot x^{*p-1} + y^* \cdot y^{*p-1} > p(x^* + y^*) \quad ㉓$$

不等式 ㉓ 与等式 ㉑ 是矛盾的. 因此,$x^*$ 和 $y^*$ 两个正整数中至少有一个是1. 由于方程 ㉑ 关于 $x^*$,$y^*$ 是对称的. 不妨设 $x^* = 1$. 利用 ⑳ 和 ㉑,有

$$y^* = p^{z^*-1} - 1 \quad ㉔$$

$$y^{*p} - py^* = p - 1 \quad ㉕$$

从式 ㉕ 可以知道 $y^*$ 是 $p - 1$ 的一个医子,再利用式 ㉔,必有

$$z^* - 1 = 1 \quad ㉖$$

由式 ㉖ 与 ㉔,有

$$z^* = 2, y^* = p - 1 \quad ㉗$$

将 ㉗ 第二式代入 ㉕,有

$$(p-1)^p = p(p-1) + (p-1) = p^2 - 1 \quad ㉘$$

由于 $p$ 是奇质数,从上式,有

$$(p-1)^{p-1} = p + 1 \quad ㉙$$

当 $p > 3$ 时,很容易证明

$$(p-1)^{p-1} > p + 1 \quad ㉚$$

对正整数 $p(p > 3)$ 用数学归纳法,在证明不等式 ㉚ 时放宽条件,使得 $p$ 为任意大于3 的正整数. 当 $p = 4$ 时,利用 $3^3 > 5$,则不等式 ㉚ 对 $p = 4$ 成立. 设不等式 ㉚ 对某个正整数 $p(p \geqslant 4)$ 成立. 考虑 $p + 1$ 的情况

$$p^p = p^{p-1} \cdot p > (p-1)^{p-1} p >$$

$$(p+1)p \quad (\text{利用归纳法假设}) > p + 2 \quad ㉛$$

所以不等式 ㉚ 对任意正整数 $p \geqslant 4$ 成立,于是由 ㉙ 和 ㉚,满足 ㉙ 的奇质数 $p$ 必等于3. 再利用 ㉗ 第二式,有 $y^* = 2$,因此由式 ② 和 ④,有

$$x = 3^k, y = 2 \cdot 3^k, z = 2 + 3k \quad ㉜$$

心得 体会 拓广 疑问

由于 $x^*, y^*$ 的对称性,即 $x, y$ 的对称性有

$$x = 2 \cdot 3^k, y = 3^k, z = 2 + 3k \quad ㉝$$

也是满足题目条件的解.

由 ⑪,⑬,㉜ 和 ㉝,本题的所有解为

$$\begin{cases} x = 2^k \\ y = 2^k \\ z = 2k + 1 \\ p = 2 \end{cases}, \quad \begin{cases} x = 3^k \\ y = 2 \cdot 3^k \\ z = 2 + 3k \\ p = 3 \end{cases}, \quad \begin{cases} x = 2 \cdot 3^k \\ y = 3^k \\ z = 2 + 3k \\ p = 3 \end{cases} \quad ㉞$$

6.2.59 不定方程

$$3y(y+1)(y+2)(y+3) = 4x(x+1)(x+2)(x+3)$$

仅有正整数解 $x = 12, y = 13$.

**证明** 令 $X = 2x + 3, Y = 2y + 3$,则上式化为

$$\left(\frac{Y^2 - 5}{2}\right)^2 - 3\left(\frac{X^2 - 5}{4}\right)^2 = 1$$

由于 Pell 方程 $u^2 - 3v^2 = 1$ 的所有解可由

$$u + v\sqrt{3} = \varepsilon^n$$

表出,其中 $\varepsilon = 2 + \sqrt{3}$ 是基本解,$n$ 是任意整数. 由此可知 $u, v$ 均是 $n$ 的函数,记 $u = U_n, v = V_n$,则上式即

$$U_n + V_n\sqrt{3} = \varepsilon^n \quad ①$$

若有解,则必有

$$\frac{Y^2 - 5}{2} = U_n, \frac{X^2 - 5}{4} = V_n$$

即

$$Y^2 = 2U_n + 5, X^2 = 4V_n + 5$$

若令 $\bar{\varepsilon} = 2 - \sqrt{3}$,则由 ① 有 $U_n - V_n\sqrt{3} = \bar{\varepsilon}^n$,从而有

$$U_n = \frac{\varepsilon^n + \bar{\varepsilon}^n}{2}, V_n = \frac{\varepsilon^n - \bar{\varepsilon}^n}{2\sqrt{3}}$$

由此可证 $U_n, V_n$ 均是递推序列,且有

$$U_{-n} = U_n, V_{-n} = -V_n \quad ②$$

$$U_{m+n} = U_m U_n + 3V_n V_m \quad ③$$

$$V_{m+n} = V_m U_n + V_n U_m \quad ④$$

$$U_{2n} = 6V_n^2 + 1 = 2U_n^2 - 1, V_{2n} = 2V_n U_n \quad ⑤$$

$$U_{3n} = U_n(4U_n^2 - 3), V_{3n} = V_n(4U_n^2 - 1) \quad ⑥$$

$$U_{5n} = U_n(16U_n^4 - 20U_n^2 + 5) \quad ⑦$$

$$V_{5v} = V_n(16U_n^4 - 2U_n^2 + 1) \quad ⑧$$

$$U_{15n} = U_{5n}(4U_n^2 - 3)(256U_n^8 - 448U_n^6 + 224U_n^4 - 32U_n^2 + 1) \quad ⑨$$

心得 体会 拓广 疑问

$$U_{n+2kr} \equiv \begin{cases}(-1)^k U_n(\bmod U_r) \\ U_n(\bmod r)\end{cases}, \quad V_{n+2kr} \equiv \begin{cases}(-1)^k V_n(\bmod U_r) \\ V_n(\bmod V_r)\end{cases}$$

⑩

证明中还需使用表 3.

**表 3**

| $n$ | 0 | 1 | 2 | 3 | 5 | 7 | 9 | 11 | 15 | 17 | 18 |
|---|---|---|---|---|---|---|---|---|---|---|---|
| $U_n$ | 1 | 2 | 7 | 26 | 362 | 5 042 | 70 226 | 978 122 | 189 750 626 | 2 642 885 282 | 9 863 382 151 |
| $V_n$ | 0 | 1 | 4 | 15 | 209 | 2 911 | 40 545 | 564 719 | 109 552 575 | 1 525 870 529 | 5 694 626 340 |

1. 设 $n = 0(\bmod 2)$.

(1) 若 $n \equiv (\bmod 4)$,即 $n = 4k$,则由 ⑩ 得

$$V_n = V_{2\cdot k\cdot 2} \equiv (-1)^k \cdot V_0 \equiv 0(\bmod U_2)$$

于是

$$X^2 = 4V_n + 5 \equiv 5(\bmod 7)$$

但由$\left(\frac{5}{7}\right) =- 1$ 知,此时方程无解.

(2) 若 $n \equiv 2(\bmod 4)$,即 $n = 4k + 2$,则

$$U_n = U_{2+4k} \equiv (-1)^k U_2 \equiv 0(\bmod U_2)$$

从而

$$Y^2 = 2U_n + 5 \equiv 5(\bmod 7)$$

仿(1) 可知,此时方程无解.

2. 设 $n \equiv 1(\bmod 2)$.

(1) $n = 6k + 3$ 时,因为

$$U_n \equiv (-1)^k U_3 \equiv 0(\bmod U_3)$$

所以

$$2U_n + 5 \equiv 5(\bmod 13)$$

由$\left(\frac{5}{13}\right) =- 1$ 知,此时方程无解.

(2) $n = 10k \pm 3$ 时,$U_{10k\pm 3} \equiv (-1)^k U_3 \equiv \pm 26(\bmod U_5)$,于是由 $181 \mid U_5$ 得

$$2U_n + 5 \equiv -45,57(\bmod 181)$$

由

$$\left(\frac{-47}{181}\right) = \left(\frac{57}{181}\right) =- 1$$

知,此时方程无解.

(3) $n = 30k + 11$ 时,若 $k \equiv 0(\bmod 2)$,则 $V_n \equiv V_1(\bmod U_{15})$,由 $40\ 321 \mid U_{15}$ 知

$$4V_n + 5 \equiv 5 \cdot 181(\bmod 40\ 321)$$

由$\left(\frac{5\cdot 181}{40\ 321}\right)=-1$知,此时方程无解;若$k\equiv 1(\bmod 2)$,则

$$U_n\equiv -U_{11}\equiv -10\ 418(\bmod 40\ 321)$$

从而

$$2U_n+5\equiv -20\ 831(\bmod 40\ 321)$$

由$\left(\frac{-20\ 831}{40\ 321}\right)=-1$知,此时方程无解.

(4)$n=30k-11$时,$V_n\equiv V_{-11}\equiv -V_{11}(\bmod V_{15})$,由$29\mid V_{15}$得

$$4V_n+5\equiv -3(\bmod 29)$$

由$\left(\frac{-3}{29}\right)=-1$知,此时方程无解.

(5)$n=30k+5$且$k\equiv 1(\bmod 2)$时,由

$$V_n\equiv -V_5(\bmod U_{15}),18\mid U_{15}$$

得

$$V_n\equiv -V_5(\bmod 181),4V_n+5\equiv -831(\bmod 181)$$

由$\left(\frac{-831}{181}\right)=-1$知,此时方程无解.由此易知,$n=30k-5$且$k\equiv 0(\bmod 2)$时,方程无解.

(6)$n=30k-5$且$k\equiv 1(\bmod 2)$时,由

$$V_n\equiv -V_5(\bmod V_{15}),29\mid V_{15}$$

得

$$V_n\equiv -209(\bmod 29),4V_n+5\equiv -831(\bmod 181)$$

由$\left(\frac{-831}{29}\right)=-1$知,此时方程无解.

(7)$n=30k\pm 1$且$k>0$时,记

$$n=\pm 1+3\cdot 2^l\cdot(2l+1),l\geqslant 1$$

则由②,③,⑥,⑩有

$$U_n=U_{\pm 1+3\cdot 2^l+2l\cdot 3\cdot 2^l}\equiv(-1)^lU_{\pm 1+3\cdot 2^l}\equiv \pm 3V_{3\cdot 2^l}\equiv$$
$$\pm 3V_{2^l}(4U_{2^l}^2-1)(\bmod U_{3\cdot 2^l})$$

从而

$$U_n\equiv 3V_{2^l}(4U_{2^l}^2-1)(\bmod 4U_{2^l}^2-3)$$

即

$$U_n\equiv \pm 6V_{2^l}(\bmod 12V_{2^l}^2+1)$$

于是

$$2U_n+5\equiv \pm 12V_{2^l}+5(\bmod 12V_{2^l}^2+1)$$

若方程有解,则必有某个$l$使

$$\left(\frac{\pm 12V_{2^l}+5}{12V_{2^l}^2+1}\right)=\left(\frac{12V_{2^l}^2+1}{12V_{2^l}\pm 5}\right)=\left(\frac{12}{12V_{2^l}\pm 5}\right)\left(\frac{(12V_{2^l})^2+12}{12V_{2^l}\pm 5}\right)=$$

心得 体会 拓广 疑问

$$\left(\frac{3}{12V_{2^l}\pm 5}\right)\left(\frac{37}{12V_{2^l}\pm 5}\right)=-\left(\frac{12V_{2^l}\pm 5}{37}\right)=1$$

若记 $n=\pm 1+3\cdot(5\cdot 2^l)(2l'+1)$,同理可推出方程有解时,必有某个 $l$ 使 $-\left(\frac{12V_{5\cdot 2^l}\pm 5}{37}\right)=1$. 由于 $l$ 与 $l'$ 的奇偶性相同,故方程有解时,必有某个 $l$ 使得

$$-\left(\frac{12V_{2^l}+5}{37}\right)=-\left(\frac{12V_{5\cdot 2^l}+5}{37}\right)=1 \quad ⑪$$

或者

$$-\left(\frac{12V_{2^l}-5}{37}\right)=-\left(\frac{12V_{5\cdot 2^l}-5}{37}\right)=1 \quad ⑫$$

设

$$U_{2^l}\equiv r_1(l)\pmod{37}$$
$$V_{2^l}\equiv r_2(l)\pmod{37}$$
$$V_{5\cdot 2^l}\equiv r_3(l)\pmod{37}$$

由 ⑤,⑦,⑧,$l\geqslant 2$ 时有

$$r_1(l+3)=r_1(l),r_2(l+6)=r_2(l),r_3(l+6)=r_3(l)$$

由此可得下面的表4,表4表明 ⑪,⑫ 均不成立.

**表4**

| $l$ | 1 | 2 | 3 | 4 | 5 | 6 | 7 |
|---|---|---|---|---|---|---|---|
| $r_1(l)$ | 7 | 23 | 21 | −7 | 23 | 21 | −7 |
| $r_2(l)$ | 4 | 19 | 23 | 4 | 18 | 14 | 33 |
| $r_3(l)$ | 23 | 33 | 19 | 23 | 4 | 18 | 14 |
| $-\left(\frac{12V_{2^l}+5}{37}\right)$ | −1 | −1 | +1 | −1 | −1 | −1 | +1 |
| $-\left(\frac{12V_{5\cdot 2^l}+5}{37}\right)$ | −1 | +1 | −1 | +1 | −1 | −1 | −1 |
| $-\left(\frac{12V_{2^l}-5}{37}\right)$ | +1 | −1 | −1 | +1 | −1 | +1 | −1 |
| $-\left(\frac{12V_{5\cdot 2^l}-5}{37}\right)$ | −1 | −1 | −1 | −1 | −1 | −1 | +1 |

(8) $n=60k+5$ 且 $k>0$ 时.

(1) 若 $k=3l+1$,即 $n=-7+18(10l+4)$,则

$$U_n\equiv U_{-7}\equiv U_7\equiv 5\ 042\pmod{U_9}$$

由 $73\mid U_9$ 得 $2U_n+5\equiv 9\cdot 1\ 121\pmod{73}$. 但 $\left(\frac{1\ 121}{73}\right)=-1$,故此时方程无解.

心得 体会 拓广 疑问

(2) 若 $k=3l+2$,即 $n=17+2\cdot 18(5l+3)$,再分下面两种情形考虑:

①$l\equiv 1(\bmod 2)$ 时,由 $V_n\equiv V_{17}(\bmod U_{18})$,$7\ 300\ 801\mid U_{18}$ 知

$$4V_n+5\equiv 4\cdot V_{17}+5\equiv 5\cdot 11\cdot 227(\bmod 7\ 300\ 801)$$

由于$\left(\frac{5\cdot 11\cdot 227}{7\ 300\ 801}\right)=-1$,故此时方程无解.

②$l\equiv 0(\bmod 2)$ 时,由 $U_n\equiv -U_{17}(\bmod U_{18})$ 可得

$$2U_n+5\equiv -2\cdot U_{17}+5\equiv 5\cdot 1\ 873(\bmod 7\ 300\ 801)$$

但$\left(\frac{5\cdot 1\ 873}{7\ 300\ 801}\right)=-1$,故此时方程无解.

(3) 若 $k=3l$,记

$$n=5+2\cdot 3^2\cdot 5\cdot 2^l(2l+1),l\geqslant 1$$

则由 $V_n\equiv -V_5(\bmod U_{3^2\cdot 5\cdot 2^l})$ 得

$$4V_n+5\equiv -3\cdot 277(\bmod U_{3^2\cdot 5\cdot 2^l})$$

于是由 ⑥,⑦,⑧,⑨ 知,若方程有解,则必有某个 $l$,使得

$$\left(\frac{-3.277}{U_{2^l}}\right)=\left(\frac{-3.277}{4U_{2^l}^2-3}\right)=\left(\frac{-3.277}{16U_{2^l}^4-20U_{2^l}^2+5}\right)=\left(\frac{-3.277}{4U_{3\cdot 2^l}^2-3}\right)=1$$

即

$$\left(\frac{U_{2^l}}{277}\right)=\left(\frac{4U_{2^l}^2-3}{277}\right)=\left(\frac{16U_{2^l}^4-20U_{2^l}^2+5}{277}\right)=\left(\frac{4U_{3\cdot 2^l}^2-3}{277}\right)=1 \quad ⑬$$

设 $U_{2^l}\equiv r(l)(\bmod 277)$,则 $l>1$ 时有 $r(l+11)=r(l)$. 记

$$f_1(l)=4U_{2^l}^2-3,f_2(l)=16U_{2^l}^4-20U_{3\cdot 2^l}^2+5$$

$$f_3(l)=4U_{3\cdot 2^l}^2-3$$

则下面的表 5 表明式 ⑬ 不能成立.

**表 5**

| $l$ | 1 | 2 | 3 | 4 | 5 | 6 | 7 | 8 | 9 | 10 | 11 | 12 |
|---|---|---|---|---|---|---|---|---|---|---|---|---|
| $r(l)$ | 7 | 97 | -19 | -110 | 100 | 55 | -44 | -106 | 34 | 95 | 44 | -7 |
| $\left(\frac{U_{2^l}}{277}\right)$ | 1 | 1 | 1 | 1 | 1 | 1 | -1 | 1 | 1 | -1 | -1 | 1 |
| $\left(\frac{f_1(l)}{277}\right)$ | 1 | 1 | -1 | -1 | -1 | 1 |  | 1 | 1 |  |  | 1 |
| $\left(\frac{f_2(l)}{277}\right)$ | -1 | -1 |  |  |  | 1 |  | 1 | -1 |  |  | -1 |
| $\left(\frac{f_3(l)}{277}\right)$ |  |  |  |  |  | -1 |  | -1 |  |  |  |  |

(9) $n=\pm 1$ 时,由 $U_{\pm 1}=2,V_1=1,V_{-1}=-1$ 及 $X^2=4V_n+5$,$Y^2=2U_n+5,X=2x+3,Y=2y+3$,解得 $x=y=0;x=y=-3;x=0,y=-3;x=-3,y=0;x=-1,y=0;x=-1,y=-3;x=-2,y=0;x=-2,y=-3$,故此时方程无正整数解.

心得 体会 拓广 疑问

(10) $n=5$ 时解得 $x=12, y=13$; $x=12, y=-16$; $x=-15, y=13$; $x=-15, y=-16$. 此外,令方程两端为零可得方程的十六组整数解: $x=i, y=j, i, j=0, -1, -2, -3$(其中包含了 $n=\pm 1$ 时所得的八组解). 由此可知方程仅有一组正整数解 $x=12, y=13$.

6.2.60 $x, y$ 是正整数, $y>3$, 且
$$x^2+y^4=2[(x-6)^2+(y+1)^2]$$
求证: $x^2+y^4=1\ 994$.

**证明** 由题设
$$x^2+y^4-2(x^2-12x+36)-2(y^2+2y+1)=0 \quad ①$$
化简上式,有
$$(y^2-1)^2-(x-12)^2=4y-69 \quad ②$$
于是
$$[(y^2-1)+(x-12)][(y^2-1)-(x-12)]=4y-69 \quad ③$$
即
$$(y^2+x-13)(y^2-x+11)=4y-69 \quad ④$$
如果 $4y>69$, 由于 $y$ 是一个正整数, 则 $y\geqslant 18$, 又 $x$ 也是一个正整数, 可知
$$(y^2+x-13)-(4y-69)>y^2-4y+56=(y-2)^2+52\geqslant 52 \quad ⑤$$
由于 $4y-69>0$, 利用 ④ 可知 $y^2-x+11$ 是一个非零整数, 其绝对值大于等于1. 式 ④ 两端取绝对值, 应当有
$$4y-69\geqslant |y^2+x-13|>(4y-60)+52 \quad ⑥$$
式 ⑥ 显然是不成立的, 因而
$$4y\leqslant 69 \quad ⑦$$
又 $y$ 是一个正整数, 由题设及 ⑦, 有
$$3<y\leqslant 17 \quad ⑧$$
由题设可知, 方程右端是一个偶数, 故方程左端也必为偶数, 如果 $y$ 是一偶数, 则 $x$ 也为偶数, 那么 $x^2+y^4$ 必是4的倍数. 但是, 当 $x$, $y$ 都是偶数时, $(x-6)^2+(y+1)^2$ 为奇数, 矛盾. 所以 $y$ 必为奇数. 由于 $y>3$, 则奇数 $y\geqslant 5$, 且
$$y^2+x-13>12 \quad (x\in \mathbf{N}) \quad ⑨$$
由 ④, ⑧ 和 ⑨, 可知 $|y^2-x+11|$ 是一个正整数, 且
$$69-4y>y^2+x-13>y^2-13 \quad ⑩$$
所以
$$y^2+4y<82 \quad ⑪$$
由于 $y\geqslant 5$, 由 ⑪ 有

$$y^2 < 62 \tag{12}$$

由于 $y$ 为正整数,故

$$y \leqslant 7 \tag{13}$$

由于 $y$ 为奇数,则 $y$ 只可能取5,7两个值,当 $y=7$ 时,根据④有

$$(x+36)(60-x)=-41 \tag{14}$$

$$(x+36)(x-60)=41 \tag{15}$$

$x$ 为正整数,从上式可以知道,$x>60$,这显然不可能,即方程⑮无正整数解. 因此唯一可能是

$$y=5 \tag{16}$$

将⑯代入④,有

$$(x+12)(36-x)=-49 \tag{17}$$

方程⑰有两个解

$$x=37, x=-13(\text{舍去}) \tag{18}$$

因此,满足本题条件的正整数组解是

$$x=37, y=5 \tag{19}$$

这时

$$x^2+y^4=37^2+5^4=1\ 994 \tag{20}$$

6.2.61　对任何整数 $k$,求证:方程 $y^2-k=x^3$ 不可能同时有下述5组整数解 $(x_1,y_1)$,$(x_2,y_1-1)$,$(x_3,y_1-2)$,$(x_4,y_1-3)$ 和 $(x_5,y_1-4)$. 如果上述方程有下列4组整数解 $(x_1,y_1)$,$(x_2,y_1-1)$,$(x_3,y_1-2)$ 和 $(x_4,y_1-3)$,求证

$$k \equiv 17 \pmod{63}$$

**证明**　对第一个结论用反证法,如果方程

$$y^2-k=x^3 \tag{1}$$

有题目中给定的5组整数解,那么

$$x_1^3+k=y_1^2 \tag{2}$$

$$x_2^3+k=(y_1-1)^2 \tag{3}$$

$$x_3^3+k=(y_1-2)^2 \tag{4}$$

$$x_4^3+k=(y_1-3)^2 \tag{5}$$

$$x_5^3+k=(y_1-4)^2 \tag{6}$$

② - ③,有

$$x_1^3-x_2^3=2y_1-1 \tag{7}$$

③ - ④,有

$$x_2^3-x_3^3=2y_1-3 \tag{8}$$

④ - ⑤,有

$$x_3^3-x_4^3=2y_1-5 \tag{9}$$

心得 体会 拓广 疑问

⑤ - ⑥,有

$$x_4^3 - x_5^3 = 2y_1 - 7 \quad ⑩$$

⑦ - ⑧,有

$$x_1^3 - 2x_2^3 + x_3^3 = 2 \quad ⑪$$

⑧ - ⑨,有

$$x_2^3 - 2x_2^3 + x_4^3 = 2 \quad ⑫$$

⑨ - ⑩,有

$$x_3^3 - 2x_1^3 + x_5^3 = 2 \quad ⑬$$

由于每个整数 $x$ 必为 $3k,3k+1,3k-1$ 之一,这里 $k$ 是某个整数,利用

$$(3k+1)^3 = (3k)^3 + 3(3k)^2 + 3(3k) + 1 \equiv 1 \pmod 9 \quad ⑭$$

$$(3k-1)^3 = (3k)^3 - 3(3k)^2 + 3(3k) - 1 \equiv -1 \pmod 9 \quad ⑮$$

$$(3k)^3 \equiv 0 \pmod 9 \quad ⑯$$

因而对于任意整数 $x$,有

$$x^3 \equiv 0,1 \quad 或 \quad -1 \pmod 9 \quad ⑰$$

利用 ⑪ 和 ⑰,关于 $x_1,x_2,x_3$ 只有下述 4 种情况:

(1) $x_1^3 \equiv 1, x_2^3 \equiv 0, x_3^3 \equiv 1 \pmod 9$;

(2) $x_1^3 \equiv 1, x_2^3 \equiv -1, x_3^3 \equiv -1 \pmod 9$;

(3) $x_1^3 \equiv 0, x_2^3 \equiv -1, x_3^3 \equiv 0 \pmod 9$;

(4) $x_1^3 \equiv -1, x_2^3 \equiv -1, x_3^3 \equiv 1 \pmod 9$. ⑱

利用 ⑫ 和 ⑰,关于 $x_2,x_3,x_4$ 也只有类似 4 种情况:

(5) $x_2^3 \equiv 1, x_3^3 \equiv 0, x_4^3 \equiv 1 \pmod 9$;

(6) $x_2^3 \equiv 1, x_3^3 \equiv -1, x_4^3 \equiv -1 \pmod 9$;

(7) $x_2^3 \equiv 0, x_3^3 \equiv -1, x_4^3 \equiv 0 \pmod 9$;

(8) $x_2^3 \equiv -1, x_3^3 \equiv -1, x_4^3 \equiv 1 \pmod 9$. ⑲

比较 ⑱ 和 ⑲,只有第 ② 和 ⑧ 种情况才有公共解. 因此,必有

$$x_1^3 \equiv 1, x_2^3 \equiv -1, x_3^3 \equiv -1, x_4^3 \equiv 1 \pmod 9 \quad ⑳$$

比较公式 ⑬ 和 ⑰,关于 $x_3,x_4$ 和 $x_5$ 的全部可能的值是:

(9) $x_3^3 \equiv 1, x_4^3 \equiv 0, x_5^3 \equiv 1 \pmod 9$;

(10) $x_3^3 \equiv 1, x_4^3 \equiv -1, x_5^3 \equiv -1 \pmod 9$;

(11) $x_3^3 \equiv 0, x_4^3 \equiv -1, x_5^3 \equiv 0 \pmod 9$;

(12) $x_3^3 \equiv -1, x_4^3 \equiv -1, x_5^3 \equiv 1 \pmod 9$. ㉑

公式 ⑳ 和 ㉑ 无公共解,所以本题第一个结论成立.

如果方程 ① 有 4 组整数解 $(x_1,y_1),(x_2,y_1-1),(x_3,y_1-2)$ 和 $(x_4,y_1-3)$,那么,上述公式 ⑱,⑲ 和 ⑳ 还是正确的.

由于一个整数 $x$ 除以 7,余数只能是 0,1,2,3,4,5,6 之一,而

$$2^3 \equiv 1 \pmod 7, 3^3 \equiv -1 \pmod 7$$

$$4^3 \equiv 1 \pmod 7, 5^3 \equiv -1 \pmod 7$$

心得 体会 拓广 疑问

$$6^3 \equiv -1 \pmod 7 \quad ㉒$$

所以,对于任意整数 $x$,有

$$x^3 \equiv 0,1 \quad 或 \quad -1 \pmod 7 \quad ㉓$$

由 ⑪,⑫ 和 ㉓,公式 ⑱,⑲ 和 ⑳ 还是正确的,只不过将 mod 9 改写为 mod 7 而已,换句话说,有

$$x_1^3 \equiv 1, x_2^3 \equiv -1, x_3^3 \equiv -1, x_4^3 \equiv 1 \pmod 7 \quad ㉔$$

由公式 ⑳ 和 ㉔,利用 9 与 7 互质,有

$$x_1^3 \equiv 1, x_2^3 \equiv -1, x_3^3 \equiv -1, x_4^3 \equiv 1 \pmod{63} \quad ㉕$$

利用公式 ⑦ 与 ㉕,有

$$2y_1 - 1 \equiv 2 \pmod{63} \quad ㉖$$

于是

$$y_1 \equiv 33 \pmod{63} \quad ㉗$$

由公式 ①,有

$$k = y_1^2 - x_1^2 \equiv 33^2 - 1 \pmod{63} \quad ㉘$$

由于 $33^2 - 1 = 17 \cdot 63 + 17$,则

$$k = 17 \pmod{63} \quad ㉙$$

6.2.62　求满足以下条件的正整数对 $(x,y)$:

(1) $x \leqslant y$;

(2) $\sqrt{x} + \sqrt{y} = \sqrt{1\ 992}$.

(澳大利亚数学通讯竞赛,1991 年)

**解**　因为 $\sqrt{1\ 992} = 2\sqrt{498}$,所以 $(x,y) = (498,498)$ 显然是方程的一组正整数解.

若 $(x,y)$ 是方程的一组正整数解,则由条件 $x \leqslant y$,有

$$x \leqslant 498$$

但由

$$\sqrt{x} + \sqrt{y} = \sqrt{1\ 992}$$

有

$$y = 1\ 992 + x - 2\sqrt{1\ 992x}$$

可知 $2\sqrt{1\ 992x} = 4\sqrt{498x}$ 是整数,因为

$$498 = 2 \cdot 3 \cdot 83$$

无平方因子,所以

$$x \geqslant 498$$

于是只能有

$$x = 498$$

即方程只有唯一一组正整数解 $(498,498)$.

心得 体会 拓广 疑问

6.2.63 求方程$\frac{x+y}{x^2-xy+y^2}=\frac{3}{7}$的所有整数解.

（第12届全俄数学奥林匹克,1986年）

**解法1** 由原方程得

$$7(x+y)=3(x^2-xy+y^2) \quad ①$$

设$x+y=p,x-y=q$,则

$$x=\frac{p+q}{2},y=\frac{p-q}{2},xy=\frac{p^2-q^2}{4}$$

代入式①可得

$$28p=3(p^2+3q^2) \quad ②$$

于是$p\geqslant 0$,且$p$是3的倍数.

设$p=3k(k\in\overline{\mathbf{Z}^-})$,代入②得

$$28k=3(3k^2+q^2) \quad ③$$

于是$k\geqslant 0$,且$k$是3的倍数.

设$k=3m(m\in\overline{\mathbf{Z}^-})$,代入③得

$$28m=27m^2+q^2$$

$$m(28-27m)=q^2\geqslant 0$$

于是$28-27m>0$,得

$$0\leqslant m<\frac{28}{27}$$

即$m=0$或1.

当$m=0$时,$k=0,p=0,q=0$,于是$x=y=0$,但$x=0,y=0$不满足方程.

当$m=1$时,$k=3,p=9,q=\pm 1$,从而方程有两组解

$$\begin{cases}x=5\\y=4\end{cases},\quad\begin{cases}x=4\\y=5\end{cases}$$

**解法2** 已知方程可化为

$$3x^2-3xy+3y^2-7x-7y=0$$

$$3x^2-(3y+7)x+3y^2-7y=0$$

这是关于$x$的二次方程,其有整数解的必要条件是

$$\Delta=(3y+7)^2-12(3y^2-7y)\geqslant 0$$

$$27y^2-126y-49\leqslant 0$$

$$\frac{21-14\sqrt{3}}{9}\leqslant y\leqslant\frac{21+14\sqrt{3}}{9}$$

于是满足此不等式的整数$y$只有

$$y=0,1,2,3,4,5$$

经验算:$y=0,1,2,3$ 时,$x$ 均不是整数.

所求的整数解为

$$\begin{cases}x=5\\y=4\end{cases},\quad\begin{cases}x=4\\y=5\end{cases}$$

6.2.64 设$f(z)=az^4+bz^3+cz^2+dz+e=a(z-r_1)(z-r_2)\cdot(z-r_3)(z-r_4)$,其中 $a,b,c,d,e$ 都是整数,$a\neq 0$. 证明:如果 $r_1+r_2$ 是有理数,且 $r_1+r_2\neq r_3+r_4$,那么 $r_1,r_2$ 为有理数.

**证明** 设 $r_1+r_2=x,r_3+r_4=y,r_1r_2=u,r_3r_4=v$,由韦达定理可知

$$x+y=-\frac{b}{a} \quad ①$$

$$xy+u+v=\frac{c}{a} \quad ②$$

$$xv+yu=-\frac{d}{a} \quad ③$$

结合条件 $x\in\mathbf{Q}$ 及 $a,b,c,d\in\mathbf{Z}$,可知

$$y=-\frac{b}{a}-x\in\mathbf{Q}$$

结合第②式知

$$u+v\in\mathbf{Q}$$

再由第③式知

$$(x-y)u=x(u+v)-(xv+yu)\in\mathbf{Q}$$

而 $x,y\in\mathbf{Q},x-y\neq 0$,故 $u\in\mathbf{Q}$.

6.2.65 设 $\mathbf{N}$ 为自然数集,对 $a\in\mathbf{N},b\in\mathbf{N}$,求出方程 $x^{a+b}+y=x^ay^b$ 的所有自然数解$(x,y)$.

(澳大利亚数学竞赛,1983 年)

**解** 由已知方程可得

$$y=x^ay^b-x^{a+b}=x^a(y^b-x^b) \quad ①$$

因此,$x^a$ 是 $y$ 的约数,令 $y=x^az$,其中 $z\in\mathbf{N}$.

将 $y=x^az$ 代入①得

$$z=x^{ab}z^b-x^b=x^b(x^{ab-b}z^b-1) \quad ②$$

因此,$x^b$ 是 $z$ 的约数,令 $z=x^bu$,其中 $u\in\mathbf{N}$.

将 $z=x^bu$ 代入②得

$$u=x^{ab-b}x^{b^2}u^b-1$$

心得 体会 拓广 疑问

$$1 = x^{ab+b^2-b}u^b - u$$

因此,$u$ 是1的约数,所以

$$u = 1$$

并且

$$x^{ab+b^2-b} = 2$$

从而

$$x = 2, ab + b^2 - b = 1$$

于是

$$a = 1, b = 1$$

由此得出

$$y = x^a x^b u = 4$$

因而,原方程仅对 $a = b = 1$ 时有自然数解

$$x = 2, y = 4$$

6.2.66 求证对任何整数 $k > 0$,方程 $a^2 + b^2 = c^k$ 恒有正整数解.

(前苏联大学生数学竞赛,1976年)

**证明** 对任何正整数 $u,v$,令

$$a = \frac{1}{2}|(u + vi)^k + (u - vi)^k|$$

$$b = \frac{1}{2}|(u + vi)^k - (u - vi)^k|$$

即 $a,b$ 分别是 $(u + vi)^k$ 的实部和虚部的绝对值.

因为对任何正整数 $k$, ±1, ±i的 $k$ 次方根的全体是有限的,所以可以适当选择 $u,v$,使得 $a$ 和 $b$ 都不等于0,从而 $a$ 和 $b$ 都是正整数. 这时

$$a^2 + b^2 = |(u + vi)^k|^2 = (|u + vi|^2)^k = (u^2 + v^2)^k$$

取 $c = u^2 + v^2$,则得到方程的一组正整数解.

6.2.67 设 $a$ 和 $n$ 是大于正整数 $b$ 的正整数,则如果 $a^n + b^n = c^n$,$c$ 便一定不是整数.

**证明** 因 $a^n + b^n = c^n$,故 $a < c$,而且

$$(a + 1)^n = a^n + na^{n-1} + \cdots$$

又 $b < n, b^{n-1} < a^{n-1}$,因此

$$a^n + b^n < (a + 1)^n \text{ 或 } c^n < (a + 1)^n$$

从而

$$a < c < a + 1$$

这样,由 $c$ 介于两相邻整数之间,知 $c$ 一定不是整数.

6.2.68　设 $p$ 为大于5的素数,则 $x^4+4^x=p$ 无整数解.

(匈牙利,1977年)

**证明**　证明如果对某个 $x\in\mathbf{Z}$,$f(x)=x^4+4^x$ 是整数,则此数要么不超过5,要么为合数. 事实上,如果 $x<0$,则 $f(x)$ 不是整数. 其次,当 $x=0$ 与 $x=1$ 时

$$f(0)=0^4+4^0<5, f(1)=1^4+4^1=5$$

如果 $x=2k,k\in\mathbf{N}^*$,则

$$f(x)=2^4k^4+4^{2k}=2^4(k^4+4^{2(k-1)})$$

为合数,如果 $x=2k+1,k\in\mathbf{N}^*$,则

$$\begin{aligned}f(x)=x^4+4\cdot4^{2k}&=(x^4+4x^2(2^k)^2+4(2^k)^4)-4x^2(2^k)^2=\\&(x^2+2(2^k)^2)^2-(2x\cdot2^k)^2=\\&(x^2+2x\cdot2^k+2(2^k)^2)(x^2-2x\cdot2^k+2(2^k)^2)=\\&((x+2^k)^2+2^{2k})((x-2^k)^2+2^{2k})\end{aligned}$$

也是合数,因为其中每个因子 $(x\pm2^k)^2+2^{2k}$ 都大于1. 于是如果 $p>5$ 为素数,则等式 $x^4+4^x=p$ 对任意 $x\in\mathbf{Z}$ 都不成立,即原方程没有整数解.

6.2.69　求方程 $x^{x+y}=(x+y)^y$ 的正有理数解.

(纽约,1981年)

**解**　设正数 $x,y\in\mathbf{Q}$ 满足方程. 下面证明,正数 $z=\frac{y}{x}\in\mathbf{Q}$ 是正整数. 由方程得到,$x^{x+xz}=(x+xz)^{xz}$,即

$$x^{1+z}=x^z(1+z)^z$$

因此 $x=(1+z)^z$. 记 $z=\frac{p}{q},x=\frac{m}{n}$,其中 $p,q,m,n\in\mathbf{N}^*$,且 $(p,q)=(m,n)=1$,则

$$\left(\frac{m}{n}\right)^q=\left(\frac{p+q}{q}\right)^p$$

即

$$m^qq^p=n^q(p+q)^p$$

因为 $(m^q,n^q)=1$,所以 $n^q\mid q^p$.

另一方面

$$((p+q)^p,q^p)=(p+q,q)^p=(p,q)^p=1$$

因此 $q^p\mid n^q$. 于是,$q^p=n^q$. 从而,如果 $q>1$,则在 $q^p$ 的素因子分解式中,每个素因子出现的次数既是 $p$ 的倍数,也是 $q$ 的倍数,因此

是 $pq$ 的倍数. 所以在 $q$ 的素因子分解式中,每个素因子的方幂是 $q$ 的倍数,因为对任意 $q \in \mathbf{N}^*$,均有 $q < 2^q$,故得矛盾. 这就证明 $q = 1$. 因此

$$x(1+z)^z, y = z(1+z)^z, z \in \mathbf{N}^*$$

经检验,上面得到的数对 $x, y \in \mathbf{N}^*$ 是原方程的解.

6.2.70 设 $n$ 为大于 2 的整数,则方程

$$x^n + (x+1)^n = (x+2)^n$$

没有正整数解.

(奥地利,1972 年)

**证明** 设 $x \in \mathbf{N}^*$ 满足 $n > 2$ 的方程. 记 $y = x + 1 \geqslant 2$,则有

$$(y-1)^n + y^n = (y+1)^n$$

由此得到

$$0 = (y+1)^n - y^n - (y-1)^n \equiv 1 - (-1)^n \pmod y$$

如果 $n$ 为奇数,则 $0 \equiv 2 \pmod y$,从而 $y = 2$,且 $0 = 3^n - 1 - 2^n > 0$,不可能. 因此 $n$ 为偶数. 其次,由 Newton 二项式定理,当 $n$ 为偶数时

$$(y \pm 1)^n \equiv \frac{n(n-1)}{2}y^2 \pm ny + 1 \pmod{y^3}$$

$$0 = (y+1)^n - y^n - (y-1)^n \equiv 2ny \pmod{y^3}$$

因此 $2n \equiv 0 \pmod{y^2}$,从而 $2n \geqslant y^2$. 原先关于 $y$ 的方程除以 $y$,得到

$$\left(1 + \frac{1}{y}\right)^n = 1 + \left(1 - \frac{1}{y}\right)^n < 2$$

另一方面,由 Bernoulli 不等式,有

$$\left(1 + \frac{1}{y}\right)^n > 1 + \frac{n}{y} = 1 + \frac{2n}{2y} \geqslant 1 + \frac{y^2}{2y} = 1 + \frac{y}{2} \geqslant 2$$

矛盾. 因此原方程无正整数解.

6.2.71 求所有满足等式 $k^2 + l^2 + m^2 = 2^n$ 的整数解 $(k, l, m, n)$.

**解** 显然,$n$ 是非负整数. 当 $k, l, m$ 都是 2 的倍数时,等式两边同时除以 2 的幂,使得 $k, l, m$ 不全是偶数. 因此,可以假设 $k, l, m$ 不全是偶数.

因完全平方数模 4 余 0 或 1,故 $k^2 + l^2 + m^2$ 模 4 余 1,2,3. 所以,$2^n$ 不能被 4 整除,$n$ 只能取 0 或 1.

当 $n = 0$ 时,$k^2 + l^2 + m^2 = 1$,此时解为 $(k, l, m) = (0,0,1)$ 或

心得 体会 拓广 疑问

这些数的置换.

当 $n=1$ 时,$k^2+l^2+m^2=2$,此时解为$(k,l,m)=(0,1,1)$或这些数的置换.

因此,原题的解是$(0,\pm 2^k,\pm 2^k)$或$(0,0,\pm 2^k)$或这些数的置换,前者 $n=2k+1$,后者 $n=2k,k\in\mathbf{N}$.

**6.2.72** 求所有使 $2^4+2^7+2^n$ 为完全平方数的正整数 $n$.

**解** 注意到

$$2^4+2^7=144=12^2$$

令 $144+2^n=m^2$,其中 $m$ 为正整数,则

$$2^n=m^2-144=(m-12)(m+12)$$

上式右边的每个因式必须为 2 的幂,设

$$m+12=2^p \tag{①}$$

$$m-12=2^q \tag{②}$$

其中 $p,q\in\mathbf{N},p+q=n,p>q$.

① - ② 得

$$2^q(2^{p-q}-1)=2^3\times 3$$

因为 $2^{p-q}-1$ 为奇数,$2^q$ 为 2 的幂,所以,等式仅有一个解,即 $q=3,p-q=2$. 因此,$p=5,q=3$.

故 $n=p+q=8$ 是使所给表达式为完全平方数的唯一正整数.

**6.2.73** 设 $n$ 是给定的正整数,求

$$\frac{1}{n}=\frac{1}{x}+\frac{1}{y}\quad(x\neq y) \tag{①}$$

的正整数解$(x,y)$的个数.

**证明** 由 ① 可知正整数解$(x,y)$满足 $x>n,y>n$,可令

$$x=n+r,y=n+s,r\neq s \tag{②}$$

把 ② 代入 ① 可得

$$\frac{1}{n}=\frac{1}{n+r}+\frac{1}{n+s}=\frac{2n+r+s}{(n+r)(n+s)}$$

故

$$n^2+(r+s)n+rs=2n^2+(r+s)n$$

得

$$n^2=rs$$

$n^2$ 的不同因数 $r$ 共有 $d(n^2)$ 个,但需剔除 $r=n$ 这种情况. 因此,① 的正整数解$(x,y)$的个数是 $d(n^2)-1$.

心得 体会 拓广 疑问

6.2.74 已知 $n$ 为正整数,试确定下列方程 $\frac{xy}{x+y}=n$ 中,有序正整数对 $(x,y)$ 的解的个数.

(第 21 届美国普特南数学竞赛,1960 年)

**解** 已知方程可化为

$$(x-n)(y-n)=n^2 \quad ①$$

显然,若 $0<x\leqslant n,0<y\leqslant n$ 时

$$|x-n||y-n|<n\cdot n=n^2$$

因此,此时无整数解.

于是,方程若有解,必满足

$$x>n,y>n$$

令 $n$ 的素因数标准分解式为 $n=\prod_{i=1}^{k}p_i^{\alpha_i}$,则

$$n^2=\prod_{i=1}^{k}p_i^{2\alpha_i}$$

式 ① 的整数解的个数等于 $n^2$ 分解成两有序因数的积的不同分法种数,这种数是

$$(2\alpha_1+1)(2\alpha_2+1)\cdots(2\alpha_k+1)$$

6.2.75 求出满足 $|12^m-5^n|=7$ 的全部正整数 $m,n$.

(加拿大数学奥林匹克训练题,1989 年)

**解** 若 $5^n-12^m=7$. 由于

$$5^n\equiv 1 \pmod 4$$
$$12^m\equiv 0 \pmod 4$$
$$7\equiv 3 \pmod 4$$

则

$$5^n-12^m\equiv 1 \pmod 4$$

从而 $5^n-12^m=7$ 不可能成立. 若

$$12^m-5^n=7$$

显然 $m=1,n=1$ 是它的一组解.

又若 $m>1$,则必有 $n>1$,反之由 $n>1$,则必有 $m>1$.

当 $m>1,n>1$ 时,考虑模 3. 有

$$12^m-5^n\equiv(-1)^{n+1} \pmod 3$$

又 $7\equiv 1(\bmod 3)$,所以为使 $12^m-5^n=7$ 成立,应有

$$(-1)^{n+1}\equiv 1 \pmod 3$$

因而 $n$ 为奇数,则有

$$12^m-5^n\equiv -5 \pmod 8$$

而 $7\equiv -1 \pmod 8$

于是有 $-5\equiv -1 \pmod 8$

这是不可能的.

从而 $12^m-5^n=7$ 没有大于 1 的正整数解 $m$ 和 $n$.

从而本题有 $m=1,n=1$ 唯一的解.

6.2.76 试求不定方程 $\frac{1}{x+1}+\frac{1}{y}+\frac{1}{(x+1)y}=\frac{1}{1\ 991}$ 的正整数解的组数.

(日本数学奥林匹克,1991 年)

**解** 已知方程可化为

$$1\ 991y+1\ 991(x+1)+1\ 991=(x+1)y$$

$$(x+1)y-1\ 991(x+1)-1\ 991y=1\ 991$$

$$(x+1)y-1\ 991(x+1)-1\ 991y+1\ 991^2=1\ 991+1\ 991^2$$

$$[(x+1)-1\ 991](y-1\ 991)=1\ 991\cdot 1\ 992$$

显然,已知方程的正整数解的个数等价于 $1\ 991\cdot 1\ 992$ 的正约数的个数,由于

$$1\ 991\cdot 1\ 992=2^3\cdot 3\cdot 11\cdot 83\cdot 181$$

所以 $1\ 991\cdot 1\ 992$ 有

$$(3+1)(1+1)(1+1)(1+1)(1+1)=64$$

个正约数,即已知方程有 64 组正整数解.

6.2.77 求方程 $3^x=2^xy+1$ 的正整数解.

**解** 将方程改写为

$$3^x-1=2^xy \qquad ①$$

这表明,如果 $(x,y)$ 是解,则 $x$ 不能超过 $3^x-1$ 的标准分解中因子 2 的指数. 记 $x=2^m(2n+1)$,其中 $m,n$ 是非负整数. 于是,可得

$$3^x-1=3^{2^m(2n+1)}-1=(3^{2n+1})^{2^m}-1=$$

$$(3^{2n+1}-1)\prod_{k=0}^{m-1}[(3^{2n+1})^{2^k}+1] \qquad ②$$

由于

$$3^{2n+1}=(1+2)^{2n+1}\equiv$$

$$[1+2(2n+1)+4n(2n+1)] \pmod 8\equiv$$

$$3 \pmod 8$$

则

$$(3^{2n+1})^{2^k}\equiv\begin{cases}3,当\ k=0\ 时\\1,当\ k=1,2,\cdots\ 时\end{cases} \pmod 8$$

因此,对于所求的指数,当 $m=0$ 时是1,当 $m=1,2,\cdots$ 时是 $m+2$. 由此可以断定,$x$ 不能超过 $m+2$.

由上面的分析可知,式②右端可表为

$$(8t+2)(8t+4)(8r_1+2)(8r_2+2)\cdots(8r_{m-1}+2)=$$
$$2^{m+2}(4t+1)(2t+1)(4r_1+1)(4r_2+1)\cdots(4r_{m-1}+1)=2^x y$$

故

$$2^m \leqslant 2^m(2n+1)=x \leqslant m+2$$

于是 $m \in \{0,1,2\}$ 且 $n=0$.

由此可以断定,所给方程的正整数解是

$$(x,y)=(1,1),(2,2),(4,5)$$

6.2.78 求证:方程 $\frac{1}{x}+\frac{1}{y}+\frac{1}{z}=\frac{1}{1\ 983}$ 只有有限多个正整数解.

(巴西,1983年)

**证明** 注意,原方程有解,例如 $x=y=z=3\times 1\ 983$ 即是一个解.现在证明,仅有有限多组数 $x,y,z\in \mathbf{N}^*$ 满足原方程,其中 $x\leqslant y\leqslant z$.事实上,设 $x,y,z\in \mathbf{N}^*$ 是原方程的解,$x\leqslant y\leqslant z$,则

$$0<\frac{1}{z}\leqslant\frac{1}{y}\leqslant\frac{1}{x}$$

$$\frac{1}{x}<\frac{1}{1\ 983}=\frac{1}{x}+\frac{1}{y}+\frac{1}{z}\leqslant\frac{3}{x}$$

由此得到,$1\ 983<x\leqslant 3\cdot 1\ 983$.因此 $x$ 可取的值至多有 $2\cdot 1\ 983$ 个,对 $x$ 的每个值,有

$$\frac{1}{1\ 983}-\frac{1}{x}=\frac{1}{y}+\frac{1}{z}\leqslant\frac{2}{y}$$

即

$$y\leqslant 2\cdot\frac{1\ 983x}{x-1\ 983}\leqslant 2^2\times 1\ 983^2$$

因此 $y$ 可取的值至多有 $2^2\times 1\ 983^2$ 个.最后,如果 $x$ 与 $y$ 的值都已给定,则 $z$ 由方程唯一确定.于是适合 $x\leqslant y\leqslant z$ 的解至多有 $2^3\times 1\ 983^3$ 个.从而原方程有理解的总数不超过 $6\times 2^3\times 1\ 983^3$ 个.

6.2.79 求所有的整数对 $(x,y)$,使得

$$1+2^x+2^{2x+1}=y^2$$

**解** 如果 $(x,y)$ 为解,则 $x\geqslant 0$,$(x,-y)$ 也是解.当 $x=0$ 时,有解 $(0,2)$,$(0,-2)$.

设 $(x,y)$ 为解,$x>0$,不失一般性,设 $y>0$.原方程等价于

$$2^x(1+2^{x+1})=(y-1)(y+1)$$

于是 $y-1$ 和 $y+1$ 为偶数,其中恰有一个被 4 整除,因此,$x\geqslant 3$,有一个因式被 $2^{x-1}$ 整除,不被 $2^x$ 整除. 于是 $y=2^{x-1}m+\varepsilon$,$m$ 为奇数,$\varepsilon=\pm 1$,代入原方程,有

$$2^x(1+2^{x+1})=(2^{x-1}m+\varepsilon)^2-1=2^{2x-2}m^2+2^x m\varepsilon$$

即

$$1+2^{x+1}=2^{x-2}m^2+m\varepsilon$$

从而

$$1-m\varepsilon=2^{x-2}(m^2-8)$$

当 $\varepsilon=1$ 时,$m^2-8\leqslant 0$,即 $m=1$,上式不成立.

当 $\varepsilon=-1$ 时,有

$$1+m=2^{x-2}(m^2-8)\geqslant 2(m^2-8)$$

推得 $2m^2-m-17\leqslant 0$,因此,$m\leqslant 3$. 另一方面,$m\neq 1$,由于 $m$ 为奇数,得到 $m=3$,从而 $x=4$,$y=23$.

故所有解为 $(0,2)$,$(0,-2)$,$(4,23)$,$(4,-23)$.

**6.2.80** 证明:存在绝对值都大于 1 000 000 的 4 个整数 $a,b,c,d$,满足

$$\frac{1}{a}+\frac{1}{b}+\frac{1}{c}+\frac{1}{d}=\frac{1}{abcd}$$

**证明** 对正整数 $n$,$n>1\ 000\ 000$. 下证,$-n$,$n+1$,$n(n+1)+1$,$n(n+1)(n(n+1)+1)+1$ 是解. 事实上,三次利用等式

$$\frac{1}{a}-\frac{1}{a+1}=\frac{1}{a(a+1)}$$

得到

$$-\frac{1}{n}+\frac{1}{n+1}+\frac{1}{n(n+1)+1}+\frac{1}{n(n+1)[n(n+1)+1]+1}=$$

$$-\frac{1}{n(n+1)}+\frac{1}{n(n+1)+1}+\frac{1}{n(n+1)[n(n+1)+1]+1}=$$

$$-\frac{1}{n(n+1)[n(n+1)+1]}+\frac{1}{n(n+1)[n(n+1)+1]+1}=$$

$$-\frac{1}{n(n+1)[n(n+1)+1]\{n(n+1)[n(n+1)+1]+1\}}$$

**6.2.81** 方程 $x^n+(2+x)^n+(2-x)^n=0$ 有有理数解,关于正整数 $n$ 的充分必要条件是什么?

(第 15 届美国普特南数学竞赛,1955 年)

**解** 充分必要条件是 $n=1$.

当 $n=1$ 时,方程

心得 体会 拓广 疑问

$$x^n+(2+x)^n+(2-x)^n=0 \quad ①$$

显然有有理数解

$$x=-4$$

下面证明 $n=1$ 也是必要的.

首先,因为 $x,2+x,2-x$ 不能同时为 0,故 $n$ 不能是偶数.

当 $n$ 是奇数时,设 $x=\frac{p}{q}$ 是方程 ① 的一个解,其中 $p,q$ 是互素的整数,则由 ① 得

$$p^n+(2q+p)^n+(2q-p)^n=0$$

$$p^n+2[(2q)^n+C_n^2(2q)^{n-2}p^2+\cdots+C_n^{n-1}(2q)p^{n-1}]=0$$

因为上式除第一项外,每一项都能被 $2q$ 整除,所以 $p^n$ 也能被 $2q$ 整除,因为 $p$ 和 $q$ 互素,则 $q=\pm 1$.

不妨设 $q=1$,否则同时改变 $p,q$ 的符号,$x$ 的值不变,由 $p^n$ 能被 $2q=2$ 整除可知 $p$ 是偶数,令 $p=2r$,代入 ① 得

$$(2r)^n+(2+2r)^n+(2-2r)^n=0$$

$$r^n+(1+r)^n+(1-r)^n=0 \quad ②$$

当 $n\geqslant 3$ 时,有

$$r^n+2(1+C_n^2r^2+C_n^4r^4+\cdots)=0$$

$$2=-r^n-2(C_n^2r^2+C_n^4r^4+\cdots)$$

所以 2 能被 $r^2$ 整除,从而 $r=\pm 1$,但 $r=\pm 1$ 时,不满足 ②,因而 $n\geqslant 3$ 不可能.

所以 $n$ 只可能取值 1.

**6.2.82** 求不定方程 $x^{x+y}=y^{y-x}$ 的所有正整数解.

**解** 设 $x=\prod_{i=1}^{k}p_i^{\alpha_i}$,$y=\prod_{i=1}^{k}p_i^{\beta_i}$,其中 $p_i$ 是互不相等的素数,$\alpha_i$,$\beta_i$ 为非负整数. 由于 $x^{x+y}=y^{y-x}$,所以

$$\prod_{i=1}^{k}p_i^{\alpha_i(x+y)}=\prod_{i=1}^{k}p_i^{\beta_i(y-x)}$$

因此 $\alpha_i(y+x)=\beta_i(y-x)$ 对所有 $1\leqslant i\leqslant k$ 都成立,所以 $\alpha_i<\beta_i$,因此 $x\mid y$. 令 $y=xc$,带入原式得到

$$x^{x(c+1)}=(xc)^{x(c-1)}\Rightarrow x^2=c^{c-1}$$

因此有以下两种情况:

①$c=t^2$ 为完全平方数,则

$$x=t^{t^2-1},y=t^{t^2+1}$$

容易检验的确都是原方程的解.

②$c-1=2s$,$s\geqslant 0$,则

$$x=(2s+1)^s,y=(2s+1)^{s+1}$$

心得 体会 拓广 疑问

也都是原方程的解.

6.2.83　求 $2^x+3^y=z^2$ 的正整数解.

**解**　首先容易发现 $z$ 是奇数,由于 $2^x\equiv z^2\equiv 0,1(\bmod 3)\Rightarrow x$ 为偶数,因此 $3^y\equiv z^2(\bmod 4)$,故 $y$ 也只能是偶数. 不妨设 $y=2a$,则有

$$2^x=(z-3^a)(z+3^a)$$

由于 $(z-3^a)(z+3^a)$ 同奇偶,所以它们都是偶数,而它们的最大公因子要整除 $2\cdot 3^a$,所以最大公因子只能是 2,这样只能有

$$(z-3^a)=2,(z+3^a)=2^{x-1}\Rightarrow 3^a+1=2^{x-2}$$

由于 $3^a\equiv 1,3,9,11(\bmod 16)$,因此 $3^a+1$ 不是 8 的倍数,所以 $x-2\leqslant 2$,由于 $x$ 是偶数,故只能有 $x=4$,从而

$$a=1,y=2,z=5$$

所以 $(4,2,5)$ 是唯一的正整数解.

6.2.84　求 $3^x-y^3=1$ 的所有非负整数解.

**解**　$x=y=0$ 显然是一组解. 以下假定 $x,y$ 是正整数,由于 $3^x=(y+1)(y^2-y+1)$,$(y+1)$,$(y^2-y+1)$ 都是 3 的幂,而

$$y^2-y+1=(y+1)(y-2)+3$$

它们最大公因数为 3,因此只能有

$$y+1=3 \text{ 或 } y^2-y+1=3$$

因此只能有 $y=2$,代入原式可得 $x=2$.

6.2.85　$p$ 是一个给定的奇素数,求 $p^x-y^p=1$ 的正整数解.

**解**　由于 $(y+1)\mid p^x$,故存在正整数 $n$ 使得 $y+1=p^n$,将 $y=p^n-1$ 带入原式可得

$$p^x=(p^n-1)^p+1$$

将右边展开易知

$$p^{n+1}\parallel (p^n-1)^p+1=p^x\Rightarrow x=n+1$$

代入展开式得到

$$0=p^{np}-p\cdot p^{n(p-1)}+C_p^2p^{n(p-2)}-\cdots C_p^{p-2}p^{2n}$$

如果 $p=3$,可得一组解 $x=2,y=2$;如果 $p\geqslant 5$,则 $p\parallel C_p^{p-2}$,因此除了最后一项外其他都是 $p^{2n+2}$ 的倍数,矛盾.

心得 体会 拓广 疑问

6.2.86 $m,z\geqslant 2$ 是整数,证明:$2^x-1=z^m$ 没有整数解.

**证明** 如果有整数解,肯定有 $x>2$,因此 $z^m\equiv 3\pmod 4\Rightarrow m$ 为奇数,所以

$$(z+1)\mid 2^x$$

所以存在正整数 $y$ 使得 $z=2^y-1$,带入原式得到

$$2^x-1=(2^y-1)^m=\sum_{k=0}^{m}(-1)^{m-k}C_m^k 2^{ky}$$

由于 $m$ 是奇数,得到

$$2^x\equiv m2^y\equiv 2^y\pmod{2^{2y}}\Rightarrow x=y$$

矛盾.

6.2.87 求 $5^x+12^y=z^2$ 的全部正整数解.

**解** 由于 $z^2\equiv 0,1,4\pmod 5$,所以 $y\geqslant 2$. 又由于 $z^2\equiv 5^x\pmod 3$,所以 $x$ 只能是偶数. 令 $x=2k$,代入原式我们得到

$$12^y=(z-5^k)(z+5^k)$$

故

$$z-5^k=2^\alpha 3^\beta,z+5^k=2^\gamma 3^\delta$$

其中 $\alpha+\gamma=2y,\beta+\delta=y$,因此

$$2\cdot 5^k=2^\gamma 3^\delta-2^\alpha 3^\beta$$

由于左边不是3,4的倍数,所以右边只能等于

$$2^{2y-1}-2\cdot 3^y \text{ 或 } 2\cdot 3^y-2^{2y-1}$$

① 若 $2\cdot 5^k=2^{2y-1}-2\cdot 3^y$,则 $5^k=4^{y-1}-3^y$,因此 $3^y\equiv -1\pmod 4$,所以 $y$ 为奇数,这样 $4^{y-1}-3^y\equiv 1-3^y\pmod 5$,$3^y\equiv 1\pmod 5$ 这是不可能成立的;

② 若 $2\cdot 5^k=2\cdot 3^y-2^{2y-1}$,则 $5^k=3^y-4^{y-1}$,而 $3\times\left(\frac{3}{4}\right)^4<1$,所以 $2\leqslant y\leqslant 3$,容易验证只能有 $(x,y,z)=(2,2,13)$ 是方程的解.

6.2.88 求 $1+2^x3^y=z^2$ 的全部正整数解.

(罗马尼亚)

**解** 由于 $2^x3^y=(z-1)(z+1)$,而 $(z-1,z+1)\leqslant 2$,只能有

$$z+1=2\cdot 3^y,z-1=2^{x-1}$$

或

心得 体会 拓广 疑问

$$z+1=2^{x-1}, z-1=2\cdot 3^{y} \quad ①$$

若 $z+1=2\cdot 3^{y}, z-1=2^{x-1}$,相减得到

$$2=2\cdot 3^{y}-2^{x-1}$$

因此 $3^{y}-2^{x-2}=1$. 当 $x=3$ 时,可以得到一组解 $y=1, z=5$;当 $x\geqslant 4$ 时,$3^{y}\equiv 1\pmod 4$,所以 $y$ 是偶数,令 $y=2y_1$ 得到

$$2^{x-2}=(3^{y_1}+1)(3^{y_1}-1)$$

右边两项最大公因子是2,因此只能有

$$3^{y_1}-1=2\Rightarrow y_1=1\Rightarrow y=2, x=5, z=17 \quad ②$$

若 $z+1=2^{x-1}, z-1=2\cdot 3^{y}$,相减得到

$$2^{x-2}-3^{y}=1$$

如果 $y=1$,可得 $x=4, z=7$;若 $y\geqslant 2$,则 $x-2\geqslant 4$ 一定要是偶数,不然的话 $2^{x-2}\equiv 2\pmod 3$ 矛盾. 令 $x-2=2k$,则

$$3^{y}=(2^{k}+1)(2^{k}-1)$$

而右边两项互素,只有 $k=1, x-2=2<4$,矛盾,因此共有(3,1,5),(5,2,17),(4,1,7) 三组解.

**6.2.89** 求 $5^{x}7^{y}+4=3^{z}$ 的全部非负整数解.

**解** 显然 $x,y$ 至少有一个非0,若 $x\geqslant 1$,则

$$3^{z}\equiv -1\pmod 5\Rightarrow z=4k+2$$

若 $y\geqslant 1$,则

$$3^{z}\equiv 4\pmod 7\Rightarrow z=6k+4$$

无论哪种情况都说明,$z$ 肯定是偶数,不妨设 $z=2a$,代入原式可得

$$5^{x}7^{y}=(3^{a}-2)(3^{a}+2)$$

$$(3^{a}-2,3^{a}+2)\mid 4\Rightarrow (3^{a}-2,3^{a}+2)=1$$

因此只有:

①$5^{x}=3^{a}-2, 7^{y}=3^{a}+2$,相减得 $7^{y}-5^{x}=4$. 若 $x=0\Rightarrow a=1\Rightarrow 7^{y}=5$ 矛盾. 故 $x\geqslant 1$,故

$$7^{y}\equiv 4\pmod 5\Rightarrow y=4k+2\Rightarrow 5^{x}=(7^{2k+1}-2)(7^{2k+1}+2)$$

$$(7^{2k+1}+2)-(7^{2k+1}-2)=4$$

两个都是5的幂,故

$$(7^{2k+1}+2)=5, (7^{2k+1}-2)=1$$

矛盾.

②$7^{y}=3^{a}-2, 5^{x}=3^{a}+2$,若 $y\geqslant 1$,相减得

$$5^{x}-7^{y}=4\Rightarrow 5^{x}\equiv 4\pmod 7\Rightarrow x=6k+2$$

因此

$$7^{y}=(5^{3k+1}-2)(5^{3k+1}+2)$$

而

心得 体会 拓广 疑问

$$(5^{3k+1}+2)-(5^{3k+1}-2)=4$$

不可能都是7的幂,矛盾.因此只能有 $y=0$,故 $a=1,z=2,x=1$. 所以原方程只有$(1,0,2)$一组解.

**6.2.90** 求 $3^x-2^y=19^z$ 的全部非负整数解.

**解** 容易检验 $x\leqslant 3$ 时,有三组解

$$(x,y,z)=(1,1,0),(2,3,0),(3,3,1)$$

以下假设 $x\geqslant 4$,此时

$$2^y\equiv -19^z\equiv -1(\bmod 9)\Rightarrow y=6k+3$$

以下证只有这三组解.

① 若 $z=0$,令 $y=3a$,则

$$3^x=(2^a+1)(2^{2a}-2^a+1)$$

$$(2^a+1)=3^\alpha$$

$$(2^{2a}-2^a+1)=3^\beta$$

$$3^{2\alpha}-3^\beta=3\cdot 2^a\Rightarrow\beta=1\Rightarrow(2^{2a}-2^a+1)=3\Rightarrow 2^a=2\Rightarrow x=2$$

矛盾.

② 若 $z\geqslant 1$,则

$$3^x\equiv 2^y(\bmod 19)$$

令 $y=6k+3$,故

$$2^y\equiv 2^3,2^9,2^{15}\equiv 8,-1,12(\bmod 19)$$

令 $x=3n+r,0\leqslant r\leqslant 2$,则

$$3^x\equiv(3^3)^n3^r\equiv 2^{3n}3^r\equiv 2^y(\bmod 19)$$

$$3^r\equiv(2^3)^{2k+1-n}(\bmod 19)$$

由于 $2^{3m}\equiv 1,8,7,18,11,12(\bmod 19),3^r\equiv 1,3,9(\bmod 19)$,故只能有 $r=0$.

令 $y=3a,x=3b$,则

$$(3^b-2^a)(3^{2b}+3^b2^a+2^{2a})=19^z$$

所以

$$(3^{2b}+3^b2^a+2^{2a})=19^\alpha,3^b-2^a=19^\beta$$

故 $19^\alpha-19^\beta=3^{b+1}2^a$ 不是19的倍数,因此

$$\beta=0,3^b-2^a=1$$

只能有 $a=b=1$ 或 $a=3,b=2$. 由于 $x\geqslant 4$,只能有 $a=3,b=2$,但是 $19^\alpha=217$,矛盾.

**6.2.91** 求 $x^y-y^x=1$ 的全部正整数解.

**引理** 对于正整数 $n,k,\left(1+\dfrac{k}{n}\right)^n<\mathrm{e}^k$.

心得 体会 拓广 疑问

**解** ①$x>y$,令$x=y+k$,$x^y-y^x=y^y\left[\left(1+\frac{k}{y}\right)^y-y^k\right]$,假设$y\geqslant 3$,由引理$\left(1+\frac{k}{y}\right)^y<e^k<3^k\leqslant y^k$,矛盾.若$y=1$,则$x=2$;若$y=2$,$2^x=(x-1)(x+1)$,两个2的幂之差为2,只能有$x+1=4\Rightarrow x=3\Rightarrow y=2$,得到两组解(2,1)(3,2).

②$x<y$,$y=x+k$,$x^y-y^x=x^x\left[x^k-\left(1+\frac{k}{x}\right)^x\right]$,假设$x\geqslant 3$,则$x^x\geqslant 3^3$,$x^k\geqslant 3^k$,结合引理$x^y-y^x>3^3[3^k-e^k]\geqslant 3^3(3-e)>1$,矛盾.若$x=1$,显然无解;若$x=2$,则$2<y$,$2^y-y^2=1\Rightarrow y^2\equiv -1\pmod 4$,无解.

6.2.92 求满足下列等式的所有整数对$(x,y)$,使得$1+2^x+2^{2x+1}=y^2$.

(第47届IMO,2006年)

**解** 如果$(x,y)$是其中的一个解,那么显然有$x\geqslant 0$,且$(x,-y)$也同样是方程的一个解.若$x=0$不难得到两个解$(0,2)$和$(0,-2)$.

以下假设且$x>0$,不失一般性先假定$y>0$.原方程等价于

$$2^x(1+2^{x+1})=(y-1)(y+1)$$

不难看出$y-1$和$y+1$是两个连续的偶数,故其中有且只有一个数是4的倍数.因此$x\geqslant 3$,且$y-1$和$y+1$中有且只有一个可以被$2^{x-1}$整除,但同时它不能被$2^x$整除.所以有

$$y=2^{x-1}m+\varepsilon,\text{其中 } m \text{ 是奇数},\varepsilon=\pm 1 \quad ①$$

把上式代入原方程可以得到

$$2^x(1+2^{x+1})=(2^{x-1}m+\varepsilon)^2-1=2^{2x-2}m^2+2^xm\varepsilon$$

等价于

$$1+2^{x+1}=2^{x-2}m^2+m\varepsilon$$

所以有

$$1-m\varepsilon=2^{x-2}(m^2-8) \quad ②$$

若$\varepsilon=1$,那么②左边不大于0,因此

$$(m^2-8)\leqslant 0$$

只能有$m=1$,代入式②,矛盾.所以$\varepsilon=-1$,由②可以得到

$$1+m=2^{x-2}(m^2-8)\geqslant 2(m^2-8)$$

故

$$2m^2-m-17\leqslant 0$$

因此$m\leqslant 3$;由式②知道$m$不能等于1,又因为$m$是奇数,所以只能有$m=3$,代入②可得$x=4$,由①不难求出$y=23$,可以检验它

心得 体会 拓广 疑问

们也的确是原方程的解.

所以原方程组的全部4个解为

$$(0,2),(0,-2),(4,23),(4,-23)$$

6.2.93 求满足 $x^{2n+1}-y^{2n+1}=xyz+z^{2n+1}$ 的所有正整数解 $(x,y,z,n)$,这里 $n\geqslant 2$ 且 $z\leqslant 5\cdot 4^n$.

(中国数学奥林匹克,1991年)

**解** 设 $n\geqslant 2,z\leqslant 5\cdot 2^{2n}$. 如果 $x$ 与 $y$ 的奇偶性不同,则左边为奇数而右边为偶数,不可能相等. 故 $x$ 与 $y$ 同奇偶. 又显然 $x>y$,因此 $x-y\geqslant 2$.

当 $y=1,x=3$ 时

$$3^{2n}\leqslant 5\cdot 2^n+\frac{1}{3}(1+2^{2n+1})\leqslant$$

$$2^{2n}\left[5+\frac{1}{3}\left(\frac{1}{2^{2n}}+2\right)\right]\leqslant 6\cdot 2^{2n}$$

故 $n=2$. 从而得出一组正整数解 $(3,1,70,2)$.

当 $y=1,x\geqslant 4$ 时

$$x(x^{2n}-z)\geqslant 4(4^{2n}-5\cdot 2^{2n})=$$

$$2^{2n+2}(2^{2n}-5)>2^{2n+1}+1$$

因此原方程无解.

当 $y\geqslant 2$ 时

$$\begin{aligned}x^{2n+1}-xyz\geqslant\ & x[(y+z)^{2n}-yz]\geqslant\\& x[y^{2n}+4ny^{2n-1}+4n(2n-1)y^{2n-2}+\cdots+\\& 2^{2n}-5\cdot 2^ny]>\\& xy^{2n}+x2^{2n}+y[4ny^{2n-2}+4n(2n-1)y^{2n-3}-5\cdot 2^n]>\\& y^{2n+1}+2^{2n+1}+2^{2n-3}y[8n+4(2n-1)-40]\geqslant\\& y^{2n+1}+2^{2n+1}\end{aligned}$$

原方程也无解.

因此,所求的正整数解为 $(3,1,70,2)$.

6.2.94 求 $x^2+y^2+z^2=x^2y^2$ 的整数解.

(美国,1976年)

**解** $x_0=y_0=z_0=0$ 是方程的解. 设方程另有解 $(x,y,z)$,则方程的右端 $x^2y^2$ 被4整除,否则 $x$ 与 $y$ 都是奇数,因此

$$x^2\equiv 1(\bmod 4),y^2\equiv 1(\bmod 4),x^2y^2\equiv 1(\bmod 4)$$

又当 $z$ 为偶数时

$$x^2+y^2+z^2\equiv 2(\bmod 4)$$

而当 $z$ 为奇数时

$$x^2+y^2+z^2\equiv 3(\bmod 4)$$

即 $x,y,z$ 不满足方程 $x^2+y^2+z^2=x^2y^2$,矛盾. 注意,方程的左端 $x^2+y^2+z^2$ 模4的余数等于 $x,y,z$ 中奇数的个数,因此方程的左端只有当 $x,y,z$ 都是偶数时才被4整除. 所以

$$x=2x_1,y=2y_1,z=2z_1\text{ 且 }x_1^2+y_1^2+z_1^2=4x_1^2y_1^2$$

后一方程的右端也被4整除,于是同理可得

$$x_1=2x_2,y_1=2y_2,z_1=2z_2$$

且

$$x_2^2+y_2^2+z_2^2=16x_2^2y_2^2$$

继续上述的讨论,便得一列整数组

$$x_k=\frac{x}{2^k},y_k=\frac{y}{2^k},z_k=\frac{z}{2^k},k\in\mathbf{N}^*$$

但是任意非零的整数不可能被2的所有方幂整除,所以 $x,y,z$ 全为0. 因此 $x_0=y_0=z_0=0$ 是原方程的唯一解.

6.2.95 求方程 $x^{2y}+(x+1)^{2y}=(x+2)^{2y}$ 的正整数解.

(第21届莫斯科数学奥林匹克,1958年)

**解** 当 $y=1$ 时,已知方程化为

$$x^2+(x+1)^2=(x+2)^2$$

即 $x^2-2x-3=0$,解得

$$x=3,x=-1(\text{舍去})$$

于是 $x=3,y=1$ 是已知方程的一组正整数解.

当 $y>1$ 时,由于 $x$ 与 $x+2$ 的奇偶性相同,则 $x+1$ 是偶数,设 $x+1=2k,k$ 为正整数. 从而可得

$$(2k-1)^{2y}+(2k)^{2y}=(2k+1)^{2y} \quad ①$$

按牛顿二项式展开得

$$(2k)^{2y}=2[C_{2y}^1(2k)^{2y-1}+C_{2y}^3(2k)^{2y-3}+\cdots+C_{2y}^{2y-1}(2k)]$$

由此不难看出 $y$ 是 $k$ 的倍数.

另一方面,在①的两边同时除以 $(2k)^{2y}$ 可得

$$2>\left(1-\frac{1}{2k}\right)^{2y}+1=\left(1+\frac{1}{2k}\right)^{2y}>1+\frac{2y}{2k}$$

于是

$$\frac{2y}{2k}<1,y<k$$

由此又得 $y$ 不能被 $k$ 整除,出现矛盾. 所以,$y>1$ 时,没有整数解.

于是,已知方程有唯一正整数解:$x=3,y=1$.

心得 体会 拓广 疑问

6.2.96 求正整数 $x_1,x_2,\cdots,x_{29}$,其中至少有一个大于 1 988,使得 $x_1^2+x_2^2+\cdots+x_{29}^2=29x_1x_2\cdots x_{29}$ 成立.

(第 29 届国际数学奥林匹克候选题,1988 年)

**解法 1** 设 $(x_1,x_2,\cdots,x_{29})$ 是方程

$$x_1^2+x_2^2+\cdots+x_{29}^2=29x_1x_2\cdots x_{29} \quad ①$$

的一组整数解. 令

$$x_1^2+x_2^2+\cdots+x_{28}^2=q$$

$$29x_1x_2\cdots x_{28}=p$$

则方程 ① 化为 $q+x_{29}^2=px_{29}$,即

$$x_{29}^2-px_{29}+q=0 \quad ②$$

于是,由 ②,$x_{29}$ 与 $p-x_{29}$ 是方程 $t^2-pt+q=0$ 的两个根.

这就表明,如果 $(x_1,x_2,\cdots,x_{29})$ 是方程 ① 的一组整数解,那么 $(x_1,x_2,\cdots,x_{28},29x_1x_2\cdots x_{28}-x_{29})$ 也是方程 ① 的一组整数解.

显然,$(1,1,\cdots,1)$ 是 ① 的一组解,由上面的结论可知 $(1,1,\cdots,1,29\cdot 1\cdot 1\cdots 1-1)=(1,1,\cdots,1,28)$ 是 ① 的另一组解.

由对称性,$(\underbrace{1,1,\cdots,1}_{27\text{个}},28,1)$ 也是 ① 的一组解,进而

$$(1,1,\cdots,1,28,29\cdot 28\cdot 1^{27}-1)=(1,1,\cdots,1,28,811)$$

是 ① 的一组解.

再由对称性,$(1,1,\cdots,1,811,28)$ 是 ① 的一组解,从而

$$(1,1,\cdots,1,811,29\cdot 811\cdot 1^{27}-28)=(1,1,\cdots,1,811,23\ 491)$$

也是 ① 的一组解.

于是,$(1,1,\cdots,1,811,23\ 491)$ 就是符合题目要求的一组解. 同时由以上方法可以得出无穷多组符合题目要求的整数解.

**解法 2** 设 $(x_1,x_2,\cdots,x_{29})$ 是方程

$$x_1^2+x_2^2+\cdots+x_{29}^2=29x_1x_2\cdots x_{29} \quad ①$$

的一组整数解.

为了使其中一个大于 1 988,考虑给 $x_1$ 一个增量 $h$. 为此设 $x'_1=x_1+h,h>0$. 并设 $x'_1,x_2,\cdots,x_{29}$ 仍满足方程 ①,则

$$(x_1+h)^2+x_2^2+\cdots+x_{29}^2=29(x_1+h)x_2\cdots x_{29} \quad ②$$

② - ① 得

$$2x_1h+h^2=29hx_2x_3\cdots x_{29}$$

由 $h\neq 0$ 得

$$h=29x_2x_3\cdots x_{29}-2x_1 \quad ③$$

由 $(x_1,x_2,\cdots,x_{29})=(1,1,\cdots,1)$ 是方程 ① 的解可得

$$h=27,x'_1=28$$

显然 $(28,1,1,\cdots,1)$ 为方程 ① 的解.

由于式③对于任何 $x_i$ 都适合,则还有

$$h = 29x'_1 x_3 x_4 \cdots x_{29} - 2x_2 = 812 - 2 = 810$$

于是

$$x'_2 = x_2 + h = 811$$

再令

$$h = 29x'_2 x_3 \cdots x_{29} - 2x'_1 = 29 \cdot 811 - 2 \cdot 28 = 23\ 463$$

则

$$x''_1 = 28 + 23\ 463 = 23\ 491$$

于是(23 491,811,1,1,…,1)为方程①的一组解. 这组解符合题目的要求.

6.2.97 求方程 $2^n - 1 = x^m$ 的所有整数解,基中 $m$ 和 $n$ 为自然数.

(基辅数学奥林匹克,1974 年)

**解** (1)当 $n = 1$ 时,方程化为 $x^m = 1$.

当 $m$ 是偶数时,$x = \pm 1$.

当 $m$ 是奇数时,$x = 1$.

(2)当 $m = 1$ 时,有 $x = 2^n - 1$.

(3)证明当 $n > 1, m > 1$ 时,方程

$$2^n - 1 = x^m \qquad ①$$

没有整数解.

显然,$x^m$ 为奇数,从而 $x$ 为奇数.

当 $x$ 为奇数,$m$ 为偶数时

$$x^m + 1 \equiv 2 \pmod 4, 2^n \equiv 0 \pmod 4$$

所以①无整数解.

当 $m$ 为奇数时,若 $x \neq \pm 1$,则

$$x^m + 1 = (x + 1)(x^{m-1} - x^{m-2} + \cdots - x + 1)$$

上式右边的第二个因式为奇数,因此 $x^m + 1$ 有奇因数,于是 $x^m + 1$,不可能等于 $2^n$,即①无整数解.

若 $x = 1$,则 $x^m + 1 = 2, n = 1$.

若 $x = -1$,则 $x^m + 1 = 0$,此时①无整数解.

由以上可得,$n = 1$,$m$ 为偶数时,$x = \pm 1$;$n = 1$,$m$ 为奇数时,$x = 1$;$m = 1$ 时,$x = 2^n - 1$.

心得 体会 拓广 疑问

6.2.98 (1) 设 $n$ 是一个正整数,证明存在不同的正整数 $x$, $y$, $z$,使得

$$x^{n-1}+y^{n}=z^{n+1} \quad ①$$

(2) 设 $a,b,c$ 是正整数,且 $a$ 与 $b$ 互素,$c$ 或与 $a$ 互素,或与 $b$ 互素. 证明存在无限多个不同正整数 $x,y,z$ 的三元数组,使得

$$x^{a}+y^{b}=z^{c} \quad ②$$

(第38届国际数学奥林匹克预选题,1997年)

**解** (1) 设

$$\begin{cases}x=2^{n^2}\cdot 3^{n+1}\\ y=2^{(n-1)n}\cdot 3^{n}\\ z=2^{n^2-2n+2}\cdot 3^{n-1}\end{cases}$$

则

$$x^{n-1}+y^{n}=2^{n^3-n^2}\cdot 3^{n^2-1}+2^{n^3-n^2}\cdot 3^{n^2}=$$
$$2^{n^3-n^2}(3^{n^2-1}+3^{n^2})=2^{n^3-n^2+2}\cdot 3^{n^2-1}=$$
$$2^{(n+1)(n^2-2n+2)}\cdot 3^{(n-1)(n+1)}=z^{n+1}$$

于是 ① 有无穷多组解.

(2) 设 $p(p\geqslant 3)$ 是正整数,$Q=p^{c}-1\geqslant 1$. 寻求如下形式的解

$$\begin{cases}x=Q^{m}\\ y=Q^{n}\\ z=PQ^{k}\end{cases}$$

由方程 ② 有

$$Z^{c}=P^{c}Q^{ck}=(Q+1)Q^{ck}=Q^{ck+1}+Q^{ck}=$$
$$x^{a}+y^{b}=Q^{mQ}+y^{b_n}$$

因此,当方程组

$$\begin{cases}ma=kc+1\\ nb=kc\end{cases},\quad \begin{cases}nb=kc+1\\ ma=kc\end{cases}$$

的一组有解时,方程 ② 有解.

这意味着,或者 $(a,bc)=1$,或者 $(b,ac)=1$.

假设 $(a,bc)=1$. 证明第一个方程组有解.

令 $k=bt$, $n=ct$,则由 $ma=kc+1$ 得

$$ma=tbc+1 \quad ③$$

因而有

$$(a,bc)=1$$

这时,对一次不定方程 ③,正整数 $m$ 和 $t$ 都可求出,从而第一

心得 体会 拓广 疑问

个方程组有解.

由于$(kc,kc+1)=1$,从而$m\neq n$,进而$x\neq y$,又因为数$z$与$x$和$y$不同,于是方程②对不同的$P$可有不同的解.

**6.2.99** 证明不定方程

$$x^{2n+1}=2^r\pm 1 \quad ①$$

在$x>1$时,$x,n,r$无正整数解.

**证明** 如式①有正整数解$x,n,r$,由①可得

$$x^{2n+1}\pm 1=(x\pm 1)(x^{2n}\mp x^{2n-1}+\cdots\mp x+1)=2^r \quad ②$$

在$x>1$时,易证$x^{2n}\mp x^{2n-1}+\cdots\mp x+1$大于1且为奇数,故存在奇因数$p$,满足

$$p\mid x^{2n}\mp x^{2n-1}+\cdots\mp x+1$$

而②的右端为$2^r$,于是②不能成立.

**6.2.100** 证明不定方程

$$3\cdot 2^x+1=y^2 \quad ①$$

仅有正整数解$(x,y)=(3,5),(4,7)$.

**证明** $x=1$和2时,式①都没有正整数解,可设$x>2$,而$2\nmid y,3\nmid y$,且$y\neq 1$,因此

$$y=6k\pm 1,k>0$$

代入①得

$$3\cdot 2^x+1=(6k\pm 1)^2=36k^2\pm 12k+1$$

即

$$2^{x-2}=3k^2\pm k=k(3k\pm 1) \quad ②$$

当$k=1$时,得出

$$(x,y)=(3,5),(4,7)$$

而当$k>1$时,②的右端有一个大于1的奇因数,而②的左端不可能有大于1的奇因数,这就证明了结论.

**6.2.101** 证明不定方程

$$x^n+1=y^{n+1} \quad ①$$

没有正整数解$x,y,n,(x,n+1)=1,n>1$.

**证明** 先设$y>2$,$y-1$有素因子$p$,因$(y-1)\mid(y^{n+1}-1)$,故由①得$p\mid x$,而$(x,n+1)=1$,故$(p,n+1)=1$,由①得

$$x^n=(y-1)(y^n+y^{n-1}+\cdots+y+1) \quad ②$$

由

心得 体会 拓广 疑问

$$y \equiv 1 \pmod{y-1}$$

推得

$$y^n + y^{n-1} + \cdots + y + 1 \equiv n + 1 \pmod{y-1}$$

进而推得

$$p \nmid y^n + y^{n-1} + \cdots + y + 1$$

由于 $p$ 是 $y-1$ 的任设的一个素因子,故

$$(y^n + y^{n-1} + \cdots + y + 1, y - 1) = 1$$

由 ② 得

$$y^n + y^{n-1} + \cdots + y + 1 = u^n, u \mid x, u > 0 \quad ③$$

但由于 $n > 1$ 时

$$y^n < 1 + y + \cdots + y^n < (y+1)^n$$

故 ③ 不能成立.

当 $y=1$ 时,① 没有正整数解;$y=2$ 时,① 给出

$$x^n = 2^{n+1} - 1 = 2^n + 2^{n-1} + \cdots + 2 + 1 \quad ④$$

而

$$2^n < 2^n + \cdots + 2 + 1 < 3^n$$

故 ④ 不能成立.

**6.2.102** 设 $p$ 是素数,证明数列 $\left\{\frac{n(n+1)}{2}\right\}$ 中没有两项之比为 $p^{2l}(l \geqslant 1, l, n \in \mathbf{N})$.

(中国国家集训队训练题,1990 年)

**证明** 假设数列中有两项之比为 $p^{2l}$,即

$$\frac{\frac{x(x+1)}{2}}{\frac{y(y+1)}{2}} = p^{2l} \quad (x, y \in \mathbf{N})$$

则本题等价于不定方程

$$x(x+1) = p^{2l} y(y+1)$$

无正整数解.

设 $p^l = k$,则不定方程化为

$$x^2 + x = k^2 y^2 + k^2 y \quad ①$$

即

$$(ky - x)(ky + x) = x - k^2 y$$

如果 $ky - x \geqslant 0$,则必有

$$x - k^2 y \geqslant 0$$

从而

$$(ky - x) + (x - k^2 y) \geqslant 0$$

$$ky(1 - k) \geqslant 0$$

然而 $k>1,y\geqslant 1$,出现矛盾. 因此必有

$$ky-x<0$$

于是可令 $x=ky+a(a\geqslant 1)$,代入 ① 得

$$(ky+a)^2+(ky+a)=k^2y^2+k^2y$$

$$a(a+1)=ky(k-2a-1) \quad ②$$

由于 $(a,a+1)=1,k=p^l$ 及 $p$ 是素数,则由 ② 必有

$$k\mid a \quad 或 \quad k\mid a+1$$

因此

$$a\geqslant k$$

然而此时式 ② 右边 $k-2a-1<0$,出现矛盾.

所以不定方程 ① 无正整数解,即数列 $\left\{\frac{n(n+1)}{2}\right\}$ 中没有两项之比为 $p^{2l}$,$p$ 是素数.

6.2.103 设 $a,b,c,d$ 为奇整数,$0<a<b<c<d$,并且 $ad=bc$,证明:如果 $a+d=2^k,b+c=2^m,k,m$ 为整数,那么 $a=1$.

(波兰)

**证明** 首先容易证得 $2^k>2^m,k>m$. 再由 $ad=bc,a+d=2^k$,$b+c=2^m$ 可得

$$b\cdot 2^m-a\cdot 2^k=b^2-a^2$$

进而有

$$2^m(b-a\cdot 2^{k-m})=(b+a)(b-a)$$

于是 $2^m$ 整除 $(b+a)\cdot(b-a)$. 而 $a,b$ 均为奇数,则 $b+a$ 和 $b-a$ 都是偶数,但只有一个是 4 的倍数,从而得

$$2^{m-1}\mid(b+a) \quad 或 \quad 2^{m-1}\mid(b-a)$$

不妨设

$$b+a=2^{m-1}\cdot e$$

此时

$$b-a=2\cdot f$$

其中 $e,f$ 为自然数,由前面诸式可推得

$$e=1.f=b-a\cdot 2^{k-m}$$

即

$$b+a=2^{m-1}$$

$$b-a=2(b-a\cdot 2^{k-m})$$

从而 $a=1$,对 $b-a=2^{m-1}e,b+a=2f$ 时同样可推出 $a=1$.

心得 体会 拓广 疑问

6.2.104 方程组

$$\begin{cases} x + py = n & ① \\ x + y = p^z & ② \end{cases}$$

(其中 $n$ 和 $p$ 是给定的自然数) 有正整数解 $(x,y,z)$ 的充分必要条件是什么? 再证明这样的解的个数不能大于1.

(匈牙利数学奥林匹克,1905 年)

**解** 对于方程组中的式 ② $x + y = p^z$,仅当 $p > 1$ 时,才有正整数解 $(x,y,z)$. 于是,假定 $p > 1$. 由方程组 ①,② 解得

$$x = \frac{p^{z+1} - n}{p - 1} = \frac{p^{z+1} - 1}{p - 1} - \frac{n - 1}{p - 1} \quad ③$$

$$y = \frac{n - p^z}{p - 1} = \frac{n - 1}{p - 1} - \frac{p^z - 1}{p - 1} \quad ④$$

对所有的正整数 $z$, $\frac{p^{z+1} - 1}{p - 1}$ 和 $\frac{p^z - 1}{p - 1}$ 都是整数.

因此,由关系式 ③ 和 ④ 推出:当且仅当 $n - 1$ 是 $p - 1$ 的倍数时,$x$ 和 $y$ 是整数.

又由 ③ 和 ④ 可知,$x$ 和 $y$ 仅在 $p^{z+1} > n > p^z$ 时,才是正数.

这就是说,数 $n$ 应该在数 $p$ 的两个连续的乘幂之间,而 $z$ 应该取数 $p$ 的两个幂指数中最小的那一个.

于是原方程组有正整数解 $(x,y,z)$ 的充分必要条件是下列三个条件:

(1) $p > 1$;

(2) $n - 1$ 是 $p - 1$ 的倍数;

(3) $n$ 不等于数 $p$ 或 $p$ 的整数次幂.

如果所有这三个条件都满足,那么原方程组有且仅有一组解.

为了得到这一组解,必须用上面所说的方法来选取 $z$,并用关系式 ③ 和 ④ 求出 $x$ 和 $y$.

6.2.105 已知 $x = -2\ 272$, $y = 10^3 + 10^2c + 10b + a$, $z = 1$ 适合方程 $ax + by + cz = 1$,这里 $a,b,c$ 是正整数,$a < b < c$,求 $y$.

(第 28 届国际数学奥林匹克候选题,1987 年)

**解** 由已知

$$b(1\ 000 + 100c + 10b + a) + c - 2\ 272a - 1 = 0$$

若 $b \geqslant a + 2$,则 $c \geqslant a + 3$,于是

$$0 \geqslant (a+2)[1\,000+100(a+3)+10(a+2)+a]+(a+3)-2\,272a-1=111a^2-729a+2\,642$$

记 $u=111a^2-729a+2\,642$,则

$$u \geqslant \frac{4\cdot 111\cdot 2\,642-729^2}{4\cdot 111}>0$$

于是出现 $0>0$ 的矛盾. 所以

$$b=a+1$$

设 $c=a+2+t, t\geqslant 0$,则

$$0=(a+1)[1\,000+100(a+2+t)+10(a+1)+a]+a+2+t-2\,272a-1$$

即有

$$111a^2+(100t-950)a+(1\,211+101t)=0$$

若 $t\geqslant 2$,则

$$0\geqslant 111a^2+(200-950)a+(1\,211+202)=111a^2-750a+1\,413$$

记 $v=111a^2-750a+1\,413$,则

$$v\geqslant \frac{4\cdot 111\cdot 1\,413-750^2}{4\cdot 111}>0$$

同样出现 $0>0$ 的矛盾. 所以 $t=0$ 或 1.

当 $t=1$ 时,$b=a+1, c=a+3$,则

$$111a^2-850a+1\,312=0$$

此方程无整数解.

当 $t=0$ 时,$b=a+1, c=a+2$,则

$$111a^2-950a+1\,211=0$$

$$(a-7)(111a-173)=0$$

所以

$$a=7, b=8, c=9$$

于是

$$y=1\,987$$

6.2.106　求所有满足等式 $k^2+l^2+m^2=2^n$ 的整数解 $(k,l,m,n)$.

(新西兰,2005 年)

**解**　显然,$n$ 是非负整数. 当 $k,l,m$ 都是 2 的倍数时,等式两边同时除以 2 的幂,使得 $k,l,m$ 不全是偶数. 所以,可以假设 $k,l,m$ 不全是偶数.

因完全平方数模 4 余 0 或 1,故 $k^2+l^2+m^2$ 模 4 余 1,2 或 3. 所以 $2^n$ 不能被 4 整除,$n$ 只能取 0 或 1.

当 $n=0$ 时,$k^2+l^2+m^2=1$,此时解为 $(k,l,m)=(0,0,1)$ 或

心得 体会 拓广 疑问

这些数的置换.

当 $n=1$ 时,$k^2+l^2+m^2=2$,此时解为$(k,l,m)=(0,1,1)$或这些数的置换.

因此原题的解是$(0,\pm 2^k,\pm 2^k)$或$(0,0,\pm 2^k)$或这些数的置换,前者 $n=2k+1$,后者 $n=2k$,$k\in \mathbf{N}$.

6.2.107 求使$(a^3+b)(a+b^3)=(a+b)^4$成立的所有整数对$(a,b)$.

(澳大利亚,2004 年)

**解** 注意到

$$\begin{aligned}(a^3+b)(a+b^3)=(a+b)^4 \Leftrightarrow a^4+a^3b^3+ab+b^4= \\ a^4+4a^3b+6a^2b^2+4ab^3+b^4 \Leftrightarrow \\ a^3b^3+2a^2b^2+ab=4a^3b+8a^2b^2+4ab^3 \Leftrightarrow \\ ab(ab+1)^2=4ab(a+b)^2 \Leftrightarrow \\ ab[(ab+1)^2-4(a+b)^2]=0\end{aligned}$$

成立. 因此$(a,0)$和$(0,b)$是给定方程的解,$a,b\in \mathbf{Z}$.

另外的解必须使得

$$(ab+1)^2-4(a+b)^2=0$$

成立.

因为$(ab+1)^2-4(a+b)^2=0$,即

$$ab+1=\pm 2(a+b)$$

分两种情形讨论.

如果 $ab+1=2(a+b)$,则有

$$(a-2)(b-2)=3$$

于是有

$$\begin{cases}a-2=3\\b-2=1\end{cases}\text{或}\begin{cases}a-2=1\\b-2=3\end{cases}\text{或}\begin{cases}a-2=-3\\b-2=-1\end{cases}\text{或}\begin{cases}a-2=-1\\b-2=-3\end{cases}$$

分别解得

$$a=5,b=3;a=3,b=5$$

$$a=-1,b=1;a=1,b=-1$$

如果 $ab+1=-2(a+b)$,则有

$$(a+2)(b+2)=3$$

类似地,解得

$$a=1,b=-1;a=-1,b=1$$

$$a=-5,b=-3;a=-3,b=-5$$

综上所述,给定方程所有可能解的集合为$\{(a,0)\mid a\in \mathbf{Z}\}\cup\{(0,b)\mid b\in \mathbf{Z}\}\cup\{(-5,-3),(-3,-5),(-1,1),(1,-1),(3,5),(5,3)\}$.

心得 体会 拓广 疑问

6.2.108 求所有的正整数$n$,使得存在$k\in \mathbf{N}^*$,$k\geqslant 2$及正有理数$a_1,a_2,\cdots,a_k$,满足

$$a_1+a_2+\cdots+a_k=a_1\cdots a_k=n$$

**解** 所有答案为$n=4$或$n\geqslant 6$.由均值不等式知

$$n^{\frac{1}{k}}=\sqrt[k]{a_1\cdots a_k}\leqslant \frac{a_1+\cdots+a_k}{k}=\frac{n}{k}$$

所以

$$n\geqslant k^{\frac{k}{k-1}}=k^{1+\frac{1}{k-1}}$$

如果$k\geqslant 3$,有下面的式子:

$k=3$时,$n\geqslant 3\sqrt{3}=\sqrt{27}>5$;

$k=4$时,$n\geqslant 4\sqrt[3]{4}=\sqrt[3]{256}>5$;

$k\geqslant 5$时,$n\geqslant 5\times 5^{\frac{1}{k-1}}>5$.

而$k=2$时,由$a_1+a_2=a_1a_2=n$知

$$n^2-4n=(a_1+a_2)^2-4a_1a_2=(a_1-a_2)^2$$

是有理数的平方,这时,对$n\in\{1,2,3,5\}$都不成立.所以,$n\notin\{1,2,3,5\}$.

另一方面,对$n=4$及$n\geqslant 6$分别有下面的例子.

(1)当$n$为偶数时,设$n=2k(\geqslant 4)$,取$(a_1,a_2,\cdots,a_k)=(k,2,1,\cdots,1)$,则有

$$a_1+\cdots+a_k=k+2+1\cdot(k-2)=2k=n$$

$$a_1\cdots a_k=2k=n$$

(2)当$n$为奇数时,如果$n=2k+3\geqslant 9$,那么,可取$(a_1,\cdots,a_k)=\left(k+\frac{3}{2},\frac{1}{2},4,1,\cdots,1\right)$,则有

$$a_1+\cdots+a_k=\left(k+\frac{3}{2}\right)+\frac{1}{2}+4+1\cdot(k-3)=2k+3=n$$

$$a_1\cdots a_k=\left(k+\frac{3}{2}\right)\cdot\frac{1}{2}\cdot 4=2k+3=n$$

(3)当$n=7$时,取$(a_1,a_2,a_3)=\left(\frac{4}{3},\frac{7}{6},\frac{9}{2}\right)$即可.

综上,所求的$n$为$\{4,6,7,\cdots\}$中的数.

6.2.109 $p$是一个素数,求方程$x^p+y^p=p^z$的全部正整数组解$(x,y,z,p)$.

(保加利亚数学奥林匹克,1994年)

心得 体会 拓广 疑问

**解** 如果$(x,y,z,p)$是方程

$$x^p+y^p=p^z \quad ①$$

的一组正整数解，由于$p$是素数，则有

$$(x,y)=p^k \quad ②$$

这里$k$是一个非负整数，由②有

$$x=p^kx_0,y=p^ky_0 \quad ③$$

这里$(x_0,y_0)=1,x_0\in\mathbf{N},y_0\in\mathbf{N}$.

将③代入①得

$$x_0^p+y_0^p=p^{z-kp} \quad ④$$

由$x_0,y_0$是正整数，则$p^{z-kp}\geqslant 2$，从而$z_0=z-kp$为正整数. 这样有

$$x_0^p+y_0^p=p^{z_0} \quad ⑤$$

方程⑤与方程①形状相同，但方程⑤中的$x_0$与$y_0$互素. 这时由方程⑤，$x_0$和$y_0$都不是$p$的倍数.

当$p=2$时，由⑤知$x_0$和$y_0$都是奇数，此时⑤化为

$$x_0^2+y_0^2=2^{z_0} \quad ⑥$$

由于$x_0^2+y_0^2\equiv 2(\bmod 4)$，则

$$z_0=1$$

将$z_0=1$代入⑥可得$x_0=1,y_0=1$.

从而由③得$x=2^k,y=2^k$，代入方程①有

$$2^z=x^2+y^2=2^{2k}+2^{2k}=2^{2k+1}$$

$$z=2k+1$$

这时有解$(x,y,z,p)=(2^k,2^k,2k+1,2)$.

当$p$为奇素数时，由于$x_0+y_0\mid x_0^p+y_0^p$，再由⑤可知$x_0+y_0$是$p^{z_0}$的因数，即存在正整数$t_0$，使得

$$x_0+y_0=p^{t_0} \quad ⑦$$

由于$p\geqslant 3$，则

$$x_0+y_0\geqslant 3,x_0^p+y_0^p>x_0+y_0\geqslant 3$$

考虑到方程⑤，则有$1\leqslant t_0\leqslant z_0-1$. 因而

$$x_0^p+(p^{t_0}-x_0)^p=p^{z_0}$$

展开上式左端第二项，并注意到$p$是奇数，则上式化为

$$p^{pt_0}-C_p^1p^{(p-1)t_0}x_0+\cdots-C_p^{p-2}p^{2t_0}x_0^{p-2}+C_p^1p^{t_0}x_0^{p-1}=p^{z_0}$$

因为$p$是奇素数，则$C_p^j(j=1,2,\cdots,p-2)$是$p$的倍数，而上式左端除最后一项$C_p^1p^{t_0}x_0^{p-1}=p^{t_0+1}x_0^{p-1}$之外，其余各项均为$p^{2t_0+1}$的倍数，因此$p^{z_0}$一定是$p^{t_0+1}$的倍数，并且一定不是$p^{t_0+2}$的倍数，于是$z_0=t_0+1$.

这时由式⑦有

$$x_0+y_0=p^{z_0-1}$$

由式⑤又有

心得 体会 拓广 疑问

$$x_0^p+y_0^p=p(x_0+y_0) \quad ⑧$$

另一方面,容易证明 $u^{n-1}>n(u\geqslant 2,u\in \mathbf{N})$,从而又有

$$x_0^p+y_0^p=x_0\cdot x_0^{p-1}+y_0\cdot y_0^{p-1}>p(x_0+y_0) \quad ⑨$$

⑧ 与 ⑨ 矛盾. 因此,$x_0$ 和 $y_0$ 中至少有一个为 1. 不妨设 $x_0=1$. 由

$$y_0=p^{z_0-1}-1 \quad ⑩$$

及式 ⑧

$$y_0^p-py_0=p-1 \quad ⑪$$

从而可知,$y_0$ 是 $p-1$ 的一个因子,由 ⑩ 可知 $z_0-1=1$. 即 $z_0=2$. 故 $y_0=p-1$. 再代入式 ⑪

$$(p-1)^p=p(p-1)+p-1=p^2-1$$

由 $p$ 是奇素数,可得

$$(p-1)^{p-1}=p+1$$

当 $p>3$ 时,容易证明

$$(p-1)^{p-1}>p+1$$

因此有 $p=3,y_0=p-1=2$,则

$$x=3^k,y=2\cdot 3^k,z=2+3k$$

再由对称性有

$$x=2\cdot 3^k,y=3^k,z=2+3k$$

这样又有解

$$(x,y,z,p)=(3^k,2\cdot 3^k,2+3k,3)$$
$$(x,y,z,p)=(2\cdot 3^k,3^k,2+3k,3)$$

从而本题的所有解为

$$(2^k,2^k,2k+1,2),(3^k,2\cdot 3^k,2+3k,3),(2\cdot 3^k,3^k,2+3k,3)$$

6.2.110 $n$ 为正整数,素数 $p>3$,求出 $3(n+1)$ 组满足方程 $xyz=p^n(x+y+z)$ 的正整数 $x,y,z$(这些组不仅仅是排列次序不同).

(第 27 届国际数学奥林匹克候选题,1986 年)

**解** 设 $x,y,z$ 中素因数 $p$ 的幂指数分别为 $\alpha,\beta,\gamma$,且 $\alpha\geqslant\beta\geqslant\gamma$,则由

$$xyz=p^n(x+y+z) \quad ①$$

两边约去 $p^\gamma$ 得

$$xyzp^{-\gamma}=p^n(xp^{-\gamma}+yp^{-\gamma}+zp^{-\gamma})$$

于是有

$$zp^{-\gamma}\mid p^n(xp^{-\gamma}+yp^{-\gamma}+zp^{-\gamma})$$

由于 $zp^{-\gamma}$ 没有约数 $p$,所以

$$zp^{-\gamma}\mid xp^{-\gamma}+yp^{-\gamma}+zp^{-\gamma}$$

于是

心得 体会 拓广 疑问

$$z \mid x+y$$

设 $x+y=mz$,则由式 ① 得

$$xy=p^n(m+1)$$

(1) 取 $m=1$,即 $xy=2p^n$. 这时可得出 $n+1$ 组解:

$$\begin{cases}x=2p^i\\ y=p^{n-i}\\ z=2p^i+p^{n-i},i=0,1,2,\cdots,n\end{cases}$$

(2) 取 $m=2$,即 $xy=3p^n$. 这时又得出 $n+1$ 组解:

$$\begin{cases}x=3p^j\\ y=p^{n-j}\\ z=\dfrac{1}{2}(3p^j+p^{n-j}),j=0,1,2,\cdots,n\end{cases}$$

当 $n$ 为奇数时,(1) 和(2) 的解互不相同.

当 $n$ 为偶数时,$i=\dfrac{n}{2}$,$j=\dfrac{n}{2}$ 时,第(1) 组解为

$$x=2p^{\frac{n}{2}},y=p^{\frac{n}{2}},z=3p^{\frac{n}{2}}$$

第(2) 组解为

$$x=3p^{\frac{n}{2}},y=p^{\frac{n}{2}},z=2p^{\frac{n}{2}}$$

因此第(1),(2) 两组有一组公共的解$(2p^{\frac{n}{2}},p^{\frac{n}{2}},3p^{\frac{n}{2}})$,只是 $x,y,z$ 的顺序不同.

所以,(1),(2) 两组共有 $2n+1$ 组不同的解.

(3) 取 $m=p^k+p^{n-k}$ 可得 $n+1$ 组解:

$$\begin{cases}x=p^k\\ y=p^n+p^{n-k}+p^{2n-2k}\quad k=0,1,2,\cdots,n\\ z=p^{n-k}+1\end{cases}$$

其中 $k=n$ 时,与(1) 中 $i=0$ 时的解相同,其余均不相同.

这样,实际得到了 $n$ 组解.

由(1),(2),(3) 共得到了 $3n+1$ 组不同的解.

(4) 取 $m=\dfrac{p^n+1}{2}$,令

$$\begin{cases}x=1\\ y=\dfrac{1}{2}p^n(p^n+3)\\ z=p^n+2\end{cases}$$

(5) 取 $m=p$,令

$$\begin{cases}x=p\\ y=p^n+p^{n-1}\\ z=p^{n-1}+p^{n-2}+1\end{cases}$$

心得 体会 拓广 疑问

这两组解是与上述 $3n+1$ 组解不同的解. 于是得到了 $3(n+1)$ 组解.

6.2.111 求出满足方程 $8^x+15^y=17^z$ 的正整数解 $(x,y,z)$.

(加拿大数学奥林匹克训练题,1992 年)

**解** 考虑 $8^x,15^y,17^z$ 被 4 除的余数.

对所有 $x$ $$8^x\equiv 0\pmod 4$$

对所有 $z$ $$17^z\equiv 1\pmod 4$$

于是由已知方程可知

$$15^y\equiv 1\pmod 4$$

从而 $y$ 必定为偶数.

再考虑 $8^x,15^y,17^z$ 被 7 除的余数.

对所有 $x$ $$8^x\equiv 1\pmod 7$$

对所有 $y$ $$15^y\equiv 1\pmod 7$$

于是由已知方程得

$$17^z\equiv 2\pmod 7$$

从而 $z$ 必定为偶数.

考虑 $8^x,15^y,17^z$ 被 3 除的余数.

对所有 $y$ $$15^y\equiv 0\pmod 3$$

对偶数 $z$ $$17^z\equiv 1\pmod 3$$

于是由已知方程得

$$8^x\equiv 1\pmod 3$$

从而 $x$ 亦为偶数.

因此,$x,y,z$ 均为偶数.

令 $x=2k,y=2m,z=2n$,则有

$$2^{6k}=(17^n-15^m)(17^n+15^m)$$

从而有

$$17^n-15^m=2^t \tag{1}$$

$$17^n+15^m=2^{6k-t} \tag{2}$$

由 $t<6k-t$ 得

$$1\leqslant t<3k \tag{3}$$

① + ② 得

$$2\cdot 17^n=2^t(2^{6k-2t}+1) \tag{4}$$

由 ③ 可知 $$6k-2t>0$$

所以 $2^{6k-2t}+1$ 为奇数.

因此由式 ④ 得 $t=1$. 由 ① 有

$$17^n-15^m=2 \tag{5}$$

心得 体会 拓广 疑问

考虑 $17^n$，$15^m$ 被 9 除的余数，当 $m \geqslant 2$ 时

$$15^m \equiv 0 \pmod 9$$

当 $n$ 为奇数时

$$17^n \equiv 8 \pmod 9$$

当 $n$ 为偶数时

$$17^n \equiv 1 \pmod 9$$

所以当 $m \geqslant 2$ 时，式 ⑤ 不成立.

因此仅当 $m = 1$，$n = 1$ 时，⑤ 有解.

此时由 ② 知 $k = 1$.

于是已知方程有唯一一组解

$$(x, y, z) = (2, 2, 2)$$

6.2.112　求出所有使得 $C_m^2 - 1 = p^n$ 成立的正整数 $m$，$n$ 和素数 $p$.

（加拿大数学奥林匹克训练题，1992 年）

**解**　已知方程可化为

$$\frac{m(m-1)}{2} - 1 = p^n$$

$$\frac{(m+1)(m-2)}{2} = p^n$$

（1）若 $m$ 为奇数. 由 $p$ 是素数，则对某个整数 $t$，$0 \leqslant t \leqslant n$，有

$$\begin{cases} \dfrac{m+1}{2} = p^t & ① \\ m - 2 = p^{n-t} & ② \end{cases}$$

从 ①，② 中消去 $m$ 得

$$p^{n-t} + 3 = 2p^t \quad ③$$

当 $t = 0$ 时，有

$$p^n + 3 = 2$$

此时显然无解. 所以

$$t > 0$$

当 $n - t > 0$ 时，由 ③，素数 $p$ 是 3 的约数，因此 $p = 3$.

这时式 ③ 化为

$$3^{n-t-1} + 1 = 2 \cdot 3^{t-1} \quad ④$$

若 $t - 1 > 0$，则式 ④ 右边是 3 的倍数，左边不能被 3 整除，这不可能.

若 $t - 1 = 0$，则有

$$3^{n-t-1} + 1 = 2$$

从而

$$n - t - 1 = 0$$

由此可得

$$t=1,n=2,m=p^{n-t}+2=5$$

当 $n-t=0$ 时,式③化为

$$1+3=2p^{t}$$

从而 $$p=2,n=t=1,m=3$$

(2)若 $m$ 为偶数,由 $p$ 是素数,则对于某个整数 $t$,$0\leqslant t\leqslant n$,有

$$\begin{cases}m+1=p^{t} & ⑤\\ \dfrac{m-2}{2}=p^{n-t} & ⑥\end{cases}$$

从⑤,⑥中消去 $m$ 得

$$p^{t}-3=2p^{n-t} \quad ⑦$$

显然 $t>0$,否则等式左边为负数,右边为正数,式⑦不可能成立.

若 $n-t>0$,于是由式⑦,$p$ 是 3 的约数,又 $p$ 是素数,所以 $p=3$,此时式⑦化为

$$3^{t-1}-1=2\cdot 3^{n-t-1}$$

从而有 $n-t-1=0,t-1=1$,即

$$t=2,n=3,m=8$$

若 $n-t=0$,则式⑦化为

$$p^{t}-3=2$$

从而有 $p=5$. 此时 $t=1,n=t=1,m=4$.

由以上,此方程仅有四组解

$$\begin{cases}m=3\\n=1\\p=2\end{cases},\begin{cases}m=5\\n=2\\p=3\end{cases},\begin{cases}m=8\\n=3\\p=3\end{cases},\begin{cases}m=4\\n=1\\p=5\end{cases}$$

6.2.113 设 $x,y,z$ 为三个不同的正整数,且满足 $xyz=12(x+y+z)$,试求出 $x,y,z$ 组成的集合的个数.

(日本,2005年)

**解** 不妨设 $x>y>z>0$. 注意到

$xyz=(x+y+z)\Rightarrow$

$$\frac{1}{12}=\frac{1}{xy}+\frac{1}{yz}+\frac{1}{zx}<\frac{3}{z^{2}}\Rightarrow z<6$$

又由题意可得 $x=\dfrac{12(y+z)}{yz-12}$.

(1)当 $z=1$ 时,$x=\dfrac{12(y+1)}{y-12}$.

由 $x>y$ 有 $y^{2}-24y-12<0$,即

心得 体会 拓广 疑问

$$y < 12 + \sqrt{12 \times 13}$$

故 $y \leqslant 24$. 故 $13 \mid (y-12)$,则 $y \geqslant 25$,矛盾. 故

$$(y-12, y+1) = (y-12, 13) = 1$$

从而 $(y-12) \mid 12$. 所以 $y-12$ 可取 1,2,3,4,6,12.

相应的

$$(x,y) = (168,13),(90,14),(64,15),(51,16),(38,18),(25,24)$$

(2) 当 $z=2$ 时,$x = \frac{6(y+2)}{y-6}$.

由 $x > y$ 有 $y^2 - 12y - 12 < 0$,即

$$y < 6 + 4\sqrt{3}$$

故 $y \leqslant 12$. 由 $(y-6, y+2) = (y-6, 8)$,有 $(y-6) \mid 6 \times 8$. 所以 $y-6$ 可取 1,2,3,4,6.

相应的

$$(x,y) = (54,7),(30,8),(22,9),(18,10),(14,12)$$

(3) 当 $z=3$ 时,$x = \frac{4(y+3)}{y-4}$.

由 $x > y$ 有 $y^2 - 8y - 12 < 0$,即

$$y < 4 + 2\sqrt{7}$$

故 $y \leqslant 9$. 若 $7 \mid (y-4)$,则 $y \geqslant 11$,矛盾. 故

$$(y-4, y+3) = (y-4, 7) = 1$$

则 $(y-4) \mid 4$. 所以 $y-4$ 可取 1,2,4.

相应的

$$(x,y) = (32,5),(18,6),(11,8)$$

(4) 当 $z=4$ 时,$x = \frac{3(y+4)}{y-3}$.

由 $x > y$ 有 $y^2 - 6y - 12 < 0$,即

$$y < 3 + \sqrt{21}$$

故 $y \leqslant 7$. 若 $7 \mid (y-3)$,则 $y \geqslant 10$,矛盾. 故

$$(y-3, y+4) = (y-3, 7) = 1$$

则 $(y-3) \mid 3$. 所以 $y-3$ 可取 1(舍去),3.

相应的

$$(x,y) = (10,6)$$

(5) 当 $z=5$ 时,$x = \frac{12(y+5)}{5y-12}$.

由 $x > y$ 有 $5y^2 - 24y - 60 < 0$,即

$$y < 2.4 + \sqrt{2.4^2 + 12}$$

故 $y \leqslant 6$. 又由 $y > 5$ 可知 $y = 6$,其不满足题设要求.

因此,共有 15 个满足题设要求的集合.

心得 体会 拓广 疑问

6.2.114 求方程 $3^x = 2^x y + 1$ 的正整数解.

(罗马尼亚,2005 年)

**解** 将方程改写为

$$3^x - 1 = 2^x y \quad ①$$

这表明,如果 $(x,y)$ 是解,则 $x$ 不能超过 $3^x - 1$ 的标准分解中因子 2 的指数. 记 $x = 2^m(2n+1)$,其中 $m$ 和 $n$ 是非负整数. 于是,可得

$$3^x - 1 = 3^{2^m(2n+1)} - 1 = (3^{2n+1})^{2^m} - 1 =$$

$$(3^{2n+1} - 1)\prod_{k=0}^{m-1}[(3^{2n+1})^{2^k} + 1] \quad ②$$

由于

$$3^{2n+1} = (1+2)^{2n+1} \equiv$$

$$[1 + 2(2n+1) + 4n(2n+1)] \pmod 8 \equiv$$

$$3 \pmod 8$$

则

$$(3^{2n+1})^{2^k} \equiv \begin{cases} 3, 当 k = 0 时 \\ 1, 当 k = 1,2,\cdots 时 \end{cases} \pmod 8$$

因此,对于所求的指数,当 $m = 0$ 时是 1,当 $m = 1,2,\cdots$ 时是 $m + 2$. 由此可以断定,$x$ 不能超过 $m + 2$.

由上面的分析可知,式 ② 右端可表示为

$(8t+2)(8t+4)(8r_1+2)(8r_2+2)\cdots(8r_{m-1}+2) =$

$2^{m+2}(4t+1)(2t+1)(4r_1+1)(4r_2+1)\cdots(4r_{m-1}+1) =$

$2^x y$(参看式 ①)

故

$$2^m \leqslant 2^m(2n+1) = x \leqslant m + 2$$

于是,$m \in \{0,1,2\}$ 且 $n = 0$.

由此可以断定,所给方程的正整数解是

$$(x,y) = (1,1),(2,2),(4,5)$$

6.2.115 求方程 $2^x + 3^y = 5^z$ 的自然数解.

(全苏数学冬令营,1991 年)

**解** $x = 1, y = 1, z = 1$ 显然是它的解.

当 $x = 1, y \geqslant 2$ 时

$$2^x + 3^y \equiv 2 \pmod 9$$

所以

$$5^z \equiv 2 \pmod 9$$

由于

$$5^5 = 3\ 125 \equiv 2 \pmod 9$$

$$5^6 = 15\ 625 \equiv 1 \pmod 9$$

心得 体会 拓广 疑问

于是 $$5^{6k+5} \equiv 2 \pmod 9$$
即 $$z = 6k + 5$$
所以 $$3^y = 5^{6k+5} - 2 \equiv 1 \pmod 7$$
于是 $$6 \mid y$$
由此得
$$2 = 5^z - 3^y \equiv 0 \pmod 4$$
这是不可能的.
当 $x = 2$ 时,则
$$3^y = 5^z - 4 \equiv 1 \pmod 4$$
所以 $y$ 是偶数,设 $y = 2y_1$,故
$$5^z = 4 + 3^y \equiv 4 \pmod 9$$
由此可得 $$z = 6k + 4$$
因此 $$4 = 5^z - 3^y = 5^{6k+4} - 9^{y_1} \equiv 0 \pmod 8$$
这也是不可能的,所以 $x = 2$ 时,方程无自然数解.
当 $x \geqslant 3$ 时,由
$$3^y = 5^z - 2^x \equiv 1 \pmod 4$$
知 $y = 2y_1$ 是偶数,于是
$$5^z = 2^x + 9^{y_1} \equiv 1 \pmod 8$$
知 $z = 2z_1$ 是偶数,所以
$$2^x = (5^{z_1} + 3^{y_1})(5^{z_1} - 3^{y_1})$$
可设 $$5^{z_1} + 3^{y_1} = 2^{x_1}$$
$$5^{z_1} - 3^{y_1} = 2^{x_2}$$
其中 $x_1 > x_2 \geqslant 0, x_1 + x_2 = x$. 消去 $5^{z_1}$,得
$$3^{y_1} = 2^{x_1-1} - 2^{x_2-1}$$
由此得 $$x_2 = 1$$
$$3^{y_1} = 2^{x-2} - 1 \equiv 0 \pmod 3$$
所以 $x - 2 = 2x_3$ 为偶数,
$$3^{y_1} = (2^{x_3} + 1)(2^{x_3} - 1)$$
又可设 $$2^{x_3} + 1 = 3^{y_2}$$
$$2^{x_3} - 1 = 3^{y_3}$$
则 $$3^{y_2} - 3^{y_3} = 2$$
于是 $$y_2 = 1, y_3 = 0$$
进而 $$x_3 = 1, x = 4, y = 2, z = 2$$
综上,有两组自然数解(1,1,1),(4,2,2).

6.2.116 求不能表示成 $|3^a - 2^b|$ 的最小素数,这里 $a$ 和 $b$ 是非负整数.

(中国国家集训队选拔考试,1995年)

**解** 经检验,2,3,5,7,11,13,17,19,23,29,31,37 都可以写成 $|3^a-2^b|$ 的形式,其中 $a$ 和 $b$ 为非负整数.

$$2=3^1-2^0,3=2^2-3^0$$
$$5=2^3-3^1,7=2^3-3^0$$
$$11=3^3-2^4,13=2^4-3^1$$
$$17=3^4-2^6,19=3^3-2^3$$
$$23=3^3-2^2,29=2^5-3^1$$
$$31=2^5-3^0,37=2^6-3^3$$

证明 41 是不能表示成 $|3^a-2^b|$ 的最小素数,这相当于证明不定方程

$$2^u-3^v=41 \quad ①$$

和

$$3^x-2^y=41 \quad ②$$

没有非负整数解.

设 $(u,v)$ 是方程 ① 的非负整数解,则有

$$2^u>41,u\geqslant 6$$

因此 $$2^u\equiv 0(\bmod 8)$$

则 $$-3^v\equiv 1(\bmod 8)$$

或

$$3^v\equiv -1(\bmod 8) \quad ③$$

当 $v$ 为非负偶数时

$$3^v\equiv 1(\bmod 8) \quad ④$$

当 $v$ 为正奇数时

$$3^v\equiv 3(\bmod 8) \quad ⑤$$

④,⑤ 与 ③ 矛盾. 所以,方程 ① 没有非负整数解.

设 $(x,y)$ 是方程 ② 的非负整数解,则

$$3^x>41,知 x\geqslant 4$$

因此

$$3^x\equiv 0(\bmod 3),2^y\equiv 1(\bmod 3)$$

于是 $y$ 只能为偶数. 设 $y=2t$,有 $2^y\equiv 0(\bmod 4)$. 从而

$$3^x\equiv 1(\bmod 4)$$

由此得知,$x$ 也只能是偶数,设 $x=2s$,则

$$41=3^x-2^y=3^{2s}-2^{2t}=(3^s+2^t)(3^s-2^t)$$

即有

$$\begin{cases}3^s+2^t=41\\3^s-2^t=1\end{cases}$$

解得 $3^s=21,2^t=20$ 此时没有非负整数解 $s,t$.

因而,方程 ② 没有非负整数解. 于是,所求的最小素数为 41.

心得 体会 拓广 疑问

6.2.117 已知$x,y$是互素的正整数,$k$是大于1的正整数,找出满足$3^n=x^k+y^k$的所有自然数$n$,并给出证明.

(第22届全俄数学奥林匹克,1996年)

**证明** 设$3^n=x^k+y^k,(x,y)=1,x,y\in\mathbf{N}$,不妨设$x>y,k>1,k\in\mathbf{N},n\in\mathbf{N}$.显然,$x,y$中的任何一个都不能被3整除.

若$k$是偶数,则

$$x^k\equiv 1(\bmod 3),y^k\equiv 1(\bmod 3)$$

因而
$$x^k+y^k\equiv 2(\bmod 3)$$

显然
$$3^n\neq x^k+y^k$$

若$k$是奇数,且$k>1$,则

$$3^n=(x+y)(x^{k-1}-x^{k-2}y+\cdots+y^{k-1})$$

这样就有

$$x+y=3^m,m\geqslant 1$$

$$\begin{aligned}A=&x^{k-1}-x^{k-2}y+x^{k-3}y^2-\cdots-xy^{k-2}+y^{k-1}=\\&x^{k-1}-x^{k-2}(3^m-x)+x^{k-3}(3^m-x)^2-\cdots-\\&x(3^m-x)^{k-2}+(3^m-x)^{k-1}=\\&nx^{k-1}+3B(B\text{ 是某个整数})\end{aligned}$$

由上面证明$3\nmid x,3\mid A$,于是$3\mid k$.取$x_1=x^{\frac{k}{3}},y_1=y^{\frac{k}{3}}$代入$x+y=3^m$得

$$x_1^{\frac{k}{3}}+y_1^{\frac{k}{3}}=3^m$$

于是$k=3$.

这样,已知方程化为$x^3+y^3=3^n,x+y=3^m$.

要证明$n\geqslant 2m$,只要证明

$$x^3+y^3\geqslant(x+y)^2$$

即

$$x^2-xy+y^2\geqslant x+y$$

由于$x\geqslant y+1$,则

$$x^2-x\geqslant xy$$

从而

$$(x^2-x-xy)+(y^2-y)\geqslant 0$$

即前式成立,故$n\geqslant 2m$,由恒等式

$$(x+y)^3-(x^3+y^3)=3xy(x+y)$$

可以推出

$$3^{2m-1}-3^{n-m-1}=xy \quad ①$$

由于

$$2m-1\geqslant 1,n-m-1\geqslant n-2m\geqslant 0 \quad ②$$

因此,如果 ② 中至少有一个不等号是严格不等号,那么式 ① 左端可被3整除,但右端不能被3整除,从而推出矛盾.

如果 $n-m-1=n-2m=0$,那么 $m=1,n=2$,且 $3^2=2^3+1^3$,故 $n=2$.

6.2.118 求所有的三元整数组 $(x,y,z)$,使得 $x^3+y^3+z^3-3xyz=2\ 003$.

(北欧,2003年)

**解** $(x+y+z)[(x-y)^2+(y-z)^2+(z-x)^2]=4\ 006$.

因为 $4\ 006=2\times 2\ 003$,且

$$(x-y)^2+(y-z)^2+(z-x)^2\equiv 0\pmod 2$$

所以

$$\begin{cases}x+y+z=1\\(x-y)^2+(y-z)^2+(z-x)^2=4\ 006\end{cases} \quad ①$$

或

$$\begin{cases}x+y+z=2\ 003\\(x-y)^2+(y-z)^2+(z-x)^2=2\end{cases} \quad ②$$

对于 ① 有

$$(x-y)^2+(x+2y-1)^2+(2x+y-1)^2=4\ 006$$

即

$$6x^2+6y^2+6xy-6x-6y+2=4\ 006$$

但 $4\ 006\equiv 4\pmod 6$,矛盾.

对于②,因为 $|x-y|,|y-z|,|z-x|$ 中有两个1,一个0,不妨设 $x\geqslant y\geqslant z$.

当 $x-1=y=z$ 时,$3y+1=2\ 003$,无解.

当 $x=y=z+1$ 时,$3x-1=2\ 003$,$x=668$.

因此满足条件的三元整数组为

$$(668,668,667),(668,667,668),(667,668,668)$$

6.2.119 已知 $x$ 和 $y$ 是质数,求不定方程 $x^y-y^x=xy^2-19$ 的解.

(巴尔干,2004年)

**解** 若 $x=y$,则显然无解.

由已知方程可得

$$x^y\equiv -19\pmod y$$

由于 $x,y$ 均为质数,且 $x\neq y$,所以 $(x,y)=1$.

心得 体会 拓广 疑问

由费马小定理,有 $x^{y-1}\equiv 1\pmod y$.

于是有 $$x+19\equiv 0\pmod y$$

同理 $$19-y\equiv 0\pmod x$$

因为 $$x-y+19\equiv 0\pmod y$$
$$x-y+19\equiv 0\pmod x$$

所以 $$x-y+19\equiv 0\pmod{xy}$$

易知 $x-y+19\neq 0$,于是,有
$$x+y+19>|x-y+19|\geqslant xy$$

即得 $$(x-1)(y-1)<20$$

因此 $$|x-y|<19,x-y+19\geqslant xy$$

即 $$(x+1)(y-1)\leqslant 18$$

所以当 $x\geqslant 5$ 时,$y=2$ 或 $y=3$.

但是 $x^2-2^x<0,x^3-3^x<0,xy^2-19>0$,矛盾.

从而,$x\leqslant 4$.

容易验证,原不定方程的解为(2,3)和(2,7).

6.2.120　证明:如果 $n$ 为正奇数,则当且仅当 $n=m(4k-1)$ 时方程 $\frac{1}{x}+\frac{1}{y}=\frac{4}{n}$ 有正整数解,这里 $m,k$ 为正整数.

(匈牙利,1980年)

**证明**　设 $n=m(4k-1),m,k\in\mathbf{N}^*$,则
$$\frac{1}{km}+\frac{1}{km(4k-1)}=\frac{4}{m(4k-1)}=\frac{4}{n}$$
因此方程有解
$$x=km,y=km(4k-1)$$
现在设 $x=2^qx_1,y=2y_1$ 满足方程,其中 $q,r\in\mathbf{N}^*$,$x_1,y_1$ 为奇数. 此时,如果 $q<r$,则
$$n=\frac{4xy}{x+y}=\frac{2^{q+r+2}x_1y_1}{2^q(x_1+2^{r-q}y_1)}$$
因为 $n$ 为奇数,所以 $q+r+2=q$,不可能. 同理,$q>r$ 也不可能. 因此 $q=r$,且 $n=\frac{2^{q+2}x_1y_1}{x_1+y_1}$ 为奇数. 从而奇数 $x_1$ 与 $y_1$ 之和被 4 整除. 这表明,它们被 4 除时的余数不同. 注意,如果在 $x_1$ 与 $y_1$ 的素因子分解式中所有形如 $4k-1$ 的素数出现的次数相同,其中 $k\in\mathbf{N}^*$,则有 $x_1\equiv y_1\pmod 4$,不可能. 因此,存在素数 $p=4k-1,k\in\mathbf{N}^*$,使得
$$x_1=p^ux_2,y_1=p^vy_2,u,v\in\mathbf{N}^*,u\neq v$$
其中 $x_2$ 与 $y_2$ 不被 $p$ 整除. 设 $v<v$($u>v$ 的情形仿此),则 $u+v>u$

心得 体会 拓广 疑问

且

$$n=\frac{2^{q+2}p^{u+v}x_2y_2}{p^u(x_2+p^{v-u}y_2)}$$

被 $p$ 整除,即 $n$ 具有形式

$$n=mp=m(4k-1)$$

6.2.121 设 $a_1,a_2,\cdots,a_{n+1}\in\mathbf{N}^*$,且 $(a_i,a_{n+1})=1,i=1,2,\cdots,n$,证明:方程 $x_1^{a_1}+x_2^{a_2}+\cdots+x_n^{a_n}=x_{n+1}^{a_{n+1}}$ 有无限多个正整数解.

(罗马尼亚,1977 年)

**证明** 如果 $n=1$,则对每个 $z\in\mathbf{N}^*$,$x_1=z_2^a,x_2=z_1^a$ 满足方程.现在设 $n>1$,则由中国剩余定理,存在无限多个自然数 $z$,使得

$$z\equiv 0(\bmod a_1a_2\cdots a_n),z\equiv -1(\bmod a_{n+1})$$

每个这样的 $z$ 对应着一组自然数

$$y_1=\frac{z}{a_1},y_2=\frac{z}{a_2},\cdots,y_n=\frac{z}{a_n},y_{n+1}=\frac{z+1}{a_{n+1}}$$

记 $x_i=n^{y_i}\in\mathbf{N}^*,i=1,2,\cdots,n,n+1$. 由于

$$\begin{aligned}x_1^{a_1}+x_2^{a_2}+\cdots+x_n^{a_n}=(n^{y_1})^{a_1}+(n^{y_2})^{a_2}+\cdots+(n^{y_n})^{a_n}=\\ n^z+n^z+\cdots+n^z=n\cdot n^z=\\ n^{z+1}=(n^{y_{n+1}})^{a_{n+1}}=x_{n+1}^{a_{n+1}}\end{aligned}$$

所以 $x_1,x_2,\cdots,x_n,x_{n+1}$ 是方程的解. 对于不同的 $z$,相应的 $x_1,x_2,\cdots,x_n,x_{n+1}$ 也不同,所以原方程有无限多个解.

6.2.122 设 $n$ 为一固定正整数,证明:对任何非负整数 $k$,方程 $x_1^3+x_2^3+\cdots+x_n^3=y^{3k+2}$ 有无限多组正整数解 $(x_1,x_2,\cdots,x_n;y)$.

(加拿大,1995 年)

**证明** 由于 $1^3+2^3+\cdots+n^3=\left[\frac{n(n+1)}{2}\right]^2$,因此,当 $k=0$ 时,$(x_1,x_2,\cdots,x_n;y)=\left(1,2,\cdots,n;\frac{n(n+1)}{2}\right)$ 是原方程的一组解.

现在,对给定的非负整数 $k$,构造原方程的无数多组正整数解如下:记 $a=\frac{n(n+1)}{2}$,设 $q$ 是任意正整数,则

$$\begin{aligned}&(a^kq^{3k+2})^3+(2a^kq^{3k+2})^3+\cdots+(na^kq^{3k+2})^3=\\ &a^{3k}q^{3(3k+2)}(1^3+2^3+\cdots+n^3)=\end{aligned}$$

心得 体会 拓广 疑问

$a^{3k}q^{3(3k+2)}\left(\frac{n(n+1)}{2}\right)^2=$

$a^{3k+2}q^{3(3k+2)}=(aq^3)^{3k+2}$

因此,$(x_1,x_2,\cdots,x_n;y)=(a^kq^{3k+2},2a^kq^{3k+2},\cdots,na^kq^{3k+2};aq^3)$ 是原方程的正整数解.

6.2.123　试求方程 $7^x-3\cdot 2^y=1$ 的所有自然数解.

(第16届全俄数学奥林匹克,1990年)

**解**　已知方程可化为

$$\frac{7^x-1}{7-1}=2^{y-1}$$

亦即

$$7^{x-1}+7^{x-2}+\cdots+1=2^{y-1} \quad ①$$

如果 $y=1$,则 $x=1$,从而得到方程的第一组自然数解 $(x,y)=(1,1)$.

设 $y>1$,此时,方程①的右端为偶数,左端是 $x$ 个奇数之和,因而 $x$ 是偶数.

于是方程①可化为

$$7^{x-2}(7+1)+7^{x-4}(7+1)+\cdots+(7+1)=2^{y-1}$$

$$(7+1)(7^{x-2}+7^{x-4}+\cdots+1)=2^{y-1}$$

$$7^{x-2}+7^{x-4}+\cdots+1=2^{y-4} \quad ②$$

由此可知,应有 $y\geqslant 4$.

如果 $y=4$,则 $x=2$,从而得到方程的第二组自然数解 $(x,y)=(2,4)$.

如果 $y>4$,则方程②的右边是偶数,而左边是 $\frac{x}{2}$ 个奇数之和,因此,$x$ 应是4的倍数.

于是方程②可化为

$$7^{x-4}(7^2+1)+7^{x-8}(7^2+1)+\cdots+(7^2+1)=2^{y-4}$$

$$(7^2+1)(7^{x-4}+7^{x-8}+\cdots+1)=2^{y-4} \quad ③$$

由③可得 $2^{y-4}$ 能被 $7^2+1=50$ 整除,这是不可能的.

因此,$y>4$ 时,方程无自然数解.

由以上,方程只有两组自然数解

$$(x,y)=(1,1),(2,4)$$

6.2.124　求方程 $\sqrt{2\sqrt{3}-3}=\sqrt{x\sqrt{3}}-\sqrt{y\sqrt{3}}$ 的有理数解.

(英国,1970年)

**解** 设 $x,y\in\mathbf{Q}$ 满足方程,则有

$$2\sqrt{3}-3=x\sqrt{3}+y\sqrt{3}-2\sqrt{3xy}$$

即

$$(x+y-2)\sqrt{3}=2\sqrt{3xy}-3$$

于是

$$3(x+y-2)^2=9+12xy-12\sqrt{3xy}$$

因此 $\sqrt{3xy}$ 为有理数,从而

$$x+y-2=0,2\sqrt{3xy}-3=0$$

(否则,$\sqrt{3}=\dfrac{2\sqrt{3xy}-3}{x+y-2}$ 为有理数,不可能),所以 $x,y$ 满足 $x+y=2,xy=\dfrac{3}{4}$,也即是方程

$$t^2-2t+\frac{3}{4}=0$$

的根,由于 $x>y$,所以原方程只有一个解

$$x=\frac{3}{2},y=\frac{1}{2}$$

经检验,它确实是方程的解.

6.2.125 求方程 $x^m=2^{2n+1}+2^n+1$ 的三元正整数解 $(x,m,n)$.

(土耳其,2003 年)

**解** 显然 $x$ 是奇数,记 $t$ 中 2 的幂次为 $V_2(t)$.

若 $m$ 是奇数,设 $y=x-1$,则

$$x^m-1=(y+1)^m-1=$$
$$y^m+C_m^1y^{m-1}+C_m^2y^{m-2}+\cdots+C_m^{m-1}y$$

其中 $C_m^{m-1}y$ 项中 2 的幂次为 $y$ 中 2 的幂次,其余项均满足

$$V_2(C_m^iy^i)=V_2(y)+(i-1)V_2(y)+V_2(C_m^i)>V_2(y)$$

故

$$V_2(x^m-1)=V_2(y)=V_2(x-1)$$

又

$$V_2(x^m-1)=V_2(2^{2n+1}+2^n)=n$$

有

$$V_2(x-1)=n$$

则

$$2^n\mid(x-1)$$

所以

$$x-1\geqslant2^n,x\geqslant2^n+1$$

而

$$x^3\geqslant(2^n+1)^3=2^{3n}+3\times2^{2n}+3\times2^n+1>$$
$$2^{2n+1}+2^n+1=x^m$$

所以 $m<3$. 故 $m=1$. 此时,$x=2^{2n+1}+2^n+1$.

若 $m$ 为偶数,设 $m=2m_0$,则

$$(x^{m_0})^2=7\times2^{2n-2}+(2^{n-1}+1)^2$$

即

$$(x^{m_0}-2^{n-1}-1)(x^{m_0}+2^{n-1}+1)=7\times 2^{2n-2}$$

若 $n=1$,则 $x^m=2^3+2^1+1=8+2+1=11$ 不是平方数,不可能.

因此 $n\geqslant 2$. 所以

$$x^{m_0}-2^{n-1}-1\not\equiv x^{m_0}+2^{n-1}+1 \pmod 4$$

又因为它们都是偶数,所以它们中间的一个2的幂次为1,只有下面四种情形

$$\begin{cases}x^{m_0}-2^{n-1}-1=14\\ x^{m_0}+2^{n-1}+1=2^{2n-3}\end{cases} \quad ①$$

$$\begin{cases}x^{m_0}-2^{n-1}-1=2^{2n-3}\\ x^{m_0}+2^{n-1}+1=14\end{cases} \quad ②$$

$$\begin{cases}x^{m_0}-2^{n-1}-1=7\times 2^{2n-3}\\ x^{m_0}+2^{n-1}+1=2\end{cases} \quad ③$$

$$\begin{cases}x^{m_0}-2^{n-1}-1=2\\ x^{m_0}+2^{n-1}+1=7\times 2^{2n-3}\end{cases} \quad ④$$

由①有 $2^{n-1}+1=2^{2n-4}-7$,即

$$2^{n-4}+1=2^{2n-7}$$

解得 $n=4, x^{m_0}=23$.

故 $x=23, m_0=1$.

由②有 $2^{n-1}+1=7-2^{2n-4}$,即 $2^{n-1}+2^{2n-4}=6$.

因为 $6=4+2$,故无解.

由③有 $2^{n-1}+1=1-7\times 2^{2n-4}$,也不可能.

由④有 $2^{n-1}+1=7\times 2^{2n-4}-1$,即

$$2^{n-2}+1=7\times 2^{2n-5}$$

考察二进制表示中1的个数,也不可能. 所以

$$(x,m,n)=(2^{2n+1}+2^n+1,1,n),(23,2,4)$$

**6.2.126** 求方程 $a^b=ab+2$ 的全部整数解.

（斯洛文尼亚,2004年）

**解** 如果 $b<0$,则对所有 $|a|>1$,数 $a^b$ 不是整数.

对于 $a=1$,可得 $1=b+2, b=-1$.

对于 $a=-1$,可得 $(-1)^b=-b+2$,此方程无解. 事实上,由 $b<0$,有 $-b+2\geqslant 3$,但 $(-1)^b=\pm 1$.

当 $b=0$ 时,所给的方程无解.

当 $b>0$ 时,数 $a^b$ 能被 $a$ 整除,于是,$a$ 整除2,这是因为 $a^b-ab=2$. 因此,$a$ 等于 $-2,-1,1,2$.

下面讨论每一种情况.

若 $a=-2$,有 $(-2)^b=-2b+2$,即

$$(-2)^{b-1}=b-1$$

不可能有整数 $b$ 满足这个方程.

事实上,如果数 $b$ 满足方程,它应该是奇数,即 $b=2s+1$,方程可改写为 $4^s=2s$,这是不可能的,因为对任何实数 $s$,都有 $4^s>2s$.

若 $a=-1$,则有 $(-1)^b=-b+2$,即

$$|-b+2|=1$$

因此,$b=1$ 或 $b=3$,但只有 $b=3$ 满足方程 $(-1)^b=-b+2$.

若 $a=1$,则有 $1=b+2$,在条件 $b>0$ 的情况下无解.

若 $a=2$,则有 $2^b=2(b+1)$,即 $2^{b-1}=b+1$,只有一个解 $b=3$.

当 $b>3$ 时,易用数学归纳法证明 $2^{b-1}>b+1$(对于 $b=4$,由 $2^{4-1}=8>4+1=5$,归纳证明可利用 $2^{(b+1)-1}=2\times 2^{b-1}>2(b+1)>(b+1)+2$).

因此满足方程的全部数对 $(a,b)$ 为

$$(2,3),(1,-1),(-1,3)$$

6.2.127　证明:不存在一对正整数 $x$ 和 $y$ 满足 $3y^2=x^4+x$.

(韩国,2004 年)

**证明**　用反证法.

如果方程 $3y^2=(x^3+1)x$ 有一组整数解 $x$ 和 $y$,由于 $x$ 与 $x^3+1$ 互质,即存在正整数 $u$ 和 $v$,使得 $y=uv$,且 $3u^2=x^3+1,v^2=x$,或 $u^2=x^3+1,3v^2=x$.

前一种情况显然是不可能的. 现假定后一种情况成立.

注意到,这时 $u^2=(x+1)(x^2-x+1)$,由于 $x\equiv 0(\bmod 3)$. 而 $x^2-x+1=(x+1)(x-2)+3$,又 $x+1$ 与 $x^2-x+1$ 互质.

因此存在正整数 $t$ 满足 $x^2-x+1=t^2$.

容易看出,方程 $x^2-x+1=t^2$ 只有一个正整数解 $x=1$,但这与 $x\equiv 0(\bmod 3)$ 矛盾.

因此题目结论成立.

6.2.128　求方程

$$|p^r-q^s|=1 \quad ①$$

的整数解,其中 $p,q$ 为素数,$r,s$ 是大于 1 的正整数,并证明你所得到的解是全部解.

(第 37 届美国普特南数学竞赛,1976 年)

**解**　由 $p,q,r,s$ 的对称性,不妨设 $p^r>q^s$,即不妨只考虑方程

心得 体会 拓广 疑问

$$p^r - q^s = 1 \quad ②$$

的整数解.

显然,$p$ 和 $q$ 不能全为奇素数,否则 $p^r - q^s$ 是偶数,不满足方程②. 于是 $p$ 和 $q$ 中必有一个等于2.

(1) 当 $p = 2$ 时

如果 $s = 2s'$ 是偶数,设奇数 $q = 2q' + 1$,则

$$q^s + 1 = (2q' + 1)^{2s'} + 1 \equiv 2 \pmod 4$$

不能被4整除,而

$$q^s + 1 = p^r = 2^r$$

当 $r > 1$ 时

$$2^r \equiv 0 \pmod 4$$

所以 $s$ 不能是偶数,即 $s$ 只能是奇数.

由 $s > 1$ 可得 $s \geqslant 3$.

$$p^r = 2^r = q^s + 1 = (q + 1)(q^{s-1} - q^{s-2} + \cdots - q + 1)$$

所以 $q + 1$ 只含素因子2,设

$$q + 1 = 2^t (t \geqslant 2)$$

$$2^r = q^s + 1 = (2^t - 1)^s + 1 =$$
$$-1 + 2^t s - C_s^2 (2^t)^2 + \cdots + 1 =$$
$$2^t (s - C_s^2 2^t + \cdots)$$

由于 $s - C_s^2 2^t + \cdots$ 与 $s$ 有相同的奇偶性. 由 $s$ 是奇数,可知 $s - C_s^2 2^t + \cdots$ 是奇数,故只能为1,于是 $t = r$. 从而方程化为 $2^r = (2^r - 1)^s + 1$. 于是 $s = 1$,与 $s > 1$ 矛盾.

所以 $p = 2$ 时,方程 ② 无解.

(2) 当 $q = 2$ 时,则由 ② 得

$$2^s = p^r - 1 = (p - 1)(p^{r-1} + p^{r-2} + \cdots + 1)$$

若 $r > 1$ 是奇数,则

$$p^{r-1} + p^{r-2} + \cdots + 1 > 1$$

是 $r$ 个奇数的和,故是奇数,这是不可能的. 所以 $r$ 是偶数.

设 $r = 2r_1$,则

$$2^s = p^r - 1 = p^{2r_1} - 1 = (p^{r_1} - 1)(p^{r_1} + 1)$$

此时,$p^{r_1} - 1$ 和 $p^{r_1} + 1$ 是两个相邻的偶数,它们都是2的正整数次幂,则必有

$$\begin{cases} p^{r_1} - 1 = 2 \\ p^{r_1} + 1 = 4 \end{cases}$$

因此 $$p = 3, r_1 = 1$$

此时 $$r = 2, s = 3$$

于是得到解

$$p = 3, q = 2, r = 2, s = 3$$

考虑到对称性,方程 ① 有两组解

$$p=3,q=2,r=2,s=3$$

和

$$p=2,q=3,r=3,s=2$$

6.2.129 求$\left(1+\frac{1}{x}\right)^{x+1}=\left(1+\frac{1}{1\ 988}\right)^{1\ 988}$的整数解.

(苏联,1988 年)

**解** 设 $x\in\mathbf{Z}$ 满足方程,则

$$\frac{(x+1)^{x+1}}{x^{x+1}}=\frac{1\ 989^{1\ 988}}{1\ 988^{1\ 988}}$$

上式两端都是既约分数,因此

$$x^{x+1}=1\ 988^{1\ 988}$$

如果 $x\geqslant 1\ 988$,则

$$x^{x+1}>1\ 988^{1\ 988}$$

如果 $0<x<1\ 988$,则

$$x^{x+1}<1\ 988^{1\ 988}$$

如果 $x<-1$,则记 $y=-(x+1)$,由原方程得到

$$1\ 988^{1\ 988}=y^{y}$$

因此 $y=1\ 988$,所以 $x=-1\ 989$. 经检验,$x=-1\ 989$ 是原方程的整数解.

6.2.130 求方程 $x^{r}-1=p^{n}$ 的满足下述两条件的所有正整数组解$(x,r,p,n)$:

(1)$p$ 是一个素数;

(2)$r\geqslant 2$ 和 $n\geqslant 2$.

**解** 分两种情况讨论:

(1) 当 $x=2$ 时,由于 $r\geqslant 2$,那么 $2^{r}-1$ 必是奇数,从而,利用

$$2^{r}-1=p^{n} \tag{①}$$

可以知道 $p$ 必为奇数. 再考虑 $n$,如果 $n$ 为偶数,由于

$$p=2k+1(k\in\mathbf{N})$$

记 $n=2l(l\in\mathbf{N})$,则

$$p^{n}+1=(2k+1)^{2l}+1=$$

$$(4k^{2}+4k+1)^{l}+1\equiv 2(\bmod 4) \tag{②}$$

于是,$p^{n}+1\neq 2^{r}$. 从而,$n$ 必为奇数,$n-1$ 为偶数,由于

$$1-p+p^{2}-p^{3}+p^{4}-p^{5}+\cdots+p^{n-3}-p^{n-2}+p^{n-1}=$$

心得 体会 拓广 疑问

$$\frac{1-p^{n-1}(-p)}{1-(-p)}=\frac{1+p^n}{1+p} \quad ③$$

那么

$$2^r=p^n+1=$$
$$(1+p)(1-p+p^2-p^3+\cdots+p^{n-3}-p^{n-2}+p^{n-1} \quad ④$$

$p$ 是奇素数,则 $1+p\geqslant 4$,由上式,有

$$1+p=2^t,t\in\mathbf{N} \text{ 和 } t\geqslant 2 \quad ⑤$$

即 $p=2^t-1$. 于是,再利用 $n=2s+1(s\in\mathbf{N})$,有

$$p^n+1=(2^t-1)^{2s+1}+1=$$
$$(2^t)^{2s+1}-C_{2s+1}^1(2^t)^{2s}+\cdots-C_{2s+1}^{2s-1}(2^t)^2+C_{2s+1}^{2s}2^t=$$
$$2^{2t}m+(2s+1)2^t(m\text{ 是整数}) \quad ⑥$$

由式 ⑥ 可以知道,$p^n+1$ 能被 $2^t$ 整除,但不能整除 $2^{t+1}$,于是,从式 ④ 第一个等式,可以知道,必定有

$$2^r=p^n+1=2^t \quad ⑦$$

又由于 $n\geqslant 3$,⑤ 与 ⑦ 是一对矛盾. 这表明当 $x=2$ 时,原方程没有满足题目条件的解.

(2) 当 $x\geqslant 3$ 时,利用

$$p^n=x^r-1=(x-1)(x^{r-1}+x^{r-2}+\cdots+x+1) \quad ⑧$$

可以知道,$x-1$ 是 $p$ 的某个幂次,再考虑到 $x-1\geqslant 2$,那么,必定有

$$x-1=p^m(m\in\mathbf{N}) \quad ⑨$$

由 ⑨ 可以推出

$$x\equiv 1(\bmod p) \quad ⑩$$

由 ⑧,又可以知道 $x^{r-1}+x^{r-2}+\cdots+x+1$ 也是 $p$ 的某个幂次,而由 ⑩ 有

$$x^{r-1}+x^{r-2}+\cdots+x+1\equiv \underbrace{1+1-\cdots+1+1}_{r\text{个}1}(\bmod p)=$$
$$r(\bmod p) \quad ⑪$$

于是 $r$ 必是 $p$ 的倍数.

如果 $p=2$,那么 $r$ 必是偶数. 记 $r=2r_1(r_1\in\mathbf{N})$. 由题目中方程,有

$$2^n=x^r-1=(x^{r_1}-1)(x^{r_1}+1) \quad ⑫$$

那么,$x^{r_1}-1$ 及 $x^{r_1}+1$ 都是 2 的幂次,而

$$(x^{r_1}+1)-(x^{r_1}-1)=2$$

则必定有 $x^{r_1}-1=2$(因为如果 $x^{r_1}-1=2^\alpha$,这里正整数 $\alpha\geqslant 2$,那么,一方面,$x^{r_1}+1$ 也应是2的幂次. 另一方面,$x^{r_1}+1>x^{r_1}-1$,因此,必有 $x^{r_1}+1=2^\beta$,这里正整数 $\beta\geqslant\alpha+1$,从而,可以得到

$$(x^{r_1}+1)-(x^{r_1}-1)=2^\beta-2^\alpha=2^\alpha(2^{\beta-\alpha}-1)$$

上式右端不可能等于 2,矛盾). $x^{r_1}=3$,又 $x\geqslant 3$. 那么,必有

心得 体会 拓广 疑问

$$x=3, r_1=1, r=2, 2^n=3^2-1=8, n=3$$

这样,得到一组满足题目条件的解

$$x=3, r=2, p=2, n=3 \tag{13}$$

如果 $p\geqslant 3$,由 ⑨,有

$$x^r-1=(p^m+1)^r-1=rp^m+\sum_{i=2}^{r}C_r^i(p^m)^i \tag{14}$$

考虑上式右端 $\sum$ 中每一项 $C_r^i(p^m)^i(2\leqslant i\leqslant r)$,明显地

$$C_r^i(p^m)^i=\frac{r!}{i!\ (r-i)!}(p^m)^i=\frac{(r-1)!}{(i-1)!\ (r-i)!}\ \frac{r}{i}(p^m)^i= C_{r-1}^{i-1}rp^m\frac{(p^m)^{i-1}}{i} \tag{15}$$

下面证明:对于任意正整数 $i\geqslant 2$

$$i<(p^m)^{i-1} \tag{16}$$

当 $i=2$ 时,显然有

$$2<p^m \tag{17}$$

设 $i=k\geqslant 2$ 时,有

$$k<(p^m)^{k-1} \tag{18}$$

当 $i=k+1$ 时,利用 ⑰ 和 ⑱,有

$$k+1<2k<2(p^m)^{k-1}<(p^m)^k \tag{19}$$

从而,⑯ 成立. 因此,$i$ 的素因子分解式中 $p$ 的幂次小于 $m(i-1)$. 又 $C_{r-1}^{i-1}$ 是正整数,所以,$C_r^i(p^m)^i$ 的素因子分解式中所含 $p$ 的幂次高于 $rp^m$ 中所含 $p$ 的幂次 $\alpha$,从而 $x^r-1$ 能被 $p^\alpha$ 整除,但不能被 $p^{\alpha+1}$ 整除,由 ⑭ 和题目中方程,有

$$p^\alpha<x^r-1=p^n \tag{20}$$

因此 $n>\alpha$,矛盾. 因此,满足题目的解只有 ⑬ 一组解.

6.2.131　设 $a$ 是给定的正整数,$A$ 和 $B$ 是两个实数,试确定方程组

$$x^2+y^2+z^2=(13a)^2$$

$$x^2(Ax^2+By^2)+y^2(Ay^2+Bz^2)+z^2(Az^2+Bx^2)=\frac{1}{4}(2A+B)(13a)^4$$

有正整数解的充分必要条件(用 $A,B$ 的关系式表示,并予以证明).

(第 5 届中国中学生数学冬令营,1990 年)

**解**　第一个方程平方得

$$x^4+y^4+z^4+2x^2y^2+2y^2z^2+2z^2x^2=(13a)^4$$

乘以 $\frac{1}{2}B$ 得

心得 体会 拓广 疑问

$$\frac{1}{2}B(x^4+y^4+z^4)+B(x^2y^2+y^2z^2+z^2x^2)=\frac{1}{2}B(13a)^4 \quad ①$$

式 ① 与第二个方程相减得

$$(A-\frac{1}{2}B)(x^4+y^4+z^4)=\frac{1}{2}(A-\frac{1}{2}B)(13a)^4 \quad ②$$

下面分两种情况讨论.

(1) 当 $A\neq\frac{1}{2}B$ 时

$$A-\frac{1}{2}B\neq 0$$

则方程 ② 等价于

$$2(x^4+y^4+z^4)=(13a)^4 \quad ③$$

设原方程组有正整数解 $(x,y,z)$，则正整数 $x,y,z$ 必定满足方程 ③.

显然，$a$ 必为偶数.

设 $a=2a_1$，则方程 ③ 等价于

$$x^4+y^4+z^4=8(13a_1)^4 \quad ④$$

由方程 ④ 可知，$x,y,z$ 必定全为偶数. 否则，如果 $x,y,z$ 都为奇数，或者一个为奇数，两个为偶数，则方程 ④ 的左边为奇数，右边为偶数；如果两个为奇数，一个为偶数，则方程 ④ 的左边为 $8k+2$ 型的数，右边为 $8k$ 型的数，这都不可能.

设 $x=2x_1,y=2y_1,z=2z_1$，则方程 ④ 等价于

$$2(x_1^4+y_1^4+z_1^4)=(13a_1)^4$$

显然，$a_1$ 必为偶数.

设 $a_1=2a_2$，利用类似的推理可知：$x_1,y_1,z_1$ 也都是偶数.

设 $x_1=2x_2,y_1=2y_2,z_1=2z_2$，则有

$$2(x_2^4+y_2^4+z_2^4)=(13a_2)^4$$

由于 $a$ 为给定的正整数，所以上述推理过程经过有限次可得到整数 $x_k,y_k,z_k$，且满足

$$2(x_k^4+y_k^4+z_k^4)=13^4$$

这显然是不可能的.

从而当 $A\neq\frac{1}{2}B$ 时，原方程没有正整数解.

(2) 当 $A=\frac{1}{2}B$ 时：

若 $A=B=0$，则第二个方程为恒等式.

若 $B\neq 0$，则 $A\neq 0$，于是第二个方程即为

$$(x^2+y^2+z^2)^2=(13a)^4$$

即

$$x^2+y^2+z^2=(13a)^2$$

这就是说,无论何种情况,如果$(x,y,z)$满足第一个方程也必定满足第二个方程,从而方程组显然有解

$$x=3a,y=4a,z=12a$$

于是,方程组有正整数解的充分必要条件是

$$A=\frac{1}{2}B$$

6.2.132　解方程$28^x=19^y+87^z$,这里$x,y,z$为整数.

(第28届国际数学奥林匹克候选题,1987年)

**解**　如果$x,y$和$z$中有负整数,则易知$x,y,z$都是负整数,用$28^{-x},19^{-y}$和$87^{-z}$的最小公倍数乘方程

$$28^x=19^y+87^z \qquad ①$$

的两边,由于$3\mid 87$,则左边所得的整数能被3整除,而右边的第二项不能被3整除,第一项能被3整除,方程①不成立.

所以若方程①有解,则$x,y$和$z$都需是非负整数,并且显然有

$$x>z\geqslant 0$$

考虑方程①的两边以4为模的余数,则令$x=2k,y=2m,z=2n$,则有

$$2^{6k}=(17^n-15^m)(17^n+15^m)$$

从而有

$$17^n-15^m=2^t \qquad ①$$

$$17^n+15^m=2^{6k-t} \qquad ②$$

由$t<6k-t$得

$$1\leqslant t<3k \qquad ③$$

①+②得

$$2\cdot 17^n=2^t(2^{6k-2t}+1) \qquad ④$$

由③可知　$6k-2t>0$

所以$2^{6k-2t}+1$为奇数.

因此由式④得$t=1$.

由①有

$$17^n-15^m=2 \qquad ⑤$$

考虑$17^n,15^m$被9除的余数.

当$m\geqslant 2$时

$$15^m\equiv 0\pmod 9$$

当$n$为奇数时　$17^n\equiv 8\pmod 9$

当$n$为偶数时　$17^n\equiv 1\pmod 9$

所以当$m\geqslant 2$时,式⑤不成立.

因此仅当$m=1,n=1$时,⑤有解.

心得 体会 拓广 疑问

心得 体会 拓广 疑问

此时由 ② 知 $k=1$.

于是已知方程有唯一一组解

$$(x,y,z)=(2,2,2)$$

由以上 $x,y$ 和 $z$ 均是3的倍数，且为正整数，则方程 ① 可化为

$$(28^{\frac{x}{3}})^3+(19^{\frac{y}{3}})^3=(87^{\frac{z}{3}})^3$$

设 $x_1=28^{\frac{x}{3}},y_1=19^{\frac{y}{3}},z_1=87^{\frac{z}{3}}$，则 $x_1,y_1$ 和 $z_1$ 都是正整数，且方程化为

$$x_1^3+y_1^3=z_1^3$$

由于当 $n=3$ 时，费马大定理成立，故此方程无正整数解.

于是方程 ① 无整数解.

6.2.133　求所有的整数对 $(a,b)$，其中 $a\geqslant 1,b\geqslant 1$，且满足等式

$$a^{b^2}=b^a \quad ①$$

（第38届国际数学奥林匹克，1997年）

**解**　当 $a,b$ 中有一个等于1，则另一个必为1，所以有一组解

$$(a,b)=(1,1)$$

当 $a,b\geqslant 2$ 时，设 $t=\dfrac{b^2}{a}$. 式 ① 化为 $a^{\frac{b^2}{a}}=b=a^t$，且 $at=b^2=a^{2t}$. 从而 $t=a^{2t-1}$，有 $t>0$.

如果 $2t-1\geqslant 1$，则

$$t=a^{2t-1}\geqslant (1+1)^{2t-1}\geqslant 1+(2t-1)=2t>t$$

矛盾，知 $2t-1\geqslant 1$ 不真，从而 $2t-1<1$. 于是 $0<t<1$.

设 $k=\dfrac{1}{t}$，则 $k$ 为大于1的有理数.

由 $a=b^k$ 可知

$$k=b^{k-2} \quad ②$$

由 $k>1$ 知 $k>2$.

设 $k=\dfrac{p}{q},p,q\in\mathbf{N},(p,q)=1$，由 $k>2$ 知 $p>2q$. 由式 ② 可得

$$\left(\frac{p}{q}\right)^q=k^q=b^{p-2q}\in\mathbf{Z}$$

这意味着 $q^q\mid p^q$. 但 $(p,q)=1$，则 $q=1$. 从而 $k$ 为大于2的自然数.

当 $b=2$ 时，由式 ② 得 $k=2^{k-2}>2$，知 $k\geqslant 4$. 由

$$k=2^{k-2}\geqslant \mathrm{C}_{k-2}^0+\mathrm{C}_{k-2}^1+\mathrm{C}_{k-2}^2=$$

$$1+(k-2)+\frac{(k-2)(k-3)}{2}=$$

心得 体会 拓广 疑问

$$1+\frac{(k-1)(k-2)}{2}\geqslant 1+k-1=k$$

等号当且仅当 $k=4$ 成立,所以

$$a=b^k=2^4=16$$

这时有解 $(a,b)=(16,2)$.

当 $b\geqslant 3$ 时

$$k=b^{k-2}\geqslant (1+2)^{k-2}\geqslant 1+2(k-2)=2k-3$$

从而 $k\leqslant 3$. 注意到 $k>2$,所以 $k=3$.

于是只有 $b=3$. $a=b^k=3^3=27$. 这时有解 $(a,b)=(27,3)$.

综上,本题有解 $(1,1)$,$(16,2)$,$(27,3)$.

6.2.134 证明如下不定方程

(1) $x^2+y^2+z^2=2xyz$;(2) $x^2+y^2=x^2y^2$;

(3) $x^2+y^2+z^2=x^2y^2$;(4) $x^4-4y^4=z^2$;

(5) $x^4+4y^4=z^2$;(6) $x^4-y^4=z^2$;

(7) $x^3+y^3+z^3+x^2y+y^2z+z^2x+xyz=0$;

(8) $\frac{1}{x^2}+\frac{1}{xy}+\frac{1}{y^2}=1$.

都没有正整数解.

**证明** (1) 设 $x_0,y_0,z_0$ 是方程的一组正整数解,于是

$$x_0^2+y_0^2+z_0^2=2x_0y_0z_0$$

可以证明,$x_0,y_0,z_0$ 只能都是偶数. 事实上,$x_0,y_0,z_0$ 不能都是奇数,这是因为奇数的平方关于模 4 与 1 同余,于是就有

$$x_0^2+y_0^2+z_0^2\equiv 3(\bmod 4)$$
$$2x_0y_0z_0\equiv 2(\bmod 4)$$

但 $2\not\equiv 3(\bmod 4)$,$x_0,y_0,z_0$ 也不能两个是奇数,一个是偶数,否则有

$$x_0^2+y_0^2+z_0^2\equiv 2(\bmod 4)$$
$$2x_0y_0z_0\equiv 0(\bmod 4)$$

但 $2\not\equiv 0(\bmod 4)$. 同样 $x_0,y_0,z_0$ 也不能一个是奇数,两个是偶数,否则有

$$x_0^2+y_0^2+z_0^2\equiv 1(\bmod 4)$$
$$2x_0y_0z_0\equiv 0(\bmod 4)$$

但 $1\not\equiv 0(\bmod 4)$.

因此,$\frac{x_0}{2},\frac{y_0}{2},\frac{z_0}{2}$ 均为正整数,且满足

$$\left(\frac{x_0}{2}\right)^2+\left(\frac{y_0}{2}\right)^2+\left(\frac{z_0}{2}\right)^2=\frac{1}{4}(x_0^2+y_0^2+z_0^2)=$$

心得 体会 拓广 疑问

$$\frac{1}{4}(2x_0y_0z_0)=$$
$$4\left(\frac{x_0}{2}\cdot\frac{y_0}{2}\cdot\frac{z_0}{2}\right)$$

由于上式右端 $\equiv 0(\bmod 4)$,因此同上一样证明$\frac{x_0}{2},\frac{y_0}{2},\frac{z_0}{2}$只能全部是偶数. 从而$\frac{x_0}{4},\frac{y_0}{4},\frac{z_0}{4}$全部是正整数,且满足

$$\left(\frac{x_0}{4}\right)^2+\left(\frac{y_0}{4}\right)^2+\left(\frac{z_0}{4}\right)^2=8\left(\frac{x_0}{4}\cdot\frac{y_0}{4}\cdot\frac{z_0}{4}\right)$$

完全一样证明,$\frac{x_0}{4},\frac{y_0}{4},\frac{z_0}{4}$均为偶数,$\frac{x_0}{8},\frac{y_0}{8},\frac{z_0}{8}$是正整数. 如此不断继续下去,可知对于任何正整数 $n$,有$\frac{x_0}{2^n},\frac{y_0}{2^n},\frac{z_0}{2^n}$均为正整数. 但由假设 $x_0,y_0,z_0$ 是确定的正整数,这是不可能的. 因此,所给方程无正整数.

(2) 设 $x=x_0,y=y_0$ 是所给方程的正整数解,即

$$x_0^2+y_0^2=x_0^2y_0^2$$

可以证明 $x_0,y_0$ 是偶数(与(1) 完全一样证明). 因此,$\frac{x_0}{2},\frac{y_0}{2}$是正整数,且满足

$$\left(\frac{x_0}{2}\right)^2+\left(\frac{y_0}{2}\right)^2=4\left(\frac{x_0}{2}\right)^2\cdot\left(\frac{y_0}{2}\right)^2$$

同样可以证明$\frac{x_0}{2},\frac{y_0}{2}$也均为偶数,从而$\frac{x_0}{4},\frac{y_0}{4}$是正整数. 如此不断继续下去,可知对任意正整数 $n$,$\frac{x_0}{2^n},\frac{y_0}{2^n}$均为正整数,但这是不可能的.

(3) 证法完全同(1) 与(2).

(4) 先将方程变形如下

$$\begin{aligned}z^4=(x^4-4y^4)^2&=x^8-8x^4y^4+16y^8=\\&(x^8+8x^4y^4+16y^8)-16x^4y^4=\\&(x^4+4y^4)^2-(2xy)^4\end{aligned}$$

故

$$(2xy)^4+z^4=(x^4+4y^4)^2$$

因此所给方程 $z^2=x^4-4y^4$ 有正整数解 $x_0,y_0,z_0$,那么 $2x_0y_0,z_0$,$x_0^4+4y_0^4$ 将是 $x^4+y^4=z^2$ 的正整数解. 因方程 $x^4+y^4=z^2$ 无正整数解,所以所给方程无正整数解.

(5) 设 $x_0,y_0,z_0$ 是 $x^4+4y^4=z^2$ 的 $z$ 值最小的正整数解,即

$x_0^4+4y_0^4=z_0^2$.

如果$(x_0,y_0)=d$,则设$x_0=x'd,y_0=y'd,(x',y')=1$,而有

$$d^4(x'^4+4y'^4)=z_0^2$$

故$d^2\mid z_0$,从而$\frac{z_0}{d^2}$是正整数,且满足

$$\left(\frac{x_0}{d}\right)^4+4\left(\frac{y_0}{d}\right)^4=\left(\frac{z_0}{d^2}\right)^2$$

因此$\frac{x_0}{d},\frac{y_0}{d},\frac{z_0}{d^2}$也是方程的解,由于$z_0$是$z$值最小的正整数解,故$d=1$.从而知$(x_0,y_0)=1$.同理有

$$(x_0,z_0)=1,(y_0,z_0)=1$$

于是满足$(x_0^2)^2+(2y_0^2)^2=z_0^2$的$x_0^2,2y_0^2,z_0$可表作

$$x_0^2=a^2-b^2,y_0^2=ab,z_0=a^2+b^2$$

又由$x_0^4+4y_0^4=z_0^2$和$(x_0,z_0)=1$,便知$x_0$必为奇数,否则将有$x_0^4\equiv z_0^2 \pmod 4$,从而$z_0$也是偶数,这与$(x_0,z_0)=1$矛盾.这样$z_0$也是奇数.因此,$a,b$必同时是奇数,或一个是偶数,一个是奇数(不能同时为偶数).但如果同为奇数,那么$x_0$将为偶数,所以$a,b$必然一个为偶数,一个为奇数.

如果$a$为偶数,$b$为奇数,那么

$$a^2\equiv 0 \pmod 4,b^2\equiv 1 \pmod 4$$

于是就有$x_0^2\equiv -1 \pmod 4$,但$x_0$是奇数,$x_0^2\equiv 1 \pmod 4$,此即矛盾.故$a$是奇数,$b$是偶数.又由于$(x_0,y_0)=1,(x_0^2,y_0^2)=1$,故有$(a,b)=1$.将$y_0^2$作素因数分解,并注意到$(a,b)=1$,知存在正整数$u,v$,使

$$a=u^2,b=v^2$$

由$(a,b)=1$,知$(u,v)=1$.于是

$$x_0^2=u^4-v^4$$

即

$$x_0^2+v^4=u^4$$

又由于$(u,v)=1$,故$(x_0,v)=1$,从而$(x_0,v^2)=1$.因此知存在正整数$l,m$,使

$$x_0=l^2-m^2,v^2=2lm,u^2=l^2+m^2$$

由$(u,v)=1$,可知$(l,m)=1$.再将$v^2$作素因数分解知存在正整数$s,t$,使

$$l=s^2,m=2t^2$$

因此有

$$u^2=s^4+4t^4$$

又因为

心得 体会 拓广 疑问

$$z_0=a^2+b^2=u^4+v^4>u>0$$

这就表示 $x=s,y=t,z=u$ 是 $x^4+4y^4=z^2$ 的正整数解，而 $0<u<z_0$，这与 $z_0$ 的定义矛盾，故

$$x^4+4y^4=z^2$$

无正整数解.

(6) 将方程 $x^4-y^4=z^2$ 变形如下

$$z^4=(x^4-y^4)^2=x^8-2x^4y^4+y^8+4x^4y^4-4x^4y^4=(x^4+y^4)^2-4x^4y^4$$

即

$$z^4+4(xy)^4=(x^4+y^4)^2$$

因此，如果 $x^4-y^4=z^2$ 有正整数解 $x_0,y_0,z_0$，那么就有

$$z_0^4+4(x_0y_0)^4=(x_0^4+y_0^4)^2$$

也就是 $x=z_0,y=x_0y_0,z=x_0^4+y_0^4$ 将是 $x^4+4y^4=z^2$ 的正整数解. 但因 $x^4+4y^4=z^2$ 无正整数解，故 $x^4-y^4=z^2$ 无正整数解.

(7) 设 $x_0,y_0,z_0$ 为所给方程的 $z$ 值最小的正整数解，则

$$x_0^3+y_0^3+z_0^3+x_0^2y_0+y_0^2z_0+z_0^2x_0+x_0y_0z_0=0$$

可以证明 $x_0,y_0,z_0$ 均为偶数. 事实上，如果 $x_0,y_0,z_0$ 中一个是奇数，两个是偶数，则由上述等式将得到 $1\equiv 0\pmod 2$，但这不可能；如果 $x_0,y_0,z_0$ 有两个是奇数，一个是偶数，将得 $3\equiv 0\pmod 2$；如果 $x_0,y_0,z_0$ 均为奇数，将得 $7\equiv 0\pmod 2$，这都不可能. 所以 $x_0,y_0,z_0$ 均为偶数，从而 $\frac{x_0}{2},\frac{y_0}{2},\frac{z_0}{2}$ 为正整数，且满足

$$\left(\frac{x_0}{2}\right)^3+\left(\frac{y_0}{2}\right)^3+\left(\frac{z_0}{2}\right)^3+\left(\frac{x_0}{2}\right)^2\left(\frac{y_0}{2}\right)+\left(\frac{y_0}{2}\right)^2\left(\frac{z_0}{2}\right)+\left(\frac{z_0}{2}\right)^2\left(\frac{x_0}{2}\right)+\left(\frac{x_0}{2}\cdot\frac{y_0}{2}\cdot\frac{z_0}{2}\right)=\frac{1}{8}(x_0^3+y_0^3+z_0^3+x_0^2y_0+y_0^2z_0+z_0^2x_0+x_0y_0z_0)=0$$

因此，$\frac{x_0}{2},\frac{y_0}{2},\frac{z_0}{2}$ 也是所给方程的正整数，但 $z_0>\frac{z_0}{2}>0$，这与 $z_0$ 的定义矛盾. 所以所给方程无正整数解.

(8) 如果不定方程 $\frac{1}{x^2}+\frac{1}{xy}+\frac{1}{y^2}=1$ 有正整数解 $x_0,y_0$，那么由 $\frac{1}{x_0^2}+\frac{1}{x_0y_0}+\frac{1}{y_0^2}=1$，有

$$x_0^2+x_0y_0+y_0^2=x_0^2y_0^2$$

从而

$$(2x_0y_0+1)^2=[2(x_0+y_0)]^2+1$$

令 $a=2x_0y_0+1,b=2(x_0+y_0)$，$a,b$ 显然是正整数，这样就有

心得 体会 拓广 疑问

$a^2-b^2=1$,即

$$(a+b)(a-b)=1$$

但 $a+b,a-b$ 均为整数,上式不能成立,故所给方程无正整数解.

**注** 本题也可用无穷递降法证明. 事实上,当 $x_0^2+x_0y_0+y_0^2=x_0^2y_0^2$ 时,$x_0,y_0$ 只能为偶数,从而 $\frac{x_0}{2},\frac{y_0}{2}$ 是正整数,继续之,可证得对于任意正整数 $n,\frac{x_0}{2^n},\frac{y_0}{2^n}$ 是正整数,但这不可能.

6.2.135 证明:所有使方程

$$\frac{1}{x}+\frac{1}{y}=\frac{3}{n}$$

没有自然数解的 $n\in\mathbf{N}$ 的集合不能表示成有限个算术级数(不论有限或无限)之集合的并集.

(评委会,加拿大,1982年)

**证明** 设题中所说的自然数集合 $M$ 可表为有限个算术级数集合之并集,证明这些级数中没有无限算术级数. 事实上,设集合 $M$ 含有所有形如 $a+jd$ 的数,其中 $a,d\in\mathbf{N}$ 是取定的,而 $j\in\mathbf{Z}^*$. 因为当 $n=3d-1$ 时

$$\frac{3}{n}=\frac{3}{3d-1}=\frac{1}{d}+\frac{1}{d(3d-1)}=\frac{1}{x}+\frac{1}{y}$$

所以 $3d-1\notin M$.

其次,由

$$\frac{3}{n}=\frac{1}{x}+\frac{1}{y}$$

可得

$$\frac{3}{mn}=\frac{1}{mx}+\frac{1}{my}$$

其中 $m\in\mathbf{N}$,因此如果 $n\notin M$,则对任意 $m\in\mathbf{N},mn\notin M$. 现在取 $m$,使得 $m\equiv -a\pmod d$,且 $m\geqslant\frac{a}{3d-1}$. 于是

$$m(3d-1)\equiv 0\pmod d$$

因此存在 $j\in\mathbf{Z}^*$,使得

$$m(3d-1)=a+jd\in M$$

另一方面,因为 $3d-1\notin M$,所以 $m(3d-1)\notin M$,矛盾. 这表明,集合 $M$ 只能是有限个有限的算术级数之集合的并. 下面证明,集合 $M$ 含有无限多个数. 为此只需验证,对任意 $k\in\mathbf{Z}^*,n=7^k\in M$. 否则方程

$$\frac{3}{7^k}=\frac{1}{x}+\frac{1}{y}$$

有解 $x,y\in\mathbf{N}$. 记 $q=(x,y)$,则

$$x=qx_1, y=qy_1, (x_1, y_1)=1$$

且

$$\frac{3}{7^k}=\frac{x+y}{xy}=\frac{x_1-y_1}{qx_1y_1}$$

即

$$7^k(x_1+y_1)=3qx_1y_1$$

注意,$(x_1+y_1, x_1y_1)=1$,这是因为如果素数$p$整除$x_1y_1$,则因$(x_1, y_1)=1$,所以$x_1$与$y_1$恰有一个被$p$整除,从而$x_1+y_1$不被$p$整除.由于$7^k(x_1+y_1)$被$x_1y_1$整除.因此

$$x_1=7^u, y_1=7^v, u, v\in \mathbf{Z}^*$$

$$x_1=(2\cdot 3+1)^u\equiv 1(\bmod 3), y_1=(2\cdot 3+1)^v\equiv 1(\bmod 3)$$

$$x_1+y_1\equiv 2(\bmod 3)$$

即$7^k(x_1+y_1)$不被3整除,与$7^k(x_1+y_1)=3qx_1y_1$相矛盾.因此,无限集合$M$不能表示成有限多个有限算术级数集合之并.

6.2.136 $x, y, p, n, k$都是正整数,且满足:$x^n+y^n=p^k$.

证明:如果$n$是大于1的奇数,$p$是奇素数,那么,$n$可以表示为$p$的以正整数为指数的幂.

(第22届全俄数学奥林匹克,1996年)

**证明** 设$m=(x, y)$,则

$$x=mx_1, y=my_1, (x_1, y_1)=1$$

由已知条件可得

$$m^n(x_1^n+y_1^n)=p^k$$

因此,对某个非负整数$a$,有

$$x_1^n+y_1^n=p^{k-n\alpha}$$

由于$n$是奇数,则有

$$\frac{x_1^n+y_1^n}{x_1+y_1}=x_1^{n-1}-x_1^{n-2}y+x_1^{n-3}y^2-\cdots-x_1y^{n-2}+y_1^{n-1}$$

设上式等号右端的数为$A$.由$p>2$,$x_1$与$y_1$至少有一个大于1,$n>1$可知,$A>1$.

由等式①推出

$$A(x_1+y_1)=p^{\varepsilon-n\alpha}$$

因为$x_1+y_1>1$,$A>1$,所以$p\mid A$,$p\mid x_1+y_1$.因而存在某个正整数$\beta$,使$x_1+y_1=p^\beta$.这样就有

$$\begin{aligned}A=&x_1^{n-1}-x_1^{n-2}(p^\beta-x_1)+x_1^{n-3}(p^\beta-x_1)^2+\cdots-\\&x_1(p^\beta-x_1)^{n-2}+(p^\beta-x_1)^{n-1}=\\&nx_1^{n-1}+Bp\end{aligned}$$

心得 体会 拓广 疑问

其中 $B$ 是某一个正整数.

由于 $p \mid A,(x_1,p)=1$,所以 $p \mid n$.

设 $n=pq$,那么 $x^{pq}+y^{pq}=p^k$,即 $(x^p)^q+(y^p)^q=p^k$.

如果 $q>1$,可以用上面的证法(把 $x^p$ 和 $y^p$ 各看作一个数)得到 $p \mid q$.

如果 $q>1$,则 $n=p$.

这样重复下去,便可推出,对某个正整数 $l$,有 $n=p^l$.

6.2.137 已知 $n$ 是正整数,如果存在整数 $a_1,a_2,\cdots,a_n$(不一定是不同的)使得

$$a_1+a_2+\cdots+a_n=a_1a_2\cdots a_n=n$$

则称 $n$ 是"迷人的",求迷人的整数.

**解** 若 $k=4t+1,t\in \mathbf{N}$,显然满足要求. 取 $4t+1$ 及 $2t$ 个 1,$2t$ 个 $-1$ 即可.

若 $k=4$,则 $a_1a_2a_3a_4=4$. 只可能是 $a_4=4$ 或 $a_4=a_3=2$,显然无解.

若 $k=4t,t\geqslant 2$,分两种情况讨论.

当 $t$ 为奇数时,取 $2t,-2,x$ 个 1,$y$ 个 $-1$($x,y$ 待定),则

$$\begin{cases}x+y=4t-2\\x-y+2t-2=4t\end{cases}$$

解得

$$x=3t,y=t-2$$

显然,这样一组数满足题设要求.

当 $t$ 为偶数时,类似地取 $2t,2,x$ 个 1,$y$ 个 $-1$($x,y$ 待定),则

$$\begin{cases}x+y=4t-2\\x-y=2t-2\end{cases}$$

解得 $x=3t-2,y=t$. 这一组数必满足题设要求.

综上,$4t(t\geqslant 2)$ 型数是迷人的.

下面证明:$4t+2,4t+3$ 型数不是迷人的.

若 $4t+2$ 型数是迷人的,设

$$4t+2=a_1+a_2+\cdots+a_{4t+2}=a_1a_2\cdots a_{4t+2}$$

易知,$a_i$ 中有且仅有一个偶数,其余 $4t+1$ 个数均为奇数,故 $a_1+a_2+\cdots+a_{4t+2}$ 必为奇数. 矛盾. 因此,$4t+2$ 型数不是迷人的.

若 $4t+3$ 型数是迷人的,设

$$4t+3=a_1a_2\cdots a_{4t+3}=a_1+a_2+\cdots+a_{4t+3}$$

其中模 4 余 1 的有 $x$ 个,模 4 余 3 的有 $4t+3-x$ 个.

故 $$x+3(4t+3-x)\equiv 3 \pmod 4$$

所以 $$2x\equiv 2 \pmod 4$$

于是,$x$ 为奇数,$4t+3-x$ 为偶数. 则

$$3 \equiv 4t+3 = a_1 a_2 \cdots a_{4t+3} \equiv 1^x \times 3^{4t+3-x} \equiv 1 \pmod 4$$

矛盾. 因此,$4t+3$ 型数不是迷人的.

综上所述,全部迷人的数为

$$4t+1, t \in \mathbf{N}; 4t, t \in \mathbf{N}, t \geqslant 2$$

6.2.138　求方程 $m^{n^m} = n^{m^n}$ 的所有正整数组解$(m,n)$.

**解**　取任意正整数 $t$,令 $m=t,n=t$,这当然是解. 下面考虑是否有 $m \neq n$ 的解,由于当 $m=m_0,n=n_0$ 是一组正整数解时,$m=n_0$,$n=m_0$ 也是一组解. 因此不妨设 $n>m$. 由于当 $m=1$ 时,必有 $n=1$,所以下面考虑 $m \geqslant 2$ 的情况. 当 $m=2$ 时,题目方程变为

$$2^{n^2} = n^{2^n} \qquad ①$$

这里正整数 $n \geqslant 3$,首先证明当 $n \geqslant 4$ 时

$$2^n \geqslant n^2 \qquad ②$$

对正整数 $n \geqslant 4$ 利用数学归纳法,很容易证明 ②,因为当 $n=4$ 时,② 两端取等号,设当 $n=k(k \geqslant 4)$ 时,$2^k \geqslant k^2$,则当 $n=k+1$ 时

$$2^{k+1} = 2 \cdot 2^k \geqslant 2 \cdot k^2 > (k+1)^2 (\text{利用 } k(k-2) > 1)$$

从式 ②,当 $n \geqslant 4$ 时,有

$$n^{2^n} > 2^{n^2} \qquad ③$$

③ 与 ① 是一对矛盾. 那么,当 $m=2,n \geqslant 4$ 时,本题无所求的解. 当 $n=3$ 时,由方程 ①,3 应是 $2^3$ 的一个因数,这显然不可能. 因而,当 $m=2$ 时,本题无所求解.

现在来考虑 $n>m \geqslant 3$ 的情况,先比较 $m^n$ 与 $n^m$ 哪个大? 下面证明

$$m^n > n^m \qquad ④$$

如果能证明 ④,则有

$$n^{m^n} > n^{n^m} > m^{n^m} \qquad ⑤$$

于是,当 $n>m \geqslant 3$ 时,本题无所求的解. ④ 两端开 $mn$ 次方,即等价于要证明,当 $n>m \geqslant 3$ 时

$$m^{\frac{1}{m}} > n^{\frac{1}{n}} \qquad ⑥$$

记

$$f(k) = \left(1+\frac{1}{k}\right)^k \quad (k \in \mathbf{N}) \qquad ⑦$$

现在来证明

$$f(k) < f(k+1), f(k) < 3 \quad (k \in \mathbf{N}) \qquad ⑧$$

从 ⑦,利用二项式展开公式,有

$$f(k) = \left(1+\frac{1}{k}\right)^k = 1 + k \cdot \frac{1}{k} + \frac{k(k-1)}{2!}\frac{1}{k^2} +$$

心得 体会 拓广 疑问

$$\frac{k(k-1)(k-2)}{3!}\cdot\frac{1}{k^3}+\cdots+\frac{k(k-1)\cdots3\cdot2\cdot1}{k!}\cdot\frac{1}{k^k}=$$
$$1+1+\frac{1}{2!}\left(1-\frac{1}{k}\right)+\frac{1}{3!}\left(1-\frac{1}{k}\right)\cdot\left(1-\frac{2}{k}\right)+\cdots+$$
$$\frac{1}{k!}\left(1-\frac{1}{k}\right)\left(1-\frac{2}{k}\right)\cdots\left(1-\frac{k-1}{k}\right) \quad ⑨$$

完全类似,有

$$f(k+1)=1+1+\frac{1}{2!}\left(1-\frac{1}{k+1}\right)+$$
$$\frac{1}{3!}\left(1-\frac{1}{k+1}\right)\left(1-\frac{2}{k+1}\right)+\cdots+\frac{1}{k!}\left(1-\frac{1}{k+1}\right)\cdot$$
$$\left(1-\frac{2}{k+1}\right)\cdots\left(1-\frac{k-1}{k+1}\right)+\frac{1}{(k+1)!}\cdot$$
$$\left(1-\frac{1}{k+1}\right)\left(1-\frac{2}{k+1}\right)\cdots\left(1-\frac{k}{k+1}\right) \quad ⑩$$

明显地

$$1-\frac{j}{k}<1-\frac{j}{k+1}\quad (j=1,2,\cdots,k-1) \quad ⑪$$

那么$f(k)$右端从第三项开始起每项都小于$f(k+1)$右端相应的项,而且$f(k+1)$右端还多最后一项,且这项大于零,因此有⑧第一个不等式.

另外,⑨的右端圆括号中每一项都是小于1的项,所以当正整数$k\geqslant 2$时,有

$$f(k)<1+1+\frac{1}{2!}+\frac{1}{3!}+\frac{1}{4!}+\cdots+\frac{1}{k!}<$$
$$1+1+\frac{1}{1\cdot2}+\frac{1}{2\cdot3}+\frac{1}{3\cdot4}+\cdots+\frac{1}{(k-1)k}=$$
$$2+\left(1-\frac{1}{2}\right)+\left(\frac{1}{2}-\frac{1}{3}\right)+\left(\frac{1}{3}-\frac{1}{4}\right)+\cdots+$$
$$\left(\frac{1}{k-1}-\frac{1}{k}\right)=3-\frac{1}{k}<3 \quad ⑫$$

而$f(1)=2$,所以,有⑧第二个不等式.

从⑧可以知道对任意正整数$s\geqslant 3$,有$f(s)\leqslant s$. 那么,当$s\geqslant 3$时,利用⑦,有

$$s>\left(1+\frac{1}{s}\right)^s=\left(\frac{s+1}{s}\right)^s \quad ⑬$$

上式两端乘以$s^s$,有

$$s^{s+1}>(s+1)^s$$

即

$$s^{\frac{1}{s}}>(s+1)^{\frac{1}{s+1}} \quad ⑭$$

心得 体会 拓广 疑问

在上式中分别令 $s=m,m+1,m+2,\cdots,n$，于是，可以得到

$$m^{\frac{1}{m}}>(m+1)^{\frac{1}{m+1}}>(m+2)^{\frac{1}{m+2}}>\cdots>n^{\frac{1}{n}} \quad ⑮$$

因而不等式 ⑧ 得到了，所以满足本题方程的所有正整数组解是

$$\begin{cases}m=t\\n=t\end{cases}(t\in\mathbf{N})$$

6.2.139　证明不定方程

$$x^4+y^4=z^2$$

无正整数解.

**证明**　设 $z_0^2$ 是可表作两个正整数的四次方和的一切平方数中最小的那个，设 $z_0^2=x_0^4+y_0^4$，$x_0,y_0,z_0$ 均为正整数. 如设 $(x_0,y_0)=d$，则 $d^2$ 可整除 $z_0$，由于有

$$\left(\frac{z_0}{d^2}\right)^2=\left(\frac{x_0}{d}\right)^4+\left(\frac{y_0}{d}\right)^4$$

再由 $z_0^2$ 的定义，知 $d=1$. 所以 $(x_0,y_0)=1$. 这样满足 $(x_0^2)^2+(y_0^2)^2=z_0^2$ 的 $x_0,y_0,z_0$ 便可表作

$$x_0^2=a^2-b^2,y_0^2=2ab,z_0=a^2+b^2,a>b>0$$

由于奇整数的平方不能被 2 整除，故由上式知 $y_0$ 必为偶数. 于是 $y_0^2\equiv 0\pmod 4$，所以 $a$ 或者 $b$ 必为偶数. 但是，由于 $(x_0,y_0)=1$，故 2 不能整除 $x_0$，从而 $x_0$ 必为奇数. 因此，$a$ 和 $b$ 不能同时为偶数，当然更不能同时为奇数. 所以 $a$ 为偶数，或 $b$ 为偶数，两者必居其一，如果 $a$ 为偶数，$b$ 为奇数，则

$$a^2\equiv 0\pmod 4,b^2\equiv 1\pmod 4$$

因此

$$x_0^2\equiv -1\pmod 4$$

但是，因为 $x_0$ 为奇数，应有 $x_0^2\equiv 1\pmod 4$，此即矛盾，这表示 $a$ 不能为偶数. 因此 $b$ 为偶数，$a$ 为奇数. 但是由于 $(x_0,y_0)=1$，从而 $(x_0^2,y_0^2)=1$，因此 $(a,b)=1$. 这样，如将 $y_0^2$ 作素因数分解，并注意到 $(a,b)=1$，可知存在正整数 $u,v$，使

$$a=u^2,b=2v^2$$

由于 $(a,b)=1$，故 $(u,v)=1$，且

$$x_0^2=a^2-b^2=u^4-4v^4$$

即

$$x_0^2+4v^4=u^4$$

由于 $(u,v)=1$，故 $(x_0,v)=1$. 所以可知存在正整数 $l,m$，使

$$x_0=l^2-m^2,2v^2=2lm,u^2=l^2+m^2$$

由 $(u,v)=1$，可得 $(l,m)=1$，而 $v^2=lm$，因此将 $v$ 作素因数分解，可知存在正整数 $s,t$，使 $l=s^2,m=t^2$，从而

$$u^2 = s^4 + t^4$$

然而,由于

$$z_0 = a^2 + b^2 = u^4 + 4v^4 > u > 0$$

这就表示存在比 $z_0^2$ 更小的平方数 $u^2$,它同样可表作两个正整数的四次幂 $s^4$ 和 $t^4$ 之和,这与 $z_0^2$ 的定义矛盾,故不定方程

$$x^4 + y^4 = z^2$$

无正整数解.

**注** (1) 由本题知,不定方程

$$x^4 + y^4 = z^4$$

无正整数解,否则 $x^4 + y^4 = (z^2)^2 = w^2$ 就将有正整数解,但这是不可能的.

(2) 当 $4 \mid n$ 时,不定方程

$$x^n + y^n = z^n$$

也无正整数解,否则 $(x^{\frac{n}{4}})^4 + (y^{\frac{n}{4}})^4 = (z^{\frac{n}{4}})^4$,即 $X^4 + Y^4 = Z^4$ 就将有正整数解,但这已证明这是不可能的.

(3) 简单考虑一下费马大定理:当 $n \geqslant 3$ 时,不定方程

$$x^n + y^n = z^n$$

无正整数解. 显然,如果 $x^k + y^k = z^k$ 无正整数解,那么 $x^{kl} + y^{kl} = z^{kl}$ 也无正整数解,其中 $l$ 是正整数.

当 $n$ 是奇数时($n > 0$),根据整数的素因数分解定理,知 $n$ 必有奇素因数;当 $n$ 为偶数 $n = 2m$ 时,如果 $m$ 是奇数,则 $m$ 有奇素因数,当 $m$ 为偶数时,那么 $n$ 必是 4 的倍数. 因此,要证明费马大定理,只要证明 $n = 4$ 及 $n$ 是任意奇素数时,不定方程 $x^n + y^n = z^n$ 无正整数解便可. 本题已证明了 $n = 4$ 时,$x^n + y^n = z^n$ 无正整数解,但要证明 $n$ 是任意奇素数,$x^n + y^n = z^n$ 无正整数解,却是十分困难的问题. 目前只证明了当 $2 < n < 100\,000$(以及这些数的倍数),$x^n + y^n = z^n$ 无正整数解,离彻底解决这个问题,相差太远.

(4) 本题的证明方法就是费马创造的无限递降法,这个方法的主要之点是:设满足某不定方程的正整数解中,$z = c$ 是 $z$ 值(或用其他变量)最小的解,经过一系列的推导,如果能找到一个比 $c$ 更小的正整数 $t$,$z = t$ 也是方程的解,那么就可下结论说该方程无正整数解. 这是因为如果此方程有正整数解,那么用上面的推导,就可不断找到一系列数值越来越小的正整数解,且这个过程可以无限继续下去,得到一串无限递降的解. 但是由于假设方程的变量都是正整数,因而这是不可能的.

心得 体会 拓广 疑问

6.2.140　设 $a,b,c,d$ 为奇数，$0<a<b<c<d$，且 $ad=bc$. 试证如果 $a+d=2^k$，$b+c=2^m$，其中 $k,m$ 为整数，则 $a=1$.

（第25届国际数学奥林匹克，1984年）

**证明**　先证 $k>m$.

由 $a<b<c<d$ 得 $d-a>c-b$，则

$$(a+d)^2=4ad+(a-d)^2=4bc+(a-d)^2>4bc+(c-b)^2=(b+c)^2$$

于是

$$2^k>2^m, k>m$$

因为 $ad=bc$，则

$$a(2^k-a)=b(2^m-b)$$
$$2^mb-2^ka=(b-a)(b+a)$$
$$2^m(b-2^{k-m}a)=(b-a)(b+a) \quad ①$$

因为 $a,b$ 是奇数，则 $b-2^{k-m}a$ 是奇数.

又因为 $(b+a)-(b-a)=2a$ 是一个奇数的2倍，所以 $b+a$ 与 $b-a$ 不可能都是4的倍数，也不可能都是 $4k+2$ 型的偶数.

设 $e\cdot f=b-2^{k-m}a$，则 $e,f$ 都是奇数. 由式①可得

$$\begin{cases}b+a=2^{m-1}e\\ b-a=2f\end{cases} \text{或} \begin{cases}b+a=2f\\ b-a=2^{m-1}e\end{cases}$$

注意到

$$ef=b-2^{k-m}a\leqslant b-2a<b-a\leqslant 2f$$

则

$$e=1, f=b-2^{k-m}a$$

从而方程组化为

$$\begin{cases}b+a=2^{m-1}\\ b-a=2(b-2^{k-m}a)\end{cases}$$

或

$$\begin{cases}b+a=2(b-2^{k-m}a)\\ b-a=2^{m-1}\end{cases}$$

将每一方程组中的两个方程左右分别相加，都得到

$$a\cdot 2^{k-m+1}=2^{m-1}$$

于是

$$a=1$$

心得 体会 拓广 疑问

6.2.141　对正整数 $k$,存在正整数 $n$ 和 $m$,使得 $\frac{1}{n^2}+\frac{1}{m^2}=\frac{k}{n^2+m^2}$,求出所有的正整数 $k$.

(匈牙利数学奥林匹克,1984 年)

**解**　将已知等式去分母得

$$m^2(n^2+m^2)+n^2(n^2+m^2)=km^2n^2$$
$$(m^2+n^2)^2=km^2n^2$$

由此可知,$k$ 是完全平方数,设 $k=j^2$,于是

$$m^2+n^2=jmn \quad ①$$

若 $(m,n)=d>1$,则可以在 ① 的两边同时除以 $d^2$,因此可以假设 $m$ 和 $n$ 互素. 于是由 $n\mid m^2+n^2$,可得 $n\mid m^2$,进而 $n\mid m$,同理又有 $m\mid n$,因此 $m=n$.

再由 $(m,n)=1$,则 $m=n=1$,于是 $j=2$. 所以 $k=4$ 是本题唯一的正整数解.

6.2.142　对给定的正整数 $m$,求出一切正整数组 $(n,x,y)$,其中 $m,n$ 互素,且满足 $(x^2+y^2)^m=(xy)^n$.

(第 53 届美国普特南数学竞赛,1992 年)

**解**　设 $(n,x,y)$ 是方程的一组正整数解. 由算术 - 几何平均不等式,有

$$(xy)^n=(x^2+y^2)^m\geqslant(2xy)^m$$

因此 $n>m$.

设 $p$ 是一个素数,且 $p^a\parallel x,p^b\parallel y$,则

$$p^{(a+b)n}\parallel(xy)^n \quad ①$$

若 $a<b$,则

$$p^{2am}\parallel(x^2+y^2)^m \quad ②$$

由 ①,② 有

$$2am=(a+b)^n$$

这与 $n>m$ 矛盾.

类似地,假设 $a>b$,同样推出矛盾.

于是,对一切素数 $p$,都有 $a=b$. 由此可断定 $x=y$. 因而,已知方程化为 $(2x^2)^m=x^{2n}$,即

$$x^{2(n-m)}=2^m$$

这就说明,$x$ 是 2 的整数次幂.

心得 体会 拓广 疑问

不妨设 $x=2^a$，则 $2^{2a(n-m)}=2^m$，有

$$2a(n-m)=m$$

则

$$2an=m(2a+1)$$

由于

$$(m,n)=(2a,2a+1)=1$$

必有

$$m=2a,n=2a+1$$

由此可知，$m$ 取奇数时，方程无解. $m$ 是偶数时，方程有解

$$(n,x,y)=(m+1,x^{\frac{m}{2}},y^{\frac{m}{2}})$$

**6.2.143** $p,q$ 是两个质数，已知 $\sqrt{p^2+7pq+q^2}+\sqrt{p^2+14pq+q^2}$ 是一个整数，求证：$p=q$.

**证明** 当 $p=q$ 时，明显地

$$\sqrt{p^2+7pq+q^2}=3p,\sqrt{p^2+14pq+q^2}=4p \tag{1}$$

$3p+4p=7p$，当然是一个整数.

接着要证明：如果 $x,y$ 和 $\sqrt{x}+\sqrt{y}$ 都是正整数，则 $\sqrt{x}$ 和 $\sqrt{y}$ 一定是两个正整数.

由于

$$\sqrt{y}=(\sqrt{x}+\sqrt{y})-\sqrt{x} \tag{2}$$

上式两端平方，有

$$y=(\sqrt{x}+\sqrt{y})^2-2(\sqrt{x}+\sqrt{y})\sqrt{x}+x \tag{3}$$

从上式，有

$$\sqrt{x}=\frac{(\sqrt{x}+\sqrt{y})^2+x-y}{2(\sqrt{x}+\sqrt{y})} \tag{4}$$

式④右端的分子、分母都是整数，则 $\sqrt{x}$ 一定是一个有理数，由于 $x$ 又是一个正整数，则 $\sqrt{x}$ 是一个正有理数，于是，存在两个互质的正整数 $p^*,q^*$，使得

$$\sqrt{x}=\frac{p^*}{q^*} \tag{5}$$

两端平方，有

$$x=\frac{p^{*2}}{q^{*2}} \tag{6}$$

由于 $x$ 是一个正整数及 $(p^*,q^*)=1$，则必有 $q^*=1$，$\sqrt{x}=p^*$，$\sqrt{x}$ 是一个正整数，而

$$\sqrt{y}=(\sqrt{x}+\sqrt{y})-\sqrt{x} \tag{7}$$

那么,$\sqrt{y}$ 也是一个正整数.令

$$x=p^2+7pq+q^2, y=p^2+14pq+q^2 \quad ⑧$$

从上面证明可以知道,$x$,$y$ 都是完全平方数,不妨设 $p\geqslant q$($p\leqslant q$ 完全类似讨论,只要把下述 $p$ 换成 $q$,$q$ 换成 $p$ 即可),由于

$$p^2<p^2+14pq+q^2\leqslant 16p^2 \quad ⑨$$

那么存在非负整数 $m$,使得

$$p^2+14pq+q^2=(4p-m)^2 \quad ⑩$$

这里 $0\leqslant m<3p$,又由于

$$p^2<p^2+7pq+q^2\leqslant 9p^2 \quad ⑪$$

那么,存在非负整数 $n$,使得

$$p^2+7pq+q^2=(3p-n)^2 \quad ⑫$$

这里 $0\leqslant n<2p$. ⑩ 与 ⑫ 两式相减,有

$$7pq=(4p-m)^2-(3p-n)^2=(7p-m-n)(p-m+n) \quad ⑬$$

因为7,$p$,$q$ 都是质数,一定有 $k,l\in\{1,p,q,pq\}$,使是 $7k$ 等于 $7p-m-n$ 或等于 $p-m+n$,$kl=pq$,$l$ 等于 ⑬ 右端另一个因数,那么

$$7k+l=(7p-m-n)+(p-m+n) \quad ⑭$$

$$7k-l=\pm[(7p-m-n)-(p-m+n)]=\pm(6p-2n) \quad ⑮$$

式 ⑭ 和式 ⑮ 给出了两种情况.

第一种情况,式 ⑮ 右端取正号,则将 ⑭ 和 ⑮ 相加,有

$$14k=(7k+l)+(7k-l)=14p-2(m+n) \quad ⑯$$

从上式,有

$$m+n=7(p-k) \quad ⑰$$

将 ⑯ 代入 ⑬,有

$$pq=k(p-m+n) \quad ⑱$$

因为 $k\in\{1,p,q,pq\}$,则依 $k$ 的取值分别研究.

(1)$k=p$,从 ⑱,有 $p-m+n=q$,从 ⑰,有 $m+n=0$. 由于 $m$,$n$ 皆非负整数,则 $m=0$,$n=0$,于是有 $p=q$. 这就是题目的结论.

(2)$k=q$,从 ⑱,有 $p-m+n=p$,那么 $m=n$,代入 ⑰,有 $m=n=\frac{7}{2}(p-q)$. 将此结果代入 ⑩,可以看到

$$p^2+14pq+q^2=\left(\frac{1}{2}p+\frac{7}{2}q\right)^2 \quad ⑲$$

从式 ⑲,有

$$0=4(p^2+14pq+q^2)-(p+7q)^2=3p^2+42pq-45q^2 \quad ⑳$$

由于 $p\geqslant q$,式 ⑳ 当且仅当 $p=q$ 时成立(利用 $3p^2\geqslant 3q^2$,$42pq\geqslant 42q^2$),这也推出题目结论.

心得 体会 拓广 疑问

(3)$k=1$,利用 ⑱,有 $p-m+n=pq$. 由于质数 $q\geqslant 2$,于是 $n>m$. 由于 $n<2p$,则 $m+n<4p$. 将此不等式代入 ⑰,有

$$7(p-1)<4p \quad ㉑$$

从上式,有

$$p<\frac{7}{3} \quad ㉒$$

$p$ 是一个质数,则从式 ㉒,有 $p=2$,由于 $p\geqslant q$,$q$ 也是一个质数,则 $q=2$,这也满足题目结论.

(4)$k=pq$,从公式 ⑰,有

$$m+n=7(p-pq) \quad ㉓$$

由于 $m+n\geqslant 0$,$p-pq<0$. 这不可能.

现在来看第二种情况.

第二种情况,式 ⑮ 右端取负号,将 ⑭ 和 ⑮ 相加,再除以 2,有

$$7k=p+n-m \quad ㉔$$

式 ⑭ 减去式 ⑮,再除以 2,可以看到

$$l=7p-(m+n) \quad ㉕$$

由于 $k\in\{1,p,q,pq\}$,$kl=pq$,类似第一种情况,依照 $k$ 的可能的取值进行讨论.

(1)$k=p$,从 ㉔,有 $n-m=6p$,由于 $m\geqslant 0$,$n<2p$,这种情况不会产生.

(2)$k=q$,$l=p$,从 ⑮,有 $m+n=6p$,由于 $m<3p$,$n<2p$,这种情况也不会产生.

(3)$k=1$,$l=pq$ 代入 ⑮,有

$$m+n=p(7-q) \quad ㉖$$

由于 $m\geqslant 0$,$n\geqslant 0$,从上式,有 $q\leqslant 7$. 又 $m<3p$,$n<2p$,则 $7-q<5$,$q>2$,$q$ 又是一个质数,则 $q=3,5$ 或 7.

当 $q=7$ 时,从 ㉖,有 $m=0$,$n=0$,再利用 ㉔,有 $p=7$,这也推出 $p=q$.

从 ㉔ 和 ㉕,可以得到

$$pq=7p-(m+n)=7p-m-(7-p+m)=$$
$$8p-2m-7 \quad ㉗$$

当 $q=3$ 时,从上式,有

$$m=\frac{1}{2}(5p-7) \quad ㉘$$

将 ㉘ 及 $q=3$ 代入 ⑳,有

$$p^2+42p+9=\left(\frac{3}{2}p+\frac{7}{2}\right)^2=\frac{1}{4}(9p^2+42p+49) \quad ㉙$$

从上式,有

$$p(126-5p)=13 \quad ㉚$$

心得 体会 拓广 疑问

上式中,13是质数,$p$ 也是质数,则应有 $p=13$,但这显然不满足等式㉚,因此,这种情况不会发生(指 $q=3$).

当 $q=5$ 时,从㉗,有

$$m=\frac{1}{2}(3p-7) \quad ㉛$$

将㉛及 $q=5$ 代入⑩,有

$$p^2+70p+25-\left(\frac{5}{2}p+\frac{7}{2}\right)^2=\frac{1}{4}(25p^2+70p+49) \quad ㉜$$

从上式,有

$$21p(p-10)=51 \quad ㉝$$

从㉝,21应是51的一个因数,这显然不可能.因此,$q=5$ 这种情况也不会发生.

(4)$k=pq,l=1$. 利用㉕,有

$$m+n=7p-1 \quad ㉞$$

而 $m<3p,n<2p$,则应有 $5p>7p-1$,这当 $p$ 是质数时不会发生.

综上所述,满足题目条件的只有 $p=q$.

6.2.144 有两堵相距为 $d$ 的平行直立墙,两墙间的地面是水平的,另有长度分别为 $a$ 和 $b$ 英尺($a>b$)的两架梯子,每一架都有一端抵在一堵墙脚上,而另一端靠在另一堵墙上,在地面高度为 $c$ 英尺处交叉. 证明其整数解是由

$$ka=(su+tv)(s-t)(u+v)$$
$$kb=(sv+tu)(s-t)(u+v)$$
$$kc=(su-tv)(sv-tu)$$
$$kd=2(stuv)^{\frac{1}{2}}(s-t)(u+v)$$

给出,其中 $s,t,u,v$ 是满足 $u>v,sv>tu$ 和 $stuv$ 是一个完全平方这样三个条件的任意正整数,$k$ 是4个方程的右端的最大公约数. 在 $a,b,c,d$ 全部是奇数时最简单的特解是什么?

**证明** 考虑关系式

$$(a^2-d^2)^{-\frac{1}{2}}+(b^2-d^2)^{-\frac{1}{2}}=c^{-1}$$

易验证它能为 $a,b,c,d$ 的表达式所满足,题中三个条件确保 $a>b>0$ 且 $d$ 是一个整数. 可证明最简单的奇数解是

$$(s,t,u,v)=(7,1,9,7),k=64$$
$$(a,b,c,d)=(105,87,35,63)$$

心得 体会 拓广 疑问

6.2.145 证明:对于任意正有理数 $r$,存在正整数 $a,b,c,d$,使 $r=\frac{a^3+b^3}{c^3+d^3}$.

**证明** 设 $r=\frac{m}{n}$,$(m,n)=1$,$m,n$ 为正整数,不妨设 $r>1$($r=1$ 时结论显然,$0<r<1$ 时可考虑 $\frac{1}{r}$ 的表示).若 $\frac{m}{n}=\frac{a^3+b^3}{c^3+d^3}$,由于考虑的是存在性,故可以将问题置于某些特殊情形下讨论.当 $a=d$,$b>c$,则

$$\frac{m}{n}=\frac{a^3+b^3}{a^3+c^3}=\frac{(a+b)(a^2-ab+b^2)}{(a+c)(a^2-ac+c^2)} \quad ①$$

再次特殊化,令

$$\frac{a^2-ab+b^2}{a^2-ac+c^2}=1 \quad ②$$

则①成为

$$\frac{m}{n}=\frac{a+b}{a+c} \quad ③$$

由②得

$$a=b+c \quad ④$$

当③的右端为既约分数,则

$$m=a+b,n=a+c$$

所以

$$m+n=3a,a=\frac{m+n}{3}$$

从而

$$b=\frac{2m-n}{3},c=\frac{2n-m}{3}$$

注意 $b>c>0$,得 $n<m<2n$.于是,当 $1<\frac{m}{n}<2$,可取

$$a=\frac{m+n}{3},b=\frac{2m-n}{3},c=\frac{2n-m}{3}$$

则 $3a,3b,3c$ 为正整数,且

$$a=b+c,b>c,\frac{a^2-ab+b^2}{a^2-ac+c^2}=1$$

$$a+b=m,a+c=n$$

从而

$$\frac{m}{n}=\frac{a+b}{a+c}\cdot 1=\frac{a+b}{a+c}\cdot\frac{a^2+b^2-ab}{a^2+c^2-ac}$$

当 $r=\frac{m}{n}$ 为任意正有理数,考虑虑区间 $\left(\sqrt[3]{\frac{1}{r}},\sqrt[3]{\frac{2}{r}}\right)$,其中必有有

理数$\frac{p}{q}$,因为$1 < \frac{p^3}{q^3}r < 2$,$\frac{p^3}{q^3}r$为有理数,由前面的结果知,存在正整数$a,b,c,d$使

$$\frac{p^3}{q^3}r = \frac{a^3 + b^3}{c^3 + d^3}$$

从而

$$r = \frac{(qa)^3 + (qb)^3}{(pc)^3 + (pd)^3}$$

因此结论得证.

6.2.146 求方程$x^n + 2^{n+1} = y^{n+1}$的所有正整数组解$(x,y,n)$,满足以下两个条件:

(1)$x$是奇数;

(2)$x$,$n + 1$互质.

**解** 当$n = 1$时,取$y = t$(正整数$t \geqslant 3$),$x = t^2 - 4$是满足题目要求的正整数组解.

现在考虑$n \geqslant 2$情况.

$$x^n = y^{n+1} - 2^{n+1} = (y-2)(y^n + 2y^{n-1} + 2^2y^{n-2} + \cdots + 2^{n-1}y + 2^n) \quad ①$$

对于$y - 2$的任一个质因子$p$,从①,可以知道,$x$必是$p$的倍数. 由于$x$是奇数,则$p$必为奇数;又利用$x$,$n + 1$互质,有$(x,(n + 1)2^n) = 1$,那么$p$不是$(n + 1)2^n$的因数. 而

$$\begin{aligned}&y^n + 2y^{n-1} + 2^2y^{n-2} + \cdots + 2^{n-1}y + 2^n = \\&[(y-2)+2]^n + 2[(y-2)+2]^{n-1} + \\&2^2[(y-2)+2]^{n-2} + \cdots + 2^{n-1}[(y-2)+2] + 2^n \equiv \\&2^n + 2\cdot 2^{n-1} + 2^2\cdot 2^{n-2} + \cdots + \\&2^{n-1}\cdot 2 + 2^n (\text{mod } (y-2),\text{一共 } n+1 \text{ 项}) \equiv \\&(n+1)2^n (\text{mod } (y-2))\end{aligned} \quad ②$$

从②,可以知道$p$不是$y^n + 2y^{n-1} + 2^2y^{n-2} + \cdots + 2^{n-1}y + 2^n$的因数. 那么

$$(y - 2, y^n + 2y^{n-1} + 2^2y^{n-2} + \cdots + 2^{n-1}y + 2^n) = 1 \quad ③$$

从①和③,可以知道,存在正整数$A$,使得

$$y^n + 2y^{n-1} + 2^2y^{n-2} + \cdots + 2^{n-1}y + 2^n = A^n \quad ④$$

由于$y$是正整数,从题目方程有$y \geqslant 3$,很容易看到,当正整数$n \geqslant 2$时,有

$$y^n < y^n + 2y^{n-1} + 2^2y^{n-2} + \cdots + 2^{n-1}y + 2^n < (y+2)^n \quad ⑤$$

从④和⑤,必有

$$A = y + 1 \quad ⑥$$

但是当$y$为偶数时,④ 的左端为偶数,但这时,从 ⑥ 可以知道$A$必为奇数,矛盾. 当$y$为奇数时,④ 的左端为奇数,但这时从 ⑥ 知道$A$为偶数,又矛盾.

综上所述,当正整数$n \geqslant 2$时,无满足题目条件的解. 因此,满足本题的全部解为下述形式

$$x = t^2 - 4, y = t, n = 1 \quad ⑦$$

这里正整数$t \geqslant 3$.

**6.2.147** 求下述方程的所有有序正整数组解$(x,y,z)$,使得

$$x^{y^z}y^{z^x}z^{x^y} = 1\,990^{1\,990}xyz$$

**解** 题目中方程可以化为

$$x^{y^x-1}y^{z^x-1}z^{x^y-1} = 1\,990^{1\,990} \quad ①$$

记

$$k = \min(x,y,z) \quad ②$$

则从 ① 和 ②,有

$$k^{3(k^k-1)} \leqslant 1\,990^{1\,990} \quad ③$$

如果$k \geqslant 10$,那么,

$$3(k^k - 1) \geqslant 3(10^{10} - 1) > 10^{10} \quad ④$$

利用 ④,有

$$k^{3(k^k-1)} \geqslant 10^{3(10^{10}-1)} > 10^{10^{10}} \quad ⑤$$

而

$$1\,990^{1\,990} < 2\,000^{2\,000} = (2 \cdot 10^3)^{2\cdot 10^3} = 2^{2\cdot 10^3} \cdot 10^{6\cdot 10^3} = 4^{10^3} \cdot 10^{6\cdot 10^3} < 10^{10^3} \cdot 10^{6\cdot 10^3} = 10^{7\cdot 10^3} < 10^{10^{10}} \quad ⑥$$

从而,必有$k \leqslant 9$. 从 ① 和 ②,可以看到$k$是$1\,990^{1\,990}$的一个因数,而

$$1\,990 = 2 \cdot 5 \cdot 199 \quad ⑦$$

那么,有

$$k = 1,2,4,5 \text{ 或 } 8 \quad ⑧$$

从题目方程可以看出,如果$(x,y,z)$是一组解,则$(y,z,x)$和$(z,x,y)$也都是解. 因此,可先设$x = k$.

(1)$x = 1$,那么从方程 ①,有

$$y^{z-1} = 1\,990^{1\,990} \quad ⑨$$

于是,利用 ⑦ 和 ⑨,可以知道三个质数2,5,199一定整除$y$,那么,必存在正整数$t_1, t_2, t_3$,使得

$$y = 2^{t_1}5^{t_2}199^{t_3} \quad ⑩$$

将 ⑩ 代入 ⑨,立即可以得到

$$2^{t_1(z-1)}t^{t_2(z-1)}199^{t_3(z-1)}=2^{1\,990}\cdot 5^{1\,990}\cdot 1\,99^{1\,990} \qquad ⑪$$

从 ⑪,有

$$t_1(z-1)=1\,990, t_2(z-1)=1\,990, t_3(z-1)=1\,990 \qquad ⑫$$

从而有 $t_1=t_2=t_3$,记这相等的正整数为 $t$,那么,⑩ 变为

$$y=1\,990^t \qquad ⑬$$

将 ⑬ 代入 ⑨,有

$$t(z-1)=1\,990=2\cdot 5\cdot 199 \qquad ⑭$$

由于 ⑭ 右端2,5,199 全为质数,可以写出满足 ⑭ 的全部解(下面前一个为 $t$ 的值,后一个为 $z$ 的值):(1,1 991),(2,996),(5,399),(199,11),(10,200),(398,6),(995,3),(1 990,2).

因此,可以写出满足题目方程的有序正整数组解

$$\begin{aligned}(x,y,z)=&(1,1\,990,1\,991),(1\,990,1\,991,1),\\&(1\,991,1,1\,990),(1,1\,990^2,996),\\&(1\,990^2,996,1),(996,1,1\,990^2),\\&(1,1\,990^5,399),(1\,990^5,399,1),\\&(399,1,1\,990^5),(1,1\,990^{199},11),\\&(1\,990^{199},11,1),(11,1,1\,990^{199}),\\&(1,1\,990^{10},200),(1\,990^{10},200,1),\\&(200,1,1\,990^{10}),(1,1\,990^{398},6),\\&(1\,990^{398},6,1),(6,1,1\,990^{398}),\\&(1,1\,990^{995},3),(1\,990^{995},3,1),\\&(3,1,1\,990^{995}),(1,1\,990^{1\,990},2),\\&(1\,990^{1\,990},2,1),(2,1,1\,990^{1\,990})\end{aligned} \qquad ⑮$$

(2)$x=2^a$,这里 $a=1,2,3$,由于 $x$ 最小,则 $y\geqslant 2,z\geqslant 2$,从式 ①,有

$$2^{a(y^z-1)}y^{z^{2^a}-1}z^{2ay-1}=1\,990^{1\,990}=2^{1\,990}\cdot 5^{1\,990}\cdot 199^{1\,990} \qquad ⑯$$

从 ⑯ 可以知道 $y$ 是199 的倍数,或者 $z$ 是199 的倍数,当 $z$ 是199 的倍数时,$z\geqslant 199$,从而

$$z^{2a}-1\geqslant z^2-1\geqslant 199^2-1=39\,600 \qquad ⑰$$

利用 ⑰ 及 $y\geqslant 2$,有

$$y^{z^{2a}-1}\geqslant 2^{39\,600}=2^{11\cdot 3\,600}=(2^{11})^{3\,600}>1\,990^{1\,990} \qquad ⑱$$

⑱ 与 ⑯ 是矛盾的.

当 $y$ 是 199 的倍数时,$y\geqslant 199$,由于 $a\geqslant 1,z\geqslant 2$,则有

$$a(y^z-1)\geqslant 199^2-1>1\,990 \qquad ⑲$$

那么,⑯ 左边有因数 $2^{199^2-1}$,这与等式 ⑯ 是矛盾的. 因此当 $x,y,z$ 中最小值是 $2^a(a=1,2,3)$ 时,原方程无正整数组解.

(3)$x=5$,那么,从式 ①,有

$$5^{y^z-1}y^{z^5-1}z^{5y-1}=2^{1\,990}\cdot 5^{1\,990}\cdot 199^{1\,990} \qquad ⑳$$

心得 体会 拓广 疑问

从式⑳可以知道，$y$ 是 199 的倍数，或 $z$ 是 199 的倍数，如果 $y$ 是 199 的倍数，则 $y \geqslant 199$ 及 $z \geqslant x \geqslant 5$（利用 $x$ 最小），从而可以得到

$$z^{5y-1} \geqslant 5^{5^{199}-1} > 5^{5 \cdot 1\,990} > 1\,990^{1\,990} \qquad ㉑$$

㉑与⑳是矛盾的. 如果 $z$ 是 199 的倍数，及 $y \geqslant x \geqslant 5$（利用 $x$ 最小），有

$$5^y - 1 \geqslant 5^5 - 1 = 3\,124 \qquad ㉒$$

则⑳左端有因数 $199^{3\,124}$，这与等式⑳矛盾.

综上所述，满足本题方程的所有有序正整数组解为公式⑮给出的 24 组.

> 6.2.148 $n$ 是一个正整数，求方程 $x^n + y^n = 1\,994$ 的全部整数组解 $(x, y)$.

**解** 当 $n = 1$ 时，显然

$$x = a, y = 1\,994 - a \qquad ①$$

这里 $a$ 是一个任意整数，一定是满足题目条件的解.

当 $n = 2$ 时，考虑方程

$$x^2 + y^2 = 1\,994 \qquad ②$$

因为 $1\,994 \equiv 2 \pmod 4$，所以满足②的整数组解 $x, y$ 必定都是奇数. 又由于 $1\,994 \equiv 4 \pmod 5$，而类型为 $5k+1, 5k+2, 5k+3, 5k+4$（$k$ 是整数）的整数的平方除以 5 的余数是 1 或 4. 那么从方程②可以知道 $x, y$ 中必有一个且只有一个是 5 的倍数. 不妨设 $x$ 是 5 的倍数，$y$ 不是 5 的倍数，记

$$x = 5x_1 \qquad ③$$

这里 $x_1$ 是整数，由于 $x$ 是奇数，则 $x_1$ 也是一个奇数.

由②和③，以及 $y^2 > 0$（由于 $x$ 是 5 的倍数，则 $y$ 不是零），有

$$25x_1^2 < 1\,994 \qquad ④$$

于是

$$x_1^2 < 80 \qquad ⑤$$

$x_1$ 是一个整数，则

$$|x_1| \leqslant 8 \qquad ⑥$$

又由于 $x_1$ 是一个奇数，则满足不等式⑥的全部整数 $x_1$ 为

$$\pm 1, \ \pm 3, \ \pm 5, \ \pm 7$$

由于 $x_1 = \pm 1$ 时，$x^2 = 25$，$y^2 = 1\,969$，$y$ 不是整数；$x_1 = \pm 3$ 时，$x^2 = 225$，$y^2 = 1\,769$，$y$ 也不是整数；当 $x_1 = \pm 7$ 时，$x^2 = 1\,225$，$y^2 = 769$，$y$ 肯定不是整数；当 $x_1 = \pm 5$ 时，$x = \pm 25$，$x^2 = 625$，$y^2 = 1\,369$，$y = \pm 37$. 因此，方程②的全部整数解（利用 $x, y$ 的对称性），有以下 8 组

$$\begin{cases}x=25\\y=37\end{cases},\begin{cases}x=25\\y=-37\end{cases},\begin{cases}x=-25\\y=37\end{cases},\begin{cases}x=-25\\y=-37\end{cases}$$
$$\begin{cases}x=37\\y=25\end{cases},\begin{cases}x=37\\y=-25\end{cases},\begin{cases}x=-37\\y=25\end{cases},\begin{cases}x=-37\\y=-25\end{cases} \quad ⑦$$

下面考虑 $n\geqslant 3$ 的情况,如果 $n=2m$(正整数 $m\geqslant 2$),则从题目方程,有

$$(x^m)^2+(y^m)^2=1\ 994 \quad ⑧$$

因此,从上面讨论可以知道 $x^m$ 和 $y^m$ 必等于 $\pm 25$ 和 $\pm 37$,但是 $\pm 37$ 的绝对值 37 是一个质数,不可能为某个整数的 $m(m\geqslant 2)$ 次方,因此,当 $n=2m$(正整数 $m\geqslant 2$)时,上述方程无整数组解.

下面考虑奇数 $n\geqslant 3$ 的情况,由于 $n$ 为奇数,则满足题目方程的整数组解 $(x,y)$ 中至少有一个为正整数. 由于 $x,y$ 的对称性,不妨设 $x\geqslant y$(如果 $x<y$,则完全类似讨论),由于 $n$ 是奇数,有

$$x^n+y^n=(x+y)(x^{n-1}-x^{n-2}y+\cdots-xy^{n-2}+y^{n-1})=2\times 997 \quad ⑨$$

如果 $x,y$ 是满足 ⑨ 的正整数组解($x\geqslant y>0$),由于

$$x^3+y^3=(x+y)(x^2-xy+y^2) \quad ⑩$$

现在证明

$$x^2-xy+y^2\geqslant 3 \quad ⑪$$

由于

$$x^2-xy+y^2=(x-y)^2+xy\geqslant xy \quad ⑫$$

用反证法,如果

$$x^2-xy+y^2\leqslant 2 \quad ⑬$$

则由 ⑫ 和 ⑬,有 $xy\leqslant 2$,那么只能有 $x=2,y=1$;或者 $x=1,y=1$. 而 $x=1,y=1$ 显然不满足 ⑨,舍去. 当 $x=2,y=1$ 时,代入 ⑨,有 $2^n=1\ 993$,也得到矛盾,因此不等式 ⑪ 成立. 由于 $x,y$ 都是正整数,且 $n\geqslant 3$,有

$$x^n+y^n\geqslant x^3+y^3 \quad ⑭$$

由 ⑨,⑩,⑭ 和 ⑪,有

$$x^{n-1}-x^{n-2}y+\cdots-xy^{n-2}+y^{n-1}\geqslant x^2-xy+y^2\geqslant 3 \quad ⑮$$

由于 $x,y$ 不可能全等于1,则 $x+y\geqslant 3$,而997 是一个质数. 因此公式 ⑨ 的第二个等式是不可能成立的. 所以当奇数 $n\geqslant 3$ 时,方程 ⑨(即题目中方程)不可能有正整数组解.

由于奇数 $n\geqslant 3$,因此满足 ⑨ 的整数组解 $(x,y)$ 中无一个为零.

现考虑 $x,y$ 一正,一负的情况,由于先前假设 $x\geqslant y$,则考虑 $x>0>y$ 情况.

令 $z=-y$,$z$ 是一个正整数,由于 $n$ 为奇数,且 $n\geqslant 3$,有

心得 体会 拓广 疑问

$$x^n+y^n=x^n-z^n=$$
$$(x-z)(x^{n-1}+x^{n-2}z+\cdots+xz^{n-2}+z^{n-1})=2\times 997 \quad ⑯$$

由于$x,z$皆正整数,又$n\geqslant 3$,则

$$x^{n-1}+x^{n-2}z+\cdots+xz^{n-2}+z^{n-1}\geqslant$$
$$x^2+xz+z^2>3(x,z\text{不可能全为}1) \quad ⑰$$

由于$x,z$不可能是相邻正整数(如果$x,z$是相邻正整数,则$x,z$必一奇,一偶,则$x^n-z^n$必为奇数,不可能等于偶数1 994),则$x-z\geqslant 2$(从方程⑯,必有$x>z$),那么利用997是质数,兼顾上面叙述,必定有下述等式组

$$\begin{cases}x-z=2\\x^{n-1}+x^{n-2}z+\cdots+xz^{n-2}+z^{n-1}=997\end{cases} \quad ⑱$$

利用⑱第一式及⑯,有

$$(z+2)^n-z^n=1\ 994 \quad ⑲$$

现在证明满足⑲的$n$必是质数.用反证法,如果$n$不是质数,那么有两个大于1的奇数$n_1,n_2$,使得$n=n_1n_2$.于是

$$(z+2)^{n_1n_2}-z^{n_1n_2}=1\ 994=2\times 997 \quad ⑳$$

而

$$(z+2)^{n_1n_2}-z^{n_1n_2}=[(z+2)^{n_1}]^{n_2}-(z^{n_1})^{n_2}=[(z+2)^{n_1}-z^{n_1}]\cdot$$
$$\{[(z+2)^{n_1}]^{n_2-1}+[(z+2)^{n_1}]^{n_2-2}z^{n_1}+\cdots+$$
$$(z+2)^{n_1}(z^{n_1})^{n_2-2}+(z^{n_1})^{n_2-1}\} \quad ㉑$$

由于奇数$n_1>1$,则$n_1\geqslant 3$,那么

$$(z+2)^{n_1}-z^{n_1}>(z^{n_1}+n_1z+2^{n_1})-z^{n_1}=$$
$$n_1z+2^{n_1}>8 \quad ㉒$$

奇数$n_2>1$,则$n_2\geqslant 3$,$n_2-1\geqslant 2$,于是

$$[(z+2)^{n_1}]^{n_2-1}+[(z+2)^{n_1}]^{n_2-2}z^{n_1}+\cdots+$$
$$(z+2)^{n_1}\cdot(z^{n_1})^{n_2-2}+(z^{n_1})^{n_2-1}>$$
$$[(z+2)^{n_1}]^{n_2-1}\geqslant(z+2)^6\geqslant 3^6 \quad ㉓$$

由于997是一个质数,从⑳,㉑,㉒,㉓必将导出矛盾.因此,满足等式⑲的奇数$n$必是质数.由于$n$为奇质数,那么组合数$C_n^j(j=1,2,\cdots,n-1)$都是$n$的倍数,从而存在正整数$k$,使得

$$(z+2)^n-z^n=(z^n+nk+2^n)-z^n=nk+2^n \quad ㉔$$

利用Fermat小定理,有

$$2^n\equiv 2(\bmod n) \quad ㉕$$

由㉔和㉕,有

$$(z+2)^n-z^n\equiv 2(\bmod n) \quad ㉖$$

由⑲和㉖,可以得到1 994 − 2应是奇质数$n$的倍数,即1 992是奇质数$n$的倍数.而

$$1\ 992=2\cdot 8\cdot 83 \quad ㉗$$

3,83 都是奇质数,故

$$n=3 \quad 或 \quad n=83 \tag{28}$$

如果 $n=3$,方程 ⑲ 变为

$$(z+2)^3-z^3=1\ 994 \tag{29}$$

即

$$z^2+2z-331=0 \tag{30}$$

上述方程显然没有正整数解 $z$. 因此当 $n=3$ 时,方程 ⑲ 无正整数解 $z$.

当 $n=83$ 时,方程 ⑲ 为

$$(z+2)^{83}-z^{83}=1\ 994 \tag{31}$$

但是

$$(z+2)^{83}-z^{83}>(z^{83}+2^{83})-z^{83}=2^{83}>1\ 994 \tag{32}$$

因此,方程 ⑲ 也无正整数解 $z$.

上面叙述表明当奇数 $n\geqslant 3$ 时,无整数组 $(x,y)$,这里 $x>0>y$,满足题目中方程.

综上所述,本题的全部解为式 ⑦ 给出的 8 组解.

## 6.3 其他类型的不定方程

6.3.1 求方程 $n!+1=(m!-1)^2$ 的正整数解.

(前苏联教委推荐试题,1991 年)

**解** 显然,$m=1,m=2$ 时,已知方程没有正整数解. 即有

$$m\geqslant 3$$

已知方程可改写为

$$n!=m!(m!-2) \tag{1}$$

于是 $n>m$. 由 ① 可得

$$n(n-1)\cdots(m+1)=m!-2 \tag{2}$$

由于 $3\mid m$,则

$$3\nmid m!-2$$

从而式 ② 的左端不会多于两个因子,否则,若有 3 个因子,连续 3 个自然数的乘积可被 3 整除,所以

$$n-m=1 \text{ 或 } n-m=2$$

当 $n-m=1$ 时,$n=m+1$,有

$$m+1=m!-2,m!=m+3$$

即

$$m=3,n=4$$

当 $n-m=2$ 时,$n=m+2$,有

$$(m+2)(m+1)=m!-2$$

心得 体会 拓广 疑问

$$m! = (m+1)(m+2)+2 \leqslant 4m(m-1)$$

于是 $m \leqslant 4$.

但 $m=4, n=6$ 时

$$6!+1=721 \neq (4!-1)^2=23^2$$

而 $m=3, n=4$ 时

$$4!+1=25=(3!-1)^2$$

所以,已知方程只有一组正整数解 $m=3, n=4$.

**6.3.2** 求方程 $1!+2!+\cdots+(x+1)!=y^{z+1}$ 的自然数解.

(前南斯拉夫数学奥林匹克,1975年)

**解** 记 $f(x)=1!+2!+\cdots+(x+1)!$,则

$$f(1)=3, f(2)=9=3^{1+1}, f(3)=33=3\cdot 11$$

当 $x>3$ 时

$$f(x)=f(3)+5!+\cdots+(x+1)! \equiv 3 \pmod 5$$

由于对任意整数 $k$

$$(5k)^2=25k^2 \equiv 0 \pmod 5$$
$$(5k \pm 1)^2=25k^2 \pm 10k+1 \equiv 1 \pmod 5$$
$$(5k \pm 2)^2=25k^2 \pm 20k+4 \equiv 4 \pmod 5$$

所以 $f(x)$ 不是整数的平方.

因此,当 $z=1$ 时,对任意自然数 $x \neq 2$ 及 $y$ 都不满足 $f(x)=y^2=y^{1+1}$.

当 $z \geqslant 2$ 时

$$f(1)=3, f(2)=9, f(3)=33, f(4)=153$$
$$f(5)=873, f(7)=46\ 233$$

因此,$x=1,2,3,4,5,7$ 时,$f(x)$ 都能被3整除,但不能被27整除,因而

$$f(x) \neq y^{z+2}, z \geqslant 2$$

当 $x>7$ 时

$$f(x)=f(7)+9!+\cdots+(x+1)! \equiv f(7) \pmod{27}$$

当 $x=6$ 时

$$f(6)=5\ 913=3^4\cdot 73$$

于是 $x=6$ 及 $x>7$ 时,$f(x)$ 都不能表示成 $y^{z+1}(z \geqslant 2)$ 的形式.

即 $z \geqslant 2$ 时,方程 $f(x)=y^{z+1}$ 没有自然数解.

由以上,已知方程有唯一的自然数解

$$x=2, y=3, z=1$$

6.3.3 求方程 $x!+y!+z!=u!$ 的正整数解.

(加拿大,1983年)

**解** 设 $x,y,z,u\in\mathbf{N}^*$ 是方程的解. 用 $v$ 表示 $x,y,z$ 之最大者,则 $1\leqslant v<u$,且

$$uv!\leqslant u(u-1)!=u!=x!+y!+z!\leqslant 3v!$$

即 $uv!\leqslant 3v!$,从而 $u\leqslant 3$. 当 $u=3$ 时

$$3!=3v!=x!+y!+z!$$

因此 $x=y=z=v=2$. 当 $u=2$ 时

$$u!=2<3\leqslant x!+y!+z!$$

即方程无解. 于是方程有唯一的正整数解

$$x=y=z=2,u=3$$

6.3.4 已知方程 $\{x\{x\}\}=\alpha,\alpha\in(0,1)$.

(1) 证明:当且仅当 $m,p,q\in\mathbf{Z},0<p<q,p,q$ 互质,$\alpha=\left(\frac{p}{q}\right)^2+\frac{m}{q}$ 时,方程有有理数解.

(2) 当 $\alpha=\frac{2\ 004}{2\ 005^2}$ 时,求方程的一个解.

**证明** 设 $x$ 为所给方程的一个有理数解,这意味着

$$[x]=n,\{x\}=\frac{p}{q}$$

其中,$0<p<q,n,p,q\in\mathbf{Z},p,q$ 互质.

设 $[x\{x\}]=k$,则有

$$\alpha=\left(n+\frac{p}{q}\right)\frac{p}{q}-k=\left(\frac{p}{q}\right)^2+\frac{m}{q}$$

其中,$m=np-kq$.

反之,设 $\alpha=\left(\frac{p}{q}\right)^2+\frac{m}{q}$. 因为 $p,q$ 互质,则存在整数 $a,b$,使 $1=ap-bq$ 成立. 于是,有

$$\alpha=\frac{p^2+mq(ap-bq)}{q^2}=\left(ma+\frac{p}{q}\right)\frac{p}{q}-mb$$

因此,方程有一个有理数解 $x=ma+\frac{p}{q}$.

(2) 寻找整数 $p,m$,使

$$\alpha=\frac{2\ 004}{2\ 005^2}=\left(\frac{p}{2\ 005}\right)^2+\frac{m}{2\ 005}$$

其中,$0<p<2\ 005$,且 $(p,2\ 005)=1$.

该等式等价于

$$p^2+1=2\,005(1-m)$$

又 $2\,005=5\times 401$，于是，有

$$p^2\equiv -1 \pmod 5,\ p^2\equiv -1 \pmod{401}$$

因为 $20^2\equiv -1 \pmod{401}$，当对某些整数 $n$ 而言，$p=401n+20$ 时，条件 $p^2\equiv -1 \pmod{401}$ 成立.

当 $n^2\equiv -1 \pmod 5$ 时，另一个条件得到满足，由此得 $n=2$，$p=822$.

由计算得有理数解为

$$x=336\times 822+\frac{822}{2\,005}$$

6.3.5 求 $(y+1)^x-1=y!$ 的正整数解.

(保加利亚，1982 年)

**解** 设 $x,y\in \mathbf{N}^*$ 满足方程. 首先证明，$p=y+1$ 是素数. 事实上，如果 $p$ 的因数 $d$ 满足 $1<d<y+1$，则 $d\mid y!$. 因此

$$1=(y+1)^x-y!\equiv 0 \pmod d$$

不可能. 于是素数 $p$ 满足

$$p^x-1=(p-1)!$$

如果 $p\geqslant 7$，则上式两端除以 $p-1$，便得到

$$p^{x-1}+\cdots+1=(p-2)!$$

而当 $p\geqslant 7$ 时

$$2<\frac{p-1}{2}\leqslant p-2 \text{ 且} \frac{p-1}{2}\in \mathbf{Z}$$

所以上式右端被 $2\cdot\frac{p-1}{2}=p-1$ 整除，左端是 $x$ 个 $p^i\equiv 1^i \pmod{p-1}$，$i=0,1,\cdots,x-1$ 之和. 因此

$$x\equiv 0 \pmod{p-1}$$

即 $x\geqslant p-1$. 但是

$$p^{x-1}<p^{x-1}+\cdots+1=(p-2)!<(p-2)^{p-2}<p^{p-2}$$

即 $x<p-1$，矛盾. 所以 $p<7$，即 $p$ 只能是 2,3 或 5. 如果 $p=2$，则 $2^x-1=1$，因此 $x=1$，$y=1$；如果 $p=3$，则 $3^x-1=2$，因此 $x=1$，$y=2$；如果 $p=5$，则 $5^x-1=24$，即 $x=2$，$y=4$. 于是原方程恰有三个正整数解 $(x,y)$：$(1,1)$，$(1,2)$，$(2,4)$.

心得 体会 拓广 疑问

6.3.6 求出方程 $a^2+b^2=n!$ 的所有解,这里 $a,b,n$ 为正整数,并且满足 $a\leqslant b,n<14$.

(第 19 届加拿大数学竞赛,1987 年)

**解** 当 $n=1$ 时,方程显然无解.

当 $n=2$ 时,$a^2+b^2=2$,可得解

$$a=1,b=1,n=2$$

当 $n\geqslant 3$ 时,由于 $3\mid n!$,可得

$$3\mid a^2+b^2$$

由于 $a$ 和 $b$ 都不能被 3 整除时,$a^2$ 和 $b^2$ 均为 $3k+1$ 型的数,从而 $a^2+b^2$ 为 $3k+2$ 型的数,因而 $a^2+b^2$ 不能被 3 整除.

又由于 $a$ 和 $b$ 只有一个能被 3 整除时,$a^2+b^2$ 为 $3k+1$ 型的数,同样不能被 3 整除.

因此,$a$ 和 $b$ 同时能被 3 整除,从而有 $9\mid a^2+b^2$. 于是 $n!$ 能被 9 整除,此时有 $n\geqslant 6$.

当 $n>6$ 时,则由于 $7\mid n!$,有

$$7\mid a^2+b^2$$

注意到,$7\nmid a$ 时,则 $a^2$ 为 $7k+1,7k+2$ 或 $7k+4$ 型的一种,于是当 $7\nmid a$ 且 $7\nmid b$ 时,$a^2+b^2$ 必为 $7k+1,7k+2,7k+3,7k+4,7k+5,7k+6$ 型的一种,而不能被 7 整除.

于是,若 $7\mid a^2+b^2$ 成立,必须 $7\mid a$ 且 $7\mid b$,因而有

$$49\mid a^2+b^2$$

此时有 $49\mid n!$,这样就必须有 $n\geqslant 14$,与题设矛盾.

因此,当 $7\leqslant n<14$ 时,方程无正整数解.

当 $n=6$ 时,$a^2+b^2=6!=2^4\cdot 3^2\cdot 5$. 设 $a=3u,b=3v$,则有

$$u^2+v^2=2^4\cdot 5$$

由此可见,$u$ 和 $v$ 同为偶数.

设 $u=2p,v=2q$,则有

$$p^2+q^2=2^2\cdot 5$$

同样,$p$ 和 $q$ 同为偶数. 设 $p=2x,q=2y$,则

$$x^2+y^2=5$$

由 $a\leqslant b$ 得 $x\leqslant y$,于是

$$x=1,y=2$$

进而可得

$$a=12,b=24$$

于是方程只有两组正整数解

$$(a,b,n)=(1,1,2)\text{ 和 }(12,24,6)$$

心得 体会 拓广 疑问

6.3.7 对给定的$n\in\mathbf{N},n>1$,记$m_k=n!\ +k,k\in\mathbf{N}$.证明对任意$k\in\{1,2,\cdots,n\}$,都有一个素数$p$,它整除$m_k$,但不整除$m_1,m_2,\cdots,m_{k-1},m_{k+1},\cdots,m_n$.

(奥地利数学奥林匹克,1973年)

**证明** 记$l_k=\frac{m_k}{k}=\frac{n!}{k}+1,k=1,2,\cdots,n$.只需证明:如果$p$是$l_k$的素因子,则对每个$j\neq k$,素数$p$不能整除$m_j$,又因为素数$p$能整除$l_k$,从而能整除$m_k=l_k\cdot k$,所以素数$p$符合题目要求.

设$p\mid l_k$,并且有某个$j\neq k$,使得$p\mid m_j$,则$p\mid l_j$或$p\mid j$.

因为$j$是$1\cdot 2\cdot\cdots\cdot(k-1)(k+1)\cdot\cdots\cdot n=l_k-1$的因数,所以$j\mid(l_k-1)$,从而

$$(j,l_k)=(j,1)=1$$

因此不可能有$p\mid j$,于是$p\mid l_j$,且$p\mid l_k,j\neq k$.

设$p\leqslant n$.如果$p\neq k$,则因

$$l_k=1\cdot 2\cdot\cdots\cdot(k-1)(k+1)\cdot\cdots\cdot n+1$$

所以$p$与$l_k$互素.

同理$p\neq j$,则$p$与$l_j$互素.

因此,$p$至少与$l_k$或$l_j$互素,所以$p\leqslant n$是不可能的.

再设$p>n$,则

$$k-j=m_k-m_j=kl_k-jl_j\equiv 0(\bmod p)$$

即$p\mid(k-j)$,与$0<|k-j|<n<p$矛盾.

因此不可能有$p\mid l_k$且$p\mid l_j$,结论得证.

6.3.8 求证:有无限多个正整数$a$,使得对每一个固定的$a$,方程$[x^{\frac{3}{2}}]+[y^{\frac{3}{2}}]=a$至少有1 995对正整数解$(x,y)$,这里$[x^{\frac{3}{2}}],[y^{\frac{3}{2}}]$分别表示不超过$x^{\frac{3}{2}},y^{\frac{3}{2}}$的最大整数.

**证明** $x^{\frac{3}{2}},y^{\frac{3}{2}}$的$\frac{3}{2}$次方是个麻烦的事,要想办法将它们化为容易处理的项.

首先证明,对于正整数$n$,当$n\geqslant 6k^2(k\in\mathbf{N})$时,有

$$n^3+6kn<(n^2+4k)^{\frac{3}{2}}<n^3+6kn+1 \quad ①$$

$$8n^3+6kn<(4n^2+2k)^{\frac{3}{2}}<8n^3+6kn+1 \quad ②$$

容易看到

$$(n^2+4k)^3-(n^3+6kn)^2=(n^6+12n^4k+48n^2k^2+64k^3)-$$

心得 体会 拓广 疑问

$$(n^6+12kn^4+36k^2n^2)=12n^2k^2+64k^3>0 \quad ③$$

和

$$(n^3+6kn+1)^2-(n^2+4k)^3=$$
$$(n^6+36k^2n^2+1+12kn^4+2n^3+12kn)-$$
$$(n^6+12n^4k+48n^2k^2+64k^3)=$$
$$2n^2(n-6k^2)+12k(n-6k^2)+8k^3+1>0 \quad ④$$

从不等式 ③ 和 ④ 知道 ① 成立.

另外,容易得到

$$(4n^2+2k)^3-(8n^3+6kn)^2=(64n^6+96kn^4+48k^2n^2+8k^3)-$$
$$(64n^6+96kn^4+36k^2n^2)=12k^2n^2+8k^3>0 \quad ⑤$$

和

$$(8n^3+6kn+1)^2-(4n^2+2k)^3=$$
$$(64n^6+36k^2n^2+1+96kn^4+16n^3+12kn)-$$
$$(64n^6+96kn^4+48k^2n^2+8k^3)=$$
$$4n^2(4n-3k^2)+4k(3n-2k^2)+1>0 \quad ⑥$$

从不等式 ⑤ 和 ⑥ 知道 ② 成立.

有了不等式 ① 和 ②,本题就非常容易解决了.

对固定的大于等于 $6\cdot 1\ 995^2$ 的正整数 $n$,令

$$x_k=n^2+4k,y_k=4n^2+2k \quad ⑦$$

这里 $k=1,2,3,\cdots,1\ 995$.

利用不等式 ① 和 ②,有

$$[x_k^{\frac{3}{2}}]=n^3+6kn \quad ⑧$$

$$[y_k^{\frac{3}{2}}]=8n^3+6kn \quad ⑨$$

从 ⑧ 和 ⑨,有

$$[x_k^{\frac{3}{2}}]+[y_{1\ 996-k}^{\frac{3}{2}}]=(n^3+6kn)+(8n^3+6(1\ 996-k)n)=$$
$$9n^3+11\ 976n \quad ⑩$$

这里 $k=1,2,3,\cdots,1\ 995$.

我们知道,大于等于 $6\cdot 1\ 995^2$ 的正整数 $n$ 有无限多个,则 $a=9n^3+11\ 976n$ 也有无限多个($n\geqslant 6\cdot 1\ 995^2$),对于每一个这样的 $a$,题目中的方程至少有 1 995 对正整数解$(x_k,y_{1\ 996-k})$,这里 $k=1,2,3,\cdots,1\ 995$.

**6.3.9** 求所有满足关系式$\frac{x!+y!}{n!}=3^n$ 的自然数组$(x,y,n)$(约定$0!=1$).

(越南,2005 年)

**解** 假设$(x,y,n)$ 为满足

心得 体会 拓广 疑问

$$\frac{x! + y!}{n!} = 3^n \quad ①$$

的自然数三元组,易知 $n \geqslant 1$.

假设 $x \leqslant y$. 考虑下面两种情况.

(1)$x \leqslant n$. 易知

$$\frac{x! + y!}{n!} = 3^n \Leftrightarrow 1 + \frac{y!}{x!} = 3^n \cdot \frac{n!}{x!} \quad ②$$

由式 ② 可推出 $1 + \frac{y!}{x!} \equiv 0 \pmod 3$.

因为三个连续整数的乘积能被 3 整除,又因为 $n \geqslant 1$,则有

$$x < y \leqslant x + 2$$

(Ⅰ)如果 $y = x + 2$,由式 ② 得

$$1 + (x + 1)(x + 2) = 3^n \cdot \frac{n!}{x!} \quad ③$$

因为两个连续整数的乘积能被 2 整除,由式 ③ 可知 $n \leqslant x + 1$.

若 $n = x$,由式 ③ 化为 $1 + (x + 1)(x + 2) = 3^x$,即

$$x^2 + 3x + 3 = 3^x \quad ④$$

因为 $x \geqslant 1$,由式 ④ 知 $x \equiv 0 \pmod 3$,所以,$x \geqslant 3$. 同时得到

$$-3 = x^2 + 3x - 3^x \equiv 0 \pmod 9$$

矛盾,因此,$n \neq x$.

故 $n = x + 1$. 于是式 ③ 化为

$$1 + (x + 1)(x + 2) = 3^n(x + 1)$$

所以 $x + 1$ 是 1 的正因子,即 $x = 0$.

因此 $x = 0, y = 2, n = 1$.

(Ⅱ)如果 $y = x + 1$,由式 ② 得

$$x + 2 = 3^n \cdot \frac{n!}{x!} \quad ⑤$$

因为 $n \geqslant 1$,由式 ⑤ 知 $x \geqslant 1$,则 $x = n$ 且

$$x + 2 = 3^x \quad ⑥$$

易知 $x = 1$ 是满足式 ⑥ 的唯一自然数.

在这两种情况中,如果三元数组 $(x,y,n)$ 满足式 ①,则 $(x,y,n) = (0,2,1)$ 或 $(1,2,1)$.

(2)$x > n$. 易知

$$\frac{x! + y!}{n!} = 3^n \Leftrightarrow \frac{x!}{n!}\left(1 + \frac{y!}{x!}\right) = 3^n \quad ⑦$$

因为 $n + 1$ 和 $n + 2$ 不能同时为 3 的幂,由式 ⑦ 可推出 $x = n + 1$. 于是式 ⑦ 化为

$$n + 1 + \frac{y!}{n!} = 3^n \quad ⑧$$

因为 $y \geq x$,则 $y \geq n+1$. 令 $A=\frac{y!}{(n+1)!}$,代入式⑧得

$$(n+1)(1+A)=3^n \quad ⑨$$

如果 $y \geq n+4$,则 $A \equiv 0 \pmod 3$. 故 $A+1$ 不能为3的幂. 于是由式⑨得 $y \leq n+3$,所以

$$n+1 \leq y \leq n+3$$

(Ⅰ)若 $y=n+3$,则 $A=(n+2)(n+3)$. 由式⑨得

$$(n+1)[1+(n+2)(n+3)]=3^n$$

即

$$(n+2)^3-1=3^n \quad ⑩$$

由此可得 $n>2, n+2 \equiv 1 \pmod 3$.

令 $n+2=3k+1, k \geq 2$. 由式⑩有

$$9k(3k^2+3k+1)=3^{3k-1}$$

与 $(3k^2+3k+1,3)=1$ 矛盾,所以 $y \neq n+3$.

(Ⅱ)若 $y=n+2$,则 $A=n+2$. 由式⑨得

$$(n+1)(n+3)=3^n$$

当 $n \geq 1$ 时,$n+1$ 和 $n+3$ 不能同时为3的幂. 所以

$$y \neq n+2$$

(Ⅲ)若 $y=n+1$,则 $A=1$. 由式⑨得

$$2(n+1)=3^n$$

显然不存在满足上式的 $n$,所以 $y \neq n+1$. 在这种情形中,没有三元数组 $(x,y,n)$ 满足式①.

综上所述,满足式①的三元数组为 $(x,y,n)=(0,2,1)$ 或 $(2,0,1)$ 或 $(1,2,1)$ 或 $(2,1,1)$.

经检验,这四个三元数组为满足题目条件的所有三元数组.

6.3.10 证明不定方程

$$(n-1)!=n^k-1 \quad ①$$

仅有正整数解 $(n,k)=(2,1),(3,1),(5,2)$.

**证明** 当 $n=2$ 时,由①得解 $(2,1)$.

当 $n>2$ 时,式①推出 $n$ 应是奇数.

当 $n=3,5$ 时,由①可得出解 $(3,1),(5,2)$.

现设 $n>5$ 且 $n$ 是奇数,故 $\frac{n-1}{2}$ 是整数且 $<n-3$. 所以推出 $n-1 \mid (n-2)!$,再由①可得

$$n^k-1 \equiv (n-1)\cdot(n-2)! \equiv 0 \pmod{(n-1)^2} \quad ②$$

因为

$$n^k-1=((n-1)+1)^k-1=$$

心得 体会 拓广 疑问

$$(n-1)^k+C_k^1(n-1)^{k-1}+\cdots+$$
$$C_k^{k-2}(n-1)^2+k\cdot(n-1) \quad ③$$

由式②,③得出

$$k(n-1)\equiv 0(\bmod (n-1)^2)$$

故得 $n-1\mid k$. 于是 $k\geqslant n-1$,故

$$n^k-1\geqslant n^{n-1}-1>(n-1)!$$

这就证明了在 $n>5$ 时,①没有正整数解 $(n,k)$.

**注** 此题推出 $p>5$ 是素数时,$(p-1)!+1$ 至少有两个不同的素因数.

6.3.11 求所有正整数 $a,b,c$,使得 $a,b,c$ 满足

$$(a!)(b!)=a!+b!+c!$$

**解** 不失一般性,假设 $a\geqslant b$,则原方程化为

$$a!=\frac{a!}{b!}+1+\frac{c!}{b!}$$

由于上式中有三项是整数,所以 $c\geqslant b$.

又因为右边的每一项都是正整数,则其和至少是3. 因此,$a\geqslant 3$,且 $a!$ 是偶数.

于是,$\frac{a!}{b!}$ 和 $\frac{c!}{b!}$ 中有且仅有一项是奇数.

(1) 假设 $\frac{a!}{b!}$ 是奇数,则要么 $a=b$,要么 $\frac{a!}{b!}=b+1$,且 $b+1$ 是奇数,$a=b+1$.

(Ⅰ) 若 $a=b$,则 $a!=2+\frac{c!}{a!}$.

当 $a=3$ 时,有 $b=3,c=4$.

当 $a>3$ 时,由于 $a!-2$ 不能被3整除,所以

$$c=a+1 \text{ 或 } a+2$$

$$\frac{c!}{a!}=a+1 \text{ 或} (a+1)(a+2)$$

$$a!=a+3 \text{ 或} (a+1)(a+2)+2 \quad ①$$

当 $a=4$ 或5时,不满足方程.

当 $a\geqslant 6$ 时,明显式①左边大于右边,此时原方程无解.

(Ⅱ) 若 $a=b+1$,其中 $b$ 是偶数,则原方程化为

$$(b+1)!=b+2+\frac{c!}{b!}$$

上式左端可以被 $b+1$ 整除,由于 $\frac{a!}{b!}$ 为奇数时,$\frac{c!}{b!}$ 为偶数,故 $c>$

$b$. 于是$\frac{c!}{b!}$可以被 $b+1$ 整除,所以,$b+2$ 可以被 $b+1$ 整除,矛盾.

(2) 假设$\frac{a!}{b!}$是偶数,$\frac{c!}{b!}$是奇数,则 $c=b$ 或 $c=b+1$($b$ 为偶数).

(Ⅰ) 若 $c=b$,则方程化为

$$(a!)(b!)=(a!)+2\times(b!)$$

所以$\frac{a!}{b!}(b!-1)=2$. 故$\frac{a!}{b!}=2, b!-1=1$.

于是 $b=2, a!=4$,这是不可能的.

(Ⅱ) 若 $c=b+1$,则方程化为

$$(a!)(b!)=(a!)+(b+2)(b!)$$

所以

$$a!(b!-1)=(b+2)(b!)$$

由于$(b!, b!-1)=1$,因此

$$(b!-1)\mid(b+2)$$

因为 $b$ 是偶数,所以,$b=2, a!=8$,这是不可能的.

综上所述,原方程有唯一解 $a=3, b=3, c=4$.

6.3.12 方程 $\cos\pi x+\cos\pi y+\cos\pi z=0, 0\leqslant x\leqslant\frac{1}{2}\leqslant y\leqslant z\leqslant 1$ 有平凡解:$y=\frac{1}{2}, z=1-x$ 和 $y=\frac{2}{3}-x, z=\frac{2}{3}+x$. 方程还有非平凡解:$x=\frac{1}{5}, y=\frac{3}{5}, z=\frac{2}{3}$. 试证明方程再也没有别的有理数解.

**证明** 可以证明,方程

$$\cos 2\pi r_1+\cos 2\pi r_2+\cos 2\pi r_3=0$$

(其中 $r_1, r_2, r_3$ 是小于 1 的非负有理数) 的解只能是下面三种类型之一:

(1) $\cos\frac{1}{2}\pi+\cos 2\pi r+\cos 2\pi\left(\pm\frac{1}{2}\pm r\right)=0$;

(2) $\cos 2\pi r+\cos 2\pi\left(r+\frac{1}{2}\right)+\cos 2\pi\left(r+\frac{2}{3}\right)=0$;

(3) $\cos\frac{2\pi}{3}+\cos\frac{\pi}{5}+\cos\frac{3\pi}{5}=0$.

从这些等式中,借助于关系

$$\cos 2\pi r=\cos 2\pi(1-r) \text{ 和 } -\cos 2\pi r=\cos 2\pi\left(\pm\frac{1}{2}\pm r\right)$$

就得到等价的解,其中 $r$ 是小于 1 的非负有理数. 这样,本问题必能由此得证.

心得 体会 拓广 疑问

设 $r_k=\dfrac{n_k}{d_k}$,其中 $0\leqslant n<d$ 且当 $n_k\neq 0$ 时,$n_k$ 与 $d_k$ 互素. $p$ 是 $d_1,d_2$ 或 $d_3$ 的最大的素数因子,那么能找到数 $\delta_k,l_k,c_k,v_k$,使得 $d=\delta_k p^{l_k}$ 和 $n_k=c_k\delta_k+v_k p^{l_k}$,其中 $\delta_k$ 与 $p$ 互素,$0\leqslant c<p^{l_k}$,若 $l_k=0$,则 $c_k=0$,否则 $c_k$ 与 $p$ 互素.

因此,如果记 $\dfrac{v_k}{\delta_k}$ 为 $f_k$,则有

$$r_k=n_k/d_k=v_k/\delta_k+c_k/p^{l_k}=f_k+c_k/p^{l_k}$$

假定 $l_1\geqslant l_2\geqslant l_3$. 今设

$$g_k(x)=\frac{1}{2}(\mathrm{e}^{2\pi\mathrm{i}f_k}x^{c_kp^{l_1-l_k}}+\mathrm{e}^{-2\pi\mathrm{i}f_k}x^{pl_1-c_kp^{l_1-l_k}})\quad(\text{当 } c_k\neq 0)$$

$$g_k(x)=\cos 2\pi r_k\quad(\text{当 } c_k=0)$$

且设

$$U(x)=\sum_{k=1}^{3}g_k(x)$$

于是

$$g_k(c^{2\pi\mathrm{i}p^{l_1}})=\cos 2\pi r_k$$

因而,若 $r_1,r_2,r_3$ 满足所给方程,则 $U\left(\dfrac{\mathrm{e}^{2\pi\mathrm{i}}}{p^{l_1}}\right)=0$.

如果 $s$ 不是 $p$ 的倍数,则 L. Kronecker 证明了多项式

$$p(x)=1+x^{p^{l_1-1}}+x^{2p^{l_1-1}}+\cdots+x^{(p-1)p^{l_1-1}}$$

不可能是这样两个较低幂的多项式之积,这两个多项式的系数,是 1 的 $s$ 次方根的有理函数.

从这个结果,首先推导两个引理.

**引理1** 多项式 $U(x)$ 可被多项式 $p(x)$ 整除.

**证明** 由于当 $x=\exp\left(\dfrac{2\pi\mathrm{i}}{p^{l_1}}\right)$ 时,$U(x)$ 与 $p(x)$ 两个多项式都为零. 故它们不互素,它们的最大公因式的系数是 $U(x)$ 和 $p(x)$ 的系数的有理函数.

因此,由 Kronecker′s 定理,最大公因式必须是 $p(x)$.

**引理2** 如果将 $U(x)$ 表为多项式的和 $\sum\limits_t U_t(x)$,其中 $U_t(x)$ 包含 $U(x)$ 的那些形如 $bx^c$ 的项而以 $c\equiv t$,模为 $p^{l_1-1}$,则 $U(x)$ 能被 $p(x)$ 整除,因而 $U\left(\exp\left(\dfrac{2\pi\mathrm{i}}{p^{l_1}}\right)\right)=0$.

**证明** 若用 $p(x)$ 除 $U_t(x)$,得关系式

$$U_t(x)=p(x)Q_t(x)+R_t(x)$$

其中 $R_t(x)$ 的次数低于 $p(x)$ 的次数,在 $Q_t(x)$ 与 $R_t(x)$ 中的 $x$ 的每个幂的指数关于 $t$ 是在模为 $p^{l_1-1}$ 的同余,由此导出

$$U(x)=\sum_t U_t(x)=p(x)\sum_t Q_t(x)+\sum_t R_t(x)$$

因而由引理1知 $\sum\limits_t R_t(x)=0$,故每一个 $t$ 有 $R_t(x)=0$. 现在,将方

程的可能的解分成若干特别情况加以讨论.

1 $l_1=1\geqslant l_2\geqslant l_3$ 由引理1,既然 $U(x)$ 的次数小于 $p$ 且 $p(x)$ 的次数是 $p-1$,故必有 $U(x)=mp(x)$,其中 $m$ 是常数.

1.1 如果 $l_1=l_2=l_3=1$,则 $U(0)=0$. 由于 $p(0)=1$,因而 $m=0$. 故对每一个 $x$,$U(x)=0$. 如果函数 $g_1,g_2,g_3$ 中的任一个恒等于零,则 $U(x)$ 必只包含一个 $x$ 的幂. 如果代表其中两个函数的两项之和为零. 易知,这两个函数之和为零. 因此剩下的那个函数恒等于零. 从而,或者是函数 $g_1,g_2,g_3$ 之一仅包含一个 $x$ 的幂,或者三个函数的每一个都有相同的两个 $x$ 的幂.

1.1.1 如果函数之一仅包含一个 $x$ 的幂,则对于 $k$ 的对应值,求得 $c_k=p-c_k$,因而 $2c_k=p$,结果 $p=2,c_k=1$. 又由于 $p$ 是 $d_1,d_2,d_3$ 中最大的素数,必有 $d_1=d_2=d_3=2$,但是这并没有给我们提供问题的解,故对此我们不感兴趣.

1.1.2 如果三个函数 $g_1,g_2,g_3$,每一个都包含相同的两个 $x$ 的幂,令 $b_1,b_2,b_3$ 分别表示其中一个 $x$ 的幂的三个系数,那么 $x$ 的另一个幂的三个系数分别是 $\frac{1}{b_1},\frac{1}{b_2},\frac{1}{b_3}$,且 $b_1+b_2+b_3=0$,$\frac{1}{b_1}+\frac{1}{b_2}+\frac{1}{b_3}=0$,即

$$b_2b_3+b_3b_1+b_1b_2=0$$

因此 $b_1,b_2,b_3$ 是方程 $z^3-\mathrm{e}^{2\pi\mathrm{i}(3z)}=0$ 的三个根,其中 $b_1b_2b_3=\mathrm{e}^{2\pi\mathrm{i}(3z)}$,所以可以取 $b_1=\exp(2\pi\mathrm{i}s)$,$b_2=\exp(2\pi\mathrm{i}(s+\frac{1}{3}))$,$b_3=\exp(2\pi\mathrm{i}(s+\frac{2}{3}))$,求得对应的解是

$$\cos 2\pi(s+\frac{c}{p})+\cos 2\pi(s+\frac{1}{3}+\frac{c}{p})+\cos 2\pi(s+\frac{2}{3}+\frac{c}{p})=0$$

这解是(b)型的.

1.2 如果 $l_1=l_2=1,l_3=0$ 则 $m=\cos 2\pi r_3$.

1.2.1 如果只有 $\cos 2\pi r_3=0$,则

$$\cos 2\pi r_1+\cos 2\pi r_2=0$$

因此 $r_2=\pm\frac{1}{2}\pm r_1$,这样我们获得一个解,显然,此解是(a)型的.

1.2.2 如果 $\cos 2\pi r_3\neq 0$,则 $U(x)=p(x)\cos 2\pi r_3$. 现在,$p(x)$ 中 $x$ 的不同的幂有 $p$ 个,且在 $U(x)$ 中有2个或3个或5个. 因此 $p$ 是数2,3,5中的一个. 但当 $p=2$ 时,函数 $g_1,g_2$ 只包含一个 $x$ 的幂,这种情况,在1.1.1中已经论述过.

(1) 如果 $p=3$,比较系数,求得

$$\frac{1}{2}\mathrm{e}^{2\pi\mathrm{i}f_1}+\frac{1}{2}\mathrm{e}^{2\pi\mathrm{i}f_2}=\frac{1}{2}\mathrm{e}^{-2\pi\mathrm{i}f_1}+\frac{1}{2}\mathrm{e}^{2\pi\mathrm{i}f_2}=\cos 2\pi r_3$$

或

$$\frac{1}{2}e^{2\pi i f_1}+\frac{1}{2}e^{-2\pi i f_2}=\frac{1}{2}e^{-2\pi i f_1}+\frac{1}{2}e^{-2\pi i f_2}=\cos 2\pi r_3$$

在第一种情况下，$f_1=-f_2=\pm r_3$；

在第二种情况下，$f_1=f_2=\pm r_3$.

每一种情况所对应的解都是(b)型的.

(2)如果 $p=5$，则

$$\frac{1}{2}e^{2\pi i f_1}=\frac{1}{2}e^{-2\pi i f_1}=\frac{1}{2}e^{2\pi i f_2}=\frac{1}{2}e^{-2\pi i f_2}=\cos 2\pi r_3$$

因此 $f_1=f_2=0,\cos 2\pi r_3=\frac{1}{2}$，即 $r_3=\frac{1}{6}$. 或者 $f_1=f_2=\frac{1}{2},\cos 2\pi r_3=-\frac{1}{2}$，即 $r_3=\frac{1}{3}$.

如果用这样一种方法来选择 $c_1,c_2,c_3$，即使 $U(x)$ 有5个 $x$ 的不同的幂，那么获得的解是(c)型的.

1.3　如果 $f_1=1,f_2=f_3=0$，则

$$U(x)=(\cos 2\pi r_2+\cos 2\pi r_3)p(x)$$

1.3.1　如果再有 $\cos 2\pi r_2+\cos 2\pi r_3=0$，则 $\cos 2\pi r_1=0$ 对应的解应是(a)型的.

1.3.2　如果 $\cos 2\pi r_2+\cos 2\pi r_3\neq 0$，由于 $U(x)$ 有两个或三个 $x$ 的不同幂，则 $p=2$ 或3. 但当 $p=2$ 时，在1.1.1中已讨论过. 假定 $p=3$，那么有

$$\frac{1}{2}e^{2\pi i f_1}=\frac{1}{2}e^{-2\pi i f_1}=\cos 2\pi r_2+\cos 2\pi r_3$$

等式中的每一个显然应该等于 $\pm\frac{1}{2}$. 故 $f_1=0$ 且 $\cos 2\pi r_2+\cos 2\pi r_3=\frac{1}{2}$ 或 $f_1=\frac{1}{2}$ 且 $\cos 2\pi r_2+\cos 2\pi r_3=-\frac{1}{2}$，其中 $r_2$ 和 $r_3$ 的分母没有大于2的素数因子，显然这是不可能的.

2　其次假设 $f_1\geqslant 2,f_1\geqslant f_2\geqslant f_3$.

在 $g_1,g_2,g_3$ 中出现的 $x$ 的幂的指数分别是

$$c_1,p^{l_1}-c_1,c_2p^{l_1-l_2},p^{l_1}-c_2p^{l_1-l_2},c_3p^{l_1-l_2},p^{l_1}-c_3p^{l_1-l_2}$$

当这些指数的两个是对模 $p^{l_1-1}$ 同余时，我们说 $U(x)$ 的这两个对应的项是相似的.

2.1　如果 $f_1>f_2\geqslant f_3$，则 $g_1$ 的项与 $g_2$ 和 $g_3$ 的项是不相似的，仅当 $p=f_1=2,c_1=1$ 时，三者是相似的.

2.1.1　如果 $p=f_1=2$，则 $g_1(\exp\frac{2\pi i}{4})=\cos 2\pi r_1=0$. 这样，获得形如(a)的解.

2.1.2　如果 $p\neq 2$，则 $p(x)$ 整除 $g_1(x)$ 的每一项，这显然是

心得 体会 拓广 疑问

不可能的.

2.2 如果$f_1=f_2\geqslant f_3$,则$g_3$的项不与$g_1,g_2$的项相似,仅当$f_3=0$或1,或者$f_3=p=2$时,它们相似.

2.2.1 如果$f_3=0$或$f_3=p=2$,则$\cos 2\pi r_3=0$,于是获得(a)型的解.

2.2.3 如$f_3=1$,则仍有$\cos 2\pi r_3=0$,因此$p=2$和$f_3=2$,产生矛盾.

2.2.4 如果$g_3$的这两项彼此不相似,那么$p(x)$应能除尽这两项,这是不可能的.

2.3 如果$l_1=l_2=l_3$,则每个函数$g_1,g_2,g_3$的这两项互不相似,除非$p=l_1=l_2=l_3=2$.因此,除这特殊情况外,在$U(x)$中最多存在三个相似项.

2.3.1 如果$p=l_1=l_2=l_3=2$,那么对应的解是(a)型的.

2.3.2 如果$U(x)$中存在三个相似项的两对,则当$x=\exp 2\pi i^{pl_1}$时,项的每一组之和应该为零.用这种方法所获得的两个方程,确实与1.12中关于$b_1,b_2,b_3$的两个方程的形式一样,因此对应的解是(b)型的.

# 第 7 章　数论与组合

7.1　证明:从 1,2,…,49 中取出六个不同的数,其中至少有两个是相邻的,共有 $C_{49}^6 - C_{44}^6$ 种取法.

(保加利亚,1980 年)

**证明**　设 $a_1,a_2,\cdots,a_6$ 是取自 1,2,…,49 的六个不同的数,不妨设 $a_1 < a_2 < \cdots < a_6$. 显然

$$a_1 \leqslant a_2 - 1 \leqslant a_3 - 2 \leqslant a_4 - 3 \leqslant a_5 - 4 \leqslant a_6 - 5$$

且 $a_1,a_2 - 1,a_3 - 2,a_4 - 3,a_5 - 4,a_6 - 5$ 互不相同的必要且充分条件是 $a_1,a_2,a_3,a_4,a_5,a_6$ 不含相邻的数. 令六元数组 $(a_1,a_2,a_3,a_4,a_5,a_6)$ 对应于 $(a_1,a_2 - 1,a_3 - 2,a_4 - 3,a_5 - 4,a_6 - 5)$,则在取自 1 ~ 49 之间的六个不同且没有相邻的数构成的六元组集合与所有取自 1 ~ 44 之间的六个不同的数构成的六元组集合之间建立了一个双射. 因此这两个集合中六元组的个数都等于 $C_{44}^6$. 而 1 ~ 49 之间六个不同的数构成的六元组的个数为 $C_{49}^6$. 于是,其中有相邻数的六元组的个数为 $C_{49}^6 - C_{44}^6$.

7.2　在 $0 \leqslant r \leqslant n \leqslant 63$ 的 $(n,r)$ 组中

$$C_n^r = \frac{n!}{r!\ (n-r)!}$$

为偶数的有多少组?

(日本数学奥林匹克,1991 年)

**解**　如图 1,将杨辉三角中的每个数对 mod 2 取余数,即将奇数记为 1,偶数记为 0.

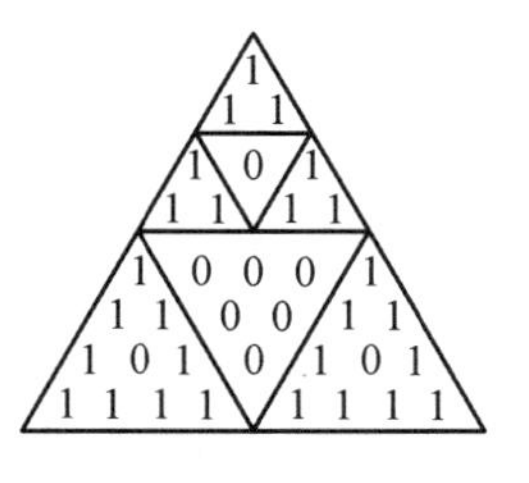


图 1

并记从第 $2^k$ 行到第 $2^{k+1} - 1$ 行之间的奇组数个数为 $a_k$. 易见

$$a_k = a_{k-1} + 2a_{k-1} = 3a_{k-1}$$

由于 $a_1 = 1,63 = 2^6 - 1$ 以及 $a_k = 3^k$,所以杨辉三角中从第 0 行到第 63 行中奇组合数的个数为

$$a_6 = 3^6 = 729$$

从而偶组合数的个数为

$$(1 + 2 + \cdots + 64) - 729 = 1\ 351$$

心得 体会 拓广 疑问

7.3 证明:将集合 $X=\{1,2,3,4,5,6,7,8,9\}$ 任意划分为两个子集,至少有一个子集,含有三个数,其中两数之和为第三数的两倍.

(罗马尼亚,1978 年)

**证明** 设结论不真,且设 $X=A\cup B,5\in A$. 如果 $3\in A$,则因

$$1+5=2\cdot 3,3+5=2\cdot 4,3+7=2\cdot 5$$

故 $1\in B,4\in B$ 且 $7\in B$. 但因

$$1+7=2\cdot 4$$

所以 1,4,7 至少有一个不属于 $B$,矛盾. 如果 $3\in B$,则因

$$5+7=2\cdot 6$$

故 6 与 7 不能同时属于 $A$.

分两种情形讨论.

首先设 $7\in A,6\in B$. 因为

$$9+3=2\cdot 6$$

所以 $9\in A$,又 $9+5=2\cdot 7$,所以 $9\in B$. 矛盾. 其次设 $7\in B,6\in A$,因为

$$4+6=2\cdot 5$$

所以 $4\in B$. 又因为

$$1+7=2\cdot 4,2+4=2\cdot 3$$

所以 $1\in A,2\in A$. 于是由

$$8+2=2\cdot 5=9+1$$

可知,$8\in B,9\in B$. 但是 $9+7=2\cdot 8$,所以 $9\in A$,矛盾.

7.4 对一个由非负整数组成的集合 $S$,定义 $r_s(n)$ 为满足下述条件的有序数对 $(s_1,s_2)$ 的对数:$s_1\in S,s_2\in S,s_1\neq s_2$,且 $s_1+s_2=n$. 问:是否能将非负整数集分划为两个集合 $A$ 和 $B$,使得对任意 $n$,均有 $r_A(n)=r_B(n)$?

**解** 存在. 将所有二进制表示下数码 1 出现偶数个的非负整数归入集合 $A$,其余的非负整数归入 $B$,则 $A,B$ 是非负整数集 $N$ 的分划.

注意到,对 $A$ 中满足 $a_1+a_2=n,a_1\neq a_2,a_1,a_2\in A$ 的数对 $(a_1,a_2)$,由于 $a_1\neq a_2$,因此在二进制表示下 $a_1$ 与 $a_2$ 必有一位上的数码不同,从右到左看,第 1 个不同数码的数位上,改变 $a_1,a_2$ 在该位上的数码,分别得到 $b_1,b_2$,则 $b_1,b_2\in B$,且 $b_1\neq b_2,b_1+b_2=n$. 这个将 $(a_1,a_2)$ 对应到 $(b_1,b_2)$ 的映射是一一对应,因此 $r_A(n)=r_B(n)$.

心得 体会 拓广 疑问

7.5　某人有一块长方形木料，尺寸为 $m\cdot n\cdot r$ 立方英寸($m$，$n$，$r$ 为整数)．他将表面漆上油漆，然后切成1立方英寸一个的小块，发现恰好有半数小块完全没有油漆．求证具有这种特性而实质上不同的木块的数目是有限的(不必将它们都列举出来)．

(第12届美国普特南数学竞赛，1952年)

**证明**　完全没有油漆的立方块砌成尺寸为

$$(m-2)(n-2)(r-2)$$

的长方块，由题意有

$$mnr=2(m-2)(n-2)(r-2) \qquad ①$$

本题等价于证明方程①仅有有限组整数解．

方程①可化为

$$\frac{1}{2}=\frac{m-2}{m}\cdot\frac{n-2}{n}\cdot\frac{r-2}{r}$$

设 $m\leqslant n\leqslant r$，则

$$\left(\frac{m-2}{m}\right)^3\leqslant\frac{1}{2}<\frac{m-2}{m},\frac{1}{2}<\frac{m-2}{m}\leqslant\sqrt[3]{\frac{1}{2}}$$

即

$$4<m<10$$

因此，$m$ 只能取几个可能的值．固定 $m$，方程①化为

$$\frac{m}{2(m-2)}=\frac{n-2}{n}\cdot\frac{r-2}{r}$$

于是有

$$\left(\frac{n-2}{n}\right)^2\leqslant\frac{m}{2(m-2)}<\frac{n-2}{n}$$

$$\frac{m}{2(m-2)}<\frac{n-2}{n}\leqslant\sqrt{\frac{m}{2(m-2)}}<\sqrt{\frac{5}{6}}<1$$

因而，对于一个固定的整数 $m$，只有有限个 $n$ 适合上面的不等式．

显然，对于固定的 $m$ 和 $n$，至多有一个 $r$ 满足方程①．

因此，对 $m\leqslant n\leqslant r$，方程①的解是有限的，去掉 $m\leqslant n\leqslant r$ 的约定，仍为有限组解．

7.6　在方格纸上作闭折线，使折线的每个顶点都是方格纸上的结点，而且折线的各段之长都相等．证明：这样的折线的段数必为偶数．

(第27届莫斯科数学奥林匹克，1964年)

**证明**　取一个方格纸上的结点为原点建立直角坐标系，则方

格纸上的所有结点均为整点.

于是闭折线的每个顶点$(X_i,Y_i)(i=1,2,\cdots,n)$的横、纵坐标均为整数.

因为是闭折线,则闭折线在坐标轴上的投影(连同符号)满足

$$x_1+x_2+\cdots+x_n=0$$

$$y_1+y_2+\cdots+y_n=0$$

$$x_i^2+y_i^2=c(i=1,2,\cdots,n)$$

(1) 若$c$具有$4k+2$的形式.

这时,$x_i$和$y_i$恒为奇数,而由于$n$个奇数的和等于0,故知$n$为偶数.

(2) 若$c$具有$4k+1$的形式.

这时,$x_i$和$y_i$的奇偶性不同.

假定有$m$个奇数$x_i$,$n-m$个偶数$x_i$,那么相应的就有$n-m$个奇数$y_i$,$m$个偶数$y_i$.

由于和数为0,所以$m$与$n-m$同时为偶数,从而$n$亦为偶数.

(3) 若$c$具有$4k$的形式.

这时,$x_i$和$y_i$都是偶数,设$2^k$是所有$x_i$和$y_i$都可被其整除的2的最高方幂,这时在$x_i^2+y_i^2=c$的两边同时除以$2^{2k}$,就可划归为$x_i$与$y_i$或同为奇数,或为一奇一偶的情形,即情形(1),(2),此时$n$亦为偶数.

由(1),(2),(3),$n$为偶数.

7.7　设$R$为一矩形,为$n$个矩形$R_i(1\leqslant i\leqslant n)$之并,满足:

(1)$R_i$的边与$R$的边平行或垂直;

(2)$R_i$互不重叠;

(3) 每个$R_i$至少有一边长为整数.

求证:$R$至少有一边长为整数.

(法国,1989年)

**证明**　如图2,以$A$为原点,$AB$为$x$轴,$AD$为$y$轴建立直角坐标系. 只要证明$B,C,D$三点中至少有一个是整点即可.

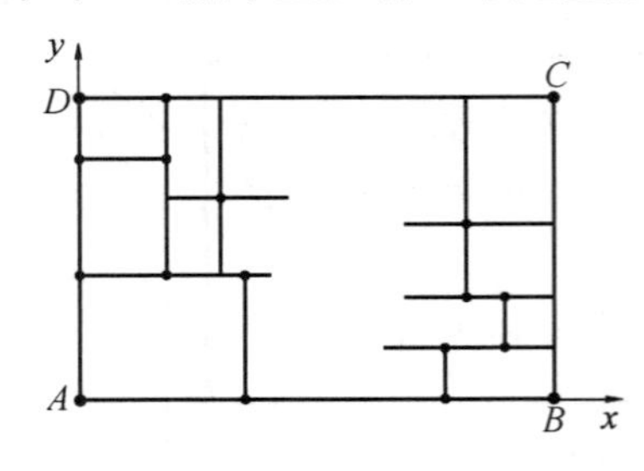


图2

心得 体会 拓广 疑问

每个 $R_i$ 的边都平行于坐标轴，而且至少有一边的边长是整数. 所以 $R_i$ 的 4 个顶点中，是整点的顶点个数只能是 0,2,4 三者之一. 因此将这些顶点个数对 $i$ 从 1 到 $n$ 求和. 所得的和一定是一个偶数.

但是，一个小长方形的顶点 $V$，当 $V$ 位于原长方形某边内时，它是两个小长方形的公共顶点，当 $V$ 位于原长方形内部时，它是 4 个小长方形的公共顶点. 因此若 $V$ 是整点，则它在上一段的求和中被重复了 2 次或 4 次. 这就表明，$A,B,C,D$ 四个顶点中整点的个数是偶数. 由于 $A=(0,0)$ 是整点，所以 $B,C,D$ 中至少还有一个也是整点.

7.8 已知在某国可以买到任何整数分面值的邮票，在假日，一个数学家到该国想将一张明信片寄到新西兰，其上至少要贴五种不同面值的邮票，从贴在明信片上的邮票上任取两枚都能够在明信片上找到另外两枚邮票，它们面值的和相等. 问：这个数学家至少要买几枚邮票？

（新西兰，2005 年）

**解** 13 枚.

考虑两枚最小面值的邮票，为了使其满足要求，必须还要有两枚同样面值的邮票. 又因为我们也可以考虑最小面值和次小面值的邮票，因此，也必须要有与这两枚邮票面值相同的两枚邮票. 从而，最小面值的邮票至少有 4 枚，次小面值的邮票至少有 2 枚.

类似地，最大面值的邮票至少有 4 枚，次大面值的邮票至少有 2 枚.

从而数学家至少需要 $4+2+1+2+4=13$ 枚邮票.

下面的例子满足要求

$$\{1,1,1,1,2,2,3,4,4,5,5,5,5\}$$

7.9 设 $ABCD$ 是一块矩形的板，$|AB|=20$，$|BC|=12$. 这块板分成 $20\times 12$ 个单位正方形.

设 $r$ 是给定的正整数，当且仅当两个小方块的中心之间的距离等于 $\sqrt{r}$ 时，可以把放在其中一个小方块的硬币移到另一小方块中.

在以 $A$ 为顶点的小方块中放有一个硬币，我们的工作是要找出一系列的移动，使这硬币移到以 $B$ 为顶点的小方块中.

（1）证明当 $r$ 被 2 或 3 整除时，这一工作不能够完成；

（2）证明当 $r=73$ 时，这项工作可以完成；

（3）当 $r=97$ 时，这项工作能否完成.

（第 37 届国际数学奥林匹克，1996 年）

心得 体会 拓广 疑问

**解** 把小方块按它所在的行数及列数进行编号,以$(i,j)$表示第$i$行第$j$列的小方块,其中$i=1,2,\cdots,12;j=1,2,\cdots,20$.

由题意可知,在$(i_1,j_1)$中的硬币可以移到$(i_2,j_2)$的条件是

$$(i_1-i_2)^2+(j_1-j_2)^2=r \quad ①$$

(1)分$2\mid r$及$3\mid r$讨论.

当$2\mid r$时,由式①,$i_1-i_2$与$j_1-j_2$的奇偶性相同,即

$$i_1-i_2\equiv j_1-j_2 \pmod 2$$

从而

$$i_1-j_1\equiv i_2-j_2 \pmod 2$$

从顶点为$A$的小方块移到顶点为$B$的小方块相当于从$(1,1)$移到$(1,20)$,由于

$$1-1\not\equiv 1-20 \pmod 2$$

所以,$2\mid r$时,这一工作不能完成.

当$3\mid r$时,由式①有

$$(i_1-i_2)^2+(j_1-j_2)^2\equiv 0 \pmod 3$$

由于完全平方数对 mod 3,只能为0和1,因此,只能有

$$i_1-i_2\equiv j_1-j_2\equiv 0 \pmod 3$$

从而

$$i_1+j_1\equiv i_2+j_2 \pmod 3$$

由于

$$1+1\not\equiv 1+20 \pmod 3$$

所以,$3\mid r$时,这一工作不能完成.

(2)当$r=73$时,由式①有

$$(i_1-i_2)^2+(j_1-j_2)^2=73$$

由于$3^2+8^2=73$,因此$|i_1-i_2|$与$|j_1-j_2|$中一个为3,一个为8就可以完成移动.我们可以用以下的移动把硬币从$(1,1)$,移到$(1,20)$,如图3所示.

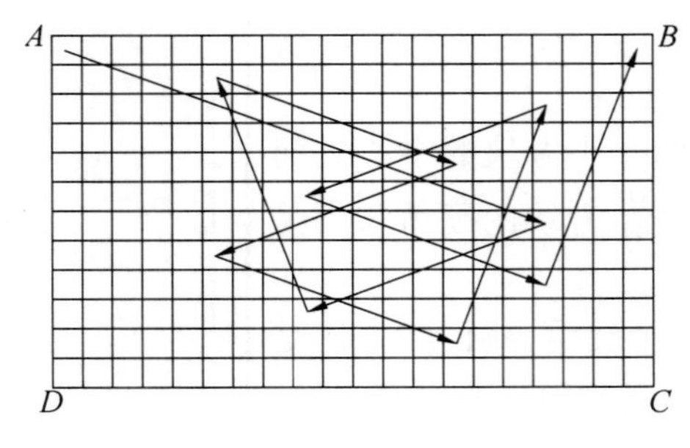


图3

$(1,1)\to(4,9)\to(7,17)\to(10,9)\to(2,6)\to(5,14)\to(8,6)\to(11,14)\to(3,17)\to(6,9)\to(9,17)\to(1,20)$

(3)当$r=97$时,式①化为

心得 体会 拓广 疑问

$$(i_1-i_2)^2+(j_1-j_2)^2=97$$

由于

$$97=4^2+9^2$$

因此，$|i_1-i_2|$ 与 $|j_1-j_2|$ 中一个应为4，一个应为9. 但是，这时符合要求的一系列移动是不存在的，这是因为这块板太小，把每一列的12块小方块分成四块一组，而每四块看成一大块，然后仿照国际象棋棋盘的方式把它们染成黑白两色，如图4所示.

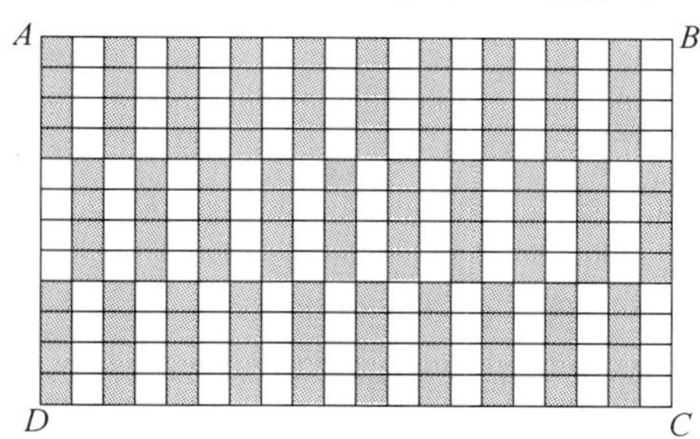


图 4

于是，在黑格中的硬币只能移到黑格中，由于(1,1)是黑格，而(1,20)是白格，因此不存在所要求的一系列移动.

7.10　有两堆火柴，分别有100根，252根，两人轮流取火柴，每次从其中的一堆取，但所取的火柴根数必须是另一堆火柴根数的正约数，谁取走最后一根火柴谁胜，问谁有必胜策略？

（彼得格勒，1988年）

**解**　设甲先取乙后取. 两堆火柴的根数组成的集合$\{a,b\}$称为状态. 状态$\{a,b\}$称为胜状态是指，从两堆火柴$\{a,b\}$中先取火柴者，在正确的策略下必胜；状态$\{a,b\}$称为负状态是指，从两堆火柴$\{a,b\}$中先取火柴者，只要对方策略正确则必输. 显然，$\{0,0\}$是负状态，而对任意的$r\geqslant 1$，$\{r,0\}$是胜状态. 设$a=2^{t(a)}(2m+1)$，$b=2^{t(b)}(2n+1)$，下面证明，若$a\neq 0,b\neq 0$，则当且仅当$t(a)=t(b)$时，$\{a,b\}$为负状态；当且仅当$t(a)\neq t(b)$时，$\{a,b\}$为胜状态. 因为$\{0,0\}$为负状态. 当$r\geqslant 1$时，$\{r,0\}$为胜状态，所以只要证明题中取火柴的操作具有如下性质.

若状态$\{a,b\}$满足$t(a)=t(b)$，则无论怎样操作一次，所得到的状态$\{a',b'\}$必满足$t(a')\neq t(b')$. 设从$a$根火柴中取走了$c$根，得到状态$\{a-c,b\}$. 按操作规定，$c$是$b$的约数，所以

$$t(c)\leqslant t(b)=t(a),c=2^{t(c)}(2q+1)$$

如果$t(c)<t(b)$，则因

$$a-c=2^{t(c)}[2^{t(a)-t(c)}(2m+1)-(2q+1)]$$

所以

$$t(a-c)=t(c)$$

从而

$$t(a-c)<t(b)$$

因 $a'=a-c, b'=b$,所以

$$t(a')<t(b)$$

如果 $t(c)=t(b)=t(a)$,则有

$$a-c=2^{t(a)+1}(m-q)$$

所以

$$t(a-c)\geqslant t(a)+1$$

因此 $t(a')>t(b')$.

若状态$\{a,b\}$满足 $t(a)\neq t(b)$,则适当操作一次可变成状态$\{a',b'\}$,$t(a')=t(b')$. 设 $t(a)>t(b)$,此时从 $a$ 根火柴中取 $c=2^{t(b)}$ 根,得状态$\{a-c,b\}$,其中

$$a'=a-c=2^{t(b)}[2^{t(a)-t(b)}(2m+1)-1]=2^{t(b)}(2q-1)$$

所以

$$t(a')=t(b'), b'=b$$

于是,证明了$\{a,b\}$为负状态当且仅当 $t(a)=t(b)$. 因为

$$252=2^2\cdot 63, 100=2^2\cdot 25$$

有

$$t(252)=t(100)$$

所以$\{252,100\}$是负状态. 这表明,后取火柴的乙有必胜策略.

7.11 有两堆石子,一堆 $p$ 块,一堆 $q$ 块,$p>q$,甲、乙两人轮流取石子,每次只能从其中的一堆里取,并且取出的石子数必须是另一堆石子数的倍数,直至只剩一堆,此时可一次取完,最后取完石子者胜.

(1) 证明:如果 $p\geqslant 2q$,则先取石子的甲有必胜策略.

(2) 找出数 $\alpha$,使 $p>\alpha q$,则先取石子的甲有必胜策略.

(苏联,1978 年)

**证明** 两堆石子的块数组成的二元数组$(p,q)$称为状态,并同上题定义胜状态与负状态. 显然,$(0,0)$是负状态;当 $r\geqslant 1$ 时,$(r,0)$是胜状态,$(r,r)$都是负状态.

(1) 下面证明,当 $p\geqslant 2q$ 时,状态$(p,q)$是胜状态. 因为 $p\geqslant 2q$,所以可设

$$p=uq+r, 0\leqslant r<q, u\geqslant 2$$

当 $r=0$ 时,可进行一次操作:从第一堆中取走$(u-1)q$ 块石子,变成负状态$(p',q')=(q,q)$. 于是,第二人只有一种取法,从中取完

心得 体会 拓广 疑问

一堆,从而得胜状态$(q,0)$. 所以$(p,q)$是胜状态. 当$r\neq 0$时,如果$(r,q)$是负状态,则从第一堆中取走$uq$块石子,变成负状态$(r,q)$;如果$(r,q)$是胜状态,则从第一堆中取走$(u-1)q$块石子,变成状态$(q+r,q)$,于是第二人只能从第一堆中取走$q$块石子从而变成胜状态$(r,q)$,所以$(q+r,q)$是负状态. 因此,$(p,q)$是胜状态.

(2) 取$\alpha=\frac{1}{2}(1+\sqrt{5})$. 在(1)中已证,当$p\geqslant 2q$时,$(p,q)$是胜状态. 下面证明,设$2q>p>\alpha q$,则$(p,q)$是胜状态. 为此,从第一堆的$p$块石子中取走$q$块,变成状态

$$(p',q')=(p-q,q)$$

此时有

$$p'=p-q>(\alpha-1)q=\frac{1}{2}(\sqrt{5}-1)q'$$

从而有$q'<\alpha p'$. 因为$p<2q$,所以

$$p'=p-q<2q-q=q=q'$$

因此,第二人从$(p',q')$中取石子,只能从$q'=q$块石子中取走$p'$块,变成状态$(p'',q'')$,其中$p''=p',q''=q'-p'$. 因为$q'<\alpha p'$,所以

$$q''=q'-p'<\alpha p'-p'=(\alpha-1)p'=(\alpha-1)p''$$

由此即得$p''>\alpha q''$. 按此,一直操作下去,由于石头越来越少,必然在某第偶次操作时,出现状态$(r,0)$,$r\neq 0$. 于是,先取石子者可把$r$块石子全部取走,从而取胜.

7.12 有 3 堆硬币,分别有 100,200,300 枚,甲、乙两人玩交替取硬币的游戏:从中取完一堆,并把剩下两堆的某一堆分成不空的两堆,谁无法再这样做就算输,问谁有必胜策略?

(俄罗斯,1994 年)

**解** 三堆硬币的块数$x,y,z$组成的三元数组$(x,y,z)$称为状态,并同题 7.10 中定义胜状态与负状态. 设$a=2^t(2k+1)$,则记$t(a)=t$. 易知,$(1,1,1)$为负状态. 下面证明,若$x\geqslant 1,y\geqslant 1,z\geqslant 1$,则$(x,y,z)$为负状态当且仅当$t(x)=t(y)=t(z)$. 为此,只要证明题中规定的取硬币操作具有下面的性质.

若状态$(x,y,z)$满足$t(x)=t(y)=t(z)$,则无论怎样操作一次,所得到的状态$(x',y',z')$必满足$t(x'),t(y'),t(z')$不全相等. 进行一次操作,不妨设取走第三堆的$z$块硬币,保留第二堆的$y$块硬币,而把第一堆的$x$块硬币分为不空的两堆,一堆$x'$块,另一堆$z'$块,$x'+z'=x$,并记$y'=y$. 设

$$x=2^{t(x)}(2m+1),x'=2^{t(x')}(2n+1),z'=2^{t(z')}(2p+1)$$

则有

$$2^{t(x')}(2n+1)+2^{t(z')}(2q+1)=2^{t(x)}(2m+1)$$

如果 $t(x')=t(z')=t(x)$,则由上式有

$$2^{t(x)}(2n+2q+2)=2^{t(x)}(2m+1)$$

不可能. 因此,$t(x')$,$t(y')$,$t(z')$ 不全相等.

若状态 $(x,y,z)$ 满足:$t(x)$,$t(y)$,$t(z)$ 不全相等,则适当操作一次可变成状态 $(x',y',z')$,满足 $t(x')=t(y')=t(z')$. 不妨设 $t(x)\geqslant t(y)\geqslant t(z)$,并且 $t(x)>t(z)$. 此时可进行如下操作:第三堆的 $z$ 块硬币保留不动,拿走第二堆的 $y$ 块硬币,把第一堆的 $x$ 块硬币分为两堆,一堆有 $2^{t(z)}$ 块硬币,另一堆有 $x-2^{t(z)}$ 块硬币. 记 $x'=x-2^{t(z)}$,$y'=2^{t(z)}$,$z'=z$. 因为

$$x'=x-2^{t(z)}=2^{t(x)}(2m+1)-2^{t(z)}=$$
$$2^{t(z)}[2^{t(x)-t(z)}(2m+1)-1]=2^{t(z)}(2q-1)$$

所以

$$t(x')=t(z)=t(z')=t(y')$$

因为 $(1,1,1)$ 是负状态,所以证明了 $(x,y,z)$ 是负状态当且仅当 $t(x)=t(y)=t(z)$.

最后,因为 $100=2^2\cdot 25$,$200=2^3\cdot 25$,$300=2^2\cdot 75$,即 $t(100)$,$t(200)$,$t(300)$ 不全相等,所以 $(100,200,300)$ 是胜状态. 这表明,先取硬币者有必胜策略.

7.13 将顺序为 $1,2,3,\cdots,2n$ 的 $2n$ 张牌变成 $n+1,1,n+2,2,\cdots,n-1,2n,n$. 即原先的前 $n$ 张牌移至第 $2,4,\cdots,2n$ 张,而其余的 $n$ 张牌,依照原来顺序排在奇数位置即第 $1,3,5,\cdots,2n-1$ 张,这称为一次"完全"洗牌. 试确定有哪些 $n$,从顺序 $1,2,\cdots,2n$ 开始,经过"完全"洗牌可以恢复到原来状况.

(第 28 届国际数学奥林匹克候选题,1987 年)

**解** 可以证明,对任意自然数 $n$,都可以将顺序为 $1,2,3,\cdots,2n$ 的牌,经过 $k$ 次洗牌后,使顺序恢复原状.

事实上,令 $m=2n+1$. 一次洗牌后,将 $x$ 变为 $y$,有

$$y\equiv 2x\pmod m$$

因此经过 $k$ 次洗牌后,$x$ 变为 $2^kx(\bmod m)$.

由于 $m$ 是奇数,则

$$2^{\varphi(m)}\equiv 1(\bmod m)$$

其中 $\varphi(m)$ 为欧拉函数. 从而

$$2^{\varphi(m)}x\equiv x(\bmod m)$$

因此,经过 $k$ 次 $(k=\varphi(m))$"完全"洗牌后,可以使牌恢复原状.

心得 体会 拓广 疑问

7.14 证明:可用四种颜色给正整数1,2,…,1 987染色,使其不包含10项单色算术级数.

(罗马尼亚,1987年)

**证明** 我们证明更强的结论:可以用四种颜色染正整数1,2,…,2 916,使得它不含10个项的单色算术级数. 把正整数1,2,…,2 916 $=2^2\cdot 3^2\cdot 9^2$ 按自然顺序分为9个行,每行36个区组,每个区组含9个数,如图5所示.

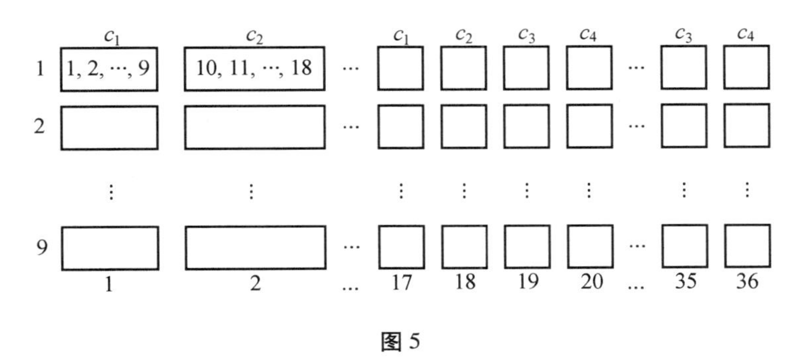


图5

把每行前18个区组中奇数区组里每个数都染第一种颜色 $c_1$,偶数区组里每个数都染颜色 $c_2$. 在后18个区组中奇数区组里每个数都染颜色 $c_3$,偶数区组里每个数都染颜色 $c_4$. 下面用反证法证明,在这种染法下,正整数1,2,…,2 916中不含10个项的单色算术级数.

设 $\alpha=\{a,a+d,\cdots,a+9d\}$ 是单色算术级数. 因为表中共有9个行,因此 $\alpha$ 中必有两个相邻的数 $a+id$ 和 $a+(i+1)d$ 在同一行. 但同一行上同色的两个数之差至多为 $17\times 9-1$,因此 $d\leqslant 17\times 9-1$. 如果 $\alpha$ 中有两个相邻的数 $a+jd$ 和 $a+(j+1)d$ 在不同行上,则同色的两个数 $a+jd$ 和 $a+(j+1)d$ 之间至少相隔有19个区组,所以 $d\geqslant 19\times 9+1$,不可能;如果 $\alpha$ 中所有的数在同一行,则因每个区组只有9个数,所以 $\alpha$ 中至少有两个相邻的数 $a+kd$ 和 $a+(k+1)d$ 在不同的区组,从而 $d\geqslant 10$. 另一方面,$\alpha$ 中有10个数,每行有9个同色区组,因此至少有两个相邻的数 $a+ld$ 和 $a+(k+1)d$ 在同一个区组,从而 $d\leqslant 8$,矛盾. 结论证毕.

7.15　设有 $n(n\geqslant 3)$ 个城市,某航空公司在其中的某些城市间开设有直达航班. 已知:

(1) 对这 $n$ 个城市中任何两个城市 $A,B$,有唯一的方式可乘该公司的飞机从 $A$ 到 $B$($A,B$ 之间未必有直达航班,可能要经几次转机,唯一是指经过同一城市至多一次).

(2) 在总共 $C_n^2$ 种乘坐该公司飞机的路线中,票价恰好分别为 $1,2,\cdots,C_n^2$ 百元.

求证:$n$ 是完全平方数,或是完全平方数加 2.

**证明**　任取一个城市 $A$,设这 $n$ 个城市中到 $A$ 乘坐该公司飞机票价为偶数百元的城市构成集合 $S$,票价为奇数百元的城市构成集合 $T$,特别地,城市 $A$ 属于集合 $S$. 设

$$|S|=x,\ |T|=y,x+y=n \tag{①}$$

容易看到 $S$ 中的任意两个城市之间,或 $T$ 中的任意两个城市之间,乘坐该公司的飞机的票价均为偶数百元.

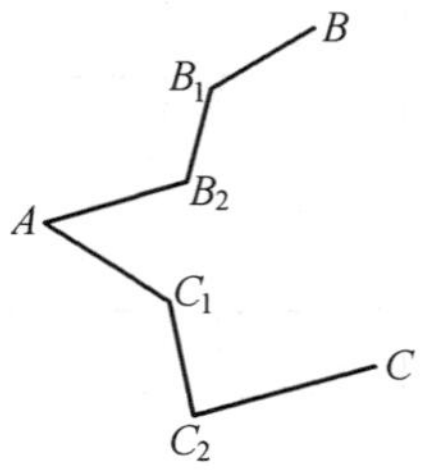

例如在 $S$ 中任取两个城市 $B,C$(图6,图7),$B$ 到 $C$ 的飞机票价是 $B$ 到 $A$,$A$ 到 $C$ 的飞机票价的和,也可能是 $B$ 到 $A$,$A$ 到 $C$ 的飞机票价之和减去城市 $A$ 到城市 $D$ 的飞机票价的 2 倍. 因此,$B$ 到 $C$ 的飞机票价始终是偶数百元. 把 $S$ 换成 $T$,可得后一结论.

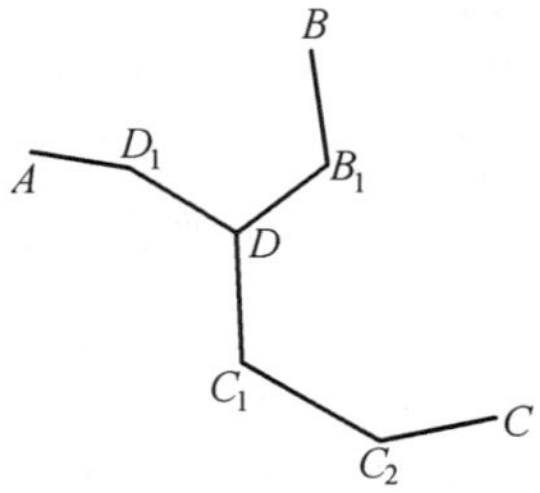

图 6

图 7

类似地,$S$ 中一个城市与 $T$ 中一个城市之间,乘坐该公司的飞机票价均为奇数百元.

又 $1,2,\cdots,C_n^2$ 中奇数与偶数的个数可能相等,也可能奇数比偶数多 1 个,从而有

$$xy-(C_x^2+C_y^2)=0 \text{ 或 } 1 \tag{②}$$

式 ② 中 $xy$ 是 $S$ 中每个城市到 $T$ 中每个城市的全部飞机票价个数. 由题目条件②,不同的一对城市之间的飞机票价肯定不同,例如 $A$ 到 $B$ 的飞机票价既不同于 $A$ 到 $C(C\neq B)$ 的飞机票价,又不同于 $D(D\neq A)$ 到 $B$ 的飞机票价,也不同于 $D(D\neq A)$ 到 $C(C\neq B)$ 的飞机票价. $xy$ 是 $1,2,\cdots,C_n^2$ 中全部奇数个数,$C_x^2$ 是 $S$ 中全部城市之间不同飞机票价的数目,$C_y^2$ 是 $T$ 中全部城市之间不同飞机票价的数目,$C_x^2+C_y^2$ 恰是 $1,2,\cdots,C_n^2$ 中全部偶数个数.

由 ②,有

$$xy-\frac{1}{2}x(x-1)-\frac{1}{2}y(y-1)=0 \text{ 或 } 1$$

上式两端乘以 2,有

$$x+y=(x-y)^2 \quad \text{或} \quad (x-y)^2+2 \tag{③}$$

由 ① 和 ③,可以知道 $n$ 是完全平方数,或完全平方数加 2.

心得 体会 拓广 疑问

7.16　已知一个长方形盒子，可用单位立方体填满. 如果改放尽可能多的体积为两个单位的立方体，而且使其与盒子的棱平行，则盒子的容积恰被填满 40%，试求出具有此种性质的长方形盒子的容积（$\sqrt[3]{2}=1.259\ 9\cdots$）.

（第 18 届国际数学奥林匹克，1976 年）

**解**　设长方形盒子的长、宽、高分别为 $x_1, x_2, x_3$，且 $x_1 \leqslant x_2 \leqslant x_3$. 由题设，$x_i(i=1,2,3)$ 都是正整数.

因为体积为 2 的立方体的棱长为$\sqrt[3]{2}$，所以用长为$\sqrt[3]{2}$ 的线段去量 $x_i$，只能量$\left[\frac{x_i}{\sqrt[3]{2}}\right]$次. 现设

$$a_i=\left[\frac{x_i}{\sqrt[3]{2}}\right], i=1,2,3 \qquad ①$$

其中记号[$\alpha$]表示不超过 $\alpha$ 的最大整数. 则由题设可得

$$2a_1a_2a_3=\frac{40}{100}\cdot x_1x_2x_3$$

即

$$\frac{a_1a_2a_3}{x_1x_2x_3}=\frac{1}{5}$$

即

$$\frac{x_1}{\left[\frac{x_1}{\sqrt[3]{2}}\right]}\cdot\frac{x_2}{\left[\frac{x_2}{\sqrt[3]{2}}\right]}\cdot\frac{x_3}{\left[\frac{x_3}{\sqrt[3]{2}}\right]}=5$$

构造函数

$$\varphi(x)=\frac{x}{\left[\frac{x}{\sqrt[3]{2}}\right]} \quad (x>1)$$

于是本题相当于解方程

$$\varphi(x_1)\cdot\varphi(x_2)\cdot\varphi(x_3)=5 \qquad ②$$

下面计算 $\varphi(x)$，当 $x=2,3,\cdots,7,8$ 时的值.

$$\varphi(2)=2,\varphi(3)=\frac{3}{2},\varphi(4)=\frac{4}{3},\varphi(5)=\frac{5}{3}$$

$$\varphi(6)=\frac{3}{2},\varphi(7)=\frac{7}{5},\varphi(8)=\frac{4}{3}$$

由

$$\left[\frac{x}{\sqrt[3]{2}}\right]>\frac{x}{\sqrt[3]{2}}-1$$

可得

$$\frac{x}{\left[\frac{x}{\sqrt[3]{2}}\right]}<\sqrt[3]{2}+\frac{\sqrt[3]{2}}{\left[\frac{x}{\sqrt[3]{2}}\right]}$$

心得 体会 拓广 疑问

$$\varphi(x)=\frac{x}{\left[\frac{x}{\sqrt[3]{2}}\right]}<\sqrt[3]{2}\left(1+\frac{1}{\left[\frac{x}{\sqrt[3]{2}}\right]}\right)$$

由于当 $x \geqslant 8$ 时

$$\left[\frac{x}{\sqrt[3]{2}}\right] \geqslant 6$$

则

$$\varphi(x)<1.26\left(1+\frac{1}{6}\right)<1.5=\frac{3}{2}$$

由以上可知,函数 $\varphi(x)$ 的最大值为 $\varphi(2)=2$,其次是 $\varphi(5)=\frac{5}{3}$,其他为 $\varphi(x) \leqslant \frac{3}{2}$.

若 $x_1>2$,则更有 $x_2>2, x_3>2$,则由 $\varphi(x)$ 的最大值为2,次大值为$\frac{5}{3}$可知

$$\varphi(x_1)\varphi(x_2)\varphi(x_3) \leqslant\left(\frac{5}{3}\right)^3<5$$

与②矛盾. 于是 $x_1=2$,此时

$$\varphi(x_2) \cdot \varphi(x_3)=\frac{5}{2}$$

为满足这个等式只有三种可能

$$\varphi(x_2)=2, \varphi(x_3)=\frac{5}{4}$$

或

$$\varphi(x_2)=\frac{5}{3}, \varphi(x_3)=\frac{3}{2}$$

或

$$\varphi(x_2)=\frac{3}{2}, \varphi(x_3)=\frac{5}{3}$$

由

$$\varphi(x)>\frac{x}{\frac{x}{\sqrt[3]{2}}}=\sqrt[3]{2}>\frac{5}{4}$$

所以不可能有 $\varphi(x_3)=\frac{5}{4}$.

对 $\varphi(x_2)=\frac{5}{3}, \varphi(x_3)=\frac{3}{2}$ 由上面所求的函数值可得 $x_2=5$, $x_3=6$. 同样对 $\varphi(x_2)=\frac{3}{2}, \varphi(x_3)=\frac{5}{3}$ 可得 $x_2=3, x_3=5$.

心得 体会 拓广 疑问

7.17 $a,b$ 是两个正整数,证明不定方程 $ax+by+z=ab$ 的非负解 $(x,y,z)$ 的个数为 $\frac{1}{2}[(a+1)(b+1)+(a,b)+1]$.

**解** 只需要考虑 $ax+by\leqslant ab$ 有多少组非负整数解即可,因为这个不等式的每组解 $(x,y)$ 都一一对应 $ax+by+z=ab$ 的一组解 $(x,y,ab-ax-by)$.

而这些解对应图8中长方形内部的某些格点,直线 $AB$ 就是 $ax+by=ab$,所以不等式的非负整数解的个数就是 $\triangle OAB$ 内部格点的个数(包括边上),假设线段 $AB$ 上有 $d$ 个格点,则满足要求的格点数等于

$$\frac{1}{2}[(a+1)(b+1)+d]$$

即长方形内格点数的一半. $d$ 为不定方程 $ax+by=ab$ 非负解的个数,$y=a-\frac{a}{b}x$,要求 $\frac{ax}{b}$ 为整数,所以解的个数为 $(a,b)+1$.

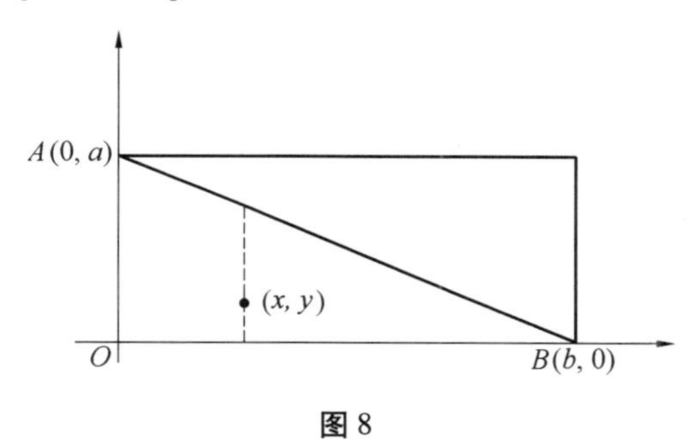


图8

7.18 若干个球分布在 $2n+1$ 个袋中,如果任意取走一个袋,总可以把剩下的 $2n$ 个袋分成两组,每组 $n$ 个袋,并且这两组的球的个数相等. 证明每个袋中的球的个数相等.

(意大利数学竞赛,1990年)

**证明** 用数 $a_1,a_2,\cdots,a_{2n},a_{2n+1}$ 分别表示这 $2n+1$ 个袋中球的个数. 显然,$a_i$ 是非负整数 $(i=1,2,\cdots,2n+1)$. 不妨设 $a_1\leqslant a_2\leqslant\cdots\leqslant a_{2n+1}$,于是本题化为:

有 $2n+1$ 个非负整数,如果从中任意取走一个数,剩下的 $2n$ 个数可以分成两组,每组 $n$ 个,且它们的和相等,求证这 $2n+1$ 个数都相等.

由题意 $2\mid(a_1+a_2+\cdots+a_{2n+1})-a_i,i=1,2,\cdots,2n+1$,所

以 $a_1,a_2,\cdots,a_{2n+1}$ 具有相同的奇偶性. 因此,把这 $2n+1$ 个数都减去 $a_1$ 之后所得到的 $2n+1$ 个数

$$0,a_2-a_1,a_3-a_1,\cdots,a_{2n+1}-a_1$$

也满足题意. 并且 $a_i-a_1(i=1,2,\cdots,2n+1)$ 为偶数.

于是 $0,\frac{a_2-a_1}{2},\frac{a_3-a_1}{2},\cdots,\frac{a_{2n+1}-a_1}{2}$ 也满足题意,并且也都是偶数.

把它们再都除以 2,仍为偶数. 这个过程可以永远继续下去,所以

$$a_1=a_2=\cdots=a_{2n}=a_{2n+1}$$

即每个袋中的球数都相等.

7.19 在无限方格纸上(每个小方格的边长为 1),规定只允许沿着小方格的边线剪开.

证明对任意整数 $m>12$,可以剪出一个面积大于 $m$ 的矩形,但不能再从这个矩形中剪出一个面积为 $m$ 的矩形.

(第 19 届全苏数学奥林匹克,1985 年)

**证明** 设某一矩形的边长为 $x,y$. 不失一般性,设 $x\leqslant y$.

由题意,这个矩形的面积大于 $m$,而把它的长或宽减去 1 之后,所得的矩形面积就应该小于 $m$,即

$$\begin{cases}xy>m\\(x-1)y<m\\x(y-1)<m\end{cases}$$

但是由 $x\leqslant y$ 可得

$$(x-1)y\leqslant x(y-1)$$

于是只要证明不等式组

$$\begin{cases}xy>m\\x(y-1)<m\\x\leqslant y\end{cases}$$

有正整数解就可以了.

由于对任一正整数 $m$,必定有

$$k^2\leqslant m<(k+1)^2\quad(k\in\mathbf{N})$$

所以可以分下面四种情况讨论.

(1) 当 $m=k^2$ 时,不等式组有解

$$\begin{cases}x=k-1\\y=k+2\end{cases}$$

(2) 当 $k^2<m<k(k+1)$ 时,不等式组有解

心得 体会 拓广 疑问

$$\begin{cases}x=k\\y=k+1\end{cases}$$

(3) 当 $m=k(k+1)$ 时,不等式组有解

$$\begin{cases}x=k-1\\y=k+3\end{cases}$$

(4) 当 $k(k+1)<m<(k+1)^2$ 时,不等式组有解

$$\begin{cases}x=k+1\\y=k+1\end{cases}$$

7.20　总数为 $2^k$ 个的黑白棋子形成一个环,如果相邻两个棋子异色,则在它们中间放一颗白子;如果相邻两个棋子同色,则在它们中间放一颗黑子. 一圈下来把以前的棋子拿掉,算是一次操作. 证明:最多经过 $2^k$ 操作后,所有的棋子都变为黑色.

**解**　这个操作规则很容易联想到 $\pm1$,把黑棋用 1 代替,白棋用 $-1$ 代替,这样问题就转换为:依次把两数的乘积放在它们之间,然后把原来的数去掉. 4 个棋子的情况可以演示如下:开始时 $a,b,c,d$,操作一次变为 $ab,bc,cd,da$,操作两次后变为 $ab^2c,bc^2d,cd^2a,da^2b$,三次后变为 $ab^3c^3d,bc^3d^3a,cd^3a^3b,da^3b^3c$,由于 $(-1)^2=1^2=1$,所以三次后变为 $abcd,abcd,abcd,abcd$,第 4 次变为 $(abcd)^2,(abcd)^2,(abcd)^2,(abcd)^2\Leftrightarrow1,1,1,1$.

一般的情况也是如此,开始为 $a_1,a_2,\cdots,a_{2^k}$,经过了 $2^k-1$ 次后,每个位置都又变成了 $a_1a_2\cdots a_{2^k}$,这样最后再来一次就都变成了 $1,1,\cdots,1$,也就是都是黑色了.

注意观察容易发现,每个 $a_i$ 按照逆时针传播,每次各个位置上的次数依次为 1,1;1,2,1;1,3,3,1;$\cdots$ 也就是杨辉三角形排列,第 $m=2^k-1$ 次后,$a_i$ 从它自身位置开始逆时针位置的次数依次为 $C_m^0,C_m^1,\cdots,C_m^m$,下面还要说明的是这些都是奇数次的.

这有两种证明办法:

① 当 $n=1$ 时,$(x+1)^{2^1}\equiv x^{2^1}+1 \pmod 2$;假设当 $n=k$ 时,$(x+1)^{2^k}\equiv x^{2^k}+1 \pmod 2$;则在 $n=k+1$ 时,$(x+1)^{2^{k+1}}\equiv(x^{2^k}+1)^2\equiv x^{2^{k+1}}+1 \pmod 2$. 因此 $(x+1)^{2^n}\equiv x^{2^n}+1 \pmod 2$ 对所有正整数都成立,这样除了首尾两项之外,$C_{2^n}^k$ 都是偶数,根据杨辉三角形的构造可知当 $m=2^n-1$ 时,$C_m^0,C_m^1,\cdots,C_m^m$ 都是奇数.

② 在 $C_{2^n-1}^k=\dfrac{(2^n-1)!}{(2^n-1-k)!\ k!}$ 中,分子含有 2 的幂为

心得 体会 拓广 疑问

$\sum_{i=1}^{\infty}\left[\frac{2^n-1}{2^i}\right]$,分母中含有 2 的幂为 $\sum_{i=1}^{\infty}\left[\frac{2^n-1-k}{2^i}\right]+\sum_{i=1}^{\infty}\left[\frac{k}{2^i}\right]$,由二进制容易知道

$$2^n-1=(11\cdots1)_2$$

所以无论 $k$ 是多少,$2^n-1-k$ 与 $k$ 的二进制表示中,正好0,1互补,而对于任意的正整数 $a$,$\left[\frac{a}{2^i}\right]$ 相当于在二进制中把 $a$ 的小数点向左边移动 $i$ 位,因此

$$\left[\frac{2^n-1}{2^i}\right]=\left[\frac{2^n-1-k}{2^i}\right]+\left[\frac{k}{2^i}\right]$$

次数相同.

7.21 某国某王朝无限制地发行面值分别为 $n_1,n_2,n_3,n_4,\cdots$ 戈比的硬币,其中 $n_1<n_2<n_3<n_4<\cdots$ 是由自然数组成的无穷数列.

证明可以截断这个数列,即可以找到1个数 $N$,使得只要使用面值为 $n_1,n_2,\cdots,n_N$ 戈比的硬币,即可支付可用现行货币直接支付(不用找钱)的一切款额.

(第47届莫斯科数学奥林匹克,1984年)

**证明** 设 $d$ 为所给出的所有整数的最大公约数,即 $d=(n_1,n_2,n_3,n_4,\cdots)$. 并记 $d_s=(n_1,n_2,n_3,\cdots,n_s)$,由于 $n_1<n_2<n_3<n_4<\cdots$,所以

$$d_1\geqslant d_2\geqslant d_3\geqslant\cdots$$

于是对某个 $k\geqslant 2$,就有

$$d_k=d_{k+1}=\cdots=d$$

取出数 $n_1,n_2,\cdots,n_k$,并考察可以用这些面值的硬币来支付的所有不同的款项.

将所有这些款项依递增顺序排列起来,易见,自某项之后,它是一个以 $d_k=d$ 为公差的等差数列.

显然,由原先的无穷多种面值$\{n_1,n_2,n_3,\cdots\}$的硬币所能支付的款项,也形成了这样的等差数列,这个数列与上述数列不同的至多只是这两个数列前面的有限项. 因此只要适当在 $n_1,n_2,\cdots,n_k$ 之中补入若干项 $n_{k+1},n_{k+2},\cdots,n_N$,就可以使两个数列变成相同的数列.

于是由有限种面值 $n_1,n_2,\cdots,n_N$ 的硬币即可支付由 $n_1,n_2,n_3,\cdots$ 所能支付的一切费用.

心得 体会 拓广 疑问

7.22　已知平面上的凸八边形 $A_1A_2A_3A_4A_5A_6A_7A_8$，其中任意三条对角线不共点. 八边形中每两条对角线的交点称为一个“叉”. 考察以所给八边形的顶点为顶点的凸四边形（每个这样的四边形称为一个子正方形），对 $n$ 个叉染色，对每个 $i,k\in\{1,2,\cdots,8\}$，$i\neq k$，记以 $A_i$ 和 $A_k$ 为其两个顶点，一个染色叉为其对角线交点的子四边形的数目为 $s(i,k)$，且所有 $s(i,k)$ 都相等，求最小正整数 $n$.

（德国，2005 年）

**解**　假设有 $n$ 个染色的叉，使得 $s(i,k)$ 全部相等，记为 $s$.

因为对八边形的每对顶点 $A_i$ 和 $A_k$ 都恰好存在 $s$ 个以 $A_i$ 和 $A_k$ 为顶点，对角线的交点为染色叉的子四边形，所以，染色叉（有重复计算）有 $sC_8^2$ 个.

因为对每个染了色的叉，恰好存在 $C_4^2$ 对八边形的顶点，而它们确定了以这个染了色的叉为对角线交点的子四边形，在上面的计算中，每个染了色的叉均计算了 $C_4^2$ 次，因此

$$n=\frac{sC_8^2}{C_4^2}=\frac{14s}{3}$$

又因为 $n$ 是一个正整数，故 $s$ 能被 3 整除，所以，$s\geqslant 3$，且推出 $n\geqslant 14$.

下面给出一个对 14 个叉染色使得数字 $s(i,k)$ 全部相等的例子. 为此，将子四边形 $A_iA_kA_pA_q$ 对角线的交点记为 $(ikpq)$，其为一个叉. 对以下的叉染色

(1234)，(1256)，(1278)，(1357)，(1368)，(1458)，(1467)

(2358)，(2367)，(2457)，(2468)，(3456)，(3478)，(5678)

可直接确定八边形的每对顶点，$s(i,k)=3$ 对全部 $i,k\in\{1,2,\cdots,8\}$，$i\neq k$. 所以，所求的最小正整数 $n$ 为 14.

7.23　求所有满足下列条件的正整数 $m$：存在唯一的正整数 $n$，使得有一个长方形可以被分割为 $n$ 个相同的正方形，也可以被分割为 $n+m$ 个相同的正方形.

**解**　不妨假设长方形 $ABCD$ 可以被分割为 $n+m$ 个边长为 1 的正方形，也可以被分割为 $n$ 个边长为 $x$ 的正方形. 显然 $x$ 为有理数，不妨设 $x=\frac{a}{b}$，$(a,b)=1$，长方形 $ABCD$ 的面积为

$$(n+n)\cdot 1=n\left(\frac{a}{b}\right)^2$$

心得 体会 拓广 疑问

因此

$$n=\frac{mb^2}{a^2-b^2}=\frac{mb^2}{(a-b)(a+b)}$$

由于

$$(b,a+b)=(b,a-b)=1,(a-b)(a+b)\mid m$$

当然 $a+b,a-b$ 是同奇偶的. 如果 $m$ 可以表示为 $m=ijk,j,k$ 为大于1的奇数,则可取 $(a+b,a-b)=(j,k)$ 和 $(a+b,a-b)=(jk,1)$ 相应的得到 $n=\frac{i(j-k)^2}{4}$ 和 $n=\frac{i(jk-1)^2}{4}$,与 $n$ 的唯一性矛盾. 因此 $m$ 最多只能有一个大于1的奇数因子,即只能写成 $m=2^c$,$m=2^cp$ 两种形式,其中 $p$ 为奇素数,下面分别加以讨论:

①$m=2^c$ 时,容易验证 $c=1,2$ 时,$n$ 无解;$c\geqslant 4$ 时,取 $(a+b,a-b)=(4,2)$ 和 $(a+b,a-b)=(8,2)$,得到 $n=2^{c-3}$ 和 $n=2^{c-4}$ 与 $n$ 的唯一性矛盾;$c=3,m=8$ 时只能有

$$(a,b)=(2,4),n=1$$

②$m=2^cp$ 时,若 $c\geqslant 3$,可以取 $(a+b,a-b)=(4,2)$ 和 $(a+b,a-b)=(p,1)$ 与 $n$ 的唯一性矛盾;$m=p$ 时,只能有

$$(a+b,a-b)=(p,1),n=\left(\frac{p-1}{2}\right)^2$$

$m=2p$ 时,只能有

$$(a+b,a-b)=(p,1),n=\frac{(p-1)^2}{2}$$

$m=4p$ 时,只能有

$$(a+b,a-b)=(p,1)\text{ 或 }(a+b,a-b)=(p,1)$$

都解得 $n=(p-1)^2$.

综上所述,$m=8,p,2p,4p$ 符合要求,其中 $p$ 是一个奇素数.

7.24 一个 2 009 × 2 009 的棋盘都填满了 +1, -1,第 $i$ 行的所有数的乘积为 $R_i$,第 $j$ 列所有数的乘积为 $C_j$,请问是否可能 $\sum_{i=1}^{2\,009}(R_i+C_i)=0$.

**解** 用 $a_{ij}$ 来表示第 $i$ 行第 $j$ 列这个数,改变 $a_{ij}$ 的正负号使得 $R_i,C_j$ 改变了符号,其他数都没有变换,由于

$$\pm 1+2\equiv\mp 1\pmod 4$$

虽然 $R_i,C_j$ 改变了符号,但是 $R_i+C_i\pmod 4$ 还是保持不变,所以 $\sum_{i=1}^{2\,009}(R_i+C_i)\pmod 4$ 保持不变,这样可以把棋盘中的数全部变为 +1,此时

心得 体会 拓广 疑问

$$\sum_{i=1}^{2\,009}(R_i+C_i)=2\times 2\,009\equiv 2(\bmod 4)$$

所以不可能出现$\sum_{i=1}^{2\,009}(R_i+C_i)=0$.

7.25 设$n\geqslant 3$,在凸$n+1$边形$A_0A_1\cdots A_n$的顶点$A_0$上有$n$枚棋子,其余顶点上均无棋子.从$A_i$与$A_j$各取一枚棋子放在各自相邻的一个顶点上(允许$i=j$)称为一次操作,求满足下述条件的全部$n$值,经过有限次操作可以使顶点$A_1,A_2,\cdots,A_n$上各有一枚棋子.

(越南,1994年)

**解** 当$n=2k$为偶数时,易知经过有限次操作可使顶点$A_1$,$A_2,\cdots,A_{2k}$上各有一枚棋子:首先,从$A_0$上取出2枚棋子,在$A_1,A_{2k}$上各放1枚;这2枚棋子又移到$A_2,A_{2k-1}$上,最后,移到$A_k,A_{k+1}$上.然后,用相同的方法,每次从$A_0$上取出2枚棋子,依次移到$A_{k-1}$与$A_{k+2}$,$A_{k-2}$与$A_{k+3}$,直至$A_0$上的$n=2k$枚棋子全部取完为止,最后一次,在$A_1$与$A_{2k}$上各放一枚.

当$n=2k+1$为奇数时,对凸$n+1=2(k+1)$边形的顶点$A_0$,$A_1,A_2,\cdots,A_{2k+1}$用红、蓝两色交替着色,相邻顶点不同色,并设顶点$A_0$染红色.每次操作时,红色顶点上的棋子移到蓝色顶点上,而蓝色顶点上的棋子移到红色顶点上,但因每次移动两枚棋子,所以在操作的全过程中,红色顶点上的棋子数的奇偶性保持不变.开始时,红色顶点上有$n=2k+1$枚棋子,如果可以经有限次操作使$A_1,A_2,\cdots,A_n$上各恰有一枚棋子,则此时红色顶点上共有$k$枚棋子.因此,$k$与$n=2k+1$具有相同的奇偶性,表明$k$是奇数,从而有$m\in\mathbf{N}^*$,使$n=4m-1$.

最后证明,当$n=4m-1$时,能满足题目的要求,其操作程序如下.第一步,每次从顶点$A_0$上取两枚棋子,从$A_0$移到$A_1,A_2,\cdots$;第1次的两枚移到顶点$A_{4m-2}$上,第2次的两枚移到顶点$A_{4m-4}$上,……,直至顶点$A_2,A_4,\cdots,A_{4m-2}$上各有两枚棋子为止.第二步,此时顶点$A_0$尚剩一枚棋子;$A_1,A_3,\cdots,A_{4m-3},A_{4m-1}$上均无棋子.因此,可如下操作:每次从顶点$A_{4i}$与$A_{4i+2}$上各取一枚棋子,分别移到顶点$A_{4i+1}$与$A_{4i+3}$上,$i=0,1,2,\cdots,m-1$.至此,顶点$A_1$,$A_2,\cdots,A_n$上恰好各有一枚棋子.

于是证明符合要求的$n$为:$n=2m,n=4m-1,m\in\mathbf{N}^*$.

心得 体会 拓广 疑问

7.26 假设项链 $A$ 有 14 个珠,$B$ 有 19 个珠,证明对于每一个奇数 $n\geqslant 1$,能够找到一种方法,使之能用数组

$$\{n,n+1,n+2,\cdots,n+32\}$$

中的数给每个珠标上一个数,使得每个数恰好用上一次,且相邻的珠子标的数互素.

(这里一个项链可以看成是一些珠围成的一个圆,其中每个珠与另外两个珠相邻.)

(第 19 届美国数学奥林匹克,1990 年)

**证明** 取一整数 $m$,$1\leqslant m\leqslant 18$. 用连续的自然数 $n+m$,$n+m+1$,$\cdots$,$n+m+13$ 这 14 个数给项链 $A$ 的珠子标数,只要保证 $n+m$ 和 $n+m+13$ 互素,即

$$(n+m,n+m+13)=1 \quad ①$$

的标法就符合要求. 这是因为一对相邻的整数总是互素的,又有 $n+m$ 和 $n+m+13$ 互素,则项链 $A$ 上相邻珠子标的数都互素.

然后用 $n+m+14$ 到 $n+32(m+14\leqslant 32)$ 及 $n$ 到 $n+m-1$ 为项链 $B$ 的珠子标号,其条件是

$$(n,n+32)=1 \quad ②$$

和

$$(n+m-1,n+m+14)=1 \quad ③$$

由于 $(a,b)=(a,b-a)$,则 ①,②,③ 化为

$$(n,32)=(n+m-1,15)=(n+m,13)=1$$

由于 $n$ 是奇数,则 $(n,32)=1$ 自然成立.

关于 $(n+m-1,15)=1$,考虑以 15 为模的剩余类.

注意到 $n+m-1\not\equiv 0(\bmod 15)$,等价于

$$m\not\equiv 1-n(\bmod 3)$$

$$m\not\equiv 1-n(\bmod 5)$$

又由 $(n+m,13)=1$,可知 $m\not\equiv -n(\bmod 13)$.

因为在 $m$ 的 18 个可能的数 $\{1,2,\cdots,18\}$ 中,只有 6 个满足 $m\equiv 1-n(\bmod 3)$,至多有 4 个满足 $m\equiv 1-n(\bmod 5)$,至多有 2 个满足 $m\equiv -n(\bmod 13)$.

因此,至少剩下 $18-(6+4+2)=6$ 个 $m$ 的值满足要求.

7.27 $a,b,n$ 为正整数,现有一机器人沿着一个有 $n$ 级的楼梯上下升降,每次上升 $a$ 级或下降 $b$ 级,为使机器人经过若干次上下后,可从地面上升到楼顶,再返回地面,求 $n$ 的最小值.

(第 31 届 IMO 预选题)

心得 体会 拓广 疑问

**解** (1) 只要讨论$(a,b)=1$的情况,由于机器人只会走到$(a,b)$的倍数的位置,所以只要先做$\frac{a}{(a,b)}$和$\frac{b}{(a,b)}$的情况,然后乘以$(a,b)$即可,以下都假设$(a,b)=1$.

(2) 证$n \geqslant a+b-1$. 若不然,假设$n \leqslant a+b-2$,则对于集合$A=\{0,1,2,\cdots,n\}$中的每个数$X$,机器人从0开始,当机器人到达$X$时,他的下一步只能是$X+a$或者是$X-b$,而两者最多只有一个属于$A$,因此机器人每一步都只有唯一的选择;另外$X$的前一步只能是$X-a$或者是$X+b$,而两者也最多只有一个属于$A$,因此$X$的前一步也是唯一的. 由于$A$是有限集合,所以机器人的路线必然会出现无路可走或重复,由已知机器人不会无路可走. 由于每一位置的前一步是唯一的,所以第一个出现重复的只能是0,假设机器人第一次在0重复时已经走了$k$次向前,$t$次后退,由于$A$其他元素还没有被重复,所以总的步数

$$k+t \leqslant n+1 \leqslant a+b-1$$

另外$ka-tb=0$,所以只能有$k$大于等于$b$,$t$大于等于$a$矛盾.

(3) 证$n=a+b-1$是可以的. 还是设$A=\{0,1,2,\cdots,n\}$,机器人从0开始,同样每一个$X$属于$A$,当机器人到达$X$时,他的下一步只能是$X+a$或者是$X-b$,而两者有且只有一个属于$A$,所以机器人每一步都只有唯一的选择,而且不会无路可走,所以必然会出现重复! 同样0肯定是第一个重复的点,假设机器人第一次在0重复时已经走了$k$次向前,$t$次后退,由于$A$其他元素还没有被重复,所以总的步数

$$k+t \leqslant n+1 \leqslant a+b$$

另外$ka-tb=0$,所以只能有$k \geqslant b$,$t \geqslant a$,所以只能等号都成立,所以机器人第一次重复的时候,已经走遍了$A$的所有元素,当然肯定到过$n=a+b-1$.

(4) $(a,b)$不等于1时,答案是

$$(a,b)\left(\frac{a}{(a,b)}+\frac{b}{(a,b)}-1\right)=a+b-(a,b)$$

7.28 甲乙两人玩一个游戏,桌上有一些苹果,两个人轮流取苹果,规定每次取个数一定要是正整数的完全平方,取到最后一个苹果的人为获胜. 证明:有无穷多种开局,后取的人可以获胜.

**证明** 假设结论不成立,也就是说后取的人只有在有限种开局下可以获胜,这样肯定存在一个正整数$N$,对于所有的$n \geqslant N$,当开始桌上有$n$个苹果时,先取的人将获胜. 不妨设甲先乙后,则

当 $n=(N+1)^2-1$ 时,甲将获胜. 但是不大于 $(N+1)^2-1$ 的最大平方数为 $N^2$,所以甲第一次最多取走 $N^2$ 个苹果,这样桌上至少剩下 $(N+1)^2-1-N^2=2N>N$ 个苹果,这时轮到乙来取,根据假设,乙存在一个必胜的策略,矛盾.

7.29 尺寸为 $10\times10\times10$ 的正方体是由 500 个黑色单位正方体和 500 个白色单位正方体拼成的,两色单位正方体按国际象棋的式样排列(即每两个相贴的面均为异色). 今从中取出 100 个单位正方体,使得 300 个平行于正方体的棱的 $1\times1\times10$ 小柱的每一个之中,都刚好缺掉一个单位正方体. 证明所取出的黑色单位正方体的数目是 4 的倍数.

(第 54 届莫斯科数学奥林匹克,1991 年)

**证法** 1 $10\times10\times10$ 的正方体共分为 10 层,将它们自下而上编号,记为 $1,2,3,\cdots,9,10$. 易知,自每一层中都取出了 10 个小正方块.

考察第 $k$ 层的情况.

设从第 $k$ 层中取出 $a_k$ 个黑块,$b_k$ 个白块. 在该层中引入坐标,使每个小正方块都对应一个正整数对 $(i,j)$,$(i,j)$ 表示小正方块位于第 $i$ 行,第 $j$ 列.

由于奇数号同偶数号的颜色刚好相反,不妨设当 $k$ 为奇数时,$i+j$ 为奇数的是黑方块,当 $k$ 为偶数时,$i+j$ 为奇数的是白方块.

现设 $k$ 为奇数,且设所取出的 10 个小正方块的坐标为 $(i_1,j_1),(i_2,j_2),\cdots,(i_{10},j_{10})$. 于是

$$\{i_1,i_2,\cdots,i_{10}\}=\{j_1,j_2,\cdots,j_{10}\}=\{1,2,\cdots,10\}$$
$$\{(i_1+j_1)+(i_2+j_2)+\cdots+(i_{10}+j_{10})\}=$$
$$2(1+2+\cdots+10)=110$$

由于 10 个 $(i_k+j_k)$ 的和为偶数,所以 $\{i_k+j_k\}$ 为奇数的必有偶数个. 因此必取出偶数个黑方块,从而亦取出偶数个白方块.

对 $k$ 为偶数的情况亦有同样的结论.

综上所述,对一切 $k=1,2,\cdots,10$,都有

(1) $a_k,b_k$ 皆为偶数.

(2) $a_k+b_k=10$.

如果记 $A_2=\sum\limits_{k=1}^{5}a_{2k},B_2=\sum\limits_{k=1}^{5}b_{2k}$,就有 $B_2$ 为偶数,且

$$A_2+B_2=50$$

另一方面,如果将所取出的小正方块按其原来的位置都投影到第一层,则它们刚好盖满该层,且无重叠. 考虑到黑白颜色分布,就有

心得 体会 拓广 疑问

$$A_1+B_2=50$$

其中 $A_1=\sum_{k=1}^{5}a_{2k-1}$. 于是,有

$$\sum_{k=1}^{10}a_k=A_1+A_2=100-2B_2$$

由于 $B_2$ 是偶数,则 $100-2B_2$ 是4的倍数,因而 $\sum_{k=1}^{10}a_k$ 是4的倍数,即所取出的黑色正方体的数目是4的倍数.

**证法2** 令每一小方块对应一个三元有序正整数组 $(i,j,k)$,即该小方块位于第 $k$ 层,第 $i$ 行,第 $j$ 列,且设 $i+j+k$ 为奇数时是黑方块,$i+j+k$ 为偶数时是白方块.

设所取出的100个正方块所对应的数组为

$$(i_1,j_1,k_1),(i_2,j_2,k_2),\cdots,(i_{100},j_{100},k_{100})$$

于是,数组 $\{i_1,i_2,\cdots,i_{100}\}$,$\{j_1,j_2,\cdots,j_{100}\}$,$\{k_1,k_2,\cdots,k_{100}\}$ 都是由10个1,10个2,……,10个10组成.

数对组 $\{(i_1,j_1),(i_2,j_2),\cdots,(i_{100},j_{100})\}$ 恰为集合

$$\{(i,j)\mid i,j=1,2,\cdots,10\}$$

同样,数对组 $\{(i_1,k_1),(i_2,k_2),\cdots,(i_{100},k_{100})\}$ 和数对组 $\{(j_1,k_1),(j_2,k_2),\cdots,(j_{100},k_{100})\}$ 同样如此,因此有

$$S=\sum_{r=1}^{100}(i_r+j_r+k_r)^2=$$
$$30\sum_{r=1}^{10}r^2+6\sum_{1\leqslant i,j\leqslant 10}i\cdot j\equiv 0\pmod 4 \quad ①$$

设 $S$ 的100个加项中有 $a$ 个奇数,$100-a$ 个偶数. 由于奇数的平方被4除余1,偶数的平方被4除余0,则

$$S\equiv a\pmod 4 \quad ②$$

由①,②即知 $a\equiv 0\pmod 4$.

因此,所取出的黑色小正方块的数目 $a$ 是4的倍数.

7.30 在正方体的每个顶点上各记上一个互不相同的自然数,在它的每条棱上记上它的两端上的两个自然数的最大公约数. 那么,是否有可能使各顶点上的各数之和等于棱上各数之和? 证明你的结论.

(第22届全俄数学奥林匹克,1996年)

**证明** 不可能. 理由如下:

设 $a,b$ 为两个自然数,且 $a>b$,记它们的最大公约数为 $(a,b)$,则有

$$(a,b) \leqslant b \quad 且 \quad (a,b) \leqslant \frac{a}{2}$$

这是因为,若 $q=(a,b)$,$a=a_1q$,$b=b_1q$,显然 $a_1 \neq 1$,否则 $a=q<b_1q=b$ 与 $a>b$ 矛盾.所以,$a=a_1q \geqslant 2q$,即 $q \leqslant \frac{a}{2}$.

因此,当 $a \neq b$ 时,由 $a+b=(a_1+b_1)q \geqslant 3q$,得

$$q \leqslant \frac{a+b}{3}$$

即

$$(a,b) \leqslant \frac{a+b}{3}$$

由正方体的 12 条棱组成的 12 个上述不等式:

记正方体的一个面上四个自然数依逆时针顺序为 $a_1,a_2,a_3,a_4$,与它相对面的相应顶点的自然数为 $b_1,b_2,b_3,b_4$,则

$$(a_1,a_2) \leqslant \frac{a_1+a_2}{3},(b_1,b_2) \leqslant \frac{b_1+b_2}{3}$$

$$(a_2,a_3) \leqslant \frac{a_2+a_3}{3},(b_2,b_3) \leqslant \frac{b_2+b_3}{3}$$

$$(a_3,a_4) \leqslant \frac{a_3+a_4}{3},(b_3,b_4) \leqslant \frac{b_3+b_4}{3}$$

$$(a_4,a_1) \leqslant \frac{a_4+a_1}{3},(b_4,b_1) \leqslant \frac{b_4+b_1}{3}$$

$$(a_1,b_1) \leqslant \frac{a_1+b_1}{3},(a_2,b_2) \leqslant \frac{a_2+b_2}{3}$$

$$(a_3,b_3) \leqslant \frac{a_3+b_3}{3},(a_4,b_4) \leqslant \frac{a_4+b_4}{3}$$

将以上 12 个不等式相加可得

$$\sum(m,n) \leqslant a_1+\cdots+a_4+b_1+\cdots+b_4$$

其中 $\sum(m,n)$ 是棱上各标数之和.

若题目的要求成立,必须使上述不等式的等号成立,而等号成立的充要条件是

$$(a,b)=\frac{a+b}{3}$$

这时 $a=2b$.

考察从记有数 $a$ 的顶点出发的另外两棱的另一个端点的数 $c$ 和 $d$,其中每一个数或者是 $2a$ 或者 $\frac{a}{2}$,如果其中至少有一个是 $\frac{a}{2}$,则它应与 $b$ 相等(如 $a_1=a$,$a_2=\frac{a}{2}=b$,则 $b_2,a_3$ 都必须是 $\frac{a}{4}$,而不

心得 体会 拓广 疑问

能是 $a$,否则与 $a_1=a$ 相等,从而 $b_1=\frac{a}{8}$ 或 $\frac{a}{2}$,这不可能).如果两个都比 $a$ 大,则它们应该都是 $2a$,也产生矛盾,于是结论得证.

7.31 在黑板上写有自然数

$$1,2,3,\cdots,n(n\geqslant 3)$$

每一次允许擦去其中任何两个数字 $p$ 与 $q$,而代之以 $p+q$ 和 $|p-q|$.经过这样若干次改写之后,黑板上所有的数字全都变成 $k$.

试问:$k$ 可能取哪些值?

(第25届全苏数学奥林匹克,1991年)

**解** 设 $s$ 是任何一个满足不等式 $2^s\geqslant n$ 的自然数.在每一步之后,黑板上所写的数都是非负整数.

如果两个非负整数的和与差都是某个奇数 $d$ 的倍数,那么这两个数本身也都是 $d$ 的倍数.

因此,如果数 $k$ 是奇数 $d(d>1)$ 的倍数,那么,一开始写在黑板上的数就应该是奇数 $d$ 的倍数,然而这是不可能的.因为一开始有1,1就不是 $d(d>1)$ 的倍数.

因此,$k$ 不能含有奇的素因数,即 $k=2^s$.由于在每一步之后,黑板上的数中的最大值不会下降,于是 $k\geqslant n$.

下面证明 $k$ 可为任何不小于 $n$ 的 $2^s$.

由题设,可由数对 $(2^a,2^a)$ 得到数对 $(0,2^{a+1})$,也可由数对 $(0,2^c)$ 得到数对 $(2^c,2^c)$.

因此,如果在黑板上写有一组由2的方幂组成的数,它们的指数都不超过 $s_0$,而其中又有两个相等的小于 $2^{s_0}$ 的数,那么经过几步之后,就可以使所有的数全部变成为 $2^{s_0}$.

下面用数学归纳法证明:由数组 $1,2,\cdots,n$ 出发,由题设的变换要求,总可以得到全由2的方幂组成的数组.

(1) 当 $n=3$ 时,由1,2,3可得

$$(1,2,3)\rightarrow(4,2,2)\rightarrow(4,4,0)\rightarrow(8,0,0)\rightarrow(8,8,0)\rightarrow(8,8,8)$$

(或由 $(4,4,0)\rightarrow(4,4,4)$)

(2) 假设结论对 $3\leqslant n\leqslant m$ 的所有 $n$ 都成立.下面证明 $n=m+1$ 时结论成立.

如果 $m+1\leqslant 8$,可直接验证.现设 $m+1=2^t+b$,其中 $1\leqslant b\leqslant 2^t$,$t\geqslant 3$.

对 $p=2^t-u$,$q=2^t-u$,其中 $1\leqslant u\leqslant b$(当 $b=2^t$ 时,$1\leqslant u\leqslant b-1$)作题目要求的变换.

这样可得到如下三部分数所构成的数组:

第一组:$\{1,2,\cdots,2^t-b-1\}$. 当 $b=2^t$ 和 $b=2^t-1$ 时,这一组数不存在;

第二组:$\{2,4,\cdots,2b\}$(由差 $|p-q|$ 得出);

第三组:$\{2^t,2^{t+1},\cdots,2^{t+1}\}$(由和 $p+q$ 及 $2^t$ 得出).

如果第一组,第二组这两部分数各不少于3个($3\leqslant b\leqslant 2^t-4$),则可分别用归纳假设.

如果只有其中一组的数不少于3个,那么可对该组用归纳假设,而另两组一定都是2的幂.

如果第一组与第二组的数均少于3个,那么不可能有 $t\geqslant 3$,因为这时由

$$\begin{cases}2^t-b-1\leqslant 2\\2b\leqslant 4\end{cases}$$

可得 $2^t\leqslant 5,t<3$.

于是由数学归纳法证明了 $1,2,\cdots,n$ 可以由题设的变换得到全部由2的幂构成的数组.

因此,$k$ 能够取任何不小于 $n$ 的 $2^s$.

7.32 求证存在无穷多个自然数 $n$,使得可将 $1,2,3,\cdots,3n$ 表示如下

$$\begin{matrix}a_1 & a_2 & \cdots & a_n\\ b_1 & b_2 & \cdots & b_n\\ c_1 & c_2 & \cdots & c_n\end{matrix}$$

满足如下两个条件:

(1)$a_1+b_1+c_1=a_2+b_2+c_2=\cdots=a_n+b_n+c_n$ 且为6的倍数.

(2)$a_1+a_2+\cdots+a_n=b_1+b_2+\cdots+b_n\doteq c_1+c_2+\cdots+c_n$ 且为6的倍数.

(第12届中国中学生数学冬令营,1997年)

**证法1** 将满足题设中两个条件的自然数 $n$ 的集合记为 $S$,设 $n\in S$,由条件(1),(2)推知,存在自然数 $s$ 和 $t$,使得

$$\begin{cases}\dfrac{3n(3n+1)}{2}=6sn\\\dfrac{3n(3n+1)}{2}=18t\end{cases}$$

即

$$\begin{cases}3n+1=4s\\n(3n+1)=12t\end{cases}$$

所以有

$$\begin{cases} n \equiv 1 \pmod 4 \\ n \equiv 0 \pmod 3 \end{cases}$$

因此 $n$ 必具有形式

$$n = 12k + 9, k = 0, 1, \cdots \qquad ①$$

首先证明 $9 \in S$. 我们这样进行构造,由于

$$\begin{pmatrix} 1 & 2 & 3 \\ 2 & 3 & 1 \\ 3 & 1 & 2 \end{pmatrix} + \begin{pmatrix} 0 & 6 & 3 \\ 3 & 0 & 6 \\ 6 & 3 & 0 \end{pmatrix} = \begin{pmatrix} 1 & 8 & 6 \\ 5 & 3 & 7 \\ 9 & 4 & 2 \end{pmatrix} = \boldsymbol{A}_3$$

容易看出 $\boldsymbol{A}_3$ 的 3 个行之和,3 个列之和都是 15,并且 $\boldsymbol{A}_3$ 的 9 个元素分别为 $1,2,\cdots,9$. 现记 $\boldsymbol{A}_3$ 各行的元素为

$$\alpha(3) = (1,8,6), \beta(3) = (5,3,7), \gamma(3) = (9,4,2)$$

构造 $3 \times 9$ 的 $\boldsymbol{A}_9$ 如下

$$\boldsymbol{A}_9 = \begin{pmatrix} \alpha(3) & \beta(3) + 18 & \gamma(3) + 9 \\ \beta(3) + 9 & \gamma(3) & \alpha(3) + 18 \\ \gamma(3) + 18 & \alpha(3) + 9 & \beta(3) \end{pmatrix} =$$

$$\begin{pmatrix} 1 & 8 & 6 & 23 & 21 & 25 & 18 & 13 & 11 \\ 14 & 12 & 16 & 9 & 4 & 2 & 19 & 26 & 24 \\ 27 & 22 & 20 & 10 & 17 & 15 & 5 & 3 & 7 \end{pmatrix}$$

$\boldsymbol{A}_9$ 的元素恰为 $1,2,\cdots,27$. 并且各列之和均为

$$15 + 9 + 18 = 42 \equiv 0 \pmod 6$$

各行之和均为

$$3(15 + 9 + 18) = 126 \equiv 0 \pmod 6$$

所以 $9 \in S, S \neq \varnothing$.

假设 $m \in S$,我们来证明 $9m \in S$.

由于 $m \in S$,故可将 $1,2,\cdots,3m$ 列成 $3 \times m$ 的 $\boldsymbol{A}_m$,使得各列之和均为 $6u$,各行之和均为 $6v$,其中 $u,v$ 均为自然数.

现将 $\boldsymbol{A}_m$ 的第 1 行记为 $\alpha(m)$,第 2 行记为 $\beta(m)$,第 3 行记为 $\gamma(m)$,并构造 $3 \times 3m$ 的 $\boldsymbol{A}_{3m}$ 如下

$$\boldsymbol{A}_{3m} = \begin{pmatrix} \alpha(m) & \beta(m) + 6m & \gamma(m) + 3m \\ \beta(m) + 3m & \gamma(m) & \alpha(m) + 6m \\ \gamma(m) + 6m & \alpha(m) + 3m & \beta(m) \end{pmatrix}$$

其中 $\beta(m) + 3m$ 表示将 $\beta(m)$ 中的每一个元素都加上 $3m$,其余记号含义类似.

于是,不难看出,$\boldsymbol{A}_{3m}$ 的 $9m$ 个元素恰为 $1,2,\cdots,9m$,并且各列之和均为 $6u + 9m$,各行之和均为 $18v + 9m$.

再将 $\boldsymbol{A}_{3m}$ 的第 1 行,第 2 行,第 3 行分别记为 $\alpha(3m)$,$\beta(3m)$,$\gamma(3m)$,并构造 $3 \times 9m$ 的 $\boldsymbol{A}_{9m}$ 如下

心得 体会 拓广 疑问

$$A_{9m}=\begin{pmatrix}\alpha(3m) & \beta(3m)+18m & \gamma(3m)+9m\\ \beta(3m)+9m & \gamma(3m) & \alpha(3m)+18m\\ \gamma(3m)+18m & \alpha(3m)+9m & \beta(3m)\end{pmatrix}$$

不难看出,$A_{9m}$ 的 $27m$ 个元素恰为 $1,2,\cdots,27m$,并且各列之和均为 $6u+36m$ 为 6 的倍数.

各行之和均为

$$3(18v+9m^2)+3m\cdot 18m+3m\cdot 9m=$$
$$54v+108m^2\equiv 0(\bmod 6)$$

这就证得:只要 $m\in S$,则必有 $9m\in S$.

综合上述,知 $\{9^k\mid k=1,2,\cdots\}\subset S$,所以 $S$ 为无穷集合.

**证法 2** 证明 $\{12k+9\mid k\equiv 2(\bmod 9)\}$.

设 $k\equiv 2(\bmod 9)$,记 $m=4k+3$. 先将 $1,2,\cdots,3m$ 列成如下的 $3\times m$ 的 $A_m$

$$A_m=\begin{pmatrix}1 & 4 & 7 & 10 & \cdots & 12k-2 & 12k+1 & 12k+4 & 12k+7\\ 6k+5 & 12k+8 & 6k+2 & 12k+5 & \cdots & 6k+11 & 5 & 6k+8 & 2\\ 12k+9 & 6k+3 & 12k+6 & 6k & \cdots & 6 & 6k+9 & 3 & 6k+6\end{pmatrix}$$

不难看出,$A_m$ 的各列之和相等,均为 $18k+15$,$A_m$ 的第 1 行之和为

$$(4k+3)(6k+4)$$

第 2 行之和为

$$(4k+3)(6k+5)=\frac{m(3m+1)}{2}$$

第 3 行之和为

$$(4k+3)(6k+6)$$

由于 $k\equiv 2(\bmod 9)$,所以 $l=\dfrac{2k+5}{9}$ 为正整数.

$A_m$ 的第 1 行是首项 $a_1=1$,公差 $d_1=3$ 的等差数列,所以它的第 $2l$ 项为

$$a_{2l}=1+3(2l-1)=6l-2=\frac{4(k+1)}{3}$$

$A_m$ 的第 3 行中,$c_2,c_4,\cdots,c_{m-1}$ 构成公差 $d_3=-3$,首项 $c_2=6k+3$ 的等差数列,所以

$$c_{2l}=6k+3-3(l-1)=6k+6-\frac{2k+5}{3}=\frac{16k+13}{3}$$

考察第 3 行与第 1 行中第 $2l$ 项的差

$$c_{2l}-a_{2l}=\frac{12k+9}{3}=4k+3$$

因此,只要对换 $a_{2l}$ 与 $c_{2l}$ 的位置,便可使其三个行之和全部相等,都为

$$(4k+3)(6k+5)=\frac{m(3m+1)}{2}$$

心得 体会 拓广 疑问

并且各列之和保持不变,即都等于 $18k+15$.

现将经过上述对换后的数表记为 $B_m$,并将 $B_m$ 的第1行记为 $\alpha(m)$,第2行记为 $\beta(m)$,第3行记为 $\gamma(m)$. 再构造 $3\times 3m=3\times(12k+9)$ 的 $\boldsymbol{A}_{3m}$ 如下

$$A_{3m}=\begin{pmatrix}\alpha(m) & \beta(m)+6m & \gamma(m)+3m\\ \beta(m)+3m & \gamma(m) & \alpha(m)+6m\\ \gamma(m)+6m & \alpha(m)+3m & \beta(m)\end{pmatrix}$$

不难看出,$\boldsymbol{A}_{3m}$ 的所有元素恰为 $1,2,\cdots,12k+9$,其各列之和,各行之和分别相等,且

$$各列之和=18k+15+9m=54k+42\equiv 0(\bmod 6)$$

$$\begin{aligned}各行之和&=\frac{3m(3m+1)}{2}+6m^2+3m^2=\\&3(4k+3)(6k+5)+9(4k+3)^2=\\&6(4k+3)(9k+7)=0(\bmod 6)\end{aligned}$$

这表明,只要 $k\equiv 2(\bmod 9)$,就有 $12k+9\in S$.

所以 $\{12k+9\mid k\equiv 2(\bmod 9)\}\subset S$,$S$ 为无穷集合.

7.33 一个兵在数轴上跳动,初始位置在1,依下述规则进行每一次跳动:如果兵在位置 $n$ 上,那么它可以跳到位置 $n+1$ 或 $n+2^{m_n+1}$,这里 $2^{m_n}$ 是 $n$ 的约数且2的幂次最大. 证明:如果 $k$ 是不小于2的正整数,$i$ 是非负整数,那么兵跳到位置 $2^i\cdot k$ 的最少次数大于兵跳到位置 $2^i$ 的最少次数.

**证明** 我们的想法是证明:对每一个从1跳到 $2^i\cdot k$ 的数列,都可构造出一个长度小于它的从1跳到 $2^i$ 的数列. 从而得到原题的证明.

为此,设 $x_0(=1),x_1,\cdots,x_t(=2^i\cdot k)$ 是一个兵从1跳到 $2^i\cdot k$ 的位置数列,记 $s_j=x_j-x_{j-1}$,则 $s_j$ 是第 $j$ 次跳动的长度,现在定义数列 $\{y_j\}_{j=0}^{t}$ 如下

$$y_0=1$$

$$y_j=\begin{cases}y_{j-1}+s_j, & 若\ y_{j-1}+s_j\leqslant 2^i\\ y_{j-1}, & 其他情形\end{cases}$$

注意,第二种情况是指将跳动 $s_j$ 从原来数列中的跳动去掉. 我们证明:由数列 $\{y_j\}$ 中不同的数恰好可构成一个从1到 $2^i$ 的跳动数列. $(*)$

事实上,由 $y_j$ 的定义可知,对 $0\leqslant j\leqslant t$,都有 $y_j\leqslant 2^i$. 对固定的 $j$,设 $r$ 是满足 $2^i-2^{r+1}<y_j\leqslant 2^i-2^r$ 的非负整数,则在 $y_j$ 之前被删去的每次跳动的长度都大于 $2^r$,这表明 $x_j\equiv y_j(\bmod 2^{r+1})$. 现在,

如果 $y_{j+1} > y_j$,那么,若 $s_{j+1}=1$,则依规则可作一次跳动(从 $y_j$ 跳到 $y_{j+1}$);若 $s_{j+1}=2^{m+1}$,这里 $m$ 为 $x_j$ 的质因数分解式中 2 的幂次,则由 $s_{j+1}+y_j \leqslant 2^i$,知 $2^m < s_{j+1} \leqslant 2^r$,结合 $y_j \equiv x_j \pmod{2^{r+1}}$ 知 $y_j$ 的质因数分解式中 2 的幂次也为 $m$,因此,可作从 $y_j$ 到 $y_{j+1}$ 的跳动. 所以,结论(*)成立.

进一步,在前面讨论中,取 $j=t$,同余式显示

$$y_t \equiv x_t \equiv 0 \pmod{2^{r+1}}$$

这与 $2^i - 2^{r+1} < y_t \leqslant 2^i - 2^r$ 是矛盾的,所以,$y_t = 2^i$. 从而(*)决定的数列以 $2^i$ 为结束位置,最后,由于 $2^i < 2^i \cdot k$,因此至少从 $\{x_j\}$ 中去掉了一次跳动.

7.34 为了帮助我们学校开展储蓄运动,莫利斯组织了一次彩票售卖活动. 储蓄组的一些成员每人各发了一本夹有许多彩票的彩票册,每张票售价一个便士,每张中签的票奖若干张六便士的邮票. 当我问莫利斯获奖者得到多少张邮票时,他却讲我自己算得出来,而他必须告诉我的就是:在中签号摇出之前,全部售票人员围在一张圆桌周围,每个售票者交出他得到的钱和未售完的票,结果(a)任两个人卖出的张数不同,(b)毫无例外,每一个售票者归还未售完的票的数目等于与他相邻两卖票者所得先令值的积,而且(c)为了酬劳他们,奖给各售票者一个便士后,剩下的金额恰好购买获胜者的邮票.(译注:1 先令 = 12 便士).

问有多少个售票者,并且各自销售了多少票?

**解** 设 $A_1, A_2, \cdots$ 是 $n$ 个售票者卖得的便士的总数. 把这个序列无限地扩充,使得 $A_{n+k}=A_k$.

根据条件(a)有 $A_j=A_k$,意味着 $j \equiv k \pmod n$. 容易看出 $n \neq 1,2$,而且

$$0 < A_k < 144 \quad ①$$

条件(b)可以记为

$$144 - A_k = \frac{A_{k-1}A_{k+1}}{144} \quad ②$$

给出 $A_1, A_2$,由 ② 便可算出 $A_3, A_4, A_5, A_6$,且求得 $A_6 = A_1$. 因此 $n=5$.

没有 $A_k$ 与 144 互素,否则 $A_{k+2}$ 能被 144 除尽,这与①矛盾. 此外,因为根据(c) $\sum_{k=1}^{5} A_k \equiv 5 \pmod 6$,至少有一个 $A_k$,比如 $A_1$,是奇数且因而能被 3 除尽. 当 $k=2,5$ 时,应用②,显然 $A_3$ 和 $A_4$ 能被 16 除尽. 类似地如果 $A_2$ 是奇数,16 能除尽 $A_5$,故亦能除尽

心得 体会 拓广 疑问

$$144 - A_5 = \frac{A_1A_4}{144} \quad ③$$

因为 $A_1$ 是奇数,亦能除尽$\frac{A_4}{16}$,所以 $A_4 \geqslant 256$,这与 ① 矛盾. 所以 $A_2$ 和 $A_5$(根据同样推理)都是偶数. 再次应用 ③ 得$\frac{A_4}{16}$是偶数,$\frac{A_3}{16}$也是偶数. 于是有

$$A_1 = 3B_1, A_2 = 2B_2, A_3 = 32B_3$$
$$A_4 = 32B_4, A_5 = 2B_5$$

且有条件 $B_1$ 是奇数及

$$1 \leqslant B_3 \leqslant 4, 1 \leqslant B_4 \leqslant 4, B_3 \neq B_4 \quad ④$$

由 ④,$A_3$ 和 $A_4$ 都不能被 9 整除,由 ②,$k = 3,4$ 时,求得 $A_2,A_5$ 都可被 3 整除,因此也能被 6 整除. 所以

$$\sum_{k=1}^{5} A_k = 3B_1 + 2B_3 + 2B_4 \equiv 5 \pmod 6$$
$$B_3 + B_4 \equiv 1 \pmod 3 \quad ⑤$$

而且

$$144 - A_3 = A_4(A_2/144) < A_4$$
$$32(B_3 + B_4) = A_3 + A_4 > 144 \quad ⑥$$
$$B_3 + B_4 > \frac{9}{2}, B_3 + B_4 \geqslant 5$$

满足 ④,⑤,⑥ 的值的组合只可能是 3 和 4. 因此可以取 $A_3 = 96$,$A_4 = 128$,然后根据 ② 由此得到全部解

$$A_1 = 135, A_2 = 54, A_3 = 96, A_4 = 128, A_5 = 24$$

(互换 $A_3$ 和 $A_4$ 的值得出相反次序的同样的集合.)

7.35　从给定自然数 $n_0$ 开始,甲、乙两人按如下规则轮流取正整数,当 $n_{2k}$ 取定后,甲可任取一 $n_{2k+1}$,使 $n_{2k} \leqslant n_{2k+1} \leqslant n_{2k}^2$;当 $n_{2k+1}$ 取定后,乙可任取一 $n_{2k+2}$,使$\frac{n_{2k+1}}{n_{2k+2}} = p^r$,这里 $p$ 是素数,$r$ 为正整数. 规定:当甲取到 1 990 时甲胜;当乙取到 1 时,乙胜. 问对怎样的 $n_0$ 甲必胜?对怎样的 $n_0$ 乙必胜?对怎样的 $n_0$ 双方都无必胜策略?

(IMO,1990 年)

**证明**　当 $n_0 \geqslant 8$ 时,甲有必胜策略;当 $n_0 \leqslant 5$ 时,乙有必胜策略;当 $n_0 = 6,7$ 时,甲与乙成和局. 证明如下.

当 $45 \leqslant n_0 \leqslant 1\ 990$ 时,显然甲必胜;当 $21 \leqslant n_0 \leqslant 44$ 时,甲取

$$n_1 = 2^2 \times 3 \times 5 \times 7 = 420$$

此时乙只能取

$$n_2 = 2^2 \times 3 \times 5 = 60 > 45$$

化为上一种情况,故甲必胜;当 $13 \leqslant n_0 \leqslant 20$ 时,甲取

$$n_1 = 2^3 \times 3 \times 7 = 168$$

此时乙只能取

$$n_2 = 3 \times 7 = 21$$

化为上一种情况,故甲必胜;当 $11 \leqslant n_0 \leqslant 12$ 时,甲取

$$n_1 = 3 \times 5 \times 7 = 105$$

此时乙只能取

$$n_2 = 3 \times 5 = 15$$

化为前一种情况,故甲必胜;当 $8 \leqslant n_0 \leqslant 10$ 时,甲取

$$n_1 = 2^2 \times 3 \times 5 = 60$$

此时乙只能取

$$n_2 = 2^2 \times 3 = 12$$

化为前一种情况,故甲必胜. 现设 $n_0 > 1990$. 显然存在 $m \in \mathbf{N}^*$,满足

$$2^m 3^2 < n_0 \leqslant 2^{m+1} 3^2 < n_0^2$$

此时,甲取 $n_1 = 2^{m+1}3^2$,而乙只能取 $n_2 = 3^2$ 或者取 $n_2 = 2^{m+1}$,$n_2$ 满足 $8 \leqslant n_2 < n_0$. 如果 $n_2 = 3^2 = 9$,则化为 $8 \leqslant n_0 \leqslant 10$ 的情况,从而甲必胜;如果 $n_2 = 2^{m+1}$,且 $2^3 \leqslant n_2 \leqslant 1\ 990$,则化为前面的情况,从而甲必胜;如果 $n_2 = 2^{m+1} > 1\ 990$,则因

$$2^{m-3}3^2 < n_2 = 2^{m+1} < 2^{m-2}3^2 < 2^{2m+2} = n_2^2$$

故可重复前面的做法,甲取 $n_3 = 2^{m-1}3^2$,此时乙只能取 $n_4 = 3^2 = 9$ 或 $n_4 = 2^{m-1}$. 如果 $n_4 = 9$ 或 $n_4 = 2^{m-1} \leqslant 1\ 990$,则化为前面的情况,从而甲必胜;如果 $n_4 = 2^{m-1} > 1\ 990$,则重复前面的做法. 由于

$$n_0 > n_2 > n_4 > \cdots > n_{2k} > \cdots$$

所有必有某个 $k$,使得

$$8 < n_{2k} \leqslant 1\ 990$$

则化为前面的情况,从而甲必胜. 总之,当 $n_0 \geqslant 8$ 时,甲必胜.

当 $n_0 = 2$ 时,$n_1 \in \{2,3,4\}$,此时乙可取 $n_2 = 1$,故乙胜;当 $n_0 = 3$ 时

$$n_1 \in \{3,4,5,6,7,8,9\}, n_2 \in \{1,2\}$$

故乙胜;当 $n_0 = 4$ 时

$$4 \leqslant n_1 \leqslant 16$$

因此,$n_1$ 必是 $p^\alpha, 2p^\alpha, 3p^\alpha$ 的形式,其中 $\alpha \in \{1,2,3,4\}$,$p$ 是素数,$p \in \{2,3,5,7,11,13\}$. 此时,乙可取 $n_2 \in \{1,2,3\}$,故乙必胜;当 $n_0 = 5$ 时,$5 \leqslant n_1 \leqslant 25$,因此,$n_1$ 必是 $p^\alpha, 2p^\alpha, 3p^\alpha, 4p^\alpha$ 的形式,其中 $\alpha \in \{1,2,3,4\}$,素数 $p \in \{2,3,5,7,11,13,17,19,23\}$. 此时,乙

心得 体会 拓广 疑问

可取 $n_2 \in \{1,2,3,4\}$，故乙必胜. 总之，当 $n_0 \leqslant 5$ 时，乙必胜.

当 $n_0=6$ 或 7 时，$n_0^2=36$ 或 49. 而集合 $\{6,7,8,\cdots,49\}$ 中的每一个数，其素因子分解式中至多有 3 个不同的素因子. 根据前面的分析，若取 $n_1=p^\alpha$ 或 $n_1=p_1^{\alpha_1}p_2^{\alpha_2}$ 的形式，则游戏的结果将对甲不利，因此，甲应取 $n_1=2\times3\times5=30$，或者取 $n_1=2\times3\times7$. 如果 $n_1=2\times3\times5=30$，乙为了不败，只能取 $n_2=2\times3=6$；如果 $n_1=2\times3\times7=42$，乙为了不败，只能取 $n_2=2\times3=6$，当然也可取 $n_2=7$. 总之，甲、乙双方为了立于不败之地，甲取 $n_{2k+1}=30$ 或 42，乙取 $n_{2k+2}=6$ 或 7，如此循环往复，所以在正确的策略下，甲与乙不分胜负.

7.36 有 $12k$ 人参加会议，每个人都恰好与 $3k+6$ 个人握过手，且对其中任意两人，与这两个都握过手的人数皆相同，问有多少人参加会议？

（爱尔兰，1995 年）

**解** 对任意两人，与他们都握过手的有 $n$ 人. 考虑代表 $a$，与 $a$ 握过手的人们记为 $A$，与 $a$ 没有握过手的人们记为 $B$，由题设

$$|A|=3k+6,\ |B|=9k-7$$

再考虑 $b\in A$，与 $a,b$ 都握过手的 $n$ 名代表全在 $A$ 中，因此，$b$ 与 $A$ 中的 $n$ 个人握过手，从而与 $B$ 中的 $3k+5-n$ 人握过手. 考虑 $c\in B$，与 $a,c$ 都握过手的代表全在 $A$ 中，因此，$c$ 与 $A$ 中的 $n$ 个人握过手. 于是，$A$ 与 $B$ 之间握过手的总人次为

$$(3k+6)(3k+5-n)=(9k-7)n$$

化简为

$$9k^2-12kn+33k+n+30=0$$

由此知 $n$ 是 3 的倍数. 设 $n=3m$，由上式得

$$4m=k+3+\frac{9k+43}{12k-1}$$

上式右边当且仅当 $k=3$ 时为整数，此时 $m=2$. 因此，$k=3$，即有 $12\times3=36$ 人参加会议. 下面给出一个由 36 人参加，并且符合题目要求的解. 把 36 个代表排成一个 $6\times6$ 方阵

$$\begin{matrix}1&2&3&4&5&6\\6&1&2&3&4&5\\5&6&1&2&3&4\\4&5&6&1&2&3\\3&4&5&6&1&2\\2&3&4&5&6&1\end{matrix}$$

对于方阵中的每位代表，他与同行、同列、同编号的 15 名代表都握

心得 体会 拓广 疑问

过手,与其他代表没有握过手. 容易验知,与任意两位代表都握过手的恰好有6人.

7.37 有$n(n \geqslant 2)$堆硬币,只允许下面形式的搬动:每次搬动,选择两堆,从一堆搬动某些硬币到另一堆,使得后一堆硬币的数目增加了一倍.

(1) 当$n=3$时,求证:可以经过有限次搬动,使得硬币合为两堆;

(2) 当$n=2$时,用$r$和$s$表示两堆硬币的数目,求$r$和$s$的关系式的一个充分必要条件,使得硬币能合为一堆.

(马其顿供题)

**解** (1) 设3堆硬币的数目分别为$a,b,c$,这里$0<a \leqslant b \leqslant c$,具数目$a$的一堆硬币称为第一堆硬币,具数目$b$的称为第二堆,具数目$c$的称为第三堆.

$b=aq+r$,这里$q$是一个正整数,$r$是一个非负整数,$0 \leqslant r \leqslant a-1$,在2进制下,写出$q$,有

$$q=m_0+2m_1+2^2m_2+\cdots+2^km_k \quad ①$$

这里$k$是某个非负整数,$m_k=1$,其余$m_i=0$或$1,0 \leqslant i \leqslant k-1$,现进行若干次搬动如下:

在第一次搬动时,如果$m_0=1$,从第二堆搬数目$a$的硬币到第一堆. 如果$m_0=0$,从第三堆搬数目$a$的硬币到第一堆. 经过第一次搬动后,第一堆硬币的数目为$2a$.

再进行第二次搬动,如果$m_1=1$,从第二堆搬动$2a$数目的硬币到第一堆. 如果$m_1=0$,则从第三堆搬动$2a$数目的硬币到第一堆. 经过第二次搬动后,第一堆硬币数目为$2^2a$.

一般来讲,经过$i(1<i<k)$次搬动后,第一堆硬币数目为$2^ia$,这时第二堆硬币数目为

$$b^*=(2^im_i+2^{i+1}m_{i+1}+\cdots+2^km_k)a+r \quad ②$$

第三堆硬币数目大于等于(或严格大于)

$$[(2^im_i+2^{i+1}m_{i+1}+\cdots+2^km_k)-(1+2+2^2+\cdots+2^{i-1})]a+r= \\ [(2^im_i+2^{i+1}m_{i+1}+\cdots+2^km_k)-2^i+1]a+r \quad ③$$

现在开始进行第$i+1$次搬动,如果$m_i=1$,从第二堆搬动$2^ia$个硬币到第一堆. 如果$m_i=0$,从第三堆搬动$2^ia$个硬币到第一堆. 这样一直进行到第$k+1$次搬动完成. 这时第二堆硬币数目还剩$r$个. 因此,有了新的3堆硬币,最少的一堆硬币数目为$r$个,$r<a$. 如$r>0$,再对这新的三堆硬币重复上述办法,又可得到新3堆硬币,最少的一堆硬币数目为$r^*$,$r^*<r<a$,如此下去,经有限次搬

动后,必可使最少的一堆硬币数目为 0,于是 3 堆硬币可合并为两堆硬币.

（2）在两堆情形,用$(a,b)$表示正整数 $a$ 和 $b$ 的最大公约数.需要寻找在每次搬动后,什么东西是不变的.如果在某次搬动前,两堆硬币数目分别为 $x,y$,不妨设 $y \geqslant x$.显然

$$x+y=r+s \tag{4}$$

经过搬动后,两堆硬币数目分别为$2x,y-x$.如果$p$是一个奇素数,$\alpha$ 是一个正整数,满足

$$p^{\alpha} \mid (2x,y-x)$$

即 $p^{\alpha}$ 是能整除$(2x,y-x)$的.那么,有

$$p^{\alpha} \mid 2x, p^{\alpha} \mid (y-x) \tag{5}$$

从而有

$$p^{\alpha} \mid x, p^{\alpha} \mid [(y-x)+x] \tag{6}$$

即 $p^{\alpha} \mid (x,y)$.

反之,如果

$$p^{\alpha} \mid (x,y)$$

易知

$$p^{\alpha} \mid (2x,y-x)$$

如果两堆能合并为一堆,在合并前的最后一次搬动前,两堆硬币数目应当一样,设都为 $z$ 个,那么

$$r+s=2z \tag{7}$$

如奇素因子$p$的某个幂次$p^{\alpha} \mid z$,则$p^{\alpha} \mid (z,z)$,利用上面叙述,可知$p^{\alpha} \mid z$,当且仅当$p^{\alpha} \mid (r,s)$.再利用 ⑦,有

$$\frac{r}{(r,s)}+\frac{s}{(r,s)}=\frac{2z}{(r,s)} \tag{8}$$

$\frac{2z}{(r,s)}$ 是一个正整数,且

$$\frac{2z}{(r,s)}=2^{k} \tag{9}$$

这里 $k$ 是某个正整数(由于 ⑧ 左边大于 1,$k$ 不可能为零).于是两堆硬币能合并为一堆的必要条件是

$$r+s=2^{k}(r,s) \tag{10}$$

这里 $k$ 是某个正整数.

下面用数学归纳法(对正整数 $k$)证明条件 ⑩ 是两堆硬币合并为一堆的充分条件.

当 $k=1$ 时,条件 ⑩ 为

$$\frac{r}{(r,s)}+\frac{s}{(r,s)}=2 \tag{11}$$

由于$\frac{r}{(r,s)}$及$\frac{s}{(r,s)}$都是正整数,则必有

心得 体会 拓广 疑问

$$\frac{r}{(r,s)}=1,\frac{s}{(r,s)}=1 \quad ⑫$$

从而有 $r=(r,s)=s$. 于是只须搬动一次,两堆硬币就能合并为一堆.

设两堆硬币数目之和除以它们的最大公约数为 $2^m$ 时,两堆硬币能合并为一堆,这里 $m$ 是某个正整数.

现在考虑 $k=m+1$,即考虑

$$r+s=2^{m+1}(r,s) \quad ⑬$$

的情况. 如果 $r=s$,则只须搬动一次,两堆就合为一堆. 下面讨论 $r\neq s$. 不妨设 $r>s$,记

$$r=(2^m+t)(r,s),s=(2^m-t)(r,s) \quad ⑭$$

这里 $0<t<2^m$. 由于 $2^m+t$ 与 $2^m-t$ 互素,则 $t$ 为奇数.

搬动一次后,两堆硬币数目分别为 $r^*,s^*$,这里

$$r^*=[(2^m+t)-(2^m-t)](r,s)=2t(r,s)$$
$$s^*=2(2^m-t)(r,s) \quad ⑮$$

于是,利用当 $t$ 为奇数时,$(t,2^m-t)=1$,有

$$\frac{r^*+s^*}{(r^*,s^*)}=\frac{2^m}{(t,2^m-t)}=2^m \quad ⑯$$

由此归纳法假设条件满足,数目分别为 $r^*,s^*$ 的两堆硬币能经过有限次搬动合为一堆,充分性得证.

7.38 在平面直角坐标系上,一只 $(p,q)$ 马是指它从某格点 $(m,n)$ 出发,可到达下述 8 个格子之一,即 $(m\pm p,n\pm q)$ 或 $(m\pm q,n\pm p)$,求所有正整数对 $(p,q)$,$(p,q)$ 马从任一格点出发都可以走到任意指定格点.

(保加利亚,1994 年)

**解** 对直角坐标系的所有格子点用黑、白两色着色,使之相邻的格点不同色. $(p,q)$ 马走一步,从这个格点走到另一个格点. 当 $p+q$ 为奇数时,这两点不同色;当 $p+q$ 为偶数时,这两点同色. 因此,$(p,q)$ 马若能走到任意一个格子点,则 $p+q$ 必为奇数. 再者,如果 $p$ 与 $q$ 的最大公因数 $d>1$,则 $(p,q)$ 马从坐标原点 $(0,0)$ 出发,走几步,走到格子点 $(p',q')$,$p'$ 与 $q'$ 都一定是 $d$ 的倍数. 因此,$(p,q)$ 马若能走到任一格子点,则 $p$ 与 $q$ 互素.

下面设 $(p,q)$ 马满足:$p+q$ 为奇数,$p$ 与 $q$ 互素. 因为 $p$ 与 $q$ 互素,所以存在整数 $u$ 与整数 $v$,使得

$$up+vq=1 \quad ①$$

设 $(p,q)$ 马从坐标原点 $(0,0)$ 出发. 为证明 $(p,q)$ 马可以走到任意一个格子点,只要证明,$(p,q)$ 马可以走到 $x$ 轴与 $y$ 轴上的任

意一个格子点. 为此,只要证明下述两点.

(1) 对任意的 $n \in \mathbf{Z}$, $(p,q)$ 马可以经有限步走到格子点 $(2n,0)$.

显然,$(p,q)$ 马走两步,可以走到格子点 $(2p,0)$,$(-2p,0)$,$(2q,0)$,$(-2q,0)$. 由式 ①,有

$$2pu + 2qv = 2, 2pu' + 2qv' = -2$$

$(u' = -u, v' = -v)$,故进而有,$(p,q)$ 马可以经有限步走到格子点 $(2,0)$,$(-2,0)$. 于是,可以走到任一格子点 $(2n,0)$,$n \in \mathbf{Z}$.

(2) 对任意的 $n \in \mathbf{Z}$, $(p,q)$ 马可以经有限步走到格子点 $(2n+1,0)$.

$(p,q)$ 马从点 $(0,0)$ 出发走一步,走到格子点 $(p,q)$. 以 $(p,q)$ 为起点,重复(1) 中的办法,经有限步,$(p,q)$ 马可以走到 $(2n+p,q)$;再以 $(2n+p,q)$ 为起点,用类似(1) 的办法,经有限步,$(p,q)$ 马可以走到格子点 $(2n+p,2m+q)$,其中 $n \in \mathbf{Z}$,$m \in \mathbf{Z}$. 因为 $p+q$ 是奇数,所以不妨设 $p$ 为奇数,$q$ 为偶数. 于是,可以取适当的 $m$ 使 $2m+q=0$. 这表明,经有限步,$(p,q)$ 马可以从 $(0,0)$ 走到格子点 $(2n+p,0)$. 因 $p$ 是奇数,$n$ 是任一整数,所以 $2n+p$ 可以是任一奇数.

由(1) 与(2) 知,$(p,q)$ 马可以走到 $x$ 轴上的任意一个格点;同理,可以走到 $y$ 轴上的任意一个格点,从而可以走到平面上任意一个格点.

7.39　有 $n \times n(n \geqslant 4)$ 的一张空白方格表,在它的每一个方格内任意填入 $+1$ 与 $-1$ 两个数中的一个. 现将表内 $n$ 个两两既不同行(横) 又不同列(竖) 的方格中的数的乘积称为一个基本项.

试证:按上述方式所填成的每一个方格表,它的全部基本项之和总能被 4 整除(即总能表成 $4k$ 的形式,其中 $k \in \mathbf{Z}$).

(中国高中数学联赛,1989 年)

**证法 1**　显然,不论用怎样的填法,所填成的方格表总有 $n!$ 个基本项.

用 $a_{ij}$ 表示方格表中第 $i$ 行第 $j$ 列的方格内所填的数,这里 $1 \leqslant i,j \leqslant n$,$n \geqslant 4$,$i,j \in \mathbf{N}$.

现在考察一张已填成的方格表,记它的全部基本项之和为 $S$.

由题意,表中每个格内的数 $a_{ij}$ 只能是 $+1$ 或 $-1$,而 $+1$ 与 $-1$ 之间只相差一个负号,因此,当把方格表中的某一个数 $a_{ij}$ 改变选择(即把 $+1$ 换成 $-1$ 或把 $-1$ 换成 $+1$) 时,由于 $a_{ij}$ 出现在和式 $S$ 的 $(n-1)!$ 个基本项中,由 $n \geqslant 4$,则 $S$ 中将有偶数个基本项同

心得 体会 拓广 疑问

时变号.

再注意到在 $n!$ (偶数) 个基本项中,值为 1 的基本项与值为 $-1$ 的基本项的个数之差必为偶数,而 $a_{ij}$ 在变号时,其所在的基本项的改变值是2 或 $-2$,所以当某个 $a_{ij}$ 改变选择时,引起 $S$ 的改变值一定是 4 的倍数.

若一张方格表的所有 $a_{ij}$ 全为 $+1$,则全部基本项之和 $S=n!$ $(n\geqslant 4)$ 显然能够被4 整除. 若 $a_{ij}$ 不全为 $+1$,则这张方格表可由一张 $a_{ij}$ 全为1 的方格表将相应方格中的数 $+1$ 经有限次变号而得到. 根据以上的讨论,每次变号均使基本项之和的改变值能被4 整除.

从而无论用怎样的填法,所填成的方格表的全部基本项之和总能被 4 整除.

**证法 2** 设每个基本项为 $x_i$,则 $x_i$ 只能取 $+1$ 或 $-1$,且基本项共有 $n!$ 个.

表中第 $i$ 行,第 $j$ 列的数记为 $a_{ij}$,则 $a_{ij}$ 只能为 $+1$ 或 $-1$. 又因为方格表中每一个数 $a_{ij}$ 都取了 $(n-1)!$ 次,所以有

$$x_1x_2\cdots x_{n!}=\prod_{1\leqslant i,j\leqslant n}a_{ij}^{(n-1)!}$$

由于 $n\geqslant 4$,所以 $2\mid (n-1)!$,因而 $a_{ij}^{(n-1)!}=1$,即

$$x_1x_2\cdots x_{n!}=1$$

故在 $x_1,x_2,\cdots,x_{n!}$ 中只可能有偶数个 $-1$. 设有 $2k$ 个 $-1$,则有 $n!-2k$ 个 $+1$. 于是

$$\sum_{i=1}^{n!}x_i=(n!-2k)+(-1)\cdot 2k=n!-4k$$

又因为 $n\geqslant 4$,所以 $4\mid n!$,即 $4\mid n!-4k$,于是 $4\mid \sum_{i=1}^{n!}x_i$.

7.40 求具有如下性质的最小正整数 $n$:将正 $n$ 边形的每一个顶点任意染上红、黄、蓝三色之一,那么这 $n$ 个顶点中必有4 个组成同色等腰梯形,梯形是指两边平行,另两边不平行的凸四边形.

(CMO 第 5 题,2008 年)

**引理** 用三种颜色对正 17 边形顶点进行涂色,其中必有两条同色边平行就可以了.

**证明** 记 $n$ 边形顶点按照顺时针排列为 $1,2,3,\cdots,n$. 若 $A-B\equiv a\pmod n$,$0\leqslant a\leqslant n-1$,可以定义两点的距离为

$$|A-B|=\min(a,n-a)$$

由抽屉原理,其中至少有6 个顶点同色,从6 个顶点中的任何一个

心得 体会 拓广 疑问

顶点 $A$ 出发有 5 条同色边，假设其中两对边长相等，则

$$|AB|=|AC|$$

$$|AD|=|AE|\Rightarrow A-B\equiv C-A(\bmod 17)$$

$$D-A\equiv E-A(\bmod 17)\Rightarrow B+C\equiv D+E(\bmod 17)\Rightarrow BC\parallel DE$$

故以下假设没一点出发最多只有一对同色边边长相等，去掉每一对相等边中的一条边，这样至少还剩下 $C_6^2-6=9$ 条边，但是在正 17 边形中最多只能有 8 种不同的边长 1,2,3,…,8，所以剩下的边中至少有两条边长相等，而根据假设，这两条边不能有公共顶点，不妨设它们为

$$A-B\equiv C-D(\bmod 17)$$

则有

$$A+D\equiv B+C(\bmod 17)\Rightarrow AD\parallel BC$$

若同时还有 $AB\parallel CD$ 的话，由于 $A,B,C,D$ 共圆，所以必然是一个矩形，而正奇数边形中不可能有顶点构成矩形，矛盾. 因此它们必然构成等腰梯形.

$n\leqslant 9$ 时，让每种颜色涂三个点即可，以下再构造说明存在一个对正 10 边形的涂色，其中没有等腰梯形.

我们把 $n=10$ 涂色如下：$\{0,4,5\}$，$\{1,2,3,6\}$，$\{7,8,9\}$ 分别涂红、黄、蓝.

$n=11$ 涂色如下：$\{2,5,6,8\}$，$\{1,3,4,7\}$，$\{0,9,10\}$ 分别涂红、黄、蓝.

$n=12$ 涂色如下：$\{4,5,8,10\}$，$\{1,2,3,7\}$，$\{0,6,9,11\}$ 分别涂红、黄、蓝.

$n=13$ 涂色如下：$\{4,5,8,10\}$，$\{1,2,3,7\}$，$\{0,6,9,11,12\}$ 分别涂红、黄、蓝.

$n=14$ 涂色如下：$\{0,6,7,8,10\}$，$\{1,2,3,5,9\}$，$\{4,11,12,13\}$ 分别涂红、黄、蓝.

$n=15$ 涂色如下：$\{0,4,11,12,13\}$，$\{1,2,3,5,9\}$，$\{6,7,8,10,14\}$ 分别涂红、黄、蓝.

再构造说明存在一个对正 16 边形的涂色，其中没有等腰梯形. 我们把 16 个顶点涂色如下：$\{0,1,5,8,9,11\}$，$\{2,6,12,13,14\}$，$\{3,4,7,10,15\}$ 三个集合分别涂红、黄、蓝. 黄、蓝中没有两边平行，红色只有一个矩形，因此 $n=17$ 为所求.

7.41 求所有具有下述性质的 $n\in\mathbf{N}$，能够把 $2n$ 个数 1,1,2,2,3,3,…,$n$,$n$ 排成一行，使得当 $k=1,2,\cdots,n$ 时，在两个 $k$ 之间恰有 $k$ 个数.

（评委会，苏联，1982 年）

心得 体会 拓广 疑问

**证明** 设 $n\in\mathbf{N}$ 具有所说的性质,$a_1,a_2,\cdots,a_{2n}$ 是符合要求的排列,用 $m_k$ 表示 $a_i=a_j=k$ 时 $i$ 与 $j$ 中较小的,则 $i$ 与 $j$ 中较大的为 $m_k+k+j$. 因此 $2n$ 个下标之和为

$$\sum_{k=1}^{n}(m_k+(m_k+k+1))=2\sum_{k=1}^{n}m_k+\frac{n(n+3)}{2}$$

另一方面,这 $2n$ 个下标之和又等于

$$\sum_{i=1}^{2n}i=n(2n+1)$$

因此 $$2\sum_{k=1}^{n}m_k=n(2n+1)-\frac{n(n+3)}{2}=\frac{n(3n-1)}{2}$$

即$\frac{n(3n-1)}{4}$为整数. 由于 $n$ 与 $3n-1$ 中只有一个是偶数,所以这个偶数应被 4 整除. 于是仅有两种可能:$n=4l$ 或 $3n-1=4l'$,即

$$n=\frac{4l'+4-3}{3}=4\cdot\frac{l'+1}{3}-1=4l-1(l,l'\in\mathbf{N})$$

下面证明,任意形如 $n=4l$ 或 $4l-1$ 的 $n\in\mathbf{N}$ 都具有题中所说性质. 当 $n=4l,l\geqslant 2$ 时,符合要求的排列为

$$4l-4,\cdots,2l,4l-2,2l-3,\cdots,1,4l-1,1\cdots,2l-3,2l,\cdots,$$
$$4l-4,4l,4l-3,\cdots,2l+1,4l-2,2l-2,\cdots,$$
$$2,2l-1,4l-1,2,\cdots,2l-2,2l+1,\cdots,$$
$$4l-3,2l-1,4l$$

其中每一处“$\cdots$”都表示一个算术级数,其公差为 2 或 $-2$,且首项是它前面的最后一个数,末项是后面紧接的数. 同样,当 $n=4l-1,l\geqslant 2$ 时,符合要求的排列为

$$4l-4,\cdots,2l,4l-2,2l-3,\cdots,1,4l-1,1,\cdots,$$
$$2l-3,2l,\cdots,4l-4,2l-1,4l-3,\cdots,2l+1,$$
$$4l-2,2l-2,\cdots,2,2l-1,4l-1,2,\cdots,$$
$$2l-2,2l+1,\cdots,4l-3$$

最后当 $n=4$ 与 $n=3$ 时,符合要求的排列是

$$2,3,4,2,1,3,1,4 \text{ 与 } 2,3,1,2,1,3$$

7.42 彩票上有依次排列好的 50 个空格,发行彩票者把 $A=\{1,2,\cdots,50\}$ 中的数填写在空格上,一数一格,作为底票. 购买者把 $A$ 中的 50 个数也分别填写在 50 个空格上,当且仅当有某个数所在的方格与该数在底票的方格一致时,这张彩票中奖,问购买者应至少买几张并恰当填数方能保证至少一张彩票中奖?

(苏联,1991 年)

心得 体会 拓广 疑问

**解** 至少应买26张彩票,才能保证至少有一张彩票中奖.

设购买26张彩票,并按下面的方式填写排在第1至第26方格中的26个数

$$1,2,3,\cdots,24,25,26;$$
$$2,3,4,\cdots,25,26,1;$$
$$3,4,5,\cdots,26,1,2;$$
$$\cdots$$
$$26,1,2,\cdots,23,24,25$$

而第27至第50方格中的24个数可随意填数. 因为 $26>24$,所以 $\{1,2,3,\cdots,25,26\}$ 中必有某个数 $k$,$k$ 写在底票的第1至第26方格中的某一格,设写在第 $m$ 格. 注意,在上面的数表中,第 $m$ 列中的数,包含了 $\{1,2,3,\cdots,25,26\}$ 中的每一个数,故也包含了数 $k$. 设在第 $m$ 列中,$k$ 出现在数表的第 $n$ 行,则第 $n$ 张彩票中奖.

下面证明,仅购买25张彩票则可能都不中奖. 设 $\{1,2,3,\cdots,50\}$ 这50个数在25张彩票上的方格中的排列为

第1张 $a_1,a_2,a_3,\cdots,a_{50}$

第2张 $b_1,b_2,b_3,\cdots,b_{50}$

第3张 $c_1,c_2,c_3,\cdots,c_{50}$

……

第25张 $d_1,d_2,d_3,\cdots,d_{50}$

以 $A_i$ 记上表第 $i$ 列中各数组成的集合 $\{a_i,b_i,c_i,\cdots,d_i\}$,显然

$$|A_i|\leqslant 25,i=1,2,\cdots,50$$

对 $k=1,2,\cdots,50$,又记 $B_k=\{i\mid k\in A_i\}$,即表中不出现数 $k$ 的那几列的列号组成的集合. 显然有

$$|B_k|\geqslant 25$$

为了使25张彩票全不中奖,当且仅当 $k=1,2,3,\cdots,50$ 这50个数在底票上的位置都满足 $k\in B_k$. 下面给出一张底票,满足 $k\in B_k$,$k=1,2,\cdots,50$. 考虑数1,必存在 $i_1$,$1\notin A_{i_1}$,把数1写在底票的第 $i_1$ 格上. 因为对每个 $k$,都有 $|B_k|\geqslant 25$,所以 $1,2,3,\cdots,25$ 这25个数可以按上法依次写在底票的第 $i_1,i_2,\cdots,i_{25}$ 格上,使得 $k\notin A_{i_k}$,从而 $k\in B_k$. 假设在底票上已依次把数 $1,2,3,\cdots,m-1$ 分别填写在第 $i_1,i_2,\cdots,i_{m-1}$ 方格上. 现在考虑数 $m$. 如果存在 $i_m$,$m\notin A_{i_m}$,即 $i_m\in B_m$,且 $i_m\notin\{i_1,i_2,\cdots,i_{m-1}\}$,则把数 $m$ 写在底票的第 $i_m$ 格上,此时有 $m\in B_m$. 否则,表明有

$$B_m\subset\{i_1,i_2,\cdots,i_{m-1}\}$$

记 $l=|B_m|\geqslant 25$,并设 $B_m=\{j_1,j_2,\cdots,j_l\}$,且底票上已分别把数 $x_1$,$x_2,\cdots,x_l$ 写在第 $j_1,j_2,\cdots,j_l$ 格上. 任取底票上尚未填数的某个方格,设为第 $p$ 格. 因为 $|B_p|\geqslant 25$,所以至少有25个数可以填在底

票的第 $p$ 个方格上,使得25张彩票上第 $p$ 格所写的数都与此数不同.因此,数 $m$ 与 $x_1, x_2, \cdots, x_l$ 这 $l+1(\geqslant 26)$ 个数中,至少有某个数可以填写在底票的第 $p$ 个方格上.但已知数 $m$ 不能填在第 $p$ 个方格,所以 $x_1, x_2, \cdots, x_l$ 中必有某个数 $x$ 可以填在第 $p$ 个方格中,即有 $x \in B_p$.作如下变动:把数 $x$ 从原来所在的方格 $a$ 移到底票上的第 $p$ 个方格,而把数 $m$ 填写在方格 $a$ 中.于是,数 $1,2,3,\cdots,m-1,m$ 都已填写在底票上,而且 $k \in B_k, k=1,2,3,\cdots,m-1,m$.上述过程可以一直进行下去,直至底票上的50个方格都填了数为止.对这张底票来说,因为 $k \in B_k, k=1,2,3,\cdots,50$,所以25张彩票都不中奖.

7.43 一堆球由外表一样的1 000个10 g的球和1 000个9.9 g的球构成,我们希望从中分出两堆质量不同但数量一样的球,请问最少需要用天平称几次?

**解** 注意到两堆数量一样的球如果质量也一样,则它们中10 g重的球个数一定相同.显然,至少需要使用天平称一次,我们下面证明称一次已经足够了!

把球分为三堆 $H_1, H_2, H_3$,个数分别为667,667,666.先把 $H_1$, $H_2$ 放在天平的两边,如果总质量不相等,则 $H_1, H_2$ 已经符合要求了.下面假设 $H_1, H_2$ 总质量相等,则它们中10 g重的球个数一定相同,设它们中都有 $n$ 个10 g的球,则 $H_3$ 有 $1\ 000-2n$ 个10 g的球.我们在 $H_1$ 中任意去掉一个球成为数量为666的一堆球 $H_4$,则 $H_4$ 中有 $n$ 个或 $n-1$ 个10 g的球,而 $n=1\ 000-2n$ 和 $n-1=1\ 000-2n$ 都不可能成立,因此 $H_3$ 与 $H_4$ 质量不同,满足要求.

7.44 将 $2,\cdots,101$ 填写到 $10 \times 10$ 的正方形的小方块内,甲将每行数字相乘得到10个数,乙将每列数字相乘也得到10个数,假设他们都计算正确,请问是否可能两人得到相同的10个数?

**解** 注意到11个不大于101的素数

$$53,59,61,67,71,73,79,83,89,97,101$$

其中必有两个素数 $p \neq q$ 在同一行,这样甲得到的数中有一个是 $pq$ 的倍数,但是由于 $p,q$ 不可能同列,并且其他数都不是 $p,q$ 的倍数,因此乙的10个数中没有一个是 $pq$ 的倍数,故不可能.

心得 体会 拓广 疑问

7.45 将1,2,…,121填写到11×11的正方形的小方块内,甲将每行数字相乘得到11个数,乙将每列数字相乘也得到11个数,假设他们都计算正确,请问是否可能两人得到相同的11个数?

**解** 注意到12个小于121的素数

$$61,67,71,73,79,83,89,97,101,103,107,109$$

其中必有两个素数 $p\neq q$ 在同一行,这样甲得到的数中有一个是 $pq$ 的倍数,但是由于 $p,q$ 不可能同列,并且其他数都不是 $p,q$ 的倍数,因此乙的11个数中没有一个是 $pq$ 的倍数,故不可能.

7.46 从一正 $n$ 边形的顶点中选择三点作为一个三角形的顶点,证明可能作出的本质上不同的三角形的个数是最接近 $\frac{n^2}{12}$ 的一个整数.

**证法1** 每一个不同的具有其顶点在 $n$ 边形的顶点的等边,等腰或不等边三角形,分别全等于以已知点 $A$ 为顶点的一个、三个或六个三角形. 若这些类型的不同的三角形的数目分别为 $E,I$ 和 $S$,则因为每对不同于 $A$ 的顶点同 $A$ 决定一个三角形,有

$$\frac{(n-1)(n-2)}{2}=E+3I+6S \quad ①$$

算出角度 $A$ 和 $B$ 相等的不同 $\triangle ABC$,得

$$I+E=\frac{n+2+d}{2},E=1-c \quad ②$$

其中 $c$ 和 $d$ 是余数0或1,使

$$n^2\equiv c(\bmod 3),n^2\equiv d(\bmod 4) \quad ③$$

由方程①和②解出 $S+I+E$,得

$$12(S+I+E)=(n-1)(n-2)+3(n-2+d)+4(1-c)=n^3+3d-4c \quad ④$$

因此,$S+I+E$ 是最接近于 $\frac{b^2}{12}$ 的整数.

**证法2** 设正 $n$ 边形为 $A_1A_2A_3\cdots A_n$. 各种可能的三角形能用 $A_1$ 作为其一个顶点形成. 把这些有代表性的三角形(即是相似的三角形的所有类型的代表)分成以下几组:在第一组中安置所有的其最小边等于 $A_1A_2$ 的三角形,而在第二组中安置所有的其最小边等于 $A_1A_3$ 者;在第 $r$ 组中则安置所有的其最小边等于 $A_1A_{r+1}$ 者,每一个有代表性的三角形属于且仅属于一组. 设 $y$ 是要求的不同

的三角形的数目.我们计算出每组中这样的三角形的数目.

若 $n$ 是偶数

$$y=\frac{n-2}{2}+\frac{n-4}{2}+\frac{n-8}{2}+\frac{n-10}{2}+\cdots=$$

$$\frac{1}{2}\left\{\frac{n^2}{4}-\frac{n}{2}-n\left[\frac{n}{6}\right]+3\left[\frac{n}{6}\right]^2+3\left[\frac{n}{6}\right]\right\}$$

其中 $[n]$ 是 $n$ 的最大的整数.

若 $n$ 是奇数

$$y=\frac{n-1}{2}+\frac{n-5}{2}+\frac{n-7}{2}+\frac{n-11}{2}+\cdots=$$

$$\frac{1}{2}\left\{\frac{n^2-1}{4}-(n-3)-(n-3)\left[\frac{n-3}{6}\right]+\right.$$

$$\left.3\left[\frac{n-3}{6}\right]^2+3\left[\frac{n-3}{6}\right]\right\}$$

关于 mod 6 对于四种情况,$n=0,3,\pm 1,\pm 2$;$y$ 的值分别为

$$\frac{n^2}{12}+\frac{1}{4},\frac{n^2}{12}-\frac{1}{12},\frac{n^2}{12}-\frac{1}{3}$$

随即可推得所要求的结果.

7.47 设 $a_1a_2\cdots a_{100}$ 是 $A=\{1,2,\cdots,100\}$ 中的元素的一个排列.甲与乙两人进行如下的问答:乙指出 $A$ 中的 50 个数,甲把这 50 个数按它们在 $a_1a_2\cdots a_{100}$ 中的先后次序排列出来.问:乙为了正确无误地写出数列 $a_1a_2\cdots a_n$,他与甲之间至少要进行多少次回答?

(俄罗斯,1996 年)

**解** 设甲把 $\{1,2,\cdots,100\}$ 中的数排成了数列

$$a_1,a_2,\cdots,a_{100} \qquad ①$$

乙为了确定排列 ①,必须而且仅须能够确定 ① 中任意两个相邻数对 $(a_i,a_{i+1})$,$i=1,2,\cdots,99$.因此,乙为了确定排列 ①,必须使 ① 中任意两个相邻数 $a_i$ 与 $a_{i+1}$ 在某次提问中同时被提到.否则,如果 $a_i$ 与 $a_{i+1}$ 在所有提问中都没有同时被提及,那么,对于 $\{1,2,\cdots,100\}$ 的下述两种排列

$$a_1,\cdots,a_{i-1},a_i,a_{i+1},a_{i+2},\cdots,a_{100}$$

$$a_1,\cdots,a_{i-1},a_{i+1},a_i,a_{i+2},\cdots,a_{100}$$

甲对乙的每次提问所作的回答都是相同的,因而无法确定排列 ①.

下面是一种进行 5 次回答就可以完全确定排列 ① 的办法:第一次提问 $M_1=\{1,2,\cdots,50\}$;第二次提问 $M_2=\{51,52,\cdots,100\}$.

心得 体会 拓广 疑问

设甲把 $M_1$ 中的50个数排成 $b_1,b_2,\cdots,b_{50}$，把 $M_2$ 中的50个数排成 $c_1,c_2,\cdots,c_{50}$；第三次提问 $M_3=\{b_1,b_2,\cdots,b_{25}\}\cup\{c_1,c_2,\cdots,c_{25}\}$；第四次提问 $M_4=\{b_{26},b_{27},\cdots,b_{50}\}\cup\{c_{26},c_{27},\cdots,c_{50}\}$. 设甲把 $M_3$ 中的50个数排成 $b'_1,b'_2,\cdots,b'_{50}$，把 $M_4$ 中的50个数排成 $c'_1,c'_2,\cdots,c'_{50}$，那么，$b'_1,b'_2,\cdots,b'_{25}$，即是排列①中的 $a_1,a_2,\cdots,a_{25}$；$c'_{26},c'_{27},\cdots,c'_{50}$，即是排列①中的 $a_{76},a_{77},\cdots,a_{100}$；第五次提问 $M_5=\{b'_{26},b'_{27},\cdots,b'_{50}\}\cup\{c'_1,c'_2,\cdots,c'_{25}\}$，按甲的回答就可以排出①中 $a_{26},a_{27},\cdots,a_{75}$.

下面证明，只进行4次回答，未必能确定出排列①. 设甲对乙的第一次，第二次提问作出如下的回答

$$k_1,k_2,\cdots,k_{50};j_1,j_2,\cdots,j_{50} \quad ②$$

以 $B$ 记 $\{1,2,\cdots,100\}$ 中没有在上述两个数列出现的数所组成的集合. 下面设计 $\{1,2,\cdots,100\}$ 中100个数的一个排列

$$b_1,b_2,\cdots,b_{100} \quad ③$$

使得任意再进行两次的问答，乙都无法确定排列③. 注意，②中的两个排列应与排列③一致. 为此，把排列③分为25个部分，每个部分由相连接的4个数组成：$B_m=(b_{4m-3},b_{4m-2},b_{4m-1},b_{4m})$，$m=1,2,\cdots,25$，使之满足：

(1) 如果 $k_{2m-1}=j_{2m-1}$，$k_{2m}=j_{2m}$，则取 $B_m=(k_{2m-1},*,*,k_{2m})$，其中"$*$"取自 $B$ 中的数，下皆同此；如果 $k_{2m}=j_{2m-1}$ 或 $k_{2m-1}=j_{2m-1}$，$k_{2m}\neq j_{2m}$，则取 $B_m=(k_{2m-1},*,k_{2m},j_{2m})$；如果 $k_{2m-1}=j_{2m}$ 或 $k_{2m-1}\neq j_{2m-1}$，$k_{2m}=j_{2m}$，则取 $B_m=(j_{2m-1},k_{2m-1},*,k_{2m})$；如果 $k_{2m-1}\neq j_{2m-1}$，$k_{2m}\neq j_{2m}$，且 $k_{2m}\neq j_{2m-1}$，$k_{2m-1}\neq j_{2m}$，则取 $B_m=(k_{2m-1},j_{2m-1},k_{2m},j_{2m})$.

(2) 如果 $k_{2m-1},k_{2m},j_{2m-1},j_{2m}$ 中的某个数已在某个 $B_i=(b_{4i-3},b_{4i-2},b_{4i-1},b_{4i})$ $(i\leqslant m-1)$ 中出现过，则在 $B_m=(b_{4m-3},b_{4m-2},b_{4m-1},b_{4m})$ 中去掉该数，并用 $B$ 中的数取代之.

(3) $A=\{1,2,\cdots,100\}$ 中的每个数在 $B_1,B_2,\cdots,B_{25}$ 中都恰好出现过一次.

按上法构造的数列③，当 $i\not\equiv 0\pmod 4$ 时，由(1)关于 $B_m$ 中4个数的排列知，数对 $(b_i,b_{i+1})$ 中的两个数 $b_i$ 与 $b_{i+1}$ 都没有在数列 $k_1,k_2,\cdots,k_{50}$ 中同时出现过，也没有在数列 $j_1,j_2,\cdots,j_{50}$ 中同时出现过. 因此，对于数列③中的任意的一个数 $b_i$，$i=1,2,\cdots,100$，数对 $(b_{i-1},b_i)$ 与 $(b_i,b_{i+1})$ 至少有一对没有在数列 $k_1,k_2,\cdots,k_{50}$ 同时出现过，也没有在数列 $j_1,j_2,\cdots,j_{50}$ 中同时出现过. 因此，如果再经过两次的提问，根据甲给出的下述两个数列

$$k'_1,k'_2,\cdots,k'_{50};j'_1,j'_2,\cdots,j'_{50}$$

乙就可以完全确定数列③的话，那么，$\{1,2,\cdots,100\}$ 中的每一个数都必须在上述两个数列之一出现.

考察四数组 $B_i=(b_{4i-3},b_{4i-2},b_{4i-1},b_{4i})$, $i=1,2,\cdots,25$. 如果在

$$k'_1,k'_2,\cdots,k'_{50}(\text{或 } j'_1,j'_2,\cdots,j'_{50})$$

中出现 $B_i$ 中的某一个数,则 $B_i$ 中其余的3个数也必须在这个数列中同时出现,否则,排列 ③ 中必有某一个相邻数对的两个数在4次的提问中都没有同时出现过,因而乙无法确定排列 ③. 这表明,数列 $k'_1,k'_2,\cdots,k'_{50}$(以及 $j'_1,j'_2,\cdots,j'_{50}$)中的元素的个数应当是4的倍数,这与 $50\not\equiv 0(\bmod 4)$ 矛盾.

7.48 地毯商人阿里巴巴有一块长方形的地毯,尺寸未知,不幸,他的量尺坏了,又没有其他的测量工具,但他发现如果将地毯平铺在他两间店房的任一间,地毯的每一个角恰好与房间的不同的墙相遇,他知道地毯的长、宽均是整数英尺,两间房子的一边有相同的长(不知多长),另一边分别为38英尺和50英尺,求地毯的尺寸.(1英尺 = 0.304 8 m)

(第30届国际数学奥林匹克预选题,1989年)

**解** 设房间的另一边长为 $q$ 英尺. 如图9,设 $AE=a$, $AF=b$. 容易证明

$$\triangle AEF\cong\triangle CGH\backsim\triangle BHE\cong\triangle DFG$$

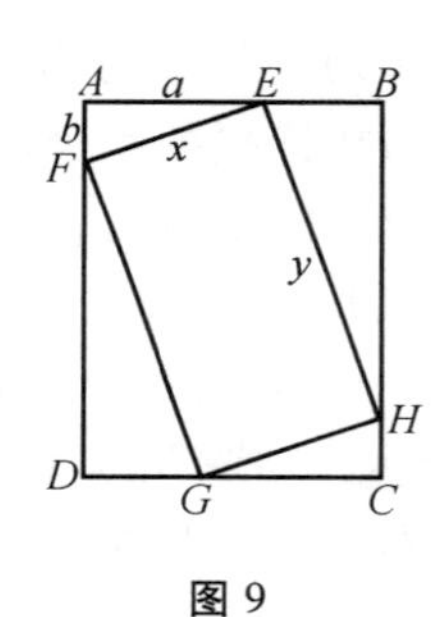


图9

设这两组相似三角形的相似比为 $k$,则

$$BE=bk, DF=ak$$

所以有

$$\begin{cases}a+bk=50\\ak+b=q\end{cases}$$

解得

$$\begin{cases}a=\dfrac{qk-50}{k^2-1}\\b=\dfrac{50k-q}{k^2-1}\end{cases}$$

$$x^2=a^2+b^2=\frac{(qk-50)^2}{(k^2-1)^2}+\frac{(50k-q)^2}{(k^2-1)^2}\qquad ①$$

同理可对另一房间有

$$x^2=\frac{(qk-38)^2}{(k^2-1)^2}+\frac{(38k-q)^2}{(k^2-1)^2}\qquad ②$$

由 ①,② 得

$$(qk-50)^2+(50k-q)^2=(qk-38)^2+(38k-q)^2$$

整理可得

$$1\ 056k^2-48kq+1\ 056=0$$

即

心得 体会 拓广 疑问

$$22k^2 - kq + 22 = 0$$

$$kq = 22(k^2 + 1)$$

$$q = 22\left(k + \frac{1}{k}\right) \quad ③$$

由于 $x,y$ 是整数,则 $k = \frac{y}{x}$ 是有理数.

令 $k = \frac{c}{d}$,其中 $c,d$ 是正整数,且 $(c,d) = 1$. 式 ③ 化为

$$q = 22\left(\frac{c}{d} + \frac{d}{c}\right)$$

$$dq = 22\left(c + \frac{d^2}{c}\right)$$

因为 $dq$ 是整数,则 $22\left(c + \frac{d^2}{c}\right)$ 是整数,从而

$$c \mid 22, c \in \{1,2,11,22\}$$

同理

$$d \mid 22, d \in \{1,2,11,22\}$$

由于 $(c,d) = 1$,不妨设 $c > d$,则

$$k = 1,2,11,22,\frac{11}{2}$$

由式 ③,相应的 $q$ 为

$$q = 44,45,244,485,125$$

由 ① 得

$$x^2(k^2 - 1)^2 = q^2k^2 - 100qk + 2\,500 + 2\,500k^2 - 100qk + q^2$$

$$x^2(k^2 - 1)^2 = q^2(k^2 + 1) + 2\,500(k^2 + 1) - 200qk \quad ④$$

由式 ③ 有

$$kq = 22(k^2 + 1)$$

代入式 ④ 得

$$x^2(k^2 - 1)^2 = (k^2 + 1)(q^2 - 1\,900) \quad ⑤$$

当 $k = 1$ 时,式 ⑤ 化为

$$0 = (1^2 + 1)(44^2 - 1\,900) = 72$$

显然不能成立.

当 $k = 2$ 时,$q = 55$,代入式 ⑤ 解得

$$x = 25, y = 2 \cdot 25 = 50$$

此时地毯的尺寸为 25 英尺 · 50 英尺.

当 $k = 11$ 时,$q = 244$,则

$$61 \mid k^2 + 1, 61 \mid q^2, 61 \nmid 1\,900$$

于是

$$61 \mid (k^2 + 1)(q^2 - 1\,900)$$

但

心得 体会 拓广 疑问

$$61^2 \nmid k^2+1, 61 \nmid q^2-1\ 900$$

所以

$$61^2 \nmid (k^2+1)(q^2-1\ 900)$$

从而$(k^2+1)(q^2-1\ 900)$不是完全平方数.而式⑤左边为$x^2(k^2-1)^2$是完全平方数,出现矛盾.

当$k=22$时,$q=485$.于是

$$97 \mid q=485, 97 \mid k^2+1$$

因此

$$97 \mid (k^2+1)(q^2-1\ 900)$$

而

$$97^2 \nmid (k^2+1)(q^2-1\ 900)$$

从而$(k^2+1)(q^2-1\ 900)$不是完全平方数,又出现矛盾.

当$k=\frac{11}{2}$时,$q=125$.于是

$$k^2+1=\frac{125}{4}, k^2-1=\frac{117}{4}$$

$$x^2 \cdot 117^2=4 \cdot 125 \cdot (125^2-1\ 900)$$

$$x^2 \cdot 117^2=50^2 \cdot 5 \cdot 549$$

$$x^2 \cdot 117^2=5^2 \cdot 4 \cdot 3^2 \cdot 61$$

上式的右边不是完全平方数,仍导致矛盾.

所以,只有$k=2$一种可能,即地毯的尺寸为25英尺·50英尺.

7.49 设有$2^n$个球分成了许多堆.我们可以任意选甲乙两堆来按照以下规则挪动:若甲堆的球数$p$不少于乙堆的球数$q$,则从甲堆拿$q$个球放到乙堆里去,这样算是挪动一次.证明:可以经过有限次挪动把所有的球合并成一堆.

(中国北京市高中数学竞赛,1963年)

**证法1** 用数学归纳法证明本题.

当$n=1$时,共有$2^1=2$个球,可能只有一堆,不必挪动,可能分为两堆,每堆一个,挪动一次就并成一堆.

假设$n=k$时命题成立,即$2^k$个球分成许多堆之后,按规则经过有限次挪动能并成一堆.

当$n=k+1$时,$2^{k+1}$个球所分各堆的球数或是奇数,或是偶数.奇数个球的堆数必是偶数(否则,总球数将是奇数与题设不合).对奇数个球的许多堆,任意把它们两两配合,在每两堆之间挪动一次,从而使各堆的球数都变为偶数,把每堆里的每两个球看为一个大球,则这时$2^{k+1}$个球变成$2^k$个大球.

根据归纳假设,这$2^k$个大球总能按规则并成一堆,并成一堆

之后,再把每一个大球分拆成两个小球,这时$2^k$个大球又成为$2^{k+1}$个球,并且并成了一堆.

于是对所有自然数$n$,$2^n$个球可以按规则,经有限次挪动变成一堆.

**证法2** 假设$2^n$个球最初分成了$h$堆,设这$h$堆的球数依次为$a_1,a_2,\cdots,a_h$,显然由$a_1+a_2+\cdots+a_h=2^n$可知,其中有偶数个$a_i$为奇数.把相应的奇数个球球堆两两配合,并按规则移动一次,这时总堆数$k\leqslant h$,各堆的球数变为偶数,设各堆的球数为

$$a'_1,a'_2,\cdots,a'_k \quad ①$$

由于$a'_i$是偶数$(i=1,2,\cdots,k)$,则总存在一个整数$p\geqslant 1$,使得$2^p$能整除所有的$a'_i$,而$2^{p+1}$不能整除所有的$a'_i$.于是①可以写为

$$2^pb_1,2^pb_2,\cdots,2^pb_k \quad ②$$

它们必须满足

$$2^p(b_1+b_2+\cdots+b_k)=2^n$$

在此式中,$b_1,b_2,\cdots,b_k$必有奇数.

如果$p=n$,则$k=1,b_1=1$,此时,所有的球都已并入一堆.

如果$p<n$,则有

$$b_1+b_2+\cdots+b_k=2^{n-p}$$

于是,$b_1,b_2,\cdots,b_k$之中的奇数必有偶数个.再把这些奇数按规则两两配合,挪动,每这样两堆移动一次,就使得各堆球数变为

$$2^pb'_1,2^pb'_2,\cdots,2^pb'_l(l\leqslant k) \quad ③$$

这时,$b'_1,b'_2,b'_l$都是偶数,因此又存在整数$q\geqslant 1$,使$2^q$能整除所有的$b'_i(i=1,2,\cdots,l)$,但$2^{q+1}$不能整除所有的$b'_i$.这样,③又可改写为

$$2^{p+q}c_1,2^{p+q}c_2,\cdots,2^{p+q}c_l \quad ④$$

如果$p+q=n$,那么$l=1,c_1=1$,这些球已并成一堆.

如果$p+q<n$,必然

$$c_1+c_2+\cdots+c_l=2^{n-(p+q)}$$

这里,$c_1,c_2,\cdots,c_l$中的奇数有偶数个,再把奇数个球的堆两两配合挪动.

这样每调整一次,各堆能够提出的公因数(如$2^p,2^{p+q}$)就加大一次,而且每次都至少乘一个因数2,因此,必有一个时刻,使公因数变为$2^n$,即并成一堆,从而本题得证.

心得 体会 拓广 疑问

7.50 给定正整数$n$,已知用克数都是正整数的$k$块砝码和一台天平可以称出质量为$1,2,3,\cdots,n$ g的所有物品.

(1)求$k$的最小值$f(n)$.

(2)当且仅当$n$取什么值时,上述$f(n)$块砝码的组成方式是唯一确定的?并证明你的结论.

(中国高中数学联赛,1999年)

**解** (1)设这$k$块砝码的质量数分别为$a_1,a_2,\cdots,a_k$,且$1\leqslant a_1\leqslant a_2\leqslant\cdots\leqslant a_k,a\in\mathbf{Z},1\leqslant i\leqslant k$.

因为天平两端都可以放砝码,故可称质量为

$$\sum_{i=1}^{k}x_ia_i,x_i\in\{-1,0,1\}$$

若利用这$k$块砝码可以称出质量为$1,2,3,\cdots,n$的物品,则在上述表示中一定含有$1,2,\cdots,n$,由对称性易知,上述表示中也一定含有$-1,-2,\cdots,-n$及0,即

$$\{\sum_{i=1}^{k}x_ia_i\mid x_i\in\{-1,0,1\}\supseteq\{-n,\cdots,-2,-1,0,1,\cdots,n\}$$

记$|A|$为有限集合$A$中元素的个数,则

$$|\{-n,\cdots,-2,-1,0,1,\cdots,n\}|=2n+1$$

$$2n+1\leqslant\left|\sum_{i=1}^{k}x_ia_i\mid x_i\in\{-1,0,1\}\right|\leqslant 3^k$$

由此解得

$$n\leqslant\frac{3^k-1}{2}$$

设

$$\frac{3^{m-1}-1}{2}<n\leqslant\frac{3^m-1}{2}(m\geqslant 1,m\in\mathbf{Z})$$

则$k\geqslant m$.且$k=m$时,可取$a_1=1,a_2=3,\cdots,a_m=3^{m-1}$.

由数的三进制表示可知,对任意$0\leqslant p\leqslant 3^m-1$,都有

$$p=\sum_{i=1}^{m}y_i3^{i-1},y_i\in\{0,1,2\},1\leqslant i\leqslant m$$

则

$$p-\frac{3^m-1}{2}=\sum_{i=1}^{m}y_i3^{i-1}-\sum_{i=1}^{m}3^{i-1}=\sum_{i=1}^{m}(y_i-1)3^{i-1}$$

令$x_i=y_i-1$,则$x_i\in\{-1,0,1\}$.

因此,对一切$-\frac{3^m-1}{2}\leqslant l\leqslant\frac{3^m-1}{2}$的整数$l$,都有

$$l=\sum_{i=1}^{m}x_i3^{i-1},x_i\in\{-1,0,1\}$$

心得 体会 拓广 疑问

由于 $n\leqslant\frac{3^m-1}{2}$,故对一切 $-n\leqslant l\leqslant n$ 的整数 $l$ 都有上述表示.

综合以上可知,$k$ 的最小值 $f(n)=m$,其中 $n$ 满足 $\frac{3^{m-1}-1}{2}<n\leqslant\frac{3^m-1}{2}$.

(2) 首先证明,当 $n\neq\frac{3^m-1}{2}$ 时,$f(n)$ 块砝码的组成方式不唯一.

当 $\frac{3^m-1}{2}<n<\frac{3^{m+1}-1}{2}$ 时,由(1)可知,$1,3,\cdots,3^{m-1},3^m$ 就是一种砝码的组成方式.

下面证明,$1,3,\cdots,3^{m-1},3^m-1$ 也是一种方式.

若 $1\leqslant l\leqslant\frac{3^m-1}{2}$,由(1)可知

$$l=\sum_{i=1}^{m}x_i3^{i-1},x_i\in\{-1,0,1\}$$

则

$$l=\sum_{i=1}^{m}x_i3^{i-1}+0\cdot(3^m-1),x\in\{-1,0,1\}$$

若 $\frac{3^m-1}{2}<l\leqslant n<\frac{3^{m+1}-1}{2}$,则

$$\frac{3^m-1}{2}<l+1\leqslant\frac{3^{m+1}-1}{2}$$

由(1)可知

$$l+1=\sum_{i=1}^{m+1}x_i3^{i-1},x_i\in\{-1,0,1\}$$

易知 $x_{m+1}=1$,否则 $l\leqslant\sum_{i=1}^{m}3^{i-1}-1=\frac{3^m-1}{2}-1$,与 $l$ 的假设 $l>\frac{3^m-1}{2}$ 矛盾,则

$$l=\sum_{i=1}^{m}x_i3^{i-1}+1\cdot(3^m-1)$$

所以,当 $n\neq\frac{3^m-1}{2}$ 时,$f(n)$ 块砝码的组成方式不唯一.

下面再证明:当 $n=\frac{3^m-1}{2}$ 时,$f(n)=m$ 块砝码的组成方式是唯一的,这 $m$ 块砝码为 $1,3,\cdots,3^{m-1}$.

若对每个 $-\frac{3^m-1}{2}\leqslant l\leqslant\frac{3^m-1}{2}$,都有

$$l=\sum_{i=1}^{m}x_ia_i,x_i\in\{-1,0,1\}$$

即

$$\left\{\sum_{i=1}^{m} x_i a_i \mid x_i \in \{-1,0,1\}\right\} \supseteq \left\{0, \pm 1, \cdots, \pm \frac{3^m - 1}{2}\right\}$$

上式中,左边集合中至多有 $3^m$ 个元素,而右边集合中恰有 $3^m$ 个元素,故必有

$$\left\{\sum x_i a_i \mid x_i \in \{-1,0,1\}\right\} = \left\{0, \pm 1, \cdots, \pm \frac{3^m - 1}{2}\right\}$$

从而对每个 $l$, $-\frac{3^m-1}{2} \leqslant l \leqslant \frac{3^m-1}{2}$ 都可以唯一地表示为

$$l = \sum_{i=1}^{m} x_i a_i, x_i \in \{-1,0,1\}$$

因而 $\sum_{i=1}^{m} a_i = \frac{3^m-1}{2}$,则

$$\sum_{i=1}^{m} (x_i + 1) a_i = \sum_{i=1}^{m} x_i a_i + \sum_{i=1}^{m} a_i = \sum_{i=1}^{m} x_i a_i + \frac{3^m - 1}{2}$$

令 $y_i = x_i + 1$,则 $y_i \in \{0,1,2\}$.

由上可知,对每个 $0 \leqslant l \leqslant 3^m - 1$,都可以唯一地表示为 $l = \sum_{i=1}^{m} y_i a_i, y_i \in \{0,1,2\}$. 特别地,易知 $1 \leqslant a_1 < a_2 < \cdots < a_m$.

下面用数学归纳法证明 $a_i = 3^{i-1}(1 \leqslant i \leqslant m)$.

当 $i = 1$ 时,由于 $\sum_{i=1}^{m} y_i a_i$ 中的最小正整数是 $a_1$,故 $a_1 = 1$.

假设当 $1 \leqslant i \leqslant p$ 时,$a_i = 3^{i-1}$.

由于 $\sum_{i=1}^{p} y_i a_i = \sum_{i=1}^{p} y_i 3^{i-1}, y_i \in \{0,1,2\}$ 就是数的三进制表示,因而它们恰好等于 $0,1,2,\cdots,3^p - 1$.

所以,$a_{p+1}$ 应是除上述表示外,在 $\sum_{i=1}^{m} y_i a_i, y_i \in \{0,1,2\}$ 中的最小数,因此 $a_{p+1} = 3^p$.

由数学归纳法可知,$a_i = 3^{i-1}(1 \leqslant i \leqslant m)$.

由以上可知,当且仅当 $n = \frac{3^m - 1}{2}$ 时,上述 $f(n)$ 块砝码的组成方式是唯一确定的.

心得 体会 拓广 疑问

7.51　在中心为 $O$ 的正 $n$ 边形的顶点上放着 $(+1)$ 和 $(-1)$. 可以同时改变在某一正 $k$ 边形顶点上的数的符号( $k$ 边形的中心是 $O$,且可以等于2).

证明当(1) $n=15$,(2) $n=30$,(3) $n$ 是任意大于2的自然数时,存在 $(+1)$ 和 $(-1)$ 的初始摆法,无论进行多少次改变符号都不能把所有顶点上的数都变成 $(+1)$.

(4) 对于任意 $n$,试求满足以下条件的 $(+1)$, $(-1)$ 的不同摆法的最大个数 $K(n)$:任何一个摆法不能由另一个摆法经过若干次改变符号得到,例如证明 $K(200)=2^{80}$.

(第10届全苏数学奥林匹克,1976年)

**证明**　首先注意到对于正 $n$ 边形顶点上的 $+1$ 和 $-1$,由于每个顶点有两种放法的选择,所以对于正 $n$ 边形有 $2^n$ 种不同的放法.

我们约定:

如果两种放法能用题中指出的运算,即改变正 $n$ 边形顶点上符号的方法把一种放法变成另一种放法,那么就称它们"等价".

如果两次运算的结果与进行这两次运算的先后次序无关,就称它们为"换向"的.

任何一种运算的重复,等价于不改变放法的恒等运算,因此可排除重复运算.

可以只限制在正 $p$ 边形( $p$ 是素数)的顶点上改变符号(把这些点称为"生成点")的运算,对任何能被 $p$ 整除的 $n$,正 $n$ 边形顶点的集合可以分成 $\frac{n}{p}$ 个生成 $p$ 边形.

各顶点都用 $+1$ 组成的放法称为"单位放法",我们用 $E$ 表示.

(1) 当 $n=15$ 时,此时共存在8个生成 $p$ 边形:其中有5个三角形和3个五边形.

任何与 $E$ 等价的放法都可以表示为这8个 $p$ 边形的子集合,这样的子集共有 $2^8$ 个(包括空集). 这个数小于放法的总数 $2^{15}$,因此存在不等价于 $E$ 的放法.

(2) 当 $n=30$ 时,此时共存在31个生成 $p$ 边形:15个2边形,10个三角形和6个五边形.

为了减少生成多边形,我们在关于中心对称的每两个三角形(或五边形)中只取其中一个,并在它的顶点上改变符号,即在包含它的顶点的3个(或5个)"2边形"上改变符号,这等价于在与它对称的另一个三角形(或五边形)上改变符号. 现在共剩下 $15+5+3=23$ 个生成多边形,于是至多有 $2^{23}$ 种放法等价于 $E$,它小于

放法总数 $2^{30}$. 因此存在不等价于 $E$ 的放法.

(3) 对于任意的 $n$,设等价于 $E$ 的放法数为 $T(n)$.

注意到,与某个由 $+1$, $-1$ 构成的放法 $A$ 等价的放法个数也等于 $T(n)$,因为它们都是由放法 $A$ 与 $E$ 的等价类中的任意放法逐项相乘得到的.

用 $K(n)$ 表示“等价类”的数量,于是

$$K(n)=\frac{2^n}{T(n)}$$

设 $n$ 有 $S$ 个不相同的素因数,其标准分解式为 $n=p_1^{\alpha_1}p_2^{\alpha_2}\cdots p_s^{\alpha_s}$,记

$$p_1p_2\cdots p_s=q,\frac{n}{q}=m$$

把正 $n$ 边形分成 $m$ 个正 $q$ 边形,这时,计算 $T(n)$ 的问题就归结为计算 $T(q)=T(p_1p_2\cdots p_s)$ 的问题.

因为每一个生成 $p_i$ 边形只包含在一个 $q$ 边形之中,即在不同的 $q$ 边形中所进行的符号的改变互不相关. 因此有

$$T(n)=[T(q)]^{\frac{n}{q}}=[T(q)]^m$$

$$K(n)=[K(q)]^m$$

若 $s=2$,并设 $n=p_1p_2$. 把 $n$ 边形的顶点用数字 $0,1,2,\cdots,n-1$ 编号,并把这些数字写在 $p_1\times p_2$ 的表格中去. 写法是,使在同一列中的数对模 $p_1$ 同余,同时在同一行中的数对模 $p_2$ 同余. 例如 $p_1=3,p_2=5,n=15$ 时,就如同表 1 中所示的写法.

**表 1**

| $p_1$ \ $p_2$ | 0 | 1 | 2 | 3 | 4 |
|---|---|---|---|---|---|
| 0 | 0 | 6 | 12 | 3 | 9 |
| 1 | 10 | 1 | 7 | 13 | 4 |
| 2 | 5 | 11 | 2 | 8 | 14 |

将数 $\sigma(r_1,r_2)=+1$ 和 $-1$ 放置在表的方格里($r_1$ 是行号,$r_2$ 是列号)与 $+1$ 与 $-1$ 放置在 $n$ 边形的顶点上相对应,而改变行和列的符号 $\sigma$ 对应于改变在 $p_1$ 边形和 $p_2$ 边形中的符号.

用这种运算可以把任何放法都变成这样的放法:它的第 1 行和第 1 列中都是 $+1$,这些“所作的”放法将两两不等价.

事实上,在行和列中改变 $\sigma$ 的符号时,乘积 $\sigma(r_1,r_2)\sigma(0,r_2)\sigma(r_1,0)\sigma(0,0)$ 的值保持不变,对于一切 $(r_1,r_2)$,$1\leqslant r_1\leqslant p_1-1$,$1\leqslant r_2\leqslant p_2-1$,一组这样的值确定一等价类. 因此有

$$K(p_1p_2)=2^{(p_1-1)(p_2-1)},T(p_1p_2)=2^{p_1+p_2-1}$$

特别地

$$K(15)=2^{(3-1)(5-1)}=2^8,T(15)=2^7$$

心得 体会 拓广 疑问

$$K(10)=2^{(2-1)(5-1)}=2^4, T(10)=2^6$$

由

$$n=200=2^3\cdot 5^2, q=2\cdot 5=10, m=\frac{200}{10}=20$$

$$K(200)=[K(10)]^{20}=(2^4)^{20}=2^{80}$$

对于任意 $s$,可类似地求出 $K(n)$.

设 $q=p_1p_2\cdots p_s$,由中国剩余定理可知,从0到 $q-1$ 的号码 $k$ 由 $q$ 除以 $p_1,p_2,\cdots,p_s$ 的余数 $r_1,r_2,\cdots,r_s$ 所唯一确定.

放法 $\sigma(r_1,r_2,\cdots,r_s)$ 是数组 $r_i(0\leqslant r_i\leqslant p_i-1, i=1,2,\cdots,s)$ 的集合上取值 $\pm 1$ 的函数,借助于这些放法能同时改变一"排"的符号,这一"排"由 $p_i$ 个数构成,且这些数组的第 $i$ 个分量 $r_i$ 取值为从0至 $p_i-1$ 的数,而其余的 $s-1$ 个数 $r_i$ 固定(对每一个 $i=1,2,\cdots,s$).

任何放法都可用上述运算归结为这样的放法:如果至少一个 $r_i$ 等于0,$\sigma(r_1,r_2,\cdots,r_s)=+1$,所得的这些放法相互不等价,因为对于把某些分量换为0后所得到的这些数组来说,$2^s$ 个 $\sigma$ 的值的乘积保持不变.

对于 $q=p_1p_2\cdots p_s$ 和任何的 $n=qm$,结果为如下形式

$$K(q)=2^{(p_1-1)(p_2-1)\cdots(p_s-1)}, K(n)=2^{\varphi(n)}$$

其中 $\varphi(n)$ 为欧拉函数,$\varphi(n)=n\left(1-\frac{1}{p_1}\right)\cdots\left(1-\frac{1}{p_s}\right)$.

特别地 $K(30)=2^{(2-1)(3-1)(5-1)}=2^8$,又 $T(30)=\frac{2^{30}}{2^8}=2^{22}$.

7.52 海边有 $k$ 个苹果,有 $m$ 个($m\geqslant 5$)猴子,第一个猴子到海边,它把苹果平均分成 $m$ 份,发现还剩 $r$ 只苹果($1\leqslant r<m$),第一个猴子吃掉了这 $r$ 只苹果,然后将 $m$ 份苹果中的一份拿走了.第二个猴子来了,它把剩下的苹果也平均分成 $m$ 份,发现又剩下 $r$ 只苹果,第二个猴子吃掉了这 $r$ 只苹果,然后将 $m$ 份苹果中的一份拿走了.第三,第四,……,第 $m-1$ 个猴子都碰到同样情况,同样处理这些苹果.最后第 $m$ 个猴子到了海边,发现海边的苹果已不足3 000个,而且恰好可以平均分成 $m$ 份.求 $k,m,r$ 的全部可能值.

**解** 设第 $l$ 个猴子离开海边时($1\leqslant l\leqslant m$),海边还剩下 $f_l(k)$ 个苹果.记 $f_0(k)=k$.由题目条件

$$f_{l+1}(k)=\frac{m-1}{m}[f_l(k)-r] \quad ①$$

这里 $l=0,1,2,\cdots,m-2$.已知 $m\leqslant f_{m-1}(k)<3\ 000$ 且

心得 体会 拓广 疑问

$$f_{m-1}(k)=\frac{m-1}{m}[f_{m-2}(k)-r]=$$
$$\left(\frac{m-1}{m}\right)^2[f_{m-3}(k)-r]-\frac{m-1}{m}r=$$
$$\left(\frac{m-1}{m}\right)^2 f_{m-3}(k)-r\left[\frac{m-1}{m}+\left(\frac{m-1}{m}\right)^2\right]=$$
$$\left(\frac{m-1}{m}\right)^2\left[\frac{m-1}{m}(f_{m-4}(k)-r)\right]-$$
$$r\left[\frac{m-1}{m}+\left(\frac{m-1}{m}\right)^2\right]=$$
$$\left(\frac{m-1}{m}\right)^3 f_{m-4}(k)-$$
$$r\left[\frac{m-1}{m}+\left(\frac{m-1}{m}\right)^2+\left(\frac{m-1}{m}\right)^3\right]=\cdots=$$
$$\left(\frac{m-1}{m}\right)^{m-1} f_0(k)-$$
$$r\left[\frac{m-1}{m}+\left(\frac{m-1}{m}\right)^2+\left(\frac{m-1}{m}\right)^3+\cdots+\left(\frac{m-1}{m}\right)^{m-1}\right]=$$
$$\left(\frac{m-1}{m}\right)^{m-1}k-r\frac{\frac{m-1}{m}-\left(\frac{m-1}{m}\right)^m}{1-\frac{m-1}{m}}=$$
$$\left(\frac{m-1}{m}\right)^{m-1}k-r\left[(m-1)-\frac{(m-1)^m}{m^{m-1}}\right]=$$
$$\left(\frac{m-1}{m}\right)^{m-1}[k+r(m-1)]-r(m-1) \quad ②$$

由于$f_{m-1}(k)$是一个正整数,$(m-1,m)=1$,则存在正整数$t$,使得

$$k+r(m-1)=tm^{m-1} \quad ③$$

代③代入②,有

$$f_{m-1}(k)=t(m-1)^{m-1}-r(m-1)-$$
$$(m-1)[t(m-1)^{m-2}-r] \quad ④$$

由于$m\geqslant 5$,上述等式右端是$m$的单调递增函数. 当$m=6$时

$$\text{式④右端}=t\cdot 5^5-5r\geqslant 5^5-25(\text{利用 } t\geqslant 1,r\leqslant m-1)=$$
$$3\ 100>3\ 000 \quad ⑤$$

所以必有$m<6$,又由于$m\geqslant 5$,则只有一个可能

$$m=5 \quad ⑥$$

利用④,有

$$f_4(k)=256t-4r=4(64t-r) \quad ⑦$$

于是$f_4(k)$是4的倍数. 由题意,$f_4(k)$个苹果可以平均分成5份,即$f_4(k)$是5的倍数. 由于4与5互质,那么$f_4(k)$是20的倍数,记

$$f_4(k)=20n \quad ⑧$$

心得 体会 拓广 疑问

这里 $n$ 是一个正整数,由题目条件,$1 \leqslant n < 150$,利用 ⑦ 和 ⑧ 有

$$64t - r = 5n \quad ⑨$$

即

$$64t - 5n = r \quad ⑩$$

这里 $r = 1,2,3,4$. 从 ⑩,可以看到

$$64(t - 4r) - 5(n - 51r) = 0 \quad ⑪$$

由于64与5互质,则存在整数 $a$,使得

$$t - 4r = 5a, n - 51r = 64a \quad ⑫$$

利用 $1 \leqslant n < 150, 51 \leqslant 51r \leqslant 204$,可以得到

$$-203 \leqslant n - 51r < 99 \quad ⑬$$

利用 ⑫ 第二式及 ⑬,有

$$a = -3, -2, -1, 0, 1 \quad ⑭$$

当 $a = -3$ 时,从 ⑫ 第二式及 $n \geqslant 1$,有 $r = 4$(注意 $r = 1,2,3,4$),再利用 ⑫,有

$$t = 1, n = 12 \quad ⑮$$

再利用 ③,有

$$k = 5^4 - 4 \cdot 4 = 609 \quad ⑯$$

当 $a = -2$ 时,从 ⑫ 第二式及 $n \geqslant 1$,有 $r = 4, n = 76$ 或者 $r = 3, n = 25$. 因此,利用 ⑫ 及 ③,有

$$t = 6, k = 6 \cdot 5^4 - 4 \cdot 4 = 3\ 734 \quad ⑰$$

或者

$$t = 2, k = 2 \cdot 5^4 - 3 \cdot 4 = 1\ 238 \quad ⑱$$

当 $a = -1$ 时,从 ⑫ 第二式及 $1 \leqslant n < 150$,有

$$r = 4, n = 140; r = 3, n = 89; r = 2, n = 38$$

因此,利用 ⑫ 及 ③,有

$$t = 11, k = 11 \cdot 5^4 - 4 \cdot 4 = 6\ 859 \quad ⑲$$

或者

$$t = 7, k = 7 \cdot 5^4 - 3 \cdot 4 = 4\ 363 \quad ⑳$$

或者

$$t = 3, k = 3 \cdot 5^4 - 2 \cdot 4 = 1\ 867 \quad ㉑$$

当 $a = 0$ 时,从 ⑫ 第二式及 $1 \leqslant n < 150$,有 $r = 1, n = 51$ 或 $r = 2, n = 102$. 因此,利用 ⑫ 及 ③,有

$$t = 4, k = 4 \cdot 5^4 - 4 = 2\ 496 \quad ㉒$$

或者

$$t = 8, k = 8 \cdot 5^4 - 2 \cdot 4 = 4\ 992 \quad ㉓$$

当 $a = 1$ 时,利用 $1 \leqslant n < 150$ 及 $r = 1,2,3,4$,从 ⑫ 第二式,立即有 $r = 1$. 那么,再利用 ⑫ 及 ③,有

$$t = 9, k = 9 \cdot 5^4 - 4 = 5\ 621 \quad ㉔$$

综上所述,满足本题条件的全部解有如下9组

$$\begin{cases} m = 5 \\ r = 4 \\ k = 609 \end{cases}, \begin{cases} m = 5 \\ r = 4 \\ k = 3\ 734 \end{cases}, \begin{cases} m = 5 \\ r = 3 \\ k = 1\ 238 \end{cases}$$

$$\begin{cases} m = 5 \\ r = 4 \\ k = 6\ 859 \end{cases}, \begin{cases} m = 5 \\ r = 3 \\ k = 4\ 363 \end{cases}, \begin{cases} m = 5 \\ r = 2 \\ k = 1\ 867 \end{cases}$$

$$\begin{cases} m = 5 \\ r = 1 \\ k = 2\ 496 \end{cases}, \begin{cases} m = 5 \\ r = 2 \\ k = 4\ 992 \end{cases}, \begin{cases} m = 5 \\ r = 1 \\ k = 5\ 621 \end{cases}$$

心得 体会 拓广 疑问

# 附 录

## 附录1 有关初等数论的十大猜想

数学是个博大精深的知识体系，其“设计师”和“工程师”并非某些目空一切的诗人或哲学狂人，敢于声称自己搞的东西就是世界的顶端或全部，数学家是人类谦虚一族，对属于自己研究范围和不属于自身范围的问题，搞得清清楚楚，从来不做“越界”之事. 确实，许多十分重大的矛盾或范畴也并不属于数学，如精神与物质、神与自我、理论与实践、自由与平等、善与恶等；也有不少矛盾是数学感兴趣的，但并不完全专属数学，如线性与非线性、确定与随机、有序和无序等；数学中的主要矛盾是有限和无限，其次还有连续和离散、存在与构造等.

数论主要研究的是人们天天打交道的整数，因此它属于离散数学. 数论中有很多未知的东西. 为了研究整数，数学家想方设法引入各种手段，例如连续数学（分析）的方法，所以在数论中，连续和离散的关系是非常突出的. 数学中最刺激神经的莫过于一个个猜想了，尤其以数论猜想为最. 随便找本关于数学中未解决问题的著作，数论猜想肯定占据了最显眼的位置和最大的篇幅，这是因为数论猜想具有简洁、优美、便于流传的特点.

比如有名的“格点问题”. 所谓格点（lattice point），是指坐标均为整数的点，又称为整点. 格点问题就是研究一些区域中的格点个数的问题. 例如找一个直角坐标图纸，然后以原点为中心、单位长为半径画一个圆，看看这个圆会经过哪些点以及圆内的点，它们的 $x$ 坐标及 $y$ 坐标都是整数？我们会看到只有五点，即 $(0,1)$，$(0,-1)$，$(-1,0)$，$(1,0)$，$(0,0)$. 格点问题起源于以下两个问题的研究.

（1）狄利克雷除数问题，即求 $x>1$ 时 $D_2(x)=\{1\leqslant u,v\leqslant x,uv\leqslant x\}$ 上的格点数. 1849 年，德国大数学家狄利克雷（P. G. L. Dirichlet）证明，若设 $D(x)=\sum\limits_{a\leqslant x}\tau(a)$，其中 $\tau(a)$ 表示 $a$ 的因数个数，则 $D(x)=x(\log x+2\gamma-1)+O(\sqrt{x})$，这里 $\gamma$ 为欧拉常数.（符号 $O$ 的说明：设 $f(x)$，$\varphi(x)$ 是任意的函数，若能找到一个常数 $A$，使得不等式 $|f(x)|\leqslant A\varphi(x)$ 对于 $x$ 的所有充分大的值都成立，则我们说当 $x\to\infty$ 时，$f(x)=O(\varphi(x))$.）由 $\tau(a)$ 的定义知，$\tau(a)$ 是不定方程 $a=uv$ 的正整数解，亦即 $a=uv$ 双曲线在第一象限的格点数，故 $D(x)$ 就表示在平面区域 $u>0$，$v>0$，$uv\leqslant x$ 内的格点数.

设 $\omega$ 是满足条件 $D(x)=x(\log x+2\gamma-1)+O(x^a)$ 的数 $a$ 的下确界. 这一问题的目的是要求出 $\omega$. 由狄利克雷所证明的结论可得到 $\omega\leqslant 1/2$. $\omega$ 究竟应该是怎样的一个数？这个问题就是历史上有名的除数问题，并没得到解决. 1903 年，Г. Ф. 沃罗诺伊证明了 $\omega\leqslant 1/3$；1930 年，J. G. 科普特证明 $\omega\leqslant 27/82$；1940 年，A. E. 英厄姆证明 $\omega\geqslant 1/4$；1950 年迟宗陶应用闵嗣鹤的估计一种三角和的方法证明了 $\omega\leqslant 15/46$；1985 年，Г. А. 科列斯尼克证明了 $\omega\leqslant 139/429$，猜测 $\omega=1/4$.

(2)圆内格点问题,这是与除数问题相似的问题. $A(x)=\sum_{0<a\leqslant x}r(a)$,其中 $r(a)$ 表示不定方程 $u^2+v^2=a$ 的整数解个数,亦即圆 $u^2+v^2=a$ 上的格点数. 因此 $A(x)$ 表示平面区域 $u^2+v^2\leqslant a$ 上的格点数. 高斯(C. F. Gauss)首先得出圆内整点问题的经典结果,他证明了当 $x\to\infty$ 时,$A(x)=\pi x+O(\sqrt{x})$.

同除数问题一样,设 $\lambda$ 是满足条件 $A(x)=\pi x+O(x^a)$ 的数 $a$ 的下确界,同样有 $\lambda\leqslant 1/2$. 那么 $\lambda$ 究竟应该是怎样的一个数?这就是著名的高斯圆内格点问题. 1916 年,哈代(G. H. Hardy)已证明 $\lambda\geqslant 1/4$,因而大家猜测 $\lambda=1/4$,但至今亦未能证明.

对于 $A(x)=\pi x+O(x^a)$ 中数 $a$ 的下确界 $\lambda$ 的研究,数学家们得出了大量结果. 1906 年,波兰著名数学家谢尔宾斯基(W. Sierpinski)使用初等方法证明了 $\lambda\leqslant 1/3$. 接着,人们使用较深入的分析方法对此不断改进,使得关于 $a$ 的估值越来越接近理想值 1/4. 1930 年代,J. G. 科普特证明了 $\lambda\leqslant 37/112$;1934 ~ 1935 年,E. C. 蒂奇马什证明 $\lambda\leqslant 15/46$;1942 年,华罗庚证明 $\lambda\leqslant 13/40$;1953 年,H. 里歇证明了 $\lambda\leqslant 12/37$(1963 年陈景润、尹文霖证明了同样结果);1985 年,W. G. 诺瓦克证明了更为精细的结果 $\lambda\leqslant 139/429$. 关于圆内整点问题还有一些直接的推广,如球内整点问题或椭球内的整点问题等,这里就不介绍了.

关于更一般闭曲线内部的格点个数问题,捷克数学家贾尔尼科(M. V. Jarnlk)推广高斯的方法后,于 1924 年证明了一个重要的结论:设 $l$ 是可求长的约当闭曲线,其长为 $L$,以 $A$ 表示曲线所包含区域的面积,$N$ 为 $l$ 内部及其上的格点数,则若 $L\geqslant 1$,必有 $|A-N|<L$.

还有一个"$3x+1$"问题,似乎更加有名.

对任一正整数 $n$,反复进行下列两种运算:

1)如果 $n$ 是偶数,就除以 2;

2)如果 $n$ 是奇数,就乘以 3 加 1,最后的结果总是 1 - 4 - 2 - 1 循环. 例如,对于 $n=29$,有

$$29\to 88\to 44\to 22\to 11\to 34\to 17\to 52\to 26\to 13\to$$
$$40\to 20\to 10\to 5\to 16\to 8\to 4\to 2\to 1$$

最早谁发现这个猜想似乎已不可考证,传说是从 1930 年的"世界数学中心"—— 德国小城格丁根来的,因此西方文献中也有用当时在格丁根的两位数学家克拉兹(L. Collatz,1910—1990)或哈塞(H. Hasse,1898—1979)命名的,称为克拉兹问题或哈塞演算,也有用波兰籍美国数学家乌拉姆(S. Ulam,1909—1984)命名的.

1930 年,克拉兹曾是汉堡大学的一名大学生. 1932 年 7 月 1 日,热爱数论的他在笔记本中记录了这样一个问题:

设操作 $g(n)$ 定义在全体正整数集上,$g(n)=2n/3$(当 $n\equiv 0\pmod 3$ 时),$4n/3-1/3$(当 $n\equiv 1\pmod 3$ 时),$4n/3+1/3$(当 $n\equiv 2\pmod 3$ 时),这等于给出了正整数集的一个置换. 克拉兹问道,对 8 的无限次迭代操作究竟保持有界还是无界?他把这一猜想在 1950 年的国际数学家大会上公布开来. 1952 年,思韦茨(B. Thwaites)发现了一个更简洁的"猜想",也就是今天的"$3x+1$ 问题". 因此在今天的数学文献里,大家就干脆简单地把它称作"$3x+1$ 猜想".

比较确定的是,这个问题在 1950 年初期由克拉兹的同事哈塞传到美国. 他到了锡拉丘斯大学,因此这个问题也称为叙拉古问题,这是由于锡拉丘斯的原文 Syracuse 与阿基米得被

罗马士兵杀死的城市——意大利南部的叙拉古的拼写完全一样.哈塞的名气比克拉兹大很多,对数论有十分重大的贡献.也许像他那样有名的数学家都关注这个问题,别人就不敢小觑了.

日本数学家角谷静夫(Kakutani Kazio,1911—2004)听到这个问题之后,也曾传播这个问题.他在耶鲁大学和芝加哥大学讲学时提了出来.后来角谷说:"关于这个问题耶鲁大学每人工作一个月,都没有结果.在芝加哥大学当我提出这个问题时也发生类似的现象.有一个笑话是:这个问题是美国逐渐降低数学研究的阴谋的一部分."于是这个猜想也获得了"角谷猜想"的名称.

因为这是个形式上很简单的问题,要理解它所需要的知识不超过小学三年级水平,所以每个数学爱好者都可以来碰碰运气.不过在这里要提醒大家的是,已经有无数数学家和数学爱好者尝试过,其中不乏天才和第一流数学家,结果都没有成功.有人向数论大家爱多士(P. Erdøs)介绍了这个问题,并问为什么数学界对此无能为力,爱多士回答说:"数学还没有准备好来回答这样的问题."

在计算上,D. 莱默(D. H. Lehmer)和 E. 莱默(E. Lehmer)和塞尔弗里奇(J. L. Selfridge)计算到$10^9$,发现结论确实为真.角谷静夫曾用计算机验算到$7\times10^{11}$,并未出现反例.1992 年利文斯(G. T. Leavens)和弗门南(M. Vermeulen)也以计算机对小于$5.6\times10^{13}$的正整数进行验证,亦未发现反例.数学家开始悬赏求解:1970 年加拿大几何学家考克塞特(H. S. M. Coxeter,1907—2003)出奖赏 50 美元,爱多士把奖金提高十倍——500 美元,到 1982 年,思韦茨提高到 1 000 英镑.时至今日,还没人能够领赏.人们对这个猜想还进行了一系列推广(当然也一个都做不出).尽管没人能攻克这个堡垒,但从它引出各种问题对数学发展很有用.最近数学家试图通过动力系统来研究它,取得了较大进展.

正如辛格(S. Singh)在《费马大定理》中指出,在今天,数论已有很多应用,但很少有人对此感兴趣,但是费马大定理的解决就不一样了.让我们想象一下,如果把这些应用专题和怀尔斯(A. Wiles)的讲座放在一起,公众喜欢听哪个,答案是不言而喻的.笔者深有同感.不可否认应用的价值,但人类在认知上的渴求,对世界的理解,难道就只是为了通过考试找到好工作、方便自己的衣食住行或加强国防力量吗?无论是素数的奥秘,还是宇宙的起源,或是物质、生命、意识的本质,人们在这些重大问题上的认识还十分浅薄(最近 LHC 的粒子对撞实验就是迈出了重要一步),如果这些问题不能勾起一个人或一个民族的好奇心,那还有什么东西值得我们去探索,从而提升我们的修养和价值观呢?

当然,关于价值是个很大的课题,这里也不必多说.下面就详细介绍一下一些最为著名的数论猜想及其最近的进展,其中有的已解决或基本解决(即只有有限多个数未验证),如费马大定理、格林-陶定理或卡特兰猜想;有的则接近解决,如哥德巴赫猜想、孪生素数猜想;有的还遥遥无期,如完全数和梅森素数问题.这些猜想的共同点在于,叙述十分简单,人人都懂,但其难度十分巨大.可以想象人类将最终解决这些问题,但其解决的历史顺序,如今也只能是个"猜想"(呵呵,因为人生有限,笔者不敢妄加猜测).按问题提出(而不可能是解决)的历史顺序,依次为:

1. 完全数问题(前 3 世纪— ) ——最古老的数论猜想
2. 费马大定理(1637—1994) ——写在页边的超级难题
3. 从梅森数到费马数(1640— ) ——当代计算机算法的试金石

4. 哥德巴赫猜想(1742— ) —— 数论皇冠上的一颗明珠

5. 华林猜想(1770—1909) —— 让初等方法发挥到极致的问题

6. 素数定理(1792—1896) —— 另一个让人大跌眼镜的问题

7. 卡特兰猜想(1844—2002) —— 仅次于费马大定理的不定方程

8. 孪生素数猜想(1849— ) —— 另一颗数论明珠

9. 格林 - 陶定理(1936—2004) —— 组合数论中的里程碑

10. 韦伊猜想(1949—1973) —— 古老数论与现代数学结合的深入结果

(本文关于"格点问题"的部分为张四保、罗霞所作,前者为新疆喀什师范学院数学系教师,后者为江西新余市第六中学教师.)

# §1 完全数问题(前3世纪— )<br>—— 最古老的数论猜想

在众多的数论明珠中,有一颗千古珍稀 —— 完全数. 充满疑问与猜想的完全数就像是一座迷宫,等待有志者去揭示其间的奥秘(有意思的是,这大概是人类历史上第一个数论猜想,不仅至今未决,恐怕也是进展最慢的一个).

## 何谓完全数

很早以前,人们就在思索正整数的分解问题,考查一个正整数是哪些正整数的乘积. 公元前3世纪,古希腊人在对正整数进行因数分解时,发现有的数的所有因数(包括1和其自身)之和等于自身的2倍,他们称之为完全数. 例如6的因数为1,2,3,6,它们的和为 $1+2+3+6=2\times6=12$,故6为完全数. 在柏拉图《共和国》一书中首见完全数的文字定义:"一个数的2倍等于它的全部因数(包括1和其自身)的和,就叫做完全数." 若一个奇数是完全数,则称它为奇完全数;若一个偶数是完全数,则称它为偶完全数.

完全数是被古人视为瑞祥的数. 6这个数人人都喜欢,它代表吉祥如意. 至高无上的宇宙之神"上帝"在六天之内创造万物,第七天休息,从此有一周七天、星期日休息的作休制. 意大利把6看成是属于爱神维纳斯的数,以象征美满的婚姻及健康美丽. 中国古代哲人那时大概还不知道6是个完全数,但他们却总是把6作为一个周期完成的标志,像《周易》就是以六爻成卦的. 后来人们又发现了28,496,8 128这3个完全数.

公元前300年左右,欧几里得(Euclid)在其《几何原本》卷九最后给出了寻找完全数的命题:若 $p$ 与 $2^p-1$ 为素数,则 $2^{p-1}(2^p-1)$ 是完全数,并给出了证明,以下我们称之为"欧几里得定理". 由欧几里得定理得到的完全数均为偶完全数.

公元1世纪左右,古希腊数学家尼科马霍斯(Nichomachus)在《算术入门》中复述了以上4个完全数和欧几里得定理,书中赞道:"奇迹发生了,正如世间缺少完美的事物,而丑陋的东西却比比皆是一样,自然数中遍布着杂乱无章的盈数和亏数,完全数却以它特有的性质熠熠发光,珍奇而稀少." 这里的盈数和亏数是指过剩数与不足数(即因子和大于及小于其本身两倍的数). 并且他说道,这些数很有规律:个位数有1个,十位数有1个,百位数有1个,千位数有1个. 只根据这四个有限的数据,他作出了两个猜想:

(1) 第 $n$ 个完全数恰有 $n$ 位数;

(2) 偶完全数总是交替地以6和8结尾. 后人发现这两个猜想都是错误的,不存在5位数的完全数;下一个完全数33 550 336是15世纪被发现的,其尾数是6;而第六个完全数8 589 869 056的尾数也是6,而非8.

在人类发现4个完全数后,许多数学家及数学爱好者都去寻觅完全数珠宝. 可是自然数浩如烟海,完全数又如沧海一粟. 几代人过去了,第5个完全数还是迟迟没有被寻觅到.

## 近代的艰辛工作

按著名科学史家李约瑟(J. Needham)博士考证,在1460年一位无名氏的手稿中,竟神秘地给出了第5个完全数33 550 336. 在笔算纸录进行大数计算很难的古代,无名氏是怎样得到第5个完全数的,至今仍是个谜. 从第4个完全数到第5个完全数的发现,经过了一千多年. 第5个完全数要比第4个大了4 100多倍,这也许可能是历经千年才艰难跨出一步的原因.

在无名氏成果的鼓励下,15 ~ 19世纪是研究完全数不平凡的日子,其中17世纪出现了小高潮.

16世纪意大利数学家塔塔利亚(N. Tartaglia)指出,当$p = 2$或3 ~ 39间的奇数时,$2^{p-1}(2^p - 1)$是"完全数",共有20个. 17世纪"神数术"大师庞格斯(Pangos)在《数的玄学》中,在塔塔利亚的基础上列出了28个"完全数". 可惜两人都没有给出证明和运算过程,后人发现其中有许多错误.

1603年,意大利数学家卡塔尔迪(P. A. Cataldi)证明了无名氏找出的那第5个完全数符合欧氏定理. 同时,他证明了第6个和第7个完全数分别是$2^{16}(2^{17} - 1)$和$2^{18}(2^{19} - 1)$;但他也错误地指出了$2^{22}(2^{23} - 1)$、$2^{28}(2^{29} - 1)$也是完全数的结论. 直到1640年,法国大数学家费马(P. de Fermat)使用著名的费马小定理证明了卡塔尔迪关于$p = 23$的结果是错误的;后来,瑞士大数学家欧拉(L. Euler)在1738年证明了$p = 29$的结果也是错误的. 值得一提的是,卡塔尔迪是用手工一个一个验算取得他的结论的,而费马和欧拉则是使用了当时最先进的数学知识,避免了许多复杂的计算和因此可能造成的错误.

1644年,法国数学家梅森(M. Mersenne)指出:庞格斯给出的28个"完全数"中只有8个是正确的. 即当$p$取2,3,5,7,13,17,19,31时,$2^{p-1}(2^p - 1)$是完全数. 同时,他另给出第9,10,11个完全数,即$p$取67,127,257时. 梅森在没有证明的情况下武断地断言:当$p \leqslant 257$时,就只有这11个完全数. 这就是历史上著名的"梅森猜测",而形如$2^p - 1$的数被称为"梅森数",其中的素数称为"梅森素数".

1730年,欧拉证明了一个重要定理:"每一个偶完全数都是形如$2^{p-1}(2^p - 1)$的自然数,其中$p$与$2^p - 1$都为素数". 这是欧几里得定理的逆定理. 于是,根据两个互逆定理可知,找到一个形如$2^p - 1$的梅森素数,即找到一个偶完全数. 至此,人们才意识到偶完全数与梅森素数是一一对应关系.

欧拉还对"梅森猜测"提出他的看法:"我冒险断言,每一个小于50的素数,甚至小于100的素数,使$2^{p-1}(2^p - 1)$是完全数的仅有$p$取2,3,5,7,13,19,31,41,47. 我从一个优美的定理出发得到这些结果,我自信它们具有真实性."

42年后的1772年,欧拉在双目失明的情况下,仍在顽强地研究完全数. 他写信给瑞士数学家伯努利(D. Bernoulli)说,他用试除法已靠心算证明,当$p = 31$时,$2^{30}(2^{31} - 1)$是第8个完全数. 同时,他还纠正了自己指出$p$取41,47是完全数的错误. 欧拉的毅力与技巧令人赞叹不已,他因此获得了"数学英雄"的美誉. 法国著名数学家拉普拉斯(P. S. Laplace)曾向他的学生说:"读读欧拉,读读欧拉,他是我们每个人的老师."

欧拉正确指出的第8个完全数$2^{30}(2^{31} - 1)$是一个具有19位的数. 可以想象它的证明是非常艰辛的. 正如梅森推测:"一个人,使用一般的验证方法去检验一个15或20位的数是否为完全数,即使终生的时间也是不够的." 欧拉的艰辛给人们提示:在伟人难以突破的困惑面前要想确定更大的完全数,只有另辟蹊径了.

1876年,法国数学家卢卡斯(F. Lucas)提出一个用来判别素性的重要定理——卢卡斯定理. 这一定理为完全数的寻觅提供了强有力的工具. 借助卢卡斯定理,数学家发现,"梅森猜测"中$p$取67和257可得到的完全数的说法是错误的,且在$p \leqslant 257$范围内,梅森漏掉了$p$取61,89,107时的三个完全数. 这样一来,"梅森猜测"应修正为:$p \leqslant 257$时,当$p$取2,3,5,7,13,17,19,31,61,89,107,127时,$2^{p-1}(2^p - 1)$是完全数,共12个. 这时,人们花了300多年才辨明"梅森猜测"的真伪.

## 电子计算机的搜索

人们历经“笔算纸录年代”2 000多年,仅找到12个完全数;电子计算机的出现,大大加快了完全数的寻觅步伐.人们自开始利用计算机寻觅完全数至今,又发现了34个完全数,即$p$取521,607,1 279,2 203,2 281,3 217,4 253,4 423,9 689,9 941,11 213,19 937,21 701,23 209,44 497,86 243,110 503,132 049,216 091,756 839,859 433,1 257 787,1 398 269,2 976 221,3 021 377,6 972 593,13 466 917,20 996 011,24 036 583,25 964 951,30 402 457,32 582 657,37 156 667,43 112 609时,$2^{p-1}(2^p-1)$是完全数,其间历时64年.目前发现的最大偶完全数是第45个发现的偶完全数,也可能就是第46个偶完全数(后发现的那个反而要小一点),即$p=43\ 112\ 609$时的$2^{43\ 112\ 608}(2^{43\ 112\ 609}-1)$.

在完全数的探寻历程中,出现过很多有趣的事件.例如,1936年美国联合通讯社播出了一条令人瞠目结舌的新闻.《纽约先驱论坛报》报道说:“克利格(S. I. Kireger)博士发现一个155位的完全数$2^{256}(2^{257}-1)$,该数是26 815 615 859 885 194 199 148 049 996 411 692 254 958 731 641 184 786 775 447 122 887 443 528 060 146 978 161 514 511 280 138 383 284 395 055 028 465 118 831 722 842 125 059 853 682 088 859 384 882 528 256.这位博士说,为了证明它确为完全数,足足奋斗了5年之久.”其实,这位克利格博士也真够盲目行事的.而早在1922年,数学家克莱契克(M. Kraitchik)运用抽屉原理验证了$2^{257}-1$并不是素数,而是合数(只是当时他并没有给出这一合数的素因子).由此根据欧拉的定理,$2^{256}(2^{257}-1)$并非完全数,而克利格下这样的结论,实在令人惊叹他孤陋寡闻!所以数学家应当小心,自己发现的可能是块“旧大陆”,而非什么新成就,更不用提犯错误了.

## 奇妙的性质

17世纪,法国大数学家笛卡儿(R. Descartes)曾寻找过偶完全数,经努力失败后,他感到要多找出一个偶完全数实非易事,并公开预言:“能找出的完全数是不会多的,好比人类一样,要找出完美的人亦非易事.”

用完满来形容6,28,496等这类完全数是很恰当的.这种数一方面表现在它稀罕、奇妙;一方面表现在它的完满.完全数有一些令人感到神奇的鲜为人知的有趣事实.圆周率(数值取小数点后面3位相加正好等于第1个完全数6($=1+4+1$);取小数点后7位相加正好等于第2个完全数28($=1+4+1+5+9+2+6$).完全数有许多奇妙的性质,比如:

(1)完全数是2的连续方幂的和,比如

$$6=2^1+2^2;28=2^2+2^3+2^4;496=2^4+2^5+2^6+2^7+2^8;\cdots$$

(2)除6之外,完全数可表为连续奇数的立方和,比如

$$28=1^3+3^3;496=1^3+3^3+5^3+7^3$$

$$8\ 128=1^3+3^3+5^3+7^3+9^3+11^3+13^3+15^3;\cdots$$

(3)每个完全数的所有因数的倒数和都等于2;

(4)每个完全数都可写成连续自然数的和,比如

$$6=1+2+3;\ 28=1+2+3+4+5+6+7;$$

$$496=1+2+3+\cdots+30+31;$$

$$128=1+2+3+\cdots+126+127;\ \cdots$$

(5)大于6的偶完全数的“数字根”均为1,也就是说,完全数的数字反复相加的最终结果是1,比如

$$28:2+8=10,1+0=1;$$

$$496:4+9+6=19,1+9=10,1+0=1;$$

$$8\ 128:8+1+2+8=19,1+9=10,1+0=1;\cdots$$

完全数被发现的奇妙性质很多,仅举以上几例.

## 奇完全数是否存在

如费马数一样,完全数也有许多猜想. 加拿大数学家里本伯姆(P. Ribenboim)在《博大精深的素数》和美国数学家盖伊(R. K. Guy)在《数论中未解决的问题》中都相信,"存在无穷多个梅森素数",由于偶完全数与梅森素数是一一对应关系,这样也就有无穷多个偶完全数. 可惜这一问题仍为悬案.

迄今为止,人们仅找到46个完全数,且全都是偶完全数. 于是,数学家提出如下问题:有没有奇完全数存在? 这也是一个至今尚未解决的谜,而且独立于梅森素数的探究. 经过各家好手的研究,至今没有发现一个奇完全数,也没人能正确地给出奇完全数存在性的证明.

比较好做的是研究和证明奇完全数的下界问题. 奥尔(O. Ore)用计算机检查过 $10^8$ 以下的自然数,没有发现一个奇完全数. 这意味着若存在奇完全数,它一定是非常的大. 1976年,塔克曼(B. Tuckerman)研究后宣布,若奇完全数存在,它必须大于 $10^{36}$;1973年,有人证明奇完全数必须大于 $10^{50}$;1989年,布伦特(R. Brent)等指出:若奇完全数存在,则必大于 $10^{160}$;1991年,布伦特等人又将此下界推进至 $10^{300}$;而利普(W. Lipp)将之改进为大于 $10^{500}$;1999年,还有人指出奇完全数的更大下界,但塞达克(F. Saidak)发现证明中的错误,并将错误告诉了证明者.

对奇完全数的素因子的研究,数学家先后也给出了一些结论. 早在1975年,哈吉斯(P. Hagis)和迈克丹尼尔(W. L. McDaniel)就证明奇完全数的最大素因子一定大于100 110;后来,布兰斯坦(M. Brandstein)指出:若奇完全数存在,它的最大素因子大于 $5\times10^5$;1981年,哈吉斯再次指出,若奇完全数存在,它的第二大素因子大于 $10^3$;而在1991年,伊安努奇(D. E. Iannucci)将之改进为 $10^4$. 1979年,哈吉斯等人证明,奇完全数如果存在,则其异素因子的个数大于等于8;最近,尼尔森(P. P. Nilsen)进一步改进为9,且他进一步得到当3不整除 $n$ 时,$n$ 的相异素因子个数大于等于12.

对 $n$ 满足 $n = k^{\alpha}3^{2\beta}Q^{2\beta}$,这里 $(k,Q) = (3,Q) = 1$,$Q$ 是不带平方因子的奇数,这种特殊类型的奇完全数的存在性研究,近年来也十分活跃. 通过若干数学好手的研究结果可知,当 $1 \leqslant \beta < 20$ 时,现只剩下 $\beta = 15$ 的情况未被证明.

尽管看上去奇完全数存在的可能性越来越渺茫,但人们仍无法肯定它不存在,他们正遨游在这完全数的迷宫里,寻找珍奇的明珠. 正如那些闯进无人居住的丛林沼泽、荒野峭壁的探索者那样,寻找完全数的现代数学家和爱好者也做着类似的探险. 他们不能预见自己猎取目标的位置,首先找到信息的人靠的是运气,但并不能使他们致富. 探索自然规律,揭开科学上的未知之谜,正是科学追求的目标和魅力所在.

## 多重完全数

我们知道:"一个数的2倍等于它的全部因数(包括1和其自身)的和,这个数就被称为完全数",但在自然数中,存在大量的满足"一个数的 $k$ 倍等于它的全部因数(包括1和其自身)的和,其中 $k \geqslant 3$,且 $k$ 属于整数"这样的整数,我们称这类整数为 $k$ 重完全数. 在实际研究当中,数学家及数学爱好者一直都在研究并寻找,它们的发现极大地丰富了完全数的研究内容. 现将已被发现的这类整数介绍给读者.

1. 3重完全数(6个):120,672,523 776,459 818 240,1 476 304 896,51 001 180 160;

2. 4重完全数(20个):30 240,32 760,60 480,23 569 920,45 532 800,142 990 848,1 379 454 720,43 861 478 400,66 433 720 320,153 003 540 480,403 031 236 608,704 575 228 896,622 286 506 811 515 392,14 942 123 276 641 920,181 742 883 469 056,20 158 185 857 531 904,203 820 700 083 634 254 643 200,156 736 748 944 739 017 459 105 792,1 612 532 860 097 932 682 386 735 104,3 638 193 973 609 385 308 194 865 152;

3. 5重完全数(13个):14 182 439 040,31 998 395 520,13 661 860 101 120,30 823 866 178 560,518 666 803 200,740 344 994 887 680,212 517 062 615 531 520,87 934 476 737 668 055 040,170 206 605 192 656 148 480,1 802 582 780 370 364 661 760,40 100 597 65 937 523 916 800,27 099 073 228 001 299 660 800,32 789 312 424 503 984 621 373 515 366 400;

4. 6 重完全数(1 个):154 345 556 085 770 649 600.

随着众多数学家及数学爱好者的深入研究,及计算技术的飞跃发展,人类将会发现大量的多重完全数.

(本篇作者张四保为新疆喀什师范学院数学系教师,罗霞为新余市第六中学高中数学教师.)

# §2 费马大定理(1637—1994)——写在页边的超级难题

1993 年6 月23 日,剑桥大学牛顿研究所举行了一次数学讲座. 演讲者名叫怀尔斯(A. J. Wiles),一位腼腆的年轻人. 他是普林斯顿大学的数学教授,剑桥大学是其母校.

这是一次非同寻常的演讲. 两百多名数学家挤满了演讲厅. 多数人并不理解黑板上的字母所表达的意思,他们纯粹是为了见证一个具有历史意义的时刻. 数天前就已传出风声,这次演讲将人们引向数学史上的高潮,一个最著名、也是最具传奇色彩的猜想将被宣布得到证明. 这个猜想已困扰了人类最智慧的头脑达 356 年之久,它就是 —— 费马大定理.

## 大定理前传

如果要追溯费马大定理的历史渊源,就非得从2 000 多年前的古希腊说起. 对毕达哥拉斯定理(勾股定理) 以及勾股数的研究,是名副其实的费马大定理之"前传".

毕达哥拉斯(Pythagoras,约前 580— 约前 500) 出生于米里都附近的萨摩斯岛,大概是世界上头一位著名数学家和哲学家. 据说毕氏曾受教于"希腊七贤" 之一的泰勒斯(Thales),然后四处游历,去过埃及和巴比伦. 最终在意大利南部成立了自己的学派,这是一个兼备宗教、科学和哲学的神秘主义团体. 会员人数限定,对学派中传授的知识必须保密. 由于这个学派不著书立传,今天已不清楚成员们的生平和学术活动. 在别人的著作中曾提及他们的贡献,但已无法区分某个发现是属于毕达哥拉斯本人还是他的门人. 据说该学派曾卷入政治纠葛. 为此,毕达哥拉斯逃到米太旁登,因在逃跑途中被一片豆子地拦住去路,而毕氏教规是不允许践踏豆子的,于是他在那里被害(另一说法是因病去世).

毕达哥拉斯学派强调了纯数学的意义,他们最重要的成就无疑是勾股定理. 这个定理在几大文明古国都有发现. 但据信是毕氏第一个证明了一般性结果,因此在西方这个定理被称为毕达哥拉斯定理. 不过他的证明没有流传下来,《几何原本》中的证明不是毕氏的. 这个学派还发现,若 $m$ 是奇数,则 $m,(m^2-1)/2,(m^2+1)/2$ 构成了直角三角形的三条边,这便是一组勾股数组,也称毕达哥拉斯三元数组,是最早研究过的重要的不定方程之一.

由于在天文、音乐等学科上,简单的数经常扮演着神奇的角色. 毕达哥拉斯学派发展出"万物皆数" 的理念(在今天计算机0 - 1 世界里倒也是这种思想的回应),认为只有两种类型的数主宰着世界,即整数与整数之比. 整数之比他们叫可公度比. 据说该学派的希帕苏斯(Hippasus) 恰恰利用毕氏定理证明了一个不可公度之比 $\sqrt{2}$ 并泄了密,被其他惊恐不安的学派弟子投入大海. 从此希腊数学回避了恼人的无理数问题,转向纯几何,被世人称为"第一次数学危机".

过了几百年,古典时期结束了,希腊进入亚历山大时期. 这是以马其顿国王亚历山大大帝(他的老师就是亚里士多德) 的出现为标志的,此时希腊人才开始重新注意代数. 丢番图(Diophantus,公元 250 年左右) 是亚历山大后期最大的数学家,代数和算术的发展在他手里达到了制高点. 关于他的生平今天已无从查考. 在一本希腊问题集里,倒有个十分出名的题目给出了他(最简略) 的记录(据说曾刻在墓碑上):他的童年时代占一生的1/6,又过了一生的1/12 后开始长胡子;再过一生的1/7 后他结了婚. 婚后5 年有了个孩子,孩子活到父亲一半的年纪,而孩子死后 4 年父亲也去世了. 问丢番图活了几岁,易知答案是 84 岁.

丢番图流传下来的巨著是《算术》,据说原来有13篇,现在尚存6篇.《算术》是个别问题的汇集,共有189个问题,分成50多种类型.作者说,这是为了帮助学生学习算术而编制的练习题.在书中丢番图创造性地引入很多符号.比如他关于乘幂的写法与今天的写法已经相近,尤其是出现了高次方(他称4次方为"平方平方",称5次方为"平方-立方",6次方为"立方立方"等,尽管今天看来挺滑稽,但在当时是很了不起的事情).古典希腊数学家不愿考虑多于3个因子的乘积,认为它们没有几何意义.但丢番图不这么看,他认为在纯算术中,对这类乘幂的合理性没有什么限制或否定.

《算术》第1篇的内容主要是一次方程,可以不止一个元.后5篇主要都是论述二次不定方程的.丢番图最突出的地方是对不定方程的解法.这种方程的元数尽管比较多,但由于有整数或有理数的限制,所以往往只有少数解甚至无解,当然有无穷多组解也是可能的.不定方程的解法与代数方程的完全不同.在丢番图之前,有些数学家确实考虑过若干不定方程,例如毕达哥拉斯方程 $x^2+y^2=z^2$,阿基米得牛群问题等,但是古代没有一个人像丢番图那样对这类问题做了广泛深入的研究.丢番图是古代对数论贡献最大的数学家之一.

## "最后定理"的提出

差不多就在丢番图之后,西方进入了中世纪的漫漫长夜,数学和科学的发展几乎停滞.直到文艺复兴,人们不再一味认定自己在神面前的卑微,重新找回了自我.从那个时代开始,不断地产生艺术巨匠和科学大师,其中有位独特的天才继起了丢番图的事业,当时距离丢番图已整整14个世纪了.

费马(P. de Fermat,1601—1665)出生于法国的一个商人家庭,在图卢兹学习法律,以当律师为生.1631年与母亲的表妹结婚,有三个儿子,其中一个成了他的科学执行人,另外两个女儿当了修女.1648年,费马升任图卢兹地方议员.他在这一职位上勤勤恳恳地干了17年.费马一生平淡无奇,数学也并非他的职业,只是在闲暇时的业余爱好.在主业上费马或许只能用"称职"来描述,在法学史上他并不是一个人物,然而在数学上却堪称17世纪最伟大的数学家之一.因此,他被誉为"业余数学家之王"(顺便要说一句,今天科学发展到如此地步,想要做一名业余科学家已经不太可能了.所以那些未受严格训练就妄图证明哥德巴赫猜想的人,千万不要拿费马的例子来为自己辩解).

费马与笛卡儿并列为坐标几何的发明者,对微积分也有重要贡献.在与帕斯卡(B. Pascal)的通信中一起开创了概率论.在光学方面,他提出了著名的费马(最小光程)原理(几何中的费马点就是一个推论).尽管对应用数学乃至物理学的贡献足以使他名垂青史,但毕竟很快为后人超越.反之,费马自己在纯数学特别是数论方面的研究,远在其同代数学家的工作之上.

费马仔细钻研了丢番图名著《算术》的拉丁文版(巴歇(C. Bachet)出版于1621年).他常常一受启发就把结果写在书页的空白处,只有少数工作写于给朋友的信件之中,发表的论文则更少.1670年,费马的儿子在他死后出版了这本附有页边笔记的著作.

在《算术》中,丢番图研究了各种各样的不定方程,也研究这些方程组成的方程组.他特别关注的是把一个数分成几个有理数的平方和的问题.1637年左右,费马读了《算术》中第一篇的问题8——把一个给定平方数分成两个平方数之和(即前面提到的勾股方程或毕氏方程),大受启发,便在这个问题旁用拉丁文写了一段数学史上最著名的断言:

然而此外,一个立方数不能分为两个立方数之和,一个四次方数不能分为两个四次方数之和,而一般说除平方数外的任何乘幂都不能分为两个同次幂之和.我发现了这个定理的一个真正奇妙的证明,但书上空白的地方太少,写不下.

用数学的语言概括就是说,当 $n>2$ 时,方程 $x^n+y^n=z^n$ 不可能有正整数解.这个数学史上最富传奇性的猜想——"费马最后定理(Fermat's Last Theorem)"或"费马大定理"(如今刻在费马的墓碑上),300多年来吸引了无数的数学家和数学爱好者.

费马在致卡卡维(P. Carcavi)的一封信中声称他已用无穷递降法证明了 $n=4$ 的情形,但并未给出全部证明细节.夫莱克尔·德·贝西(B. Frénicle de Bessy)在费马的少量提示下于1676年给出了完整的证明.

大约在费马大定理提出100年后,瑞士大数学家欧拉才证明了$n=3$的情形.他发现与$n=4$的情形所用的方法截然不同,且都不具有一般性,从而感到十分困惑.1825年,勒让德(A. M. Legendre)给出了$n=5$时的证明,同年狄利克雷(P. G. L. Dirichlet)也给出一个证明,但被勒让德指出遗漏一种情形没讨论,后更正.1839年,拉梅(G. Lamé)给出了$n=7$时的证明.容易知道,只要对指数$n=p$是奇素数给出证明就可以了,但是素数有无限多个,怎么办呢?

## 困惑与出路

1794年,巴黎综合工科学校成立.当时大数学家拉格朗日(J. L. Lagrange)在那里执教,他有一位学生叫勒布朗(Leblanc),数学一塌糊涂,因为某些原因中途辍学了.学校行政当局不知真正的勒布朗已离开巴黎,继续为他印发课程讲义和习题.不久,拉格朗日发现那位差生交上的解答十分出色,心里十分纳闷.

原来勒布朗的邻居中有位小姑娘名叫热尔曼(S. Germain),自小酷爱数学,但当时不鼓励妇女研究数学,她以极大的兴趣和顽强的毅力自学成才.热尔曼渴望进入巴黎综合工科学校学习,恰好勒布朗辍了学,热尔曼就冒名顶替偷偷摸摸地在学校里学习.她设法取得这些材料,每周以勒布朗的名义交上习题解答.两个月后,拉格朗日觉得再也不能无视这位“勒布朗先生”在解答中表现出的才华了.他要求“勒布朗先生”来见他,于是热尔曼被迫泄漏了她的真实身份.在拉格朗日的鼓励下,热尔曼变得更有信心.

热尔曼

当她对费马大定理的研究取得突破时(即证明了如下结果:如$x^p+y^p=z^p$,这里$p,2p+1$都是奇素数,则$p$必须整除$xyz$),决定直接与当时最伟大的数学家高斯交流.她给高斯写了信,署名仍是“勒布朗先生”.当高斯看到勒布朗先生的研究成果时惊喜万分,认为“他”是一位难得的知音.

1806年,法国军队一个接一个地猛攻德国城市.热尔曼担心类似阿基米得被罗马士兵杀害的命运会夺走她的崇拜偶像高斯的生命,因此与佩尔内蒂(Pernety)将军交涉,请求他保障高斯的安全.结果将军给予高斯特别的照顾,并向他解释是热尔曼小姐的请求.高斯非常感激,也很惊讶,因为他从未听说过此人.

柯西

游戏结束了.在热尔曼的下一封信中,她透露了自己的真实身份.高斯愉快地回了信,给予热尔曼莫大的鼓舞.尽管与热尔曼从未谋面,高斯还是竭力说服格丁根大学授予她名誉博士学位.可惜这时热尔曼已死于癌症.

自热尔曼在费马大定理上取得突破以后,法国科学院设立了一系列奖金.1847年3月1日,法国数学家拉梅宣布他差不多就要证明费马大定理了,当时他最有名的同胞柯西(A. Cauchy)也紧随其后说要发表一个完整的证明.然而到5月24日,法国数学家刘维尔(J. Liouville)宣读了一封德国同行库默尔(E. E. Kummer)的来信,粉碎了他们的信心.库默尔看出这两个法国人正在走同一条死胡同,因为他们都没意识到一个致命错误——毫无根据地推广了唯一分解定理.这一事实使拉梅感到沮丧,而柯西却拒绝承认彻底失败,还声称错误是可以补救的.过了几个月,柯西也安静了,他把注意力转移到分析和力学中去了.从当时(19世纪上半叶)来看,数学工具还不足以对抗这个猜想;不过柯西失误这件事,却是德国数学赶超法国数学的一个标志性事件.

刘维尔

库默尔决定将唯一分解定理加以改造,最终发明了“理想数理论”.这使他跻身19世纪最优秀的数论家之列,也是那个世纪对费马大定理贡献最大的数学家.后来经过戴德金(R. Dedekind)、希尔伯特(D. Hilbert)等的努力,代数数论牢固地建立起来.

关于费马大定理,还有一段有趣的历史小插曲. 1908 年,一位富翁沃尔夫斯凯尔(P. Wolfskehl) 为费马大定理提供了 10 万马克奖金,截止到 2007 年. 尽管经济危机和二战将这笔钱贬得几乎一文不值,可人们证明这个猜想的热情依然不减. 格丁根的朗道(E. M. Landau) 教授负责这些"证明" 的审查,最后不得不印制一些明信片,上写:

亲爱的________:

谢谢您寄来的关于证明费马大定理的稿件.

第一个错误出现在:第____页第____行.

这使证明无效.

**E. M. 朗道**

其实朗道本人也无暇顾及,而是将这些卡片交由学生填写并寄发. 沃尔夫斯凯尔的声明让职业数学家不胜其烦,不过也为费马大定理的宣传起到了推波助澜的作用.

## "费马的最后抵抗"

20 世纪代数数论和代数几何的深入发展,为费马大定理的解决起到了极其重要的作用. 一系列工作由数学家陆续完成,其中必须一提的,是远在东方的两位日本数学家 —— 谷山丰(Y. Taniyama) 和志村五郎(G. Shimura).

志村五郎

二战结束后,日本恢复了与国际上的学术交流. 1955 年9 月,在东京召开的一次会议上,两位年轻的日本数学家提出了一个重要猜想.

对于任何一条代数曲线$f(x, y) = 0$(如$x^2 + xy - y^3 - 1 = 0$之类),$x$,$y$有时可以看成是分别由同一个参数$\theta$表示的函数,如果这两个函数是模形式(一种性质比较好的函数),就称这类曲线是模曲线. 谷山、志村猜想,所有的椭圆曲线(不是椭圆!)都是模曲线. 后来,谷山 - 志村猜想得到了法国大数学家韦伊(A. Weil) 的得力宣传. 1957 年,志村还被邀请到美国普林斯顿高研院工作,令他万万想不到,这意味着两人合作的终结,因为谷山于 1958 年自杀身亡.

谷山丰

很长一段时间内,人们未曾想到谷山 - 志村猜想能与费马大定理有什么关系. 当时最风光的要数德国数学家法尔廷斯(G. Faltings). 1983 年,他证明了著名的莫德尔猜想,即费马方程的互素解是有限的,但是他的方法不能将这个"有限"下降到"零". 尽管如此,他还是获得了 1986 年的菲尔兹奖,这是自库默尔以后的最大成就.

此时,另一条道路正在开辟出来.

1984 年秋,在德国一座小城召开了一次会议. 会上,弗莱(G. Frey) 指出,由谷山 - 志村猜想可以推出费马大定理:即若费马大定理不成立,则可构造出一条椭圆曲线不符合谷山 - 志村猜想. 这引起了人们的极大兴奋. 但不久就发现,弗莱的论断有一步跨不过去. 经过两年多的努力,里贝特(K. Ribet) 补全了这个证明,从而彻底打通了谷山 - 志村猜想与费马大定理之间的途径.

法尔廷斯

"那是 1986 年夏末的一个傍晚,我正在一个朋友家中啜饮冰茶. 谈话间他随意告诉我,肯 · 里贝特已经证明了谷山 - 志村猜想与费马大定理间的联系. 我感到极大的震动. 我记得那个时刻,那个改变我生命历程的时刻,因为这意味着为了证明费马大定理,我必须做的一切就是证明谷山 - 志村猜想 ……"

得知这一消息后,怀尔斯立刻作出一个重大决定:完全独立和保密地进行研究. 为此他放弃了所有与费马大定理无直接关系的工作,不看电视,几乎不打电话,在家中顶楼的书房里求证谷山 - 志村猜想. 怀尔斯尝试了各种方法. 经过7年的艰苦努力,怀尔斯意识到他可以向数学界宣布了. 事实上他并没有完全证明谷山 - 志村猜想(完整的证明于1999年给出),但这足以推出费马大定理.

6月23日,是怀尔斯的报告"椭圆曲线、模形式与伽罗瓦表示"的最后一天. 他在黑板上一步接着一步地写着公式. 会场上保持着特别庄重的寂静. 所长事先准备了一瓶香槟酒,有人准备好拍摄演讲结束时的镜头. 当怀尔斯写完费马大定理这一命题后,面对听众说:"我想,我就在这里结束."顿时,会场上爆发出持久的掌声.

大批记者赶到牛顿研究所. 通过电子邮件,全世界在第一时间内听到这个惊人的消息,甚至素来对数学不太关心的大众媒体也将怀尔斯评选为"年度最令人感兴趣的人物".

不久,人们在怀尔斯的证明中发现了纰漏. 经过一年奋战,他与以前的学生泰勒(R. Taylor)合作,终于在1994年9月完全证明了费马大定理. 法尔廷斯读完证明后发了个电子邮件,只有一句话——"费马大定理被证明了."1995年5月国际顶尖杂志《数学年刊》刊登了怀尔斯与泰勒的两篇论文.

1996年,怀尔斯获得沃尔夫奖,之后几乎年年获大奖,尤其是1997年获得具有象征意义的沃尔夫斯凯尔奖. 在1998年的国际数学家大会上,怀尔斯因超过40岁的年龄限制,获得迄今唯一的菲尔兹特别奖. 后来,阿拉伯国王也给他奖. 2005年,怀尔斯还获得了价值100万美元的邵逸夫奖.

## §3　从梅森数到费马数(1640—　)
## ——当代计算机算法的试金石

梅森素数是数论研究中的一项重要内容,也是当今科学探索的热点和难点之一. 2008年8月23日,UCLA数学机构发现了第45个梅森素数 $2^{43\,112\,609}-1$,该素数具有12 978 189位数字,其素性验证花费了13天. 2008年9月6日,44岁的化学公司电子工程师埃尔维尼科(H. M. Elvenich)发现了第46个梅森素数 $2^{37\,156\,667}-1$,该素数具有11 185 272位数字,其素性验证花费了5天时间.

由于梅森素数具有许多奇特的性质和美妙的趣闻,千百年来一直吸引着众多数学家,如欧几里得、费马、梅森(M. Mersenne)、笛卡儿、莱布尼茨(G. W. Leibniz)、欧拉、高斯、哥德巴赫(C. Goldbach)、哈代(G. H. Hardy)、向克斯(W. Shanks)、柯尔(F. N. Cole)等和无数数学爱好者. 2 000多年来,人类仅找到46个梅森素数.

梅森

### 梅森素数的由来

1640年6月,法国大数学家费马在给数学家梅森的一封信中写道:"在艰深的数论研究中,我发现了三个非常重要的性质. 我相信它们将成为今后解决素数问题的基础."其中的一个性质就是关于形如 $2^p-1$ 的数(其中 $p$ 为素数). 该信使梅森对 $2^p-1$ 型的数产生兴趣并进行研究.

其实,早在公元前300多年,古希腊数学家欧几里得就开创了研究 $2^p-1$ 的先河,他在《几何原本》第九章中论述完全数时指出:如果 $2^p-1$ 是素数,则 $2^{p-1}(2^p-1)$ 是完全数. 另外,欧几里得还在这本不朽的名著中用反证法巧妙地证明了素数有无穷多个. 梅森在欧几里得、费马等人有关研究的基础上对 $2^p-1$ 做了大量计算、验证工作,并于1644年在他的《物理数学随感》一书中断言:对于 $p=2,3,5,7,13,17,19,31,67,127,257$ 时,$2^p-1$ 是素数;而对于其他所有小于257的数 $p$ 时,$2^p-1$ 是合数. 前面的7个数(即2,3,5,7,13,17和19)属于被证实的部分,是他整理前人的工作得到的;而后面的4个数(即31,67,127和257)属于被猜测的部分. 不过,人们对其断言仍深信不疑,连德国大数学家莱布尼茨和哥德巴赫都认为它是对的. 虽然梅森的断言中包含着若干错漏,但他的工作极大地激发了人们探寻$2^p-1$型素数的热情,使其摆脱作为“完全数”的附庸地位. 可以说,梅森的工作是素数研究的一个转折点和里程碑.

由于梅森学识渊博,才华横溢,为人热情以及他是法兰西科学院的奠基人和最早系统而深入地研究$2^p-1$型的数,为了纪念他,数学界就把这种数称为“梅森数”;并以$M_p$记之(其中$M$为梅森姓氏的首字母),即$M_p=2^p-1$. 如果梅森数为素数,则称之为“梅森素数”(即$2^p-1$型素数).

梅森素数貌似简单,而研究难度却很大,它不仅需要高深的理论和纯熟的技巧,而且需要进行艰巨的计算. 即使属于猜测部分中最小的$M_{31}=2^{31}-1=2\ 147\ 483\ 647$,也具有10位数. 可以想象,它的证明是十分艰巨的.

## 艰辛的探寻历程

自梅森提出其断言后,人们发现的已知最大素数几乎都是梅森素数,因此,探寻新的梅森素数的历程也就几乎等同于探寻新的最大素数的历程. 而梅森断言为素数却未被证实的几个$M_p$当然首先成为人们研究的对象.

1772年,被誉为“数学英雄”的瑞士数学家欧拉在双目失明的情况下,靠心算证明了$M_{31}$是个素数,它堪称当时世界上已知的最大素数. 欧拉还证明了欧几里得关于完全数的定理的逆定理,即:每个偶完全数都具有形式$2^{p-1}(2^p-1)$,其中$2^p-1$是素数. 这就使得偶完全数完全成了梅森素数的“副产品”.

1876年法国数学家卢卡斯(F. E. A. Lucεs)提出了一个用来判别$M_p$是否为素数的重要定理——卢卡斯定理. 这一定理为梅森素数的探寻提供了强有力的工具. 1883年数学家波弗辛(L. M. Pervushin)利用卢卡斯定理证明了$M_{61}$是个素数,这是梅森漏掉的. 梅森还漏掉两个素数$M_{89}$和$M_{107}$,它们分别在1911年和1914年被数学家鲍尔斯(R. E. Powers)发现,为了寻找这两个素数,他几乎耗尽了一生的时间.

1903年,在美国数学学会的大会上,数学家柯尔作了一次精彩演讲,他提交的论文题目是“关于大数的因子分解”. 他在“演讲”过程中始终一言不发,只默默地在黑板上进行运算,他先算出$2^{67}-1$的结果,再算出$193\ 707\ 721\times761\ 838\ 257\ 287$的结果,两个结果是相同的. “于无声处听惊雷”,其“演讲”赢得全场听众起立热情鼓掌和一片喝彩. 这在美国数学会大会的历史上是绝无仅有的一次;而这个“一言不发的演讲”已成为科学史上的佳话. 柯尔第一个否定了‘$M_{67}$为素数”这一自梅森断言以来一直被人们相信的结论. 会后,当人们问柯尔:“你花费了多少时间来研究这个问题?”他静静地说:“3年内的全部星期天.”后来,科尔当选为美国数学学会会长. 他去世后,美国数学学会设立了柯尔奖,用于奖励在数论等方面做出杰出贡献的数学家.

1922年数学家克莱契克(M. Kraitchik)运用抽屉原理验证了$M_{257}$并不是素数,而是合数,但他并没有给出这一合数的素因子. 此外,波兰大数学家斯坦因豪斯(H. D. Steinhaus)在其名著《数学一瞥》中有句挑战性的话:“78位数的$M_{257}$是合数;可以证明它有素因子,但这些素因子还不知道.”直到1984年初,美国桑迪国家实验室的科学家才发现$M_{257}$有4个素因子.

1930年美国数学家莱默(D. H. Lehmer)改进了卢卡斯的工作,给出一个针对$M_p$的新的素性测试方法,即卢卡斯-莱默方法. 这一方法迄今仍发挥十分重要的作用. 在“笔算纸录年代”,人们历尽艰辛,仅找到12个梅森素数.

电子计算机的出现,大大加快了探寻梅森素数的步伐. 1952年数学家罗滨逊(R. M. Robinson)等人将卢卡斯-莱默方法编译成计算机程序,使用SWAC型计算机在短短几小时之内,就找到了5个梅森素数:$M_{521}$,$M_{607}$,$M_{1\ 279}$,$M_{2\ 203}$和$M_{2\ 281}$.

1963年9月6日晚上8点,当第23个梅森素数$M_{11\ 213}$通过大型计算机被找到时,美国广播公司(ABC)中断了正常的节目播放,以第一时间发布了这一重要消息. 发现这一素数的美国伊利诺伊大学数学系全体师生感到无比骄傲,为了让全世界都分享这一成果,以至把所有从系里发出的信件都盖上了“$2^{11\ 213}-1$ is prime”($2^{11\ 213}-1$是个素数)的邮戳.

"自古英雄出少年",两个初出茅庐的美国中学生诺尔(C. Noll)和尼科尔(L. Nikel),经过3年的努力编写了一个计算程序,于1978年10月在Cyber174型计算机上运行350个小时发现了第25个梅森素数$M_{21\,701}$.世界几乎所有的大新闻机构(包括中国的新华社)及学术刊物都争相报道了这一消息;《纽约时报》还把它作为头版头条来报道.

随着素数$p$值的增大,每一个梅森素数$M_p$的发现都艰辛无比.例如,在1979年2月23日,当美国克雷研究公司的计算机专家斯洛温斯基(D. Slowinski)和纳尔逊(H. Nelson)宣布他们找到第26个梅森素数时,有人告诉他们:在两个星期前诺尔就已经给出了同样的结果.为此他们潜心发奋,花了一个半月的时间,使用Cray - 1型计算机找到了新的梅森素数.这件事成了当时不少报纸的头版新闻.之后,斯洛温斯基乘胜前进,使用经过改进的Cray - XMP型计算机在1983年至1985年间又找到了3个梅森素数.

为了与美国较量,英国原子能技术权威机构——哈威尔实验室专门成立了一个研究小组来寻找更大的梅森素数.他们用了两年的时间,花了12万英镑的经费,于1992年3月25日找到了新的梅森素数.不过,1994年1月14日,斯洛温斯基等人为美国再次夺回发现"已知最大素数"的桂冠——这一素数是$M_{859\,433}$.而下一个梅森素数仍是他们的成果,这一素数是使用Cray - T94超级计算机在1996年找到的.由于斯洛温斯基是发现梅森素数最多的人,他被人们誉为"素数大王".

网格(Grid)这一崭新技术的出现使梅森素数的探寻如虎添翼.1996年初美国数学家及程序设计师沃特曼(G. Woltman)编制了一个梅森素数计算程序,并把它放在网页上供数学家和数学爱好者免费使用,这就是闻名世界的"因特网梅森素数大搜索"(GIMPS)项目.该项目采取网格计算方式,利用大量普通计算机的闲置时间来获得相当于超级计算机的运算能力.英国《自然》杂志曾有一则报道认为:GIMPS项目不仅会进一步激发人们对梅森素数探寻的热情,而且会引起人们对网格应用研究的高度重视.1997年美国数学家及程序设计师库尔沃斯基(S. Kurowski)和其他人建立了"素数网"(PrimeNet),使分配搜索区间和向GIMPS发送报告自动化.现在只要人们去GIMPS的主页下载那个免费程序,就可以立即参加GIMPS项目来搜寻梅森素数.

为了激励人们寻找梅森素数和促进网格技术发展,设在美国的电子新领域基金会(EFF)于1999年3月向全世界宣布了为通过GIMPS项目来探寻新的更大的梅森素数而设立的奖金.它规定向第一个找到超过100万位数的个人或机构颁发5万美元.后面的奖金依次为:超过1 000万位数,10万美元;超过1亿位数,15万美元;超过10亿位数,25万美元.但是,绝大多数志愿者参与该项目不是为了金钱而是出于乐趣、荣誉感和探索精神.

12年来,人们通过GIMPS项目找到了10个梅森素数,其发现者来自美国、英国、法国、德国和加拿大.这10个梅森素数分别是$M_{1\,398\,269}$,$M_{2\,976\,221}$,$M_{3\,021\,377}$,$M_{6\,972\,593}$,$M_{13\,466\,917}$,$M_{20\,996\,011}$,$M_{24\,036\,583}$,$M_{25\,964\,951}$,$M_{30\,402\,457}$和$M_{32\,582\,657}$.其中$M_{32\,582\,657}$是由美国密苏里州立中央大学的数学家库珀(C. Cooper)领导的研究小组于2006年9月4日发现的,该素数有9 808 358位,如果用普通字号将它连续写下来,它的长度超过40公里.这一超级素数是人类发现的第44个梅森素数.而目前已知的最大梅森素数所具有的位数已远远超过9 808 358.具有11 185 272位数字的梅森素数$M_{37\,156\,667}$要晚于具有12 978 189位数字的梅森素数$M_{43\,112\,609}$被发现.这也是很有意思的事情,在梅森素数的发现史上尚属首次.

据西班牙《科学发现》2007年10月号报道,自从库珀小组发现$M_{32\,582\,657}$以来,全球再次掀起了寻找梅森素数的新一轮热潮.目前,世界上有150多个国家和地区近15万人参加GIMPS这一国际合作项目,并动用了30多万台计算机联网来进行大规模的网格计算,以探寻新的梅森素数.该项目的计算能力已超过当今世界上任何一台最先进的超级矢量计算机的计算能力,运算速度已超过每秒300万亿次.

值得指出的是:从已知的梅森素数来看,这种特殊的素数在正整数中的分布是时疏时密极不规则的,因此探索梅森素数的重要性质——分布规律似乎比寻找新的梅森素数更为困难,数学家在长期摸索中提出了一些猜想.英国数学家向克斯、法国数学家伯特兰(J. Bertrand)、印度数学家拉马努金(S. Ramanujan)、美国数学家吉里斯(D. B. Gillies)和德国数学家伯利哈特(J. Brillhart)等都曾分别给出过关于梅森素数分布的猜测,但他们的猜测有一个共同点,就是都以渐近表达式给出,而与实际情况的接近程度均难如人意.

中国数学家及语言学家周海中对梅森素数研究多年,他运用联系观察法和不完全归纳法,于1992年首先给出了梅森素数分布的精确表达式,为人们探寻梅森素数提供了方便. 后来这一科研成果被国际上称为“周氏猜测”.《科学美国人》杂志上有一篇评价文章指出,“这一成果是梅森素数研究中的一项重大突破”.

## 梅森素数的意义

自古希腊时代直至17世纪,人们探寻梅森素数的意义似乎只是为了探寻完全数. 但自梅森提出其著名断言以来,特别是欧拉证明了欧几里得关于完全数定理的逆定理以来,完全数也仅仅是梅森素数的一种“副产品”了. 探寻梅森素数在现代已有了十分丰富的意义. 探寻梅森素数是发现已知最大素数的最有效的途径,自欧拉证明 $M_{31}$ 为当时最大的素数以来,在发现已知最大素数的世界性竞赛中,梅森素数几乎囊括了全部冠军.

探寻梅森素数是测试计算机运算速度及其他功能的有力手段. 例如,第 34 个梅森素数 $M_{1\,257\,787}$ 就是1996 年 9 月美国克雷公司在测试其最新超级计算机的运算速度时得到的. 梅森素数在推动计算机功能改进方面发挥了独特作用. 发现梅森素数不仅需要高功能的计算机,还需要素数判别和数值计算的理论与方法,以及高超巧妙的程序设计技术等,因而它还推动了“数学皇后” 数论的研究,促进了计算数学和程序设计技术的发展.

梅森素数在实用领域也有用武之地,现在人们已将大素数用于现代密码设计领域,其原理是:将一个很大的数分解成若干素数的乘积非常困难,但将几个素数相乘却容易得多. 在这种密码设计中,需要使用大素数,素数越大,密码被破译的可能性就越小.

探寻梅森素数最新的意义是:它促进了网格计算技术的发展. 从最新的 10 个梅森素数是在 GIMPS 项目中发现这一事实,我们已可想象到网格的威力. 网格计算技术使得要用大量个人计算机去做的本来要用超级计算机才能完成的项目成为可能. 这是一个前景非常广阔的领域.

因此,不少科学家认为,对于梅森素数的研究能力如何,已在某种意义上标志着一个国家的科技水平. 可以相信,梅森素数这颗数学宝山上的璀璨明珠正以其独特的魅力,吸引着更多的有志者去探寻和研究.

## 神奇的费马数

1640 年,费马思考了一个问题:式子 $2^{2^n}+1$ 的值是否一定为素数. 当 $n$ 取0,1,2,3,4时,这个式子对应值分别为 3,5,17,257,65 537,费马发现这五个数都是素数. 在给朋友的一封信中,费马写道:“我已经发现形如 $2^{2^n}+1$ 的数永远为素数. 很久以前我就向分析学家们指出了这个结论是正确的. ″ 费马所研究的 $2^{2^n}+1$ 这种数后人称之为费马数,并用 $F_n$ 表示,如果其为素数,就称其为费马素数. 验证费马的猜想并不容易. 因为随着 $n$ 的增大,$F_n$ 迅速增大.

直到1732 年,欧拉才算出 $F_5=641\times 6\,700\,417$,这意味着费马的猜想是错的. 在对费马数的研究上,费马轻率地做出了他一生唯一一次错误猜测. 更为不幸的是,研究的进展表明费马不但是错的,而且可能大错特错. 原来,迄今费马素数除了被费马本人所证实的那五个外竟没有再发现一个! 因此人们开始猜想:在所有的费马数中,除了前五个是素数外,其他的都是合数.

欧拉之后,人们发现,费马数与尺规作图具有意想不到的关系,看来这费马数背后的花头不简单! 数学家对这类数就越来越重视了.

2 000 多年前,古希腊数学家曾深入研究过一类作图问题,即求作正 $n$ 边形,是巧辩学派提出的. 希腊人在作出正 3,4,5,6 边形后,自然就问:正 7 边形如何作出? 一般的正 $n$ 边形呢? 早在《几何原本》一书中,欧几里得就用尺规完成了圆内接正三角形、正方形、正五边形甚至正十五边形的作图问题. 然而,似乎更容易完成的正 7,9,11,… 边形却始终未能做出. 这一比三大尺规作图问题名气稍逊的作图题,也吸引了很多人的眼球,达数千年之久.

这个问题最终是由 18 ~ 19 世纪之交的德国伟大数学家高斯解决的. 高斯是人类有史以来的三大数学

家之一(另两位是阿基米得和牛顿,有时还加上欧拉共四个),被誉为"数学王子". 高斯很小就表现出非凡的算术才能,出身贫寒的他最终受到了公爵的资助,使他在卡罗琳学院完成了学业. 1795 年,高斯来到格丁根大学. 由于他在古典文学和数学上的成绩都十分优秀,选择哪个职业,高斯一时犹豫不决. 翌年,他给出了正 17 边形的尺规作图法,使他决心终生从事数学.

有一天,带着这个证明的论文,高斯兴致勃勃地拜访了格丁根大学著名数学教授卡斯特纳. 卡斯特纳打量着这个不到20 岁的年轻人,心想你不会就是那种一时冲动做三等分任意角的家伙吧. 他不愿意审查高斯的文章,并企图赶走高斯. 高斯向他做了解释也没用,后来还为这件事情有点耿耿于怀. 不过,数学家经常遇到的是大量无知的民科,所以卡斯特纳的怀疑也不无理由. 这件事情还告诉我们,数学天才遭到冷遇是很正常的,科学探索的道路是非常曲折的. 高斯本人对待阿贝尔(N. H. Abel) 的态度不也一样么,而阿贝尔的最终命运就比高斯差得多了(不过高斯后来还是念叨过阿贝尔). 我们其实也不应过多责怪高斯,因为他受到的"干扰" 也不会少,凭什么相信一位大学生解决了 2 000 多年的未决难题呢?

1801 年,高斯又进一步证明这样一个非凡结果:当 $n = 2^m p_1 p_2 \cdots p_k$ 时,正 $n$ 边形可以尺规作图. 这里 $m$ 是非负整数,$p_1, p_2, \cdots, p_k$ 是两两不同的费马素数. 这个命题反过来也是对的,那是万采尔(P. L. Wantzel) 于 1837 年证明的,即当正 $n$ 边形可以尺规作图时,必有 $n = 2^m p_1 p_2 \cdots p_k$,这里 $m, p_1, p_2, \cdots, p_k$ 如上定义.

既然 7 不是费马素数,因此正 7 边形不可尺规作图,而 $9 = 3 \times 3$,是两个相同的费马素数之积,因此正 9 边形也不可尺规作图. $n = 8, 10, 12, 15, 16$ 时可以作图,而 $n = 11, 13, 14$ 时不可作图,剩下的就是正 17 边形了.

据说高斯的墓碑底座上刻的就是一个正 17 边形. 看来,尽管高斯后来的伟大成就数不胜数,还是这个早期的工作留给他的印象深刻. 根据高斯的理论,1832 年,黎克洛(F. J. Richelot) 作出正 257 边形,文章长达 80 页. 1894 年,赫尔美斯(J. G. Hermes) 花了 10 年功夫作出正65 537 边形,原稿现存于格丁根大学,据说装满了整整一个手提箱.

应该说这一结果与三等分任意角、立方倍积等问题在做法上有点相似(与化圆为方问题较远),其实给出尺规作图若干细致的代数规定,证法上不需用到太多的群论(不像五次方程). 不过其思想是深刻的,与群和代数的关系是密切的. 也就是说,这不是一般的单纯玩弄智力和技巧的难题,这类几何题不能由几何自己来解决,必须用更高的观点和更广的视野才能处理,这对数学家来说是很有启发意义的.

## 费马数的研究

欧拉是怎么搜索到因子641 的呢? 原来他证明:当 $n \geqslant 2$ 时,费马数 $F_n$ 若有素因子,那么这一因子具有 $2kn + 1$ 的形式,这一结论并不十分难证,高中的奥数知识就足够了. 这样在寻找 $F_5$ 的因子时,就可直接排除掉许多不必进一步检验的无关的数值,从而大大减轻运算量.

1877 年,数学家佩平得出一个重要的判据结果:费马数 $F_n$ 是素数,当且仅当 $F_n$ 整除 $3_n^{(F-1)/2} + 1$. 这个结论对于检验费马数的素性是很有效的. 1878 年,卢卡斯(F. E. A. Lucas) 改进了欧拉的成果,证明费马数 $F_n$ 若有素因子,那么这一因子具有 $k \times 2^{n+1} + 1$ 的形式. 通过这一加强后的结论寻找 $F_n$ 的素因子,从而判断它是否是素数就更为简捷了. 实际上,正是这一结论奠定了人们寻找大的费马合数的理论基础.

1957 年,罗宾逊找到 $F_{1\,945}$ 的一个因子 $5 \times 2^{1\,947} + 1$. 1977 年,威廉斯(H. Williams) 找到 $F_{3\,310}$ 的一个因子 $5 \times 2^{3\,313} + 1$. 1980 年,人们找到 $F_{9\,948}$ 的一个因子 $19 \times 2^{9\,450} + 1$. 1987 年,戈斯汀(G. B. Gostin) 证明 $F_{17}$ 是合数. 1987 年,杨和布尔证明 $F_{20}$ 是合数. 1980 年,凯勒证明了 $F_{9\,448}$ 有因子 $19 \times 2^{9\,450} + 1$. 1984 年,凯勒找到 $F_{23\,471}$ 的一个因子 $5 \times 2^{23\,473} + 1$. 作为最大的费马合数这一纪录保持了近十年. 1992 年,里德学院的柯兰克拉里和德尼亚斯用计算机证明了 $F_{22}$ 是合数,这个数的十进制形式有100 万位以上. 这一证明曾被称为有史以来为获得一个"一位" 答案(即"是 - 否" 答案) 而进行的最长计算,总共用了 $10^{16}$ 次计算机运算.

对于一个大数,判定其是否为素数是相对最简单的,找出其部分素因子则比较困难,最难的当然是给出它的完全素因子分解. 费马数的情形也不例外. 1880 年,法国数学家朗德里(F. Landry) 和拉瑟尔(H. L.

Lasseur）彻底分解了 $F_6$，即 $F_6 = 274\ 177 \times 67\ 280\ 421\ 310\ 721$. 1905 年，莫瑞汉德与韦斯顿证明 $F_7$ 是合数. 1908 年，这两位数学家利用同样的方法证明 $F_8$ 是合数. 证明中使用了上述佩平检验法则. 直到 1970 年，美国数学家莫里森（M. A. Morrison）和布里尔哈特（J. Brillhart）利用连分数算法得到

$$F_7 = 59\ 649\ 589\ 127\ 497\ 217 \times 5704\ 689\ 200\ 685\ 129\ 054\ 721$$

1980 年，布伦特（R. P. Brent）和波拉德（J. M. Pollard）利用蒙特卡罗算法，终于将 $F_8$ 完全分解，求得 $F_8 = 1\ 238\ 926\ 361\ 552\ 897 \times p_{62}$. 其中 $p_{62}$ 是一 62 位素数. 1988 年，澳大利亚数论专家布伦特利用椭圆曲线，得到

$$F_{11} = 319\ 489 \times 974\ 849 \times 167\ 988\ 556\ 341\ 760\ 475\ 137 \times 3\ 560\ 841\ 906\ 445\ 833\ 920\ 513 \times p_{564}$$

1990 年，欧洲和美国的多国数学家合作，采用当时最先进的数域筛法（NFS），并利用计算机网络，全世界 700 台计算机联合作战 4 个月，得出 $F_9 = 2\ 424\ 833 \times p_{49} \times p_{99}$.

迄今为止，$F_5 \sim F_{11}$ 是人们已完成标准素因子分解的费马合数

$$F_{10} = 45\ 592\ 577 \times 6\ 487\ 031\ 809 \times 465\ 977\ 578\ 522\ 001\ 854\ 326\ 456\ 074\ 3076\ 778\ 192\ 897 \times p_{252}$$

$n = 12, 13, 14, 15, 16, 17, 18, 19, 21, 23$ 时，对应的费马数已找到部分因子. $n = 14, 20, 22, 24$ 时已经证明是合数，但还没有找到任何因子. 尚未判定是合数还是质数的最小费马数是 $F_{33}$. 无疑，对于费马数分解和梅森素数判定的工作还将继续下去，并且没有计算机的参与是不可能的.

表 1 列出一些已完全分解的费马合数（Fermat Composite）. 其指数为 $2^m$，素数因子的形式为 $k \times 2^n + 1$（表 2 同）.

**表 1　完全分解的费马合数**

| $m$ | $k$ | $n$ | 发现者 | 年份 |
| --- | --- | --- | --- | --- |
| 5 | 5 | 7 | 欧拉（L. Euler） | 1732 |
| | 52 347 | 7 | 欧拉 | 1732 |
| 6 | 1 071 | 8 | 朗德里（F. Landry） | 1880 |
| | 262 814 145 745 | 8 | 莫德里（Fortune Landry）/<br>拉瑟尔（L. Lasseur） | 1880 |
| 7 | 116 503 103 764 643 | 9 | 莫里森（M. Morrison）/<br>布里尔哈特（J. D. Brillhart）<br>莫里森（M. Morrison）/<br>布里尔哈特（J. D. Brillhart） | 1970 |
| | 11 141 971 095 088 142 685 | 9 | 莫里森 / 布里尔哈特 | 1970 |
| 8 | 604 944 512 477 | 11 | 布伦特（R. Brent）/<br>波拉德（J. M. Pollard） | 1980 |
| | 一长 59 数位的整数 | 11 | 布伦特 / 波拉德 | 1980 |
| 9 | 37 | 16 | 韦斯顿（A. E. Western） | 1903 |
| | 3 640 431 067 210 880 961 102<br>244 011 816 628 378 312 190 597 | 11 | 伦斯特拉（A. K. Lenstra）/<br>梅纳西（M. S. Manasse） | 1990 |
| | 一长 96 数位的整数 | 11 | 伦斯特拉 / 梅纳西 | 1990 |
| 10 | 11 131 | 12 | 塞尔弗里奇（J. L. Selfridge） | 1953 |
| | 395 937 | 14 | 布里尔哈特 | 1962 |
| | 1 137 640 572 563 481<br>089 664 199 400 165 229 051 | 12 | 布伦特 | 1995 |
| | 一长 248 数位的整数 | 13 | 布伦特 | 1995 |

续表 1

| $m$ | $k$ | $n$ | 发现者 | 年份 |
|---|---|---|---|---|
| 11 | 39 | 13 | 坎宁安(A. J. C. Cunningham) | 1899 |
| | 119 | 13 | 坎宁安 | 1899 |
| | 10 253 207 784 531 279 | 14 | 布伦特 | 1988 |
| | 434 673 084 282 938 711 | 13 | 布伦特 | 1988 |
| | 一长 560 数位的整数 | 13 | 布伦特/莫兰(F. Morain) | 1988 |
| 12 | 7 | 14 | 卢卡斯(E. Lucas)/<br>波弗辛(I. M. Pervusin) | 1877 |
| | 397 | 16 | 韦斯顿(A. E. Western) | 1903 |
| | 973 | 16 | 韦斯顿 | 1903 |
| | 11 613 415 | 14 | 哈利伯顿(J. C. Hallyburton)/<br>布里尔哈特(J. D. Brillhart) | 1974 |
| | 76 668 221 077 | 14 | 贝利(R. Baillie) | 1986 |
| 13 | 41 365 885 | 16 | 哈利伯顿/布里尔哈特 | 1974 |
| | 20 323 554 055 421 | 17 | 克兰德尔(R. Crandall) | 1971 |
| | 6 872 386 635 861 | 19 | 克兰德尔 | 1971 |
| | 609 485 665 932 753 836 099 | 19 | 布伦特(R. Brent) | 1995 |
| 15 | 579 | 21 | 克莱契克(M. B. Kraitchik) | 1925 |
| | 17 753 925 353 | 17 | 斯汀(G. B. Gostin) | 1987 |
| | 1 287 603 889 690 528 658 928 101 555 | 17 | 克兰德尔<br>阿勒万(C. van Halewyn) | 1997 |
| 16 | 1575 | | 塞尔弗里奇(J. L. Selfridge) | 1953 |
| | 180 227 048 850 079 840 107 | 20 | 克兰德尔/迪尔歇尔(K. Dilcher) | 1996 |
| 17 | 59 251 857 | 19 | 斯汀 | 1978 |
| 18 | 13 | 20 | 韦斯顿 | 1903 |
| | 9 688 698 137 266 697 | 23 | 克兰德尔(R. Crandall)/<br>麦金托什(R. McIntosh)/<br>塔迪夫(C. Tardif) | 1999 |
| 19 | · 33 629 | 21 | 里塞尔(W. Riesel) | 1962 |
| | 308 385 | 21 | 拉索尔(C. P. Wrathall) | 1963 |
| 21 | 534 689 | 23 | 拉索尔 | 1963 |
| 23 | 5 | 25 | 波弗辛佩(I. M. Pervusin) | 1878 |

若以连乘式表示,则如下($C_{1\,187}$ 表示 1 187 位合数,余类似)

$$F_{12} = 114\,689 \times 26\,017\,793 \times 63\,766\,529 \times 190\,274\,191\,361 \times 1\,256\,132\,134\,125\,569 \times C_{1\,187}$$

$F_{13}=2\ 710\ 954\ 639\ 361\times 2\ 663\ 848\ 877\ 152\ 141\ 313\times 3\ 603\ 109\ 844\ 542\ 291\ 969\times$
$319\ 546\ 020\ 820\ 551\ 643\ 220\ 672\ 513\times C_{2\ 391}$

$F_{15}=1\ 214\ 251\ 009\times 2\ 327\ 042\ 503\ 868\ 417\times$
$168\ 768\ 817\ 029\ 516\ 972\ 383\ 024\ 127\ 016\ 961\times C_{9\ 808}$

$F_{16}=825\ 753\ 601\times 188\ 981\ 757\ 975\ 021\ 318\ 420\ 037\ 633\times C_{19\ 694}$

$F_{17}=31\ 065\ 037\ 602\ 817\times C_{39\ 444}$

$F_{18}=13\ 631\ 489\times 81\ 274\ 690\ 703\ 860\ 512\ 587\ 777\times C_{78\ 884}$

$F_{19}=70\ 525\ 124\ 609\times 646\ 730\ 219\ 521\times C_{157\ 804}$

$F_{21}=4\ 485\ 296\ 422\ 913\times C_{631\ 294}$

$F_{23}=167\ 772\ 161\times C_{2\ 525\ 215}$

**表 2　十大费马数因子**

| $m$ | $k$ | $n$ | 数位 | 发　现　者 | 年份 |
|---|---|---|---|---|---|
| 2 478 782 | 3 | 2 478 785 | 746 190 | 科斯格雷夫(J. B. Cosgrave) | 2003 |
| 2 167 797 | 7 | 2 167 800 | 652 574 | 库珀(C. Cooper) | 2007 |
| 2 145 351 | 3 | 2 145 353 | 645 817 | 科斯格雷夫 | 2003 |
| 960 897 | 11 | 960 901 | 289 262 | 伊顿(M. R. Eaton) | 2005 |
| 672 005 | 27 | 672 007 | 202 296 | 库珀 | 2005 |
| 585 042 | 151 | 585 044 | 176 118 | 萨里迪斯(P. Saridis) | 2007 |
| 495 728 | 243 | 495 732 | 149 233 | 凯泽(R. Keiser) | 2007 |
| 472 097 | 89 | 472 099 | 142 118 | 森美杜斯治(Payam Samidoost) | 2004 |
| 461 076 | 9 | 461 081 | 138 801 | Takahiro Nohara | 2003 |
| 410 105 | 1 207 | 410 108 | 123 458 | Jun Tajima | 2005 |

## 费马数因子网络搜寻计划

随着计算机的普及,个人电脑开始进入千家万户. 与之伴随产生的是电脑的利用问题. 越来越多的电脑处于闲置状态,即使在开机状态下 CPU 的潜力也远远不能被完全利用. 另一方面,需要巨大计算量的各种问题不断涌现出来. 鉴于此,随着网络普及,在互联网上开始出现了众多的分布式计算计划. 所谓分布式计算是一门计算机学科,它研究如何把一个需要非常巨大的计算能力才能解决的问题分成许多小的部分,然后把这些部分分配给许多计算机进行处理,最后把这些计算结果综合起来得到最终的结果. 可以说,这些计划的出现恰好为人们充分发挥个人电脑的利用价值提供了一种有意义的选择.

费马数因子网络搜寻计划是这种分布式计算计划之一. 在这项计划中,人们打算借助网络加速对费马数的研究. 从比较小的费马数 $F_{12}\sim F_{23}$ 到一般大小的 $F_{24}\sim F_{1\ 000}$ 再到巨大的费马数 $F_{1\ 000}\sim F_{50\ 000}$ 都包含在这一庞大的研究计划之内. 正是通过这一网络合作计划,人们得出费马数的许多新发现. 仅在2003 年,人们就找到了 8 个费马因数. 2003 年 10 月 10 日,通过这一研究计划人们找到了具有 746 190 位数的费马素因子:$3\times 2^{2\ 478\ 785}+1$,由此人们得到了截止目前为止最大的费马合数 $F_{2\ 478\ 782}$. 2003 年 11 月 1 日这一研究又宣布了一项最新成果:一个新的费马素因子 $1\ 054\ 057\times 2\ 8\ 300+1$ 被发现. 这同时意味着又一个费马合数 $F_{8\ 293}$ 的产生. 计算机出现之前,在近三百年的时间中,人们仅仅找到了 16 个费马素因子. 而借助于计算机,借助于费马数因子网络搜寻计划,在短短的近半个世纪,人们已经找到了 234 个费马素因子!

加入这项搜索计划,只需要下载有关程序. 然后这个程序会以最低的优先度在计算机上运行,这对平时正常使用计算机几乎没有影响.

(本篇中关于"梅森素数"的一段的作者是张四保和罗兴国,前为新疆喀什师范学院数学系教师,后为新加坡南洋理工大学教授.)

# §4 哥德巴赫猜想(1742— )
# —— 数论皇冠上的一颗明珠

18 世纪末期,一位科学天才的横空出世,改变了德国科学落后于法国的局面. 这就是高斯(C. F. Gauss). 作为有史以来最伟大的数学家之一,以及杰出的物理学家、天文学家,高斯一生贡献无数,但他最最钟爱的,是年轻时做出的第一项工作 —— 数论. 这门让法国人为之骄傲了 150 多年的学问,现在被一个德国人超过了.

高斯曾充满深情地说:"数学是科学的皇后,数论是数学的皇后." 苏联著名数学家辛钦(A. Y. Shinchin)则把这门迷人的学科中最著名的哥德巴赫猜想称为"皇冠上的明珠". 数学中的猜想不计其数,唯独这个猜想有这么动听的比喻,也唯独这个猜想至今仍牵动着千千万万人的心. 260 多年过去了,这颗明珠依然光芒四射,遥不可及.

## 信中提出的猜想

哥德巴赫(C. Goldbach)是东普鲁士人,1690年出生于"七桥"故乡哥尼斯堡的一个官员家庭. 20岁后,他开始游历欧洲,结识了莱布尼茨(G. W. Leibniz)、伯努利(Bernoulli)兄弟等著名数学家. 1725 年左右,他自荐前往彼得堡科学院任职,几经周折后方获批准. 两年后,瑞士大数学家欧拉(L. Euler)也来到科学院,两人结交成好友. 哥德巴赫主要研究微分方程和级数理论.

1728 年 1 月,哥德巴赫受命调往莫斯科,担任沙皇彼得二世等人的家庭教师. 1730 年,沙皇得了天花猝死,但哥德巴赫在皇室中依然受宠. 1732 年,他终于重新回到了彼得堡科学院. 此时由于他的政治地位越来越高,1742 年被调到外交部,从此仕途一帆风顺. 1764 年,哥德巴赫在莫斯科去世. 尽管非职业数学家,但他出于对数学的敏锐洞察力,以及与许多大数学家的交往,积极推动了数学的发展.

欧拉比哥德巴赫小半辈,他是18 世纪最伟大、最多产的数学家,也是历史上最伟大的数学家之一. 欧拉是瑞士人,出生于1707 年,16 岁时便获得巴塞尔大学的哲学硕士学位. 1727 年 5 月 17 日,欧拉受人推荐来到俄国彼得堡. 1733 年,年仅 26 岁的欧拉担任了彼得堡科学院数学教授. 1735 年,欧拉解决了一个天文学的难题(计算彗星轨道),这个问题经几位著名数学家几个月的努力才得到解决,而欧拉却用自己发明的方法三天便告完成. 然而过度的工作使他得了眼病,右眼不幸失明,这时他才 28 岁. 1741 年,欧拉应普鲁士腓特烈大帝邀请,到柏林担任科学院物理数学所所长. 直到 1766 年,在叶卡捷琳娜二世的诚恳敦聘下重回彼得堡,不料没有多久,左眼视力衰退,最后完全失明. 1771 年彼得堡的大火灾殃及欧拉住宅,虽然 64 岁的欧拉被别人从火海中救了出来,但他的书房和大量研究成果却化为灰烬. 欧拉发誓要把损失夺回来. 在他完全失明之前,还能朦胧地看见东西,他抓紧这最后的时刻,在一块大黑板上疾书他发现的公式,然后口述其内容,由他的学生特别是大儿子 A. 欧拉笔录. 完全失明后,欧拉仍以惊人毅力与黑暗搏斗,凭着记忆和心算进行研究.

1783 年9 月18 日,在不久前才刚计算完气球上升定律的欧拉,在兴奋中突然停止了呼吸,享年76 岁. 欧拉生活、工作过的三个国家瑞士、俄国、德国都把欧拉作为自己的数学家,为有他而感到骄傲.

欧拉的工作覆盖了分析、力学、数论、物理等各个分支,他的全集直到现在也没有编撰完. 所以,凡是欧拉重视的问题,可能更易被数学界首肯. 从 1729 年到 1763 年,哥德巴赫一直保持与欧拉通信,讨论数论问题. 1742 年 6 月 7 日,他写信给当时在柏林科学院的欧拉,提出任何大于 5 的奇数都可写为三个素数之和. 6 月 30 日, 欧拉回了信,进一步认定,任何一个大于 2 的偶数都是两个素数之和. 不过,欧拉承认对这个命题也不能给出一般性的说明,只是确信它是完全正确的. 其实,这一猜想早在笛卡儿(R. Descartes) 的手稿中就出现过. 哥德巴赫提出来,已经晚了 100 多年.

后来,欧拉把他们的信公布于世,吁请世界上数学家共同求解这个难题. 数学界把他们通信中涉及的问题统称为"哥德巴赫猜想". 1770 年,华林(E. Waring) 将哥德巴赫猜想发表出来. 由于人们早已证明"每个充分大的奇数是三素数之和"(下文会提到),现在的哥德巴赫猜想亦仅指偶数哥德巴赫猜想.

## 素数之谜

德国著名数学家克罗内克(L. Kronecker) 说过:"上帝创造了自然数,其余一切都是人为." 如果说整数是如此的基本,那么素数则充满了神秘. 素数在数论乃至全部数学中扮演了至关重要的角色.

素数主要是希腊数学的产物,早在公元前 6 世纪的毕达哥拉斯(Pythagoras) 学派就有研究. 后来,欧几里得(Euclid) 在他的 13 篇伟大著作《几何原本》里专辟第 7,8,9 三篇讲述数论. 尤其是在第 7 篇中,定义 11、定义 13 分别说明了素数与合数. 命题 31 说,任何一个合数都可以分解为有限个素数的乘积(其实差不多就是著名的"唯一分解定理"). 换句话说,素数是整数世界的"原子". 第 9 篇命题 20 则说:素数有无穷多个. 这些命题可以说对初等整数论的基本结果做了相当完整的总结.

整整 2 000 年,人们一想到素数就是把它们相乘,没人想知道素数相加又是怎么回事. 连 20 世纪苏联最有名的物理学家朗道(L. D. Landau) 在读到哥德巴赫猜想时,也不禁惊呼:"素数怎么能相加呢? 素数是用来相乘的!" 这么说来,克罗内克的话可以改造成"上帝让素数相乘,人们让素数相加". 提出这个猜测确实需要想象力,不过朗道也不无道理,所有这类"人为" 的猜想都要冒些风险,多数因为对数学价值不大而被遗忘. 好在哥德巴赫猜想则不然,历史证明它是一个具有重大理论价值的命题,完全打开了数学的新境界.

然而,自哥德巴赫、欧拉、华林"激起一点浪花",18 世纪在这个问题上没有取得丝毫进展,整个 19 世纪也悄无声息 ……

20 世纪的钟声敲响了. 1900 年 8 月,一位德国数学大师 —— 希尔伯特(D. Hilbert)—— 走上了世界数学家大会的讲坛.

希尔伯特是 20 世纪无可争议的数学领袖. 他继承了高斯和黎曼(B. Riemann) 的光荣传统,与同事一起,把德国格丁根大学建设成世界数学的中心. 可惜由于晚年纳粹的上台,百年积累毁于一旦(很多优秀的数学家都是犹太人).

那次演讲注定要载入数学史册. 在简要回顾了数学的历史及对新世纪的展望之后,希尔伯特提出了著名的"23 问题",哥德巴赫猜想被列为第 8 问题的一部分. 这样一来,由于欧拉、华林和希尔伯特的得力宣传,哥德巴赫猜想注定越来越受数学界的重视. 因为大数学家关心的问题,不是以其难度或趣味性为标准,而是对于发展数学理论的重要意义. 最后,希尔伯特以他的祝愿 ——20 世纪带给数学杰出的大师和大批热忱的弟子 —— 结束了他的世纪演讲. 不久,他就注意到一位数学家开始崭露头角,他的名字叫哈代(G. H. Hardy).

哈代是 20 世纪初英国最杰出、也很有个性的数学家. 此人是剑桥大学教授,终生未婚,每到新年总要为自己立一些稀奇古怪的目标,如谋杀墨索里尼、登上珠穆朗玛峰等. 哈代热爱他的数学,认为数论是最纯粹的学科,优美的定理就像是一件上乘的艺术品,永保价值. 为此,他还特地写了本小册子《一个数学家的辩白》来为此辩护. 除了数学,哈代还十分喜欢板球运动.

1920 年前后,这位不列颠绅士和同事李特尔伍德(J. E. Littlewood) 写了一篇长达 70 页的重量级论文,在文章里提出了圆法. 哈代在皇家学会的演讲中说:"我和李特尔伍德的工作是历史上第一次严肃地研究哥德巴赫猜想." 不过,哈代和李特尔伍德对奇数哥德巴赫猜想的证明依赖于一个条件 —— 广义黎曼假设 —— 这个猜想到现在也未被证明.

1937 年,苏联顶尖的数论大师维诺格拉多夫(I. M. Vinogradov) 改进了圆法,创造了所谓的三角和(或指数和) 估值法. 运用这一强有力的方法,维氏无条件地基本证明了奇数哥德巴赫猜想,即任何充分大的奇数都能写成三个素数之和(尽管小于这个"充分大" 的数计算机还未能全部验证,但那是次要的事).

维诺格拉多夫出生于牧师与教师家庭,从小具有绘画才能. 1910 年,他进入彼得堡大学,在学习期间对数论产生了浓厚兴趣. 后来他取得硕士学位,并任彼得格勒大学教授. 1929 年当选为苏联科学院院士,1934 年起到去世为止他一直是科学院的斯捷克洛夫数学研究所所长. 维氏独身,体格健壮,90 岁了也不乘电梯. 他还十分好客,在具有反犹传统的俄罗斯能容忍各种人一起工作,这对苏联数学的发展起到了积极推动作用. 当时苏联正处在专制独裁时期,自然科学遭受重创,相比之下,斯大林和苏联共产党对数学家是非常优待的.

为什么反是奇数哥德巴赫猜想先解决呢? 因为奇数哥德巴赫猜想比较容易,表示成三个整数和的方式要比两个整数和多得多,由此可以得出结论:表示成三个素数和的可能性,也要比表示成两素数和的可能性大许多,而且它是偶数哥德巴赫猜想的推论:如每个大偶数都能写成两素数之和,那么任何大奇数都是三个素数之和,因为任何奇数减去 3 都是一个偶数,当然减去 5,7,… 也一样. 由此看来,偶数哥德巴赫猜想要强得多(自然也难许多),因为它一旦成立,奇数哥德巴赫猜想中的"三素数" 中有一个可随意选取. 数学家关于这个猜想难度的估计完全被历史证实,相比之下,庞加莱猜想和黎曼假设的难度就曾一度大大超乎人们的意料.

由于问题久攻不克,数学家们开始考虑从另外的角度来研究这个问题. 运用估计的方法,1938 年,著名数学家华罗庚证明:几乎所有的偶数都是两素数之和.

一个退而求其次的显然的想法是,"两个" 不行,多一点总比较容易吧? 这就是德国著名数论专家朗道(E. Landau,不是前面提到的物理学家!) 的想法. 在 1912 年国际数学家大会上他提出一个猜想:存在一个常数 $C$,使每个整数都是不超过 $C$ 个素数的和. 但他悲观地表示,即使这一"弱" 的命题也是那个时代的数学家无能为力的.

但到 1933 年,情况出现了很大变化,一位年仅 25 岁的苏联数学家史尼列尔曼(L. G. Shnirelman,他只活了 33 岁) 发明了至今仍有生命力的密率方法,由此他证明 $C \leqslant 800\ 000$. 这个结果不断刷新. 到 1970 年,沃恩(R. Vaughan) 证出 $C \leqslant 6$. 一般来说,密率法的优点是避免了"充分大",可适用全体偶数. 最近已有数学家证明,全体大于 6 的偶数都可表示为 4 个素数之和.

## 从筛法到陈氏定理

除了对素数个数动脑筋外,还有人对素数本身做出"让步",即仍然是两个数,但不是素数,而是殆素数,即素因子个数不多的正整数. 设 $N$ 为偶数,现用"$a + b$" 表示如下命题:每个大偶数 $N$ 都可表为 $A + B$,其中 $A$ 和 $B$ 分别是素因子个数不超过 $a$ 和 $b$ 的殆素数. 显然,哥德巴赫猜想就可写成"1 + 1". 在这一方向上的进展都是用所谓的筛法得到的. 目前看来,殆素数这条途径的成果最为突出.

筛法最早是古希腊著名数学家埃拉托斯特尼(Eratosthenes) 提出的,这一方法具有强烈的组合味道. 不过原始的筛法没有什么直接的用处. 1920 年前后,挪威数学家布伦(V. Brun) 做了重大改进,并首先在殆素数研究上取得突破性进展,证明了命题"9 + 9". 后续进展如下:拉德马赫(H. Rademacher):"7 + 7"(1924 年);埃斯特曼(T. Estermann):"6 + 6"(1932 年);里奇(G. Ricci):"5 + 7"(1937 年);布赫施塔布(A. A. Buchstab):"5 + 5"(1938 年),"4 + 4"(1940 年);库恩(P. Kuhn):$a + b \leqslant 6$(1950 年). 1947 年,挪威数学家、菲尔兹奖得主塞尔伯格(A. Selberg) 改进了筛法,由此王元于 1956 年证明了"3 + 4". 另一个苏联数学家 A. 维诺格拉多夫(A. I. Vinogradov,不是前面提到的那位) 于 1957 年证明"3 + 3",王元在同年进一步证明"2 + 3".

一切都像是奥运会的纪录一样,不断地刷新.

上述结果有一个共同的特点,就是 $a$ 和 $b$ 中没有一个是 1,即 $A$ 和 $B$ 没有一个是素数. 要是能证明 $a = 1$,再改进 $b$,那就是件更了不起的工作. 苏联天才数学家林尼克(Y. V. Linnik) 于 1941 年提出一种全新的筛法使得这项工作成为可能. 人们把这种方法称为大筛法,而原先的筛法则是指小筛法.

1932 年,埃斯特曼在广义黎曼假设成立的前提下首先证明了“1 + $b$”. 林尼克的学生、匈牙利数学家瑞尼(A. Rényi) 于 1947 年对林尼克的大筛法做了重要改进,结合布伦筛法,于 1948 年无条件地证明了命题“1 + $b$”,$b$ 是个确定的数,不过非常大. 1962 年,潘承洞一下子把 $b$ 从天文数字降到了 5(即“1 + 5”). 不久王元证明了“1 + 4”,并指出在广义黎曼假设成立前提下可得出“1 + 3”. 同一年,潘承洞也证明了“1 + 4”. 然后,布赫施塔布证明了潘承洞的方法可推出“1 + 3”. 1965 年,意大利数学家邦别里(E. Bombieri) 与 A. 维诺格拉多夫无条件地证明了“1 + 3”,这是邦别里获得菲尔兹奖的工作之一.

当时国际数学界有一种观点认为“1 + 3” 已不能再改进. 但就在 1966 年,一位年轻的中国数学家在《科学通报》上刊登了命题“1 + 2”证明的简报(由于未附详细证明,国际数学界没有完全接受). 他就是传奇数学家陈景润.

陈景润

陈景润于 1933 年出生于福州,家境贫寒. 1949 年,他考入厦门大学数学系,毕业后几经周折最终留校任助教. 此时的他已熟读华罗庚的著作,并开始思考哥德巴赫猜想. 由于在一个数论问题上的见解而引起华罗庚的注意,1957 年他被调到中科院数学研究所. 因为各种因素,华罗庚组织的哥德巴赫猜想讨论班就在当年结束了. 后来,尽管陈景润的好结果层出不穷,但他想碰一碰这个猜想,当时人们不太在意.

1966 年,“文化大革命” 开始了,《科学通报》与《中国科学》随即停刊. 由于国际数学界的观点及政治因素,只有闵嗣鹤等少数数学家确信(并审读了) 他的论文. 1973 年《中国科学》复刊之后,证明的全文才得以发表. 陈景润改进筛法的方法叫“转换原理”,“1 + 2” 被称为“陈氏定理”. 数学家们对这个成果极为敬佩. 哈伯斯坦(H. Halberstam) 与里切特(H. E. Richert) 在名著《筛法》的最后一章指出:“陈氏定理是所有筛法理论的光辉顶点.” 华罗庚则说,“1 + 2” 是令他此生最为激动的结果. 陈景润得到了毛泽东、周恩来、邓小平的充分重视和关怀,就向斯大林对待苏联数学家一样.

“文革” 结束后,陈景润因为其无比刻苦的形象,成为亿万中国人的偶像. 但是,也吸引了众多的“民间科学家”,这些人错误地认为,哥德巴赫猜想既然是一个人人都能看懂的初等命题,那就一定有初等的解法,过去数学家之所以不成功,是因为他们都没有看到那条“巧妙的途径”,而自己则找到了那个逃过所有人眼睛的方法. 直到今天,这些“民科”“哥猜家” 仍然不遗余力地跑遍数学研究所和各大院校甚至科技出版社,兜售自己“了不起的发现”. 这一现象被誉为“国人的哥德巴赫情结”. 之所以有这样的情结,徐迟宣扬陈景润的报告文学当然起了一定作用. 不过,初等表述的数学大难题总是会使一批数学素养不高然而却怀有侥幸心理的人跃跃欲试,以前及以后都有人这样做,也不仅仅是针对哥德巴赫猜想,三等分任意角、费马大定理或四色问题等亦是如此. 另一个原因是,四色问题或费马大定理都已解决,民科们即使感兴趣,也知道自己不能获得“优先权”,而三等分任意角毕竟只是个初等命题,影响不如至今仍未被数学界承认解决的哥德巴赫猜想的大. 也就是说,哥德巴赫猜想大概是具有初等表述且具有广泛影响和重要意义的最后一个问题了!

整整 40 年过去了,陈景润所达到的高度依然无人超越. 大家公认再用筛法去证明“1 + 1” 几乎是不可能的. 目前“1 + 1” 仍是个相当孤立的命题,与主流数学比较脱节. 数学界的普遍看法是,要证明“1 + 1”,必须发展革命性的新方法. 找到这个办法的人,将获得至高无上的荣誉 —— 尽管这决不应是人们去研究它的主要目的.

2000 年 3 月,英国费伯出版社和美国布卢姆斯伯里出版社宣布了一条消息:谁能在两年内解开哥德巴赫猜想这一古老的数学之谜,可以得到 100 万美元的奖金. 其实这两家出版社是为了给希腊作家佐克西亚季斯(A. Doxiadis) 的小说《彼得罗斯大叔和哥德巴赫猜想》宣传而做出这一决定的. 不知道这两年书卖得怎么样,反正两年之后仍没有人可以领到这个奖. 就在他们提出这个奖励两个月后,“新千年七大数学问题” 出炉了,这次是专业数学家提出的问题,每个也是 100 万美元. 哥德巴赫猜想不在其中. 如今,数学的分支已经庞杂得十分可怕,也许在世纪之交回顾历史,提醒人们还有哪些著名的或有价值的未解决数学问题,是一个比较有意思的做法.

# §5　华林猜想(1770—1909)——让初等方法发挥到极致的问题

华林(E. Waring,1736? －1798),英国数学家. 1760 年在剑桥大学获得硕士学位,并担任剑桥大学第 6 任卢卡斯教授. 华林对医学也颇有兴趣,但最重要的贡献在于数学,尤其是数论.

## 华林猜想的提出与研究

华林最出名的工作无疑是 1770 年在《代数沉思录》中提出了华林猜想:每个正整数可以表示成 4 个整数的平方和,9 个非负整数的立方和,19 个整数的 4 次方和. 1782 年的《代数沉思录》第三版中,华林又猜想,存在一个函数 $g(k)$,使每个正整数至多表为 $g(k)$ 个非负整数的 $k$ 次方和;而存在一个函数 $G(k)$,使每个充分大的正整数至多表为 $G(k)$ 个非负整数的 $k$ 次方和.

$g(2)=G(2)=4$ 原先是巴歇(C. Bachet)于 1621 年提出的猜想,1770 年首先由拉格朗日(J. L. Lagrange)证明,这就是著名的拉格朗日"四平方和定理",后来,欧拉也给出了一个证明. 直到 1909 年,维弗里希(A. Wieferich)才证明 $g(3)=9$,后发现漏洞被肯普纳(A. Kempner)于 1912 年补正.

对于一般的 $g(k)$,1772 年,欧拉证明 $g(k)\geqslant 2^k+\left(\frac{3}{2}\right)^k-2$,现在认为上式很可能是等式,称为欧拉猜想. 1909 年,希尔伯特(D. Hilbert)首先证明 $g(k)$ 的存在性,但他的方法很复杂,使用了 25 重积分. 1943 年,苏联天才数学家林尼克(Y. V. Linnik)给出了一个十分精巧的初等证明,这个证明与范德瓦尔登定理、密率问题被苏联著名数学家辛钦称为"数论的三颗明珠".

辛钦有个学生对数论颇感兴趣,二战时应征入伍. 二战快结束时,他呆在疗养院里养伤,想起了以前学过的数学,于是就写信给辛钦,恳请辛钦给他点"数学珍珠". 辛钦收到信后,感到非常高兴,于是就花时间写了本精美的小册子《数论的三颗明珠》,这本书后来也翻译成中文出版过. 书中罗列的这三个问题,都是用初等方法解决的. 由于工具的"简单",难度自然更大,技巧更高. 其中,范德瓦尔登定理绝对称得上是奥数的"上界",也就是说,奥数的难度不可能超过范氏定理(比它简单不少的一个命题还是我国国家队选拔考试题),而密率问题则更深一些,最了不起的则是林尼克对华林猜想的初等证明,这是十分夸张的一个证法.

对于较小的 $k$,1940 年,皮莱(S. Pillai)证明 $g(6)=73$. 后来,狄克森(L. E. Dickson)、皮莱、鲁布甘代(K. Rubugunday)、尼文(I. Niven)等于 1940 年代基本证明了欧拉的猜想,即只要满足一个关于自然数 $n$ 的"简单"不等式(马勒(K. Mahler)证明这个不等式对于充分大的 $n$ 都成立),则对于 $n\geqslant 6$ 的所有自然数欧拉猜想都是正确的. $g(5)=37$ 是陈景润于 1964 年证明的. 最后的 $g(4)=19$,也就是华林最初的猜想之一,反而最后解决,那是在 1986 年由巴拉苏布拉马尼亚姆(R. Balasubramaniam),德苏耶尔(J. Deshouilleres)和德雷斯(F. Dress)证明的.

显然,只要证明 $g(k)$ 的存在,就等于证明了 $G(k)$ 的存在,而 $G(k)$ 的意义更大,也更难研究. 首先突破的是哈代(G. H. Hardy)与利特尔伍德(J. E. Littlewood),但他们的估计值太大. 后来,经过苏联数学家维诺格拉多夫及弟子的研究,得出上界为 $O(k\ln k)$,这可是很好的结果. 1985 年得到了较小的系数,为 $2k(\ln k+\ln\ln k+6)$. 对于较小的 $k$,1939 年,达文波特(H. Davenport)证明 $G(4)=16$;1943 年,林尼克证明 $G(3)\leqslant 7$;1990 年,布鲁德恩(Brüdern)证明 $G(5)\leqslant 18$. 哈代与利特尔伍德曾猜想当 $k$ 为 $2^m$ 型数($m>1$)时,$G(k)=4k$;对其他情形,则有 $G(k)\leqslant 2k+1$. 可以想象,若不能去除 $\ln k$,再降低系数意思也不是很大. 哈代 - 利特尔伍德猜想应该说是一个非常彻底的估计了,因为简单计算得出的下界表明:$k+1 \leqslant G(k)$.

## 初等方法显身手

华林猜想最有意思的地方,是初等方法可以做不少好的工作(这对于哥德巴赫猜想是不可思议的,所以数学家一见到民科拿着哥德巴赫猜想的"证明"来了,就要皱紧眉头). 为什么呢? 这正是纯数学的特殊性. 有人曾经比喻说,在数学中,存在性本身就是有价值的,不一定非要构造出来;但对于其他任何一门自然科学,任何预言存在的东西一定要找到才能被认可. 比如黑洞,霍金(S. Hawking) 做了很好的工作,但由于黑洞至今未在观察实验中直接得到确认,而霍金蒸发效应更不曾从实验中证实,所以霍金尽管大名鼎鼎,诺贝尔奖就是不颁发给他. 同样的例子还有超弦理论,威滕(E. Witten) 是超弦的"教主",在美国已经被列为二战后第6位最有影响的美国人,但他至今无缘诺奖,却获得了数学的最高奖 —— 菲尔兹奖. 原因很简单,超弦和高维空间至今未被证实,但这些概念对于数学是很有价值的. 就是因为这个奖,威滕方声名鹊起. 很多人(包括笔者在内),在威滕获菲尔兹奖之前,从未听说他究竟是"何许人也".

由于 $g(k)$,$G(k)$ 在日常生活和自然科学技术中也未必有多大实用价值,所以证明其存在,定出其哪怕是粗糙的上界,就算是数学上的好工作. 当然,我们若是能求出其精确值或是给出精确估计自然更好,但这往往以数学工具之高等为代价,而若我们仅仅是处于对数学美的欣赏,那么初等方法亦未尝不是好办法. 在这一方面,最有名的莫过于图论中拉姆赛数的确定. 我们知道,奥数中最有名的一道题是:世上任何6个人中,必定有3人两两认识或两两不认识. 这"翻译"成图论的语言就是:将一个6阶完全图("阶"即顶点个数,完全图就是任意两顶点之间恰好连一条边) 按照任意方式对边进行二染色,那么必定有同色三角形存在(而5个顶点就未必成立). 其实这样的同色三角形至少有2个. 对于这个问题的推广,可以证明对于 $n>6$,任意 $n$ 阶完全图的二染色中,至少有 $f(n)$ 个同色三角形,$f(n)$ 早就已经求出来了.

自然不要以为这样就把问题做光了,更深的推广是,一是要求保证同色 $k$ 阶完全图的存在至少要对多少阶的完全图进行二染色,其次是不止2种颜色. 拉姆赛(F. P. Ramsey) 就是证明了这样的数肯定存在,这就是著名的拉姆赛定理. 至于具体的值则非常难求,意义也未必很大. 例如人们已经证明,将一个18阶完全图("阶"即顶点个数,完全图就是任意两顶点之间恰好连一条边) 按照任意方式对边进行二染色,那么必定有4阶同色完全图(即存在4个顶点其任两点之间的连线的颜色是相同的). 由于17有反例,因此18就是第二个拉姆赛数. 但是要研究5阶同色完全图、6阶同色完全图 …… 由于计算量的迅速增长,至今谁也不知道. 著名数学家爱多士(P. Erdös) 曾不无风趣地说:如果有个妖怪要毁灭地球,除非我们告诉他第三个拉姆赛数是多少,地球人所能做的唯一的事情就是动用所有计算机拼命地算,而要是妖怪想知道第四个拉姆赛数,那么地球人还是想办法怎么消灭妖怪吧!

其实,数学中各种存在性问题可谓比比皆是(这也许就是人们"责备"数学"无用"的理由吧),数学为存在性留了一个位置,而其他任何一门自然科学不容许这样的东西存在,除非真找到了. (哲学、社会科学和宗教比较复杂,因为很多概念本身是主观的、含糊的,比如超文本、潜意识、隐喻,再如神、灵魂 …… 都是说不大清楚的,但这也表明,并非只有实实在在看得见摸得着或实验检测得到的东西才是有价值的,有时仅仅是存在乃至虚构的东西也是有价值的. 你要说哲学和宗教是在钻自然科学的"空子",某种意义上也有些道理,比如原子这个概念,在2 000多年前只是哲学思辨的产物,但在今天就主要是物理学的研究对象了. 自然科学每前进一步,原本属于哲学和宗教概念的地盘就要让些出来,物理学、生物学、心理学的发展史证明了这一点. 但这并不意味着哲学、宗教就日渐式微了,事实上数学和自然科学的范围也是存在的,超出一个范围就不能做下去. ) 当然,数学中存在的东西也的确是可以在有限步里找到或描述的,只要计算机不停地搜索,迟早可以找到,但这就涉及经济效益问题,这样做究竟是否划得来,而且对于数学理论来说也未必有价值. 所以,要充分意识到存在性问题对数学的价值,有时,劳民伤财地去找到具体的数值反而缺乏意义.

在哈代、莱特(E. M. Wright) 的名著《数论导引》(这本书最近被译成中文由人民邮电出版社出版) 中,

给出了 $g(3)$,$g(4)$ 等上界估计的初等方法.(无疑这种估计是很粗糙的.读者可以尝试着也做一做,随后去翻翻《数论导引》,希望自己能估计得更好.)

大致介绍一下《数论导引》中的内容,该书利用恒等式 $6(a^2+b^2+c^2+d^2)^2=(a+b)^4+(a-b)^4+(c+d)^4+(c-d)^4+(a+c)^4+(a-c)^4+(b+d)^4+(b-d)^4+(a+d)^4+(a-d)^4+(b+c)^4+(b-c)^4$,以及拉格朗日四平方定理,证明 $g(4)\leqslant 50$.

随后,作者又定义了两个函数 $\varphi(z)=11z^9+(z^3+1)^3+125z^3$,$\psi(z)=14z^9$,由于对于大的 $z$,$\varphi(z+6)<\psi(z)$,于是就可以研究介于 $\varphi(z)$,$\psi(z)$ 之间的正整数 $n$,由此得出 $G(3)\leqslant 13$.在计算出当 $z\geqslant 373$ 时有 $\varphi(z+6)<\psi(z)$,还可以证明 $g(3)\leqslant 13$.由倍数关系,反复利用上述结论,可进一步证明 $g(6)\leqslant 184g(3)+59\leqslant 2\ 451$,$g(8)\leqslant 840\ g(4)+273\leqslant 42\ 273$ 等.

至于林尼克的美妙证明,还是请读者阅读辛钦的原著吧.林尼克的这个证明不算很冗长,可以欣赏,但诚如辛钦指出的,要花费几个星期才能理解其中的逻辑关系和奥妙所在,这还有赖于读者一定的数学修养.

辛钦写书的时候正值斯大林时代,前苏联的意识形态竟然可容忍维诺格拉多夫、林尼克等从事纯数学研究,也难能可贵.人类追求纯数学美的动机,兴趣是主要原因,此外不得不承认,数学天赋在生活或各行各业中往往也发挥不出什么作用,那些领域人际关系比较重要,情况比较复杂,并不依靠“纯智力”(比美国总统布什聪明的人多了去了,难道他们都能当好总统).而数学高手喜欢数学,“纯智力”具有用武之地恐怕也是原因之一,这些人面对其他环境就“大倒胃口”,理论物理学家也类似(爱多士回忆说,他曾和一帮对数学毫无兴趣的人住一屋,他把他们形容成“一群不值得一提的人”;爱因斯坦在专利局当三级职员时也有类似感觉,后来他出了名,从不提那些同事).其实每个正常人都有这种心态(只不过多数不会到数学里“发泄”),例如余秋雨在谈到上海人的精明时说过的:“上海人的这种计较,一大半出自对自身精明的卫护和表现.智慧会构成一种生命力,时时要求发泄,即便对象物是如此琐屑,一发泄才会感到自身的强健.这些可怜的上海人,高智商成了他们沉重的累赘……他们只能耗费在这些芝麻绿豆小事上,虽然认真而气愤,也算一种消遣……”的确,很多老年人、中年人在工作、家庭中发挥不出什么聪明劲儿,于是便极愿意将自己的智商发泄到公园里的牌局上去,有时争得面红耳赤才善罢甘休,一到明天也就不计前嫌;而年轻人多数则狂迷于电子游戏.我的一个同行、数论高手周晓东曾是全国桥牌冠军,也做过上海队的教练,他说打桥牌很穷的,不过有的人就是喜欢,怎会计较钱呢?其原因仍是以上的心理,一是兴趣,二是总希望自己的智商能有一个得到发泄和承认的地方.2004年诺贝尔物理学奖得主格罗斯(D. Gross)就曾告诫一些聪明的转行的物理系学生,他的意思是说,要充分发挥自己的聪明才智,还是做物理好.格罗斯的意思大家都明白,物理系的学生转行主要是为了钱(如今读物理也不是很有出路),少数人可能雄心勃勃想做商业领袖,一般来说他们自然当不了一把手!鱼与熊掌不可兼得.如果想过过小资的日子也就可以了,但天长日久要是觉得自己的专业和智力得不到发挥,那个不满也只能往自己肚里咽,想来想去,还是到公园里找牌局吧!

## §6　素数定理(1792—1896)
## ——另一个让人大跌眼镜的问题

大约在1792年,15岁的天才少年高斯经过深入分析和例证,猜想素数在自然数中的分布密度应该是 $1/\log x$,因而他提出这样的公式:$\pi(x)\sim \mathrm{Li}(x)$,当 $x\to+\infty$.其中 $\pi(x)$ 表示不超过 $x$ 的素数的个数,$\mathrm{Li}(x)=\int 1/\log t\mathrm{d}t$.

差不多在同一时候,法国数学家勒让德(A. M. Legendre)通过数值计算,于1808年提出了这样一个经验公式:$\pi(x)\sim x/(\log x-1.083\ 66)$,当 $x\to+\infty$ 时.容易看到,高斯和勒让德提出的渐进公式是等阶的,实际上都等同于猜想 $\pi(x)\sim x/\log x$,当 $x\to+\infty$ 时(不过高斯的猜想更加深刻和精确).

## 初次的进展

高斯和勒让德的猜想就是19世纪最著名的数学难题——素数定理.这个猜想是非常令人惊异的,因为素数在自然数中的分布可以说相当“杂乱无章”,但它竟然还能用这样简单的公式来描述!

高斯曾写信给当时世界上一些著名的数学家,向他们请教这个问题,但没人能给出证明.他本人肯定曾花费不少时间和精力来思考这个从少年时便开始困惑他的难题,但我们没有他关于这个问题的研究记录.

首先对素数定理的研究作出重要贡献的是俄国大数学家切比雪夫(P. Chebyshev),他证明了:存在两个正常数 $C_1$ 和 $C_2$,使不等式 $C_1x/\log x \leqslant \pi(x) \leqslant C_2x/\log x$ 对充分大的 $x$ 成立,并且相当精确地定出了 $C_1$ 和 $C_2$ 的数值(其实对于较粗糙的 $C_1$ 和 $C_2$,初等数论和奥数里就可以介绍,其奥妙在于研究组合数,这也是切比雪夫看出来的,后世的数论学家也不断证明,研究一个数论猜想,引进具有很好性质的数或数论函数往往至关重要).他还证明,如果 $\pi(x)\log x/x$ 的极限存在,则必定是1.这些无疑都是很重要的进展,但遗憾的是,用切比雪夫的方法无法证明最后的结果.

切比雪夫生于1821年,他左脚生来有残疾,因而童年时代的他经常独坐家中,养成了在孤寂中思索的习惯.他有一个富有同情心的表姐,当其余的孩子们在庄园里嬉戏时,表姐就教他唱歌、读法文和做算术.一直到临终,切比雪夫都把这位表姐的相片珍藏在身边.

1832年,切比雪夫全家迁往莫斯科.为了孩子们的教育,父母请了一位相当出色的家庭教师.切比雪夫从家庭教师那里学到了很多东西,并对数学产生了强烈的兴趣.他对欧几里得《几何原本》中关于素数有无限多的证明留下了极深刻的印象.

1837年,年方16岁的切比雪夫进入莫斯科大学,成为哲学系下属的物理数学专业的学生.在大学阶段,切比雪夫就已经有所发现,曾获得系里颁发的年度银质奖章.大学毕业之后,切比雪夫一面在莫斯科大学当助教,一面攻读硕士学位.大约在此同时,他们家在卡卢加省的庄园因灾荒而破产.切比雪夫不仅失去了父母方面的经济支持,而且还要负担两个未成年的弟弟的部分教育费用.1843年,切比雪夫通过硕士课程的考试,1845年完成硕士论文,于次年夏天通过答辩.1846年,切比雪夫接受了彼得堡大学的助教职务,从此开始了在这所大学教书与研究的生涯.1849年获博士学位,1859年成为彼得堡科学院院士,1860年升为教授,1882年光荣退休.

切比雪夫教过数论、高等代数、积分运算、椭圆函数、有限差分、概率论、分析力学、傅里叶级数、函数逼近论、工程机械学等十余门课程.他的讲课深受学生们的欢迎.切比雪夫曾先后六次出国考察或进行学术交流.他与法国数学界联系甚为密切,是多国科学院的院士.

19世纪以前俄国的数学是相当落后的.在彼得大帝去世那年建立起来的科学院中,早期数学方面的院士都是外国人,其中著名的有欧拉、伯努利等.俄罗斯没有自己的数学家.19世纪上半叶,俄国才开始出现了像罗巴切夫斯基(N. I. Lobachevsky)这样优秀的数学家,但他们的成果在当时还不足以引起西欧同行的充分重视.切比雪夫就是在这种历史背景下从事他的数学的.他不仅是土生土长的学者,而且以他自己的卓越才能和独特魅力吸引了一批年轻的俄国数学家,形成了一个具有鲜明风格的数学学派,从而使俄罗斯数学摆脱了落后的境地,开始走向世界前列.作为彼得堡数学学派的奠基人和当之无愧的领袖,切比雪夫在概率论、解析数论和函数逼近论领域的开创性工作从根本上改变了法国、德国等传统数学大国的数学家对俄国数学的看法.

切比雪夫对解析数论的研究集中在他初到彼得堡大学任教的头四年内,当时他正担任着高等代数与数论的讲师,同时兼任欧拉选集数论部分的编辑.1849年,欧拉选集的数论部分在彼得堡正式出版.切比雪夫为此付出了巨大心血,同时他也从欧拉的著作中体会到了深邃的思想和灵活的技巧结合在一起的魅力,特别是欧拉所引入的 $\xi$ 函数及用它对素数无穷这一古老命题所作的奇妙证明,吸引他进一步探索素数分布的规律.

切比雪夫终身未娶,日常生活十分简朴,他的一点积蓄全部用来买书和制造机器.每逢假日,他也乐于同侄儿女们在一起轻松一下,但是他最大的乐趣是与年轻人讨论数学问题. 1894 年 11 月底,他的腿疾突然加重,随后思维也出现了障碍,但是病榻中的他仍然坚持要求研究生前来讨论问题. 1894 年12 月 8 日上午,这位令人尊敬的学者在自己的书桌前溘然长逝. 他既无子女,又无金钱,但却给人类留下了一笔不可估价的遗产 —— 一个光荣的学派.

## 黎曼的出场

在解析数论历史上,哥德巴赫猜想可算是第一个重要猜想,但素数定理却可能是第一二个引起解析数论发展的大问题,重要突破可说是在 1859 年,也就是达尔文出版《物种起源》的那一年.

1859 年,德国大数学家黎曼(B. Riemann) 发表了题为"论不超过一个给定值的素数个数" 的论文,这是他唯一一篇关于数论的论文. 黎曼只比切比雪夫小 5 岁,是同时代人. 尽管他只活了不到 40 岁,却是高斯之后世界上最伟大的数学家,极富创新性的工作,使他成为全世界公认的现代数学的主要奠基人. 关于黎曼在另文有介绍,这里就不多说了.

在这篇仅 8 页的论文里面,黎曼首次深刻而系统地研究了复变函数"$\zeta$ 函数"$\zeta(s) = \sum 1/n^s$ 的性质,并且指出,素数的分布与 $\zeta$ 函数,特别是 $\zeta$ 函数的零点的性质有着密切的联系. 在这篇文章里,他还提出六个关于 $\zeta$ 函数的猜想,其中一个就是著名的黎曼假设:$\zeta(s)$ 的所有非平凡零点都位于直线 $\mathrm{Re}(s) = 1/2$ 上,至今未决,是国际学界公认的当今最重要的数学猜想. 黎曼的这篇论文为素数分布理论的研究指明了方向,以后这方面所有的进展都是从他的思想中得来的.

这里要说几句的是,$\zeta$ 函数并不是黎曼首先发明的,而是比他早 100 多年的瑞士伟大数学家欧拉的杰作. 不过欧拉当初仅考虑了 $s$ 是实变数的情形,并运用实的 $\zeta$ 函数证明了素数有无穷多个. 这有几方面的意义,首先,虽然素数有无穷多个是2 000 多年欧几里得《几何原本》中就证明的,但欧拉的这个证明却是一个真正的解析证明,开创了运用分析研究数论的先河;其次,欧拉可以利用 $\zeta$ 函数证明全体素数的倒数和是发散的,这比素数有无限多的结论要强(平方数也有无限个,但全体平方数的倒数和却是收敛的,还不到 2,这说明平方数要比素数"稀" 得多),预示着 $\zeta$ 函数将有很大的用处,尤其是针对杂乱无章的素数. 但在欧拉时代复变函数的概念刚刚萌芽,所以也难怪欧拉未将 $\zeta$ 函数开拓到复变函数上去,从而失去发现"整个新大陆" 的机会.

到 1895 年,随着曼戈尔特(von Mangoldt) 对黎曼论文的深入研究,情况变得明朗起来. 曼戈尔特引入一个简单而有效的辅助函数 $\Psi(x)$,定义为 $\Psi(x) = \sum \Lambda(n)$,这里 $n$ 取小于 $x$ 的全体正整数,$\Lambda(n)$ 被称为曼戈尔特函数,它对于 $n = p^k$($p$ 为素数,$k$ 为自然数) 取值为$\ln p$, 对其他 $n$ 取值为0. 引进 $\Psi(x)$ 的一个重大好处是早在几年前切比雪夫就已经证明:素数定理 $\pi(x) \sim \mathrm{Li}(x)$ 等价于 $\Psi(x) \sim x$(为了纪念切比雪夫的贡献,曼戈尔特函数也被称为第二切比雪夫函数).

在经过切比雪夫、黎曼、阿达马(J. Hadamard) 和曼戈尔特等人的努力后,人们离素数定理的证明终于只剩下了最后一小步:即把已知的黎曼 $\zeta$ 函数零点分布规律中那个小小的等号去掉. 这一小步虽也绝非轻而易举,却已难不住攀登了三十几个年头,为素数定理完整证明的到来等待了一个世纪的数学家们. 1896 年,两位年轻的数学家阿达马和德·拉·瓦莱布桑(C. J. de la Vallée Poussin) 按照黎曼的思路,各自独立地利用高深的整函数理论证明了素数定理,从而解决了这个有一个世纪历史的难题. 后来朗道、哈代 - 利特尔伍德等人利用函数论的知识给出了素数定理的新证明.

阿达马

以上各人的证明都需要利用 $\zeta$ 函数以及一些较深的分析工具. 后来维纳(N. Wiener) 用实分析的方法证明了素数定理等价于"$\zeta$ 函数的零点不在直线 $\mathrm{Re}(s) = 1$ 上". 这就更让人相信,素数定理的证明必然要用到 $\zeta$ 函数以及高深的分析工具.

1921 年,哈代就曾经说过这样一段话:“断言一个数学定理不能用某种方法证明,这可能显得过于轻率,但有一件事(素数定理没有初等证明)却是清楚的.如果有谁能给出素数定理的初等证明,那么他就将表明,我们过去关于数学中何谓‘深刻’、何谓‘肤浅’的看法都是错误的.那时我们就不得不把书本都抛在一边,重写整个理论.”

哈代逝世于 1947 年,他万万没有想到,就在他去世两年后,两位年轻的数学家就推翻了他以及整个数学界的断言,用完全“初等”的方法给出了素数定理的证明.

## 初等证明 —— 爱多士的故事

1949 年,两位年轻的数学家,31 岁的赛尔伯格(A. Selberg)和 35 岁的爱多士(P. Erdøs)分别独立地证明了素数定理.与以往的证明不同的是,他们的证明没有用到 $\zeta$ 函数,而且除了极限、$e^x$ 和 $\log x$ 的简单性质外,没有用到任何高等数学的知识,甚至连微积分都没有用到!可以说,他们给出的是一个完全“初等”的证明,这一结果轰动了整个数学界(后来有人用 $1+x+x^2/2!+\cdots+x^n/n!$ 代替 $e^x$,用 $1+1/2+\cdots+1/n$ 代替 $\log x(n\leqslant x)$ 给出了一个连超越函数都不需要的初等证明.)

美籍数学家赛尔伯格 1917 年生于挪威,1935 年进入奥斯陆大学学数学,1942 年发表关于黎曼假设的著名结果,1943 年获博士学位.1947 年他移居美国,1947 ~ 1948 年在普林斯顿高等研究所任研究员,其后一年在叙拉古大学任副教授,1994 ~ 1951 年任普林斯顿高等研究所终身研究员,1950 年获菲尔兹奖,1951 年起升为教授直到 1987 年退休.塞尔伯格大大改进他的同胞布伦的筛法,“塞尔伯格筛法”对解析数论的影响很大,例如对哥德巴赫猜想研究的推动.所以,他堪称 20 世纪下半叶(解析)数论第一人.塞尔伯格对现代数学的贡献还有很多.由于这些贡献,塞尔伯格成为美国科学院等多国科学院院士,1986 年他获得沃尔夫数学奖.2007 年去世.

爱多士于 1913 年 3 月 26 日出生于布达佩斯的一个匈牙利化的犹太人家庭.若要用“20 世纪最伟大的数学家”来形容他,恐怕还得加上“之一”这个词,但要用“最富传奇色彩的数学家”来形容,大概就不需要了.对于做数论难题的人很像英雄,其智力功夫之硬,犹如田径巨星的体力程度令人折服.以后要是谈到 20 世纪下半叶的数论,就一定要想到赛尔伯格、爱多士、贝克(A. Baker)、怀尔斯,就好比一谈到田径,就会想到欧文斯、摩西、刘易斯和约翰逊一样(21 世纪一开始,陶哲轩一枝独秀,田径界也出了个博尔特傲视群雄).

由于出生的当天,两个姐姐就因病去世,作为独子的爱多士备受双亲宠爱,他们甚至舍不得让他上学.爱多士从小是个神童,4 岁便发现了负数.

1919 年,霍尔蒂(M. Horthy)在匈牙利建立了欧洲第一个法西斯政权,并发起了一场血腥的排犹运动.几万犹太人被迫离开匈牙利,其中包括特勒(E. Teller)、冯·诺伊曼(J. von Neumann)、西拉德(L. Szilard)、维格纳(E. Wigner).这四个未来的科学巨子都去了当时的科学圣地德国,若干年后又都逃到了美国,并参与了曼哈顿工程.

爱多士一家并没有离开.尽管受到各种反犹法律的限制,爱多士还是得以在 17 岁那年进入大学学习.他经常与他的朋友们在公园或广场里讨论数学问题和时事.大学一年级时,爱多士便证明了贝特朗(Bertrand)假设:“在 $n$ 和 $2n$ 之间总存在一个素数,其中 $n$ 是大于 1 的整数.”这个猜想最初是在 1848 年由切比雪夫证明的,但爱多士的证明要简单得多.现在在高级别的数学竞赛参考资料中,还可以看到这个假设的证明,无疑是非常高妙(不知是不是爱多士的),若没有爱多士的简化,恐怕永远进不了中学奥林匹克数学(1990 年 31 届 IMO 上,有人用这个结果证明第 5 题,被誉为“用原子弹炸死一只蚊子”).这个证明对于爱多士献身数学的触动,恐怕类似于高斯完成正 17 边形的尺规作图.

爱多士明白,由于政治上的原因,他迟早得离开匈牙利.1934 年,爱多士获得了博士学位,随后便到英国曼彻斯特大学进行博士后研究.抵达英国第二天,他就见到了哈代 —— 当时数论界的“No. 1”.在英国,爱多士开始了他的流浪生涯.他频繁来往于英国的各大学之间,从未连续七天呆在同一个城市.爱多士一直想去格丁根 —— 当时世界数学的中心,但作为犹太人的他始终没有达成这个心愿.他每年要回布达佩斯三次,看望双亲和老朋友.

1938年9月3日发生了捷克事件.那天爱多士正在布达佩斯,他当晚便匆匆赶回英国,几周后又去了美国,到普林斯顿高等研究所工作.尽管他与爱因斯坦有过交往,但总体来说研究所不是很欣赏他特立独行的性格和研究风格.外尔(C.H.H.Weyl)更相信赛尔伯格,而冯·诺伊曼对自己的这位同胞也不肯帮什么忙.于是,一年半以后他就被解聘了.爱多士又开始了世界漫游,作为史上最著名的旅行数学家,很难说是他的个人喜好还是外界迫使,也许是兼而有之吧.

被高等研究所解聘后,爱多士一度失去了生活来源,幸好剑桥结识的朋友乌拉姆(S.Ulam)向他伸出了援助之手:邀请爱多士到他工作的威斯康星大学来访问.1943年,爱多士在普渡大学找了份非全日性工作,总算摆脱了四处举债的日子.战争期间爱多士一直得不到家人的消息.1945年8月,爱多士终于收到了消息.他母亲仍然健在,但父亲已死于心脏病,他的很多亲戚都被纳粹杀害了.苏军占领匈牙利后,红色恐怖代替了白色恐怖.

爱多士一生发表了1 475篇论文,最轰动的是1947年素数定理的初等证明,但爱多士却避而不谈,因为在这件事上颇有争议.当时赛尔伯格发现了一个恒等式,并告诉爱多士.然后两人分别独立地用这个恒等式给出了素数定理的初等证明.赛尔伯格得到了菲尔兹奖,并当上了美国普林斯顿高等研究所教授,但爱多士则没有得到这一切,两人因此反目.其实,整个过程是有点误会和悲剧色彩.赛尔伯格是真正的大家,其数论直觉不亚于爱多士,他在某些领域比爱多士更深一点,而爱多士则更广.其实爱多士也是个心胸坦荡的人,并不十分计较名利,所以才能有创纪录的485名合作者.

"爱多士数"是数学界流传的一个典故.即给每位数学家赋予一个爱多士数:爱多士本人的爱多士数是0;曾与爱多士合作发表过文章的人的爱多士数是1(也就是那485个人);没有与爱多士合作发表过文章,但与爱多士数为1的人合作过的是2,依次可定义爱多士数3、爱多士数4… 自然,不属于以上任何一类的就是∞.这是一个颇具图论色彩的概念,爱多士在图论中也作出很多贡献.著名科学家爱因斯坦的爱多士数是3.世界上很多著名数学家和诺贝尔奖金获得者的爱多士数都很小.比尔·盖茨(Bill Gates)因与人合作发表过一篇信息论方面的论文,得到了爱多士数4,这是盖茨唯一发表的论文!

1948年冬,爱多士回到布达佩斯,看望了他的母亲和一些老朋友.但很快斯大林就开展了一次笔迹审查活动,大肆封锁边界、围捕公民,爱多士不得不再次逃离匈牙利.随后几年内,他往返于美国和英国之间,居无定所.1954年,爱多士被邀请参加一个在阿姆斯特丹举行的学术会议,他于是便向美国移民局申请再入境许可证.那时正是麦卡锡时代,美国处于一片红色恐惧之中.(以至于当爱多士想往匈牙利 —— 一个共产主义国家 —— 打电话时,都没人敢把电话借给他.)那个年代真是人心惶惶,红色政权和其死对头麦卡锡主义对他们认为"来路不明的人"都不会轻易放过,尽管很多人是无辜的,即使有问题也不大可能同时为两个敌对势力服务!但他们却两头受疑.爱多士的生活经历就是典型,这样的遭遇肯定还降落到很多人头上.

移民局的官员不想给爱多士发再入境许可证,便用一些愚蠢的问题刁难爱多士.结果爱多士未得到入境许可,他请了一名律师提出上诉,结果被驳回.法院没有给出任何理由.他的律师被允许查阅部分爱多士的档案,发现其中附有一封爱多士写给居住在红色中国的华罗庚的信:"亲爱的华,设$p$是一个奇素数……"爱多士一年要写1 500封左右的信,基本上都在讨论数学问题,但移民局的官员显然害怕信中的那些他们看不懂的数学符号是某种密码.另外根据FBI的记录,爱多士还曾经涉嫌在一个雷达站附近从事间谍活动(其实不过是当年爱多士在普林斯顿时与几名学生不小心逛到那个地方).所以他被麦卡锡踢出美国是再正常不过的事了.

被赶出美国之后,爱多士发现自己已没什么地方可去了:荷兰只给了他几个月的签证,英国也差不多.西欧各国都不愿接纳一个对红色中国亲善的人.最后,以色列接纳了他,给予他居住权,但他拒绝加入以色列国籍,并且保留自己的匈牙利护照.1955年,爱多士在密友们的多方奔走和呼吁下,终于得以访问匈牙利.匈牙利政府颁发给他一个特别护照,证明他是匈牙利公民,但拥有以色列居住权.从此爱多士能够自由出入匈牙利.他每年都要回去几次,看望母亲和朋友们.但爱多士永远都不会安居在一个地方,他宣布自己是世界公民,以惊人的速度穿梭于各个大学和数学研究所之间. 他的足迹踏遍五大洲,在超过 25 个国家里进行数学研究,有时还在这些地方的不知名杂志上发表成果. 他曾两次访问中国.

和哈代、利特尔伍德、切比雪夫、维诺格拉多夫一样,爱多士是独身者(拉马努金是标准的包办婚姻),看来热爱数论的人往往忘记了家庭. 他的全部财产就是一只手提箱. 爱多士的母亲在最后的年头陪着儿子到处游学,直到 1971 年 91 岁去世. 爱多士受此打击,再也没有恢复到原来的心态,他的朋友多数也死在他前面. 为了得到慰藉,爱多士更是一头钻进数学里去,夜以继日.

1996 年9 月20 日,爱多士在华沙的一个数学会议间歇因心脏病去世,终年83 岁. 第二天,全世界数学界深感震动:随着一个伟大的数学灵魂的消逝,一个时代似乎结束了.

# §7　卡特兰猜想(1844—2002)
# ——仅次于费马大定理的不定方程

1844 年,比利时数学家卡特兰(E. C. Catalan) 写了封信给著名数学杂志——《克雷尔杂志》,提出了一个猜想,他是这样写的:

先生,我请您发表我的一个尚未证实的猜想,也许别人能够成功地证明它:对于两个相邻正整数,比 8 和 9 大,就不能都是整数的乘方. 换句话说,不定方程 $x^m - y^n = 1$ 只有一组正整数解.

这就是后世著名的卡特兰猜想.

## 最初的结果

很多文献也将卡特兰称为法国数学家,这并非有误,甚至更加准确. 原来,卡特兰的出生地在当时是属于法国的,现属比利时. 卡特兰活了 80 岁(最终卒于比利时),其工作并非显著,不过在组合学中有个"卡特兰数" 倒十分有名,每本组合学教材中总会提到(仅凭这一点,卡特兰也足可瞑目了).

发表那个猜想的时候,卡特兰是巴黎综合工科学校的教师. 巴黎综合工科学校的法文名称是 l'Ecole Polytechnique,又译综合工科学校、巴黎综合理工大学,是法国历史悠久、名声显赫的"大学校" 之一.

如果仅仅考虑平方和立方,比卡特兰早很多就有人证明过. 比如 18 世纪中叶,欧拉就证明:不定方程 $x^3 - y^2 = \pm 1 (x, y > 0)$ 只有解 $x = 2, y = 3$. 这一结论利用某些复整数环的唯一因子分解便可证明.

顺便解释一下唯一分子分解. 数学家在研究不定方程的时候,发现因式分解是个很有用的工具(就是在奥数里亦是如此). 要命的是,多数(整系数) 多项式(也就是不定方程的主要研究对象) 在有理数范围内不能分解,而在实数范围或复数范围内才可以分解. 读过高中数学的人都知道,在实数范围内的分解和复数范围内的分解在本质上是一样的,而复数显得更加清晰简洁,所以人们就偏爱复数. 而且在不计较顺序的意义下,无论是有理数,还是实数、复数范围内,其分解方式是唯一的. 那么因子分解呢? 也就是对一个整数的分解,情形究竟如何? 早在古希腊,人们就已知道,按照普通的分解成素数乘积的方式也是唯一的,这就是著名的"唯一分解定理",是初等数论乃至全部数论的基石. 上述结果在今天看当然平淡无奇,但从数学史上看确实是了不起的结果.

唯一分解定理在正整数范围内成立,那么在其他数集中是不是也成立呢? 换句话说,其他集合是不是也像正整数集那么"顺从人意" 呢?

起初人们还有些将信将疑,可不久就举出了反例!

今天的标准例子,是全体 $4k + 1$ 型的正整数构成的集,在这个集中,21 是"素数",因为 3 和 7 不在其中. 9 和 49 也是"素数",但是 $441 = 21^2 = 9 \times 49$,于是唯一分解定理就不成立! 不过,在引入了全体 $4k - 1$ 型的正整数,情况就变好了. 也就是说,全体正奇数集中,唯一分解定理是成立的.

这件事情给我们的深刻印象是,唯一分解定理并不如人们想象的那么"显然",而且一旦这个定理被破坏了,似乎还有某种"补救措施".

在研究不定方程的过程中,比如著名的费马大定理 $x^p+y^p=z^p$. 数学家先找到其复数域上的分解 $(x+y)(x+\omega y)\cdots(x+\omega^{p-1}y)=z^p$(这里 $\omega$ 是1的某个 $p$ 次复根). 如果在复数上唯一因子分解也成立,那么每个括号里的数都是某个 $p$ 次幂,并且这些幂之间有比较直接的关系. 进而可以问一个很一般的问题,对于全体复整数 $a+b\mathrm{i}$(这里 $a,b$ 是所有通常意义上的整数,i 是虚数单位),唯一分解定理还成立吗?

数论中有个有名的定理:形如 $4k+1$ 型的素数 $p$ 可以表示为两个整数的平方和的形式,于是 $p=(a+b\mathrm{i})(a-b\mathrm{i})$,不再是新定义的"素数"了,而 $4k-1$ 型素数则继续做它们的"素数". 数学家惊喜地发现,在 $a+b\mathrm{i}$ 这类数中,唯一分解定理照样是成立的. 后来,他们又发现,在 $a+b\sqrt{3}\mathrm{i}$ 这类数中,唯一分解定理也是成立的.

且慢下结论! 数学家很快就"沮丧"地发现,在 $a+b\sqrt{5}\mathrm{i}$ 这类数中,唯一分解定理就"跌倒"了,比如 $21=3\times 7=(4+\sqrt{5}\mathrm{i})(4-\sqrt{5}\mathrm{i})=(1+2\sqrt{5}\mathrm{i})(1-2\sqrt{5}\mathrm{i})$,竟然有三种分解方式! 至于费马方程来说,复数 $\omega^k$ 可就更复杂了,唯一分解定理也破坏了.

这样的混乱很不利于数论研究,不过也不是无可救药. 前面说过,在引入全体 $4k-1$ 型正整数后,使全体正奇数集中唯一分解定理成立. 那么,在复数集中,是否也可以引进什么数,使唯一分解重新成立呢? 这正是德国数论大师库默尔(E. E. Kummer)思考的问题. 最终他发明了一族"理想数",补救了唯一分解定理.

库默尔1810年1月29日生于德国索拉乌(今波兰扎雷),幼年丧父,他和哥哥由母亲抚养长大,1828年进入哈雷大学. 在数学教师的影响下,他放弃了学神学的打算,转而学数学,库默尔还终生爱好哲学. 1831年,他写出一篇函数论方面的出色论文而得奖,并于同年获得博士学位,毕业后先在预科学校教书.

1842年,在狄利克雷和雅可比(C. G. Jacobi)推荐下,库默尔成为布雷斯劳大学的正式教授,从此开始了第二个创作时期,持续20年之久,主题是数论. 当狄利克雷于1855年离开柏林大学到格丁根接替高斯时,他提名库默尔为接替自己教授职位的第一人选. 从1855年起,库默尔就成为柏林大学教授,一直到退休. 1856年魏尔斯特拉斯(K. Weierstrass)也来柏林大学执教. 在库默尔与魏尔斯特拉斯共同努力下,1861年柏林大学开办了德国第一个纯粹数学讨论班,吸引了世界各地有才能的青年数学家.

库默尔是个优秀的教师. 他仔细备课,条理清晰,生动有趣,深深地吸引了学生. 在柏林大学,他的课听众极多. 库默尔不但课讲得好,也关心学生的具体困难,因此学生们非常尊敬和崇拜他. 他培养了不少著名数学家. 库默尔长期任柏林大学校长职务,1855年起就是柏林科学院院士,1868年成为巴黎科学院院士,库默尔还是英国皇家学会及其他很多科学学会的成员. 库默尔为人正直、坦率,处事客观,待人真诚,性格略有点固执. 1883年,库默尔正式退休. 在安静的退休生活中渡过了最后10年,于1893年5月14日在柏林去世.

回到卡特兰,对于一般情形,显然只需要考虑 $x^p-y^q=1$($p,q$ 为不同素数). 自然首先想到的是2. 对于 $q=2$,1850年,勒贝格(V. A. Lebesgue,不是那个对测度论和实变函数作出重要贡献的那位)用类似的复整数环内的唯一因子分解方法,肯定了卡特兰的结论.

奇怪的是,对于 $p=2$,数学家却长期一筹莫展.

1962年,一名叫柯召的四川大学教授以精湛的方法解决了卡特兰猜想的特殊情形(即 $p=2$),并获得一系列重要成果,被世界数学界誉为"柯氏定理",它所运用的方法被称为"柯召方法",被应用于不定方程研究中. 1977年,法国数学家特尔加尼亚(Terjanian)运用柯召方法证明了偶指数费马大定理第一情形成立,国际数学界对柯召方法的精妙惊讶不已.

柯召

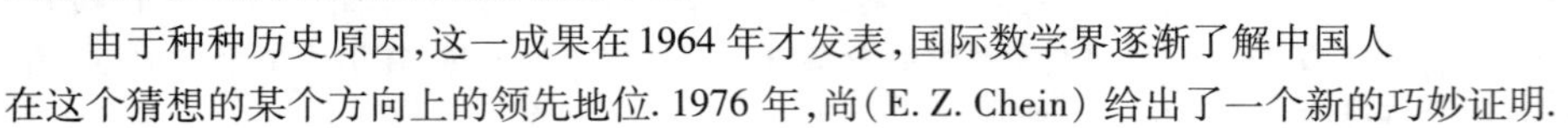
由于种种历史原因,这一成果在1964年才发表,国际数学界逐渐了解中国人在这个猜想的某个方向上的领先地位. 1976年,尚(E. Z. Chein)给出了一个新的巧妙证明.

## 中国不定方程第一人

柯召 1910 年出生在浙江温岭一个平民家里,1931 年考入清华大学算学系.他悉心向熊庆来、孙光远等从欧美归国的数学家求教,与后来的数学名家陈省身、华罗庚、吴大任和许宝騄 相互砥砺,学识精进.1933 年,他以优异的成绩毕业.当时的清华大学淘汰率极高,在同届中能顺利毕业的仅有他和许宝騄 两人.

1935 年,柯召公费留学英国曼彻斯特大学,师从著名数学家莫德尔(L. J. Mordell).莫德尔给他的第一个课题是"关于闵可夫斯基猜测".他苦苦钻研了一周,但毫无头绪,便去见导师.不料莫德尔大笑道:"别丧气!这个问题我搞了三年都没有解决 …… 年轻人也许有新的思路."柯召没有让导师失望,自选题目,经过两个月的奇思妙解,完成了一篇很有创见的研究论文.莫德尔对此评价甚高,说:"行了,你的博士论文已可通过."他还让柯召到从来没有中国人登上过的伦敦数学会去报告这篇论文.著名数学家哈代对论文报告印象很深,1937 年他在主持柯召的博士论文答辩时说:"你已经作过报告了,很好!很好!"

那时的曼彻斯特大学聚集了一批国际数论新秀,柯召与爱多士等同学常常切磋学术,研讨问题,相处十分融洽(爱多士后来还专程到中国拜访过柯召).在这个求学的黄金时期,他在《数论学报》、《牛津数学季刊》、《伦敦数学会会报》等著名杂志发表了一系列出色的论文.

1938 年,柯召婉拒莫德尔的再三挽留,毅然回到正饱受日寇蹂躏的祖国.他在四川大学肩负起教育救国之重任.为避空袭,川大迁至峨眉山脚下,生活条件异常艰苦,但柯召与同事仍勤耕不辍.据川大校史记载:"1938 ~ 1942 年在峨嵋期间,数学系每周设专题研究课,召集全系师生作集体研究,各人阐述自己的研究心得,共同讨论.这种专题研究十分吸引人,有时学生变成先生,站在讲台上边写边讲,而教师则和同学一起静坐听讲 …… 它造就了一批在数学上锐进不已的人才".这种专题研究课就是他发起的.

新中国成立后,柯召唯一的儿子牺牲在朝鲜战场.由于远离政治,柯召的名声不如华罗庚,但他共发表近百篇卓有创见的论文,在国际上还是产生了很大影响.他热心数学教育事业,著述甚多,培养了好几代优秀数学工作者.柯召历任四川大学数学系主任、数学研究所所长、校长等.1955 年被聘为中国科学院学部委员(数理化学部),也就是后来的院士.2002 年 11 月,柯召院士在参加完 2002 年北京国际数学家大会后不久病逝.

## 其他工作的影响

关于不定方程,20 世纪有很多重要工作,有的并非直接冲着卡特兰猜想而来,不过这些一般结果对特殊方程的研究也会产生影响.

1929 年,著名数学家西格尔(C. Siegel)证明了一个关于曲线上整点个数的一般结果,由此推出,对于固定指数 $p$ 和 $q$,卡特兰方程的正整数解 $x$ 和 $y$ 有限.1955 年,达文波特(H. Davenport)和罗斯(K. F. Roth)证明:这个解的上界可以计算(尽管十分大).

西格尔是数学沃尔夫奖得主,罗斯则是菲尔兹奖获得者.两人都是德国人.罗斯从小就来到英国,在英国受教育,研究范围比较狭窄.相比之下,西格尔的研究领域十分广阔,其人生经历也比较丰富.西格尔 1896 年生于德国柏林,1915 年进入柏林洪堡大学,主修数学、天文和物理.1917 年,他中止学业,加入德国军队参加一战(服役五周后退役).战后的 1919 年,他进入当时的"数学圣地"格丁根大学.导师是著名数论专家朗道.毕业后,他当了一会儿助教,1922 年成为法兰克福大学教授.1938 年回到格丁根,1940 年在战争危险中经挪威到美国,进入普林斯顿高级研究所.二战后,他再回格丁根执教,直到 1959 年退休(但讲课一直到 1967 年).他的研究范围是数论和天体力学.1978 年,他获得第一届沃尔夫数学奖.西格尔是大家,他身材魁梧(法尔廷斯亦是,且据说脾气特坏),师品高尚,终生未婚.1981 年在格丁根去世.

1970 年代,英国著名数论学家、菲尔兹奖得主贝克(A. Baker)证明了一个异常重要的结论,即贝克定理:

设 $b_j(j=1,2,\cdots,n)$ 为整数,$r_j(j=1,2,\cdots,n)$ 为正有理数,记

$$\Lambda = b_1\log r_1 + b_2\log r_2 + \cdots + b_j\log r_j + \cdots + b_n\log r_n$$

则存在可计算的$A$(依赖于$n$和$r_1,r_2,\cdots,r_n$),有

$$|\Lambda| > \exp(-A\log B),\text{此处 } B = \max(|b_1|,|b_2|,\cdots,|b_n|)$$

贝克定理主要是针对超越数论的,但在其他地方也有用.(好的不等式往往是重要的出发点!)终于,这结果被特德曼(R. Tijdeman)加以利用了,1976年他证明,卡特兰方程至多有有限多组解.具体地说,若$x^p - y^q = 1$有解,则$\max(p,q)$存在且可计算,后来人们不断改进,$\max(p,q)$的上界大约降至$8\times 10^{16}$.当然这个数字还是很大,但从数学家的角度看,贝克定理已经基本完成了卡特兰猜想,尽管不是它的"终结者".这比法尔廷斯对费马大定理的处理要来得彻底.

贝克定理及由此发展出来的一套"贝克方法"十分有效,还有一段比较有趣的故事与我们关心的奥数有关.有道奥数题目说$1\,978^n$的十进制展开随着正整数$n$趋向无穷而趋向无穷,这个结论很难证,但有巧妙的初等方法,且可把1 978改成任意不被10整除的偶数.对于奇数来说其实也是成立的,却要用到骇人的贝克方法!难道就没有初等的方法吗?希望读者一试.

## 从卡斯尔斯到米哈伊列斯库

1960年,卡斯尔斯(J. Cassels)注意到,$x^p - y^q = 1$可改写为$(x-1)(x^{p-1}+x^{p-2}+\cdots+1) = y^q$,用中学数论知识很容易证明$(x-1,x^{p-1}+x^{p-2}+\cdots+1) = 1$或$p$,故可分为两种情形.当最大公约数为1时,必有$x-1=a^q$,$x^{p-1}+x^{p-2}+\cdots+1=b^q$,$y=ab$.卡斯尔斯用初等方法推出矛盾,从而解决了卡特兰猜想的这一情形.

第2种情形比较困难,不过在此过程中,数学家发现了很多"副产品".由于$(x-1,x^{p-1}+x^{p-2}+\cdots+1)=p$,故$x-1$,$x^{p-1}+x^{p-2}+\cdots+1$中必有一个只有$p$的一次幂,若$p\parallel x-1$,则$x=kp+1$,$k$不被$p$整除,于是$x^p-1=(kp+1)^p-1\equiv kp^2(\bmod p^3)$,注意这里已排除"$p$或$q=2$"的情形,即$p,q$均为奇素数,于是$p^2\parallel x^p-1$,$q=2$,与$q>2$矛盾.因此$p\parallel x-1$不成立,必有$y=pab$,$x-1=p^{q-1}a^q$,$x^{p-1}+x^{p-2}+\cdots+1=pb^q$,最后一式启发人们想到分圆域整环中的因子分解.

英克里(K. Inkeri)发现,上式将导致$p^{q-1}\equiv 1(\bmod q^2)$,对称地,亦有$q^{p-1}\equiv 1(\bmod p^2)$,满足上述同余式组的素数对$(p,q)$称为维弗里希(Wieferich)对,这类数十分难找,但也不是没有.

整个问题最终于2002年被瑞士数学家米哈伊列斯库(P. Mihǎlescu)彻底解决.他引用了分圆域理论中的一些有名而深刻的结果.米哈伊列斯库是位非专业人士.他1955年出生于罗马尼亚,在苏黎世理工学院(ETH)接受教育.米哈伊列斯库曾干过机械工程与金融工程,现在德国帕特博恩大学做研究.

当然,非专业人士并不是指外行,更不是"民科",而是非搞某个方向、不在某个圈子里的人,并非缺乏头脑,只是"名不见经传"而已.历史上,很多困难的数学猜想被非专业人士解决,此番历史似乎再次有点捉弄人(或者说是耐人寻味).难道最专业的人反而不行吗?也许是这个问题在他们看来已不是最重要,也许是"当局者迷,旁观者清"吧!

米哈伊列斯库仔细研究了维弗里希对,并充分运用群论、域论和不等式估计,证明了有名的米哈伊列斯库定理.这是一个令人震惊的结果,而且不太"高等",由此即可推出卡特兰猜想,确实十分精妙(具体推导过程此处从略).其他一些数学家看了,着实希望从米哈伊列斯库定理得到启发,在证明费马大定理的过程中找到一个类似的定理,这样就等于完成了费马大定理的"初等证明",但这一目标未得实现.

自然可以考虑其推广,第一个想到的是$x^p - y^q = k$,$k$为任意固定整数,此时由西格尔定理,对固定的$p$,$q$,不定方程的解$(x,y)$仍为有限,但是米哈伊列斯库的方法看来是不指望有进一步的结果出现了.还有就是给两个幂添加系数……目前,有很多不定方程做得并不彻底,数学家总是期待有一般而深入的结果不断出现.

# §8 孪生素数猜想(1849— )
## —— 另一颗数论明珠

素数是除了1和它本身之外没有其他任何因子的自然数. 素数是数论中最纯粹、最令人着迷的概念. 除了2之外,所有素数都是奇数,因此很明显大于2的两个相邻素数之间的最小可能间隔是2.

所谓"孪生素数",指的就是这种间隔为2的相邻两个素数,它们之间的距离已近得不能再近了,就像孪生兄弟一样. 最小的孪生素数是(3, 5),在100以内的孪生素数还有(5, 7),(11, 13),(17, 19),(29, 31),(41, 43),(59, 61)和(71, 73),总计有8组. 但是随着数字的增大,孪生素数的分布变得越来越稀疏,寻找孪生素数也变得越来越困难.

我们知道,素数本身的分布也是随着数字的增大而越来越稀,不过早在古希腊时代,欧几里得就证明了素数有无穷多个. 长期以来人们猜测孪生素数也有无穷多组,这就是与哥德巴赫猜想齐名,集令人惊异的简单表述和复杂证明于一身的著名猜想 —— 孪生素数猜想.

孪生素数猜想的提出:

1849年,法国数学家波林那克(A. de Polignac)提出猜测:对于任何偶数$2k$,存在无穷多组以$2k$为间隔的素数. 对于$k=1$,就是孪生素数猜想,因此人们有时把波林那克作为孪生素数猜想的提出者. 不同的$k$对应的素数对的命名也很有趣,$k=1$我们已知道叫做孪生素数,$k=2$(即间隔为4)的素数对被称为cousin prime,而$k=3$(即间隔为6)的素数对被称为sexy prime,它之所以被称为sexy prime是因为sex正好是拉丁文中的6.

早在20世纪初,德国数论大师朗道(E. Landau)推测孪生素数有无穷多. 许多迹象也都越来越支持这个猜想. 最先想到的方法是使用欧拉在证明素数有无穷多个所采取的方法. 设所有素数的倒数和为$S = 1/2 + 1/3 + 1/5 + 1/7 + 1/11 + \cdots$. 如果素数是有限个,那么上式的倒数和自然是有限数. 但是欧拉证明了上式的和是发散的,即无穷大,由此说明素数有无穷多个. 1919年,挪威数学家布伦仿照欧拉的方法,求所有孪生素数的倒数和$B = (1/3 + 1/5) + (1/5 + 1/7) + (1/11 + 1/13) + \cdots$,如果也能证明$B$的和比任何数都大,就证明了孪生素数有无穷多个. 这个想法虽然很好,可事实却违背了布伦的意愿. 他证明了这个倒数和是一个有限数,现在这个常数就被称为布伦常数$B = 1.902\ 160\ 54\cdots$. 布伦还发现,对于任何一个给定的整数$m$,都可以找到$m$个相邻素数,其中没有一个孪生素数. 1949年克莱门特(Clement)证明了如果正整数$p$与$p+2$形成孪生素数,当且仅当$4[(p-1)!+1] \equiv -p(\mathrm{mod}\ p(p+2))$.

孪生素数猜想有一个更强的形式,由英国著名数学家哈代和利特尔伍德于1922年提出,现在通常称之为哈代 - 利特尔伍德猜想或强孪生素数猜想. 这一猜想不仅提出孪生素数有无穷多组,而且还给出其渐近分布形式为

$$\pi_2(x):2C_2\int_2^x \frac{\mathrm{d}t}{(\ln t)^2}$$

其中$\pi_2(x)$表示小于$x$的孪生素数的数目,$C_2$被称为孪生素数常数(twin prime constant),其数值为$0.660\ 161\ 181\ 584\ 6\cdots$. 哈代 - 利特尔伍德猜想所给出的孪生素数分布的精确程度可由表2看出.

表 2

| $X$ | 孪生素数数目 | 哈代 - 利特尔伍德猜想 |
|---|---|---|
| 100 000 | 1 224 | 1 249 |
| 1 000 000 | 8 169 | 8 248 |
| 10 000 000 | 58 980 | 58 574 |
| 100 000 000 | 440 312 | 440 368 |
| 10 000 000 000 | 27 412 679 | 27 411 417 |

从上表我们可以知道,哈代 - 利特尔伍德猜想对孪生素数分布的拟合程度是惊人的,是理性思维的动人篇章.这种数据对于纯数学的证明虽没有实质的帮助,但是它大大增强了人们对孪生素数猜想的信心.

哈代 - 利特尔伍德猜想所给出的孪生素数分布规律可以通过一个简单的定性分析"得到":我们知道素数定理表明,对于足够大的 $x$,在 $x$ 附近素数的分布密度大约为 $1/\ln x$,因此两个素数处于区间 2 以内的概率大约为 $2/\ln^2 x$.这几乎正好就是哈代 - 利特尔伍德猜想中的被积函数!当然其中还差了一个孪生素数常数 $C_2$,而这个常数很显然正是哈代与利特尔伍德的功力深厚之处!

除了哈代 - 利特尔伍德猜想与孪生素数实际分布之间的拟合外,对孪生素数猜想的另一类"实验"支持来自于对越来越大的孪生素数的直接寻找.就像对于大素数的寻找一样,这在很大程度上成为对计算机运算能力的一种检验.1994 年 10 月 30 日,这种寻找竟然导致发现了 Intel Pentium 处理器浮点除法运算的一个 bug,在工程界引起了不小震动.截至 2007 年 1 月 15 日,人们发现的最大孪生素数是:$(2\ 003\ 663\ 613 \times 2^{195\ 000} - 1, 2\ 003\ 663\ 613 \times 2^{195\ 000} + 1)$,这对素数中的每一个都长达 58 711 位.

迄今为止在证明孪生素数猜想上的成果大体可分为两类:第一类是非估算性的结果,这一方面迄今最好的成果是 1966 年由我国已故数学家陈景润利用筛法(sieve method)所取得的.陈景润证明了:存在无穷多个素数 $p$,使得 $p+2$ 要么是素数,要么是两个素数的乘积.这个结果和他关于哥德巴赫猜想的结果很类似.目前一般认为,由于筛法本身的局限性,这一结果在筛法范围内很难被超越;第二类结果是估算性的,戈德斯通(D. Goldston)和耶尔德勒姆(C. Y. Yildirim)所取得的结果也属于这一类.这类结果估算的是相邻素数之间的最小间隔,更确切地说是 $\Delta := \lim\inf[(P_{n+1} - P_n)/\ln P_n](n \to \infty)$.这个表达式定义的是两个相邻素数之间的间隔与其中较小的那个素数的对数值之比在整个素数集合中所取的下确界.很显然孪生素数猜想如果成立,那么 $\Delta$ 必须等于 0.因为孪生素数猜想表明 $p_{n+1} - p_n = 2$ 对无穷多个 $n$ 成立,而 $\ln p_n \to \infty$.不过要注意 $\Delta = 0$ 只是孪生素数猜想成立的必要条件,而不是充分条件.换句话说,如果能证明 $\Delta \neq 0$ 则孪生素数猜想就不成立,但证明 $\Delta = 0$ 却并不意味着孪生素数猜想就一定成立.

对于 $\Delta$ 最简单的估算来自于素数定理.按照素数定理,对于足够大的 $x$,在 $x$ 附近素数出现的概率为 $1/\ln x$,这表明素数之间的平均间隔为 $\ln x$(这正是 $\Delta$ 的表达式中出现 $\ln p_n$ 的原因),从而 $(p_{n+1} - p_n)/\ln p_n$ 给出的其实是相邻素数之间的间隔与平均间隔的比值,其平均值显然为 1.平均值为 1,下确界显然小于等于 1,因此素数定理给出 $\Delta \leqslant 1$.而对 $\Delta$ 的进一步估算始于哈代和利特尔伍德.1926 年,他们运用圆法证明:假如广义黎曼假设成立,则 $\Delta \leqslant$

2/3. 这一结果后来被兰金(Rankin) 改进为 $\Delta \leqslant 3/5$. 但是这两个结果都依赖于本身尚未得到证明的广义黎曼假设,因此只能算是有条件的结果. 1940 年,爱多士利用筛法首先给出了一个不带条件的结果:$\Delta < 1$(即把素数定理给出的结果中的等号部分去掉了). 此后,里奇(Ricci) 于 1955 年,邦别里(E. Bombieri) 和达文波特(H. Davenport) 于 1966 年,赫胥黎(Huxley) 于 1977 年,分别把这一结果推进到 $\Delta \leqslant 15/16$,$\Delta \leqslant (2+\sqrt{3})/8 \approx 0.4665$ 及 $\Delta \leqslant 0.4425$.

## 最近的一大进展

2003 年 3 月 28 日,在美国数学学会位于加州帕罗奥多的总部,来自世界各地的数学家怀着极大兴趣聆听了圣荷西州立大学的数学教授戈德斯通所做的一个学术报告. 在这个报告中,戈德斯通介绍了他和土耳其海峡大学的数学家耶尔德勒姆在证明孪生素数猜想方面所取得的一个进展. 这一进展如果得到证实的话,将把几十年来人们在这一领域中的研究大大推进一步.

戈德斯通和耶尔德勒姆之前最好的结果是迈尔(Maier) 在 1986 年取得的 $\Delta \leqslant 0.2486$. 以上这些结果都是在小数点后做文章,戈德斯通和耶尔德勒姆的结果把这一系列的努力大大推进了一步. 正如前面所说,$\Delta = 0$ 只是孪生素数猜想成立的必要条件,而非充分条件,因此戈德斯通和耶尔德勒姆的结果离最终证明孪生素数猜想还远得很,但它无疑是近十几年来这一领域中最引人注目的结果. 一旦 $\Delta = 0$ 被证明,人们的注意力自然就转到了研究 $\Delta$ 趋于 0 的方式上来. 戈德斯通和耶尔德勒姆的证明给出的是 $\Delta \sim (\log p_n)^{-1/9}$,两者之间还有相当距离. 但是看过戈德斯通和耶尔德勒姆手稿的一些数学家认为,戈德斯通和耶尔德勒姆所用的方法明显存在改进的空间,也就是说对 $\Delta$ 趋于 0 的方式可以给出更强的估计. 因此戈德斯通和耶尔德勒姆的证明其价值不仅仅在于结果本身,更在于它很有可能成为未来一系列研究的起点. 这种系列研究对于数学来说有着双重的价值,因为一方面这种研究所获得的新结果是对数学的直接贡献,另一方面这种研究对戈德斯通和耶尔德勒姆的证明会起到反复推敲和核实的作用.

而在 2003 年 4 月 23 日,加拿大蒙特利尔大学的格兰维尔(A. Granville) 和美国密歇根大学的孙达拉拉金(K. Soundararajan) 发现了戈德斯通与耶尔德勒姆证明中的一个错误. 截至 2003 年 7 月 3 日,戈德斯通和耶尔德勒姆已经承认,但尚未能更正这一错误. 在 2005 年初,戈德斯通、平茨(J. Pintz) 和耶尔德勒姆重新证明了 $\Delta = 0$,他们所证明的 $\Delta$ 的渐进行为是 $\Delta \sim (\log\log p_n)^2/(\log p_n)^{1/2}$.

## 根系理论和分布状况

随着解析数论的发展,对孪生素数的研究主要体现在根系理论方面. 在对素数宏观规律的研究中,数学家在集合论、方程理论、概率论基础上提出根系理论. 根系理论的意义在于:其一,根系反映出孪生素数的分布规律;其二,根系揭示出素数的堆状分布规律. 根系的作用有以下几点:(1) 可以判断任一对自然数是否孪生素数;(2) 可以计算出任意位的孪生素数(指当前的计算机能计算出的最大位数);(3) 由根系理论可以构造出《孪生素数生成表》;(4) 用根系概念,可将孪生素数分类,即孪生素数只能分成三大类. 在研究的过程中,数学家们证明了定理:孪生素数存在于根系之中. 下面是孪生素数生成表 4,表 5.

表 4 孪生素数生成

| 1 串 | 2 串 | 3 串 | 4 串 | 5 串 | 6 串 | 7 串 | 8 串 | 9 串 | 10 串 | 11 串 | 12 串 | 13 串 | 14 串 | 15 串 |
|---|---|---|---|---|---|---|---|---|---|---|---|---|---|---|
| 1 | 3 | 7 | 9 | 11 | (12) | 13 | 17 | (18) | 19 | 21 | 23 | 27 | 29 | (30) |
| 31 | 33 | 37 | 39 | 41 | (42) | 43 | 47 | (48) | 49 | 51 | 53 | 57 | 59 | (60) |
| 61 | 63 | 67 | 69 | 71 | (72) | 73 | 77 | (78) | 79 | 81 | 83 | 87 | 89 | (90) |
| 91 | 93 | 97 | 99 | 101 | (102) | 103 | 107 | (108) | 109 | 111 | 113 | 117 | 119 | (120) |

**续表 4**

| 1 串 | 2 串 | 3 串 | 4 串 | 5 串 | 6 串 | 7 串 | 8 串 | 9 串 | 10 串 | 11 串 | 12 串 | 13 串 | 14 串 | 15 串 |
|---|---|---|---|---|---|---|---|---|---|---|---|---|---|---|
| 121 | 123 | 127 | 129 | 131 | (132) | 133 | 137 | (138) | 139 | 141 | 143 | 147 | 149 | (150) |
| 151 | 153 | 157 | 159 | 161 | (162) | 163 | 167 | (168) | 169 | 171 | 173 | 177 | 179 | (180) |
| 181 | 183 | 187 | 189 | 191 | (192) | 193 | 197 | (198) | 199 | 201 | 203 | 207 | 209 | (210) |
| 211 | 213 | 217 | 219 | 221 | (222) | 223 | 227 | (228) | 229 | 231 | 233 | 237 | 239 | (240) |
| 241 | 243 | 247 | 249 | 251 | (252) | 253 | 257 | (258) | 259 | 261 | 263 | 267 | 269 | (270) |
| 271 | 273 | 277 | 279 | 281 | (282) | 283 | 287 | (288) | 289 | 291 | 293 | 297 | 299 | (300) |
| 301 | 303 | 307 | 309 | 311 | (312) | 313 | 317 | (318) | 319 | 321 | 323 | 327 | 329 | (330) |
| 331 | 333 | 337 | 339 | 341 | (342) | 343 | 347 | (348) | 349 | 351 | 353 | 357 | 359 | (360) |
| 361 | 363 | 367 | 369 | 371 | (372) | 373 | 377 | (378) | 379 | 381 | 383 | 387 | 389 | (390) |
| 391 | 393 | 397 | 399 | 401 | (402) | 403 | 407 | (408) | 409 | 411 | 413 | 417 | 419 | (420) |
| 421 | 423 | 427 | 429 | 431 | (432) | 433 | 437 | (438) | 439 | 441 | 443 | 447 | 449 | (450) |
| 451 | 453 | 457 | 459 | 461 | (462) | 463 | 467 | (468) | 469 | 471 | 473 | 477 | 479 | (480) |
| 481 | 483 | 487 | 489 | 491 | (492) | 493 | 497 | (498) | 499 | 501 | 503 | 507 | 509 | (510) |
| 511 | 513 | 517 | 519 | 521 | (522) | 523 | 527 | (528) | 529 | 531 | 533 | 537 | 539 | (540) |
| 541 | 543 | 547 | 549 | 551 | (552) | 553 | 557 | (558) | 559 | 561 | 563 | 567 | 569 | (570) |
| 571 | 573 | 577 | 579 | 581 | (582) | 583 | 587 | (588) | 589 | 591 | 593 | 597 | 599 | (600) |
| 601 | 603 | 607 | 609 | 611 | (612) | 613 | 617 | (618) | 619 | 621 | 623 | 627 | 629 | (630) |
| 631 | 633 | 637 | 639 | 641 | (642) | 643 | 647 | (648) | 649 | 651 | 653 | 657 | 659 | (660) |
| 661 | 663 | 667 | 669 | 671 | (672) | 673 | 677 | (678) | 679 | 681 | 683 | 687 | 689 | (690) |
| 691 | 693 | 697 | 699 | 701 | (702) | 703 | 707 | (708) | 709 | 711 | 713 | 717 | 719 | (720) |
| 721 | 723 | 727 | 729 | 731 | (732) | 733 | 737 | (738) | 739 | 741 | 743 | 747 | 749 | (750) |
| 751 | 753 | 757 | 759 | 761 | (762) | 763 | 767 | (768) | 769 | 771 | 773 | 777 | 779 | (780) |
| 781 | 783 | 787 | 789 | 791 | (792) | 793 | 797 | (798) | 799 | 801 | 803 | 807 | 809 | (810) |
| 811 | 813 | 817 | 819 | 821 | (822) | 823 | 827 | (828) | 829 | 831 | 833 | 837 | 839 | (840) |
| 841 | 843 | 847 | 849 | 851 | (852) | 853 | 857 | (858) | 859 | 861 | 863 | 867 | 869 | (870) |
| 871 | 873 | 877 | 879 | 881 | (882) | 883 | 887 | (888) | 889 | 891 | 893 | 897 | 899 | (900) |
| 901 | 903 | 907 | 909 | 911 | (912) | 913 | 917 | (918) | 919 | 921 | 923 | 927 | 929 | (930) |
| 931 | 933 | 937 | 939 | 941 | (942) | 943 | 947 | (948) | 949 | 951 | 953 | 957 | 959 | (960) |
| 961 | 963 | 967 | 969 | 971 | (972) | 973 | 977 | (978) | 979 | 981 | 983 | 987 | 989 | (990) |
| 991 | 993 | 997 | 999 | 1 001 | (1 002) | 1 003 | 1 007 | (1 008) | 1 009 | 1 011 | 1 013 | 1 017 | 1 019 | (1 020) |
| 1 021 | 1 023 | 1 027 | 1 029 | 1 031 | (1 032) | 1 033 | 1 037 | (1 038) | 1 039 | 1 041 | 1 043 | 1 047 | 1 049 | (1 050) |
| 1 051 | 1 053 | 1 057 | 1 059 | 1 061 | (1 062) | 1 063 | 1 067 | (1 068) | 1 069 | 1 071 | 1 073 | 1 077 | 1 079 | (1 080) |
| 1 081 | 1 083 | 1 087 | 1 089 | 1 081 | (1 092) | 1 093 | 1 097 | (1 098) | 1 099 | 1 101 | 1 103 | 1 107 | 1 109 | (1 110) |
| 1 111 | 1 113 | 1 117 | 1 119 | 1 121 | (1 122) | 1 123 | 1 127 | (1 128) | 1 129 | 1 131 | 1 133 | 1 137 | 1 139 | (1 140) |
| 1 141 | 1 143 | 1 147 | 1 149 | 1 151 | (1 152) | 1 153 | 1 157 | (1 158) | 1 159 | 1 161 | 1 163 | 1 167 | 1 169 | (1 170) |

表中第 2 串、第 4 串、第 11 串、第 13 串都是 3 的倍数.

**表 5　孪生素数生成**

| 1 串 | 2 串 | 3 串 | 4 串 | 5 串 | 6 串 | 7 串 | 8 串 | 9 串 | 10 串 | 11 串 | 12 串 | 13 串 | 14 串 | 15 串 |
|---|---|---|---|---|---|---|---|---|---|---|---|---|---|---|
| 3 | 7 | 9 | 11 | (12) | 13 | 17 | (18) | 19 | 21 | 23 | 27 | 29 | (30) | 31 |
| 33 | 37 | 39 | 41 | (42) | 43 | 47 | (48) | 49 | 51 | 53 | 57 | 59 | (60) | 61 |
| 63 | 67 | 69 | 71 | (72) | 73 | 77 | (78) | 79 | 81 | 83 | 87 | 89 | (90) | 91 |
| 93 | 97 | 99 | 101 | (102) | 103 | 107 | (108) | 109 | 111 | 113 | 117 | 119 | (120) | 121 |
| 123 | 127 | 129 | 131 | (132) | 133 | 137 | (138) | 139 | 141 | 143 | 147 | 149 | (150) | 151 |
| 153 | 157 | 159 | 161 | (162) | 163 | 167 | (168) | 169 | 171 | 173 | 177 | 179 | (180) | 181 |
| 183 | 187 | 189 | 191 | (192) | 193 | 197 | (198) | 199 | 201 | 203 | 207 | 209 | (210) | 211 |
| 213 | 217 | 219 | 221 | (222) | 223 | 227 | (228) | 229 | 231 | 233 | 237 | 239 | (240) | 241 |
| 243 | 247 | 249 | 251 | (252) | 253 | 257 | (258) | 259 | 261 | 263 | 267 | 269 | (270) | 271 |
| 273 | 277 | 279 | 281 | (282) | 283 | 287 | (288) | 289 | 291 | 293 | 297 | 299 | (300) | 301 |
| 303 | 307 | 309 | 311 | (312) | 313 | 317 | (318) | 319 | 321 | 323 | 327 | 329 | (330) | 331 |
| 333 | 337 | 339 | 341 | (342) | 343 | 347 | (348) | 349 | 351 | 353 | 357 | 359 | (360) | 361 |
| 363 | 367 | 369 | 371 | (372) | 373 | 377 | (378) | 379 | 381 | 383 | 387 | 389 | (390) | 391 |
| 393 | 397 | 399 | 401 | (402) | 403 | 407 | (408) | 409 | 411 | 413 | 417 | 419 | (420) | 421 |
| 423 | 427 | 429 | 431 | (432) | 433 | 437 | (438) | 439 | 441 | 443 | 447 | 449 | (450) | 451 |
| 453 | 457 | 459 | 461 | (462) | 463 | 467 | (468) | 469 | 471 | 473 | 477 | 479 | (480) | 481 |
| 483 | 487 | 489 | 491 | (492) | 493 | 497 | (498) | 499 | 501 | 503 | 507 | 509 | (510) | 511 |
| 513 | 517 | 519 | 521 | (522) | 523 | 527 | (528) | 529 | 531 | 533 | 537 | 539 | (540) | 541 |
| 543 | 547 | 549 | 551 | (552) | 553 | 557 | (558) | 559 | 561 | 563 | 567 | 569 | (570) | 571 |
| 573 | 577 | 579 | 581 | (582) | 583 | 587 | (588) | 589 | 591 | 593 | 597 | 599 | (600) | 601 |
| 603 | 607 | 609 | 611 | (612) | 613 | 617 | (618) | 619 | 621 | 623 | 627 | 629 | (630) | 631 |
| 633 | 637 | 639 | 641 | (642) | 643 | 647 | (648) | 649 | 651 | 653 | 657 | 659 | (660) | 661 |
| 663 | 667 | 669 | 671 | (672) | 673 | 677 | (678) | 679 | 681 | 683 | 687 | 689 | (690) | 691 |
| 693 | 697 | 699 | 701 | (702) | 703 | 707 | (708) | 709 | 711 | 713 | 717 | 719 | (720) | 721 |
| 723 | 727 | 729 | 731 | (732) | 733 | 737 | (738) | 739 | 741 | 743 | 747 | 749 | (750) | 751 |
| 753 | 757 | 759 | 761 | (762) | 763 | 767 | (768) | 769 | 771 | 773 | 777 | 779 | (780) | 781 |
| 783 | 787 | 789 | 791 | (792) | 793 | 797 | (798) | 799 | 801 | 803 | 807 | 809 | (810) | 811 |
| 813 | 817 | 819 | 821 | (822) | 823 | 827 | (828) | 829 | 831 | 833 | 837 | 839 | (840) | 841 |
| 843 | 847 | 849 | 851 | (852) | 853 | 857 | (858) | 859 | 861 | 863 | 867 | 869 | (870) | 871 |
| 873 | 877 | 879 | 881 | (882) | 883 | 887 | (888) | 889 | 891 | 893 | 897 | 899 | (900) | 901 |
| 903 | 907 | 909 | 911 | (912) | 913 | 917 | (918) | 919 | 921 | 923 | 927 | 929 | (930) | 931 |

**续表 5**

| 1 串 | 2 串 | 3 串 | 4 串 | 5 串 | 6 串 | 7 串 | 8 串 | 9 串 | 10 串 | 11 串 | 12 串 | 13 串 | 14 串 | 15 串 |
|---|---|---|---|---|---|---|---|---|---|---|---|---|---|---|
| 933 | 937 | 939 | 941 | (942) | 943 | 947 | (948) | 949 | 951 | 953 | 957 | 959 | (960) | 961 |
| 963 | 967 | 969 | 971 | (972) | 973 | 977 | (978) | 979 | 981 | 983 | 987 | 989 | (990) | 991 |
| 993 | 997 | 999 | 1001 | (1002) | 1003 | 1007 | (1008) | 1009 | 1011 | 1013 | 1017 | 1019 | (1020) | 1021 |
| 1023 | 1027 | 1029 | 1031 | (1032) | 1033 | 1037 | (1038) | 1039 | 1041 | 1043 | 1047 | 1049 | (1050) | 1051 |
| 1053 | 1057 | 1059 | 1061 | (1062) | 1063 | 1067 | (1068) | 1069 | 1071 | 1073 | 1077 | 1079 | (1080) | 1081 |
| 1083 | 1087 | 1089 | 1081 | (1092) | 1093 | 1097 | (1098) | 1099 | 1101 | 1103 | 1107 | 1109 | (1110) | 1111 |
| 1113 | 1117 | 1119 | 1121 | (1122) | 1123 | 1127 | (1128) | 1129 | 1131 | 1133 | 1137 | 1139 | (1140) | 1141 |
| 1143 | 1147 | 1149 | 1151 | (1152) | 1153 | 1157 | (1158) | 1159 | 1161 | 1163 | 1167 | 1169 | (1170) | 1171 |

由《孪生素数生成表》可得以下几个公式：

$K_7(n) = 7 + 30n$；$K_{1.3}(n) = 11 + 30n$；$K_{3.1}(n) = 13 + 30n$；$K_{7.9}(n) = 17 + 30n$；

$K_{9.7}(n) = 19 + 30n$；$K_3(n) = 23 + 30n$；$K_{9.1}(n) = 29 + 30n$；$K_{1.9}(n) = 31 + 30n$

设 $P$ 为任意一个素数，$P_{(1)}$ 表示以 1 为个位数的素数，$P_{(3)}$ 表示以 3 为个位数的素数，$P_{(7)}$ 表示以 7 为个位数的素数，$P_{(9)}$ 表示以 9 为个位数的素数，则有

$P_{(1)}, P_{(3)}$ 且 $P_{(3)} - P_{(1)} = 2$，称为第一类孪生素数；

$P_{(7)}, P_{(9)}$ 且 $P_{(9)} - P_{(7)} = 2$，称为第二类孪生素数；

$P_{(9)}, P_{(1)}$ 且 $P_{(1)} - P_{(9)} = 2$，称为第三类孪生素数.

由《孪生素数生成表》知，第一类孪生素数只能由第 5 串和第 7 串数构成；第二类孪生素数只能由第 8 串和第 10 串数构成；第三类孪生素数只能由第 14 串和第 1 串数构成. 第一类孪生素数 $P_{(1)}, P_{(3)}$，必是方程组 $\begin{cases} x_1 = 11 + 30n \\ x_3 = 13 + 30n \end{cases}$ 的解；第二类孪生素数 $P_{(7)}, P_{(9)}$，必是方程组 $\begin{cases} x_7 = 17 + 30n \\ x_9 = 19 + 30n \end{cases}$ 的解；第三类孪生素数 $P_{(9)}$，$P_{(1)}$，必是方程组 $\begin{cases} x_9 = 29 + 30n \\ x_1 = 31 + 30n \end{cases}$ 的解.

孪生素数的一个重要问题就是其分布问题. 图 1 给出了小于 100 000 的孪生素数数目 $\pi_2(x)$ 的分布情况：

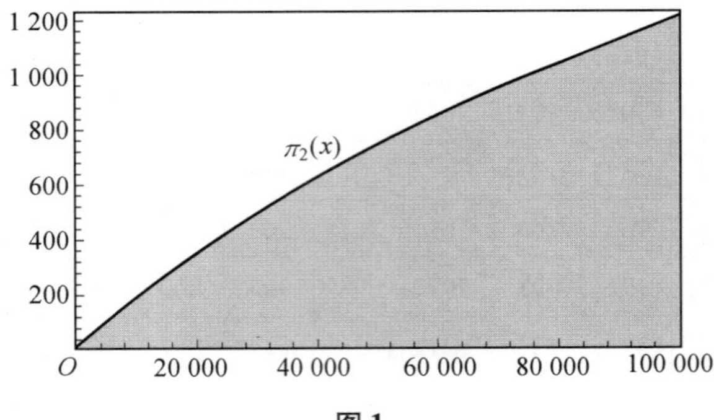


图 1

而表 6 是 $10^{16}$ 以下的孪生素数分布情况：

表 6

| $X$ | $\pi_2(x)$ |
| --- | --- |
| 1 000 | 35 |
| 10 000 | 205 |
| 100 000 | 1 224 |
| 1 000 000 | 8 169 |
| 10 000 000 | 58 980 |
| 100 000 000 | 440 312 |
| 1 000 000 000 | 3 424 506 |
| 10 000 000 000 | 27 412 679 |
| 100 000 000 000 | 224 376 048 |
| 1 000 000 000 000 | 1 870 585 220 |
| 10 000 000 000 000 | 15 834 664 872 |
| 100 000 000 000 000 | 135 780 321 665 |
| 1 000 000 000 000 000 | 1 177 209 242 304 |
| 10 000 000 000 000 000 | 10 304 195 697 298 |

自孪生素数概念被提出,数学家及数学爱好者都在研究与寻找孪生素数.随着计算机的飞跃发展与计算技术的极大改进,人类发现了越来越多的孪生素数.表 7 是目前所发现的最大的前 20 个孪生素数:

表 7

| 序号 | $p\pm1$ | 位数 | 发现时间 |
| --- | --- | --- | --- |
| 1 | $2\ 003\ 663\ 613\cdot2^{195\ 000}\pm1$ | 58 711 | Jan 2007 |
| 2 | $194\ 772\ 106\ 074\ 315\cdot2^{171\ 960}\pm1$ | 51 780 | Jun 2007 |
| 3 | $100\ 314\ 512\ 544\ 015\cdot2^{171\ 960}\pm1$ | 51 780 | Jun 2006 |
| 4 | $16\ 869\ 987\ 339\ 975\cdot2^{171\ 960}\pm1$ | 51779 | Sep 2005 |
| 5 | $33\ 218\ 925\cdot2^{169\ 690}\pm1$ | 51 090 | Sep 2002 |
| 6 | $60\ 194\ 061\cdot2^{114\ 689}\pm1$ | 34 533 | Nov 2002 |
| 7 | $108\ 615\cdot2^{110\ 342}\pm1$ | 33 222 | Jun 2008 |
| 8 | $1\ 765\ 199\ 373\cdot2^{107\ 520}\pm1$ | 32 376 | Oct 2002 |
| 9 | $318\ 032\ 361\cdot2^{107\ 001}\pm1$ | 32 220 | May 2001 |
| 10 | $1\ 046\ 619\ 117\cdot2^{100\ 000}\pm1$ | 30 113 | Oct 2007 |
| 11 | $1\ 807\ 318\ 575\cdot2^{98\ 305}\pm1$ | 29 603 | Mar 2001 |
| 12 | $7\ 473\ 214\ 125\cdot2^{83\ 125}\pm1$ | 25 033 | Feb 2006 |

续表 7

| 序号 | $p \pm 1$ | 位数 | 发现时间 |
|---|---|---|---|
| 13 | $11\ 694\ 962\ 547 \cdot 2^{83\ 124} \pm 1$ | 25 033 | *Feb* 2006 |
| 14 | $58\ 950\ 603 \cdot 2^{83\ 130} \pm 1$ | 25 033 | *Feb* 2006 |
| 15 | $5\ 583\ 295\ 473 \cdot 2^{80\ 828} \pm 1$ | 24 342 | *Jan* 2006 |
| 16 | $134\ 583 \cdot 2^{80\ 828} \pm 1$ | 24 337 | *Jun* 2005 |
| 17 | $665\ 551\ 035 \cdot 2^{80\ 025} \pm 1$ | 24 099 | *Nov* 2000 |
| 18 | $16\ 491 \cdot 2^{70\ 151} \pm 1$ | 21 122 | *Sep* 2008 |
| 19 | $1\ 046\ 886\ 225 \cdot 2^{70\ 000} \pm 1$ | 21 082 | *Sep* 2004 |
| 20 | $1\ 294\ 767 \cdot 2^{67\ 708} \pm 1$ | 20 389 | *Apr* 2008 |

孪生素数作为数论的著名课题,我国数学家及数学爱好者对其也进行了深刻的研究与寻找.在孪生素数理论研究方面,我国的主要成就是1966年由数学家陈景润所取得的.他证明了:存在无穷多个素数$p$,使得$p+2$要么是素数,要么是两个素数的乘积.他的这一结果在筛法范围内很难被超越,以至于美国数学学会在介绍戈德斯通和耶尔德勒姆成果的简报中提到陈景润时所用的称呼是“伟大的中国数学家陈”.而在部分超大孪生素数的计算方面我国取得的成果如下:

(1)1997年7月在成都科学院,把孪生素数计算到50位、60位、70位、80位、90位、100位、140位、150位、200位、303位;

(2)1999年7月在甘肃联合大学长庆分校,计算到422位、543位、606位、726位;

(3)2000年5月在长庆物探公司计算中心,计算到750位、801位(三对)、1 002位(五对);

(4)2000年6月23日在长庆物探公司计算中心,计算到2 003位(二对).

(本文作者张四保、唐耀宗为新疆喀什师范学院数学系教师.)

## §9　格林－陶定理(1936—2004)——组合数论中的里程碑

2006年8月22～30日,第25届国际数学家大会在西班牙马德里召开.这是每四年举行一次的盛会,被誉为“数学奥运会”;大会开幕式上专为不超过40岁的杰出数学家颁发的菲尔兹奖,则被誉为“数学诺贝尔奖”.此次四位获奖者中有美国加州大学洛杉矶分校的教授陶哲轩(Terence Tao,1975—　),是菲尔兹奖历史上最年轻的获奖者之一,还是第一个赢得菲尔兹奖的澳大利亚人,也是继丘成桐(1982年获奖)之后获此殊荣的第二位华人.

颁奖词称,陶是一位解决问题的顶尖高手.他的兴趣横跨多个数学领域,包括调和分析、非线性偏微分方程和组合论.洛杉矶加州大学数学系前主任加内特(J. Garnett)说:“陶就像是莫扎特,数学从他的身体中流淌出来.”但29岁即获菲尔兹奖的天才数学家、普林斯顿大学教授费弗曼(C. Fefferman)则认为:“莫扎特的音乐只有一种风格,陶的数学却有很多种风格,他大概更像斯特拉文斯基.”

### 最年轻的IMO金牌得主

1975年7月15日,陶哲轩出生于澳大利亚阿德莱德,是家中的长子(后来有了两个弟弟).父亲陶象国是一名儿科医生,母亲梁蕙兰是物理和数学专业的高才生,曾做过中学数学教师.1972 年,夫妇俩从香港移民到了澳大利亚.

陶哲轩 2 岁时,父母就发现这个孩子对数字非常着迷.3 岁半时,早慧的陶哲轩被父母送进一所私立小学.在班上,陶哲轩的智力明显超过班上其他孩子,但他不知道如何与比自己大的孩子相处,几周后陶哲轩退了学.父母觉得培养孩子太快太慢都不好.于是,陶哲轩还是先去了幼儿园.上幼儿园的一年半里,陶哲轩在母亲指导下完成了几乎全部小学数学课程.陶哲轩似乎也更喜欢自学,他贪婪地阅读了许多数学著作.父母还特地搞来些天才教育的书籍,并加入南澳大利亚天才儿童协会.陶哲轩也因此结识了其他天才儿童.

5 岁时陶哲轩再次迈进小学的大门.这一次,父母在考察了当地多所学校后,最终选择了离家 2 英里外的一所公立学校.这所小学的校长答应他们为陶哲轩提供灵活的教育方案.刚进校时,陶哲轩和二年级孩子一起学习大多数课程,数学课则与 5 年级孩子一起上.7 岁时陶哲轩开始自学微积分.小学校长也意识到小学数学课程已无法满足陶哲轩的需要,在与陶象国夫妇讨论之后,他成功地说服附近一所中学的校长,让陶哲轩每天去中学听一两堂数学课.

陶哲轩 8 岁半升入了中学.9 岁半时,他有三分之一时间在离家不远的弗林德斯大学学习数学和物理.8 岁多时,陶哲轩曾参加一项数学才能测试,得了 760 分的高分.在美国,十七八岁的学生中只有 1% 能够达到 750 分,而 8 岁的孩子里还没有人超过 700 分.这期间,美国约翰·霍普金斯大学的一位教授将陶象国夫妇和陶哲轩邀请到美国,游历了三个星期.夫妇俩曾请教费弗曼和其他数学家,陶哲轩是否真的有天才.“还好我们做了肯定答复,否则今天我们会觉得自己是傻瓜.”费弗曼回忆说.

一年后,陶象国夫妇面临一个重大抉择:陶哲轩什么时候升入大学?儿子的智商介于 220 至 230 之间,如此高的智商,100 万人中才会有一个.他也完全有能力在 12 岁前读完大学课程,打破当时最年轻的大学毕业生的纪录.但他们觉得没有必要仅仅为了一个所谓的纪录就让孩子提前升入大学,而是希望他在科学、哲学、艺术等各个方面打下更坚实的基础.陶象国还认为,让陶哲轩在中学阶段多呆 3 年,同时先进修一部分大学课程,等到升入大学以后,他才可以有更多的时间去做一些自己感兴趣的事情,创造性地思考问题.

陶哲轩 9 岁多时未能入选澳大利亚国家队参加 IMO.但接下来的三年中,他先后三次代表澳大利亚参赛,分别获得铜牌、银牌和金牌.他在 1988 年(这是正好在东道国首都堪培拉举行的第 29 届 IMO)获得金牌时尚不满 13 岁,这一纪录至今无人打破.

一个比较尖锐的问题是,中国也有不少 IMO 奖牌得主,却没有人能够像陶哲轩那样取得杰出成就,有些人甚至远离了数学.一般认为,数学研究和数学竞赛所需的才能并不一样,尽管有些人(比如陶哲轩)可以同时擅长研究和竞赛.陶哲轩也认为,很多 IMO 奖牌得主后来没有继续数学研究的原因之一是,数学研究和奥数所需的环境不一样,奥数就像是可以预知的条件下进行短跑比赛,而数学研究则是在现实生活的不可预知条件下进行的一场马拉松,需要更多的耐心,在攻克大难题之前要有首先研究小问题的意愿.

和中国一样,澳大利亚参加 IMO 的选手也需要集训,但集训的时间并不是很长.陶哲轩说,他当时参加了为期两周的训练营,“我们白天练习解题,晚上玩各种游戏.”“他主要是喜欢做数学,而不是为了获奖去做数学.”陶象国说.堪培拉大学泰勒(P. Taylor)教授则说,目前澳大利亚会为那些最好的学生再提供为期十天的集训,但通常他们只会从各自的学校缺课一周,“我不了解中国集训的情况,但可能澳大利亚的训练要松散一些.”

陶象国认为,在中国,不少中学生将奥数视为升入大学的一条捷径,投入大量时间进行训练.这不仅十分功利,而且目标过低(因为完全可以不通过这一途径进入名牌大学学习好的专业).

## 幸运的际遇,合作的精神

陶哲轩 20 岁获得普林斯顿大学博士学位,他的导师是沃尔夫奖获得者斯坦(E. M. Stein).24 岁时,他被洛杉矶加州大学聘为正教授,成为美国历史上最年轻的教授之一.

陶哲轩是当代数学家的典型.由于数学是一门非常成熟的科学,在爱因斯坦乃至以前的时代,创建理论与提出好问题常为人所称道,而在学科成熟的今天,解决难题,以及看出各分支之间的内在联系,也许更为重要. 陶哲轩正是这些方面的顶尖高手. 他说,他喜欢探讨一些模糊和普通的问题,比如“如何控制发展方程的长时间动力学问题”,“什么是从组合数学问题中分离出结构的最好办法?”陶哲轩被这些问题所吸引,因为通过迫使某人发展出解决其中一个问题的新工具,有可能推动问题的发展,而这些问题会以简单的方式,如玩具模型的方式出现. 当然,尽管根据以往的经验,某个问题的解决看似比较容易,但通常事先不会知道困难是什么. 陶哲轩自称还是一个交叉学科研究的狂热爱好者 —— 从一个领域获得思想和见识,再将它们应用到其他领域. 比如,陶哲轩与格林(B. Green)在素数等差数列方面的研究,部分来源于他本人试图理解福斯滕伯格(H. Furstenberg)(福斯滕伯格是2006 ~ 2007年度沃尔夫数学奖得主之一,他1935年生于德国,1958年在普林斯顿大学获得博士学位. 他是以色列科学与人文学院的院士,美国科学院院士)的遍历理论用于证明施米列迪定理背后的原因,结果这种想法与格林为解决这个问题而长久思考的数论与傅里叶分析之间的争论非常吻合.

2006年9月,美国著名的《大众科学》杂志评出了第五届年度十大“科学才子”. 为了评选出这十大才子,《大众科学》足足花费了半年时间,咨询了数百名受人尊敬的科学家、大学各系主任和科学杂志总编的意见,旨在选拔那些在本专业并不算太出名的年轻科学家. 陶哲轩榜上有名.

因解决庞加莱猜想而与陶哲轩同获菲尔兹奖的俄罗斯著名数学家佩雷尔曼(G. Perelman)也被视作一位数学天才;不过,这位天才离群索居,与外界格格不入,通常也不喜与人合作,甚至国际数学家大会也拒绝参加. 他接受的唯一奖励是16岁时的中学生国际数学奥林匹克(IMO)金牌(满分),后来很多大奖他一概不受. 当然,数学界对他的这种性格不会有太多的兴趣,数学界只承认高质量的学术成就. 无论他是谁,只要“货真价实”;不过,在数学研究日益复杂的今天,有效的合作难以避免,这样的话,性格可能就相当重要(其实,很多从小被视为神童的人长大后碌碌无为,性格恐怕也是一个重要因素).

据接触过的人说,怀尔斯、陶哲轩也是很“闷”的人,但他们毕竟不是“怪人”,在学术上不妨碍与别人合作. 陶哲轩的论文产出数量和质量尤高,他先后发表了数百篇论文,其中不少系与他人合作. 他说:“我喜欢与合作者一起工作,我从他们身上学到很多……我将数学看作一个统一的科目,当我将某个领域形成的想法应用到另一个领域时,我总是很开心.”费弗曼则说,陶哲轩是一个好的倾听者,善于向别人学习,他同时也擅长向别人清楚地解释自己的想法. 另一位数学家则干脆说:“一流的数学家喜欢与他一起工作,他的合作者就能组建起世界上最好的数学系.”

一流数学家喜欢与陶哲轩合作的一个重要原因是,他在合作中不是利用别人,而是激发合作者的才能. 陶象国说:“哲轩从来没有和别人争执过,他想的都是怎么开开心心地和别人合作,而不是互相指责,争权夺利. 中国的数学家们如果多一些合作,少一些争执,中国的数学才会有更快的发展.”

一位IMO奖牌得主、目前在美国某大学任教的华人数学家认为,中国IMO奖牌得主目前之所以不那么成功,原因之一是在这个奥数环境下有平等的机会,但在现实中也许除了陈省身和丘成桐所在的几何和微分方程领域以外,华人数学家与西方数学家的机会并不均等. 中国数学教育和研究的大环境还无法与根基深厚的发达国家相比.

希望我国的IMO选手中,早日也能出一位“陶哲轩”.

## 格林 - 陶定理

陶哲轩成就繁多,令人眼花缭乱. 很多内容是“高等”的,不能在这里逐一介绍. 不过,他最突出的成就之一(属于组合数论),倒是提法比较初等,但运用技巧极高的手段(当然也是相对而言,比如与怀尔斯证明费马大定理相比)得到的. 这里简略地介绍一下.

2004年4月18日,在预印本网站(arXiv:math)上贴出一篇56页的论文“The primes contain arbitrarily long and arithmetic progression”,宣布证明“存在任意长度的素数等差数列,而且有无穷多组”. 作者是两位年轻的数学家 —— 陶哲轩与格林.

毫无疑问,这是素数研究的一块里程碑,立即在国际学术界引起轰动.2004年5月21日出版的美国《科学》杂志报道说,“两位数学家用数论中一个令人眩晕的突破结束了一个问题.”《发现》杂志则将格林和陶哲轩在素数方面的研究评选为2004年100项最重要的发现之一.有人评价说,单单凭这篇论文,陶哲轩就可以获得菲尔兹奖.论文最终发表于世界顶尖数学杂志 Annals of Mathematics.

组合数论的创立可以说是从一个问题开始的.1927年,荷兰青年数学家范德瓦尔登(B. L. van der Waerden)证明:如果把全体正整数集划分为有限个子集,那么至少有一个子集包含了任意长的等差数列(长度为$n$的数列就是指有$n$个数构成的数列).这个令人惊叹的结果被誉为“数论的三颗明珠”之一.尽管无论从难度还是思想上,范德瓦尔登定理与格林-陶定理相比是小巫见大巫,据说在当时还是难倒了数学界一阵子,因为这一问题属于新的数学分支——组合数论,大家一时不知该如何对付.范德瓦尔登定理可用数学归纳法证明(当然很难),也许是IMO难度的“上界”.

范德瓦尔登

范德瓦尔登定理的真正意义是开创了组合数论的先河.它其实揭示了这样一个颇具哲理的事实——“不存在完全的无序”——在数论中的反映.其实早些时候问世的拉姆赛理论在图论中已经反映了这一哲理.

为了挖掘更深刻的真理,数学家可以朝几路进军,一条路是提高维数(比如本书作者之一提出:将全体格点按任意方式二染色,必定有同色顶点的正方形存在,郭军伟博士运用范氏定理给予证明.当然还有比正方形更复杂的点集,显然是范氏定理在二维平面的推广);一条路是控制有序子集的阶(比如为了证明一定存在长度为3的等差数列,最少要将几个连续整数任意二染色);第三条途径是要求有序子集中的其他性质(比如要求每个数都是素数等).

1936年,爱多士-图兰(Erdös-Turán)猜想,一个正整数列,只要这些数的倒数之和发散,它就包含了任意长的等差数列.爱多士希望由此可以得出:存在任意长度的素数等差数列,因为欧拉在1737年就已经证明所有素数的倒数之和是发散的,但在当时,连是否“存在长度为3的素数等差数列”也不知道.

1939年,科尔皮(J. van der Corput)证明:有无穷多个由3个素数组成的等差数列.1956年,罗斯(K. Roth)证明:一个由正整数构成的集合,只要其密度是正的,就含有无穷多个长度为3的等差数列.所谓密度,可以这样理解:即对于正整数集$N$的一个子集$A$,现随机在全体正整数$N$中找一个数,它属于$A$的概率(当然更准确、更具体的描述还要复杂一些).这样一来,全体奇数的密度是1/2,而全体平方数的密度是零.

1969年,匈牙利科学院的施米列迪(E. Szemerédi,1941— )证明:一个由正整数构成的集合,只要其密度是正的,就含有无穷多个长度为4的等差数列.1975年,施米列迪又进一步证明:一个由正整数构成的集合,只要其密度是正的,就含有任意长度的等差数列.这就是惊世骇俗的施米列迪定理.

施米列迪定理使范德瓦尔登定理成为一个较弱的推论.当然它没有穷尽范氏定理的所有推广形式.如果将范氏定理比喻为数论中“拉姆赛定理”的起点,那么施米列迪定理则是进入了数论中的“极图理论”,而不是进入数论中的“欧氏拉姆赛理论”(欧氏拉姆赛理论就是要提高维度,比如刚才提到的“正方形问题”).

施米列迪本人的证明用的是组合方法,非常复杂、精巧,实为组合数论的一个杰作,被数学大师爱多士誉为达到人类脑力的顶峰.好戏还没有结束.1977年,另一位大师、2006/2007年度沃尔夫数学奖得主福斯滕伯格给出了运用各态遍历理论的证明.后来,1998年菲尔兹奖得主高尔斯(T. Gowers)则给出了傅里叶分析方法的证明.2005年,高尔斯等人又给出了超图方法的证明.这说明组合数论现在已进入数学的主流.

福斯滕伯格

但从结论上说,施米列迪定理在素数集上失效,因为素数集的密度是零,或者说,随便取一个正整数,它是素数的概率为零.但是,密度为零的数列中不一定不存在任意长度的等差数列,比如可以这样构造数列:$2!,2!+1,2!+2,3!,3!+1,3!+2,3!+3,4!,\cdots,(n-1)!+(n-1)$,

$n!, n!+1, \cdots, n!+n, (n+1)!, \cdots$. 当然一个显然的必要条件是,这个数列必须包含有无穷多个数,而从古希腊起人们就知道,素数有无穷多个.

2002年,两位20多岁的数学家陶哲轩与格林开始着手证明,施米列迪定理在某种特定性质的素数子集中也成立,他们当时的要求似乎并不高,只是希望能证明有无穷多个由4个素数构成的等差数列,看来不过是1939年科尔皮定理迈出的最小一步. 为了证明这个问题,陶和格林用了两年多时间分析证明施米列迪定理的几个完整证明的背后因素.

高尔斯

陶哲轩说:"我们研究施米列迪定理并努力推进它,以便它能解决素数的问题. 为了实现这个目标,我们借用这4个证明方法来建造一个施米列迪定理的扩展版. 每次当格林和我陷入困境时,其中一个证明的思想总能解决我们的问题."两年后,用了一个非常漂亮的方法,格林和陶哲轩解决了问题,结果实在惊人,因为不仅是4个,即使任意多个也一举解决了!

具体来说,令$\Lambda$为曼戈尔特(Mangoldt)函数,即仅当$n$是一个素数$p$的正整数幂次时$\Lambda(n)=\log p$,否则$\Lambda(n)=0$. 为找到长度为$k$的素数等差数列,只需给出一个关于$\Lambda$函数的复杂和式的下界. 陶哲轩与格林的论文就在于证明这一点,其中涉及了遍历理论方法. 如今,群论、动力系统、分析的方法与数论问题经常有效地联系在一起,竟能得出那么多精彩的结论,真是令人叹为观止.

# §10 韦伊猜想(1949—1973)——古老数论与现代数学结合的深入结果

自从丢番图以来,形形色色的不定方程人们也研究了不少,但就是没有统一的办法,这与代数方程(组)实在很不一样(希尔伯特第十问题的否定结果,更为加深人们在这方面的信念),久而久之就引起了数学家的不满足.

不过,20世纪韦伊猜想和莫德尔猜想的提出和相继解决,应终使数学家满意. 韦伊猜想其实不那么"初等",但它也是关于数论的极基本的结果,而莫德尔猜想在表述上则是"初等"的,这里放在一起介绍,但只冠以韦伊猜想的名字,因为相对来说韦伊猜想更为重要些.

## 韦伊其人其事

韦伊(A. Weil)是20世纪最有影响的数学家之一,是公认的布尔巴基(Bourbaki)学派的精神领袖,对数学中的许多领域都有卓绝贡献. 他在1979年荣获沃尔夫数学奖,1994年荣获基础科学方面的大奖京都奖(Kyoto Prize). 韦伊自从1926年在法国科学院的《报告》(Comptes Rendus)上发表第一篇文章之后,在其50年的数学研究生涯中出版了12本书,发表了许多用法文和英文写的文章,偶尔也用德文. 这些文章收录在他的三卷本数学论文集中,由斯普林格出版社于1979年出版,而且韦伊对每篇著作都写出精确的评论,或解释这些论文产生的背景. 人们在他的数学研究工作和成果中可以挖掘出富有启迪的思想.

韦伊于1906年5月6日出生于法国巴黎的一个犹太家庭,他的父亲是一位医生,原籍阿尔萨斯,母亲生在德国,原籍奥地利. 韦伊幼年早慧,对数学和哲学表现出浓厚的兴趣,他有一个比他小三岁的妹妹西蒙娜(Simone). 兄妹俩的天赋得到严厉的母亲的关注和培育,这为西蒙娜以后成为一位举世闻名的哲学家起了至关重要的作用. 可惜的是西蒙娜于1943年病逝,后来韦伊曾一度为出版妹妹的遗作而辛劳.

那时,巴黎有一所著名的高等师范学校是全法国最难考的学校,每年各科加起来只招收50名学生. 一般人若能在中学毕业后的一二年内考上就相当不错了. 韦伊在最好的巴黎公立中学求学几年,并得到名师辅导,在1922年就考上了这所最高学府,年仅16岁. 韦伊身材矮小,体格瘦弱,深度近视,但学习勤奋,善于思索,在高等师范学校上学时,他获准参加大数学家阿达马(J. Hadamard)主持的研讨班. 阿达马学识渊博,对数学的多个分支都有着强烈的好奇心. 韦伊力图模仿这种风格,结果非常成功.

1928 年，韦伊发表的学位论文，题目并非由研讨班建议，而是在研究掌握了前人（特别是费马、黎曼）的成果之后，自行选定的. 这篇关于数论的学位论文 ——《代数曲线上的算术》，研究的是代数方程的整数解或分数解.

在数论诸多的内容中有一个重要的莫德尔 - 韦伊定理. 英国数论大家莫德尔（L. J. Mordell）在 1922 年证明过一个重要定理，法国数学巨人庞加莱（H. Poincaré）等人也曾研究过该问题. 具体地讲，一个有理整系数的不定方程 $y^2 = x^3 - Ax - B$ 的有理数解 $(x, y)$ 有多少个？如果画一条曲线，在曲线上的坐标都是有理数的有理点有多少？如果曲线的亏格为 $l$，那么有理点有有限基，也就是所有有理点 $(x, y)$ 都可以表示为有限多个有理点 $(x_1, y_1), (x_2, y_2), \cdots, (x_n, y_n)$ 的线性组合. 而韦伊的学术论文对这一结论进行推广：不仅是亏格为 1 的，而且对任意有限亏格都成立；不仅是有理数域，而且对有限域或代数数域都成立. 这一研究工作既对莫德尔定理进行了推广，又开辟出不定方程的一个新方向. 这是一个年仅22 岁的青年崭露头角的作品.

现来解释"亏格"这个概念. 亏格是代数几何和代数拓扑中最基本的概念之一. 以实的闭曲面为例，亏格 $g$ 就是曲面上"洞"的个数. 比如球面没有洞，故 $g = 0$；又如环面有一个洞，故 $g = 1$. 又以代数曲线为例，一条代数曲线实际上就是实的 2 维定向紧曲面，所以它的亏格 $g$ 就是作为曲面的亏格数. 由欧拉公式，我们知道，欧拉示性数 $e$（多面体的"面数 + 点数 - 棱数"）实际上就等于 $2 - 2g$. 特别重要的是椭圆曲线 —— 亏格为 1 的曲线.

亏格把代数几何、代数拓扑、代数函数和不定方程联系在一起，这些现代数学分支在整数论中发挥的作用也就日益显现. 随着时间的流逝，人们越发认识到韦伊学术论文的重要性. 正是这篇论文激发了下述一些问题：

1. 证明亏格大于 0 的仿射曲线只有有限个整点. 这是以后由西格尔（C. L. Siegel）作出的，组合了韦伊的思想和超越数论中的结果. 西格尔因此荣获首届沃尔夫数学奖（1978 年），韦伊比他晚一年得到此奖.

2. 证明莫德尔猜想，即亏格大于 1 的曲线上只有有限多个有理点. 这是猜想提出 55 年后由法尔廷斯（G. Faltings）作出的. 法尔廷斯因此荣获 1986 年的菲尔兹奖. 据说那是他努力 18 个月的结果，当时他只是西德一位不太有名的学校的讲师.

3. 莫德尔 - 韦伊定理、西格尔定理和法尔廷斯定理的有效（即明显）定量结果. 英国杰出的数论专家贝克（A. Baker）在 1966 ~ 1968 年期间只对西格尔定理的特殊情形给出有效的定理结果（贝克获1970 年菲尔兹奖）；对于莫德尔 - 韦伊定理和法尔廷斯定理，整个问题仍未解决，数论研究者对此仍有极大的兴趣.

在上学期间，韦伊一方面精读许多经典著作，另一方面关心最新的课题和动态，并积极钻研新课题. 1926 年他写出的第一篇摘要性论文把卡勒曼（Carleman）不等式由极小曲面推广到一般的单连通曲面上，并指出对于多连通曲面不成立. 随后，在 1927 年又开始研究当时刚刚兴起的泛函分析，接着就进入他的主攻领域 —— 数论.

与此同时，韦伊深信在法国除了阿达马和嘉当（E. Cartan）之外，教授们对近代数学知之甚少，因此他先到意大利，又到德国作学术旅行. 他先后遇到当时一些真正优秀的数学家，如希尔伯特、阿廷（E. Artin）、冯·诺伊曼（J. von Neumann）、西格尔. 他从意大利人那里熟悉了代数几何学，同德国人切磋数论. 韦伊最伟大的功绩在于将几何学的概念引入数论，并由他和受他影响的人重建了代数几何学基础.

## 代数几何及其对数论的深刻影响

代数几何学是一门古老的学科，其研究的对象是代数曲线和代数曲面. 比如圆、抛物线、椭圆、双曲线就是最简单的代数曲线；而椭球面、抛物面、双曲面等是最简单的代数曲面. 笛卡儿发明解析几何之后，空间的点用坐标 $(x, y)$ 或 $(x, y, z)$ 来表示，空间中的曲线和曲面就用其上点的坐标满足的方程或方程组来表示，那么就说该曲线、曲面是代数曲线、代数曲面，否则就称为超越曲线或超越曲面，如指数曲线、正弦曲线就不是代数曲线.

由于代数曲线和代数曲面都是多项式的零点，所以它们的几何性质与多项式的代数性质是密切相关的. 因此,人们推测,代数方法在代数几何学的研究中会显示出巨大的作用. 然而,在抽象代数建立之前,代数几何学并没有一个严格的基础. 例如,对两个曲面相交的情况,一般就得不出准确的分析.

1920 年,数学家诺特(E. Noether) 创立抽象代数学之后,首先是在代数数论方面显示出巨大的威力. 诺特的学生范德瓦尔登(Van der Waerden) 为解决某些代数几何学的问题,系统地研究了抽象代数学,特别是掌握了交换环这个工具. 从 1930 年代起,范德瓦尔登共写出十多篇关于代数几何学的文章,试图为代数几何学奠定牢固的基础,但是只取得部分成功. 真正把代数几何学奠定在抽象代数严格基础之上主要归功于韦伊.

数学家在研究单个或联立的代数方程的整数解时,第一步工作通常是以同余方程(组) 取代原来的代数方程(组). 也就是说,寻找一些整数,使得相关的表达式可被某个给定的数(一般为素数) 除尽. 任何给定同余组的解的数目都是可计数的. 起初,已经有人认为,并对若干情形证明过,对于含两个未知数的单个方程所确定的同余方程以及给定的素数,上述数目(以及相关的同余方程的解的数目) 可用来构造一个函数,据信其性质雷同于黎曼 $\zeta$ 函数(一种单复变函数). 黎曼假说涉及该函数的零点,一个多世纪以来一直是数学上最重要的悬而未决的问题. 然而,有一种较简单的关于同余 $\zeta$ 函数的黎曼假说,由此可对同余方程的解的数目作普通的估计.

韦伊在他非同寻常的个人遭遇中证实了这一假说. 二战爆发时,韦伊正在芬兰旅游(其实也是当"逃兵"). 作为和平主义者,他决定留在当地而不是回家服兵役,结果还是惹了大麻烦. 当时苏联想侵占芬兰,两国关系很紧张. 警察在盘查韦伊的住所时发现苏联著名数学家庞特里亚金(L. Pontrjagin) 写给韦伊的俄文信. 他被怀疑为俄国间谍而锒铛入狱.

眼看自己就要被处死,韦伊想到了奈旺林纳(R. Nevanlinna),于是便抱着一丝希望对警察声称自己认识这位杰出的芬兰数学家(奈旺林纳其实比韦伊大不了几岁). 在那天的国宴中,赫尔辛基警察局局长正好遇到了前来赴宴的奈旺林纳,于是就顺便问起韦伊这个"俄国间谍". 奈旺林纳当然想极力为之说情,但他表面上只能装得轻描淡写(否则自己也可能招惹麻烦),说自己认识此人,并建议警察将其驱逐了事.

好在警察听信奈旺林纳的话,韦伊未被草率处死,而是被驱逐到瑞典. 到了瑞典之后,他再度被拘押,后被遣送回法国,又在鲁昂监狱拘押了几个月,这次是因为他未入伍而被认定有罪,韦伊同意在一个战斗部队服役,于是判刑缓期执行. 在狱中,他草拟了证明的主要段落,尽管遭遇不尽如人意,但他还是很快将它们发表了.(韦伊后来写有自传《一个数学家的学徒生涯》,记载了他早期的坎坷经历. 以前有部电影叫"乱世佳人",韦伊则堪称"乱世天才". 尽管天才们的思想是如此天马行空,但也照例要吃喝拉撒,要受感情驱使,要接受生活中的种种无奈,于是总会使天才们得出对世界的奇怪看法,比如韦伊也喜欢恶作剧,说话易得罪人等.)

在 1925 ~ 1940 年期间,德国学者在阿廷和哈塞(H. Hasse) 的推动下,在代数数域和有限域上的单变函数(用几何语言讲就是有限域上的曲线之间) 发现值得注意的类似. 彼此都有 $\zeta$ 函数,都可提出"黎曼假设". 对于函数域情形,哈塞对亏格为 1 的情形证明了黎曼假设. 韦伊 1940 年在鲁昂时又找到了亏格大于 1 的情形的解决方法:这个关于一维代数簇(即曲线) 的问题应当利用更高维的代数簇(曲面和阿贝尔簇) 以及采用在复数域拓扑或解析方法证明结果的方案. 他于 1940 年发表的一篇短文一开头便写到:"我在这篇短文中打算概括地叙述有限域上代数函数论中一些主要问题的解法 ……"

这篇短文只叙述了证明轮廓. 所有事情都建立在一个重要引理之上,这一引理是从意大利几何学派那里得到启发的. 韦伊认识到证明它需要重新构造整个代数几何学的定义和基本结果,特别是相交理论的结果,所缺少的同调理论用循环的计算来代替. 于是他潜心研究几年,写出 300 页巨著《代数几何基础》(1946 年). 该书是战后代数几何学的第一部经典著作,它大大推动和激发了代数几何学理论及应用的发展. 随后,韦伊证明了曲线上的黎曼假设,结果发表在 1948 年,同时出版了经过 8 年研究撰写的两部著作《代数曲线和相关代数簇》和《阿贝尔簇与代数曲线》. 他在 1940 年所写的短文中提出的目标终于获得实现!

韦伊不仅建立了代数几何学的牢固基础,而且还发展了平行于利用 $\theta$ 函数的解析理论的阿贝尔簇的代数几何理论. 阿贝尔簇是韦伊多年来一直喜欢研究的课题,他几乎与谷山(Y. Taniyama) 和志村(G.

Shimura）同时独立地得到复乘理论.

韦伊在曲线研究工作的指引下，以及对单项式超曲面情形进行的具体计算中受到启发，在1949年提出被后人称为韦伊猜想的猜想，也是数论中最重要的猜想之一. 通俗地讲，这是关于不定方程的解的数目估计. 所谓不定方程，在这里是指整系数多项式，其中未知数的个数比方程的数目多. 几千年来，数学的中心问题之一就是求解这类方程的整数解. 韦伊猜想使得一大类不定方程的解数问题获得了比较确切的答案.

韦伊猜想的内容用数学的语言来讲，是指有限域上非奇异影射代数簇的一组猜想. 它们假设黎曼、莱夫谢茨（S. Lefschetz）和霍奇（W. V. D. Hodge）等人的拓扑方法可用到特征 $P > 0$ 的情形，在这种看法下，方程在模 $P$ 意义上的解数相当于不动点数，从而可用莱夫谢茨的公式来计算，这种思想确实是革命的，它唤起一代数学家的热情，这也是稍后多年代数几何学重大进步的一个源头.

这项研究工作经过25年左右才完成，天才数学家德林（P. Deligne）在1973年完成韦伊猜想的证明，主要是靠另一位天才兼大师级的数学家格罗滕迪克（A. Grothendieck）提供的一整套工具. 他们发展起来的研究方法是当今代数几何中最强有力的，可以应用于其他领域，如模形式理论等. 所有这些都正如韦伊先前所预测的那样，韦伊猜想的获证，对韦伊本人、格罗滕迪克及其他人都有很大的影响，这种影响遍及数论和代数几何学领域. 稍后，格罗滕迪克因其在代数几何中的出色工作，在1966年荣获了菲尔兹奖，德林则于1978年获得此奖.

1994年，英国数学家怀尔斯证明了费马大定理，其实主要就是证明了谷山 - 志村猜想的重要情形（该猜想于1999年被彻底解决），这也是代数几何与数论关系紧密的一个大问题. 当时谷山和志村不过两小青年，在得到了大数学家韦伊的肯定后，这个猜想有时候也叫谷山 - 志村 - 韦伊猜想. 无疑，在解决费马大定理这一世纪成就中，也包括韦伊的一系列工作的影响. 韦伊在他漫长的一生中见证了自己理论的辉煌应用，以费马大定理结尾，也有着特别的意义.

## 谈谈布尔巴基学派

布尔巴基学派是一个对现代数学有着极大影响的数学家集体，其中大部分成员是法国数学家，缔造者和代表人物是韦伊、迪厄多内（J. Dieudonné）、嘉当（H. Cartan）、歇瓦莱（C. Cheralley）等人. 而韦伊被人们公认为布尔巴基学派的领袖，具有突出作用和显赫地位.

在1920年，法国年轻的数学研究者在阿达马的研讨班上大开眼界，这种被称为“论文分析”的讨论班在法国是独一无二的. 每年伊始，阿达马把他认为是前一年中最重要的论文分发给学生，让他们学习后准备在研讨班上做报告. 在每星期的讨论班上，总有学生在黑板上就他所学习的论文进行讲解，然后大家提出问题进行讨论. 这种新鲜、活泼的教学形式对于青年人的提高大有好处，他们可从中了解到当时一些新的数学进展.

进入1930年后，这些年轻数学研究者大都已经各自作出了出色的研究成果，并先后在法国的大学里任教. 嘉当（H. Cartan，是 E. 嘉当的长子）于1931年，韦伊于1933年先后到斯特拉斯堡大学任教，而德尔萨特（J. Delsarte）、迪厄多内等人在南锡. 他们之间保持经常的联系和交往，定期到这个城市或那个城市见面，从而促成了法国数学的“东部集团”.

他们对于老的教本 —— 当时通用的古尔萨（E. J. B. Goursat）的《分析教程》很不满意. 该书出版已经30多年，内容非常陈腐，他们在教学过程中发现了一系列问题. 被誉为布尔巴基学派最好的老师、著名数学家嘉当谈及往事时说：“韦伊和我在数学系里经常见面，我向他提出问题并探求他的看法. 有一天，他对我说，‘现在是时候了，让我们几个人见面来讨论这些问题，一起定出我们问题的答案，我们以后将不再谈及它们’.”就这样布尔巴基学派诞生了，但那时尚未拥有这一称呼. 韦伊决定我们中的八九个人（都是高等师范学校在1922年至1926年入校学习的同学），每两周在巴黎聚会一次，建立一个“专题论文分析”讨论班. 嘉当对此有着美好的回忆，他说在这些聚会中，德尔萨特起着保持联络的作用. 实际上，他们都是同学，除了比他们稍大一些的芒德布罗伊（S. Mandelbrojt，法国数学家，分形之父芒德布罗（B. B. Mandelbrot）的叔父），那时他一到法国，就被吸收到该活动中.

韦伊在布尔巴基里起着极重要的作用,他连续不断地下决定、定方向,任何参与布尔巴基活动的有研读能力的人员都服从韦伊所确定的方向,而且每一个成员的建议也都受到人们的尊重. 规定在50岁时从该组织中退休的人就是韦伊,其目的是让新的一代人富于责任感,并且这一规定一直持续到二次大战开始.

二战中德国人即将攻占法国之时,韦伊从鲁昂的"新生"监狱出狱,跑到了英国,后来又到过马赛和克莱蒙费朗,最后于1941年1月乘船到了美国. 1941 ~ 1945年,韦伊在美国哈佛学院任讲师,1945 ~ 1947年,又到巴西圣保罗大学任教. 1947 ~ 1958年韦伊回美国芝加哥大学任教,1958年起在普林斯顿高级研究所任数学教授. 1976年退休. 1998年8月6日,韦伊逝世,终年92岁.

读者已在这些文章中看到了很多名字. 相比之下,韦伊是伟大的,但数学圈子外仍很少有人知道,韦伊的名声亦不及其妹. 其实,能取得进展的所有数论专家都不容易,但多数只不过提一句(即某年"某某"证明了……)而已. 社会分给数学家的名声就这么一点点的"蛋糕",有名的可以分到块大一点的,尽管数学家不在乎.

2008年8月,嘉当去世,享年104岁,这是布尔巴基第一代元老中最后一位去世、也是寿数最长的. 然而,布尔巴基的事业仍在继续,现在仍有讨论班在活动.

(本文据王忠玉、刘培杰的原始文章作删节和整理而成.)

# 附录2 数论学家小传

在古希腊文明登上历史舞台之前,人类已经有了数学的萌芽,可以进行算账、丈量土地等简单活动,但缺乏系统性、严密性,特别是从公理出发进行推理得到命题的演绎逻辑方式.可以说,随着古希腊数学的发展,地球上开始产生一群智慧的人叫数学家,他们的任务就是发展数学,包括纯数学和应用数学,这是希腊哲学精神的最高体现之一,还可用于教育或天文、物理和工程等方面.这里罗列的都是对数论、算术以及早期代数学做出重大贡献的数学家小传(由于以数论为主,故而有的大数学家写得较为简短,甚至未予收入).

大约从十余岁开始,我就对数学家充满敬意,特别是参加数学竞赛后,更是逐渐掂量出这门学科的分量.所以,我很乐意编写数学家的传记.但是,数学家毕竟不是叱咤风云的政治人物,一生平平淡淡,许多人甚至只有寥寥数语——在什么学校工作,做了什么成就等.即使是 Archimedes,Euler 或 Gauss 这样的顶尖级人物,也远谈不上什么“传奇色彩”.他们的传记少得可怜,至今未译成中文出版.不过,任何一个人(包括我自己),只要他深入地为数学难题困扰过,就必定能体会那种“山穷水尽,柳暗花明”的感觉,更何况青史留名的数学家,与日常生活形成的强烈反差是,他们的内心活动是多么地波澜起伏.

于是,我的目的似乎变复杂了,我本来仅仅是希望不要忘记那些曾推动人类文明进程的杰出人物,然而这样说似乎显得比较空洞.说实在的,一些有一定年纪的数学迷,一聊到 Euler 或 Gauss 就眉飞色舞、肃然起敬.但仔细想想,我们到底了解 Euler,Gauss 多少,还不是从数学史家和老师那里听来的一些故事吗?我们仔细研究过他们的论文和著作吗?我们能感知他们的“心路历程”吗?所以,光是从一些事迹去了解偶像,不过是一个抽象的东西而已.

现在的学生就不同了,即使是奥数高手,对 Euler,Gauss 等人也不见得有多关心,他们喜欢的是影视明星、NBA.我曾经对此十分恼火,但细细想来,我们以前对科学家的敬仰,又何尝不是一个抽象、空洞的教育失败的体现呢?我经常“被”接待“民科”,相当一批人是“搞”数论的,除少数人神经不正常或别有用心,多半还是受了媒体的误导(比如徐迟的散文《哥德巴赫猜想》),认定自己能创造奇迹.可惜这些上了年纪的人是如此的固执,明明在胡说八道,还自以为是,甭指望能说服他们回心转意.问题主要出在自己未受过系统的科学教育(只是人生不可逆,再教育机会也不多),不懂得科学特别是现代科学的门槛比他们想象的要高得多,而文科(其实门槛也未见得低)就比较容易“混”,一到数学、科学则立马“原形毕露”,明眼人一看便知其幼稚可笑甚至谬论百出.其实,数论中一批看上去初等的命题其背后的含义决不简单,但是很不幸地——同人生哲学一样——被普通人误以为门槛低了,如果是分析哲学或代数几何学这样吓人的东西,民科多半是会避开的.极个别“民科”还拥有较高学历,他们的博客(我不幸使用 Google 时偶尔见到的)中还包含很多富有哲理的论述,头头是道,好像很有思想的样子(现在这种学术骗子甚多).我曾收到过“永动机”的稿子,竟附有一位中国工程院院士的推荐信.这使我更为认同陈敏伯教授的观点,即使受过高等教育,应用科学专业人士的知识修养,多半还是无法同数学、物理专业的专家相比.真正的科学思想,绝大部分在数学和物理学中.

有人会问,万一民科中出天才呢?我的回答是不可能.天才单干的例子,到 Einstein 和

Ramanujan(也就是一次大战以前)差不多就终结了,而且他们也并非真正与世隔绝.科学发展到今天,早已结束了少数英雄横空出世的历史.个人智慧早已无法同集体智慧相抗衡.集体都干不了的事,个人能行?更何况所有单干的天才都是非常注重学习的,他们埋头苦读前辈大师的著作,与那些坐在马桶上异想天开的民科截然不同.这更雄辩地说明,其实所谓的天才,也不过是站在前人的肩膀上看得再远一点罢了.Wiles、Perelman、陶哲轩、华罗庚、陈景润莫不如此(尽管这样也足够了不起).

数学之外的一些科学,例如生物学、天文学、实验物理,科学家的个人智慧已完全淹没在团队精神里,这就是集体智慧、人类智慧逐渐取代个人智慧的迹象.即便是现在的Nobel奖得主大家也不那么关注.数学相对来说还好一些,但也已非Euler时代,多一两个或少一两个数学天才,对数学整体发展来说无足轻重(除非整体禀赋下滑,数学的发展才会受到影响).其他领域,比如在体育中,决不因为有了汽车拉力赛就不要看人类速度,所以我们还可以欣赏Bolt,欣赏刘翔.但是,我们不可能不借助计算机而继续顽固地坚持手算Mersenne素数,比谁算得快,那是没有意义的.机器的诞生彻底终结了枯燥、复杂的手算史,甚至可以部分地参与证明定理.国际象棋则介乎两者之间,人类智慧"深蓝"战胜了个人智慧Kasparov.这不会终结人与人之间较量的国际象棋,但其魅力难免打了折扣.所以,纵观20世纪的历史,我们才能明白现代已不是英雄时代、精英时代,而是世俗时代、平民时代了,也能够理解现代人的兴趣取向.现在的年轻人几乎不会成为那种"科学家教育"的牺牲品.说实在的,我也讨厌明星,但崇拜明星总比成为民科好,民科完全是不正常的产物,是一种生活的欺骗;而崇拜明星的体验对于生活则真切得多.至于科学,当然不该遭到冷落,但更不可以被人搅浑水.

前不久,美国前总统小布什卸任后回到家乡,说过一句颇有意味的话:"即使白宫的生活再精彩,也比不过得克萨斯州美丽的夕阳."小布什说这句话出于什么感想,甚至是不是真的,这都不重要,重要的是,小布什已不在面对空洞的概念了,他确确实实当了八年总统,也确确实实看到无数次得州的夕阳,因此我们认为他传达的意思是踏实的,而不是故作姿态.小布什说过的话无疑很多,唯独这句话给我的印象最深.我们生活的这个世界是不公平的,绝大多数人没有好机会,没有话语权,但无论显贵还是平民,无论古今中外,大家头顶的蓝天的大小差不多,看到日月星辰的光辉也是差不多的,这常让我感慨.面对夕阳,不同人的感知、甚至同一人在不同时间的感知都可以不同:壮丽、灵感、回归、永恒……但有一点是确定的,这感知是真真切切的,也是平等的.

民科现象体现了数学宣传的薄弱,但对数学发展干扰大得多的则是功利因素.对于绝大多数中国人来说,英语比数学有用得多;不过我相信没有一个受过点教育的人会说,在金融保险、工程技术等领域里数学是无用的.这就再次提醒我们必须区分"个人的数学"和"人类的数学".诚然,从大数学家的简历来看,他们多少总会为皇帝、政府或企业服务,搞点天文历法或考虑经济效益.但是,数学主要是他们"玩"出来的."玩数学"的人应该多于数学家;只有玩得特别好的人,或到达了理论前沿、有人跟着做了;或产生了经济效益,这样的话,他"个人的数学"才会上升到"人类数学"的史册.但是除了疯子,没有人在一开始就可以打包票说他做的就是最有价值的东西,所以,从"玩"的角度来说,"个人的数学"也是有用的.有人曾问哲学有什么用,通常的答案是哲学给人智慧.冯友兰的回答是,哲学可以提高一个人的境界.对于数学,我也想这样回答.数学,无论是前沿的、当代的,还是古老的、初等的,都是一种高级别的文化品位.一般来说,沉浸于此的人,就不会有太多时间和兴趣搞人际关系或其他低级趣味的事情.当然,一旦扯到价值观问题就会变得复杂.事实上"智慧说"也好,"境界说"也罢,都没有得到热烈的讨论和绝对的认同,很多事情不可言传,唯有靠自己去感知.

国际数学家大会提出的概念是"数学人",着实把数学家这一群体作了很大的"扩张",这或许与笔者的意思一样,数学人就是能够比较正确地感知数学、喜欢数学的群体,而数学家无非是其中比较有成就的一小部分罢了,这很有一种参与、平等、友谊的奥林匹克精神(私下里我觉得这对民科也"太包容了"点,因为他们也可以混进来)和文化精神.无论是浅是深,只有感知了数学,我们才可能感知数学家.相信喜爱数学的读者会读很多书,而不仅仅是这一本.

让我们真真切切地"玩"数学一把,进而也把理解给它的创造者——数学家.

——田廷彦

**Pythagoras**(约前580—前500)大概是世界上第一位著名数学家和哲学家.比他稍早一些的(前600年左右)米利都爱奥尼亚学派创始人Thales认识到理性认识自然界和逻辑演绎推理方面的重要性,堪称希腊科学乃至西方科学的源头.但爱奥尼亚学派在数学上的实质性贡献是很有限的,他们的思想主要是在哲学方面(当然Pythagoras在哲学上也有独创).

据说Pythagoras曾受教于Thales,然后四处游历,去过埃及和巴比伦.最终在意大利南部成立了自己的学派,其实这是一个兼备宗教、科学和哲学的神秘主义团体.会员人数限定,对学派中传授的知识必须保密.由于这个学派不立书作传,今天已不清楚成员们的生平和学术活动.在别人的著作中曾提及他们的贡献,但已无法区分某个发现是属于Pythagoras本人还是他的门人.据说该学派曾卷入政治纠葛.为此,Pythagoras逃到米太旁登,并在那里被害.

Pythagoras学派最先强调了数学抽象化的意义,但实际上他们并不把数字与几何点区分开来.他们用沙滩上的小石子来表示数.与埃及和巴比伦人不同,他们不仅仅用这些石子算账或是普通运算,而是研究一些特殊的数的规律,这等于赋予了数字一些神秘的、美学上的内涵,可以认为Pythagoras创立了纯数学.

例如,他们把$1,3,6,10,\cdots,n(n+1)/2,\cdots$称为三角形数,因为这些数字的小石子可以排成正三角形(注意每后面一数的小石子无非就是前面一数目的小石子在最下面添加一层所得),其中$10=1+2+3+4$是他们特别钟爱的数.同样道理,他们还定义了正方形数、五边形数及一般的多边形数.另外,他们还定义了完全数与亲和数.

目前关于Pythagoras最重要的成就无疑是勾股定理.这个定理在几大文明古国都有发现.但据信是Pythagoras第一个证明了一般性结果,因此在西方这个定理被称为Pythagoras定理.不过这一证明没有流传下来,《几何原本》中的证明不是Pythagoras的.这个学派还发现,若$m$是奇数,则$m,(m^2-1)/2,(m^2+1)/2$便构成了直角三角形的三条边,这便是一组勾股数组,也称Pythagoras三元数组,是最早研究过的重要的不定方程之一.

Pythagoras学派还研究了素数以及他们认为美的比例关系.若设两数$p,q$的算术平均、几何平均及调和平均分别是$A,G,H$,则Pythagoras学派称$A/G=G/H$为完全比例,而称$p/A=H/q$为音乐比例.Pythagoras学派对音乐素有研究,他们发现,单单拨弦可以产生一个标准音.现在如果在弦上恰为一半的地方固定弦,再拨动弦就会产生一个原来的音和谐的高八度音.类似地,在弦上恰为$1/3,1/4,\cdots$处固定弦,会产生其他和音.但是在非简单分数处固定弦,那么和音就不会产生.由于在天文、音乐等学科上,简单的数经常扮演着神奇的角色,Pythagoras学派发展出了"万物皆数"的理念(在今天计算机0-1世界里倒也是这种思想的回应),即认为只有两种类型的数主宰这世界,即整数与整数之比.整数之比他们叫可公度之比,意思是说两个量可以让一个单位分别量尽.据说学派的Hippasus恰恰利用Pythagoras定理证明了一个不可公度之比$\sqrt{2}$并泄了密,被其他惊恐不安的学派弟子投入大海.从此,希腊数学渐渐回避了恼人的无理数问题,转向纯几何,被世人称为"第一次数学危机".

应该说,Pythagoras学派是古希腊对数学贡献最大的学派.Pythagoras学派中杰出的学者还有Philolaus,Archytas和Theodorus等,后两位曾是Plato的老师,对Plato学派的形成有重要影响.Theodorus因证明$\sqrt{3}$,$\sqrt{5}$,$\sqrt{7}$,…的无理性而闻名.后来,Plato学派的Theaetetus考察了其他类型的无理数并对其做了分类.

**Eudoxus**(约前408—前355)是古代仅次于Archimedes的大数学家.尽管Pythagoras和Euclid的名声和影响可能在他之上,但是Pythagoras学派的工作不能归结于Pythagoras一人,Euclid的《几何原本》是对前人工作的总结和整理,而Eudoxus本人工作的原创性得到了确认.

Eudoxus是小亚细亚人,曾求学于Archytas,去埃及游历过并学到些天文知识.然后他在小亚细亚北部成立了一个学派.公元前368年左右,他和他的门徒加入了Plato学派.最后几年他回到老家并在那里去世.Eudoxus非常博学,精通医学、法律和地理,尤以(数理)天文学和数学方面的造诣为最.

Eudoxus强调了从公理出发的演绎推理的重要性.当时,越来越多的无理数困扰着希腊人,在几何中似乎无法抹去它们的身影,但又苦于找不到它们的合理位置.为此,Eudoxus引入了变量的概念.它不是固定的数,而是一些连续变化的量.Eudoxus定义了量与量之间的比,这个比值包括可公度比和不可公度比.在连续量的概念上,Eudoxus提出了穷竭法,这是确定曲边形面积和曲面体体积的得力方法,相当于已走到了微积分的大门口,只不过没有用严格的极限语言论述而已.穷竭法在《几何原本》中也提到了,并为Archimedes所频繁使用和进一步发挥.这样做也有不利的一面:数与几何的分家日益明显,从此改变了Pythagoras学派重视数的观念,而大大提高了几何学的地位.

**Aristotle**(前384—前322)是人类最伟大的思想家之一,他与导师Plato对西方文化具有决定性的影响.Aristotle出生于马其顿,公元前343~前340年当过Alexander the Great的老师.前335年,他成立了自己的学派——漫步学派.

Aristotle的著述极其丰富,他不仅完成了从自然科学到人文科学的分类,而且在这些学科中都作了深入的研究.尽管他并非数学家,却经常用数学说明一些观点.Aristotle特别有名的工作是奠定了逻辑学的基础,今天我们仍在强调的矛盾律、排中律、三段论等,都是Aristotle从数学中借鉴得来的.

Aristotle主张把数、点等离散量与几何上的连续量区分开来.在算术上没有连续性.算术(即数论)相比之下比几何更准确、可靠.理由是数比几何概念更容易抽象化,算术必须先于几何,例如在考察三角形之前先要有3这个数.Aristotle还认为,只有潜无穷(而不是实无穷)才存在.正整数就是潜无穷的,因给任何数加上1总能得到一新数,但并不存在最大的正整数.这些想法对后世数学的影响很大.

Aristotle与Plato有许多观点很不一样.Plato相信存在一个独立、永恒的理念世界,它就是宇宙的真实存在,而数学概念是这世界中的(也是最崇高、最可靠的)一部分.例如,自然数并不是因为人类的存在才存在(对于将几何用于机械,Plato也十分反感).这被称为Plato主义.Aristotle则认为,尽管数学是抽象的,但它来源于实物的属性,也可能应用到实际中去.两人对数学的观念都具有一定的代表性和生命力.

**Euclid**(公元前300年左右)是古希腊亚历山大时期的伟大数学家,可能在Plato学院受过系统教育.关于Euclid的生平,今天几乎一无所知,但他对人类的影响(一般来说可排进前20位,在数学上甚至是前5位)却超过了绝大多数富有传奇色彩的历史人物.Euclid最伟大的功绩,是将当时的数学特别是几何学方面的成就整理成一本教科书——《原本》(《几何原本》是徐光启的翻译),这些成就都是在亚历山大时期之前的古典时期取得的.古典时期的特点是重视几何,但《原本》里包括了不少整数论的内容.Euclid还有其

他重要著述，大多没能流传至今.由于《原本》是一部"数学圣经"，后世的战乱并不影响它的流传.这本名著在500年内曾经有1 000多种版本，翻译成多种文字，较早有英文、拉丁文和阿拉伯文等（现在估计是全世界任何主要文字都有了），仅次于《圣经》.为了纪念Euclid，也由于后来非Euclid几何的出现，人们将他的几何学称作Euclid几何，且（经改编后）一直是全世界初中课堂之必修内容.

《原本》树立了从少数公理、公设到定理的推理方式的典范，对数学和科学的影响延续至今.公理和公设被认为是"不证自明"的，而定理看上去就不那么显然.由于推理过程按照严格的逻辑步骤，所以那些定理的正确性也是无懈可击的.《原本》共有10个公理及公设，467个命题全部可由此推出.演绎推理是与实验方法并列的两个最主要的科学方法之一，而且它的可靠程度要高于以归纳为本质的实验方法.Newton等一批后世科学家的著述便都是按照《原本》的方式.只不过实验室归纳得到的结论叫做定律而不是公理，相对来说不如Euclid的公理那么显然.这样的定律也是越少越好，Newton的定律只有4个（包括万有引力定律），却能解释包罗万象的现象.现在人们普遍认为，欧洲历史上有两次传统科学知识大综合，一次是Euclid的，另一次便是Newton的.这些了不起的成就是人类思想史上永远的丰碑，让一代代人仰望着赞叹不已.

《原本》共有13篇，有的版本附加两篇，那不是Euclid写的.其中第7，8，9三篇专门讲述数论.我们就专门提一下这些内容，更重要的纯几何命题就略去不讲了.

在第7篇中，定义5给出了整除的定义；定义11说明了素数（也叫"质数"）；接下来分别有：互素或互质（定义12），合数（定义13），完全数（定义22）.命题1与2给出了求两个正整数最大公因数的步骤，现在称为Euclid辗转相除法.命题30说的是：若一素数整除两整数之积，则它必整除其中一数.命题31说，任何一个合数都可以分解为有限个素数的乘积.在第8篇中，Euclid讨论了等比数列，无须新的定义.第9篇则讨论了平方数、立方数以及一种偶完全数（后来Euler证明这其实已包含所有偶完全数）等.特别是命题14说明了唯一分解定理，即任一正整数分解成素数的方式（如果不计顺序的话）是唯一的.命题20：素数的数目比任何指定的数目都要多，换言之，素数的个数是无穷的.命题35：关于等比数列的求和公式.《原本》第10篇研究了无理量.有的版本给出了$\sqrt{2}$是无理数的证明.由于古希腊数学对几何量的重视，《原本》中很多关于数的命题都是用量的方式（比如线段的长度）进行描述的，所以在现在看来似乎有点不习惯，而且按现在的要求看有些也并不严格.但是2 000多年前就能想到这一点，是多么不容易啊.

大约在元朝初期，《原本》开始向远东流传.1582年，意大利神父利玛窦（Matteo Ricci）来华传教.1604年，他遇到了进京赶考的徐光启.1605年，他们开始将《原本》译成中文，次年春天就译出了前6卷，但这项工作没有继续进行下去.清朝初期，大批传教士来到中国，曾有一不太成功的译本.直到1852年，著名数学家李善兰结识了英国人伟烈亚力（A. Wylie）后，决定将《原本》后9卷悉数译出.他们整整花了四年的工夫完成了这一艰巨任务.后9卷于1857年正式刊行.1865年曾国藩平定太平军后，出资捐助李善兰在南京重刻《原本》.这次李善兰将前6卷也一并付梓.这样中国终于有了全本的中文《原本》.

Euclid之后，另一位大数学家Apollonius写了古代仅亚于《原本》的名著《圆锥曲线论》，共分8篇含487个命题.这样，平面上的一次与二次曲线就得到了较为完整的研究.而超过二次的曲线的纯几何研究过于困难，以后都用坐标等代数手段处理.不过无论如何纯几何在推理和美学上的价值是永远存在的.

**Archimedes**（前287—前212）是亚历山大时期全部数学乃至科学的代表人物，与Newton，Gauss并列为有史以来三个最大的数学家，且位居榜首，被后世誉为"数学之神".三人都对纯数学和应用数学做出了巨量的贡献.对Newton来说物理似乎更重要，Gauss则比较偏重数学，而Archimedes则是两者并重.由于Archimedes提出了著名而恼人的不定方程——牛群问题，有人将数学在他身后20多个世纪的发展比喻成"Archimedes的报复".在著名的Fields奖章上刻的不是Fields的头像，而是Archimedes的头像.

Archimedes出生于叙拉古——西西里岛的一个希腊殖民城市.父亲是一位天文学家.Archimedes年轻时曾到亚历山大城接受教育，后来回到叙拉古（据说他与叙拉古国王有点亲戚关系）并在那里度过余生，但

他始终与亚历山大保持学术联系.

关于 Archimedes 有很多故事. 比如,他给叙拉古国王 Hieron 造出一组复杂的滑车把船吊到河里. 很多机械成果都基于他发现的杠杆定律,为此他说出豪言壮语:“给我一个支点,我就可以推动地球!”在叙拉古遭受罗马人攻击时,Archimedes 发明了投石器和抛物镜防守,这无疑大大增加了他在叙拉古甚至敌人心目中的名望. 关于他最著名的故事就是用流体静力学的方法测定王冠的成分. 这一发现被称为“Archimedes 原理”,写入名著《论浮体》(即命题 7). 据说这是他在百思不得其解之后去澡堂洗澡时突然醒悟的,为此 Archimedes 兴奋异常,光着身子跑到街上高喊“Eureka!”(我发现了!)对于这样的一个智者,大自然总是显得非常地慷慨.

Archimedes 有不少著作(都是短篇)流传至今,被合编成《Archimedes 全集》,加上后人对他工作的描述和赞誉,今天的人们才清晰地了解他超越后人整整 1 800 年. Archimedes 对机械力学、流体静力学、算术、几何乃至天文学的巨大贡献是众所周知的,尤其是他大大发扬了 Eudoxus 的穷竭法,这已相当接近今天的积分学,借此他得到很多惊人结果. 而且他的方法比 Newton,Leibniz 的还要严格些,真正达到了希腊数学的辉煌顶点. 在这里主要提一下他对算术和数论的贡献(那些更有名的工作只能割爱了).

Archimedes 的《数沙者》(The Sand-reckoner)给出了写大数的一套方案,这是一个非凡的创造. Archimedes 声称能写出像宇宙间沙子那样的大数. 他从当时希腊数字里最大的 $10^8$,以此出发得到一系列新的大数,直至 $10^{16}$,再以此出发得到 $10^{24}$,这样不断增加直至表达出任意大的数. Archimedes 说他估计出来的宇宙沙数只是这一系列数中的一个. 全文只有一个定理,相当于现在的指数性质 $a^{m+n}=a^m a^n$.

在《圆的量度》中,Archimedes 特地研究了圆周率π的较好近似值,即著名的结论 $3\frac{10}{71}<\pi<3\frac{1}{7}$. 据说他是用边数越来越多的内接和外切正多边形的周长来进行逼近的. 他还得到 $265/153<\sqrt{3}<1\ 351/780$.

在写给好友 Eratosthenes 的信中,Archimedes 以诗歌的形式(一说他只是传抄下来)提出了著名的群牛问题,这是一系列的方程组,最后归结为一个 Pell 方程 $x^2-4\ 729\ 494y^2=1$,即便是最小解的位数也超过 20 万! 人们猜想当时 Archimedes 未必解得出来.

公元前 212 年,经历了多年的战败,罗马人终于候到一次机会攻入叙拉古. 当时 75 岁高龄的 Archimedes 正在沙地上聚精会神地画着几何图形. 一个据说是喝过酒的罗马士兵带着剑跑过来,鲁莽地踩到了那个图. Archimedes 气愤地说:“不要毁坏我的圆!”于是那个士兵就杀死了他. 罗马统帅 Marcellus 曾下令不许杀害他们伟大的“几何学对手”Archimedes. 作为补偿,他处死了那个士兵,并给 Archimedes 造了一个陵墓,墓碑上刻了 Archimedes 发现的一个著名的几何定理.

**Eratosthenes**(约前 276—前 194)出生于昔勒尼(今在利比亚),精通数学、哲学、诗歌、历史、语言和年表制定,是古代最博学的人物之一. 他先在亚历山大港学习,又在雅典的 Plato 学院待了几年. 前 236 年,Ptolemy III(Euergetes I)指定他为亚历山大图书馆的管理员和馆长. Eratosthenes 和 Archimedes 是好友.

Eratosthenes 最突出的贡献是地理学(测量地球大小)和数论. 约前 240 年,他根据亚历山大港与赛尼(今埃及阿斯旺)之间不同正午时分的太阳高线,利用三角学计算出地球的直径. 这种计算基于太阳足够远而将其光线看成平行光的假设,结果测出误差不到 5%. 无疑这是一个极其了不起的结果,比以前一切估算都要精确得多.

Eratosthenes 另一项不朽工作是提出了 Eratosthenes 筛法,这是寻找素数和编制素数表的有效方法. 具体如下:列出一长串连续自然数,保留 2,把 2 的倍数全部划掉;再保留 3,继而将 3 的倍数也悉数划去;再对 5,7,…做同样处理. 这样就可以较方便地编制包含较多素数的素数表.

Eratosthenes 还有很多工作,但只有上述两件为后世永远铭记. 晚年的他一直在亚历山大港工作,约前

195 年失明,一年后绝食而死.

《九章算术》是一部现在有传本的、最古老也是最著名的中国数学经典.书中收集了 246 个应用问题和各个问题的解法.九章指的是“方田”、“粟米”、“衰分”、“少广”、“商功”、“均输”、“盈不足”、“方程”和“勾股”.

根据刘徽所述,大约在秦始皇焚书坑儒之前,已经有了《九章算术》的原始版本.汉初经过张苍、耿寿昌的删补整理,此时也差不多是中国另一部经典著作《周髀算经》的成书时间.再过 200 年,《九章算术》被官方采用,特别是经过三国刘徽的注,成为现在流传的《九章算术》.

第一章“方田”讲的是平面图形面积的计算方法,其中也包括了分数的计算.“衰分”涉及的是比例、等差等比数列问题.“少广”讲的是从面积、体积反过来求边长或直径的问题,这里涉及多位数和分数的开平方、开立方问题.刘徽注则给出了当被开方数并非平方数时开平方的近似公式.“盈不足”中发明了类似现在的线性插值法,这是很不容易得到的.“方程”则是联立线性方程组的解法,特别是已经出现负数,这是一项令人惊叹的成就.“勾股”就是与勾股定理相关的一些题目,大多涉及勾股数的计算.

尽管《九章算术》是从比较实用的问题出发,而不是像《几何原本》那样从公理到定理的严密演绎系统,但《九章算术》对中国当时的数学水平做了很好的总结,也是具备系统性的,特别是刘徽注更是提高了这部著作的价值.尽管在今天看那些概念和解法可能已平淡无奇,可在当时要创造出这些东西需要多么智慧的头脑! 所以从这一角度说,《九章算术》就是中国的《几何原本》.对于能够在数学这样博大精深的学问中做出非凡成就的人物,无论古今中外,无论有名还是无名,我们都应该怀有深深的敬意.

**Nichomachus**(公元 100 年左右)可能具有阿拉伯血统.他是希腊亚历山大时期一位重要的数学家.所谓“亚历山大时期”是专门区别于古典时期的.公元前 336 年,马其顿国王 Alexander the Great 带领军队先后征服了希腊、埃及和中东,甚至打到印度和尼罗河上游,建立了世界上第一个大帝国.Alexander 大帝希望建立世界性的商业和文化.公元前 332 年,位于帝国中心的亚历山大城(今在埃及)开始成为一座非常繁华的港口城市.希腊古典时期终结,进入了亚历山大时期.公元前 323 年,年轻的 Alexander 大帝因病去世,帝国分裂成三个.其中位于欧洲部分的安提哥那帝国(包括希腊和马其顿)逐渐被罗马帝国兼并,在文化特别是数学上已变得无足轻重.亚洲部分的塞琉卡斯帝国的数学主要是巴比伦数学的延续.埃及则归希腊的托勒密王朝统治.亚历山大时期数学的重要成就主要是在亚历山大城做出的.

Nichomachus 的贡献是,他使得算术重新成为一门独立学科.他撰写了《算术入门》一书,这是第一本具有一定分量的完全脱离几何的数论著作.在那里,数就代表抽象的数量大小,抛弃了《原本》中线段长度的表示方法.全书对整数及整数之比做了有系统、有条理的研究整理.由于书中的数字通篇用文字表达,与《原本》中的字母表达相比反而显得啰嗦,而且它在思想内容上并无独到之处.尽管如此,它仍是一本很有用的汇编,成为后世标准课本达 1 000 年之久.

Nichomachus 是个 Pythagoras 派的信徒,当然他距离原初的 Pythagoras 派已有 600 年之久.与古典时代的数学家背道而驰,在四门备受重视的科学——算术、几何、音乐和天文中,他认为算术是最基本也是最重要的.《算术入门》堪称是早期 Pythagoras 派算术工作的一次“复活”.书中定义了很多数,如偶数、奇数、平方数、多角数、素数和合数等,他还给出了乘法的九九表.而且 Nichomachus 也有与 Pythagoras 一样将数字神秘化的倾向.书中不乏关于数的思辩、美学和道德方面的臆说,但没有实际应用.

在《算术入门》中 Nichomachus 也有不少创新.比如他发现,若把奇数列出:1,3,5,7,9,11,…,则第 1 数是 1 的立方,后两数之和是 2 的立方,再后 3 个数之和是 3 的立方等.$1^3+2^3+\cdots+n^3=(1+2+\cdots+n)^2$ 则被称为 Nichomachus 公式.书中还重新提到了完全数和 Eratosthenes 筛法.自 Nichomachus 以后,人们对算术和代数的兴趣逐渐取代了对几何的兴趣.

**Heron**(公元 100 年左右),是生活在亚历山大时期的一位数学家.Heron 给出过几个严密的几何定理. 著名的表示三角形面积的 Heron 公式,其实是 Archimedes 发现的. 由于他同时是一名出色的机械工程师和测绘人员,因此他对数学的态度具有古埃及人的风格,既不大考虑数学的严密性,毫无顾忌地使用各种近似结果. 在《几何原本》中,Euclid 从未定义两个分数之和,因为这在几何上难以解释. Heron 却截然不同,尽管他没有给出分数的概念,但私下里已默认比例无非就是分数,没什么不能做加法的. 他也和古埃及人一样,曾把一个分数表示成埃及分数(即分子为 1、分母为正整数的分数)的和.

与 Archimedes 一样,Heron 考虑过有理分数逼近开平方运算. 比如给定一数 $A=a^2\pm b$,其中 $a^2$ 是最接近于 $A$ 的一个有理数平方(可大于也可小于 $A$),他常用 $a\pm b/2a$ 来近似等于 $\sqrt{a^2\pm b}$. Heron 还用纯粹算术的方法解决代数应用题. 这类问题及解法在古埃及和巴比伦数学中是常见的. 与其说是 Heron 抄袭了这些结果,不如说他在矫正希腊数学对几何的过于强调产生了一定的作用.

**Ptolemy**(90? —168)埃及人,与 Ptolemy 王室无亲属关系. 他是亚历山大时期最著名的数学家、天文学家之一,将 Hipparchus 与 Menelaus 创立的三角学发挥到顶点. 他的名著《大集》是天文和三角学知识的汇编. Ptolemy 提出的地心说统治了欧洲长达 1 000 多年.

在《大集》中,Ptolemy 留给读者印象较深的是字母记数制,他还用 0 表示零. 为了方便做天文计算,Ptolemy 在书中普遍采用巴比伦的 60 进制. 在求平方根的过程中,Ptolemy 逐次用较小的近似值硬凑,还突破了古典派对无理数的排斥,而把无理数也当作正常数来看待. Ptolemy 给出 $\sqrt{3}$ 的近似值是 $103/60+55/60^2+23/60^3$,这是十分精确的估值. 尽管 Ptolemy 的地心说并不正确,但其贡献仍是巨大的. 因为他不仅强调了数学在自然科学中的应用,无疑提高了算术与代数的地位,同时也兼顾了几何学;更要紧的是,Ptolemy 主要是为了天文学而发展三角学的,这等于提醒人们,数学并不是可以仅仅依靠自己的目标纯粹地发展下去,而是离不开自然科学特别是物理学与天文学的推动,这些思想(以及与之相反的纯数学)对于后世都具有积极影响.

**刘徽**(魏晋时代)是公认的中国历史上最杰出的数学家,关于他的生平后人几乎一无所知,所幸的是其著作《九章算术注》、《海岛算经》流传至今. 后者主要是用相似形计算几何题. 刘徽高度评价数学的价值,他对数学中的种种技术做了深入推敲,不仅纠正了前人的错误,而且创立了很多新的方法.

在《九章算术注》中,刘徽给出了详细的注释. 例如,他提出了分数加减的齐同术,给出了二元一次方程组的消元法和比例问题的解法. 刘徽指出,《九章算术》中圆周率取 3 不够精密,而在他以前别人的近似值也都没有根据. 为此刘徽发明了割圆术来计算圆周率,这在中国数学史上是一个划时代的创造,即用边数不断增加的圆内接正多边形来逼近圆. 由是他说了一段传诵后世的话:“割之弥细,所失弥少. 割之又割以至于不可割则与圆合体而无所失矣.”这反映了他的极限思想. 由此他计算出圆周率大约为 3. 141 6,这已是很精确的值了. 刘徽还研究了很多几何体的体积,给出了等差数列的求和公式.

**Diophantus**(公元 250 年左右)是亚历山大后期最大的数学家. 代数和算术的发展在他手里达到了制高点. 和 Euclid 一样,关于他的生平今天已无从查考. 在一本希腊问题集里,倒有个十分出名的题目给出了他(最粗略)的记录(据说曾刻在墓碑上):他的童年时代占一生的 1/6,又过了一生的 1/12 后开始长胡子;再过一生的 1/7 后他结了婚. 婚后 5 年有了个孩子,孩子活到父亲一半的年纪,而孩子死后 4 年父亲也去世了. 这个问题要问 Diophantus 活了几岁,易知答案是 84 岁.

Diophantus 流传下来的巨著是《算术》,据说原来有 13 篇,现在尚存 6 篇.《算术》是个别问题的汇集,一共有 189 个问题,分成 50 多种类型. 作者说,这是为了帮助学生学习算术而编制的练习题. 在书中,Diophantus 创造性地引入很多符号. 比如他关于乘幂的写法与今天的写法已经相近. 尤其是出现了高次方(他称 4 次方为“平方平方”,称 5 次方为“平方-立方”,6 次方为“立方立方”等),这是很了不起的事情. 因为古典希腊数学家不愿意考虑多于 3 个因子的乘积,因为它没有几何意义. 但 Diophantus 不这么看,他认为在纯算术中,对这类乘幂的合理性没有什么限制或否定. 而且在《算术》中证明恒等式的过程也是代数推演,并不考虑它们的几何意义.

《算术》第1篇的内容主要是一次方程,可以不止一个元. 后5篇主要都是论述二次不定方程的. Diophantus 最突出的地方是对不定方程的解法. 这种方程的元数尽管比较多,但由于有整数或有理数的限制,所以往往只有少数解甚至无解,当然有无穷多组解也是可能的. 不定方程的解法与代数方程的完全不同. 在 Diophantus 之前,有些数学家确实考虑过若干不定方程,例如 Pythagoras 方程 $x^2+y^2=z^2$, Archimedes 牛群问题等,但是古代没有一个人像 Diophantus 那样对这类问题做了广泛深入的研究. Diophantus 是古代对数论贡献最大的数学家之一. 为了纪念他,不定方程又叫做 Diophantus 方程,而研究这类方程的学科又称为 Diophantus 分析. 还有几个更新的名字,如 Diophantus 逼近、Diophantus 几何等,也或多或少与不定方程有些联系.

在《算术》中, Diophantus 研究了形如 $y^2=ax^2+bx+c$, $y^2=ax^3+bx^2+cx+d$ 的不定方程,也研究这些方程组成的方程组. 当然这里的方程的系数都是具体数字. 他特别关注的是把一个数分成几个有理数的平方和的问题. 比如让 Fermat 联想到 Fermat 大定理的问题就是《算术》中第一篇的问题8:把一个给定平方数分成两个平方数之和. 第三篇问题6说的是,求3个数,使它们的和以及它们之中任两数的和都是平方数. Diophantus 给出的答案是41,80,320. 总之, Diophantus 在处理各类不定方程方面表现出非常高的才能,但是他不承认无理数、负数和复数. 而比他早一些的 Archimedes, Heron 等已不那么排斥无理数的存在. 与古典时期相比,亚历山大时期的数学缺乏清晰的演绎结构. Kline 在名著《古今数学思想》中把他们的著述比喻成"埃及人和巴比伦人的那种药方单子式的著作,只告诉你怎么做". 从今天看来,这也难怪 Diophantus. 希腊在代数方程方面没有形成一个演绎系统似乎是一件不应该的事,但是对于 Diophantus 方程,就在今天也没有(也许根本不可能)形成一个完整的体系.

**祖冲之**(429—500)是南北朝刘宋王朝人,在中国数学史上与刘徽齐名. 他的儿子祖暅也是著名数学家.

祖冲之年轻的时候,因嫌原来国家颁布的历法不够精密,自己制造了大明历. 但由于保守势力的阻挠,新历未被采用. 直至他去世后的公元510年,由于祖暅的坚持,政府开始用大明历推算历书. 可能是钻研了刘徽的《九章算术注》,祖冲之进一步发展了数学,他的儿子为此写成《缀术》一书,现已失传.

祖冲之认为刘徽的割圆术不够精密,而他的运算则可以得到 $3.1415926<\pi<3.1415927$,这是享誉中外的结果,但具体推算方法现已难以查考. 祖冲之还取22/7为"约率",355/113为"密率",这些都是$\pi$的最佳逼近分数. 约率其实以前何承天就得到过,古希腊的 Archimedes 也拿此作为上界. 密率则是祖冲之的首创. 后人发现,在分母小于16 604的分数中,没有一个比355/113更接近$\pi$. 可能他是用比$\pi$略大和略小的分数的分子、分母,不断求加权平均而得到一个分母相对较小而又非常逼近$\pi$的结果. 但这着实也需要些工作量. 祖冲之父子还以体积计算问题闻名于世.

所有古代文明发展到一定程度,会有代数方程、几何(可能以计算为主)以及算术. 中国数学一直到宋朝仍是世界领先的,宋元以后就开始停滞. 清朝建立前后,欧洲数学开始进入变量时代,这时其他文明的数学则没有什么发展. 刘徽与祖冲之的极限思想终究没有使中国人发明微积分,相比之下,古希腊的 Eudoxus 与 Archimedes 极限思想的命运就不太一样,尽管也湮没了1 500年,毕竟为后世数学家重新拾起并发扬光大. 这值得深思.

**Āryabhata**(476—约550)是印度有确切生年的第一位数学家,有《Āryabhata 历数书》流传至今. 在书中 Āryabhata 给出圆周率的近似值3.1416,这一数值在中国(《九章算术》)或古希腊(Ptolemy)早已得到,所以不知道 Āryabhata 究竟是引进的还是自己推算出来的. 该书对三角学有很多论述.

此外, Āryabhata 还最先考虑了二元一次不定方程的整数解问题,方法类似于著名的 Euclid 算法,被称为"库塔卡方法". 这个具有印度特色的方法为后世很多印度数学家推敲与发展. 与 Diophantus 略有不同的是,印度人重视的是整数解而不是有理数解. Āryabhata 还知道等差数列的求和公式,也知道二次方程的解法.

**Brahmagupta**(598—?)印度著名数学家.大约 30 岁时,他完成了一本重要的著作《婆罗摩修正体系》.此书共 24 章,其中有两章专论数学.第 12 章名为"算术讲义",第 18 章名为"不定方程讲义".书中最引人注意的是(在印度)最早使用负数并提出负数也满足四则运算.在此基础上,他求出了二次方程的求根公式.

对二次不定方程 $Nx^2 \pm M = y^2$ 的一种解法,也许是 Brahmagupta 最了不起的独创了.他的大致思路是通过 $Nx^2 \pm k = y^2$ 和 $Nx^2 \pm k' = y^2$ 来解 $Nx^2 \pm kk' = y^2$,即若原来两个方程的解分别是 $(\alpha, \beta)$,$(\alpha', \beta')$,则最后一个方程的解为 $(\alpha\beta' \pm \alpha'\beta, \beta\beta' \pm N\alpha\alpha')$.这一超过 Diophantus 方法的结果写在第 18 章中,1764 年为 Euler 重新发现. Brahmagupta 还非常准确地给出了互素勾股数的通解,指出在此基础上如何构造边长、对角线长、面积都是有理数的四边形. Brahmagupta 还研究了一般的插值法.这都比欧洲早了很多年.

**al-Khowârizmî**(约 783—850)是中世纪阿拉伯最大的数学家.他著作甚多,影响最大的是出版于 820 年前后的《代数学》,全名《还原与对消计算概要》,流传到今天."代数"一词最初便来源于此书."还原"的阿拉伯文是"al-jabr",意为把负项移到方程另一端"还原"为正项.后来人们在翻译中把"al-jabr"译为拉丁文"aljebra",拉丁文"aljebra"一词后来被许多国家采用,英文就译作"algebra".1859 年,我国数学家李善兰首次把"algebra"译成"代数".

一般认为,al-Khowârizmî 生于花拉子模(位于阿姆河下游,今乌兹别克境内的希瓦城附近),故以花拉子米为姓. al-Khowârizmî 早年在家乡接受初等教育,后到中亚细亚古城默夫继续深造,并到过阿富汗、印度等地游学,不久成为远近闻名的科学家.公元 813 年,第七任哈里发 al-Ma'mūn 登基,他广泛招揽人才,不计较其出身与宗教信仰的差异.公元 830 年,他在巴格达创办了著名的"智慧馆"(自公元前 3 世纪亚历山大博物馆之后最重要的学术机关),al-Khowârizmî 是智慧馆学术工作的主要领导人之一. al-Ma'mūn 去世后,al-Khowârizmî 仍留在巴格达工作,直至去世.

《代数学》的影响尽管巨大,但与 Diophantus 的《算术》相比有两个明显缺陷,一是过于简单,二是不使用符号.不过,它仍有不同于《算术》的特点,即不再是零散问题的汇集,而是做了一般处理. al-Khowârizmî 将 $x$ 称为 $x^2$ 的根.接下来他建立了 6 种方程,都是涉及平方、根和数的关系,由此给出了一元二次方程的求根公式,并附有关这个公式的几何解释. al-Khowârizmî 还介绍了比例算法.这些工作对当时几何体计算、繁荣商业等起到了重要作用,大众十分需要. al-Khowârizmî 因此被誉为"代数学之父".

al-Khowârizmî 还有另一本出名的著作《印度的计算术》.这部书主要目的是介绍印度数码和十进制记数法.由此我们知道,今天的阿拉伯数码其实是从印度演变过来的,并不是阿拉伯人的独家发明. 1857 年,意大利人 Bocompagni 出版此书,名为《al-Khowârizmî 的印度计算术》,他用的是 al-Khowârizmî 的音译,为"algoritmi",后来几经传抄,变成数学中的专门术语 algorithm,汉译"算法". al-Khowârizmî 也是优秀的天文、地理学家.

**Thābit ibn Qurra**(约 826—901)原本是商人.有一次,智慧院 Banū Mūsā 三兄弟之一的 Muhammad 出行时偶然发现,这位商人懂得许多外语,遂将其带到智慧院,从事翻译和研究工作.当时对印度、波斯和希腊科学家的著作有很多译本,但有不理想之处. Thābit ibn Qurra 没有辜负其望,修订了 Euclid《几何原本》的阿拉伯译本,亦翻译过 Apollonius 的名著《圆锥曲线论》的部分内容.还校订过 Archimedes 与 Ptolemy 的著作. Thābit ibn Qurra 对希腊数学在阿拉伯的发展起到了重要作用.

Thābit ibn Qurra 本人也有创新,他对 Pythagoras 的亲和数颇有研究.在《亲和数的确定》一书中他指出,设 $a = 3 \cdot 2^{n-1} - 1$,$b = 3 \cdot 2^n - 1$,$c = 9 \cdot 2^{2n-1} - 1$ 为素数,则 $m = 2^n ab$,$n = 2^n c$ 为一对亲和数.这一公式后来为

Fermat 和 Descartes 重新发现. Thābit ibn Qurra 还用几何方法证明了二次方程求根公式,他亦是中国以外最早讨论幻方的人. 在几何方面,Thābit ibn Qurra 已经有了积分的思想,还曾试图证明 Eucild 第 5 公设. 他在天文和医学方面也很有成就. Thābit ibn Qurra 的子孙中也有很多数学家和天文学家.

**abū Kāmil**(约 850—约 930),常常被称为"埃及的计算家",可能是因为他是埃及人或长年累月在埃及工作的缘故. abū Kāmil 有几本著作流传下来. 一是《计算技巧珍本》,论述了某些不定方程的整数解,具有一定的顺序和解题步骤;另一本是《论五边形和十边形》,其中涉及四次方程和带有无理系数的混合型二次方程. 书中引自 al-Khowârizmî《代数学》的题目很多,但做了补充、注释和发展.

abū Kāmil 与 al-Khowârizmî 一样拒绝负根,但他在幂的运用上比较灵活,一直到 8 次方. abū Kāmil 将希腊几何与巴比伦式的代数结合起来,所以经常给出公式的几何解释,比如二次根式的和差公式. abū Kāmil 将阿拉伯的代数学向前推进了一大步,但他仍采用文字而不是符号,另外也未采用印度数码.

**Mahāvīra**(9 世纪)印度数学家,他的一个突出成就是给出了分数和零的运算规则(发明 0 据说是印度对世界数学最大的贡献). 其实 Mahāvīra 研究的范围很广:他不仅精通算术,而且熟知天文以及与之密切相关的几何学、三角学.

Mahāvīra 完全掌握了二次方程的解法,而且对多元一次方程组也素有研究. 特别是他非常领先地研究了排列组合问题,这些排列组合源于宗教里神仙手中不同的器物以及占星术(天上星星的排列问题). 为此,Mahāvīra 准确地定义了组合数. Mahāvīra 还研究将一个分数表示为若干个埃及分数这样的数论问题. 他得到的结果包含了等比数列的求和公式.

**al-Karkhî**(1020 年前后)是 abū Kāmil 之后的一位重要学者. 主要著作是《发赫里》,这是第一本最完整也是最好的代数理论方面的著作. 它更突出了代数的独立性,摆脱了对几何的依赖. 这部著作是 al-Karkhî 在仔细研究阿拉伯文版的 Diophantus《算术》,吸取了其中的理论和方法后写成的. 但他没有采用印度数码,也未使用符号.

al-Karkhî 详尽探讨了多项式的代数运算,实际上已得到 $x^m x^n = x^{m+n}$. 他最早展开了多项式 $(x+y+z)^2$,此外还对简单的无理多项式进行了运算. 更出色的结果是,大约在 1007 年之后,他得到 $(a+b)^n$ 展开系数所组成的表(这在中国即是贾宪三角),是阿拉伯国家关于二项式系数的最早记载. 在《发赫里》中,al-Karkhî 还罗列了很多复杂的方程(组),并记录了一个未加证明的结果.

**Omar Khayyam**(1048? —?)出生于内布沙尔(今伊朗东部). 早年在家乡受教育,后成为一名家庭教师. 日子过得比较清苦. 1070 年左右,他来到撒马尔罕,得到当地领导人的支持,Omar Khayyam 完成了著作《还原与对消问题的论证》,简称《代数学》. 不久,他又接受邀请前往伊斯法罕(今伊朗西部),管理那里的天文台,并进行历法改革,达 18 年之久. 1092 年,Omar Khayyam 的庇护人去世,他立刻遭到了冷遇,但仍留在宫廷里,对天文学家产生影响. Omar Khayyam 还以四行诗而闻名. 他去世于 1122 年(一说 1131 年).

在《代数学》中,Omar Khayyam 发展了印度人开高次方根的方法,并运用圆锥曲线来解代数方程. 他曾企图求出三次方程的求根公式,未能成功. 在几何方面,Omar Khayyam 欲证平行公设. 他还建立了比例理论,并承认两数之比可以是无理数. 这是一个巨大飞跃,是实数理论的先声.

**Bhāskara**(1114—1185?)是古代印度乃至整个中世纪最重要的数学家和天文学家. Bhāskara 指出正数的平方根有两个,但不认负数有平方根(在当时的条件下足够先进了);他还给出了无理数运算的法则. Bhāskara 最重要的数学著作是《丽罗娃蒂》和《算法本源》.

"丽罗娃蒂"是 Bhāskara 女儿的名字,原意是"美丽". 全书共 13 章,一直流传到今天. 其中第 2,3,5 章是较简单的算术运算;第12章则讨论比较复杂的数论问题,包括印度特有的"库塔卡方法".第13章论述组合问题.其余则是与几何有关,古代印度完全正确的球表面积和体积公式第一次出现在这本书中.Bhāskara本人善于写诗.为了激发读者(也包括女儿)的兴趣,书中的很多问题都采取了诗歌的形式(这与程大位《算法统宗》有点类似).如著名的"莲花问题",再比如说"蜜蜂问题":素馨花开香扑鼻,诱得蜜蜂来采蜜.一群飞入花丛里,请问此群数有几?全体之半平方根,另有两只在一起.九分之八小蜜蜂,盘旋在外做游戏.采用列方程的方法,这些问题在今天算得上是平淡无奇,可在当时已属不简单了.

《算法本源》的内容主要是代数,共分12章.后人认为,Bhāskara在给0作为乘数或分母时,已经包含了极限思想.不定方程是印度数学家最突出的成就.Brahmagupta曾通过$Nx^2\pm k=y^2$和$Nx^2\pm k'=y^2$来解$Nx^2\pm kk'=y^2$.他还指出,若能求得$Nx^2\pm k=y^2(k=\pm1,\pm2,\pm4)$的各一组解,就可以求出$Nx^2+1=y^2$的无穷多组解,但并未给出一般解法.为此,Bhāskara发明了一种他称之为"循环法"的方法.其中建立了两个定理,现分别称为Bhāskara定理1与Bhāskara定理2,这两个定理的证明具有一定难度.

Bhāskara与具有传奇色彩的现代数学家Ramanujan一样,在印度受到极高的评价.

**Fibonacci**(约1170-约1250),又名Leonardo,意大利数学家,12,13世纪欧洲文艺复兴时代数学界的代表人物.Fibonacci生于比萨,早年跟随经商的父亲到北非的布日伊(今阿尔及利亚东部的小港口贝贾亚),在那里受教育.以后到埃及、叙利亚、希腊、西西里、法国等地游历,熟习了不同国度在商业上的算术体系.1200年左右回到比萨,潜心写作.

Fibonacci的书保存下来的共有5种.最重要的是《算盘书》(又名《算经》,1202年完成,1228年修订),还有《几何实践》等,均为其根据阿拉伯文与希腊文材料编译而成的拉丁文代表作.算盘并不单指罗马算盘或沙盘,实际是指一般的计算.《算盘书》最大的功绩是系统介绍印度记数法,影响并改变了欧洲数学的面貌.该书一开头就写道:"印度的九个数字是9,8,7,6,5,4,3,2,1,用这九个数字与阿拉伯人称为零的符号0,任何数都可以表示了."(因为阿拉伯文是从右向左写的,所以上述九个数字也是倒写的.)当时欧洲已知道一点阿拉伯记数法和印度算法,但只限于修道院里.一般人还是使用笨拙复杂的罗马数字并避免使用零.而这本书则传授了印度人用整数、分数、平方根、立方根进行计算的方法.

现传《算盘书》是1228年的修订版.其中最耐人寻味的是,这本书出现了中国《孙子算经》中的不定方程解法.题目是一个不超过105的数分别被3,5,7除,余数是2,3,4,求这个数.解法和《孙子算经》一样.另一个"兔子问题"也引起了后人的极大兴趣.题目假定一对大兔子每一个月可以生一对小兔子,而小兔子出生后两个月就有生殖能力,问从一对大兔子开始,一年后能繁殖成多少对兔子?这导致著名的"Fibonacci数列":1,1,2,3,5,8,13,21,…,其规律是每一项(从第3项起)都是前两项的和.它的通项公式与黄金分割有关,而它的相邻两项之比(前一项与后一项之比)的极限就是$\frac{\sqrt{5}-1}{2}$.Fibonacci数列是数学史上最著名的数列,它有很多非常好的数论性质.国际上有专门研究这个数列的杂志.

《算盘书》及他的另一部著作《四艺经》都论述了代数,他用文字记述,并用算术方法解题.书中提到了一次、二次方程或某些不定方程,也有些三次方程.他认为一般三次方程是不能用代数方法解决的.Fibonacci还指出《几何原本》第10篇中对无理数的分类并不包括一切无理数.他证明$x^3+2x^2+10x=20$的根不能用尺规作图作出.这是第一次表明数系所包含的数超过希腊人所思索的范围.

**李冶**(1192—1279),原名李治,金真定栾城县人,1230年考中进士.1232年,蒙古军队攻破钧州,李冶逃到北方隐居.经过多年的流离,1251年开始定居于封龙山.鉴于李冶的学术名声,元世祖忽必烈曾多次召见他,但李冶多次辞官不受,仍回封龙山隐居,以87岁高龄辞世.

1248 年,李冶完成得意之作《测圆海镜》. 在《九章算术》中,计算直角三角形的内切圆直径,即所谓的"勾股容圆"问题. 后来,洞渊将此问题推广到 9 个,称为"九容". 李冶则进一步推广成 170 个问题,编成《测圆海镜》一书. 书中广泛使用了著名的"天元术". 天元就是未知数. 天元术就是解代数方程的方法,这并不是李冶的首创,但他无疑起了重要作用. 1259 年,另一本流传至今的名著《益古演段》问世,这是专为初学天元术的人编写的. 全书共 3 卷,64 个题.

**秦九韶**(约 1202—约 1261),南宋人,做过一些小官. 秦九韶是一位享有世界声誉的数学家. 1247 年,他完成了著名的《数书九章》18 卷. 这本书有很多都是实用的内容,包括天文、气象、建筑、利息、田亩等,但也有不少数学本身的创新或成果,最有名的是一次同余式和高次数字方程的解法.

同余式组的解法,早在秦九韶之前 1 000 多年的《孙子算经》就有很好的记述,该书下卷第 26 题是一个人们经常传诵的问题,叙述如下:"今有物不知其数,三三数之剩二,五五数之剩三,七七数之剩二. 问物几何? 答曰:二十三. "明程大位《算法统宗》编成歌诀,也广为流传:"孙子歌曰:三人同行七十稀,五树梅花廿一枝,七子团圆正半月,除百零五便得知. "

《孙子算经》中的问题即解同余式组 $x \equiv r_i (\mathrm{mod}\ a_i)$, $i = 1, 2, \cdots, n$. 易知当 $a_i$ 两两互素时,要求这个方程组的解,先要解 $y_i M / a_i \equiv 1 (\mathrm{mod}\ a_i)$,此处 $M = a_1 a_2 \cdots a_n$. 秦九韶为此设计了一种与 Euclid 辗转相除法相同的方法求解 $y_i$,并把这种方法称为"大衍求一术". 当各个 $a_i$ 并非两两互素时,秦九韶采用了如下的处理办法:设各个 $a_i$ 的最小公倍数 $m = a_1' a_2' \cdots a_n'$. 其中 $a_i'$ 是在求最小公倍数过程中由各 $a_i$ 中约去相应的公因子而成. 此时各个 $a_i'$ 可以做到两两互素,再按"大衍求一术" 继续进行计算.

明朝中叶后,"大衍求一术"几乎失传. 直到 19 世纪,才被重新挖掘出来,特别是黄宗宪于 1874 年出版的《求一术通解》,对秦九韶的方法做了更严格的阐述.

另外,秦九韶对高次方程的数值解方面也深有研究,他的"正负开方术" 十分有名,大致想法就是用大于和小于一个根的数值去逼近这个根,具体操作起来比较复杂. 他还就已知三角形三边长的条件下求出了三角形的面积公式.

**杨辉**(13 世纪后半叶),我国南宋时期著名的数学家及数学教育家. 他共写过 5 种书,其中三部合称《杨辉算法》,流传至今.

在书中,杨辉提出简化数字的写法,并发展了十进小数. 尤其是给出做乘除法的几种简便方法. 杨辉一共给出 6 种乘法,其中有创造性的方法叫做"单因代除"和"身前因". 除此之外,杨辉还提出了以加减代乘除、求一法、九归法等方法. 杨辉研究了著名的"堆垛"问题,在《杨辉算法》中提到的有:圆箭、方箭、圭垛、梯垛、三角垛、四隅垛等. 这些都是高阶等差数列的求和,最先由沈括提出,而杨辉则做了创造性的发展.

杨辉还研究了所谓的纵横图,这有点接近幻方,但比幻方广泛,是组合数学的先驱工作之一. 在对高次方程的研究中,杨辉整理、加工了刘益的开方术. 在《详解九章算法》中,杨辉列出了著名的组合数构成的三角形,并指出是贾宪发现的,故而称这个三角形是杨辉三角或贾宪三角的人都有. 在西方则称为 Pascal 三角,时间上晚了许多.

**朱世杰**(14 世纪初??),元代著名数学家,宋元数学在他手里达到了顶峰. 1299 年,朱世杰写成《算学启蒙》,这部著作曾一度失传,幸好传到朝鲜,被保存下来. 1809 年,朝鲜人得知此事,遂重刻此书,中国人才得以重见.

1303 年,朱世杰又出版名著《四元玉鉴》. 自《九章算术》提出多元一次联立方程组,多少世纪没有明显的进步. 前人只着眼于一元高次方程,而朱世杰则建立了四元高次方程组的理论. 他用天、地、人、物表示四个未知数,达到了炉火纯青的地步. 四元术即得此名.

高阶等差数列的研究也是朱世杰的拿手好戏. 这种数列已被宋代的前辈数学家研究得比较深入,但朱世杰做了进一步发挥,比如差分法等.书中最引人注目的是各种自然数的求和,眼花缭乱,令人叹为观止,比欧洲领先400年.

**N. Oresme**(1325?—1382)法国数学家,早年求学于巴黎大学,后在鲁昂和巴黎等地教学.1362年任牧师,1377年成为利雪的主教.他对数学的贡献是在《比例算法》中引入分指数的记法和一些使用规则.对坐标几何与极限也有一定的思考和贡献.

**al-Kāshī**(?—1429?)是阿拉伯中世纪最后一位著名数学家,人们常以他的卒年作为一个时代的终结.al-Kāshī的科学生涯与成吉思汗的后裔Ulugh Bēg息息相关.Ulugh Bēg是一名科学家,他对科学和文化表现出少有的热情和慷慨.在撒马尔罕,Ulugh Bēg建立了著名的学校和天文台,使撒马尔罕成为当时的科学中心.Ulugh Bēg尊重学者,谅解了al-Kāshī对宫廷礼仪的疏忽,让他成了天文台的第一任台长,并作为自己紧密的助手与合作者.1447年Ulugh Bēg继承王位成为苏丹,1449年被人刺杀.

在浓厚的学术氛围中,al-Kāshī做出了很多工作.1424年7月,他写成《圆周论》一书,把圆周率计算到小数点后17位,终于打破祖冲之保持了900多年的纪录.al-Kāshī用的仍是圆内接和外切正多边形的周长来逼近圆周长.他给出一个用圆内接正$3\times2^n$边形周长来表示圆内接正$3\times2^{n+1}$边形周长的递推公式,对于圆外切亦是如此.al-Kāshī取同样边数周长的平均值作为圆周的近似,最后得到$\pi$的17位有效数字.这一记录保持了100年.1596年,Ceulen才算到了20位.al-Kāshī在数值运算方面的另一项成就是计算出$\sin 1^\circ$的值,得到16位准确数字.al-Kāshī为此而建立的迭代公式得到了后世的高度评价.

《算术之钥》是al-Kāshī于1427年3月完成的一部巨著,几乎网罗了当时所有的数学知识.主要内容是算术与代数,也有些几何知识.此书还具有实用价值,对天文学家、建筑师、商人都有用.该书共分5卷,分别是:

1. 整数的算术;
2. 分数的算术;
3. 天文学家的计算法;
4. 平面与立体图形的度量;
5. 用代数方法及双试位法解题.

在第1卷中al-Kāshī详细介绍了整数开方的一般方法,类似于秦九韶法或西方的Ruffini-Horner法.在阐明这一方法的同时,al-Kāshī列出了二项式系数表,即贾宪三角或Pascal三角.书中没有使用符号和公式,一切均用文字叙述.第2,3卷值得注意,al-Kāshī阐述了10进制分数(小数),建立了一套与60进制并列的运算规则,两者还可以互换.这是一个很重要的贡献,对中亚及欧洲的文明产生了深远影响.第5卷很重要,al-Kāshī给出了一、二、三特别是四次方程的分类及解法(当然只限于具体方程),提出所谓的"双试位法".

al-Kāshī在天文历法方面也有重要贡献.他去世后,科学的中心逐渐转移到了欧洲.

**L. Pacioli**(约1445—1517),意大利数学家.Pacioli早年学习神学与数学,后到各地教授数学.约1487年,他回乡潜心写作,于1494年出版名作《算术、几何、比与比例集成》.1504年以后,Pacioli担任了各种神职人员,直至去世.

《算术、几何、比与比例集成》是一部综合性的数学百科全书.全书包括理论与实用算术、代数基础等,是Fibonacci《算盘书》之后欧洲数学史上又一部重要著作.这本书的主要特点是:采用了较规范的印度-阿拉伯数码记数和计算,使用大量数学符号,提出高次方程求解问题,还包括不少算术四则运算和应用题.应该说,Pacioli对代数学做出了较大贡献.他还曾将《几何原本》翻译成拉丁文;并研究了黄金分割,出版有《神圣比例》一书.

**F. Maurolico**(1494—1575)可能是最早提出数学归纳法的数学家. 他在一本算术著作中,给出了整数的各种性质以及证明. 书中为了证明前 $n$ 个正奇数之和等于 $n^2$,于是 Maurolico 便提出了数学归纳法.

**R. Bombelli**(1526—1572)意大利工程师、代数学家. 在处理沼泽的工程间歇研究数学. 他熟读 Diophantus 的《算术》,受到很大启发. 其主要著作《代数学》系统研究了各种方程的解法,但未完成. Bombelli 最大的贡献是熟练运用了虚数,是文艺复兴时期一位承前启后的代数学家.

**程大位**(1533—1606),明代数学家,少年时读书就极其广泛,对数学尤感兴趣. 20 岁以后,程大位到长江中下游地区经商,一有时间就收集数学书. 1592 年,他完成了《直指算法统宗》(又称《算法统宗》)这部名著,共 17 卷,摘录了 595 个数学问题.

在书第 1,2 卷程大位提出了大数、小数、度量衡单位和珠算口诀. 在第 6,7 卷中程大位首先提出开平方、开立方的珠算方法. 第 13 至 16 卷,程大位采用了很多诗歌形式表达数学问题. 第 17 卷则是一切不能归入前面几卷的各种算法.《算法统宗》流传时间很长,在国内外具有极其巨大的影响. 在这部著作出现之前,中国数学非但没有超越朱世杰,沉寂了数百年之久,甚至还忘记了过去的很多成就. 所以,与当时的西方数学相比,《算法统宗》的创造性不可比拟. 这当然不能怪程大位. 明朝是中国在科技方面明显落后于西方的开始:西方完成了文艺复兴和资产阶级革命,而中国则仍然基本上闭关自守,到了清朝才开始渐渐有所转机,此时西方的发展已是一日千里了.

**F. Viète**(1540—1603)是法国代数学家,也是 16 世纪最大的数学家. 他出生于律师家庭,早年学习法律,后成了一名律师,但一直利用闲暇时间钻研数学问题. Viète 对三角学有较大贡献,但其代表作是《分析方法入门》(出版于 1591 年),是 Viète 最重要的符号代数专著.

Viète 对符号的系统化以及解方程的统一化做出了很大努力,具体体现为:将数与几何量统一处理;用字母表示方程中特定的数. Viète 将字母的运算称之为"类"的运算,并指出它在许多方面与数的运算相仿,这就从算术中发展出一般学问,为代数学的发展开辟了道路. 尽管后来被 Descartes 等人改进,但他仍被西方学术界誉为"代数学之父". 1593 年,他又出版了《分析五篇》. 同前面一样,Viète 称代数为分析,不是现在理解的数学分析.《分析五篇》中引用、比较了 Diophantus 的《算术》,探讨了不少不定方程问题. Viète 还在其他著作中探讨了高次方程的公式解法与数值解法.

**S. Stevin**(1548—约 1620)是荷兰数学家,出生于商人家庭. 早年从事商业活动,很晚(1583 年)才到莱顿大学注册,也是很晚(约 1610 年)才结婚. Stevin 有多年的工程师生涯. 大约 1604 年,Stevin 遇到了一位行政长官 Maurice,两人遂成好友. 他们互相影响,一起合作科研与教学.

与文艺复兴时代的其他学者类似,Stevin 的著作涉及面很广,其中与算术关系紧密的也是他最重要的数学著作是《论十进》. 同年(1585 年)出版的《算术》,将那个时代的算术与代数做了综合处理. 在这本书中,Stevin 一反当时数学家对负数、无理量的普遍排斥,认为所有的数在本质上都是一样的. 他给多项式引入新的符号,对二次、三次和四次方程给出了简洁和统一的解答.

**J. Napier**(1550—1617),出生于苏格兰贵族家庭. Napier 是一位地主,多数时间都在庄园里度过. 除了对农业机械感兴趣外,还把大部分精力花在政治和宗教争论中,可真正让他名垂青史的却是数学方面的工作.

1590 年,Napier 开始研究对数. 1614 年和 1619 年,Napier 分别出版了《奇妙的对数定理说明书》和《奇妙对数定律的构造》.《说明书》引起了人们的广泛兴趣,伦敦格雷沙姆学院的几何学教授 Briggs 还专程到爱丁堡向这位伟大的对数发明者表示敬意,并开始了他们的合作. 对数将上一级运算化为下一级运算,对当时日益繁重的科学计算是一个很大的促进,同时也是对数学本身的一个重大创造. 无怪乎 Laplace 说,对数的发现延长了天文学家的寿命. Napier 还发明了著名的 Napier 算筹,并对三角学做出了一定成就.

**H. Briggs**(1561—1630),出生于英国的一个中上等家庭. 最初接受的是文学教育,后改为数学. Briggs 兴趣广泛,最出名的工作是讨论对数的改进,为此他还专程前往苏格兰爱丁堡拜访了 Napier. 当时 Briggs 是教授,而 Napier 虽为贵族,却是一名业余爱好者. 后来他们终于于 1616 年左右见了面. 第二年 Napier 逝世,Briggs 担起了改进对数的重任.

Briggs 最重要的工作是将 Napier 的对数改成常用对数. 他打算将 1 ~ 100 000 之间的全部整数的对数计算至 14 位. 结果算出 1 ~ 20 000 和 90 000 ~ 100 000 之间的整数的对数,记入《对数算术》这部他的最重要著作中. 剩下的 70 000 个数的对数在 1628 年由荷兰人 Vlacq 完成,并写入《对数算术》的修订版之中. 经过 Briggs 的改进,对数很快在欧洲大陆传开.

**C. G. Bachet de Méziriac**(1581—1638) 法国数学家,早年在耶稣会学习,后来到庄园生活,获得丰厚收入. 1635 年当选为法兰西学院院士. Bachet 的主要贡献在 Diophantus 方程. 1621 年,他猜测每个正整数都是 4 个整数的平方和. 他最著名的工作是把 Diophantus 的《算术》从希腊文翻译成拉丁文. Fermat 就是在这一版书中的空白处提出了 Fermat 大定理.

**M. Mersenne**(1588—1648)是法国神父. 1611 年他加入修道会,向修女教授数学. 1619 年,Mersenne 来到巴黎. 当时的巴黎数学家对自己的研究成果都守口如瓶. 为促进学者们的交流,Mersenne 组织了一个小组,定期讨论,这一组织后来成为法兰西科学院的核心. Mersenne 的这一举措对 Fermat 影响尤大. 反过来 Fermat 的卓越数论成果也激发了 Mersenne 的数学研究. 比如 1647 年,Mersenne 证明:如果正整数可以两种方式表示成两个平方数之和,则它一定是合数.

形如 $2^n-1$ 的素数被称为 Mersenne 素数,这是 Mersenne 永垂青史的唯一数学概念. 当然,要 $2^n-1$ 是素数首先必须 $n$ 是素数,但反之却未必. 至今人们仍不知 Mersenne 素数是不是有无限多对.

Cataldi 首先对这类数进行了系统研究. 他在 1603 年宣布说,对于 $p=17,19,23,29,31$ 和 $37$,$2^p-1$ 是素数. 但在 1640 年 Fermat 使用著名的 Fermat 小定理证明了 Cataldi 关于 $p=23$ 和 37 的结果是错误的,Euler 在 1738 年证明了 $p=29$ 的结果也是错的,他又证明了关于$p=31$ 的结论是正确的. 值得指出的是,Cataldi 是用手工一个一个验算取得他的结论的;而 Fermat 和 Euler 则是使用了在他们那时最先进的数学知识,避免了许多复杂的计算和因此可能造成的错误.

Mersenne 在 1644 年宣称,对于 $p=2,3,5,7,13,17,19,31,67,127$ 和 $257$,$2^p-1$ 都是素数,而对于其他小于 257 的素数 $p$,$2^p-1$ 都是合数. 今天我们把形如 $M-p=2^p-1$ 的素数叫做 Mersenne 素数,$M-p$ 中的 $M$ 就是 Mersenne 姓氏的第一个字母.

用手工来判断一个很大的数是否是素数相当困难. Mersenne 自己也承认他的计算并不一定准确. 一直要等到一个世纪以后,在 1750 年,Euler 宣布说找到了 Mersenne 的错误:$M-41$ 和 $M-47$ 也是素数. 可是伟大如 Euler 也会犯计算错误——事实上 $M-41$ 和 $M-47$ 都不是素数. 不过这可不是 Mersenne 的结果就是对的. 要等到 1883 年,也就是 Mersenne 的结果宣布了两百多年后,第一个错误才被发现:$M-61$ 是一个素数. 然后其他四个错误也被找了出来:$M-67$ 和 $M-257$ 不是素数,而 $M-89$ 和 $M-107$ 是素数. 直到 1947 年,对于 $p\leqslant 257$ 的梅森素数 $M-p$ 的正确结果才被确定,也就是当 $p=2,3,5,7,13,17,19,31,61,89,107$ 和 $127$ 时,$M-p$ 是素数. 而后便是计算机的巨大优势,现在人们已经求出十进制展开达上千万位的 Mersenne 素数.

**A. Girard**(1595—1632)生于法国,卒于荷兰. Girard 首次表达了著名的代数基本定理. 他在《算术哲理》中说道:"任何代数方程根的个数与它的最高项次数一样多."但由于他不承认复数,所以认为有虚根的方程就没那么多"根",但是他对负根的认识比同时代的学者更完全. 算术基本定理直到 200 多年后才由 Gauss 给出完整的证明.

Girard 对数学符号的发展也有贡献,他提出用"+""-"分别表示加法和减法,还出现了小数点和括号. 在数论方面,Girard 给出了 14 组直角三角形的整数边长. 他提出有些整数可以分解为 2 个或 3 个整数的平方和,但有些则需要 4 个,这就导致猜想所有正整数都可表为 4 个整数的平方和,这个结果直到 1772 年才由 Lagrange 证明. 特别地,他还发现了连分数与渐进分数的关系.

**R. Descartes**(1596—1650)是法国著名哲学家、数学家和科学家. 他的最大成就是创立了理性主义哲学,在数学上建立了解析几何学. 此外,他对物理学和生理学也有卓越的贡献.

Descartes 认为,希腊人的综合几何学太依赖于图形,束缚了人的想象力. 在《方法论》中,Descartes 提出必须把逻辑、几何、代数结合起来建立一种"普遍的数学". 为此,他首先探讨了普遍适用的符号推理形式. 尽管 Viète 在此之前已引进了符号代数,但那些符号代表的只是数,同时为保持几何意义,这些符号又必须是齐次的. Descartes 则引进本质上可以代表任何一种量的符号体系,比如 $a,b,c$ 代表已知量,$x,y,z$ 代表未知量,这种用法一直延续至今. 而"平方"、"立方"有维数上的麻烦,Descartes 认为这种麻烦不应在算术运算中出现,例如 $ab$ 既可以是长为 $a$、宽为 $b$ 的矩形面积,也可以是长为 $ab$ 的线段,关键是选取单位长度"1".

在此基础上,Descartes 提出了直角坐标系的概念,在把几何代数化的道路上迈出了巨大的一步,并为微积分的发明开辟了道路. Descartes 还研究了代数曲线与坐标无关的量,以及如何选取坐标系以使代数曲线的表达式尽量简单. 由此他甚至猜到了代数基本定理.

**P. de Fermat**(1601—1665)出生于法国的一个商人家庭,在图卢兹学习法律,并以当律师为生. 1631 年与母亲的表妹结婚,共有三个儿子,其中一个成了他父亲的科学执行人,另外两个女儿当了修女. 1648 年,Fermat 升任图卢兹地方的议员. 他在这一职位上又勤勤恳恳地干了 17 年. 在处理完卡特雷事件之后两天,他平静地在该城去世.

Fermat 一生平淡无奇,数学也并非他的职业,只是在闲暇时的业余爱好. 在主业上 Fermat 或许只能用"称职"来描述,在法学史上他并不是一个人物,然而在数学上却堪称 17 世纪最伟大的数学家之一. 因此,他被誉为"业余数学家之王"(顺便要说一句,今天科学发展到如此地步,想要当一名业余科学家已经不太可能了. 所以本书作者对那些未受严格训练就妄图证明 Goldbach 猜想的人提出"忠告",千万不要拿 Fermat 的例子来为自己辩解).

Fermat 是与 Descartes 并列的坐标几何的发明者之一,对微积分也有重要贡献. 在同 Pascal 的通信中,两人一起开创了概率论. 在光学方面,他提出了著名的 Fermat(最小光程)原理(几何中的 Fermat 点就是一个推论). 尽管对应用数学乃至物理学的贡献足以使他名垂青史,但毕竟很快为后人所继承和超越. 反之,Fermat 自己在纯数学特别是数论方面的研究,远远在其同代数学家的工作之上,当时无人能与之相提并论(可能也不是很重视). 大约 100 年后才有人超越,此即大牛人 Euler. 但 Euler 并没有改变这门学科的发展方向. 直到 Gauss 的出现,这座傲视群雄的高峰已矗立于欧洲科学之林达 150 年之久,与 Newton 的统治物理学 200 多年的高峰(直到后来 Einstein 的出现)遥相对应.

Fermat 仔细钻研了 Diophantus 名著《算术》的拉丁文版(Bachet 出版于 1621 年). 他常常一受启发就把结果写在书页的空白处. 只有少数工作写于给朋友的信件之中,发表的论文更少. 1670 年,Fermat 的儿子在他死后出版了这本附有页边笔记的著作.

比如,他所最为得意的方法“无穷递降法”,曾写于寄给 Huygens 的信中,在给 Mersenne 和 Carcavi 的信中他也演示过这一方法.这个方法对处理不定方程很有用.为证明一不定方程无解或只有平凡解,通常的做法是:如果有解,必定有最小解,然后根据各种手段推出还有更小解的存在.但是正整数不能无限制地减小(这也是“无穷递降”这一名词的来源),因此假设不成立.这一方法对求不定方程所有解等数论问题也是强有力的.Fermat 由此得出了将素数表示为 $x^2+y^2$, $x^2+2y^2$, $x^2+3y^2$, $x^2+5y^2$, $x^2-2y^2$ 的充要条件.

1636 年,Fermat 给出了一对亲和数 17 296 和 18 416.在 1640 年 6 月致 Mersenne 的信中,Fermat 指出,若 $p$ 是 $2^n-1$ 型数的素因子,则 $p\equiv1 \pmod{2n}$.同年 10 月 18 日给友人 Bessy 的信中,他叙述了一个著名定理:若 $p$ 是一个素数,而整数 $a$ 与 $p$ 互素,则 $a^{p-1}-1$ 能被 $p$ 整除(但反之未必成立).这一结果后被称为 Fermat 小定理,Euler 推广了这一结果.1657 年 2 月,在致 Frénicle 的信中指出 Pell 方程具有无穷多组解.这一问题由 Wallis 彻底解决.Fermat 还研究了更广泛的方程 $x^2-Dy^2=k$.

尽管没有证明,Fermat 却只有一个猜测是错误的.容易证明,当 $2^n+1$ 是素数时,$n$ 必定为形如 $2^m$ 的数,但反之未必.由于当时计算的限制,Fermat 试了 $m=0,1,2,3,4$,所得到的数都是素数,于是他断言这类数(后称为 Fermat 数)都是素数,并从 1640 年起,他在许多信中都反复提及这一“论断”.过了 100 年,Euler 发现 $m=5$ 时就不对.在计算技术日益强大的今天,人们成功地证明了许多 Fermat 数都不是素数,有的已找到因子或给出完整的分解.除了最初的 5 个,人们从未发现新的 Fermat 素数.Fermat 数对于计算数论颇有价值,但由于它的增长远比 Mersenne 数($2^n-1$)快许多,所以研究起来(特别是给出完整分解)更不容易.Gauss 曾给出尺规作图正 $n$ 边形的充要条件,与 Fermat 素数有密切关系,对群也有启发作用,不过这是后话了.

《算术》中有个 Diophantus 问题(把一个平方数分解为两个平方数之和),1637 年左右,Fermat 在这个问题旁用拉丁文写了一段数学史上最著名的断言:

然而此外,一个立方数不能分为两个立方数之和,一个四次方数不能分为两个四次方数之和,而一般说除平方数外的任何乘幂都不能分为两个同次幂之和.我发现了这个定理的一个真正奇妙的证明,但书上空白的地方太少,写不下.

用数学的语言概括就是说,当 $n>2$ 时,方程 $x^n+y^n=z^n$ 不可能有正整数解.这个数学史上最富传奇性的猜想——“Fermat 最后定理”或“Fermat 大定理”(如今刻在 Fermat 的墓碑上),300 多年来吸引了无数的数学家和数学爱好者.Fermat 在致 Carcavi 的一封信中声称他已用无穷递降法证明了 $n=4$ 的情形,但并未给出全部证明细节.Frénicle 在 Fermat 的少量提示下于 1676 年给出了完整的证明.

以后那段历史众所周知,此处只提几件事:首先是大约在 Fermat 大定理提出 100 年后,Euler 才证明了 $n=3$ 的情形.他发现与 $n=4$ 的情形所用的方法都不具有一般性,从而感到十分困惑.Gauss 也失败了,便认为这个问题没有太大的价值,因为可以类似地提出一大堆让人束手无策的难题.让 Gauss 意想不到的是,由于 Germain(所以她引起了 Gauss 的重视),Kummer 等的努力,这个问题进展很快.最终 Hilbert 未将 Fermat 大定理列入他著名的 23 问题(但在报告的开头曾提到过),当时他可能认为解决这个问题的代数数论已经完善(有人问 Hilbert 为什么不去证明 Fermat 大定理,他说为什么要杀死一只下金蛋的母鹅,因为这样对整个数学发展有着如此深远推动的问题太少了).但事实上,列入 23 问题的超越数猜想和 Riemann 假设的进展在 20 世纪末有 Fermat 大定理的那么大,看来 Hilbert 是错了.

1993 年英国数学家 Wiles 宣布用非常现代、艰深的工具解决了 Fermat 大定理(1994 年弥补了错误,得到正式承认),旋即引起轰动.如果本质上初等些的证明找不到,我们就有足够理由相信,鉴于当年数学水平的限制,Fermat 和 Hilbert 是不可能解决 Fermat 大定理的.

**J. Wallis**(1616—1703)出生于英国的一个牧师家庭.1640 年获得剑桥大学文学硕士学位.后几经周折,于 1649 年成为牛津的萨弗尔几何教授,直至去世.Wallis 钻研、整理了古希腊数学家的著作,对几何学、力学有很多出色的工作.他出版的《历史和实用的代数学》,对英国数学特别是代数学历史做了详尽的评论.

Wallis 给出了关于圆周率的无穷乘积,历史上第一个用几何方法解释了复数,他还给出了指数运算规则,甚至这些指数可以是分数和负数. 这些都是他比较出名的工作. Wallis 还得出过$\sigma(n)$($n$ 的因子和)的公式. 他还通过插值法得出了二项式定理. Wallis 还对语言学和音乐有研究. 他善于争辩,以显示自己的水平,并不承认前人的成就和别人的批评. 但他确实有出众的才能,所以也有些承认他的朋友.

**B. Pascal**(1623—1662) 法国著名科学家,从小未受系统教育. 10 多岁时即表现出数学方面的非凡才能. 1639 年,父亲带他参加了著名的 Mersenne 学院聚会,很快就显示出重要作用,同年发现了著名的关于圆锥曲线内接六边形的 Pascal 定理. 后来又发展出许多几何命题.

1640 年到 1647 年,为了承担父亲的大量计算工作,Pascal 发明了用齿轮带动的加减法计算机,尽管没有投入市场批量生产,但对科学界是个很大的触动. 1646 年,他开始把兴趣转移到流体静力学上去. 1654 年,Pascal 对算术、组合与概率方面做了很多出色的研究工作,提出了著名的 Pascal 三角(尽管不是首创). 尤其是与 Fermat 的通信中建立了概率论的基础. 1657 年,Pascal 在微积分方面做了些先驱性工作. Pascal 对宗教哲学亦有突出贡献,他也是那个时代唯一称得上文学家的大科学家.

**关孝和**(1642? —1708) 出生于日本江户(今东京). 自幼聪明异常,一生勤奋钻研,尤以演算为长. 关孝和奠定了和算的基础,创立了最大的和算流派——关流,被日本人尊为"算圣". 关孝和一生无子.

关孝和有很多著作,多数未在生前出版. 在《发微算法》和《三部抄》这两部著作中,关孝和阐述了著名的"傍书法"和"演段术". 所谓傍书法,即在一条短竖线旁边写上文字作为表示数量关系的一种方法,比如"|甲|乙""|甲乙"分别表示"甲加乙""甲乘乙"等. 如果碰到幂或开方,则需要直过来写. 这样推而广之,就可以写出多元高次方程. 尤其对于线性方程组,在这种写法的基础上,关孝和提出了行列式理论,加上其他一些算法,统称为"天元演段术".

《三部抄》是《解见题之法》《解隐题之法》《解伏题之法》的总称. "见题"就是可以直接用四则运算解决的问题,隐题就是可只用一个方程就解决的问题,而伏题则是必须由两个或两个以上的方程组才能解决的问题. 代数方程的变换和行列式理论都集中在《解伏题之法》中. 方程变换的方法有:略、省、约、缩、叠、括等. 在行列式研究方面,关孝和领先于西方.《解隐题之法》等著作中,记载了数字系数的一元高次方程的两种近似方法,分别相当于西方的"Horner 法"和"Newton 法". 关孝和其实已从形式上提出了多项式的导函数,发现了负根、虚根和判别式,还给出了函数求极值的方法.

关孝和对数论亦颇有研究. 这些内容集中在《括要算法》中. 他将中国的"三差之法"推广为一般的招差法. 招差法就是由 $x=x_1,x_2,\cdots,x_n$ 相应的 $y=y_1,y_2,\cdots,y_n$ 两组数据确定函数 $y=a_1x+a_2x^2+\cdots+a_nx^n$ 的方法,相当于西方的有限差分法(关孝和将这些系数称为"差"). 在这本书中,关孝和还阐述了约术和垛术. 约术的概念有互约、逐约、齐约、遍约、增约、损约、零约、遍通等. 逐约就是指求若干个整数的每一个约数,使其和等于这些整数的最小公倍数,当整数只有两个时称这一方法为"互约术". "齐约"就是求最小公倍数. "遍通"则是通分. "增约"和"损约"都是求等比级数的和. 还有"剩一术",就是解不定方程 $ax-by=1$ 的方法.

为了求无理数的近似分数,关孝和发明了"零约术". 为了逼近一个无理数,关孝和将一个分数分母加上 1,而分子加上的那个数使得新的分数刚好与原先的分数与无理数相比一大一小,这样就得到一连串近似分数. 关孝和用这种方法得到了圆周率的密率 355/113.

"垛数"即求和 $1^k+2^k+\cdots+n^k$ 与 $1+C_{k+1}^k+C_{k+2}^k+\cdots+C_{n+k-1}^k$. 对于前者,他得到的结果已经与 J. Bernoulli 的《猜度术》一模一样,这等于说是关孝和也同样发现了 Bernoulli 数. 后者的结果则是 $C_{n+k}^{k+1}$. 关孝和还研究了数论中解同余式组 $a_ix\equiv b_i(\bmod m_i)$,$i=1,2,\cdots,n$. 他采用的方法叫做"翦管术". 这个名字来自中国宋代杨辉的著作《杨辉算法》. 但杨辉解决的仅是诸 $a_i$ 为 1 且诸 $m_i$ 互素的情形. 而关孝和则解决了诸 $a_i$ 和诸 $m_i$ 为任意整数的情形,可以说将翦管术发展完善到了顶点.

在《七部书》中,关孝和给出了幻方和圆攒的一般构造方法,即先构造一个 $n-2$ 阶幻方,然后按一定规律变化这个幻方,最后在外圈加上 $4n-4$ 个数,便得到一个 $n$ 阶幻方. 书中还用同余式解决了古代著名的"继子立"问题.

在几何学方面,关孝和给出了一些曲线求长和立体求积的近似方法.

关流弟子众多,在日本活跃了 200 多年. 关孝和亲自教授的弟子就达几百人. 其中最杰出的是荒木村英和建部贤弘、建部贤明兄弟. 村英的弟子松永良弼、贤弘的弟子中根元圭,元圭的弟子山路主住等都是有名的数学家. 关孝和在日本的地位有如刘徽、祖冲之在中国的地位.

**I. Newton**(1643—1727)是西方科学的圣人和象征. 即使他的英国同胞 Shakespeare 在文学上排第一还有理由质疑,Newton 作为人类有史以来最伟大的科学家却是举世公认的. 尽管 Newton 的兴趣很广泛,甚至触及化学、年代学和宗教,但他真正的贡献在数学、物理学乃至天文学,并在那些领域排到数一数二的位置. 这里不用长篇大论加以阐述,因为关于 Newton 的学术评传及生活传记不计其数,而且他最重要的工作亦不在数论.

Newton 在数学上的主要成果有:发现二项式定理;创建微积分;引进极坐标,发展三次曲线理论;推进方程论,开拓变分法.

Newton 在代数方面做出了经典贡献,他的《普遍算术》(初版于 1707 年)大大推动了方程论. 他发现实多项式的虚根必定成双出现,求多项式根的上界的规则,他以多项式的系数表示多项式的根 $n$ 次幂之和公式,给出实多项式虚根个数限制的 Descartes 符号规则的一个推广. 在这本书中,Newton 将代数符号运算看成是"变量算术",而将通常的数字运算看做是"数字算术". 这与 Viète 的观点相近,但 Newton 更加自由地使用变量,并主张代数与算术相互结合而形成数学的基础. Newton 还设计了求方程实根近似值普遍适用的一种数值求法,该方法的修正现称为 Newton 方法.

Newton 对解析几何做出了意义深远的贡献,他是极坐标的创始人,且首先对高次平面曲线进行广泛研究. Newton 证明了怎样能够把一般的三次方程所代表的一切曲线通过坐标轴的变换化为四种标准形式之一,四种标准形式即所谓的"一般立方双曲线"、"Descartes 三叉线"、"发散抛物线"和"立方抛物线". 在总结于 1695 年的《三次曲线枚举》(《光学》的附录,1704 年)中,Newton 列举了三次曲线可能的 78 种形式中的 72 种,并大胆指出:"所有的三次曲线都可以看做是五种发散抛物线(即 $y^2=ax^3+bx^2+cx+d$)的投影."这个重要事实直到 1731 年才由 Clairaut 严格证明. 该项研究还阐明了渐近线、结点、共点的重要性. 总之,Newton 关于三次曲线的工作激发了高次平面曲线的许多其他研究工作,这对代数几何学乃至数论具有重要意义.

当然,Newton 与 Leibniz 在前人基础上共同创建的微积分,无疑是古希腊时代以来最伟大的数学成就,也是最伟大的思想成就、科学成就之一,它开拓了数学乃至整个自然科学的新局面,数论研究无疑也在其中大大受益.

相对而言,Newton 是有史以来三大数学家中最不欣赏纯粹数学研究的一位(当时的纯粹数学几乎就是数论);尤其是到了年迈的时候,数学和科学简直成了他的消遣(尽管其数学能力依然超强). 数论主要是靠法国人 Fermat 振兴的,经过瑞士的 Euler 和德国的 Gauss 等人的努力,才达到一个高潮和总结. 不幸的是,起因于 Newton 与 Leibniz 关于微积分的优先权之争(这一争论起初也不是两个伟大人物挑起的),导致英国与欧洲大陆在科学上的长期不和. 结果是,Newton 对科学的态度影响了整个英国科学达 150 年之久,所以后来英国陆续出了 Faraday,Darwin,Maxwell 等自然科学领域世界首屈一指的伟大人物,可在数学上却远不能与欧洲相比. 缺少了这一理论基础,英国的自然科学还能维持 150 年也实属不易. 到 19 世纪后半叶,英国终于在几乎所有科学领域都落后于欧洲特别是德国. 这一教训是十分深刻的,当然决不能由 Newton 负全责.

Newton 出身清贫,后来由于学术成就辉煌,任皇家学会会长、造币局局长等职. 他性格内向,谦虚谨慎;即使后来被封为爵士,仍生活俭朴,并慷慨大方(有人开玩笑说他作为高等数学之父却不会算钱). Newton 终生未娶,死后作为英国历史上第一位科学家入葬高贵庄严的威斯敏斯特大教堂.

**G. W. Leibniz**(1646—1716)是德国著名数学家、哲学家和科学家. 他是一位百科全书式的人物. Leibniz 出身于书香门第. 父亲是莱比锡大学的道德哲学教授. 母亲也出身于教授家庭. Leibniz 从小就广泛阅读各类书籍,掌握了大量知识,为日后的学识打好了基础.

1661 年,Leibniz 进入莱比锡大学学习法律. 1667 年获得法学博士学位,但他拒绝接受法学教授的聘请,决心投身于外部的世界. 1672 年,他因政治使命来到巴黎,尽管没有达到目的,却在学术上取得了很多成就,并结识了大量学术圈子内的人士. 1676 年他离开巴黎,几经转折到汉诺威定居. 在那里,他的理性主义哲学走向成熟. 1700 年,由于他的努力,柏林科学院成立,Leibniz 担任首任院长. 同年被选为法国科学院院士. Leibniz 还与维也纳皇帝、俄国的 Peter I 大帝、清朝的康熙皇帝有学术交流. 尽管如此,Leibniz 仍是晚境凄凉,郁郁而终. 他终生未婚.

Leibniz 最大的贡献是独立于 Newton 提出了微积分,这是大部分现代数学的基础. 尽管后来证明,是 Newton 先有了这方面的想法,却是 Leibniz 较早发表,并且他的符号比 Newton 的更为优越. 不幸的是,两人卷入了一场微积分优先权的争论之中. 导致英国数学落后于欧洲大陆数百年之久.

Leibniz 还探讨了复数的性质,尽管 $\sqrt{-1}$ 遭到了当时学术界的一片反对之声. 1678 年以前,Leibniz 研究了线性方程组,研究了消元法,并提出了行列式的概念. Leibniz 未见到过 Pascal 的计算机,他自己发明了算术计算机,比 Pascal 的加减计算机进了一步,还能做乘除运算. 在此基础上,Leibniz 还提出了二进制的概念,为数理逻辑和组合数学的创立提供了先驱性的思想.

**建部贤弘**(1664—1739)出生于日本德川幕府时代的高级武士家庭. 祖上多精于书法,因此世代被幕府召为右笔(相当于现代的秘书). 贤弘有两兄一弟. 四人中次兄贤明与他有数学成就. 贤弘曾得到幕府几位将军重用,曾被收为养子、做天文历法顾问以及担任其他官职. 1733 年底他退职剃发隐居直至去世. 他没有儿子,只有一个女儿.

贤弘从 13 岁起就拜关孝和为师学习数学,他是关孝和最杰出的弟子. 20 岁时,他决定与关孝和、贤明编撰一部包括古今东西数学成就的百科全书. 1710 年完成,共 20 卷,定名为《大成算经》. 这是一部数学史上的巨著.

贤弘的《缀术算经》是日本第一部数学方法论著作. 他提出了数学发现心理学中归纳法的重要作用. 书中还给出了弧长公式、球表面积公式和新的圆周率计算方法. 为此他得到一些无穷级数和递推方程,含有极限和微分的思想. 尤其是关于$(\arcsin x)^2/2$的展开,比 Euler 还要早 15 年. 在《缀术算经》中另一个引人注意的结果是新的计算圆周率的方法. 贤弘首先计算出圆内接正 4,8,16,…边形的周长 $s_2,s_3,s_4,\cdots$. 再求其平方差:$\delta_i=s_{i+1}{}^2-s_i{}^2,i>1$. 他认为当 $i$ 越来越大,$\delta_{i+1}/\delta_i$接近 1/4. 利用 $1/4+1/4^2+\cdots=1/3$,确定$\delta_i'=\delta_i+(\delta_i-\delta_{i-1})/3,i>2$. 同理再定义$\delta_i''(i>3)$,…. 按这一方法,贤弘只计算了正 $2^8$ 边形的周长,就得到圆周率小数点后 40 多位数字,而关孝和则算了正 $2^{17}$ 边形的周长才得到 15 位数字.

贤弘在《累约术》中还解决了一个 Diophantus 逼近问题,即对于任意实数 $a,b,c$,求整数 $x,y$,使其满足 $|ax-by+c|<\varepsilon$(任意小的数). 他将问题分为 $c=0,c<0,c>0$. $c=0$ 时即连分数问题,$c\neq0$ 时即是 Diophantus 逼近问题. 西方最早研究并解决这一问题的是德国数学家 Jacobi,比贤弘晚 140 年. Jacobi 的算法更精密些,但不如贤弘的来得方便.

贤弘其他的显赫成就还包括:用驻点法求函数极值问题、排列组合问题,以及一种构造幻方的方法. 他对三角函数亦有很多工作.

贤弘在教育上也闻名于世,尤其是发现培养了中根元圭. 中根家族也多出算学家. 由此形成了关流中一个比较独立的学派——建部中根派. 这一学派依附于幕府,因此比较关注数学在天文历法上的应用.

纵观关流(亦见"关孝和"一文)广泛的数学工作,同时代的中国数学家却相形见绌. 这与中国的政治文化传统有密切关系. 中国数学家考虑的问题都是至为实用的,他们不是计算田地面积、买卖交易,就是为朝廷研究天文历法,有的工作固然也相当出色,却无法形成学派流传,即使是自身的著作有的失传,有的虽流传下来,也几经间断(因为新的朝代要颁布新的历法,把前面的东西统统扔掉).而关孝和弟子众多,他们虚心学习,努力思考,把数学当成一门学问来研究、发扬和传承,和朝代的更替无关,与古希腊哲人的做法倒是比较接近(而中国自孔夫子时代以后就谈不上什么学派可言).众所周知日本人以前是拜中国人为师的,从明朝起他们就不再学习中国,渐渐改为向西方学习.这是一个值得深思的问题.

**C. Goldbach**(1690—1764)是东普鲁士人,出生于"七桥"故乡——哥尼斯堡.自从1725年起成为彼得堡科学院院士.两年后,Euler也来到科学院,两人结交成好友.Goldbach主要研究微分方程和级数理论.

1742年6月,当时在柏林科学院的Euler收到移居莫斯科的Goldbach的来信,信中提出:任何大于5的奇数都是三个素数之和.但怎样证明呢?他不得不求助于当时世界的顶尖数学家Euler.

Euler在6月30日回信中说:……关于你的这个命题,我做了认真的推敲和研究,看来是正确的.但是,我也给不出严格的证明.这里,在你的基础上,我认为:任何一个大于2的偶数都是两个素数之和.不过,这个命题也不能给出一般性的说明.但我确信它是完全正确的.

后来,Euler把他们的信公布于世,吁请世界上数学家共同求解这个难题.数学界把他们通信中涉及的问题统称为"Goldbach猜想".

**C. Maclaurin**(1698—1746)的父亲是一位学问高深的牧师.但他从小就没了父母,由同样是牧师的伯父抚养长大.Maclaurin进入大学后先学神学,后对数学特别是几何学产生了兴趣.1715年,Maclaurin获得硕士学位,1717年他成了阿伯丁马里夏尔学院的数学教授,年仅19岁.1719年,Maclaurin来到伦敦,加入皇家学会,并与Newton等结为好友.1724年回到阿伯丁.1725年被任命为爱丁堡大学数学教授.1745年,一支起义部队进攻爱丁堡.Maclaurin为了捍卫这个城市而不知疲倦地计划和监督防御工事,结果严重地损害了健康.爱丁堡被攻陷后,Maclaurin被迫出逃.等部队撤离,他又回到爱丁堡,但很快就去世了.

Maclaurin对代数、几何、分析方面都做出过重要贡献.他对分析的贡献主要体现在著作《流数论》中,提出了著名的Maclaurin级数,那是Taylor级数的特殊情形.Maclaurin擅长几何,对代数几何很有研究.1720年出版的《结构几何学,或关于一般曲线的说明》(Geometrica organica,1720)一书,就是关于高次代数曲线理论的一部专著.他证明:一条$n$次不可约曲线的二重点最多有$\frac{(n-1)(n-2)}{2}$个,并给出各类更高重数多重点个数的上界.Maclaurin还引入代数曲线亏数的概念.

亏数就是二重点的最大可能个数与实际二重点个数之差.其中,亏数为零或具有最大可能二重点的曲线受到了很大注意.Maclaurin还建立了高次平面曲线交点的理论,得出$m$次方程与$n$次方程的曲线交于$mn$个点.Maclaurin非常重视代数在几何中的应用.在解线性方程组的过程中,他已经有了行列式的想法.他是个品格高尚、待人友善的人.

**L. Euler**(1707—1783)18世纪无可争议的头号数学家,也是历史上最多产的数学家.据统计他一生共写下886本书籍和论文,全集达70多卷,其中分析、代数、数论占40%,几何占18%,物理和力学占28%,天文学占11%,弹道学、航海学、建筑学等占3%.据说Euler的许多研究报告都是在第一次与第二次叫他去吃饭之间的30 min时间内写出来的;又说因他写论文实在太快,助手将放在书桌上的手稿拿去付印,先拿走的自然是放在上边的论文,结果造成后写的论文反而先发表.试想如不知内情的读者,若是看到Euler强的结果先于弱的结果问世,必定会感到莫名其妙.如今数学中有极多以他名字命名的公式或定理,以及他创设的数学符号,它们像璀璨的星辰,分布在从初等几何一直到高等分析的广袤的数学天空.Euler被誉为"数学家之英雄".

Euler生于瑞士巴塞尔,从小最喜爱的是数学.1720年,13岁的Euler按照父亲的意愿,考入巴塞尔大学学神学,心思却在数学上.他总是早早坐在第一排,聚精会神地听享誉世界的数学家 Johann Bernoulli 的数学课.有一次 J. Bernoulli 无意中提到一个当时还没解决的难题.没想到这个瘦小的孩子课后交来一份构思精巧的解答. J. Bernoulli 惊喜之至,当即决定每周在家单独为 Euler 授课一次.在教授家里,Euler 与其子、未来的大科学家 D. Bernoulli 结为好友.

1723 年,16 岁的 Euler 成为巴塞尔大学有史以来最年轻的硕士.父亲执意要 Euler 放弃数学,把精力用在神学上.在这关键时刻,J. Bernoulli 登门做说服工作.教授动情地说:"亲爱的神甫,您知道我遇到过不少才气洋溢的青年,但是要和您的儿子相比,他们都相形见绌.假如我的眼力不错,他无疑是瑞士未来最了不起的数学家.为了数学,为了孩子,我请求您重新考虑您的决定."父亲被打动了. Euler 当上了 J. Bernoulli 的助手. 19 岁时,Euler 写了一篇关于船桅的论文并获巴黎科学院奖金,父亲再也不反对他攻读数学了.从此,Euler 和数学终身相伴.

1727 年 5 月,经 D. Bernoulli 推荐,Euler 来到俄国彼得堡,6 年后成为彼得堡科学院数学教授. 1735 年,Euler 用自己发明的方法仅花三天便解决一个天文学难题(计算彗星轨道),而这个问题曾经折磨几位著名数学家达好几个月.然而过度的工作(一说与严寒及观察研究太阳也有关系)使 Euler 不幸右眼失明. 1741 年应普鲁士大帝 Frederick the Great 邀请,Euler 到柏林担任科学院物理数学所所长,直到 1766 年.后来在女沙皇 Catherine the Great 的敦聘下重回彼得堡,不料没有多久左眼视力衰退,最后完全失明.不幸的事情接踵而来,1771 年彼得堡大火灾殃及 Euler 住宅,虽然他被仆人从火海中救出,但书房和大量研究成果全部化为灰烬.

沉重的打击仍然没有使 Euler 倒下.幸好 Euler 的记忆力和心算能力即使在数学家中也属罕见,否则难以想象双目失明的他何以能继续工作.曾有两名学生把一个复杂级数的 17 项加起来,算到第 50 位数字,两人的结果相差一个单位,Euler 为了确定究竟谁对,用心算进行全部运算,最后把错误找了出来.

18 世纪是 Newton, Leibniz 创立的微积分高歌猛进发展的时代,并形成一个名曰"分析"的与代数、几何并列的庞大数学分支. Euler 无疑扮演了最重要的角色,被誉为"分析的化身". Euler 发现,这套强大的分析武器不仅在数学以外的学科(如物理)中大显身手,而且还在数论等纯数学分支内找到用武之地,带来无比丰厚的成果.

在数论方面,Euler 给出了 Fermat 小定理的三个证明,并引入重要的 Euler 函数 $\varphi(n)$,提出著名的 Euler 定理,否定 Fermat 素数猜想,研究完全数、Fermat 大定理特殊情形、Waring 猜想,发现了二次互反律,利用连分数给出 Pell 方程 $x^2-dy^2=1$ 的最小解(归于 Pell 名下也是他的意思,尽管这是不恰当的),还用解析方法讨论数论问题,发现 $\zeta$ 函数所满足的函数方程,引入 Euler 乘积.这些都是很经典的工作,对后世的数论研究奠定了重要基础.

Euler 人品高尚,曾不遗余力地提拔年轻的 Lagrange,为他在数学界地位的迅速提高起了不小的作用(但 Lagrange 后来对 Euler 倒有些分歧). Laplace 曾说过:"读读 Euler,他是我们大家的导师."1783 年 9 月 18 日下午,Euler 一边请朋友吃饭,一边在计算当时刚发现不久的天王星轨道.他喝完茶后突发疾病,烟斗从手中落下,口里喃喃道:"我死了." Catherine the Great 女皇得知这个消息,即吩咐手下说:"今天的宫廷舞会取消吧,因为 Euler 去世了."Condorcet 为此赞曰:"Euler 终止了生命,也终止了计算."尽管 Euler 长期在国外工作,但他始终是瑞士的骄傲.为纪念 Euler,瑞士法郎上印有他的头像.

**J. H. Lambert**(1728—1777)德国数学家、物理学家,自学成才,后当选为柏林科学院院士. Lambert 研究过平行公理,曾萌发非欧几何的思想. 1768 年,他首次证明 e 和 $\pi$ 的无理性.在物理上,主要从事光学研究.

**E. Bézout**(1730—1783)法国数学家.曾执教于海军炮兵军官学校,是法兰西科学院院士. 1779 年,Bézout 建立关于多项式除法的剩余定理,后称 Bézout 定理.他对法国和美国的数学教育也有一定影响.

**E. Waring**(1736? —1798)英国数学家.1760 年在剑桥大学获得硕士学位,并担任剑桥大学第 6 任卢卡斯教授. Waring 对医学也颇有兴趣,但最重要的贡献在于数学,尤其是数论.

对于正整数 $m$ 和 $n$,如果每个的真因子之和分别等于对方,那么称 $m$ 与 $n$ 是一对亲和数. Pythagoras 提出了第一对亲和数 220 和 284;公元 9 世纪,阿拉伯数学家 Thābit ibn Qurra 发现了一对亲和数的公式,后于 1636 年为 Fermat 重新发现. 由此 Fermat 得出第二对亲和数 17 296 和 18 416. Descartes 也曾独立得出 Thābit ibn Qurra 的结果,并发现第三对亲和数 9 363 584 和 9 437 056. 1750 年,Euler 深入研究了亲和数的构造,给出 64 对例子(有两对被 Rudio 于 1915 年否定). Waring 在《代数沉思录》中给出了一个定理:如果

$$x = \frac{2^n yz - 2^{n+1} + 1}{2^n - 1}, z = 2^n - 1 + \frac{2^{2n}}{y - 2^n + 1}$$

其中 $x,y,z$ 均为素数,且 $y - 2^n + 1 \mid 4^n$,那么 $2^n x$ 与 $2^n yz$ 是一对亲和数.

出版于 1770 年的《代数沉思录》是数论方面具有较大影响的著作,书中提到了 Wilson 定理,这个结果最早由 Leibniz 提出,1773 年首先由 Lagrange 证明. 由此 Waring 证明了当 $p$ 是一个奇素数时,$(1 \cdot 2 \cdot 3 \cdot \cdots \cdot \frac{p-1}{2})^2 \equiv (-1)^{\frac{p+1}{2}} (\bmod p)$. 他还第一个证明了 Wallis 的因子和公式,并考虑了方程 $\sigma(m) = \sigma(n)$. Waring 还首先考虑了某种形式的对称函数的整除性问题. 设 $x$ 是一个正整数,希腊字母表示 $1,2,\cdots,x$ 的一个排列,则对称函数 $s = \sum \alpha^a \beta^b \gamma^c$,(其中指数 $a,b,c,\cdots$ 均为非负整数)满足如下性质:如果 $t = a + b + c + \cdots < x$,$t$ 为奇数,且 $x + 1$ 为素数,则 $(x+1)^2 \mid s$;若 $t = a + b + c + \cdots < 2x$,诸 $a$ 均为偶数,且皆与 $2x + 1$ 互素,则 $2x + 1 \mid s$.

Euler 首先证明:无穷乘积 $\prod (1 - x^k)$ 在整数理论中有用,1750 年 Euler 得出 $\prod (1 - x^k) = 1 - x - x^2 + x^5 + x^7 - x^{12} - \cdots$,同时得出 $\sigma(n) = \sigma(n-1) + \sigma(n-2) - \sigma(n-5) - \sigma(n-7) + \sigma(n-12) + \cdots$. Waring 则在《代数沉思录》中提出另一种乘积 $\prod (x^k - 1)$,并附带得出一个公式.

奇数 Goldbach 猜想早就由 Descartes 提出,后又出现在 Goldbach 写给 Euler 的信件中. Waring 在《代数沉思录》中正式提出这一猜想,对数论的发展起到了很大的推动. Waring 还研究了全部由素数组成的等差数列,得到重要结果:设 $p_n$ 为第 $n$ 个素数,且这一数列共有 $n$ 项,则若首项不是 $p_n$,那么公差 $d$ 就是 $p_1 p_2 \cdot \cdots \cdot p_{n-1}$ 的倍数. 1771 年,Lagrange 得到类似结论. 1860 年 Mathieu 证明了这一结果. 人们猜测存在任意长的素数等差数列,这一结论最近才被证明.

在《代数沉思录》中,还有一个比较有名的结论:正整数 $n$ 是素数的充要条件是它可以唯一一种方式表成 $a^2 + mb^2$ 的形状. 几乎同时 Euler 得到:任何素数都可以唯一形式表成 $ma^2 + nb^2$ 的形状,这里 $m$ 与 $n$ 互素. 对于一般的二元二次型及四元二次型研究,Waring 也有很多工作,比如他证明:若 $n = a^2 - rb^2$,则 $n^{2m+1}$ 与 $n^{2m}$ 都可以用至少 $m + 1$ 种不同方式表示成 $p^2 + rq^2$ 的形状.

Waring 最最出名的工作无疑是 1770 年在《代数沉思录》中提出了 Waring 猜想:每个正整数可以表示成 4 个整数的平方和,9 个非负整数的立方和,19 个整数的 4 次方和. 1782 年的《代数沉思录》第三版中,Waring 又猜想,存在一个函数 $g(k)$,使每个正整数至多表为 $g(k)$ 个非负整数的 $k$ 次方和;而存在一个函数 $G(k)$,使每个充分大的正整数至多表为 $G(k)$ 个非负整数的 $k$ 次方和.

$g(2) = G(2) = 4$ 原先是 Bachet 于 1621 年提出的猜想,1770 年首先由 Lagrange 证明. 1909 年,Wieferich 证明 $g(3) = 9$,后发现漏洞于 1912 年被 Kempner 补正. 1772 年,Euler 证明 $g(k) \geqslant 2^k + [(3/2)^k] - 2$,现在认为很可能上式是等式,这被称为 Euler 猜想. 1909 年,Hilbert 首先证明 $g(k)$ 的存在性. 1940 年,Pillai 证明 $g(6) = 73$. 后来对 $n \geqslant 6$ 的一大批数均证明了 Euler 猜想是正确的. 对于 $g(5) = 37$,是陈景润于 1964 年证明的. 最后的 $g(4) = 19$,也就是 Waring 最初的猜想之一,反而最后解决,那是在 1986 年由 Balasubramanian, Deshouillers 和 Dress 证明的.

$G(k)$ 更难研究,首先突破的是 Hardy 与 Littlewood,但他们的估计值太大. 后来经过苏联数学家 Vinogradov 及弟子得出上界为 $O(k \ln k)$,这是很好的结果. 1939 年,Davenport 证明 $G(4) = 16$;1943 年,

Linnk 证明 $G(3)\leqslant 7$,1990 年 Brüdern 证明 $G(5)\leqslant 18$. Hardy 与 Littlewood 曾猜想当 $k$ 为 $2^m$ 型数($m>1$)时,$G(k)=4k$,对其他情形,则有 $G(k)\leqslant 2k+1$.

**J. L. Lagrange**(1736—1813)是 18 世纪的伟大科学家,是 Euler 之后、Gauss 之前最大的数学家. Lagrange 出生于一富有家庭,具有法国与意大利混合血统. 11 个孩子中数他最小,前面的统统夭折了. 即使这样,Lagrange 也没有独享荣华,由于父亲热衷投机屡屡失利,致使财产在 Lagrange 长大之前已所剩无几,他意识到必须自食其力.

他曾就读于都灵大学,17 岁之前 Lagrange 对数学一点都不感兴趣. 后来,由于读到英国数学家 Halley 的一篇赞扬微积分比古希腊数学优越的文章,被数学彻底迷住,他以令人难以置信的速度掌握了当时的数学. 与 Euler 差不多,尽管 Lagrange 的主要贡献在分析与力学,但他的工作遍布数学各个领域. 1764 年,由于在天体力学方面的辉煌成就,年轻的 Lagrange 获得了法国科学院的大奖. 1766 年,应 Frederick 大帝之邀,Lagrange 到柏林科学院任职,一去就是 20 年.

在柏林,Lagrange 表现出对数论的兴趣. 他写信给当时法国科学界的大人物 d' Alembert 说,他在 Diophantus 分析方面有了很多发现,比如求出了 Pell 方程的解,首先证明了 Wilson 定理等. Fermat 曾猜测,每个正整数都能写成四个整数的平方和. Euler 曾给出一不完整证明,是 Lagrange 第一个完整地证明了这个著名定理. 在给 Euler 的一封信中他感慨道:"对我来讲,算术是最难的." Euler 后来也给出了 Lagrange 四平方和定理的另一种证明. Lagrange 对数论还有很多贡献,如模方程的 Lagrange 定理等. Lagrange 还是群论的先驱.

1786 年,Frederick 大帝去世,Lagrange 和其他非普鲁士人感到在柏林呆不下去了. 所以他就回到巴黎,受到 Louis XⅥ的隆重接待,在卢浮宫一直住到大革命时期. 1788 年,Lagrange 出版了他平生最重要的著作《分析力学》. 1789 年法国大革命爆发,皇室倒台了. 革命党人把 Lagrange 的密友、著名化学家 Lavoisier 送上了断头台,但对 Lagrange 倒十分宽容,还让他参与米制度量衡的完善化工作. Lagrange 坚持 10 进制,而不是 12 进制,舍掉了日后的很多麻烦. Lagrange 一直是法国人的骄傲,Napoléon 一世也十分尊重他,评价他是"一座高耸的金字塔".

与 Euler 不同,Lagrange 并不是终生都对数学充满了热情,而是有几次起伏,与 Gauss 倒有几分相像. 不过原因不大一样,Lagrange 是觉得数学发展快到尽头了,他还羡慕 Newton,说他"无疑是特别有天才的人,但我们必须承认,他也是最幸运的人,因为找到建立世界体系的机会只有一次". 现在看来这两个观点都是错的. Gauss 则是把兴趣转移到自然科学和债券投资上去. Lagrange 与 Gauss 在家庭、经济乃至政治背景对生活的影响方面都有些坎坷(Lagrange 长期独身,短暂的婚姻没有留下子女;Gauss 的两个妻子和多数子女都死在他前面,还有孩子与他彻底闹翻而脱离父子关系),干扰了平静的学术研究,这可能是他们的共同原因.

**会田安明**(1747—1817) 幼名重松,后因继承会田家业,改姓会田. 曾用名算左卫门. 安明在江户时期经过刻苦自学,在 1781 年开始发表自己的研究成果. 其中包括"剥脱问题"(等差幂级数所形成的方程). 大约在 1783 ~1784 年间,安明将自己创立的数学流派命名为"最上流". 与日本当时流传最广的关流相比,最上流的数学内容相仿,术语和符号有所差别. 最上流数学采用纯粹的符号形式与西方数学一致,这是很大的成就.

1779 年,关流第四代弟子藤田贞资的《精要算法》问世. 安明在 1783 年出版的《改精算法》中指出其不少错误. 引起贞资的不满. 安明一直是比较谦逊、实事求是的. 他对《精要算法》的评价也很高,但是贞资就有点人身攻击的味道,于是安明再著书辩解. 两派因此进入了长达 20 年之久的论战. 结果倒反而让安明学到了关流弟子自己也忽略的一些成就,对最上流的名声起到了很好的作用.

安明的著作大约有 1 000 卷,亘古少有. 他提出了用算盘解高次方程的方法. 安明发扬了和算家安岛直圆的对数研究.在《对数表起源》中,给出了对数的基本运算性质.并用公式 $\log_{10}N = \log_2 N/\log_2 10$ 求 $\log_{10}N$.安明还独立改进了关孝和的零约术,求得一些$\sqrt{N}$ 的近似值.

在《算法整数术》中,安明求解了不定方程 $k_1{x_1}^2 + k_2{x_2}^2 + \cdots + k_n{x_n}^2 = y^2$,给出了勾股数组($a^2 + b^2$, $a^2 - b^2$, $2ab$)的几何证明,并给出直角三角形斜边长在 1 000 以下的 158 组勾股数组,斜边长在 1 000 到 2 000的 134 组勾股数组.对三角形三边与内切圆直径是整数的情况,安明给出了最大边在 100 以下的整数解 125 组.对于四、五、六边形,他也做出类似结论.此外,会田安明还在各种几何问题(特别是圆锥曲线)上做了大量研究.

**A. M. Legendre**(1752—1833) 法国数学家.与 Lagrange,Laplace 并称为法国的“3L”.Legendre 是椭圆函数论的奠基人(但真正做出重要发现的是 Jacobi 和 Abel).数论是 Legendre 特别关注的第二个重要领域.早在 1785 年,他给出二次互反律及应用的一个说明,把正整数表为三个平方数之和的理论的概述,还陈述了一条有名定理:“每一个首项和公比互素的算术级数中都含有无限多个素数.”1798 年,Legendre 发表名著《数论随笔》.这本书用更系统的方法处理了“不定分析的研究”.第二版以《数论》为名于 1808 年出版.在这一版的引言中,Legendre 提到要高度注意严密性,他利用与 Fermat 无穷递降法有关的技巧证明了整数乘积的变换性,还习惯使用 Euler 和 Lagrange 的连分数算法解一阶不定方程,并用以证明 Pell 方程恒有一组非凡整数解.以后又给第二版增加两个附录.第二个附录中含有方程 $x^5+y^5=z^5$不可能有正整数解的一个漂亮证明,以及对这一命题更复杂情形的考察.第三版变成两卷,足足有 859 页.

Legendre 还是解析数论的先驱者.他在 1798 年提出了素数分布定律的初步形式,1808 年又使其更加精确化,为如下形式:$y = \dfrac{x}{\log x - 1.083\ 66}$.1793 年,Gauss 也由直觉看出了素数的渐近分布定律.

Legendre 还利用连分数改进了 Lambert 定理,证明 π 的平方也是一个无理数,并补充说:“很可能数 π 甚至不包含在代数无理数中,但是要严格说明这个命题似乎是非常困难的.”Legendre 还关心过代数方程和天体力学,并参与编制了很多数学用表.他的初等教材《几何学原理》多次再版并译成多种语言,支配这门课程的教育几乎达一个世纪.Legendre 曾为证明平行公理做过许多努力,从未认识到这一切都是徒劳的.

1790 年前后,Legendre 与一位 19 岁的姑娘 Couhin 结婚.生活安宁,他们没有子女.

**S. Germain**(1776—1831)法国杰出的女数学家.由于当时不鼓励妇女研究数学,她以极大的兴趣和顽强的毅力自学成才.Germain 终生未婚.

1794 年,巴黎综合工科学校成立,Germain 渴望进入大学学习,但是该校只招男生.在她的邻居里有一位名叫 Leblanc 的男生,是 Lagrange 的学生,数学一塌糊涂,恰好因为某些原因中途辍学.Germain 就冒名顶替偷偷摸摸地在学校里学习.学校行政当局不知真正的 Leblanc 已离开巴黎,继续为他印发课程讲义和习题.Germain 设法取得这些材料,每周以 Leblanc 的名义交上习题解答.两个月后,Lagrange 觉得再也不能无视这位“Leblanc 先生”在解答中表现出的才华了.他要求“Leblanc 先生”来见他,于是 Germain 被迫泄漏了她的真实身份.在 Lagrange 的鼓励下,Germain 变得更有信心.当她对 Fermat 大定理的研究取得突破时,决定直接与当时最伟大的数学家 Gauss 交流.她给 Gauss 写了信,署名仍是“Leblanc 先生”.当 Gauss 看到 Leblanc 先生的研究成果时惊喜万分,认为“他”是一位难得的知音(尽管当时法国跟德国关系一直不好).

1806 年,法国军队一个接一个地猛攻德国城市.Germain 担心落在 Archimedes 身上的命运会夺走她的崇拜对象 Gauss 的生命,因此与 Pernety 将军交涉,请求他保障 Gauss 的安全.结果将军给予 Gauss 特别的照顾,并向他解释是 Germain 小姐的请求.Gauss 非常感激,也很惊讶,因为他从未听说过此人.

游戏结束了.在 Germain 的下一封信中,她透露了自己的真实身份.Gauss 愉快地回了信,给予 Germain 莫大的鼓舞,后来她又在物理学中做出了重大贡献,写出了《弹性振动研究》这篇见解深刻的论文,奠定了现代弹性理论的基础. 法国科学院因此给她颁发金质奖章. 尽管与 Germain 从未谋面, Gauss 还是竭力说服格丁根大学授予她名誉博士学位. 可惜这时 Germain 已死于癌症.

**C. F. Gauss**(1777—1855) 出生于德国北部小城不伦瑞克, 是人类有史以来的三大数学家之一(另两位是 Archimedes 和 Newton), 被誉为"数学王子".

Gauss 很小就表现出非凡的算术才能, 不久闻名当地. 出身贫寒的他最终受到了 Ferdinand 公爵的资助, 使他在卡罗琳学院完成了学业. 1795 年, Gauss 来到格丁根大学. 翌年因给出正 17 边形的尺规作图法, 使他决心终生从事数学. 1799 年, Gauss 又首次严格证明了一个重要定理: 任何一元代数方程都有根, 这一结果被称为"代数基本定理". 1801 年出版数论名著《算术探究》. 尽管 Gauss 通晓那个时代的数理科学, 但对数论感情尤深. "数学是科学的皇后, 而数论是数学的皇后"这句名言便是出自 Gauss 之口. 他的弟子 Dirichlet 为研读《探究》还专门写了一本笔记《数论讲义》. 由于 Gauss 的出现, 格丁根大学开始成为世界数学的中心. 1849 年, 大学庆祝 Gauss 获得博士学位 50 周年. 大师兴奋之余, 随手拿了一张《探究》的稿纸点烟, 被 Dirichlet 看见. 顿时他惊恐万状, 迫不及待地冲上去, 求得 Gauss 把这张手稿留给他作纪念.

由于运用最小二乘法和无与伦比的计算技能确定了天文学家几个月也未找到的谷神星的轨道, Gauss 当上了格丁根天文台的第一任台长. 当时, 法国皇帝 Napoléon 一世企图称霸世界, 法国军队大举进攻普鲁士. 多亏法国女数学家 Germain 的帮助, Gauss 受到了保护. Germain 曾化男子名同 Gauss 书信往来讨论数论. 不过, 法国佬最终还是打算给 Gauss 一点"颜色"看看——强迫他交出 2 000 法郎. 这笔钱 Gauss 自然无力支付. 最后, 那位认定 Gauss 乃世上最伟大数学家的 Laplace 替 Gauss 付了这笔钱. Laplace 是法国大数学家, Napoléon 身边的红人. 后来, Gauss 想法把钱还给了 Laplace.

这时, Gauss 在科学上的兴趣开始转移. 1809 年出版了《天体运动理论》; 1820 年左右, 应汉诺威政府之邀主持该王国的大地测量工作, 由此启发得出大范围微分几何的核心成果; 1831 年给出复数的几何意义, 并在此基础上把他早年搞的数论进一步发展到复整数, 对代数数论影响很大. 1830 年以后, Gauss 越来越多地从事物理研究. 他研究了表面张力理论, 发展变分法, 建立 Gauss 光学, 又几乎一手创立了地磁学. 他与学生兼朋友 Weber 合作研究电磁学, 当时的电磁学单位制称 Gauss 制. 该制沿用多年, 直至后来被国际单位制取代.

Gauss 一生完成了 323 种著作, 提出了 404 项创见, 但只发表了 178 项. 人们总是津津乐道于 Gauss 的天才, 其实他是很努力的, 据说妻子弥留之际还在一门心思地做研究, 保姆实在看不下去, 就跑来找他, 要他快点去看妻子. Gauss 随口答应, 但依然故我. 保姆又来了一次, 说再不去就来不及了! 岂料 Gauss 回答说: "让她再等一会……"到了晚年, Gauss 的声誉已达顶峰, 更懒于发表成果, 也不喜欢教书(但据说他的书教得倒是不错). 于是就常出现这种情况, 某个年轻人发表自己的大作, 企图得到 Gauss 的赞许, Gauss 却轻描淡写地表示, 自己甚至在这个年轻人出生之前就搞出来了, 无意之间造成了对年轻人的打击.

例如, 复变函数的核心定理 Cauchy 积分定理(1827 年), Gauss 在 1811 年给友人 Bessel 的信中就明确提出. 一个叫 Bolyai 的年轻人发表了非欧几何, 希望得到父亲的朋友 Gauss 认可. Gauss 说, 这样的结果他早已得到. 从此 Bolyai 怀疑 Gauss"剽窃"自己的东西而一蹶不振. Gauss 不鼓励年轻人是不对的, 但 Bolyai 显然也冤枉了 Gauss. 椭圆函数论也有类似情形. 这一数学分支由 Abel 与 Jacobi 于 19 世纪 20 年代末创立. Gauss 在这方面什么也没有发表. 有一次, Jacobi 注意到《探究》第 335 款中有一段难懂的文字, 它的意义只有懂点椭圆函数的人才能理解. 于是他跑到 Gauss 家讨教. Gauss 从抽屉里取出 30 年之久的手稿, 把 Jacobi 告诉他的新发现指给他看. Gauss 此时对于个人声誉早已淡泊, 实际上反而因为可以免去写文章而感到高兴. 不难想象 Jacobi 是多么丧气(Abel 英年早逝, "所幸"不知此事). 1840 年, Jacobi 在一封写给兄弟的信中感慨道: "如果天文观测工作没有把这位伟大天才的精力分散出去, 数学的情况, 将与今日大不相同."

Weber 离去后, Gauss 基本中断了物理学研究, 把越来越多的时间花在读报纸搜集统计资料上. 1848 年期间,Gauss 几乎天天到阅览室寻觅各种数据.若某学生正在看的报纸就是他寻找的,他会一直瞪着那学生,直到对方递过来这份报纸,因而被称为“阅览室之霸”.据说 Gauss 并未打算在统计学研究上花太多气力,只想从事点投资活动(主要是买债券).结果他的财产几乎为年薪的 200 倍,而统计学中最重要的分布——正态分布又叫 Gauss 分布.

晚年的 Gauss 对数学的兴趣有所恢复.19 世纪的伟大数学家 Riemann 总算比他的诸位前辈幸运,得到了当时已是寂寞的、“半人半神”的 Gauss 的垂青.1854 年,Riemann 准备了三个题目讲演,Gauss 要他讲最难的一个——几何基础.据说答辩会上只有年迈的 Gauss 听得懂.翌年 Gauss 就去世了.这项重要工作后来成为 Einstein 广义相对论的基础.

在德国慕尼黑的博物馆里,有一幅 Gauss 的油画像,下面写道:他的思想深入数字、空间、自然的最深秘密;他测量星星的路径,地球的形状和自然力;他推动了数学进展直到下个世纪.德国马克上印有 Gauss 的头像,头像后面便是正态分布图.

**A. -L. Cauchy**(1789—1857)是法国数学家,也是继 Gauss 之后、Riemann 之前世界上最大的数学家.在他之前,只有 Euler 比他多产.Cauchy 在 6 个孩子中排老大.由于在童年时代正赶上法国大革命的血腥时期,父亲带着全家到乡下避难,一去就是 10 余年,在这期间承担了孩子们的教育.在那里,邻居中竟然有著名的数学家 Laplace 侯爵和古怪的化学家 Berthollet 伯爵.这两个人是好朋友,他们的花园只隔一道墙,墙上开一扇门.老 Cauchy 主动凑上前去.没多久 Laplace 就发现小 Cauchy 具有非凡的数学才能.后来,由于父亲的关系,连 Lagrange 也知道了这个小天才,他奉劝老 Cauchy 说:如果儿子不受点文学教育,他的趣味就会使他冲昏头脑,他将成为一名伟大的数学家,但他不知道怎样用自己的文字写作.于是,Cauchy 在 13 岁时进入了一所学校,在语文和古典文学方面取得了很多奖励.

经过几年的辗转,Cauchy 于 1810 年完成土木工程学校的学业,并被派往瑟堡任军事工程师.1813 年,随着 Napoléon 一世的惨败,Cauchy 回到了巴黎.1816 年,他入选法国科学院.1830 年法国革命,持保皇党立场的 Cauchy 放弃了所有职务,自愿去流放.Cauchy 跑到了瑞士,得到国王的青睐.1838 年,他又返回巴黎.1852 年,Napoléon 三世掌权,恢复了效忠仪式.这次当权者比较宽容,允许 Cauchy 无须宣誓;Cauchy 也做了妥协,未与政府发生争执.即使在这么波动的环境中,他仍奇迹般地完成了大量研究工作.Cauchy 是数学分析严格化征程上的一员主将,复变函数的奠基人,弹性力学理论的建立者,他的工作还遍及微分方程、群论、行列式、解析几何、微分几何、误差理论、数值分析、光学、天体力学等诸多领域.他惊人地多产,被称为光辉的分析学家.

Cauchy 在数论方面的工作虽然不能与他的分析相提并论,但也有些出名的工作,比如他于1813年第一个证明了 Fermat 的猜想:每个正整数是 $m$ 个 $m$ 角数之和.事实上,他还得出只需 4 个数大于 1,其余数都是 0 或 1.1840 年,他证明,若素数 $p\equiv 3 \pmod 4$,$a$ 是 $p$ 的二次剩余,$b$ 是 $p$ 的二次非剩余,两者均介于 0 与 $\frac{p}{2}$ 之间,则依 $p\equiv 3 \pmod 8$ 和 $p\equiv 7 \pmod 8$,有 $\frac{a-b}{2}\equiv -3B_{\frac{p+1}{4}}$ 或 $B_{\frac{p+1}{4}} \pmod p$,这里 $B$ 为 Bernoulli 数.他还得到了 Cauchy 类数公式,形式比较复杂.

数论中还有个著名的 Cauchy - Davenport 定理:设 $p$ 是一个素数,$A,B$ 分别是一些模 $p$ 两两不同余的整数集,$A+B=\{x+y \mid x\in A, y\in B\}$,则 $|A+B|\geqslant \min\{p,|A|+|B|-1\}$.当代著名数学家 Alon 给予推广,使之成为加法数论与组合数论的主要结果.

Cauchy 曾在 Fermat 大定理上犯过错误.这是一件事情所引发的.自从他的同胞、女数学家 Germain 在 Fermat 大定理上取得突破以后,法国科学院设立了一系列奖金.1847 年 3 月 1 日,法国数学家 Lame 宣布他差不多就要证明 Fermat 大定理了,Cauchy 也紧随其后说要发表一个完整的证明.然而到 5 月 24 日,法国数学家 Liouville 宣读了一封德国同行 Kummer 的来信,粉碎了他们的信心.Kummer 看出这两个法国人正在走同一条逻辑死胡同,因为他们都没意识到一个致命错误——毫无根据地推广了唯一分解定理.这一事实使

Lame 感到沮丧,而 Cauchy 却拒绝承认彻底失败,还声称错误是可以补救的. 过了几个月,Cauchy 也安静了,因为他又把注意力转移到分析和力学中去了. Cauchy 可能以为 Fermat 大定理没有他的分析学工作来得重要,Gauss 也是在这个猜想上失败后断言它没多大意思,因为类似的难题还可以提出成千上万. 尽管事实证明 Fermat 大定理对数学的推动是很大的,但从当时(19 世纪上半叶)来看,数学工具还不足以对抗它,且这个问题在当时也并非很重要. 两位数学大师的观点还是有道理的.

**A. F. Möbius**(1790—1868)德国著名数学家,很小时就表现出数学上的爱好和天赋. 1803—1809 年进入莱比锡大学,原本学法律,后投身数学、物理和天文学,因而去过格丁根大学与哈雷大学. 后来成为莱比锡大学天文学教授,直至去世. Möbius 在数论中提出了 Möbius 函数和 Möbius 变换,他最著名的结果是发现了单侧的 Möbius 带.

**G. Lamé**(1795—1870)法国数学家、工程师. 1813 年入巴黎综合工科学校,1817 年入矿业学校就学. 毕业后执教于彼得堡大学、巴黎综合工科学校、巴黎大学,1851 年成为巴黎大学教授,1862 年退休. Lamé 的研究领域涉及微分几何、数论、力学以及公路桥梁等方面. 1840 年,他证明了当指数 $n=7$ 时 Fermat 大定理成立.

**C. G. J. Jacobi**(1804—1851)德国大数学家. 1821 年入柏林大学,1824 年为该校无薪教师,1825 年获哲学博士学位,1826 年到哥尼斯堡大学任教,1832 年成为教授. 1844 年起接受普鲁士国王的津贴在柏林大学任教.

Jacobi 在数学方面最主要的成就是和挪威数学家 Abel 相互独立地奠定了椭圆函数论的基础,引入并研究了 $\theta$ 函数和其他一些超越函数. 他对 Abel 函数也做了研究,还发现了超椭圆函数. 在偏微分方程研究中,他引进了 Jacobi 行列式,并应用在多重积分的变量变换和函数组的相关性研究中. 他的工作还包括数论、代数学、变分法、复变函数论和微分方程,以及数学史的研究. Jacobi 在分析力学、动力学及数学物理方面也有贡献.

**P. G. L. Dirichlet**(1805—1859)出身于德国一行政官员家庭,青少年时代即表现出对数学的浓厚兴趣. 中学毕业后,父亲要求他攻读法律,但他已选定数学为其终身职业. 当时的德国仅有 Gauss 一人声名显赫,加之他又不喜教学,于是在 1822 年,Dirichlet 选择到巴黎求学,那里有一大批明星级数学家. Dirichlet 幸运地成为当时的英雄 Fay 将军的孩子的家庭教师,不仅收入颇丰,而且受到善待. Dirichlet 对法国的三角级数大专家 Fourier 尤为尊敬,也尤受其影响. 此外,他还念念不忘研读 Gauss 的名著《算术探究》,据说就是在旅途也随身携带. Dirichlet 是第一位真正掌握其精髓之人,也是解析数论的开创者.

1825 年,Dirichlet 向法国科学院提交论文,他利用代数数论方法讨论形如 $x^5+y^5=Az^5$ 的不定方程. 几周后,Legendre 利用其中的方法证明了 Fermat 大定理在指数 $n=5$ 时成立. Dirichlet 本人不久也独立得出此结论. Fay 将军于 1825 年底去世后,在当时 von Humboldt 正为振兴德国自然科学而奔走呼号的影响下,Dirichlet 返回德国,任布雷斯劳大学讲师. 1828 年,在 Humboldt 的帮助下,他任教于柏林军事学院,长达 27 年,热心培养了大批优秀数学家,为德国成为 19 世纪后半叶的国际数学中心立下汗马功劳. 1855 年 Gauss 去世后,Dirichlet 来到格丁根大学成为其继任,在那里他获得了更多的自由研究的机会,可惜好景不长,1859 年 Dirichlet 因病逝世于格丁根.

Dirichlet 早期的工作,集中在改进 Gauss《算术探究》和其他论文的证明方式. 1837 年,他利用带系数的 $\zeta$函数证明了 Legendre 的一个猜想,若 $(a,b)=1$,则算术级数 $an+b(n=0,1,2,\cdots)$ 中存在无限多项是素数.

这是非常了不起的成就,是解析数论的开创性工作.

1842 年,他提出了著名的 Dirichlet 原理:若将多于 $n$ 个物体放入 $n$ 个盒子,则至少有一个盒子内含有多于 1 个物体(在数学竞赛中也被中国人译作"抽屉原理"),这对于现代数论、组合数学都至关重要(例如在 Wiles 证明 Fermat 大定理中).1863 年,Dirichlet 的《数论讲义》由其学生和朋友 Dedekind 编辑出版.这不仅是《算术探究》的最好注释,而且也包含很多原创结果,是数学史上的经典.

**J. Liouville**(1809—1882)是法国著名数学家.父亲是一位陆军上尉,在拿破仑的军队中服役,因此 Liouville 的幼年在叔叔家度过.1825 年,他来到巴黎综合工科学校学习,当时的分析与力学课老师是著名物理学家 Ampère,两人曾共同探讨电动力学问题.Liouville 于 1827 年转入桥梁与公路学校,因健康问题到 1831 年获学士学位.毕业后不久,Liouville 辞去工程师职务,期望得到一份教职,以便专心从事学术工作.1831 年 11 月,他被综合工科学校教育委员会选为 Mathieu 的分析与力学课助教,由此开始了自己近 50 年的科学研究生涯.1833 ~ 1838 年间,Liouville 曾在成立不久的中央高等工艺制造学校讲授数学和力学,但内容均为初级的.为使自己的教学工作保持在大学水平上,他在 1836 年攻取了博士学位.

为适应法国数学研究的需要,Liouville 在 1836 年 1 月创办《纯粹与应用数学杂志》,不遗余力地为有前途的数学青年发表著作提供机会.最值得一提的当属他编辑发表 Galois 的文章.1832 年 5 月,法国青年数学天才 Galois 在决斗中被杀.Liouville 整理了其部分遗稿并刊登在 1846 年的《纯粹与应用数学杂志》上.Galois 在代数方面的独创性工作才得以为世人所知.《纯粹与应用数学杂志》声誉很高,被数学家称为"Liouville 杂志".

1838 年,Liouville 接替 Mathieu 取得综合工科学校的分析与力学课教席,一直工作到 1851 年他转入法兰西学院任数学教席为止.1839 年 6 月和 1840 年,他又先后被推举为巴黎科学院天文学部委员和标准计量局成员,定期参与这两方面的活动.Liouville 的学术活动在法国革命期间稍有中断.1848 年 4 月,他入选立宪会议,是默尔特行政区的代表之一,次年 5 月竞选国会议员失败,他的政治活动遂告结束.

1851 年来到法兰西学院后,Liouville 的教学工作相当自由,有更多的时间展开自己的研究工作,广泛与他人探讨.他在此职位上一直工作到 1879 年.不过从 1874 年他退出《纯粹与应用数学杂志》的编辑工作后,便不再发表著作,也很少参与法国学术界的活动了.

Liouville 一生勤于学术工作,生活淡泊宁静,每年都要回到家乡的旧居休假.Liouville 对数论问题产生兴趣始于 Fermat 大定理.1840 年,他将问题作了转化.之后又研究了 e 的超越性质,发现了有名的 Liouville 数,首次证明了超越数的存在性.

Liouville 一生从事数学、力学和天文学的研究,涉足广泛,成果丰富,尤其对双周期椭圆函数、微分方程边值问题和数论有深入研究.从 1856 年开始,Liouville 基本放弃了其他方面的数学研究,把精力投入到数论领域.在此后的十年中,他在《纯粹与应用数学杂志》上发表了 18 篇系列注记,未加证明地给出许多一般公式,为解析数论的形成奠定了基础;此外还发表了近 200 篇短篇注记,讨论了素数的性质和整数表示为二次型的方法等特殊问题.

**E. E. Kummer**(1810—1893)德国著名数论学家.生于索拉乌(今波兰扎雷),卒于柏林.1828 年入哈雷大学,开始学习神学,后又转学数学.1831 年,Kummer 获博士学位后在中学教书,一直到 1842 年成为布雷斯劳大学教授.1855 年,他继 Dirichlet 任柏林大学教授,1861 年在柏林大学建立第一个纯粹数学讨论班,同时在军事学校授课.Kummer 曾任柏林大学校长(1868 ~ 1869),1883 年退休.

Kummer 早期研究超几何级数,第一个计算单值群,晚期研究光学系统和弹道问题,发现著名的 Kummer 曲面.他最重要的成就是在数论方面,特别是在试图证明 Fermat 大定理时引进了对代数数论发展有重要影响的"理想数"概念. 1844 年,Kummer 经 Dirichlet 指点,搞清了在一般代数数域中唯一因子分解定理不成立. 在 1845 ~ 1847 年间,Kummer 引进了理想数概念,并利用理想数证明 Fermat 大定理在一些情况下是正确的,这是 Fermat 大定理研究史上的第一次巨大突破. 具体地说,如果一个质数 $n$ 不能整除 Bernoulli 数 $B_2, B_4, \cdots, B_{n-3}$ 的分子时,Fermat 大定理对于这样的 $n$ 是对的. 这样的 $n$ 称为规则质数,反之则为不规则质数. 当然,对于不规则质数并不表示 Fermat 大定理就错了. 譬如,所有小于 100 的质数中,37,59,67 是不规则的,但用其他方法可证 Fermat 大定理在这三种情形也是对的. 人们曾猜测规则质数有无限个,富有戏剧性的是,最终却证明了不规则质数有无限个. 在 Kummer 理想数的基础上,Dedekind 发展了"理想论",为现代代数数论和代数学的发展开辟了道路.

**李善兰**(1811—1882) 浙江海宁人. 幼年即嗜好数学. 1852 年到上海从事翻译活动. 李善兰与外国传教士来往甚密,并投入了洋务运动,1863 年投奔曾国藩. 1868 年,李善兰到北京任同文馆算学总教习,1882 年在北京逝世.

明末清初,西方传教士大量涌入中国,他们带来了西方的科学知识. 尤其是康熙皇帝对西学充满兴趣,对中国学者学习科学起到了一定作用. 雍正即位后,掀起了几次"文字狱",使得众多知识分子不得不投入到考证学中去. 在数学上也不例外:被明人鄙夷的古典数学重新受到了乾嘉学派等学派的重视. 而西学此时还在不停地东渐(同时东学也在西渐). 清朝比较突出的数学家有戴震、焦循、汪莱、李锐、阮元、罗士琳、明安图、项名达、戴煦、李善兰、华蘅芳等.

李善兰于 1845 年发表他的有关幂级数的三部著作——《方圆阐幽》《弧矢启秘》《对数探源》. 对定积分和初等函数的展开有很多心得. 1852 年,李善兰来到上海与伟烈亚力共同译出《几何原本》后 9 卷,继而翻译《代数学》、《代微积拾级》、《谈天》等. 李善兰的《垛积比类》为从朱世杰《四元玉鉴》以来讨论高阶等差级数最优秀的著作. 在书中,李善兰推广了朱世杰的三角垛求和公式,讨论了著名的正整数幂和问题、三角自乘垛的求和、(朱世杰的)岚峰形垛求和公式. 尤其是在书中提出了享誉中外的"李善兰恒等式".

1872 年,李善兰撰写《考数根法》. 数根就是今天所说的素数. 他得到了一批结果,主要有:若 $p \mid a^d-1$,且 $p$ 是素数,$d$ 是最小满足整除的正整数,则必有 $d \mid p-1$. 由此李善兰证明了著名的 Fermat 小定理,并指出其逆命题不真. 他又进一步指出,如 $n$ 不是素数而 $d \mid n-1$,则 $n$ 的因子 $k$ 必定满足 $k \equiv 1 \pmod p$,其中 $p$ 为整除 $d$ 的整数. 只有在任何具有 $sp+1$ 型的整数都不能整除 $n$ 时,$n$ 才是一个素数.

**E. Catalan**(1814—1894)比利时数学家. 1835 年毕业于综合工科学院. 1838 年,Catalan 在综合工科学院获得一个讲师职位. 由于支持法国共和的政治运动,其职位受到当局干扰. 他在数论、组合等领域发表大量论文,Catalan 数是他最著名的成就.

**J. J. Sylvester**(1814—1897)英国著名数学家. 早年在剑桥学习,获得很高荣誉,但因信仰犹太教而妨碍他得到学位和任聘. 1838 年,Sylvester 任伦敦大学学院教授,1841 年受聘任美国弗吉尼亚大学数学教授,数月后辞职. 1845 年,Sylvester 返回伦敦,在一家保险公司做统计员. 1850 年成为律师. 在此期间,他与 Cayley 开始长期合作. 1855 ~ 1870 年,Sylvester 任皇家陆军军官学校教授. 1859 年选为皇家学会会员. 1876 年,他受聘为美国两所大学教授,1883 年返回英国,任牛津大学教授.

Sylvester 的主要成就在代数学方面,他与 Cayley 发展了行列式理论,创立了代数型的理论,共同奠定关于代数不变量的基础. 他在数论方面也做了很出色的工作,特别是分拆和 Diophantus 分析方面.

**P. Chebyshev**(1821—1894)是俄国著名数学家,生于 1821 年,他左脚生来有残疾,因而童年时代经常独坐家中,养成在孤寂中思索的习惯. 1832 年,全家迁往莫斯科. 为了孩子的教育,父母请了一位相当出色的家庭教师. Chebyshev 从家庭教师那里学到很多东西,并对数学产生强烈兴趣. 他对《几何原本》中关于

素数有无限多的证明留下了极深刻的印象.

1837 年,Chebyshev 进入莫斯科大学,成为哲学系下属的物理数学专业学生.在大学阶段,Chebyshev 就已有所发现,曾获系里颁发的年度银质奖章.大学毕业后,Chebyshev 一面在莫斯科大学当助教,一面攻读硕士学位.大约在此同时,他们家在卡卢加省的庄园因灾荒而破产.Chebyshev 不仅失去了父母方面的经济支持,而且还要负担两个未成年的弟弟的部分教育费用.1846 年,Chebyshev 获得硕士学位,并接受了彼得堡大学的助教职务,从此开始了在这所大学教书与研究的生涯.1849 年,Chebyshev 获博士学位,1859 年成为彼得堡科学院院士,1860 年升为教授,1882 年光荣退休.

Chebyshev 是首先对素数定理作出重要贡献的数学家,他证明:存在两个正常数 $C_1$ 和 $C_2$,使不等式 $\frac{C_1x}{\ln x}\leqslant\pi(x)\leqslant\frac{C_2x}{\ln x}$ 对充分大的 $x$ 成立,并相当精确地定出 $C_1$ 和 $C_2$ 的数值.他还证明,如果$\frac{\pi(x)\log x}{x}$的极限存在则必定为 1.这些无疑都是很重要的进展,但遗憾的是用 Chebyshev 的方法无法证明最后的结果.

Chebyshev 教过数论、高等代数、积分运算、椭圆函数、有限差分、概率论、分析力学、Fourier 级数、函数逼近论、工程机械学等十余门课程.他的讲课深受学生欢迎.Chebyshev 曾先后六次出国考察或进行学术交流.他与法国数学界联系甚为密切,是多国科学院的院士.

19 世纪以前俄国的数学是相当落后的.早期数学方面的院士都是外国人,其中著名的有 Euler,Bernoulli 等.俄罗斯没有自己的数学家.19 世纪上半叶,俄国才开始出现了像 Lobachevsky 这样优秀的数学家,但他们的成果在当时还不足以引起西欧同行的充分重视.Chebyshev 就是在这种历史背景下从事他的数学的.他不仅是土生土长的学者,而且以他自己的卓越才能和独特魅力吸引了一批年轻的俄国数学家,形成一个具有鲜明风格的数学学派,从而使俄罗斯数学摆脱了落后的境地,开始走向世界前列.

**J. L. F. Bertrand**(1822—1900)法国数学家.1839 ~ 1841 年在综合工科学校学习,1841 ~ 1844 年在矿业学校学习,但他决心成为数学家.1856 年,Bertrand 获得综合工科学校的一个职位,1862 年成为法兰西学院教授.1845 年,他提出 Bertrand 猜想:$n$ 和 $2n$ 之间必有素数,这里 $n$ 是任何大于 1 的整数.1852 年,该猜想为 Chebyshev 证明.他还研究过概率论和微分几何.

**C. Hermite**(1822—1901)是法国著名数学家,出生时右腿残疾.父亲喜爱艺术,但为生计不得不先学工程后做生意,为此举家搬迁到南锡.Hermite 中学毕业后,到巴黎继续学业,为进入巴黎综合工科学校而努力.但他并不特别认真复习备考,而是热衷阅读各种书籍.例如他认真地研读了 Gauss 的名著《算术探究》,并成为为数甚少的真正掌握者.此外还阅读了 Lagrange 关于代数方程解法的著述.1842 年,Hermite 被综合工科学校录取,当时他已经比一些考他的人水平高得多.一年后,因为右腿残疾而被学校除名.此时他已小有名气.1847 年,他获得了学位.

1848 年,Hermite 被任命为巴黎综合工科学校的入学考试委员,1852 年被评为巴黎科学院院士.1862 年,Hermite 又成了巴黎综合工科学校的教师总监,次年成为主考人,1867 年成为分析学教授.1876 年,他辞去巴黎综合工科学校职务,此时他已在巴黎理学院任教授,1897 年退休.

Hermite 对代数、分析均有重要贡献.在数论上,他证明了著名常数 e 是超越数,极大地推动了超越数论的发展.历史上第一批具体的超越数是法国数学家 Liouville 构造出来的.1873 年,Hermite 以极为高超的技巧证明了 e 的超越性,在数学界引起轰动.1882 年,德国数学家 Lindemann 按照 Hermite 的思路进一步证明 π 也是一个超越数,从而彻底解决了"化圆为方"之不可能性问题,而后超越数论一直有着长足的发展.

**F. G. M. Eisenstein**(1823—1852)德国著名数学家,自幼对数学有浓厚兴趣,中学时已独立进行数学研究.1843 年,Eisenstein 进入柏林大学,1844 年就在著名的 Crell 杂志上发表 25 篇论文.该年他曾在格丁根会见 Gauss,一起探讨过三次互反律,受到 Gauss 极高赞赏.次年,Kummer 授予他布雷斯劳大学荣誉博士称号.后任柏林大学无薪讲师.1848年,Eisenstein因参加革命运动被捕受迫害,致使健康受损,数年后因肺结核英年早逝.Eisenstein主要研究椭圆函数论、数论和代数不变量理论.Eisenstein级数是研究模形式的重要工具.在高等代数中,曾提出著名的判别有理数域上不可约多项式的Eisenstein判别法.

**L. Kronecker**(1823—1891)德国数学家,出生于富有的犹太家庭.他曾受教于著名数论学家Kummer,并与之成为终生好友.1841年,Kronecker进入柏林大学,又受到了著名数学家Dirichlet,Jacobi的影响.毕业后,他曾一度回到家乡,经营舅父的产业,取得很大成功,成为富有的商人、银行家和农场主.1855年,Kronecker重返柏林.1861年,他成为柏林科学院院士,在柏林大学开设数学课.只是到了1883年,他才正式成为柏林大学教授.

Kronecker的主要贡献在于代数、数论和椭圆函数论.他的博士论文是关于代数数理论的.由于唯一因子分解在代数数域中不成立,1844年,Kummer创立了理想数理论,得到了Dedekind的发展.Kronecker也打算找一种漂亮的方法克服唯一因子分解的困难,他于1881年提出"除子"的概念,方案是将所讨论的域的整数环嵌入一个更大的多项式环,这些多项式的系数在整数环中.该方法与Dedekind的很不一样.

代数数论中的Kronecker-Weber定理是Kronecker最重要的成果之一.该定理说:有理数域的任一阿贝尔扩张一定是一分圆域的子域.这一定理在代数数论中占有重要地位.由此出发,Kronecker提出了著名的"青春之梦":每个虚二次域$K$的极大阿贝尔扩域是将$K$添加某种椭圆函数在全部有理点处的取值而得到的域.这一猜想直到一次大战期间才为日本数学家高木贞治所证明.

**G. F. B. Riemann**(1826—1866)是继Gauss之后世界上最大的数学家,也是对现代数学影响最大的数学家之一.Riemann出生于德国一个牧师家庭.由于家庭生活困难,多数兄弟姊妹过早死亡,母亲也很早去世.从小他就表现出对数学的浓厚兴趣和非凡才能.中学校长Schmalfuss在发现了Riemann的天赋后,允许他借阅自己的私人藏书,包括Legendre的名著《数论》,6天后Riemann归还了这本厚达859页的著作,他已经完全掌握了其中的内容!

1846年,Riemann来到格丁根大学,专修语言和神学,但也去听数学及物理课,其中的老师有可望而不可及的Gauss.1847年,他转到柏林大学,跟随Jacobi,Dirichlet,Steiner,Eisenstein等名师.其中教授他数论和分析的是Dirichlet.Riemann在柏林大学学了两年.有点滑稽的是,性格内向腼腆、身体孱弱的Riemann在1848年政治动乱之际参加了保王的学生联合会活动,而且是参加辛苦的16小时轮流值班保护王宫里惊恐不安的国王.1849年,Riemann回到格丁根大学,对拓扑学产生兴趣.1851年,Riemann在Gauss的指导下提交博士论文"单复变函数的一般理论基础",获得博士学位.此时Riemann的兴趣在于傅里叶级数.1853后,他又对数学物理产生兴趣.1854年,为争取无薪讲师的职位,他在1854年作了"论作为几何基础的假设"的演讲,这也是Gauss选中的题目,他想看看Riemann在这个自己保持多年兴趣的领域里究竟有多大能耐,结果远远超出大家的预料,Gauss以罕见的热情高度评价了这项工作(亦是日后Einstein广义相对论的数学基础).Riemann终于获得讲师职位.1855年Gauss去世后,Dirichlet接替了他的职位,他尽力帮助Riemann.1857年,Riemann终于获得副教授职位.1859年Dirichlet去世,Riemann成了他的继任者,经济状况才得到改善.

在接下去的几年里,Riemann开设的课程涉及阿贝尔函数论、超几何级数、复变函数论、微分方程和物理学.在生命的最后几年,Riemann访问过法国和意大利,并终于得到了一系列崇高的荣誉.1866年,他病逝于意大利.

Riemann只发表了10余篇论文,去世后Dedekind接受他的全集编辑工作.全集只有1卷,但却保持了极高的原创性,影响巨大.这里就提一提他在数论中的工作,那只是他在生前发表的仅仅8页的一篇论文"论给定数以内的素数数目",却奠定了现代解析数论的基础.

Riemann 的创见在于将 Euler 已研究过的 $\zeta(s)=\sum_{n=1}^{\infty}\frac{1}{n^{s}}$ 中的实变量 $s$ 看成复变量,这样就得到了解析开拓后的ζ函数.在论文中,Riemann 仔细地考察了ζ函数的性质,提出了6个著名的猜想.其中第5个就是至今未获解决的 Riemann 假设(其余都已解决):$\zeta(s)$ 的所有非平凡零点的实部都是1/2,被数学界公认为当今数学第一难题.正是由于 Riemann 的这篇论文,$\zeta(s)$ 在解析数论中处于中心地位,对解析数论的发展无疑是极为深远的.

**J. W. R. Dedekind**(1831—1916)是德国著名数学家,出生于德国小城不伦瑞克(也是 Gauss 的故乡)一知识分子家庭.父亲为法学教授,母亲亦出身于知识分子家庭.早年在不伦瑞克大学预科学习化学和物理.1848 年,Dedekind 进入卡罗莱纳学院攻读力学、数学和自然科学.1850 年,他转入格丁根大学新办的数学和物理学研习班,师从 Gauss 研究最小二乘法和高等测量学,还学习数论、物理,并选修过天文学.1852 年,Dedekind 获得哲学博士学位,受到 Gauss 的赏识,算是 Gauss 晚年的得意门生.

1854 年起,Dedekind 在格丁根大学任讲师.1855 年 Gauss 去世后,Dedekind 在格丁根大学又先后听过 Dirichlet 教授的数论与分析,以及 Riemann 教授的 Abel 函数和椭圆函数等课程,进而萌生了借助于算术性质来重新定义无理数的想法.1856 年起,他开始讲授 Galois 理论,成为教坛上最早涉足这一领域的学者.顺便说一下,Dedekind 与任教老师 Dirichlet 和 Riemann 结为好友,后来 Dirichlet 和 Riemann 的全集都是由长寿的 Dedekind 编辑的.1858 年,他应聘到瑞士苏黎世综合工科学校任教,1862 年回到不伦瑞克综合工科学校教书,直到逝世.

Dedekind 在数学上有很多新发现,不少概念和定理以他的名字命名.其主要贡献有以下两个方面:(1)在实数和连续性理论方面,他注意到当时微积分学实际上缺乏严谨的逻辑基础,对无理数还没有严密的分析和论证,因而定义并详尽解释了所谓的"Dedekind 分割",给出了无理数及连续性的纯算术定义,使他与同胞 Cantor,Weierstrass 等一起成为现代实数理论的奠基人.(2)在代数数论方面,他建立了现代代数数和代数数域的理论,将 Kummer 的"理想数"加以推广,引出了现代的理想概念,并得到代数整数环上理想的唯一分解定理.今天把满足理想唯一分解条件的整环称为 Dedekind 整环.Dedekind 一生俭朴谦逊,不慕名位.他在数论上的贡献对 19 世纪数学产生了深刻影响.

**P. G. H. Bachmann**(1837—1920)德国数学家,出生于牧师家庭,像父亲一样喜爱音乐.从小被发现具有数学天赋.先入柏林大学、后入格丁根大学学习数学.1862 年获得博士学位.先受聘于布雷斯劳大学,后去了明斯特大学.著有数论著作多卷.

**F. -E. -A. Lucas**(1842—1891)法国数学家.就读于巴黎高等师范学校,毕业后曾到巴黎天文台当助手.普法战争期间曾担任炮兵军官,战后在一所中学当老师.Lucas 对数论贡献颇为突出.在一次宴会上,他被突然掉落的盘子的碎瓷片划伤脸颊,几天后死于伤口感染.

**H. Weber**(1842—1913)德国数学家,1863 年获海德堡大学哲学博士学位.历任苏黎世工业大学、哥尼斯堡大学、夏洛滕堡工业学院、马堡大学、格丁根大学、斯特拉斯堡大学等若干所高校的教授,并出任过哥尼斯堡大学、马堡大学及斯特拉斯堡大学校长.Weber 主要从事代数数论、代数函数、代数几何及数学物理的研究,建立了域的抽象理论.出版著作多部,很有影响.

**C. L. F. Lindemann**(1852—1939)德国数学家.先后就读于格丁根大学、埃尔朗根大学、慕尼黑大学,1873 年获埃尔朗根大学博士学位. 历任弗莱堡大学、哥尼斯堡大学、慕尼黑大学教授. Lindemann 对微分几何、数论、Abel 函数等都有贡献,最著名的是 1882 年证明圆周率 π 的超越性,从而证实著名尺规作图问题"化圆为方"的不可能性.

**A. Hurwitz**(1859—1919)德国著名数学家. 先后就读于慕尼黑工业大学、柏林大学和莱比锡大学. 1880 年获莱比锡大学哲学博士学位,曾执教于格丁根大学和哥尼斯堡大学. 后任苏黎世工业大学教授. Hurwitz 对函数论、代数数论、不变量理论及四元数、Fourier 级数等方面都有贡献. 他拓展了 Klein 关于模函数的新观点. 在代数数论方面,他得出关于理想论基本定理的新证明.

在哥尼斯堡大学,Hurwitz 与两位挚友 Hilbert,Minkowski 在每天坚持的散步中讨论数学,被传为美谈. 三人中 Hurwitz 年纪较大,功力深厚,Hilbert 极为尊崇他.

**K. Hensel**(1861—1941)德国著名数学家. 在波恩、柏林学习数学,1884 年获得博士学位. 1886 年在柏林大学取得讲师资格. 1901 年任马尔堡大学教授,1930 年退休. Hensel 的主要贡献在代数数论. 约 1899 年,Hensel 发现了 $p$ 进数,在随后出版的著作中他详尽地阐述了这方面的理论,并将其用于二次型的经典理论. 这一工作导致赋值论以及局部域理论的发展. 他也是 Hasse 原理最早的奠基者. Hensel 还是代数函数论的算术方向的开拓者.

**D. Hilbert**(1862—1943)是继 Gauss,Riemann 之后德国最著名的数学家,20 世纪上半叶世界最大的数学家,生于哥尼斯堡. Hilbert 从小厌恶死记硬背,理解概念的反应也极慢,好在最后终于找到一门带给他无穷乐趣的课程——数学. 1880 年,Hilbert 进入哥尼斯堡大学学习,他不顾父亲的反对,决定把数学作为自己未来的职业. 在 Hilbert 的前半生中,两位数学挚友 Minkowski 与 Hurwitz 对其产生了很深的影响,他们在每天坚持的散步中讨论数学.

在大学度过整整八个学期之后,Hilbert 十分漂亮地完成了博士论文. 1885 年夏,Hilbert 在 Hurwitz 的极力主张下,到莱比锡寻找 Klein. Klein 推荐 Hilbert 到巴黎学习旅行. 几年之内,Hilbert 拜访了许多杰出数学家,获益良多. 回到哥尼斯堡后,Hilbert 成了一名讲师. 1888 年,Hilbert 因为极其成功地解决了不变量理论中著名的"Gordan 问题",首次在数学界引起轰动. 1895 年,Hilbert 在 Klein 推荐下来到了格丁根. 从此,Hilbert 基本上没有离开格丁根.

这时,德国数学会要求他和 Minkowski 合作完成的一篇有关数论现状的综合报告. 1897 年,这部经典报告出版. 数学会原本只要求 Hilbert 给出一个数论现状的概述,但事实上,这份代数数域方面的杰作远远超出了数学会的要求,它简单明了地将最近以来全部问题发展成了一个优美而完整的理论,不仅对代数数论的发展起了很大的促进作用,而且影响到代数几何、拓扑学的发展. 报告完成后的几年内,Hilbert 还在代数数域内流连忘返. 他兴趣的焦点,是在于将互反律推广到一般的代数数域中去. 这个课题既深刻又有趣,它直接导致了后来数学中最美的理论之一——类域论的诞生. Gauss 对数论有高度评价,Hilbert 也有同感,他说,做了数论后再做其他数学分支,就觉得比较乏味了. 1909 年,Hilbert 首先解决了 Waring 猜想中 $g(k)$ 的存在性问题,他将这一重大喜讯告诉 Minkowski,却得到了 Minkowski 英年早逝的噩耗,令他不胜哀伤.

19 世纪临近尾声,Hilbert 已被公认为当时最杰出的数学家之一. 就在新世纪即将来临时,Hilbert 收到了一份邀请,希望他在 1900 年夏在巴黎举行的第二届国际数学家大会做一个主要发言. 8 月 8 日上午,38 岁的 Hilbert 登上了讲坛,开始了他著名的世纪演讲. 他共提出 23 个问题,涉及纯粹数学的方方面面. 前两个问题和数学基础有关. 著名的 Riemann 假设和 Goldbach 猜想是第 8 问题的一部分. Hilbert 没有把 Fermat 大定理包括进去,据说他曾经说自己能解决这个猜想,但鉴于它是一只"能够生金蛋"的鹅,所以过早杀死甚为可惜. 他还在一次演讲中说,在座最年轻的人可以看到 Fermat 大定理的解决,这一说法勉强成立,但对

Riemann 假设,Hilbert 显得过于乐观,认为数年之内可获解决.后来,Hilbert 改变看法了,他说他本人千年后要是复活所关心的第一件事就是:Riemann 假设解决了没有.这句话说明两点,一是这个猜想很受 Hilbert 看重,其次是他也感到这个问题非常困难.现在,Riemann 假设仍旧是高悬于数学界的第一难题,最近几十年与物理有了深刻的联系,无疑也是一只"能够生金蛋"的鹅.大师的眼光与一般人是不同的.

1918 年,一战结束.就在那个时候,荷兰青年数学家 Brouwer 提出了后来称之为"直觉主义"的数学基础思想,Hilbert 的得意门生 Weyl 也欣赏这一思想.另外两个代表思想是 Rusell 的逻辑主义和 Hilbert 的形式主义.争论在无休止地继续着.1930 年,Hilbert 退休,然而就几乎在同时,一位年轻的奥地利数学家 Gödel 提出了著名的不完全性定理:数学是不完备的,无论在怎样的公理系统下,都有不可判定的命题存在.这对 Hilbert 苦心经营多年的认识论是一个致命打击.Hilbert 当时虽已年近古稀,最后还是对自己的研究计划做出了重大改变.

1933 年纳粹上台后,学校很快接到命令,要辞退所有犹太人.大批杰出数学家被迫一个个离开了德国,前往美国.1933 年夏天,格丁根几乎只剩下 Hilbert 一人.由 Gauss 开创的格丁根数学的伟大传统,在维持了 100 多年后毁于一旦.1943 年,Hilbert 与世长辞.作为一位博大精深的数学家,Hilbert 在代数、数论、几何学、数学物理、积分方程、集合论、数学基础、广义相对论中的贡献都十分突出,对当时世界数学的发展起到了导向性作用.人们评论说,他是数学世界的"亚历山大",在数学的广大版图上留下了自己显赫的名字.

**A. Thue**(1863—1922)挪威数学家.1889 年在奥斯陆大学获博士学位.1891 ~ 1894 年间,他在莱比锡和柏林师从著名数学家 Lie.1903 ~ 1922 年他在奥斯陆大学担任应用力学教授.Thue 在 Diophantus 逼近与 Diophantus 方程中建立了几个重要定理.后来,著名数学家 Siegel 和 Roth 发展了他的逼近理论.

**H. Minkowski**(1864—1909)出生于俄国的一个犹太商人家庭,因此受到沙皇政府的迫害.于是在他 8 岁时,举家搬到当时的东普鲁士首都哥尼斯堡.Minkowski 天资聪颖,很早就表现出对数学、文学的浓厚兴趣.在预科学校连连跳级后,Minkowski 先到柏林大学、后到哥尼斯堡大学学习,受教于很多当时的名师.尤其值得一提的是,在哥尼斯堡大学,他与晚一级的 Hilbert 结为挚友.在以后一段日子里,他们每天定时到苹果树下散步,交流彼此的想法.1882 年,当时还是在校生的 Minkowski 因解决巴黎科学院悬赏的数学问题而获得科学院的大奖从而名声大噪.1885 年,Minkowski 在哥尼斯堡大学获得博士学位,次年被聘为波恩大学讲师,1892 年成为副教授.1895 年,Hilbert 去格丁根任教授,Minkowski 接替他成为哥尼斯堡大学教授.1896 年,他又转到瑞士苏黎世联邦技术大学任职.1902 年,他再次接受老朋友 Hilbert 的建议,来到格丁根大学任教授.1909 年,Minkowski 突发急性阑尾炎去世.

Minkowski 的主要贡献在数论、代数和数学物理等领域.1881 年,巴黎科学院出榜公布的问题是:求将一整数分解为 5 个平方数之和的表法数目.Minkowski 仔细钻研了 Gauss,Eisenstein,Dirichlet 等人的论著,掌握了 Dirichlet 级数和 Gauss 的三角和方法.受到 Gauss 的启发,Minkowski 意识到将一整数分解为 5 个平方数之和的方法与 4 个变元的二次型性质有关.由此他研究了 $n$ 个变元的二次型,大奖问题的解只是其中的一部分.为此,他与英国数学家 Smith 一起获得科学院的大奖.

在研究二次型的过程中,Minkowski 发现了几何方法的威力,于是他建立一门新的分支"数的几何".其中首先论证了一个普通的结果:平面凸图形若关于原点对称、面积大于 4,则它必包含异于原点的整点.这个结果十分有用,Minkowski 把它推广到 $n$ 维空间(Minkowski 引理).$n$ 维空间中相应的凸体性质,对 Minkowski 发现数论中很多新结果提供了很大帮助.1896 年,Minkowski 出版了专著《数的几何》.1907 年,Minkowski 在《Diophantus 逼近》一书中,推广了著名数学家 Чебышев 和 Hermite 的不等式.Чебышев 在 1866 年证明,存在无穷多对整数 $x,y$,满足 $|x-ay-b|<\frac{1}{2|y|}$,Hermite 于 1880 年改进为 $|x-ay-b|<\sqrt{\frac{2}{27}}\frac{1}{|y|}$.Minkowski 则证明:存在无穷多对整数 $x,y$,满足不等式 $|(\alpha x+\beta y-\xi_0)(\gamma x+\delta y-\eta_0)|<\frac{1}{4}$.

此处 $\xi_0,\eta_0$ 为任意给定值,$\alpha,\beta,\gamma,\delta$为实数.

Minkowski 对数学物理兴趣强烈,尤其值得一提的是,他在 1908 年的演讲中提出"四维时空"的概念,发展了他在苏黎世联邦技术大学曾教过的学生 Einstein 的相对论(当时两人之间未生好感,Einstein 出名后,彼此终于都理解了对方工作的意义和价值).Einstein 由此才奠定了广义相对论的基础.

**J. Hadamard**(1865—1963)是法国大数学家.父亲是一位拉丁文教师,母亲是优秀的钢琴教师.1888 年 Hadamard 毕业于巴黎高等师范学校,1892 年获博士学位,成为波尔多理学院的讲师,随后在索邦大学、法兰西大学、巴黎综合工科学校以及中央工艺和制造学院任教授.1912 年,Hadamard 被选为法国科学院院士,并陆续成为苏联、美国、英国、意大利等国的科学院院士或皇家学会会员,以及许多大学的名誉博士.Hadamard 在 1936 年曾来中国清华大学讲学 3 个多月,影响了中国近代数学的发展.

Hadamard 早期致力于把 Cauchy 在分析学上的局部理论推广到全局.他在 1892 年第一次把集合论引进复变函数论.他对复变函数论进行了深入研究,得到很多重要成果,获得 1892 年法国科学院大奖.1896 年,他还证明了 Riemann $\zeta$函数的亏格为 0,对 Riemann 假设的解决作出了贡献.他最有名的工作是在 1896 年首次证明素数定理,从而建立解析数论的基础.他在常微分方程定性理论、泛函分析、线性二阶偏微分方程定解问题和流体力学等方面都有出色工作.

Hadamard 在他漫长的一生中积极关心政治,德雷福斯事件他也牵涉在内,此后他活跃于政治,坚定支持犹太人的事业.

在 Hadamard 所著的《数学领域的发明心理学》(有中译本),他用内省来描述数学思维过程.与把认知和语言等同的作者截然相反,Hadamard 描述他的数学思考大部分是无字的,往往有心象伴随,浓缩了证明的整体思路.此外,他关于初等几何的著述(有中译本)也很受欢迎.

**C.-J.-G.-N. de la Valleé-Poussin**(1866—1962)比利时数学家,是一位地质学教授的儿子,就读于蒙斯的耶稣大学.Valleé-Poussin 开始学哲学,后来转向工程.在他获得学位后,并未从事工程方面的工作,而是投身于数学.Valleé-Poussin 最重要的贡献是 1896 年与 Hadamard 独立证明素数定理.延续这一工作,Valleé-Poussin 建立了素数在等差数列上的分布和用二次型表示的素数分布,并改进了素数定理的误差估计.此外,Valleé-Poussin 在微分方程、逼近理论和数学分析上都有重要贡献.

**L. E. Dickson**(1874—1954)是美国第一代本土的杰出数学家,任教于芝加哥大学.他在代数学上取得了丰硕成果,使美国在有限群等领域领先世界.在数论史研究方面,他的三卷本《数论史》成为前无古人的经典之作,也使 Dickson 同时成为著名的数学史家.

Dickson 在培养博士研究生方面也成绩斐然,对 19 世纪末、20 世纪初美国数学的发展做出了突出贡献,产生了深远影响.40 年来,他一共指导了 67 位代数或数论专业的博士.我国著名数论学家杨武之便是他的弟子,也是中国第一位因数论而获得博士学位的人.Dickson 持与 Hardy 一样的观点,他说:"感谢神使得数论没有被任何应用所玷污."

Dickson 是 1928 年首届 Cole 代数奖获得者.为纪念为美国数学学会服务 25 年的 Cole 教授,学会设立了 Cole 奖,由美国数学学会授奖,分别有数论奖(1931 年开始)和代数奖(1928 年开始),奖励数论和代数领域的成果.这个奖不是完全国际化的——只颁给学会成员,且在美国期刊上发表了出色文章者.尽管如此,它还是有很高的声望,获奖者中有很多大数学家.下面是历届数论奖得主(因为不可能都作传,所以罗列一下也是值得的):H. S. Vandiver(1931),C. Chevalley(1941);H. B. Mann(1946);P. Erdös(1951);J. T. Tate(1956);岩泽健吉,B. M. Dwork(1962);J. B. Ax,S. B. Kochen(1967); W. M. Schmidt(1972);志村五郎(1977);R. P. Langlands,B. Mazur(1982);D. M. Goldfeld,B. H. Gross,D. B. Zagier(1987);K. Rubin,P. Vojta(1992);A. Wiles(1997);H. Iwaniec, R. Taylor(2002);P. Sarnak(2005);M. Bhargava(2008).

**高木贞治**(1875—1960)日本第一位享有世界声誉的现代数学家. 1894 年高中毕业后,入东京帝国大学数学科学习,1897 年毕业后入大学院研究代数学和数论. 1898 ~ 1901 年,作为文部省派遣留学生赴德,在柏林和格丁根等地学习. 高木深受 Hilbert 影响. 在格丁根期间,他部分解决了 Kronecker 猜想. 所谓 Kronecker 猜想是指:虚二次域 $K$ 的 Abel 扩张都可由具有 $K$ 中元素复数乘法的椭圆函数的变换方程来确定. 这一猜想是 Kronecker 于 1880 年提出来的,在当时算是比较难的问题. 高木的结果是:当 $K$ 为 Gauss 域,亦即 $K=Q(\sqrt{-1})$ 时,Kronecker 猜想成立. 这可以说是日本学者的第一篇具有国际水平的论文.

1901 年高木回到日本,在东京大学教授代数. 1903 年发表了他在格丁根时已得出的研究成果,并以此文获得博士称号. 1904 年他被任命为教授. 1920 年,高木完全解决虚二次域上的 Kronecker 猜想,并发展了 Hilbert 发明的类域论. 该结果在 1920 年介绍到德国之后,一开始无任何反响,后终于被两名青年数学家 Artin 和 Hasse 发展,引起类域论的巨大突破. 1925 年高木当选为帝国学士院会员,1932 年担任国际数学联盟副主席及第一届 Fields 奖评委会成员. 1936 年退休. 1940 年获日本最高科学荣誉文化勋章.

**G. H. Hardy**(1877—1947)出身于英国一个有文化修养然而却经济拮据的家庭,童年时即显示出数学的机敏. 1896 年获入学奖学金,进入剑桥大学三一学院深造. Hardy 虽然成绩优异,但却对当时剑桥的考试传统持有异议. 1900 年,他被选为三一学院的研究员,1906 年成为该学院讲师,一直工作到 1919 年. 在此期间,他写了大量分析方面的论文. 1910 年,他被选为英国皇家学会会员. 1911 年,他开始了与 Littlewood 的长期合作,1913 年,他发现了印度数学奇才 Ramanujan.

在长达 35 年的合作中,Hardy 与 Littlewood 联名约发表了 100 篇论文,主要包括 Diophantus 逼近、堆垒数论、$\zeta$函数等数论课题以及分析方面的广泛内容. Hardy-Littlewood 圆法即举世闻名. 1920 ~ 1931 年期间,Hardy 执教于牛津,而 Littlewood 则在剑桥,两人不断邮寄数学信件(当然同在三一学院时也是如此),并达成默契:不读对方解法,只独立思考对方提出的问题,直到取得一致意见,才由 Hardy 定稿发表,以至于一些外国数学家以为 Littlewood 仅仅是 Hardy 虚构的笔名. Hardy 与 Littlewood 共同建立了具有世界水平的英国剑桥分析学派,而在他之前英国数学已经落后于欧洲大陆 200 年.

1913 年初的一天,Hardy 收到了一个素昧平生的印度青年 Ramanujan 的来信,信中包括了 120 个深刻的公式. 他确信 Ramanujan 是一位数学天才,于是邀请其来英国. 1914 年 4 月,Ramanujan 终于来到剑桥. Hardy 发现他的数学直觉极强,但对一些基本概念及证明的严密性却令人吃惊地模糊. 在 Hardy,Littlewood 等的帮助下,Ramanujan 进步很快,发表了很多数论与分析方面的论文,尤其是他与 Hardy 首创了正整数 $n$ 的分拆 $p(n)$的渐近公式. 1919 年,Ramanujan 回到印度,次年去世. Hardy 甚为痛惜,后来多次通过著书、演讲,向世人宣传这位传奇的数学家. 此外,Hardy 还影响和帮助了很多来自世界各地的青年数学家,如美国神童、控制论之父 Wiener 和中国杰出的数学家华罗庚.

1928 ~ 1929 年,Hardy 前往美国普林斯顿做访问教授,1931 年他重返剑桥,1947 年在那里辞世. Hardy 晚年获得很多崇高的荣誉. 他的著作中有相当一部分成为数学的经典,如 1908 年出版的《纯粹数学教程》,1934 年出版的《不等式》(与 Littlewood,Pólya 合著),1938 年出版的《数论导引》(与 Wright 合著),1949 年出版的《发散级数》等. Hardy 对纯数学怀有深厚的情感,他在 1940 出版的《一个数学家的自白》被誉为"最动人的纯粹数学辩护词",在西方颇具影响力,也对这位英国绅士列入 20 世纪主要思想家起到了作用. Hardy 的多部名著均已译成中文出版.

Hardy 的工作在数学史册上留下了不可磨灭的印记,应该说他是 20 世纪最伟大的解析数论大师. 他在堆垒数论中的主要问题之一"整数分拆"上贡献突出. 这个问题就是把正整数 $n$ 不计次序地表示成若干正整数之和,记$p(n)$ 表示分拆数. 1748 年,Euler得到$p(n)$ 的母函数$f(x) = 1 + \sum_{n=1}^{\infty} p(n)x^n = \prod_{n=1}^{\infty}(1-x^n)^{-1}$. 但在随后的漫长岁月里,除了一些初等的繁琐运算,人们未能在这问题上走多远. 直到 1918 年,Hardy 与

Ramanujan 利用新的方法“圆法”给出了 $p(n)$ 的渐近公式 $p(n)\sim\frac{1}{4\sqrt{3}n}\mathrm{e}^{\pi\sqrt{\frac{2}{3}n}}$，进一步结果由 Rademacher 取得.

另一个著名的堆垒数论问题是 Waring 问题(这在关于 Waring 的简介中已有较为详细的阐述). Hardy 与 Littlewood 发明的圆法,通过研究积分及三角和的方式来处理数论问题. 对于 Waring 猜想中 $G(k)$ 的估计,可得 $(2+o(1))k\log k$ 这样强的结果. 圆法也使有史以来令人生畏的 Goldbach 猜想产生了第一次松动,引起了 20 世纪解析数论(包括这个猜想本身)的长足进展.

Hardy 还以研究 Riemann 假设而著称. 1914 年,Hardy 证明,$\zeta(s)$ 中无穷多个零点的实部是 1/2. 若设 $N_0(T)$ 表示 $\zeta(s)$ 在直线 $1/2+it(0<t\leqslant T)$ 上的零点个数,1921 年,Hardy 与 Littlewood 证明,存在正常数 $A$,满足 $N_0(T)\geqslant AT$. 这一纪录保持了 20 多年,而后的重要改进由 Selberg,Levison 分别于 1942 年和 1974 年取得. 正是由于 Hardy 与 Hilbert 等大师对 Riemann 假设的意义极为推崇,使这个猜想在今天备受关注.

**E. Landau**(1877—1938)是一位柏林妇科医生的儿子,在柏林就读高中,1899 年在 Frobenius 指导下获得博士学位. Landau 先在柏林大学教书. 1909 年 Minkowski 去世,Klein 和 Hilbert 需要物色一个继承人,他们都认为年轻人比较合适. 最后,Klein 选中了 Landau,因为他欣赏 Landau 的态度傲慢和铁面无私,认为这有利于管理人才和处理事务. 于是,Landau 转到格丁根大学,1909 ~ 1934 年他一直担任该校数学系主任.

Landau 对数学的贡献主要在解析数论,他给出若干有关素数分布的重要结果,在函数论方面也有重要工作. Landau 很有钱,不大看得起物理、化学以及应用数学,但他在数论上的工作的确相当出色,这一点颇像 Hardy. 格丁根成为一个数论研究中心,与 Landau 的努力分不开.

Landau 的工作习惯很奇怪,用 6 个小时工作,6 个小时休息,如此交替. 当时 Fermat 大定理比较受关注,一位数学教授 Wolfskehl 在遗嘱中留下一笔十万马克奖金,授予第一个正确证明 Fermat 大定理的人(尽管十万马克在今天已不那么值钱,但最终被 Wiles 领取还是具有一定的象征意义). 作为稿件负责人之一,Landau 收到过无穷多关于证明 Fermat 大定理的信件,后来实在没有精力处理,就印了一批卡片,上写:“亲爱的____:谢谢您寄来的关于 Fermat 大定理的证明. 第一个错误在____页____行,这使得证明无效.”尽管有很多稿件都退了,据说剩下的还有 3 m 多高.

纳粹上台后,格丁根学派遭到沉重打击. 许多犹太人或与犹太人沾亲带故的数学家被迫离开自己的职位,多数去了美国. Landau 留下了. 但是很快,他被一群凶悍的家伙赶下了台,他也不得不离开格丁根. 1938 年,Landau 在凄凉中离开人世.

**W. Sierpiński**(1882—1969)波兰数学家,就学于华沙大学和亚格尔罗诺夫斯基大学,1906 年获哲学博士学位. Sierpiński 曾在里沃夫大学执教,后任华沙大学教授. 二战时去苏联,1945 年回国,1952 年被选为波兰科学院院士,并曾任副院长. Sierpiński 是波兰数学学派的代表人物之一,主要研究集合论及其在拓扑与函数论等方面的应用,对数论也有重要贡献,著有《连续统假设》《基础数论》等.

**J. E. Littlewood**(1885—1977)英国著名数学家. 早在大学时代(剑桥大学三一学院)他就开始了科学研究,并在 1905 年的数学 Tripos 考试中成为 Senior Wrangler. 1907 年毕业于剑桥大学. 1908 年,Littlewood 证明,如果 Riemann 假设正确,那么素数定理成立,并可得到误差项. 这项工作使他成了三一学院的研究员. 除了在曼彻斯特大学担任应用数学讲师的三年(1907 ~ 1910 年)外,他都在剑桥大学度过(1928 ~ 1950 年). 1904 年,他结识了 Hardy 并成为终生挚友. 1911 年他们开始合作,长达 35 年. 两人联名发表了 100 多篇论文. 他们创立了具有世界水平的英国分析学派.

Littlewood 的大部分工作都在分析领域(解析数论的重要工具). 早年,他曾解决 Riemann 关于整函数的假设,证明了 Abel 型定理和幂级数的 Tauber 型定理. 1911 年以后,他与 Hardy 对解析数论进行了系统研究,给出小于已知数的素数个数的渐近表达式的余项估计;使用圆法对 Waring 问题、Goldbach 猜想的研究取得首次突破,并研究广义 Waring 问题;改善了幂级数相乘的方法及其乘积的系数估计表达式,并广泛应用于各领域.此外,他们对 Diophantus 逼近理论、级数和积分的可和性、三角级数求和法等方面也都进行了研究. Littlewood 还同美国数学家 Paley 合作研究 Fourier 级数和幂级数,建立了 Littlewood-Paley 理论,在现代调和分析中占有重要地位.

**C. H. H. Weyl**(1885—1955)德国数学家(后入美国籍),20 世纪五六位最具影响力的领袖数学家之一. 1904 年入格丁根大学,1905 ~ 1906 年在慕尼黑大学学习数学、物理、化学. 1907 年在 Hilbert 指导下完成博士论文并于次年获博士学位. 1910 年获无薪讲师资格. 1913 年受聘任瑞士苏黎世联邦工学院教授,同 Einstein 结下友谊. 1930 年回格丁根继承 Hilbert 的教授席位,1933 年任格丁根数学研究所所长. 同年夏天,由于纳粹的上台,Weyl 应新成立的美国普林斯顿高等研究所之聘任该所教授,1951 年退休. 因心脏病突发在苏黎世去世.

Weyl 的早期工作在分析学方面. 1911 年起,他研究振动物体特征频率的渐进分布,开创了特征值渐近展开理论. 其重要著作《Riemann 曲面的思想》(1913)第一次给 Riemann 曲面奠定了严格的拓扑基础. 他运用 Hilbert 提出的邻域概念把曲面定义为可三角剖分的连通点集. 这些思想可以说是后来拓扑空间和复流形理论的先声. 他还引进一些闭链和上链等概念,预示着代数拓扑学的发展.

大约同时,Weyl 转向实数(mod 1)的一致分布问题,证明了基本定理(1914):一实数列 $\alpha_1,\alpha_2,\cdots,\alpha_n$ 按(mod 1)是一致分布的,当且仅当 $N\to\infty$ 时,对于任何非零整数 $h$,有 $\frac{1}{N}\sum_{n=1}^{N}\mathrm{e}^{2\pi ih\alpha_n}\to 0$.

他还得出指数和估计的 Weyl 不等式,这导致一系列解析数论问题的改进.

1915 ~ 1933 年,Weyl 研究与物理有关的数学问题. 他企图解决引力场与电磁场的统一问题. 他把电磁势纳入几何框架,由此得出规范变换和规范不变性的概念. 虽然企图统一场论的第一次尝试没有成功,但对以后发展起来的各种场理论和广义微分几何学有深远影响. 他的几何工作直接导致一般微分几何学特别是联络和纤维丛等概念的发展. 20 年代初,他从一般空间问题进而研究连续群的表示,导致他 1925 ~ 1927 年最出色的工作,其中包括运用大范围方法研究半单纯李群的线性表示. Weyl 把经典的有限群结果扩张到紧群上去,又通过“酉技巧”扩张到非紧的半单群上. 他引进的 Weyl 群是数学中的重要工具,而且能对许多具体的群得出具体结果. 量子力学产生后,Weyl 首先把群论应用到量子力学中,著有《群论与量子力学》(1928),并应用群论解决一系列物理、化学问题. 其后,他把不变式论与群表示论结合起来,总结在《典型群》(1939)一书中.

在苏黎世期间,Weyl 对哲学和数学基础的观点产生了变化. 在格丁根时他曾受到 Hilbert 形式主义观点的影响,这时他赞同 Brouwer 的直觉主义,反对非构造性的存在证明. 但这并未影响到他与 Hilbert 的师生情谊. Hilbert 退休时,Weyl 成为他的继承人.

Weyl 到普林斯顿后的工作大都是以前工作的继续,包括凸多面体的刚性和变形问题(1916 ~ 1917,1935)、$n$ 维旋量、Riemann 矩阵、平均运动(1938 ~ 1939)、数的几何、亚纯曲线(1938)、边界层问题(1942)等.

**S. Ramanujan**(1887—1920) 印度数学奇才,生于印度东南部泰米尔邦的埃罗德,婆罗门出身. 在没有人指导的情况下,依靠 Carr 的《纯数学和应用数学概要》自学成才. 老师和同学都觉得他难以理解. 由于偏科等原因,Ramanujan 离开学校后即为生计问题所迫,但他没有放弃数学,在当地的数学杂志上陆续发表了一些论文,渐渐变得小有名气. 这时,有人建议他与英国数学界取得联系,以鉴定这些成果的价值. 于是在 1913 年初,Ramanujan 寄了一长串复杂的定理给三个剑桥的学术界人士,其中两位毫无反应. 第三位正是 36 岁的,已执英国数学之牛耳的 Hardy.

看到一堆密密麻麻的公式,Hardy 顿生疑惑,有些他似曾相识,有些把他也打败了. 信的开头处还有一段文字，是用英语写的："谨自我介绍如下：我是马德拉斯港务信托处的一个职员……我未能按常规念完大学的正规课程，但我在开辟自己的路……本地的数学家说我的结果是'惊人的'……请您读完我所附的论文，因为我很贫穷. 如果您认为这些定理是有价值的话，请您发表这些结果……"经过三小时鉴定，Hardy 和他的朋友 Littlewood 最终得出唯一答案，这些公式只能"出自一个顶尖水平的数学家之手"，因为"有本事编造这类公式的骗子比起奇才来更为罕见".

Hardy 立即行动，邀请 Ramanujan 到英国来，几经周折之后终于如愿以偿. 在英国的数年里，Ramanujan 的研究领域主要在分析和数论，包括高度合成数的性质、整数分拆、$\theta$ 函数、$\Gamma$ 函数、模形式、发散级数、超几何级数、质数理论等，其中相当一部分是与 Hardy 的成功合作. Hardy 吃惊地发现，这位来自东方神秘国度的年轻人几乎没有受过严格的数学训练，然而竟不妨碍他无人匹敌之数学直觉的淋漓发挥. Ramanujan 后来成为三一学院院士，并得到了科学界最高级别的荣誉——英国皇家学会会员(FRS). 一战结束后的 1919 年，Ramanujan 因为不习惯英国的生活，带着无上荣誉回到印度. 次年，这位传奇人物因病去世，年仅 33 岁.

Ramanujan 特别让人着迷的是他充满魔力的笔记本和所谓的女神启发说. 笔记载有大约 3 000 ~ 4 000 个公式，通常有高得不可思议的幂次，$n$ 重和式、积分或连分数，却从来没有证明(只有极少量是错误的). Ramanujan 本人的说法是在梦中得到了女神娜玛吉利的启示，每天早晨醒来就可写下几个公式. 数学家对 Ramanujan 的宗教信仰并不感兴趣，但他近乎独一无二的直觉和思维过程至今仍让世人大为困惑. 他留下的那些没有证明的公式，也引发了后来的大量研究. 1997 年，Ramanujan Journal 创刊，用以发表有关"受到 Ramanujan 影响的数学领域"的研究论文；国际数学界的 Ramanujan 奖则用以奖励发展中国家的青年数学家.

按照热力学第二定律的看法，世界上最有价值的部分乃是秩序，如此说来，发现世界的根本定律或公式就是最有价值的事情之一. 下面罗列一些 Ramanujan 的公式，多数出自其笔记本，有的较晚才被发现，这是数学家们慢慢消化的宝贵财富，普通读者亦可感受到其高度秩序带来的震撼力.

初等的：

令

$$F_{2m}(a,b,c,d)=(a+b+c)^{2m}+(b+c+d)^{2m}-(c+d+a)^{2m}-(d+a+b)^{2m}+(a-d)^{2m}-(b-c)^{2m}$$

则

$$64F_6(a,b,c,d)F_{10}(a,b,c,d)=45F_8^2(a,b,c,d)$$

$$2\sin 10^\circ=\sqrt{2-\sqrt{2+\sqrt{2+\sqrt{2-\cdots}}}}$$

其中的-，+，+，-，…以 3 为周期.

$$\sqrt[3]{\cos 40^\circ}+\sqrt[3]{\cos 80^\circ}-\sqrt[3]{\cos 20^\circ}=\sqrt[3]{\frac{3}{2}(\sqrt[3]{9}-2)}$$

较高等的：

$$\sum_{n=0}^{\infty}\frac{(4n)!\ (26\ 390n+1\ 103)}{(n!)^4\ 396^{4n}}=\frac{9\ 801\sqrt{2}}{4\pi}$$

$$1+\frac{1}{1\cdot 3}+\frac{1}{1\cdot 3\cdot 5}+\frac{1}{1\cdot 3\cdot 5\cdot 7}+\frac{1}{1\cdot 3\cdot 5\cdot 7\cdot 9}+\cdots+\cfrac{1}{1+\cfrac{1}{1+\cfrac{2}{1+\cfrac{3}{1+\cfrac{4}{1+\ddots}}}}}=\sqrt{\frac{\pi e}{2}}$$

$$\cfrac{e^{-\frac{2\pi}{5}}}{1+\cfrac{e^{-2\pi}}{1+\cfrac{e^{-4\pi}}{1+\cfrac{e^{-6\pi}}{1+\cfrac{e^{-8\pi}}{1+\ddots}}}}}=\frac{\sqrt{10+2\sqrt{5}}-\sqrt{5}-1}{2}$$

高等的:

$$1+\sum_{k=1}^{\infty}\left[\frac{(8k+1)}{2^{8k}(k!)^4}\prod_{i=1}^{k}(4i-3)^4\right]=\frac{2\sqrt{2}}{\sqrt{\pi}\Gamma^2\left(\frac{3}{4}\right)}$$

设 $n,\alpha,\beta>0,\alpha\beta=2\pi$,则

$$\alpha\sum_{k=0}^{\infty}e^{-ne^{k\alpha}}=\alpha\left(\frac{1}{2}+\sum_{k=1}^{\infty}\frac{(-1)^{k-1}n^k}{k!(e^{k\alpha}-1)}\right)-\gamma-\log n+2\sum_{k=1}^{\infty}\frac{1}{k\beta}\mathrm{Im}(n^{-ik\beta}\Gamma(ik\beta+1))$$

其中 $\gamma$ 是 Euler 常数.

对于 $n>0$,令 $v=u^n-u^{n-1}$,定义 $\varphi(n)=\int_0^1\frac{\log u}{v}dv$,则

$$\varphi(n)+\varphi\left(\frac{1}{n}\right)=\frac{\pi^2}{6};\int_0^{\infty}x^{n-1}\sum_{k=0}^{\infty}\frac{\varphi(k)(-x)^k}{k!}dx=\Gamma(n)\varphi(-n)$$

后一式要加一定的有效性条件.

Kanigel 在 Ramanujan 的出色传记《知无涯者》(中译本第 186 页)写道:“这个印度人的数学既奇怪而又有个性……他的工作里还有更多的什么.这可不是那些老爱反对这反对那的十来岁少年的‘个性’——那无非是以奇装异服、古怪发型来掩盖平庸罢了.Ramanujan 的个性内涵要多得多.”这个世界上有很多无知之人以为自己的付出和情感有多么了不起,他们不知不觉背叛了自由原则.因为从自由的观点来看,自己与别人的(价值观)至少也是不可比较的;如果一定要比的话,笔者还是赞同 Kanigel,需要鞭挞的是伪精英,要为真正的学术精英(判别精英真伪并不困难,难的是摆脱利欲熏心)留点空间.

**E. Hecke**(1887—1947)德国著名数论学家.1905 ~ 1910 年在布雷斯劳、柏林和格丁根大学学习.1910 年,Hecke 在 Hilbert 指导下获博士学位,后任助教.1912 年任无薪讲师,1915 年成为巴塞尔大学教授,1918 年回格丁根,1919 年后一直任汉堡大学教授,直到去世.

Hecke 的主要工作是用解析方法研究代数数论.1917 年,他将 Dirichlet L 函数推广到代数数域上(Hecke L 函数),从而可推出素理想分布的性质.1918 年,Hecke 进一步推广特征标的概念.1937 年建立 Hecke 算子,成为研究模形式的重要工具,后来他应用模形式研究正定二次型的算术理论.Hecke 的工作对代数数论有重要影响.

**G. Pólya**(1887—1985)出生于匈牙利布达佩斯,从小对文学很感兴趣,但数学教师对他印象不好,所以 Pólya 对数学兴趣不大.当时匈牙利的 Eötvös 竞赛非常热门,Pólya 受人劝说参加了这个比赛,结果非但未获胜,连试卷都没有交(耐人寻味的是,后来他的解题理论对数学竞赛的影响可算无人超出).1905 年,Pólya 进入布达佩斯大学,学习父亲从事的法律专业,只坚持一学期便感厌倦,改学语言和文学.两年后,他通过了教师资格证书考试,但此时他的兴趣又转向哲学.哲学课老师认为学好数学和物理有助于学好哲学,于是 Pólya 终于转向数学(他认为自己不擅长搞物理).

当时匈牙利最大的数学家是 Fourier 级数大专家 Fejér,在他身边聚集了一大批学生,日后都成为世界上有名的数学家.Fejér 常喜欢在布达佩斯的咖啡馆里与学生讨论数学问题,其中也包括 Pólya.1910 ~ 1911 年,Pólya 在维也纳大学度过,1912 年他回到布达佩斯大学接受哲学博士学位,学位论文是概率论方面的.而后,他先后到德国格丁根大学及法国巴黎大学从事博士后研究工作,结识了很多当时的顶尖数学家.1914 年,Pólya 接受德国数学家 Hurwitz 邀请去瑞士苏黎世联邦工学院任教.一次大战期间,他曾打算入伍服兵役,但因儿时踢足球脚伤留下后遗症,被拒绝参军.后来局势严重起来,军方需要大量兵源,要求他从瑞士回国入伍,此时 Pólya 已受到和平主义者、英国著名学者 Russell 的影响,拒绝服兵役,这使得他被迫长期不得回到匈牙利.

1924 年,在英国数学家 Hardy 推荐下,Pólya 先后访问了牛津、剑桥等高等学府.在此期间,他与 Hardy,

Littlewood 合作写了经典名著《不等式》,1934 年在剑桥大学出版社出版. 1928 年,Pólya 在瑞士联邦工学院破格晋升为教授. 1933 年,他访问了美国普林斯顿大学和斯坦福大学. 1940 年二战期间,Pólya 离开瑞士前往美国,他先在布朗大学任客座教授,后又接受斯坦福大学的聘任. 1953 年,他从斯坦福大学退职,但仍继续从事教学和写作,尤其对教育感兴趣,一直到 1978 年仍坚持讲课.

Pólya 的数学研究体现了他的广泛兴趣,包括概率论、组合数学、图论、几何、代数、数论、函数论、微分方程、数学物理等. 他在数论的贡献主要在解析数论,包括各种渐近公式、$k$ 幂剩余以及非剩余问题等.

Pólya 的教育思想集中体现在他的解题理论方面,可以说他是一位"数学方法论"的大家. 1944 年,他在美国出版了《怎样解题》,成为现代数学名著,极为畅销;其后又写了《数学与合情推理》《数学的发现》等. 这些著作都被翻译成世界多国语言,其中也包括中文,对中国的数学解题研究有着不容忽视的影响(当然也包括奥林匹克数学教育). Pólya 与 Szegö 合著的《数学分析中的问题与定理》(1925 年出版),更是给出大量具体可供解题研究的实例,是一部极负盛名的著作,对于高水平的大学数学教育的作用至今无可替代.

**I. M. Vinogradov**(1891—1983)是苏联数学家,享誉世界的解析数论大师. 父亲是一名牧师,母亲是教师. Vinogradov 从小就表现出绘画才能. 当时牧师的孩子通常进教会学校读书,而他的父母却一反惯例,于 1903 年送他到一所主要讲授自然科学、现代语言及绘画的实科中学就读. 1910 年他中学毕业后,进入彼得堡大学的物理数学系学习,1914 年毕业. 在学习期间,Vinogradov 对数论产生了浓厚兴趣. 1915 年,由于关于二次剩余及非剩余分布问题所获得的研究成果,Vinogradov 得到一项奖学金,此后他拿到硕士学位. 1918 ~ 1920 年,Vinogradov 先后在国立彼尔姆大学及苏联东欧部分的莫洛托夫大学任教,先任副教授,后任教授. 1920 年底回到彼得格勒,任彼得格勒工学院教授及彼得格勒大学副教授,分别开设高等数学与数论课,数论课就成了他后来所著《数论基础》的基础. 1925 年,Vinogradov 升任彼得勒大学教授,并担任该校数论及概率教研室主任.

1929 年 Vinogradov 当选为苏联科学院院士,他参与制订了对科学院物理-数学研究所进行重大改组的计划. 1930 ~ 1932 年他出任人口统计研究所所长,1930 ~ 1934 年任物理-数学研究所数学部主任. 1934 年,Vinogradov 被任命为 Stekolv 数学研究所第一任所长,直到去世. 1950 年起,他任《苏联科学院通报》数学组主编,1958 年起任全苏数学家委员会主席. 他始终对数学教育有极大的兴趣,直到去世前一直任全苏中学数学改革委员会主席. Vinogradov 中等身材,体格异常健壮,即便到 90 高龄,他也从不坐电梯去办公室,且步履十分矫健. 他与人谈话常用俄语,但能说一口相当熟练的英语,一生中只有很少几次出国. Vinogradov 十分好客,待人诚挚体贴. 他被 20 多个外国科学院及科学协会等机构授予院士、名誉院士、会员、名誉会员等称号.

Vinogradov 关于二次及高次剩余分布、原根与指数分布等问题研究出很多结果,得到了著名的(一系列)Pólya-Vinogradov 不等式. 他在类数均值公式及格点问题的余项估计上也有很好的结果. 1924 年,Vinogradov 对 Waring 问题给出一个新证明,它相当初等,只用到 Fourier 级数及 Weyl 三角和方法,而没有用圆法. Vinogradov 的方法可用于求 $g(k)$ 和 $G(k)$ 相当满意的上界. 1937 年,Vinogradov 利用有限三角和法证明:每一个充分大的奇数都可表为 3 个素数之和,这就基本解决了奇数 Goldbach 猜想,引起国际数学界的轰动. 此外,他还在模 1 的一致分布、带误差项的素数定理等研究上做出了重要结果.

Vinogradov 的两本小册子《数论基础》《数论中的三角和方法》是数学上的名著,被译成多国文字出版. 他的思想对世界数学界产生了重大影响. 华罗庚在 1930 年起的许多研究工作都受到 Vinogradov 方法的深刻影响. 华罗庚自己在解析数论方面的成就,也得到了 Vinogradov 的充分肯定.

**C. L. Siegel**(1896—1981)是 20 世纪的一位大数学家. 作为一名德国人,Siegel 非常反战,早年曾因拒服兵役而被关进精神病院,幸亏 Landau 父亲(精神病院附近诊所的医生)出面才重归自由. 1915 年,Siegel 进入柏林大学,起初计划学习天文学,因为天文是看上去最远离战争的学科. 但是入学那年天文课程开得晚,为打发时光,他听了 Frobenius 的数学课,这一听很快改变了他的人生,Siegel 最终成了一名数学家. 1919 年,他来到格丁根大学跟随 Landau 研究数论,1920 年获博士学位. 在 Hilbert 支持下,Siegel 于 1922 年获得法兰克福大学教职. 1938 年 Siegel 离开法兰克福到格丁根大学任教授;1940 年因不满德国排犹而赴美任普林斯顿高等研究所研究员. 1945 年,Siegel 任该所教授,1951 年 5 月回格丁根,1960 年退休. 1978 年,Siegel 作为在世最大的数学家之一,与俄国的 Gelfand 获首届 Wolf 数学奖.

Siegel 在 Hilbert 第 7 问题即"某些数的超越性证明"上做出了很大贡献. Hilbert 断定:如果 $\alpha$ 是代数数,$\beta$ 是无理数的代数数,那么 $\alpha^{\beta}$ 一定是超越数或至少是无理数. 苏联的 Gelfond 于 1929 年、德国的 Schneider 及 Siegel 于 1935 年基本独立地证明了其正确性. 但超越数理论还远未完成.

1930 年代初,Hilbert 的 23 个数学问题已非常有名,而 Landau 对 Riemann 假设(Hilbert 第 8 问题的一部分)颇有研究. 在环境影响下,Siegel 也开始了对 Riemann 假设的研究. 尽管如此,他并未取得突破性进展. 此时,数学史家 Bessel-Hagen 正在研究 Riemann 手稿,但和 Siegel 一样苦苦得不到进展. Bessel-Hagen 想邀请纯数学家来看看 Riemann 的手稿,希望他们能看出点名堂,于是他找到正在苦恼中的 Siegel. 在手稿中,Siegel 发现 Riemann 论文中只字未提的 $\zeta$ 函数的前 3 个零点的数值. 很显然,这表明 Riemann 论文背后是有计算背景的. Siegel 对 Riemann 的算法进行了细致的整理研究,结果吃惊地发现,Riemann 用来计算零点的方法远远胜过数学界已知的任何方法. 当时已是 1932 年,距离 Riemann 假设的提出已有 73 个年头. 为表达对 Siegel 工作的敬意,数学界把这一公式称为 Riemann-Siegel 公式.

Siegel 在数论方面的主要贡献是发展了二次型的解析理论,给出超越数论及 Diophantus 逼近的一些结果. 在多复变函数论方面,他进行了典型域的分类及辛几何研究,同时为离散子群及相应模函数论开辟了重要方向. 他在天体力学的三体问题及有关微分方程方面也有重要工作.

Siegel 是一位又聪明又努力的数学家. 据说他可从早上 9 点起研究数学,一直到深夜 12 点,不吃不喝,最后把一天的食物一并吃掉,结果把胃搞得不舒服了. 他有一句话:"学术界的同事们忘我地工作在一起,不抱个人野心,不凭借所居高位而只是无拘无束地研究、讨论问题,该是多么可贵的幸事!"Siegel 用行动实践了自己的诺言.

**E. Artin**(1898—1962)奥地利数学家,20 世纪最杰出的数学家之一. 在维也纳大学学习一学期后被征入伍,直到 1919 年 1 月才在莱比锡大学继续其学业,1921 年获博士学位. 其后在格丁根大学学习一年,又去汉堡大学. 1923 年任讲师,1925 年任副教授,1926 年任教授. 1937 年移居美国. 先后在圣母大学(1937)、印地安纳大学(1938 ~ 1946)、普林斯顿大学(1946 ~ 1958)工作. 1958 年,Artin 回到汉堡大学,1962 年病逝.

Artin 的工作分两个时期. 前期(1921 ~ 1931)主要是在类域论、实域理论、抽象代数等方面. 在此期间,他和伟大的女数学家 Noether 为首的学派极大地推动了抽象代数学的发展. 后期(1940 ~ 1955)主要是在环论、Galois 理论、代数数论中的类数问题及拓扑学的辫子理论方面.

Artin 的博士论文明确地把二次数域的经典理论通过类比移到特征为 $p$(奇素数)的有理函数域的二次扩张上,从而他猜想对于相应的$\zeta$函数 Riemann 假设也成立. 这个猜想对亏格为 1 的函数域在 1936 年由 Hasse 证明,一般情形被 Weil 在 1941 年证明. 1923 年,Artin 在高木贞治工作的基础上表述一般互反律,并在 1927 年完成证明,这是类域论的重大突破. 借助于一般互反律,Artin 把主理想猜想化为群论问题,对此著名数论学家 Furtwangler 在 1930 年给出证明,弥永昌吉在 1934 年给出更简单的证明. 这就完成了类域论的体系,开辟了非 Abel 类域论的道路. Artin 于 1951 ~ 1952 年与学生 Tate 合写的《类域论》讲稿中提出了类结构的概念,应用群的上同调理论,进一步将类域论公理化和统一化. 从 1924 年起,Artin 开始实域的研究,1926 年与别人合作建立抽象的实域理论,并在 1927 年解决了 Hilbert 第 17 问题. 1945 年建立 Artin 环理论. 在拓扑学方面他从 1925 年开始并在 1947 年建立了辫子理论.

**H. Hasse**(1898—1979)德国著名数学家. 1918 年入格丁根大学学习,因对 Hensel 的 $p$ 进数极感兴趣,转到马尔堡大学 Hensel 门下,次年获博士学位. 1922 年,Hasse 任基尔大学讲师,1925 年成为哈雷大学教授,1930 年成为马尔堡大学教授. 1933 年回到格丁根大学任教授. 1937 年,Hasse 申请加入纳粹党,1940 年起在德国海军的研究机构中从事应用数学研究. 战后,Hasse 被格丁根大学解职,1948 年在柏林大学恢复教授职位,1950 年移居汉堡.

Hasse 主要研究代数数论. 他吸取 Hensel 的 $p$ 进数以及局部-全局的思想,提出局部-全局原理,后称 Hasse 原理,并利用这个原理解决了二次型的有理等价问题,并以同样的精神处理代数数论问题. 他介绍并发展了高木贞治的类域论. 1934 ~ 1937 年,Hasse 研究函数域,证明椭圆同余函数域的相应的 Riemann 假设 (Artin 猜想). 战后他作一般 Abel 数域研究,特别是类数问题.

**D. H. Lehmer**(1905—1991)美国数学家. 1927 年在加州大学获得学士学位,1929 到 1930 年在布朗大学分别获得硕士和博士学位. 1940 年,Lehmer 进入加州伯克利大学数学系,之前先后就职于加州理工学院等多所大学. Lehmer 对数论贡献很多,特别是在计算方面.

**A. Weil**(1906—1998)是 20 世纪首屈一指的大数学家,他在纯数学的几乎所有领域都作出了重要贡献,但基本上不涉足应用数学和物理学. Weil 是 Bourbaki 小组的创办者之一,并被视为这个著名团体的精神领袖. 他也是 20 世纪最知名的女哲学家、宗教思想家 S. Weil 的兄长.

Weil 的前半生颇为曲折. 他出生于巴黎的一个医生家庭. 1922 ~ 1925 年,Weil 在著名的巴黎高等师范学校学习,其后曾在罗马、格丁根、柏林等地游学,1928 年获博士学位. 1929 年服一年兵役. 1930 ~ 1932 年,Weil 任印度阿里加尔穆斯林大学数学教授. 1933 ~ 1940 年,他在斯特拉斯堡大学任教. 1941 年初,Weil 赴美,先在哈佛福德学院任教一年,1942 ~ 1944 年在伯利恒工学院教初等数学,日子过得很不得志. 1945 ~ 1947 年,Weil 赴巴西圣保罗大学任哲学系教授,1947 年回美国任芝加哥大学教授,1958 年起任普林斯顿高等研究所教授. 1976 退休. Weil 是犹太人,也是有良心的反抗者. 二战爆发后,他从法国逃到芬兰. Weil 的自传证实了一个有名的逸闻:他在芬兰因涉嫌从事间谍活动被捕,后经芬兰著名数学家 Nevanlinna 的介入才免于被枪决,最终被驱逐出境.

Weil 研究的数学领域极广,主要是数论、代数几何学、微分几何及复几何、李群及其不连续子群、拓扑群论以及数学史. Weil 的工作推动了 Diophantus 几何的发展,他把二次型理论系统化,提出椭圆曲线的重要猜想及高度理论,并发展 Hecke 理论. Weil 为抽象代数几何学奠定了基础,给出代数簇的内在定义并推广到任意域,而且发展了一般 Abel 簇理论,他的《代数几何基础》是一代经典名著,影响很大. 他还引入了陈(省身)-Weil 同态,建立 Kähler 流形理论,引入一致性结构,建立群上的调和分析. 他对数学史特别是数论史也有深入研究,著有《数论,历史的论述》以及《Eisenstein 及 Kronecker 对椭圆函数的研究》等专著.

1949 年,他提出有关有限域上多项式方程组解数目的 Weil 猜想. 这是他在数论中的突出贡献. Weil 猜想揭示了定义于有限域上代数簇的算术性质同定义于复数域上代数簇的拓扑性质之间的深刻联系. Weil 本人证明了特殊情形,法国数学家 Grothendieck(1963 年)取得重大进展,最后一步由比利时数学家 Deligné (1973 年)完成. Grothendieck 与 Deligné(这两位天才人物也被视为 Bourbaki 学派的成员)也因此而获得 Fields 奖.

Weil 是巴黎科学院院士、美国国家科学院国外院士. Weil 的文史修养极好,懂得欧洲多国语言,喜欢读英译本《红楼梦》. 对于数学史 Weil 也有深刻造诣,他曾在国际数学家大会上作关于数学史的讲演,并出版数论史方面的作品. Bourbaki 出版《数学史》也是他提出的. Weil 在 1979 年获第二届 Wolf 数学奖,1994 年获京都基础科学奖. 尽管早年的坎坷已经不再,但 Weil 在晚年仍颇为忧郁,特别是陪伴多年的妻子离他而去之后.

**华罗庚**(1910—1985)享有世界声誉的中国现代数学家.出生于江苏金坛一小商人家庭,进入初中后渐渐对数学产生强烈兴趣.但由于经营等问题,家境日渐贫寒,1925年初中毕业后,华罗庚无力进入高中学习,只好到上海中华职业学校学习会计,为的是能谋个职业养家糊口.不到一年,由于生活费用昂贵被迫中途辍学,回到金坛帮助父亲料理杂货铺.在单调的站柜台生活中,他开始自学数学,常常入迷而影响生意,还被顾客笑话.父亲威胁要把数学书烧掉,但华罗庚死死抱住书不放.1929年,一场瘟疫在江苏一带肆虐,华罗庚也未幸免,新婚不久的妻子变卖结婚饰物治好了他,但左腿落下残疾,必须借助拐杖.

1930年是改变华罗庚命运的一年.他的短文《苏家驹之代数的五次方程式解法不能成立的理由》在上海《科学》杂志发表.当时的清华大学数学系主任熊庆来看到后很重视,他向周围人打听作者,后来,一位清华教员向熊庆来介绍了他的同乡的身世.熊庆来听后非常赞赏,当即表示应请他到清华来.在清华,华罗庚一面工作一面学习.他用两年时间走完了一般人需要8年才能走完的道路,1933年被破格提升为助教,1935年成为讲师.1936年,华罗庚经清华大学推荐派往英国剑桥大学留学.他在剑桥两年中,把全部精力用于研究数学难题,不愿为申请学位浪费时间.很快,他的研究成果引起国际数学界的注意.1938年华罗庚回国,受聘为西南联合大学教授.从1939年到1941年,他在极端困难的条件下写了20多篇论文,完成了他的第一部数学专著《堆垒素数论》.这部经典名著1947年在苏联出俄文版,又先后被译成德文、英文、日文等多国文字(华罗庚本要因这本书获“斯大林奖”,可斯大林去世了).1946年,他应邀赴苏联访问.同年,由于当时的国民政府也想搞原子弹,选派华罗庚等赴美考察.华罗庚先在普林斯顿高等研究所担任访问教授,后又被伊利诺伊大学聘为终身教授.

1950年,华罗庚回国任清华大学数学系主任.1952年7月,中国科学院数学所成立,他担任所长,悉心为新中国培养了一大批优秀数学人才,并继续出版具有国际声誉的数学专著.1953年,华罗庚参加中国科学家代表团再次赴苏访问.此外,他还发起创建了我国计算机技术研究所,也是我国最早主张研制电子计算机的科学家之一.华罗庚十分关心数学教育,撰写了一些科普著作,并组织中学生数学竞赛活动.1958年,华罗庚被任命为中国科技大学副校长兼应用数学系主任.为顺应形势,华罗庚还带领学生到工农业实践中推广优选法、统筹法.由于高层领导的保护,华罗庚在“文革”期间未受较大冲击.1979年,他在与世隔绝10多年后,到西欧作了七个月的访问.1984年,华罗庚在华盛顿出席美国科学院授予他外籍院士的仪式,他是第一位获此殊荣的中国人.1985年6月,华罗庚受邀赴日访问.12日下午,他在东京大学数理学部讲演厅作讲演.讲演结束后,他因急性心肌梗塞倒在讲坛上.

华罗庚一生坎坷,由于天资聪颖,加上极为刻苦,使他在数学上取得了巨大成就.他在数论、矩阵几何学、典型群、自守函数论、多复变函数论、偏微分方程及高维数值积分等领域都作出了卓越贡献.在代数方面,他证明了长久遗留的一维射影几何的基本定理,给出体的正规子体一定包含在它的中心之中这个结果的一个简单而直接的证明,被称为Cartan-Brauer-华定理.其专著《堆垒素数论》系统总结、发展与改进了Hardy,Littlewood的圆法、Vinogradov三角和估值法及他本人的方法,40余年来其主要结果仍居世界领先地位.专著《多复变典型域上的调和分析》以精密的分析和矩阵技巧,结合群表示论,具体给出了典型域的完整正交系,从而给出了Cauchy与Poisson核的表达式.这项工作在调和分析、复分析、微分方程等研究中有着广泛深入的影响.

**N. Levinson**(1912—1975)美国数学家,自幼家境非常贫寒,父亲是鞋厂工人,母亲目不识丁且没有工作,但他在17岁那年成功考入著名高等学府麻省理工学院(MIT).在MIT的前五年,Levinson在电子工程系就读,但他选修了几乎所有的数学系研究生课程.1934年,Levinson转入数学系,这时他的水平已完全具备数学博士资格.赏识他的著名数学家Wiener帮他申请了一笔奖学金,让他去Hardy所在的剑桥大学访问一年.次年Levinson返回MIT,拿到了博士学位.Levinson在学术生涯的早期先后经历了美国的经济大萧条及Mc-Carthy主义的盛行,几次面临放弃学术研究的境况,但最终还是幸运地度过了难关.

Levinson 在 Fourier 变换、复分析、调和分析、随机分析、非线性微分及积分方程等领域都做出过杰出贡献. 28 岁时就在美国数学学会出版了有关 Fourier 变换的专著,这通常是资深数学家才有机会获得的殊荣;他在非线性微分方程领域的工作于 1953 年获美国数学学会每五年颁发一次的 Böcher 奖;他 1955 年完成的著作《常微分方程理论》一出版就成为这一领域的经典著作. 但 Levinson 最令世人惊叹的则是在年过花甲、生命行将走到尽头(罹患癌症)的时候,在 Riemann 假设的研究中获得了重大突破,给出零点比例的一个相当可观的下界估计.

Levinson 采取与 Hardy, Littlewood 及 Selberg 十分不同的方法. 他的基本思路来源于 $\zeta(s)$ 与其导数 $\zeta'(s)$ 的零点分布之间的关联. 早在 1934 年,Speiser 就曾证明 Riemann 假设等价于 $\zeta'(s)$ 在 $0<\mathrm{Re}(s)<1/2$ 上没有零点. 1974 年 Levinson 与 Montgomery 合作将 Speiser 的结果定量化. 有了这一结果,人们就可通过研究 $\zeta'(s)$ 的零点分布得到有关 $\zeta(s)$ 零点数目的信息,这正是 Levinson 所做的. 与上述结果的发表同年,Levinson 通过这种方法得到零点比例的估计. 刚开始时给出一非常乐观的结果:98.6%! 通过修正后,Levinson 最终把自己论文的标题定为:"Riemann $\zeta$ 函数超过三分之一的零点位于 $\sigma=1/2$". 不过这也是 Riemann 假设研究中的一次重大突破.

**P. Erdös**(1913—1996)出生于匈牙利布达佩斯一犹太家庭,父母是中学教师. Erdös 从小具有数学天赋,在一份初等数学杂志上结识不少解题高手,一来一往大家就成了朋友. 当时的法律禁止群众聚会,经常会有警察盘问,不过政治并不能干扰 Erdös 和他的朋友讨论数学. 尽管当时反犹主义猖獗,"名额控制法"将犹太人的大学入学率限制在总数的 6%,Erdös 仍被大学录取了. 大学一年级时,Erdös 便证明了数论中有名的 Bertrand 猜想:"在 $n$ 和 $2n$ 之间总存在一个素数,其中 $n$ 是大于 1 的整数."这个猜想最初是在 1848 年由俄国数学大师 Chebyshev 证明的,但 Erdös 的证明比 Chebyshev 的要简单得多.

获得博士学位后,1934 年,英国曼彻斯特大学向他提供了一笔奖学金. Erdös 先抵达剑桥,短暂访问后来到曼彻斯特. 曼大数学系主任 Mordell 本人是美国人,中学毕业后好不容易才凑足路费来到英伦求学,经过刻苦奋斗成为知名数论学家. Erdös 在那里与中国数论专家柯召等人交往甚笃. 在英国的四年期间,Erdös 并不满足于待在一座城市,而是穿梭于曼彻斯特、剑桥、布里斯托尔、伦敦或其他大学城之间.

1938 年夏,Erdös 回匈牙利过暑假. 9 月初,刚刚吞并奥地利的纳粹德国要求合并苏台德地区,局势非常严峻. 就在这时,普林斯顿向他伸出了橄榄枝,邀请他做访问学者. Erdös 一直认为他初到普林斯顿那年是他学术生涯最为成功的一年. 可是他擅长的那类数学问题在当时并不受重视,因为各种原因,Weyl 与 von Neumann 等数学泰斗并不愿帮助他,于是 Erdös 未得续聘. 被解聘后,Erdös 一度失去了生活来源,幸好在剑桥结识的朋友 Ulam 伸出援助之手,邀请 Erdös 到他工作的威斯康星大学访问. 1943 年,Erdös 又在普度大学找了一份非全日性工作,总算摆脱了四处举债的日子. 二战结束后,Erdös 才得知父亲已病逝,母亲还活着,但很多亲戚都死于战争. 1948 年冬,Erdös 回到布达佩斯,看望了母亲和一些老朋友. 不料斯大林开展了一次笔迹审查活动,大肆封锁边界、围捕公民. Erdös 不得不再次逃离匈牙利. 随后几年内,他往返于美国和英国之间,居无定所. 1954 年,Erdös 被邀请参加一个在阿姆斯特丹举行的学术会议,于是便向美国移民局申请再入境许可证. 那时正值 McCarthy 时代,美国处于一片红色恐惧之中. 移民局的官员不想给 Erdös 发再入境许可证,便向他问了各种愚蠢的问题,尤其敏感的是,Erdös 声称自己要常回匈牙利. FBI 还调查了他的档案,发现一封写给华罗庚的信,信的开头是:"亲爱的华,考虑一个不大于 $p$ 的素数……"由于当时美国对共产已到风声鹤唳的地步,FBI 害怕信中夹杂了什么密码. 被赶出美国后,Erdös 发现自己已没什么地方可去了:荷兰只给了几个月的签证,英国也差不多. 最后以色列接纳了他,给予他居住权,但 Erdös 拒绝加入以色列国籍,并保留自己的匈牙利护照. 1955 年,Erdös 在密友们的多方奔走呼吁下终于得以访问匈牙利. 匈牙利政府颁发给他一个特别护照,证明他是匈牙利公民,但拥有以色列居住权. 从此 Erdös 能自由出入匈牙利. 他每年都要回去几次,看望母亲和朋友们.

但 Erdös 已经习惯居无定所(按数学家的说法是在地球上"各态遍历"),反正他一无财产,二无妻小. Erdös 认为物质财富是累赘,他只为数学而生存. 通常情况是,Erdös 每每跨进一位数学家的大门,宣布"我的头脑打开着(My brain is open)"(后来成为他的一部传记的书名),然后就和别人展开研究. 另一句座右铭是"另一个屋顶,另一个证明(Another roof,another proof)".

1963 年,几百名数学家联名向美国政府要求允许 Erdös 重新入境,于是 Erdös 终于得以重返这个自由的国度. 在会议上发表讲话时,Erdös 说:"Sam(他对美国的称呼)终于肯接纳我了,大概它认为我已经老迈不堪,不足以推翻它了."但 Erdös 与政府之间的纠葛还没有完. 1973 年,匈牙利政府禁止以色列数学家入境参加为庆祝 Erdös 六十寿辰而举行的集合论学术会议. Erdös 大发雷霆,宣布将抵制他自己的生日晚会. 他后来还是去了,但拒绝再回到匈牙利,直到 1976 年他才回匈牙利. Erdös 是家中的独子,宠爱他的老母在晚年一直陪着他走东走西. 1971 年,老母亲于 91 岁去世,Erdös 异常悲伤. 后来他主要由美国数学家 Graham 及妻子金芳蓉照料生活.

Erdös 是当代最多产的数学大师,其研究领域主要是数论和组合数学,但也涵盖逼近论、初等几何、集合论、概率论、数理逻辑、格与序代数结构、线性代数、群论、拓扑群、多项式、测度论、单复变函数、差分方程与函数方程、数列、Fourier 分析、泛函分析、一般拓扑和代数拓扑、统计、数值分析、计算机科学、信息论等. Mathematical Reviews 曾把数学划分为大约 20 个分支,Erdös 的论文涉及其中的 40%. 他一生中同 485 位合作者发表过 1 475 篇数学论文. 尤其是在 1949 年,他与 Selberg 几乎独立运用初等方法证明了素数定理,在数学界引起轰动. Erdös 与陈省身共获 1984 年 Wolf 奖.

Erdös 乐意与人(包括数学圈子外的人)打交道,他很有同情心,尤其是对病弱的老人. 他也很喜欢小孩(但不愿让家庭成为自己的累赘),尤其是看出一名小孩在数学上有前途时,他的眼睛顿时一亮,开始劝说人家去搞数学,当然在未必如意时则不胜惋惜. Vázsonyi 回忆道:"当我为继续当一位数学家还是去工学院当一名工程师的问题犹豫不决时,Erdös 警告我:'我会藏起来,等你一去工学院,我就毙了你.'一句话就把我搞定了."Erdös 提出了超多有意思的数学问题,视问题之重要性设立不同金额的奖励,为此也撒了不少自己的钱财. Erdös 还把 Wolf 奖的 5 万美元奖金的大部分捐给了以他父母的名义设立的奖学金,自己只留下 720 美元. 他曾两次去印度讲学,所得的报酬都捐给一位素昧平生的印度妇女——他所尊敬的印度数学奇才 Ramanujan 的遗孀.

在数学界流传一个"Erdös 数"的典故,即给每一位数学家赋予一个 Erdös 数:Erdös 本人的 Erdös 数是 0;曾与 Erdös 合作发表过文章的人的 Erdös 数是 1;没有与 Erdös 合作发表过文章,但与 Erdös 数为 1 的人合作过的是 2,以此类推……自然,不属于以上任何一类的就是$\infty$. 据说,当今世界 90% 还活跃的数学家的 Erdös 数小于 8,而且几乎每位都有一个有限的 Erdös 数,这个数还往往小得出乎本人预料. 比如证明 Fermat 大定理的 Wiles,他的 Erdös 数只有 3. Fields 奖得主的 Erdös 数都不超过 5(只有 Cohen 和 Grothendieck 的 Erdös 数是 5),Wolf 数学奖得主的 Erdös 数不超过 6(只有 Arnold 是 6,且只有 Kolmogorov 是 5). 在具有有限 Erdös 数的人名单中往往还能发现一些其他领域的专家,比如 Bill Gates 的 Erdös 数是 4,Einstein 的 Erdös 数只有 2. 到今天,数学家们聚在一起,还会互相炫耀一下自己的 Erdös 数. Erdös 数在复杂网络研究("小世界"理论)中甚至成为一个专有名词.

1996 年 9 月 20 日,Erdös 在参加一个数学会议时因心脏病突发去世. 不到一天时间,大半个数学界都获悉这一消息. 人们很难相信这是真的,因为 Erdös 总拿死亡跟大家开玩笑,仿佛他永远不会死似的. 但这次 Erdös 是真的离开了. 他说过的一句最有名的话是,在天国里有本"天书",书上有所有数学定理最简洁、最优雅的证明. Erdös 将有的是时间潜心阅读那本"天书". 因为数学世界是超穷的,"天书"也是超穷的,所以他会一直读下去,直到永恒.

**Y. V. Linnik**(1915—1972)是苏联著名数论学家,对概率论、数理统计也有重要贡献. 他毕业于圣彼得堡大学,后工作于 Steklov 数学研究所. 他是苏联科学院院士,曾获列宁奖.

Linnik 在解析数论上以提出大筛法而闻名. 1937 年,苏联著名数论学家 Vinogradov 无条件地基本证明了奇数的 Goldbach 猜想. 证明发表后又出现了几个新证明. 这些证明既简洁,又提供了完全不同的方法. 其中一个是 Linnik 的,再一个是潘承洞的,还有英国数学家 Vaughan 的. 人们认为 Linnik 是离 Goldbach 猜想很近的人,他于 1941 年提出大筛法,那是他在研究模 $p$ 的正的最小二次非剩余时提出的. Linnik 的定理指出,虽然我们还不能证明 Goldbach 猜想,但能在整数集中找到一个非常稀疏的子集,每次从这个稀疏子集里拿一个元素"贴"到这两个素数的表达式中去,这个表达式就成立. 后来,Linnik 的学生、匈牙利数学家 Rényi 深入研究了大筛法,并在 1948 年证明了了不起的命题"$1+b$". 这个 $b$ 是天文数字,当时没人知道究竟有多大,它依赖于素数在算术级数中平均分布的水平. 1965 年,Roth 和 Bombieri 对大筛法又作了重大改进,开辟了应用大筛法的新途径. Bombieri 发现,大筛法可归结为估计指数和的平方均值的上界,使世界数学界都更为重视大筛法. 再后来,数学家不断努力,终于得到大筛法的最佳估计不等式,于是大筛法失去原有的神秘面貌而成为一个初等分析工具. 通常所说的筛法总是指小筛法而言. 小筛法的发展还未完成.

Linnik 还给出过 Waring 猜想的初等证明,证明过程错综复杂,技巧极为高超,令人叹为观止,只有他这种天才的头脑才能想得出来.

**A. Selberg**(1917—2007)出生于挪威. 学生时代便对数学兴趣浓厚,常常一人独自静坐在父亲的私人图书室里阅读数学书籍. 那段经历与他后来近乎孤立的研究风格遥相呼应. 也就在那时,他接触到有关印度数学奇才 Ramanujan 的故事,Ramanujan 那有如神来之笔的奇妙公式深深吸引了他. 随着阅读的深入,Selberg 自己的数学天赋也渐渐显现出来. 在 20 岁那年,他已可以对 Hardy 与 Ramanujan 的一个著名公式作出改进. 只不过同样的结果在一年前已由德国数学家 Rademacher 做出并发表了.

1943 年,Selberg 在奥斯陆大学获得博士学位. 二战期间,欧洲的许多科学家被迫离开了家园,整个欧洲的科学界变得沉寂凋零. 但 Selberg 仍然留在挪威,在奥斯陆大学独自从事数学研究. 随着战事深入,学校里不仅人越来越少,到后来连外界学术期刊也无法送达. Selberg 与数学界的交流彻底中断. 这种在常人看来十分可怕的孤立,在 Selberg 眼里却有一种全然不同的感觉. 他后来回忆当时的情形时说:"这就像处在一座监狱里,你与世隔绝了,但你显然有机会把注意力集中在自己的想法上,而不会因其他人的所作所为而分心,从这个意义上讲我觉得那种情形对于我的研究来说有许多有利的方面."

Riemann $\zeta$ 函数非平凡零点的研究正是 Selberg 在二战期间进行的. 出于对 Ramanujan 的兴趣,Selberg 对剑桥大学"三剑客"Ramanujan,Hardy 及 Littlewood 的工作进行了深入研究. 其中 Hardy 与 Littlewood 所证明的有关 Riemann $\zeta$ 函数非平凡零点分布的 Hardy-Littlewood 定理引起他极大的兴趣. Hardy-Littlewood 定理是一个非常精彩的定理,但它的结果太弱,它所能确立的位于临界直线上的零点数目相对于零点总数来说其渐近比例等于 0.

Selberg 想要做的是改进这一结果,经过复杂的计算与推理,终于证明了一个比 Hardy-Littlewood 定理强得多的结果. 这个结果被称为临界线定理:Riemann $\zeta$ 函数在临界直线上的零点在所有非平凡零点中所占比例大于 0(尽管根据 Selberg 的结论这个比值很小)! Selberg 得到这一结果是在 1942 年,当时欧洲的战火仍在燃烧,奥斯陆大学仍处于与世隔绝之中. 外界的数学家固然大都不知道他的这一重大结果,Selberg 本人也不确定自己是否又会像当年改进 Hardy 等人的工作那样重复别人已完成的东西. 战争一结束,当他听说邻近的学院已收到在战争期间无法送达的数学杂志,就专程前往,花了一星期的时间查阅文献. 这一次他没有失望,21 年来数学界对 Riemann $\zeta$ 函数非平凡零点的解析研究基本上仍停留在 Hardy-Littlewood 定理的水平上,孤独的 Selberg 远远地走到时代前面. 就这样,从 Bohr、Landau 到 Hardy、Littlewood,再到 Selberg,经过一系列艰辛研究,数学家们所确定的位于临界直线上的零点数目比例终于超过了 0%,这在 Riemann 假设的研究中是一个重要的里程碑.

战争结束后的 1946 年,Selberg 应邀出席在哥本哈根举行的斯堪的纳维亚数学家大会,向数学界介绍他在战争期间所做的工作. 其中最重要的就是他在 Riemann 假设方面的成就. 在那段战火纷飞的黑暗岁月里,欧洲的数学界几乎分崩离析,以至于 Harald Bohr 曾对来访的美国同行戏称说,战时整个欧洲的数学新闻可归结为一个词,那就是 Selberg!

Selberg 的贡献一经曝光,很快引起美国普林斯顿高等研究所的注意.战争结束后,在高等研究所任教的 Weyl 向 Selberg 发出邀请. Selberg 于 1947 年来到高等研究所,短暂离开后又返回此地,1949 年成为正式成员,1951 年成为普林斯顿大学教授. 1950 年,Selberg 因其在 Riemann 假设及其他领域的杰出贡献,与法国数学家 Schwartz 共同获得了数学界的最高奖 Fields 奖.

1949 年,Selberg 与 Erdös 运用初等方法证明了素数定理,在数学界引起轰动.在此之前,Hardy 曾认为素数定理是不可能用初等方法解决的.事情的经过是这样的:Selberg 发现了一种函数,他告诉了 Erdös,结果两人独立完成了素数定理的初等证明.但这样一来 Selberg 与 Erdös 之间就闹得不愉快,而 Weyl 显然倒向 Selberg 一边. Selberg 获得了 Fields 奖而 Erdös 没有.不过两人后来都获得了 Wolf 数学奖,也算是数学界的肯定吧.

在 20 世纪数学家中,Selberg 是非常独特的一位.当数学的发展使数学家之间的相互合作变得日益频繁的时候,Selberg 却始终维持了一种古老的独行侠姿态.即使在普林斯顿高等研究所这个学术交流与合作的天堂,他的研究风格并没有因环境而变化,他一如既往地走着一条孤立研究的道路,并和当年的 Gauss 一样有许多工作没有发表. Selberg 在 2007 年以 90 高龄去世,在生命的最后十余年里,他基本上被公认为活着的世界数论第一人.

**I. R. Shafarevich**(1923—　)俄罗斯著名数学家、俄罗斯科学院院士.主要贡献在代数几何学、代数、数论. 16 岁时 Shafarevich 高中毕业时同时获得大学数学物理专业学士学位. 2003 年,Shafarevich 八十大寿时,俄罗斯总统普京发来贺电,称赞他所创立的苏联代数几何学派"对整个研究领域的发展起到积极的推动作用".

Shafarevieh 在数值代数理论上取得了非凡成就,在 Galois 理论的发展上也有卓越的工作. 1954 年,他因解决 Galois 理论逆问题-可解群-而获得 1959 年列宁奖章. 1970 ~ 1980 年,他与 Фаддеев 及学生一起为群理论、整数群概念和 Galois 理论做出重要成果,1964 年与学生 Голод 对 Burnside 猜想给出否定解,即证明存在带有有限数的无限循环群. Shafarevich 著有非常多的著作,如《基础代数几何》、《代数讲义》,还与人合著《数论》、《代数几何》等,已在我国科学出版社、世界图书出版公司影印出版.

Shafarevich 还是一名社会活动家,在 1970 年代开始参加政治活动,他加入苏联 Sakharov 人权委员会,写了很多抨击苏联社会问题的文章. 1975 年由于政治上的激进被莫斯科大学解雇. 7 位世界著名数学家 Atiyah,Bers,Kac,Lang,Mumford,Tate,Weil 于 1977 年 1 月 17 日联名在《纽约时报》上声援 Shafarevich,最后一段是:"我们得知 Shafarevich 教授已经被撤销了 Stekolv 数学研究所学术委员的职务,这更让我们为我们这位尊敬的同事以及苏联未来的数学担心."

1992 年 7 月,美国科学院主席 Press 和外籍部秘书给 1974 年当选外籍院士的 Shafarevich 写信,日后在美国科学界引起一场轩然大波,信中指责 Shafarevich 作为 Stekolv 数学研究所代数所主任,阻碍犹太数学家的任用和晋升,称他在《恐俄症》中有对犹太人的种族歧视,并勒令其放弃院士头衔,这在美国科学院 129 年历史上还是第一次.这封引起争议的信公开发表后,美国科学院数学部主任 Browder 对 43 名美国本土数学院士作了一次调查,其中 19 人支持 NAS,11 人谴责 Shafarevich 的反犹活动但认为 NAS 的做法欠妥,10 人支持 Shafarevich,3 人弃权.另外,20 名美国数学家联名要求停止美国科学院对 Stekolv 数学研究所的援助.有趣的是,在法国数学家 Henri Cartan 和 Serre 联名写给 Press 的支持 Shafarevich 的信中,除了对美国科学院在学术领域加入政治观点表示遗憾外,还对 Press 的越权行为提出质疑,并建议 Press 辞职.

作为政论作家,Shafarevich 早在苏联时期就开始关注俄罗斯犹太人问题,当然他并非犹太问题专家.最近出版的《三千年之谜——当代俄罗斯前景中的犹太民族史》虽不是专门研究犹太历史的学术著作,但也绝非外行的随手涂鸦.事实上,它是 Shafarevich 在 1980 年后期出版的《恐俄症》一书附录部分的增补版.作者既不主张犹太复国主义,也不主张反犹太主义,而是站在比较客观的立场,以事实说话,深入浅出地分析数个世纪以来俄罗斯的犹太问题. 此外,该书秉承了 Shafarevich 行文缜密、语调沉稳的风格.

**J. T. Tate**(1925— )生于美国明尼苏达州,1946 年获哈佛大学文学学士学位,1950 年在普林斯顿大学获博士学位(导师是著名数学大师 Artin),在该校任研究助理和讲师 3 年,后到哥伦比亚大学任客座教授. 1954 年到哈佛大学任教,长达 36 年. 1990 年,受聘到得克萨斯大学奥斯汀分校任数学系教授,直至不久前退休. 现居于马塞诸塞州的坎布里奇.

Tate 在 1950 年发表的 Fourier 分析的论文,为现代自守形式理论及其 L 函数的发展铺平了道路. 他创立的刚性解析空间理论催生了整个刚性解析几何学的发展. 2002 ~ 2003 年,Tate 与京都大学的佐藤幹夫获得 Wolf 数学奖. 2010 年,Abel 奖授予 Tate 教授,获奖理由为"他对数论巨大和持久的影响".

Abel 是挪威 19 世纪早期一位天才数学家,他在五次方程和椭圆函数研究方面取得了远超当时世界水平的成就. 1829 年 4 月,他因患肺结核去世,时年 27 岁. 2002 年 Abel 诞辰 200 周年时,挪威政府为纪念这位杰出数学家设立了以他名字命名的大奖,奖金为 600 万挪威克朗(现约 1 000 000 美元),从 2003 年起每年颁发一次. Abel 奖有"Nobel 数学奖"之称. Tate 是迄今为止所有获奖者中与数论关系最直接的一位(Serre 也可算).

**K. F. Roth**(1925— )生于德国布雷斯劳(现为波兰布雷斯瓦夫),9 岁移居英国,在英国受教育. 1943 年,Roth 中学毕业后进入剑桥大学彼得豪斯学院学习,1945 年获学士学位. 工作一年后,Roth 到伦敦大学学院读研究生,1948 年获硕士学位,1950 年获博士学位. 1948 ~ 1966 年,Roth 在伦敦大学学院任教,1961 年升任教授,1966 ~ 1988 年任伦敦帝国学院纯数学教授,1988 年起任访问教授. 1958 年,Roth 获得 Fields 奖,他建立了代数数有理逼近的 Thue-Siegel-Roth 定理. 这是他的主要工作.

自从发现无理数后,自然考虑其用有理数逼近的可能性与精度问题. 19 世纪时,人们发现有两类无理数——代数数和超越数. 所谓代数数,即它是一个整系数代数方程的根,而不是代数数的无理数称为超越数. 后来发现,这两类数用有理数来逼近的性质是不同的. Roth 证明:如果 $\alpha$ 是任何代数无理数,假如有无穷多个有理数 $h/q$ 逼近 $\alpha$,使得 $|\alpha-h/q|<1/q^k$,则 $k\leqslant 2$. 这个结果的重要性在于它是最佳的,也就是说,如果 $k>2$,则只有有限多个有理数 $h/q$ 使得上式成立,由此可较为方便地判定一些具体的超越数. 另外,他在组合理论和筛法等分支也有许多贡献. 由于这些成就,Roth 还于 1960 年当选为伦敦皇家学会会员,并于 1991 年获皇家学会的 Sy1vester 奖章.

**J. -P. Serre**(1926— )世界著名数学家. 出生于法国一个医生家庭(父母都是药剂师). 母亲喜欢数学,对 Serre 影响甚大. 他自学了微积分,尽管他也喜欢化学,但最终还是选择了数学. 1945 年,Serre 考入著名的巴黎高等师范学校,1948 年毕业后,Serre 在法国国家科学研究中心工作,1951 年获得博士学位. 从 1956 年起,Serre 任法兰西学院教授,直到 1994 年退休.

在高师期间,Serre 已在代数、拓扑等领域有了深刻而广博的认识. 鉴于他在代数拓扑,特别是同伦论、同调代数的杰出贡献,Serre 于 1954 年荣获 Fields 奖,年仅 28 岁,是迄今为止荣获此奖最年轻的数学家. 之后,他转向代数几何学等领域. 20 世纪 60 年代中期,Serre 又转向数论研究(《数论教程》有中文版),其工作推动了数论的重大进展,比如在 Weil 猜想中起到的作用. 此外,他在多复变函数中也有重要建树.

Serre 是多国科学院院士,也是著名的 Bourbaki 学派的第二代重要成员. 2000 年,他又获得 Wolf 数学奖. 2003 年,他获得首届 Abel 奖. Serre 是第一位囊括三项数学大奖的大师,由此足以看出世界数坛对他工作的充分肯定. Serre 颇喜爱文学,阅读文学作品是他闲暇的爱好.

**陈景润**(1933—1996)中国著名解析数论专家. 生于福州市,家境贫寒,从小瘦弱内向,唯独喜欢数学. 演算数学题占去了他大部分时间. 在福州英华中学读书时,陈景润有幸聆听清华大学调来的一名有学问的老师沈元讲课.他给同学们讲了一道世界数学难题——Goldbach 猜想,留给陈景润深刻印象.1953 年,陈景润毕业于厦门大学数学系.1953~1954 年在北京四中任教,因口齿不清被拒上讲台,只可批改作业,后被"停职回乡养病",调回厦门大学任资料员.但陈景润不受干扰,仍坚持研究.他把华罗庚的数论名著翻了又翻,终于发现有可以改进的地方.1956 年,华罗庚收到一份从厦大转交的稿件,看到这个与自己相似的、饱经苦难的青年的来稿,十分惊喜,称赞这个青年肯动脑筋,思考问题深刻.同年,陈景润调入中国科学院数学研究所,在异常艰苦的生活环境中顽强地钻研数学.20 世纪 50 年代,陈景润对 Gauss 圆内格点问题、球内格点问题、Tarry 问题与 Waring 问题的以往结果作出重要改进.20 世纪 60 年代后,他又对筛法及有关重要问题进行广泛深入的研究.1966 年,陈景润写出《表达偶数为一个素数及一个不超过两个素数的乘积之和》(简称"1+2",由于历史原因直到 1973 年全文发表),成为 Goldbach 猜想研究上的里程碑,而他所发表的成果也被称为陈氏定理,定性结果至今无人超越.1980 年,陈景润当选为中科院学部委员(现在的院士).

**R. Langlands**(1936— )加拿大著名数学家.1953 年进入不列颠哥伦比亚大学学习,1957 年获学士学位,次年获硕士学位,其后赴美在耶鲁大学学习,1960 年获博士学位,同年被任命为讲师,1967 年升任教授.1972 年起,Langlands 任普林斯顿高等研究所教授.1972 年,他被选为加拿大皇家学会会员,1981 年被选为伦敦皇家学会会员.获美国数学会 1982 年度 Cole 奖,以及美国国家科学院首届数学奖(1988).由于他的杰出成就,与解决 Fermat 大定理的 Wiles 共获 1995~1996 年度 Wolf 数学奖.

Langlands 在构造实可约群及 $p$-adic 可约群方面发展了一整套技术.他证明了特殊情形的 Artin 猜想,发展证明 Euler 积的函数方程存在的 Langlands-Shahidi 方法.提出 Langlands 猜想.通过非交换调和分析、自守形式理论和数论的跨学科领域的深入研究,Langlands 得出把它们统一在一起的 Langlands 纲领,并同 Jacquet 首先证明 GL(2)的情形.这个纲领是 Langlands 在 1967 年给 Weil 的一封著名的信中提出的.它是一组意义深远的猜想,预言所有主要数学领域之间(比如数论与群论)原本就存在着统一的链接.依靠 Langlands 纲领,数学家在一个领域不能解决的问题,可在其他领域解决;如在另一领域内仍难以找到答案,那么可以把问题再转换到下一个数学领域中……直到它被解决为止.这个纲领推广了 Abel 类域论、Hecke 理论、自守函数论以及可约群的表示理论等,在今天仍是数学的主流.

**J. H. Conway**(1937— )英国数学家,当代极具个性的数学怪才.1959 年,Conway 在剑桥大学获得学士学位,后师从著名数论专家 Davenport 学习数论.1964 年,他在剑桥获得博士学位并留校任教.1986 年,Conway 离开剑桥任美国普林斯顿大学教授至今.

Conway 的办公室是个不可救药的垃圾桶.堆积如山的论文、书籍,发酸的牛奶、跑味的咖啡,各种稀奇古怪的玩具,堆满了所有的桌子、椅子,甚至堆到地板上.人们看到他这副模样,给他起了个绰号叫"数学疯子".然而,"数学疯子"却是一位货真价实的大数学家.作为当今世界第一流的游戏数学大师,Conway 的任何一篇论文几乎都要被英、美、法、日、德、俄的同行们认真拜读.他(或与别人合作)的著作都是内容丰富、见解深刻的名著,风靡全世界.在过去的 30 年中,Conway 曾发明过数以千计的游戏,多数属于数学性质.其中最有名气的游戏还是那种名叫"生命游戏"的东西.这种游戏的旨趣是用数学方法来模拟生物进化.1970 年问世以后,迅即风行于全世界.其内涵复杂,人们不得不利用计算机来加以研究.

Conway 的趣味小玩意常常掩盖了他严谨的数学研究工作.他是世界上寥寥可数的、第一流的群论专家之一,比如他研究有限单群的分类,提出 Conway 群.Conway 建立了实数的一种新理论,令人震惊的是,这样一种严肃而深刻的理论也是用微不足道的游戏建立起来的.这种新理论不仅针对实数,而且还概括了其他一些稀奇古怪的数,例如超穷数等.此外,Conway 对数理逻辑也曾做出过重要贡献.

**A. Baker**(1939— )英国著名数学家,Fields 奖获得者. 1958 ~ 1961 年在伦敦大学学院学习,获学士学位. 1961 年起他到剑桥大学三一学院读研究生,先后获得硕士及博士学位,1964 年起在剑桥大学三一学院任研究员,1974 年起成为剑桥大学纯粹数学教授. Baker 对 Roth 等人的结果做了定量改进. 在 Baker 之前,几乎所有的有限性结果都是定性的,它只告诉我们具有某种性质的数只有有限多,但究竟多少不得而知. Baker 发展的方法在于能给出解的一个上界,这在数论中称为有效方法,产生许多应用. 最有名的例子是他给出一系列 Diophantus 方程解的上界,这样基本解决 Catalan 猜想. 这些结果后来都得到进一步发展.

Baker 的中心结果是给出代数数对数线性型的有效下界,由此证明具有类数 1 的虚二次域的 Gauss 猜想,即这样的域只有 Gauss 已算出的 9 个,没有第 10 个. 由于上述贡献,Baker 于 1973 年被选为伦敦皇家学会会员,1980 年被选为印度科学院外籍院士.

**E. Bombieri**(1940— )世界著名数学家. 1940 年生于意大利米兰,进入米兰大学学习,1963 年获博士学位,其后访问剑桥大学一年,1965 年任意大利卡尔加里大学教授,1966 年任比萨大学教授,1974 年任比萨高等师范学校教授,1977 年起任美国普林斯顿高等研究院教授.

Bombieri 是数学界少见的多面手,他不仅对分析诸领域十分精通,还对结构数学有突出贡献. Bombieri 对代数几何学的贡献是把代数曲面的分类结果由特征 0 推广到特征 $p$,这是极为困难的. 不过,他在代数几何学方面的贡献只不过是十大领域之一. 他对算术代数几何的一个贡献是给出 Mordell 猜想的另一个证明,还推广到高维情形. 在有限群分类中也作出了成就,证明了一种特殊群的刻画定理. Bombieri 的主要兴趣在数论和分析,研究方向有大筛法不等式、超越数论、几何函数论、偏微分方程、极小曲面、多复变函数等. 而他在数论方面的工作是获得 Fields 奖的一个主要方面. 具体地说,Bombieri 的贡献在于改进了大筛法,得出均值公式. 这个均值公式非常重要,在许多情形下,它能代替许多条件中所使用的广义 Riemann 假设. 在此基础上,Bombieri 对 Rényi 为 Goldbach 猜想证明的命题$(1,\eta)$做了重大改进. Rényi 只证明常数 $\eta$ 的存在性,未确定具体数值. 如果按 Rényi 的方法来计算 $\eta$ 的数值,只能得到一个天文数字. 后来,Bombieri 由于对这一定理的进一步改进(即 Bombieri-Vinogradov 定理(1,3))而获得 Fields 奖.

**A. Wiles**(1953— )英国数学家,也是当今世上最负盛名的数学家. 出生于英国剑桥,父亲是一位工程学教授. 少年时代已着迷于数学. 10 岁的一天,他在图书馆里看见了 Bell 写的《大问题》,就是 Fermat 大定理的历史. Wiles 被吸引住了. 30 多年后,他回忆起被引向 Fermat 大定理时的感觉:"它看上去如此简单,但历史上所有的大数学家都未能解决它. 这里正摆着我——一个 10 岁的孩子——能理解的问题,从那个时刻起,我知道我永远不会放弃它. 我必须解决它."

1974 年,Wiles 从牛津大学的 Merton 学院获得数学学士学位,之后进入剑桥大学 Clare 学院做博士. 在研究生阶段,Wiles 还没有足够功力研究 Fermat 大定理. 导师 Coates 决定让 Wiles 研究椭圆曲线. 这个决定成为 Wiles 职业生涯的一个转折点. 1980 年,Wiles 在剑桥大学取得博士学位后,来到美国普林斯顿大学,并成为这所大学的教授. 此时他已是椭圆曲线专家. 1981 年,他到美国普林斯顿高等研究院任研究员,1982 年任普林斯顿大学教授,1988 ~ 1990 年任牛津大学皇家学会研究教授,1989 年当选为伦敦皇家学会会员. 1994 年以后,Wiles 任普林斯顿大学 Eugene Higgins 讲座教授. Wiles 于 1977 年与 Coates 共同证明了椭圆曲线中最重要的猜想——Birch-Swinnerton-Dyer 猜想——的特殊情形(即对于具有复数乘法的椭圆曲线),1984 年和 Mazur 一起证明了岩泽理论中的主猜想. 在这些工作的基础上,他于 1994 年通过证明半稳定的椭圆曲线的谷山-志村猜想,从而完全证明了挑战人类智力达 350 多年的 Fermat 大定理,这也是 20 世纪数学的最大成就.

大约在 1637 年前后,法国大数学家 Fermat 在研究勾股方程时,在一本数论书边上写道:$x^n+y^n=z^n$,当 $n$ 大于 2 时,这个方程没有任何正整数解. 并写道:"对此,我确信已发现一个美妙的证法,这里的空白太小,写不下."这就是数学史上著名的 Fermat 大定理.而后 300 多年里,人们不断取得进展,特别从 19 世纪开始,数学家对 Fermat 大定理发起了强大冲击,取得很多重大成就,应该说远远超过了 Fermat 大定理本身的意义,但是人们毕竟追求完美和卓越,总不希望看到这个猜想仍然是那样地遥不可及.

时间终于到了.1986 年,德国数学家 Frey 提出了"$\varepsilon$ 猜想":若存在 $a,b,c$ 使得 $a^n+b^n=c^n$,即如果 Fermat 大定理是错的,则椭圆曲线 $y^2=x(x-a^n)(x+b^n)$ 会是谷山-志村猜想的一个反例.Frey 的猜想随即被美国数学家 Ribet 证实.此猜想显示了 Fermat 大定理与椭圆曲线及模形式的密切关系.1986 年夏末的一个傍晚,Wiles 从朋友那里听说 Ribet 的工作后,受到极大震动.他隐隐约约感觉到有史以来第一次这个猜想开始松动了,他也似乎望见一条实现童年梦想的道路.他知道必须做的一切就是证明谷山-志村猜想.Wiles 做了个重大决定:完全独立和保密地进行研究.他放弃所有与证明 Fermat 大定理无直接关系的工作,任何时候只要可能他就回到家里工作,在顶楼书房里开始了通过谷山-志村猜想来证明 Fermat 大定理的战斗.

经过 7 年艰苦卓绝的努力,Wiles 完成了谷山-志村猜想的证明.现在是向世界公布的时候了.1993 年 6 月 23 日,剑桥大学 Newton 研究所举行了一次重要的数学讲座.两百名数学家聆听了这一演讲,但他们之中只有四分之一的人完全懂得黑板上符号所表达的意思,其余的人来这里是为了见证他们所期待的一个真正具有意义的时刻.演讲者 Wiles 回忆起最后时刻的情景:"当我宣读证明时,会场上保持着特别庄重的寂静,当我写完 Fermat 大定理的证明时,我说:'我想我就在这里结束',会场上爆发出一阵持久的鼓掌声."

《纽约时报》在头版以《终于欢呼"我发现了!",久远的数学之谜获解》为题报道 Fermat 大定理被证明的消息.一夜之间,Wiles 成为世界上最著名的数学家,恐怕也是唯一为公众所知的数学家.他被评为年度世界名人,据说广告商也盯上了他.

当 Wiles 成为媒体报道的中心时,认真的核对工作也在进行.由于 Wiles 的论文涉及大量数学,编辑 Bazur 决定不像通常那样指定 2 至 3 个审稿人,而是 6 个审稿人.200 页的证明被分成 6 章,每位审稿人负责其中一章.Wiles 在此期间中断自己的工作,以便处理审稿人提出的问题,不少小问题被逐一解决.Katz 负责审查第 3 章.1993 年 8 月 23 日,他发现了证明中的一个缺陷.Wiles 以为这又是一个小问题,可 6 个多月过去了,错误仍未改正,Wiles 面临绝境,他决定邀请剑桥大学讲师,他以前的学生 Taylor 到普林斯顿和他一起工作.Taylor 于 1994 年 1 月到达普林斯顿,可两人干到 9 月依然没有结果,他们准备放弃.后 Taylor 决定再坚持一个月.Wiles 作了最后一次检查.9 月 19 日早晨,Wiles 终于发现了问题的答案,顿时他激动万分.这是少年时代的梦想和 8 年潜心努力的终极.这一次世界不再怀疑了.两篇论文总共有 130 页,是历史上核查得最彻底的数学稿件,它们发表在 1995 年 5 月的《数学年刊》上.Wiles 再次出现在《纽约时报》的头版上.

声望和荣誉纷至沓来.Wiles 由于在 Fermat 大定理上的伟大成就获 1996 年度 Wolf 数学奖,他是获奖者中最年轻的.同年当选为美国国家科学院外籍院士并获该科学院数学奖,同年还获欧洲的 Ostrowski 奖、瑞典科学院 Schock 奖、法国的 Fermat 奖.1997 年,他获得美国数学会 Cole 奖,同年最终获得 1908 年 Wolfskehl 为解决 Fermat 大定理而设置的 10 万马克奖金.1998 年,国际数学家大会颁给他特别贡献奖(因为当时他已超过 40 岁,而 Fields 奖只颁给不超过 40 岁的数学家),迄今还没有第二个数学家获此殊荣.顺便提一下,谷山-志村猜想于 1999 年被完全解决.

**G. Faltings**(1954— )德国著名数学家.从小喜欢物理,后来觉得数学比较有趣,于是就开始念数学.1978 年,Faltings 取得慕尼黑大学博士学位.之后在美国哈佛大学从事一年的博士后研究.1979 年获聘为 Wuppertal 大学教授,1985 年任教于美国 Princeton 大学,曾回德国任 Max Planck 数学所所长.

Faltings 一开始研究的是交换代数,之后是代数几何.后来,Arakelov 发现一种用代数几何来解决算术问题的方法,也就是所谓的 Arakelov 几何.深入学习后,Faltings 觉得它非常丰富、有趣,因此开始研究算术几何方面的问题.Faltings 最重要的成就是用代数几何学方法证明了数论中重要的 Mordell 猜想,由此得出

Fermat 大定理的互素解是有限的，为此他获得 1986 年的 Fields 奖. Faltings 对 Abel 簇的参模空间、算术曲面的 Riemann-Roch 定理、$p$-adic 理论等也有创见.

**W. T. Gowers**(1963— )当代英国著名数学家. 年轻时曾获国际数学奥林匹克(IMO)金牌. 1982 年进入剑桥大学攻读，其后在剑桥读研究生. 在匈牙利组合数学家 Bollobás 指导下，于 1990 年获博士学位. 1989 ~ 1993 年任剑桥大学三一学院研究员，1991 ~ 1995 年间在伦敦大学学院任教，1995 年回到剑桥大学，在纯粹数学与数理统计系任教，同时兼任三一学院研究员. 他是英国皇家学会会员.

Gowers 的重要贡献在 Banach 空间理论. 分析中常用的许多空间都是 Banach 空间及其推广，它们有许多重要应用. 但从那时起遗留下许多基本问题有待解决. 比如任何 Banach 空间一定同它的超平面同构? 第二个基本问题是，$X$ 是 $Y$ 的有补子空间，$Y$ 是 $X$ 的有补子空间，则 $X$ 是否与 $Y$ 同构? Gowers 对这两个问题都举出反例. Gowers 证明了一系列基本定理，例如，如果所有无穷维闭子空间都同构，则它是 Hilbert 空间，他还发现了所谓的 Gowers 二分法定理.

Gowers 在组合数论中也取得了很多非凡成就，他运用先进的分析工具给出很多好的估计. 使得这门学科在主流数学上得到肯定的标志性事件，正是 Gowers 于 1998 年获得 Fields 奖.

**吴宝珠**(Ngô Bào Châu，1972— )越南数学家，出生于河内，是一位物理学家的儿子. 1988 年和 1989 年，他参加 IMO 并获得金牌(42 与 40 分). 近年来，吴宝珠证明了 Langlands 纲领的基本引理，这一结果被《时代》杂志列为 2009 年度十大科学发现的第七项.

1979 年，加拿大裔美国数学家 Langlands 发展了一项雄心勃勃的革命性理论，将数学中的两大分支——数论和群论——联系在一起，并最终提出了所谓的 Langlands 纲领. Langlands 知道，建构这一理论需几代人的共同努力. 他认为，证明所谓的“基本引理”将是完成这项任务的一个合理跳板. 数学家过去 30 年的工作就是本着这样一种原则进行研究，即基本引理是正确的并且将在未来的某一天得到证明. 他和同事及学生虽能证明这一基本定理的特殊情况，但证明普遍情况所面临的挑战却大大超出 Langlands 的预计.

过去 5 年来，就职于巴黎第十一大学和普林斯顿高等研究院的吴宝珠试图用公式表述一项有关基本引理的精巧证法. 2009 年的验证证明了这一方法的正确性，全世界的数学家终于可以松一口气. 这项研究使吴宝珠成为 2010 年 Fields 奖的获得者.

**陶哲轩**(Terence Tao，1975— )当代最杰出的华裔数学家，生于澳大利亚. 父母是香港移民. 陶哲轩自小便是出了名的数学神童，且受到父母的正确培育. 7 岁时，陶哲轩开始自学微积分. 附近一所中学的校长让他每天去中学听一两堂数学课. 据测试，陶哲轩的智商介于 220 至 230 之间. 8 岁升入中学. 9 岁半时，他有三分之一时间在离家不远的弗林德斯大学学习数学和物理. 在此期间，美国的一位教授将陶哲轩和父母邀请到美国游历了三个星期，得出这孩子是天才的肯定答复. 一年后，父母面临重大抉择：儿子什么时候升入大学? 陶哲轩完全有能力在 12 岁生日前读完大学课程，打破当时最年轻大学毕业生的纪录. 但他们觉得没有必要仅仅为了一个所谓的纪录就让孩子提前升入大学，希望他在各方面打下更坚实的基础. 于是，陶哲轩“顺便”创造了另一个纪录，他作为中学生先后三次代表澳大利亚参赛，分别获得铜牌、银牌和金牌，1988 年获得金牌时尚不满 13 岁，这一纪录至今无人打破. 后来，陶哲轩在 20 岁获得普林斯顿大学博士学位，24 岁被加州大学洛杉矶分校聘为正教授.

陶哲轩的导师是著名数学家、调和分析大专家 Stein，一位 Wolf 数学奖获得者. 陶哲轩的研究范围极广，他获得 Fields 奖的理由是“对偏微分方程、组合数学、混合分析和堆垒素数论的贡献”，这在一般人看来是相去甚远的领域. 陶哲轩的办法是广泛与人合作，这样可以很好地交流彼此的想法，达到事半功倍之效果.如今他每隔很短一段时间就能写出一篇重量级论文(有的与人合写).当然,目前他最著名的工作还是在组合(或堆垒)数论,那是在2004年,他与Gowers的学生Green将遍历理论与解析数论相结合,攻克了超级数论难题:素数序列中存在任意长的等差子序列.为此,Green被授予2004年Clay研究奖.这也是陶哲轩获得Fields奖的最直接理由.

陶哲轩年纪轻轻,已是"奖牌大户".21世纪前十年,他几乎每隔一两年都要获得一个奖励.2000年他因几何测度论与偏微分方程上的工作获Salem奖,2002年获美国数学会Bocher奖(关于Sobolev空间的工作),2003年获Clay研究奖(以表彰他对分析学的贡献,当中包括挂谷猜想).在2005年,他获得Levi L. Conant奖.当然分量最重的还是2006年他年仅31岁时获得Fields奖(反观中国的金牌选手这么多年来只有一人获得过一个小奖,实在让人捉摸不透),之后更是一发不可收拾.2007年,陶哲轩获得50万美元的MacArthur奖,2008年他又获得一个很大的奖项——Alan T. Waterman奖.这些已不限于数学领域,是一位科学家难以得到的殊荣.最近,美国《探索》杂志评选出美国20位40岁以下最聪明的科学家,两名华裔科学家入选,其中数学家陶哲轩位居榜首.

# 哈尔滨工业大学出版社刘培杰数学工作室已出版(即将出版)图书目录

| 书　　名 | 出版时间 | 定　价 | 编号 |
|---|---|---|---|
| 新编中学数学解题方法全书(高中版)上卷 | 2007－09 | 38.00 | 7 |
| 新编中学数学解题方法全书(高中版)中卷 | 2007－09 | 48.00 | 8 |
| 新编中学数学解题方法全书(高中版)下卷(一) | 2007－09 | 42.00 | 17 |
| 新编中学数学解题方法全书(高中版)下卷(二) | 2007－09 | 38.00 | 18 |
| 新编中学数学解题方法全书(高中版)下卷(三) | 2010－06 | 58.00 | 73 |
| 新编中学数学解题方法全书(初中版)上卷 | 2008－01 | 28.00 | 29 |
| 新编中学数学解题方法全书(初中版)中卷 | 2010－07 | 38.00 | 75 |
| 新编平面解析几何解题方法全书(专题讲座卷) | 2010－01 | 18.00 | 61 |
| 数学眼光透视 | 2008－01 | 38.00 | 24 |
| 数学思想领悟 | 2008－01 | 38.00 | 25 |
| 数学应用展观 | 2008－01 | 38.00 | 26 |
| 数学建模导引 | 2008－01 | 28.00 | 23 |
| 数学方法溯源 | 2008－01 | 38.00 | 27 |
| 数学史话览胜 | 2008－01 | 28.00 | 28 |
| 从毕达哥拉斯到怀尔斯 | 2007－10 | 48.00 | 9 |
| 从迪利克雷到维斯卡尔迪 | 2008－01 | 48.00 | 21 |
| 从哥德巴赫到陈景润 | 2008－05 | 98.00 | 35 |
| 从庞加莱到佩雷尔曼 | 即将出版 | 98.00 | |
| 历届 IMO 试题集(1959—2005) | 2006－05 | 58.00 | 5 |
| 历届 CMO 试题集 | 2008－09 | 28.00 | 40 |
| 全国大学生数学夏令营数学竞赛试题及解答 | 2007－03 | 28.00 | 40 |
| 历届美国大学生数学竞赛试题集 | 2009－03 | 88.00 | 43 |
| 历届俄罗斯大学生数学竞赛试题及解答 | 即将出版 | 68.00 | |

# 哈尔滨工业大学出版社刘培杰数学工作室 已出版(即将出版)图书目录

| 书　名 | 出版时间 | 定　价 | 编号 |
| --- | --- | --- | --- |
| 数学奥林匹克与数学文化(第一辑) | 2006—05 | 48.00 | 4 |
| 数学奥林匹克与数学文化(第二辑)(竞赛卷) | 2008—01 | 48.00 | 19 |
| 数学奥林匹克与数学文化(第二辑)(文化卷) | 2008—07 | 58.00 | 36 |
| 数学奥林匹克与数学文化(第三辑)(竞赛卷) | 2010—01 | 48.00 | 59 |
| 数学奥林匹克与数学文化(第四辑)(竞赛卷) | 2011—03 | 48.00 | 87 |

| 书　名 | 出版时间 | 定　价 | 编号 |
| --- | --- | --- | --- |
| 发展空间想象力 | 2010—01 | 38.00 | 57 |
| 走向国际数学奥林匹克的平面几何试题诠释(上、下)(第2版) | 2010—02 | 98.00 | 63,64 |
| 平面几何证明方法全书 | 2007—08 | 35.00 | 1 |
| 平面几何证明方法全书习题解答(第2版) | 2006—12 | 18.00 | 10 |
| 最新世界各国数学奥林匹克中的平面几何试题 | 2007—09 | 38.00 | 14 |
| 数学竞赛平面几何典型题及新颖解 | 2010—07 | 48.00 | 74 |
| 初等数学复习及研究(平面几何) | 2008—09 | 58.00 | 38 |
| 初等数学复习及研究(立体几何) | 2010—06 | 38.00 | 71 |
| 初等数学复习及研究(平面几何)习题解答 | 2009—01 | 48.00 | 42 |
| 世界著名平面几何经典著作钩沉——几何作图专题卷(上) | 2009—06 | 48.00 | 49 |
| 世界著名平面几何经典著作钩沉——几何作图专题卷(下) | 2011—01 | 88.00 | 80 |
| 世界著名平面几何经典著作钩沉(民国老课本) | 2011—03 | 38.00 | 113 |
| 世界著名立体几何经典著作钩沉(立体几何老课本) | 2011—02 | 28.00 | 88 |
| 世界著名三角学经典著作钩沉(平面三角卷Ⅰ) | 2010—06 | 28.00 | 69 |
| 世界著名三角学经典著作钩沉(平面三角卷Ⅱ) | 2011—01 | 28.00 | 78 |
| 几何学教程(平面几何卷) | 2011—03 | 78.00 | 90 |
| 几何变换与几何证题 | 2010—06 | 88.00 | 70 |
| 几何瑰宝——平面几何500名题暨1000条定理(上、下) | 2010—07 | 138.00 | 76,77 |
| 三角形的五心 | 2009—06 | 28.00 | 51 |
| 俄罗斯平面几何问题集 | 2009—08 | 88.00 | 55 |
| 俄罗斯平面几何5000题 | 2011—03 | 48.00 | 89 |

| 书　名 | 出版时间 | 定　价 | 编号 |
| --- | --- | --- | --- |
| 500个最新世界著名数学智力趣题 | 2008—06 | 48.00 | 3 |
| 400个最新世界著名数学最值问题 | 2008—09 | 48.00 | 36 |
| 500个世界著名数学征解问题 | 2009—06 | 48.00 | 52 |
| 400个中国最佳初等数学征解老问题 | 2010—01 | 48.00 | 60 |
| 500个俄罗斯数学经典老题 | 2011—01 | 28.00 | 81 |

# 哈尔滨工业大学出版社刘培杰数学工作室已出版(即将出版)图书目录

| 书　　名 | 出版时间 | 定　价 | 编号 |
| --- | --- | --- | --- |
| 超越吉米多维奇——数列的极限 | 2009－11 | 48.00 | 58 |
| 初等数论难题集(第一卷) | 2009－05 | 68.00 | 44 |
| 初等数论难题集(第二卷)(上、下) | 2011－02 | 128.00 | 82,83 |
| 谈谈素数 | 2011－03 | 18.00 | 91 |
| 平方和 | 2011－03 | 18.00 | 92 |
| 数论概貌 | 2011－03 | 18.00 | 93 |
| 代数数论 | 2011－03 | 48.00 | 94 |
| 初等数论的知识与问题 | 2011－02 | 28.00 | 95 |
| 超越数论基础 | 2011－03 | 38.00 | 96 |
| 数论初等教程 | 2011－03 | 28.00 | 97 |
| 数论基础 | 2011－03 | 18.00 | 98 |
| 数论入门 | 2011－03 | 28.00 | 99 |
| 解析数论引论 | 2011－03 | 48.00 | 100 |
| 基础数论 | 2011－03 | 28.00 | 101 |

| 书　　名 | 出版时间 | 定　价 | 编号 |
| --- | --- | --- | --- |
| 闵嗣鹤文集 | 2011－03 | 68.00 | 102 |
| 吴从炘数学活动三十年(1951～1980) | 2010－07 | 99.00 | 32 |

| 书　　名 | 出版时间 | 定　价 | 编号 |
| --- | --- | --- | --- |
| 俄罗斯函数问题集 | 2011－03 | 38.00 | 103 |
| 俄罗斯组合分析问题集 | 2011－01 | 48.00 | 79 |
| 博弈论精粹 | 2008－03 | 58.00 | 30 |
| 多项式和无理数 | 2008－01 | 68.00 | 22 |
| 模糊数据统计学 | 2008－03 | 48.00 | 31 |
| 解析不等式新论 | 2009－06 | 68.00 | 48 |
| 建立不等式的方法 | 2011－03 | 98.00 | 104 |
| 数学奥林匹克不等式研究 | 2009－08 | 68.00 | 56 |
| 初等数学研究(Ⅰ) | 2008－09 | 68.00 | 37 |
| 初等数学研究(Ⅱ)(上、下) | 2009－05 | 118.00 | 46,47 |
| 中国初等数学研究　2009 卷(第 1 辑) | 2009－05 | 20.00 | 45 |
| 中国初等数学研究　2010 卷(第 2 辑) | 2010－05 | 30.00 | 68 |
| 数学奥林匹克超级题库(初中卷上) | 2010－01 | 58.00 | 66 |

# 哈尔滨工业大学出版社刘培杰数学工作室 已出版(即将出版)图书目录

| 书　名 | 出版时间 | 定　价 | 编号 |
|---|---|---|---|
| 中等数学英语阅读文选 | 2006－12 | 38.00 | 13 |
| 统计学专业英语 | 2007－03 | 28.00 | 16 |

| 书　名 | 出版时间 | 定　价 | 编号 |
|---|---|---|---|
| 数学 我爱你 | 2008－01 | 28.00 | 20 |
| 精神的圣徒　别样的人生——60 位中国数学家成长的历程 | 2008－09 | 48.00 | 39 |
| 数学史概论 | 2009－06 | 78.00 | 50 |
| 斐波那契数列 | 2010－02 | 28.00 | 65 |
| 数学拼盘和斐波那契魔方 | 2010－07 | 38.00 | 72 |
| 数学的创造 | 2011－02 | 48.00 | 85 |
| 数学中的美 | 2011－02 | 38.00 | 84 |

| 书　名 | 出版时间 | 定　价 | 编号 |
|---|---|---|---|
| 最新全国及各省市高考数学试卷解法研究及点拨评析 | 2009－02 | 38.00 | 41 |
| 高考数学的理论与实践 | 2009－08 | 38.00 | 53 |
| 中考数学专题总复习 | 2007－04 | 28.00 | 6 |
| 向量法巧解数学高考题 | 2009－08 | 28.00 | 54 |
| 新编中学数学解题方法全书(高考复习卷) | 2010－01 | 48.00 | 67 |
| 新编中学数学解题方法全书(高考真题卷) | 2010－01 | 38.00 | 62 |
| 高考数学核心题型解题方法与技巧 | 2010－01 | 28.00 | 86 |

| 书　名 | 出版时间 | 定　价 | 编号 |
|---|---|---|---|
| 方程式论 | 2011－03 | 28.00 | 105 |
| 初级方程式论 | 2011－03 | 28.00 | 106 |
| Galois 理论 | 2011－03 | 18.00 | 107 |
| 代数方程的根式解及伽罗华理论 | 2011－03 | 28.00 | 108 |
| 超越数 | 2011－03 | 18.00 | 109 |
| 线性偏微分方程 | 2011－03 | 18.00 | 110 |
| N 体问题周期解 | 2011－03 | 38.00 | 111 |
| 三角和方法 | 2011－03 | 18.00 | 112 |

**联系地址:**哈尔滨市南岗区复华四道街 10 号哈尔滨工业大学出版社刘培杰数学工作室
**邮　　编:**150006
**联系电话:**0451－86281378　　13904613167
E-mail:lpj1378@yahoo.com.cn